高等代数解题方法

吴云云 李亚云 编著

东南大学出版社
SOUTHEAST UNIVERSITY PRESS
·南京·

内容提要

本书面向数学专业核心基础课高等代数教学，对科学出版社出版、丘维声教授编写的《高等代数》一书作出了详细的题解和相关知识点的分析，全书精选和补充了许多相应章节的相关探究性或知识点延伸的习题，从而增强读者对相应章节的理解。其中对某些问题的分析为读者提供了解决问题的各种方法。本书中的习题包含了大量的双一流高校历届硕士研究生高等代数入学试题。全书融汇了作者多年从事高等代数课程的教学感悟与经验，采用典型分类、多点强化、翻转解析、灵活点评等方法，帮助读者理解基本概念、熟悉基本理论、掌握基本方法，从而提高解题能力、培养创新思维。

本书叙述严谨、可读性强、题型丰富，可作为大学理科专业学习高等代数的辅导读物，也可作为报考研究生的复习参考资料，也可供从事这方面教学科研的教师作为教学参考书选用。

图书在版编目(CIP)数据

高等代数解题方法 / 吴云云，李亚云编著. — 南京：东南大学出版社，2022.8

ISBN 978-7-5766-0188-6

Ⅰ. ①高… Ⅱ. ①吴… ②李… Ⅲ. ①高等代数-高等学校-题解 Ⅳ. ①O15-44

中国版本图书馆 CIP 数据核字(2022)第 139307 号

责任编辑:弓 佩 **责任校对:**韩小亮 **封面设计:**毕 真 **责任印制:**周荣虎

高等代数解题方法

Gaodeng Daishu Jieti Fangfa

编 著	吴云云 李亚云
出版发行	东南大学出版社
社 址	南京市四牌楼 2 号(邮编:210096 电话:025-83793330)
网 址	http://www.seupress.com
电子邮箱	press@seupress.com
经 销	全国各地新华书店
印 刷	江苏凤凰数码印务有限公司
开 本	787mm×1092mm 1/16
印 张	35.75
字 数	696 千字
版 次	2022 年 8 月第 1 版
印 次	2022 年 8 月第 1 次印刷
书 号	ISBN 978-7-5766-0188-6
定 价	86.00 元

本社图书若有印装质量问题，请直接与营销部联系，电话:025-83791830。

前言 PREFACE

高等代数是数学科学院和物理学院各专业的一门重要的基础课程，也是面向大一新生的课程。高等代数的学习对很多相关后续课程有重要影响，关系到整个数学相关专业教学的成败，关系到学生素质的培养。高等代数在科学研究各个领域和行业中有广泛的应用。该课程的学习对于培养学生的逻辑推理和抽象思维能力、空间直观和想象能力具有重要的作用。

近年来各高校对于高等代数课程的教学，投入了巨大的精力。教材的编写和线上创新教学活动日新月异。涌现出许多优秀的高等代数教材，例如北京大学丘维声教授主编的《高等代数：大学高等代数课程创新教材》、中国科学技术大学张贤科教授编著的《高等代数学》等。这些教材各有特色。中科大教材注重与近代代数学的衔接，可使学生更加了解精确的代数结构。北大的教材条理清晰，例题丰富，非常适合自学，尤其是书中配有一定难度的习题，能引起爱好数学的学生的兴趣并激发他们极大的学习热情，且能增强他们做难题的能力，书中还有很多选学专题，这些专题极富挑战性和启发性，耐人寻味，引人入胜。

许多成功的数学物理学家无不在他们的大学时代特别是在学习数学基础课程时领略到解决数学问题的奥妙，并由此踏上终其一生的数学之旅。正因如此，为了帮助读者更好地掌握学习要点与难点，编者不揣浅陋，编写了这本解题方法。本书以《高等代数》（丘维声著、科学出版社，2013 年）为蓝本，详细解答了全部课后习题、补充题和部分阅读材料的习题，部分习题还给出了多种解题方法。全书多处推广了部分习题的结论，补充的定理或者结论可能会利用后面的知识，初学者可以跳过暂时不学，等完整地学完一遍课程后回头再看。

提高分析问题、解决问题的能力，学以致用，就必须重视做题。本书出版的目的是满足教学和自学的需要，促进高等代数的学习、应用和研究。建议广大读者在做题时分三个阶段来安排：第一阶段看教材，看懂教材的原理和例题；第二阶段做熟大部分基础性的习题；第三阶段研究补充内容相关习题。做题时严守独立思考，发挥创造性和丰富的想象力，切忌先看题解后做题。还要强调，本书给出的解答仅一家之言，可供参考，但不作为标准答案。倘若本书禁锢了读者的思路，就违背了编者的初衷。如果本书能助你一臂之力，那将是编者最欣慰的事情。

本书在编写过程中，参考和引用了书后所列参考文献中的习题和解题方法，在此向各书的作者致谢。值本书正式出版之际，谨向帮助过我的各位学者、专家、编辑表示诚挚的谢意！特别感谢提供了原创性延伸问题和建设性意见的同行教授和热心网友们，使得本书更加充分展示了数学问题的无穷魅力。最后，还要感谢试用了本书的本科生和复习考研的学生们，我们曾经共同演绎着高等代数解题方法的精彩，你们崇尚科学，充满智慧，给我留下了许多美好的回忆。无数个课堂内外的生动案例让我们一次又一次地领略到：数学是神奇的，数学是美妙的，数学就是诗和远方。

由于编者水平和时间限制，书中错误在所难免。本书的许多新的设想也还不够成熟。我们恳切地希望读者对本书批评指正，提出进一步改进的宝贵意见，以利于本书今后的修正。

编著者

2022 年 1 月于南京

目录 CONTENTS

引　言

引言的习题

1. 设 A 和 B 都是有限集，且 $|A|=|B|$，f 是 A 到 B 的一个映射. 证明：

(1) 若 f 是满射，则 f 必为单射；

(2) 若 f 是单射，则 f 必为满射.

证明： (1) 设 $A=\{a_1, a_2, \cdots, a_n\}$，由于 f 是满射，所以 $f(A)=B$，从而 $|f(A)|=|B|$，进而有 $|f(A)|=|A|$. 于是 $f(a_1)$，$f(a_2)$，…，$f(a_n)$两两不同，即 f 为单射.

(2) 由于 f 是单射，故 $f(a_1)$，$f(a_2)$，…，$f(a_n)$两两不同，从而有 $|f(A)|=n=|A|=|B|$. 又因为 $f(A)\subseteq B$，因此 $f(A)=B$，即 f 必为满射.

2. 在实数集 $\mathbb{R}$ 与开区间 $(0, 1)$ 之间是否存在一个双射，如果存在，试举出一个例子.

证明： 存在. 例如：$h(x)=\tan\left[\dfrac{\pi(2x-1)}{2}\right]$给出了 $(0, 1)\to\mathbb{R}$ 的一个双射；

$g(x)=\dfrac{1}{2}+\dfrac{1}{\pi}\arctan x$ 给出了 $\mathbb{R}\to(0, 1)$ 的一个双射.

3. 设映射 $f: A\to B$，$g: B\to C$. 证明：

(1) 若 f 和 g 都是单射，则 gf 也是单射；

(2) 若 f 和 g 都是满射，则 gf 也是满射；

(3) 若 f 和 g 都是双射，则 gf 也是双射；

(4) 若 f 和 g 都是可逆映射，则 gf 也是可逆映射，并且有 $(gf)^{-1}=f^{-1}g^{-1}$.

证明： (1) 设 f 和 g 都是单射. 设 $a_1, a_2\in A$，如果 $(gf)(a_1)=(gf)(a_2)$，那么 $g(f(a_1))=g(f(a_2))$. 由于 g 是单射，因此 $f(a_1)=f(a_2)$. 由于 f 是单射，因此 $a_1=a_2$，从而 gf 是单射.

(2) 设 f 和 g 都是满射. 任取 $c\in C$. 由于 g 是满射，因此存在 $b\in B$，使得 $c=g(b)$. 由于 f 是满射，因此存在 $a\in A$，使得 $b=f(a)$，从而 $c=g(b)=g(f(a))=(gf)(a)$. 因此 gf 是满射.

(3) 由(1)和(2)立即得到.

(4) 由教材中定理 1 可知可逆映射的充要条件为双射，再和(3)立即得到.

由(3)的证明知，对 $\forall c\in C$，$\exists_1 b\in B$，s. t. $g(b)=c$. $\exists_1 a\in A$，s. t. $f(a)=b$. 即 $c=(gf)(a)$，也就是 $a=(gf)^{-1}(c)$. 而 $b=g^{-1}(c)$，$a=f^{-1}(b)$，所以 $a=f^{-1}(g^{-1}(c))=(f^{-1}g^{-1})(c)$，故 $f^{-1}g^{-1}=(gf)^{-1}$.

4. 设 A 和 B 是两个集合，如果存在 A 到 B 的一个双射 f，那么称 A 和 B 有相同的基数，记作 $|A|=|B|$. 证明：整数集 $\mathbb{Z}$ 与偶数集(记作 $2\mathbb{Z}$)有相同的基数.

证明： 令

$$f:\ \mathbb{Z}\to 2\mathbb{Z}$$
$$m\to 2m$$

显然 f 是 $\mathbb{Z}$ 到 $2\mathbb{Z}$ 的一个映射，且是双射，从而 $|\mathbb{Z}|=|2\mathbb{Z}|$.

5. 设映射 $f: A\to B$，证明：

(1) 若 b，$c\in f(A)$ 且 $b\neq c$，则 $f^{-1}(b)\cap f^{-1}(c)=\varnothing$；

(2) A 是互不相交的纤维的并集.

证明： (1) 反证：设 $a\in f^{-1}(b)\cap f^{-1}(c)$，从而 $a\in f^{-1}(b)$，$a\in f^{-1}(c)$. 于是 $f(a)=b$，$f(a)=c$，所以 $b=c$，与题意 $b\neq c$ 矛盾. 故 $f^{-1}(b)\cap f^{-1}(c)=\varnothing$.

(2) 令 $S=\bigcup\limits_{b\in f(A)} f^{-1}(b)$，由这个定义立即知道 $S\subseteq A$，反之任给 $a\in A$，则存在唯一的 $b\in f(A)$，使得 $f(a)=b$，即 $a\in f^{-1}(b)$，故 $a\in S$，从而 $A\subseteq S$. 所以 $A=S$.

小窗口：关于无限集的基数

定理：(Schröder-Bernstein)设 A 和 B 是两个集合. 如果从 A 到 B 有一个单射，并且从 B 到 A 也有一个单射，则 A 和 B 之间有一个一一映射. ($|A|=|B|$)

证明： 设 $f: A\to B$ 和 $g: B\to A$ 都是单射.

$$A\xrightarrow[f]{}B,\quad B\xrightarrow[g]{}A,\quad B\xrightarrow[g]{}g(B),\quad A\xrightarrow[gf]{}(gf)(A)$$

由习题 3 知 $gf: A\to A$ 是一个单射. 令 $A_1=g(B)$ 和 $A_2=(gf)(A)$. 易见 $g: B\to A_1$ 和 $gf: A\to A_2$ 都是一一对应，且 $A_1\subset A$，$A_2\subset A$. 注意 $A_2=(gf)(A)=g(f(A))\subset g(B)=A_1$，于是有 $A_2\subset A_1\subset A$. 如果能证明 A 和 A_1 之间有一个一一映射，这时 A_1 和 B 之间已经有一个一一映射 g 了，那么就可证明 A 与 B 之间有一一映射. 下面证明 A 和 A_1 之间有一一映射.

设 $h: A\to A_2$ 是一一映射(这一定可以找到一个，比如前文的 gf)，通过归纳的方式对每一个正整数 $\mathbb{Z}^+$ 来确定一个映射 $h^{(i)}: A\to A_2$. 首先令 $h^{(i)}=h: A\to A_2$；其次假定对于正整数 $i\in\mathbb{Z}^+$，映射 $h^{(i)}: A\to A_2$ 已经定义好了，我们定义 $h^{(i+1)}=h\Big|_{A_2}\circ h^{(i)}: A\to A_2$. 这里 $h\Big|_{A_2}$

表示 h 限制在 A_2 上的映射.

现在令

$$T_1=\bigcup_{i\in\mathbb{Z}^+}(A-A_1)$$

则 $T_1\subset A_2$.（这时有 $T_1\subset A_2\subset A_1\subset A$）

令

$$T=(A-A_1)\cup T_1$$

由于

$$\begin{aligned}h(T)&=h(A-A_1)\cup h\Big[\bigcup_{i\in\mathbb{Z}^+}h^{(i)}(A-A_1)\Big]\\&=h(A-A_1)\cup\Big[\bigcup_{i\in\mathbb{Z}^+}h^{(i+1)}(A-A_1)\Big]\\&=\bigcup_{i\in\mathbb{Z}^+}h^{(i+1)}(A-A_1)=T_1\end{aligned}$$

所以我们有

$$T=(A-A_1)\cup h(T)$$

最后给出我们所希望的 A 和 A_1 之间的一一映射 ξ. 定义 ξ: $A\to A_1$，使得 $\xi\Big|_T=h\Big|_T$ 和 $\xi\Big|_{A-T}=\mathscr{I}$ 其中 $\mathscr{I}$：$A-T\to X$ 表示恒等映射，即对于 $\forall x\in A-T$，有 $\mathscr{I}(x)=x$. 因为 h 和 $\mathscr{I}$ 都是单射，并且 $h(T)=T_1\subset T$，所以 $h(T)\cap\mathscr{I}(A-T)=\varnothing$，从而映射 ξ 的象交集为空集，即 ξ 为单射. 另一方面，

$$\begin{aligned}\xi(A)&=\xi(T)\cup\xi(A-T)\\&=h(T)\cup\mathscr{I}(A-T)\\&=T_1\cup(A-T)\\&=T_1\cup[A-[(A-A_1)\cup h(T)]\\&=T_1\cup[A_1\cap(A-h(T)]\\&=(T_1\cup A_1)\cap[T_1\cup(A-h(T)]\\&=A_1\cap A=A_1\end{aligned}$$

所以 ξ 是一个满射. 因此 ξ 是一个双射.

定理：集合 A 的所有子集组成的集合称为 A 的幂集，设 A 的基数为 α，则很容易证明 A 的幂集的基数为 2^α. 自然数的基数 $|\mathbb{N}|$ 记为 $\aleph_0$（阿列夫零），于是自然数集的幂集的的基

数为 $2^{\aleph_0}$. 证明：自然数集的幂集的基数 $2^{\aleph_0}$ 等于实数集的基数 c.

证明： 习题 2 已经给出了从 $(0, 1)$ 到实数集 $\mathbb{R}$ 的映射，只需证明自然数集 $\mathbb{N}$ 的幂集 $P(\mathbb{N})$ 与 $(0, 1)$ 的基数相等即可. 直接构造从 $P(\mathbb{N})$ 到 $(0, 1)$ 的双射比较困难，所以借助 Schröder-Bernstein 定理，构造 $f: P(\mathbb{N}) \mapsto (0, 1)$. 若 S 为 $\mathbb{N}$ 的非空子集，定义 $f(S) = \sum\limits_{n\in S} \frac{1}{10^{n+1}}$. 例如 $S=\{0, 1, 3\}$，则 S 为 $\mathbb{N}$ 的非空子集，

$$f(S)=\frac{1}{10^1}+\frac{1}{10^2}+\frac{1}{10^4}=0.110\,1$$

即若 $n\in S$，则 $f(S)$ 这个数的十进制小数点后第 $(n+1)$ 位为 1，否则为零. 再补充定义 $f(\varnothing)=0.2$，这样就构造了从 $P(\mathbb{N})$ 到 $(0, 1)$ 的一个单射. 现在来构造从 $(0, 1)\to P(\mathbb{N})$ 的一个单射. 设 $\alpha\in(0, 1)$，定义

$$g(\alpha)=\left\{[(1+\alpha)\cdot 10^k] \,\middle|\, k\in\mathbb{N}\right\},$$

这里 $[x]$ 表示不超过 x 的最大整数. 例如 $\alpha=0.001\,592\,653$，则

$$g(\alpha)=\{1, 10, 100, 1\,001, 10\,015, 100\,159, \cdots\}$$

不难验证这个 $g: (0, 1)\to P(\mathbb{N})$ 也是一个单射，从而由 Schröder-Bernstein 定理，知 $|P(\mathbb{N})|=|(0, 1)|$，而 $|(0, 1)|=|\mathbb{R}|$，故 $2^{\aleph_0}=c$.

第 1 章 线性方程组的解法

习题 1.1 Gauss 消元法

1. 解下列线性方程组：

(1) $\begin{cases} x_1+2x_2-4x_3=-15, \\ 3x_1+8x_2+7x_3=8, \\ 2x_1+7x_2+3x_3=-3, \\ -x_1-2x_2+4x_3=15; \end{cases}$

(2) $\begin{cases} x_1-3x_2-2x_3-x_4=6, \\ 3x_1-8x_2+x_3+5x_4=0, \\ -2x_1+x_2-4x_3+x_4=-12, \\ -x_1+4x_2-x_3-3x_4=2; \end{cases}$

(3) $\begin{cases} x_1-4x_2+3x_3+2x_4=-2, \\ 2x_1-x_2+2x_3-3x_4=-10, \\ 3x_1-x_2+6x_3-7x_4=9, \\ x_1+5x_2-5x_4=7; \end{cases}$

(4) $\begin{cases} 3x_1+5x_2-x_3+2x_4=-6, \\ 3x_1+3x_2-2x_3+5x_4=-12, \\ 4x_1-x_2+2x_3-3x_4=0, \\ -2x_1-7x_2+2x_3-6x_4=9, \\ 7x_1+12x_2-5x_3-12x_4=-5. \end{cases}$

解：(1) 增广矩阵的简化行阶梯形矩阵为

$$\bar{\boldsymbol{A}} \to \begin{pmatrix} 1 & 0 & 0 & 1 \\ 0 & 1 & 0 & -2 \\ 0 & 0 & 1 & 3 \\ 0 & 0 & 0 & 0 \end{pmatrix}, \quad 即 \begin{cases} x_1=1, \\ x_2=-2, \\ x_3=3, \end{cases}$$

所以(1)的解为$(1, -2, 3)'$.

(2) 增广矩阵的简化行阶梯形矩阵为

$$\bar{\boldsymbol{A}} \to \begin{pmatrix} 1 & 0 & 0 & 0 & 2 \\ 0 & 1 & 0 & 0 & -1 \\ 0 & 0 & 1 & 0 & 1 \\ 0 & 0 & 0 & 1 & -3 \end{pmatrix}, \quad 即 \begin{cases} x_1=2, \\ x_2=-1, \\ x_3=1, \\ x_4=-3, \end{cases}$$

所以(2)的解为$(2, -1, 1, -3)'$.

(3) 增广矩阵的简化行阶梯形矩阵为

$$\overline{\mathbf{A}} \to \begin{pmatrix} 1 & 0 & 0 & 0 & -8 \\ 0 & 1 & 0 & 0 & 3 \\ 0 & 0 & 1 & 0 & 6 \\ 0 & 0 & 0 & 1 & 0 \end{pmatrix}, \quad 即\begin{cases} x_1=-8, \\ x_2=3, \\ x_3=6, \\ x_4=0, \end{cases}$$

所以(3)的解为$(-8, 3, 6, 0)'$.

(4) 增广矩阵的简化行阶梯形矩阵为

$$\overline{\mathbf{A}} \to \begin{pmatrix} 1 & 0 & 0 & 0 & -2 \\ 0 & 1 & 0 & 0 & 1 \\ 0 & 0 & 1 & 0 & 3 \\ 0 & 0 & 0 & 1 & -1 \\ 0 & 0 & 0 & 0 & 0 \end{pmatrix}, \quad 即\begin{cases} x_1=-2, \\ x_2=1, \\ x_3=3, \\ x_4=-1, \end{cases}$$

所以(4)的解为$(2, -1, 1, -3)'$.

2. 一个投资者将 1 万元投给三家企业 A_1, A_2, A_3, 所得的利润率分别为 12%, 15%, 22%. 他想得到 2 000 元的利润.

(1) 如果投给 A_2 的钱是投给 A_1 的 2 倍, 那么应当分别给 A_1, A_2, A_3 投资多少?

(2) 可不可以投给 A_3 的钱等于投给 A_1 与 A_2 的钱的和?

解: 设分别给企业 A_i 的投资为 x_i 万元($i=1, 2, 3$), 则

$$(1)\begin{cases} x_1+x_2+x_3=1, \\ 0.12x_1+0.15x_2+0.22x_3=0.2, \\ x_2=2x_1, \end{cases}$$

解得, $x_1=\dfrac{1}{12}$, $x_2=\dfrac{1}{6}$, $x_3=\dfrac{3}{4}$.

$$(2)\begin{cases} x_1+x_2+x_3=1, \\ 0.12x_1+0.15x_2+0.22x_3=0.2, \\ x_3=x_1+x_2, \end{cases}$$

解得, $x_1=-0.5$, $x_2=1$, $x_3=0.5$. 是不可行的. 因此投给 A_3 的钱不能等于投给 A_1 与 A_2 的钱的和.

习题 1.2 线性方程组解的情况及其判定

1. 解下列线性方程组:

(1) $\begin{cases} x_1-5x_2-2x_3=4, \\ 2x_1-3x_2+x_3=7, \\ -x_1+12x_2+7x_3=-5, \\ x_1+16x_2+13x_3=-1; \end{cases}$　　(2) $\begin{cases} x_1-5x_2-2x_3=4, \\ 2x_1-3x_2+x_3=7, \\ -x_1+12x_2+7x_3=-5, \\ x_1+16x_2+13x_3=1; \end{cases}$

(3) $\begin{cases} 2x_1-3x_2+x_3+5x_4=6, \\ -3x_1+x_2+2x_3-4x_4=5, \\ -x_1-2x_2+3x_3+x_4=11. \end{cases}$

解：(1)增广矩阵的简化行阶梯形矩阵为

$$\overline{\boldsymbol{A}}\to\begin{pmatrix} 1 & 0 & \frac{11}{7} & 0 \\ 0 & 1 & \frac{5}{7} & 0 \\ 0 & 0 & 0 & 1 \\ 0 & 0 & 0 & 0 \end{pmatrix}$$

因为 $\operatorname{rank}(\boldsymbol{A})=2<\operatorname{rank}(\overline{\boldsymbol{A}})=3$，故原方程无解.

(2) 增广矩阵的简化行阶梯形矩阵为

$$\overline{\boldsymbol{A}}\to\begin{pmatrix} 1 & 0 & \frac{11}{7} & \frac{23}{7} \\ 0 & 1 & \frac{5}{7} & -\frac{1}{7} \\ 0 & 0 & 0 & 0 \\ 0 & 0 & 0 & 0 \end{pmatrix}，\quad 即\begin{cases} x_1=-\frac{11}{7}x_3+\frac{23}{7}, \\ x_2=-\frac{5}{7}x_3-\frac{1}{7}, \end{cases}$$

因为 $\operatorname{rank}(\boldsymbol{A})=\operatorname{rank}(\overline{\boldsymbol{A}})=2<3$，故原方程有无穷多解，$x_3$ 为自由未知量.

(3) 增广矩阵的简化行阶梯形矩阵为

$$\overline{\boldsymbol{A}}\to\begin{pmatrix} 1 & 0 & -1 & 1 & -3 \\ 0 & 1 & -1 & -1 & -4 \\ 0 & 0 & 0 & 0 & 0 \end{pmatrix}，\quad 即\begin{cases} x_1=x_3-x_4-3, \\ x_2=x_3+x_4-4, \end{cases}$$

因为 $\operatorname{rank}(\boldsymbol{A})=\operatorname{rank}(\overline{\boldsymbol{A}})=2<4$，故原方程有无穷多解，$x_3$，$x_4$ 为自由未知量.

2. a 为何值时，下述线性方程组有解？当有解时，求出它的所有解.

$$\begin{cases} x_1 - 4x_2 + 2x_3 = -1, \\ -x_1 + 11x_2 - x_3 = 3, \\ 3x_1 - 5x_2 + 7x_3 = a. \end{cases}$$

解： 将增广矩阵转化成简化行阶梯形矩阵：

$$\bar{\mathbf{A}} \to \begin{pmatrix} 1 & 0 & \frac{18}{7} & \frac{1}{7} \\ 0 & 1 & \frac{1}{7} & \frac{2}{7} \\ 0 & 0 & 0 & a+1 \end{pmatrix}$$

原方程组有解当且仅当 $a=-1$，此时它的一般解为

$$\begin{cases} x_1 = -\frac{18}{7}x_3 + \frac{1}{7}, \\ x_2 = -\frac{1}{7}x_3 + \frac{2}{7}. \end{cases}$$

3. a 为何值时，下述线性方程组有解？有解时，方程组有多少个解？

$$\begin{cases} x_1 + x_2 + x_3 = 3, \\ 2x_1 + x_2 - ax_3 = 9, \\ x_1 - 2x_2 - 3x_3 = -6. \end{cases}$$

解： 将增广矩阵转化成简化行阶梯形矩阵：

$$\bar{\mathbf{A}} \to \begin{pmatrix} 1 & 0 & -a-1 & 6 \\ 0 & -1 & -a-2 & 3 \\ 0 & 0 & -3a-2 & 18 \end{pmatrix}$$

当 $a \neq -\frac{2}{3}$ 时，$\operatorname{rank}(\mathbf{A}) = \operatorname{rank}(\bar{\mathbf{A}})$，方程组有唯一解. 当 $a = -\frac{2}{3}$ 时，方程组无解.

4. 当 c 与 d 取什么值时，下述线性方程组有解？当有解时，求出它的所有解.

$$\begin{cases} x_1 + x_2 + x_3 + x_4 + x_5 = 1, \\ 3x_1 + 2x_2 + x_3 + x_4 - 3x_5 = c, \\ x_2 + 2x_3 + 2x_4 + 6x_5 = 3, \\ 5x_1 + 4x_2 + 3x_3 + 3x_4 - x_5 = d. \end{cases}$$

解：将增广矩阵转化成简化行阶梯形矩阵：

$$\overline{\mathbf{A}} \to \begin{pmatrix} 1 & 0 & -1 & -1 & -5 & -2 \\ 0 & 1 & 2 & 2 & 6 & 3 \\ 0 & 0 & 0 & 0 & 0 & c \\ 0 & 0 & 0 & 0 & 0 & d-2 \end{pmatrix}$$

原方程组有解当且仅当 $c=0$ 且 $d=2$，此时它的一般解为

$$\begin{cases} x_1 = x_3 + x_4 + 5x_5 - 2, \\ x_2 = -2x_3 - 2x_4 - 6x_5 + 3, \end{cases}$$

其中，x_3，x_4，x_5 是自由未知量.

5. 在平面内三条直线分别为：

$$l_1: x+y=1,\ l_2: 3x-y=1,\ l_3: 4x-10y=-3$$

(1) 上述三条直线有没有公共点？有多少个公共点？

(2) 改变直线 l_3 的方程中某一个系数，得到直线 l_4 的方程，使得 l_1，l_2，l_4 没有公共点.

解：(1)对方程组增广矩阵做变换：

$$\overline{\mathbf{A}} \to \begin{pmatrix} 1 & 1 & 1 \\ 3 & -1 & 1 \\ 4 & -10 & -3 \end{pmatrix} \to \begin{pmatrix} 1 & 0 & \frac{1}{2} \\ 0 & 1 & \frac{1}{2} \\ 0 & 0 & 0 \end{pmatrix}, \quad 即 \begin{cases} x = \frac{1}{2}, \\ y = \frac{1}{2}, \end{cases}$$

因为 $\operatorname{rank}(\mathbf{A}) = \operatorname{rank}(\overline{\mathbf{A}}) = 2$，原方程组有一个解，即有一个公共点.

(2) 将 l_3 改成：$ax-10y=-3$，即增广矩阵转化成

$$\overline{\mathbf{A}} \to \begin{pmatrix} 1 & 1 & 1 \\ 0 & 2 & 1 \\ 0 & 0 & 2-\frac{a}{2} \end{pmatrix}$$

由此可知，当 $a \neq 4$ 时，l_1，l_2，l_4 没有公共点，若将 l_3 的方程改成 $4x+by=-3$，则增广矩阵转化成

$$\overline{\boldsymbol{A}} \to \begin{pmatrix} 1 & 1 & 1 \\ 0 & 2 & 1 \\ 0 & 0 & -5-\dfrac{b}{2} \end{pmatrix}$$

由此可知，当 $b \neq -10$ 时，l_1，l_2，l_4 没有公共点.

6. 是否存在二次函数 $y=ax^2+bx+c$，其图像经过下述 4 个点：$P(1,2)$，$Q(-1,3)$，$M(-4,5)$，$N(0,2)$？

解：由题意可知，只需要考虑下述方程解的情况：

$$\begin{cases} a+b+c=2, \\ a-b+c=3, \\ 16a-4b+c=5, \\ c=2, \end{cases}$$

增广矩阵的简化行阶梯形矩阵为：

$$\overline{\boldsymbol{A}} \to \begin{pmatrix} 1 & 0 & 0 & 0 \\ 0 & 1 & 0 & 0 \\ 0 & 0 & 1 & 0 \\ 0 & 0 & 0 & 1 \end{pmatrix}$$

所以 $\operatorname{rank}(\boldsymbol{A})=3<\operatorname{rank}(\overline{\boldsymbol{A}})=4$，故原方程无解.

7. 下述齐次线性方程组有无非零解？若有非零解，求出它的一般解.

(1) $\begin{cases} 2x_1-x_2+5x_3-3x_4=0, \\ x_1-5x_2+3x_3+2x_4=0, \\ 3x_1-4x_2+7x_3-x_4=0, \\ 9x_1-7x_2+15x_3+4x_4=0; \end{cases}$ (2) $\begin{cases} 5x_1-2x_2+4x_3-3x_4=0, \\ -3x_1+5x_2-x_3+2x_4=0, \\ x_1-3x_2+2x_3+x_4=0. \end{cases}$

解：(1) 系数矩阵的简化行阶梯形矩阵为：

$$\boldsymbol{A} \to \begin{pmatrix} 1 & 0 & 0 & 3 \\ 0 & 1 & 0 & -1 \\ 0 & 0 & 1 & -2 \\ 0 & 0 & 0 & 0 \end{pmatrix}, \quad \text{即} \begin{cases} x_1=-3x_4, \\ x_2=x_4, \\ x_3=2x_4, \end{cases}$$

由于 $\text{rank}(\boldsymbol{A})=3<4=$未知数的个数，故原方程有非零解，$x_4$ 是自由未知量.

(2) 系数矩阵的简化行阶梯形矩阵为：

$$\boldsymbol{A}\to\begin{pmatrix}1&0&0&-\dfrac{55}{41}\\0&1&0&-\dfrac{10}{41}\\0&0&1&\dfrac{33}{41}\end{pmatrix},\quad \text{即}\begin{cases}x_1=\dfrac{55}{41}x_4,\\x_2=\dfrac{10}{41}x_4,\\x_3=-\dfrac{33}{41}x_4,\end{cases}$$

由于 $\text{rank}(\boldsymbol{A})=3<4$，故原方程有非零解，$x_4$ 为自由未知量.

8. 一个投资者将 10 万元投给三家企业 A_1，A_2，A_3，所得的利润率分别为 10%，12%，15%. 如果他投给 A_3 的钱等于投给 A_1，A_2 的钱的和，求总利润 l(万元)的最大值和最小值；分别投给 A_1，A_2，A_3 多少万元时，总利润达到最大值？

解：设投给 A_1，A_2，A_3 的钱分别为 x_1，x_2，x_3. 由题意，得

$$\begin{cases}x_1+x_2+x_3=10,\\x_3=x_1+x_2,\\0.1x_1+0.12x_2+0.15x_3=l,\end{cases}$$

$$\overline{\boldsymbol{A}}\to\begin{pmatrix}1&1&1&10\\1&1&-1&0\\10&12&15&100l\end{pmatrix}\to\begin{pmatrix}1&1&1&10\\0&2&5&100l-100\\0&0&1&5\end{pmatrix}\to\begin{pmatrix}1&0&0&-50l+67.5\\0&1&0&50l-62.5\\0&0&1&5\end{pmatrix}$$

因此，原方程组有唯一解$(-50l+67.5, 50l-62.5, 5)'$，注意到条件

$$\begin{cases}-50l+67.5\geqslant 0,\\50l-62.5\geqslant 0.\end{cases}$$

解得 $1.25\leqslant l\leqslant 1.35$. 即总利润的最大值为 1.35 万元，最小值为 1.25 万元. 当 $l=1.35$ 时，方程组的解为$(0, 5, 5)'$，即投给 A_1，A_2，A_3 的钱分别为 0 万元，5 万元，5 万元时，总利润达到最大值.

习题 1.3　数域

1. 令 $\mathbb{Q}(\mathrm{i})=\{a+b\mathrm{i}\mid a, b\in\mathbb{Q}\}$，证明：$\mathbb{Q}(\mathrm{i})$是一个数域.

证明：　$0=0+0\mathrm{i}\in\mathbb{Q}(\mathrm{i})$，$1=1+0\mathrm{i}\in\mathbb{Q}(\mathrm{i})$. 因此数集$\mathbb{Q}(\mathrm{i})$中含有元素 0 和 1.

设 $\alpha=a+b\mathrm{i}$，$\beta=c+d\mathrm{i}\in\mathbb{Q}(\mathrm{i})$，其中 a，b，c，$d\in\mathbb{Q}$，则

$$\alpha\pm\beta=(a\pm c)+(b\pm d)\mathrm{i}\in\mathbb{Q}(\mathrm{i}),$$

$$\alpha\beta=(ac-bd)+(bc+ad)\mathrm{i}\in\mathbb{Q}(\mathrm{i}).$$

设 $\alpha\neq0$，则 a，b 不全为零，因此 $a^2+b^2>0$，且

$$\frac{1}{\alpha}=\frac{1}{a+b\mathrm{i}}=\frac{a-b\mathrm{i}}{a^2+b^2}=\frac{a}{a^2+b^2}+\left(\frac{-b}{a^2+b^2}\right)\mathrm{i}\in\mathbb{Q}(\mathrm{i})$$

综上所述，$\mathbb{Q}(\mathrm{i})$是一个数域.

2. 令$\mathbb{Q}(\sqrt{3})=\{a+b\sqrt{3}\mid a,\ b\in\mathbb{Q}\}$，证明：$\mathbb{Q}(\sqrt{3})$是一个数域.

证明： $0=0+0\sqrt{3}\in\mathbb{Q}(\sqrt{3})$，$1=1+0\sqrt{3}\in\mathbb{Q}(\sqrt{3})$. 因此数集$\mathbb{Q}(\sqrt{3})$中含有元素 0 和 1. 设 $\alpha=a+b\sqrt{3}$，$\beta=c+d\sqrt{3}\in\mathbb{Q}(\sqrt{3})$，其中 a，b，c，$d\in\mathbb{Q}$，则

$$\alpha\pm\beta=(a\pm c)+(b\pm d)\sqrt{3}\in\mathbb{Q}(\sqrt{3}),$$

$$\alpha\beta=(ac+3bd)+(bc+ad)\sqrt{3}\in\mathbb{Q}(\sqrt{3}).$$

设 $\alpha\neq0$，则 a，b 不全为零，从而 $a-b\sqrt{3}\neq0$$\Big($假如 $a-b\sqrt{3}=0$，则 $a=b\sqrt{3}$，于是 $b\neq0$，从而$\frac{a}{b}=\sqrt{3}$与$\frac{a}{b}\in\mathbb{Q}$矛盾$\Big)$. 因此，有

$$\frac{1}{\alpha}=\frac{a-b\sqrt{3}}{(a-b\sqrt{3})(a+b\sqrt{3})}=\frac{a-b\sqrt{3}}{a^2-3b^2}=\frac{a}{a^2-3b^2}+\frac{-b}{a^2-3b^2}\sqrt{3}\in\mathbb{Q}(\sqrt{3})$$

综上所述，$\mathbb{Q}(\sqrt{3})$是一个数域.

补充题一

1. 解线性方程组：

$$\begin{cases}(1+a_1)x_1+x_2+x_3+\cdots+x_n=b_1,\\ x_1+(1+a_2)x_2+x_3+\cdots+x_n=b_2,\\ x_1+x_2+(1+a_3)x_3+\cdots+x_n=b_3,\\ \cdots\cdots\cdots\cdots\\ x_1+x_2+x_3+\cdots+(1+a_n)x_n=b_n,\end{cases}$$

其中 $a_i\neq 0$，$i=1, 2, \cdots, n$；且$\frac{1}{a_1}+\frac{1}{a_2}+\cdots+\frac{1}{a_n}\neq -1$.

解：令 $y=x_1+x_2+\cdots+x_n$，则原方程组可以写成

$$\begin{cases} y+a_1x_1=b_1, \\ y+a_2x_2=b_2, \\ \cdots\cdots\cdots\cdots \\ y+a_nx_n=b_n, \end{cases}$$

由此得出

$$\begin{cases} x_1=\dfrac{b_1-y}{a_1}, \\ x_2=\dfrac{b_2-y}{a_2}, \\ \quad\vdots \\ x_n=\dfrac{b_n-y}{a_n}, \end{cases}$$

将 n 个式子相加得 $y=\sum\limits_{i=1}^{n}x_i=\sum\limits_{i=1}^{n}\frac{b_i}{a_i}-\sum\limits_{i=1}^{n}\left(\frac{1}{a_i}\right)y$，从而得到

$$y=\frac{\sum\limits_{i=1}^{n}\dfrac{b_i}{a_i}}{1+\sum\limits_{i=1}^{n}\dfrac{1}{a_i}}$$

于是

$$x_i=\frac{b_i}{a_i}-\frac{\sum\limits_{i=1}^{n}\dfrac{b_i}{a_i}}{a_i\left(1+\sum\limits_{i=1}^{n}\dfrac{1}{a_i}\right)}$$

2. 解线性方程组：

$$\begin{cases} x_1+2x_2+3x_3+\cdots+(n-1)x_{n-1}+nx_n=b_1, \\ nx_1+x_2+2x_3+\cdots+(n-2)x_{n-1}+(n-1)x_n=b_2, \\ \cdots\cdots\cdots\cdots \\ 2x_1+3x_2+4x_3+\cdots+nx_{n-1}+x_n=b_n. \end{cases}$$

解：将这 n 个方程组相加，得到

$$\frac{n(n+1)}{2}\sum_{i=1}^{n} x_i=\sum_{i=1}^{n} b_i$$

令 $y=\sum_{i=1}^{n} x_i$，由上式得

$$y=\frac{2}{n(n+1)}\sum_{i=1}^{n} b_i$$

第 1 个方程减去第 2 个方程得

$$(1-n)x_1+x_2+x_2+x_3+\cdots+x_{n-1}+x_n=b_1-b_2$$

由此得

$$y-nx_1=b_1-b_2$$

从而

$$x_1=\frac{1}{n}(y-b_1+b_2)=\frac{1}{n}\left[\frac{2}{n(n+1)}\sum_{i=1}^{n}b_i-b_1+b_2\right]$$

类似的，第 2 个方程减去第 3 个方程可以求出 x_2，第 3 个方程减去第 4 个方程可以求出 x_3，…，第 n 个方程减去第 1 个方程可以求出 x_n.

3. 解线性方程组：

$$\begin{cases} x_1+x_2+\cdots+x_n=1, \\ x_2+\cdots+x_n+x_{n+1}=2, \\ \qquad\cdots\cdots\cdots\cdots \\ x_{n+1}+x_{n+2}+\cdots+x_{2n}=n+1. \end{cases}$$

解：因为 $n\geqslant 2$，系数矩阵的秩＝增广矩阵的秩＝$n+1<2n$，故方程组有 $2n-(n+1)=(n-1)$个自由未知量. 由第$(n+1)$个方程可得

$$x_{n+1}=-x_{n+2}-x_{n+3}-\cdots-x_{2n}+n+1$$

用第 n 个方程减去 $n+1$ 个方程，得

$$x_n=x_{2n}-1$$

用第 $n-1$ 个方程减去第 n 个方程，得

$$x_{n-1}=x_{2n-1}-1$$

依次减下去，最后用第 1 个方程减去第 2 个方程，并用 x_{n+1} 的表达式代入，可得

$$x_1=x_{n+1}-1=-x_{n+2}-x_{n+3}-\cdots-x_{2n}+n$$

于是原方程组的解为

$$\begin{cases}x_1=-x_{n+2}-x_{n+3}-\cdots-x_{2n}+n,\\x_2=x_{n+2}-1,\\x_3=x_{n+3}-1,\\\qquad\cdots\cdots\cdots\cdots\\x_{n-1}=x_{2n-1}-1,\\x_n=x_{2n}-1,\\x_{n+1}=-x_{n+2}-x_{n-3}-\cdots-x_{2n}+n+1.\end{cases}$$

其中，x_{n+2}，x_{n+3}，…，x_{2n}是自由未知量.

第 2 章　行列式

习题 2.1　n 元排列

1. 求下列各个排列的逆序数，并指出它们的奇偶性：

(1) 315462；　(2) 365412；　(3) 654321；

(4) 518394267；　(5) 518694237；　(6) 987654321.

解：(1) $\tau(315462)=6$，偶排列.　(2) $\tau(365412)=11$，奇排列.

(3) $\tau(654321)=15$，奇排列.　(4) $\tau(518394267)=15$，奇排列.

(5) $\tau(518694237)=18$，偶排列.　(6) $\tau(987654321)=36$，偶排列.

2. 求 n 元排列 $n(n-1)\cdots321$ 的逆序数，并讨论它的奇偶性.

解：$\tau[n(n-1)\cdots321]=(n-1)+(n-2)+\cdots+1=\dfrac{n(n-1)}{2}$.

当 $n=4k$ 时，$\dfrac{n(n-1)}{2}=2k(4k-1)$；

当 $n=4k+1$ 时，$\dfrac{n(n-1)}{2}=(4k+1)2k$；

当 $n=4k+2$ 时，$\dfrac{n(n-1)}{2}=(2k+1)(4k+1)$；

当 $n=4k+3$ 时，$\dfrac{n(n-1)}{2}=(2k+1)(4k+3)$.

因此，当 $n=4k$ 或 $n=4k+1$ 时，$n(n-1)\cdots321$ 是偶排列；当 $n=4k+2$ 或 $n=4k+3$ 时，$n(n-1)\cdots321$ 是奇排列.

3. 求下列 n 元排列的逆序数：

(1) $(n-1)(n-2)\cdots21n$；　(2) $23\cdots(n-1)n1$.

解：(1) $\tau[(n-1)(n-2)\cdots21n]=(n-2)+(n-3)+\cdots+1=\dfrac{(n-1)(n-2)}{2}$.

(2) $\tau[23\cdots(n-1)n1]=\underbrace{1+1+\cdots+1}_{(n-1)\text{个}}=(n-1)$.

4. 如果 n 元排列 $j_1j_2\cdots j_n$ 的逆序数为 r，求 n 元排列 $j_n\cdots j_2j_1$ 的逆序数.

解： 在 n 元排列 $j_1j_2\cdots j_{n-1}j_n$ 中构成逆序(顺序)的一对数，它们在 $j_nj_{n-1}\cdots j_2j_1$ 中构成一对顺序(逆序)，因此 $j_n\cdots j_2j_1$ 中构成顺序的对数有 r 对. 又由于排列 $j_nj_{n-1}\cdots j_2j_1$ 中从左至右构成的数对总共有 $\frac{n(n-1)}{2}$ 对，因此

$$\tau(j_nj_{n-1}\cdots j_2j_1)=\frac{n(n-1)}{2}-r.$$

5. 设在由 1，2，…，n 形成的 n 元排列 $a_1a_2\cdots a_kb_1\cdots b_{n-k}$ 中，$a_1<a_2<\cdots<a_k$，$b_1<b_2<\cdots<b_{n-k}$. 求这个排列的逆序数.

解： 在 a_1 后面比 a_1 小的数有 (a_1-1) 个，于是 a_1 跟它们构成的逆序有 (a_1-1) 对；在 a_2 后面比 a_2 小的数有 $a_2-1-1=(a_2-2)$ 个(注意 $a_1<a_2$)，于是 a_2 跟它们构成的逆序有 (a_2-2) 对；…；在 a_k 后面比 a_k 小的数有 $a_k-1-(k-1)=(a_k-k)$ 个，于是 a_k 与它们构成的逆序有 (a_k-k) 对. 由于 $b_1<b_2<\cdots<b_{n-k}$，因此，排列 b_1，b_2，…，b_{n-k} 中没有逆序. 从而

$$\begin{aligned}\tau(a_1a_2\cdots a_kb_1\cdots b_{n-k})&=(a_1-1)+(a_2-2)+\cdots+(a_k-k)\\&=\sum_{i=1}^{k}a_i-\frac{k(k+1)}{2}\end{aligned}$$

6. 计算下列 2 阶行列式：

(1) $\begin{vmatrix}3 & -1\\5 & 2\end{vmatrix}=11$；　(2) $\begin{vmatrix}0 & 0\\1 & 4\end{vmatrix}=0$；　(3) $\begin{vmatrix}-2 & 5\\4 & -10\end{vmatrix}=0$；

(4) $\begin{vmatrix}\lambda & -a\\a & \lambda\end{vmatrix}=\lambda^2+a^2$；　(5) $\begin{vmatrix}\lambda+4 & -2\\-2\lambda+2 & \lambda\end{vmatrix}=\lambda^2+4$.

习题 2.2　n 阶行列式的定义

1. 计算下述 n 阶行列式($n>1$)：

(1) $$\begin{vmatrix}0 & a_1 & 0 & \cdots & 0\\0 & 0 & a_2 & \cdots & 0\\\vdots & \vdots & \vdots & & \vdots\\0 & 0 & 0 & \cdots & a_{n-1}\\a_n & 0 & 0 & \cdots & 0\end{vmatrix}=(-1)^{n-1}a_1a_2\cdots a_{n-1}a_n$$

$$(2)\ \begin{vmatrix} 0 & \cdots & 0 & a_1 & 0 \\ 0 & \cdots & a_2 & 0 & 0 \\ \vdots & & \vdots & \vdots & \vdots \\ a_{n-1} & \cdots & 0 & 0 & 0 \\ 0 & \cdots & 0 & 0 & a_n \end{vmatrix} = (-1)^{n-1} \cdot (-1)^{\frac{n(n-1)}{2}} \cdot a_1 a_2 \cdots a_{n-1} a_n$$

2. 计算下述 5 阶行列式：

$$\begin{vmatrix} a_1 & a_2 & a_3 & a_4 & a_5 \\ b_1 & b_2 & b_3 & b_4 & b_5 \\ 0 & 0 & 0 & c_1 & c_2 \\ 0 & 0 & 0 & d_1 & d_2 \\ 0 & 0 & 0 & e_1 & e_2 \end{vmatrix} = \sum_{j_1 \cdots j_5} (-1)^{\tau(j_1 j_2 \cdots j_5)} a_{1_{j_1}} a_{2_{j_2}} a_{3_{j_3}} a_{4_{j_4}} a_{5_{j_5}}$$

每一项都包含最后三行中位于不同列的元素，而最后三行中只有第 4 列和第 5 列的元素可能不为零，因此每一项都包含零，从而行列式为零.

3. 下述 4 阶行列式是 x 的几次多项式？分别写出它的 x^4 项和 x^3 项的系数：

$$\begin{vmatrix} 7x & x & 1 & 2x \\ 1 & x & 5 & -1 \\ 4 & 3 & x & 1 \\ 2 & -1 & 1 & x \end{vmatrix}$$

解： 为了得到 x 的最高次幂，第 4 行应取第 4 列的元素 x，第 3 行取第 3 列的元素 x，第 2 行应取第 2 列的元素 x，于是第 1 行只能取第 1 列的元素 $7x$. 从而这一项为

$$(-1)^{\tau(1234)} 7x \cdot x \cdot x \cdot x = 7x^4$$

有上述取法知，其余项都不含 x^4 项，因此这个行列式是 x 的 4 次多项式，x^4 项的系数为 7.

为了得到 x^3 项，从第 1 行开始考虑，若取 $7x$，则第 2 行只能取 x，或 5，或 -1，无论取哪一个都得不到 x^3 的项. 若第 1 行取第 2 列的元素 x，则第 2 行取不到含 x 的元素，从而应当在第 3 行取 x，第 4 行取 x，于是第 2 行只能取 1，这一项为

$$(-1)^{\tau(2134)} x \cdot 1 \cdot x \cdot x = -x^3.$$

若第 1 行取 1，则第 3 行取不到含 x 的元素，从而得不到 x^3 的项；若第 1 行取 $2x$，则第 4 行取不到 x，从而第 2 行，第 3 行都应当取 x，于是第 4 行取 2. 从而这一项为

$$(-1)^{\tau(4231)}(2x)\cdot x\cdot x\cdot 2=-4x^3.$$

因此多项式中 x^3 项为

$$-x^3-4x^3=-5x^3,$$

x^3 项的系数为-5.

4. 证明：如果在 n 阶行列式($n>1$)中，第 i_1，i_2，…，i_k 行分别与第 j_1，j_2，…，j_l 列交叉位置的元素都是 0，并且 $k+l>n$，那么这个行列式的值等于 0.

证明： 行列式完全展开式中，每一项都包含第 i_1，i_2，…，i_k 行中位于不同列的元素，则有 k 个元素. 由已知条件，第 i_1，i_2，…，i_k 行只有与第 j_1，j_2，…，j_l 列以外的 $n-l$列的交叉位置的元素可能不等于 0. 又因为 $k>n-l$，因此每项都含有零元素，从而行列式为零.

5. 设 $n\geqslant 2$. 证明：如果 n 阶矩阵$\boldsymbol{A}$ 的元素为 1 或-1，那么$|\boldsymbol{A}|$必为偶数.

证明： 由于$|\boldsymbol{A}|=\sum\limits_{j_1j_2\cdots j_n}(-1)^{\tau(j_1j_2\cdots j_n)}a_{1_{j_1}}a_{2_{j_2}}\cdots a_{n_{j_n}}$，则可知展开式中每项都为 1 或$-1$，设有 k 项等于 1，则有($n!-k$)项等于-1，于是$|\boldsymbol{A}|=\underbrace{1+1+\cdots+1}_{k项}+\underbrace{(-1)+(-1)+\cdots+(-1)}_{(n!-k)项}=k+(k-n!)=2k-n!$，这是偶数.

习题 2.3 行列式的性质

1. 计算下述行列式：

(1) $$\begin{vmatrix}-2&1&-3\\98&101&97\\1&-3&4\end{vmatrix}=\begin{vmatrix}-2&3&-1\\98&3&-1\\1&-4&3\end{vmatrix}=\begin{vmatrix}-100&0&0\\98&3&-1\\1&-4&3\end{vmatrix}=-100\begin{vmatrix}3&-1\\-4&3\end{vmatrix}$$
$$=-500;$$

(2) $$\begin{vmatrix}1&2&3&4\\2&3&4&1\\3&4&1&2\\4&1&2&3\end{vmatrix}=\begin{vmatrix}10&10&10&10\\2&3&4&1\\3&4&1&2\\4&1&2&3\end{vmatrix}=10\begin{vmatrix}1&1&1&1\\2&3&4&1\\3&4&1&2\\4&1&2&3\end{vmatrix}$$
$$=10\begin{vmatrix}1&1&1&1\\0&1&2&-1\\0&1&-2&-1\\0&-3&-2&-1\end{vmatrix}=10\begin{vmatrix}1&2&-1\\0&-4&0\\0&4&-4\end{vmatrix}=10\cdot 16=160.$$

2. 计算下述 n 阶行列式：

$$\begin{vmatrix} a_1-b & a_2 & \cdots & a_n \\ a_1 & a_2-b & \cdots & a_n \\ \vdots & \vdots & & \vdots \\ a_1 & a_2 & \cdots & a_n-b \end{vmatrix}.$$

解：将第 2，3，…，n 列全部加到第一列得：

$$=\left(\sum_{i=1}^{n} a_i-b\right)\begin{vmatrix} 1 & a_2 & \cdots & a_n \\ 1 & a_2-b & \cdots & a_n \\ \vdots & \vdots & & \vdots \\ 1 & a_2 & \cdots & a_n-b \end{vmatrix}$$

$$=\left(\sum_{i=1}^{n} a_i-b\right)\begin{vmatrix} 1 & 0 & \cdots & 0 \\ 1 & -b & \cdots & 0 \\ \vdots & \vdots & & \vdots \\ 1 & 0 & \cdots & -b \end{vmatrix}=(-1)^{n-1}b^{n-1}\cdot\left(\sum_{i=1}^{n} a_i-b\right).$$

3. 证明：

(1) $\begin{vmatrix} a_1-b_1 & b_1-c_1 & c_1-a_1 \\ a_2-b_2 & b_2-c_2 & c_2-a_2 \\ a_3-b_3 & b_3-c_3 & c_3-a_3 \end{vmatrix}=0$；

证明：

$$\begin{vmatrix} a_1-b_1 & b_1-c_1 & c_1-a_1 \\ a_2-b_2 & b_2-c_2 & c_2-a_2 \\ a_3-b_3 & b_3-c_3 & c_3-a_3 \end{vmatrix}=\begin{vmatrix} a_1 & b_1-c_1 & c_1-a_1 \\ a_2 & b_2-c_2 & c_2-a_2 \\ a_3 & b_3-c_3 & c_3-a_3 \end{vmatrix}-\begin{vmatrix} b_1 & b_1-c_1 & c_1-a_1 \\ b_2 & b_2-c_2 & c_2-a_2 \\ b_3 & b_3-c_3 & c_3-a_3 \end{vmatrix}$$

$$=\begin{vmatrix} a_1 & b_1-c_1 & c_1 \\ a_2 & b_2-c_2 & c_2 \\ a_3 & b_3-c_3 & c_3 \end{vmatrix}-\begin{vmatrix} b_1 & -c_1 & c_1-a_1 \\ b_2 & -c_2 & c_2-a_2 \\ b_3 & -c_3 & c_3-a_3 \end{vmatrix}$$

$$=\begin{vmatrix} a_1 & b_1 & c_1 \\ a_2 & b_2 & c_2 \\ a_3 & b_3 & c_3 \end{vmatrix}-\begin{vmatrix} b_1 & -c_1 & -a_1 \\ b_2 & -c_2 & -a_2 \\ b_3 & -c_3 & -a_3 \end{vmatrix}=0;$$

(2) $$\begin{vmatrix} a_1+b_1 & b_1+c_1 & c_1+a_1 \\ a_2+b_2 & b_2+c_2 & c_2+a_2 \\ a_3+b_3 & b_3+c_3 & c_3+a_3 \end{vmatrix} = \begin{vmatrix} a_1 & b_1+c_1 & c_1+a_1 \\ a_2 & b_2+c_2 & c_2+a_2 \\ a_3 & b_3+c_3 & c_3+a_3 \end{vmatrix} + \begin{vmatrix} b_1 & b_1+c_1 & c_1+a_1 \\ b_2 & b_2+c_2 & c_2+a_2 \\ b_3 & b_3+c_3 & c_3+a_3 \end{vmatrix}$$

$$= \begin{vmatrix} a_1 & b_1 & c_1 \\ a_2 & b_2 & c_2 \\ a_3 & b_3 & c_3 \end{vmatrix} + \begin{vmatrix} b_1 & c_1 & a_1 \\ b_2 & c_2 & a_2 \\ b_3 & c_3 & a_3 \end{vmatrix} = 2\begin{vmatrix} a_1 & b_1 & c_1 \\ a_2 & b_2 & c_2 \\ a_3 & b_3 & c_3 \end{vmatrix}.$$

4. 计算下述 n 阶行列式：

(1) $$\begin{vmatrix} a_1 & a_2 & a_3 & \cdots & a_n \\ b_2 & 1 & 0 & \cdots & 0 \\ b_3 & 0 & 1 & \cdots & 0 \\ \vdots & \vdots & \vdots & & \vdots \\ b_n & 0 & 0 & \cdots & 1 \end{vmatrix} = \begin{vmatrix} a_1-\sum\limits_{k=2}^{n} a_k b_k & a_2 & a_3 & \cdots & a_n \\ 0 & 1 & 0 & \cdots & 0 \\ 0 & 0 & 1 & \cdots & 0 \\ \vdots & \vdots & \vdots & & \vdots \\ 0 & 0 & 0 & \cdots & 1 \end{vmatrix} = a_1 - \sum_{k=2}^{n} a_k b_k;$$

(2) $$\begin{vmatrix} a_1+b_1 & a_1+b_2 & \cdots & a_1+b_n \\ a_2+b_1 & a_2+b_2 & \cdots & a_2+b_n \\ \vdots & \vdots & & \vdots \\ a_n+b_1 & a_n+b_2 & \cdots & a_n+b_n \end{vmatrix} = \begin{vmatrix} a_1+b_1 & a_1+b_2 & \cdots & a_1+b_n \\ a_2-a_1 & a_2-a_1 & \cdots & a_2-a_1 \\ a_3-a_1 & a_3-a_1 & \cdots & a_3-a_1 \\ \vdots & \vdots & & \vdots \\ a_n-a_1 & a_n-a_1 & \cdots & a_n-a_1 \end{vmatrix},$$

故当 $n\geqslant 3$ 时，有两行成比例，故行列式为零；当 $n=1$ 时，行列式为 a_1+b_1；当 $n=2$ 时，行列式为 $(a_1-a_2)(b_2-b_1)$.

另解：当 $n\geqslant 3$ 时，把行列式看成是 b_1 的一次多项式，然而，当 $b_1=b_2$，$b_1=b_3$，…，$b_1=b_n$ 时行列式为零，也就是这个一次多项式不只有一个根，所以这个一次多项式恒为零，即行列式为零.

另解：由于

$$\begin{pmatrix} a_1+b_1 & a_1+b_2 & \cdots & a_1+b_n \\ a_2+b_1 & a_2+b_2 & \cdots & a_2+b_n \\ \vdots & \vdots & & \vdots \\ a_n+b_1 & a_n+b_2 & \cdots & a_n+b_n \end{pmatrix} = \begin{pmatrix} a_1 & 1 \\ a_2 & 1 \\ \vdots & \vdots \\ a_n & 1 \end{pmatrix} \cdot \begin{pmatrix} 1 & 1 & \cdots & 1 \\ b_1 & b_2 & \cdots & b_n \end{pmatrix}$$

由 Cauchy-Binet 公式得到当 $n>2$ 时右端两个矩阵乘积的行列式为零. $n=2$ 的情况同上.

习题 2.4　行列式按一行(列)展开

1. 计算下列行列式：

(1)
$$\begin{vmatrix}-4&5&2&-3\\1&-2&-3&4\\2&3&7&5\\-3&6&4&-2\end{vmatrix}=\begin{vmatrix}0&-3&-10&13\\1&-2&-3&4\\0&7&13&-3\\0&0&-5&10\end{vmatrix}=-\begin{vmatrix}-3&-10&13\\7&13&-3\\0&-5&10\end{vmatrix}$$

$$=-\begin{vmatrix}-3&-10&13\\1&-7&23\\0&-5&10\end{vmatrix}=-\begin{vmatrix}0&-31&82\\1&-7&23\\0&-5&10\end{vmatrix}=\begin{vmatrix}-31&82\\-5&10\end{vmatrix}=\begin{vmatrix}-31&20\\-5&0\end{vmatrix}=100;$$

(2)
$$\begin{vmatrix}-2&0&4&1\\-5&1&-3&2\\1&-2&6&4\\2&7&1&-3\end{vmatrix}=\begin{vmatrix}0&-4&16&9\\0&-9&27&22\\1&-2&6&4\\0&11&-11&-11\end{vmatrix}=11\begin{vmatrix}-4&16&9\\-9&27&22\\1&-1&-1\end{vmatrix}$$

$$=11\begin{vmatrix}0&12&5\\0&18&13\\1&-1&-1\end{vmatrix}=11\begin{vmatrix}12&5\\18&13\end{vmatrix}=726.$$

2. 计算下列多项式；并且将得到的 λ 的多项式因式分解：

(1)
$$\begin{vmatrix}\lambda-2&-3&-2\\-1&\lambda-8&-2\\2&14&\lambda+3\end{vmatrix}=\begin{vmatrix}\lambda-2&-3&-2\\-1&\lambda-8&-2\\0&2\lambda-2&\lambda-1\end{vmatrix}=\begin{vmatrix}\lambda-2&1&-2\\-1&\lambda-4&-2\\0&0&\lambda-1\end{vmatrix}$$

$$=(\lambda-1)[(\lambda-2)(\lambda-4)+1]=(\lambda-1)(\lambda-3)^2;$$

(2)
$$\begin{vmatrix}\lambda-1&-1&-1&-1\\-1&\lambda+1&-1&1\\-1&-1&\lambda+1&1\\-1&1&1&\lambda-1\end{vmatrix}=\begin{vmatrix}\lambda-1&-1&-1&-1\\-1&\lambda+1&-1&1\\0&-(\lambda+2)&\lambda+2&0\\-1&1&1&\lambda-1\end{vmatrix}$$

$$=(\lambda+2)\begin{vmatrix}\lambda-1&-1&-1&-1\\-1&\lambda+1&-1&1\\0&-1&1&0\\-1&1&1&\lambda-1\end{vmatrix}=(\lambda+2)\begin{vmatrix}\lambda-1&-2&-1&-1\\-1&\lambda&-1&1\\0&0&1&0\\-1&2&1&\lambda-1\end{vmatrix}$$

$$=(\lambda+2)\begin{vmatrix}\lambda-1 & -2 & -1\\ -1 & \lambda & 1\\ -1 & 2 & \lambda-1\end{vmatrix}=(\lambda+2)\begin{vmatrix}\lambda-1 & -2 & -1\\ -1 & \lambda & 1\\ 0 & 2-\lambda & \lambda-2\end{vmatrix}$$

$$=(\lambda+2)(\lambda-2)\begin{vmatrix}\lambda-1 & -2 & -1\\ -1 & \lambda & 1\\ 0 & -1 & 1\end{vmatrix}=(\lambda+2)(\lambda-2)\begin{vmatrix}\lambda-1 & -3 & -1\\ -1 & \lambda+1 & 1\\ 0 & 0 & 1\end{vmatrix}$$

$$=(\lambda+2)(\lambda-2)(\lambda^2-4)=(\lambda+2)^2(\lambda-2)^2.$$

3. 计算 n 阶行列式：

$$D_n=\begin{vmatrix}2 & -1 & 0 & 0 & \cdots & 0 & 0 & 0\\ -1 & 2 & -1 & 0 & \cdots & 0 & 0 & 0\\ 0 & -1 & 2 & -1 & \cdots & 0 & 0 & 0\\ \vdots & \vdots & \vdots & \vdots & & \vdots & \vdots & \vdots\\ 0 & 0 & 0 & 0 & \cdots & -1 & 2 & -1\\ 0 & 0 & 0 & 0 & \cdots & 0 & -1 & 2\end{vmatrix}.$$

解：当 $n=1$ 时，$D_1=|2|=2$，下面设 $n>1$，把第 2，3，…，n 列都加到第 1 列上，然后按第 1 列展开：

$$\begin{vmatrix}1 & -1 & 0 & 0 & \cdots & 0 & 0 & 0\\ -1 & 2 & -1 & 0 & \cdots & 0 & 0 & 0\\ 0 & -1 & 2 & -1 & \cdots & 0 & 0 & 0\\ \vdots & \vdots & \vdots & \vdots & & \vdots & \vdots & \vdots\\ 0 & 0 & 0 & 0 & \cdots & -1 & 2 & -1\\ 1 & 0 & 0 & 0 & \cdots & 0 & -1 & 2\end{vmatrix}$$

$$=D_{n-1}+(-1)^{n+1}\cdot 1\cdot(-1)^{n-1}=D_{n-1}+1,$$

因此 $D_n=n+1$.

4. 计算 n 阶行列式：

$$D_n=\begin{vmatrix}a+b & ab & 0 & 0 & \cdots & 0 & 0\\ 1 & a+b & ab & 0 & \cdots & 0 & 0\\ 0 & 1 & a+b & ab & \cdots & 0 & 0\\ \vdots & \vdots & \vdots & \vdots & & \vdots & \vdots\\ 0 & 0 & 0 & 0 & \cdots & 1 & a+b\end{vmatrix},$$

其中 $a\neq b$.

解： 将行列式按第 1 列展开得 $D_n=(a+b)D_{n-1}-abD_{n-2}$，即 $b(D_{n-1}-aD_{n-2})=D_n-aD_{n-1}$. 于是数列$\{D_n-aD_{n-1}\}$是首项为 $D_2-aD_1=b^2$，公比为 b 的等比数列，从而

$$D_n-aD_{n-1}=b^2\cdot b^{n-2}=b^n \tag{1}$$

又因为 $D_n-bD_{n-1}=a(D_{n-1}-bD_{n-2})$，同理得：

$$D_n-bD_{n-1}=a^n \tag{2}$$

当 $a\neq b$ 时，联立(1)(2)式，解得：

$$D_n=\frac{a^{n+1}-b^{n+1}}{a-b}$$

5. 计算 n 阶行列式：

$$D_n=\begin{vmatrix} 2a & a^2 & 0 & 0 & \cdots & 0 & 0 & 0 \\ 1 & 2a & a^2 & 0 & \cdots & 0 & 0 & 0 \\ 0 & 1 & 2a & a^2 & \cdots & 0 & 0 & 0 \\ \vdots & \vdots & \vdots & \vdots & & \vdots & \vdots & \vdots \\ 0 & 0 & 0 & 0 & \cdots & 1 & 2a & a^2 \\ 0 & 0 & 0 & 0 & \cdots & 0 & 1 & 2a \end{vmatrix}.$$

解： 按第 1 列展开得 $D_n=2aD_{n-1}-a^2D_{n-2}(n\geqslant 3)$，于是得差分方程 $D_n-2aD_{n-1}+a^2D_{n-2}=0$，特征方程为 $\lambda^2-2a\lambda+a^2=0$，解得二重特征根 $\lambda=a$. 于是，$D_n=(C_1+C_2n)a^n$，其中 C_1，C_2 为任意常数. 因为 $D_1=2a$，$D_2=3a^2$，所以 $C_1=1$，$C_2=1$，即 $D_n=(n+1)a^n$.

6. 计算 n 阶行列式：

$$\begin{vmatrix} 1 & 2 & 3 & \cdots & n-1 & n \\ n & 1 & 2 & \cdots & n-2 & n-1 \\ n-1 & n & 1 & \cdots & n-3 & n-2 \\ \vdots & \vdots & \vdots & & \vdots & \vdots \\ 2 & 3 & 4 & \cdots & n & 1 \end{vmatrix}.$$

解： 当 $n\geqslant 3$ 时，把第 1 行减去第 2 行，第 2 行减去第 3 行，…，第 $n-1$ 行减去第 n 行得：

$$\text{原式}=\begin{vmatrix} 1-n & 1 & 1 & \cdots & 1 & 1 \\ 1 & 1-n & 1 & \cdots & 1 & 1 \\ 1 & 1 & 1-n & \cdots & 1 & 1 \\ \vdots & \vdots & \vdots & & \vdots & \vdots \\ 1 & 1 & 1 & \cdots & 1-n & 1 \\ 2 & 3 & 4 & \cdots & n & 1 \end{vmatrix}$$

将从第 2 列直到 n 列全部加到第 1 列得：

$$\text{原式}=\begin{vmatrix} 0 & 1 & 1 & \cdots & 1 & 1 \\ 0 & 1-n & 1 & \cdots & 1 & 1 \\ 0 & 1 & 1-n & \cdots & 1 & 1 \\ \vdots & \vdots & \vdots & & \vdots & \vdots \\ 0 & 1 & 1 & \cdots & 1-n & 1 \\ \frac{n(n+1)}{2} & 3 & 4 & \cdots & n & 1 \end{vmatrix}_{n\times n}$$

$$=(-1)^{n+1}\cdot\frac{n(n+1)}{2}\cdot\begin{vmatrix} 1 & 1 & \cdots & 1 & 1 \\ 1-n & 1 & \cdots & 1 & 1 \\ 1 & 1-n & \cdots & 1 & 1 \\ \vdots & \vdots & & \vdots & \vdots \\ 1 & 1 & \cdots & 1-n & 1 \end{vmatrix}_{(n-1)\times(n-1)}$$

$$=(-1)^{n+1}\cdot\frac{n(n+1)}{2}\cdot\begin{vmatrix} 1 & 1 & \cdots & 1 & 1 \\ -n & 0 & \cdots & 0 & 0 \\ 0 & -n & \cdots & 0 & 0 \\ \vdots & \vdots & & \vdots & \vdots \\ 0 & 0 & \cdots & -n & 0 \end{vmatrix}_{(n-1)\times(n-1)}$$

$$=(-1)^{n+1}\cdot\frac{n(n+1)}{2}\cdot(-1)^{1+(n-1)}\cdot 1\cdot(-n)^{n-2}=(-1)^{n-1}\cdot\frac{n+1}{2}\cdot n^{n-1}.$$

7. 计算 n 阶行列式：

$$\begin{vmatrix} 1 & 2 & 3 & \cdots & n-1 & n \\ 2 & 3 & 4 & \cdots & n & 1 \\ 3 & 4 & 5 & \cdots & 1 & 2 \\ \vdots & \vdots & \vdots & & \vdots & \vdots \\ n & 1 & 2 & \cdots & n-2 & n-1 \end{vmatrix}.$$

解：把第 $n-1$ 行的(-1)倍加到第 n 行上，把第 $n-2$ 行的(-1)倍加到第 $n-1$ 行上，依此类推，把第 1 行的(-1)倍加到第 2 行上得：

$$原式=\begin{vmatrix} 1 & 2 & 3 & \cdots & n-1 & n \\ 1 & 1 & 1 & \cdots & 1 & 1-n \\ 1 & 1 & 1 & \cdots & 1-n & 1 \\ \vdots & \vdots & \vdots & & \vdots & \vdots \\ 1 & 1-n & 1 & \cdots & 1 & 1 \end{vmatrix}$$

再将第 2，3，…，n 列加到第 1 列上得：

$$原式=\begin{vmatrix} \frac{n(n+1)}{2} & 2 & 3 & \cdots & n-1 & n \\ 0 & 1 & 1 & \cdots & 1 & 1-n \\ 0 & 1 & 1 & \cdots & 1-n & 1 \\ \vdots & \vdots & \vdots & & \vdots & \vdots \\ 0 & 1-n & 1 & \cdots & 1 & 1 \end{vmatrix}_{n\times n}$$

$$=\frac{n(n+1)}{2}\begin{vmatrix} 1 & 1 & \cdots & 1 & 1-n \\ 1 & 1 & \cdots & 1-n & 1 \\ \vdots & \vdots & & \vdots & \vdots \\ 1-n & 1 & \cdots & 1 & 1 \end{vmatrix}_{(n-1)\times(n-1)}$$

将所有列加到第 1 列上得：

$$原式=-\frac{n(n+1)}{2}\begin{vmatrix} 1 & 1 & \cdots & 1 & 1-n \\ 1 & 1 & \cdots & 1-n & 1 \\ \vdots & \vdots & & \vdots & \vdots \\ 1 & 1 & \cdots & 1 & 1 \end{vmatrix}_{(n-1)\times(n-1)}$$

$$=-\frac{n(n+1)}{2}\begin{vmatrix} 1 & 1 & \cdots & 1 & 1-n \\ 0 & 0 & \cdots & -n & n \\ \vdots & \vdots & & \vdots & \vdots \\ 0 & -n & \cdots & 0 & n \\ 0 & 0 & \cdots & 0 & n \end{vmatrix}_{(n-1)\times(n-1)}$$

$$=-\frac{n(n+1)}{2}\begin{vmatrix}0 & \cdots & -n & n\\ \vdots & & \vdots & \vdots\\ -n & \cdots & 0 & n\\ 0 & \cdots & 0 & n\end{vmatrix}_{(n-2)\times(n-2)}$$

$$=-\frac{n(n+1)}{2}\cdot n\cdot(-n)^{n-3}(-1)^{C_{n-3}^{2}}=(-1)^{\frac{n(n-1)}{2}}\cdot\frac{n+1}{2}\cdot n^{n-1}.$$

8. 计算 n 阶行列式($n\geqslant3$)：

$$\begin{vmatrix}1 & 2 & 2 & \cdots & 2 & 2 & 2\\ 2 & 2 & 2 & \cdots & 2 & 2 & 2\\ 2 & 2 & 3 & \cdots & 2 & 2 & 2\\ \vdots & \vdots & \vdots & & \vdots & \vdots & \vdots\\ 2 & 2 & 2 & \cdots & 2 & n-1 & 2\\ 2 & 2 & 2 & \cdots & 2 & 2 & n\end{vmatrix}.$$

解：将第 1 行的 (-1) 倍分别加到第 2，3，…，n 行上得：

$$原式=\begin{vmatrix}1 & 2 & 2 & \cdots & 2 & 2 & 2\\ 1 & 0 & 0 & \cdots & 0 & 0 & 0\\ 1 & 0 & 1 & \cdots & 0 & 0 & 0\\ \vdots & \vdots & \vdots & & \vdots & \vdots & \vdots\\ 1 & 0 & 0 & \cdots & 0 & n-3 & 0\\ 1 & 0 & 0 & \cdots & 0 & 0 & n-2\end{vmatrix}$$

按第 2 列展开得：

$$原式=(-1)^{1+2}\cdot2\cdot\begin{vmatrix}1 & 0 & \cdots & 0 & 0 & 0\\ 1 & 1 & \cdots & 0 & 0 & 0\\ \vdots & \vdots & & \vdots & \vdots & \vdots\\ 1 & 0 & \cdots & 0 & n-3 & 0\\ 1 & 0 & \cdots & 0 & 0 & n-2\end{vmatrix}_{(n-1)\times(n-1)}=-2(n-2)!.$$

9. 计算 n 阶行列式：

$$D_n=\begin{vmatrix} x & y & y & \cdots & y & y \\ z & x & y & \cdots & y & y \\ z & z & x & \cdots & y & y \\ \vdots & \vdots & \vdots & & \vdots & \vdots \\ z & z & z & \cdots & x & y \\ z & z & z & \cdots & z & x \end{vmatrix},\quad y\neq z.$$

解： 用最后一行减去 $n-1$ 行，第 $n-1$ 行减去第 $n-2$ 行，…，第 2 行减去第 1 行得：

$$D_n=\begin{vmatrix} x & y & y & \cdots & y & y \\ z-x & x-y & 0 & \cdots & 0 & 0 \\ 0 & z-x & x-y & \cdots & 0 & 0 \\ \vdots & \vdots & \vdots & & \vdots & \vdots \\ 0 & 0 & 0 & \cdots & x-y & 0 \\ 0 & 0 & 0 & \cdots & z-x & x-y \end{vmatrix}$$

按最后一列展开得：

$$D_n=(-1)^{1+n}y(z-x)^{n-1}+(x-y)D_{n-1}$$

再由行列式性质：转置后的行列式值不变，得：

$$D_n=\begin{vmatrix} x & z & z & \cdots & z & z \\ y & x & z & \cdots & z & z \\ y & y & x & \cdots & z & z \\ \vdots & \vdots & \vdots & \vdots & \vdots & \\ y & y & y & \cdots & x & z \\ y & y & y & \cdots & y & x \end{vmatrix}$$

同理 $D_n=(-1)^{1+n}z(y-x)^{n-1}+(x-z)D_{n-1}$，于是有：

$$\begin{cases} D_n=(x-y)D_{n-1}+y(x-z)^{n-1}, & n\geqslant 2 \\ D_n=(x-z)D_{n-1}+z(x-y)^{n-1}, & n\geqslant 2 \end{cases}$$

解得：

$$D_n=\frac{y(x-z)^n-z(x-y)^{n-1}}{y-z}.$$

10. 设数域$\mathbb{K}$上的 n 级矩阵 $\boldsymbol{A}=(a_{ij})$，它的(i, j)元的代数余子式记作 A_{ij}. 把 $\boldsymbol{A}$ 的每个元素都加上同一个数 t，得到的矩阵记作 $\boldsymbol{A}(t)=(a_{ij}+t)$，证明：

$$|\boldsymbol{A}(t)|=|\boldsymbol{A}|+t\sum_{i=1}^{n}\sum_{j=1}^{n}A_{ij}.$$

证明： $|\boldsymbol{A}(t)|$的每一列都是两组数的和，可以把$|\boldsymbol{A}(t)|$拆成 2^n 个行列式的和，由于两列相同的行列式值为零，因此可能不为零的行列式至多只能有一列含元素 t，于是：

$$|\boldsymbol{A}(t)|=\begin{vmatrix} a_{11} & a_{12} & \cdots & a_{1n} \\ a_{21} & a_{22} & \cdots & a_{2n} \\ \vdots & \vdots & & \vdots \\ a_{n1} & a_{n2} & \cdots & a_{nn} \end{vmatrix}+\begin{vmatrix} t & a_{12} & \cdots & a_{1n} \\ t & a_{22} & \cdots & a_{2n} \\ \vdots & \vdots & & \vdots \\ t & a_{n2} & \cdots & a_{nn} \end{vmatrix}+\cdots+\begin{vmatrix} a_{11} & a_{12} & \cdots & a_{1,n-1} & t \\ a_{21} & a_{22} & \cdots & a_{2,n-1} & t \\ \vdots & \vdots & & \vdots & \vdots \\ a_{n1} & a_{n2} & \cdots & a_{n,n-1} & t \end{vmatrix}$$

$$=|\boldsymbol{A}|+(tA_{11}+tA_{21}+\cdots+tA_{n1})+\cdots+(tA_{1n}+tA_{2n}+\cdots+tA_{nn})$$

$$=|\boldsymbol{A}|+t\sum_{i=1}^{n}\sum_{j=1}^{n}A_{ij}.$$

11. 计算下列 n 阶行列式：

(1) $\begin{vmatrix} 1+x_1y_1 & 1+x_1y_2 & \cdots & 1+x_1y_n \\ 1+x_2y_1 & 1+x_2y_2 & \cdots & 1+x_2y_n \\ \vdots & \vdots & & \vdots \\ 1+x_ny_1 & 1+x_ny_2 & \cdots & 1+x_ny_n \end{vmatrix}$；

解： 由第 10 题的结论知，原行列式的值为$|\boldsymbol{A}|+\sum_{i=1}^{n}\sum_{j=1}^{n}A_{ij}$，

其中：

$$|\boldsymbol{A}|=\begin{vmatrix} x_1y_1 & x_1y_2 & \cdots & x_1y_n \\ x_2y_1 & x_2y_2 & \cdots & x_2y_n \\ \vdots & \vdots & & \vdots \\ x_ny_1 & x_ny_2 & \cdots & x_ny_n \end{vmatrix}$$

当 $n=1$ 时，$|\boldsymbol{A}|=x_1y_1$，而 1 阶行列式的 $A_{11}=1$，故 $n=1$ 时，原行列式的值为 $1+x_1y_1$. 当 $n=2$ 时，$|\boldsymbol{A}|=0$，$A_{11}+A_{12}+A_{21}+A_{22}=(x_1-x_2)(y_1-y_2)$，故 $n=2$ 时，原行列式的值为$(x_1-x_2)(y_1-y_2)$.

当 $n\geqslant 3$ 时，$|\boldsymbol{A}|=0$，$A_{ij}=0(i, j=1, 2, \cdots, n)$，从而原式为零.

另解： 由于

$$\begin{pmatrix} 1+x_1y_1 & 1+x_1y_2 & \cdots & 1+x_1y_n \\ 1+x_2y_1 & 1+x_2y_2 & \cdots & 1+x_2y_n \\ \vdots & \vdots & & \vdots \\ 1+x_ny_1 & 1+x_ny_2 & \cdots & 1+x_ny_n \end{pmatrix} = \begin{pmatrix} x_1 & 1 \\ x_2 & 1 \\ \vdots & \vdots \\ x_n & 1 \end{pmatrix} \cdot \begin{pmatrix} y_1 & y_2 & \cdots & y_n \\ 1 & 1 & \cdots & 1 \end{pmatrix}$$

由 Cauchy-Binet 公式得到当 $n>2$ 时右端两个矩阵乘积的行列式为零. $n=2$ 的情况直接计算易得.

(2) $\begin{vmatrix} 1+t & t & t & \cdots & t \\ t & 2+t & t & \cdots & t \\ t & t & 3+t & \cdots & t \\ \vdots & \vdots & \vdots & & \vdots \\ t & t & t & \cdots & n+t \end{vmatrix}$.

解：由第 10 题的结论知，原行列式的值为 $|\boldsymbol{A}|+t\sum_{i=1}^{n}\sum_{j=1}^{n}A_{ij}$，

其中：

$$|\boldsymbol{A}| = \begin{vmatrix} 1 & 0 & 0 & \cdots & 0 \\ 0 & 2 & 0 & \cdots & 0 \\ 0 & 0 & 3 & \cdots & 0 \\ \vdots & \vdots & \vdots & \vdots & \\ 0 & 0 & 0 & \cdots & n \end{vmatrix} = n!$$

$A_{11}=2\cdot 3\cdot\cdots\cdot n=n!$，$A_{12}=A_{13}=\cdots=A_{1n}=0$，

$A_{21}=0$，$A_{22}=1\cdot 3\cdot\cdots\cdot n=\dfrac{n!}{2}$，$A_{33}=\dfrac{n!}{3}$，$\cdots$，$A_{nn}=\dfrac{n!}{n}$，

从而原行列式的值为

$$n!\ +t\left(\frac{n!}{1}+\frac{n!}{2}+\cdots+\frac{n!}{n}\right)=n!\ \left(1+t+\frac{t}{2}+\cdots+\frac{t}{n}\right)$$

12. 计算 n 阶行列式($n\geqslant 2$)：

$$D_n = \begin{vmatrix} 1 & 1 & \cdots & 1 & 1 \\ x_1 & x_2 & \cdots & x_{n-1} & x_n \\ x_1^2 & x_2^2 & \cdots & x_{n-1}^2 & x_n^2 \\ \vdots & \vdots & & \vdots & \vdots \\ x_1^{n-2} & x_2^{n-2} & \cdots & x_{n-1}^{n-2} & x_n^{n-2} \\ x_1^n & x_2^n & \cdots & x_{n-1}^n & x_n^n \end{vmatrix}.$$

解：为了使用 Vandermonde 行列式的结论，构造如下的 $n+1$ 阶行列式：

$$\widetilde{D}_{n+1}=\begin{vmatrix} 1 & 1 & \cdots & 1 & 1 & 1 \\ x_1 & x_2 & \cdots & x_{n-1} & x_n & y \\ x_1^2 & x_2^2 & \cdots & x_{n-1}^2 & x_n^2 & y^2 \\ \vdots & \vdots & & \vdots & \vdots & \vdots \\ x_1^{n-2} & x_2^{n-2} & \cdots & x_{n-1}^{n-2} & x_n^{n-2} & y^{n-2} \\ x_1^{n-1} & x_2^{n-1} & \cdots & x_{n-1}^{n-1} & x_n^{n-1} & y^{n-1} \\ x_1^n & x_2^n & \cdots & x_{n-1}^n & x_n^n & y^n \end{vmatrix}$$

$$=(y-x_1)(y-x_2)\cdots(y-x_n)\cdot\prod_{1\leqslant j<i\leqslant n}(x_i-x_j)$$

$\widetilde{D}_{n+1}$的完全展开式中 y^{n-1}的系数为

$$-(x_1+x_2+\cdots+x_n)\cdot\prod_{1\leqslant j<i\leqslant n}(x_i-x_j)$$

而 $\widetilde{D}_{n+1}$按最后一列展开的 y^{n-1}前的系数为

$$(-1)^{n+(n+1)}\cdot\begin{vmatrix} 1 & 1 & \cdots & 1 & 1 \\ x_1 & x_2 & \cdots & x_{n-1} & x_n \\ x_1^2 & x_2^2 & \cdots & x_{n-1}^2 & x_n^2 \\ \vdots & \vdots & & \vdots & \vdots \\ x_1^{n-2} & x_2^{n-2} & \cdots & x_{n-1}^{n-2} & x_n^{n-2} \\ x_1^n & x_2^n & \cdots & x_{n-1}^n & x_n^n \end{vmatrix}$$

因此

$$\begin{aligned} D_n &=-(-1)^{n+(n+1)}(x_1+x_2+\cdots+x_n)\prod_{1\leqslant j<i\leqslant n}(x_i-x_j) \\ &=(x_1+x_2+\cdots+x_n)\prod_{1\leqslant j<i\leqslant n}(x_i-x_j) \end{aligned}$$

13. 计算 n 阶行列式：

$$D_n=\begin{vmatrix} 5 & 3 & 0 & 0 & \cdots & 0 & 0 \\ 2 & 5 & 3 & 0 & \cdots & 0 & 0 \\ 0 & 2 & 5 & 3 & \cdots & 0 & 0 \\ \vdots & \vdots & \vdots & \vdots & & \vdots & \vdots \\ 0 & 0 & 0 & 0 & \cdots & 2 & 5 \end{vmatrix}$$

解：将 D_n 按第 1 列展开得 $D_n=5D_{n-1}-2\times3D_{n-2}$，而 $D_1=5$，$D_2=19$，将递推公式改成为

$$D_n-2D_{n-1}=3(D_{n-1}-2D_{n-2})$$

即 D_n-2D_{n-1}是首项为 $D_2-2D_1=9$,公比为 3 的等比数列，所以

$$D_n-2D_{n-1}=9\cdot3^{n-2}=3^n$$

于是

$$\begin{aligned}D_n&=2D_{n-1}+3^n\\&=2(2D_{n-2}+3^{n-1})+3^n\\&=2^2D_{n-2}+2^1 3^{n-1}+2^0 3^n\\&=2^2(2D_{n-3}+3^{n-2})+2^1 3^{n-1}+2^0 3^n\\&=2^3D_{n-3}+2^2 3^{n-2}+2^1 3^{n-1}+2^0 3^n\\&\quad\cdots\\&=2^{n-1}D_1+\sum_{k=0}^{n-2}2^k\cdot3^{n-k}\\&=5\cdot2^{n-1}+3^n\cdot\sum_{k=0}^{n-2}\left(\frac{2}{3}\right)^k\\&=5\cdot2^{n-1}+3^n\cdot\frac{1-\left(\frac{2}{3}\right)^{n-1}}{1-\frac{2}{3}}\\&=5\cdot2^{n-1}+3^{n+1}\cdot\left[1-\left(\frac{2}{3}\right)^{n-1}\right]\\&=5\cdot2^{n-1}+3^{n+1}-9\cdot2^{n-1}=3^{n+1}-2^{n+1}\end{aligned}$$

或者将 $D_n=5D_{n-1}-6D_{n-2}$改写成 $D_n-3D_{n-1}=2(D_{n-1}-3D_{n-2})$，从而 D_n-3D_{n-1}是首项为 $D_2-3D_1=4$，公比为 2 的等比数列，即

$$D_n-3D_{n-1}=4\cdot2^{n-2}=2^n$$

再与 $D_n-2D_{n-1}=3^n$ 联立得

$$D_n=3^{n+1}-2^{n+1}$$

14. 计算 n 阶行列式($n\geqslant 2$)：

$$\begin{vmatrix} 1 & x_1+a_{11} & x_1^2+a_{21}x_1+a_{22} & \cdots & x_1^{n-1}+a_{n-1,1}x_1^{n-2}+\cdots+a_{n-1,n-1} \\ 1 & x_2+a_{11} & x_2^2+a_{21}x_2+a_{22} & \cdots & x_2^{n-1}+a_{n-1,1}x_2^{n-2}+\cdots+a_{n-1,n-1} \\ \vdots & \vdots & \vdots & & \vdots \\ 1 & x_n+a_{11} & x_n^2+a_{21}x_n+a_{22} & \cdots & x_n^{n-1}+a_{n-1,1}x_n^{n-2}+\cdots+a_{n-1,n-1} \end{vmatrix}.$$

解：此行列式第 2 列是两组数(x_1，x_2，…，x_n)与(a_{11}，a_{11}，…，a_{11})的和，第 3 列是 3 组数的和，…，第 n 列是 n 组数的和，从而这个行列式可以拆成 $2\cdot 3\cdot 4\cdot\cdots\cdot n=n!$ 个行列式的和. 在这 $n!$ 个行列式中第 2 列为$(a_{11}, a_{11}, \cdots, a_{11})'$的行列式，由于第 1 列和第 2 列成比例，因此行列式为 0；第 2 列为$(x_1, x_2, \cdots, x_n)'$的$\frac{1}{2}n!$ 个行列式中，只要第 j 列不是$(x_1{}^{j-1}, x_2{}^{j-1}, \cdots, x_n{}^{j-1})'$这一列，那么必有两列成比例，从而这样的行列式为 0，因此可能不为 0 的行列式只有一个：

$$\begin{vmatrix} 1 & x_1 & x_1^2 & \cdots & x_1^{n-1} \\ 1 & x_2 & x_2^2 & \cdots & x_2^{n-1} \\ \vdots & \vdots & \vdots & & \vdots \\ 1 & x_n & x_n^2 & \cdots & x_n^{n-1} \end{vmatrix}$$

这是个 Vandermonde 行列式，其值等于

$$\prod_{1\leqslant j<i\leqslant n}(x_i-x_j)$$

习题 2.5 Cramer 法则，行列式的几何意义

1. 判断下列数域$\mathbb{K}$上 n 元线性方程组有无解？有多少解？

$$\begin{cases} x_1+ax_2+a^2x_3+\cdots+a^{n-1}x_n=b_1, \\ x_1+a^2x_2+a^4x_3+\cdots+a^{2(n-1)}x_n=b_2, \\ \cdots\cdots\cdots\cdots \\ x_1+a^nx_2+a^{2n}x_3+\cdots+a^{n(n-1)}x_n=b_n, \end{cases}$$

其中 $a\neq 0$，并且当 $0<r<n$ 时，$a^r\neq 1$.

解：方程组的系数行列式为：

$$\begin{vmatrix} 1 & a & a^2 & \cdots & a^{n-1} \\ 1 & a^2 & (a^2)^2 & \cdots & (a^2)^{n-1} \\ \vdots & \vdots & \vdots & & \vdots \\ 1 & a^n & (a^n)^2 & \cdots & (a^n)^{n-1} \end{vmatrix}$$

上式是 Vandermonde 行列式，由于 a，a^2，…，a^n 两两不等，因此这个 Vandermonde 行列式的值不为 0，从而方程组有唯一解.

2. 讨论下述数域$\mathbb{K}$上线性方程组何时有唯一解？有无穷多个解？无解？

$$\begin{cases} x_1+ax_2+x_3=2, \\ x_1+x_2+2bx_3=2, \\ x_1+x_2-bx_3=-1. \end{cases}$$

解：当系数行列式非零时方程组有唯一解

$$\begin{vmatrix} 1 & a & 1 \\ 1 & 1 & 2b \\ 1 & 1 & -b \end{vmatrix}=\begin{vmatrix} 1 & a & 1 \\ 0 & 1-a & 2b-1 \\ 0 & 0 & -3b \end{vmatrix}=3(a-1)b\neq 0$$

即 $a\neq 1$ 且 $b\neq 0$ 时方程组有唯一解；

当 $a=1$ 时，方程组为

$$\begin{cases} x_1+x_2+x_3=2, \\ x_1+x_2+2bx_3=2, \\ x_1+x_2-bx_3=-1. \end{cases}$$

等价于 $3bx_3=3$，即 $bx_3=1$，$x_1+x_2=0$，$x_3=2$，$b=\dfrac{1}{2}$，此时 $x_1+x_2=0$，方程组有无穷多个解.

当 $b=0$ 时，方程组为

$$\begin{cases} x_1+ax_2+x_3=2, \\ x_1+x_2=2, \\ x_1+x_2=-1. \end{cases}$$

显然无解. 综上，当 $a=1$，$b=\dfrac{1}{2}$时，方程组有无穷多个解；当 $b=0$ 时，方程组无解；当 $a\neq 1$，$b\neq 0$ 时，方程组有唯一解；当 $a=1$，$b\neq\dfrac{1}{2}$时方程组无解.

3. 当λ取什么值时，下述齐次线性方程组有非零解？

$$\begin{cases}(\lambda-3)x_1-x_2+x_4=0,\\ -x_1+(\lambda-3)x_2+x_3=0,\\ x_2+(\lambda-3)x_3-x_4=0,\\ x_1-x_3+(\lambda-3)x_4=0.\end{cases}$$

解：先计算系数行列式：

$$\begin{vmatrix}\lambda-3 & -1 & 0 & 1\\ -1 & \lambda-3 & 1 & 0\\ 0 & 1 & \lambda-3 & -1\\ 1 & 0 & -1 & \lambda-3\end{vmatrix}=\begin{vmatrix}\lambda-3 & -1 & 0 & 1\\ 0 & \lambda-3 & 0 & \lambda-3\\ 0 & 1 & \lambda-3 & -1\\ 1 & 0 & -1 & \lambda-3\end{vmatrix}=(\lambda-3)\begin{vmatrix}\lambda-3 & -1 & 0 & 1\\ 0 & 1 & 0 & 1\\ 0 & 1 & \lambda-3 & -1\\ 1 & 0 & -1 & \lambda-3\end{vmatrix}$$

$$=(\lambda-3)\begin{vmatrix}\lambda-3 & -1 & \lambda-3 & 1\\ 0 & 1 & 0 & 1\\ 0 & 1 & \lambda-3 & -1\\ 1 & 0 & 0 & \lambda-3\end{vmatrix}=(\lambda-3)^2\begin{vmatrix}\lambda-3 & -1 & 1 & 1\\ 0 & 1 & 0 & 1\\ 0 & 1 & 1 & -1\\ 1 & 0 & 0 & \lambda-3\end{vmatrix}$$

$$=(\lambda-3)^2\cdot(\lambda-3)\begin{vmatrix}1 & 0 & -1\\ 1 & 1 & -1\\ 0 & 0 & \lambda-3\end{vmatrix}-(\lambda-3)^2\begin{vmatrix}-1 & 1 & 1\\ 1 & 0 & 1\\ 1 & 1 & -1\end{vmatrix}$$

$$=(\lambda-3)^4-4(\lambda-3)^2=(\lambda-3)^2(\lambda-5)(\lambda-1)$$

要使原方程组有非零解，则$\lambda=3$或$\lambda=5$或$\lambda=1$.（若是非齐次方程还需分别验证才可确定是有无穷多个解还是无解，齐次方程组无需验证）

4. 设$a_1, a_2, \cdots, a_n$是数域$\mathbb{K}$中互不相同的数，$b_1, b_2, \cdots, b_n$是$\mathbb{K}$中任意一组给定的数，试问：是否存在数域$\mathbb{K}$上一个次数小于n的多项式函数$y=c_0+c_1x+\cdots+c_{n-1}x^{n-1}$，使得它的图像经过$n$个点：$P_1(a_1, b_1)$，$P_2(a_2, b_2)$，$\cdots$，$P_n(a_n, b_n)$？如果存在，有多少个这样的多项式函数？

解：由题意得如下方程组

$$\begin{cases}c_0+c_1a_1+\cdots+c_{n-1}a_1^{n-1}=b_1,\\ c_0+c_1a_2+\cdots+c_{n-1}a_2^{n-1}=b_2,\\ \cdots\cdots\cdots\cdots\\ c_0+c_1a_n+\cdots+c_{n-1}a_n^{n-1}=b_n.\end{cases}$$

将$c_0, c_1, \cdots, c_{n-1}$看成是未知量，系数行列式为 Vandermonde 行列式

$$\begin{vmatrix} 1 & a_1 & \cdots & a_1^{n-1} \\ 1 & a_2 & \cdots & a_2^{n-1} \\ \vdots & \vdots & & \vdots \\ 1 & a_n & \cdots & a_n^{n-1} \end{vmatrix} = \prod_{1 \leqslant j < i \leqslant n} (a_i - a_j)$$

由于 $a_i(i=1, 2, \cdots, n)$互不相同，故系数行列式非零，原方程组有唯一解. 故存在唯一的这样的多项式函数.

这时从理论上证明了存在唯一性，若要是求这样的多项式应采用 Lagrange 插值多项式或 Newton 插值法.

习题 2.6　行列式按 k 行(列)展开

1. 计算行列式：

$$\begin{vmatrix} 0 & \cdots & 0 & a_1 & \cdots & a_{1k} \\ \vdots & & \vdots & \vdots & & \vdots \\ 0 & \cdots & 0 & a_{k1} & \cdots & a_{kk} \\ b_{11} & \cdots & b_{1t} & c_{11} & \cdots & c_{1k} \\ \vdots & & \vdots & \vdots & & \vdots \\ b_{t1} & \cdots & b_{tt} & c_{t1} & \cdots & c_{tk} \end{vmatrix}.$$

解：按前 k 行展开，则这 k 行元素形成的 k 阶子式中，只有第 $t+1, t+2, \cdots, t+k$ 列的子式不为 0，其余 k 阶子式必包含全零列，从而其值为零. 右上角 k 阶子式的余子式正好是左下角的 t 阶子式，且 $(-1)^{(1+2+\cdots+k)+(t+1+t+2+\cdots+t+k)}=(-1)^{kt}$，因此，由 Laplace展开定理

$$\text{原式}=(-1)^{kt}\begin{vmatrix} a_{11} & \cdots & a_{1k} \\ \vdots & & \vdots \\ a_{k1} & \cdots & a_{kk} \end{vmatrix} \cdot \begin{vmatrix} b_{11} & \cdots & b_{1t} \\ \vdots & & \vdots \\ b_{t1} & \cdots & b_{tt} \end{vmatrix}$$

2. 设$|\boldsymbol{A}|$是关于 1, 2, …, n 的n 阶 Vandermonde 行列式，计算$|\boldsymbol{A}|$的前 $n-1$ 行划去第 j 列得到的$n-1$ 阶子式：

$$\boldsymbol{A}\begin{pmatrix} 1, & 2, & & \cdots & & , n-1 \\ 1, & \cdots, & j-1, & j+1, & \cdots, & n \end{pmatrix}$$

其中 $j \in \{1, 2, \cdots, n\}$.

解： $A\begin{pmatrix}1, & 2, & & \cdots & & , n-1\\ 1, & \cdots, & j-1, & j+1, & \cdots, & n\end{pmatrix}$

$$=\begin{vmatrix}1 & 1 & \cdots & 1 & 1 & \cdots & 1\\ 1 & 2 & \cdots & j-1 & j+1 & \cdots & n\\ 1^2 & 2^2 & \cdots & (j-1)^2 & (j+1)^2 & \cdots & n^2\\ \vdots & \vdots & & \vdots & \vdots & & \vdots\\ 1^{n-3} & 2^{n-3} & \cdots & (j-1)^{n-3} & (j+1)^{n-3} & \cdots & n^{n-3}\\ 1^{n-2} & 2^{n-2} & \cdots & (j-1)^{n-2} & (j+1)^{n-2} & \cdots & n^{n-2}\end{vmatrix}$$

$$=(2-1)\cdots[(j-1)-1]\cdot[(j+1)-1]\cdots(n-1)\cdot(3-2)\cdots[(j-1)-2]\cdot[(j+1)-2]\cdots(n-2)\cdot(4-3)\cdots[(j-1)-3]\cdot[(j+1)-3]\cdots(n-3)\cdot\cdots[(j+1)-(j-1)]\cdots[n-(j-1)]\cdot[(j+2)-(j+1)]\cdots[n-(j+1)]\cdots[n-(n-1)]$$

$$=\frac{(n-1)!}{j-1}\cdot\frac{(n-2)!}{j-2}\cdot\frac{(n-3)!}{j-3}\cdots\frac{(n-j+1)!}{1}\cdot\frac{(n-j-1)!}{1}\cdots\frac{1!}{1}$$

$$=\frac{1}{(j-1)!\,(n-j)!}\cdot\prod_{k=1}^{n-2}k!$$

$$=\frac{(n-1)!}{(j-1)!\,(n-j)!}\cdot\prod_{k=1}^{n-2}k!$$

$$=C_{n-1}^{j-1}\cdot\prod_{k=1}^{n-2}k!$$

3. 计算下述 $2n$ 阶行列式(主对角线上元素都是 a，反对角线上元素都是 b，空缺处元素为零)：

$$D_{2n}=\begin{vmatrix}a & & & & & b\\ & \ddots & & & \iddots & \\ & & a & b & & \\ & & b & a & & \\ & \iddots & & & \ddots & \\ b & & & & & a\end{vmatrix}.$$

解： 由 Laplace 定理，取第 1 行和最后一行展开，则在 $A\begin{pmatrix}1 & 2n\\ i & j\end{pmatrix}$ 中只有当 $i=1$，$j=2n$ 时这个子式才非零，故

$$D_{2n}=(-1)^{1+2n}+(1+2n)\cdot\begin{vmatrix}a & b\\ b & a\end{vmatrix}\cdot D_{2n-2}$$
$$=(a^2-b^2)D_{2n-2}$$
$$=(a^2-b^2)^2D_{2n-4}$$
$$\cdots$$
$$=(a^2-b^2)^{n-1}D_2=(a^2-b^2)^n$$

补充题二

1. 求元素为 1 或 0 的 3 阶行列式可取到的最大值.

解：3 阶行列式展开式中有 3 项带正号，有 3 项带负号，为了使行列式尽可能大，带正号的 3 项应尽可能取为 1，带负号的 3 个元素乘积为零. 若带正号的 3 项都取 1，即 $a_{11}a_{22}a_{33}=1$，$a_{12}a_{23}a_{31}=1$，$a_{13}a_{21}a_{32}=1$，则只能得到行列式的所有元素为 1，此时行列式的值为 0；若再考虑两项带正号的项为 1，比如

$$\begin{vmatrix}0 & 1 & 1\\ 1 & 0 & 1\\ 1 & 1 & 0\end{vmatrix}$$

此时 $a_{12}a_{23}a_{31}=1$，$a_{13}a_{21}a_{32}=1$，而 $a_{11}a_{22}a_{33}=0$，易计算上述行列式的值为 2，故本题最大值应为 2.

2. 求元素为 1 或−1 的 3 阶行列式可取到的最大值.

解：由习题 2.2 的第 5 题知，$|\boldsymbol{A}|$必为偶数. 由于 3 阶行列式共有 6 项，假设这 6 项全为 1，则$|\boldsymbol{A}|=6$，此时有

$$a_{11}a_{22}a_{33}=1,\quad a_{12}a_{23}a_{31}=1,\quad a_{13}a_{21}a_{32}=1$$
$$-a_{13}a_{22}a_{31}=1,\ -a_{12}a_{21}a_{33}=1,\ -a_{11}a_{23}a_{32}=1$$

由此得

$$a_{11}a_{22}a_{33}a_{12}a_{23}a_{31}a_{13}a_{21}a_{32}=1$$

$$a_{13}a_{22}a_{31}a_{12}a_{21}a_{33}a_{11}a_{23}a_{32}=-1$$

以上两式是矛盾的，从而$|\boldsymbol{A}|$不可能为 6(同理也不为−6).

又因为

$$\begin{vmatrix} -1 & 1 & 1 \\ 1 & -1 & 1 \\ 1 & 1 & -1 \end{vmatrix}=4$$

这表明元素为 1 或-1的 3 阶行列式最大值为 4.

3. 设 $n\geqslant 3$. 证明：元素为 1 或-1的 n 阶行列式的绝对值不超过$(n-1)!(n-1)$.

证明： 由第 2 题知结论对 $n=3$ 时是成立的. 利用归纳法，设结论对 $n-1$ 阶行列式命题为真，现在来看 n 阶行列式$|\boldsymbol{A}|$. 把$|\boldsymbol{A}|$按第 1 行展开，得

$$|\boldsymbol{A}|=a_{11}A_{11}+a_{12}A_{12}+\cdots+a_{1n}A_{1n}.$$

由于 $a_{ij}=\pm1$，且 A_{ij} 是元素为±1的 $n-1$ 阶行列式，则

$$||\boldsymbol{A}||\leqslant\sum_{j=1}^{n}|a_{1j}||A_{1j}|\leqslant n(n-2)!(n-2)=(n-1)!\frac{n(n-2)}{n-1}<(n-1)!(n-1)$$

则命题对 n 阶行列式也成立，故结论对 $n\geqslant 3$ 的行列式成立.

4. 求元素为 1 或-1的 4 阶行列式可取到的最大值.

解： 由第 3 题知对于 3 阶行列式$||\boldsymbol{A}||=(3-1)!(3-1)$，对于 4 阶及以上行列式$||\boldsymbol{A}||<(n-1)!(n-1)$，或者$||\boldsymbol{A}||\leqslant n(n-2)!(n-2)$，从而 4 阶行列式$||\boldsymbol{A}||\leqslant 4\cdot 2!\cdot 2=16$.

因为

$$\begin{vmatrix} -1 & 1 & 1 & 1 \\ 1 & -1 & 1 & 1 \\ 1 & 1 & -1 & 1 \\ 1 & 1 & 1 & -1 \end{vmatrix}=-16$$

而

$$\begin{vmatrix} 1 & 1 & 1 & 1 \\ 1 & -1 & 1 & -1 \\ 1 & 1 & -1 & -1 \\ 1 & -1 & -1 & 1 \end{vmatrix}=16$$

因此，最大值为 16，最小值为-16都可实现.

5. 设 $n\geqslant 2$. 证明：元素为 1 或-1的 n 阶行列式的值能被 2^{n-1} 整除.

解： 设$|\boldsymbol{A}|$是元素为 1 或-1的 n 阶行列式$(n\geqslant 2)$. 把$|\boldsymbol{A}|$的第 1 列中的元素为-1

的那些行提取公因子-1，得

$$|\boldsymbol{A}|=(-1)^m\begin{vmatrix}1 & b_{12} & \cdots & b_{1n}\\ 1 & b_{22} & \cdots & b_{2n}\\ \vdots & \vdots & & \vdots\\ 1 & b_{n2} & \cdots & b_{nn}\end{vmatrix}=(-1)^m\begin{vmatrix}1 & b_{12} & \cdots & b_{1n}\\ 0 & c_{22} & \cdots & c_{2n}\\ \vdots & \vdots & & \vdots\\ 0 & c_{n2} & \cdots & c_{nn}\end{vmatrix}$$

$$=(-1)^m\begin{vmatrix}c_{22} & \cdots & c_{2n}\\ \vdots & & \vdots\\ c_{n2} & \cdots & c_{nn}\end{vmatrix}=(-1)^m\cdot 2^{n-1}\cdot\begin{vmatrix}d_{22} & \cdots & d_{2n}\\ \vdots & & \vdots\\ d_{n2} & \cdots & d_{nn}\end{vmatrix}$$

最后一步是因为c_{ij}为2或-2或0，因此，每一列可提出公因子2，此时，d_{ij}为1或-1或0，从而最后一个行列式的值为整数. 因此，n阶行列式$|\boldsymbol{A}|$的值能被2^{n-1}整除.

第3章 线性空间

习题3.1 线性空间的定义和性质

1. 实数集$\mathbb{R}$的下列子集对于实数的加法，以及有理数和实数的乘法是否形成有理数域$\mathbb{Q}$上的一个线性空间？

(1) 所有正实数组成的集合$\mathbb{R}^+$；

(2) $\mathbb{Q}(\sqrt{2})=\{a+b\sqrt{2}\mid a, b\in\mathbb{Q}\}$.

解：(1) 设a，b，$c\in\mathbb{R}^+$，k，$l\in\mathbb{Q}$，则

1° $a+b=b+a$

2° $(a+b)+c=a+(b+c)$

3° $a+0=0+a$，但$0\notin\mathbb{R}^+$

所以$\mathbb{R}^+$不是有理数域$\mathbb{Q}$上的一个线性空间.

(2) 设$\alpha=a_1+b_1\sqrt{2}$，$\beta=a_2+b_2\sqrt{2}$，$\gamma=a_3+b_3\sqrt{2}$，

其中：a_1，b_1，a_2，b_2，a_3，$a_3\in\mathbb{Q}$，设k，$l\in\mathbb{Q}$

1° $\alpha+\beta=(a_1+a_2)+(b_1+b_2)\sqrt{2}=\beta+\alpha$

2° $(\alpha+\beta)+\gamma=(a_1+a_2)+(b_1+b_2)\sqrt{2}+a_3+b_3\sqrt{2}$

$$=a_1+a_2+a_3+(b_1+b_2+b_3)\sqrt{2}=\alpha+(\beta+\gamma)$$

3° 由于$0=0+0\sqrt{2}$，故$0\in\mathbb{Q}(\sqrt{2})$，且$\alpha+0=0+\alpha$

4° 由于$(-a_1)+(-b_1)\sqrt{2}\in\mathbb{Q}(\sqrt{2})$且

$$\alpha+(-a_1)+(-b_1)\sqrt{2}=a_1+b_1\sqrt{2}+(-a_1)+(-b_1)\sqrt{2}=0$$

5° $1\in\mathbb{Q}$，且$1\alpha=1(a_1+b_1\sqrt{2})=\alpha$

6° $(kl)\alpha=(kl)(a_1+b_1\sqrt{2})=k(la_1+lb_1\sqrt{2})=k(l\alpha)$

7° $(k+l)\alpha=(k+l)(a_1+b_1\sqrt{2})=k(a_1+b_1\sqrt{2})+l(a_1+b_1\sqrt{2})=k\alpha+l\alpha$

8° $k(\alpha+\beta)=k[a_1+a_2+(b_1+b_2)\sqrt{2}]=k(a_1+b_1\sqrt{2})+k(a_2+b_2\sqrt{2})=k\alpha+k\beta$

故$\mathbb{Q}(\sqrt{2})$是有理数域$\mathbb{Q}$上的一个线性空间.

2. $\mathbb{R}^+$对于下述定义的加法和数量乘法:

$$a \oplus b := ab, \ \forall a, b \in \mathbb{R}^+;$$

$$k \odot a := a^k, \ \forall k \in \mathbb{R}, \ \forall a \in \mathbb{R}^+,$$

是否形成实数域$\mathbb{R}$上的一个线性空间?

解:

1° $a \oplus b = ab = b \oplus a$

2° $(a \oplus b) \oplus c = ab \oplus c = abc = a \oplus bc = a \oplus (b \oplus c)$

3° $1 \in \mathbb{R}^+$,且 $1 \oplus a = a = a \oplus 1$,故 1 为$\mathbb{R}^+$的零元

4° 在$\mathbb{R}^+$中存在元素$\dfrac{1}{a}$,使得 $a \oplus \dfrac{1}{a} = a \cdot \dfrac{1}{a} = 1$,故 a 的负元为$\dfrac{1}{a}$

5° $1 \in \mathbb{R}$,$1 \odot a = a^1 = a$

6° k,$l \in \mathbb{R}$,$(kl) \odot a = a^{kl} = k \odot a^l = k \odot (l \odot a)$

7° $(k+l) \odot a = a^{k+l} = a^k \cdot a^l = (k \odot a)(l \odot a) = (k \odot a) \oplus (l \odot a)$

8° $k \odot (a \oplus b) = (ab)^k = a^k \cdot b^k = (k \odot a) \oplus (k \odot b)$

从而构成线性空间.

3. 设 V 是复数域$\mathbb{C}$上的一个线性空间,如果加法保持不变,而数量乘法改成如下定义:

$$k \cdot \alpha := \bar{k}\alpha, \ \forall k \in \mathbb{C}, \ \forall \alpha \in V,$$

其中 $\bar{k}$ 是 k 的共轭复数. 试问:此时 V 是否形成复数域$\mathbb{C}$上的一个线性空间?

解: 设 α, β, $\gamma \in V$, k, $l \in \mathbb{C}$,由于加法保持不变,故加法的 4 条性质满足.

只看数乘的 4 条性质:

1° $1 \cdot \alpha = \bar{1}\alpha = 1\alpha = \alpha$,其中 $1 \in \mathbb{C}$

2° $(kl) \cdot \alpha = \overline{kl}\alpha = k \cdot (\bar{l}\alpha) = k \cdot (l \cdot \alpha)$

3° $(k+l) \cdot \alpha = (\overline{k+l})\alpha = (\bar{k}+\bar{l})\alpha = \bar{k}\alpha + \bar{l}\alpha = k \cdot \alpha + l \cdot \alpha$

4° $k \cdot (\alpha+\beta) = \bar{k}(\alpha+\beta) = \bar{k}\alpha + \bar{k}\beta = k \cdot \alpha + k \cdot \beta$

故乘法的 4 条性质仍然成立,故 V 成为$\mathbb{C}$上的一个线性空间.

4. $\mathbb{R} \times \mathbb{R}$对于下面定义的加法和数量乘法,是否形成实数域$\mathbb{R}$上的一个线性空间?

$$(a_1, b_1) \oplus (a_2, b_2) := (a_1 + a_2, b_1 + b_2 + a_1 a_2)$$

$$k \circ (a, b) := \left(ka, kb + \frac{k(k-1)}{2} a^2\right)$$

解：1° $(a_1, b_1)\oplus(a_2, b_2)=(a_2, b_2)\oplus(a_1, b_1)$

2° $[(a_1, b_1)\oplus(a_2, b_2)]\oplus(a_3, b_3)=(a_1+a_2, b_1+b_2+a_1a_2)\oplus(a_3, b_3)$

$$=((a_1+a_2)+a_3, b_1+b_2+a_1a_2+b_3+(a_1+a_2)a_3)$$

而

$$(a_1, b_1)\oplus[(a_2, b_2)\oplus(a_3, b_3)]=(a_1, b_1)\oplus(a_2+a_3, b_2+b_3+a_2a_3)$$
$$=(a_1+a_2+a_3, b_1+b_2+b_3+a_2a_3+a_1(a_2+a_3))$$

故结合律满足

3° $(a_1, b_1)\oplus(0, 0)=(a_1+0, b_1+0+a_1\cdot 0)=(a_1, b_1)$

故$(0, 0)$为$\mathbb{R}\times\mathbb{R}$的零元

4° $(a_1, b_1)\oplus(-a_1, a_1^2-b_1)=(a_1-a_1, b_1+a_1^2-b_1-a_1^2)=(0, 0)$

故(a_1, b_1)的负元为$(-a_1, a_1^2-b_1)$

5° $1\circ(a, b)=\left(1\cdot a, 1\cdot b+\frac{1\cdot 0}{2}a^2\right)=(a, b)$，$1\in\mathbb{R}$

6° $(kl)\circ(a, b)=\left(kla, klb+\frac{kl(kl-1)}{2}a^2\right)$

而 $l\circ(a, b)=\left(la, lb+\frac{l(l-1)}{2}a^2\right)$

$$k\circ(l\circ(a, b))=k\circ\left(la, lb+\frac{l(l-1)}{2}a^2\right)$$
$$=\left(kla, k\left(lb+\frac{l(l-1)}{2}a^2\right)+\frac{k(k-1)}{2}l^2a^2\right)$$
$$=\left(kla, klb+\frac{kl(kl-1)}{2}a^2\right)$$
$$=(kl)\circ(a, b)$$

7° $(k+l)\circ(a, b)=\left((k+l)a, (k+l)b+\frac{(k+l)(k+l-1)}{2}a^2\right)$

$k\circ(a, b)=\left(ka, kb+\frac{k(k-1)}{2}a^2\right)$，$l\circ(a, b)=\left(la, lb+\frac{l(l-1)}{2}a^2\right)$

$$[k\circ(a, b)]\oplus[l\circ(a, b)]=\left(ka, kb+\frac{k(k-1)}{2}a^2\right)\oplus\left(la, lb+\frac{l(l-1)}{2}a^2\right)$$
$$=\left(ka+la, kb+\frac{k(k-1)}{2}a^2+lb+\frac{l(l-1)}{2}a^2+kla^2\right)$$
$$=\left((k+l)a, (k+l)b+\frac{(k+l)(k+l-1)}{2}a^2\right)$$
$$=(k+l)\circ(a, b)$$

$$8^\circ\ k\circ[(a_1,b_1)\oplus(a_2,b_2)]=k\circ(a_1+a_2,b_1+b_2+a_1a_2)$$
$$=\left(k(a_1+a_2),k(b_1+b_2+a_1a_2)+\frac{k(k-1)}{2}(a_1+a_2)^2\right)$$

而 $k\circ(a_1,b_1)=\left(ka_1,kb_1+\frac{k(k-1)}{2}a_1^2\right)$，$k\circ(a_2,b_2)=\left(ka_2,kb_2+\frac{k(k-1)}{2}a_2^2\right)$

故

$$[k\circ(a_1,b_1)]\oplus[k\circ(a_2,b_2)]=\left(ka_1,kb_1+\frac{k(k-1)}{2}a_1^2\right)\oplus\left(ka_2,kb_2+\frac{k(k-1)}{2}a_2^2\right)$$
$$=\left(ka_1+ka_2,kb_1+\frac{k(k-1)}{2}a_1^2+kb_2+\frac{k(k-1)}{2}a_2^2+k^2a_1a_2\right)$$
$$=k\circ[(a_1,b_1)\oplus(a_2,b_2)]$$

所以，对这样定义的加法和数量乘法构成实数域$\mathbb{R}$上的一个线性空间.

5. 用V_1，V_2分别表示定义域为$\mathbb{R}$的所有偶函数，所有奇函数组成的集合，V_1，V_2对于函数的加法和数量乘法是否构成实数域$\mathbb{R}$上的线性空间?

解: 先看V_1，设$f_1(x)$，$f_2(x)$，$f_3(x)\in V_1$，k，$l\in\mathbb{R}$

1° $f_1(x)+f_2(x)=f_2(x)+f_1(x)$

2° $[f_1(x)+f_2(x)]+f_3(x)=f_1(x)+[f_2(x)+f_3(x)]$

3° $0\in V_1$，$f_1(x)+0=0+f_1(x)=f_1(x)$

4° $-f_1(x)\in V_1$，且 $f_1(x)+[-f_1(x)]=0$

5° $1\in\mathbb{R}$，$1\cdot f_1(x)=f_1(x)$

6° $(kl)f_1(x)=k(lf_1(x))$

7° $(k+l)f_1(x)=kf_1(x)+lf_1(x)$

8° $k[f_1(x)+f_2(x)]=kf_1(x)+kf_2(x)$

从而V_1构成实数域$\mathbb{R}$上的线性空间. 由于零函数既是奇函数又是偶函数，故V_2同理也构成实数域$\mathbb{R}$上的线性空间.

6. 闭区间$[a,b]$上所有连续函数组成的集合记作$C[a,b]$，它对于函数的加法和数量乘法是否构成实数域$\mathbb{R}$上的一个线性空间?

解: 在加法的4条运算法则中，由于0是连续函数，$-f(x)$为连续函数，故易知加法4条满足，乘法4条也满足，故构成实数域$\mathbb{R}$上的一个线性空间.

7. 证明：线性空间定义中的加法交换律可以由定义中其他运算法则推导出.

证明: 设V是域$\mathbb{F}$上的一个线性空间，任取$\boldsymbol{\alpha}+\boldsymbol{\beta}\in V$.

第一步 设$\boldsymbol{\delta}$是$\boldsymbol{\alpha}$的一个负元，则$\boldsymbol{\alpha}+\boldsymbol{\delta}=\mathbf{0}$，从而

$$\boldsymbol{\delta}+(\boldsymbol{\alpha}+\boldsymbol{\delta})=\boldsymbol{\delta}+\mathbf{0}$$

根据加法结合律和零元的定义得

$$(\boldsymbol{\delta}+\boldsymbol{\alpha})+\boldsymbol{\delta}=\boldsymbol{\delta} \tag{1}$$

设 $\boldsymbol{\eta}$ 是 $\boldsymbol{\delta}$ 的一个负元，则由(1)式得

$$(\boldsymbol{\delta}+\boldsymbol{\alpha})+\boldsymbol{\delta}+\boldsymbol{\eta}=\boldsymbol{\delta}+\boldsymbol{\eta}$$

根据加法结合律和负元的定义得

$$(\boldsymbol{\delta}+\boldsymbol{\alpha})+\mathbf{0}=\mathbf{0}$$

根据零元的定义得 $\boldsymbol{\delta}+\boldsymbol{\alpha}$.

第二步　根据负元和零元的定义、加法结合律以及步骤一的结论得

$$\mathbf{0}+\boldsymbol{\alpha}=(\boldsymbol{\alpha}+\boldsymbol{\delta})+\boldsymbol{\alpha}=\boldsymbol{\alpha}+(\boldsymbol{\delta}+\boldsymbol{\alpha})=\boldsymbol{\alpha}+\mathbf{0}=\boldsymbol{\alpha}$$

第三步　若$\mathbf{0}_1$ 也是 V 的一个零元，则根据零元的定义和第二步证得的结论得

$$\mathbf{0}=\mathbf{0}+\mathbf{0}_1=\mathbf{0}_1,$$

因此 V 中的零元素唯一.

第四步　若 $\boldsymbol{\delta}_1$ 也是 $\boldsymbol{\alpha}$ 的负元，则

$$\boldsymbol{\delta}_1=\mathbf{0}+\boldsymbol{\delta}_1=(\boldsymbol{\delta}+\boldsymbol{\alpha})+\boldsymbol{\delta}_1=\boldsymbol{\delta}+(\boldsymbol{\alpha}+\boldsymbol{\delta}_1)=\boldsymbol{\delta}+\mathbf{0}=\boldsymbol{\delta}$$

因此 $\boldsymbol{\alpha}$ 的负元唯一. 由于 $\boldsymbol{\alpha}$ 是 V 中的任一元素，因此 V 中的每个元素的负元素唯一.

第五步　根据数量乘法运算法则 7°得

$$0\boldsymbol{\alpha}+0\boldsymbol{\alpha}=(0+0)\boldsymbol{\alpha}=0\boldsymbol{\alpha}$$

两边加$-0\boldsymbol{\alpha}$ 得

$$(0\boldsymbol{\alpha}+0\boldsymbol{\alpha})+(-0\boldsymbol{\alpha})=0\boldsymbol{\alpha}+(-0\boldsymbol{\alpha})$$

根据结合律和负元、零元的定义得

$$0\boldsymbol{\alpha}=\mathbf{0}$$

第六步　根据数量乘法的运算法则 5°，7° 和第五步的结论得

$$\boldsymbol{\alpha}+(-1)\boldsymbol{\alpha}=[1+(-1)]\boldsymbol{\alpha}=0\boldsymbol{\alpha}=\mathbf{0}.$$

根据负元的唯一性质知

$$(-1)\boldsymbol{\alpha}=-\boldsymbol{\alpha}$$

第七步　根据运算法则 5°、8°. 第六步的结论、结合律，以及零元和负元的定义，得

$$\begin{aligned}(\boldsymbol{\alpha}+\boldsymbol{\beta})+[-(\boldsymbol{\beta}+\boldsymbol{\alpha})]&=(\boldsymbol{\alpha}+\boldsymbol{\beta})+[(-1)(\boldsymbol{\beta}+\boldsymbol{\alpha})]\\&=(\boldsymbol{\alpha}+\boldsymbol{\beta})+[(-1)\boldsymbol{\beta}+(-1)\boldsymbol{\alpha}]\\&=(\boldsymbol{\alpha}+\boldsymbol{\beta})+[(-\boldsymbol{\beta})+(-\boldsymbol{\alpha})]\\&=\boldsymbol{\alpha}+[\boldsymbol{\beta}+(-\boldsymbol{\beta})]+(-\boldsymbol{\alpha})\\&=(\boldsymbol{\alpha}+\mathbf{0})+(-\boldsymbol{\alpha})\\&=\boldsymbol{\alpha}+(-\boldsymbol{\alpha})=\mathbf{0}\end{aligned}\tag{2}$$

根据第二步的结论、(2)式、结合律以及第一步的结论，得

$$\begin{aligned}\boldsymbol{\beta}+\boldsymbol{\alpha}&=\mathbf{0}+(\boldsymbol{\beta}+\boldsymbol{\alpha})\\&=\{(\boldsymbol{\alpha}+\boldsymbol{\beta})+[-(\boldsymbol{\beta}+\boldsymbol{\alpha})]\}+(\boldsymbol{\beta}+\boldsymbol{\alpha})\\&=(\boldsymbol{\alpha}+\boldsymbol{\beta})+\{[-(\boldsymbol{\beta}+\boldsymbol{\alpha})+(\boldsymbol{\beta}+\boldsymbol{\alpha})]\}\\&=(\boldsymbol{\alpha}+\boldsymbol{\beta})+\mathbf{0}=\boldsymbol{\alpha}+\boldsymbol{\beta}\end{aligned}$$

因此 V 中的加法交换律成立.

习题 3.2　线性子空间

1. 设 $1\leqslant r<n$，证明$\mathbb{K}^n$ 的下述子集 U 是一个子空间：

$$U=\{(a_1, a_2, \cdots, a_r, 0, \cdots, 0)\,|\,a_i\in\mathbb{K}, i=1, 2, \cdots, r\}.$$

证明：　设 $\boldsymbol{\alpha}$，$\boldsymbol{\beta}\in U$，$k\in\mathbb{K}$. 则不妨设

$$\boldsymbol{\alpha}=(a_1, a_2, \cdots, a_r, 0, \cdots, 0)$$

$$\boldsymbol{\beta}=(b_1, b_2, \cdots, b_r, 0, \cdots, 0)$$

则

$$\boldsymbol{\alpha}+\boldsymbol{\beta}=(a_1+b_1, a_2+b_2, \cdots, a_r+b_r, 0, \cdots, 0)\in U$$

$$k\boldsymbol{\alpha}=(ka_1, ka_2, \cdots, ka_r, 0, \cdots, 0)\in U$$

于是 U 对于加法和数量乘法封闭. 由教材定理 1，知 U 为子空间.

2. 设 V 是数域$\mathbb{K}$上的一个线性空间，$\boldsymbol{\alpha}_1,\cdots,\boldsymbol{\alpha}_s$ 是 V 的一个向量组，证明：$\boldsymbol{\alpha}_i\in\langle\boldsymbol{\alpha}_1, \cdots, \boldsymbol{\alpha}_s\rangle$，$i=1, \cdots, s$.

证明： 由 $\boldsymbol{\alpha}_i=0\boldsymbol{\alpha}_1+0\boldsymbol{\alpha}_2+\cdots+0\boldsymbol{\alpha}_{i-1}+1\boldsymbol{\alpha}_i+0\boldsymbol{\alpha}_{i+1}+\cdots+0\boldsymbol{\alpha}_s$ 知，$\boldsymbol{\alpha}_i\in\langle\boldsymbol{\alpha}_1,\cdots,\boldsymbol{\alpha}_s\rangle$，$i=1,\cdots,s$.

3. 在$\mathbb{K}^4$中，判断向量$\boldsymbol{\beta}$能否由向量组$\boldsymbol{\alpha}_1$，$\boldsymbol{\alpha}_2$，$\boldsymbol{\alpha}_3$线性表出；若能，则写出它的一种表出方式.

(1) $\boldsymbol{\alpha}_1=\begin{pmatrix}-1\\3\\0\\-5\end{pmatrix}$, $\boldsymbol{\alpha}_2=\begin{pmatrix}2\\0\\7\\-3\end{pmatrix}$, $\boldsymbol{\alpha}_3=\begin{pmatrix}-4\\1\\-2\\6\end{pmatrix}$, $\boldsymbol{\beta}=\begin{pmatrix}8\\3\\-1\\-25\end{pmatrix}$;

(2) $\boldsymbol{\alpha}_1=\begin{pmatrix}-2\\7\\1\\3\end{pmatrix}$, $\boldsymbol{\alpha}_2=\begin{pmatrix}3\\-5\\0\\-2\end{pmatrix}$, $\boldsymbol{\alpha}_3=\begin{pmatrix}-5\\-6\\3\\-1\end{pmatrix}$, $\boldsymbol{\beta}=\begin{pmatrix}-8\\-3\\7\\-10\end{pmatrix}$;

(3) $\boldsymbol{\alpha}_1=\begin{pmatrix}3\\-5\\2\\-4\end{pmatrix}$, $\boldsymbol{\alpha}_2=\begin{pmatrix}-1\\7\\-3\\6\end{pmatrix}$, $\boldsymbol{\alpha}_3=\begin{pmatrix}3\\11\\-5\\10\end{pmatrix}$, $\boldsymbol{\beta}=\begin{pmatrix}2\\-30\\13\\-26\end{pmatrix}$.

解：(1) 考虑线性方程组 $x_1\boldsymbol{\alpha}_1+x_2\boldsymbol{\alpha}_2+x_3\boldsymbol{\alpha}_3=\boldsymbol{\beta}$，把它的增广矩阵经过初等行变换化成简化行阶梯形矩阵：

$$\begin{pmatrix}-1&2&-4&8\\3&0&1&3\\0&7&-2&-1\\-5&-3&6&-25\end{pmatrix}\to\begin{pmatrix}1&0&0&2\\0&1&0&-1\\0&0&1&-3\\0&0&0&0\end{pmatrix}$$

原方程组的一般解为(唯一解)

$$\begin{cases}x_1=2,\\x_2=-1,\\x_3=-3,\end{cases}$$

于是得到 $\boldsymbol{\beta}=2\boldsymbol{\alpha}_1-\boldsymbol{\alpha}_2-3\boldsymbol{\alpha}_3$.

$$(2)\quad\begin{pmatrix}-2&3&-5&-8\\7&-5&-6&-3\\1&0&3&7\\3&-2&-1&-10\end{pmatrix}\to\begin{pmatrix}1&0&0&0\\0&1&0&0\\0&0&1&0\\0&0&0&1\end{pmatrix}$$

原方程组无解，故 $\boldsymbol{\beta}$ 不能由 $\boldsymbol{\alpha}_1$，$\boldsymbol{\alpha}_2$，$\boldsymbol{\alpha}_3$ 线性表出.

(3) $$\begin{pmatrix} 3 & -1 & 3 & 2 \\ -5 & 7 & 11 & -30 \\ 2 & -3 & -5 & 13 \\ -4 & 6 & 10 & -26 \end{pmatrix} \to \begin{pmatrix} 1 & 0 & 2 & -1 \\ 0 & 1 & 3 & -5 \\ 0 & 0 & 0 & 0 \\ 0 & 0 & 0 & 0 \end{pmatrix}$$

原方程的一般解为

$$\begin{cases} x_1 = -2x_3 - 1, \\ x_2 = -3x_3 - 5, \end{cases}$$

其中 x_3 为任意实数，例如取 $x_3=0$，得 $\boldsymbol{\beta}=-\boldsymbol{\alpha}_1-5\boldsymbol{\alpha}_2+0\boldsymbol{\alpha}_3$.

4. 在 $\mathbb{K}^4$ 中，设

$$\boldsymbol{\alpha}_1=\begin{pmatrix}1\\0\\0\\0\end{pmatrix},\quad \boldsymbol{\alpha}_2=\begin{pmatrix}1\\1\\0\\0\end{pmatrix},\quad \boldsymbol{\alpha}_3=\begin{pmatrix}1\\1\\1\\0\end{pmatrix},\quad \boldsymbol{\alpha}_4=\begin{pmatrix}1\\1\\1\\1\end{pmatrix}$$

证明：在 $\mathbb{K}^4$ 中任一向量 $\boldsymbol{\alpha}=(a_1, a_2, a_3, a_4)'$ 可以由向量组 $\boldsymbol{\alpha}_1$，$\boldsymbol{\alpha}_2$，$\boldsymbol{\alpha}_3$，$\boldsymbol{\alpha}_4$ 线性表出，并且表出方式唯一，写出这种表出方式.

证明： 考虑线性方程组 $x_1\boldsymbol{\alpha}_1+x_2\boldsymbol{\alpha}_2+x_3\boldsymbol{\alpha}_3+x_4\boldsymbol{\alpha}_4$，对它的增广矩阵做初等行变换：

$$\begin{pmatrix} 1 & 1 & 1 & 1 & a_1 \\ 0 & 1 & 1 & 1 & a_2 \\ 0 & 0 & 1 & 1 & a_3 \\ 0 & 0 & 0 & 1 & a_4 \end{pmatrix} \to \begin{pmatrix} 1 & 0 & 0 & 0 & a_1-a_2 \\ 0 & 1 & 0 & 0 & a_2-a_3 \\ 0 & 0 & 1 & 0 & a_3-a_4 \\ 0 & 0 & 0 & 1 & a_4 \end{pmatrix}$$

原方程组有唯一解：$x_1=a_1-a_2$，$x_2=a_2-a_3$，$x_3=a_3-a_4$，$x_4=a_4$，表达方式为：$\boldsymbol{\alpha}=(a_1-a_2)\boldsymbol{\alpha}_1+(a_2-a_3)\boldsymbol{\alpha}_2+(a_3-a_4)\boldsymbol{\alpha}_3+a_4\boldsymbol{\alpha}_4$.

习题 3.3　线性相关与线性无关的向量组

1. 在数域 $\mathbb{K}$ 上的线性空间 V 中，设向量组 $\boldsymbol{\alpha}_1$，$\boldsymbol{\alpha}_2$，$\boldsymbol{\alpha}_3$ 线性无关，判断向量组 $5\boldsymbol{\alpha}_1+2\boldsymbol{\alpha}_2$，$7\boldsymbol{\alpha}_2+5\boldsymbol{\alpha}_3$，$7\boldsymbol{\alpha}_1-2\boldsymbol{\alpha}_3$ 是否线性无关.

解： 由本节命题 3，只需考虑行列式

$$\begin{vmatrix} 5 & 0 & 7 \\ 2 & 7 & 0 \\ 0 & 5 & -2 \end{vmatrix}=0$$

所以向量组 $5\boldsymbol{\alpha}_1+2\boldsymbol{\alpha}_2$，$7\boldsymbol{\alpha}_2+5\boldsymbol{\alpha}_3$，$7\boldsymbol{\alpha}_1-2\boldsymbol{\alpha}_3$ 线性相关.

2. 在数域$\mathbb{K}$上的线性空间 V 中，设向量组 $\boldsymbol{\alpha}_1$，$\boldsymbol{\alpha}_2$，$\boldsymbol{\alpha}_3$，$\boldsymbol{\alpha}_4$ 线性无关，令

$$\boldsymbol{\beta}_1=\boldsymbol{\alpha}_1+2\boldsymbol{\alpha}_2,\ \boldsymbol{\beta}_2=\boldsymbol{\alpha}_2+2\boldsymbol{\alpha}_3,\ \boldsymbol{\beta}_3=\boldsymbol{\alpha}_3+2\boldsymbol{\alpha}_4,\ \boldsymbol{\beta}_4=\boldsymbol{\alpha}_4+2\boldsymbol{\alpha}_1.$$

判断向量组 $\boldsymbol{\beta}_1$，$\boldsymbol{\beta}_2$，$\boldsymbol{\beta}_3$，$\boldsymbol{\beta}_4$ 是否线性无关.

解：由本节命题 3，考虑行列式

$$\begin{vmatrix} 1 & 0 & 0 & 2 \\ 2 & 1 & 0 & 0 \\ 0 & 2 & 1 & 0 \\ 0 & 0 & 2 & 1 \end{vmatrix}=-15\neq 0$$

所以 $\boldsymbol{\beta}_1$，$\boldsymbol{\beta}_2$，$\boldsymbol{\beta}_3$，$\boldsymbol{\beta}_4$ 线性无关.

3. 在数域$\mathbb{K}$上的线性空间 V 中，证明：

(1) 如果向量组 $\boldsymbol{\alpha}_1$，$\boldsymbol{\alpha}_2$，$\boldsymbol{\alpha}_3$ 线性无关，那么向量组 $a_1\boldsymbol{\alpha}_1+b_2\boldsymbol{\alpha}_2$，$a_2\boldsymbol{\alpha}_2+b_3\boldsymbol{\alpha}_3$，$a_3\boldsymbol{\alpha}_3+b_1\boldsymbol{\alpha}_1$ 线性无关的充要条件是：$a_1a_2a_3\neq -b_1b_2b_3$；

(2) 如果向量组 $\boldsymbol{\alpha}_1$，$\boldsymbol{\alpha}_2$，$\boldsymbol{\alpha}_3$，$\boldsymbol{\alpha}_4$ 线性无关，那么向量组 $a_1\boldsymbol{\alpha}_1+b_2\boldsymbol{\alpha}_2$，$a_2\boldsymbol{\alpha}_2+b_3\boldsymbol{\alpha}_3$，$a_3\boldsymbol{\alpha}_3+b_4\boldsymbol{\alpha}_4$，$a_4\boldsymbol{\alpha}_4+b_1\boldsymbol{\alpha}_1$ 线性无关的充要条件是：$a_1a_2a_3a_4\neq b_1b_2b_3b_4$.

证明： (1) 由本节命题 3 知，$a_1\boldsymbol{\alpha}_1+b_2\boldsymbol{\alpha}_2$，$a_2\boldsymbol{\alpha}_2+b_3\boldsymbol{\alpha}_3$，$a_3\boldsymbol{\alpha}_3+b_1\boldsymbol{\alpha}_1$ 线性无关的充要条件是

$$\begin{vmatrix} a_1 & 0 & b_1 \\ b_2 & a_2 & 0 \\ 0 & b_3 & a_3 \end{vmatrix}\neq 0$$

计算行列式后得 $a_1a_2a_3\neq -b_1b_2b_3$.

(2) 同理，由

$$\begin{vmatrix} a_1 & 0 & 0 & b_1 \\ b_2 & a_2 & 0 & 0 \\ 0 & b_3 & a_3 & 0 \\ 0 & 0 & b_4 & a_4 \end{vmatrix}\neq 0$$

得 $a_1a_2a_3a_4 \neq b_1b_2b_3b_4$.

4. 在数域$\mathbb{K}$上的线性空间 V 中，设向量组 $\boldsymbol{\alpha}_1$，$\boldsymbol{\alpha}_2$，$\boldsymbol{\alpha}_3$，$\boldsymbol{\alpha}_4$ 线性无关，令

$$\boldsymbol{\beta}_1=\boldsymbol{\alpha}_1+2\boldsymbol{\alpha}_2+\boldsymbol{\alpha}_3+4\boldsymbol{\alpha}_4,\quad \boldsymbol{\beta}_2=2\boldsymbol{\alpha}_1+3\boldsymbol{\alpha}_2+4\boldsymbol{\alpha}_3+\boldsymbol{\alpha}_4,$$

$$\boldsymbol{\beta}_3=3\boldsymbol{\alpha}_1+4\boldsymbol{\alpha}_2+\boldsymbol{\alpha}_3+2\boldsymbol{\alpha}_4,\quad \boldsymbol{\beta}_4=4\boldsymbol{\alpha}_1+\boldsymbol{\alpha}_2+2\boldsymbol{\alpha}_3+3\boldsymbol{\alpha}_4.$$

判断向量组 $\boldsymbol{\beta}_1$，$\boldsymbol{\beta}_2$，$\boldsymbol{\beta}_3$，$\boldsymbol{\beta}_4$ 是否线性无关.

解： 由本节命题 3，知 $\boldsymbol{\beta}_1$，$\boldsymbol{\beta}_2$，$\boldsymbol{\beta}_3$，$\boldsymbol{\beta}_4$ 线性无关的充要条件是

$$\begin{vmatrix} 1 & 2 & 3 & 4 \\ 2 & 3 & 4 & 1 \\ 3 & 4 & 1 & 2 \\ 4 & 1 & 2 & 3 \end{vmatrix} \neq 0$$

计算上述行列式的值为 160，故 $\boldsymbol{\beta}_1$，$\boldsymbol{\beta}_2$，$\boldsymbol{\beta}_3$，$\boldsymbol{\beta}_4$ 线性无关.

5. 在$\mathbb{K}^4$中，判断下列向量组是线性相关还是线性无关. 如果线性相关，试找出其中一个向量，使得它可以由其余向量线性表出，并写出它的一种表出式.

(1) $\boldsymbol{\alpha}_1=\begin{pmatrix} 3 \\ 1 \\ 2 \\ -4 \end{pmatrix}$， $\boldsymbol{\alpha}_2=\begin{pmatrix} 1 \\ 0 \\ 5 \\ 2 \end{pmatrix}$， $\boldsymbol{\alpha}_3=\begin{pmatrix} -1 \\ 2 \\ 0 \\ 3 \end{pmatrix}$；

(2) $\boldsymbol{\alpha}_1=\begin{pmatrix} -2 \\ 1 \\ 0 \\ 3 \end{pmatrix}$， $\boldsymbol{\alpha}_2=\begin{pmatrix} 1 \\ -3 \\ 2 \\ 4 \end{pmatrix}$， $\boldsymbol{\alpha}_3=\begin{pmatrix} 3 \\ 0 \\ 2 \\ -1 \end{pmatrix}$， $\boldsymbol{\alpha}_4=\begin{pmatrix} 2 \\ -2 \\ 4 \\ 6 \end{pmatrix}$.

解： (1) 考虑齐次线性方程组 $x_1\boldsymbol{\alpha}_1+x_1\boldsymbol{\alpha}_2+x_3\boldsymbol{\alpha}_3=\mathbf{0}$，把它的系数矩阵经过初等行变换化成阶梯形矩阵：

$$\begin{pmatrix} 3 & 1 & -1 \\ 1 & 0 & 2 \\ 2 & 5 & 0 \\ -4 & 2 & 3 \end{pmatrix} \to \begin{pmatrix} 1 & 0 & 0 \\ 0 & 1 & 0 \\ 0 & 0 & 1 \\ 0 & 0 & 0 \end{pmatrix}$$

由于阶梯形矩阵的非零行数目 3 等于未知量数目，因此原齐次线性方程组只有零解，从而 $\boldsymbol{\alpha}_1$，$\boldsymbol{\alpha}_2$，$\boldsymbol{\alpha}_3$ 线性无关.

(2) 考虑齐次线性方程组 $x_1\boldsymbol{\alpha}_1+x_1\boldsymbol{\alpha}_2+x_3\boldsymbol{\alpha}_3+x_4\boldsymbol{\alpha}_4=\mathbf{0}$，把它的系数矩阵经过初等行变换化成阶梯形矩阵：

$$\begin{pmatrix}-2 & 1 & 3 & 2\\ 1 & -3 & 0 & -2\\ 0 & 2 & 2 & 4\\ 3 & 4 & -1 & 6\end{pmatrix}\to\begin{pmatrix}1 & 0 & 0 & 1\\ 0 & 1 & 0 & 1\\ 0 & 0 & 1 & 1\\ 0 & 0 & 0 & 0\end{pmatrix}$$

由于阶梯形矩阵的非零行数目 3 小于未知量数目，因此原齐次线性方程组有非零解，从而 $\boldsymbol{\alpha}_1$，$\boldsymbol{\alpha}_2$，$\boldsymbol{\alpha}_3$，$\boldsymbol{\alpha}_4$ 线性相关，原方程组的一般解为

$$\begin{cases}x_1=-x_4,\\ x_2=-x_4,\\ x_3=-x_4,\end{cases}$$

其中 x_4 是自由未知量. 取 $x_4=1$，得 $x_1=-1$，$x_2=-1$，$x_3=-1$，从而 $-\boldsymbol{\alpha}_1-\boldsymbol{\alpha}_2-\boldsymbol{\alpha}_3+\boldsymbol{\alpha}_4=0$，于是 $\boldsymbol{\alpha}_4=\boldsymbol{\alpha}_1+\boldsymbol{\alpha}_2+\boldsymbol{\alpha}_3$.

6. 证明：$\mathbb{K}^n$ 中，任意 $n+1$ 个向量都线性相关.

证明： 考虑 $n+1$ 个 n 维向量 $\boldsymbol{\alpha}_1$，$\boldsymbol{\alpha}_2$，…，$\boldsymbol{\alpha}_{n+1}$，其中 $\boldsymbol{\alpha}_i\in\mathbb{K}^n$，$i=1, 2, \cdots, n+1$. 令

$$x_1\boldsymbol{\alpha}_1+x_2\boldsymbol{\alpha}_2+\cdots+x_n\boldsymbol{\alpha}_n+x_{n+1}\boldsymbol{\alpha}_{n+1}=\mathbf{0}$$

写成矩阵形式：

$$(\boldsymbol{\alpha}_1\quad \boldsymbol{\alpha}_2\quad \cdots\quad \boldsymbol{\alpha}_n\quad \boldsymbol{\alpha}_{n+1})\begin{pmatrix}x_1\\ x_2\\ \vdots\\ x_n\\ x_{n+1}\end{pmatrix}=\mathbf{0}$$

该方程组方程的个数小于未知量的个数，故必有非零解，从而 $\boldsymbol{\alpha}_1$，$\boldsymbol{\alpha}_1$，…，$\boldsymbol{\alpha}_{n+1}$ 线性相关.

7. $\mathbb{K}^4$ 中，下述向量组：

$$\boldsymbol{\alpha}_1=\begin{pmatrix}1\\1\\1\\1\end{pmatrix},\quad \boldsymbol{\alpha}_2=\begin{pmatrix}1\\-1\\1\\-1\end{pmatrix},\quad \boldsymbol{\alpha}_3=\begin{pmatrix}1\\1\\-1\\-1\end{pmatrix},\quad \boldsymbol{\alpha}_4=\begin{pmatrix}1\\-1\\-1\\1\end{pmatrix}$$

是否线性无关?

解：考虑齐次线性方程组 $x_1\boldsymbol{\alpha}_1+x_2\boldsymbol{\alpha}_2+x_3\boldsymbol{\alpha}_3+x_4\boldsymbol{\alpha}_4=\mathbf{0}$.

对系数矩阵做初等行变换化成简化行阶梯形矩阵：

$$\begin{pmatrix}1&1&1&1\\1&-1&1&-1\\1&1&-1&-1\\1&-1&-1&1\end{pmatrix}\to\begin{pmatrix}1&0&0&0\\0&1&0&0\\0&0&1&0\\0&0&0&1\end{pmatrix}$$

故原方程组只有零解，从而 $\boldsymbol{\alpha}_1$，$\boldsymbol{\alpha}_2$，$\boldsymbol{\alpha}_3$，$\boldsymbol{\alpha}_4$ 线性无关.

8. 设数域$\mathbb{K}$上 $m\times n$ 矩阵 $\boldsymbol{H}$ 的列向量组为 $\boldsymbol{\alpha}_1$，…，$\boldsymbol{\alpha}_n$. 证明：$\boldsymbol{H}$ 的任意 s 列($s\leqslant\min\{m, n\}$)都线性无关的充分必要条件是：齐次线性方程组 $x_1\boldsymbol{\alpha}_1+x_2\boldsymbol{\alpha}_2+\cdots+x_n\boldsymbol{\alpha}_n=\mathbf{0}$ 的任一非零解的非零分量的个数大于 s.

证明： 先证必要性(反证法)：假设存在 $x_1\boldsymbol{\alpha}_1+x_2\boldsymbol{\alpha}_2+\cdots+x_n\boldsymbol{\alpha}_n=\mathbf{0}$的一非零解的非零分量的个数小于等于 s. 不妨设(x_1，…，x_t，0，…，0)为一个非零解，其中 x_1，…，x_t 都不为零，且$t\leqslant s$. 设 $x_1\boldsymbol{\alpha}_1+x_2\boldsymbol{\alpha}_2+\cdots+x_t\boldsymbol{\alpha}_t=\mathbf{0}$，从而证得 $\boldsymbol{\alpha}_1$，$\boldsymbol{\alpha}_2$，…，$\boldsymbol{\alpha}_t$ 线性相关. 故 $\boldsymbol{\alpha}_1$，…，$\boldsymbol{\alpha}_t$，…，$\boldsymbol{\alpha}_s$ 线性相关，这与 $\boldsymbol{H}$ 的任意 s 列都线性无关矛盾.

再证充分性(反证法)：假设 H 中存在 s 列线性相关，不妨设 $\boldsymbol{\alpha}_{i_1}$，$\boldsymbol{\alpha}_{i_2}$，…，$\boldsymbol{\alpha}_{i_s}$ 线性相关，则由线性相关定义知，存在不全为零的一组数 k_{i_1}，k_{i_2}，…，k_{i_s}，使得

$$k_{i_1}\boldsymbol{\alpha}_{i_1}+k_{i_2}\boldsymbol{\alpha}_{i_2}+\cdots+k_{i_s}\boldsymbol{\alpha}_{i_s}=\mathbf{0}$$

从而 $x_1\boldsymbol{\alpha}_1+\cdots+x_n\boldsymbol{\alpha}_n=\mathbf{0}$存在一组非零解：

$$(0，\cdots，0，k_{i_1}，0，\cdots，0，k_{i_2}，0\cdots，0，k_{i_s}，0\cdots，0)'$$

这个非零解的非零分量的个数小于等于 s，与条件任一非零解的非零分量的个数大于 s 矛盾.

9. 证明：在数域$\mathbb{K}$上的线性空间 V 中，由非零向量组成的向量组 $\boldsymbol{\alpha}_1$，$\boldsymbol{\alpha}_2$，…，$\boldsymbol{\alpha}_s$($s\geqslant 2$)线性无关的充分必要条件是：每一个 $\boldsymbol{\alpha}_i$($1<i\leqslant s$)都不能由它前面的向量线性表出.

证明： 必要性：设 $\boldsymbol{\alpha}_1$，$\boldsymbol{\alpha}_2$，…，$\boldsymbol{\alpha}_s$ 线性无关，假如某个 $\boldsymbol{\alpha}_i$ 可由它前面的向量线性表出，那么易见 $\boldsymbol{\alpha}_i$ 可由向量组 $\boldsymbol{\alpha}_1$，$\boldsymbol{\alpha}_2$，…，$\boldsymbol{\alpha}_s$ 的其余向量线性表出，这与 $\boldsymbol{\alpha}_1$，$\boldsymbol{\alpha}_2$，…，$\boldsymbol{\alpha}_s$ 线性无关矛盾.

充分性：设每个 $\boldsymbol{\alpha}_i$($1<i\leqslant s$)都不能由它前面的向量线性表出. 假如 $\boldsymbol{\alpha}_1$，$\boldsymbol{\alpha}_2$，…，$\boldsymbol{\alpha}_s$ 线性相关，则有一个 $\boldsymbol{\alpha}_l$ 可由其余向量线性表出：

$$\boldsymbol{\alpha}_l=k_1\boldsymbol{\alpha}_1+\cdots+k_{l-1}\boldsymbol{\alpha}_{l-1}+k_{l+1}\boldsymbol{\alpha}_{l+1}+\cdots+k_s\boldsymbol{\alpha}_s$$

假如 $k_s\neq0$，则 $\boldsymbol{\alpha}_s$ 可由它前面的向量线性表出(矛盾)，所以 $k_s=0$. 如果 $k_{s-1}\neq0$，那么 $\boldsymbol{\alpha}_{s-1}$ 可由它前面的向量线性表出(矛盾). 依次检查下去，就得到 $k_s=k_{s-1}=\cdots=k_{l+1}=0$，那么 $\boldsymbol{\alpha}_l$ 可由它前面的向量线性表出，这都与条件矛盾. 因此 $\boldsymbol{\alpha}_1,\boldsymbol{\alpha}_2,\cdots,\boldsymbol{\alpha}_s$ 线性无关.

10. 在实数域上的线性空间 $\mathbb{R}^{\mathbb{R}}$ 中，函数组 x^2，$x|x|$ 是否线性无关？

解：对 $f_2(x)=x|x|$，先证明它在$(-\infty,+\infty)$上有一阶导函数 $f'_2(x)=2|x|$. 这是因为，当 $x>0$ 时，$f'_2(x)=2x$；当 $x<0$ 时，$f'_2(x)=-2x$；当 $x=0$ 时，$f'_2(0)=\lim\limits_{x\to0}\dfrac{x|x|-0}{x}=0$，故 $f'_2(x)=2|x|$，从而有 Wronsky 行列式

$$W(x)=\begin{vmatrix} x^2 & x|x| \\ 2x & 2|x| \end{vmatrix}=0,\ \forall x\in(-\infty,+\infty)$$

这时无法判断 $f_1(x)=x^2$ 与 $f_2(x)=x|x|$ 是否线性相关，要用定义：假设 $k_1x^2+k_2x|x|=0$，等式右端是零函数.

令 $x=1$，得 $k_1+k_2=0$. 令 $x=-1$，得 $k_1-k_2=0$. 因此，$k_1=k_2=0$，这表明 x^2，$x|x|$ 线性无关.

11. 在 $\mathbb{R}^{\mathbb{R}}$ 中，函数组 $\sin x$，$\cos x$，$\sin^2x$，$\cos^2x$ 是否线性无关？

解：$\sin x$，$\cos x$，$\sin^2x$，$\cos^2x$ 的 Wronsky 行列式为

$$W(x)=\begin{vmatrix} \sin x & \cos x & \sin^2x & \cos^2x \\ \cos x & -\sin x & \sin2x & -\sin2x \\ -\sin x & -\cos x & 2\cos2x & -2\cos2x \\ -\cos x & \sin x & -4\sin2x & 4\sin2x \end{vmatrix}$$

让 x 取值 $\frac{\pi}{6}$，得

$$W\left(\frac{\pi}{6}\right)=\begin{vmatrix} \frac{1}{2} & \frac{\sqrt3}{2} & \frac{1}{4} & \frac{3}{4} \\ \frac{\sqrt3}{2} & -\frac{1}{2} & \frac{\sqrt3}{2} & -\frac{\sqrt3}{2} \\ -\frac{1}{2} & -\frac{\sqrt3}{2} & 1 & -1 \\ -\frac{\sqrt3}{2} & \frac{1}{2} & -2\sqrt3 & 2\sqrt3 \end{vmatrix}=-\frac{3}{2}\sqrt3\neq0$$

因此 $\sin x$，$\cos x$，$\sin^2x$，$\cos^2x$ 线性无关.

12. 在实数域$\mathbb{R}$上的线性空间$\mathbb{R}^{\mathbb{R}^+}$中，函数组$x^{t_1}$，$x^{t_2}$，…，$x^{t_n}$是否线性无关？其中$t_1$，$t_2$，…，$t_n$是两两不等的实数.

解：设

$$k_1x^{t_1}+k_2x^{t_2}+\cdots+k_nx^{t_n}=0$$

分别令x取值1，2，2^2，…，2^{n-1}，得方程组：

$$\begin{cases}k_1\cdot 1^{t_1}+k_2\cdot 1^{t_2}+\cdots+k_n\cdot 1^{t_n}=0,\\ k_1\cdot 2^{t_1}+k_2\cdot 2^{t_2}+\cdots+k_n\cdot 2^{t_n}=0,\\ \cdots\cdots\cdots\cdots\\ k_1(2^{t_1})^{n-1}+k_2(2^{t_2})^{n-1}+\cdots+k_n(2^{t_n})^{n-1}=0,\end{cases}$$

该方程的系数行列式为Vandermonde行列式：

$$\begin{vmatrix}1 & 1 & \cdots & 1\\ 2^{t_1} & 2^{t_2} & \cdots & 2^{t_n}\\ (2^{t_1})^2 & (2^{t_2})^2 & \cdots & (2^{t_n})^2\\ \vdots & \vdots & & \vdots\\ (2^{t_1})^{n-1} & (2^{t_2})^{n-1} & \cdots & (2^{t_n})^{n-1}\end{vmatrix}=\prod_{1\leqslant j<i\leqslant n}(2^{t_i}-2^{t_j})$$

由于t_1，t_2，…，t_n两两不等，故系数行列式非零，原方程组只有零解，从而x^{t_1}，x^{t_2}，…，x^{t_n}线性无关.

13. 判断$\mathbb{R}^{\mathbb{R}}$中的下列函数组是否线性无关：

(1) 1，$\cos^2x$，$\cos2x$；

(2) 1，$\cos x$，$\cos2x$，$\cos3x$；

(3) 1，$\sin x$，$\cos x$，$\sin^2x$，$\cos^2x$，…，$\sin^nx$，$\cos^nx(n\geqslant2)$；

(4) $\sin x$，$\cos x$，$\sin^2x$，$\cos^2x$，…，$\sin^nx$，$\cos^nx(n\geqslant4)$.

解：(1) 由三角恒等式$\cos2x=-1+2\cos^2x$，得

$$(-1)\cdot1+2\cdot\cos^2x+(-1)\cos2x=0$$

于是1，$\cos^2x$，$\cos2x$线性相关.

(2) Wronsky行列式为

$$\begin{vmatrix}1 & \cos x & \cos2x & \cos3x\\ 0 & -\sin x & -2\sin2x & -3\sin3x\\ 0 & -\cos x & -4\cos2x & -9\cos3x\\ 0 & \sin x & 8\sin2x & 27\sin3x\end{vmatrix}$$

让 x 取$\frac{\pi}{6}$，得

$$\begin{vmatrix} 1 & \frac{\sqrt{3}}{2} & \frac{1}{2} & 0 \\ 0 & -\frac{1}{2} & -\sqrt{3} & -3 \\ 0 & -\frac{\sqrt{3}}{2} & -2 & 0 \\ 0 & \frac{1}{2} & 4\sqrt{3} & 27 \end{vmatrix}=\frac{3}{2}$$

所以 1，$\cos x$，$\cos 2x$，$\cos 3x$ 线性无关.

(3) 由三角恒等式 $1+(-1)\sin^2 x+(-1)\cos^2 x=0$ 知函数组 1，$\sin^2 x$，$\cos^2 x$ 线性相关，由部分相关得整体相关.

(4) 由三角恒等式

$$\sin^2 x-\cos^2 x-\sin^4 x+\cos^4 x=0$$

从而知 $\sin^2 x$，$\cos^2 x$，$\sin^4 x$，$\cos^4 x$ 线性相关，由部分相关得整体相关.

14. 证明：在 $\mathbb{R}^{\mathbb{R}}$ 中，对任意自然数 n，函数组

$$1, \cos x, \cos 2x, \cdots, \cos nx$$

线性无关，从而 1，$\cos x$，$\cos 2x$，…，$\cos nx$，…线性无关.

证明： 用归纳法：当 $n=1$ 时，考虑 1，$\cos x$ 的 Wronsky 行列式

$$W(x)=\begin{vmatrix} 1 & \cos x \\ 0 & -\sin x \end{vmatrix}$$

让 x 取$\frac{\pi}{2}$，得 $W\left(\frac{\pi}{2}\right)=-1\neq 0$，故 1，$\cos x$ 线性无关. 假设函数组

$$1, \cos x, \cos 2x, \cdots, \cos(n-1)x$$

线性无关. 考虑

$$k_0 1+k_1\cos x+k_2\cos 2x+\cdots+k_{n-1}\cos(n-1)x+k_n\cos nx=0 \tag{1}$$

将(1)式进行微分得

$$-k_1\sin x-2k_2\sin 2x-\cdots-(n-1)k_{n-1}\sin(n-1)x-nk_n\sin nx=0$$

再微分一次得

$$-k_1\cos x-4k_2\cos 2x-\cdots-(n-1)^2k_{n-1}\cos(n-1)x-n^2k_n\cos nx=0 \tag{2}$$

由(1)(2)式消去 $\cos nx$ 得

$$n^2k_0+(n^2k_1-k_1)\cos x+(n^2k_2-4k_2)\cos 2x+\cdots+[n^2k_{n-1}-(n-1)^2k_{n-1}]\cos(n-1)x=0$$

由归纳法假设 1，$\cos x$，$\cos 2x$，…，$\cos(n-1)x$ 线性无关得

$$\begin{cases} n^2k_0=0, \\ (n^2-1)k_1=0, \\ (n^2-2^2)k_2=0, \\ \quad\vdots \\ [n^2-(n-1)^2]k_{n-1}=0. \end{cases} \Rightarrow \begin{cases} k_0=0, \\ k_1=0, \\ \quad\vdots \\ k_{n-1}=0. \end{cases}$$

再代入(1)式得 $k_n=0$. 从而可知(1)式的系数全为零，即 n 时结论也成立.

综上所述，对任意自然数 n，函数组

$$1,\ \cos x,\ \cos 2x,\ \cdots,\ \cos nx$$

线性无关，从而无穷多个函数族 1，$\cos x$，$\cos 2x$，…，$\cos nx$，…线性无关.

15. 证明：在 $\mathbb{R}^{\mathbb{R}}$ 中，对任意自然数 n，函数组 1，$\sin x$，$\sin^2 x$，…，$\sin^n x$ 线性无关，从而 1，$\sin x$，$\sin^2 x$，…，$\sin^n x$，…线性无关.

证明： 设

$$k_0\cdot 1+k_1\sin x+k_2\sin^2 x+\cdots+k_n\sin^n x=0$$

让 x 分别取值 $\frac{1}{n+1}\cdot\frac{\pi}{2}$，$\frac{2}{n+1}\cdot\frac{\pi}{2}$，…，$\frac{n+1}{n+1}\cdot\frac{\pi}{2}$ 代入上式得

$$\begin{cases} k_0\cdot 1+k_1\sin\frac{1}{n+1}\cdot\frac{\pi}{2}+k_2\sin^2\frac{1}{n+1}\cdot\frac{\pi}{2}+\cdots+k_n\sin^n\frac{1}{n+1}\cdot\frac{\pi}{2}=0, \\ k_0\cdot 1+k_1\sin\frac{2}{n+1}\cdot\frac{\pi}{2}+k_2\sin^2\frac{2}{n+1}\cdot\frac{\pi}{2}+\cdots+k_n\sin^n\frac{2}{n+1}\cdot\frac{\pi}{2}=0, \\ \cdots\cdots\cdots\cdots \\ k_0\cdot 1+k_1\sin\frac{n+1}{n+1}\cdot\frac{\pi}{2}+k_2\sin^2\frac{n+1}{n+1}\cdot\frac{\pi}{2}+\cdots+k_n\sin^n\frac{n+1}{n+1}\cdot\frac{\pi}{2}=0, \end{cases}$$

$n+1$ 元齐次线性方程组的系数行列式为 Vandermonde 行列式：

$$\begin{vmatrix} 1 & \sin\frac{1}{n+1}\cdot\frac{\pi}{2} & \sin^2\frac{1}{n+1}\cdot\frac{\pi}{2} & \cdots \\ 1 & \sin\frac{2}{n+1}\cdot\frac{\pi}{2} & \sin^2\frac{2}{n+1}\cdot\frac{\pi}{2} & \cdots \\ \vdots & \vdots & \vdots & \\ 1 & \sin\frac{n+1}{n+1}\cdot\frac{\pi}{2} & \sin^2\frac{n+1}{n+1}\cdot\frac{\pi}{2} & \cdots \end{vmatrix}$$

由于 $\sin x$ 在 $\left[0,\frac{\pi}{2}\right]$ 上是增函数，因此 $\sin\frac{1}{n+1}\cdot\frac{\pi}{2}$，$\sin\frac{2}{n+1}\cdot\frac{\pi}{2}$，…，$\sin\frac{n+1}{n+1}\cdot\frac{\pi}{2}$ 两两不等，从而行列式的值不为零．于是方程组只有零解，即 $k_0=k_1=k_2=\cdots=k_n=0$．因此 1，$\sin x$，…，$\sin^n x$ 线性无关．

习题 3.4 极大线性无关组，向量组的秩

1．在 $\mathbb{K}^3$ 中，求下述向量组 $\boldsymbol{\alpha}_1$，$\boldsymbol{\alpha}_2$，$\boldsymbol{\alpha}_3$ 的一个极大线性无关组和它的秩．

$$\boldsymbol{\alpha}_1=\begin{pmatrix}3\\0\\-1\end{pmatrix},\quad \boldsymbol{\alpha}_2=\begin{pmatrix}-2\\5\\4\end{pmatrix},\quad \boldsymbol{\alpha}_3=\begin{pmatrix}6\\15\\8\end{pmatrix}.$$

解： 因为

$$\begin{vmatrix}3 & -2\\0 & 5\end{vmatrix}=15\neq 0,$$

所以 $\begin{pmatrix}3\\0\end{pmatrix}$，$\begin{pmatrix}-2\\5\end{pmatrix}$ 线性无关，从而它们的延伸组 $\boldsymbol{\alpha}_1$，$\boldsymbol{\alpha}_2$ 也线性无关．

由于

$$\begin{vmatrix}3 & -2 & 6\\0 & 5 & 15\\-1 & 4 & 8\end{vmatrix}=\begin{vmatrix}0 & 10 & 30\\0 & 5 & 15\\-1 & 4 & 8\end{vmatrix}=0$$

因此 $\boldsymbol{\alpha}_1$，$\boldsymbol{\alpha}_2$，$\boldsymbol{\alpha}_3$ 线性相关，从而 $\boldsymbol{\alpha}_1$，$\boldsymbol{\alpha}_2$ 是向量组 $\boldsymbol{\alpha}_1$，$\boldsymbol{\alpha}_2$，$\boldsymbol{\alpha}_3$ 的一个极大线性无关组，于是 $\operatorname{rank}\{\boldsymbol{\alpha}_1,\boldsymbol{\alpha}_2,\boldsymbol{\alpha}_3\}=2$．

2．证明：向量组 $\boldsymbol{\alpha}_1$，…，$\boldsymbol{\alpha}_s$ 的任一个线性无关的部分组都可以扩充成一个极大线性无关组．

证明： 设向量组 $\boldsymbol{\alpha}_1, \cdots, \boldsymbol{\alpha}_s$ 的一个线性无关组 $\boldsymbol{\alpha}_{i_1}, \cdots, \boldsymbol{\alpha}_{i_m}$，其中 $m \leqslant s$. 若 $m=s$，则 $\boldsymbol{\alpha}_{i_1}, \cdots, \boldsymbol{\alpha}_{i_s}$ 就是向量组 $\boldsymbol{\alpha}_1, \cdots, \boldsymbol{\alpha}_s$ 的唯一一个极大线性无关组.

下面设 $m<s$. 如果 $\boldsymbol{\alpha}_{i_1}, \cdots, \boldsymbol{\alpha}_{i_m}$ 不是 $\boldsymbol{\alpha}_1, \cdots, \boldsymbol{\alpha}_s$ 的一个极大线性无关组，那么在其余向量中存在一个向量 $\boldsymbol{\alpha}_{i_{m+1}}$，使得 $\boldsymbol{\alpha}_{i_1}, \cdots, \boldsymbol{\alpha}_{i_m}, \boldsymbol{\alpha}_{i_{m+1}}$ 线性无关. 如果它还不是 $\boldsymbol{\alpha}_1, \cdots, \boldsymbol{\alpha}_s$ 的一个极大无关组，那么在其余向量中存在一个向量 $\boldsymbol{\alpha}_{i_{m+2}}$，使得 $\boldsymbol{\alpha}_{i_1}, \cdots, \boldsymbol{\alpha}_{i_m}, \boldsymbol{\alpha}_{i_{m+1}}, \boldsymbol{\alpha}_{i_{m+2}}$ 线性无关. 如此继续下去，但是这个过程不可能无限进行下去(因为总共只有 s 个向量)，因此到某一步后终止，此时的线性无关组 $\boldsymbol{\alpha}_{i_1}, \cdots, \boldsymbol{\alpha}_{i_m}, \boldsymbol{\alpha}_{i_{m+1}}, \cdots, \boldsymbol{\alpha}_{i_l}$ 就是 $\boldsymbol{\alpha}_1, \cdots, \boldsymbol{\alpha}_s$ 的一个极大线性无关组.

3. 在 $\mathbb{K}^4$ 中，设

$$\boldsymbol{\alpha}_1=\begin{pmatrix}2\\3\\4\\7\end{pmatrix},\quad \boldsymbol{\alpha}_2=\begin{pmatrix}5\\-1\\3\\2\end{pmatrix},\quad \boldsymbol{\alpha}_3=\begin{pmatrix}-3\\4\\1\\5\end{pmatrix},\quad \boldsymbol{\alpha}_4=\begin{pmatrix}0\\-1\\7\\2\end{pmatrix},\quad \boldsymbol{\alpha}_5=\begin{pmatrix}6\\2\\1\\5\end{pmatrix}.$$

(1) 证明：$\boldsymbol{\alpha}_1, \boldsymbol{\alpha}_2$ 线性无关；

(2) 把 $\boldsymbol{\alpha}_1, \boldsymbol{\alpha}_2$ 扩充成向量组 $\boldsymbol{\alpha}_1, \boldsymbol{\alpha}_2, \boldsymbol{\alpha}_3, \boldsymbol{\alpha}_4, \boldsymbol{\alpha}_5$ 的一个极大线性无关组.

证明： (1) 由于

$$\begin{vmatrix}2 & 5\\3 & -1\end{vmatrix}=-2-15=-17\neq 0,$$

因此 $\begin{pmatrix}2\\3\end{pmatrix}, \begin{pmatrix}5\\-1\end{pmatrix}$ 线性无关，从而它们的延伸组 $\boldsymbol{\alpha}_1, \boldsymbol{\alpha}_2$ 也线性无关.

(2) 把 $\boldsymbol{\alpha}_3$ 添加到 $\boldsymbol{\alpha}_1, \boldsymbol{\alpha}_2$ 中，直接观察得 $\boldsymbol{\alpha}_3=\boldsymbol{\alpha}_1-\boldsymbol{\alpha}_2$，因此 $\boldsymbol{\alpha}_1, \boldsymbol{\alpha}_2, \boldsymbol{\alpha}_3$ 线性相关. 把 $\boldsymbol{\alpha}_4$ 添加到 $\boldsymbol{\alpha}_1, \boldsymbol{\alpha}_2$ 中，由于

$$\begin{vmatrix}2 & 5 & 0\\3 & -1 & -1\\4 & 3 & 7\end{vmatrix}=\begin{vmatrix}2 & 5 & 0\\1 & -6 & -1\\1 & 4 & 8\end{vmatrix}=\begin{vmatrix}0 & -3 & -16\\0 & -10 & -9\\1 & 4 & 8\end{vmatrix}\neq 0$$

因此 $\begin{pmatrix}2\\3\\4\end{pmatrix}, \begin{pmatrix}5\\-1\\3\end{pmatrix}, \begin{pmatrix}0\\-1\\7\end{pmatrix}$ 线性无关，从而它们的延伸组 $\boldsymbol{\alpha}_1, \boldsymbol{\alpha}_2, \boldsymbol{\alpha}_4$ 仍线性无关.

把 $\boldsymbol{\alpha}_5$ 添加到 $\boldsymbol{\alpha}_1, \boldsymbol{\alpha}_2, \boldsymbol{\alpha}_4$ 中，由于

$$\begin{vmatrix} 2 & 5 & 0 & 6 \\ 3 & -1 & -1 & 2 \\ 4 & 3 & 7 & 1 \\ 7 & 2 & 2 & 5 \end{vmatrix} = 90 \neq 0$$

因此 $\boldsymbol{\alpha}_1$，$\boldsymbol{\alpha}_2$，$\boldsymbol{\alpha}_4$，$\boldsymbol{\alpha}_5$ 线性无关.

综上所述，$\boldsymbol{\alpha}_1$，$\boldsymbol{\alpha}_2$，$\boldsymbol{\alpha}_4$，$\boldsymbol{\alpha}_5$ 是 $\boldsymbol{\alpha}_1$，$\boldsymbol{\alpha}_2$，$\boldsymbol{\alpha}_3$，$\boldsymbol{\alpha}_4$，$\boldsymbol{\alpha}_5$ 的一个极大线性无关组.

4. 设向量组 $\boldsymbol{\alpha}_1$，…，$\boldsymbol{\alpha}_s$ 的秩为 r，证明：如果向量组 $\boldsymbol{\alpha}_1$，…，$\boldsymbol{\alpha}_s$ 可以由其中的 r 个向量 $\boldsymbol{\alpha}_{j_1}$，…，$\boldsymbol{\alpha}_{j_r}$ 线性表出，那么 $\boldsymbol{\alpha}_{j_1}$，…，$\boldsymbol{\alpha}_{j_r}$ 是向量组 $\boldsymbol{\alpha}_1$，…，$\boldsymbol{\alpha}_s$ 的一个极大线性无关组.

证明： 设 $\boldsymbol{\alpha}_{i_1}$，…，$\boldsymbol{\alpha}_{i_r}$ 是 $\boldsymbol{\alpha}_1$，…，$\boldsymbol{\alpha}_s$ 的一个极大线性无关组，由已知条件得，$\boldsymbol{\alpha}_{i_1}$，…，$\boldsymbol{\alpha}_{i_r}$ 可以由 $\boldsymbol{\alpha}_{j_1}$，…，$\boldsymbol{\alpha}_{j_r}$ 线性表出，从而

$$r = \operatorname{rank}\{\boldsymbol{\alpha}_{i_1}, \cdots, \boldsymbol{\alpha}_{i_r}\} \leqslant \operatorname{rank}\{\boldsymbol{\alpha}_{j_1}, \cdots, \boldsymbol{\alpha}_{j_r}\} \leqslant r$$

从而 $\operatorname{rank}\{\boldsymbol{\alpha}_{j_1}, \cdots, \boldsymbol{\alpha}_{j_r}\} = r$，因此 $\boldsymbol{\alpha}_{j_1}$，…，$\boldsymbol{\alpha}_{j_r}$ 线性无关，从而 $\boldsymbol{\alpha}_{j_1}$，…，$\boldsymbol{\alpha}_{j_r}$ 是 $\boldsymbol{\alpha}_1$，…，$\boldsymbol{\alpha}_s$ 的一个极大线性无关组.

5. 设向量组 $\boldsymbol{\alpha}_1$，…，$\boldsymbol{\alpha}_s$ 的每一个向量都可以由它的一个部分组 $\boldsymbol{\alpha}_{i_1}$，…，$\boldsymbol{\alpha}_{i_r}$ 唯一地线性表出，证明：$\boldsymbol{\alpha}_{i_1}$，…，$\boldsymbol{\alpha}_{i_r}$ 是向量组 $\boldsymbol{\alpha}_1$，…，$\boldsymbol{\alpha}_s$ 的一个极大线性无关组，且 $\operatorname{rank}\{\boldsymbol{\alpha}_1, \cdots, \boldsymbol{\alpha}_s\} = r$.

证明： 由 3.3 节命题 1 知 $\boldsymbol{\alpha}_{i_1}$，$\boldsymbol{\alpha}_{i_2}$，…，$\boldsymbol{\alpha}_{i_r}$ 线性无关，再由习题 4 知 $\boldsymbol{\alpha}_{i_1}$，…，$\boldsymbol{\alpha}_{i_r}$ 是向量组 $\boldsymbol{\alpha}_1$，…，$\boldsymbol{\alpha}_s$ 的一个极大线性无关组，且 $\operatorname{rank}\{\boldsymbol{\alpha}_1, \cdots, \boldsymbol{\alpha}_s\} = r$.

6. 证明：在 $\mathbb{K}^n$ 中，n 个向量 $\boldsymbol{\alpha}_1$，$\boldsymbol{\alpha}_2$，…，$\boldsymbol{\alpha}_n$ 线性无关当且仅当 $\mathbb{K}^n$ 中任一向量都可以由 $\boldsymbol{\alpha}_1$，$\boldsymbol{\alpha}_2$，…，$\boldsymbol{\alpha}_n$ 线性表出.

证明： 必要性：设 $\boldsymbol{\alpha}_1$，$\boldsymbol{\alpha}_2$，…，$\boldsymbol{\alpha}_n$ 线性无关，则任取 $\boldsymbol{\beta} \in \mathbb{K}^n$，则 $\boldsymbol{\alpha}_1$，$\boldsymbol{\alpha}_2$，…，$\boldsymbol{\alpha}_n$，$\boldsymbol{\beta}$ 必定线性相关，从而 $\boldsymbol{\beta}$ 可由 $\boldsymbol{\alpha}_1$，$\boldsymbol{\alpha}_2$，…，$\boldsymbol{\alpha}_n$ 唯一线性表出，由 $\boldsymbol{\beta}$ 的任意性知必要性成立.

充分性：$\mathbb{K}^n$ 中 ε_1，ε_2，…，ε_n 可以由 $\boldsymbol{\alpha}_1$，$\boldsymbol{\alpha}_2$，…，$\boldsymbol{\alpha}_n$ 线性表出，则 $n = \operatorname{rank}\{\varepsilon_1, \varepsilon_2, \cdots, \varepsilon_n\} \leqslant \operatorname{rank}\{\boldsymbol{\alpha}_1, \boldsymbol{\alpha}_2, \cdots, \boldsymbol{\alpha}_n\} \leqslant n$，因此 $\operatorname{rank}\{\boldsymbol{\alpha}_1, \boldsymbol{\alpha}_2, \cdots, \boldsymbol{\alpha}_n\} = n$. 于是 $\boldsymbol{\alpha}_1$，$\boldsymbol{\alpha}_2$，…，$\boldsymbol{\alpha}_n$ 线性无关.

7. 证明：数域 $\mathbb{K}$ 上 n 个方程的 n 元线性方程组

$$x_1\boldsymbol{\alpha}_1 + x_2\boldsymbol{\alpha}_2 + \cdots + x_n\boldsymbol{\alpha}_n = \boldsymbol{\beta}$$

对任意 $\boldsymbol{\beta} \in \mathbb{K}^n$ 都有解的充分必要条件是：它的系数矩阵 $\boldsymbol{A}$ 的行列式 $|\boldsymbol{A}| \neq 0$.

证明： 充分性：由于 $|\boldsymbol{A}| \neq 0$，则由 Cramer 法则知方程组有唯一解.

必要性：由于$\mathbb{K}^n$中的任一向量$\boldsymbol{\beta}$都可由$\boldsymbol{\alpha}_1$，$\boldsymbol{\alpha}_2$，…，$\boldsymbol{\alpha}_n$线性表出，由习题6的结论知$\boldsymbol{\alpha}_1$，…，$\boldsymbol{\alpha}_n$线性无关，故$|\boldsymbol{A}|\neq0$.

8. 在数域$\mathbb{K}$上的线性空间V中，设

$$\boldsymbol{\beta}_1=\boldsymbol{\alpha}_2+\boldsymbol{\alpha}_3+\cdots+\boldsymbol{\alpha}_m,\quad \boldsymbol{\beta}_2=\boldsymbol{\alpha}_1+\boldsymbol{\alpha}_3+\cdots+\boldsymbol{\alpha}_m,$$
$$\cdots\cdots\cdots\cdots,\quad \boldsymbol{\beta}_m=\boldsymbol{\alpha}_1+\boldsymbol{\alpha}_2+\cdots+\boldsymbol{\alpha}_{m-1},$$

证明：$\mathrm{rank}\{\boldsymbol{\alpha}_1,\boldsymbol{\alpha}_2,\cdots,\boldsymbol{\alpha}_m\}=\mathrm{rank}\{\boldsymbol{\beta}_1,\boldsymbol{\beta}_2,\cdots,\boldsymbol{\beta}_m\}$.

证明： 由于$\{\boldsymbol{\beta}_1,\boldsymbol{\beta}_2,\cdots,\boldsymbol{\beta}_m\}$可由向量组$\{\boldsymbol{\alpha}_1,\boldsymbol{\alpha}_2,\cdots,\boldsymbol{\alpha}_m\}$线性表出，则$\mathrm{rank}\{\boldsymbol{\beta}_1,\boldsymbol{\beta}_2,\cdots,\boldsymbol{\beta}_m\}\leqslant\mathrm{rank}\{\boldsymbol{\alpha}_1,\boldsymbol{\alpha}_2,\cdots,\boldsymbol{\alpha}_m\}$，只要能证明向量组$\{\boldsymbol{\alpha}_1,\boldsymbol{\alpha}_2,\cdots,\boldsymbol{\alpha}_m\}$可由向量组$\{\boldsymbol{\beta}_1,\boldsymbol{\beta}_2,\cdots,\boldsymbol{\beta}_m\}$线性表出，就能说明$\mathrm{rank}\{\boldsymbol{\alpha}_1,\boldsymbol{\alpha}_2,\cdots,\boldsymbol{\alpha}_m\}\leqslant\mathrm{rank}\{\boldsymbol{\beta}_1,\boldsymbol{\beta}_2,\cdots,\boldsymbol{\beta}_m\}$，进而证明$\mathrm{rank}\{\boldsymbol{\alpha}_1,\boldsymbol{\alpha}_2,\cdots,\boldsymbol{\alpha}_m\}=\mathrm{rank}\{\boldsymbol{\beta}_1,\boldsymbol{\beta}_2,\cdots,\boldsymbol{\beta}_m\}$. 因为

$$(\boldsymbol{\beta}_1,\boldsymbol{\beta}_2,\cdots,\boldsymbol{\beta}_m)=(\boldsymbol{\alpha}_1,\boldsymbol{\alpha}_2,\cdots,\boldsymbol{\alpha}_m)\cdot\begin{pmatrix}0&1&\cdots&1\\1&0&\cdots&1\\1&1&\cdots&1\\\vdots&\vdots&&1\\1&1&\cdots&0\end{pmatrix}$$

先证明右侧的矩阵是可逆的.

$$\begin{vmatrix}0&1&1&\cdots&1\\1&0&1&\cdots&1\\1&1&0&\cdots&1\\\vdots&\vdots&\vdots&&\vdots\\1&1&1&\cdots&0\end{vmatrix}=(m-1)\begin{vmatrix}1&1&1&\cdots&1\\1&0&1&\cdots&1\\1&1&0&\cdots&1\\\vdots&\vdots&\vdots&&\vdots\\1&1&1&\cdots&0\end{vmatrix}$$
$$=(m-1)\begin{vmatrix}1&1&1&\cdots&1\\0&-1&0&\cdots&0\\0&0&-1&\cdots&0\\\vdots&\vdots&\vdots&&\vdots\\0&0&0&\cdots&-1\end{vmatrix}=(m-1)(-1)^{m-1}\neq0$$

从而

$$(\boldsymbol{\alpha}_1, \boldsymbol{\alpha}_2, \cdots, \boldsymbol{\alpha}_m)=(\boldsymbol{\beta}_1, \boldsymbol{\beta}_2, \cdots, \boldsymbol{\beta}_m)\begin{pmatrix} 0 & 1 & \cdots & 1 \\ 1 & 0 & \cdots & 1 \\ 1 & 1 & \cdots & 1 \\ \vdots & \vdots & & \vdots \\ 1 & 1 & \cdots & 0 \end{pmatrix}^{-1}$$

即向量组 $\boldsymbol{\alpha}_1, \cdots, \boldsymbol{\alpha}_m$ 可由向量组 $\boldsymbol{\beta}_1, \cdots, \boldsymbol{\beta}_m$ 线性表出，事实上可求出上述矩阵的逆矩阵. 设

$$\boldsymbol{A}=\begin{pmatrix} 0 & 1 & 1 & \cdots & 1 \\ 1 & 0 & 1 & \cdots & 1 \\ 1 & 1 & 0 & \cdots & 1 \\ \vdots & \vdots & \vdots & & \vdots \\ 1 & 1 & 1 & \cdots & 0 \end{pmatrix}$$

以 $\boldsymbol{J}$ 表示元素全为 1 的 m 阶方阵，则 $\boldsymbol{A}=\boldsymbol{J}-\boldsymbol{I}$. 于是 $\boldsymbol{A}^{-1}=a\boldsymbol{I}+b\boldsymbol{J}$ 当且仅当下式成立：

$$\begin{aligned} \boldsymbol{I} &=(\boldsymbol{J}-\boldsymbol{I})(a\boldsymbol{I}+b\boldsymbol{J})=a\boldsymbol{J}+b\boldsymbol{J}\cdot\boldsymbol{J}-a\boldsymbol{I}-b\boldsymbol{J} \\ &=(a-b)\boldsymbol{J}-a\boldsymbol{I}+b\cdot\boldsymbol{1}_m\cdot\boldsymbol{1}_m'\cdot\boldsymbol{1}_m\cdot\boldsymbol{1}_m'=(a-b)\boldsymbol{J}-a\boldsymbol{I}+mb\boldsymbol{J} \\ &=(a-b+mb)\boldsymbol{J}-a\boldsymbol{I} \end{aligned}$$

解得，$a=-1$，$b=\dfrac{1}{m-1}$.

因此

$$\boldsymbol{A}^{-1}=\begin{pmatrix} \frac{2-m}{m-1} & \frac{1}{m-1} & \frac{1}{m-1} & \cdots & \frac{1}{m-1} \\ \frac{1}{m-1} & \frac{2-m}{m-1} & \frac{1}{m-1} & \cdots & \frac{1}{m-1} \\ \vdots & \vdots & \vdots & & \vdots \\ \frac{1}{m-1} & \frac{1}{m-1} & \frac{1}{m-1} & \cdots & \frac{2-m}{m-1} \end{pmatrix}.$$

9. 证明：在数域$\mathbb{K}$上线性空间 V 中，

$$\operatorname{rank}\{\boldsymbol{\alpha}_1, \boldsymbol{\alpha}_2, \cdots, \boldsymbol{\alpha}_s, \boldsymbol{\beta}_1, \cdots, \boldsymbol{\beta}_r\}\leqslant\operatorname{rank}\{\boldsymbol{\alpha}_1, \cdots, \boldsymbol{\alpha}_s\}+\operatorname{rank}\{\boldsymbol{\beta}_1, \cdots, \boldsymbol{\beta}_r\}.$$

证明： 设 $\boldsymbol{\alpha}_{i_1}, \boldsymbol{\alpha}_{i_2}, \cdots, \boldsymbol{\alpha}_{i_p}$ 为向量组 $\boldsymbol{\alpha}_1, \cdots, \boldsymbol{\alpha}_s$ 的一个极大线性无关组，$\boldsymbol{\beta}_{j_1}, \boldsymbol{\beta}_{j_2}, \cdots, \boldsymbol{\beta}_{j_q}$ 为向量组 $\boldsymbol{\beta}_1, \cdots, \boldsymbol{\beta}_r$ 的一个极大线性无关组，则向量组 $\boldsymbol{\alpha}_1, \cdots, \boldsymbol{\alpha}_s, \boldsymbol{\beta}_1, \cdots, \boldsymbol{\beta}_r$ 可由

$\boldsymbol{\alpha}_{i_1}$，…，$\boldsymbol{\alpha}_{i_p}$，$\boldsymbol{\beta}_{j_1}$，…，$\boldsymbol{\beta}_{j_q}$线性表出，于是

$$\begin{aligned}\operatorname{rank}\{\boldsymbol{\alpha}_1, \boldsymbol{\alpha}_2, \cdots, \boldsymbol{\alpha}_s, \boldsymbol{\beta}_1, \cdots, \boldsymbol{\beta}_r\} &\leqslant \operatorname{rank}\{\boldsymbol{\alpha}_{i_1}, \boldsymbol{\alpha}_{i_2}, \cdots, \boldsymbol{\alpha}_{i_p}, \boldsymbol{\beta}_{j_1}, \boldsymbol{\beta}_{j_2}, \cdots, \boldsymbol{\beta}_{j_q}\}\\ &\leqslant p+q\\ &=\operatorname{rank}\{\boldsymbol{\alpha}_1, \boldsymbol{\alpha}_2, \cdots, \boldsymbol{\alpha}_s\}+\operatorname{rank}\{\boldsymbol{\beta}_1, \cdots, \boldsymbol{\beta}_r\}\end{aligned}$$

10. 在数域$\mathbb{K}$上线性空间 V 中，设向量 $\boldsymbol{\beta}$ 可由向量组 $\boldsymbol{\alpha}_1$，…，$\boldsymbol{\alpha}_s$ 线性表出，但是 $\boldsymbol{\beta}$ 不能由 $\boldsymbol{\alpha}_1$，…，$\boldsymbol{\alpha}_{s-1}$线性表出．证明：

$$\operatorname{rank}\{\boldsymbol{\alpha}_1, \cdots, \boldsymbol{\alpha}_s\}=\operatorname{rank}\{\boldsymbol{\alpha}_1, \cdots, \boldsymbol{\alpha}_{s-1}, \boldsymbol{\beta}\}$$

证明： 设

$$\boldsymbol{\beta}=k_1\boldsymbol{\alpha}_1+\cdots+k_{s-1}\boldsymbol{\alpha}_{s-1}+k_s\boldsymbol{\alpha}_s$$

若 $k_s=0$，则 $\boldsymbol{\beta}$ 可由 $\boldsymbol{\alpha}_1$，…，$\boldsymbol{\alpha}_{s-1}$线性表出，与题设条件矛盾，故 $k_s\neq0$．即

$$\boldsymbol{\alpha}_s=\frac{1}{k_s}(-k\boldsymbol{\alpha}_1-\cdots-k_{s-1}\boldsymbol{\alpha}_{s-1}+\boldsymbol{\beta})$$

即 $\boldsymbol{\alpha}_s$ 可由向量组 $\boldsymbol{\alpha}_1$，…，$\boldsymbol{\alpha}_{s-1}$，$\boldsymbol{\beta}$ 线性表出．故向量组 $\boldsymbol{\alpha}_1$，$\boldsymbol{\alpha}_2$，…，$\boldsymbol{\alpha}_s$ 可由向量组 $\boldsymbol{\alpha}_1$，…，$\boldsymbol{\alpha}_{s-1}$，$\boldsymbol{\beta}$ 线性表出．而向量组 $\boldsymbol{\alpha}_1$，…，$\boldsymbol{\alpha}_{s-1}$，$\boldsymbol{\beta}$ 可由向量组 $\boldsymbol{\alpha}_1$，…，$\boldsymbol{\alpha}_s$ 线性表出这是显然的，从而向量组 $\boldsymbol{\alpha}_1$，$\boldsymbol{\alpha}_2$，…，$\boldsymbol{\alpha}_s$ 与向量组 $\boldsymbol{\alpha}_1$，…，$\boldsymbol{\alpha}_{s-1}$，$\boldsymbol{\beta}$ 等价，从而

$$\operatorname{rank}\{\boldsymbol{\alpha}_1, \cdots, \boldsymbol{\alpha}_s\}=\operatorname{rank}\{\boldsymbol{\alpha}_1, \cdots, \boldsymbol{\alpha}_{s-1}, \boldsymbol{\beta}\}.$$

11. 在数域$\mathbb{K}$上的线性空间 V 中，s 个向量的向量组如果它的秩为 $s-1$，且包含成比例的非零向量．试问：此向量组有多少个极大线性无关组？

解： 设 $\boldsymbol{\alpha}_1$，…，$\boldsymbol{\alpha}_{s-1}$是 $\boldsymbol{\alpha}_1$，…，$\boldsymbol{\alpha}_s$ 的一个极大线性无关组，由于成比例的非零向量是线性相关的，因此在 $\boldsymbol{\alpha}_1$，…，$\boldsymbol{\alpha}_{s-1}$中不含有成比例的非零向量．从而 $\boldsymbol{\alpha}_s$ 与某个 $\boldsymbol{\alpha}_i(1\leqslant i\leqslant s-1)$成比例，即 $\boldsymbol{\alpha}_s=k\boldsymbol{\alpha}_i$．由于 $\boldsymbol{\alpha}_i$，$\boldsymbol{\alpha}_s$ 都不为零，故 $k\neq0$．于是根据替换定理用 $\boldsymbol{\alpha}_s$ 替换 $\boldsymbol{\alpha}_1$，…，$\boldsymbol{\alpha}_{s-1}$中的 $\boldsymbol{\alpha}_i$ 后得到的向量组 $\boldsymbol{\alpha}_1$，…，$\boldsymbol{\alpha}_{i-1}$，$\boldsymbol{\alpha}_s$，$\boldsymbol{\alpha}_{i+1}$，…，$\boldsymbol{\alpha}_{s-1}$仍线性无关，从而它是一个极大线性无关组，因此 $\boldsymbol{\alpha}_1$，…，$\boldsymbol{\alpha}_s$ 有两个极大线性无关组．

习题 3.5　基，维数

1. 证明：$\mathbb{K}^n$ 中的向量组

$$\boldsymbol{\eta}_1=\begin{pmatrix}1\\0\\0\\\vdots\\0\end{pmatrix},\quad \boldsymbol{\eta}_2=\begin{pmatrix}1\\1\\0\\\vdots\\0\end{pmatrix},\quad \cdots,\quad \boldsymbol{\eta}_n=\begin{pmatrix}1\\1\\1\\\vdots\\1\end{pmatrix},$$

是$\mathbb{K}^n$ 的一个基；并且求向量 $\boldsymbol{\alpha}=(a_1, \cdots, a_n)'$在此基下的坐标.

证明： 因为

$$\begin{vmatrix}1&1&1&\cdots&1\\0&1&1&\cdots&1\\0&0&1&\cdots&1\\\vdots&\vdots&\vdots&&\vdots\\0&0&0&\cdots&1\end{vmatrix}=1\neq 0$$

且 $\dim \mathbb{K}^n=n$，故 $\boldsymbol{\eta}_1, \boldsymbol{\eta}_2, \cdots, \boldsymbol{\eta}_n$ 是$\mathbb{K}^n$ 的一个基，设 $\boldsymbol{\alpha}=x_1\boldsymbol{\eta}_1+\cdots+x_n\boldsymbol{\eta}_n$，则

$$\begin{pmatrix}1&1&\cdots&1\\0&1&\cdots&1\\0&0&\cdots&1\\\vdots&\vdots&&\vdots\\0&0&\cdots&1\end{pmatrix}\begin{pmatrix}x_1\\x_2\\x_3\\\vdots\\x_n\end{pmatrix}=\begin{pmatrix}a_1\\a_2\\a_3\\\vdots\\a_n\end{pmatrix}$$

解得

$$\begin{cases}x_n=a_n,\\x_{n-1}=-a_n+a_{n-1},\\\qquad\vdots\\x_1=-a_2+a_1,\end{cases}$$

从而 $\boldsymbol{\alpha}$ 在 $\boldsymbol{\eta}_1, \boldsymbol{\eta}_2, \cdots, \boldsymbol{\eta}_n$ 下的坐标为$(a_1-a_2, a_2-a_3, \cdots, a_{n-1}-a_n, a_n)'$.

2. $\mathbb{K}^4$中，下述向量组是否为$\mathbb{K}^4$的一个基，如果是，求向量 $\boldsymbol{\alpha}=(a_1, a_2, a_3, a_4)'$在此基下的坐标.

$$\boldsymbol{\alpha}_1=\begin{pmatrix}0\\0\\0\\1\end{pmatrix},\quad \boldsymbol{\alpha}_2=\begin{pmatrix}0\\0\\1\\1\end{pmatrix},\quad \boldsymbol{\alpha}_3=\begin{pmatrix}0\\1\\1\\1\end{pmatrix},\quad \boldsymbol{\alpha}_4=\begin{pmatrix}1\\1\\1\\1\end{pmatrix}.$$

解：由于

$$\begin{vmatrix} 0 & 0 & 0 & 1 \\ 0 & 0 & 1 & 1 \\ 0 & 1 & 1 & 1 \\ 1 & 1 & 1 & 1 \end{vmatrix} = (-1)^{C_4^2} \cdot 1 = 1 \neq 0$$

从而 $\boldsymbol{\alpha}_1$，$\boldsymbol{\alpha}_2$，$\boldsymbol{\alpha}_3$，$\boldsymbol{\alpha}_4$ 线性无关，从而是$\mathbb{K}^4$的一个基. 设 $\boldsymbol{\alpha} = x_1\boldsymbol{\alpha}_1 + x_2\boldsymbol{\alpha}_2 + x_3\boldsymbol{\alpha}_3 + x_4\boldsymbol{\alpha}_4$，则

$$\begin{pmatrix} 0 & 0 & 0 & 1 \\ 0 & 0 & 1 & 1 \\ 0 & 1 & 1 & 1 \\ 1 & 1 & 1 & 1 \end{pmatrix} \begin{pmatrix} x_1 \\ x_2 \\ x_3 \\ x_4 \end{pmatrix} = \begin{pmatrix} a_1 \\ a_2 \\ a_3 \\ a_4 \end{pmatrix}$$

解得

$$\begin{cases} x_1 = a_4 - a_3 \\ x_2 = a_3 - a_2 \\ x_3 = a_2 - a_1 \\ x_4 = a_1 \end{cases}$$

因此 $\boldsymbol{\alpha}$ 在此基下的坐标为$(a_4 - a_3, a_3 - a_2, a_2 - a_1, a_1)'$.

3. $\mathbb{K}^3$ 中，判断向量组 $\boldsymbol{\alpha}_1$，$\boldsymbol{\alpha}_2$，$\boldsymbol{\alpha}_3$ 和向量组 $\boldsymbol{\beta}_1$，$\boldsymbol{\beta}_2$，$\boldsymbol{\beta}_3$ 是否为$\mathbb{K}^3$ 的一个基. 如果它们都是$\mathbb{K}^3$ 的一个基，求基 $\boldsymbol{\alpha}_1$，$\boldsymbol{\alpha}_2$，$\boldsymbol{\alpha}_3$ 到基 $\boldsymbol{\beta}_1$，$\boldsymbol{\beta}_2$，$\boldsymbol{\beta}_3$ 的过渡矩阵.

$$\boldsymbol{\alpha}_1 = \begin{pmatrix} 2 \\ 1 \\ 2 \end{pmatrix}, \quad \boldsymbol{\alpha}_1 = \begin{pmatrix} 1 \\ 2 \\ -2 \end{pmatrix}, \quad \boldsymbol{\alpha}_3 = \begin{pmatrix} -2 \\ 2 \\ 1 \end{pmatrix};$$

$$\boldsymbol{\beta}_1 = \begin{pmatrix} 2 \\ 5 \\ 6 \end{pmatrix}, \quad \boldsymbol{\beta}_1 = \begin{pmatrix} 5 \\ -2 \\ 3 \end{pmatrix}, \quad \boldsymbol{\beta}_3 = \begin{pmatrix} 7 \\ -3 \\ 4 \end{pmatrix}.$$

解：由于

$$\begin{vmatrix} 2 & 1 & -2 \\ 1 & 2 & 2 \\ 2 & -2 & 1 \end{vmatrix} = 27 \neq 0, \qquad \begin{vmatrix} 2 & 5 & 7 \\ 5 & -2 & -3 \\ 6 & 3 & 4 \end{vmatrix} = 1 \neq 0$$

因此 $\boldsymbol{\alpha}_1$，$\boldsymbol{\alpha}_2$，$\boldsymbol{\alpha}_3$ 线性无关，$\boldsymbol{\beta}_1$，$\boldsymbol{\beta}_2$，$\boldsymbol{\beta}_3$ 线性无关，而 $\dim \mathbb{K}^3=3$，从而 $\boldsymbol{\alpha}_1$，$\boldsymbol{\alpha}_2$，$\boldsymbol{\alpha}_3$ 和 $\boldsymbol{\beta}_1$，$\boldsymbol{\beta}_2$，$\boldsymbol{\beta}_3$ 都可作为$\mathbb{K}^3$ 的一个基.

为了求从基 $\boldsymbol{\alpha}_1$，$\boldsymbol{\alpha}_2$，$\boldsymbol{\alpha}_3$ 到基 $\boldsymbol{\beta}_1$，$\boldsymbol{\beta}_2$，$\boldsymbol{\beta}_3$ 的过渡矩阵，必须求解三个线性方程组 $x_1\boldsymbol{\alpha}_1+x_2\boldsymbol{\alpha}_2+x_3\boldsymbol{\alpha}_3=\boldsymbol{\beta}_i$，$i=1$，2，3. 采用下述方法可同时求解这三个方程组，即对下述矩阵施行初等行变换，化成简化行阶梯形矩阵：

$$\begin{pmatrix} 2 & 1 & -2 & 2 & 5 & 7 \\ 1 & 2 & 2 & 5 & -2 & -3 \\ 2 & -2 & 1 & 6 & 3 & 4 \end{pmatrix} \rightarrow \begin{pmatrix} 1 & 0 & 0 & \frac{7}{3} & \frac{14}{9} & \frac{19}{9} \\ 0 & 1 & 0 & 0 & -\frac{5}{9} & -\frac{7}{9} \\ 0 & 0 & 1 & \frac{4}{3} & -\frac{11}{9} & -\frac{16}{9} \end{pmatrix}$$

从而得到基 $\boldsymbol{\alpha}_1$，$\boldsymbol{\alpha}_2$，$\boldsymbol{\alpha}_3$ 到基 $\boldsymbol{\beta}_1$，$\boldsymbol{\beta}_2$，$\boldsymbol{\beta}_3$ 的过渡矩阵为

$$\begin{pmatrix} \frac{7}{3} & \frac{14}{9} & \frac{19}{9} \\ 0 & -\frac{5}{9} & -\frac{7}{9} \\ \frac{4}{3} & -\frac{11}{9} & -\frac{16}{9} \end{pmatrix}.$$

4. 把数域$\mathbb{K}$看成自身上的线性空间，求它的一个基和维数.

解：1 是数域$\mathbb{K}$的单位元，任取 $a\in\mathbb{K}$，都有

$$a=a\cdot 1$$

假设 $k\cdot 1=0$，则 $k=0$，因此 1 线性无关，从而 1 是数域$\mathbb{K}$的一个基，于是 $\dim_{\mathbb{K}}\mathbb{K}=1$.

5. 把复数域$\mathbb{C}$看成实数域$\mathbb{R}$上的一个线性空间，求它的一个基和维数，并且求复数 $z=a+b\mathrm{i}$ 在此基下的坐标.

解：1，i 为基，假设 $k_1\cdot 1+k_2\cdot \mathrm{i}=0$，其中 k_1，$k_2\in\mathbb{R}$，则由复数为 0 知 $k_1=0$，$k_2=0$，故 1，i 线性无关，且 $\forall z\in C$，$z=a+b\mathrm{i}=a\cdot 1+b\cdot \mathrm{i}$，$z$ 在基 1，i 下的坐标是$(a, b)'$，$\dim_{\mathbb{R}}\mathbb{C}=2$.

6. 求习题 3.1 的第 2 题中实数域$\mathbb{R}$上的线性空间$\mathbb{R}^+$的一个基和维数.

解：任取一个正实数 a，有

$$a=\mathrm{e}^{\ln a}=\ln a\odot \mathrm{e},$$

这表明 a 可以由 e 线性表出.

设 $k\odot e=1$（$\mathbb{R}^+$的零元），则 $e^k=1$，由此推出 $k=0$，因此 e 线性无关，从而 e 是线性空间$\mathbb{R}^+$的一个基，于是 $\dim_{\mathbb{R}}\mathbb{R}^+=1$.

7. 求有理数域$\mathbb{Q}$上的线性空间$\mathbb{Q}(\sqrt{2})$的一个基和维数，并且求 $a+b\sqrt{2}$在此基下的坐标.

解： $1,\sqrt{2}$是$\mathbb{Q}(\sqrt{2})$的一个基，假设 $k_1\cdot 1+k_2\sqrt{2}=0$，则 $k_1=0$，$k_2=0$，从而 $1,\sqrt{2}$ 线性无关，且$\forall q\in\mathbb{Q}(\sqrt{2})$，$q=a+b\sqrt{2}=a\cdot 1+b\cdot\sqrt{2}$，从而 q 在此基下的坐标为$(a,b)'$，$\dim_{\mathbb{Q}}\mathbb{Q}(\sqrt{2})=2$.

8. 令$\mathbb{Q}(\omega):=\{a+b\omega\mid a,b\in\mathbb{Q}\}$，其中 $\omega=\dfrac{-1+\sqrt{3}\mathrm{i}}{2}$.

（1）证明：$\mathbb{Q}(\omega)$对于复数的加法以及有理数和复数的乘法构成有理数域$\mathbb{Q}$上的一个线性空间；

（2）求$\mathbb{Q}(\omega)$的一个基和维数；

（3）$\overline{\omega}$，$-\sqrt{3}\mathrm{i}$是否属于$\mathbb{Q}(\omega)$？如果是，$\omega,\overline{\omega},-\sqrt{3}\mathrm{i}$是否线性相关？并求子空间$\langle\omega,\overline{\omega},-\sqrt{3}\mathrm{i}\rangle$的一个基和维数；子空间$\langle\omega,\overline{\omega},-\sqrt{3}\mathrm{i}\rangle$是否等于$\mathbb{Q}(\omega)$？

证明： （1）$\mathbb{Q}(\omega)$显然对加法和数量乘法封闭，因此$\mathbb{Q}(\omega)$是复数域$\mathbb{C}$看成有理数域$\mathbb{Q}$的线性空间的一个子空间，从而$\mathbb{Q}(\omega)$是$\mathbb{Q}$上的一个线性空间.

（2）$1,\omega$ 是$\mathbb{Q}(\omega)$的基. 先证 $1,\omega$ 线性无关，考虑 $k_1\cdot 1+k_2\cdot\omega=0$，即

$$k_1+k_2\cdot\frac{-1+\sqrt{3}\mathrm{i}}{2}=\left(k_1-\frac{k_2}{2}\right)+\frac{\sqrt{3}k_2}{2}\mathrm{i}=0,$$

从而

$$\begin{cases}k_1-\dfrac{k_2}{2}=0,\\ \dfrac{\sqrt{3}k_2}{2}=0\end{cases}\Rightarrow\begin{cases}k_1=0,\\ k_2=0,\end{cases}$$

于是 $1,\omega$ 线性无关，而任意$\beta\in\mathbb{Q}(\omega)$，$\beta=a+b\omega=a\cdot 1+b\omega$，所以$(a,b)'$为$\beta$ 在基 $1,\omega$ 下的坐标，$\dim_{\mathbb{Q}}\mathbb{Q}(\omega)=2$.

（3）$\overline{\omega}=\dfrac{-1-\sqrt{3}\mathrm{i}}{2}=-1-\omega\in\mathbb{Q}(\omega)$，$-\sqrt{3}\mathrm{i}=-1-2\omega\in\mathbb{Q}(\omega)$.

因为 $\dim_{\mathbb{Q}}\mathbb{Q}(\omega)=2$，$\omega,\overline{\omega},-\sqrt{3}\mathrm{i}$ 线性相关. 考虑 $k_1\omega+k_2\overline{\omega}=0$，即 $k_1\cdot\dfrac{-1+\sqrt{3}\mathrm{i}}{2}+$

$k_2 \cdot \dfrac{-1-\sqrt{3}\mathrm{i}}{2}=0$，得到方程组

$$\begin{cases}-\dfrac{1}{2}k_1-\dfrac{1}{2}k_2=0,\\ \dfrac{\sqrt{3}k_1}{2}-\dfrac{\sqrt{3}k_2}{2}=0\end{cases}\Rightarrow\begin{cases}k_1=0,\\ k_2=0\end{cases}$$

从而 ω，$\overline{\omega}$线性无关，从而 ω，$\overline{\omega}$是$\langle\omega, \overline{\omega}, -\sqrt{3}\mathrm{i}\rangle$的一个基，于是 $\dim\langle\omega, \overline{\omega}, -\sqrt{3}\mathrm{i}\rangle=2$，而$\langle\omega, \overline{\omega}, -\sqrt{3}\mathrm{i}\rangle$是$\mathbb{Q}(\omega)$的线性子空间，现已证明维数相等，故$\langle\omega, \overline{\omega}, -\sqrt{3}\mathrm{i}\rangle=\mathbb{Q}(\omega)$.

9. 在实数域 $\mathbb{R}$ 上的线性空间 $\mathbb{R}^{\mathbb{R}}$ 中，求由函数组 1，$\sin x$，$\cos x$，$\sin^2 x$，$\cos^2 x$，$\sin^3 x$，$\cos^3 x$ 生成的子空间的一个基和维数.

解： 习题 3.3 的第 13 题的(3)已经证得 1，$\sin x$，$\cos x$，$\sin^2 x$，$\cos^2 x$ 线性相关，而 1，$\sin x$，$\cos x$ 线性无关，现在考虑 1，$\sin x$，$\cos x$，$\sin^2 x$ 是否线性无关，设

$$k_1+k_2\sin x+k_3\cos x+k_4\sin^2 x=0$$

让 x 分别取 0，$\dfrac{\pi}{2}$，π，$-\dfrac{\pi}{2}$，由上式得方程组

$$\begin{cases}k_1+k_3=0,\\ k_1+k_2+k_4=0,\\ k_1-k_3=0,\\ k_1-k_2+k_4=0,\end{cases}$$

解得

$$k_1=0,\ k_2=0,\ k_3=0,\ k_4=0$$

因此 1，$\sin x$，$\cos x$，$\sin^2 x$ 线性无关.

再考虑函数组 1，$\sin x$，$\cos x$，$\sin^2 x$，$\sin^3 x$，计算 Wronsky 行列式

$$W(x)=\begin{vmatrix}1 & \sin x & \cos x & \sin^2 x & \sin^3 x\\ 0 & \cos x & -\sin x & 2\sin x\cos x & 3\sin^2 x\cos x\\ 0 & -\sin x & -\cos x & 2\cos^2 x-2\sin^2 x & 6\sin x\cos^2 x-3\sin^3 x\\ 0 & -\cos x & \sin x & -8\sin x\cos x & 6\cos^3 x-21\sin^2 x\cos x\\ 0 & \sin x & \cos x & -8\cos^2 x+8\sin^2 x & -60\sin x\cos^2 x+21\sin^3 x\end{vmatrix}$$

计算可知 $W(0)=-36$，从而 1，$\sin x$，$\cos x$，$\sin^2 x$，$\sin^3 x$ 线性无关. 用同样方法，计算函数组 1，$\sin x$，$\cos x$，$\sin^2 x$，$\sin^3 x$，$\cos^3 x$ 的 Wronsky 行列式.

用 Mathematica 软件：

Wronskian[{1, sin(x), cos(x), (sin(x))^2, (sin(x))^3, (cos(x))^3}, x]

这时返回 Wronsky 行列式的值，$W(x)=1\ 620\sin 2x$，显然存在 $x_0=\frac{\pi}{4}$，使得 $W\left(\frac{\pi}{4}\right)\neq 0$，故 1，$\sin x$，$\cos x$，$\sin^2 x$，$\sin^3 x$，$\cos^3 x$ 线性无关，从而成为生成子空间的一个基，且 $\dim\langle 1, \sin x, \cos x, \sin^2 x, \cos^2 x, \sin^3 x, \cos^3 x\rangle=6$.

10. 在实数域 $\mathbb{R}$ 上的线性空间 $\mathbb{R}^{\mathbb{R}}$ 中，求函数组 $\sin x$，$\cos x$，$\sin^2 x$，$\cos^2 x$，$\sin^3 x$，$\cos^3 x$ 生成的子空间的一个基和维数.

解：先证明 $\sin x$，$\cos x$，$\sin^2 x$，$\cos^2 x$，$\sin^3 x$，$\cos^3 x$ 线性无关，设

$$k_1\sin x+k_2\cos x+k_3\sin^2 x+k_4\cos^2 x+k_5\sin^3 x+k_6\cos^3 x=0$$

让 x 分别取 0，$\frac{\pi}{2}$，π，$-\frac{\pi}{2}$，$\frac{\pi}{6}$，$\frac{\pi}{3}$，得到如下方程组：

$$\begin{cases}k_2+k_4+k_6=0,\\ k_1+k_3+k_5=0,\\ -k_2+k_4-k_6=0,\\ -k_1+k_3-k_5=0,\\ \frac{1}{2}k_1+\frac{\sqrt{3}}{2}k_2+\frac{1}{4}k_3+\frac{3}{4}k_4+\frac{1}{8}k_5+\frac{3\sqrt{3}}{8}k_6=0,\\ \frac{\sqrt{3}}{2}k_1+\frac{1}{2}k_2+\frac{3}{4}k_3+\frac{1}{4}k_4+\frac{3\sqrt{3}}{8}k_5+\frac{1}{8}k_6=0.\end{cases}$$

解得，$k_1=0$，$k_2=0$，…，$k_6=0$，因此 $\sin x$，$\cos x$，$\sin^2 x$，$\cos^2 x$，$\sin^3 x$，$\cos^3 x$ 线性无关，于是它本身就构成一个基，维数为 6.

用 MAPLE 软件：Wronsky([sinx, cosx, sin^2x, cos^2x, sin^3x, cos^3x], x, 'determinant')

得出 $W\left(\frac{\pi}{4}\right)=-1\ 620\neq 0$，故线性无关.

11. 在 $\mathbb{K}^4$ 中，求基 $\boldsymbol{\alpha}_1$，$\boldsymbol{\alpha}_2$，$\boldsymbol{\alpha}_3$，$\boldsymbol{\alpha}_4$ 到基 $\boldsymbol{\beta}_1$，$\boldsymbol{\beta}_2$，$\boldsymbol{\beta}_3$，$\boldsymbol{\beta}_4$ 的过渡矩阵，并且求 $\boldsymbol{\alpha}$ 在基 $\boldsymbol{\alpha}_1$，$\boldsymbol{\alpha}_2$，$\boldsymbol{\alpha}_3$，$\boldsymbol{\alpha}_4$ 下的坐标：

$$\boldsymbol{\alpha}_1=\begin{pmatrix}1\\0\\0\\0\end{pmatrix},\quad \boldsymbol{\alpha}_2=\begin{pmatrix}4\\1\\0\\0\end{pmatrix},\quad \boldsymbol{\alpha}_3=\begin{pmatrix}-3\\2\\1\\0\end{pmatrix},\quad \boldsymbol{\alpha}_4=\begin{pmatrix}2\\-3\\2\\1\end{pmatrix};$$

$$\boldsymbol{\beta}_1=\begin{pmatrix}1\\1\\8\\3\end{pmatrix},\quad \boldsymbol{\beta}_2=\begin{pmatrix}0\\3\\7\\2\end{pmatrix},\quad \boldsymbol{\beta}_3=\begin{pmatrix}1\\1\\6\\2\end{pmatrix},\quad \boldsymbol{\beta}_4=\begin{pmatrix}-1\\4\\-1\\-1\end{pmatrix};\quad \boldsymbol{\alpha}=\begin{pmatrix}1\\4\\2\\3\end{pmatrix}.$$

解：类似第 3 题的做法，对下述矩阵做初等变换化为简化行阶梯形矩阵：

$$\begin{pmatrix}1&4&-3&2&1&0&1&-1&1\\0&1&2&-3&1&3&1&4&4\\0&0&1&2&8&7&6&-1&2\\0&0&0&1&3&2&2&-1&3\end{pmatrix}\to\begin{pmatrix}1&0&0&0&-23&-7&-9&8&-101\\0&1&0&0&6&3&3&-1&21\\0&0&1&0&2&3&2&1&-4\\0&0&0&1&3&2&2&-1&3\end{pmatrix}$$

于是从基 $\boldsymbol{\alpha}_1$，$\boldsymbol{\alpha}_2$，$\boldsymbol{\alpha}_3$，$\boldsymbol{\alpha}_4$ 到基 $\boldsymbol{\beta}_1$，$\boldsymbol{\beta}_2$，$\boldsymbol{\beta}_3$，$\boldsymbol{\beta}_4$ 的过渡矩阵为

$$\begin{pmatrix}-23&-7&-9&8\\6&3&3&-1\\2&3&2&1\\3&2&2&-1\end{pmatrix}$$

$\boldsymbol{\alpha}$ 在基 $\boldsymbol{\alpha}_1$，$\boldsymbol{\alpha}_2$，$\boldsymbol{\alpha}_3$，$\boldsymbol{\alpha}_4$ 下的坐标为$(-101, 21, -4, 3)'$.

12. 设 V 是数域$\mathbb{K}$上的一个 n 维线性空间，数域$\mathbb{K}$包含数域$\mathbb{E}$. 数域$\mathbb{K}$可看作数域$\mathbb{E}$上的线性空间(基加法是数域$\mathbb{K}$的加法，数量乘法是$\mathbb{E}$中元素与$\mathbb{K}$中元素在$\mathbb{K}$中做乘法)，设 $\dim_{\mathbb{E}}\mathbb{K}=m$. 证明：

(1) V 可成为数域$\mathbb{E}$上的线性空间；

(2) $\dim_{\mathbb{E}} V=(\dim_{\mathbb{E}}\mathbb{K})\cdot(\dim_{\mathbb{K}} V)$.

证明： (1) 由于$\mathbb{E}\subseteq\mathbb{K}$，因此$\mathbb{E}$中元素与 V 中向量可以按$\mathbb{K}$与 V 的数量乘法来做$\mathbb{E}$与 V 的数量乘法. V 对于原来的加法及$\mathbb{E}$与 V 的数量乘法显然仍满足线性空间定义中的 8 条运算性质，因此 V 可成为数域$\mathbb{E}$上的线性空间.

(2) V 作为数域$\mathbb{K}$上的 n 维线性空间，取一个基：$\boldsymbol{\alpha}_1$，$\boldsymbol{\alpha}_2$，…，$\boldsymbol{\alpha}_n$，数域$\mathbb{K}$作为$\mathbb{E}$上的 m 维线性空间，取一个基：f_1，f_2，…，f_m，对于 V 中任一向量 $\boldsymbol{\alpha}$，有

$$\boldsymbol{\alpha}=k_1\boldsymbol{\alpha}_1+k_2\boldsymbol{\alpha}_2+\cdots+k_n\boldsymbol{\alpha}_n,\quad k_i\in\mathbb{K},\ i=1, 2, 3, \cdots, n$$

对于数域$\mathbb{K}$的元素 $k_i(i=1, 2, \cdots, n)$，有

$$k_i=e_{i1}f_1+e_{i2}f_2+\cdots+e_{im}f_m,\ e_{ij}\in\mathbb{E},\ j=1, 2, \cdots, m$$

因此

$$\boldsymbol{\alpha}=\sum_{i=1}^{n}k_i\boldsymbol{\alpha}_i=\sum_{i=1}^{n}\left(\sum_{j=1}^{m}e_{ij}f_j\right)\boldsymbol{\alpha}_i=\sum_{i=1}^{n}\sum_{j=1}^{m}e_{ij}(f_j\boldsymbol{\alpha}_i)$$

这表明 V 中的任一向量 $\boldsymbol{\alpha}$ 可以由 $f_1\boldsymbol{\alpha}_1, f_2\boldsymbol{\alpha}_1, \cdots, f_m\boldsymbol{\alpha}_1, \cdots, f_1\boldsymbol{\alpha}_n, \cdots, f_m\boldsymbol{\alpha}_n$ 线性表出.
假设

$$\sum_{i=1}^{n}\sum_{j=1}^{m}l_{ij}(f_j\boldsymbol{\alpha}_i)=0$$

其中 $l_{ij}\in\mathbb{E}$, $i=1, 2, \cdots, n$, $j=1, 2, \cdots, m$，则

$$\sum_{i=1}^{n}\left(\sum_{j=1}^{m}l_{ij}f_j\right)\boldsymbol{\alpha}_i=0$$

由于 $\boldsymbol{\alpha}_1, \boldsymbol{\alpha}_2, \cdots, \boldsymbol{\alpha}_n$ 在$\mathbb{K}$上线性无关，因此从上式得

$$\sum_{j=1}^{m}l_{ij}f_j=0,\ i=1, 2, \cdots, n$$

又由于 $f_1, f_2, \cdots, f_m$ 在$\mathbb{E}$上线性无关，故

$$l_{ij}=0,\ i=1, 2, \cdots, n,\ j=1, 2, \cdots, m$$

从而$\{f_j\boldsymbol{\alpha}_i \mid i=1, 2, \cdots, n, j=1, 2, \cdots, m\}$在$\mathbb{E}$上线性无关，于是它就是数域$\mathbb{E}$上线性空间 V 的一个基，因此

$$\dim_{\mathbb{E}} V=n\cdot m=(\dim_{\mathbb{K}} V)\cdot(\dim_{\mathbb{E}}\mathbb{K})$$

习题 3.6　矩阵的秩

1. 计算下列矩阵的秩，并且计算它们的列向量组的一个极大线性无关组.

(1) $\begin{pmatrix}3&-2&0&1\\-1&-3&2&0\\2&0&-4&5\\4&1&-2&1\end{pmatrix}$;　　(2) $\begin{pmatrix}3&6&1&5\\1&4&-1&3\\-1&-10&5&-7\\4&-2&8&0\end{pmatrix}$.

解：(1)

$$\begin{pmatrix}3&-2&0&1\\-1&-3&2&0\\2&0&-4&5\\4&1&-2&1\end{pmatrix}\rightarrow\begin{pmatrix}1&0&0&-\frac{2}{9}\\0&1&0&-\frac{5}{6}\\0&0&1&-\frac{49}{36}\\0&0&0&0\end{pmatrix}$$

从而 $\operatorname{rank}(\boldsymbol{\alpha}_1,\boldsymbol{\alpha}_2,\boldsymbol{\alpha}_3,\boldsymbol{\alpha}_4)=3$，$\boldsymbol{\alpha}_1,\boldsymbol{\alpha}_2,\boldsymbol{\alpha}_3$ 是列向量组的一个极大线性无关组.

(2)
$$\begin{pmatrix} 3 & 6 & 1 & 5 \\ 1 & 4 & -1 & 3 \\ -1 & -10 & 5 & -7 \\ 4 & -2 & 8 & 0 \end{pmatrix} \to \begin{pmatrix} 1 & 0 & \frac{5}{3} & \frac{1}{3} \\ 0 & 1 & -\frac{2}{3} & \frac{2}{3} \\ 0 & 0 & 0 & 0 \\ 0 & 0 & 0 & 0 \end{pmatrix}$$

从而 $\operatorname{rank}(\boldsymbol{\alpha}_1,\boldsymbol{\alpha}_2,\boldsymbol{\alpha}_3,\boldsymbol{\alpha}_4)=2$，$\boldsymbol{\alpha}_1,\boldsymbol{\alpha}_2$ 是列向量组的一个极大线性无关组.

2. 在 $\mathbb{K}^4$ 中，求下述向量组 $\boldsymbol{\alpha}_1,\boldsymbol{\alpha}_2,\boldsymbol{\alpha}_3,\boldsymbol{\alpha}_4$ 生成的子空间的一个基和维数：

$$\boldsymbol{\alpha}_1=\begin{pmatrix} 1 \\ -1 \\ 2 \\ 3 \end{pmatrix},\quad \boldsymbol{\alpha}_2=\begin{pmatrix} 3 \\ -7 \\ 8 \\ 9 \end{pmatrix},\quad \boldsymbol{\alpha}_3=\begin{pmatrix} -1 \\ -3 \\ 0 \\ -3 \end{pmatrix},\quad \boldsymbol{\alpha}_4=\begin{pmatrix} 1 \\ -9 \\ 6 \\ 3 \end{pmatrix}.$$

解：
$$\begin{pmatrix} 1 & 3 & -1 & 1 \\ -1 & -7 & -3 & -9 \\ 2 & 8 & 0 & 6 \\ 3 & 9 & -3 & 3 \end{pmatrix} \to \begin{pmatrix} 1 & 0 & -4 & -5 \\ 0 & 1 & 1 & 2 \\ 0 & 0 & 0 & 0 \\ 0 & 0 & 0 & 0 \end{pmatrix}$$

从而生成的子空间的一个基为 $\boldsymbol{\alpha}_1,\boldsymbol{\alpha}_2$，维数是 2.

3. 对于 λ 的不同的值，下述矩阵 $\boldsymbol{A}$ 的秩分别是多少？

$$\boldsymbol{A}=\begin{pmatrix} -1 & 2 & \lambda & 1 \\ -6 & 1 & 10 & 1 \\ \lambda & 5 & -1 & 2 \end{pmatrix}$$

解： $\boldsymbol{A}\to\begin{pmatrix} -1 & 2 & \lambda & 1 \\ 0 & -11 & 10-6\lambda & -5 \\ 0 & 2\lambda+5 & \lambda^2-1 & \lambda+2 \end{pmatrix}$，易见 $\boldsymbol{A}$ 有一个二阶子式不为零，因此 $\operatorname{rank}(\boldsymbol{A})\geqslant 2$. 不妨考虑变换后矩阵的前三列

$$\begin{vmatrix} -1 & 2 & \lambda \\ 0 & -11 & 10-6\lambda \\ 0 & 2\lambda+5 & \lambda^2-1 \end{vmatrix}=(\lambda-3)(\lambda+13)$$

当 $\lambda=3$ 时，

$$A\to\begin{pmatrix}-1&2&3&1\\0&-11&-8&-5\\0&11&8&5\end{pmatrix}\to\begin{pmatrix}1&-2&-3&-1\\0&11&8&5\\0&0&0&0\end{pmatrix}$$

从而 $\operatorname{rank}(\boldsymbol{A})=2$.

当 $\lambda=-13$ 时,

$$A\to\begin{pmatrix}-1&2&-13&1\\0&-11&88&-5\\0&-21&168&-11\end{pmatrix}\to\begin{pmatrix}1&0&-3&0\\0&1&-8&0\\0&0&0&1\end{pmatrix}$$

从而 $\operatorname{rank}(\boldsymbol{A})=3$. 在其他取值时由于找到了 $\boldsymbol{A}$ 的一个 3 阶非零子式，故 $\operatorname{rank}(\boldsymbol{A})=3$.

4. 求复数域上 $s\times n$ 矩阵 $\boldsymbol{A}$ 的秩，以及它的列向量组的一个极大线性无关组：

$$\boldsymbol{A}=\begin{pmatrix}1&\eta^m&\eta^{2m}&\cdots&\eta^{(n-1)m}\\1&\eta^{m+1}&\eta^{2(m+1)}&\cdots&\eta^{(n-1)(m+1)}\\\vdots&\vdots&\vdots&&\vdots\\1&\eta^{m+(s-1)}&\eta^{2[m+(s-1)]}&\cdots&\eta^{(n-1)[m+(s-1)]}\end{pmatrix},$$

其中 $\eta=e^{i\frac{2\pi}{n}}$，m 是正整数，$s\leqslant n$.

解：$\boldsymbol{A}$ 的前 s 列组成的 s 阶子式为

$$\boldsymbol{A}=\begin{vmatrix}1&\eta^m&\eta^{2m}&\cdots&\eta^{(s-1)m}\\1&\eta^{m+1}&\eta^{2(m+1)}&\cdots&\eta^{(s-1)(m+1)}\\\vdots&\vdots&\vdots&&\vdots\\1&\eta^{m+(s-1)}&\eta^{2[m+(s-1)]}&\cdots&\eta^{(s-1)[m+(s-1)]}\end{vmatrix}$$

$$=\eta^m\cdot\eta^{2m}\cdots\eta^{(s-1)m}\cdot\begin{vmatrix}1&1&1&\cdots&1\\1&\eta&\eta^2&\cdots&\eta^{(s-1)}\\\vdots&\vdots&\vdots&&\vdots\\1&\eta^{(s-1)}&\eta^{2(s-1)}&\cdots&\eta^{(s-1)^2}\end{vmatrix}$$

由于 $\eta=e^{i\frac{2\pi}{n}}$，故 $1,\eta,\eta^2,\cdots,\eta^{s-1}$ 两两不等，从而上式右端的 Vandermonde 行列式不为零，因此得 $\operatorname{rank}(\boldsymbol{A})\geqslant s$. 又因为 $\boldsymbol{A}$ 有 s 行，所以 $\operatorname{rank}(\boldsymbol{A})\leqslant s$，从而 $\operatorname{rank}(\boldsymbol{A})=s$. $\boldsymbol{A}$ 的前 s 列构成 $\boldsymbol{A}$ 的列向量组的一个极大线性无关组.

5. 证明：如果 $m\times n$ 矩阵 $\boldsymbol{A}$ 的秩为 r，那么它的任何 s 行组成的子矩阵 $\boldsymbol{A}_1$ 的秩大于或等于 $r+s-m$.

证明： 设矩阵 $\boldsymbol{A}$ 的行向量组为 $\boldsymbol{\gamma}_1, \boldsymbol{\gamma}_2, \cdots, \boldsymbol{\gamma}_m$，任取 $\boldsymbol{A}$ 的 s 行组成矩阵 $\boldsymbol{A}_1$. 设 $\boldsymbol{A}_1$ 的行向量组的一个极大线性无关组为 $\boldsymbol{\gamma}_{i_1}, \boldsymbol{\gamma}_{i_2}, \cdots, \boldsymbol{\gamma}_{i_l}$，于是 $\operatorname{rank}(\boldsymbol{A}_1)=l$，将其扩充为 $\boldsymbol{A}$ 的行向量组的极大无关组：$\boldsymbol{\gamma}_{i_1}, \boldsymbol{\gamma}_{i_2}, \cdots, \boldsymbol{\gamma}_{i_l}, \boldsymbol{\gamma}_{i_{l+1}}, \cdots, \boldsymbol{\gamma}_{i_r}$，显然新加进来的向量 $\boldsymbol{\gamma}_{i_{l+1}}, \cdots, \boldsymbol{\gamma}_{i_r}$ 不是 $\boldsymbol{A}_1$ 的行向量. 因此

$$r-l\leqslant m-s$$

因此得出

$$l\geqslant r+s-m$$

6. 设 $\boldsymbol{A}, \boldsymbol{B}$ 分别是数域 $\mathbb{K}$ 上的 $s\times n$, $s\times m$ 矩阵，用 $(\boldsymbol{A}\quad \boldsymbol{B})$ 表示在 $\boldsymbol{A}$ 的右边写上 $\boldsymbol{B}$ 得到的矩阵. 证明：$\operatorname{rank}(\boldsymbol{A})=\operatorname{rank}(\boldsymbol{A}\quad \boldsymbol{B})$ 当且仅当 $\boldsymbol{B}$ 的列向量组可以由 $\boldsymbol{A}$ 的列向量组线性表出.

证明： **（方法一）** 设 $\boldsymbol{A}=(\boldsymbol{\alpha}_1, \boldsymbol{\alpha}_2, \cdots, \boldsymbol{\alpha}_n)$，$\boldsymbol{B}=(\boldsymbol{\beta}_1, \boldsymbol{\beta}_2, \cdots, \boldsymbol{\beta}_m)$，则

$$(\boldsymbol{A}\quad \boldsymbol{B})=(\boldsymbol{\alpha}_1, \boldsymbol{\alpha}_2, \cdots, \boldsymbol{\alpha}_n, \boldsymbol{\beta}_1, \boldsymbol{\beta}_2, \cdots, \boldsymbol{\beta}_m)$$

显然

$$\langle \boldsymbol{\alpha}_1, \boldsymbol{\alpha}_2, \cdots, \boldsymbol{\alpha}_n\rangle \subseteq \langle \boldsymbol{\alpha}_1, \boldsymbol{\alpha}_2, \cdots, \boldsymbol{\alpha}_n, \boldsymbol{\beta}_1, \boldsymbol{\beta}_2, \cdots, \boldsymbol{\beta}_m\rangle$$

于是

$$\dim\langle \boldsymbol{\alpha}_1, \boldsymbol{\alpha}_2, \cdots, \boldsymbol{\alpha}_n\rangle \leqslant \dim\langle \boldsymbol{\alpha}_1, \boldsymbol{\alpha}_2, \cdots, \boldsymbol{\alpha}_n, \boldsymbol{\beta}_1, \boldsymbol{\beta}_2, \cdots, \boldsymbol{\beta}_m\rangle$$

即 $\operatorname{rank}(\boldsymbol{A})\leqslant \operatorname{rank}(\boldsymbol{A}\quad \boldsymbol{B})$，由题意

$$\begin{aligned}
&\operatorname{rank}(\boldsymbol{A})=\operatorname{rank}(\boldsymbol{A}\quad \boldsymbol{B})\\
&\qquad\Leftrightarrow \dim\langle \boldsymbol{\alpha}_1, \boldsymbol{\alpha}_2, \cdots, \boldsymbol{\alpha}_n\rangle = \dim\langle \boldsymbol{\alpha}_1, \boldsymbol{\alpha}_2, \cdots, \boldsymbol{\alpha}_n, \boldsymbol{\beta}_1, \boldsymbol{\beta}_2, \cdots, \boldsymbol{\beta}_m\rangle\\
&\qquad\Leftrightarrow \langle \boldsymbol{\alpha}_1, \boldsymbol{\alpha}_2, \cdots, \boldsymbol{\alpha}_n\rangle = \langle \boldsymbol{\alpha}_1, \boldsymbol{\alpha}_2, \cdots, \boldsymbol{\alpha}_n, \boldsymbol{\beta}_1, \boldsymbol{\beta}_2, \cdots, \boldsymbol{\beta}_m\rangle\\
&\qquad\Leftrightarrow \boldsymbol{\beta}_1, \boldsymbol{\beta}_2, \cdots, \boldsymbol{\beta}_m \in \langle \boldsymbol{\alpha}_1, \boldsymbol{\alpha}_2, \cdots, \boldsymbol{\alpha}_n\rangle\\
&\qquad\Leftrightarrow \boldsymbol{B}\text{ 的列向量组可由 }\boldsymbol{A}\text{ 的列向量组线性表出}
\end{aligned}$$

（方法二） 显然向量组 $\boldsymbol{\alpha}_1, \boldsymbol{\alpha}_2, \cdots, \boldsymbol{\alpha}_n$ 可以由向量组 $\boldsymbol{\alpha}_1, \boldsymbol{\alpha}_2, \cdots, \boldsymbol{\alpha}_n, \boldsymbol{\beta}_1, \boldsymbol{\beta}_2, \cdots, \boldsymbol{\beta}_m$ 线性表出，由题意

$$\begin{aligned}
&\operatorname{rank}(\boldsymbol{A})=\operatorname{rank}(\boldsymbol{A}\quad \boldsymbol{B})\\
&\qquad\Leftrightarrow \operatorname{rank}\{\boldsymbol{\alpha}_1, \boldsymbol{\alpha}_2, \cdots, \boldsymbol{\alpha}_n\} = \operatorname{rank}\{\boldsymbol{\alpha}_1, \boldsymbol{\alpha}_2, \cdots, \boldsymbol{\alpha}_n, \boldsymbol{\beta}_1, \boldsymbol{\beta}_2, \cdots, \boldsymbol{\beta}_n\}
\end{aligned}$$

由教材 3.4 节命题 5 知

向量组 $\boldsymbol{\alpha}_1$, $\boldsymbol{\alpha}_2$, …, $\boldsymbol{\alpha}_n$ 与向量组 $\boldsymbol{\alpha}_1$, $\boldsymbol{\alpha}_2$, …, $\boldsymbol{\alpha}_n$, $\boldsymbol{\beta}_1$, $\boldsymbol{\beta}_2$, …, $\boldsymbol{\beta}_m$ 等价

$\Leftrightarrow\boldsymbol{\beta}_1$, $\boldsymbol{\beta}_2$, …, $\boldsymbol{\beta}_m$ 可以由 $\boldsymbol{\alpha}_1$, $\boldsymbol{\alpha}_2$, …, $\boldsymbol{\alpha}_n$ 线性表出

$\Leftrightarrow\boldsymbol{B}$ 的列向量可由 $\boldsymbol{A}$ 的列向量线性表出

7. 设 $\boldsymbol{A}$, $\boldsymbol{B}$ 分别是数域$\mathbb{K}$上 $s\times n$, $l\times m$ 矩阵，证明：如果 $\operatorname{rank}(\boldsymbol{A})=s$, $\operatorname{rank}(\boldsymbol{B})=l$，那么

$$\operatorname{rank}\begin{pmatrix}\boldsymbol{A} & \boldsymbol{C}\\ \boldsymbol{0} & \boldsymbol{B}\end{pmatrix}=\operatorname{rank}(\boldsymbol{A})+\operatorname{rank}(\boldsymbol{B})$$

证明： 由本节教材例 4 的结论知

$$\operatorname{rank}\begin{pmatrix}\boldsymbol{A} & \boldsymbol{C}\\ \boldsymbol{0} & \boldsymbol{B}\end{pmatrix}\geqslant\operatorname{rank}(\boldsymbol{A})+\operatorname{rank}(\boldsymbol{B})=s+l$$

又因为$\begin{pmatrix}\boldsymbol{A} & \boldsymbol{C}\\ \boldsymbol{0} & \boldsymbol{B}\end{pmatrix}$只有 $s+l$ 行，所以 $\operatorname{rank}\begin{pmatrix}\boldsymbol{A} & \boldsymbol{C}\\ \boldsymbol{0} & \boldsymbol{B}\end{pmatrix}\leqslant s+l$，

故

$$\operatorname{rank}\begin{pmatrix}\boldsymbol{A} & \boldsymbol{C}\\ \boldsymbol{0} & \boldsymbol{B}\end{pmatrix}=s+l=\operatorname{rank}(\boldsymbol{A})+\operatorname{rank}(\boldsymbol{B})$$

8. 设 $\boldsymbol{A}$, $\boldsymbol{B}$ 分别是数域$\mathbb{K}$上的 $s\times n$, $l\times m$ 矩阵，证明：如果 $\operatorname{rank}(\boldsymbol{A})=n$, $\operatorname{rank}(\boldsymbol{B})=m$，那么

$$\operatorname{rank}\begin{pmatrix}\boldsymbol{A} & \boldsymbol{C}\\ \boldsymbol{0} & \boldsymbol{B}\end{pmatrix}=\operatorname{rank}(\boldsymbol{A})+\operatorname{rank}(\boldsymbol{B})$$

证明： 由本节教材例 4 的结论知

$$\operatorname{rank}\begin{pmatrix}\boldsymbol{A} & \boldsymbol{C}\\ \boldsymbol{0} & \boldsymbol{B}\end{pmatrix}\geqslant\operatorname{rank}(\boldsymbol{A})+\operatorname{rank}(\boldsymbol{B})=n+m$$

又因为$\begin{pmatrix}\boldsymbol{A} & \boldsymbol{C}\\ \boldsymbol{0} & \boldsymbol{B}\end{pmatrix}$只有 $n+m$ 列，所以 $\operatorname{rank}\begin{pmatrix}\boldsymbol{A} & \boldsymbol{C}\\ \boldsymbol{0} & \boldsymbol{B}\end{pmatrix}\leqslant n+m$，

$$\operatorname{rank}\begin{pmatrix}\boldsymbol{A} & \boldsymbol{C}\\ \boldsymbol{0} & \boldsymbol{B}\end{pmatrix}=n+m=\operatorname{rank}(\boldsymbol{A})+\operatorname{rank}(\boldsymbol{B})$$

9. 证明：$\operatorname{rank}(\boldsymbol{A}\quad\boldsymbol{B})\geqslant\max\{\operatorname{rank}(\boldsymbol{A}), \operatorname{rank}(\boldsymbol{B})\}$.

证明： 设 $\boldsymbol{A}$ 的列向量组为 $\boldsymbol{\alpha}_1$, $\boldsymbol{\alpha}_2$, …, $\boldsymbol{\alpha}_n$, $\boldsymbol{B}$ 的列向量组为 $\boldsymbol{\beta}_1$, $\boldsymbol{\beta}_2$, …, $\boldsymbol{\beta}_n$，于是

$\boldsymbol{\alpha}_1,\boldsymbol{\alpha}_2,\cdots,\boldsymbol{\alpha}_n$ 可由 $\boldsymbol{\alpha}_1,\boldsymbol{\alpha}_2,\cdots,\boldsymbol{\alpha}_n,\boldsymbol{\beta}_1,\boldsymbol{\beta}_2,\cdots,\boldsymbol{\beta}_n$ 线性表出，从而

$$\operatorname{rank}\{\boldsymbol{\alpha}_1,\boldsymbol{\alpha}_2,\cdots,\boldsymbol{\alpha}_n\}\leqslant\operatorname{rank}\{\boldsymbol{\alpha}_1,\boldsymbol{\alpha}_2,\cdots,\boldsymbol{\alpha}_n,\boldsymbol{\beta}_1,\boldsymbol{\beta}_2,\cdots,\boldsymbol{\beta}_n\}$$

上式等价于 $\operatorname{rank}(\boldsymbol{A})\leqslant\operatorname{rank}(\boldsymbol{A}\quad\boldsymbol{B})$，同理可证 $\operatorname{rank}(\boldsymbol{B})\leqslant\operatorname{rank}(\boldsymbol{A}\quad\boldsymbol{B})$，从而结论得证.

10. 证明：如果一个 n 级矩阵 $\boldsymbol{A}$ 至少有 n^2-n+1 个元素为 0，那么 $\boldsymbol{A}$ 不是满秩矩阵.

证明： 由题意可知 $\boldsymbol{A}$ 中不为 0 的元素至多有 $n^2-(n^2-n+1)=n-1$ 个，故 $\boldsymbol{A}$ 必有全零行，从而 A 不是满秩矩阵.

11. 如果一个 n 级矩阵至少有 n^2-n+1 个元素为 0，那么这个矩阵的秩最多是多少？试写出一个满足条件的具有最大秩的矩阵.

解： 这种矩阵的秩最多是 $n-1$，例如

$$\boldsymbol{A}=\begin{pmatrix}1&&&&\\&1&&&\\&&\ddots&&\\&&&1&\\&&&&0\end{pmatrix}$$

12. 证明：矩阵 $\boldsymbol{A}$ 的任意 k 行，l 列的交叉处元素按原来次序组成的子矩阵的秩不会超过 $\boldsymbol{A}$ 的秩.

证明： $\boldsymbol{A}$ 的子矩阵的任何一个子式必定为 $\boldsymbol{A}$ 的一个子式，由秩的定义知子矩阵的秩不超过 $\boldsymbol{A}$ 的秩.

习题 3.7　线性方程组有解判别准则

1. 判断下述复数域上的 n 元线性方程组有没有解；有解时，有多少个解？

$$\begin{cases}x_1+\eta^m x_2+\eta^{2m}x_2+\cdots+\eta^{(n-1)m}x_n=b_1,\\ x_1+\eta^{m+1}x_2+\eta^{2(m+1)}x_2+\cdots+\eta^{(n-1)(m+1)}x_n=b_2,\\ \cdots\cdots\cdots\cdots\cdots\cdots\cdots\cdots\\ x_1+\eta^{m+(s-1)}x_2+\eta^{2[m+(s-1)]}x_2+\cdots+\eta^{(n-1)[m+(s-1)]}x_n=b_s,\end{cases}$$

其中 $s\leqslant m$，$\eta=\mathrm{e}^{\mathrm{i}\frac{2\pi}{n}}$，$m$ 是正整数.

解： 由习题 3.6 的第 4 题知，$\operatorname{rank}(\boldsymbol{A})=\operatorname{rank}(\boldsymbol{A}\quad\boldsymbol{b})=s$，从而原方程组有解. 当 $s=$

n 时有唯一解；当 $s<n$ 时有无穷多个解.

2. 讨论 a 取什么值时，下述数域$\mathbb{K}$上线性方程组有唯一解？有无穷多个解？无解？

$$\begin{cases} ax_1+x_2+x_3=1, \\ x_1+ax_2+x_3=1, \\ x_1+x_2+ax_3=1. \end{cases}$$

解： 对方程组的增广矩阵 $\widetilde{\boldsymbol{A}}$ 做初等行变换

$$\widetilde{\boldsymbol{A}}=\begin{pmatrix} a & 1 & 1 & 1 \\ 1 & a & 1 & 1 \\ 1 & 1 & a & 1 \end{pmatrix} \to \begin{pmatrix} 1 & 1 & a & 1 \\ 0 & a-1 & 1-a & 0 \\ 0 & 1-a & 1-a^2 & 1-a \end{pmatrix}$$

当 $a=1$ 时，上述最后一个矩阵为

$$\begin{pmatrix} 1 & 1 & 1 & 1 \\ 0 & 0 & 0 & 0 \\ 0 & 0 & 0 & 0 \end{pmatrix}$$

于是 $\operatorname{rank}(\boldsymbol{A})=\operatorname{rank}(\widetilde{\boldsymbol{A}})=1<3$，方程组有无穷多个解.

下面设 $a\neq 1$：

$$\widetilde{\boldsymbol{A}}\to \begin{pmatrix} 1 & 1 & a & 1 \\ 0 & 1 & -1 & 0 \\ 0 & 1 & 1+a & 1 \end{pmatrix} \to \begin{pmatrix} 1 & 1 & a & 1 \\ 0 & 1 & -1 & 0 \\ 0 & 0 & a+2 & 1 \end{pmatrix}$$

于是 $\operatorname{rank}(\widetilde{\boldsymbol{A}})=3$. 当 $a\neq -2$ 时，$\operatorname{rank}(\boldsymbol{A})=3$，方程组有唯一解；

当 $a=-2$ 时，$\operatorname{rank}(\boldsymbol{A})=2$，方程组无解.

3. 证明：线性方程组的增广矩阵 $\widetilde{\boldsymbol{A}}$ 的秩或者等于它的系数矩阵 $\boldsymbol{A}$ 的秩，或者等于 $\operatorname{rank}(\boldsymbol{A})+1$.

证明： 考虑线性方程组 $x_1\boldsymbol{\alpha}_1+x_2\boldsymbol{\alpha}_2+\cdots+x_n\boldsymbol{\alpha}_n=\boldsymbol{\beta}$. 设 $\operatorname{rank}(\boldsymbol{A})=r$，取 $\boldsymbol{\alpha}_1$，$\boldsymbol{\alpha}_2$，…，$\boldsymbol{\alpha}_n$ 的一个极大线性无关组 $\boldsymbol{\alpha}_{i_1}$，$\boldsymbol{\alpha}_{i_2}$，…，$\boldsymbol{\alpha}_{i_r}$. 如果 $\boldsymbol{\beta}$ 可由 $\boldsymbol{\alpha}_{i_1}$，$\boldsymbol{\alpha}_{i_2}$，…，$\boldsymbol{\alpha}_{i_r}$ 线性表出，那么 $\boldsymbol{\alpha}_{i_1}$，$\boldsymbol{\alpha}_{i_2}$，…，$\boldsymbol{\alpha}_{i_r}$ 也是 $\boldsymbol{\alpha}_1$，$\boldsymbol{\alpha}_2$，…，$\boldsymbol{\alpha}_n$，$\boldsymbol{\beta}$ 的一个极大线性无关组，从而 $\operatorname{rank}(\boldsymbol{A})=r=\operatorname{rank}(\widetilde{\boldsymbol{A}})$. 如果 $\boldsymbol{\beta}$ 不能由 $\boldsymbol{\alpha}_{i_1}$，$\boldsymbol{\alpha}_{i_2}$，…，$\boldsymbol{\alpha}_{i_r}$ 线性表出，那么 $\boldsymbol{\alpha}_{i_1}$，$\boldsymbol{\alpha}_{i_2}$，…，$\boldsymbol{\alpha}_{i_r}$，$\boldsymbol{\beta}$ 线性无关，于是 $\boldsymbol{\alpha}_{i_1}$，$\boldsymbol{\alpha}_{i_2}$，…，$\boldsymbol{\alpha}_{i_r}$，$\boldsymbol{\beta}$ 是 $\boldsymbol{\alpha}_1$，$\boldsymbol{\alpha}_2$，…，$\boldsymbol{\alpha}_n$，$\boldsymbol{\beta}$ 的一个极大线性无关组，此时 $\operatorname{rank}(\boldsymbol{A})+1=r+1=\operatorname{rank}(\widetilde{\boldsymbol{A}})$.

4. 讨论下述齐次线性方程组何时有非零解？何时只有零解？

$$\begin{cases}x_1+2x_2-11x_3=0,\\2x_1-5x_2+3x_3=0,\\5x_1+x_2+ax_3=0,\\6x_1+3x_2+bx_3=0.\end{cases}$$

解：对系数矩阵做初等行变换

$$\begin{pmatrix}1&2&-11\\2&-5&3\\5&1&a\\6&3&b\end{pmatrix}\to\begin{pmatrix}1&2&-11\\0&-9&25\\0&-9&a+55\\0&-9&b+66\end{pmatrix}\to\begin{pmatrix}1&2&-11\\0&-9&25\\0&0&a+30\\0&0&b+41\end{pmatrix}$$

当 $a=-30$ 且 $b=-41$ 时，$\operatorname{rank}(\boldsymbol{A})=2<3$，方程组有非零解；

当 $a\neq-30$ 或 $b\neq-41$ 时，$\operatorname{rank}(\boldsymbol{A})=3$，方程组只有零解.

5. 证明：线性方程组

$$\begin{cases}a_{11}x_1+\cdots+a_{1n}x_n=b_1,\\ \qquad\cdots\cdots\cdots\cdots\\a_{s1}x_1+\cdots+a_{sn}x_n=b_s,\end{cases}\tag{1}$$

有解的充分必要条件是下述线性方程组无解：

$$\begin{cases}a_{11}x_1+\cdots+a_{s1}x_s=0,\\ \qquad\cdots\cdots\cdots\cdots\\a_{1n}x_1+\cdots+a_{sn}x_s=0,\\b_1x_1+\cdots+b_sx_s=1.\end{cases}\tag{2}$$

证明：　用 $\boldsymbol{A}$、$\widetilde{\boldsymbol{A}}$ 分别表示方程组(1)的系数矩阵、增广矩阵. 用 $\boldsymbol{B}$、$\widetilde{\boldsymbol{B}}$ 分别表示方程组(2)的系数矩阵、增广矩阵. 令 $\boldsymbol{\beta}=(b_1, b_2, \cdots, b_s)$，则

$$\boldsymbol{B}=\widetilde{\boldsymbol{A}}'$$

$$\widetilde{\boldsymbol{B}}=\begin{pmatrix}\boldsymbol{A}'&\boldsymbol{0}\\\boldsymbol{\beta}&1\end{pmatrix}$$

设 $\boldsymbol{\gamma}_{i_1}, \boldsymbol{\gamma}_{i_2}, \cdots, \boldsymbol{\gamma}_{i_r}$ 是 $\widetilde{\boldsymbol{B}}$ 的前 n 行的一个极大线性无关组. $\widetilde{\boldsymbol{B}}$ 的最后一行 $\boldsymbol{\gamma}_{n+1}=(\boldsymbol{\beta}, 1)$ 不可能由 $\boldsymbol{\gamma}_{i_1}, \boldsymbol{\gamma}_{i_2}, \cdots, \boldsymbol{\gamma}_{i_r}$ 线性表出，因此 $\boldsymbol{\gamma}_{i_1}, \boldsymbol{\gamma}_{i_2}, \cdots, \boldsymbol{\gamma}_{i_r}, \boldsymbol{\gamma}_{n+1}$ 线性无关，从而它是 $\widetilde{\boldsymbol{B}}$ 的行向量组的一个极大线性无关组，于是 $\operatorname{rank}(\widetilde{\boldsymbol{B}})=r+1=\operatorname{rank}(\boldsymbol{A}')+1=\operatorname{rank}(\boldsymbol{A})+1$. 从

而线性方程组(1)有解

$\Leftrightarrow \operatorname{rank}(\boldsymbol{A})=\operatorname{rank}(\widetilde{\boldsymbol{A}})$

$\Leftrightarrow \operatorname{rank}(\boldsymbol{A})=\operatorname{rank}(\widetilde{\boldsymbol{A}}')=\operatorname{rank}(\boldsymbol{B})$，且 $\operatorname{rank}(\widetilde{\boldsymbol{B}})=\operatorname{rank}(\boldsymbol{A})+1$

$\Leftrightarrow \operatorname{rank}(\boldsymbol{A})=\operatorname{rank}(\boldsymbol{B})$，且 $\operatorname{rank}(\widetilde{\boldsymbol{B}})=\operatorname{rank}(\boldsymbol{B})+1>\operatorname{rank}(\boldsymbol{B})$

$\Leftrightarrow$线性方程组(2)无解.

习题 3.8　齐次(非齐次)线性方程组解集的结构

1. 求下列数域$\mathbb{K}$上齐次线性方程组的一个基础解系，并且写出它的全部解：

(1) $\begin{cases} x_1+3x_2-5x_3-2x_4=0, \\ -3x_1-2x_2+x_3+x_4=0, \\ -11x_1-5x_2-x_3+2x_4=0, \\ 5x_1+x_2+3x_3=0; \end{cases}$

(2) $\begin{cases} x_1-3x_2+x_3-2x_4=0, \\ -5x_1+x_2-2x_3+3x_4=0, \\ -x_1-11x_2+2x_3-5x_4=0, \\ 3x_1+5x_2+x_4=0; \end{cases}$

(3) $\begin{cases} 3x_1-x_2+2x_3+x_4=0, \\ x_1+3x_2-x_3+2x_4=0, \\ -2x_1+5x_2+x_3-x_4=0, \\ 3x_1+10x_2+x_3+4x_4=0, \\ -2x_1+15x_2-4x_3+4x_4=0; \end{cases}$

(4) $\begin{cases} x_1-3x_2+x_3-2x_4-x_5=0, \\ -3x_1+9x_2-3x_3+6x_4+3x_5=0, \\ 2x_1-6x_2+2x_3-4x_4-2x_5=0, \\ 5x_1-15x_2+5x_3-10x_4-5x_5=0. \end{cases}$

解：(1) $\begin{pmatrix} 1 & 3 & -5 & -2 \\ -3 & -2 & 1 & 1 \\ -11 & -5 & -1 & 2 \\ 5 & 1 & 3 & 0 \end{pmatrix} \to \begin{pmatrix} 1 & 0 & 1 & \frac{1}{7} \\ 0 & 1 & -2 & -\frac{5}{7} \\ 0 & 0 & 0 & 0 \\ 0 & 0 & 0 & 0 \end{pmatrix}$

原方程组的一般解为

$$\begin{cases} x_1=-x_3-\dfrac{1}{7}x_4, \\ x_2=2x_3+\dfrac{5}{7}x_4, \end{cases}$$

其中 x_3,x_4 是自由未知量. 从而方程组的一个基础解系为

$$\boldsymbol{\xi}_1=\begin{pmatrix}-7\\14\\7\\0\end{pmatrix},\ \boldsymbol{\xi}_2=\begin{pmatrix}-1\\5\\0\\7\end{pmatrix}$$

因此齐次线性方程组的全部解为

$$x=\{k_1\boldsymbol{\xi}_1+k_2\boldsymbol{\xi}_2 \mid k_1,\ k_2\in\mathbb{K}\}.$$

（2）
$$\begin{pmatrix}1&-3&1&-2\\-5&1&-2&3\\-1&-11&2&-5\\3&5&0&1\end{pmatrix}\to\begin{pmatrix}1&0&\dfrac{5}{14}&-\dfrac{1}{2}\\0&1&-\dfrac{3}{14}&\dfrac{1}{2}\\0&0&0&0\\0&0&0&0\end{pmatrix}$$

原方程组的一般解为

$$\begin{cases} x_1=-\dfrac{5}{14}x_3+\dfrac{1}{2}x_4, \\ x_2=\dfrac{3}{14}x_3-\dfrac{1}{2}x_4, \end{cases}$$

其中 x_3,x_4 是自由未知量. 从而方程组的一个基础解系为

$$\boldsymbol{\xi}_1=\begin{pmatrix}-5\\3\\14\\0\end{pmatrix},\ \boldsymbol{\xi}_2=\begin{pmatrix}1\\-1\\0\\2\end{pmatrix}$$

因此齐次线性方程组的全部解为

$$W=\{k_1\boldsymbol{\xi}_1+k_2\boldsymbol{\xi}_2 \mid k_1,\ k_2\in\mathbb{K}\}.$$

(3)
$$\begin{pmatrix} 3 & -1 & 2 & 1 \\ 1 & 3 & -1 & 2 \\ -2 & 5 & 1 & -1 \\ 3 & 10 & 1 & 4 \\ -2 & 15 & -4 & 4 \end{pmatrix} \to \begin{pmatrix} 1 & 0 & 0 & \frac{7}{9} \\ 0 & 1 & 0 & \frac{2}{9} \\ 0 & 0 & 1 & -\frac{5}{9} \\ 0 & 0 & 0 & 0 \\ 0 & 0 & 0 & 0 \end{pmatrix}$$

原方程组的一般解为

$$\begin{cases} x_1 = -\frac{7}{9}x_4, \\ x_2 = -\frac{2}{9}x_4, \\ x_3 = \frac{5}{9}x_4, \end{cases}$$

其中 x_4 是自由未知量. 从而方程组的一个基础解系为

$$\boldsymbol{\xi}_1 = \begin{pmatrix} -7 \\ -2 \\ 5 \\ 9 \end{pmatrix}$$

因此齐次线性方程组的全部解为

$$W = \{k_1\boldsymbol{\xi}_1 \mid k_1 \in \mathbb{K}\}.$$

(4)
$$\begin{pmatrix} 1 & -3 & 1 & -2 & -1 \\ -3 & 9 & -3 & 6 & 3 \\ 2 & -6 & 2 & -4 & -2 \\ 5 & -15 & 5 & -10 & -5 \end{pmatrix} \to \begin{pmatrix} 1 & -3 & 1 & -2 & -1 \\ 0 & 0 & 0 & 0 & 0 \\ 0 & 0 & 0 & 0 & 0 \\ 0 & 0 & 0 & 0 & 0 \end{pmatrix}$$

原方程组的一般解为

$$x_1 = 3x_2 - x_3 + 2x_4 + x_5$$

其中 x_2, x_3, x_4, x_5 是自由未知量. 从而方程组的一个基础解系为

$$\boldsymbol{\xi}_1=\begin{pmatrix}3\\1\\0\\0\\0\end{pmatrix},\quad \boldsymbol{\xi}_2=\begin{pmatrix}-1\\0\\1\\0\\0\end{pmatrix},\quad \boldsymbol{\xi}_3=\begin{pmatrix}2\\0\\0\\1\\0\end{pmatrix},\quad \boldsymbol{\xi}_4=\begin{pmatrix}1\\0\\0\\0\\1\end{pmatrix}$$

因此齐次线性方程组的全部解为

$$W=\{k_1\boldsymbol{\xi}_1+k_2\boldsymbol{\xi}_2+k_3\boldsymbol{\xi}_3+k_4\boldsymbol{\xi}_4\mid k_1,k_2,k_3,k_4\in\mathbb{K}\}.$$

2. 证明：设 n 元齐次线性方程组的系数矩阵的秩为 $r(r<n)$，如果 $\boldsymbol{\delta}_1,\cdots,\boldsymbol{\delta}_m$ 都是这个齐次线性方程组的解，那么 $\operatorname{rank}\{\boldsymbol{\delta}_1,\cdots,\boldsymbol{\delta}_m\}\leqslant n-r$.

证明： 由于系数矩阵的秩为 r，故基础解系所令线性无关的向量个数为 $n-r$，设基础解系为 $\boldsymbol{\eta}_1,\boldsymbol{\eta}_2,\cdots,\boldsymbol{\eta}_{n-r}$，则解向量组 $\boldsymbol{\delta}_1,\boldsymbol{\delta}_2,\cdots,\boldsymbol{\delta}_m$ 可由基础解系表出，从而 $\operatorname{rank}\{\boldsymbol{\delta}_1,\cdots,\boldsymbol{\delta}_m\}\leqslant\operatorname{rank}\{\boldsymbol{\eta}_1,\boldsymbol{\eta}_2,\cdots,\boldsymbol{\eta}_{n-r}\}=n-r$.

3. 证明：如果数域 $\mathbb{K}$ 上 n 元齐次线性方程组的系数矩阵的秩比未知量个数少 1，那么这个方程组的任意两个解成比例.

证明： 由题意知齐次线性方程组的基础解系所含向量个数为 1，设 $\boldsymbol{\alpha}_1,\boldsymbol{\alpha}_2$ 为该方程组的任意两个解，则由第 2 题的结论知 $\operatorname{rank}\{\boldsymbol{\alpha}_1,\boldsymbol{\alpha}_2\}\leqslant 1$，若 $\boldsymbol{\alpha}_1,\boldsymbol{\alpha}_2$ 中有一者为零，则不妨设 $\boldsymbol{\alpha}_1=\mathbf{0}$，$\boldsymbol{\alpha}_2\neq\mathbf{0}$，则 $\boldsymbol{\alpha}_1=0\boldsymbol{\alpha}_2$；若 $\boldsymbol{\alpha}_1,\boldsymbol{\alpha}_2$ 都非零，则 $\operatorname{rank}\{\boldsymbol{\alpha}_1,\boldsymbol{\alpha}_2\}=1$，从而 $\boldsymbol{\alpha}_1$ 与 $\boldsymbol{\alpha}_2$ 成比例.

4. 设数域 $\mathbb{K}$ 上 n 个方程的 n 元齐次线性方程组的系数矩阵 $\boldsymbol{A}$ 的行列式等于 0，并且 $\boldsymbol{A}$ 的 (k,l) 元的代数余子式 $A_{kl}\neq 0$. 证明：$\boldsymbol{\eta}=(A_{k1},A_{k2},\cdots,A_{kn})'$ 是这个齐次线性方程组的一个基础解系.

证明： 设系数矩阵为 $\boldsymbol{A}$，由 $|\boldsymbol{A}|=0$ 知 $\operatorname{rank}(\boldsymbol{A})<n$. 而 $\boldsymbol{A}$ 有一个 $n-1$ 阶子式 $A_{k_l}\neq 0$，故 $\operatorname{rank}(\boldsymbol{A})=n-1$，于是齐次线性方程组的基础解系含有 $n-(n-1)=1$ 个向量. 又因为

$$\begin{pmatrix}a_{11}&a_{12}&\cdots&a_{1n}\\ \vdots&\vdots&&\vdots\\ a_{k1}&a_{k2}&\cdots&a_{kn}\\ \vdots&\vdots&&\vdots\\ a_{n1}&a_{n2}&\cdots&a_{nn}\end{pmatrix}\begin{pmatrix}A_{k1}\\A_{k2}\\ \vdots\\ \vdots\\ A_{kn}\end{pmatrix}=\begin{pmatrix}0\\ \vdots\\ |\boldsymbol{A}|\\0\\ \vdots\\0\end{pmatrix}=\begin{pmatrix}0\\ \vdots\\0\\0\\ \vdots\\0\end{pmatrix}$$

而 $\boldsymbol{\eta}\neq\mathbf{0}$，且 η 是 $\boldsymbol{Ax}=\mathbf{0}$的解，所以基础解系只含 1 个向量，$\boldsymbol{\eta}$ 是 $\boldsymbol{Ax}=\mathbf{0}$的一个基础解系.

5. 证明：如果 $n(n>1)$级矩阵 $\boldsymbol{A}$ 的行列式等于 0，那么 $\boldsymbol{A}$ 的任意两行(或两列)对应元素的代数余子式成比例.

证明： 若 $\boldsymbol{A}$ 的所有元素的代数余子式为 0，则结论成立. 下面设 $\boldsymbol{A}$ 有一个元素的代数余子式不为 0(不妨设 $A_{kl}\neq 0$)，则由习题 4 的结论知 $\operatorname{rank}(\boldsymbol{A})=n-1$，且任意两行对应元素的代数余子式构成的列向量

$$\boldsymbol{\eta}_1=\begin{pmatrix}A_{i1}\\A_{i2}\\\vdots\\A_{in}\end{pmatrix},\quad \boldsymbol{\eta}_2=\begin{pmatrix}A_{j1}\\A_{j2}\\\vdots\\A_{jn}\end{pmatrix}$$

都是 $\boldsymbol{Ax}=\mathbf{0}$的解，再由习题 3 的结论知 $\boldsymbol{\eta}_1$，$\boldsymbol{\eta}_2$ 成比例.

6. 设数域$\mathbb{K}$上 $n-1$ 个方程的 n 元齐次线性方程组的系数矩阵为 $\boldsymbol{B}$，把 $\boldsymbol{B}$ 划去第 j 列得到的 $n-1$ 阶子式记作 D_j，令 $\boldsymbol{\eta}=(D_1,\ -D_2,\ \cdots,\ (-1)^{n-1}D_n)'$. 证明：

(1) $\boldsymbol{\eta}$ 是这个齐次线性方程组的一个解；

(2) 若 $\boldsymbol{\eta}\neq\mathbf{0}$，则 $\boldsymbol{\eta}$ 是这个齐次线性方程组的一个基础解系.

证明： 设 $n-1$ 个方程的 n 元齐次线性方程组为

$$\begin{cases}a_{11}x_1+a_{12}x_2+\cdots+a_{1n}x_n=0,\\a_{21}x_1+a_{22}x_2+\cdots+a_{2n}x_n=0,\\\cdots\cdots\cdots\cdots\cdots\cdots\\a_{n-1,\,1}x_1+a_{n-1,\,2}x_2+\cdots+a_{n-1,\,n}x_n=0,\end{cases}$$

$$D_j=\begin{vmatrix}a_{11}&a_{12}&\cdots&a_{1,\,j-1}&a_{1,\,j+1}&\cdots&a_{1n}\\a_{21}&a_{22}&\cdots&a_{2,\,j-1}&a_{2,\,j+1}&\cdots&a_{2n}\\\vdots&\vdots&&\vdots&\vdots&&\vdots\\a_{n-1,\,1}&a_{n-1,\,2}&\cdots&a_{n-1,\,j-1}&a_{n-1,j+1}&\cdots&a_{n-1,\,n}\end{vmatrix}$$

记

$$\boldsymbol{A}=\begin{pmatrix}a_{11}&a_{12}&a_{13}&\cdots&a_{1n}\\a_{21}&a_{22}&a_{23}&\cdots&a_{2n}\\\vdots&\vdots&\vdots&&\vdots\\a_{n-1,\,1}&a_{n-1,\,2}&a_{n-1,\,3}&\cdots&a_{n-1,\,n}\\a_{n1}&a_{n2}&a_{n3}&\cdots&a_{nn}\end{pmatrix}$$

则

$$\begin{matrix} A_{n1}=(-1)^{n+1}\cdot D_1 \\ A_{n2}=(-1)^{n+2}\cdot D_2 \\ \vdots \\ A_{nn}=(-1)^{n+n}\cdot D_n \end{matrix} \quad \Rightarrow \quad \begin{matrix} D_1=(-1)^{n+1}A_{n1} \\ -D_2=(-1)^{n+3}A_{n2} \\ \vdots \\ (-1)^{n-1}D_n=(-1)^{n-1}A_{nn} \end{matrix}$$

则

$$\begin{pmatrix} a_{11} & a_{12} & a_{13} & \cdots & a_{1n} \\ a_{21} & a_{22} & a_{23} & \cdots & a_{2n} \\ \vdots & \vdots & \vdots & & \vdots \\ a_{n-1,1} & a_{n-1,2} & a_{n-1,3} & \cdots & a_{n-1,n} \end{pmatrix} \cdot \begin{pmatrix} D_1 \\ -D_2 \\ \vdots \\ (-1)^{n-1}D_n \end{pmatrix}$$

$$= \begin{pmatrix} a_{11} & a_{12} & a_{13} & \cdots & a_{1n} \\ a_{21} & a_{22} & a_{23} & \cdots & a_{2n} \\ \vdots & \vdots & \vdots & & \vdots \\ a_{n-1,1} & a_{n-1,2} & a_{n-1,3} & \cdots & a_{n-1,n} \end{pmatrix} \cdot \begin{pmatrix} (-1)^{n+1}A_{n1} \\ (-1)^{n+1}A_{n2} \\ \vdots \\ (-1)^{n+1}A_{nn} \end{pmatrix} = 0$$

故 $\boldsymbol{\eta}$ 是这个齐次线性方程组的一个解.

(2) 若 $\boldsymbol{\eta}\neq\mathbf{0}$，则 $\boldsymbol{B}$ 中有一个 $n-1$ 阶子式不为零，而 $\boldsymbol{B}$ 只有 $n-1$ 行，故 $\operatorname{rank}(\boldsymbol{B})=n-1$，从而齐次线性方程组的基础解系只含有 1 个非零向量. 由(1)知若 $\boldsymbol{\eta}\neq\mathbf{0}$可选 $\boldsymbol{\eta}$ 为基础解系.

7. 设 n 级矩阵 $\boldsymbol{A}$ 为

$$\begin{pmatrix} 1 & 1 & \cdots & 1 & 2 \\ 1 & 2 & \cdots & n-1 & 3 \\ 1 & 2^2 & \cdots & (n-1)^2 & 5 \\ \vdots & \vdots & & \vdots & \vdots \\ 1 & 2^{n-1} & \cdots & (n-1)^{n-2} & 1+2^{n-2} \\ 2 & 3 & \cdots & n & 5 \end{pmatrix}$$

(1) 求 $|\boldsymbol{A}|$；

(2) 求 $\boldsymbol{A}$ 的(n, n)元的代数余子式 A_{nn}；

(3) 证明 $\boldsymbol{\eta}=(A_{n1}, A_{n2}, \cdots, A_{nn})'$是以 $\boldsymbol{A}$ 为系数矩阵的齐次线性方程组的一个基础解系.

解：(1) $\boldsymbol{A}$ 的最后一列等于 $\boldsymbol{A}$ 的第 1，2 列的和，故$|\boldsymbol{A}|=0$.

(2) A_{nn}为 Vandermonder 行列式

$$A_{nn}=\prod_{1\leqslant j<i\leqslant n-1}(i-j)=\prod_{k=1}^{n-2}k!$$

(3) 因为 $A_{nn}=\prod_{k=1}^{n-2}k!>0$，故由习题 4 的结论知 $\boldsymbol{\eta}=(A_{n1},A_{n2},\cdots,A_{nn})'$是以 A 为系数矩阵的齐次线性方程组的一个基础解系.

8. 设 $\boldsymbol{A}$ 是由 1，2，…，n 形成的 n 级 Vandermonder 矩阵，$\boldsymbol{A}$ 的前 $n-1$ 行组成的子矩阵记作 $\boldsymbol{B}$. 证明：

$$\boldsymbol{\eta}=\left(C_{n-1}^{0},-C_{n-1}^{1},\cdots,(-1)^{n-1}C_{n-1}^{n-1}\right)'$$

是以 $\boldsymbol{B}$ 为系数矩阵的齐次线性方程组的一个基础解系.

证明： 由习题 2.6 节第 2 题知 $\boldsymbol{B}$

$$\boldsymbol{B}\begin{pmatrix}1 & 2 & \cdots & \cdots & \cdots & n-1\\ 1 & \cdots & j-1 & j+1 & \cdots & n\end{pmatrix}=C_{n-1}^{j-1}\prod_{k=1}^{n-2}k!,$$

于是

$$\begin{aligned}\boldsymbol{\eta}&=(D_1,\quad -D_2,\quad \cdots,\quad (-1)^{n-1}D_n)'\\&=\left(C_{n-1}^{0},-C_{n-1}^{1},\cdots,(-1)^{n-1}C_{n-1}^{n-1}\right)'\cdot\prod_{k=1}^{n-2}k!\neq 0\end{aligned}$$

从而 $\boldsymbol{\eta}$ 是以 $\boldsymbol{B}$ 为系数矩阵的齐次线性方程组的一个基础解系.

9. 证明：当 $i=0,1,\cdots,n-2$ 时，有

$$\sum_{m=0}^{n-1}(-1)^m C_{n-1}^{m}(m+1)^i=0,$$

$$\sum_{m=0}^{n-1}(-1)^m C_{n-1}^{m}(n-m)^i=0.$$

证明： 由第 8 题结论

$$\begin{pmatrix}1 & 1 & 1 & \cdots & 1\\ 1 & 2 & 3 & \cdots & n\\ 1^2 & 2^2 & 3^2 & \cdots & n^2\\ \vdots & \vdots & \vdots & & \vdots\\ 1^{n-2} & 2^{n-2} & 3^{n-2} & \cdots & n^{n-2}\end{pmatrix}\begin{pmatrix}C_{n-1}^{0}\\ -C_{n-1}^{1}\\ \vdots\\ \vdots\\ (-1)^{n-1}C_{n-1}^{n-1}\end{pmatrix}=0$$

展开后得 $\sum_{m=0}^{n-1}(-1)^m C_{n-1}^m (m+1)^i=0$，$i=0$，1，…，$n-2$.

由组合数恒等式 $C_{n-1}^m=C_{n-1}^{n-1-m}$，故上式化简成

$$\sum_{m=0}^{n-1}(-1)^m C_{n-1}^{n-1-m}(m+1)^i=0$$

令新的上标 $j=n-1-m$，上式化成

$$\sum_{j=n-1}^{0}(-1)^{n-1-j} C_{n-1}^{j}(n-j)^i=0$$

即

$$\sum_{m=0}^{n-1}(-1)^m C_{n-1}^m (n-m)^i=0$$

10. 设 $\boldsymbol{A}_1$ 是 $s\times n$ 矩阵 $\boldsymbol{A}=(a_{ij})$ 的前 $s-1$ 行组成的子矩阵. 证明：如果以 $\boldsymbol{A}_1$ 为系数矩阵的齐次线性方程组的解都是方程 $a_{s1}x_1+a_{s2}x_2+\cdots+a_{sn}x_n=0$ 的解，那么 $\boldsymbol{A}$ 的第 s 行可以由 $\boldsymbol{A}$ 的前 $s-1$ 行线性表出.

证明： 由已知条件立即得出：以 $\boldsymbol{A}_1$ 为系数矩阵的齐次线性方程组和以 $\boldsymbol{A}$ 为系数矩阵的齐次线性方程组同解，即它们的解空间相同，记为 W，由 $\dim W=n-\operatorname{rank}(\boldsymbol{A}_1)$，$\dim W=n-\operatorname{rank}(\boldsymbol{A})$得出 $\operatorname{rank}(\boldsymbol{A}_1)=\operatorname{rank}(\boldsymbol{A})$.

设 $\boldsymbol{A}$ 的行向量组为 $\boldsymbol{\gamma}_1,\cdots,\boldsymbol{\gamma}_{s-1},\boldsymbol{\gamma}_s$. 由于 $\operatorname{rank}\{\boldsymbol{\gamma}_1,\cdots,\boldsymbol{\gamma}_{s-1}\}=\operatorname{rank}(\boldsymbol{A}_1)=\operatorname{rank}(\boldsymbol{A})=\operatorname{rank}\{\boldsymbol{\gamma}_1,\cdots,\boldsymbol{\gamma}_{s-1},\boldsymbol{\gamma}_s\}$且向量组 $\boldsymbol{\gamma}_1,\cdots,\boldsymbol{\gamma}_{s-1}$ 可以由向量组 $\boldsymbol{\gamma}_1,\cdots,\boldsymbol{\gamma}_{s-1},\boldsymbol{\gamma}_s$ 线性表出，由 3.4 节推论 5 知向量组 $\boldsymbol{\gamma}_1,\cdots,\boldsymbol{\gamma}_{s-1}$ 与向量组 $\boldsymbol{\gamma}_1,\cdots,\boldsymbol{\gamma}_{s-1},\boldsymbol{\gamma}_s$ 等价，从而 $\boldsymbol{\gamma}_s$ 可以由 $\boldsymbol{\gamma}_1,\cdots,\boldsymbol{\gamma}_{s-1}$线性表出，即 $\boldsymbol{A}$ 的第 s 行可以由 $\boldsymbol{A}$ 的前 $s-1$ 行线性表出.

11. 求下述数域$\mathbb{K}$上非齐次线性方程组的全部解：

(1) $\begin{cases}x_1-5x_2+2x_3-3x_4=11,\\-3x_1+x_2-4x_3+2x_4=-5,\\-x_1-9x_2-4x_4=17,\\5x_1+3x_2+6x_3-x_4=-1;\end{cases}$

(2) $x_1-4x_2+2x_3-3x_4+6x_5=4$；

(3) $\begin{cases}2x_1-3x_2+x_3-5x_4=1,\\-5x_1-10x_2-2x_3+x_4=-21,\\x_1+4x_2+3x_3+2x_4=1,\\2x_1-4x_2+9x_3-3x_4=-16.\end{cases}$

解：
$$\begin{pmatrix}1&-5&2&-3&11\\-3&1&-4&2&-5\\-1&-9&0&-4&17\\5&3&6&-1&-1\end{pmatrix}\to\begin{pmatrix}1&0&\frac{9}{7}&-\frac{1}{2}&1\\0&1&-\frac{1}{7}&\frac{1}{2}&-2\\0&0&0&0&0\\0&0&0&0&0\end{pmatrix}$$

原方程组的一般解为

$$\begin{cases}x_1=-\dfrac{9}{7}x_3+\dfrac{1}{2}x_4+1,\\x_2=\dfrac{1}{7}x_3-\dfrac{1}{2}x_4-2,\end{cases}$$

其中 x_3，x_4 是自由未知量. 令 $x_3=0$，$x_4=0$ 得一个特解

$$\boldsymbol{\gamma}_0=(1,\ -2,\ 0,\ 0)'$$

导出组的一般解为

$$\begin{cases}x_1=-\dfrac{9}{7}x_3+\dfrac{1}{2}x_4,\\x_2=\dfrac{1}{7}x_3-\dfrac{1}{2}x_4,\end{cases}$$

从而导出组的一个基础解系为

$$\boldsymbol{\eta}_1=\begin{pmatrix}1\\-1\\0\\2\end{pmatrix},\quad \boldsymbol{\eta}_2=\begin{pmatrix}-9\\1\\7\\0\end{pmatrix}$$

因此原方程组的全部解为$\{\boldsymbol{\gamma}_0+k_1\boldsymbol{\eta}_1+k_2\boldsymbol{\eta}_2\mid k_1,\ k_2\in\mathbb{K}\}$.

(2) $x_1=4x_2-2x_3+3x_4-6x_5+4$，令 $x_2=x_3=x_4=x_5=0$，则原方程的特解

$$\boldsymbol{\gamma}_0=(4,\ 0,\ 0,\ 0,\ 0)'$$

导出组的基础解系为

$$\boldsymbol{\eta}_1=\begin{pmatrix}4\\1\\0\\0\\0\end{pmatrix},\quad \boldsymbol{\eta}_2=\begin{pmatrix}-2\\0\\1\\0\\0\end{pmatrix},\quad \boldsymbol{\eta}_3=\begin{pmatrix}3\\0\\0\\1\\0\end{pmatrix},\quad \boldsymbol{\eta}_4=\begin{pmatrix}-6\\0\\0\\0\\1\end{pmatrix}$$

因此原方程的全部解为$\{\boldsymbol{\gamma}_0+k_1\boldsymbol{\eta}_1+k_2\boldsymbol{\eta}_2+k_3\boldsymbol{\eta}_3+k_4\boldsymbol{\eta}_4 \mid k_1,k_2,k_3,k_4\in\mathbb{K}\}$.

(3) $$\begin{pmatrix} 2 & -3 & 1 & -5 & 1 \\ -5 & -10 & -2 & 1 & -21 \\ 1 & 4 & 3 & 2 & 1 \\ 2 & -4 & 9 & -3 & -16 \end{pmatrix} \rightarrow \begin{pmatrix} 1 & 0 & 0 & -\frac{5}{3} & 3 \\ 0 & 1 & 0 & \frac{2}{3} & 1 \\ 0 & 0 & 1 & \frac{1}{3} & -2 \\ 0 & 0 & 0 & 0 & 0 \end{pmatrix}$$

原方程组的一般解为

$$\begin{cases} x_1=\frac{5}{3}x_4+3, \\ x_2=-\frac{2}{3}x_4+1, \\ x_3=-\frac{1}{3}x_4-2, \end{cases}$$

其中 x_4 是自由未知量. 令 $x_4=0$，得一个特解

$$\boldsymbol{\gamma}_0=(3,1,-2,0)'$$

导出组的一个基础解系为

$$\boldsymbol{\eta}_1=\begin{pmatrix} 5 \\ -2 \\ -1 \\ 3 \end{pmatrix}$$

因此原方程组的全部解为$\{\boldsymbol{\gamma}_0+k\boldsymbol{\eta}_1 \mid k\in\mathbb{K}\}$.

12. 证明：数域$\mathbb{K}$上 n 元非齐次线性方程组有解，那么它的解唯一的充分必要条件是：它的导出组只有零解.

证明： 设 n 元非齐次线性方程组的解为$U=\gamma_0+W$，要使解唯一，则$U=\gamma_0+W=\{\gamma_0\}$，从而 W 为零空间，故导出组只有零解，反之结论也成立.

13. 证明：数域$\mathbb{K}$上 n 个方程的 n 元非齐次线性方程组有唯一解当且仅当它的导出组只有零解.

证明： n 个方程的 n 元非齐次线性方程组有唯一解，当且仅当它的系数矩阵 $\boldsymbol{A}$ 的行列式$|\boldsymbol{A}|\neq 0$，非齐次线性方程组只有零解.

14. 证明：如果 $\boldsymbol{\gamma}_1$，…，$\boldsymbol{\gamma}_m$ 都是数域$\mathbb{K}$上 n 元非齐次线性方程组的解，并且$\mathbb{K}$中一组数 u_1，…，u_m 满足 $u_1+\cdots+u_m=1$，那么 $u_1\boldsymbol{\gamma}_1+u_2\boldsymbol{\gamma}_2+\cdots+u_m\boldsymbol{\gamma}_m$ 也是这个方程组的一个解.

证明： 设 $\boldsymbol{A}\boldsymbol{\gamma}_i=\boldsymbol{b}$，$i=1,2,\cdots,m$. 计算可知

$$\begin{aligned}\boldsymbol{A}(u_i\boldsymbol{\gamma}_1+\cdots+u_m\boldsymbol{\gamma}_m)&=u_1\boldsymbol{A}\boldsymbol{\gamma}_1+u_2\boldsymbol{A}\boldsymbol{\gamma}_2+\cdots+u_m\boldsymbol{A}\boldsymbol{\gamma}_m\\&=(u_1+u_2+\cdots+u_m)\boldsymbol{b}\\&=\boldsymbol{b}\end{aligned}$$

故 $u_1\boldsymbol{\gamma}_1+u_2\boldsymbol{\gamma}_2+\cdots+u_m\boldsymbol{\gamma}_m$ 也是这个方程组的一个解.

15. 设 $\boldsymbol{\gamma}_1$，$\boldsymbol{\gamma}_2$，…，$\boldsymbol{\gamma}_m(m\geqslant 2)$ 是数域$\mathbb{K}$上 n 元非齐次线性方程组的解，求 $c_1\boldsymbol{\gamma}_1+c_2\boldsymbol{\gamma}_2+\cdots+c_m\boldsymbol{\gamma}_m$ 仍是这个方程组的解的充分必要条件，其中 $c_1,c_2,\cdots,c_m\in\mathbb{K}$.

解： 充分必要条件是 $c_1+c_2+\cdots+c_m=1$. 充分性已由上题得出.

必要性：由于 $c_1\boldsymbol{\gamma}_1+c_2\boldsymbol{\gamma}_2+\cdots+c_m\boldsymbol{\gamma}_m$ 为非齐次线性方程组的解，且 $\boldsymbol{\gamma}_1$ 也是非齐次线性方程组的一个解，则

$$c_1\boldsymbol{\gamma}_1+c_2\boldsymbol{\gamma}_2+\cdots+c_m\boldsymbol{\gamma}_m-\boldsymbol{\gamma}_1\in W$$

即 $(c_1-1)\boldsymbol{\gamma}_1+c_2\boldsymbol{\gamma}_2+\cdots+c_m\boldsymbol{\gamma}_m$ 为齐次方程组的解，即

$$A[(c_1-1)\boldsymbol{\gamma}_1+c_2\boldsymbol{\gamma}_2+\cdots+c_m\boldsymbol{\gamma}_m]=0$$

化简得 $(c_1-1)\boldsymbol{b}+c_2\boldsymbol{b}+\cdots+c_m\boldsymbol{b}=\boldsymbol{0}$，再由 $\boldsymbol{b}\neq\boldsymbol{0}$ 得

$$c_1-1+c_2+\cdots+c_m=0$$

即 $c_1+c_2+\cdots+c_m=1$.

16. 证明：数域$\mathbb{K}$上方程个数比未知量个数大 1 的线性方程组有解的必要条件是它的增广矩阵的行列式等于 0；如果系数矩阵的秩等于未知量的个数，那么这一条件也是充分条件.

证明： 设 $\boldsymbol{A}$ 为 $n+1$ 行 n 列系数矩阵，$\boldsymbol{A}\boldsymbol{x}=\boldsymbol{b}$ 有解，则 $\mathrm{rank}(\boldsymbol{A})=\mathrm{rank}(\boldsymbol{A}\quad\boldsymbol{b})$. 由于 $\mathrm{rank}(\boldsymbol{A})\leqslant n<n+1$，因此 $\mathrm{rank}(\boldsymbol{A}\quad\boldsymbol{b})<n+1$，故 $|(\boldsymbol{A}\quad\boldsymbol{b})|=0$.

如果 $\mathrm{rank}(\boldsymbol{A})=n$，那么当 $|(\boldsymbol{A}\quad\boldsymbol{b})|=0$ 时，$n=\mathrm{rank}(\boldsymbol{A})\leqslant\mathrm{rank}(\boldsymbol{A}\quad\boldsymbol{b})\leqslant n$，从而有 $\mathrm{rank}(\boldsymbol{A})=\mathrm{rank}(\boldsymbol{A}\quad\boldsymbol{b})$，于是方程组有解.

17. 设 $\boldsymbol{\gamma}_0$，$\boldsymbol{\gamma}_1$，…，$\boldsymbol{\gamma}_t$ 是数域$\mathbb{K}$上 n 元非齐次线性方程组的解，证明：$\boldsymbol{\gamma}_0$，$\boldsymbol{\gamma}_1$，…，$\boldsymbol{\gamma}_t$ 线性无关当且仅当 $\boldsymbol{\gamma}_1-\boldsymbol{\gamma}_0$，…，$\boldsymbol{\gamma}_t-\boldsymbol{\gamma}_0$ 线性无关.

证明： **充分性：** 即从 $\boldsymbol{\gamma}_1-\boldsymbol{\gamma}_0$，…，$\boldsymbol{\gamma}_t-\boldsymbol{\gamma}_0$ 线性无关证明 $\boldsymbol{\gamma}_0$，$\boldsymbol{\gamma}_1$，…，$\boldsymbol{\gamma}_t$ 线性无关，

为此，考虑 $k_0\boldsymbol{\gamma}_0+k_1\boldsymbol{\gamma}_0+\cdots+k_t\boldsymbol{\gamma}_0=-k_1(\boldsymbol{\gamma}_1-\boldsymbol{\gamma}_0)-k_2(\boldsymbol{\gamma}_2-\boldsymbol{\gamma}_0)-\cdots-k_t(\boldsymbol{\gamma}_t-\boldsymbol{\gamma}_0)\in W$，其中 W 为导出组的解空间，于是 $k_0+k_1+\cdots+k_t=0$，

从而 $k_1(\boldsymbol{\gamma}_1-\boldsymbol{\gamma}_0)+k_2(\boldsymbol{\gamma}_2-\boldsymbol{\gamma}_0)+\cdots+k_t(\boldsymbol{\gamma}_t-\boldsymbol{\gamma}_0)=0$.

由 $\boldsymbol{\gamma}_1-\boldsymbol{\gamma}_0$，…，$\boldsymbol{\gamma}_t-\boldsymbol{\gamma}_0$ 线性无关得 $k_1=k_2=\cdots=k_t=0$，从而得 $k_0=0$，因此，$\boldsymbol{\gamma}_0$，$\boldsymbol{\gamma}_1$，…，$\boldsymbol{\gamma}_t$ 线性无关.

必要性：即从 $\boldsymbol{\gamma}_0$，$\boldsymbol{\gamma}_1$，…，$\boldsymbol{\gamma}_t$ 线性无关证明 $\boldsymbol{\gamma}_1-\boldsymbol{\gamma}_0$，…，$\boldsymbol{\gamma}_t-\boldsymbol{\gamma}_0$ 线性无关. 设

$$k_1(\boldsymbol{\gamma}_1-\boldsymbol{\gamma}_0)+k_2(\boldsymbol{\gamma}_2-\boldsymbol{\gamma}_0)+\cdots+k_t(\boldsymbol{\gamma}_t-\boldsymbol{\gamma}_0)=0.$$

则

$$k_1\boldsymbol{\gamma}_1+k_2\boldsymbol{\gamma}_2+\cdots+k_t\boldsymbol{\gamma}_t-(k_1+k_2+\cdots+k_t)\boldsymbol{\gamma}_0=0$$

由 $\boldsymbol{\gamma}_0$，$\boldsymbol{\gamma}_1$，…，$\boldsymbol{\gamma}_t$ 线性无关得 $k_1=0$，$k_2=0$，…，$k_t=0$，$k_0+k_1+\cdots+k_t=0$，即 $k_0=0$，故 $\boldsymbol{\gamma}_1-\boldsymbol{\gamma}_0$，$\boldsymbol{\gamma}_2-\boldsymbol{\gamma}_0$，…，$\boldsymbol{\gamma}_t-\boldsymbol{\gamma}_0$ 线性无关.

18. 设数域 $\mathbb{K}$ 上 n 元非齐次线性方程组的系数矩阵的秩为 r. 证明：如果 $\boldsymbol{\gamma}_0$，$\boldsymbol{\gamma}_1$，…，$\boldsymbol{\gamma}_{n-r}$ 是这个方程组的线性无关的解，那么这个方程组的解集 U 为

$$U=\{u_0\boldsymbol{\gamma}_0+u_1\boldsymbol{\gamma}_1+\cdots+u_{n-r}\boldsymbol{\gamma}_{n-r}\mid u_0+u_1+\cdots+u_{n-r}=1,\ u_i\in\mathbb{K},\ 0\leqslant i\leqslant n-r\}.$$

证明： 由第 17 题结论知

$$\boldsymbol{\gamma}_1-\boldsymbol{\gamma}_0,\ \boldsymbol{\gamma}_2-\boldsymbol{\gamma}_0,\ \cdots,\ \boldsymbol{\gamma}_{n-r}-\boldsymbol{\gamma}_0$$

线性无关，因此它们可作为导出组的基础解系，从而原非齐次线性方程组的通解形式为

$$k_1(\boldsymbol{\gamma}_1-\boldsymbol{\gamma}_0)+k_2(\boldsymbol{\gamma}_2-\boldsymbol{\gamma}_0)+\cdots+k_{n-r}(\boldsymbol{\gamma}_{n-r}-\boldsymbol{\gamma}_0)+\boldsymbol{\gamma}_0$$

上式写成 $(1-k_1-k_2-\cdots-k_{n-r})\boldsymbol{\gamma}_0+k_1\boldsymbol{\gamma}_1+k_2\boldsymbol{\gamma}_2+\cdots+k_{n-r}\boldsymbol{\gamma}_{n-r}$，再令 $u_0=1-k_1-k_2-\cdots-k_{n-r}$，$u_1=k_1$，$u_2=k_2$，…，$u_{n-r}=k_{n-r}$，即

$$u_0+u_1+\cdots+u_{n-r}=1$$

且原方程组的解集 $U=\left\{u_0\boldsymbol{\gamma}_0+u_1\boldsymbol{\gamma}_1+\cdots+u_{n-r}\boldsymbol{\gamma}_{n-r}\,\middle|\,\sum_{i=0}^{n-r}u_i=1,\ u_i\in\mathbb{K}\right\}$.

19. 求几何空间中 n 个平面：

$$a_ix+b_iy+c_iz=d_i,\ i=1,2,\cdots,n$$

通过一直线但不合并为一个平面的充分必要条件.

解：三元非齐次线性方程组有解，并且解集为一维线性流形

$\Leftrightarrow$三元线性方程组有解，且它的导出组的解空间是一维的

$\Leftrightarrow$导出组系数矩阵的秩为 2

$\Leftrightarrow$系数矩阵与增广矩阵的秩都为 2

$\Leftrightarrow$下列两个矩阵的秩都为 2

$$\begin{pmatrix} a_1 & b_1 & c_1 \\ a_2 & b_2 & c_2 \\ \vdots & \vdots & \vdots \\ a_n & b_n & c_n \end{pmatrix}, \begin{pmatrix} a_1 & b_1 & c_1 & d_1 \\ a_2 & b_2 & c_2 & d_2 \\ \vdots & \vdots & \vdots & \vdots \\ a_n & b_n & c_n & d_n \end{pmatrix}$$

20. 讨论几何空间中三个平面的相关位置的所有可能情况，画出每种情况的示意图.

解： 设三个平面 π_1，π_2，π_3 的方程分别为：

$$a_1x+b_1y+c_1z+d_1=0,$$

$$a_2x+b_2y+c_2z+d_2=0,$$

$$a_3x+b_3y+c_3z+d_3=0.$$

它们组成三元线性方程组的系数矩阵和增广矩阵分别用 $\boldsymbol{A}$，$\widetilde{\boldsymbol{A}}$ 表示. $\boldsymbol{A}$ 的行向量组记作 $\boldsymbol{\gamma}_1$，$\boldsymbol{\gamma}_2$，$\boldsymbol{\gamma}_3$；$\widetilde{\boldsymbol{A}}$ 的行向量组记作 $\widetilde{\boldsymbol{\gamma}}_1$，$\widetilde{\boldsymbol{\gamma}}_2$，$\widetilde{\boldsymbol{\gamma}}_3$.

情形 1，$\text{rank}(\boldsymbol{A})=\text{rank}(\widetilde{\boldsymbol{A}})=1$. 此时 $\widetilde{\boldsymbol{\gamma}}_2$，$\widetilde{\boldsymbol{\gamma}}_3$ 均与 $\widetilde{\boldsymbol{\gamma}}_1$ 成正比例，从而 π_2，π_3 均与 π_1 重合.

情形 2，$\text{rank}(\boldsymbol{A})=\text{rank}(\widetilde{\boldsymbol{A}})=2$. 由于 $\text{rank}(\boldsymbol{A})=2$，因此 $\boldsymbol{A}$ 有两行不成比例，从而有两个平面相交.

情形 2.1，$\boldsymbol{A}$ 的另外一行与上述 $\boldsymbol{A}$ 的两行均不成比例，即 $\boldsymbol{\gamma}_1$，$\boldsymbol{\gamma}_2$，$\boldsymbol{\gamma}_3$ 两两不成比例，此时 π_1，π_2，π_3 两两相交. 由于 $\text{rank}(\boldsymbol{A})=2$，因此原线性方程组的导出组的解空间的维数为 $3-2=1$，从而原线性方程组的解集是一维线性流形，于是三个平面交于一条直线.

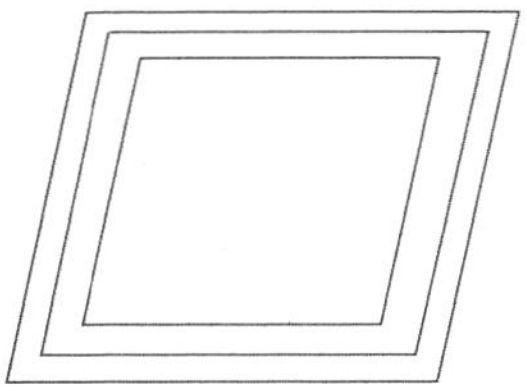

图 3.1：情形 1

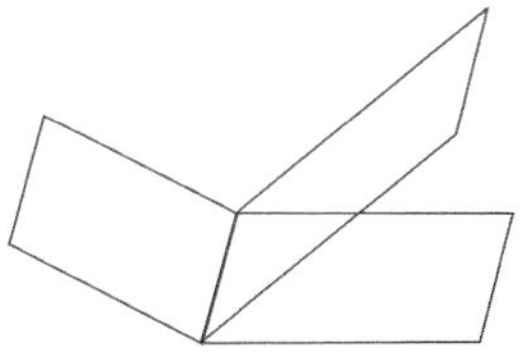

图 3.2：情形 2.1

情形 2.2，$\boldsymbol{A}$ 的另外一行与上述 $\boldsymbol{A}$ 的某一行成比例，此时由于 $\text{rank}(\widetilde{\boldsymbol{A}})=2$，因此另外一个平面与上述两个相交平面中的某一个重合.

情形 3，$\text{rank}(\boldsymbol{A})=\text{rank}(\widetilde{\boldsymbol{A}})=3$，此时原方程有唯一解，从而三个平面交于一个公共点，由于 γ_1，γ_2，γ_3 两两不成比例，因此三个平面两两相交.

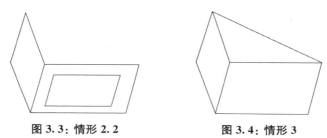

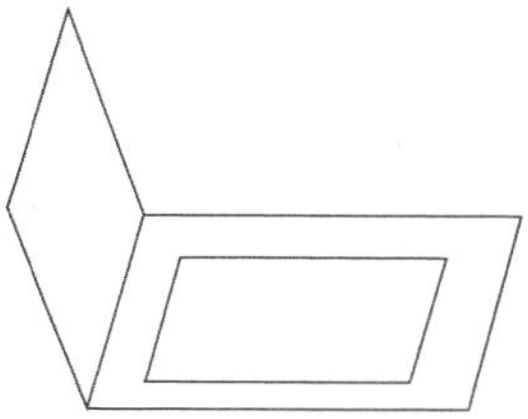

图 3.3：情形 2.2

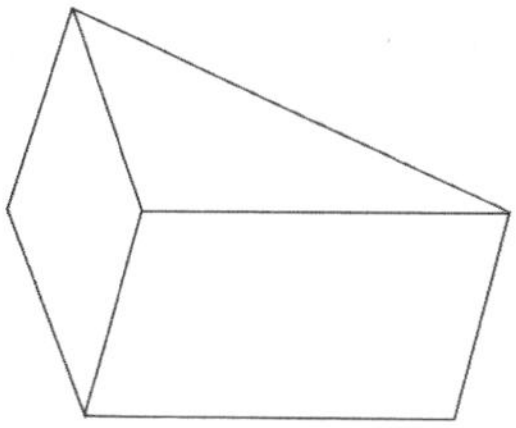

图 3.4：情形 3

情形 4，$\text{rank}(\boldsymbol{A})=1$，$\text{rank}(\widetilde{\boldsymbol{A}})=2$，此时三个平面没有公共点. 由于 $\text{rank}(\boldsymbol{A})=1$，因此 γ_1，γ_2，γ_3 两两成比例. 由于 $\text{rank}(\widetilde{\boldsymbol{A}})=2$，因此 $\widetilde{\boldsymbol{A}}$ 有两个行向量不成比例，从而有两个平面平行.

情形 4.1，$\widetilde{\boldsymbol{A}}$ 的三个行向量两两不成比例，此时，三个平面两两平行.

情形 4.2，$\widetilde{\boldsymbol{A}}$ 的另一行与上述两行中的某一行成比例，此时另一个平面与上述平面中的某一个重合.

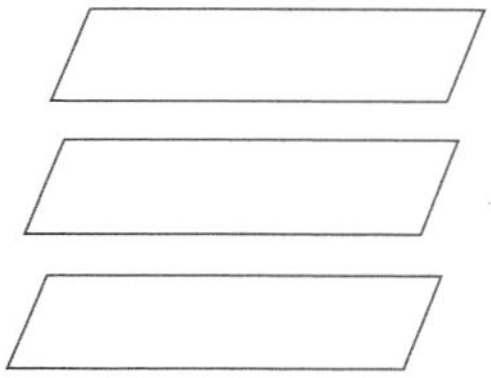

图 3.5：情形 4.1

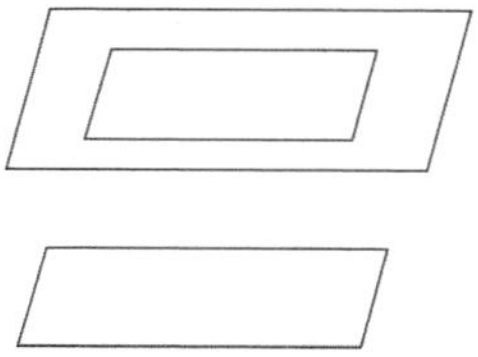

图 3.6：情形 4.2

情形 5，$\text{rank}(\boldsymbol{A})=2$，$\text{rank}(\widetilde{\boldsymbol{A}})=3$，由于 $\text{rank}(\boldsymbol{A})=2$，因此 $\boldsymbol{A}$ 有两行不成比例，从而有两个平面相交.

情形 5.1，$\boldsymbol{\gamma}_1$，$\boldsymbol{\gamma}_2$，$\boldsymbol{\gamma}_3$ 两两不成比例，因此三个平面两两相交但没有公共点.

情形 5.2，$\boldsymbol{A}$ 的另一行与上述两行中的某一行成比例，此时由于 $\text{rank}(\widetilde{\boldsymbol{A}})=3$，因此另一个平面与上述两平面之一平行.

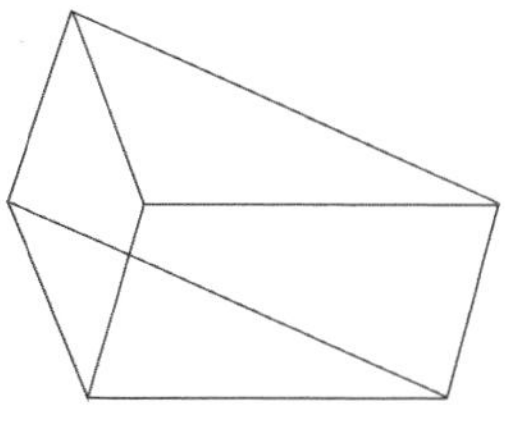

图 3.7：情形 5.1

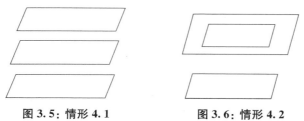

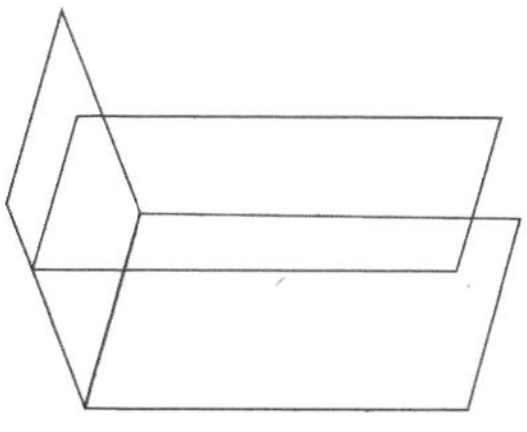

图 3.8：情形 5.2

习题 3.9 子空间的交与和,子空间的直和

1. 在$\mathbb{K}^4$中，$V_1=\langle\boldsymbol{\alpha}_1,\boldsymbol{\alpha}_2\rangle$，$V_2=\langle\boldsymbol{\beta}_1,\boldsymbol{\beta}_2\rangle$，其中

$$\boldsymbol{\alpha}_1=(1,\ -1,\ 0,\ 1)',\quad \boldsymbol{\alpha}_2=(-2,\ 3,\ 1,\ -3)',$$

$$\boldsymbol{\beta}_1=(1,\ 2,\ 0,\ -2)',\quad \boldsymbol{\beta}_2=(1,\ 3,\ 1,\ -3)'.$$

分别求 V_1+V_2，$V_1\cap V_2$ 的一个基和维数.

解： 由于 $V_1+V_2=\langle\boldsymbol{\alpha}_1,\boldsymbol{\alpha}_2\rangle+\langle\boldsymbol{\beta}_1,\boldsymbol{\beta}_2\rangle=\langle\boldsymbol{\alpha}_1,\boldsymbol{\alpha}_2,\boldsymbol{\beta}_1,\boldsymbol{\beta}_2\rangle$，因此向量组 $\boldsymbol{\alpha}_1$，$\boldsymbol{\alpha}_2$，$\boldsymbol{\beta}_1$，$\boldsymbol{\beta}_2$ 的一个极大线性无关组是 V_1+V_2 的一个基，这个向量组的秩就是 $\dim(V_1+V_2)$. 为此，把以 $\boldsymbol{\alpha}_1$，$\boldsymbol{\alpha}_2$，$\boldsymbol{\beta}_1$，$\boldsymbol{\beta}_2$ 为列向量组的矩阵化为简化行阶梯形矩阵：

$$\begin{pmatrix}1&-2&1&1\\-1&3&2&3\\0&1&0&1\\1&-3&-2&-3\end{pmatrix}\to\begin{pmatrix}1&0&0&2\\0&1&0&1\\0&0&1&1\\0&0&0&0\end{pmatrix}$$

因此 $\boldsymbol{\alpha}_1$，$\boldsymbol{\alpha}_2$，$\boldsymbol{\beta}_1$ 为 V_1+V_2 的一个基，$\dim(V_1+V_2)=3$. 由简化行阶梯形矩阵知 $\boldsymbol{\alpha}_1$，$\boldsymbol{\alpha}_2$ 线性无关，$\boldsymbol{\beta}_1$，$\boldsymbol{\beta}_2$ 线性无关，从而 $\dim V_1=2$，$\dim V_2=2$，则

$$\dim(V_1\cap V_2)=\dim V_1+\dim V_2-\dim(V_1+V_2)=1,$$

于是为了求出 $V_1\cap V_2$ 的一个基，只需求出 $V_1\cap V_2$ 的一个非零向量即可. 由于 $\boldsymbol{\alpha}_1$，$\boldsymbol{\alpha}_2$，$\boldsymbol{\beta}_1$ 为 V_1+V_2 的一个基，因此 $\boldsymbol{\beta}_2$ 可由 $\boldsymbol{\alpha}_1$，$\boldsymbol{\alpha}_2$，$\boldsymbol{\beta}_1$ 线性表出，从简化行阶梯形矩阵可以看出

$$\boldsymbol{\beta}_2=2\boldsymbol{\alpha}_1+\boldsymbol{\alpha}_2+\boldsymbol{\beta}_1$$

由此得

$$2\boldsymbol{\alpha}_1+\boldsymbol{\alpha}_2=-\boldsymbol{\beta}_1+\boldsymbol{\beta}_2\in V_1\cap V_2$$

计算

$$2\boldsymbol{\alpha}_1+\boldsymbol{\alpha}_2=(0,\ 1,\ 1,\ -1)'$$

因此 $V_1\cap V_2$ 的一个基是$(0,\ 1,\ 1,\ -1)'$.

2. 在$\mathbb{K}^4$中，$V_1=\langle\boldsymbol{\alpha}_1,\boldsymbol{\alpha}_2,\boldsymbol{\alpha}_3\rangle$，$V_2=\langle\boldsymbol{\beta}_1,\boldsymbol{\beta}_2\rangle$，其中

$$\boldsymbol{\alpha}_1=(1,1,-1,2)',\quad \boldsymbol{\alpha}_2=(2,-1,3,0)',\quad \boldsymbol{\alpha}_3=(0,-3,5,-4)',$$

$$\boldsymbol{\beta}_1=(1,2,2,1)',\quad \boldsymbol{\beta}_2=(4,-3,3,1)'.$$

分别求 V_1+V_2，$V_1\cap V_2$ 的一个基和维数.

解：类似第 1 题解法，$V_1+V_2=\langle\boldsymbol{\alpha}_1,\boldsymbol{\alpha}_2,\boldsymbol{\alpha}_3,\boldsymbol{\beta}_1,\boldsymbol{\beta}_2\rangle$

$$\begin{pmatrix}1&2&0&1&4\\1&-1&-3&2&-3\\-1&3&5&2&3\\2&0&-4&1&1\end{pmatrix}\to\begin{pmatrix}1&0&-2&0&1\\0&1&1&0&2\\0&0&0&1&-1\\0&0&0&0&0\end{pmatrix}$$

从而 $\boldsymbol{\alpha}_1,\boldsymbol{\alpha}_2,\boldsymbol{\beta}_1$ 为 V_1+V_2 的一个基，$\dim(V_1+V_2)=3$.
又因为 $\dim V_1=2$，$\dim V_2=2$，所以

$$\dim(V_1\cap V_2)=\dim V_1+\dim V_2-\dim(V_1+V_2)=1,$$

于是只需求出 $V_1\cap V_2$ 的一个非零向量，即成为 $V_1\cap V_2$ 的一个基.

从简化行阶梯形矩阵可知

$$\boldsymbol{\beta}_2=\boldsymbol{\alpha}_1+2\boldsymbol{\alpha}_2-\boldsymbol{\beta}_1$$

由此得

$$\boldsymbol{\beta}_1+\boldsymbol{\beta}_2=\boldsymbol{\alpha}_1+2\boldsymbol{\alpha}_2\in V_1\cap V_2$$

计算

$$\boldsymbol{\beta}_1+\boldsymbol{\beta}_2=(5,-1,5,2)'$$

从而 $V_1\cap V_2$ 的一个基为 $(5,-1,5,2)'$.

3. 在 $\mathbb{K}^4$ 中，$V_1=\langle\boldsymbol{\alpha}_1,\boldsymbol{\alpha}_2,\boldsymbol{\alpha}_3\rangle$，$V_2=\langle\boldsymbol{\beta}_1,\boldsymbol{\beta}_2,\boldsymbol{\beta}_3\rangle$，其中 $\boldsymbol{\alpha}_1=(1,1,0,2)'$，$\boldsymbol{\alpha}_2=(1,1,-1,3)'$，$\boldsymbol{\alpha}_3=(1,2,1,-2)'$，$\boldsymbol{\beta}_1=(1,2,0,-6)'$，$\boldsymbol{\beta}_2=(1,-2,2,4)'$，$\boldsymbol{\beta}_3=(2,3,1,-5)'$. 分别求 V_1+V_2，$V_1\cap V_2$ 的一个基和维数.

解：$V_1+V_2=\langle\boldsymbol{\alpha}_1,\boldsymbol{\alpha}_2,\boldsymbol{\alpha}_3,\boldsymbol{\beta}_1,\boldsymbol{\beta}_2,\boldsymbol{\beta}_3\rangle$.

$$\begin{pmatrix}1&1&1&1&1&2\\1&1&2&2&-2&3\\0&-1&1&0&2&1\\2&3&-2&-6&4&-5\end{pmatrix}\to\begin{pmatrix}1&0&0&0&10&2\\0&1&0&0&-6&1\\0&0&1&0&-4&0\\0&0&0&1&1&1\end{pmatrix}$$

故 $\boldsymbol{\alpha}_1$，$\boldsymbol{\alpha}_2$，$\boldsymbol{\alpha}_3$，$\boldsymbol{\beta}_1$ 为 V_1+V_2 的一个基，$\dim(V_1+V_2)=4$. 由简化行阶梯形矩阵知 $\dim V_1=3$，$\dim V_2=3$. 故 $\dim(V_1\cap V_2)=\dim V_1+\dim V_2-\dim(V_1+V_2)=2$.

由

$$\boldsymbol{\beta}_2=10\boldsymbol{\alpha}_1-6\boldsymbol{\alpha}_2-4\boldsymbol{\alpha}_3+\boldsymbol{\beta}_1,\quad \boldsymbol{\beta}_3=2\boldsymbol{\alpha}_1+\boldsymbol{\alpha}_2+\boldsymbol{\beta}_1$$

得

$$\boldsymbol{\beta}_2-\boldsymbol{\beta}_1=10\boldsymbol{\alpha}_1-6\boldsymbol{\alpha}_2-4\boldsymbol{\alpha}_3\in V_1\cap V_2$$

$$\boldsymbol{\beta}_3-\boldsymbol{\beta}_1=2\boldsymbol{\alpha}_1+\boldsymbol{\alpha}_2\in V_1\cap V_2$$

由 $\boldsymbol{\beta}_1$，$\boldsymbol{\beta}_2$，$\boldsymbol{\beta}_3$ 线性无关易证向量组 $\boldsymbol{\beta}_2-\boldsymbol{\beta}_1$，$\boldsymbol{\beta}_3-\boldsymbol{\beta}_1$ 线性无关，由于 $\dim(V_1\cap V_2)=2$，因此可将 $\boldsymbol{\beta}_2-\boldsymbol{\beta}_1=(0,\ -4,\ 2,\ 10)'$，$\boldsymbol{\beta}_3-\boldsymbol{\beta}_1=(1,\ 1,\ 1,\ 1)'$作为 $V_1\cap V_2$ 的一个基.

4. 在$\mathbb{K}^4$中，$V_1=\langle\boldsymbol{\alpha}_1,\ \boldsymbol{\alpha}_2,\ \boldsymbol{\alpha}_3\rangle$，$V_2=\langle\boldsymbol{\beta}_1,\ \boldsymbol{\beta}_2,\ \boldsymbol{\beta}_3\rangle$，其中

$$\boldsymbol{\alpha}_1=(1,\ 0,\ -1,\ 0)',\quad \boldsymbol{\alpha}_2=(0,\ 0,\ 1,\ -1)',\quad \boldsymbol{\alpha}_3=(1,\ -1,\ 0,\ 0)',$$

$$\boldsymbol{\beta}_1=(1,\ 2,\ -1,\ 2)',\quad \boldsymbol{\beta}_2=(0,\ 1,\ -1,\ 0)',\quad \boldsymbol{\beta}_3=(0,\ 2,\ 1,\ -1)'.$$

分别求 V_1+V_2，$V_1\cap V_2$ 的一个基和维数.

解： $V_1+V_2=\langle\boldsymbol{\alpha}_1,\ \boldsymbol{\alpha}_2,\ \boldsymbol{\alpha}_3,\ \boldsymbol{\beta}_1,\ \boldsymbol{\beta}_2,\ \boldsymbol{\beta}_3\rangle$.

$$\begin{pmatrix}1&0&1&1&0&0\\0&0&-1&2&1&2\\-1&1&0&-1&-1&1\\0&-1&0&2&0&-1\end{pmatrix}\to\begin{pmatrix}1&0&0&0&1&\frac{1}{2}\\0&1&0&0&0&2\\0&0&1&0&-1&-1\\0&0&0&1&0&\frac{1}{2}\end{pmatrix}$$

于是

$$\boldsymbol{\beta}_2=\boldsymbol{\alpha}_1-\boldsymbol{\alpha}_3$$

$$\boldsymbol{\beta}_3=\frac{1}{2}\boldsymbol{\alpha}_1+2\boldsymbol{\alpha}_2-\boldsymbol{\alpha}_3+\frac{1}{2}\boldsymbol{\beta}_1$$

得

$$\boldsymbol{\beta}_2=\boldsymbol{\alpha}_1-\boldsymbol{\alpha}_3\in V_1\cap V_2$$

$$\boldsymbol{\beta}_3-\frac{1}{2}\boldsymbol{\beta}_1=\frac{1}{2}\boldsymbol{\alpha}_1+2\boldsymbol{\alpha}_2-\boldsymbol{\alpha}_3\in V_1\cap V_2$$

由 $\boldsymbol{\beta}_1$，$\boldsymbol{\beta}_2$，$\boldsymbol{\beta}_3$ 线性无关，易得 $\boldsymbol{\beta}_2$，$\boldsymbol{\beta}_3-\frac{1}{2}\boldsymbol{\beta}_1$ 线性无关，故可取 $\boldsymbol{\beta}_2=(0,1,-1,0)'$ 和 $\boldsymbol{\beta}_3-\frac{1}{2}\boldsymbol{\beta}_1=\left(-\frac{1}{2},1,\frac{3}{2},-2\right)'$ 作为 $V_1\cap V_2$ 的一个基.

5. 在 $\mathbb{K}^3$ 中，W_1 是齐次线性方程组

$$\begin{cases}4x_1+2x_2+4x_3=0,\\2x_1+x_2+2x_3=0,\\4x_1+2x_2+4x_3=0,\end{cases}\tag{Ⅰ}$$

的解空间，W_2 是齐次线性方程组

$$\begin{cases}5x_1-2x_2-4x_3=0,\\-2x_1+8x_2-2x_3=0,\\-4x_1-2x_2+5x_3=0,\end{cases}\tag{Ⅱ}$$

的解空间. 证明：$\mathbb{K}^3=W_1\oplus W_2$.

证明： **方法一：** 显然 $W_1+W_2\subseteq\mathbb{K}^n$，因此要证 $\mathbb{K}^n\subseteq W_1+W_2$，任取 $\boldsymbol{\alpha}=(a_1,a_2,a_3)'\in\mathbb{K}^n$，想把 $\boldsymbol{\alpha}$ 表示成 $\boldsymbol{\alpha}_1+\boldsymbol{\alpha}_2$，其中 $\boldsymbol{\alpha}_1\in W_1$，$\boldsymbol{\alpha}_2\in W_2$. 将方程组(Ⅰ)(Ⅱ)的系数矩阵分别化成简化行阶梯形矩阵：

$$\begin{pmatrix}4&2&4\\2&1&2\\4&2&4\end{pmatrix}\to\begin{pmatrix}1&\frac{1}{2}&1\\0&0&0\\0&0&0\end{pmatrix},\quad\begin{pmatrix}5&-2&-4\\-2&8&-2\\-4&-2&5\end{pmatrix}\to\begin{pmatrix}1&0&-1\\0&1&-\frac{1}{2}\\0&0&0\end{pmatrix}$$

得方程组(Ⅰ)的基础解系为 $\boldsymbol{\eta}_1=(-1,2,0)'$，$\boldsymbol{\eta}_2=(-2,0,2)'$. 方程组(Ⅱ)的基础解系为 $\boldsymbol{\xi}_1=(2,1,2)'$，这时设

$$\boldsymbol{\alpha}_1=\begin{pmatrix}-k_1\\2k_1\\0\end{pmatrix}+\begin{pmatrix}-2k_2\\0\\2k_2\end{pmatrix}=\begin{pmatrix}-k_1-2k_2\\2k_1\\2k_2\end{pmatrix},\quad\boldsymbol{\alpha}_2=\begin{pmatrix}2k_3\\k_3\\2k_3\end{pmatrix}$$

由 $\boldsymbol{\alpha}=\boldsymbol{\alpha}_1+\boldsymbol{\alpha}_2$ 得方程组

$$\begin{cases}-k_1-2k_2+2k_3=a_1,\\2k_1+k_3=a_2,\\2k_2+2k_3=a_3,\end{cases}$$

解得 $k_1=-\frac{1}{9}a_1+\frac{4}{9}a_2-\frac{1}{9}a_3$，$k_2=-\frac{2}{9}a_1-\frac{1}{9}a_2+\frac{5}{18}a_3$，$k_3=\frac{2}{9}a_1+\frac{1}{9}a_2+\frac{2}{9}a_3$.

根据上述分析，令

$$\boldsymbol{\alpha}_1=\left(\frac{5}{9}a_1-\frac{2}{9}a_2-\frac{4}{9}a_3,\ -\frac{2}{9}a_1+\frac{8}{9}a_2-\frac{2}{9}a_3,\ -\frac{4}{9}a_1-\frac{2}{9}a_2+\frac{5}{9}a_3\right)'$$

$$\boldsymbol{\alpha}_2=\left(\frac{4}{9}a_1+\frac{2}{9}a_2+\frac{4}{9}a_3,\ \frac{2}{9}a_1+\frac{1}{9}a_2+\frac{2}{9}a_3,\ \frac{4}{9}a_1+\frac{2}{9}a_2+\frac{4}{9}a_3\right)'.$$

则 $\boldsymbol{\alpha}_1\in W_1$，$\boldsymbol{\alpha}_2\in W_2$ 且 $\boldsymbol{\alpha}=\boldsymbol{\alpha}_1+\boldsymbol{\alpha}_2$，因此 $\mathbb{K}^n\in W_1+W_2$. 再证明 W_1+W_2 是直和，只要证 $W_1\cap W_2=0$. 任取 $\boldsymbol{\beta}\in W_1+W_2$，设 $\boldsymbol{\beta}=(b_1,b_2,b_3)'$，则

$$\begin{pmatrix}b_1\\b_2\\b_3\end{pmatrix}=k_1\boldsymbol{\eta}_1+k_2\boldsymbol{\eta}_2=k_3\boldsymbol{\xi}_1,$$

由于 $\boldsymbol{\eta}_1$，$\boldsymbol{\eta}_2$，$\boldsymbol{\xi}_1$ 组成的行列式

$$\begin{vmatrix}-1&-2&2\\2&0&1\\0&2&2\end{vmatrix}=18\neq0$$

故 $\boldsymbol{\eta}_1$，$\boldsymbol{\eta}_2$，$\boldsymbol{\xi}_1$ 线性无关，从而方程组 $k_1\boldsymbol{\eta}_1+k_2\boldsymbol{\eta}_2=k_3\boldsymbol{\xi}_1$ 只有零解，即 $k_1=k_2=k_3=0$，从而 $\boldsymbol{\beta}=0$，从而 $W_1\cap W_2=0$. 综上所述，$\mathbb{K}^n=W_1\oplus W_2$.

方法二： 由于 $\boldsymbol{\eta}_1$，$\boldsymbol{\eta}_2$，$\boldsymbol{\xi}_1$ 线性无关，因此它们是 $\mathbb{K}^3$ 的一个基. 于是 W_1 的一个基 $\boldsymbol{\eta}_1$，$\boldsymbol{\eta}_2$ 与 W_2 的一个基 $\boldsymbol{\xi}_1$ 合起来就是 $\mathbb{K}^3$ 的一个基，由本节推论 2 知 $\mathbb{K}^3=W_1\oplus W_2$.

6. 在 $\mathbb{K}^3$ 中，W_1 是齐次线性方程组

$$\begin{cases}x_1+3x_2+2x_3=0,\\x_1+7x_2+2x_3=0,\\2x_1+14x_2+4x_3=0,\end{cases}\tag{Ⅰ}$$

的解空间，W_2 是齐次线性方程组

$$\begin{cases}x_1-3x_2-2x_3=0,\\x_1+5x_2+2x_3=0,\\2x_1+14x_2+6x_3=0,\end{cases}\tag{Ⅱ}$$

的解空间，试问：$\mathbb{K}^3$ 是 W_1 与 W_2 的直和吗？

解：解线性方程组（Ⅰ）：

$$\begin{pmatrix}1 & 3 & 2\\1 & 7 & 2\\2 & 14 & 4\end{pmatrix}\to\begin{pmatrix}1 & 0 & 2\\0 & 1 & 0\\0 & 0 & 0\end{pmatrix}$$

得基础解系：

$$\boldsymbol{\eta}_1=\begin{pmatrix}-2\\0\\1\end{pmatrix}$$

解线性方程组（Ⅱ）：

$$\begin{pmatrix}1 & -3 & -2\\1 & 5 & 2\\2 & 14 & 6\end{pmatrix}\to\begin{pmatrix}1 & 0 & -\frac{1}{2}\\0 & 1 & \frac{1}{2}\\0 & 0 & 0\end{pmatrix}$$

得基础解系：

$$\boldsymbol{\eta}_2=\begin{pmatrix}1\\-1\\2\end{pmatrix}$$

进而得 $\dim W_1=1$，$\dim W_2=1$. 由于 $\dim W_1+\dim W_2=2<3$，因此$\mathbb{K}^3$ 不是 W_1 与 W_2 的直和（假如$\mathbb{K}^3=W_1\oplus W_2$，则 $\dim\mathbb{K}^3=\dim(W_1\oplus W_2)=\dim W_1+\dim W_2=2$，矛盾）

7. 在$\mathbb{K}^3$ 中，$V_1=\langle\boldsymbol{\alpha}_1,\boldsymbol{\alpha}_2\rangle$，其中 $\boldsymbol{\alpha}_1=(1,2,3)'$，$\boldsymbol{\alpha}_2=(3,2,1)'$. 求 V_1 在$\mathbb{K}^3$ 中的一个补空间.

解：显然 $\boldsymbol{\alpha}_1$，$\boldsymbol{\alpha}_2$ 线性无关，把它扩充为$\mathbb{K}^3$ 的一个基，可取 $\boldsymbol{\alpha}_3=(1,0,-2)$. 可验证 $\boldsymbol{\alpha}_1$，$\boldsymbol{\alpha}_2$，$\boldsymbol{\alpha}_3$ 线性无关，从而 $\boldsymbol{\alpha}_1$，$\boldsymbol{\alpha}_2$，$\boldsymbol{\alpha}_3$ 成为$\mathbb{K}^3$ 的一个基. 令 $V_2=\langle\boldsymbol{\alpha}_3\rangle$，由本节推论 2 知$\mathbb{K}^3=V_1\oplus V_2$.

8. 在实数域$\mathbb{R}$上的线性空间$\mathbb{R}^{\mathbb{R}}$中，所有偶函数组成的集合 V_1，所有奇函数组成的集合 V_2 都是$\mathbb{R}^{\mathbb{R}}$的子空间，证明：$\mathbb{R}^{\mathbb{R}}=V_1\oplus V_2$.

证明：　先证 V_1，V_2 都是$\mathbb{R}^{\mathbb{R}}$的子空间，设 $f(x)$，$g(x)\in V_1$，则 $(f+g)(-x)=f(-x)+g(-x)=f(x)+g(x)=(f+g)(x)\in V_1$，$(kf)(-x)=kf(-x)=kf(x)=$

$(kf)(x)\in V_1$. 又因为 $y=x^2$ 是偶函数，所以 V_1 非空，从而 V_1 为 $\mathbb{R}^{\mathbb{R}}$ 的子空间，同理 V_2 为 $\mathbb{R}^{\mathbb{R}}$ 的子空间.

再证 $\mathbb{R}^{\mathbb{R}}=V_1\oplus V_2$. 为此，任给 $f(x)\in\mathbb{R}^{\mathbb{R}}$，令 $g(x)=f(-x)$，则令 $F(x)=f(x)+g(x)$，则 $F(-x)=f(-x)+g(-x)=f(-x)+f(x)=f(x)+g(x)=F(x)$，故 $f(x)+g(x)\in V_1$. 令 $G(x)=f(x)-g(x)$，则 $G(-x)=f(-x)-g(-x)=f(-x)-f(x)=g(x)-f(x)=-G(x)$，故 $f(x)-g(x)\in V_2$. 由于

$$f=\frac{1}{2}(f+g)+\frac{1}{2}(f-g)$$

从而 $f\in V_1+V_2$，从而 $\mathbb{R}^n\subseteq V_1+V_2$，于是 $\mathbb{R}^n=V_1+V_2$. 再证 V_1+V_2 为直和，只要证 $V_1\cap V_2=\mathbf{0}$即可. 为此，设 $h(x)\in V_1\cap V_2$，则 $\forall x\in\mathbb{R}$，有 $h(-x)=h(x)$且$h(-x)=-h(x)$，从而有 $h(x)=-h(x)$，于是 $h(x)=0$，从而 V_1+V_2 是直和. 综上 $\mathbb{R}^{\mathbb{R}}=V_1\oplus V_2$.

9. 设 V 是数域$\mathbb{K}$上的 n 维线性空间，$\boldsymbol{\alpha}_1$，…，$\boldsymbol{\alpha}_n$ 是 V 的一个基. 令

$$V_1=\langle\boldsymbol{\alpha}_1+\cdots+\boldsymbol{\alpha}_n\rangle,$$

$$V_2=\left\{\sum_{i=1}^n k_i\boldsymbol{\alpha}_i \,\middle|\, \sum_{i=1}^n k_i=0,\ k_i\in\mathbb{K},\ i=1,\ \cdots,\ n\right\}.$$

证明：(1) V_2 是 V 的一个子空间；(2)$V=V_1\oplus V_2$.

证明： (1) 易知 $0\in V_2$，且设 $\boldsymbol{x}$，$\boldsymbol{y}\in V_2$，$k\in\mathbb{K}$，则

$$\boldsymbol{x}=\sum_{i=1}^n k_i\boldsymbol{\alpha}_i,\quad \sum_{i=1}^n k_i=0$$

$$\boldsymbol{y}=\sum_{i=1}^n k_i'\boldsymbol{\alpha}_i,\quad \sum_{i=1}^n k_i'=0$$

$\boldsymbol{x}+\boldsymbol{y}=\sum\limits_{i=1}^n(k_i+k_i')\boldsymbol{\alpha}_i$，$\sum\limits_{i=1}^n(k_i+k_i')=0$，故 $\boldsymbol{x}+\boldsymbol{y}\in V_2$.

$k\boldsymbol{x}=\sum\limits_{i=1}^n k\cdot k_i\boldsymbol{\alpha}_i$，$\sum\limits_{i=1}^n kk_i=0$，故 $k\boldsymbol{x}\in V_2$.

故 V_2 对加法和数量乘法封闭. 因此，V_2 为 V 的一个子空间.

(2) $V_1+V_2\subseteq V$ 为显然，下面证明 $V\subseteq V_1+V_2$，可以将 V 中任一向量写成一个 V_1 中向量与一个 V_2 中向量的和，为此，设 $\boldsymbol{\beta}\in V$ 为 V 中任一向量，则

$$\boldsymbol{\beta}=\sum_{i=1}^n b_i\boldsymbol{\alpha}_i$$

其中 $b_1, b_2, \cdots, b_n$ 随 $\boldsymbol{\beta}$ 唯一确定. 想把 $\boldsymbol{\beta}$ 分别成 $\boldsymbol{x}+\boldsymbol{y}$，其中 $\boldsymbol{x}\in V_1$，$\boldsymbol{y}\in V_2$，则可设

$$\boldsymbol{x}=l\cdot(\boldsymbol{\alpha}_1+\boldsymbol{\alpha}_2+\cdots+\boldsymbol{\alpha}_n)$$

则

$$\boldsymbol{y}=\boldsymbol{\beta}-\boldsymbol{x}=(b_1-l)\boldsymbol{\alpha}_1+(b_2-l)\boldsymbol{\alpha}_2+\cdots+(b_n-l)\boldsymbol{\alpha}_n$$

因为 $\boldsymbol{y}\in V_2$，所以系数之和应为零，即

$$(b_1-l)+(b_2-l)+\cdots+(b_n-l)=0$$

解得

$$l=\frac{1}{n}\sum_{i=1}^{n}b_i$$

综上分析

$$\boldsymbol{\beta}=\sum_{i=1}^{n}b_i\cdot(\boldsymbol{\alpha}_1+\boldsymbol{\alpha}_2+\cdots+\boldsymbol{\alpha}_n)+\sum_{i=1}^{n}(b_i-l)\boldsymbol{\alpha}_i$$

其中

$$\frac{1}{n}\sum_{i=1}^{n}b_i\cdot(\boldsymbol{\alpha}_1+\boldsymbol{\alpha}_2+\cdots+\boldsymbol{\alpha}_n)\in V_1$$

$$\sum_{i=1}^{n}\left(b_i-\frac{1}{n}\sum_{j=1}^{n}b_j\right)\boldsymbol{\alpha}_i\in V_2$$

从而证明了 $V=V_1+V_2$. 再证 V_1+V_2 为直和，只要证明 $V_1\cap V_2=\mathbf{0}$即可，任取 $\boldsymbol{\alpha}\in V_1\cap V_2$，于是

$$\boldsymbol{\alpha}=a(\boldsymbol{\alpha}_1+\boldsymbol{\alpha}_2+\cdots+\boldsymbol{\alpha}_n)$$

又因为 $\boldsymbol{\alpha}\in V_2$，所以必有 $a+a+a+\cdots+a=0$，即 $a=0$，于是 $\boldsymbol{\alpha}=\mathbf{0}$. 这就证明了 $V_1\cap V_2=\mathbf{0}$，从而 $V=V_1\oplus V_2$.

10. 证明：数域 $\mathbb{K}$ 上 n 维线性空间 V 可以表示成 n 个 1 维子空间的直和.

证明： 设

$$\boldsymbol{\varepsilon}_1=\begin{pmatrix}1\\0\\\vdots\\0\end{pmatrix},\quad \boldsymbol{\varepsilon}_2=\begin{pmatrix}0\\1\\\vdots\\0\end{pmatrix},\quad \cdots,\ \boldsymbol{\varepsilon}_n=\begin{pmatrix}0\\\vdots\\0\\1\end{pmatrix}$$

且 $V_1=\langle\boldsymbol{\varepsilon}_1\rangle$，$V_2=\langle\boldsymbol{\varepsilon}_2\rangle$，…，$V_n=\langle\boldsymbol{\varepsilon}_n\rangle$，则 $\dim V_i=1$，$i=1,2,\cdots,n$，且 $V_1+V_2+\cdots+V_n\subseteq V$，且 V 中任一向量都可写成 V_i 中向量的和，故 $V\subseteq V_1+V_2+\cdots+V_n$，于是 $V_1+V_2+\cdots+V_n=V$，为证和是直和，只要证 $\mathbf{0}$ 向量表示法唯一，这是显然的，或者由教材推论 2 知 V_1 的一个基，…，V_n 的一个基合起来是 V 的一个基，故 $V=V_1\oplus V_2\oplus\cdots\oplus V_n$.

11. 设 $V_1,V_2,\cdots,V_s$ 都是数域 $\mathbb{K}$ 上线性空间 V 的子空间，证明：和 $\sum\limits_{i=1}^{s}V_i$ 是直和的充分必要条件是

$$V_i\cap\left(\sum_{j=1}^{i-1}V_j\right)=\mathbf{0},\ i=2,3,\cdots,s.$$

证明：　必要性： 任取 $\boldsymbol{\alpha}\in V_i\cap\left(\sum\limits_{j=1}^{i-1}V_j\right)$，则 $\boldsymbol{\alpha}\in V_i$，且 $\boldsymbol{\alpha}\in\sum\limits_{j=1}^{i-1}V_j$. 于是 $\boldsymbol{\alpha}=\sum\limits_{j=1}^{i-1}\boldsymbol{\alpha}_j$，其中 $\boldsymbol{\alpha}_j\in V_j$，$j=1,\cdots,i-1$，因此

$$\mathbf{0}=(-\boldsymbol{\alpha})+\boldsymbol{\alpha}=(-\boldsymbol{\alpha})+\sum_{j=1}^{i-1}\boldsymbol{\alpha}_j$$

由直和定义零向量表法唯一，得 $-\boldsymbol{\alpha}=\mathbf{0}$，从而 $\boldsymbol{\alpha}=\mathbf{0}$，因此 $V_i\cap\left(\sum\limits_{j=1}^{i-1}V_j\right)=\mathbf{0}$.

充分性： 设 $\mathbf{0}\in\sum\limits_{i=1}^{s}V_i$，$\mathbf{0}=\boldsymbol{\alpha}_1+\boldsymbol{\alpha}_2+\cdots+\boldsymbol{\alpha}_s$，其中 $\boldsymbol{\alpha}_i\in V_i$，$i=1,2,\cdots,s$. 由题知 $\mathbf{0}=(\boldsymbol{\alpha}_1+\boldsymbol{\alpha}_2+\cdots+\boldsymbol{\alpha}_{s-1})+\boldsymbol{\alpha}_s$，其中 $(\boldsymbol{\alpha}_1+\boldsymbol{\alpha}_2+\cdots+\boldsymbol{\alpha}_{s-1})\in\sum\limits_{i=1}^{s-1}V_i$，$\boldsymbol{\alpha}_s\in V_s$，由上式得

$$\boldsymbol{\alpha}_s=-(\boldsymbol{\alpha}_1+\boldsymbol{\alpha}_2+\cdots+\boldsymbol{\alpha}_{s-1})\in V_s\cap\left(\sum_{i=1}^{s-1}V_i\right)$$

故证得 $\boldsymbol{\alpha}_s=\mathbf{0}$. 这时

$$\mathbf{0}=(\boldsymbol{\alpha}_1+\boldsymbol{\alpha}_2+\cdots+\boldsymbol{\alpha}_{s-2})+\boldsymbol{\alpha}_{s-1}$$

不断重复上述过程可证得 $\boldsymbol{\alpha}_{s-1}=\mathbf{0}$，$\boldsymbol{\alpha}_{s-2}=\mathbf{0}$，…，$\boldsymbol{\alpha}_1=\mathbf{0}$，故 $\sum\limits_{i=1}^{s}V_i$ 中的零向量表法唯一，从而 $\sum\limits_{i=1}^{s}V_i$ 为直和.

12. 设 V 是数域 $\mathbb{K}$ 上的线性空间，V_1，V_2 都是 V 的子空间，V_{11}，V_{12} 都是 V_1 的子空间(从而它们也都是 V 的子空间). 证明：如果 $V=V_1\oplus V_2$，且 $V_1=V_{11}\oplus V_{12}$，那么 $V=$

$V_{11}\oplus V_{12}\oplus V_2$.

证明： 先证 $V\subseteq V_{11}+V_{12}+V_2$. 设 $\boldsymbol{\beta}\in V$ 为 V 中任一向量，由 $V=V_1\oplus V_2$，知 $\boldsymbol{\beta}=\boldsymbol{\delta}_1+\boldsymbol{\delta}_2$，其中 $\boldsymbol{\delta}_1\in V_1$，$\boldsymbol{\delta}_2\in V_2$. 由于 $V_1=V_{11}\oplus V_{12}$，因此 $\boldsymbol{\delta}_1=\boldsymbol{\delta}_{11}+\boldsymbol{\delta}_{12}$，其中 $\boldsymbol{\delta}_{11}\in V_{11}$，$\boldsymbol{\delta}_{12}\in V_{12}$. 这时 $\boldsymbol{\beta}=\boldsymbol{\delta}_{11}+\boldsymbol{\delta}_{12}+\boldsymbol{\delta}_2$，所以 $V\subseteq V_{11}+V_{12}+V_2$，从而证明了 $V=V_{11}+V_{12}+V_2$. 再证明 $V_{11}+V_{12}+V_2$ 是直和.

由 $V_2\cap(V_{11}+V_{12})=V_2\cap(V_{11}\oplus V_{12})=V_2\cap V_1=\mathbf{0}$，且 $V_{12}\cap V_{11}=\mathbf{0}$，故由习题 11 的结论知 $V=V_{11}\oplus V_{12}\oplus V_2$.

13. 设 V_1，V_2，V_3 都是数域 $\mathbb{K}$ 上线性空间 V 的子空间，证明：

(1) $V_1\cap(V_2+V_3)\supseteq(V_1\cap V_2)+(V_1\cap V_3)$；

(2) $V_1+(V_2\cap V_3)\subseteq(V_1+V_2)\cap(V_1+V_3)$.

证明： (1) 设 $\boldsymbol{\beta}\in(V_1\cap V_2)+(V_1\cap V_3)$，则可将 $\boldsymbol{\beta}$ 写成 $\boldsymbol{\beta}=\boldsymbol{x}+\boldsymbol{y}$，其中 $\boldsymbol{x}\in V_1\cap V_2$，$\boldsymbol{y}\in V_1\cap V_3$，于是 $\boldsymbol{x}\in V_1$ 且 $\boldsymbol{x}\in V_2$，$\boldsymbol{y}\in V_1$ 且 $\boldsymbol{y}\in V_3$，从而有 $\boldsymbol{x}+\boldsymbol{y}\in V_1$，即 $\boldsymbol{\beta}\in V_1$. 由 $\boldsymbol{x}\in V_2$ 和 $\boldsymbol{y}\in V_3$ 知，$\boldsymbol{\beta}=\boldsymbol{x}+\boldsymbol{y}\in V_2+V_3$，从而证明了 $\boldsymbol{\beta}\in V_1$，且 $\boldsymbol{\beta}\in V_2+V_3$，即证明了 $(V_1\cap V_2)+(V_1\cap V_3)\subseteq V_1\cap(V_2+V_3)$.

(2) 设 $\boldsymbol{\beta}\in V_1+(V_2\cap V_3)$，不妨设 $\boldsymbol{\beta}=\boldsymbol{x}+\boldsymbol{y}$，其中 $\boldsymbol{x}\in V_1$，$\boldsymbol{y}\in V_2\cap V_3$，由 $\boldsymbol{x}\in V_1$，$\boldsymbol{y}\in V_2$ 知 $\boldsymbol{\beta}\in V_1+V_2$. 由 $\boldsymbol{x}\in V_1$，$\boldsymbol{y}\in V_3$ 知 $\boldsymbol{\beta}\in V_1+V_3$，从而 $\boldsymbol{\beta}\in(V_1+V_2)\cap(V_1+V_3)$，从而证明了 $V_1+(V_2\cap V_3)\subseteq(V_1+V_2)\cap(V_1+V_3)$.

14. 设 V_1，V_2，W 都是数域 $\mathbb{K}$ 上线性空间 V 的子空间，并且 $W\subseteq V_1+V_2$. 试问：$W=(W\cap V_1)+(W\cap V_2)$是否总是成立？如果 $V_1\subseteq W$，那么上式是否一定成立？

解： 由第 13 题(1)的结论知，$(W\cap V_1)+(W\cap V_2)\subseteq W\cap(V_1+V_2)=W$，并且的确有真不相等的例子，例如在几何空间中，设 V_1，V_2，W 是过原点的三个平面，且它们相交于同一条直线 L. 由于 $V_1+V_2=V$，因此 $W\subseteq V_1+V_2$. $(W\cap V_1)+(W\cap V_2)=L$，而 $W\supsetneqq L$. 如果 $V_1\subseteq W$，那么结论就成立了. 理由如下：任取 $\boldsymbol{\alpha}\in W$，由于 $W\subseteq V_1+V_2$，因此 $\boldsymbol{\alpha}\in V_1+V_2$，从而有 $\boldsymbol{\alpha}=\boldsymbol{\alpha}_1+\boldsymbol{\alpha}_2$，$\boldsymbol{\alpha}_1\in V_1$，$\boldsymbol{\alpha}_2\in V_2$. 由于 $V_1\subseteq W$，因此 $\boldsymbol{\alpha}_1\in W$，从而 $\boldsymbol{\alpha}_2=\boldsymbol{\alpha}-\boldsymbol{\alpha}_1\in W$，于是 $\boldsymbol{\alpha}_2\in V_2\cap W$. 由此得出 $\boldsymbol{\alpha}=\boldsymbol{\alpha}_1+\boldsymbol{\alpha}_2\in(W\cap V_1)+(W\cap V_2)$，因此 $W\subseteq(W\cap V_1)+(W\cap V_2)$. 又由于$(W\cap V_1)+(W\cap V_2)\subseteq W$，所以 $W=(W\cap V_1)+(W\cap V_2)$.

15. 设 V_1，W 都是数域 $\mathbb{K}$ 上线性空间 V 的子空间，且 $V_1\subseteq W$. 设 V_2 是 V_1 在 V 中的一个补空间，证明：

$$W=V_1\oplus(V_2\cap W).$$

证明： 由于 V_2 是 V_1 在 V 中的一个补空间，因此 $V=V_1\oplus V_2$，于是 $W\subseteq V_1+V_2$. 又已知 $V_1\subseteq W$，则由第 14 题的结论知 $W=(W\cap V_1)+(W\cap V_2)=V_1+(V_2\cap W)$，由于

V_1+V_2 是直和，因此 $V_1\cap V_2=\mathbf{0}$，从而

$$V_1\cap(V_2\cap W)=(V_1\cap V_2)\cap W=\mathbf{0}\cap W=\mathbf{0}.$$

综上所述，$W=V_1\oplus(V_2\cap W)$.

16. 设 V_1，V_2，V_3 都是数域$\mathbb{K}$上线性空间 V 的有限维子空间，证明：

$$\begin{aligned}\dim(V_1+V_2+V_3)\leqslant&\dim V_1+\dim V_2+\dim V_3-\dim(V_1\cap V_2)\\&-\dim(V_1\cap V_3)-\dim(V_2\cap V_3)+\dim(V_1\cap V_2\cap V_3).\end{aligned}$$

证明：
$$\begin{aligned}\dim(V_1+V_2+V_3)&=\dim V_1+\dim(V_2+V_3)-\dim[V_1\cap(V_2+V_3)]\\&=\dim V_1+\dim V_2+\dim V_3-\dim(V_2\cap V_3)-\dim[V_1\cap(V_2+V_3)]\end{aligned}\tag{$*$}$$

注意到$(V_1\cap V_2)+(V_1\cap V_3)\subseteq V_1\cap(V_2+V_3)$，故

$$\dim[(V_1\cap V_2)+(V_1\cap V_3)]\leqslant\dim[V_1\cap(V_2+V_3)]$$

从而$(*)$式

$$\begin{aligned}&\leqslant\dim V_1+\dim V_2+\dim V_3-\dim(V_2\cap V_3)-\dim[(V_1\cap V_2)+(V_1\cap V_3)]\\&\leqslant\dim V_1+\dim V_2+\dim V_3-\dim(V_1\cap V_2)-\\&\quad\dim(V_1\cap V_3)-\dim(V_2\cap V_3)+\dim(V_1\cap V_2\cap V_3)\end{aligned}$$

17. 设 V_1，V_2 是数域$\mathbb{K}$上线性空间 V 的两个真子空间(即 $V_i\neq V$，$i=1$，2)．证明：$V_1\cup V_2\neq V$.

证明： 设 $\boldsymbol{\alpha}\notin V_1$，若 $\boldsymbol{\alpha}\notin V_2$，则 $\boldsymbol{\alpha}\notin V_1\cup V_2$，这就证明了 $V_1\cup V_2\neq V$．下面设 $\boldsymbol{\alpha}\notin V_1$，$\boldsymbol{\alpha}\in V_2$．取 $\boldsymbol{\beta}\neq V_2$，若 $\boldsymbol{\beta}\neq V_1$，则 $\boldsymbol{\beta}\neq V_1\cup V_2$，也证明了 $V_1\cup V_2\neq V$．于是可设 $\boldsymbol{\beta}\neq V_2$，$\boldsymbol{\beta}\in V_1$．下面将证明 $\boldsymbol{\alpha}+\boldsymbol{\beta}\neq V_1\cup V_2$．由 $\boldsymbol{\alpha}\notin V_1$，可得 $\boldsymbol{\alpha}+\boldsymbol{\beta}\neq V_1$(反证法：设 $\boldsymbol{\alpha}+\boldsymbol{\beta}\in V_1$，则$\boldsymbol{\alpha}=\boldsymbol{\alpha}+\boldsymbol{\beta}-\boldsymbol{\beta}\in V_1$，这与 $\boldsymbol{\alpha}\notin V_1$ 矛盾)．同理 $\boldsymbol{\alpha}+\boldsymbol{\beta}\neq V_2$，于是 $\boldsymbol{\alpha}+\boldsymbol{\beta}\neq V_1\cup V_2$，从而证得 $V_1\cup V_2\neq V$．综上对任意情形都有 $V_1\cup V_2\neq V$.

18. 设 V_1，V_2，…，V_s 都是数域$\mathbb{K}$上线性空间 V 的真子空间，证明：$V_1\cup V_2\cup\cdots\cup V_s\neq V$.

证明： 利用归纳法，当 $s=1$ 时命题成立．假设 $s-1$ 时命题为真，即 $V_1\cup V_2\cup\cdots\cup V_{s-1}\neq V$，现在来看 s 的情形．由归纳法假设，存在 $\boldsymbol{\alpha}\notin V_1\cup V_2\cup\cdots\cup V_{s-1}$，若 $\boldsymbol{\alpha}\notin V_s$，则 $\boldsymbol{\alpha}\notin V_1\cup V_2\cup\cdots\cup V_{s-1}\cup V_s$，则命题得证．下面设 $\boldsymbol{\alpha}\in V_s$．取 $\boldsymbol{\beta}\neq V_s$，若 $\boldsymbol{\beta}\neq V_1\cup V_2\cup\cdots\cup V_{s-1}$，考虑 V 的子集 $W=\{k\boldsymbol{\alpha}+\boldsymbol{\beta}\mid k\in\mathbb{K}\}$，则可知 $\forall k\in\mathbb{K}$，都有$k\boldsymbol{\alpha}+\boldsymbol{\beta}\neq V_s$(反证法：假如 $k_0\boldsymbol{\alpha}+\boldsymbol{\beta}\in V_s$，由 $\boldsymbol{\alpha}\in V_s$ 知 $k_0\boldsymbol{\alpha}\in V_s$，则 $\boldsymbol{\beta}=k_0\boldsymbol{\alpha}+\boldsymbol{\beta}\in V_s$，这与 $\boldsymbol{\beta}\neq V_s$ 矛盾)．再证必存

在$l_0\in\mathbb{K}$，使得$l_0\boldsymbol{\alpha}+\boldsymbol{\beta}\neq V_1\cup V_2\cup\cdots\cup V_{s-1}$，证明的途径是看在每个$V_i(i=1, 2, \cdots, s-1)$中含有多少个形如$l\boldsymbol{\alpha}+\boldsymbol{\beta}$的向量. 假如$l_1\boldsymbol{\alpha}+\boldsymbol{\beta}$，$l_2\boldsymbol{\alpha}+\boldsymbol{\beta}$都属于$V_i(i\in\{1, 2, \cdots, s-1\})$，且$l_1\neq l_2$，则$l_1\boldsymbol{\alpha}+\boldsymbol{\beta}-(l_2\boldsymbol{\alpha}+\boldsymbol{\beta})\in V_i$，即$(l_1-l_2)\boldsymbol{\alpha}\in V_i$，因此$(l_1-l_2)^{-1}\cdot(l_1-l_2)\boldsymbol{\alpha}\in V_i$，这与$\boldsymbol{\alpha}\notin V_1\cup V_2\cup\cdots\cup V_{s-1}$矛盾. 所以每个$V_i(i=1, 2, \cdots, s-1)$中至多含有$W$中的一个向量，从而$V_1\cup V_2\cup\cdots\cup V_{s-1}$中至多含有$W$中的$s-1$个向量. 又因为$k_1\boldsymbol{\alpha}+\boldsymbol{\beta}=k_2\boldsymbol{\alpha}+\boldsymbol{\beta}$当且仅当$(k_1-k_2)\boldsymbol{\alpha}=0$，由$\boldsymbol{\alpha}\notin V_1\cup V_2\cup\cdots\cup V_{s-1}$知$\boldsymbol{\alpha}\neq 0$，故$k_1=k_2$，于是$W$中含有无穷多个向量，从而在$W$中至少存在一个向量$l_0\boldsymbol{\alpha}+\boldsymbol{\beta}\notin V_1\cup V_2\cup\cdots\cup V_{s-1}$. 又因为$l_0\boldsymbol{\alpha}+\boldsymbol{\beta}\neq V_s$，所以

$$l_0\boldsymbol{\alpha}+\boldsymbol{\beta}\notin V_1\cup V_2\cup\cdots\cup V_{s-1}\cup V_s$$

从而

$$V_1\cup V_2\cup\cdots\cup V_{s-1}\cup V_s\neq V$$

根据归纳法原理，对一切正整数s，命题为真.

习题 3.10 集合的划分,等价关系

1. 在实数集$\mathbb{R}$上定义一个二元关系下如下：

$$a\sim b:\Leftrightarrow a-b\in\mathbb{Z},$$

证明：(1) $\sim$是$\mathbb{R}$上的一个等价关系；

(2) 任一等价类$\bar{a}$可以找到唯一的一个代表，它属于$[0, 1)$，从而$\mathbb{R}$对于这个关系的商集(记作$\mathbb{R}/\mathbb{Z}$)与区间$[0, 1)$之间有一个一一对应.

证明： (1) 因为$a-a=0\in\mathbb{Z}$，所以$a\sim a$，反身性满足；因为$a-b\in\mathbb{Z}$，所以$b-a\in\mathbb{Z}$，对称性满足；因为$a\sim b$且$b\sim c$即$a-b\in\mathbb{Z}$，$b-c\in\mathbb{Z}$，所以$a-c=(a-b)+(b-c)\in\mathbb{Z}$故$a\sim c$，传递性满足，从而$\sim$是$\mathbb{R}$上的一个等价关系.

(2) 任一等价类$\bar{a}$，设$a\in[m, m+1)$，$m\in\mathbb{Z}$，即$m=[a]$，则$0\leqslant a-m<1$，常记$a-m=(a)$，即$(a)\in[0, 1)$. 由于$a-(a)=[a]\in\mathbb{Z}$，因此$a\sim(a)$，从而$(a)\in\bar{a}$，于是(s)可作为$\bar{a}$的一个代表，假设$\bar{a}$还有一个代表，即为a'，则$a-a'\in\mathbb{Z}$，其中$0\leqslant a'<1$，于是由$a-(a)\in\mathbb{Z}$得$(a)-a'\in\mathbb{Z}$，而$0\leqslant(a)<1$，从而得$(a)-a'$只能恒为零，即$\bar{a}$的代表是唯一的. 我们约定$\bar{a}$的一个代表$(a)\in[0, 1)$，令

$$\sigma:\ \mathbb{R}/\mathbb{Z}\rightarrow[0, 1)$$

$$\bar{a} \to (a)$$

则σ是商集$\mathbb{R}/\mathbb{Z}$到区间$[0, 1)$的一个映射，显然σ是满射，且是单射，因此σ是双射.

2. 在平面π(点集)上定义一个二元关系如下：

$$P_1(x_1, y_1) \sim P_2(x_2, y_2) :\Leftrightarrow x_1 - x_2 \in \mathbb{Z}，且 y_1 - y_2 \in \mathbb{Z}$$

(1) 证明：$\sim$是平面π上的一个等价关系；

(2) 点$P\left(\frac{1}{2}, \frac{3}{4}\right)$的等价类$\bar{P}$是$\pi$的什么样的子集?

证明： 设$P(x, y)$为平面上任一点，由于$x-x=0\in\mathbb{Z}$，$y-y=0\in\mathbb{Z}$，因此$P\sim P$，反射性满足. 设$P_1(x_1, y_1)\sim P_2(x_2, y_2)$，则$x_1-x_2\in\mathbb{Z}$，$y_1-y_2\in\mathbb{Z}$，即$x_2-x_1\in\mathbb{Z}$，$y_2-y_1\in\mathbb{Z}$，于是证明了$P_2\sim P_1$，对称性满足. 再设$P_1\sim P_2$，且$P_2\sim P_3$，则$x_1-x_2\in\mathbb{Z}$，$y_1-y_2\in\mathbb{Z}$，$x_2-x_3\in\mathbb{Z}$，$y_2-y_3\in\mathbb{Z}$，于是$x_1-x_3\in\mathbb{Z}$，$y_1-y_3\in\mathbb{Z}$. 从而$P_1\sim P_3$，传递性满足，从而$\sim$是$\pi$上的等价关系.

(2) 设$Q(m, n)\sim P\left(\frac{1}{2}, \frac{3}{4}\right)$，则$m-\frac{1}{2}=t_1\in\mathbb{Z}$，$n-\frac{3}{4}=t_2\in\mathbb{Z}$，则$P\left(\frac{1}{2}, \frac{3}{4}\right)$的等价类$\bar{P}=\left\{\left(\frac{1}{2}+t_1, \frac{3}{4}+t_2\right)\middle| t_1, t_2\in\mathbb{Z}\right\}$. 这是平面$\pi$上以$\left(\frac{1}{2}+t_1, \frac{3}{4}+t_2\right)$为点组成的集合.

3. 在平面π(点集)上定义一个二元关系如下：
$P\sim Q :\Leftrightarrow$点P与点Q位于同一条水平线上，其中，水平线是指与x轴平行或重合的直线.

(1) 证明：$\sim$是平面π上的一个等价关系；

(2) 商集$\pi/\sim$是由哪些图形组成的集合?

证明： 这里的平面特指二维平面，设$P(x_0, y_0)$，则点P位于与x轴平行的直线$y=y_0$上，故$P\sim P$，反身性成立. 设$P\sim Q$，则P，Q位于同一条直线上，显然有$Q\sim P$，对称性成立. 设$P\sim Q$且$Q\sim T$，则P，Q，T位于同一条直线上，故有$P\sim T$，传递性满足，从而$\sim$是π上的等价关系.

(2) 由于π上任一点P的等价类$\bar{P}=\{$所有与点P位于同一条平行于x轴的水平线上的点$\}$，从而$\pi/\sim=\bigcup\limits_{P\in\mathbb{N}}\bar{P}=\{x$轴及所有与$x$轴平行的直线组成的集合$\}$.

4. 设$S=\{a, b, c\}$，问：S有多少种划分? S有多少个不同的商集?

解： 有5种划分：$\{\{a\}, \{b\}, \{c\}\}$，$\{\{a\}, \{b, c\}\}$，$\{\{a, c\}, \{b\}\}$，$\{\{a, b\}, \{c\}\}$，$\{\{a, b, c\}\}$，从而S有5个不同的商集.

习题 3.11 线性空间的同构

1. 在$\mathbb{K}^n$中，令$U=\{(a_1, \cdots, a_r, 0, \cdots, 0)' | a_i \in \mathbb{K}, i=1, \cdots, r\}$，其中$r<n$. 试问：$U$是否与$\mathbb{K}^r$同构？如果是，写出$U$到$\mathbb{K}^r$的一个同构映射.

解：由于$\dim U=r$，$\dim(\mathbb{K}^r)=r$，故$U \cong \mathbb{K}^r$. 取U的基为

$$\boldsymbol{\alpha}_1=\begin{pmatrix}1\\0\\\vdots\\0\\\vdots\\0\end{pmatrix}, \boldsymbol{\alpha}_2=\begin{pmatrix}0\\1\\\vdots\\0\\\vdots\\0\end{pmatrix}, \cdots, \boldsymbol{\alpha}_r=\begin{pmatrix}0\\\vdots\\1\\0\\\vdots\\0\end{pmatrix}$$

做同构映射

$$\sigma: U \to \mathbb{K}^r$$

$$\boldsymbol{\alpha}=\sum_{i=1}^{r} a_i\boldsymbol{\alpha}_i \mapsto \sum_{i=1}^{r} a_i\varepsilon_i=(a_1, a_2, \cdots, a_r)'$$

2. 有理数域$\mathbb{Q}$上的线性空间$\mathbb{Q}(\mathrm{i})$与$\mathbb{Q}(\sqrt{2})$是否同构？如果同构，写出$\mathbb{Q}(\mathrm{i})$到$\mathbb{Q}(\sqrt{2})$的一个同构映射.

解：由习题 3.5 的第 7 题知$\mathbb{Q}(\mathrm{i})=\{a+b\mathrm{i} | a, b \in \mathbb{Q}\}$的基为 1，i，$\mathbb{Q}(\sqrt{2})=\{a+b\sqrt{2} | a, b \in \mathbb{Q}\}$的基为 1，$\sqrt{2}$，即$\dim\mathbb{Q}(\mathrm{i})=\dim\mathbb{Q}(\sqrt{2})=2$，故$\mathbb{Q}(\mathrm{i}) \cong \mathbb{Q}(\sqrt{2})$.

做同构映射

$$\sigma: \mathbb{Q}(\mathrm{i}) \to \mathbb{Q}(\sqrt{2})$$

$$a+b\mathrm{i} \mapsto a+b\sqrt{2}$$

3. 设集合$X=\{x_1, \cdots, x_n\}$，X到数域$\mathbb{K}$的所有映射组成的集合记作$\mathbb{K}^X$，它是数域$\mathbb{K}$上的一个线性空间.

(1) 证明：$\mathbb{K}^X \cong \mathbb{K}^n$；

(2) 求$\mathbb{K}^X$的一个基和维数；设$f \in \mathbb{K}^X$，求f在这个基下的坐标.

证明： 令$\sigma=f \to (f(x_1), f(x_2), \cdots, f(x_n))'$，其中$f \in \mathbb{K}^X$，$(f(x_1), f(x_2), \cdots,$

$f(x_n))' \in K^n$，显然是映射，对$\mathbb{K}^n$中任一元素$\begin{pmatrix} b_1 \\ b_2 \\ \vdots \\ b_n \end{pmatrix}$，满足$\begin{cases} f(x_1)=b_1, \\ f(x_2)=b_2, \\ \quad\vdots \\ f(x_n)=b_n \end{cases}$的函数$f$一定是存在的(比如插值多项式)，从而$f$是满射，再证$f$是单射.

若$(f(x_1), f(x_2), \cdots, f(x_n))'=(g(x_1), g(x_2), \cdots, g(x_n))'$，则得到$f(x_i)=g(x_i)$，$i=1, 2, \cdots, n$，由插值多项式的唯一性立即得$f=g$，也即$f$是单射，从而$\sigma$是双射.

设$f, g\in \mathbb{K}^X$，则

$$\sigma(f+g)=(f(x_1)+g(x_1), f(x_2)+g(x_2), \cdots, f(x_n)+g(x_n))'$$

$$\sigma(f)=(f(x_1), f(x_2), \cdots, f(x_n))'$$

$$\sigma(g)=(g(x_1), f(x_2), \cdots, g(x_n))'$$

设$k\in \mathbb{K}$，则

$$\begin{aligned}\sigma(kf)&=(kf(x_1), kf(x_2), \cdots, kf(x_n))'\\&=k(f(x_1), f(x_2), \cdots, f(x_n))'\\&=k\sigma(f)\end{aligned}$$

从而

$$\sigma(f+g)=\sigma(f)+\sigma(g)$$

$$\sigma(kf)=k\sigma(f)$$

因此，$\mathbb{K}^X\cong\mathbb{K}^n$.

(2) 由(1)题结论知$\dim(\mathbb{K}^X)=\dim(\mathbb{K}^n)=n$，$\sigma^{-1}$为$\mathbb{K}^n$到$\mathbb{K}^X$的一个同构映射. 由于$\boldsymbol{\varepsilon}_1, \boldsymbol{\varepsilon}_2, \cdots, \boldsymbol{\varepsilon}_n$为$\mathbb{K}^n$的一个基，故$\sigma^{-1}(\boldsymbol{\varepsilon}_1), \sigma^{-1}(\boldsymbol{\varepsilon}_2), \cdots, \sigma^{-1}(\boldsymbol{\varepsilon}_n)$是$\mathbb{K}^X$的一个基，记$f_i=\sigma^{-1}(\boldsymbol{\varepsilon}_i)$，则$f_i$的表达式为

$$f_i(x_j)=\delta_{ij}, \ j=1, 2, \cdots, n.$$

其中$i=1, 2, \cdots, n$，f在基$f_1, f_2, \cdots, f_n$下的坐标为

$$(f(x_1), f(x_2), \cdots, f(x_n))'.$$

4. 设$\boldsymbol{\alpha}_1, \boldsymbol{\alpha}_2, \cdots, \boldsymbol{\alpha}_n$是数域$\mathbb{K}$上$n$维线性空间$V$的一个基，$\boldsymbol{\beta}_1, \boldsymbol{\beta}_2, \cdots, \boldsymbol{\beta}_s$是$V$中

的一个向量组，$\boldsymbol{\beta}_1$，$\boldsymbol{\beta}_2$，…，$\boldsymbol{\beta}_s$ 分别在基 $\boldsymbol{\alpha}_1$，$\boldsymbol{\alpha}_2$，…，$\boldsymbol{\alpha}_n$ 下的坐标组成的矩阵记作 $\boldsymbol{B}$. 证明：

$$\dim\langle\boldsymbol{\beta}_1, \boldsymbol{\beta}_2, \cdots, \boldsymbol{\beta}_s\rangle=\operatorname{rank}(\boldsymbol{B})$$

证明： 把 V 中的任一向量 $\boldsymbol{\alpha}$ 对应到它在基 $\boldsymbol{\alpha}_1$，$\boldsymbol{\alpha}_2$，…，$\boldsymbol{\alpha}_n$ 下的坐标的映射 σ 是 V 到 $\mathbb{K}^n$ 的一个同构映射，于是

$$\sigma\langle\boldsymbol{\beta}_1, \boldsymbol{\beta}_2, \cdots, \boldsymbol{\beta}_s\rangle=\sigma\langle\boldsymbol{B}_1, \boldsymbol{B}_2, \cdots, \boldsymbol{B}_s\rangle$$

其中 $\boldsymbol{B}=(\boldsymbol{B}_1, \boldsymbol{B}_2, \cdots, \boldsymbol{B}_s)$，于是 $\dim\langle\boldsymbol{\beta}_1, \boldsymbol{\beta}_2, \cdots, \boldsymbol{\beta}_s\rangle=\operatorname{rank}(\boldsymbol{B})$.

5. 设 V_1，V_2 都是数域 $\mathbb{K}$ 上线性空间 V 的子空间，σ 是 V 到自身的一个同构映射. 证明：如果 $V=V_1\oplus V_2$，那么 $V=\sigma(V_1)\oplus\sigma(V_2)$.

证明： 先证 $V=\sigma(V_1)+\sigma(V_2)$. 任取 $\boldsymbol{\alpha}\in V$，由于 σ 是满射. 因此存在 $\boldsymbol{\beta}\in V$，使得 $\sigma(\boldsymbol{\beta})=\boldsymbol{\alpha}$. 由于 $V=V_1\oplus V_2$，因此存在唯一的 $\boldsymbol{\beta}_1\in V_1$，$\boldsymbol{\beta}_2\in V_2$，使得 $\boldsymbol{\beta}=\boldsymbol{\beta}_1+\boldsymbol{\beta}_2$，从而

$$\boldsymbol{\alpha}=\sigma(\boldsymbol{\beta})=\sigma(\boldsymbol{\beta}_1+\boldsymbol{\beta}_2)=\sigma(\boldsymbol{\beta}_1)+\sigma(\boldsymbol{\beta}_2)\in\sigma(V_1)+\sigma(V_2)$$

因此 $V\subseteq\sigma(V_1)+\sigma(V_2)$，同时有 $\sigma(V_1)+\sigma(V_2)\subseteq V$，故 $V=\sigma(V_1)+\sigma(V_2)$. 再证是直和，只要证明 $\sigma(V_1)\cap\sigma(V_2)=0$. 任取 $\boldsymbol{\gamma}\in\sigma(V_1)\cap\sigma(V_2)$，则 $\boldsymbol{\gamma}\in\sigma(V_1)$，且 $\boldsymbol{\gamma}\in\sigma(V_2)$，于是存在 $\boldsymbol{\delta}_1\in V_1$，$\boldsymbol{\delta}_2\in V_2$，使得 $\sigma(\boldsymbol{\delta}_1)=\boldsymbol{\gamma}$，$\sigma(\boldsymbol{\delta}_2)=\boldsymbol{\gamma}$，从而有 $\sigma(\boldsymbol{\delta}_1)=\sigma(\boldsymbol{\delta}_2)$，再由 σ 是单射得 $\boldsymbol{\delta}_1=\boldsymbol{\delta}_2$，于是 $\boldsymbol{\delta}_1\in V_1\cap V_2$. 由于 V_1+V_2 是直和，故 $\boldsymbol{\delta}_1=\mathbf{0}$，于是 $\boldsymbol{\gamma}=\sigma(\boldsymbol{\delta}_1)=\sigma(\mathbf{0})=\mathbf{0}$，所以 $\sigma(V_1)\cap\sigma(V_2)=0$. 综上，$V=\sigma(V_1)\oplus\sigma(V_2)$.

习题 3.12 商空间

1. 设 V 是数域 $\mathbb{K}$ 上的 n 维线性空间，W 是 V 的一个子空间，证明：W 在 V 中的任一补空间 U 都与商空间 V/W 同构，并且写出一个同构映射.

证明： 由于 $V=W\oplus U$，因此 $\dim V=\dim W+\dim U$，从而 $\dim U=\dim V-\dim W=\dim(V/W)$，于是 $U\cong V/W$. 在 U 中取一个基 $\boldsymbol{\beta}_1$，$\boldsymbol{\beta}_2$，…，$\boldsymbol{\beta}_{n-s}$，在 W 中取一个基 $\boldsymbol{\alpha}_1$，$\boldsymbol{\alpha}_2$，…，$\boldsymbol{\alpha}_s$，则 $\boldsymbol{\beta}_1+W$，$\boldsymbol{\beta}_2+W$，…，$\boldsymbol{\beta}_{n-s}+W$ 是 V/W 的一个基，令

$$\sigma: U\to V/W$$

$$\boldsymbol{\gamma}=\sum_{i=1}^{n-s}c_i\boldsymbol{\beta}_i\mapsto\sum_{i=1}^{n-s}c_i(\boldsymbol{\beta}_i+W)$$

$\boldsymbol{\gamma}$ 由基向量 $\boldsymbol{\beta}_1$，$\boldsymbol{\beta}_2$，…，$\boldsymbol{\beta}_{n-s}$ 线性表出且方法唯一，因为 σ 是 U 到 V/W 的一个映射，任取

$\boldsymbol{\eta}+W\in V/W$，则 $\boldsymbol{\eta}+W=\sum\limits_{i=1}^{n-s}a_i(\boldsymbol{\beta}_i+W)$，从而 $\sigma\left(\sum\limits_{i=1}^{n-s}a_i\boldsymbol{\beta}_i\right)=\sum\limits_{i=1}^{n-s}a_i(\boldsymbol{\beta}_i+W)=\boldsymbol{\eta}+W$，于是 σ 是满射．设 $z\boldsymbol{\eta}=\sum\limits_{i=1}^{n-s}b_i\boldsymbol{\beta}_i$，若 $\sigma(\boldsymbol{\gamma})=\sigma(z\boldsymbol{\eta})$，则 $\sum\limits_{i=1}^{n-s}c_i(\boldsymbol{\beta}_i+W)=\sum\limits_{i=1}^{n-s}b_i(\boldsymbol{\beta}_i+W)$．由此得出 $c_i=b_i$，$i=1,2,\cdots,n$，从而 $\boldsymbol{\gamma}=z\boldsymbol{\eta}$．

因此 σ 是单射，从而 σ 是双射．

$$\begin{aligned}\sigma(\boldsymbol{\gamma}+z\boldsymbol{\eta})&=\sigma\left[\sum_{i=1}^{n-s}(c_i+b_i)\boldsymbol{\beta}_i\right]=\sigma\left[\sum_{i=1}^{n-s}(c_i+b_i)(\boldsymbol{\beta}_i+W)\right]\\&=\sigma(\boldsymbol{\gamma})+\sigma(z\boldsymbol{\eta})\end{aligned}$$

$$\sigma(k\boldsymbol{\gamma})=\sigma\left(\sum_{i=1}^{n-s}kc_i\boldsymbol{\beta}_i\right)=\sigma\left[\sum_{i=1}^{n-s}kc_i(\boldsymbol{\beta}_i+W)\right]=k\sigma(\boldsymbol{\gamma})$$

因此上述构造的 σ 是 U 到 V/W 的一个同构映射．

2．设 V 是数域 $\mathbb{K}$ 上的无限维线性空间，W 是 V 的一个子空间，证明：W 在 V 中的任一补空间 U 都与商空间 V/W 同构，并且写出一个同构映射．

证明： 由题意 $V=W\oplus U$，令

$$\sigma: U\to V/W$$

$$\gamma\mapsto\gamma+W$$

设 $\boldsymbol{\eta}\in U$，使得 $\boldsymbol{\gamma}+W=\boldsymbol{\eta}+W$，则 $\boldsymbol{\gamma}-\boldsymbol{\eta}\in W$，又因为 $\boldsymbol{\gamma}-\boldsymbol{\eta}\in U$，所以 $\boldsymbol{\gamma}-\boldsymbol{\eta}\in W\cap U$．由于 $W+U$ 是直和，因此 $W\cap U=\mathbf{0}$，于是 $\boldsymbol{\gamma}+W=\boldsymbol{\eta}+W$ 推出了 $\boldsymbol{\gamma}=\boldsymbol{\eta}$，即 σ 为单射．任给 $\boldsymbol{\alpha}+W\in V/W$，由于 $V=W\oplus U$，因此 $\boldsymbol{\alpha}=\boldsymbol{\gamma}+\boldsymbol{\delta}$，其中 $\boldsymbol{\gamma}\in W$，$\boldsymbol{\delta}\in U$，于是 $\sigma(\boldsymbol{\alpha})=\boldsymbol{\delta}+W=(\boldsymbol{\alpha}-\boldsymbol{\gamma})+W=(\boldsymbol{\alpha}+W)-(\boldsymbol{\gamma}+W)=(\boldsymbol{\alpha}+W)-W=\boldsymbol{\alpha}+W$．这就证明了 σ 是满射，从而是双射．下面证明 σ 保持加法和数量乘法运算，设 $\boldsymbol{\mu}$，$\boldsymbol{\eta}\in U$，$k\in\mathbb{K}$，则

$$\sigma(\boldsymbol{\mu}+\boldsymbol{\eta})=\boldsymbol{\mu}+\boldsymbol{\eta}+W=(\boldsymbol{\mu}+W)+(\boldsymbol{\eta}+W)=\sigma(\boldsymbol{\mu})+\sigma(\boldsymbol{\eta})$$

$$\sigma(k\boldsymbol{\mu})=k\boldsymbol{\mu}+W=k(\boldsymbol{\mu}+W)=k\sigma(\boldsymbol{\mu})$$

因此 σ 是同构映射，$U\cong V/W$．

3．设 V 是几何空间，l_0 是过定点 O 的一条直线，

（1）商空间 V/l_0 中的元素是几何空间中的什么图形？

（2）商空间 V/l_0 的维数是多少？求 V/l_0 的一个基；

（3）商空间 V/l_0 与几何空间中什么样的子空间同构？

解：(1) V/l_0 中的元素是 $\boldsymbol{\alpha}+l_0$，其中 $\boldsymbol{\alpha}\in V$，它是在沿向量 $\boldsymbol{\alpha}$ 的平移下，直线 l_0 的像，从而当 $\boldsymbol{\alpha}\notin l_0$ 时，它是与 l_0 平行的直线；当 $\boldsymbol{\alpha}\in l_0$ 时，它是与 l_0 重合的直线.

(2) $\dim(V/l_0)=\dim V-\dim l_0=3-2=1$，取 l_0 的一个基 $\boldsymbol{e}_n$，把它扩充成几何空间 V 的基 $\boldsymbol{e}_0$，$\boldsymbol{e}_1$，$\boldsymbol{e}_2$，根据定理 1 的证明，得 $\boldsymbol{e}_1+l_0$，$\boldsymbol{e}_2+l_0$ 是 V/l_0 的一个基.

(3) 令 $U=\langle\boldsymbol{e}_1, \boldsymbol{e}_2\rangle$，则 $V=l_0\oplus U$，根据第 1 题的结论知 $U\cong V/l_0$，其中 U 是过定点 O，以 $\boldsymbol{e}_1$，$\boldsymbol{e}_2$ 为基的一个平面.

4. 设 $\boldsymbol{A}$ 是数域 $\mathbb{K}$ 上的 2×3 矩阵：

$$\boldsymbol{A}=\begin{pmatrix}1 & -1 & 2\\ 1 & 0 & -1\end{pmatrix},$$

(1) 求以 $\boldsymbol{A}$ 为系数矩阵的齐次线性方程组的解空间 W 的一个基；

(2) 求商空间 $\mathbb{K}^3/W$ 的维数和一个基.

解：(1) $\boldsymbol{A}\to\begin{pmatrix}1 & 0 & -1\\ 0 & 1 & -3\end{pmatrix}$，得基础解系 $\boldsymbol{\eta}_1=(1, 3, 1)'$，这就是解空间的一个基.

(2) 取 $\boldsymbol{\eta}_2=(0, 1, 0)'$，$\boldsymbol{\eta}_3=(0, 0, 1)'$，则 $\boldsymbol{\eta}_1$，$\boldsymbol{\eta}_2$，$\boldsymbol{\eta}_3$ 为 K^3 的一个基，令 $U=\langle\boldsymbol{\eta}_2, \boldsymbol{\eta}_3\rangle$，则 $K^3=W\oplus U$，且 K^3/W 的基为 $\boldsymbol{\eta}_2+W$，$\boldsymbol{\eta}_3+W$，$\dim(K^3/W)=\dim(K^3)-\dim W=2$.

5. 设 π_1 和 π_2 都是几何空间 V 中过定点 O 的平面，$\pi_1\cap\pi_2$ 是过点 O 的直线 l_0，如图所示.

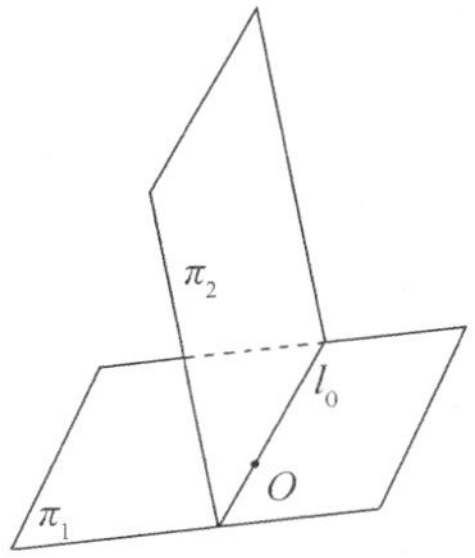

(1) 商空间 $\pi_2/(\pi_1\cap\pi_2)$的元素是什么图形？

(2) 商空间$(\pi_1+\pi_2)/\pi_1$ 的元素是什么图形？

(3) 证明：$(\pi_1+\pi_2)/\pi_1\cong\pi_2/(\pi_1\cap\pi_2)$，并且写出一个同构映射.

解：(1) 由第 3 题的结论，π_2/l_0 的元素为 $\boldsymbol{\alpha}+l_0$，其中 $\boldsymbol{\alpha}\in\pi_2$，它是沿向量 $\boldsymbol{\alpha}$ 的平移下，直线 l_0 的像，即在平面 π_2 内与 l_0 平行或重合的直线；

(2) $(\pi_1+\pi_2)/\pi_1$ 的元素为$(\boldsymbol{a}+\boldsymbol{b})+\pi_1$，其中 $\boldsymbol{a}\in\pi_1$，$\boldsymbol{b}\in\pi_2$，这表示与 π_1 平行或者重合的平面.

(3) 由于 $\pi_1+\pi_2=V$，因此 $\dim[(\pi_1+\pi_2)/\pi_1]=\dim(\pi_1+\pi_2)-\dim\pi_1=1$，$\dim(\pi_2/l_0)=\dim\pi_2-\dim(l_0)=1$，因此$(\pi_1+\pi_2)/\pi_1\cong\pi_2/l_0$. 任取$(\pi_1+\pi_2)/\pi_1$ 中的一个元素$(\boldsymbol{a}+\boldsymbol{b})+\pi_1$，其中 $\boldsymbol{a}\in\pi_1$，$\boldsymbol{b}\in\pi_2$，作映射：

$$\sigma: (\pi_1+\pi_2)/\pi_1\to\pi_2/l_0$$

$$(\boldsymbol{a}+\boldsymbol{b})+\pi_1 \mapsto (\boldsymbol{a}+\boldsymbol{b})+l_0$$

由于$\boldsymbol{b}+\pi_1$是与π_1平行或重合的平面，$\boldsymbol{b}+l_0$是平面π_2内与l_0平行或重合的直线，它是平面$\boldsymbol{b}+\pi_1$与π_2的交线，这是一个双射，且易证σ保持加法与数量乘法运算，因此是一个同构映射.

6. 设W，U都是数域$\mathbb{K}$上线性空间V的子空间，证明：

$$(W+U)/W \cong U/(W\cap U).$$

证明： 只要证明$\dim(W+U)-\dim W=\dim U-\dim(W\cap U)$，这是显然的.

另证：令

$$\sigma:(W+U)/W\to U/(W\cap U)$$

$$(\boldsymbol{\gamma}+\boldsymbol{\delta})+W\mapsto \boldsymbol{\gamma}+(W\cap U)$$

其中$\boldsymbol{\gamma}\in U$，$\boldsymbol{\delta}\in W$，任取$\boldsymbol{\gamma}_1$，$\boldsymbol{\gamma}_2\in U$，$\boldsymbol{\delta}_1$，$\boldsymbol{\delta}_2\in W$，则

$$\begin{aligned}(\boldsymbol{\gamma}_1+\boldsymbol{\delta}_1)+W&=(\boldsymbol{\gamma}_2+\boldsymbol{\delta}_2)+W\\&\Leftrightarrow(\boldsymbol{\gamma}_1+\boldsymbol{\delta}_1)-(\boldsymbol{\gamma}_2+\boldsymbol{\delta}_2)\in W\\&\Leftrightarrow(\boldsymbol{\gamma}_1-\boldsymbol{\gamma}_2)-(\boldsymbol{\delta}_1-\boldsymbol{\delta}_2)\in W\\&\Leftrightarrow(\boldsymbol{\gamma}_1-\boldsymbol{\gamma}_2)\in W\\&\Leftrightarrow(\boldsymbol{\gamma}_1-\boldsymbol{\gamma}_2)\in(W\cap U)\\&\Leftrightarrow\boldsymbol{\gamma}_1+(W\cap U)=\boldsymbol{\gamma}_2+(W\cap U)\end{aligned}$$

则σ是单射，显然σ是满射，从而σ是双射.

任取$(W+U)/W$中的两个元素$(\boldsymbol{\gamma}_1+\boldsymbol{\delta}_1)+W$，$(\boldsymbol{\gamma}_2+\boldsymbol{\delta}_2)+W$，则

$$\begin{aligned}\sigma[(\boldsymbol{\gamma}_1+\boldsymbol{\delta}_1)+W+(\boldsymbol{\gamma}_2+\boldsymbol{\delta}_2)+W]&=\sigma[(\boldsymbol{\gamma}_1+\boldsymbol{\gamma}_2)+(\boldsymbol{\delta}_1+\boldsymbol{\delta}_2)+W]\\&=\sigma[(\boldsymbol{\gamma}_1+\boldsymbol{\gamma}_2)+W]\\&=(\boldsymbol{\gamma}_1+\boldsymbol{\gamma}_2)+(W\cap U)\\&=\boldsymbol{\gamma}_1+(W\cap U)+\boldsymbol{\gamma}_2+(W\cap U)\\&=\sigma[(\boldsymbol{\gamma}_1+\boldsymbol{\delta}_1)+W]+\sigma[(\boldsymbol{\gamma}_2+\boldsymbol{\delta}_2)+W]\end{aligned}$$

$$\begin{aligned}\sigma[k(\boldsymbol{\gamma}_1+\boldsymbol{\delta}_1)+W]&=\sigma[(k\boldsymbol{\gamma}_1+k\boldsymbol{\delta}_1)+W]\\&=k\boldsymbol{\gamma}_1+(W\cap U)\\&=k[\boldsymbol{\gamma}_1+(W\cap U)]\\&=k\sigma[(\boldsymbol{\gamma}_1+\boldsymbol{\gamma}_2)+W]\end{aligned}$$

故 σ 为一个同构映射.

补充题三

1. 设 $\boldsymbol{A}=(a_{ij})$是实数域上的一个 n 级矩阵，证明：

(1) 如果$|a_{ii}|>\sum\limits_{j\neq i}|a_{ij}|$，$i=1, 2, \cdots, n$，那么 $\mathrm{rank}(\boldsymbol{A})=n$.

(2) 如果 $a_{ii}>\sum\limits_{j\neq i}|a_{ij}|$，$i=1, 2, \cdots, n$，那么$|\boldsymbol{A}|>0$.

证明： (1) 只需证明 $\boldsymbol{\alpha}_1, \boldsymbol{\alpha}_2, \cdots, \boldsymbol{\alpha}_n$ 线性无关，其中 $\boldsymbol{A}=(\boldsymbol{\alpha}_1, \boldsymbol{\alpha}_2, \cdots, \boldsymbol{\alpha}_n)$，假如 $\boldsymbol{\alpha}_1, \boldsymbol{\alpha}_2, \cdots, \boldsymbol{\alpha}_n$ 线性相关，则存在一组不全为零的数 $k_1, k_2, \cdots, k_n$，使得 $k_1\boldsymbol{\alpha}_1+k_2\boldsymbol{\alpha}_2+\cdots+k_n\boldsymbol{\alpha}_n=\boldsymbol{0}$，不妨设$|k_i|=\max\{|k_1|, |k_2|, \cdots, |k_n|\}$，则$|k_i|>0$，考虑线性组合 $k_1\boldsymbol{\alpha}_1+k_2\boldsymbol{\alpha}_2+\cdots+k_n\boldsymbol{\alpha}_n=\boldsymbol{0}$ 中的第 i 个分量式

$$\sum_{\substack{j=1\\ j\neq i}}^{n} a_{ij}k_j+a_{ii}k_i=0$$

于是

$$|a_{ii}|=\frac{\left|\sum\limits_{\substack{j=1\\ j\neq i}}^{n}a_{ij}k_j\right|}{|k_i|}\leqslant\sum_{\substack{j=1\\ j\neq i}}^{n}|a_{ij}|\left|\frac{k_j}{k_i}\right|\leqslant\sum_{\substack{j=1\\ j\neq i}}^{n}|a_{ij}|$$

这与条件矛盾，故 $\mathrm{rank}(\boldsymbol{A})=n$.

(2) 令

$$\boldsymbol{B}(t)=\begin{pmatrix} a_{11} & a_{12}t & \cdots & a_{1n}t \\ a_{21}t & a_{22} & \cdots & a_{2n}t \\ \vdots & \vdots & & \vdots \\ a_{n1}t & a_{n2}t & \cdots & a_{nn} \end{pmatrix}$$

$|\boldsymbol{B}(t)|$是 t 的多项式，从而$|\boldsymbol{B}(t)|$是连续函数，当 $t\in(0, 1]$时，由已知条件得

$$a_{ii}>\sum_{j\neq i}|a_{ij}|\geqslant\sum_{j\neq i}|a_{ij}t|,\ i=1, 2, \cdots, n$$

则由(1)的结论知，$|\boldsymbol{B}(t)|\neq0$. 由于$|\boldsymbol{B}(0)|=\prod\limits_{i=1}^{n}a_{ii}>0$，因此由连续函数中间值定理

得 $|\boldsymbol{B}(1)|>0$，即 $|\boldsymbol{A}|>0$.

说明：若 $\boldsymbol{A}=(a_{ij})_{m\times n}$，$a_{ii}>\sum\limits_{j\neq i}|a_{ij}|$，$i=1, 2, \cdots, n$，则称 $\boldsymbol{A}$ 为严格对角占优矩阵.

定义：设 $\boldsymbol{A}=(a_{ij})_{m\times n}\in\mathbb{C}^{m\times n}$，称 $\left\{z\in\mathbb{C}: |z-a_{ii}|\leqslant\sum\limits_{\substack{j=1\\ j\neq i}}^{n}|a_{ij}|\right\}$，$i=1, 2, \cdots, n$，为 Gersgerin 圆盘.

定理：若 $\boldsymbol{A}=(a_{ij})_{m\times n}\in\mathbb{C}^{m\times n}$，则 $\boldsymbol{A}$ 的特征值就在 n 个 Gersgerin 圆盘的并集 $G=\bigcup\limits_{i=1}^{n}\left\{z\in\mathbb{C}: |z-a_{ii}|\leqslant\sum\limits_{\substack{j=1\\ j\neq i}}^{n}|a_{ij}|\right\}$ 当中. 此外，如果这 n 个组成 G 的圆盘中有 k 个并集构成一个连通集 G_k，它与剩下的那 $n-k$ 个圆盘不相交，则 G_k 就恰好包含 $\boldsymbol{A}$ 的 k 个特征值(按照代数重数计算).

证明： 设 $\boldsymbol{Ax}=\lambda\boldsymbol{x}$，$\boldsymbol{x}=(x_1, x_2, \cdots, x_n)'\neq\boldsymbol{0}$，$\lambda\in\mathbb{C}$，令 $|x_p|=\|x\|_{\infty}=\max\limits_{1\leqslant i\leqslant n}|x_i|$. 那么对所有的 $i=1, 2, \cdots, n$，都有 $|x_i|\leqslant|x_p|$，由 $\boldsymbol{Ax}=\lambda\boldsymbol{x}$ 得 $\sum\limits_{j=1}^{n}a_{pj}x_j=\lambda x_p$，将它写成 $x_p(\lambda-a_{pp})=\sum\limits_{\substack{j=1\\ j\neq p}}^{n}a_{pj}x_j$，则

$$|x_p||\lambda-a_{pp}|\leqslant\sum_{j\neq p}|a_{pj}x_j|\leqslant|x_p|\sum_{j\neq p}|a_{pj}|$$

而 $|x_p|>0$，故

$$|\lambda-a_{pp}|\leqslant\sum_{j\neq p}|a_{pj}|$$

即我们证明了对 $\boldsymbol{A}$ 的每一个特征值 λ，至少存在一个 $i(1\leqslant i\leqslant n)$，使得 $|\lambda-a_{ii}|\leqslant\sum\limits_{\substack{j=1\\ j\neq i}}^{n}|a_{ij}|$.

定理：严格对角占优矩阵的特征值不为零.

证明： 假设矩阵 $\boldsymbol{A}$ 有一个特征值 $\lambda=0$，由 Gersgerin 圆盘定理知，必有某个 i，使得 $|0-a_{ii}|\leqslant\sum\limits_{j\neq i}|a_{ij}|$，这与严格对角占优矛盾.

推论：严格对角占优矩阵必为非奇异矩阵.

定理：设 $\boldsymbol{A}=(a_{ij})_{m\times n}\in\mathbb{R}^{m\times n}$ 严格对角占优，且 $a_{ii}>0$，$i=1, 2, \cdots, n$，则 $\boldsymbol{A}$ 的任一特征值的实部必大于零.

证明： 设 $\boldsymbol{A}=(a_{ij})_{m\times n}$，$a_{ij}\in\mathbb{R}$，$\lambda=a+b\mathrm{i}$ 为 $\boldsymbol{A}$ 的唯一特征值，由 Gersgerin 圆盘定理知，$|a+b\mathrm{i}-a_{ii}|\leqslant\sum\limits_{j\neq i}|a_{ij}|$，则 $(a_{ii}-a)^2+b^2\leqslant\left(\sum\limits_{j\neq i}|a_{ij}|\right)^2$，因此 $|a_{ii}-a|\leqslant\sum\limits_{j\neq i}|a_{ij}|$. 从而 $a=a-a_{ii}+a_{ii}\geqslant|a_{ii}|-|a_{ii}-a|\geqslant|a_{ii}|-\sum\limits_{j\neq i}|a_{ij}|>0$.

推论： 补充题三的第 1 题的第(2)问.

定理： 主对角元为正的严格对角占优实对称矩阵的任何主子式必大于零（$\boldsymbol{A}$ 是正定矩阵）.

证明： 由于严格对角占优实对称矩阵的主子式仍是主对角元大于零的严格对角占优的，故行列式大于零.

定理： 若 $\boldsymbol{A}=(a_{ij})_{m\times n}\in\mathbb{C}^{m\times n}$ 为严格对角占优矩阵，则 $\boldsymbol{I}-\boldsymbol{H}^{-1}\boldsymbol{A}$ 的所有特征值的模小于 1，其中 $\boldsymbol{H}=\mathrm{diag}(a_{11},a_{22},\cdots,a_{nn})$.

证明：
$$\boldsymbol{I}-\boldsymbol{H}^{-1}\boldsymbol{A}=\begin{pmatrix} 0 & -\dfrac{a_{12}}{a_{11}} & \cdots & -\dfrac{a_{1n}}{a_{11}} \\ -\dfrac{a_{21}}{a_{22}} & 0 & \cdots & -\dfrac{a_{2n}}{a_{22}} \\ \vdots & \vdots & & \vdots \\ -\dfrac{a_{n1}}{a_{nn}} & -\dfrac{a_{n2}}{a_{nn}} & \cdots & 0 \end{pmatrix}$$

记 $\boldsymbol{B}=\boldsymbol{I}-\boldsymbol{H}^{-1}\boldsymbol{A}$，考虑 $\boldsymbol{B}$ 的第 i 行非主元的行元素之和

$$\sum_{\substack{j=1\\ j\neq i}}^{n}\left|-\frac{a_{ij}}{a_{ii}}\right|=\frac{1}{|a_{ii}|}\sum_{\substack{j=1\\ j\neq i}}^{n}|a_{ij}|<1$$

设 λ 为 $\boldsymbol{B}$ 的任一特征值，则由 Gersgerin 圆盘定理，必存在 $i(1\leqslant i\leqslant n)$，使得

$$|\lambda-0|\leqslant\sum_{\substack{j=1\\ j\neq i}}^{n}\left|-\frac{a_{ij}}{a_{ii}}\right|<1$$

定理： 若 $\boldsymbol{A}=(a_{ij})_{m\times n}\in\mathbb{C}^{m\times n}$ 为严格对角占优矩阵，则

$$|\det(\boldsymbol{A})|\geqslant\prod_{i=1}^{n}\left(|a_{ii}|-\sum_{j\neq i}|a_{ij}|\right)$$

证明： 由 Gersgerin 圆盘定理的后面部分，可知每个特征值必属于某个圆盘，因此

$$|\lambda-a_{ii}|\leqslant\sum_{j\neq i}|a_{ij}|$$

则

$$|a_{ii}|-|\lambda|\leqslant\sum_{j\neq i}|a_{ij}|$$

即 $|\lambda|\geqslant|a_{ii}|-\sum\limits_{j\neq i}|a_{ij}|$，因此

$$|\det(\boldsymbol{A})|=|\lambda_1\lambda_2\cdots\lambda_n|\geqslant\prod_{i=1}^{n}\left(|a_{ii}|-\sum_{j\neq i}|a_{ij}|\right)$$

另证：记 $H_i=|a_{ii}|-\sum\limits_{j\neq i}a_{ij}>0$，定义矩阵 $\boldsymbol{F}=(f_{ij})_{m\times n}\in\mathbb{C}^{m\times n}$，其中 $f_{ij}=\dfrac{a_{ij}}{H_i}$，则有

$$\begin{aligned}|f_{ii}|-\sum_{j\neq i}|f_{ij}|&=\left|\frac{a_{ii}}{H_i}\right|-\sum_{j\neq i}\left|\frac{a_{ij}}{H_i}\right|\\&=\frac{1}{|H_i|}\left(|a_{ii}|-\sum_{j\neq i}|a_{ij}|\right)\\&=\frac{1}{|H_i|}H_i=1\end{aligned}$$

取矩阵 $\boldsymbol{F}$ 的任一特征值 λ_0，其对应的特征向量为 $(x_1, x_2, \cdots, x_n)'$，记 $|x_k|=\max\limits_{1\leqslant i\leqslant n}|x_i|>0$，则有

$$\lambda_0x_k=\sum_{j=1}^{n}f_{kj}x_j=f_{kk}x_k+\sum_{j\neq k}f_{kj}x_j$$

从而

$$\begin{aligned}|\lambda_0x_k|&=\left|f_{kk}x_k+\sum_{j\neq k}f_{kj}x_j\right|\\&\geqslant|f_{kk}x_k|-\left|\sum_{j\neq k}f_{kj}x_j\right|\\&\geqslant|f_{kk}||x_k|-\sum_{j\neq k}|f_{kj}||x_j|\\&\geqslant|f_{kk}||x_k|-\sum_{j\neq k}|f_{kj}||x_k|\\&=|x_k|\left(|f_{kk}|-\sum_{j\neq k}|f_{kj}|\right)=|x_k|\end{aligned}$$

由$|x_k|>0$，得$|\lambda_0|\geqslant 1$，即矩阵所有的特征值的模大于1，从而$|\det(\boldsymbol{F})|=\prod_{i=1}^{n}\lambda_i\geqslant 1$. 另一方面，$\det(\boldsymbol{F})=\dfrac{|\boldsymbol{A}|}{H_1H_2\cdots H_n}$，于是$\det(\boldsymbol{A})\geqslant\prod_{i=1}^{n}H_i$.

2. 求使平面上n个点$P_1(x_1, y_1)$，…，$P_n(x_n, y_n)$位于一条直线上的充分必要条件.

解： 设直线$y=kx+b$经过上述n个点，即方程组

$$\begin{cases}kx_1+b=y_1,\\ kx_2+b=y_2,\\ \quad\cdots\cdots\\ kx_n+b=y_n\end{cases}$$

有解，即

$$\operatorname{rank}\begin{pmatrix}x_1 & 1\\ x_2 & 1\\ \cdots & \cdots\\ x_n & 1\end{pmatrix}=\operatorname{rank}\begin{pmatrix}x_1 & 1 & y_1\\ x_2 & 1 & y_2\\ \cdots & \cdots & \cdots\\ x_n & 1 & y_n\end{pmatrix}$$

由于系数矩阵的秩最多比增广矩阵的秩少1，因此

$$\operatorname{rank}\begin{pmatrix}x_1 & 1 & y_1\\ x_2 & 1 & y_2\\ \cdots & \cdots & \cdots\\ x_n & 1 & y_n\end{pmatrix}=2$$

3. 求平面上通过不在一条直线上的三点$P_1(x_1, y_1)$，$P_2(x_2, y_2)$，$P_3(x_3, y_3)$的圆的方程.

解： 设圆的方程为$a(x^2+y^2)+bx+cy+d=0$，则有

$$a(x_i^2+y_i^2)+bx_i+cy_i+d=0,\ i=1, 2, 3$$

又由点$M(x, y)$在圆上，得

$$\begin{cases}a(x^2+y^2)+bx+cy+d=0,\\ a(x_1^2+y_1^2)+bx_1+cy_1+d=0,\\ a(x_2^2+y_2^2)+bx_2+cy_2+d=0,\\ a(x_3^2+y_3^2)+bx_3+cy_3+d=0.\end{cases}$$

此方程组有非零解，其中未知量为 a，b，c，d. 所求圆的方程为

$$\begin{vmatrix} x^2+y^2 & x & y & 1 \\ x_1^2+y_1^2 & x_1 & y_1 & 1 \\ x_2^2+y_2^2 & x_2 & y_2 & 1 \\ x_3^2+y_3^2 & x_3 & y_3 & 1 \end{vmatrix}=0$$

4. 求平面上通过三点 $P_1(1, 2)$，$P_2(1, -2)$，$P_3(0, -1)$的圆的方程，并且求它的圆心和半径.

解： 由第 3 题的结论知，圆的方程为

$$\begin{vmatrix} x^2+y^2 & x & y & 1 \\ 1^2+2^2 & 1 & 2 & 1 \\ 1^2+(-2)^2 & 1 & -2 & 1 \\ 0^2+(-1)^2 & 0 & -1 & 1 \end{vmatrix}=0$$

化简成 $x^2+y^2-4x-1=0$，圆心坐标为$(2, 0)$，半径为$\sqrt{5}$.

5. 求平面上通过五点 $P_i(x_i, y_i)$，$i=1, \cdots, 5$ 的二次曲线的方程.

解： 设通过五点的二次曲线为

$$ax^2+bxy+cy^2+dx+ey+f=0$$

类似第 3 题的结论，点 $M(x, y)$在二次曲线上当且仅当

$$\begin{vmatrix} x^2 & xy & y^2 & x & y & 1 \\ x_1^2 & x_1y_1 & y_1^2 & x_1 & y_1 & 1 \\ \cdots & \cdots & \cdots & \cdots & \cdots & \cdots \\ x_5^2 & x_5y_5 & y_5^2 & x_5 & y_5 & 1 \end{vmatrix}=0$$

注意到未知量 a，b，c，d，f 的前三个分量不全为零，则代数余子式 A_{11}，A_{12}，A_{13}不全为零.

6. 求平面上通过五点 $P_1(0, 1)$，$P_2(2, 0)$，$P_3(-2, 0)$，$P_4(1, -1)$，$P_5(-1, -1)$的二次曲线的方程，并且确定其类型、形状和位置.

解： 由第 5 题的结论，二次曲线方程为

$$\begin{vmatrix} x^2 & xy & y^2 & x & y & 1 \\ 0 & 0 & 1 & 0 & 1 & 1 \\ 4 & 0 & 0 & 2 & 0 & 1 \\ 4 & 0 & 0 & -2 & 0 & 1 \\ 1 & -1 & 1 & 1 & -1 & 1 \\ 1 & 1 & 1^2 & -1 & -1 & 1 \end{vmatrix}=0$$

化简得 $2x^2+7y^2+y-8=0$，即 $2x^2+7\left(y+\frac{1}{14}\right)^2=\frac{225}{28}$. 这是中心在$\left(0, -\frac{1}{14}\right)$，长轴半径为$\frac{15}{28}\sqrt{14}$，短轴半径为$\frac{15}{14}$的标准椭圆.

7. 设 V 是数域$\mathbb{K}$上的线性空间，S 是 V 的任一非空子集. V 中包含 S 的所有子空间的交称为由 S 生成的子空间，记作$\langle S\rangle$.

(1) 证明：$S\subseteq\langle S\rangle$；

(2) 用 T 表示由 S 中任意有限多个向量的所有线性组合组成的集合，证明：$\langle S\rangle=T$.

证明： (1) 由题意$\langle S\rangle=\bigcap\limits_{i\in I}V_i$，$V_i$ 为 V 的子集，I 为指标集. $S\subseteq V_i$，$\forall i\in I$，从而有 $S\subseteq\langle S\rangle$.

(2) 在 S 里任取 $\boldsymbol{\alpha}_1$，$\boldsymbol{\alpha}_2$，…，$\boldsymbol{\alpha}_n$. 由于$\langle S\rangle$是空间，故对任意的 k_1，k_2，…，$k_m\in\mathbb{K}$，有 $k_1\boldsymbol{\alpha}_1+k_2\boldsymbol{\alpha}_2+\cdots+k_m\boldsymbol{\alpha}_m\subseteq\langle S\rangle$，从而 $T\subseteq\langle S\rangle$. 显然 T 非空，且 T 对 V 的加法与数量乘法封闭，因此 T 为 V 的一个子空间. 由 T 的定义知 $S\subseteq T$，由$\langle S\rangle$的定义知$\langle S\rangle\subseteq T$，因此 $T\subseteq\langle S\rangle$.

8. 设 V 是数域$\mathbb{K}$上的线性空间，V_1 与 V_2 是 V 的两个子空间，证明：$\langle V_1\cup V_2\rangle=V_1+V_2$.

证明： 记 $S=V_1\cup V_2$，则$\langle S\rangle$就是所有包含 S 的 V 的子空间的交. 而 V_1+V_2 是包含 S 的 V 的子空间，故$\langle S\rangle\subseteq V_1+V_2$. 在 S 里任取 $\boldsymbol{\alpha}_1$，$\boldsymbol{\alpha}_2$，…，$\boldsymbol{\alpha}_m$，由于$\langle S\rangle$是空间，则必有

$$k_1\boldsymbol{\alpha}_1+k_2\boldsymbol{\alpha}_2+\cdots+k_m\boldsymbol{\alpha}_m\in\langle S\rangle$$

注意到 $\boldsymbol{\alpha}_1$，$\boldsymbol{\alpha}_2$，…，$\boldsymbol{\alpha}_m$ 的任意组合必是 V_1+V_2 中的向量，故 $V_1+V_2\subseteq\langle S\rangle$. 从而

$$\langle V_1\cup V_2\rangle=\langle S\rangle=V_1+V_2$$

就是第 7 题的(2).

第 4 章 矩阵的运算

习题 4.1 矩阵的加法，数量乘法与乘法运算

1. 设 $\boldsymbol{J}$ 是元素全为 1 的 4 级矩阵，求 $(k-\lambda)\boldsymbol{I}+\lambda\boldsymbol{J}$.

解：
$$(k-\lambda)\boldsymbol{I}+\lambda\boldsymbol{J}=\begin{pmatrix} k & \lambda & \lambda & \lambda \\ \lambda & k & \lambda & \lambda \\ \lambda & \lambda & k & \lambda \\ \lambda & \lambda & \lambda & k \end{pmatrix}$$

2. 设 $\boldsymbol{J}$ 是元素全为 1 的 n 级矩阵. 设 n 级矩阵 $\boldsymbol{M}$ 为

$$\boldsymbol{M}=\begin{pmatrix} k & \lambda & \lambda & \cdots & \lambda \\ \lambda & k & \lambda & \cdots & \lambda \\ \vdots & \vdots & \vdots & & \vdots \\ \lambda & \lambda & \lambda & \cdots & k \end{pmatrix}$$

把矩阵 $\boldsymbol{M}$ 表示成 $x\boldsymbol{I}+y\boldsymbol{J}$ 的形式，其中 x，y 是待定系数.

解： $\boldsymbol{M}=(k-\lambda)\boldsymbol{I}+\lambda\boldsymbol{J}$

3. 用 $\boldsymbol{1}_n$ 表示分量全为 1 的 n 维列向量，设 $\boldsymbol{A}=(a_{ij})$ 是 $s\times n$ 矩阵，$\boldsymbol{B}=(b_{ij})$ 是 $n\times m$ 矩阵. 计算 $\boldsymbol{A}\boldsymbol{1}_n$，$\boldsymbol{1}_n'\boldsymbol{B}$，$\boldsymbol{1}_n'\boldsymbol{1}_n$，$\boldsymbol{1}_n\boldsymbol{1}_n'$.

解：
$$\boldsymbol{A}\boldsymbol{1}_n=\begin{pmatrix} a_{11} & a_{12} & \cdots & a_{1n} \\ a_{21} & a_{22} & \cdots & a_{2n} \\ \vdots & \vdots & & \vdots \\ a_{s1} & a_{s2} & \cdots & a_{sn} \end{pmatrix}\begin{pmatrix} 1 \\ 1 \\ \vdots \\ 1 \end{pmatrix}=\begin{pmatrix} a_{11}+a_{12}+\cdots+a_{1n} \\ a_{21}+a_{22}+\cdots+a_{2n} \\ \cdots\cdots\cdots\cdots \\ a_{s1}+a_{s2}+\cdots+a_{sn} \end{pmatrix}$$

$$\boldsymbol{1}_n'\boldsymbol{B}=(1,\ 1,\ \cdots,\ 1)\begin{pmatrix} b_{11} & b_{12} & \cdots & b_{1m} \\ b_{21} & b_{22} & \cdots & b_{2m} \\ \vdots & \vdots & & \vdots \\ b_{n1} & b_{n2} & \cdots & b_{nm} \end{pmatrix}$$
$$=(b_{11}+b_{21}+\cdots+b_{n1},\ \cdots,\ b_{1m}+b_{2m}+\cdots+b_{nm})$$

$$\mathbf{1}_n'\mathbf{1}_n=(1,\ 1,\ \cdots,\ 1)\begin{pmatrix}1\\1\\\vdots\\1\end{pmatrix}=n$$

$$\mathbf{1}_n\mathbf{1}_n'=\begin{pmatrix}1\\1\\\vdots\\1\end{pmatrix}(1,\ 1,\ \cdots,\ 1)=\begin{pmatrix}1&1&\cdots&1\\1&1&\cdots&1\\\vdots&\vdots&&\vdots\\1&1&\cdots&1\end{pmatrix}=\boldsymbol{J}$$

4. 计算

(1) $\begin{pmatrix}7&-1\\-2&5\\3&-4\end{pmatrix}\begin{pmatrix}1&4\\-5&2\end{pmatrix}=\begin{pmatrix}12&26\\-27&2\\23&4\end{pmatrix}$；

(2) $\begin{pmatrix}0&2\\0&3\end{pmatrix}\begin{pmatrix}1&1\\0&0\end{pmatrix}=\begin{pmatrix}0&0\\0&0\end{pmatrix}$；

(3) $\begin{pmatrix}1&1\\0&0\end{pmatrix}\begin{pmatrix}0&2\\0&3\end{pmatrix}=\begin{pmatrix}0&5\\0&0\end{pmatrix}$；

(4) $\begin{pmatrix}3&4\\4&5\end{pmatrix}\begin{pmatrix}1&-1\\-1&2\end{pmatrix}=\begin{pmatrix}-1&5\\-1&6\end{pmatrix}$；

(5) $\begin{pmatrix}1&2&3\\0&4&5\\0&0&6\end{pmatrix}\begin{pmatrix}7&8&9\\0&10&11\\0&0&12\end{pmatrix}=\begin{pmatrix}7&28&67\\0&40&104\\0&0&72\end{pmatrix}$；

(6) $\begin{pmatrix}a_1&a_2&a_3\\b_1&b_2&b_3\\c_1&c_2&c_3\end{pmatrix}\begin{pmatrix}1&0&0\\k&1&0\\0&0&1\end{pmatrix}=\begin{pmatrix}a_1+ka_2&a_2&a_3\\b_1+kb_2&b_2&b_3\\c_1+kc_2&c_2&c_3\end{pmatrix}$；

(7) $(x,\ y,\ 1)\begin{pmatrix}a_{11}&a_{12}&a_1\\a_{12}&a_{22}&a_2\\a_1&a_2&a_0\end{pmatrix}\begin{pmatrix}x\\y\\1\end{pmatrix}=a_{11}x^2+2a_{12}xy+a_{22}y^2+2a_1x+2a_2y+a_0$.

5. 设 $\boldsymbol{A}$，$\boldsymbol{B}$ 都是数域 $\mathbb{K}$ 上的 n 级矩阵，令 $[\boldsymbol{A},\ \boldsymbol{B}]:=\boldsymbol{AB}-\boldsymbol{BA}$，称 $[\boldsymbol{A},\ \boldsymbol{B}]$ 是 $\boldsymbol{A}$ 与 $\boldsymbol{B}$ 的换位元素. 设

$$\boldsymbol{M}_1=\begin{pmatrix}0&0&0\\0&0&-1\\0&1&0\end{pmatrix},\quad \boldsymbol{M}_2=\begin{pmatrix}0&0&1\\0&0&0\\-1&0&0\end{pmatrix},\quad \boldsymbol{M}_3=\begin{pmatrix}0&-1&0\\1&0&0\\0&0&0\end{pmatrix},$$

求$[\boldsymbol{M}_1, \boldsymbol{M}_2]$，$[\boldsymbol{M}_2, \boldsymbol{M}_3]$，$[\boldsymbol{M}_3, \boldsymbol{M}_1]$.

解：计算得$[\boldsymbol{M}_1, \boldsymbol{M}_2]=\boldsymbol{M}_3$，$[\boldsymbol{M}_2, \boldsymbol{M}_3]=\boldsymbol{M}_1$，$[\boldsymbol{M}_3, \boldsymbol{M}_1]=\boldsymbol{M}_2$.

6. 证明：对于数域$\mathbb{K}$上任意n级矩阵$\boldsymbol{A}$，$\boldsymbol{B}$，$\boldsymbol{C}$，任意k_1，$k_2\in\mathbb{K}$，有

(1)$[k_1\boldsymbol{A}+k_2\boldsymbol{B}, \boldsymbol{C}]=k_1[\boldsymbol{A}, \boldsymbol{C}]+k_2[\boldsymbol{B}, \boldsymbol{C}]$；

(2)$[\boldsymbol{A}, \boldsymbol{B}]=-[\boldsymbol{B}, \boldsymbol{A}]$；

(3)$[\boldsymbol{A}, [\boldsymbol{B}, \boldsymbol{C}]]+[\boldsymbol{B}, [\boldsymbol{C}, \boldsymbol{A}]]+[\boldsymbol{C}, [\boldsymbol{A}, \boldsymbol{B}]]=\boldsymbol{0}$.

证明： (1) 左边$=(k_1\boldsymbol{A}+k_2\boldsymbol{B})\boldsymbol{C}-\boldsymbol{C}(k_1\boldsymbol{A}+k_2\boldsymbol{B})=k_1(\boldsymbol{AC}-\boldsymbol{CA})+k_2(\boldsymbol{BC}-\boldsymbol{CB})=k_1[\boldsymbol{A}, \boldsymbol{C}]+k_2[\boldsymbol{B}, \boldsymbol{C}]=$右边.

(2) 左边$=\boldsymbol{AB}-\boldsymbol{BA}$，右边$=-(\boldsymbol{BA}-\boldsymbol{AB})=\boldsymbol{AB}-\boldsymbol{BA}$，所以结论成立.

(3)
$$[\boldsymbol{A}, [\boldsymbol{B}, \boldsymbol{C}]]=[\boldsymbol{A}, \boldsymbol{BC}-\boldsymbol{CB}]=\boldsymbol{A}(\boldsymbol{BC}-\boldsymbol{CB})-(\boldsymbol{BC}-\boldsymbol{CB})\boldsymbol{A}$$
$$[\boldsymbol{B}, [\boldsymbol{C}, \boldsymbol{A}]]=[\boldsymbol{B}, \boldsymbol{CA}-\boldsymbol{AC}]=\boldsymbol{B}(\boldsymbol{CA}-\boldsymbol{AC})-(\boldsymbol{CA}-\boldsymbol{AC})\boldsymbol{B}$$
$$[\boldsymbol{C}, [\boldsymbol{A}, \boldsymbol{B}]]=[\boldsymbol{C}, \boldsymbol{AB}-\boldsymbol{BA}]=\boldsymbol{C}(\boldsymbol{AB}-\boldsymbol{BA})-(\boldsymbol{AB}-\boldsymbol{BA})\boldsymbol{C}$$

三式相加之和即得结论.

7. 设$\boldsymbol{A}=\begin{pmatrix}1&2\\3&4\end{pmatrix}$，$\boldsymbol{B}=\begin{pmatrix}5&6\\7&8\end{pmatrix}$，求$\boldsymbol{AB}$，$\boldsymbol{BA}$，$[\boldsymbol{A}, \boldsymbol{B}]$.

解：$\boldsymbol{AB}=\begin{pmatrix}19&22\\43&50\end{pmatrix}$，$\boldsymbol{BA}=\begin{pmatrix}23&34\\31&46\end{pmatrix}$，$[\boldsymbol{A}, \boldsymbol{B}]=\begin{pmatrix}-4&-12\\12&4\end{pmatrix}$.

8. 计算$\boldsymbol{A}^m$，其中m是正整数.

(1) $\boldsymbol{A}=\begin{pmatrix}2&3\\0&2\end{pmatrix}$；

因为$\boldsymbol{A}=2\boldsymbol{I}+3\boldsymbol{B}$，其中$\boldsymbol{B}=\begin{pmatrix}0&1\\0&0\end{pmatrix}$，所以

$$\boldsymbol{A}^m=(2\boldsymbol{I}+3\boldsymbol{B})^m=\binom{m}{0}(2\boldsymbol{I})^m(3\boldsymbol{B})^0+\binom{m}{1}(2\boldsymbol{I})^{m-1}(3\boldsymbol{B})^1+\binom{m}{2}(2\boldsymbol{I})^{m-2}(3\boldsymbol{B})^2+\cdots$$

经计算$\boldsymbol{B}^2=0$，故$\boldsymbol{A}^m=2^m\boldsymbol{I}+m\cdot 2^{m-1}\cdot 3\boldsymbol{B}=\begin{bmatrix}2^m&3m\cdot 2^{m-1}\\0&2^m\end{bmatrix}$.

(2) $\boldsymbol{A}=\begin{pmatrix}a&c\\0&b\end{pmatrix}$；

解：
$$\boldsymbol{A}^2=\begin{bmatrix}a^2&(a+b)c\\0&b^2\end{bmatrix}, \boldsymbol{A}^3=\begin{bmatrix}a^3&(a^2+ab+b^2)c\\0&b^3\end{bmatrix}$$

$$\boldsymbol{A}^4=\begin{pmatrix}a^4 & (a^3+a^2b+ab^2+b^3)c\\0 & b^4\end{pmatrix}$$

猜想 $\boldsymbol{A}^m=\begin{pmatrix}a^m & (a^{m-1}+a^{m-2}b+a^{m-3}b^2+\cdots+ab^{m-2}+b^{m-1})c\\0 & b^m\end{pmatrix}$

用归纳假设法易证.

(3) $\boldsymbol{A}=\begin{pmatrix}\cos\varphi & -\sin\varphi\\\sin\varphi & \cos\varphi\end{pmatrix}$;

解： 由于用 $\boldsymbol{A}$ 左乘一个向量表示将该向量绕原点 O 逆时针旋转角度 φ，因此 $\boldsymbol{A}^m$ 表示绕原点 O 的转角为 $m\varphi$ 的旋转，因此 $\boldsymbol{A}^m=\begin{pmatrix}\cos m\varphi & -\sin m\varphi\\\sin m\varphi & \cos m\varphi\end{pmatrix}$

(4) $\boldsymbol{A}=\begin{pmatrix}2 & -1\\3 & -2\end{pmatrix}$;

解： $\boldsymbol{A}^2=\begin{pmatrix}2 & -1\\3 & -2\end{pmatrix}\begin{pmatrix}2 & -1\\3 & -2\end{pmatrix}=\begin{pmatrix}1 & 0\\0 & 1\end{pmatrix}$

故当 m 是偶数时，$\boldsymbol{A}^m=\boldsymbol{I}$；当 m 是奇数时，$\boldsymbol{A}^m=\boldsymbol{A}$.

(5) $\boldsymbol{A}=\begin{pmatrix}0 & 1\\1 & 0\end{pmatrix}$;

解： $\boldsymbol{A}^2=\begin{pmatrix}0 & 1\\1 & 0\end{pmatrix}\begin{pmatrix}0 & 1\\1 & 0\end{pmatrix}=\begin{pmatrix}1 & 0\\0 & 1\end{pmatrix}$

故当 m 是偶数时，$\boldsymbol{A}^m=\boldsymbol{I}$；当 m 是奇数时，$\boldsymbol{A}^m=\boldsymbol{A}$.

(6) $\boldsymbol{A}=\begin{pmatrix}1 & -1\\1 & -1\end{pmatrix}$;

解： $\boldsymbol{A}^2=\begin{pmatrix}1 & -1\\1 & -1\end{pmatrix}\begin{pmatrix}1 & -1\\1 & -1\end{pmatrix}=\begin{pmatrix}0 & 0\\0 & 0\end{pmatrix}$

故当 $m>1$ 时，$\boldsymbol{A}^m=0$.

(7) $\boldsymbol{A}=\begin{pmatrix}1 & 1\\0 & 0\end{pmatrix}$;

解： $\boldsymbol{A}^2=\boldsymbol{A}$，故当 $m\geqslant1$ 时，$\boldsymbol{A}^m=\boldsymbol{A}$.

(8) $\boldsymbol{A}=\begin{pmatrix}1 & 1\\0 & 1\end{pmatrix}$.

解： $\boldsymbol{A}^2=\begin{pmatrix}1&1\\0&1\end{pmatrix}\begin{pmatrix}1&1\\0&1\end{pmatrix}=\begin{pmatrix}1&2\\0&1\end{pmatrix}$

猜想 $\boldsymbol{A}^m=\begin{pmatrix}1&m\\0&1\end{pmatrix}$，再用归纳法证明.

9. 设 $\boldsymbol{H}$ 是 n 级矩阵，计算 $\boldsymbol{H}^m$ 和 $\mathrm{rank}(\boldsymbol{H}^m)$，其中 m 是正整数：

$$\boldsymbol{H}=\begin{pmatrix}0&1&0&0&\cdots&0&0\\0&0&1&0&\cdots&0&0\\\vdots&\vdots&\vdots&\vdots&&\vdots&\vdots\\0&0&0&0&\cdots&1&0\\0&0&0&0&\cdots&0&0\end{pmatrix}$$

解： 当 $1\leqslant m<n$ 时，

$$\boldsymbol{H}^m=\begin{pmatrix}0&0&\cdots&0&1&0&\cdots&0\\0&0&\cdots&0&0&1&\cdots&0\\\vdots&\vdots&&\vdots&\vdots&\vdots&&\vdots\\0&0&\cdots&0&0&0&\cdots&1\\0&0&\cdots&0&0&0&\cdots&0\\\vdots&\vdots&&\vdots&\vdots&\vdots&&\vdots\\0&0&\cdots&0&0&0&\cdots&0\end{pmatrix}$$

当 $m\geqslant n$ 时，$\boldsymbol{H}^m=0$

$$\mathrm{rank}(\boldsymbol{H}^m)=\begin{cases}n-m, & 1\leqslant m<n,\\0, & m\geqslant n.\end{cases}$$

10. 计算 $\boldsymbol{A}^m$，其中 m 是正整数且 $m>1$：

$$\boldsymbol{A}=\begin{pmatrix}\lambda&1&0\\0&\lambda&1\\0&0&\lambda\end{pmatrix}$$

解： $\boldsymbol{A}=\lambda\boldsymbol{I}+\boldsymbol{B}$，其中 $\boldsymbol{B}=\begin{pmatrix}0&1&0\\0&0&1\\0&0&0\end{pmatrix}$，于是

$$\boldsymbol{A}^m=(\lambda\boldsymbol{I}+\boldsymbol{B})^m=\binom{m}{0}(\lambda\boldsymbol{I})^m\boldsymbol{B}^0+\binom{m}{1}(\lambda\boldsymbol{I})^{m-1}\boldsymbol{B}+\binom{m}{2}(\lambda\boldsymbol{I})^{m-2}\boldsymbol{B}^2+\cdots$$

$$=\begin{pmatrix}\lambda^m & m\lambda^{m-1} & \frac{1}{2}m(m-1)\lambda^{m-2}\\ 0 & \lambda^m & m\lambda^{m-1}\\ 0 & 0 & \lambda^m\end{pmatrix}$$

11. 求 $C(\boldsymbol{A})$，其中 $\boldsymbol{A}$ 是数域$\mathbb{K}$上的 3 级矩阵：

(1) $\boldsymbol{A}=\begin{pmatrix}3 & 1 & 0\\ 0 & 3 & 1\\ 0 & 0 & 3\end{pmatrix}$；

(2) $\boldsymbol{A}=\begin{pmatrix}2 & 1 & 0\\ 0 & 2 & 1\\ 0 & 0 & 2\end{pmatrix}$.

解：(1) 与 3 级矩阵可交换的矩阵必定是 3 级矩阵. 设 $\boldsymbol{X}=(x_{ij})_{3\times 3}$ 与 $\boldsymbol{A}$ 可交换，$\boldsymbol{A}=3\boldsymbol{I}+\boldsymbol{B}$，其中 $\boldsymbol{B}=\begin{pmatrix}0 & 1 & 0\\ 0 & 0 & 1\\ 0 & 0 & 0\end{pmatrix}$，从而

$$\boldsymbol{AX}=\boldsymbol{XA}\Leftrightarrow\boldsymbol{BX}=\boldsymbol{XB}$$

即

$$\begin{pmatrix}0 & 1 & 0\\ 0 & 0 & 1\\ 0 & 0 & 0\end{pmatrix}\begin{pmatrix}x_{11} & x_{12} & x_{13}\\ x_{21} & x_{22} & x_{23}\\ x_{31} & x_{32} & x_{33}\end{pmatrix}=\begin{pmatrix}x_{11} & x_{12} & x_{13}\\ x_{21} & x_{22} & x_{23}\\ x_{31} & x_{32} & x_{33}\end{pmatrix}\begin{pmatrix}0 & 1 & 0\\ 0 & 0 & 1\\ 0 & 0 & 0\end{pmatrix}$$

解得 $x_{21}=0$，$x_{22}=x_{11}$，$x_{23}=x_{12}$，$x_{31}=0$，$x_{32}=x_{21}=0$，$x_{33}=x_{22}$. 因此

$$\boldsymbol{X}=\begin{pmatrix}x_{11} & x_{12} & x_{13}\\ 0 & x_{11} & x_{12}\\ 0 & 0 & x_{11}\end{pmatrix},\ x_{11},\ x_{12},\ x_{13}\in\mathbb{K}$$

故 $C(\boldsymbol{A})=\left\{\begin{pmatrix}x_{11} & x_{12} & x_{13}\\ 0 & x_{11} & x_{12}\\ 0 & 0 & x_{11}\end{pmatrix}\middle|\ x_{11},\ x_{12},\ x_{13}\in\mathbb{K}\right\}$.

(2) 答案同(1).

12. 设 $\boldsymbol{A}$ 是数域$\mathbb{K}$上的 n 级矩阵. 证明：对于 $K[\boldsymbol{A}]$中任意两个元素 $f(\boldsymbol{A})$，$g(\boldsymbol{A})$，有 $f(\boldsymbol{A})g(\boldsymbol{A})=g(\boldsymbol{A})f(\boldsymbol{A})$.

证明： 令 $f(x)=a_mx^m+a_{m-1}x^{m-1}+\cdots+a_1x+a_0$，将 x 用$\boldsymbol{A}$ 代入得

$$f(\boldsymbol{A})=a_m\boldsymbol{A}^m+a_{m-1}\boldsymbol{A}^{m-1}+\cdots+a_1\boldsymbol{A}+a_0\boldsymbol{I}$$

设 $g(x)=b_rx^r+b_{r-1}x^{r-1}+\cdots+b_1x+b_0$，则

$$\begin{aligned}
f(\boldsymbol{A})g(\boldsymbol{A})&=\left(\sum_{i=0}^{m}a_i\boldsymbol{A}^i\right)\left(\sum_{j=0}^{r}b_j\boldsymbol{A}^j\right)\\
&=\sum_{i=0}^{m}\sum_{j=0}^{r}a_i\boldsymbol{A}^ib_j\boldsymbol{A}^j\\
&=\sum_{j=0}^{r}\sum_{i=0}^{m}b_j\boldsymbol{A}^ja_i\boldsymbol{A}^i\\
&=\left(\sum_{j=0}^{r}b_j\boldsymbol{A}^j\right)\left(\sum_{i=0}^{m}a_i\boldsymbol{A}^i\right)\\
&=g(\boldsymbol{A})f(\boldsymbol{A})
\end{aligned}$$

13. 证明：如果 $\boldsymbol{A}=\frac{1}{2}(\boldsymbol{B}+\boldsymbol{I})$，那么 $\boldsymbol{A}^2=\boldsymbol{A}$ 当且仅当 $\boldsymbol{B}^2=\boldsymbol{I}$.

证明： $\boldsymbol{A}^2=\frac{1}{4}(\boldsymbol{B}+\boldsymbol{I})^2$，$\boldsymbol{A}^2=\boldsymbol{A}$

$$\begin{aligned}
&\Leftrightarrow\frac{1}{4}(\boldsymbol{B}+\boldsymbol{I})^2=\frac{1}{2}(\boldsymbol{B}+\boldsymbol{I})\\
&\Leftrightarrow\boldsymbol{B}^2+2\boldsymbol{B}\boldsymbol{I}+\boldsymbol{I}=2\boldsymbol{B}+2\boldsymbol{I}\\
&\Leftrightarrow\boldsymbol{B}^2=\boldsymbol{I}.
\end{aligned}$$

14. 求 $C[\boldsymbol{A}]$的一个基和维数，

$$\boldsymbol{A}=\begin{pmatrix}1&0&0\\0&\omega&0\\0&0&\omega^2\end{pmatrix},$$

其中 $\omega=\frac{-1+\sqrt{3}\mathrm{i}}{2}$.

解： 由于 $\omega^3=1$，则 $\boldsymbol{A}^3=\boldsymbol{I}$，从而 $C[\boldsymbol{A}]$中任一元素可表示成 $b_2\boldsymbol{A}^2+b_1\boldsymbol{A}+b_0\boldsymbol{I}$，$b_0$，$b_1$，

$b_2\in\mathbb{C}$，下面证明 $\boldsymbol{I}$，$\boldsymbol{A}$，$\boldsymbol{A}^2$ 线性无关. 考虑 $k_0\boldsymbol{I}+k_1\boldsymbol{A}+k_2\boldsymbol{A}^2=0$，则 $\boldsymbol{A}^2=\begin{pmatrix}1&&\\&\omega^2&\\&&\omega\end{pmatrix}$，故

$$k_0\boldsymbol{I}+k_1\boldsymbol{A}+k_2\boldsymbol{A}^2=\begin{pmatrix}k_0+k_1+k_2&&\\&k_0+k_1\omega+k_2\omega^2&\\&&k_0+k_1\omega^2+k_2\omega.\end{pmatrix}$$

故

$$\begin{cases}k_0+k_1+k_2=0,\\k_0+k_1\omega+k_2\omega^2=0,\\k_0+k_1\omega^2+k_2\omega=0.\end{cases}$$

由于系数行列式

$$\begin{vmatrix}1&1&1\\1&\omega&\omega^2\\1&\omega^2&\omega\end{vmatrix}=\begin{vmatrix}1&1&1\\1&\omega&\omega^2\\1&\omega^2&\omega^4\end{vmatrix}\neq0$$

故 $k_0=k_1=k_2=0$，因此 $\boldsymbol{I}$，$\boldsymbol{A}$，$\boldsymbol{A}^2$ 是 $C[\boldsymbol{A}]$的一个基，于是 $\dim C[\boldsymbol{A}]=3$.

15. 设 $V=\left\{\begin{pmatrix}x_1&x_2+\mathrm{i}x_3\\x_2-\mathrm{i}x_3&-x_1\end{pmatrix}\middle|\,x_1,x_2,x_3\in\mathbb{R}\right\}$.

(1) 证明：V 对于矩阵的加法和数量乘法成为实数域 $\mathbb{R}$ 上的一个线性空间；

(2) 求 V 的一个基和维数；

(3) 求 V 中元素在第(2)小题求出的一个基下的坐标.

证明： (1) 任取 V 中的两个元素：

$$\boldsymbol{\alpha}=\begin{pmatrix}a_1&b_1+\mathrm{i}c_1\\b_1-\mathrm{i}c_1&-a_1\end{pmatrix},\quad\boldsymbol{\beta}=\begin{pmatrix}a_2&b_2+\mathrm{i}c_2\\b_2-\mathrm{i}c_2&-a_2\end{pmatrix}$$

则

$$\boldsymbol{\alpha}+\boldsymbol{\beta}=\begin{pmatrix}a_1+a_2&(b_1+b_2)+\mathrm{i}(c_1+c_2)\\(b_1+b_2)-\mathrm{i}(c_1+c_2)&-(a_1+a_2)\end{pmatrix}\in V$$

$$k\boldsymbol{\alpha}=\begin{pmatrix}ka_1&kb_1+\mathrm{i}kc_1\\kb_1-\mathrm{i}kc_1&-ka_1\end{pmatrix}\in V,\ k\in\mathbb{R}$$

所以 V 为 $\mathbb{R}$ 上的一个线性空间.

(2) V 中任一元素可表示成

$$\begin{pmatrix} x_1 & x_2+\mathrm{i}x_3 \\ x_2-\mathrm{i}x_3 & -x_1 \end{pmatrix}=x_1\begin{pmatrix} 1 & 0 \\ 0 & -1 \end{pmatrix}+x_2\begin{pmatrix} 0 & 1 \\ 1 & 0 \end{pmatrix}+x_3\begin{pmatrix} 0 & \mathrm{i} \\ -\mathrm{i} & 0 \end{pmatrix}$$

左侧三个矩阵都是 V 中的元素，易证这三个矩阵线性无关，从而 V 的一个基为

$$\begin{pmatrix} 1 & 0 \\ 0 & -1 \end{pmatrix},\ \begin{pmatrix} 0 & 1 \\ 1 & 0 \end{pmatrix},\ \begin{pmatrix} 0 & \mathrm{i} \\ -\mathrm{i} & 0 \end{pmatrix}$$

$\dim V=3$.

(3) V 中元素 $\begin{pmatrix} x_1 & x_2+\mathrm{i}x_3 \\ x_2-\mathrm{i}x_3 & -x_1 \end{pmatrix}$ 在(2)求出的基下的坐标为 $(x_1,\ x_2,\ x_3)$.

16. 设 $V=\left\{\begin{pmatrix} a & b \\ -b & a \end{pmatrix}\middle|\, a,\ b\in\mathbb{R}\right\}$.

(1) 证明：V 是实数域 $\mathbb{R}$ 上的线性空间 $M_2(\mathbb{R})$ 的一个子空间，并且求 V 的一个基和维数；

(2) 证明：复数域 $\mathbb{C}$ 作为实数域 $\mathbb{R}$ 上的线性空间与 V 同构，并且写出 $\mathbb{C}$ 到 V 的一个同构映射.

证明：(1) 任取 V 中的两个元素

$$\boldsymbol{A}=\begin{pmatrix} a_1 & b_1 \\ -b_1 & a_1 \end{pmatrix},\ \boldsymbol{B}=\begin{pmatrix} a_2 & b_2 \\ -b_2 & a_2 \end{pmatrix}$$

则

$$\boldsymbol{A}+\boldsymbol{B}=\begin{pmatrix} a_1+a_2 & b_1+b_2 \\ -(b_1+b_2) & a_1+a_2 \end{pmatrix}\in V$$

$$\forall k\in\mathbb{R},\ k\boldsymbol{A}=\begin{pmatrix} ka_1 & kb_1 \\ -kb_1 & ka_1 \end{pmatrix}\in V$$

从而 V 是实数域 $\mathbb{R}$ 上的线性空间 $M_2(\mathbb{R})$ 的一个子空间.

由于

$$\begin{pmatrix} a & b \\ -b & a \end{pmatrix}=a\begin{pmatrix} 1 & 0 \\ 0 & 1 \end{pmatrix}+b\begin{pmatrix} 0 & 1 \\ -1 & 0 \end{pmatrix}$$

其中$\begin{pmatrix}1&0\\0&1\end{pmatrix}$，$\begin{pmatrix}0&1\\-1&0\end{pmatrix}$都是 V 中的元素，且易证它们线性无关，故它们为 V 的基，$\dim V=2$.

(2) 由于复数域$\mathbb{C}=\{a+ib, a, b\in\mathbb{R}\}$的基为 1，i，故 $\dim\mathbb{C}=2$，由(1)知 $\dim V=2$，故$\mathbb{C}\cong V$. 做映射：

$$\sigma: C\to V$$

$$a+b\mathrm{i}\mapsto\begin{pmatrix}a&b\\-b&a\end{pmatrix}$$

设 $\boldsymbol{\alpha}=a_1+b_1\mathrm{i}$，$\boldsymbol{\beta}=a_2+b_2\mathrm{i}\in\mathbb{C}$，则

$$\begin{aligned}\sigma(\boldsymbol{\alpha}+\boldsymbol{\beta})&=\sigma(a_1+a_2+(b_1+b_2)\mathrm{i})\\&=\begin{pmatrix}a_1+a_2&b_1+b_2\\-(b_1+b_2)&a_1+a_2\end{pmatrix}\\&=\begin{pmatrix}a_1&b_1\\-b_1&a_1\end{pmatrix}+\begin{pmatrix}a_2&b_2\\-b_2&a_2\end{pmatrix}\\&=\sigma(\boldsymbol{\alpha})+\sigma(\boldsymbol{\beta})\end{aligned}$$

$\forall k\in\mathbb{R}$，则

$$\begin{aligned}\sigma(k\boldsymbol{\alpha})&=\sigma(ka_1+kb_1\mathrm{i})=\begin{pmatrix}ka_1&kb_1\\-kb_1&ka_1\end{pmatrix}\\&=k\begin{pmatrix}a_1&b_1\\-b_1&a_1\end{pmatrix}=k\sigma(\boldsymbol{\alpha})\end{aligned}$$

17. 设

$$H=\left\{\begin{pmatrix}z_1&z_2\\-\bar{z}_2&\bar{z}_1\end{pmatrix}\middle| z_1, z_2\in\mathbb{C}\right\}$$

(1) 证明：H 对于矩阵的加法，以及实数与矩阵的数量乘法构成实数域$\mathbb{R}$上的一个线性空间；

(2) 求 H 的一个基和维数；

(3) 证明：H 与$\mathbb{R}^4$ 同构，并且写出 H 到$\mathbb{R}^4$ 的一个同构映射.

证明： (1) 任取 H 中的两个元素

$$A=\begin{pmatrix} a_1 & b_1 \\ -\bar{b}_1 & \bar{a}_1 \end{pmatrix},\quad B=\begin{pmatrix} a_2 & b_2 \\ -\bar{b}_2 & \bar{a}_2 \end{pmatrix}$$

$$A+B=\begin{pmatrix} a_1+a_2 & b_1+b_2 \\ -(\bar{b}_1+\bar{b}_2) & \bar{a}_1+\bar{a}_2 \end{pmatrix}=\begin{pmatrix} a_1+a_2 & b_1+b_2 \\ -(\overline{b_1+b_2}) & \overline{a_1+a_2} \end{pmatrix}\in H$$

$$\forall k\in\mathbb{R},\ kA=\begin{pmatrix} ka_1 & kb_1 \\ -k\bar{b}_1 & k\bar{a}_1 \end{pmatrix}=\begin{pmatrix} ka_1 & kb_1 \\ -\overline{kb_1} & \overline{ka_1} \end{pmatrix}\in H$$

从而 H 构成实数域 $\mathbb{R}$ 上的一个线性空间.

(2) 在 H 中任取一元素，设 $z_1=a+bi$，$z_2=c+di$

$$\begin{pmatrix} a+bi & c+di \\ -c+di & a-bi \end{pmatrix}=a\begin{pmatrix} 1 & 0 \\ 0 & 1 \end{pmatrix}+b\begin{pmatrix} i & 0 \\ 0 & -i \end{pmatrix}+c\begin{pmatrix} 0 & 1 \\ -1 & 0 \end{pmatrix}+d\begin{pmatrix} 0 & i \\ i & 0 \end{pmatrix}$$

右边这 4 个矩阵都属于 H，且它们线性无关，从而构成 H 的一个基，$\dim H=4$.

(3) 由于 $\dim(\mathbb{R}^4)=4$，故 $H\cong\mathbb{R}^4$，做映射

$$\sigma:\ H\to\mathbb{R}^4$$

$$\begin{pmatrix} a+bi & c+di \\ -c+di & a-bi \end{pmatrix}\mapsto\begin{pmatrix} a \\ b \\ c \\ d \end{pmatrix}$$

类似 16 题的证明知 σ 是 H 到 $\mathbb{R}^4$ 的一个同构映射.

习题 4.2　矩阵乘积的秩,坐标变换公式

1. 证明：$\operatorname{rank}(A+B)\leqslant\operatorname{rank}(A)+\operatorname{rank}(B)$.

证明：　**（方法一）** A，B 都是 m 行 n 列矩阵，对矩阵 $(A+B\ \vdots\ B)$ 做列变换得 $(A+B\quad B)\to(A\quad B)$，所以 $\operatorname{rank}(A+B)\leqslant\operatorname{rank}(A+B\quad B)=\operatorname{rank}(A\quad B)\leqslant\operatorname{rank}(A)+\operatorname{rank}(B)$.

以上证明中用到一个常用结论：$\max\{\operatorname{rank}(A),\ \operatorname{rank}(B)\leqslant\operatorname{rank}(A\quad B)\leqslant\operatorname{rank}(A)+\operatorname{rank}(B)$.

证明：　左边不等式显然，设 $\operatorname{rank}(A)=r$，$\operatorname{rank}(B)=t$，知存在可逆矩阵 P，Q 使得

$$AP=(\tilde{a}_1,\tilde{a}_2,\cdots,\tilde{a}_r,0,\cdots,0)$$

$$BQ=(\tilde{b}_1,\tilde{b}_2,\cdots,\tilde{b}_t,0,\cdots,0)$$

则

$$(A\quad B)\begin{pmatrix}P&0\\0&Q\end{pmatrix}=(\tilde{a}_1,\tilde{a}_2,\cdots,\tilde{a}_r,0,\cdots,0,\tilde{b}_1,\tilde{b}_2,\cdots,\tilde{b}_t,0,\cdots,0)$$

从而

$$\begin{aligned}\text{rank}(A\quad B)&=\text{rank}(\tilde{a}_1,\tilde{a}_2,\cdots,\tilde{a}_r,0,\cdots,0,\tilde{b}_1,\tilde{b}_2,\cdots,\tilde{b}_t,0,\cdots,0)\\&\leqslant r+t\\&=\text{rank}(A)+\text{rank}(B).\end{aligned}$$

(方法二) 设 A, B 的列向量组分别为

$$\alpha_1,\alpha_2,\cdots,\alpha_n;\ \beta_1,\beta_2,\cdots,\beta_n$$

则 $A+B$ 的列向量组为

$$\alpha_1+\beta_1,\alpha_2+\beta_2,\cdots,\alpha_n+\beta_n$$

设 $\alpha_{i_1},\alpha_{i_2},\cdots,\alpha_{i_r}$ 是向量组 $\alpha_1,\alpha_2,\cdots,\alpha_n$ 的一个极大线性无关组；设 $\beta_{j_1},\beta_{j_2},\cdots,\beta_{j_t}$ 是向量组 $\beta_1,\beta_2,\cdots,\beta_n$ 的一个极大线性无关组，则 $\alpha_1+\beta_1,\alpha_2+\beta_2,\cdots,\alpha_n+\beta_n$ 可由 $\alpha_{i_1},\alpha_{i_2},\cdots,\alpha_{i_r},\beta_{j_1},\beta_{j_2},\cdots,\beta_{j_t}$ 线性表出. 因此

$$\begin{aligned}\text{rank}(\alpha_1+\beta_1,\alpha_2+\beta_2,\cdots,\alpha_n+\beta_n)&\leqslant\text{rank}(\alpha_{i_1},\alpha_{i_2},\cdots,\alpha_{i_r},\beta_{j_1},\beta_{j_2},\cdots,\beta_{j_t})\\&\leqslant r+t\end{aligned}$$

于是 $\text{rank}(A+B)\leqslant\text{rank}(A)+\text{rank}(B)$.

2. 证明：若 $k\neq0$，则 $\text{rank}(kA)=\text{rank}(A)$.

证明： **(方法一)** $\text{rank}(kA)=\text{rank}((kI)A)\leqslant\text{rank}(A)$，由于 $k\neq0$，$\text{rank}(A)=\text{rank}[(k^{-1}I)(kA)]\leqslant\text{rank}(kA)$，从而 $\text{rank}(A)=\text{rank}(kA)$.

(方法二) 由秩的定义：最高阶非零子式的阶数，立即证得.

3. 对于实数域上任一 $s\times n$ 矩阵 A，都有 $\text{rank}(AA'A)=\text{rank}(A)$.

证明： **(方法一)** $\text{rank}(AA'A)\geqslant\text{rank}(AA'AA')=\text{rank}((AA')'(AA'))=\text{rank}(AA')=\text{rank}(A)$. 又有 $\text{rank}(AA'A)\leqslant\text{rank}(A)$，因此 $\text{rank}(AA'A)=\text{rank}(A)$.

(方法二) 只需证明方程组 $AA'AX=0$ 与 $AX=0$ 同解. 设 η 是 $AX=0$ 的解，则 $A\eta=0$，从而 $AA'A\eta=0$，于是 η 也是 $AA'AX=0$ 的解.

设 $\boldsymbol{\delta}$ 是 $\boldsymbol{AA'AX}=\mathbf{0}$的解，则 $\boldsymbol{AA'A\delta}=\mathbf{0}$，于是 $\boldsymbol{\delta'A'AA'A\delta}=\mathbf{0}$，即$(\boldsymbol{A'A\delta})'(\boldsymbol{A'A\delta})=\mathbf{0}$. 由 $\boldsymbol{A}$ 为实对称矩阵推出 $\boldsymbol{A'A\delta}=\mathbf{0}$，从而 $\boldsymbol{\delta'A'A\delta}=\mathbf{0}$，所以$(\boldsymbol{A\delta})'(\boldsymbol{A\delta})=\mathbf{0}$，即 $\boldsymbol{A\delta}=\mathbf{0}$，故 $\boldsymbol{\delta}$ 也是 $\boldsymbol{AX}=\mathbf{0}$的解. 于是

$$n-\mathrm{rank}(\boldsymbol{AA'A})=n-\mathrm{rank}(\boldsymbol{A})$$

由此得到结论 $\mathrm{rank}(\boldsymbol{AA'A})=\mathrm{rank}(\boldsymbol{A})$.

4. 举例说明：对于复数域上的矩阵 $\boldsymbol{A}$，有可能 $\mathrm{rank}(\boldsymbol{A'A})\neq\mathrm{rank}(\boldsymbol{A})$.

解：例如 $\boldsymbol{A}=\begin{pmatrix}1 & -\mathrm{i}\\ \mathrm{i} & 1\end{pmatrix}$，$\boldsymbol{A}'=\begin{pmatrix}1 & \mathrm{i}\\ -\mathrm{i} & 1\end{pmatrix}$

则 $\boldsymbol{A'A}=\begin{pmatrix}0 & 0\\ 0 & 0\end{pmatrix}$，$\mathrm{rank}(\boldsymbol{A'A})=0$，而 $\mathrm{rank}(\boldsymbol{A})=2$，故 $\mathrm{rank}(\boldsymbol{A'A})\neq\mathrm{rank}(\boldsymbol{A})$.

5. 设 $\boldsymbol{A}$，$\boldsymbol{B}$ 分别是数域$\mathbb{K}$上的 $s\times n$，$n\times m$ 矩阵，证明：$\mathrm{rank}(\boldsymbol{AB})=\mathrm{rank}(\boldsymbol{B})$当且仅当齐次线性方程组$(\boldsymbol{AB})\boldsymbol{X}=\mathbf{0}$的每一个解都是 $\boldsymbol{BX}=\mathbf{0}$的解.

证明： 由题意 $\boldsymbol{ABX}=\mathbf{0}$的基础解系所含向量组可由 $\boldsymbol{BX}=\mathbf{0}$的基础解系所含向量组线性表出，故

$$m-\mathrm{rank}(\boldsymbol{AB})\leqslant m-\mathrm{rank}(\boldsymbol{B})$$

即

$$\mathrm{rank}(\boldsymbol{AB})\geqslant\mathrm{rank}(\boldsymbol{B})$$

而

$$\mathrm{rank}(\boldsymbol{AB})\leqslant\mathrm{rank}(\boldsymbol{B})$$

故得 $\mathrm{rank}(\boldsymbol{AB})=\mathrm{rank}(\boldsymbol{B})$，所以充分性成立. 而当 $\mathrm{rank}(\boldsymbol{AB})=\mathrm{rank}(\boldsymbol{B})$时，方程 $\boldsymbol{ABX}=\mathbf{0}$与 $\boldsymbol{BX}=\mathbf{0}$同解，必要性成立.

6. 设 $\boldsymbol{A}$，$\boldsymbol{B}$ 分别是数域$\mathbb{K}$上 $s\times n$，$n\times m$ 矩阵，证明：如果 $\mathrm{rank}(\boldsymbol{AB})=\mathrm{rank}(\boldsymbol{B})$，那么对于数域$\mathbb{K}$上的任意 $m\times r$ 矩阵 $\boldsymbol{C}$，都有 $\mathrm{rank}(\boldsymbol{ABC})=\mathrm{rank}(\boldsymbol{BC})$.

证明： 由第 5 题的结论知只需证明$(\boldsymbol{ABC})\boldsymbol{X}=\mathbf{0}$的每一个解都是$(\boldsymbol{BC})\boldsymbol{X}=\mathbf{0}$的解即可. 设 $\boldsymbol{ABC\eta}=\mathbf{0}$，由 $\mathrm{rank}(\boldsymbol{AB})=\mathrm{rank}(\boldsymbol{B})$知 $\boldsymbol{ABY}=\mathbf{0}$的一个解 $\boldsymbol{Y}=\boldsymbol{C\eta}$ 也是 $\boldsymbol{BY}=\mathbf{0}$的解，即 $\boldsymbol{BC\eta}=\mathbf{0}$，从而 $\boldsymbol{\eta}$ 为$(\boldsymbol{BC})\boldsymbol{X}=\mathbf{0}$的解，因此 $\mathrm{rank}(\boldsymbol{ABC})=\mathrm{rank}(\boldsymbol{BC})$.

7. 设 $\boldsymbol{A}$ 是数域$\mathbb{K}$上的 n 级矩阵，证明：如果存在正整数 m，使得 $\mathrm{rank}(\boldsymbol{A}^m)=\mathrm{rank}(\boldsymbol{A}^{m+1})$，那么对一切正整数 k，都有 $\mathrm{rank}(\boldsymbol{A}^m)=\mathrm{rank}(\boldsymbol{A}^{m+k})$.

证明： 由第 6 题的结论知 $\mathrm{rank}(\boldsymbol{AA}^m)=\mathrm{rank}(\boldsymbol{A}^m)$能推出 $\mathrm{rank}(\boldsymbol{AA}^m\boldsymbol{A})=$

$\text{rank}(\boldsymbol{A}^m\boldsymbol{A})$，即 $\text{rank}(\boldsymbol{A}^{m+2})=\text{rank}(\boldsymbol{A}^{m+1})$. 由 $\text{rank}(\boldsymbol{A}\boldsymbol{A}^{m+1})=\text{rank}(\boldsymbol{A}^{m+1})$ 推出 $\text{rank}(\boldsymbol{A}\boldsymbol{A}^{m+1}\boldsymbol{A})=\text{rank}(\boldsymbol{A}^{m+1}\boldsymbol{A})$，即 $\text{rank}(\boldsymbol{A}^{m+3})=\text{rank}(\boldsymbol{A}^{m+2})$，此步骤一直下去得

$$\text{rank}(\boldsymbol{A}^m)=\text{rank}(\boldsymbol{A}^{m+1})=\text{rank}(\boldsymbol{A}^{m+2})=\text{rank}(\boldsymbol{A}^{m+3})=\cdots$$

故对一切正整数 k，都有 $\text{rank}(\boldsymbol{A}^m)=\text{rank}(\boldsymbol{A}^{m+k})$.

8. 在 $\mathbb{K}^3$ 中，取两个基 $\boldsymbol{\alpha}_1,\boldsymbol{\alpha}_2,\boldsymbol{\alpha}_3$；$\boldsymbol{\beta}_1,\boldsymbol{\beta}_2,\boldsymbol{\beta}_3$.

$$\boldsymbol{\alpha}_1=(1,0,-1)',\quad \boldsymbol{\alpha}_2=(2,1,1)',\quad \boldsymbol{\alpha}_3=(1,1,1)';$$

$$\boldsymbol{\beta}_1=(0,1,1)',\quad \boldsymbol{\beta}_2=(-1,1,0)',\quad \boldsymbol{\beta}_3=(1,2,1)'.$$

(1) 求基 $\boldsymbol{\alpha}_1,\boldsymbol{\alpha}_2,\boldsymbol{\alpha}_3$ 到基 $\boldsymbol{\beta}_1,\boldsymbol{\beta}_2,\boldsymbol{\beta}_3$ 的过渡矩阵 $\boldsymbol{P}$；

(2) 求 $\boldsymbol{\alpha}=(2,5,3)'$分别在这两个基下的坐标.

解：(1) 由$(\boldsymbol{\beta}_1,\boldsymbol{\beta}_2,\boldsymbol{\beta}_3)=(\boldsymbol{\alpha}_1,\boldsymbol{\alpha}_2,\boldsymbol{\alpha}_3)\boldsymbol{P}$，得

$$\boldsymbol{P}=\begin{pmatrix}0&1&1\\-1&-3&-2\\2&4&4\end{pmatrix}$$

(2) 设 $\boldsymbol{\alpha}=(\boldsymbol{\beta}_1,\boldsymbol{\beta}_2,\boldsymbol{\beta}_3)\boldsymbol{X}$，解得 $\boldsymbol{X}=(1,0,2)'$.

故 $\boldsymbol{\alpha}$ 在基 $\boldsymbol{\beta}_1,\boldsymbol{\beta}_2,\boldsymbol{\beta}_3$ 下的坐标为$(1,0,2)'$，从而在基 $\boldsymbol{\alpha}_1,\boldsymbol{\alpha}_2,\boldsymbol{\alpha}_3$ 下的坐标 $\boldsymbol{P}\boldsymbol{X}=(2,-5,10)'$.

习题 4.3 $M_{s\times n}(\mathbb{K})$的基和维数，特殊矩阵

1. 证明：如果 $\boldsymbol{D}$ 是主对角元两两不等的 n 级对角矩阵，那么与 $\boldsymbol{D}$ 可交换的矩阵一定是 n 级对角矩阵.

证明： 设 $\boldsymbol{D}=\text{diag}\{d_1,d_2,\cdots,d_n\}$，其中 $d_1,d_2,\cdots,d_n$ 两两不等，如果 n 级矩阵 $\boldsymbol{A}=(a_{ij})$与 $\boldsymbol{D}$ 可交换，那么

$$\boldsymbol{AD}(i;j)=\boldsymbol{DA}(i;j),\ i,j=1,2,\cdots,n$$

即

$$a_{ij}d_j=d_ia_{ij},\ i,j=1,2,\cdots,n$$

即

$$a_{ij}(d_j-d_i)=0,\ i,j=1,2,\cdots,n$$

由此推出当 $i\neq j$ 时，$a_{ij}=0$. 因此 $\boldsymbol{A}$ 是对角矩阵.

2. 求数域$\mathbb{K}$上所有 n 级对角矩阵形成的线性空间的一个基和维数.

解： 因为

$$\begin{pmatrix} d_1 & & & \\ & d_2 & & \\ & & \ddots & \\ & & & d_n \end{pmatrix}=d_1\boldsymbol{E}_{11}+d_2\boldsymbol{E}_{22}+\cdots+d_n\boldsymbol{E}_{nn}$$

且 $\boldsymbol{E}_{11}$，$\boldsymbol{E}_{22}$，…，$\boldsymbol{E}_{nn}$ 都是对角矩阵，且线性无关，故一个基为 $\boldsymbol{E}_{11}$，$\boldsymbol{E}_{22}$，…，$\boldsymbol{E}_{nn}$，且该空间的维数为 n.

3. 求数域$\mathbb{K}$上所有 n 级对称矩阵形成的线性空间的一个基和维数.

解： $\mathbb{K}$上任一 n 级对称矩阵 $\boldsymbol{A}$ 具有形式

$$\boldsymbol{A}=\begin{pmatrix} a_{11} & a_{12} & a_{13} & \cdots & a_{1n} \\ a_{12} & a_{22} & a_{23} & \cdots & a_{2n} \\ a_{13} & a_{23} & a_{33} & \cdots & a_{3n} \\ \vdots & \vdots & \vdots & & \vdots \\ a_{1n} & a_{2n} & a_{3n} & \cdots & a_{nn} \end{pmatrix}$$

从而

$$\begin{aligned}\boldsymbol{A}=&a_{11}\boldsymbol{E}_{11}+a_{12}(\boldsymbol{E}_{12}+\boldsymbol{E}_{21})+a_{13}(\boldsymbol{E}_{13}+\boldsymbol{E}_{31})+\cdots+a_{1n}(\boldsymbol{E}_{1n}+\boldsymbol{E}_{n1})\\ &+a_{22}\boldsymbol{E}_{22}+a_{23}(\boldsymbol{E}_{23}+\boldsymbol{E}_{32})+\cdots+a_{2n}(\boldsymbol{E}_{2n}+\boldsymbol{E}_{n2})\\ &+\cdots+a_{nn}\boldsymbol{E}_{nn}\end{aligned}$$

假设

$$\begin{aligned}&k_{11}\boldsymbol{E}_{11}+k_{12}(\boldsymbol{E}_{12}+\boldsymbol{E}_{21})+k_{13}(\boldsymbol{E}_{13}+\boldsymbol{E}_{31})+\cdots+k_{1n}(\boldsymbol{E}_{1n}+\boldsymbol{E}_{n1})\\ &+k_{22}\boldsymbol{E}_{22}+k_{23}(\boldsymbol{E}_{23}+\boldsymbol{E}_{32})+\cdots+k_{2n}(\boldsymbol{E}_{2n}+\boldsymbol{E}_{n2})\\ &+\cdots+k_{nn}\boldsymbol{E}_{nn}=0\end{aligned}$$

由于$\{\boldsymbol{E}_{ij}\mid i=1,2,\cdots,n;\ j=1,2,\cdots,n\}$是 $\mathrm{M}_n(\mathbb{K})$的一个基，故

$$k_{11}=k_{12}=\cdots=k_{1n}=k_{22}=k_{23}=\cdots=k_{2n}=\cdots=k_{nn}=0$$

从而 $\boldsymbol{E}_{11}$，$\boldsymbol{E}_{12}+\boldsymbol{E}_{21}$，$\boldsymbol{E}_{13}+\boldsymbol{E}_{31}$，…，$\boldsymbol{E}_{1n}+\boldsymbol{E}_{n1}$，$\boldsymbol{E}_{22}$，$\boldsymbol{E}_{23}+\boldsymbol{E}_{32}$，…，$\boldsymbol{E}_{2n}+\boldsymbol{E}_{n2}$，…，$\boldsymbol{E}_{nn}$ 线性无关，故它们可取为一个基，于是维数为 $n+(n-1)+\cdots+2+1=\dfrac{n(n+1)}{2}$.

4. 求数域$\mathbb{K}$上所有 n 级斜对称矩阵形成的线性空间的一个基和维数.

解: 同上一题，一个基为 $\boldsymbol{E}_{12}-\boldsymbol{E}_{21}$，$\boldsymbol{E}_{13}-\boldsymbol{E}_{31}$，…，$\boldsymbol{E}_{1n}-\boldsymbol{E}_{n1}$，$\boldsymbol{E}_{23}-\boldsymbol{E}_{32}$，…，$\boldsymbol{E}_{2n}-\boldsymbol{E}_{n2}$，…，$\boldsymbol{E}_{1n}-\boldsymbol{E}_{n1}$，维数为$\frac{1}{2}n(n-1)$.

5. 设 $V=\mathrm{M}_n(\mathbb{K})$，其中$\mathbb{K}$是数域，分别用 V_1，V_2 表示$\mathbb{K}$上的所有 n 级对称、斜对称矩阵组成的子空间，证明：$V=V_1\oplus V_2$.

证明:　设 $\boldsymbol{A}\in\mathrm{M}_n(\mathbb{K})$，由于 $\boldsymbol{A}=\frac{1}{2}(\boldsymbol{A}+\boldsymbol{A}')+\frac{1}{2}(\boldsymbol{A}-\boldsymbol{A}')$，且$\frac{1}{2}(\boldsymbol{A}+\boldsymbol{A}')$是对称矩阵，$\frac{1}{2}(\boldsymbol{A}-\boldsymbol{A}')$是斜对称矩阵，从而 $V\subseteq V_1+V_2$，故 $V=V_1+V_2$. 再证 V_1+V_2 是直和，设 $\boldsymbol{B}\in V_1\cap V_2$，$\boldsymbol{B}$ 是对称矩阵，也是斜对称矩阵，即 $\boldsymbol{B}'=\boldsymbol{B}=-\boldsymbol{B}$，故 $\boldsymbol{B}=\boldsymbol{0}$，从而 $V_1\cap V_2=\boldsymbol{0}$，于是 $V=V_1\oplus V_2$.

6. 证明：对于任一 $s\times n$ 矩阵 $\boldsymbol{A}$，都有 $\boldsymbol{A}\boldsymbol{A}'$，$\boldsymbol{A}'\boldsymbol{A}$ 是对称矩阵.

证明:　$(\boldsymbol{A}\boldsymbol{A}')'=\boldsymbol{A}\boldsymbol{A}'$，$(\boldsymbol{A}'\boldsymbol{A})'=\boldsymbol{A}'\boldsymbol{A}$，故 $\boldsymbol{A}\boldsymbol{A}'$，$\boldsymbol{A}'\boldsymbol{A}$ 是对称矩阵.

7. 证明：两个 n 级斜对称矩阵 $\boldsymbol{A}$ 与 $\boldsymbol{B}$ 的乘积 $\boldsymbol{AB}$ 是斜对称矩阵当且仅当 $\boldsymbol{AB}=-\boldsymbol{BA}$.

证明:　$(\boldsymbol{AB})'=\boldsymbol{B}'\boldsymbol{A}'=(-\boldsymbol{B})(-\boldsymbol{A})=\boldsymbol{BA}=-\boldsymbol{AB}$，结论成立.

8. 证明：两个 n 级斜对称矩阵的乘积是对称矩阵当且仅当它们可交换.

证明:　$(\boldsymbol{AB})'=\boldsymbol{B}'\boldsymbol{A}'=(-\boldsymbol{B})(-\boldsymbol{A})=\boldsymbol{BA}=\boldsymbol{AB}\Leftrightarrow\boldsymbol{AB}=\boldsymbol{BA}$

9. 证明：如果 $\boldsymbol{A}$ 与 $\boldsymbol{B}$ 都是 n 级对称矩阵，那么 $\boldsymbol{AB}-\boldsymbol{BA}$ 是斜对称矩阵.

证明:　$(\boldsymbol{AB}-\boldsymbol{BA})'=(\boldsymbol{AB})'-(\boldsymbol{BA})'=\boldsymbol{B}'\boldsymbol{A}'-\boldsymbol{A}'\boldsymbol{B}'=\boldsymbol{BA}-\boldsymbol{AB}=-(\boldsymbol{AB}-\boldsymbol{BA})$

10. 证明：如果 $\boldsymbol{A}$ 与 $\boldsymbol{B}$ 都是 n 级斜对称矩阵，那么 $\boldsymbol{AB}-\boldsymbol{BA}$ 也是斜对称矩阵.

证明:　$(\boldsymbol{AB}-\boldsymbol{BA})'=\boldsymbol{B}'\boldsymbol{A}'-\boldsymbol{A}'\boldsymbol{B}'=\boldsymbol{BA}-\boldsymbol{AB}=-(\boldsymbol{AB}-\boldsymbol{BA})$

11. 设 $\boldsymbol{A}$ 是一个 n 级实对称矩阵(即实数域上的对称矩阵)，证明：如果 $\boldsymbol{A}^2=\boldsymbol{0}$，那么 $\boldsymbol{A}=\boldsymbol{0}$.

证明:　设 $\boldsymbol{A}=(a_{ij})$，$a_{ij}=a_{ji}$，$\boldsymbol{A}^2(i;j)=\sum_{k=1}^{n}a_{ik}a_{jk}=\boldsymbol{0}$，对任意的 i，$j=1$，2，…，n 都成立，

故

$$\sum_{k=1}^{n}a_{ik}a_{ik}=0\Rightarrow a_{ik}=0,\ i,\ k=1,\ 2,\ \cdots,\ n$$

从而 $\boldsymbol{A}=\boldsymbol{0}$. [另证：$0=\mathrm{rank}(\boldsymbol{A}^2)=\mathrm{rank}(\boldsymbol{A}\boldsymbol{A}')=\mathrm{rank}(\boldsymbol{A})$]

12. 设 $\boldsymbol{A}$ 是一个实数域上的 $s\times n$ 矩阵，证明：如果 $\boldsymbol{AA}'=\boldsymbol{0}$，那么 $\boldsymbol{A}=\boldsymbol{0}$.

证明： 设 $\boldsymbol{A}=\begin{pmatrix}\gamma_1\\ \gamma_2\\ \vdots\\ \gamma_s\end{pmatrix}$，则 $A'=(\gamma_1', \gamma_2', \cdots, \gamma_s')$

$$\boldsymbol{AA}'=\begin{pmatrix}\gamma_1\gamma_1' & \gamma_1\gamma_2' & \cdots & \gamma_1\gamma_s'\\ \gamma_2\gamma_1' & \gamma_2\gamma_2' & \cdots & \gamma_2\gamma_s'\\ \vdots & \vdots & & \vdots\\ \gamma_s\gamma_1' & \gamma_s\gamma_2' & \cdots & \gamma_s\gamma_s'\end{pmatrix}=\boldsymbol{0}$$

从而 $\boldsymbol{\gamma}_i\boldsymbol{\gamma}_i'=0$，$i=1, 2, \cdots, s$. 所以 $\gamma_i=0$，即 $\boldsymbol{A}=\boldsymbol{0}$.

或者由 $\boldsymbol{AA}'(i; j)=\sum\limits_{k=1}^{n}\boldsymbol{A}(i; k)\boldsymbol{A}'(k; j)=\sum\limits_{k=1}^{n}a_{ik}a_{jk}=0$ 对任意 $i=1, 2, \cdots, s$，$j=1, 2, \cdots, n$ 都成立，因此 $a_{ik}=0$，$i=1, 2, \cdots, s$，$k=1, 2, \cdots, n$. 从而 $\boldsymbol{A}=\boldsymbol{0}$.

13. 矩阵的 2°型初等行变换（即两行互换）可以通过一些 1°型和 3°型初等行变换实现.

证明： 显然 $P(i(-1))\cdot P(i, j(-1))\cdot P(j, i(1))\cdot P(i, j(-1))\cdot I=P(i, j)$.

于是 $P(i,j)\boldsymbol{A}=P(i(-1))\cdot P(i, j(-1))\cdot P(j, i(1))\cdot P(i, j(-1))\boldsymbol{A}$.

14. 证明：初等矩阵可以表示成形如 $\boldsymbol{I}+a_{ij}\boldsymbol{E}_{ij}$ 这样的矩阵的乘积.

证明： $P(j, i(k))=I+kE_{ji}$；$P(i(c))=I+(c-1)E_{ii}$；

$$P(i, j)=(I-2E_{ii})(I-E_{ij})(I+E_{ji})(I-E_{ji})$$

15. 证明：n 级对角矩阵 $\boldsymbol{D}=\text{diag}\{1, \cdots, 1, 0, \cdots, 0\}$ 可以表示成形如 $\boldsymbol{I}+a_{ij}\boldsymbol{E}_{ij}$ 这样的矩阵的乘积，其中，主对角线上有 r 个 1，$1\leqslant r<n$.

证明：

$$\begin{aligned}\boldsymbol{D}&=\boldsymbol{I}-\boldsymbol{E}_{r+1, r+1}-\boldsymbol{E}_{r+2, r+2}-\cdots-\boldsymbol{E}_{nn}\\ &=(\boldsymbol{I}-\boldsymbol{E}_{r+1, r+1})(\boldsymbol{I}-\boldsymbol{E}_{r+2, r+2})\cdots(\boldsymbol{I}-\boldsymbol{E}_{nn})\end{aligned}$$

16. 设

$$\boldsymbol{A}=\begin{pmatrix}\lambda & a_{12} & \cdots & a_{1n}\\ 0 & a_{22} & \cdots & a_{2n}\\ \vdots & \vdots & & \vdots\\ 0 & a_{n2} & \cdots & a_{nn}\end{pmatrix},\quad \boldsymbol{B}=\begin{pmatrix}\lambda & 0 & \cdots & 0\\ b_{21} & b_{22} & \cdots & b_{2m}\\ \vdots & \vdots & & \vdots\\ b_{m1} & b_{m2} & \cdots & b_{mm}\end{pmatrix},$$

证明：矩阵方程 $\boldsymbol{AX}=\boldsymbol{XB}$ 有非零解.

证明： 由基本矩阵的性质，$\boldsymbol{E}_{11}\boldsymbol{B}$ 表示用 $\boldsymbol{B}$ 的第 1 行元素替换 $\boldsymbol{B}$ 的第 1 行元素，其余行全为零行，即

$$\boldsymbol{E}_{11}\boldsymbol{B}=\begin{pmatrix}\lambda & 0 & \cdots & 0\\ 0 & 0 & \cdots & 0\\ \vdots & \vdots & & \vdots\\ 0 & 0 & \cdots & 0\end{pmatrix}$$

$\boldsymbol{A}\boldsymbol{E}_{11}$ 表示用 $\boldsymbol{A}$ 的第 1 列元素替换 $\boldsymbol{A}$ 的第 1 列元素，其余列全为零列，即

$$\boldsymbol{A}\boldsymbol{E}_{11}=\begin{pmatrix}\lambda & 0 & \cdots & 0\\ 0 & 0 & \cdots & 0\\ \vdots & \vdots & & \vdots\\ 0 & 0 & \cdots & 0\end{pmatrix}$$

从而 $\boldsymbol{AX}=\boldsymbol{XB}$ 有解 $\boldsymbol{E}_{11}$.

17. n 级矩阵 $\boldsymbol{C}=(\boldsymbol{\varepsilon}_n, \boldsymbol{\varepsilon}_1, \boldsymbol{\varepsilon}_2, \cdots, \boldsymbol{\varepsilon}_{n-1})$ 称为 n 级循环移位矩阵. 证明：

(1) 用 $\boldsymbol{C}$ 左乘矩阵 $\boldsymbol{B}$，就相当于把 $\boldsymbol{B}$ 的行向上移一行，第 1 行换到最后一行；用 $\boldsymbol{C}$ 右乘 $\boldsymbol{A}$，就相当于把 $\boldsymbol{A}$ 的列向右移一列，最后一列换到第一列；

(2) $\sum\limits_{l=0}^{n-1}\boldsymbol{C}^l=\boldsymbol{J}$，其中 $\boldsymbol{J}$ 是元素全为 1 的 n 级矩阵.

证明： (1) 设 $\boldsymbol{A}$，$\boldsymbol{B}$ 分别是 $s\times n$，$n\times m$ 矩阵，$\boldsymbol{A}$ 的列向量组为 $\boldsymbol{\alpha}_1, \boldsymbol{\alpha}_2, \cdots, \boldsymbol{\alpha}_n$；$\boldsymbol{B}$ 的行向量组为 $\boldsymbol{\delta}_1, \boldsymbol{\delta}_2, \cdots, \boldsymbol{\delta}_n$，则

$$\boldsymbol{CB}=\begin{pmatrix}0 & 1 & 0 & 0 & \cdots & 0 & 0\\ 0 & 0 & 1 & 0 & \cdots & 0 & 0\\ \vdots & \vdots & \vdots & \vdots & & \vdots & \vdots\\ 0 & 0 & 0 & 0 & \cdots & 0 & 1\\ 1 & 0 & 0 & 0 & \cdots & 0 & 0\end{pmatrix}\begin{pmatrix}\boldsymbol{\delta}_1\\ \boldsymbol{\delta}_2\\ \vdots\\ \boldsymbol{\delta}_{n-1}\\ \boldsymbol{\delta}_n\end{pmatrix}=\begin{pmatrix}\boldsymbol{\delta}_2\\ \boldsymbol{\delta}_3\\ \vdots\\ \boldsymbol{\delta}_n\\ \boldsymbol{\delta}_1\end{pmatrix}$$

$$\boldsymbol{AC}=(\boldsymbol{\alpha}_1, \boldsymbol{\alpha}_2, \cdots, \boldsymbol{\alpha}_n)\begin{pmatrix}0 & 1 & 0 & 0 & \cdots & 0 & 0\\ 0 & 0 & 1 & 0 & \cdots & 0 & 0\\ \vdots & \vdots & \vdots & \vdots & & \vdots & \vdots\\ 0 & 0 & 0 & 0 & \cdots & 0 & 1\\ 1 & 0 & 0 & 0 & \cdots & 0 & 0\end{pmatrix}=(\boldsymbol{\alpha}_n, \boldsymbol{\alpha}_1, \cdots, \boldsymbol{\alpha}_{n-1})$$

(2) 由(1)的结论，得

$$
\begin{aligned}
&\boldsymbol{C}^2=(\boldsymbol{\varepsilon}_{n-1},\ \boldsymbol{\varepsilon}_n,\ \boldsymbol{\varepsilon}_1,\ \cdots,\ \boldsymbol{\varepsilon}_{n-2})\\
&\boldsymbol{C}^3=(\boldsymbol{\varepsilon}_{n-2},\ \boldsymbol{\varepsilon}_{n-1},\ \boldsymbol{\varepsilon}_n,\ \cdots,\ \boldsymbol{\varepsilon}_{n-3})\\
&\cdots\cdots\cdots\cdots\\
&\boldsymbol{C}^{n-1}=(\boldsymbol{\varepsilon}_2,\ \boldsymbol{\varepsilon}_3,\ \boldsymbol{\varepsilon}_4,\ \cdots,\ \boldsymbol{\varepsilon}_1)
\end{aligned}
$$

从而

$$
\begin{aligned}
&\sum_{l=0}^{n-1}\boldsymbol{C}^l\\
&=(\boldsymbol{\varepsilon}_1+\boldsymbol{\varepsilon}_n+\boldsymbol{\varepsilon}_{n-1}+\cdots+\boldsymbol{\varepsilon}_2,\ \boldsymbol{\varepsilon}_2+\boldsymbol{\varepsilon}_1+\boldsymbol{\varepsilon}_n+\cdots+\boldsymbol{\varepsilon}_3,\ \cdots,\ \boldsymbol{\varepsilon}_n+\boldsymbol{\varepsilon}_{n-1}+\boldsymbol{\varepsilon}_{n-2}+\cdots+\boldsymbol{\varepsilon}_1)\\
&=\boldsymbol{J}
\end{aligned}
$$

18. 把一个 n 维行向量$(a_1,\ a_2,\ \cdots,\ a_n)$的元素逐步往右移一位，最右边的一个元素换到第 1 位，得到的 n 个行向量组成的 n 级矩阵 $\boldsymbol{A}$ 称为 n 级循环矩阵，它形如

$$
\boldsymbol{A}=\begin{pmatrix}
a_1 & a_2 & a_3 & \cdots & a_n\\
a_n & a_1 & a_2 & \cdots & a_{n-1}\\
a_{n-1} & a_n & a_1 & \cdots & a_{n-2}\\
\vdots & \vdots & \vdots & & \vdots\\
a_2 & a_3 & a_4 & \cdots & a_1
\end{pmatrix}
$$

证明：$\boldsymbol{A}=a_1\boldsymbol{I}+a_2\boldsymbol{C}+a_3\boldsymbol{C}^2+\cdots+a_n\boldsymbol{C}^{n-1}$，其中 $\boldsymbol{C}$ 是 n 级循环移位矩阵.

证明： 由第 17 题可以看出

$$
\begin{aligned}
&a_1\boldsymbol{I}+a_2\boldsymbol{C}+a_3\boldsymbol{C}^2+\cdots+a_n\boldsymbol{C}^{n-1}\\
&=(a_1\boldsymbol{\varepsilon}_1+a_2\boldsymbol{\varepsilon}_n+\cdots+a_n\boldsymbol{\varepsilon}_2,\ a_1\boldsymbol{\varepsilon}_2+a_2\boldsymbol{\varepsilon}_1+\cdots+a_n\boldsymbol{\varepsilon}_3,\ \cdots,\ a_1\boldsymbol{\varepsilon}_n+a_2\boldsymbol{\varepsilon}_{n-1}+\cdots+a_n\boldsymbol{\varepsilon}_1)\\
&=\boldsymbol{A}
\end{aligned}
$$

19. 证明：数域$\mathbb{K}$上所有 n 级循环矩阵组成的集合 V 是 $M_n(\mathbb{K})$的一个子空间，并且求这个子空间的一个基和一个维数，以及循环矩阵 $\boldsymbol{A}$ 在这个基下的坐标($\boldsymbol{A}$ 的第一行为$(a_1,\ a_2,\ \cdots,\ a_n)$).

证明： 设 $\boldsymbol{A}$，$\boldsymbol{B}$ 是 V 中任意两个循环矩阵

$$
\boldsymbol{A}=\begin{pmatrix}
a_1 & a_2 & a_3 & \cdots & a_n\\
a_n & a_1 & a_2 & \cdots & a_{n-1}\\
a_{n-1} & a_n & a_1 & \cdots & a_{n-2}\\
\vdots & \vdots & \vdots & & \vdots\\
a_2 & a_3 & a_4 & \cdots & a_1
\end{pmatrix},\quad
\boldsymbol{B}=\begin{pmatrix}
b_1 & b_2 & b_3 & \cdots & b_n\\
b_n & b_1 & b_2 & \cdots & b_{n-1}\\
b_{n-1} & b_n & a_1 & \cdots & b_{n-2}\\
\vdots & \vdots & \vdots & & \vdots\\
b_2 & b_3 & b_4 & \cdots & b_1
\end{pmatrix}
$$

则 $\boldsymbol{A}+\boldsymbol{B}$ 也是循环矩阵，$k\in\mathbb{K}$，$k\boldsymbol{A}$ 也是循环矩阵，从而 V 是 $M_n(\mathbb{K})$ 的一个子空间. 由第 18 题知 V 中任一元素 $\boldsymbol{A}$ 可表示成 $\boldsymbol{I}$，$\boldsymbol{C}$，$\boldsymbol{C}^2$，…，$\boldsymbol{C}^{n-1}$ 的线性组合，易证 $\boldsymbol{I}$，$\boldsymbol{C}$，$\boldsymbol{C}^2$，…，$\boldsymbol{C}^{n-1}$ 线性无关，从而构成 V 的一个基，于是 $\dim V=n$，且 $\boldsymbol{A}$ 在基下的坐标为 $(a_1, a_2, \cdots, a_n)'$.

20. 证明：两个 n 级循环矩阵的乘积仍是循环矩阵.

证明： 由第 18 题结论，设 $\boldsymbol{A}$，$\boldsymbol{B}$ 是循环矩阵，则

$$\boldsymbol{A}=a_1\boldsymbol{I}+a_2\boldsymbol{C}+a_3\boldsymbol{C}^2+\cdots+a_n\boldsymbol{C}^{n-1}$$

$$\boldsymbol{B}=b_1\boldsymbol{I}+b_2\boldsymbol{C}+b_3\boldsymbol{C}^2+\cdots+b_n\boldsymbol{C}^{n-1}$$

相乘后注意到 $\boldsymbol{C}^n=\boldsymbol{I}$，从而乘积仍是 $\boldsymbol{I}$，$\boldsymbol{C}$，$\boldsymbol{C}^2$，…，$\boldsymbol{C}^{n-1}$ 的线性组合，故 $\boldsymbol{AB}$ 仍是循环矩阵.

习题 4.4 可逆矩阵

1. n 级数量矩阵 $k\boldsymbol{I}$ 何时可逆？当 $k\boldsymbol{I}$ 可逆时，求 $(k\boldsymbol{I})^{-1}$.

解： 当 $k\neq 0$ 时，$k\boldsymbol{I}$ 可逆，$(k\boldsymbol{I})^{-1}=\dfrac{1}{k}\boldsymbol{I}$.

2. 判断下列 2 级矩阵是否可逆；若可逆，求它的逆矩阵.

(1) $\begin{pmatrix}1 & 1\\ 1 & 1\end{pmatrix}$； (2) $\begin{pmatrix}5 & 7\\ 8 & 11\end{pmatrix}$； (3) $\begin{pmatrix}0 & 1\\ 1 & 0\end{pmatrix}$.

解： (1) 不可逆；(2) 可逆，$\begin{pmatrix}5 & 7\\ 8 & 11\end{pmatrix}^{-1}=\begin{pmatrix}-11 & 7\\ 8 & -5\end{pmatrix}$；(3) 可逆，$\begin{pmatrix}0 & 1\\ 1 & 0\end{pmatrix}^{-1}=\begin{pmatrix}0 & 1\\ 1 & 0\end{pmatrix}$.

3. 证明：如果 n 级矩阵 $\boldsymbol{A}$ 可逆，那么 $\boldsymbol{A}^*$ 也可逆，并且求 $(\boldsymbol{A}^*)^{-1}$.

证明： 由 $\boldsymbol{A}\cdot\boldsymbol{A}^*=|\boldsymbol{A}|\cdot\boldsymbol{I}$，当 $\boldsymbol{A}$ 可逆时，$|\boldsymbol{A}|\neq 0$，所以 $\dfrac{1}{|\boldsymbol{A}|}\boldsymbol{A}^*=\boldsymbol{I}$. 从而 $(\boldsymbol{A}^*)^{-1}=\dfrac{1}{|\boldsymbol{A}|}\boldsymbol{A}$.

4. 对于 n 级矩阵 $\boldsymbol{A}$，如果存在一个正整数 l，使得 $\boldsymbol{A}'=\boldsymbol{0}$，那么称 $\boldsymbol{A}$ 是幂零矩阵；使得 $\boldsymbol{A}^l=\boldsymbol{0}$ 成立的最小正整数 l 称为 $\boldsymbol{A}$ 的幂零指数. 证明：如果 $\boldsymbol{A}$ 是幂零矩阵，它的幂零指数为 l，那么 $\boldsymbol{I}-\boldsymbol{A}$ 可逆，并且求 $(\boldsymbol{I}-\boldsymbol{A})^{-1}$.

证明： **（方法一）** 由恒等式

$$\boldsymbol{A}^l-\boldsymbol{I}=(\boldsymbol{A}-\boldsymbol{I})(\boldsymbol{A}^{l-1}+\boldsymbol{A}^{l-2}+\cdots+\boldsymbol{A}+\boldsymbol{I})$$

得

$$(\boldsymbol{I}-\boldsymbol{A})(\boldsymbol{A}^{l-1}+\boldsymbol{A}^{l-2}+\cdots+\boldsymbol{A}+\boldsymbol{I})=\boldsymbol{I}$$

从而

$$(\boldsymbol{I}-\boldsymbol{A})^{-1}=\boldsymbol{A}^{l-1}+\boldsymbol{A}^{l-2}+\cdots+\boldsymbol{A}+\boldsymbol{I}$$

（方法二）由 $\boldsymbol{A}^l=\boldsymbol{0}$ 知 $\boldsymbol{A}$ 的特征值为零，从而 $\boldsymbol{I}-\boldsymbol{A}$ 的特征值为 1，故 $\boldsymbol{I}-\boldsymbol{A}$ 可逆.

5. 证明：如果数域$\mathbb{K}$上的 n 级矩阵 $\boldsymbol{A}$ 满足

$$b_m\boldsymbol{A}^m+\cdots+b_1\boldsymbol{A}+b_0\boldsymbol{I}=\boldsymbol{0},$$

其中 $b_i\in\mathbb{K}$，$i=0, 1, \cdots, m$，且 $b_0\neq 0$，那么 $\boldsymbol{A}$ 可逆，并求 $\boldsymbol{A}^{-1}$.

证明： 由 $b_m\boldsymbol{A}^m+\cdots+b_1\boldsymbol{A}+b_0\boldsymbol{I}=\boldsymbol{0}$得

$$\boldsymbol{A}\left(-\frac{b_m}{b_0}\boldsymbol{A}^{m-1}-\frac{b_{m-1}}{b_0}\boldsymbol{A}^{m-2}-\cdots-\frac{b_1}{b_0}\boldsymbol{I}\right)=\boldsymbol{I}$$

从而 $\boldsymbol{A}$ 可逆，$\boldsymbol{A}^{-1}=-\frac{b_m}{b_0}\boldsymbol{A}^{m-1}-\frac{b_{m-1}}{b_0}\boldsymbol{A}^{m-2}-\cdots-\frac{b_1}{b_0}\boldsymbol{I}$.

6. 证明：可逆的对称矩阵的逆矩阵仍是对称矩阵.

证明： $(\boldsymbol{A}^{-1})'=(\boldsymbol{A}')^{-1}=\boldsymbol{A}^{-1}$，所以 $\boldsymbol{A}^{-1}$仍是对称矩阵.

7. 证明：数域$\mathbb{K}$上可逆的上三角矩阵的逆矩阵仍是上三角矩阵.

证明： 设 $\boldsymbol{A}=(a_{ij})$是$\mathbb{K}$上 n 级可逆的上三角矩阵，则

$$a_{ii}\neq 0,\ i=1, 2, \cdots, n$$

于是用主元素 a_{ii} 可将 A 化成单位矩阵，即存在初等矩阵 $\boldsymbol{P}_1$，$\boldsymbol{P}_2$，$\cdots$，$\boldsymbol{P}_m$，使得

$$\boldsymbol{P}_m\cdots\boldsymbol{P}_2\boldsymbol{P}_1\boldsymbol{A}=\boldsymbol{I}$$

从而

$$\boldsymbol{A}^{-1}=\boldsymbol{P}_m\cdots\boldsymbol{P}_2\boldsymbol{P}_1$$

由于 $\boldsymbol{P}_j$ 形如 $\boldsymbol{P}\left(i\left(\frac{1}{a_{ii}}\right)\right)$，$\boldsymbol{P}(l, i(k))$，$l<i$，故它们都是上三角矩阵，从而它们的乘积 $\boldsymbol{A}^{-1}$也是上三角矩阵.

8. 证明：可逆的斜对称矩阵的逆矩阵仍是斜对称矩阵.

证明： $(\boldsymbol{A}^{-1})'=(\boldsymbol{A}')^{-1}=(-\boldsymbol{A})^{-1}=-\boldsymbol{A}^{-1}$，故 $\boldsymbol{A}^{-1}$为斜对称矩阵.

9. 证明：可逆的下三角矩阵的逆矩阵仍是下三角矩阵.

证明： 类似第 7 题证法，存在初等矩阵 $\boldsymbol{P}_1$，$\boldsymbol{P}_2$，…，$\boldsymbol{P}_m$，使得

$$\boldsymbol{P}_m\cdots\boldsymbol{P}_2\boldsymbol{P}_1\boldsymbol{A}=\boldsymbol{I}$$

由于 $\boldsymbol{P}_j$ 形如 $\boldsymbol{P}\left(i\left(\frac{1}{a_{ii}}\right)\right)$，$\boldsymbol{P}(l,\ i(k))$，$l>i$，故它们都是下三角矩阵，从而 $\boldsymbol{A}^{-1}=\boldsymbol{P}_m\cdots\boldsymbol{P}_2\boldsymbol{P}_1$ 也是下三角矩阵.

10. 求下列矩阵的逆矩阵：

(1) $\begin{pmatrix}2&5&7\\5&-2&-3\\6&3&4\end{pmatrix}^{-1}=\begin{pmatrix}1&1&-1\\-38&-34&41\\27&24&-29\end{pmatrix}$

(2) $\begin{pmatrix}1&-3&2\\-3&0&1\\1&1&-1\end{pmatrix}^{-1}=\begin{pmatrix}1&1&3\\2&3&7\\3&4&9\end{pmatrix}$

(3) $\begin{pmatrix}1&0&-1\\-2&1&3\\3&-1&2\end{pmatrix}^{-1}=\begin{pmatrix}\frac{5}{6}&\frac{1}{6}&\frac{1}{6}\\\frac{13}{6}&\frac{5}{6}&-\frac{1}{6}\\-\frac{1}{6}&\frac{1}{6}&\frac{1}{6}\end{pmatrix}$

(4) $\begin{pmatrix}3&-2&-5\\2&-1&-3\\-4&0&1\end{pmatrix}^{-1}=\begin{pmatrix}\frac{1}{3}&-\frac{2}{3}&-\frac{1}{3}\\-\frac{10}{3}&\frac{17}{3}&\frac{1}{3}\\\frac{4}{3}&-\frac{8}{5}&-\frac{1}{3}\end{pmatrix}$

(5) $\begin{pmatrix}1&1&1&1\\1&1&-1&-1\\1&-1&1&-1\\1&-1&-1&1\end{pmatrix}^{-1}=\frac{1}{4}\begin{pmatrix}1&1&1&1\\1&1&-1&-1\\1&-1&1&-1\\1&-1&-1&1\end{pmatrix}$

(6) $\begin{pmatrix}1&2&3&4\\2&3&1&2\\1&1&1&-1\\2&1&-1&-7\end{pmatrix}^{-1}=\begin{pmatrix}22&-6&-43&17\\-17&5&33&-13\\-1&0&3&-1\\4&-1&-8&3\end{pmatrix}$

11. 解下列矩阵方程：

(1) $\begin{pmatrix}1&0&-1\\0&4&2\\1&-1&0\end{pmatrix}\boldsymbol{X}=\begin{pmatrix}2&-3&1\\1&1&0\\2&1&1\end{pmatrix}$，$\boldsymbol{X}=\begin{pmatrix}\frac{13}{6}&-\frac{1}{6}&1\\\frac{1}{6}&-\frac{7}{6}&0\\\frac{1}{6}&\frac{17}{6}&0\end{pmatrix}$

(2) $\begin{pmatrix}1&-2&0\\4&-2&-1\\-3&1&2\end{pmatrix}\boldsymbol{X}=\begin{pmatrix}-1&4\\2&5\\1&-3\end{pmatrix}$，$\boldsymbol{X}=\begin{pmatrix}\frac{13}{7}&\frac{2}{7}\\\frac{10}{7}&-\frac{13}{7}\\\frac{18}{7}&-\frac{1}{7}\end{pmatrix}$

(3) $\boldsymbol{X}\begin{pmatrix}1&0&-1\\0&4&2\\1&-1&0\end{pmatrix}=\begin{pmatrix}2&-3&1\\1&1&0\\2&1&1\end{pmatrix}$，$\boldsymbol{X}=\begin{pmatrix}-1&0&3\\\frac{2}{3}&\frac{1}{3}&\frac{1}{3}\\\frac{1}{3}&\frac{2}{3}&\frac{5}{3}\end{pmatrix}$

(4) $\boldsymbol{X}\begin{pmatrix}3&-1&2\\1&0&-1\\-2&1&4\end{pmatrix}=\begin{pmatrix}3&0&-2\\-1&4&1\end{pmatrix}$，$\boldsymbol{X}=\begin{pmatrix}\frac{1}{7}&\frac{20}{7}&\frac{1}{7}\\-\frac{8}{7}&\frac{57}{7}&\frac{20}{7}\end{pmatrix}$

(5) $\begin{pmatrix}1&-2&0\\4&-2&-1\\-3&1&2\end{pmatrix}\boldsymbol{X}\begin{pmatrix}3&-1&2\\1&0&-1\\-2&1&4\end{pmatrix}=\begin{pmatrix}5&0&-1\\1&-3&0\\-2&1&3\end{pmatrix}$，$\boldsymbol{X}=\begin{pmatrix}\frac{2}{7}&-\frac{37}{7}&-\frac{8}{7}\\-\frac{1}{7}&-\frac{34}{7}&-\frac{6}{7}\\-\frac{3}{7}&-\frac{38}{7}&-\frac{6}{7}\end{pmatrix}$

12. 求下列 n 级矩阵的逆矩阵（$n\geqslant 2$）：

(1) $\boldsymbol{A}=\begin{pmatrix}1&1&1&\cdots&1&1\\1&0&1&\cdots&1&1\\\vdots&\vdots&\vdots&&\vdots&\vdots\\1&1&1&\cdots&1&0\end{pmatrix}$；

(2) $\boldsymbol{B}=\begin{pmatrix}1&1&1&\cdots&1&1\\0&1&1&\cdots&1&1\\\vdots&\vdots&\vdots&&\vdots&\vdots\\0&0&0&\cdots&0&1\end{pmatrix}$;

(3) $\boldsymbol{C}=\begin{pmatrix}1&b&b^2&\cdots&b^{n-2}&b^{n-1}\\0&1&b&\cdots&b^{n-3}&b^{n-2}\\\vdots&\vdots&\vdots&&\vdots&\vdots\\0&0&0&\cdots&1&b\\0&0&0&\cdots&0&1\end{pmatrix}$;

(4) $\boldsymbol{D}=\begin{pmatrix}1&2&3&\cdots&n-1&n\\0&1&2&\cdots&n-2&n-1\\\vdots&\vdots&\vdots&&\vdots&\vdots\\0&0&0&\cdots&1&2\\0&0&0&\cdots&0&1\end{pmatrix}$;

(5) $\boldsymbol{E}=\begin{pmatrix}1+a&1&1&\cdots&1\\1&1+a&1&\cdots&1\\\vdots&\vdots&\vdots&&\vdots\\1&1&1&\cdots&1+a\end{pmatrix}$，$a\neq0$ 且 $a\neq-n$;

(6) $\boldsymbol{F}=\begin{pmatrix}1&a&a&\cdots&a\\a&1&a&\cdots&a\\\vdots&\vdots&\vdots&&\vdots\\a&a&a&\cdots&1\end{pmatrix}$，$a\neq1$ 且 $a\neq\dfrac{1}{1-n}$.

解：(1)

$$\left(\begin{array}{cccccc:cccccc}1&1&1&\cdots&1&1&1&0&0&\cdots&0&0\\1&0&1&\cdots&1&1&0&1&0&\cdots&0&0\\1&1&0&\cdots&1&1&0&0&1&\cdots&0&0\\\vdots&\vdots&\vdots&&\vdots&\vdots&\vdots&\vdots&\vdots&&\vdots&\vdots\\1&1&1&\cdots&1&0&0&0&0&\cdots&0&1\end{array}\right)$$

$$\to\left(\begin{array}{cccccc:cccccc}1&1&1&\cdots&1&1&1&0&0&\cdots&0&0\\0&-1&0&\cdots&0&0&-1&1&0&\cdots&0&0\\0&0&-1&\cdots&0&0&-1&0&1&\cdots&0&0\\\vdots&\vdots&\vdots&&\vdots&\vdots&\vdots&\vdots&\vdots&&\vdots&\vdots\\0&0&0&\cdots&0&-1&-1&0&0&\cdots&0&1\end{array}\right)$$

$$\rightarrow\left(\begin{array}{cccccc:cccccc}1 & 0 & 0 & \cdots & 0 & 0 & 2-n & 1 & 1 & \cdots & 1 & 1\\ 0 & 1 & 0 & \cdots & 0 & 0 & 1 & -1 & 0 & \cdots & 0 & 0\\ 0 & 0 & 1 & \cdots & 0 & 0 & 1 & 0 & -1 & \cdots & 0 & 0\\ \vdots & \vdots & \vdots & & \vdots & \vdots & \vdots & \vdots & \vdots & & \vdots & \vdots\\ 0 & 0 & 0 & \cdots & 0 & 1 & 1 & 0 & 0 & \cdots & 0 & -1\end{array}\right)$$

所以

$$\boldsymbol{A}^{-1}=\begin{pmatrix}2-n & 1 & 1 & \cdots & 1 & 1\\ 1 & -1 & 0 & \cdots & 0 & 0\\ 1 & 0 & -1 & \cdots & 0 & 0\\ \vdots & \vdots & \vdots & & \vdots & \vdots\\ 1 & 0 & 0 & \cdots & 0 & -1\end{pmatrix}$$

（2）记

$$\boldsymbol{H}=\begin{pmatrix}0 & 1 & 0 & 0 & \cdots & 0 & 0\\ 0 & 0 & 1 & 0 & \cdots & 0 & 0\\ \vdots & \vdots & \vdots & \vdots & & \vdots & \vdots\\ 0 & 0 & 0 & 0 & \cdots & 0 & 1\\ 0 & 0 & 0 & 0 & \cdots & 0 & 0\end{pmatrix}$$

则 $\boldsymbol{B}=\boldsymbol{I}+\boldsymbol{H}+\boldsymbol{H}^2+\cdots+\boldsymbol{H}^{n-1}$，其中 $\boldsymbol{H}$ 是习题 4.1 第 9 题中的矩阵，$\boldsymbol{H}^n=\boldsymbol{0}$. 由第 4 题结论知 $\boldsymbol{B}^{-1}=\boldsymbol{I}-\boldsymbol{H}$.

（3）$\boldsymbol{C}=\boldsymbol{I}+b\boldsymbol{H}+b^2\boldsymbol{H}^2+\cdots+b^{n-1}\boldsymbol{H}^{n-1}$，式中 $\boldsymbol{H}$ 同(2)问，由恒等式

$$\boldsymbol{I}-(b\boldsymbol{H})^n=(\boldsymbol{I}-\boldsymbol{B}\boldsymbol{H})(\boldsymbol{I}+b\boldsymbol{H}+b^2\boldsymbol{H}^2+\cdots+b^{n-1}\boldsymbol{H}^{n-1})$$

由 $\boldsymbol{H}^n=\boldsymbol{0}$，得 $\boldsymbol{C}^{-1}=\boldsymbol{I}-b\boldsymbol{H}$.

（4）
$$\boldsymbol{D}=\boldsymbol{I}+2\boldsymbol{H}+3\boldsymbol{H}^2+\cdots+n\boldsymbol{H}^{n-1}$$

由恒等式

$$\sum_{k=1}^{n}kx^{k-1}=\frac{1-x^n}{(1-x)^2}-nx^n$$

启发我们有恒等式

$$(\boldsymbol{I}-\boldsymbol{H})^2(\boldsymbol{I}+2\boldsymbol{H}+3\boldsymbol{H}^2+\cdots+n\boldsymbol{H}^{n-1})=\boldsymbol{I}-\boldsymbol{H}^n-(\boldsymbol{I}-\boldsymbol{H})^2\cdot n\boldsymbol{H}^n=\boldsymbol{I}$$

从而 $\boldsymbol{D}^{-1}=(\boldsymbol{I}-\boldsymbol{H})^2$.

(5) $\boldsymbol{E}=\boldsymbol{J}+a\boldsymbol{I}$，其中 $\boldsymbol{J}$ 表示元素全为 1 的 n 级矩阵，考虑 $\boldsymbol{E}^{-1}=a_1\boldsymbol{I}+b_1\boldsymbol{J}$，则

$$\begin{aligned}\boldsymbol{I}&=(\boldsymbol{J}+a\boldsymbol{I})(a_1\boldsymbol{I}+b_1\boldsymbol{J})\\&=a_1\boldsymbol{J}+b_1\boldsymbol{J}^2+aa_1\boldsymbol{I}+ab_1\boldsymbol{J}\\&=a_1\boldsymbol{J}+b_1n\boldsymbol{J}+ab_1\boldsymbol{J}+aa_1\boldsymbol{I}\\&=(a_1+a_1b_1+b_1n)\boldsymbol{J}+aa_1\boldsymbol{I}\end{aligned}$$

于是

$$\begin{cases}aa_1=1,\\a_1+ab_1+b_1n=0\end{cases}\Rightarrow\begin{cases}a_1=\dfrac{1}{a},\\b_1=-\dfrac{1}{a(a+n)}\end{cases}$$

从而

$$\boldsymbol{E}^{-1}=\frac{1}{a}\boldsymbol{I}-\frac{1}{a(a+n)}\boldsymbol{J}$$

(6) $\boldsymbol{F}=(1-a)\boldsymbol{I}+a\boldsymbol{J}$，设 $\boldsymbol{F}^{-1}=x\boldsymbol{I}+y\boldsymbol{J}$，则

$$\begin{aligned}\boldsymbol{I}&=[(1-a)\boldsymbol{I}+a\boldsymbol{J}](x\boldsymbol{I}+y\boldsymbol{J})\\&=(1-a)x\boldsymbol{I}+(1-a)y\boldsymbol{J}+ax\boldsymbol{J}+ay\boldsymbol{J}^2\\&=(1-a)x\boldsymbol{I}+[(1-a)y+ax+ayn]\boldsymbol{J}\end{aligned}$$

于是

$$\begin{cases}(1-a)x=1,\\(1-a)y+ax+ayn=0\end{cases}\Rightarrow\begin{cases}x=\dfrac{1}{1-a},\\y=\dfrac{a}{(a-1)(1-a+na)}\end{cases}$$

故

$$\boldsymbol{F}^{-1}=\frac{1}{1-a}\boldsymbol{I}+\frac{a}{(a-1)(1-a+na)}\boldsymbol{J}$$

13. 解下述 n 级矩阵方程：

$$\begin{pmatrix}1&1&1&\cdots&1\\0&1&1&\cdots&1\\\vdots&\vdots&\vdots&&\vdots\\0&0&0&\cdots&1\end{pmatrix}\boldsymbol{X}=\begin{pmatrix}1&2&3&\cdots&n\\0&1&2&\cdots&n-1\\\vdots&\vdots&\vdots&&\vdots\\0&0&0&\cdots&1\end{pmatrix}.$$

解：由第 12 题的矩阵记号，矩阵方程为 $\boldsymbol{BX}=\boldsymbol{D}$，

$$\begin{aligned}\boldsymbol{X}&=\boldsymbol{B}^{-1}\boldsymbol{D}\\&=(\boldsymbol{I}-\boldsymbol{H})[(\boldsymbol{I}-\boldsymbol{H})^2]^{-1}\\&=(\boldsymbol{I}-\boldsymbol{H})(\boldsymbol{I}-\boldsymbol{H})^{-1}(\boldsymbol{I}-\boldsymbol{H})^{-1}\\&=(\boldsymbol{I}-\boldsymbol{H})^{-1}=\boldsymbol{B}\end{aligned}$$

14. 设 $\boldsymbol{A}$，$\boldsymbol{B}$ 分别是数域 $\mathbb{K}$ 上的 $n\times m$，$m\times n$ 矩阵，证明：如果 $\boldsymbol{I}_n-\boldsymbol{AB}$ 可逆，那么 $\boldsymbol{I}_m-\boldsymbol{BA}$ 也可逆，且求 $(\boldsymbol{I}_m-\boldsymbol{BA})^{-1}$.

证明：　设法找 m 级矩阵 $\boldsymbol{X}$，使得

$$(\boldsymbol{I}_m-\boldsymbol{BA})(\boldsymbol{I}_m+\boldsymbol{X})=\boldsymbol{I}_m$$

由上式得

$$-\boldsymbol{BA}+\boldsymbol{X}-\boldsymbol{BAX}=\boldsymbol{0}$$

即

$$\boldsymbol{X}-\boldsymbol{BAX}=\boldsymbol{BA}$$

令 $\boldsymbol{X}=\boldsymbol{BYA}$，其中 $\boldsymbol{Y}$ 是待定的 n 级矩阵，代入上式得

$$\boldsymbol{BYA}-\boldsymbol{BABYA}=\boldsymbol{BA}$$

$$\boldsymbol{B}(\boldsymbol{Y}-\boldsymbol{ABY})\boldsymbol{A}=\boldsymbol{BA}$$

如果能找到 $\boldsymbol{Y}$，使得 $\boldsymbol{Y}-\boldsymbol{ABY}=\boldsymbol{I}_n$，那么上式成立．这等价于 $(\boldsymbol{I}_n-\boldsymbol{AB})\boldsymbol{Y}=\boldsymbol{I}_n$，由于 $\boldsymbol{I}_n-\boldsymbol{AB}$ 可逆，故 $\boldsymbol{Y}=(\boldsymbol{I}_n-\boldsymbol{AB})^{-1}$．因此 $\boldsymbol{I}_m+\boldsymbol{X}=\boldsymbol{B}(\boldsymbol{I}_n-\boldsymbol{AB})^{-1}\boldsymbol{A}$ 为 $\boldsymbol{I}_m-\boldsymbol{BA}$ 的逆.

15. 设 $\boldsymbol{A}$ 是数域 $\mathbb{K}$ 上的 n 级矩阵，证明：

$$\operatorname{rank}(\boldsymbol{A}^{n+k})=\operatorname{rank}(\boldsymbol{A}^n),\ \forall k\in\mathbb{N}^*.$$

证明：若 $\boldsymbol{A}$ 可逆，则 $\boldsymbol{A}^{n+k}$，$\boldsymbol{A}^n$ 都可逆，结论显然成立．下面设 A 不可逆，则 $\operatorname{rank}(\boldsymbol{A})<n$．由于 $\operatorname{rank}(\boldsymbol{A})\geqslant\operatorname{rank}(\boldsymbol{A}^2)\geqslant\cdots\geqslant\operatorname{rank}(\boldsymbol{A}^{n+1})$，并且小于 n 的自然数只有 n 个，因此上述不等式中至少有一个取到等号，如 $\operatorname{rank}(\boldsymbol{A}^l)=\operatorname{rank}(\boldsymbol{A}^{l+1})$，再由习题 4.2 第 7 题的结论知该结论成立.

16. 证明：任一 n 级矩阵都可以表示成一些下三角矩阵与上三角矩阵的乘积.

证明：　由于 $\boldsymbol{A}$ 为方阵，故存在初等矩阵 $\boldsymbol{P}_1$，$\boldsymbol{P}_2$，…，$\boldsymbol{P}_m$，使得

$$\boldsymbol{P}_m\cdots\boldsymbol{P}_2\boldsymbol{P}_1\boldsymbol{A}=\boldsymbol{G}$$

其中 $\boldsymbol{G}$ 为阶梯形矩阵，也就是上三角矩阵，由习题 4.3 第 13 题的结论知 2°型初等矩阵(交换 $\boldsymbol{I}$ 的两行)可以写成 1°，3°型初等矩阵的乘积，而 1°，3°型初等矩阵都是上三角矩阵或下三角矩阵，从而 $\boldsymbol{A}=\boldsymbol{P}_1^{-1}\boldsymbol{P}_2^{-1}\cdots\boldsymbol{P}_m^{-1}\boldsymbol{G}$ 都是上、下三角矩阵的乘积.

习题 4.5　n 级矩阵乘积的行列式

1. 设 $\boldsymbol{A}$ 是数域$\mathbb{K}$上的 n 级矩阵，且 $\boldsymbol{A}\boldsymbol{A}'=\boldsymbol{I}$. 证明：

(1) 如果 $|\boldsymbol{A}|=-1$，那么 $|\boldsymbol{A}+\boldsymbol{I}|=0$；

(2) 如果 $|\boldsymbol{A}|=1$，且 n 是奇数，那么 $|\boldsymbol{A}-\boldsymbol{I}|=0$.

证明： (1)
$$(\boldsymbol{A}+\boldsymbol{I})\boldsymbol{A}'=\boldsymbol{A}\boldsymbol{A}'+\boldsymbol{A}'=\boldsymbol{I}+\boldsymbol{A}'$$
从而
$$|\boldsymbol{A}+\boldsymbol{I}|\cdot|\boldsymbol{A}'|=|\boldsymbol{I}+\boldsymbol{A}'|=|\boldsymbol{I}+\boldsymbol{A}|$$
由于 $|\boldsymbol{A}'|=-1$，故
$$|\boldsymbol{A}+\boldsymbol{I}|=0$$
(2)
$$(\boldsymbol{I}-\boldsymbol{A})\boldsymbol{A}'=\boldsymbol{A}'-\boldsymbol{A}\boldsymbol{A}'=\boldsymbol{A}'-\boldsymbol{I}$$
从而
$$|\boldsymbol{I}-\boldsymbol{A}|\cdot|\boldsymbol{A}'|=|\boldsymbol{A}'-\boldsymbol{I}|=(-1)^n\cdot|\boldsymbol{I}-\boldsymbol{A}|$$
因为 n 为奇数，且 $|\boldsymbol{A}|=1$，故 $|\boldsymbol{I}-\boldsymbol{A}|\cdot 1=-|\boldsymbol{I}-\boldsymbol{A}|$，故 $|\boldsymbol{A}-\boldsymbol{I}|=0$.

2. 设 $s_k=x_1^k+x_2^k+\cdots+x_n^k$，$k=0,1,2,\cdots$ 设 $A=(a_{ij})$是 $n\times m$ 矩阵，其中
$$a_{ij}=s_{i+j-2},\ i=1,2,\cdots,n;\ j=1,2,\cdots,n.$$
证明：$|\boldsymbol{A}|=\prod\limits_{1\leqslant j<i\leqslant n}(x_i-x_j)^2$.

证明：
$$\boldsymbol{A}=\begin{pmatrix} s_0 & s_1 & s_2 & \cdots & s_{n-1}\\ s_1 & s_2 & s_3 & \cdots & s_n\\ s_2 & s_3 & s_4 & \cdots & s_{n+1}\\ \vdots & \vdots & \vdots & & \vdots\\ s_{n-1} & s_n & s_{n+1} & \cdots & s_{2n-2}\end{pmatrix}$$

$$=\begin{pmatrix}1&1&1&\cdots&1\\x_1&x_2&x_3&\cdots&x_n\\\vdots&\vdots&\vdots&&\vdots\\x_1^{n-1}&x_2^{n-1}&x_3^{n-1}&\cdots&x_n^{n-1}\end{pmatrix}\begin{pmatrix}1&x_1&x_1^2&\cdots&x_1^{n-1}\\1&x_2&x_2^2&\cdots&x_2^{n-1}\\\vdots&\vdots&\vdots&&\vdots\\1&x_n&x_n^2&\cdots&x_n^{n-1}\end{pmatrix}$$

故$|\boldsymbol{A}|=\prod\limits_{1\leqslant j<i\leqslant n}(x_i-x_j)^2$.

3. 设$\boldsymbol{A}$是复数域上的n级循环矩阵，它的第一行为$(a_1, a_2, \cdots, a_n)$，求$|\boldsymbol{A}|$.

解：（解法一） 令$\omega=e^{\frac{2\pi}{n}i}$，设$f(x)=a_1+a_2x+\cdots+a_nx^{n-1}$，任给$i\in\{0, 1, \cdots, n-1\}$，

$$|\boldsymbol{A}|=\begin{vmatrix}a_1&a_2&a_3&\cdots&a_n\\a_n&a_1&a_2&\cdots&a_{n-1}\\\vdots&\vdots&\vdots&\vdots&\\a_2&a_3&a_4&\cdots&a_1\end{vmatrix}$$

$$=\begin{vmatrix}a_1+a_2\omega^i+a_3(\omega^i)^2+\cdots+a_n(\omega^i)^{n-1}&a_2&a_3&\cdots&a_n\\a_n+a_1\omega^i+a_2(\omega^i)^2+\cdots+a_{n-1}(\omega^i)^{n-1}&a_1&a_2&\cdots&a_{n-1}\\\vdots&\vdots&\vdots&&\vdots\\a_2+a_3\omega^i+a_4(\omega^i)^2+\cdots+a_1(\omega^i)^{n-1}&a_3&a_4&\cdots&a_1\end{vmatrix}$$

$$=\begin{vmatrix}f(\omega^i)&a_2&a_3&\cdots&a_n\\\omega^if(\omega^i)&a_1&a_2&\cdots&a_{n-1}\\\vdots&\vdots&\vdots&&\vdots\\(\omega^i)^{n-1}f(\omega^i)&a_3&a_4&\cdots&a_1\end{vmatrix}=f(\omega^i)\begin{vmatrix}1&a_2&a_3&\cdots&a_n\\\omega^i&a_1&a_2&\cdots&a_{n-1}\\\vdots&\vdots&\vdots&&\vdots\\(\omega^i)^{n-1}&a_3&a_4&\cdots&a_1\end{vmatrix}$$

因此$|\boldsymbol{A}|$有因子$f(\omega^0)\cdot f(\omega^1)\cdot\cdots\cdot f(\omega^{n-1})$. 由于$|\boldsymbol{A}|$中$a_1$的幂指数至多是$n$，且$a_1^n$的系数为1，因此

$$|\boldsymbol{A}|=\prod_{i=0}^{n-1}f(\omega^i)$$

（解法二） 令$\omega=e^{\frac{2\pi}{n}i}$，设$f(x)=a_1+a_2x+\cdots+a_nx^{n-1}$，令

$$\boldsymbol{B}=\begin{pmatrix}1&1&1&\cdots&1\\1&\omega&\omega^2&\cdots&\omega^{n-1}\\1&\omega^2&\omega^4&\cdots&\omega^{2(n-1)}\\\vdots&\vdots&\vdots&&\vdots\\1&\omega^{n-1}&\omega^{2(n-1)}&\cdots&\omega^{(n-1)(n-1)}\end{pmatrix}$$

则

$$\boldsymbol{AB}=\begin{pmatrix} a_1 & a_2 & a_3 & \cdots & a_n \\ a_n & a_1 & a_2 & \cdots & a_{n-1} \\ \vdots & \vdots & \vdots & & \vdots \\ a_2 & a_3 & a_4 & \cdots & a_1 \end{pmatrix}\cdot\begin{pmatrix} 1 & 1 & 1 & \cdots & 1 \\ 1 & \omega & \omega^2 & \cdots & \omega^{n-1} \\ 1 & \omega^2 & \omega^4 & \cdots & \omega^{2(n-1)} \\ \vdots & \vdots & \vdots & & \vdots \\ 1 & \omega^{n-1} & \omega^{2(n-1)} & \cdots & \omega^{(n-1)(n-1)} \end{pmatrix}$$

$$=\begin{pmatrix} f(1) & f(\omega) & f(\omega^2) & \cdots & f(\omega^{n-1}) \\ f(1) & \omega f(\omega) & \omega^2 f(\omega^2) & \cdots & \omega^{n-1} f(\omega^{n-1}) \\ \vdots & \vdots & \vdots & & \vdots \\ f(1) & \omega^{n-1} f(\omega) & \omega^{2(n-1)} f(\omega^2) & \cdots & \omega^{(n-1)(n-1)} f(\omega^{n-1}) \end{pmatrix}$$

从而

$$|\boldsymbol{AB}|=f(1)f(\omega)\cdots f(\omega^{n-1})\begin{vmatrix} 1 & 1 & 1 & \cdots & 1 \\ 1 & \omega & \omega^2 & \cdots & \omega^{n-1} \\ 1 & \omega^2 & \omega^4 & \cdots & \omega^{2(n-1)} \\ \vdots & \vdots & \vdots & & \vdots \\ 1 & \omega^{n-1} & \omega^{2(n-1)} & \cdots & \omega^{(n-1)(n-1)} \end{vmatrix}$$

$$=\prod_{i=0}^{n-1} f(\omega^i)\cdot|\boldsymbol{B}|$$

由于 $|\boldsymbol{B}|\neq\boldsymbol{0}$，故 $|\boldsymbol{A}|=\prod_{i=0}^{n-1} f(\omega^i)$，特征值解法见 6.6 节习题 11.

4. 在数域$\mathbb{K}$中，设 $u_j=\sum_{i=1}^{n} c_i a_i^j$，$1\leqslant j\leqslant 2n$. 令

$$\mathbf{A}=\begin{pmatrix} u_1 & u_2 & \cdots & u_n \\ u_2 & u_3 & \cdots & u_{n+1} \\ \vdots & \vdots & & \vdots \\ u_n & u_{n+1} & \cdots & u_{2n-1} \end{pmatrix}.$$

证明：对 $\forall\boldsymbol{\beta}\in\mathbb{K}^n$，线性方程组 $\boldsymbol{AX}=\boldsymbol{\beta}$ 有唯一解得充分必要条件是 a_1，a_2，…，a_n 两两不等，且 a_1，a_2，…，a_n，c_1，c_2，…，c_n 全不为 0.

证明:

$$\boldsymbol{A}=\begin{pmatrix} c_1 & c_2 & \cdots & c_n \\ c_1a_1 & c_2a_2 & \cdots & c_na_n \\ \vdots & \vdots & & \vdots \\ c_1a_1^{n-1} & c_2a_2^{n-1} & \cdots & c_na_n^{n-1} \end{pmatrix}\cdot\begin{pmatrix} a_1 & a_1^2 & \cdots & a_1^n \\ a_2 & a_2^2 & \cdots & a_2^n \\ \vdots & \vdots & & \vdots \\ a_n & a_n^2 & \cdots & a_n^n \end{pmatrix}$$

从而

$$|\boldsymbol{A}|=c_1c_2\cdots c_na_1a_2\cdots a_n\begin{vmatrix} 1 & 1 & \cdots & 1 \\ a_1 & a_2 & \cdots & a_n \\ \vdots & \vdots & & \vdots \\ a_1^{n-1} & a_2^{n-1} & \cdots & a_n^{n-1} \end{vmatrix}\cdot\begin{vmatrix} 1 & a_1 & \cdots & a_1^{n-1} \\ 1 & a_2 & \cdots & a_2^{n-1} \\ \vdots & \vdots & & \vdots \\ 1 & a_n & \cdots & a_n^{n-1} \end{vmatrix}$$

$$=\prod_{i=1}^{n}(a_ic_i)\prod_{1\leqslant j<i\leqslant n}(a_i-a_j)^2$$

于是方程组 $\boldsymbol{AX}=\boldsymbol{\beta}$ 有唯一解的充要条件是 $a_1, a_2, \cdots, a_n$ 两两不等，且 $a_1, a_2, \cdots, a_n, c_1, c_2, \cdots, c_n$ 全不为零.

5. 设 $\boldsymbol{A}$ 是数域$\mathbb{K}$上的 2 级矩阵，l 是大于 2 的整数. 证明：$\boldsymbol{A}^l=\boldsymbol{0}$ 当且仅当 $\boldsymbol{A}^2=\boldsymbol{0}$.

证明: 必要性：设 $\boldsymbol{A}^l=\boldsymbol{0}$，则 $0=|\boldsymbol{A}^l|=|\boldsymbol{A}|^l$，故 $|\boldsymbol{A}|=\boldsymbol{0}$，若 $\boldsymbol{A}=\boldsymbol{0}$，则 $\boldsymbol{A}^2=\boldsymbol{0}$. 下设 $\operatorname{rank}(\boldsymbol{A})=1$，此时由教材 4.2 节例 3 知 $\boldsymbol{A}=\begin{pmatrix}1\\k\end{pmatrix}\cdot(a, b)$ 或 $\boldsymbol{A}=\begin{pmatrix}k\\1\end{pmatrix}\cdot(a, b)$，其中 a，b 不全为零. 此时

$$\begin{aligned}\boldsymbol{A}^2&=\begin{pmatrix}1\\k\end{pmatrix}(a, b)\begin{pmatrix}1\\k\end{pmatrix}(a, b)\\&=(a+kb)\cdot\boldsymbol{A}\\&=(a+kb)\begin{pmatrix}a & b\\ ka & kb\end{pmatrix}\end{aligned}$$

由 $\boldsymbol{A}^l=\boldsymbol{0}$知 $\boldsymbol{A}^l=(a+kb)^{l-1}\cdot\boldsymbol{A}=\boldsymbol{0}$，从而得 $a+kb=0$，故 $\boldsymbol{A}^2=\boldsymbol{0}$.

充分性显然.

6. 求数域$\mathbb{K}$上其平方等于零矩阵的所有 2 级矩阵.

解: 从 $\boldsymbol{A}^2=\boldsymbol{0}$ 推出 $|\boldsymbol{A}|=0$，则 $\operatorname{rank}(\boldsymbol{A})<2$，若 $\operatorname{rank}(\boldsymbol{A})=0$，则 $\boldsymbol{A}=\boldsymbol{0}$满足条件；若 $\operatorname{rank}(\boldsymbol{A})=1$，则由第 5 题知

$$\boldsymbol{A}^2=(a+kb)\cdot\boldsymbol{A}=(a+kb)\begin{pmatrix}a & b\\ ka & kb\end{pmatrix}$$

式中 a，b 不全为零. 由 $\boldsymbol{A}^2=\boldsymbol{0}$ 得 $a+kb=0$，即 $a=-kb$.

故

$$\boldsymbol{A}=\begin{pmatrix}-kb & b\\ -k^2b & b\end{pmatrix}，(b\neq 0)$$

或者

$$\boldsymbol{A}^2=\begin{pmatrix}k\\ 1\end{pmatrix}(a,\ b)\begin{pmatrix}k\\ 1\end{pmatrix}(a,\ b)=(ka+b)\begin{pmatrix}ka & kb\\ a & b\end{pmatrix}$$

由 $\boldsymbol{A}^2=\boldsymbol{0}$ 得 $ka+b=0$，即 $b=-ka$.

故

$$\boldsymbol{A}=\begin{pmatrix}ka & -k^2a\\ a & -ka\end{pmatrix}，(a\neq 0)$$

习题 4.6　矩阵的分块

1. 证明：分块上三角矩阵 $\begin{pmatrix}\boldsymbol{A}_1 & \boldsymbol{A}_3\\ \boldsymbol{0} & \boldsymbol{A}_2\end{pmatrix}$ 可逆当且仅当子矩阵 $\boldsymbol{A}_1$，$\boldsymbol{A}_2$ 都可逆，此时

$$\begin{pmatrix}\boldsymbol{A}_1 & \boldsymbol{A}_3\\ \boldsymbol{0} & \boldsymbol{A}_2\end{pmatrix}^{-1}=\begin{pmatrix}\boldsymbol{A}_1^{-1} & -\boldsymbol{A}_1^{-1}\boldsymbol{A}_3\boldsymbol{A}_2^{-1}\\ \boldsymbol{0} & \boldsymbol{A}_2^{-1}\end{pmatrix},$$

从而可逆的分块上三角矩阵的逆矩阵仍是分块上三角矩阵.

证明： 由 $\begin{vmatrix}\boldsymbol{A}_1 & \boldsymbol{A}_3\\ \boldsymbol{0} & \boldsymbol{A}_2\end{vmatrix}=|\boldsymbol{A}_1||\boldsymbol{A}_2|$ 知当 $|\boldsymbol{A}_1|\neq 0$，$|\boldsymbol{A}_2|\neq 0$ 时，$\begin{pmatrix}\boldsymbol{A}_1 & \boldsymbol{A}_3\\ \boldsymbol{0} & \boldsymbol{A}_2\end{pmatrix}$ 可逆，而直接计算

$$\begin{pmatrix}\boldsymbol{A}_1 & \boldsymbol{A}_3\\ \boldsymbol{0} & \boldsymbol{A}_2\end{pmatrix}\begin{pmatrix}\boldsymbol{A}_1^{-1} & -\boldsymbol{A}_1^{-1}\boldsymbol{A}_3\boldsymbol{A}_2^{-1}\\ \boldsymbol{0} & \boldsymbol{A}_2^{-1}\end{pmatrix}=\begin{pmatrix}\boldsymbol{I} & \boldsymbol{0}\\ \boldsymbol{0} & \boldsymbol{I}\end{pmatrix}=\boldsymbol{I}$$

故逆矩阵公式成立.

2. 设$\boldsymbol{A}$是实数域上的$s\times n$矩阵，证明：对于任意$\boldsymbol{\beta}\in\mathbb{R}^s$，线性方程$\boldsymbol{A}'\boldsymbol{A}\boldsymbol{X}=\boldsymbol{A}'\boldsymbol{\beta}$有解.

证明： 只要证明$\mathrm{rank}(\boldsymbol{A}'\boldsymbol{A},\ \boldsymbol{A}'\boldsymbol{B})=\mathrm{rank}(\boldsymbol{A}'\boldsymbol{A})$. 由于$\boldsymbol{A}$是实数域上的矩阵，因此$\mathrm{rank}(\boldsymbol{A}'\boldsymbol{A})=\mathrm{rank}(\boldsymbol{A}')$. 由于

$$\mathrm{rank}(\boldsymbol{A}'\boldsymbol{A},\ \boldsymbol{A}'\boldsymbol{B})=\mathrm{rank}(\boldsymbol{A}'(\boldsymbol{A},\ \boldsymbol{\beta}))\leqslant\mathrm{rank}(\boldsymbol{A}')=\mathrm{rank}(\boldsymbol{A})$$

且

$$\mathrm{rank}((\boldsymbol{A}'\boldsymbol{A},\ \boldsymbol{A}'\boldsymbol{B}))\geqslant\mathrm{rank}(\boldsymbol{A}'\boldsymbol{A})=\mathrm{rank}(\boldsymbol{A}')=\mathrm{rank}(\boldsymbol{A})$$

因此

$$\mathrm{rank}((\boldsymbol{A}'\boldsymbol{A},\ \boldsymbol{A}'\boldsymbol{B}))=\mathrm{rank}(\boldsymbol{A})=\mathrm{rank}(\boldsymbol{A}'\boldsymbol{A})$$

3. 设$\boldsymbol{A}$是n级矩阵$(n\geqslant2)$，证明：$|\boldsymbol{A}^*|=|\boldsymbol{A}|^{n-1}$.

证明： 由$\boldsymbol{A}^*\boldsymbol{A}=|\boldsymbol{A}|^n\boldsymbol{I}$知当$\boldsymbol{A}$可逆时($|\boldsymbol{A}|\neq0$)，有

$$|\boldsymbol{A}^*|\cdot|\boldsymbol{A}|=|\boldsymbol{A}|^n$$

于是消去$|\boldsymbol{A}|$，得到$|\boldsymbol{A}^*|=|\boldsymbol{A}|^{n-1}$. 当$|\boldsymbol{A}|=0$时，只要证明$|\boldsymbol{A}^*|=0$即可. 这时$\boldsymbol{A}^*\boldsymbol{A}=0\boldsymbol{I}=\boldsymbol{0}$. 由教材中例1知

$$\mathrm{rank}(\boldsymbol{A}^*)+\mathrm{rank}(\boldsymbol{A})\leqslant n$$

若$\boldsymbol{A}=\boldsymbol{0}$，则$\boldsymbol{A}^*=\boldsymbol{0}$，$|\boldsymbol{A}^*|=0$成立；若$\boldsymbol{A}\neq\boldsymbol{0}$，则$\mathrm{rank}(\boldsymbol{A})\geqslant1$，从而$\mathrm{rank}(\boldsymbol{A}^*)\leqslant n-1<n$，于是$|\boldsymbol{A}^*|=0$. 综上不管什么情况都有$|\boldsymbol{A}^*|=|\boldsymbol{A}|^{n-1}$.

4. 设$\boldsymbol{A}$是n级矩阵$(n\geqslant2)$，证明：$\mathrm{rank}(\boldsymbol{A}^*)=\begin{cases}n, & \text{当 } \mathrm{rank}(\boldsymbol{A})=n,\\ 1, & \text{当 } \mathrm{rank}(\boldsymbol{A})=n-1,\\ 0, & \text{当 } \mathrm{rank}(\boldsymbol{A})<n-1.\end{cases}$

证明： 当$\mathrm{rank}(\boldsymbol{A})=n$时，$|\boldsymbol{A}|\neq0$，由第3题的结论知$|\boldsymbol{A}^*|\neq0$，从而$\mathrm{rank}(\boldsymbol{A}^*)=n$；当$\mathrm{rank}(\boldsymbol{A})=n-1$时，$|\boldsymbol{A}|=0$，$\boldsymbol{A}^*\boldsymbol{A}=\boldsymbol{0}$，$\mathrm{rank}(\boldsymbol{A}^*)+\mathrm{rank}(\boldsymbol{A})\leqslant n$，所以$\mathrm{rank}(\boldsymbol{A}^*)\leqslant1$，因为$\boldsymbol{A}$的秩为$n-1$，故$\boldsymbol{A}$中至少有一个$n-1$阶子式非零，从而$\boldsymbol{A}^*\neq\boldsymbol{0}$，$\mathrm{rank}(\boldsymbol{A}^*)\geqslant1$，所以$\mathrm{rank}(\boldsymbol{A}^*)=1$；当$\mathrm{rank}(\boldsymbol{A})<n-1$时，$\boldsymbol{A}$的所有$n-1$阶子式为零，故$\boldsymbol{A}^*=\boldsymbol{0}$，即$\mathrm{rank}(\boldsymbol{A}^*)=0$.

5. 设$\boldsymbol{A}$是n级矩阵$(n\geqslant2)$，证明：

(1) 当$n\geqslant3$时，$(\boldsymbol{A}^*)^*=|\boldsymbol{A}|^{n-2}\boldsymbol{A}$；

(2) 当$n=2$时，$(\boldsymbol{A}^*)^*=\boldsymbol{A}$.

证明： (1) 若$|\boldsymbol{A}|\neq0$，则$\boldsymbol{A}^*(\boldsymbol{A}^*)^*=|\boldsymbol{A}^*|\cdot\boldsymbol{I}=|\boldsymbol{A}|^{n-1}\cdot\boldsymbol{I}$，$\boldsymbol{A}^*$可逆，

故$(\boldsymbol{A}^*)^*=|\boldsymbol{A}|^{n-1}\cdot(\boldsymbol{A}^*)^{-1}=|\boldsymbol{A}|^{n-1}\cdot\frac{1}{|\boldsymbol{A}|}\cdot\boldsymbol{A}=|\boldsymbol{A}|^{n-2}\boldsymbol{A}$.

若$|\boldsymbol{A}|=0$，则由第 4 题的结论得 $\operatorname{rank}(\boldsymbol{A}^*)\leqslant 1<n-1$.

从而 $\operatorname{rank}((\boldsymbol{A}^*)^*)=0$，即$(\boldsymbol{A}^*)^*=\boldsymbol{0}$. 于是结论也成立.

(2) 当 $n=2$ 时，

$$\boldsymbol{A}=\begin{pmatrix} a & b \\ c & d \end{pmatrix},\quad \boldsymbol{A}^*=\begin{pmatrix} d & -b \\ -c & a \end{pmatrix}$$

因此

$$(\boldsymbol{A}^*)^*=\begin{pmatrix} a & b \\ c & d \end{pmatrix}=\boldsymbol{A}$$

6. 设 $\boldsymbol{A}$，$\boldsymbol{B}$ 分别是数域$\mathbb{K}$上的 $s\times n$、$s\times m$ 矩阵，证明：矩阵方程 $\boldsymbol{AX}=\boldsymbol{B}$ 有解的充分必要条件是 $\operatorname{rank}(\boldsymbol{A})=\operatorname{rank}(\boldsymbol{A}\quad\boldsymbol{B})$.

证明： 设 $\boldsymbol{A}=(\boldsymbol{\alpha}_1, \boldsymbol{\alpha}_2, \cdots, \boldsymbol{\alpha}_m)$，$\boldsymbol{B}=(\boldsymbol{\beta}_1, \boldsymbol{\beta}_2, \cdots, \boldsymbol{\beta}_m)$，则

$$\begin{aligned}
\boldsymbol{AX}=\boldsymbol{B}\text{ 有解}&\Leftrightarrow \boldsymbol{AY}=\boldsymbol{\beta}_j\text{ 有解}，j=1, 2, \cdots, m\\
&\Leftrightarrow \boldsymbol{\beta}_j\text{ 可由 }\boldsymbol{\alpha}_1, \boldsymbol{\alpha}_2, \cdots, \boldsymbol{\alpha}_m\text{ 线性表出}，j=1, 2, \cdots, m\\
&\Leftrightarrow \{\boldsymbol{\alpha}_1, \boldsymbol{\alpha}_2, \cdots, \boldsymbol{\alpha}_m\}\cong\{\boldsymbol{\alpha}_1, \boldsymbol{\alpha}_2, \cdots, \boldsymbol{\alpha}_n\boldsymbol{\beta}_1, \boldsymbol{\beta}_2, \cdots, \boldsymbol{\beta}_m\}\\
&\Leftrightarrow \operatorname{rank}(\boldsymbol{A})=\operatorname{rank}(\boldsymbol{A}, \boldsymbol{B})
\end{aligned}$$

7. 设数域$\mathbb{K}$上的 n 级矩阵 $\boldsymbol{A}\neq\boldsymbol{0}$，证明：存在数域$\mathbb{K}$上的一个 $n\times m$ 非零矩阵 $\boldsymbol{B}$，使 $\boldsymbol{AB}=\boldsymbol{0}$ 的充分必要条件为$|\boldsymbol{A}|=0$. 从而数域$\mathbb{K}$上的任一 n 级矩阵或者为可逆矩阵，或者为零因子.

证明： 必要性：假设存在 $\boldsymbol{B}\neq\boldsymbol{0}$，使得 $\boldsymbol{AB}=\boldsymbol{0}$，则 $\operatorname{rank}(\boldsymbol{A})+\operatorname{rank}(\boldsymbol{B})\leqslant n$. 由于 $\operatorname{rank}(\boldsymbol{B})\geqslant 1$，故 $\operatorname{rank}(\boldsymbol{A})<n$，从而$|\boldsymbol{A}|=0$.

充分性：由于$|\boldsymbol{A}|=0$，故方程组 $\boldsymbol{AX}=\boldsymbol{0}$ 有非零解，以这些非零解为列构成的矩阵 $\boldsymbol{B}$ 满足 $\boldsymbol{AB}=\boldsymbol{0}$.

8. 设 $\boldsymbol{B}$，$\boldsymbol{C}$ 分别为数域$\mathbb{K}$上的 n 级矩阵、$n\times m$ 行满秩矩阵. 证明：

(1) 若 $\boldsymbol{BC}=\boldsymbol{0}$，则 $\boldsymbol{B}=\boldsymbol{0}$；

(2) 若 $\boldsymbol{BC}=\boldsymbol{C}$，则 $\boldsymbol{B}=\boldsymbol{I}$.

证明： (1)（**方法一**）由 $\boldsymbol{BC}=\boldsymbol{0}$知 $\operatorname{rank}(\boldsymbol{B})+\operatorname{rank}(\boldsymbol{C})\leqslant n$，而 $\operatorname{rank}(\boldsymbol{C})=n$，故 $\operatorname{rank}(\boldsymbol{B})=0$，即 $\boldsymbol{B}=\boldsymbol{0}$.

（**方法二**）先证明如下引理：设 $\boldsymbol{A}$ 为 $s\times n$ 矩阵，$\boldsymbol{B}$ 是 $n\times m$ 矩阵且 $\operatorname{rank}(\boldsymbol{A})=n$，且

$\boldsymbol{AB}=\boldsymbol{C}$，则 $\text{rank}(\boldsymbol{B})=\text{rank}(\boldsymbol{C})$.

证明： 由 $\text{rank}(\boldsymbol{A})=n$ 知存在可逆矩阵 $\boldsymbol{P}$，使得

$$\boldsymbol{PA}=\begin{pmatrix}\boldsymbol{I}_n\\ \boldsymbol{0}\end{pmatrix}_{s\times n}$$

于是 $\boldsymbol{PC}=\boldsymbol{PAB}=\begin{pmatrix}\boldsymbol{I}_n\\ \boldsymbol{0}\end{pmatrix}\boldsymbol{B}=\begin{pmatrix}\boldsymbol{B}\\ \boldsymbol{0}\end{pmatrix}$，从而 $\text{rank}(\boldsymbol{PC})=\text{rank}(\boldsymbol{B})=\text{rank}(\boldsymbol{C})$. 对于本题(1)$\boldsymbol{C}$ 是行满秩矩阵，结论是 $\text{rank}(\boldsymbol{B})=\text{rank}(\boldsymbol{0})=0$，从而 $\boldsymbol{B}=\boldsymbol{0}$.

(2)（**方法一**）因为 $\boldsymbol{C}$ 是行满秩矩阵，故存在可逆矩阵 $\boldsymbol{Q}$，使得 $\boldsymbol{CQ}=(\boldsymbol{I}_n,\ \boldsymbol{0})$. 又因为 $\boldsymbol{BC}=\boldsymbol{C}$，则 $\boldsymbol{BCQ}=\boldsymbol{CQ}=\boldsymbol{B}\cdot(\boldsymbol{I}_n,\ \boldsymbol{0})=(\boldsymbol{I}_n,\ \boldsymbol{0})$，从而 $(\boldsymbol{B},\ \boldsymbol{0})=(\boldsymbol{I}_n,\ \boldsymbol{0})$，即 $\boldsymbol{B}=\boldsymbol{I}$.

（**方法二**）由 $\boldsymbol{BC}=\boldsymbol{C}$，得 $(\boldsymbol{B}-\boldsymbol{I})\boldsymbol{C}=\boldsymbol{0}$，再由(1)的结论知 $\boldsymbol{B}=\boldsymbol{I}$.

9. 设 $\boldsymbol{A}$，$\boldsymbol{B}$，$\boldsymbol{C}$ 分别 $s\times n$，$n\times m$，$m\times t$ 矩阵，证明下述的 Frobenius 秩不等式：

$$\text{rank}(\boldsymbol{ABC})\geqslant\text{rank}(\boldsymbol{AB})+\text{rank}(\boldsymbol{BC})-\text{rank}(\boldsymbol{B}).$$

证明： 由于

$$\begin{pmatrix}\boldsymbol{I}_s & -\boldsymbol{A}\\ \boldsymbol{0} & \boldsymbol{I}_n\end{pmatrix}\begin{pmatrix}\boldsymbol{AB} & \boldsymbol{0}\\ \boldsymbol{B} & \boldsymbol{BC}\end{pmatrix}=\begin{pmatrix}\boldsymbol{0} & -\boldsymbol{ABC}\\ \boldsymbol{B} & \boldsymbol{BC}\end{pmatrix}\tag{1}$$

$$\begin{pmatrix}\boldsymbol{0} & -\boldsymbol{ABC}\\ \boldsymbol{B} & \boldsymbol{BC}\end{pmatrix}\begin{pmatrix}\boldsymbol{I}_m & -\boldsymbol{C}\\ \boldsymbol{0} & \boldsymbol{I}_t\end{pmatrix}=\begin{pmatrix}\boldsymbol{0} & -\boldsymbol{ABC}\\ \boldsymbol{B} & \boldsymbol{0}\end{pmatrix}\tag{2}$$

由(1)式得

$$\text{rank}\begin{pmatrix}\boldsymbol{AB} & \boldsymbol{0}\\ \boldsymbol{B} & \boldsymbol{BC}\end{pmatrix}=\text{rank}\begin{pmatrix}\boldsymbol{0} & -\boldsymbol{ABC}\\ \boldsymbol{B} & \boldsymbol{BC}\end{pmatrix}$$

由(2)式得

$$\text{rank}\begin{pmatrix}\boldsymbol{0} & -\boldsymbol{ABC}\\ \boldsymbol{B} & \boldsymbol{BC}\end{pmatrix}=\text{rank}\begin{pmatrix}\boldsymbol{0} & -\boldsymbol{ABC}\\ \boldsymbol{B} & \boldsymbol{0}\end{pmatrix}$$

由教材 3.6 节例 3 知

$$\text{rank}\begin{pmatrix}\boldsymbol{0} & -\boldsymbol{ABC}\\ \boldsymbol{B} & \boldsymbol{0}\end{pmatrix}=\text{rank}(\boldsymbol{ABC})+\text{rank}(\boldsymbol{B})$$

由教材 3.6 节例 4 知

$$\operatorname{rank}\begin{pmatrix} \boldsymbol{AB} & \boldsymbol{0} \\ \boldsymbol{B} & \boldsymbol{BC} \end{pmatrix} \geqslant \operatorname{rank}(\boldsymbol{AB})+\operatorname{rank}(\boldsymbol{BC})$$

从而得

$$\operatorname{rank}(\boldsymbol{ABC})+\operatorname{rank}(\boldsymbol{B}) \geqslant \operatorname{rank}(\boldsymbol{AB})+\operatorname{rank}(\boldsymbol{BC})$$

移项即得

$$\operatorname{rank}(\boldsymbol{ABC}) \geqslant \operatorname{rank}(\boldsymbol{AB})+\operatorname{rank}(\boldsymbol{BC})-\operatorname{rank}(\boldsymbol{B})$$

若取 $\boldsymbol{B}=\boldsymbol{I}$，则可以得到 Sylvester 不等式

$$\operatorname{rank}(\boldsymbol{AC}) \geqslant \operatorname{rank}(\boldsymbol{A})+\operatorname{rank}(\boldsymbol{C})-n$$

10. 证明：数域$\mathbb{K}$上的 n 级矩阵 $\boldsymbol{A}$ 是对合矩阵(即满足 $\boldsymbol{A}^2=\boldsymbol{I}$)的充分必要条件是

$$\operatorname{rank}(\boldsymbol{I}+\boldsymbol{A})+\operatorname{rank}(\boldsymbol{I}-\boldsymbol{A})=n$$

证明： 必要性：由

$$\begin{aligned} \boldsymbol{A}^2=\boldsymbol{I} & \Leftrightarrow(\boldsymbol{A}-\boldsymbol{I})(\boldsymbol{A}+\boldsymbol{I})=\boldsymbol{0} \\ & \Rightarrow \operatorname{rank}(\boldsymbol{I}-\boldsymbol{A})+\operatorname{rank}(\boldsymbol{I}+\boldsymbol{A}) \leqslant n \end{aligned}$$

由 $2\boldsymbol{I}=(\boldsymbol{I}-\boldsymbol{A})+(\boldsymbol{I}+\boldsymbol{A})$再结合习题 4.2 第 1 题的结论知

$$n=\operatorname{rank}(2\boldsymbol{I})=\operatorname{rank}[(\boldsymbol{I}-\boldsymbol{A})+(\boldsymbol{I}+\boldsymbol{A})] \leqslant \operatorname{rank}(\boldsymbol{I}+\boldsymbol{A})+\operatorname{rank}(\boldsymbol{I}-\boldsymbol{A})$$

即

$$\operatorname{rank}(\boldsymbol{I}-\boldsymbol{A})+\operatorname{rank}(\boldsymbol{I}+\boldsymbol{A}) \geqslant n$$

于是

$$\operatorname{rank}(\boldsymbol{I}-\boldsymbol{A})+\operatorname{rank}(\boldsymbol{I}+\boldsymbol{A})=n$$

必要性成立.

现设

$$\operatorname{rank}(\boldsymbol{I}-\boldsymbol{A})+\operatorname{rank}(\boldsymbol{I}+\boldsymbol{A})=n$$

由于

$$\begin{pmatrix} \boldsymbol{I}+\boldsymbol{A} & \boldsymbol{0} \\ \boldsymbol{0} & \boldsymbol{I}-\boldsymbol{A} \end{pmatrix} \to \begin{pmatrix} \boldsymbol{I}+\boldsymbol{A} & \boldsymbol{0} \\ \boldsymbol{I}+\boldsymbol{A} & \boldsymbol{I}-\boldsymbol{A} \end{pmatrix} \to \begin{pmatrix} \boldsymbol{I}+\boldsymbol{A} & \boldsymbol{I}+\boldsymbol{A} \\ \boldsymbol{I}+\boldsymbol{A} & 2\boldsymbol{I} \end{pmatrix}$$

$$\to \begin{pmatrix} (\boldsymbol{I}+\boldsymbol{A})-\frac{1}{2}(\boldsymbol{I}+\boldsymbol{A})^2 & \boldsymbol{0} \\ \boldsymbol{I}+\boldsymbol{A} & 2\boldsymbol{I} \end{pmatrix} = \begin{pmatrix} \frac{1}{2}(\boldsymbol{I}+\boldsymbol{A})(\boldsymbol{I}-\boldsymbol{A}) & \boldsymbol{0} \\ \boldsymbol{I}+\boldsymbol{A} & 2\boldsymbol{I} \end{pmatrix}$$

$$\to \begin{pmatrix} \frac{1}{2}(\boldsymbol{I}-\boldsymbol{A}^2) & \boldsymbol{0} \\ (\boldsymbol{I}+\boldsymbol{A})-(\boldsymbol{I}+\boldsymbol{A}) & 2\boldsymbol{I} \end{pmatrix} = \begin{pmatrix} \frac{1}{2}(\boldsymbol{I}-\boldsymbol{A}^2) & \boldsymbol{0} \\ \boldsymbol{0} & 2\boldsymbol{I} \end{pmatrix}$$

从而

$$\operatorname{rank}(\boldsymbol{I}-\boldsymbol{A})+\operatorname{rank}(\boldsymbol{I}+\boldsymbol{A})=\operatorname{rank}(\boldsymbol{I}-\boldsymbol{A}^2)+\operatorname{rank}(\boldsymbol{I})$$

即

$$n=\operatorname{rank}(\boldsymbol{I}-\boldsymbol{A}^2)+n$$

于是

$$\boldsymbol{I}-\boldsymbol{A}^2=\boldsymbol{0}$$

即

$$\boldsymbol{A}^2=\boldsymbol{I}$$

充分性成立.

11. $\boldsymbol{A}=\operatorname{diag}\{a_1 I_{n_1}, a_2 I_{n_2}, \cdots, a_s I_{n_s}\}$，其中 $a_1, a_2, \cdots, a_s$ 是两两不等的数，证明：与 $\boldsymbol{A}$ 可交换的矩阵一定是分块对角矩阵 $\operatorname{diag}\{\boldsymbol{B}_1, \boldsymbol{B}_2, \cdots, \boldsymbol{B}_s\}$，其中 $\boldsymbol{B}_i$ 是 n_i 级矩阵，$i=1, 2, \cdots, s$.

证明： 设与 $\boldsymbol{A}$ 可交换的矩阵为 $\boldsymbol{B}$

$$\boldsymbol{B}=\begin{pmatrix} \boldsymbol{B}_1 & \boldsymbol{B}_{12} & \cdots & \boldsymbol{B}_{1s} \\ \boldsymbol{B}_{21} & \boldsymbol{B}_2 & \cdots & \boldsymbol{B}_{2s} \\ \vdots & \vdots & & \vdots \\ \boldsymbol{B}_{s1} & \boldsymbol{B}_{s2} & \cdots & \boldsymbol{B}_s \end{pmatrix}$$

$$\begin{pmatrix} a_1\boldsymbol{I}_{n_1} & & & \\ & a_2\boldsymbol{I}_{n_2} & & \\ & & \ddots & \\ & & & a_s\boldsymbol{I}_{n_s} \end{pmatrix} \begin{pmatrix} \boldsymbol{B}_1 & \boldsymbol{B}_{12} & \cdots & \boldsymbol{B}_{1s} \\ \boldsymbol{B}_{21} & \boldsymbol{B}_2 & \cdots & \boldsymbol{B}_{2s} \\ \vdots & \vdots & & \vdots \\ \boldsymbol{B}_{s1} & \boldsymbol{B}_{s2} & \cdots & \boldsymbol{B}_s \end{pmatrix} = \begin{pmatrix} a_1\boldsymbol{B}_1 & a_1\boldsymbol{B}_{12} & \cdots & a_1\boldsymbol{B}_{1s} \\ a_2\boldsymbol{B}_{21} & a_2\boldsymbol{B}_2 & \cdots & a_2\boldsymbol{B}_{2s} \\ \vdots & \vdots & & \vdots \\ a_s\boldsymbol{B}_{s1} & a_s\boldsymbol{B}_{s2} & \cdots & a_s\boldsymbol{B}_s \end{pmatrix}$$

$$\begin{pmatrix} \boldsymbol{B}_1 & \boldsymbol{B}_{12} & \cdots & \boldsymbol{B}_{1s} \\ \boldsymbol{B}_{21} & \boldsymbol{B}_2 & \cdots & \boldsymbol{B}_{2s} \\ \vdots & \vdots & & \vdots \\ \boldsymbol{B}_{s1} & \boldsymbol{B}_{s2} & \cdots & \boldsymbol{B}_s \end{pmatrix} \begin{pmatrix} a_1\boldsymbol{I}_{n_1} & & & \\ & a_2\boldsymbol{I}_{n_2} & & \\ & & \ddots & \\ & & & a_s\boldsymbol{I}_{n_s} \end{pmatrix} = \begin{pmatrix} a_1\boldsymbol{B}_1 & a_2\boldsymbol{B}_{12} & \cdots & a_s\boldsymbol{B}_{1s} \\ a_1\boldsymbol{B}_{21} & a_2\boldsymbol{B}_2 & \cdots & a_s\boldsymbol{B}_{2s} \\ \vdots & \vdots & & \vdots \\ a_1\boldsymbol{B}_{s1} & a_2\boldsymbol{B}_{s2} & \cdots & a_s\boldsymbol{B}_s \end{pmatrix}$$

于是当 $i \neq j$ 时，$a_i\boldsymbol{B}_{ij} = a_j\boldsymbol{B}_{ij}$. 由于 $a_i \neq a_j$，故 $\boldsymbol{B}_{ij} = \boldsymbol{0}$，从而 $\boldsymbol{B}$ 是分块对角矩阵，$\boldsymbol{B} = \mathrm{diag}\{\boldsymbol{B}_1, \boldsymbol{B}_2, \cdots, \boldsymbol{B}_s\}$.

12. 设 $\boldsymbol{B} = \begin{pmatrix} \boldsymbol{0} & \boldsymbol{B}_1 \\ \boldsymbol{B}_2 & \boldsymbol{0} \end{pmatrix}$，其中 $\boldsymbol{B}_1$，$\boldsymbol{B}_2$ 分别是 r 级、s 级矩阵. 求 $\boldsymbol{B}$ 可逆的充分必要条件；当 $\boldsymbol{B}$ 可逆时，求 $\boldsymbol{B}^{-1}$.

解：因为 $|\boldsymbol{B}| = |\boldsymbol{B}_1| \cdot |\boldsymbol{B}_2| \cdot (-1)^{rs}$，从而当 $\boldsymbol{B}_1$，$\boldsymbol{B}_2$ 都可逆时，$\boldsymbol{B}$ 可逆. 当 $\boldsymbol{B}$ 可逆时，由于

$$\begin{pmatrix} \boldsymbol{0} & \boldsymbol{B}_1 \\ \boldsymbol{B}_2 & \boldsymbol{0} \end{pmatrix} \begin{pmatrix} \boldsymbol{0} & \boldsymbol{B}_2^{-1} \\ \boldsymbol{B}_1^{-1} & \boldsymbol{0} \end{pmatrix} = \begin{pmatrix} \boldsymbol{I}_r & \boldsymbol{0} \\ \boldsymbol{0} & \boldsymbol{I}_s \end{pmatrix} = \boldsymbol{I}$$

故

$$\begin{pmatrix} \boldsymbol{0} & \boldsymbol{B}_1 \\ \boldsymbol{B}_2 & \boldsymbol{0} \end{pmatrix}^{-1} = \begin{pmatrix} \boldsymbol{0} & \boldsymbol{B}_2^{-1} \\ \boldsymbol{B}_1^{-1} & \boldsymbol{0} \end{pmatrix}$$

13. 求下述 n 级矩阵 $\boldsymbol{A}$ 的逆矩阵($n \geqslant 2$)：

$$\boldsymbol{A} = \begin{pmatrix} 0 & a_1 & 0 & \cdots & 0 & 0 \\ 0 & 0 & a_2 & \cdots & 0 & 0 \\ \vdots & \vdots & \vdots & & \vdots & \vdots \\ 0 & 0 & 0 & \cdots & 0 & a_{n-1} \\ a_n & 0 & 0 & \cdots & 0 & 0 \end{pmatrix}，其中 a_1a_2\cdots a_n \neq 0.$$

解：将 $\boldsymbol{A}$ 写成分块形式 $\boldsymbol{A} = \begin{pmatrix} \boldsymbol{0} & \boldsymbol{B}_1 \\ \boldsymbol{B}_2 & \boldsymbol{0} \end{pmatrix}$，则由上一题结论得

$$\boldsymbol{A}^{-1} = \begin{pmatrix} \boldsymbol{0} & \boldsymbol{B}_2^{-1} \\ \boldsymbol{B}_1^{-1} & \boldsymbol{0} \end{pmatrix} = \begin{pmatrix} 0 & 0 & 0 & \cdots & 0 & a_n^{-1} \\ a_1^{-1} & 0 & 0 & \cdots & 0 & 0 \\ \vdots & \vdots & \vdots & & \vdots & \vdots \\ 0 & 0 & 0 & \cdots & 0 & 0 \\ 0 & 0 & 0 & \cdots & a_{n-1}^{-1} & 0 \end{pmatrix}$$

14. 求下述数域$\mathbb{K}$上 n 级矩阵的逆矩阵($n\geqslant 2$)：

(1)
$$\boldsymbol{A}=\begin{pmatrix} 1 & 2 & 3 & \cdots & n-1 & n \\ n & 1 & 2 & \cdots & n-2 & n-1 \\ \vdots & \vdots & & \vdots & & \\ 2 & 3 & 4 & \cdots & n & 1 \end{pmatrix};$$

(2)
$$\boldsymbol{B}=\begin{pmatrix} 1+a_1 & 1 & 1 & \cdots & 1 \\ 1 & 1+a_2 & 1 & \cdots & 1 \\ \vdots & \vdots & \vdots & & \vdots \\ 1 & 1 & 1 & \cdots & 1+a_n \end{pmatrix},\ a_1a_2\cdots a_n\neq 0.$$

解：(1) 先解线性方程组

$$\boldsymbol{AX}=\boldsymbol{\beta},\ \boldsymbol{\beta}=(b_1,\ b_2,\ \cdots,\ b_n)'$$

将 n 个方程相加，得

$$\frac{1}{2}n(n+1)(x_1+x_2+\cdots+x_n)=\sum_{j=1}^{n} b_j$$

令 $y=x_1+x_2+\cdots+x_n$，由上式得

$$y=\frac{2}{n(n+1)}\sum_{j=1}^{n} b_j$$

用第 1 个方程减去第 2 个方程，得

$$(1-n)x_1+x_2+\cdots+x_n=b_1-b_2$$

由此得出

$$y-nx_1=b_1-b_2$$

从而

$$x_1=\frac{1}{n}(y-b_1+b_2)=\frac{1}{n}\left[\frac{2}{n(n+1)}\sum_{j=1}^{n}b_j-b_1+b_2\right]$$

类似地，从第 i 个方程减去第 $i+1$ 个方程得

$$x_i=\frac{1}{n}\left[\frac{2}{n(n+1)}\sum_{j=1}^{n}b_j-b_i+b_{i+1}\right],\ i=1,\ 2,\ \cdots,\ n-1$$

用第 n 个方程减去第 1 个方程，得

$$x_n=\frac{1}{n}\left[\frac{2}{n(n+1)}\sum_{j=1}^{n}b_j-b_n+b_1\right]$$

记 $s=\dfrac{2}{n(n+1)}$，分别令 $\boldsymbol{\beta}$ 为 $\boldsymbol{\varepsilon}_1$，$\boldsymbol{\varepsilon}_2$，…，$\boldsymbol{\varepsilon}_n$，得

$$\boldsymbol{A}^{-1}=\frac{1}{n}\begin{pmatrix} s-1 & s+1 & s & \cdots & s \\ s & s-1 & s+1 & \cdots & s \\ s & s & s-1 & \cdots & s \\ \vdots & \vdots & \vdots & & \vdots \\ s & s & s & \cdots & s+1 \\ s+1 & s & s & \cdots & s-1 \end{pmatrix}$$

（2）**解**：先解方程组 $\boldsymbol{AX}=\boldsymbol{\beta}$，其中 $\boldsymbol{\beta}=(b_1, b_2, \cdots, b_n)'$. 由补充题一的第 1 题知

$$x_i=\frac{b_i}{a_i}-\frac{\sum\limits_{j=1}^{n}\dfrac{b_j}{a_j}}{a_i\left(1+\sum\limits_{j=1}^{n}\dfrac{1}{a_j}\right)}, i=1, 2, \cdots, n$$

分别令 $\boldsymbol{\beta}$ 为 $\boldsymbol{\varepsilon}_1$，$\boldsymbol{\varepsilon}_2$，…，$\boldsymbol{\varepsilon}_n$，得

$$\boldsymbol{A}^{-1}=\begin{pmatrix} \dfrac{a_1s-1}{a_1^2} & \cdots & \dfrac{-1}{a_1a_2s} & \dfrac{-1}{a_1a_3s} & \cdots \\ \dfrac{-1}{a_2a_1s} & \dfrac{a_2s-1}{a_2^2\cdots} & \dfrac{-1}{a_2a_3s} & \cdots & \dfrac{-1}{a_2a_ns} \\ \vdots & \vdots & \vdots & & \vdots \\ \dfrac{-1}{a_na_1s} & \dfrac{-1}{a_na_2s} & \dfrac{-1}{a_na_3s} & \cdots & \dfrac{a_ns-1}{a_n^2} \end{pmatrix}$$

15. 解下述数域$\mathbb{K}$上的矩阵方程：

$$\begin{pmatrix} 3 & -1 & 2 \\ 4 & -3 & 3 \\ 1 & 3 & 0 \end{pmatrix}\boldsymbol{X}=\begin{pmatrix} 3 & 9 & 7 \\ 1 & 11 & 7 \\ 7 & 5 & 7 \end{pmatrix}.$$

解：

$$\begin{pmatrix} 3 & -1 & 2 & 3 & 9 & 7 \\ 4 & -3 & 3 & 1 & 11 & 7 \\ 1 & 3 & 0 & 7 & 5 & 7 \end{pmatrix}\to\begin{pmatrix} 1 & 0 & \dfrac{3}{5} & \dfrac{8}{5} & \dfrac{16}{5} & \dfrac{14}{5} \\ 0 & 1 & -\dfrac{1}{5} & \dfrac{9}{5} & \dfrac{3}{5} & \dfrac{7}{5} \\ 0 & 0 & 0 & 0 & 0 & 0 \end{pmatrix}$$

于是

$$X=\begin{pmatrix} -3c_1+\frac{8}{5} & -3c_2+\frac{16}{5} & -3c_3+\frac{14}{5} \\ c_1+\frac{9}{5} & c_2+\frac{3}{5} & c_3+\frac{7}{5} \\ 5c_1 & 5c_2 & 5c_3 \end{pmatrix}$$

16. 在$\mathbb{K}^3$中取两个基：

$$\boldsymbol{\alpha}_1=(1,0,0)', \boldsymbol{\alpha}_2=(1,2,0)', \boldsymbol{\alpha}_3=(1,2,3)';$$

$$\boldsymbol{\beta}_1=(2,1,-3)', \boldsymbol{\beta}_2=(1,0,4)', \boldsymbol{\beta}_3=(3,2,1)'.$$

求矩阵$\boldsymbol{A}$使得$\boldsymbol{A}\boldsymbol{\alpha}_i=\boldsymbol{\beta}_i$，$i=1,2,3$.

解： 由题意

$$\boldsymbol{A}(\boldsymbol{\alpha}_1,\boldsymbol{\alpha}_2,\boldsymbol{\alpha}_3)=(\boldsymbol{\beta}_1,\boldsymbol{\beta}_2,\boldsymbol{\beta}_3)$$

即

$$\boldsymbol{A}\begin{pmatrix} 1 & 1 & 1 \\ 0 & 2 & 2 \\ 0 & 0 & 3 \end{pmatrix}=\begin{pmatrix} 2 & 1 & 3 \\ 1 & 0 & 2 \\ -3 & 4 & 1 \end{pmatrix}$$

从而

$$\boldsymbol{A}=\begin{pmatrix} 2 & 1 & 3 \\ 1 & 0 & 2 \\ -3 & 4 & 1 \end{pmatrix}\begin{pmatrix} 1 & 1 & 1 \\ 0 & 2 & 2 \\ 0 & 0 & 3 \end{pmatrix}^{-1}=\begin{pmatrix} 2 & -\frac{1}{2} & \frac{2}{3} \\ 1 & -\frac{1}{2} & \frac{2}{3} \\ -3 & \frac{7}{2} & -1 \end{pmatrix}.$$

17. 设$\boldsymbol{A}$，$\boldsymbol{B}$，$\boldsymbol{C}$，$\boldsymbol{D}$都是n级矩阵，并且$\boldsymbol{AC}=\boldsymbol{CA}$，$\boldsymbol{A}$可逆. 证明：

$$\begin{vmatrix} \boldsymbol{A} & \boldsymbol{B} \\ \boldsymbol{C} & \boldsymbol{D} \end{vmatrix}=|\boldsymbol{AD}-\boldsymbol{CB}|.$$

证明： 本题中$\boldsymbol{A}$可逆条件多余. 当$|\boldsymbol{A}|\neq 0$时，

$$\begin{pmatrix} \boldsymbol{A} & \boldsymbol{B} \\ \boldsymbol{C} & \boldsymbol{D} \end{pmatrix}\to\begin{pmatrix} \boldsymbol{A} & \boldsymbol{B} \\ \boldsymbol{0} & \boldsymbol{D}-\boldsymbol{C}\boldsymbol{A}^{-1}\boldsymbol{B} \end{pmatrix}$$

即

$$\begin{pmatrix} \boldsymbol{I} & \boldsymbol{0} \\ -\boldsymbol{C}\boldsymbol{A}^{-1} & \boldsymbol{I} \end{pmatrix}\begin{pmatrix} \boldsymbol{A} & \boldsymbol{B} \\ \boldsymbol{C} & \boldsymbol{D} \end{pmatrix}=\begin{pmatrix} \boldsymbol{A} & \boldsymbol{B} \\ \boldsymbol{0} & \boldsymbol{D}-\boldsymbol{C}\boldsymbol{A}^{-1}\boldsymbol{B} \end{pmatrix}$$

两边取行列式，得

$$\begin{vmatrix} \boldsymbol{A} & \boldsymbol{B} \\ \boldsymbol{C} & \boldsymbol{D} \end{vmatrix}=|\boldsymbol{A}|\cdot|\boldsymbol{D}-\boldsymbol{C}\boldsymbol{A}^{-1}\boldsymbol{B}|$$

于是

$$\begin{aligned}\begin{vmatrix} \boldsymbol{A} & \boldsymbol{B} \\ \boldsymbol{C} & \boldsymbol{D} \end{vmatrix}&=|\boldsymbol{A}(\boldsymbol{D}-\boldsymbol{C}\boldsymbol{A}^{-1}\boldsymbol{B})|=|\boldsymbol{A}\boldsymbol{D}-\boldsymbol{A}\boldsymbol{C}\boldsymbol{A}^{-1}\boldsymbol{B}|\\&=|\boldsymbol{A}\boldsymbol{D}-\boldsymbol{C}\boldsymbol{A}\boldsymbol{A}^{-1}\boldsymbol{B}|=|\boldsymbol{A}\boldsymbol{D}-\boldsymbol{C}\boldsymbol{B}|.\end{aligned}$$

当 $|\boldsymbol{A}|=0$ 时，令

$$\boldsymbol{A}(t)=\boldsymbol{A}-t\boldsymbol{I}$$

则 $|\boldsymbol{A}(t)|=|\boldsymbol{A}-t\boldsymbol{I}|$ 是 t 的 n 次多项式，记作 $f(t)$. 显然有 $f(0)=|\boldsymbol{A}|=0$，因 n 次多项式在数域 $\mathbb{K}$ 中的根至多有 n 个，所以存在 $\delta>0$，使得 $\forall t\in(0-\delta, 0+\delta)$，并且 $t\neq 0$，都有 $f(t)\neq 0$，即 $|\boldsymbol{A}(t)|\neq 0$. 由于 $\boldsymbol{A}\boldsymbol{C}=\boldsymbol{C}\boldsymbol{A}$，因此

$$\boldsymbol{A}(t)\boldsymbol{C}=(\boldsymbol{A}-t\boldsymbol{I})\boldsymbol{C}=\boldsymbol{A}\boldsymbol{C}-t\boldsymbol{C}=\boldsymbol{C}(\boldsymbol{A}-t\boldsymbol{I})=\boldsymbol{C}\boldsymbol{A}(t)$$

由上一段证得的结果

$$\begin{vmatrix} \boldsymbol{A}(t) & \boldsymbol{B} \\ \boldsymbol{C} & \boldsymbol{D} \end{vmatrix}=|\boldsymbol{A}(t)\boldsymbol{D}-\boldsymbol{C}\boldsymbol{B}|$$

令 $t\to 0$，利用多项式的连续性得

$$\begin{vmatrix} \boldsymbol{A} & \boldsymbol{B} \\ \boldsymbol{C} & \boldsymbol{D} \end{vmatrix}=|\boldsymbol{A}\boldsymbol{D}-\boldsymbol{C}\boldsymbol{B}|.$$

18. 设 $\boldsymbol{A}$，$\boldsymbol{D}$ 分别是 r 级、s 级矩阵，且 $\boldsymbol{D}$ 可逆. 证明：

$$\begin{vmatrix} \boldsymbol{A} & \boldsymbol{B} \\ \boldsymbol{C} & \boldsymbol{D} \end{vmatrix}=|\boldsymbol{D}|\cdot|\boldsymbol{A}-\boldsymbol{B}\boldsymbol{D}^{-1}\boldsymbol{C}|.$$

证明： 由

$$\begin{pmatrix} \boldsymbol{A} & \boldsymbol{B} \\ \boldsymbol{C} & \boldsymbol{D} \end{pmatrix} \to \begin{bmatrix} \boldsymbol{A}-\boldsymbol{B}\boldsymbol{D}^{-1}\boldsymbol{C} & \boldsymbol{0} \\ \boldsymbol{C} & \boldsymbol{D} \end{bmatrix}$$

知

$$\begin{bmatrix} \boldsymbol{I} & -\boldsymbol{B}\boldsymbol{D}^{-1} \\ \boldsymbol{0} & \boldsymbol{I} \end{bmatrix} \begin{pmatrix} \boldsymbol{A} & \boldsymbol{B} \\ \boldsymbol{C} & \boldsymbol{D} \end{pmatrix} = \begin{bmatrix} \boldsymbol{A}-\boldsymbol{B}\boldsymbol{D}^{-1}\boldsymbol{C} & \boldsymbol{0} \\ \boldsymbol{C} & \boldsymbol{D} \end{bmatrix}$$

两边取行列式，得

$$\begin{vmatrix} \boldsymbol{A} & \boldsymbol{B} \\ \boldsymbol{C} & \boldsymbol{D} \end{vmatrix} = |\boldsymbol{D}| \cdot |\boldsymbol{A}-\boldsymbol{B}\boldsymbol{D}^{-1}\boldsymbol{C}|$$

19. 设 $\boldsymbol{A}$ 为 n 级可逆矩阵，$\boldsymbol{\alpha}=(a_1, a_2, \cdots, a_n)'$. 证明：

$$|\boldsymbol{A}-\boldsymbol{\alpha}\boldsymbol{\alpha}'|=(1-\boldsymbol{\alpha}'\boldsymbol{A}^{-1}\boldsymbol{\alpha}) \cdot |\boldsymbol{A}|.$$

证明： $|\boldsymbol{A}-\boldsymbol{\alpha}\boldsymbol{\alpha}'|=|\boldsymbol{A}(\boldsymbol{I}_n-\boldsymbol{A}^{-1}\boldsymbol{\alpha}\boldsymbol{\alpha}')|=|\boldsymbol{A}| \cdot |\boldsymbol{I}_n-\boldsymbol{A}^{-1}\boldsymbol{\alpha}\boldsymbol{\alpha}'|$

由本节教材中命题 2 的(3)知

$$|\boldsymbol{I}_n-\boldsymbol{A}^{-1}\boldsymbol{\alpha}\boldsymbol{\alpha}'|=|\boldsymbol{I}_1-\boldsymbol{\alpha}'\boldsymbol{A}^{-1}\boldsymbol{\alpha}|$$

故

$$|\boldsymbol{A}-\boldsymbol{\alpha}\boldsymbol{\alpha}'|=(1-\boldsymbol{\alpha}'\boldsymbol{A}^{-1}\boldsymbol{\alpha}) \cdot |\boldsymbol{A}|$$

20. 计算下述 n 阶行列式($n\geqslant 2$)：

$$\begin{vmatrix} 0 & 2 & 3 & \cdots & n-1 & n \\ 1 & 0 & 3 & \cdots & n-1 & n \\ \vdots & \vdots & \vdots & & \vdots & \vdots \\ 1 & 2 & 3 & \cdots & n-1 & 0 \end{vmatrix}.$$

解： 原式 $=\left|\begin{pmatrix} 1 & 2 & 3 & \cdots & n-1 & n \\ 1 & 2 & 3 & \cdots & n-1 & n \\ \vdots & \vdots & \vdots & & \vdots & \vdots \\ 1 & 2 & 3 & \cdots & n-1 & n \end{pmatrix} - \begin{pmatrix} 1 & 0 & 0 & \cdots & 0 \\ 0 & 2 & 0 & \cdots & 0 \\ \vdots & \vdots & & \vdots & \vdots \\ 0 & 0 & 0 & \cdots & n \end{pmatrix}\right|$

$$=\left|\begin{pmatrix} 1 \\ 1 \\ \vdots \\ 1 \end{pmatrix}(1, 2, \cdots, n)-\mathrm{diag}\{1, 2, \cdots, n\}\right|$$

$$=\left|-\text{diag}\{1,2,\cdots,n\}\cdot\left[I_n-(\text{diag}\{1,2,\cdots,n\})^{-1}\cdot\begin{pmatrix}1\\1\\\vdots\\1\end{pmatrix}(1,2,\cdots,n)\right]\right|$$

$$=|-\text{diag}\{1,2,\cdots,n\}|\cdot\left|I_1-(1,2,\cdots,n)\cdot(\text{diag}\{1,2,\cdots,n\})^{-1}\cdot\begin{pmatrix}1\\1\\\vdots\\1\end{pmatrix}\right|$$

$$=(-1)^n\cdot n!\cdot\left(1-\sum_{i=1}^{n}\frac{i}{i}\right)=(-1)^n\cdot n!\cdot(1-n)$$

21. 设 $\boldsymbol{A}$ 是一个 n 级矩阵，且 $\text{rank}(\boldsymbol{A})=r(r<n)$. 证明：存在一个 n 级可逆矩阵 $\boldsymbol{P}$，使得 $\boldsymbol{PAP}^{-1}$ 的后 $n-r$ 行的元素全为 0.

证明： 把 $\boldsymbol{A}$ 经过一系列初等行变换化成阶梯形矩阵 $\boldsymbol{G}$，即存在可逆矩阵 $\boldsymbol{P}_1$，$\boldsymbol{P}_2$，…，$\boldsymbol{P}_t$，使得 $\boldsymbol{P}_t\cdots\boldsymbol{P}_2\boldsymbol{P}_1\boldsymbol{A}=\boldsymbol{G}$，从而

$$\boldsymbol{P}_t\cdots\boldsymbol{P}_2\boldsymbol{P}_1\boldsymbol{A}\boldsymbol{P}_1^{-1}\boldsymbol{P}_2^{-1}\cdots\boldsymbol{P}_t^{-1}=\boldsymbol{G}\boldsymbol{P}_1^{-1}\boldsymbol{P}_2^{-1}\cdots\boldsymbol{P}_t^{-1}$$

$\boldsymbol{G}$ 的后 $n-r$ 行为全零行，故 $\boldsymbol{G}\boldsymbol{P}_1^{-1}\boldsymbol{P}_2^{-1}\cdots\boldsymbol{P}_t^{-1}$ 后 $n-r$ 行全为 0. 记 $\boldsymbol{P}=\boldsymbol{P}_t\cdots P_2P_1$，则 $\boldsymbol{PAP}^{-1}$ 的后 $n-r$ 行全为 0.

22. 设 $\boldsymbol{A}$ 是一个 $s\times n$ 矩阵，证明：

(1) $\boldsymbol{A}$ 是列满秩矩阵当且仅当存在 s 级可逆矩阵 $\boldsymbol{P}$，使得 $\boldsymbol{A}=\boldsymbol{P}\begin{pmatrix}\boldsymbol{I}_n\\\boldsymbol{0}\end{pmatrix}$；

(2) $\boldsymbol{A}$ 是行满秩矩阵当且仅当存在 n 级可逆矩阵 $\boldsymbol{Q}$，使得 $\boldsymbol{A}=(\boldsymbol{I}_s,\boldsymbol{0})\boldsymbol{Q}$.

证明： (1) $\boldsymbol{A}$ 列满秩，故 $\boldsymbol{A}$ 经过一系列的初等行变换化成 $\begin{pmatrix}\boldsymbol{I}_n\\\boldsymbol{0}\end{pmatrix}$，即存在初等矩阵 $\boldsymbol{P}_1$，$\boldsymbol{P}_2$，…，$\boldsymbol{P}_t$，使得

$$\boldsymbol{P}_t\cdots\boldsymbol{P}_2\boldsymbol{P}_1\boldsymbol{A}=\begin{pmatrix}\boldsymbol{I}_n\\\boldsymbol{0}\end{pmatrix}$$

记 $\boldsymbol{P}^{-1}=\boldsymbol{P}_t\cdots\boldsymbol{P}_2\boldsymbol{P}_1$，则 $\boldsymbol{A}=\boldsymbol{P}\begin{pmatrix}\boldsymbol{I}_n\\\boldsymbol{0}\end{pmatrix}$.

(2) 存在初等矩阵 $\boldsymbol{Q}_1$，$\boldsymbol{Q}_2$，…，$\boldsymbol{Q}_s$，使得

$$\boldsymbol{A}\boldsymbol{Q}_1\boldsymbol{Q}_2\cdots\boldsymbol{Q}_s=(\boldsymbol{I}_s,\boldsymbol{0})$$

记 $\boldsymbol{Q}^{-1}=\boldsymbol{Q}_1\boldsymbol{Q}_2\cdots\boldsymbol{Q}_s$，则 $\boldsymbol{A}=(\boldsymbol{I}_s, \boldsymbol{0})\boldsymbol{Q}$.

23. 设 $\boldsymbol{A}$ 是数域 $\mathbb{K}$ 上的 2 阶矩阵，证明：如果 $|\boldsymbol{A}|=1$，那么 $\boldsymbol{A}$ 可以表示成 1°型初等矩阵 $\boldsymbol{P}(i, j(k))$ 的乘积(即 $\boldsymbol{A}$ 可以表示成形如 $\boldsymbol{I}+k\boldsymbol{E}_{ij}$ 的矩阵的乘积，其中 $i\neq j$).

证明： 先看一个特殊情形，设

$$\boldsymbol{A}=\begin{bmatrix} a & 0 \\ 0 & a^{-1} \end{bmatrix}$$

若 $a=1$，则 $\boldsymbol{A}=\boldsymbol{I}$ 本身就是 $\boldsymbol{P}(i, j(k))$ 型初等矩阵，下设 $a\neq 1$.

$$\begin{bmatrix} a & 0 \\ 0 & a^{-1} \end{bmatrix} \xrightarrow{②+①\cdot a^{-1}} \begin{bmatrix} a & 0 \\ 1 & a^{-1} \end{bmatrix} \xrightarrow[②+①\cdot(1-a^{-1})]{} \begin{pmatrix} a & a-1 \\ 1 & 1 \end{pmatrix}$$
$$\xrightarrow{①+②\cdot(1-a)} \begin{pmatrix} 1 & 0 \\ 1 & 1 \end{pmatrix} \xrightarrow{②+①\cdot(-1)} \begin{pmatrix} 1 & 0 \\ 0 & 1 \end{pmatrix}$$

因此

$$\boldsymbol{P}(2, 1(-1))\cdot\boldsymbol{P}(1, 2(1-a))\cdot\boldsymbol{P}(2, 1(a)^{-1})\cdot\begin{bmatrix} a & 0 \\ 0 & a^{-1} \end{bmatrix}\cdot\boldsymbol{P}(1, 2(1-a^{-1}))=I$$

现在看一般情形，设

$$\boldsymbol{A}=\begin{pmatrix} a & b \\ c & d \end{pmatrix}$$

其中 $|\boldsymbol{A}|=ad-bc=1$. 若 $a\neq 0$，则

$$\begin{pmatrix} a & b \\ c & d \end{pmatrix}\to\begin{bmatrix} a & b \\ 0 & d-ca^{-1}b \end{bmatrix}=\begin{bmatrix} a & b \\ 0 & -a^{-1} \end{bmatrix}\to\begin{bmatrix} a & 0 \\ 0 & a^{-1} \end{bmatrix}$$

利用上面证得的结果，$\boldsymbol{A}$ 可表示成 1°型初等矩阵的乘积.

若 $a=0$，则 $c\neq 0$，从而

$$\begin{pmatrix} a & b \\ c & d \end{pmatrix}\to\begin{pmatrix} c & b+d \\ c & d \end{pmatrix}$$

利用刚刚证得的结果，$\boldsymbol{A}$ 可表示成 1°型初等矩阵的乘积.

24. 设 $\boldsymbol{A}$ 是数域 $\mathbb{K}$ 上的 n 级矩阵($n\geqslant 2$). 证明：如果 $|\boldsymbol{A}|=1$，那么 $\boldsymbol{A}$ 可以表示成 1°型初等矩阵的乘积.

证明： 当 $n=2$ 时，第 23 题已经证明命题为真. 假设对于 $n-1$ 级矩阵，命题为

真，下面看 n 级矩阵 $\boldsymbol{A}$ 的情形.

若 $a_{11}\neq 0$，则

$$\boldsymbol{A}\rightarrow\begin{pmatrix}a_{11}&a_{12}&a_{13}&\cdots&a_{1n}\\0&b_{22}&b_{23}&\cdots&b_{2n}\\\vdots&\vdots&\vdots&&\vdots\\0&b_{n2}&b_{n3}&\cdots&b_{nn}\end{pmatrix}\rightarrow\begin{pmatrix}a_{11}&a_{12}&a_{13}&\cdots&a_{1n}\\a_{11}&a_{12}+b_{22}&a_{13}+b_{23}&\cdots&a_{1n}+b_{2n}\\0&b_{32}&b_{33}&\cdots&b_{3n}\\\vdots&\vdots&\vdots&&\vdots\\0&b_{n2}&b_{n3}&\cdots&b_{nn}\end{pmatrix}$$

$$\rightarrow\begin{pmatrix}1&c_{12}&c_{13}&\cdots&c_{1n}\\a_{11}&a_{12}+b_{22}&a_{13}+b_{23}&\cdots&a_{1n}+b_{2n}\\0&b_{32}&b_{33}&\cdots&b_{3n}\\\vdots&\vdots&\vdots&&\vdots\\0&b_{n2}&b_{n3}&\cdots&b_{nn}\end{pmatrix}\rightarrow\begin{pmatrix}1&c_{12}&c_{13}&\cdots&c_{1n}\\0&c'_{22}&c'_{23}&\cdots&c'_{2n}\\0&b_{32}&b_{33}&\cdots&b_{3n}\\\vdots&\vdots&\vdots&&\vdots\\0&b_{n2}&b_{n3}&\cdots&b_{nn}\end{pmatrix}$$

$$\rightarrow\begin{pmatrix}1&0&0&\cdots&0\\0&c'_{22}&c'_{23}&\cdots&c'_{2n}\\0&b_{32}&b_{33}&\cdots&b_{3n}\\\vdots&\vdots&\vdots&&\vdots\\0&b_{n2}&b_{n3}&\cdots&b_{nn}\end{pmatrix}$$

把最后这个矩阵写成分块形式

$$\begin{pmatrix}1&\boldsymbol{0}\\\boldsymbol{0}&\boldsymbol{A}_1\end{pmatrix}$$

由于 1°型初等变换不改变矩阵的行列式. 因此 $|\boldsymbol{A}|=|\boldsymbol{A}_1|=1$.

$\boldsymbol{A}_1$ 为 $n-1$ 级行列式为 1 的矩阵，由归纳法假设 $\boldsymbol{A}_1=\boldsymbol{P}_1\boldsymbol{P}_2\cdots\boldsymbol{P}_s$，其中，$\boldsymbol{P}_1$，$\boldsymbol{P}_2$，…，$\boldsymbol{P}_s$ 为 1°型初等矩阵. 从而

$$\begin{pmatrix}1&\boldsymbol{0}\\\boldsymbol{0}&\boldsymbol{A}_1\end{pmatrix}=\begin{pmatrix}1&\boldsymbol{0}\\\boldsymbol{0}&\boldsymbol{P}_1\end{pmatrix}\begin{pmatrix}1&\boldsymbol{0}\\\boldsymbol{0}&\boldsymbol{P}_2\end{pmatrix}\cdots\begin{pmatrix}1&\boldsymbol{0}\\\boldsymbol{0}&\boldsymbol{P}_s\end{pmatrix}$$

这些都是 1°型初等矩阵的积.

若 $a_{11}=0$，由于 $|\boldsymbol{A}|\neq 0$，因此 $\boldsymbol{A}$ 的第 1 列中至少有一个非零元 $a_{i1}\neq 0$. 于是

$$A \to \begin{pmatrix} 0+a_{i1} & a_{12}+a_{i2} & \cdots & a_{1n}+a_{in} \\ a_{21} & a_{22} & \cdots & a_{2n} \\ \vdots & \vdots & & \vdots \\ a_{n1} & a_{n2} & \cdots & a_{nn} \end{pmatrix} := B$$

由于$|B|=|A|=1$，且B的第一行第一列元素$a_{i1}\neq 0$，故由刚刚证得的结论可知，B可表示成一系列1°型初等矩阵的积. 综上，A可以有这样的表示.

25. 设A是$2n-1$级矩阵，B是$(n-1)\times n$矩阵，C是$n\times(n-1)$矩阵，D是n级矩阵.

$$B=\begin{pmatrix} a & b & 0 & \cdots & 0 & 0 \\ 0 & a & b & \cdots & 0 & 0 \\ \vdots & \vdots & \vdots & & \vdots & \vdots \\ 0 & 0 & 0 & \cdots & a & b \end{pmatrix},\quad D=\begin{pmatrix} a & 0 & 0 & \cdots & 0 & 0 \\ 0 & a & 0 & \cdots & 0 & 0 \\ \vdots & \vdots & \vdots & & \vdots & \vdots \\ 0 & 0 & 0 & \cdots & a & 0 \\ n & 0 & 0 & \cdots & 0 & a \end{pmatrix},$$

$$C=\begin{pmatrix} nI_{n-1} \\ 0 \end{pmatrix},\quad A=\begin{pmatrix} I_{n-1} & B \\ C & D \end{pmatrix}.$$

求$|A|$.

解：

$$\begin{pmatrix} I_{n-1} & B \\ C & D \end{pmatrix} \to \begin{pmatrix} I_{n-1} & B \\ 0 & D-CB \end{pmatrix}$$

于是

$$|A|=|I_{n-1}|\cdot|D-CB|$$

计算

$$D-CB=\begin{pmatrix} (1-n)a & -nb & 0 & \cdots & 0 & 0 \\ 0 & (1-n)a & -nb & \cdots & 0 & 0 \\ \vdots & \vdots & \vdots & & \vdots & \vdots \\ 0 & 0 & 0 & \cdots & (1-n)a & -nb \\ n & 0 & 0 & \cdots & 0 & a \end{pmatrix}$$

$|D-CB|=n^nb^{n-1}+a^n(1-n)^{n-1}$. 所以$|A|=n^nb^{n-1}+a^n(1-n)^{n-1}$.

26. 证明：数域$\mathbb{K}$上与所有行列式为1的n级矩阵可交换的矩阵一定是n级数量矩阵.

证明： 设 $\boldsymbol{X}=(x_{ij})$与所有的行列式为 1 的 n 级矩阵可交换，则 $\boldsymbol{X}$ 与 $\boldsymbol{I}+\boldsymbol{E}_{ij}$（其中 $i\neq j$）可交换，式中 $\boldsymbol{E}_{ij}$ 为基本矩阵．于是

$$\boldsymbol{X}(\boldsymbol{I}+\boldsymbol{E}_{ij})=(\boldsymbol{I}+\boldsymbol{E}_{ij})\boldsymbol{X}$$

特殊的

$$\begin{cases}\boldsymbol{X}(\boldsymbol{I}+\boldsymbol{E}_{1j})=(\boldsymbol{I}+\boldsymbol{E}_{1j})\boldsymbol{X},\ j=2,\ 3,\ \cdots,\ n,\\ \boldsymbol{X}(\boldsymbol{I}+\boldsymbol{E}_{21})=(\boldsymbol{I}+\boldsymbol{E}_{21})\boldsymbol{X}\end{cases}$$

从而 $\boldsymbol{X}\boldsymbol{E}_{1j}=\boldsymbol{E}_{1j}\boldsymbol{X}$，$j=2,\ 3,\ \cdots,\ n$；$\boldsymbol{X}\boldsymbol{E}_{21}=\boldsymbol{E}_{21}\boldsymbol{X}$，由此得 $\boldsymbol{X}=x_{11}\boldsymbol{I}$.

27．证明：数域$\mathbb{K}$上与所有 n 级可逆矩阵可交换的矩阵一定是 n 级数量矩阵.

证明： 由于 $\boldsymbol{I}+\boldsymbol{E}_{ij}$ 是可逆矩阵，故由第 26 题解法立即得到结论.

28．设 $\boldsymbol{A}$ 是 n 级矩阵，行标和列标都为 1，2，…，k 的子式 $\boldsymbol{A}\begin{pmatrix}1, & 2, & \cdots, & k\\ 1, & 2, & \cdots, & k\end{pmatrix}$称为 $\boldsymbol{A}$ 的 k 阶顺序主子式，$1\leqslant k\leqslant n$．证明：数域$\mathbb{K}$上 n 级矩阵 $\boldsymbol{A}$ 能够分解成一个主对角元都为 1 的下三角矩阵 $\boldsymbol{B}$ 与可逆上三角矩阵 $\boldsymbol{C}$ 的乘积 $\boldsymbol{A}=\boldsymbol{BC}$（称之为 $\boldsymbol{LU}$-分解）当且仅当 $\boldsymbol{A}$ 的各阶顺序主子式全不为零，并且 $\boldsymbol{A}$ 的这种分解是唯一的.

证明： （**充分性**）对矩阵的级数 n 做数学归纳法．$n=1$ 时，$\boldsymbol{A}=(a)=(1)\cdot(a)$，由 $\boldsymbol{A}$ 的各阶顺序主子式不为 0 知 $a\neq 0$．假设对于 $n-1$ 级矩阵命题为真，来看 n 级矩阵 $\boldsymbol{A}=(a_{ij})$的情形.

$$\boldsymbol{A}=\begin{pmatrix}\boldsymbol{A}_1 & \boldsymbol{\alpha}\\ \boldsymbol{\beta} & a_{nn}\end{pmatrix}\rightarrow\begin{pmatrix}\boldsymbol{A}_1 & \boldsymbol{\alpha}\\ 0 & a_{nn}-\boldsymbol{\beta}\boldsymbol{A}_1^{-1}\boldsymbol{\alpha}\end{pmatrix}$$

于是

$$\begin{pmatrix}\boldsymbol{I}_{n-1} & 0\\ -\boldsymbol{\beta}\boldsymbol{A}_1^{-1} & 1\end{pmatrix}\begin{pmatrix}\boldsymbol{A}_1 & \boldsymbol{\alpha}\\ \boldsymbol{\beta} & a_{nn}\end{pmatrix}=\begin{pmatrix}\boldsymbol{A}_1 & \boldsymbol{\alpha}\\ 0 & a_{nn}-\boldsymbol{\beta}\boldsymbol{A}_1^{-1}\boldsymbol{\alpha}\end{pmatrix}$$

从而

$$\boldsymbol{A}=\begin{pmatrix}\boldsymbol{I}_{n-1} & 0\\ -\boldsymbol{\beta}\boldsymbol{A}_1^{-1} & 1\end{pmatrix}^{-1}\begin{pmatrix}\boldsymbol{A}_1 & \boldsymbol{\alpha}\\ 0 & a_{nn}-\boldsymbol{\beta}\boldsymbol{A}_1^{-1}\boldsymbol{\alpha}\end{pmatrix}\xlongequal{\triangle}\boldsymbol{MN}$$

其中 $\boldsymbol{M}$ 是主对角元都为 1 的下三角矩阵，

$$\boldsymbol{N}=\begin{pmatrix}\boldsymbol{A}_1 & \boldsymbol{\alpha}\\ 0 & a_{nn}-\boldsymbol{\beta}\boldsymbol{A}_1^{-1}\boldsymbol{\alpha}\end{pmatrix}=\begin{pmatrix}\boldsymbol{B}_1\boldsymbol{C}_1 & \boldsymbol{\alpha}\\ 0 & a_{nn}-\boldsymbol{\beta}\boldsymbol{A}_1^{-1}\boldsymbol{\alpha}\end{pmatrix}=\begin{pmatrix}\boldsymbol{B}_1 & 0\\ 0 & 1\end{pmatrix}\cdot\begin{pmatrix}\boldsymbol{C}_1 & \boldsymbol{B}_1^{-1}\boldsymbol{\alpha}\\ 0 & a_{nn}-\boldsymbol{\beta}\boldsymbol{A}_1^{-1}\boldsymbol{\alpha}\end{pmatrix}$$

从而

$$\boldsymbol{A}=\begin{pmatrix} \boldsymbol{I}_{n-1} & 0 \\ -\boldsymbol{\beta}\boldsymbol{A}_1^{-1} & 1 \end{pmatrix}^{-1}\begin{pmatrix} \boldsymbol{B}_1 & 0 \\ 0 & 1 \end{pmatrix}\begin{pmatrix} \boldsymbol{C}_1 & \boldsymbol{B}_1^{-1}\boldsymbol{\alpha} \\ 0 & a_{nn}-\boldsymbol{\beta}\boldsymbol{A}_1^{-1}\boldsymbol{\alpha} \end{pmatrix}$$

前两个矩阵的积记为 $\boldsymbol{B}$，后一个记为 $\boldsymbol{C}$，则 $\boldsymbol{A}=\boldsymbol{BC}$，且 $\boldsymbol{B}$ 为主对角元都为 1 的下三角矩阵，$\boldsymbol{C}$ 为可逆上三角矩阵.

（必要性） 由 $\boldsymbol{A}=\boldsymbol{BC}$ 得

$$\boldsymbol{A}=\begin{pmatrix} \boldsymbol{B}_1 & 0 \\ \boldsymbol{B}_2 & \boldsymbol{B}_3 \end{pmatrix}\cdot\begin{pmatrix} \boldsymbol{C}_1 & \boldsymbol{C}_2 \\ 0 & \boldsymbol{C}_3 \end{pmatrix}$$

其中 $\boldsymbol{B}_1$，$\boldsymbol{C}_1$ 都是 k 级矩阵，$\boldsymbol{B}_1$ 是主对角元都为 1 的下三角矩阵，$\boldsymbol{C}_1$ 是可逆的上三角矩阵.

由于

$$\boldsymbol{A}=\begin{pmatrix} \boldsymbol{B}_1\boldsymbol{C}_1 & \boldsymbol{B}_1\boldsymbol{C}_2 \\ \boldsymbol{B}_2\boldsymbol{C}_1 & \boldsymbol{B}_2\boldsymbol{C}_2+\boldsymbol{B}_3\boldsymbol{C}_3 \end{pmatrix}$$

因此 $\boldsymbol{A}$ 的 k 阶顺序主子式为 $|\boldsymbol{B}_1\boldsymbol{C}_1|=|\boldsymbol{B}_1|\cdot|\boldsymbol{C}_1|\neq 0$.

（唯一性） 假设 $\boldsymbol{A}$ 有两个这样的分解：$\boldsymbol{A}=\boldsymbol{BC}=\boldsymbol{GH}$，其中 $\boldsymbol{B}$，$\boldsymbol{G}$ 是主对角元都为 1 的下三角矩阵，$\boldsymbol{C}$，$\boldsymbol{H}$ 是可逆的上三角矩阵，则 $\boldsymbol{G}^{-1}\boldsymbol{B}=\boldsymbol{HC}^{-1}$，$\boldsymbol{G}^{-1}\boldsymbol{B}$ 是主对角元都为 1 的下三角矩阵，$\boldsymbol{HC}^{-1}$ 是可逆的上三角矩阵，从而 $\boldsymbol{G}^{-1}\boldsymbol{B}$ 是主对角元都为 1 的对角矩阵，即 $\boldsymbol{G}^{-1}\boldsymbol{B}=\boldsymbol{HC}^{-1}=\boldsymbol{I}$，从而 $\boldsymbol{G}=\boldsymbol{B}$，$\boldsymbol{H}=\boldsymbol{C}$. 唯一性得证.

习题 4.7　Binet-Cauchy 公式

1. 证明：Lagrange 恒等式：当 $n\geqslant 2$ 时，有

$$\left(\sum_{i=1}^{n}a_i^2\right)\left(\sum_{i=1}^{n}b_i^2\right)-\left(\sum_{i=1}^{n}a_ib_i\right)^2=\sum_{1\leqslant j<k\leqslant n}(a_jb_k-a_kb_j)^2$$

证明： 只要令 Cauchy 恒等式中 $c_i=a_i$，$d_i=b_i$ 即可得证.

2. 证明：Cauchy-Буняковский 不等式：对任意两组实数 a_1，a_2，…，a_n 和 b_1，b_2，…，b_n，有

$$\left(\sum_{i=1}^{n}a_i^2\right)\left(\sum_{i=1}^{n}b_i^2\right)\geqslant\left(\sum_{i=1}^{n}a_ib_i\right)^2,$$

等于成立当且仅当$(a_1, a_2, \cdots, a_n)$与$(b_1, b_2, \cdots, b_n)$线性相关.

证明： 由第1题Lagrange恒等式右端$\geqslant 0$，立即得到结论. 当$\sum\limits_{1\leqslant j<k\leqslant n}(a_jb_k-a_kb_j)^2=0$时等号成立，即

$$a_jb_k-a_kb_j=0,\ 1\leqslant j<k\leqslant n$$

所以

$$\operatorname{rank}\left(\begin{pmatrix} a_1 & a_2 & \cdots & a_n \\ b_1 & b_2 & \cdots & b_n \end{pmatrix}\right)\leqslant 1$$

也就是$(a_1, a_2, \cdots, a_n)$与$(b_1, b_2, \cdots, b_n)$线性相关.

3. 设$\boldsymbol{A}$，$\boldsymbol{B}$都是n级矩阵，证明：$\boldsymbol{AB}$与$\boldsymbol{BA}$的r阶的所有主子式之和相等，其中$1\leqslant r\leqslant n$.

证明： 由教材命题1结论知，$\boldsymbol{AB}$的任一r阶主子式

$$\boldsymbol{AB}\begin{pmatrix} i_1, & i_2, & \cdots, & i_r \\ i_1, & i_2, & \cdots, & i_r \end{pmatrix}=\sum_{1\leqslant \nu_1<\cdots<\nu_r\leqslant n}\boldsymbol{A}\begin{pmatrix} i_1, & i_2, & \cdots, & i_r \\ \nu_1, & \nu_2, & \cdots, & \nu_r \end{pmatrix}\boldsymbol{B}\begin{pmatrix} \nu_1, & \nu_2, & \cdots, & \nu_r \\ i_1, & i_2, & \cdots, & i_r \end{pmatrix}$$

从而$\boldsymbol{AB}$的所有r阶主子式之和为

$$\begin{aligned}&\sum_{1\leqslant i_1<\cdots<i_r\leqslant n}\boldsymbol{AB}\begin{pmatrix} i_1, & i_2, & \cdots, & i_r \\ i_1, & i_2, & \cdots, & i_r \end{pmatrix}\\ =&\sum_{1\leqslant i_1<\cdots<i_r\leqslant n}\ \sum_{1\leqslant \nu_1<\cdots<\nu_r\leqslant n}\boldsymbol{A}\begin{pmatrix} i_1, & i_2, & \cdots, & i_r \\ \nu_1, & \nu_2, & \cdots, & \nu_r \end{pmatrix}\boldsymbol{B}\begin{pmatrix} \nu_1, & \nu_2, & \cdots, & \nu_r \\ i_1, & i_2, & \cdots, & i_r \end{pmatrix}\end{aligned}$$

同理$\boldsymbol{BA}$的所有r阶主子式之和为

$$\sum_{1\leqslant \nu_1<\cdots<\nu_r\leqslant n}\ \sum_{1\leqslant i_1<\cdots<i_r\leqslant n}\boldsymbol{B}\begin{pmatrix} \nu_1, & \nu_2, & \cdots, & \nu_r \\ i_1, & i_2, & \cdots, & i_r \end{pmatrix}\boldsymbol{A}\begin{pmatrix} i_1, & i_2, & \cdots, & i_r \\ \nu_1, & \nu_2, & \cdots, & \nu_r \end{pmatrix}$$

从而$\boldsymbol{AB}$与$\boldsymbol{BA}$的r阶主子式之和相等.

4. 设$\boldsymbol{A}$是一个$n\times m$矩阵，$m\geqslant n-1$. 求$\boldsymbol{AA}'$的$(1, 1)$元的代数余子式.

解： $\boldsymbol{AA}'$的$(1, 1)$元的代数余子式为

$$(-1)^{1+1}\boldsymbol{AA}'\begin{pmatrix}2, & 3, & \cdots, & n\\ 2, & 3, & \cdots, & n\end{pmatrix}=\sum_{1\leqslant j_1<\cdots<j_{n-1}\leqslant m}\boldsymbol{A}\begin{pmatrix}2, & 3, & \cdots, & n\\ j_1, & j_2, & \cdots, & j_{n-1}\end{pmatrix}$$

$$\cdot\boldsymbol{A}'\begin{pmatrix}j_1, & j_2, & \cdots, & j_{n-1}\\ 2, & 3, & \cdots, & n\end{pmatrix}$$

$$=\sum_{1\leqslant j_1<\cdots<j_{n-1}\leqslant m}\left(\boldsymbol{A}\begin{pmatrix}2, & 3, & \cdots, & n\\ j_1, & j_2, & \cdots, & j_{n-1}\end{pmatrix}\right)^2$$

$$=M_{11}^2+M_{12}^2+\cdots+M_{1m}^2$$

式中 M_{1k} 表示 $\boldsymbol{A}$ 的第 1 行元素的余子式，因此 $\boldsymbol{AA}'$ 的(1，1)元的代数余子式等于 $\boldsymbol{A}$ 的第 1 行元素的余子式的平方和.

5. 设 $\boldsymbol{A}$ 是一个 $n\times m$ 矩阵，$m\geqslant n-1$，并且 $\boldsymbol{A}$ 每一列元素的和都为 0. 证明：$\boldsymbol{AA}'$ 的所有元素的代数余子式都相等.

证明： $\boldsymbol{AA}'$ 的 (i, j) 元的代数余子式为

$$(-1)^{i+j}\boldsymbol{AA}'\begin{pmatrix}1, & \cdots, & i-1, & i+1, & \cdots, & n\\ 1, & \cdots, & j-1, & j+1, & \cdots, & n\end{pmatrix}$$

$$=(-1)^{i+j}\sum_{1\leqslant \nu_1<\cdots<\nu_{n-1}\leqslant m}\boldsymbol{A}\begin{pmatrix}1, & \cdots, & i-1, & i+1, & \cdots, & n\\ v_1, & v_2, & \cdots & \cdots & \cdots, & v_{n-1}\end{pmatrix}\cdot$$

$$\boldsymbol{A}'\begin{pmatrix}\nu_1, & \nu_2, & \cdots & \cdots & \cdots, & \nu_{n-1}\\ 1, & \cdots, & j-1, & j+1, & \cdots, & n\end{pmatrix}$$

$$=(-1)^{i+j}\sum_{1\leqslant \nu_1<\cdots<\nu_{n-1}\leqslant m}\boldsymbol{A}\begin{pmatrix}1, & \cdots, & i-1, & i+1, & \cdots, & n\\ \nu_1, & \nu_2, & \cdots & \cdots & \cdots, & \nu_{n-1}\end{pmatrix}\cdot$$

$$\boldsymbol{A}\begin{pmatrix}1, & \cdots, & j-1, & j+1, & \cdots, & n\\ \nu_1, & \nu_2, & \cdots & \cdots & \cdots, & \nu_{n-1}\end{pmatrix}$$

计算

$$\boldsymbol{A}\begin{pmatrix}1, & \cdots, & i-1, & i+1, & \cdots, & n\\ \nu_1, & \nu_2, & \cdots & \cdots & \cdots, & \nu_{n-1}\end{pmatrix}=\begin{vmatrix}a_{1\nu_1} & a_{1\nu_2} & \cdots & a_{1\nu_{n-1}}\\ \vdots & \vdots & & \vdots\\ a_{i-1,\nu_1} & a_{i-1,\nu_2} & \cdots & a_{i-1,\nu_{n-1}}\\ a_{i+1,\nu_1} & a_{i+1,\nu_2} & \cdots & a_{i+1,\nu_{n-1}}\\ \vdots & \vdots & & \vdots\\ a_{n\nu_1} & a_{n\nu_2} & \cdots & a_{n\nu_{n-1}}\end{vmatrix}$$

将上式行列式从第 2 行到第 $n-1$ 行全部加到第 1 行，并注意到，$\boldsymbol{A}$ 的每一列元素和为零的条件，得

$$\boldsymbol{A}\begin{pmatrix}1, & \cdots, & i-1, & i+1, & \cdots, & n\\ \nu_1, & \nu_2, & \cdots & \cdots & \cdots, & \nu_{n-1}\end{pmatrix}=\begin{vmatrix}-a_{i\nu_1} & -a_{i\nu_2} & \cdots & -a_{i\nu_{n-1}}\\ a_{2\nu_1} & a_{2\nu_2} & \cdots & a_{2\nu_{n-1}}\\ \vdots & \vdots & & \vdots\\ a_{i-1,\,\nu_1} & a_{i-1,\,\nu_2} & \cdots & a_{i-1,\,\nu_{n-1}}\\ a_{i+1,\,\nu_1} & a_{i+1,\,\nu_2} & \cdots & a_{i+1,\,\nu_{n-1}}\\ \vdots & \vdots & & \vdots\\ a_{n,\,\nu_1} & a_{n,\,\nu_2} & \cdots & a_{n,\,\nu_{n-1}}\end{vmatrix}$$

$$=\begin{vmatrix}a_{2\nu_1} & a_{2\nu_2} & \cdots & a_{2\nu_{n-1}}\\ \vdots & \vdots & & \vdots\\ a_{i-1,\,\nu_1} & a_{i-1,\,\nu_2} & \cdots & a_{i-1,\,\nu_{n-1}}\\ a_{i\nu_1} & a_{i\nu_2} & \cdots & a_{i\nu_{n-1}}\\ a_{i+1,\,\nu_1} & a_{i+1,\,\nu_2} & \cdots & a_{i+1,\,\nu_{n-1}}\\ \vdots & \vdots & & \vdots\\ a_{n\nu_1} & a_{n,\,\nu_2} & \cdots & a_{n,\,\nu_{n-1}}\end{vmatrix}\cdot(-1)\cdot(-1)^{i-2}$$

$$=(-1)^{i+1}\cdot\boldsymbol{A}\begin{pmatrix}2, & 3, & \cdots, & n\\ \nu_1, & \nu_2, & \cdots, & \nu_{n-1}\end{pmatrix}$$

因此 $\boldsymbol{AA}'$ 的 $(i,\ j)$ 元的代数余子式为

$$(-1)^{i+j}\sum_{1\leqslant\nu_1<\cdots<\nu_{n-1}\leqslant m}(-1)^{i+1}\boldsymbol{A}\begin{pmatrix}2 & 3 & \cdots & n\\ \nu_1 & \nu_2 & \cdots & \nu_{n-1}\end{pmatrix}\cdot(-1)^{j+1}\boldsymbol{A}\begin{pmatrix}2 & 3 & \cdots & n\\ \nu_1 & \nu_2 & \cdots & \nu_{n-1}\end{pmatrix}$$

$$=\sum_{1\leqslant\nu_1<\cdots<\nu_{n-1}\leqslant m}\left[\boldsymbol{A}\begin{pmatrix}2 & 3 & \cdots & n\\ \nu_1 & \nu_2 & \cdots & \nu_{n-1}\end{pmatrix}\right]^2=M_{11}^2+M_{12}^2+\cdots+M_{1n}^2\text{（第 4 题结论）}$$

所以 $\boldsymbol{AA}'$ 的所有元素的代数余子式都相等.

6. 计算下述 n 阶行列式：

$$\begin{pmatrix} 1+x_1y_1 & 1+x_1y_2 & \cdots & 1+x_1y_n \\ 1+x_2y_1 & 1+x_2y_2 & \cdots & 1+x_2y_n \\ \vdots & \vdots & & \vdots \\ 1+x_ny_1 & 1+x_ny_2 & \cdots & 1+x_ny_n \end{pmatrix}.$$

解：由矩阵乘法

$$\begin{pmatrix} 1+x_1y_1 & 1+x_1y_2 & \cdots & 1+x_1y_n \\ 1+x_2y_1 & 1+x_2y_2 & \cdots & 1+x_2y_n \\ \vdots & \vdots & & \vdots \\ 1+x_ny_1 & 1+x_ny_2 & \cdots & 1+x_ny_n \end{pmatrix} = \begin{pmatrix} x_1 & 1 \\ x_2 & 1 \\ \vdots & \vdots \\ x_n & 1 \end{pmatrix} \begin{pmatrix} y_1 & y_2 & \cdots & y_n \\ 1 & 1 & \cdots & 1 \end{pmatrix}$$

由 Binet-Cauchy 公式知，当 $n \geqslant 3$ 时上式行列式为零.

当 $n=2$ 时，

$$\begin{vmatrix} 1+x_1y_1 & 1+x_1y_2 \\ 1+x_2y_1 & 1+x_2y_2 \end{vmatrix} = (x_1-x_2)(y_1-y_2)$$

当 $n=1$ 时，$|1+x_1y_1|=1+x_1y_1$.

7. 计算下述 n 阶行列式：

$$\begin{vmatrix} \cos(\theta_1-\varphi_1) & \cos(\theta_1-\varphi_2) & \cdots & \cos(\theta_1-\varphi_n) \\ \cos(\theta_2-\varphi_1) & \cos(\theta_2-\varphi_2) & \cdots & \cos(\theta_2-\varphi_n) \\ \vdots & \vdots & & \vdots \\ \cos(\theta_n-\varphi_1) & \cos(\theta_n-\varphi_2) & \cdots & \cos(\theta_n-\varphi_n) \end{vmatrix}.$$

解：

$$原行列式 = \left| \begin{pmatrix} \cos\theta_1 & \sin\theta_1 \\ \cos\theta_2 & \sin\theta_2 \\ \vdots & \vdots \\ \cos\theta_n & \sin\theta_n \end{pmatrix} \begin{pmatrix} \cos\varphi_1 & \cos\varphi_2 & \cdots & \cos\varphi_n \\ \sin\varphi_1 & \sin\varphi_2 & \cdots & \sin\varphi_n \end{pmatrix} \right|$$

由 Binet-Cauchy 公式知，当 $n \geqslant 3$ 时，上式行列式为零；$n=2$，$n=1$ 的情形直接计算即可.

8. 计算下述 $n+1$ 阶行列式：

$$\begin{vmatrix} (a_0+b_0)^n & (a_0+b_1)^n & \cdots & (a_0+b_n)^n \\ (a_1+b_0)^n & (a_1+b_1)^n & \cdots & (a_1+b_n)^n \\ \vdots & \vdots & & \vdots \\ (a_n+b_0)^n & (a_n+b_1)^n & \cdots & (a_n+b_n)^n \end{vmatrix}.$$

解：

$$\text{原式}=\left|\begin{pmatrix} a_0^n & C_n^1 a_0^{n-1} & C_n^2 a_0^{n-2} & \cdots & C_n^n a_0^0 \\ a_1^n & C_n^1 a_1^{n-1} & C_n^2 a_1^{n-2} & \cdots & C_n^n a_1^0 \\ \vdots & \vdots & \vdots & & \vdots \\ a_n^n & C_n^1 a_n^{n-1} & C_n^2 a_n^{n-2} & \cdots & C_n^n a_n^0 \end{pmatrix}\begin{pmatrix} 1 & 1 & \cdots & 1 \\ b_0 & b_1 & \cdots & b_n \\ b_0^2 & b_1^2 & \cdots & b_n^2 \\ \vdots & \vdots & & \vdots \\ b_0^n & b_1^n & \cdots & b_n^n \end{pmatrix}\right|$$

$$=C_n^1 C_n^2 \cdots C_n^n (-1)^{n+(n-1)+\cdots+1}\begin{vmatrix} 1 & a_0 & \cdots & a_0^n \\ 1 & a_1 & \cdots & a_1^n \\ \vdots & \vdots & & \vdots \\ 1 & a_n & \cdots & a_n^n \end{vmatrix}\cdot\begin{vmatrix} 1 & 1 & \cdots & 1 \\ b_0 & b_1 & \cdots & b_n \\ \vdots & \vdots & & \vdots \\ b_0^n & b_1^n & \cdots & b_n^n \end{vmatrix}$$

$$=C_n^1 C_n^2 \cdots C_n^n \prod_{0\leqslant i<j\leqslant n}(a_j-a_i)(b_i-b_j).$$

9. 设实数域上的 n 级矩阵 $\boldsymbol{A}=(\boldsymbol{B}\quad\boldsymbol{C})$，其中 $\boldsymbol{B}$ 是 $n\times m$ 矩阵($m<n$)，证明：

$$|\boldsymbol{A}|^2\leqslant|\boldsymbol{B}'\boldsymbol{B}|\cdot|\boldsymbol{C}'\boldsymbol{C}|.$$

证明： 把 $|\boldsymbol{A}|$ 按前 m 列展开，得

$$|\boldsymbol{A}|=\sum_{1\leqslant i_1<\cdots<j_m\leqslant n}\boldsymbol{B}\begin{pmatrix} i_1, & i_2, & \cdots, & i_m \\ 1, & 2, & \cdots, & m \end{pmatrix}\cdot(-1)^{(i_1+\cdots+i_m)+(1+2+\cdots+m)}\cdot \boldsymbol{A}\begin{pmatrix} i_1', & i_2', & \cdots, & i_{n-m}' \\ m+1, & m+2, & \cdots, & n \end{pmatrix}$$

因此

$$|\boldsymbol{A}|^2=\left[\sum_{1\leqslant i_1<\cdots<i_m\leqslant n}\boldsymbol{B}\begin{pmatrix} i_1, & i_2, & \cdots, & i_m \\ 1, & 2, & \cdots, & m \end{pmatrix}\cdot\boldsymbol{C}\begin{pmatrix} i'_1, & i'_2, & \cdots, & i'_{n-m} \\ 1, & 2, & \cdots, & n-m \end{pmatrix}\right]^2$$

$$\leqslant\sum_{1\leqslant i_1<\cdots<i_m\leqslant n}\left[\boldsymbol{B}\begin{pmatrix} i_1, & i_2, & \cdots, & i_m \\ 1, & 2, & \cdots, & m \end{pmatrix}\right]^2\sum_{1\leqslant i_1<\cdots<i_m\leqslant n}\left[\boldsymbol{C}\begin{pmatrix} i'_1, & i'_2, & \cdots, & i'_{n-m} \\ 1, & 2, & \cdots, & n-m \end{pmatrix}\right]^2$$

$$=|\boldsymbol{B}'\boldsymbol{B}|\cdot|\boldsymbol{C}'\boldsymbol{C}|$$

其中“$\leqslant$”这步利用了 Cauchy-Bunyakovsky 不等式，最后一步是利用了 Binet-Cauchy 公式.

习题 4.8 矩阵的相抵,矩阵的广义逆

1. 求下述数域$\mathbb{K}$上矩阵 $\boldsymbol{A}$ 的相抵标准形:

$$\boldsymbol{A}=\begin{pmatrix}1 & -3 & 5 & 2\\ -2 & 4 & 1 & -7\\ -3 & -8 & 10 & 6\end{pmatrix}.$$

解: $\boldsymbol{A}\overset{\text{相抵}}{\sim}\begin{pmatrix}1 & 0 & 0 & 0\\ 0 & 1 & 0 & 0\\ 0 & 0 & 1 & 0\end{pmatrix}.$

2. 证明:数域$\mathbb{K}$上任意一个秩为 $r(r>1)$ 的矩阵都可表示成 r 个秩为 1 的矩阵之和.

证明: 由于 $\text{rank}(\boldsymbol{A})=r$,故存在可逆矩阵 $\boldsymbol{P}$, $\boldsymbol{Q}$,使得

$$\boldsymbol{PAQ}=\begin{pmatrix}1 & & & & & \\ & \ddots & & & & \\ & & 1 & & & \\ & & & 0 & & \\ & & & & \ddots & \\ & & & & & 0\end{pmatrix}$$

其中相抵标准形中有 r 个 1,从而

$$\boldsymbol{A}=\boldsymbol{P}^{-1}\left[\begin{pmatrix}1 & & & \\ & 0 & & \\ & & \ddots & \\ & & & 0\end{pmatrix}+\begin{pmatrix}0 & & & & \\ & 1 & & & \\ & & 0 & & \\ & & & \ddots & \\ & & & & 0\end{pmatrix}+\cdots+\begin{pmatrix}0 & & & & & \\ & \ddots & & & & \\ & & 1 & & & \\ & & & 0 & & \\ & & & & \ddots & \\ & & & & & 0\end{pmatrix}\right]\boldsymbol{Q}^{-1}$$

$$=\boldsymbol{P}^{-1}\begin{pmatrix}1 & & & \\ & 0 & & \\ & & \ddots & \\ & & & 0\end{pmatrix}\boldsymbol{Q}^{-1}+\boldsymbol{P}^{-1}\begin{pmatrix}0 & & & & \\ & 1 & & & \\ & & 0 & & \\ & & & \ddots & \\ & & & & 0\end{pmatrix}\boldsymbol{Q}^{-1}+\cdots$$

$$+P^{-1}\begin{pmatrix}0 & & & & & \\ & \ddots & & & & \\ & & 1 & & & \\ & & & 0 & & \\ & & & & \ddots & \\ & & & & & 0\end{pmatrix}Q^{-1}$$

右端是 r 个秩为 1 的矩阵的和.

3. 设 $\boldsymbol{A}$ 是数域 $\mathbb{K}$ 上 $s\times n$ 矩阵，证明：$\boldsymbol{A}$ 的秩为 r 当且仅当存在数域 $\mathbb{K}$ 上 $s\times r$ 列满秩矩阵 $\boldsymbol{B}$ 与 $r\times n$ 行满秩矩阵 $\boldsymbol{C}$，使得 $\boldsymbol{A}=\boldsymbol{BC}$.

证明： 教材 4.2 节例 2 给出了一种证明，下面采用不同的证法. 由于 $\mathrm{rank}(\boldsymbol{A})=r$，故存在可逆矩阵 $\boldsymbol{P}$，$\boldsymbol{Q}$，使得

$$\boldsymbol{A}=\boldsymbol{P}\begin{pmatrix}\boldsymbol{I}_r & \boldsymbol{0}\\ \boldsymbol{0} & \boldsymbol{0}\end{pmatrix}\boldsymbol{Q}=\boldsymbol{P}\begin{pmatrix}\boldsymbol{I}_r\\ \boldsymbol{0}\end{pmatrix}(\boldsymbol{I}_r,\ \boldsymbol{0})\boldsymbol{Q}$$

记 $\boldsymbol{B}=\boldsymbol{P}\begin{pmatrix}\boldsymbol{I}_r\\ \boldsymbol{0}\end{pmatrix}$，$\boldsymbol{C}=(\boldsymbol{I}_r,\ \boldsymbol{0})\boldsymbol{Q}$，从而 $\boldsymbol{A}=\boldsymbol{BC}$，且

$$\mathrm{rank}(\boldsymbol{B})=\mathrm{rank}\left(\begin{pmatrix}\boldsymbol{I}_r\\ \boldsymbol{0}\end{pmatrix}\right)=r,\ \mathrm{rank}(\boldsymbol{C})=\mathrm{rank}((\boldsymbol{I}_r,\ \boldsymbol{0}))=r.$$

4. 设 $\boldsymbol{B}_1$，$\boldsymbol{B}_2$ 都是数域 $\mathbb{K}$ 上 $s\times r$ 列满秩矩阵，证明：存在数域 $\mathbb{K}$ 上 s 级可逆矩阵 $\boldsymbol{P}$，必得 $\boldsymbol{B}_2=\boldsymbol{PB}_1$.

证明： 由于 $\boldsymbol{B}_1$ 是 $s\times r$ 列满秩矩阵，因此

$$\boldsymbol{B}_1\xrightarrow{\text{初等列变换}}\begin{pmatrix}\boldsymbol{I}_r\\ \boldsymbol{0}\end{pmatrix}$$

从而存在 s 级可逆矩阵 $\boldsymbol{P}_1$，使得

$$\boldsymbol{P}_1\boldsymbol{B}_1=\begin{pmatrix}\boldsymbol{I}_r\\ \boldsymbol{0}\end{pmatrix}$$

从而

$$\boldsymbol{P}_1\boldsymbol{B}_1=\boldsymbol{P}_2\boldsymbol{B}_2$$

$$\boldsymbol{B}_1=(\boldsymbol{P}_1^{-1}\boldsymbol{P}_2)\boldsymbol{B}_2.$$

令 $\boldsymbol{P}=\boldsymbol{P}_1^{-1}\boldsymbol{P}_2$，$\boldsymbol{P}$ 是 s 级可逆矩阵，使得 $\boldsymbol{B}_1=\boldsymbol{P}\boldsymbol{B}_2$.

5. 设 $\boldsymbol{C}_1$，$\boldsymbol{C}_2$ 都是数域$\mathbb{K}$上 $r\times n$ 行满秩矩阵，证明：存在数域$\mathbb{K}$上 n 级可逆矩阵$\boldsymbol{Q}$，使得 $\boldsymbol{C}_2=\boldsymbol{C}_1\boldsymbol{Q}$.

证明： 考虑 $\boldsymbol{C}_1'$，$\boldsymbol{C}_2'$，它们都是列满秩矩阵，由第 4 题的结论知，存在 n 级可逆矩阵$\boldsymbol{P}$，必得 $\boldsymbol{C}_1'=\boldsymbol{P}\boldsymbol{C}_2'$，再令 $\boldsymbol{P}'=\boldsymbol{Q}$，可知结论成立.

6. 设 $\boldsymbol{A}$，$\boldsymbol{B}$ 分别是数域$\mathbb{K}$上 $s\times n$，$n\times m$ 矩阵，证明：

$$\operatorname{rank}(\boldsymbol{AB})=\operatorname{rank}(\boldsymbol{A})+\operatorname{rank}(\boldsymbol{B})-n.$$

的充分必要条件是

$$\begin{pmatrix}\boldsymbol{A} & \boldsymbol{0}\\ \boldsymbol{I}_n & \boldsymbol{B}\end{pmatrix}\overset{\text{相抵}}{\sim}\begin{pmatrix}\boldsymbol{A} & \boldsymbol{0}\\ \boldsymbol{0} & \boldsymbol{B}\end{pmatrix}.$$

证明： （**充分性**）由于

$$\begin{pmatrix}\boldsymbol{I}_s & -\boldsymbol{A}\\ \boldsymbol{0} & \boldsymbol{I}_n\end{pmatrix}\begin{pmatrix}\boldsymbol{A} & \boldsymbol{0}\\ \boldsymbol{I}_n & \boldsymbol{B}\end{pmatrix}=\begin{pmatrix}\boldsymbol{0} & -\boldsymbol{AB}\\ \boldsymbol{I}_n & \boldsymbol{B}\end{pmatrix}$$

$$\begin{pmatrix}\boldsymbol{0} & -\boldsymbol{AB}\\ \boldsymbol{I}_n & \boldsymbol{B}\end{pmatrix}\begin{pmatrix}\boldsymbol{I}_n & -\boldsymbol{B}\\ \boldsymbol{0} & \boldsymbol{I}_m\end{pmatrix}=\begin{pmatrix}\boldsymbol{0} & -\boldsymbol{AB}\\ \boldsymbol{I}_n & \boldsymbol{0}\end{pmatrix}$$

从而

$$\operatorname{rank}\begin{pmatrix}\boldsymbol{A} & \boldsymbol{0}\\ \boldsymbol{I}_n & \boldsymbol{B}\end{pmatrix}=\operatorname{rank}\begin{pmatrix}\boldsymbol{0} & -\boldsymbol{AB}\\ \boldsymbol{I}_n & \boldsymbol{B}\end{pmatrix}=\operatorname{rank}\begin{pmatrix}\boldsymbol{0} & -\boldsymbol{AB}\\ \boldsymbol{I}_n & \boldsymbol{0}\end{pmatrix}=\operatorname{rank}(\boldsymbol{AB})+n$$

由

$$\begin{pmatrix}\boldsymbol{A} & \boldsymbol{0}\\ \boldsymbol{I}_n & \boldsymbol{B}\end{pmatrix}\overset{\text{相抵}}{\sim}\begin{pmatrix}\boldsymbol{A} & \boldsymbol{0}\\ \boldsymbol{0} & \boldsymbol{B}\end{pmatrix}$$

知

$$\operatorname{rank}\begin{pmatrix}\boldsymbol{A} & \boldsymbol{0}\\ \boldsymbol{I}_n & \boldsymbol{B}\end{pmatrix}=\operatorname{rank}\begin{pmatrix}\boldsymbol{A} & \boldsymbol{0}\\ \boldsymbol{0} & \boldsymbol{B}\end{pmatrix}$$

从而

$$\operatorname{rank}(\boldsymbol{AB})+n=\operatorname{rank}\begin{pmatrix}\boldsymbol{A} & \boldsymbol{0}\\ \boldsymbol{0} & \boldsymbol{B}\end{pmatrix}=\operatorname{rank}(\boldsymbol{A})+\operatorname{rank}(\boldsymbol{B}).$$

(必要性) 由

$$\mathrm{rank}(\boldsymbol{AB})=\mathrm{rank}(\boldsymbol{A})+\mathrm{rank}(\boldsymbol{B})-n$$

得

$$\mathrm{rank}(\boldsymbol{AB})+n=\mathrm{rank}\begin{pmatrix}\boldsymbol{A} & \boldsymbol{0}\\ \boldsymbol{I}_n & \boldsymbol{B}\end{pmatrix}=\mathrm{rank}\begin{pmatrix}\boldsymbol{A} & \boldsymbol{0}\\ \boldsymbol{0} & \boldsymbol{B}\end{pmatrix}$$

由秩相同可推出

$$\begin{pmatrix}\boldsymbol{A} & \boldsymbol{0}\\ \boldsymbol{I}_n & \boldsymbol{B}\end{pmatrix}\underset{\sim}{\text{相抵}}\begin{pmatrix}\boldsymbol{A} & \boldsymbol{0}\\ \boldsymbol{0} & \boldsymbol{B}\end{pmatrix}.$$

7. 设 $\boldsymbol{A}$ 是数域$\mathbb{K}$上 $s\times n$ 行满秩矩阵，证明：$\boldsymbol{AA}^-=\boldsymbol{I}_s$.

证明： 由于 $\mathrm{rank}(\boldsymbol{A})=s$，因此存在可逆矩阵 $\boldsymbol{P}_{s\times s}$，$\boldsymbol{Q}_{n\times n}$，使得

$$\boldsymbol{A}=\boldsymbol{P}(\boldsymbol{I}_s,\ \boldsymbol{0})\boldsymbol{Q}$$

从而 $\boldsymbol{A}^-=\boldsymbol{Q}^{-1}\begin{pmatrix}\boldsymbol{I}_s\\ \boldsymbol{C}\end{pmatrix}\boldsymbol{P}^{-1}$，于是 $\boldsymbol{AA}^-=\boldsymbol{P}(\boldsymbol{I}_s,\ \boldsymbol{0})\boldsymbol{QQ}^{-1}\begin{pmatrix}\boldsymbol{I}_s\\ \boldsymbol{C}\end{pmatrix}\boldsymbol{P}^{-1}=\boldsymbol{I}_s$.

8. 设 $\boldsymbol{B}$ 是数域$\mathbb{K}$上 $s\times r$ 列满秩矩阵，证明：$\boldsymbol{B}^-\boldsymbol{B}=\boldsymbol{I}_r$.

证明： 由于 $\mathrm{rank}(\boldsymbol{B})=r$，因此存在可逆矩阵 $\boldsymbol{P}_{s\times s}$，$\boldsymbol{Q}_{r\times r}$，使得

$$\boldsymbol{B}=\boldsymbol{P}\begin{pmatrix}\boldsymbol{I}_r\\ \boldsymbol{0}\end{pmatrix}\boldsymbol{Q}$$

从而 $\boldsymbol{B}^-=\boldsymbol{Q}^{-1}(\boldsymbol{I}_r,\ \boldsymbol{B})\boldsymbol{P}^{-1}$，于是 $\boldsymbol{B}^-\boldsymbol{B}=\boldsymbol{Q}^{-1}(\boldsymbol{I}_r,\ \boldsymbol{B})\boldsymbol{P}^{-1}\boldsymbol{P}\begin{pmatrix}\boldsymbol{I}_r\\ \boldsymbol{0}\end{pmatrix}\boldsymbol{Q}=I_r$.

9. 设 $\boldsymbol{A}$ 是数域$\mathbb{K}$上的非零矩阵，证明：$(\boldsymbol{A}')^-=(\boldsymbol{A}^-)'$.

证明： 要证$(\boldsymbol{A}^-)'=(\boldsymbol{A}')^-$，只需证明 $\boldsymbol{A}'(\boldsymbol{A}^-)'\boldsymbol{A}'=\boldsymbol{A}'$. 设 $\boldsymbol{A}$ 为 $s\times n$ 矩阵，存在可逆矩阵 $\boldsymbol{P}_{s\times s}$，$\boldsymbol{Q}_{r\times r}$，使得

$$\boldsymbol{A}=\boldsymbol{P}\begin{pmatrix}\boldsymbol{I}_r & \boldsymbol{0}\\ \boldsymbol{0} & \boldsymbol{0}\end{pmatrix}\boldsymbol{Q}$$

其中 $\mathrm{rank}(\boldsymbol{A})=r$，则

$$\boldsymbol{A}^-=\boldsymbol{Q}^{-1}\begin{pmatrix}\boldsymbol{I}_r & \boldsymbol{B}\\ \boldsymbol{C} & \boldsymbol{D}\end{pmatrix}\boldsymbol{P}^{-1},\quad (\boldsymbol{A}^-)'=(\boldsymbol{P}')^{-1}\begin{pmatrix}\boldsymbol{I}_r & \boldsymbol{C}'\\ \boldsymbol{B}' & \boldsymbol{D}'\end{pmatrix}(\boldsymbol{Q}')^{-1}$$

计算

$$\begin{aligned}A'(A^-)'A'&=Q'\begin{pmatrix}I_r&0\\0&0\end{pmatrix}P'(P')^{-1}\begin{pmatrix}I_r&C'\\B'&D'\end{pmatrix}(Q')^{-1}Q'\begin{pmatrix}I_r&0\\0&0\end{pmatrix}P'\\&=Q'\begin{pmatrix}I_r&0\\0&0\end{pmatrix}\begin{pmatrix}I_r&C'\\B'&D'\end{pmatrix}\begin{pmatrix}I_r&0\\0&0\end{pmatrix}P'\\&=Q'\begin{pmatrix}I_r&0\\0&0\end{pmatrix}P'=A'\end{aligned}$$

从而结论成立.

10. 设 B, C 分别是数域$\mathbb{K}$上的 $s\times r$, $r\times n$ 列满秩、行满秩矩阵，证明：$(BC)^-=C^-B^-$.

证明： 只需证$(BC)(C^-B^-)(BC)=BC$. 由题意设

$$B=P_1\begin{pmatrix}I_r\\0\end{pmatrix}Q_1,\quad C=P_2(I_r,\ 0)Q_2$$

其中 P_1 为 $s\times s$ 可逆矩阵，Q_1 为 $r\times r$ 可逆矩阵，P_2 为 $r\times r$ 可逆矩阵，Q 为 $n\times n$ 可逆矩阵. 于是

$$B^-=Q_1^{-1}(I_r,\ M)P_1^{-1},\quad C^-=Q_2^{-1}\begin{pmatrix}I_r\\N\end{pmatrix}P_2^{-1}$$

式中 M 为 $r\times(s-r)$矩阵，N 为$(n-r)\times r$ 矩阵，从而

$$\begin{aligned}(BC)(C^-B^-)(BC)&=P_1\begin{pmatrix}I_r\\0\end{pmatrix}Q_1P_2(I_r,\ 0)Q_2Q_2^{-1}\begin{pmatrix}I_r\\N\end{pmatrix}P_2^{-1}Q_1^{-1}(I_r,\ M)P_1^{-1}\cdot\\&\quad P_1\begin{pmatrix}I_r\\0\end{pmatrix}Q_1P_2(I_r,\ 0)Q_2\\&=P_1\begin{pmatrix}I_r\\0\end{pmatrix}Q_1P_2(I_r,\ 0)\begin{pmatrix}I_r\\N\end{pmatrix}P_2^{-1}Q_1^{-1}(I_r,\ M)\begin{pmatrix}I_r\\0\end{pmatrix}Q_1P_2(I_r,\ 0)Q_2\\&=P_1\begin{pmatrix}I_r\\0\end{pmatrix}(I_r,\ M)\begin{pmatrix}I_r\\0\end{pmatrix}Q_1P_2(I_r,\ 0)Q_2\\&=P_1\begin{pmatrix}I_r\\0\end{pmatrix}Q_1P_2(I_r,\ 0)Q_2\\&=BC\end{aligned}$$

所以 $\boldsymbol{C}^{-}\boldsymbol{B}^{-}=(\boldsymbol{BC})^{-}$.

11. 设 $\boldsymbol{A}$ 是数域 $\mathbb{K}$ 上的 $s\times n$ 非零矩阵，证明：$\mathrm{rank}(\boldsymbol{A}^{-}\boldsymbol{A})=\mathrm{rank}(\boldsymbol{A})$.

证明： 设 $s\times n$ 可逆矩阵 $\boldsymbol{P}$，$n\times n$ 可逆矩阵 $\boldsymbol{Q}$，则满足

$$\boldsymbol{A}=\boldsymbol{P}\begin{pmatrix}\boldsymbol{I}_r & \boldsymbol{0}\\ \boldsymbol{0} & \boldsymbol{0}\end{pmatrix}\boldsymbol{Q},\quad \boldsymbol{A}^{-}=\boldsymbol{Q}^{-1}\begin{pmatrix}\boldsymbol{I}_r & \boldsymbol{B}\\ \boldsymbol{C} & \boldsymbol{D}\end{pmatrix}\boldsymbol{P}^{-1}$$

于是

$$\begin{aligned}\boldsymbol{AA}^{-}&=\boldsymbol{P}\begin{pmatrix}\boldsymbol{I}_r & \boldsymbol{0}\\ \boldsymbol{0} & \boldsymbol{0}\end{pmatrix}\boldsymbol{QQ}^{-1}\begin{pmatrix}\boldsymbol{I}_r & \boldsymbol{B}\\ \boldsymbol{C} & \boldsymbol{D}\end{pmatrix}\boldsymbol{P}^{-1}\\ &=\boldsymbol{P}\begin{pmatrix}\boldsymbol{I}_r & \boldsymbol{B}\\ \boldsymbol{0} & \boldsymbol{0}\end{pmatrix}\boldsymbol{P}^{-1}\end{aligned}$$

式中 $r=\mathrm{rank}(\boldsymbol{A})$. 所以

$$\mathrm{rank}(\boldsymbol{AA}^{-})=\mathrm{rank}\left(\begin{pmatrix}\boldsymbol{I}_r & \boldsymbol{B}\\ \boldsymbol{0} & \boldsymbol{0}\end{pmatrix}\right)=r=\mathrm{rank}(\boldsymbol{A})$$

同理可证 $\mathrm{rank}(\boldsymbol{A}^{-}\boldsymbol{A})=\mathrm{rank}(\boldsymbol{A})$.

12. 设 $\boldsymbol{A}$ 是数域 $\mathbb{K}$ 上的 $s\times n$ 非零矩阵，证明：$\mathrm{rank}(\boldsymbol{AA}^{-})=\mathrm{rank}(\boldsymbol{A})$.

证明： 见上一题.

13. 设 $\boldsymbol{A}$，$\boldsymbol{B}$ 分别是数域 $\mathbb{K}$ 上的 $s\times n$，$n\times s$ 矩阵，证明：

$$\mathrm{rank}(\boldsymbol{A}-\boldsymbol{ABA})=\mathrm{rank}(\boldsymbol{A})+\mathrm{rank}(\boldsymbol{I}_n-\boldsymbol{BA})-n.$$

证明： $\begin{pmatrix}\boldsymbol{A} & \boldsymbol{0}\\ \boldsymbol{0} & \boldsymbol{I}_n-\boldsymbol{BA}\end{pmatrix}\to\begin{pmatrix}\boldsymbol{A} & \boldsymbol{0}\\ \boldsymbol{BA} & \boldsymbol{I}_n-\boldsymbol{BA}\end{pmatrix}\to\begin{pmatrix}\boldsymbol{A} & \boldsymbol{A}\\ \boldsymbol{BA} & \boldsymbol{I}_n\end{pmatrix}\to\begin{pmatrix}\boldsymbol{A}-\boldsymbol{ABA} & \boldsymbol{0}\\ \boldsymbol{BA} & \boldsymbol{I}_n\end{pmatrix}$

所以

$$\mathrm{rank}(\boldsymbol{A})+\mathrm{rank}(\boldsymbol{I}_n-\boldsymbol{BA})=\mathrm{rank}\left(\begin{pmatrix}\boldsymbol{A}-\boldsymbol{ABA} & \boldsymbol{0}\\ \boldsymbol{BA} & \boldsymbol{I}_n\end{pmatrix}\right)\geqslant\mathrm{rank}(\boldsymbol{A}-\boldsymbol{ABA})+n$$

由 Sylvester 秩不等式得

$$\mathrm{rank}(\boldsymbol{A}(\boldsymbol{I}_n-\boldsymbol{BA}))\geqslant\mathrm{rank}(\boldsymbol{A})+\mathrm{rank}(\boldsymbol{I}_n-\boldsymbol{BA})-n$$

综合以上两式得

$$\mathrm{rank}(\boldsymbol{A}-\boldsymbol{ABA})=\mathrm{rank}(\boldsymbol{A})+\mathrm{rank}(\boldsymbol{I}_n-\boldsymbol{BA})-n$$

14. 设 $\boldsymbol{A}$ 是数域$\mathbb{K}$上的 $s\times n$ 矩阵，证明：$\boldsymbol{B}$ 是 $\boldsymbol{A}$ 的一个广义逆的充分必要条件是：

$$\operatorname{rank}(\boldsymbol{A})+\operatorname{rank}(\boldsymbol{I}_n-\boldsymbol{B}\boldsymbol{A})=n.$$

证明： $\boldsymbol{B}$ 是 $\boldsymbol{A}$ 的广义逆$\Leftrightarrow\boldsymbol{ABA}=\boldsymbol{A}$. 由第 13 题的结论知

$$\boldsymbol{A}-\boldsymbol{ABA}=\boldsymbol{0}\Leftrightarrow\operatorname{rank}(\boldsymbol{A})+\operatorname{rank}(\boldsymbol{I}_n-\boldsymbol{BA})=n$$

补充题四

1. 证明：如果整数 a，b 都能表示成两个整数的平方和，那么 ab 也能表示成两个整数的平方和.

证明： 设 $a=n_1^2+n_2^2$，$b=m_1^2+m_2^2$，m_i，$n_i\in\mathbb{Z}$，$i=1$，2. 令

$$\boldsymbol{A}=\begin{pmatrix}n_1 & n_2\\ n_2 & -n_1\end{pmatrix}$$

则

$$\boldsymbol{AA}'=(n_1^2+n_2^2)I=aI$$

设 $\boldsymbol{\beta}=(m_1,m_2)$，则 $\boldsymbol{\beta\beta}'=m_1^2+m_2^2=b$，从而

$$\begin{aligned}ab&=a\boldsymbol{\beta\beta}'=\boldsymbol{\beta}(a\boldsymbol{I})\boldsymbol{\beta}'=\boldsymbol{\beta}(\boldsymbol{AA}')\boldsymbol{\beta}'\\&=(\boldsymbol{\beta A})(\boldsymbol{\beta A})'=(m_1n_1+m_2n_2)^2+(m_1n_2-m_2n_1)^2\end{aligned}$$

2. 证明：如果整数 a，b 都能表示成 4 个整数的平方和，那么 ab 也能表示成 4 个整数的平方和.

证明： 设 $a=n_1^2+n_2^2+n_3^2+n_4^2$，$b=m_1^2+m_2^2+m_3^2+m_4^2$，$m_i\in\mathbb{Z}$，$i=1$，…，4. 令

$$\boldsymbol{A}=\begin{pmatrix}n_1 & n_2 & n_3 & n_4\\ n_2 & -n_1 & n_4 & -n_3\\ n_3 & -n_4 & -n_1 & n_2\\ n_4 & n_3 & -n_2 & -n_1\end{pmatrix}$$

则

$$\boldsymbol{AA}'=(n_1^2+n_2^2+n_3^2+n_4^2)\boldsymbol{I}=a\boldsymbol{I}.$$

记 $\boldsymbol{\beta}=(m_1, m_2, m_3, m_4)$，则 $\boldsymbol{\beta\beta}'=b$，从而

$$\begin{aligned} ab &= a\boldsymbol{\beta\beta}'=\boldsymbol{\beta}(a\boldsymbol{I})\boldsymbol{\beta}'=\boldsymbol{\beta AA}'\boldsymbol{\beta}'=(\boldsymbol{\beta A})(\boldsymbol{\beta A})' \\ &=(m_1n_1+m_2n_2+m_3n_3+m_4n_4)^2+(m_1n_2-m_2n_1-m_3n_4+m_4n_3)^2 \\ &\quad +(m_1n_3+m_2n_4-m_3n_1-m_4n_2)^2+(m_1n_4-m_2n_3+m_3n_2-m_4n_1)^2 \end{aligned}$$

3. 证明：如果整数 a，b 都能表示成形式为 $x^3+y^3+z^3-3xyz$ 的数，那么 ab 也能表示成这种形式的数.

证明： 由习题 4.3 第 18 题的结论

$$x^3+y^3+z^3-3xyz=\begin{vmatrix} x & y & z \\ z & x & y \\ y & z & x \end{vmatrix}=|x\boldsymbol{I}+y\boldsymbol{C}+z\boldsymbol{C}^2|$$

其中

$$\boldsymbol{C}=\begin{pmatrix} 0 & 1 & 0 \\ 0 & 0 & 1 \\ 1 & 0 & 0 \end{pmatrix}$$

是循环移位矩阵，且 $\boldsymbol{C}^3=\boldsymbol{I}$.

设 $a=a_1^3+a_2^3+a_3^3-3a_1a_2a_3$，$b=b_1^3+b_2^3+b_3^3-3b_1b_2b_3$，则

$$\begin{aligned} ab &=|a_1\boldsymbol{I}+a_2\boldsymbol{C}+a_3\boldsymbol{C}^2|\cdot|b_1\boldsymbol{I}+b_2\boldsymbol{C}+b_3\boldsymbol{C}^2| \\ &=|(a_1\boldsymbol{I}+a_2\boldsymbol{C}+a_3\boldsymbol{C}^2)(b_1\boldsymbol{I}+b_2\boldsymbol{C}+b_3\boldsymbol{C}^2)| \\ &=|a_1b_1\boldsymbol{I}+a_1b_2\boldsymbol{C}+a_1b_3\boldsymbol{C}^2+a_2b_1\boldsymbol{C}+a_2b_2\boldsymbol{C}^2+a_2b_3\boldsymbol{I}+a_3b_1\boldsymbol{C}^2+a_3b_2\boldsymbol{I}+a_3b_3\boldsymbol{C}| \\ &=|(a_1b_1+a_2b_3+a_3b_2)\boldsymbol{I}+(a_1b_2+a_2b_1+a_3b_3)\boldsymbol{C}+(a_1b_3+a_2b_2+a_3b_1)\boldsymbol{C}^2| \\ &=(a_1b_1+a_2b_3+a_3b_2)^3+(a_1b_2+a_2b_1+a_3b_3)^3+(a_1b_3+a_2b_2+a_3b_1)^3 \\ &\quad -3(a_1b_1+a_2b_3+a_3b_2)(a_1b_2+a_2b_1+a_3b_3)(a_1b_3+a_2b_2+a_3b_1) \end{aligned}$$

4. 实数域上每一行(列)的元素之和都等于 1 的非负矩阵(即矩阵的元素都是非负数)称为行(列)随机矩阵. 证明：

(1) 非负矩阵 $\boldsymbol{A}_{s\times n}$ 是行随机矩阵当且仅当 $\boldsymbol{A}\,\boldsymbol{1}_n=\boldsymbol{1}_s$；

(2) 非负矩阵 $\boldsymbol{A}_{s\times n}$ 是列随机矩阵当且仅当 $\boldsymbol{1}_s'\boldsymbol{A}=\boldsymbol{1}_n'$；

(3) 若 $\boldsymbol{A}_{s\times n}$，$\boldsymbol{B}_{n\times s}$ 都是行(列)随机矩阵，则 $\boldsymbol{AB}$ 也是行(列)随机矩阵.

证明： (1)(2)直接计算即可.

(3) 计算 $\boldsymbol{AB}\,\boldsymbol{1}_s=\boldsymbol{A}\,\boldsymbol{1}_n=\boldsymbol{1}_s$，故 $\boldsymbol{AB}$ 也是行随机矩阵.

5. 设 $\boldsymbol{A}=(a_{ij})$，$\boldsymbol{B}=(b_{ij})$ 分别是数域 $\mathbb{K}$ 上的 n 级、m 级矩阵，矩阵

$$\begin{pmatrix} a_{11}\boldsymbol{B} & a_{12}\boldsymbol{B} & \cdots & a_{1n}\boldsymbol{B} \\ a_{21}\boldsymbol{B} & a_{22}\boldsymbol{B} & \cdots & a_{2n}\boldsymbol{B} \\ \vdots & \vdots & & \vdots \\ a_{n1}\boldsymbol{B} & a_{n2}\boldsymbol{B} & \cdots & a_{nn}\boldsymbol{B} \end{pmatrix}$$

称为 $\boldsymbol{A}$ 与 $\boldsymbol{B}$ 的 Kronecker 积，记作 $\boldsymbol{A}\otimes\boldsymbol{B}$. 证明：

(1) $\boldsymbol{A}\otimes(\boldsymbol{B}+\boldsymbol{C})=\boldsymbol{A}\otimes\boldsymbol{B}+\boldsymbol{A}\otimes\boldsymbol{C}$；

(2) $(\boldsymbol{B}+\boldsymbol{C})\otimes\boldsymbol{A}=\boldsymbol{B}\otimes\boldsymbol{A}+\boldsymbol{C}\otimes\boldsymbol{A}$；

(3) $\boldsymbol{A}\otimes(k\boldsymbol{B})=(k\boldsymbol{A})\otimes\boldsymbol{B}=k(\boldsymbol{A}\otimes\boldsymbol{B})$；

(4) $\boldsymbol{I}_n\otimes\boldsymbol{I}_m=\boldsymbol{I}_{nm}$；

(5) $(\boldsymbol{A}\otimes\boldsymbol{B})\otimes\boldsymbol{C}=\boldsymbol{A}\otimes(\boldsymbol{B}\otimes\boldsymbol{C})$；

(6) $(\boldsymbol{AC})\otimes(\boldsymbol{BD})=(\boldsymbol{A}\otimes\boldsymbol{B})(\boldsymbol{C}\otimes\boldsymbol{D})$；

(7) 若 $\boldsymbol{A}$，$\boldsymbol{B}$ 都可逆，则 $\boldsymbol{A}\otimes\boldsymbol{B}$ 也可逆，且$(\boldsymbol{A}\otimes\boldsymbol{B})^{-1}=\boldsymbol{A}^{-1}\otimes\boldsymbol{B}^{-1}$；

(8) $|\boldsymbol{A}\otimes\boldsymbol{B}|=|\boldsymbol{A}|^m|\boldsymbol{B}|^n$，其中 $\boldsymbol{A}$，$\boldsymbol{B}$ 分别是 n 级、m 级矩阵.

证明： (1)(2)(3)(4)可根据定义直接验证.

(5) $$(\boldsymbol{A}\otimes\boldsymbol{B})\otimes\boldsymbol{C}=\begin{pmatrix} (\boldsymbol{A}\otimes\boldsymbol{B})(1;1)\boldsymbol{C} & \cdots & (\boldsymbol{A}\otimes\boldsymbol{B})(1;nm)\boldsymbol{C} \\ (\boldsymbol{A}\otimes\boldsymbol{B})(2;1)\boldsymbol{C} & \cdots & (\boldsymbol{A}\otimes\boldsymbol{B})(2;nm)\boldsymbol{C} \\ \vdots & & \vdots \\ (\boldsymbol{A}\otimes\boldsymbol{B})(nm;1)\boldsymbol{C} & \cdots & (\boldsymbol{A}\otimes\boldsymbol{B})(nm;nm)\boldsymbol{C} \end{pmatrix}$$

$$=\begin{pmatrix} a_{11}b_{11}\boldsymbol{C} & \cdots & a_{11}b_{1m}\boldsymbol{C} & \cdots & a_{1n}b_{11}\boldsymbol{C} & \cdots & a_{1n}b_{1m}\boldsymbol{C} \\ a_{11}b_{21}\boldsymbol{C} & \cdots & a_{11}b_{1m}\boldsymbol{C} & \cdots & a_{1n}b_{11}\boldsymbol{C} & \cdots & a_{1n}b_{1m}\boldsymbol{C} \\ \vdots & & \vdots & & \vdots & & \vdots \\ a_{11}b_{m1}\boldsymbol{C} & \cdots & a_{11}b_{mm}\boldsymbol{C} & \cdots & a_{1n}b_{m1}\boldsymbol{C} & \cdots & a_{1n}b_{mm}\boldsymbol{C} \\ \vdots & & \vdots & & \vdots & & \vdots \\ a_{n1}b_{m1}\boldsymbol{C} & \cdots & a_{n1}b_{mm}\boldsymbol{C} & \cdots & a_{nn}b_{m1}\boldsymbol{C} & \cdots & a_{nn}b_{mm}\boldsymbol{C} \end{pmatrix}$$

$$=\begin{pmatrix} a_{11}(\boldsymbol{B}\otimes\boldsymbol{C}) & a_{12}(\boldsymbol{B}\otimes\boldsymbol{C}) & \cdots & a_{1n}(\boldsymbol{B}\otimes\boldsymbol{C}) \\ a_{21}(\boldsymbol{B}\otimes\boldsymbol{C}) & a_{22}(\boldsymbol{B}\otimes\boldsymbol{C}) & \cdots & a_{2n}(\boldsymbol{B}\otimes\boldsymbol{C}) \\ \cdots & \cdots & & \cdots \\ a_{n1}(\boldsymbol{B}\otimes\boldsymbol{C}) & a_{n2}(\boldsymbol{B}\otimes\boldsymbol{C}) & \cdots & a_{nn}(\boldsymbol{B}\otimes\boldsymbol{C}) \end{pmatrix}$$

$$=\boldsymbol{A}\otimes(\boldsymbol{B}\otimes\boldsymbol{C})$$

(6) $(\boldsymbol{A}\otimes\boldsymbol{B})(\boldsymbol{C}\otimes\boldsymbol{D})=\begin{pmatrix} a_{11}\boldsymbol{B} & a_{12}\boldsymbol{B} & \cdots & a_{1n}\boldsymbol{B}\\ a_{21}\boldsymbol{B} & a_{22}\boldsymbol{B} & \cdots & a_{2n}\boldsymbol{B}\\ \vdots & \vdots & & \vdots\\ a_{n1}\boldsymbol{B} & a_{n2}\boldsymbol{B} & \cdots & a_{nn}\boldsymbol{B}\end{pmatrix}\begin{pmatrix} c_{11}\boldsymbol{D} & c_{12}\boldsymbol{D} & \cdots & c_{1n}\boldsymbol{D}\\ c_{21}\boldsymbol{D} & c_{22}\boldsymbol{D} & \cdots & c_{2n}\boldsymbol{D}\\ \vdots & \vdots & & \vdots\\ c_{n1}\boldsymbol{D} & c_{n2}\boldsymbol{D} & \cdots & c_{nn}\boldsymbol{D}\end{pmatrix}$

$$=\begin{pmatrix} \sum_{j=1}^{n} a_{1j}c_{j1}\boldsymbol{BD} & \cdots & \sum_{j=1}^{n} a_{1j}c_{jn}\boldsymbol{BD}\\ \vdots & & \vdots\\ \sum_{j=1}^{n} a_{nj}c_{j1}\boldsymbol{BD} & \cdots & \sum_{j=1}^{n} a_{nj}c_{jn}\boldsymbol{BD}\end{pmatrix}=(\boldsymbol{AC})\otimes(\boldsymbol{BD}).$$

其中 $\boldsymbol{A}$, $\boldsymbol{C}$ 为 n 级矩阵，$\boldsymbol{B}$, $\boldsymbol{D}$ 为 m 级矩阵.

(7) $(\boldsymbol{A}\otimes\boldsymbol{B})(\boldsymbol{A}^{-1}\otimes\boldsymbol{B}^{-1})=(\boldsymbol{AA}^{-1})\otimes(\boldsymbol{BB}^{-1})=\boldsymbol{I}_n\otimes\boldsymbol{I}_m=\boldsymbol{I}_{nm}$，因此$(\boldsymbol{A}\otimes\boldsymbol{B})^{-1}=\boldsymbol{A}^{-1}\otimes\boldsymbol{B}^{-1}$

(8) $|\boldsymbol{A}\otimes\boldsymbol{B}|=|(\boldsymbol{AI}_n)\otimes(\boldsymbol{I}_m\boldsymbol{B})|=|(\boldsymbol{A}\otimes\boldsymbol{I}_m)(\boldsymbol{I}_n\otimes\boldsymbol{B})|$

$$=\begin{vmatrix} a_{11}\boldsymbol{I}_m & a_{12}\boldsymbol{I}_m & \cdots & a_{1n}\boldsymbol{I}_m\\ a_{21}\boldsymbol{I}_m & a_{22}\boldsymbol{I}_m & \cdots & a_{2n}\boldsymbol{I}_m\\ \cdots & \cdots & \cdots & \cdots\\ a_{n1}\boldsymbol{I}_m & a_{n2}\boldsymbol{I}_m & \cdots & a_{nn}\boldsymbol{I}_m\end{vmatrix}\begin{vmatrix} \boldsymbol{B} & & & \\ & \boldsymbol{B} & & \\ & & \ddots & \\ & & & \boldsymbol{B}\end{vmatrix}$$

$$=|\boldsymbol{A}|^m\cdot|\boldsymbol{B}|^n$$

补充：1) 设 $\boldsymbol{A}$ 为 $s\times n$ 矩阵，$\boldsymbol{B}$ 为 $s\times t$ 矩阵，则 $\operatorname{rank}(\boldsymbol{A}\otimes\boldsymbol{B})=\operatorname{rank}(\boldsymbol{A})\cdot\operatorname{rank}(\boldsymbol{B})$.

证明： 设 $\operatorname{rank}(\boldsymbol{A})=r$，$\operatorname{rank}(\boldsymbol{B})=q$，$\boldsymbol{A}$，$\boldsymbol{B}$ 的相抵标准形为：

$$\boldsymbol{A}=\boldsymbol{P}_1\begin{pmatrix}\boldsymbol{I}_r & \boldsymbol{0}\\ \boldsymbol{0} & \boldsymbol{0}\end{pmatrix}\boldsymbol{Q}_1,\quad \boldsymbol{B}=\boldsymbol{P}_2\begin{pmatrix}\boldsymbol{I}_q & \boldsymbol{0}\\ \boldsymbol{0} & \boldsymbol{0}\end{pmatrix}\boldsymbol{Q}_2$$

则

$$\begin{aligned}\boldsymbol{A}\otimes\boldsymbol{B}&=g\left(\boldsymbol{P}_1\begin{pmatrix}\boldsymbol{I}_r & \boldsymbol{0}\\ \boldsymbol{0} & \boldsymbol{0}\end{pmatrix}\boldsymbol{Q}_1\right)\otimes g\left(\boldsymbol{P}_2\begin{pmatrix}\boldsymbol{I}_q & \boldsymbol{0}\\ \boldsymbol{0} & \boldsymbol{0}\end{pmatrix}\boldsymbol{Q}_2\right)\\ &=(\boldsymbol{P}_1\otimes\boldsymbol{P}_2)\cdot\left[\left(\begin{pmatrix}\boldsymbol{I}_r & \boldsymbol{0}\\ \boldsymbol{0} & \boldsymbol{0}\end{pmatrix}\boldsymbol{Q}_1\right)\otimes\left(\begin{pmatrix}\boldsymbol{I}_q & \boldsymbol{0}\\ \boldsymbol{0} & \boldsymbol{0}\end{pmatrix}\boldsymbol{Q}_2\right)\right]\\ &=(\boldsymbol{P}_1\otimes\boldsymbol{P}_2)\cdot\left[\begin{pmatrix}\boldsymbol{I}_r & \boldsymbol{0}\\ \boldsymbol{0} & \boldsymbol{0}\end{pmatrix}\otimes\begin{pmatrix}\boldsymbol{I}_q & \boldsymbol{0}\\ \boldsymbol{0} & \boldsymbol{0}\end{pmatrix}\cdot(\boldsymbol{Q}_1\otimes\boldsymbol{Q}_2)\right]\\ &=(\boldsymbol{P}_1\otimes\boldsymbol{P}_2)\begin{pmatrix}\boldsymbol{I}_{rq} & \boldsymbol{0}\\ \boldsymbol{0} & \boldsymbol{0}\end{pmatrix}\boldsymbol{Q}_1\otimes\boldsymbol{Q}_2\end{aligned}$$

所以 $\operatorname{rank}(\boldsymbol{A}\otimes\boldsymbol{B})=r\cdot q=\operatorname{rank}(\boldsymbol{A})\cdot\operatorname{rank}(\boldsymbol{B})$.

2) 设 $\boldsymbol{A}$，$\boldsymbol{B}$ 分别为 m 级、n 级矩阵，x 是 $\boldsymbol{A}$ 关于特征值 λ 的特征向量，y 是 $\boldsymbol{A}$ 关于特征值 μ 的一个特征向量，则 $x\otimes y$ 是 $\boldsymbol{A}\otimes\boldsymbol{B}$ 关于特征值 $\lambda\mu$ 的特征向量.

证明： 因为 x，y 都非零，所以 $x\otimes y$ 也是非零向量

$$(\boldsymbol{A}\otimes\boldsymbol{B})(x\otimes y)=(\boldsymbol{A}x)\otimes(\boldsymbol{B}y)=(\lambda x)\otimes(\mu y)=\lambda\mu(x\otimes y).$$

推论： 设 $\boldsymbol{A}$，$\boldsymbol{B}$ 分别为 m 级、n 级矩阵，$\boldsymbol{A}$ 的特征值分别为 λ_1，λ_2，…，λ_m，$\boldsymbol{B}$ 的特征值分别为 μ_1，μ_2，…，μ_n，则 $\boldsymbol{A}\otimes\boldsymbol{B}$ 的特征值为 $\lambda_i\mu_i$，$1\leqslant\lambda\leqslant m$，$1\leqslant j\leqslant n$.

3) 设 $\boldsymbol{A}$，$\boldsymbol{B}$ 分别为 m 级、n 级矩阵，则 $\operatorname{tr}(\boldsymbol{A}\otimes\boldsymbol{B})=\operatorname{tr}(\boldsymbol{A})\cdot\operatorname{tr}(\boldsymbol{B})$.

证明：

$$\begin{aligned}\operatorname{tr}(\boldsymbol{A}\otimes\boldsymbol{B})&=\operatorname{tr}(a_{11}\boldsymbol{B})+\operatorname{tr}(a_{22}\boldsymbol{B})+\cdots+\operatorname{tr}(a_{mm}\boldsymbol{B})\\&=a_{11}\operatorname{tr}(\boldsymbol{B})+a_{22}\operatorname{tr}(\boldsymbol{B})+\cdots+a_{mm}\operatorname{tr}(\boldsymbol{B})\\&=\operatorname{tr}(\boldsymbol{A})\cdot\operatorname{tr}(\boldsymbol{B})\end{aligned}$$

4) 设 $\boldsymbol{A}$，$\boldsymbol{B}$ 分别为 n 级、m 级矩阵，则 $|\boldsymbol{A}\otimes\boldsymbol{B}|=|\boldsymbol{A}|^m\cdot|\boldsymbol{B}|^n$.

证明： （第 5 题的(8)已经直接证明）另证：

设 $\boldsymbol{A}$ 的特征值为 λ_1，λ_2，…，λ_n，$\boldsymbol{B}$ 的特征值为 μ_1，…，μ_m，则 $\boldsymbol{A}\otimes\boldsymbol{B}$ 的特征值为 $\lambda_i\mu_j$，$1\leqslant i\leqslant n$，$1\leqslant j\leqslant m$，共 mn 个特征值，故

$$\begin{aligned}|\boldsymbol{A}\otimes\boldsymbol{B}|&=\prod_{i=1}^{n}\prod_{j=1}^{m}(\lambda_i\mu_j)=\left(\lambda_1^m\prod_{j=1}^{m}\mu_j\right)\left(\lambda_2^m\prod_{j=1}^{m}\mu_j\right)\cdots\left(\lambda_n^m\prod_{j=1}^{m}\mu_j\right)\\&=(\lambda_1\lambda_2\cdots\lambda_n)^m\cdot(\mu_1\mu_2\cdots\mu_m)^n\\&=|\boldsymbol{A}|^m\cdot|\boldsymbol{B}|^n.\end{aligned}$$

6. 设 $\boldsymbol{H}$ 是实数域上的 n 级矩阵，它的元素为 1 或 −1，如果 $\boldsymbol{H}\boldsymbol{H}'=n\boldsymbol{I}$，那么称 $\boldsymbol{H}$ 是 n 级 Hadamard 矩阵. 证明：元素为 1 或 −1 的 n 级矩阵 $\boldsymbol{H}$ 是 Hadamard 矩阵当且仅当 $\boldsymbol{H}$ 的任意两行的对应元素的乘积之和等于 0.

证明： 设 $\boldsymbol{H}$ 是元素是 1 或 −1 的 n 级矩阵，它的行向量组为 $\boldsymbol{\gamma}_1$，$\boldsymbol{\gamma}_2$，…，$\boldsymbol{\gamma}_n$，则 $\boldsymbol{H}$ 为 Hadamard 矩阵 $\Leftrightarrow\boldsymbol{H}\boldsymbol{H}'=n\boldsymbol{I}$

$$\Leftrightarrow\begin{pmatrix}\boldsymbol{\gamma}_1\\\boldsymbol{\gamma}_2\\\vdots\\\boldsymbol{\gamma}_n\end{pmatrix}(\boldsymbol{\gamma}_1',\boldsymbol{\gamma}_2',\cdots,\boldsymbol{\gamma}_n')=\begin{bmatrix}\boldsymbol{\gamma}_1\boldsymbol{\gamma}_1'&\boldsymbol{\gamma}_1\boldsymbol{\gamma}_2'&\cdots&\boldsymbol{\gamma}_1\boldsymbol{\gamma}_n'\\\boldsymbol{\gamma}_2\boldsymbol{\gamma}_1'&\boldsymbol{\gamma}_2\boldsymbol{\gamma}_2'&\cdots&\boldsymbol{\gamma}_2\boldsymbol{\gamma}_n'\\\vdots&\vdots&&\vdots\\\boldsymbol{\gamma}_n\boldsymbol{\gamma}_1'&\boldsymbol{\gamma}_n\boldsymbol{\gamma}_2'&\cdots&\boldsymbol{\gamma}_n\boldsymbol{\gamma}_n\end{bmatrix}=\begin{bmatrix}n&&&\\&n&&\\&&\ddots&\\&&&n\end{bmatrix}$$

$$\Leftrightarrow\boldsymbol{\gamma}_i\boldsymbol{\gamma}_j'=\begin{cases}n,&\text{当 } i=j,\\0,&\text{当 } i\neq j.\end{cases}\Leftrightarrow(\boldsymbol{\gamma}_i,\boldsymbol{\gamma}_j)=0,\text{ 当 } i\neq j;\ (\boldsymbol{\gamma}_i,\boldsymbol{\gamma}_j)=n,\text{ 当 } i=j.$$

7. 设

$$\boldsymbol{H}_1=\begin{pmatrix}1&1\\1&-1\end{pmatrix}$$

求 $\boldsymbol{H}_1\otimes\boldsymbol{H}_1$，$\boldsymbol{H}_1\otimes(\boldsymbol{H}_1\otimes\boldsymbol{H}_1)$；并且说明 $\boldsymbol{H}_1$，$\boldsymbol{H}_1\otimes\boldsymbol{H}_1$，$\boldsymbol{H}_1\otimes(\boldsymbol{H}_1\otimes\boldsymbol{H}_1)$都是 Hadamard 矩阵.

解：

$$\boldsymbol{H}_1\otimes\boldsymbol{H}_1=\begin{pmatrix}1&1&1&1\\1&-1&1&-1\\1&1&-1&-1\\1&-1&-1&1\end{pmatrix}$$

$$\boldsymbol{H}_1\otimes(\boldsymbol{H}_1\otimes\boldsymbol{H}_1)=\begin{bmatrix}\boldsymbol{H}_1\otimes\boldsymbol{H}_1&\boldsymbol{H}_1\otimes\boldsymbol{H}_1\\\boldsymbol{H}_1\otimes\boldsymbol{H}_1&-(\boldsymbol{H}_1\otimes\boldsymbol{H}_1)\end{bmatrix}$$

$$=\begin{bmatrix}1&1&1&1&1&1&1&1\\1&-1&1&-1&1&-1&1&-1\\1&1&-1&-1&1&1&-1&-1\\1&-1&-1&1&1&-1&1&1\\1&1&1&1&-1&-1&-1&-1\\1&-1&1&-1&-1&1&-1&1\\1&1&-1&-1&-1&-1&1&1\\1&-1&-1&1&-1&1&1&-1\end{bmatrix}$$

事实上，设 $\boldsymbol{A}$ 是 n 级矩阵，$\boldsymbol{B}$ 是 m 级矩阵 Hadamard 矩阵，则 $\boldsymbol{A}\otimes\boldsymbol{B}$ 为 nm 级 Hadamard 矩阵.

证明：

$$\begin{aligned}(\boldsymbol{A}\otimes\boldsymbol{B})(\boldsymbol{A}\otimes\boldsymbol{B})'&=(\boldsymbol{A}\otimes\boldsymbol{B})(\boldsymbol{A}'\otimes\boldsymbol{B}')\\&=(\boldsymbol{A}\boldsymbol{A}')\otimes(\boldsymbol{B}\boldsymbol{B}')\\&=(n\boldsymbol{I}_n)\otimes(m\boldsymbol{I}_m)=nm\boldsymbol{I}_{nm}\end{aligned}$$

故此题中 Hadamard 矩阵的 Hadamard 积仍为 Hadamard 矩阵.

8. 设 $\boldsymbol{A}$，$\boldsymbol{B}$ 都是复数域上的 n 级矩阵，证明：

$$\begin{vmatrix}\boldsymbol{A}&-\boldsymbol{B}\\\boldsymbol{B}&\boldsymbol{A}\end{vmatrix}=|\boldsymbol{A}+\mathrm{i}\boldsymbol{B}|\cdot|\boldsymbol{A}-\mathrm{i}\boldsymbol{B}|$$

证明：
$$\begin{pmatrix}\boldsymbol{A}&-\boldsymbol{B}\\\boldsymbol{B}&\boldsymbol{A}\end{pmatrix}\to\begin{pmatrix}\boldsymbol{A}+\mathrm{i}\boldsymbol{B}&-\boldsymbol{B}+\mathrm{i}\boldsymbol{A}\\\boldsymbol{B}&\boldsymbol{A}\end{pmatrix}\to\begin{pmatrix}\boldsymbol{A}+\mathrm{i}\boldsymbol{B}&\boldsymbol{0}\\\boldsymbol{B}&\boldsymbol{A}-\mathrm{i}\boldsymbol{B}\end{pmatrix}$$

于是

$$\begin{pmatrix}\boldsymbol{I}&\mathrm{i}\boldsymbol{I}\\\boldsymbol{0}&\boldsymbol{I}\end{pmatrix}\begin{pmatrix}\boldsymbol{A}&-\boldsymbol{B}\\\boldsymbol{B}&\boldsymbol{A}\end{pmatrix}\begin{pmatrix}\boldsymbol{I}&\mathrm{i}\boldsymbol{I}\\\boldsymbol{0}&\boldsymbol{I}\end{pmatrix}=\begin{pmatrix}\boldsymbol{A}+\mathrm{i}\boldsymbol{B}&\boldsymbol{0}\\\boldsymbol{B}&\boldsymbol{A}-\mathrm{i}\boldsymbol{B}\end{pmatrix}$$

9. 考虑 n 个城市之间是否有航班连接的问题. 令

$$\boldsymbol{A}(i;\ j)=\begin{cases}1, & \text{当城市 } C_i \text{ 有直飞 } C_j \text{ 的航班}\\ 0, & \text{否则}\end{cases}$$

n 级矩阵 $\boldsymbol{A}$ 称为邻接矩阵，证明：从城市 C_i 到 C_j 所需要的航班个数等于使 $\boldsymbol{A}'(i,\ j)\neq 0$ 的最小正整数 l.

证明： C_i 到 C_j 所需航班个数为 $1\Leftrightarrow \boldsymbol{A}(i;\ j)=1$

C_i 到 C_j 所需航班个数为 2

$\Leftrightarrow$存在 C_k，使得 C_i 到 C_k 有直飞航班，C_k 到 C_j 有直飞航班，而 C_i 到 C_j 没有直飞航班

$\Leftrightarrow$存在 k，使得 $\boldsymbol{A}(i;\ k)=1$ 且 $\boldsymbol{A}(k;\ j)=1$，而 $\boldsymbol{A}(i;\ j)=0$

$\Leftrightarrow \boldsymbol{A}^2(i;\ j)=\sum\limits_{m=1}^{n}\boldsymbol{A}(i;\ m)\boldsymbol{A}(m;\ j)\neq 0$，而 $\boldsymbol{A}(i;\ j)=0$

假设对于从一个城市到另一个城市所需航班数为 $l-1$ 时命题为真，则 C_i 到 C_j 所需航班数为 l.

$\Leftrightarrow$存在 C_k，使得 C_i 到 C_k 有 $l-s$ 个航班，且 C_k 到 C_j 有 s 个航班$(s=1,\ 2,\ \cdots,\ l-1)$

$\Leftrightarrow$存在 k，使得 $\boldsymbol{A}^{l-s}(i;\ k)\neq 0$，且 $\boldsymbol{A}^s(k;\ j)\neq 0$，而对一切 $m\in\{1,\ 2,\ \cdots,\ n\}$，有

$$\boldsymbol{A}^{l-s-1}(i;\ m)=0 \text{ 或 } \boldsymbol{A}^{s-1}(m;\ j)=0$$

$\Leftrightarrow \boldsymbol{A}^l(i;\ j)=(\boldsymbol{A}^{l-s}\boldsymbol{A}^s)(i;\ j)=\sum\limits_{m=1}^{n}\boldsymbol{A}^{l-s}(i;\ m)\boldsymbol{A}^s(m;\ j)\neq 0$，而

$$\boldsymbol{A}^{l-1}(i;\ j)=(\boldsymbol{A}^{l-s-1}\boldsymbol{A}^s)(i;\ j)=\sum_{m=1}^{n}\boldsymbol{A}^{l-s-1}(i;\ m)\boldsymbol{A}^s(m;\ j)=0.$$

第 5 章 一元多项式环

习题 5.1 一元多项式环的概念及其通用性质

1. 证明：在$\mathbb{K}[x]$中，如果 $f(x)g(x)=c$，其中 $c\in\mathbb{K}^*$，那么 $\deg f(x)=\deg g(x)=0$.

证明： 由 $\deg(f(x)g(x))=\deg f(x)+\deg g(x)=\deg c=0$，知 $\deg f(x)=\deg g(x)=0$.

2. 证明：在$\mathbb{K}[x]$中，$f(x)$是可逆元当且仅当 $f(x)$是零次多项式，即它是$\mathbb{K}$中的非零数.

证明： 设 $f(x)$是可逆元，则存在 $g(x)\in\mathbb{K}[x]$，使得 $f(x)g(x)=1$，从而由第 1 题的结论知 $\deg f(x)=0$，即 $f(x)$是$\mathbb{K}[x]$中的非零元；反之，设 $f(x)$是$\mathbb{K}$中的非零数，$f(x)=c\neq 0$，则 $c\cdot c^{-1}=e$，于是 c 是可逆元.

3. 设 R 是一个环，证明：$\forall a,b\in R$，有

$$a(-b)=-ab,\ (-a)b=-ab,\ (-a)(-b)=ab.$$

证明： 任取 $a,b\in R$，由于

$$ab+a(-b)=a[b+(-b)]=a\cdot 0=0,$$

因此 $a(-b)=-ab$.

由于

$$ab+(-a)b=[a+(-a)]b=0b=0,$$

因此$(-a)b=-ab$，从而$(-a)(-b)=-[a(-b)]=-(-ab)=ab$.

4. 设 R 是一个环，对于 $a\in R$，$n\in\mathbb{N}^*$，令

$$na:=\underbrace{a+a+\cdots+a}_{n\text{个}},$$

na 读作"a 的 n 倍"；对于 $0\in\mathbb{N}$，令 $0a:=0$，其中等式左边的 0 是自然数 0，右边的 0 是环$\mathbb{R}$的零元，$0a$ 读作"a 的 0 倍". 证明：对任意 $a,b\in R$，任意 $m,n\in\mathbb{N}$，有

$$(m+n)a=ma+na,\ (mn)a=m(na),$$

$$n(a+b)=na+nb,\ n(ab)=(na)b=a(nb).$$

证明： 若 m，n 中有一个为 0，则 1，2 式显然成立；若 $n=0$，则 3，4 式显然成立. 下设 $m\neq n$，且 $n\neq 0$，由定义立即得 1，2 式. 由定义及加法结合律与交换律立即证得 3 式.

$$n(ab)=\underbrace{ab+ab+\cdots+ab}_{n\text{个}}=(\underbrace{a+a+\cdots+a}_{n\text{个}})b=(na)b,$$

$$n(ab)=\underbrace{ab+ab+\cdots+ab}_{n\text{个}}=a(\underbrace{b+b+\cdots+b}_{n\text{个}})=a(nb).$$

5. 设 R 是一个环，对于 $a\in R$，$n\in\mathbb{N}^*$，令

$$a^n:=(\underbrace{aa\cdots a}_{n\text{个}}).$$

证明：对任意 m，$n\in\mathbb{N}^*$，有

$$a^m a^n=a^{m+n},\ (a^m)^n=a^{mn}.$$

证明： $a^{m+n}=(\underbrace{aa\cdots a}_{(m+n)\text{个}})=(\underbrace{aa\cdots a}_{m\text{个}})\cdot(\underbrace{aa\cdots a}_{n\text{个}})=a^m a^n$，同理 $(a^m)^n=a^{mn}$.

6. 设 R 是一个有单位元 $1(\neq 0)$ 的环，证明：R 中的零因子不是可逆元.

证明： 设 a 是左零因子，则存在 $b\in R$ 且 $b\neq 0$，使得 $ab=0$. 假如 a 是可逆元，则存在 $c\in R$，使得 $ac=ca=\mathrm{e}$，于是 $cab=\mathrm{e}b$，即 $c\cdot 0=b=0$，这与 $b\neq 0$ 矛盾. 同理可证，右零因子也不是可逆元.

7. 设数域 $\mathbb{K}$ 上 n 级矩阵 $\boldsymbol{A}$ 为

$$\boldsymbol{A}=\begin{pmatrix}1 & b & b^2 & \cdots & b^{n-2} & b^{n-1}\\ 0 & 1 & b & \cdots & b^{n-3} & b^{n-2}\\ \vdots & \vdots & \vdots & & \vdots & \vdots\\ 0 & 0 & 0 & \cdots & 1 & b\\ 0 & 0 & 0 & \cdots & 0 & 1\end{pmatrix}$$

其中 $b\in\mathbb{K}^*$，说明 $\boldsymbol{A}$ 可逆，并且求 $\boldsymbol{A}^{-1}$.

解： 由于 $|\boldsymbol{A}|=1$，因此 $\boldsymbol{A}$ 可逆，令

$$\boldsymbol{H}=\begin{pmatrix}0 & 1 & 0 & \cdots & 0 & 0 & 0\\ 0 & 0 & 1 & \cdots & 0 & 0 & 0\\ \vdots & \vdots & \vdots & & \vdots & \vdots & \vdots\\ 0 & 0 & 0 & \cdots & 0 & 1 & 0\\ 0 & 0 & 0 & \cdots & 0 & 0 & 1\\ 0 & 0 & 0 & \cdots & 0 & 0 & 0\end{pmatrix}$$

则 $\boldsymbol{A}=\boldsymbol{I}+b\boldsymbol{H}+b^2\boldsymbol{H}^2+\cdots+b^{n-1}\boldsymbol{H}^{n-1}$. 在$\mathbb{K}[x]$中直接计算

$$(1-x)(1+x+x^2+\cdots+x^{n-1})=1-x^n$$

从对应关系知环$\mathbb{K}\boldsymbol{I}$是环$\mathbb{K}[\boldsymbol{H}]$的一个有单位元 $1'$ 的子环，$\mathbb{K}[\boldsymbol{H}]$是含单位元 $1'$ 的交换环，τ 是从环$\mathbb{K}$到环$\mathbb{K}\boldsymbol{I}$ 的一个环同构映射，从而 x 可用$\mathbb{K}[\boldsymbol{H}]$中任一元素代入，比如用 $b\boldsymbol{H}$ 代入得

$$(\boldsymbol{I}-b\boldsymbol{H})(\boldsymbol{I}+b\boldsymbol{H}+b^2\boldsymbol{H}^2+\cdots+b^{n-1}\boldsymbol{H}^{n-1})=\boldsymbol{I}-b^n\boldsymbol{H}^n$$

注意到 $\boldsymbol{H}^n=0$，得$(\boldsymbol{I}-b\boldsymbol{H})\boldsymbol{A}=\boldsymbol{I}$，因此，$\boldsymbol{A}^{-1}=\boldsymbol{I}-b\boldsymbol{H}$.

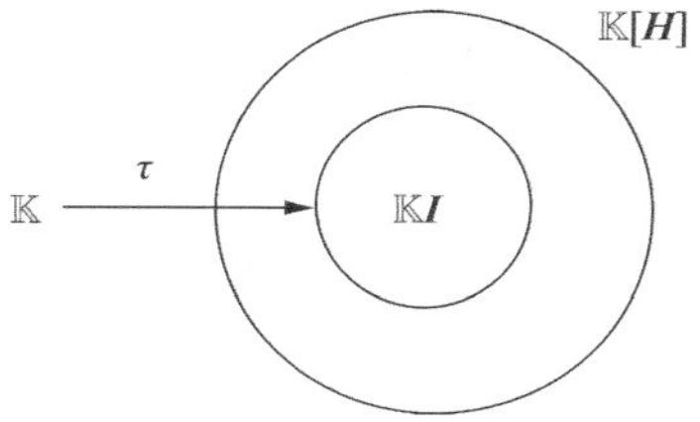

8. 设 $\boldsymbol{B}$ 是数域$\mathbb{K}$上的 n 级幂零矩阵，其幂零指数为 l，令 $\boldsymbol{A}=a\boldsymbol{I}+k\boldsymbol{B}$，$a$，$k\in\mathbb{K}^n$，说明 $\boldsymbol{A}$ 可逆，求 $\boldsymbol{A}^{-1}$.

解： 由长除法可知在$\mathbb{K}[x]$中有等式：

$$(a+kx)\left[\frac{1}{k}x^{l-1}-\frac{a}{k^2}x^{l-2}+\cdots+(-1)^l\frac{a^{l-2}}{k^{l-1}}x+(-1)^{l+1}\frac{a^{l-1}}{k^l}\right]+(-1)^l\frac{a^l}{k^l}=x^l$$

将 x 用 $\boldsymbol{B}$ 代入

$$(a\boldsymbol{I}+k\boldsymbol{B})\left[\frac{1}{k}\boldsymbol{B}^{l-1}-\frac{a}{k^2}\boldsymbol{B}^{l-2}+\cdots+(-1)^l\frac{a^{l-2}}{k^{l-1}}\boldsymbol{B}+(-1)^{l+1}\frac{a^{l-1}}{k^l}\boldsymbol{I}\right]+(-1)^l\frac{a^l}{k^l}\boldsymbol{I}=\boldsymbol{B}^l$$

从而有

$$\begin{aligned}(a\boldsymbol{I}+k\boldsymbol{B})^{-1}&=\frac{(-1)^{l+1}k^l}{a^l}\left[\frac{1}{k}\boldsymbol{B}^{l-1}-\frac{a}{k^2}\boldsymbol{B}^{l-2}+\cdots+(-1)^l\frac{a^{l-2}}{k^{l-1}}\boldsymbol{B}+\frac{(-1)^{l+1}a^{l-1}}{k^l}\boldsymbol{I}\right]\\&=\frac{1}{a}\boldsymbol{I}-\frac{k}{a^2}\boldsymbol{B}+\cdots+(-1)^{l+1}\frac{k^{l-1}}{a^l}\boldsymbol{B}^{l-1}\end{aligned}$$

或者在$\mathbb{K}[x]$中的等式$(1-x)(1+x+x^2+\cdots+x^{l-1})=1-x^l$ 中将 x 用$-\dfrac{k}{a}\boldsymbol{B}$ 代入，同样可得到结论.

9. 利用一元多项式的通用性质，证明：

$$\sum_{i=0}^{k} C_m^i C_n^{k-i} = C_{m+n}^k.$$

证明： 由于$\mathbb{K}[x]$是有单位元 1 的交换环，故在下图的对应关系下：

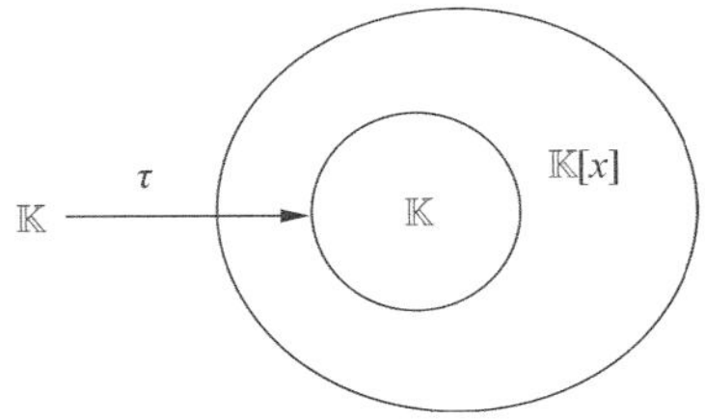

$$\sigma_t: \mathbb{K}[x] \to \mathbb{K}[x] = R$$

$$f(x) = \sum_{i=1}^{n} a_i x^i \to \sum_{i=1}^{n} x(a_i) t^i = f(t)$$

其中 $\tau(a_i) = a_i$，$t \in \mathbb{K}[x]$. 由教材定理 1 知在$\mathbb{K}[x]$中有

$$(1+x)^n = 1 + C_n^1 x + C_n^2 x^2 + \cdots + C_n^n x^n$$

在 $x^m \cdot x^n = x^{m+n}$中，将 x 用 $1+x$ 代入得

$$(1+x)^m (1+x)^n = (1+x)^{m+n}$$

由左右两边 k 次项系数相等得 $\sum_{i+j=k} C_m^i C_n^j = C_{m+n}^k$，即

$$\sum_{i=0}^{k} C_m^i C_n^{k-i} = C_{m+n}^k$$

习题 5.2 带余除法，整除关系

1. 证明：$\mathbb{K}[x]$上的整除关系具有传递性.

证明： 设 $f(x) \mid g(x)$，$g(x) \mid h(x)$，则存在 $u_1(x)$，$u_2(x) \in \mathbb{K}[x]$，使得 $g(x) = f(x)u_1(x)$，$h(x) = g(x)u_2(x)$. 于是 $h(x) = f(x)u_1(x)u_2(x)$，从而有 $f(x) \mid h(x)$，即整除关系具有传递性.

2. 用 $g(x)$去除 $f(x)$，求所得的商式和余式：

(1) $f(x) = x^4 - 3x^2 - 2x - 1$，$g(x) = x^2 - 2x + 5$；

(2) $f(x) = x^4 + x^3 - 2x + 3$，$g(x) = 3x^2 - x + 2$.

解：(1)

$$
\begin{array}{r|r|l}
x^2-2x+5 & x^4-3x^2-2x-1 & x^2+2x-4 \\
 & x^4-2x^3+5x^2 & \\
\cline{2-2}
 & 2x^3-8x^2-2x-1 & \\
 & 2x^3-4x^2+10x & \\
\cline{2-2}
 & -4x^2-12x-1 & \\
 & -4x^2+8x-20 & \\
\cline{2-2}
 & -20x+19 &
\end{array}
$$

(2) 在 Mathematica 中输入 PolynomialQotient[x^4+x^3-2x+3，$3x^2-x+2$，x]，得到商式为$\frac{1}{3}x^2+\frac{4}{9}x-\frac{2}{27}$；PolynomialRemainder[$x^4+x^3-2x+3$，$3x^2-x+2$，$x$]，得到余式为$-\frac{80}{27}x+\frac{85}{27}$.

3. 求 $g(x)$ 整除 $f(x)$ 的充分必要条件：

(1) $f(x)=x^4-x^3+4x^2+a_1x+a_0$，$g(x)=x^2+2x-3$；

(2) $f(x)=x^4-3x^3+a_1x+a_0$，$g(x)=x^2-3x+1$.

解：(1) 由 $g(x)=(x-1)(x+3)\mid f(x)$ 知 $f(1)=0$，$f(-3)=0$，解得 $a_1=35$，$a_0=-39$；

(2)

$$
\begin{array}{r|r|l}
x^2-3x+1 & x^4-3x^3+a_1x+a_0 & x^2-1 \\
 & x^4-3x^3+x^2 & \\
\cline{2-2}
 & -x^2+a_1x+a_0 & \\
 & -x^2+3x-1 & \\
\cline{2-2}
 & (a_1-3)x+a_0+1 &
\end{array}
$$

4. 用综合除法求一次多项式 $g(x)$ 去除 $f(x)$ 所得的商式与余式：

(1) $f(x)=2x^4-x^3+5x-3$，$g(x)=x+3$；

(2) $f(x)=3x^4-5x^2+2x-1$，$g(x)=x-4$；

(3) $f(x)=5x^3-3x+4$，$g(x)=x+2$.

解：(1)

$$
\begin{array}{rrrrr|r}
2 & -1 & 0 & 5 & -3 & -3 \\
 & -6 & 21 & -63 & 174 & \\
\hline
2 & -7 & 21 & -58 & 171 &
\end{array}
$$

商式是 $2x^3-7x^2+21x-58$，余式是 171.

(2)

3	0	−5	2	−1	4
	12	48	172	696	
3	12	43	174	695	

商式是 $3x^2+12x^2+43x+174$，余式是 695.

(3)

5	0	−3	4	−2
	−10	20	−34	
5	−10	17	−30	

商式是 $5x^2-10x+17$，余式是 -30.

5. 在第 4 题的第(1)小题中，用 $x+3$ 去除 $f(x)$ 所得的商式记作 $h_1(x)$，接着用 $x+3$ 去除 $h_1(x)$ 所得的商式记作 $h_2(x)$，…，如此下去，得到 $f(x)$ 的一个表达式，称之为 $x+3$ 的幂和. 把 $f(x)$ 表示成 $x+3$ 的幂和.

解：由第 4 题的(1)知 $f(x)=g(x)\cdot h_1(x)+\gamma_1$，其中 $h_1(x)=2x^3-7x^2+21x-58$，$\gamma_1=171$. 再考虑用 $x+3$ 去除 $h_1(x)$

2	−7	21	−58	−3
	−6	39	−180	
2	−13	60	−238	

从而 $h_1(x)=(x+3)h_2(x)+\gamma_2$，其中 $h_2(x)=2x^2-13x+60$，$\gamma_2=-238$. 再用 $x+3$ 去除 $h_2(x)$

2	−13	60	−3
	−6	57	
2	−19	117	

从而 $h_2(x)=(x+3)h_3(x)+\gamma_3$，其中 $h_3(x)=2x-19$，$\gamma_3=117$. 再用 $x+3$ 去除 $h_3(x)$

2	−19	−3
	−6	
2	−25	

从而 $h_3(x)=(x+3)h_4(x)+\gamma_4$，其中 $h_4(x)=2$，$\gamma_4=-25$. 倒推回去得

$$f(x)=2(x+3)^4-25(x+3)^3+117(x+3)-238(x+3)+171.$$

6. 把第 4 题的第(3)小题中的 $f(x)$ 表示成 $x+2$ 的幂和.

解：同第 5 题类似得

$$f(x)=5(x+2)^3-30(x+2)^2+57(x+2)-30.$$

7. 设 d，$n\in\mathbb{N}^*$，证明：在 $\mathbb{K}[x]$ 中

$$x^d-1\mid x^n-1\Leftrightarrow d\mid n.$$

证明： （**充分性**）设 $d\mid n$，则存在 $s\in\mathbb{N}^*$，使得 $n=sd$，则

$$x^n-1=x^{sd}-1=(x^d)^s-1=(x^d-1)[(x^d)^{s-1}+(x^d)^{s-2}+\cdots+1]$$

从而 $x^d-1\mid x^n-1$.

（**必要性**）做带余除法：$n=\mathrm{d}s+r$，$0\leqslant r<d$. 假如 $r\neq 0$，则

$$\begin{aligned}x^n-1&=x^{ds+r}-1\\&=x^{ds}\cdot x^r-x^r+x^r-1\\&=x^r(x^{ds}-1)+x^r-1\end{aligned}$$

而 $x^d-1\mid x^n-1$ 且 $x^d-1\mid x^{ds}-1$，故 $x^d-1\mid x^r-1$，由此推出 $d\leqslant r$. 这与 $r<d$ 矛盾，故 $r=0$，即 $d\mid n$.

习题 5.3 最大公因式,互素的多项式

1. 求 $(f(x), g(x))$，并且把 $(f(x), g(x))$ 表示成 $f(x)$ 与 $g(x)$ 的倍式和：

(1) $f(x)=x^4+3x-2$，$g(x)=3x^3-x^2-7x+4$；

(2) $f(x)=x^4+3x^3-x^2-4x-3$，$g(x)=3x^3+10x^2+2x-3$；

(3) $f(x)=x^4+6x^3-6x^2+6x-7$，$g(x)=x^3+x^2-7x+5$.

解：(1)

	$g(x)$	$f(x)$	
$h_2(x)=3x-4$	$3x^3-x^2-7x+4$ $3x^3+3x^2-3x$	$3x^4+9x-6$ $3x^4-x^3-7x^2+4x$	$x+\frac{1}{3}=h_1(x)$
	$-4x^2-4x+4$ $-4x^2-4x+4$	x^3+7x^2+5x-6 $x^3-\frac{1}{3}x^2-\frac{7}{3}x+\frac{4}{3}$	
	0	$r_1(x)=\frac{22}{3}x^2+\frac{22}{3}x-\frac{22}{3}$ $\frac{3}{22}r_1(x)=x^2+x-1$	

因为余式为 0 时的除式为 x^2+x-1，所以

$$(f(x), g(x))=x^2+x-1$$

上述辗转相除过程写出来就是

$$3f(x)=\left(x+\frac{1}{3}\right)g(x)+r_1(x),$$

$$g(x)=(3x-4)\cdot\left(\frac{3}{22}r_1(x)\right)+0.$$

于是

$$\begin{aligned}(f(x),\ g(x))&=\frac{3}{22}r_1(x)\\&=\frac{3}{22}\left[3f(x)-\left(x+\frac{1}{3}\right)g(x)\right]\\&=\frac{9}{22}f(x)-\left(\frac{3}{22}x+\frac{1}{22}\right)g(x)\end{aligned}$$

(2)

	$g(x)$	$f(x)$	
$h_2(x)=3x-5$	$3x^3+10x^2+2x-3$	$3x^4+9x^3-3x^2-12x-9$	$x-\frac{1}{3}=h_1(x)$
	$3x^3+15x^2+18x$	$3x^4+10x^3+2x^2-3x$	
	$-5x^2-16x-3$	$-x^3-5x^2-9x-9$	
	$-5x^2-25x-3$	$-x^3-\frac{10}{3}x^2-\frac{2}{3}x+1$	
	$r_2(x)=9x+27$	$r_1(x)=-\frac{5}{3}x^2-\frac{25}{3}x-10$	
	$\frac{1}{9}r_2(x)=x+3$	$-\frac{3}{5}r_1(x)=x^2+5x+6$	
		x^2+3x	$x+2=h_3(x)$
		$2x+6$	
		$2x+6$	
		0	

余式为 0 的除式为 $x+3$，故$(f(x),\ g(x))=x+3$.

$$3f(x)=\left(x-\frac{1}{3}\right)g(x)+r_1(x)$$

$$g(x)=(3x-5)\left(-\frac{3}{5}r_1(x)\right)+r_2(x)$$

$$-\frac{3}{5}r_1(x)=(x+2)\left(\frac{1}{9}r_2(x)\right)+0$$

从而

$$\begin{aligned}\frac{1}{9}r_2(x)&=\frac{1}{9}\left[g(x)-(3x-5)\left(-\frac{3}{5}r_1(x)\right)\right]\\&=\frac{1}{9}\left[g(x)+\left(\frac{9}{5}x-3\right)\left(3f(x)-\left(x-\frac{1}{3}\right)g(x)\right)\right]\\&=\left(\frac{3}{5}x-1\right)f(x)+\left(-\frac{1}{5}x^2+\frac{2}{5}x\right)g(x)\end{aligned}$$

(3)

$h_2(x)=x+10$	$g(x)$ x^3+x^2-7x+5 x^3-9x^2+8x	$f(x)$ $x^4+6x^3-6x^2+6x-7$ $x^4+x^3-7x^2+5x$	$x+5=h_1(x)$
	$10x^2-15x+5$ $10x^2-90x+80$	$5x^3+x^2+x-7$ $5x^3+5x^2-35x+25$	
	$r_2(x)=75x-75$ $\frac{1}{75}r_2(x)=x-1$	$r_1(x)=-4x^2+36x-32$ $-\frac{1}{4}r_1(x)=x^2-9x+8$ x^2-x	$x-8=h_3(x)$
		$-8x+8$ $-8x+8$	
		0	

余式为 0 的除式为 $x-1$，故 $(f(x),\ g(x))=x-1$.

$$f(x)=(x+5)\cdot g(x)+r_1(x)$$

$$g(x)=(x+10)\cdot\left[-\frac{1}{4}r_1(x)\right]+r_2(x)$$

$$\frac{1}{4}r_1(x)=(x-8)\cdot\left[\frac{1}{75}r_2(x)\right]+0$$

从而

$$(f(x),\ g(x))=x-1=\frac{1}{300}(x+10)f(x)-\frac{1}{300}(x^2+15x+46)g(x)$$

2. 证明：在$\mathbb{K}[x]$中，如果$d(x)=u(x)f(x)+v(x)g(x)$，并且$d(x)$是$f(x)$与$g(x)$的一个公因式，那么$d(x)$是$f(x)$与$g(x)$的一个最大公因式.

证明： 设$c(x)$为$f(x)$与$g(x)$的任意一个公因式，则$c(x)\mid f(x)$，$c(x)\mid g(x)$，从而$c(x)\mid u(x)f(x)+v(x)+g(x)$，即$c(x)\mid d(x)$. 又$d(x)$为$f(x)$与$g(x)$的公因式，故$d(x)$与$g(x)$的一个最大公因式.

3. 设$f(x)$，$g(x)\in\mathbb{K}[x]$且$f(x)$与$g(x)$不全为0，设

$$f(x)=f_1(x)(f(x),\ g(x)),\ g(x)=g_1(x)(f(x),\ g(x))$$

证明：$(f_1(x),\ g_1(x))=1$.

证明： 因为$f(x)$，$g(x)$不全为0，故$(f(x),\ g(x))\neq 0$，由教材定理1知存在$u(x)$，$v(x)\in\mathbb{K}[x]$，使得

$$\begin{aligned}(f(x),\ g(x))&=u(x)f(x)+v(x)g(x)\\&=u(x)f_1(x)(f(x),\ g(x))+v(x)g_1(x)(f(x),\ g(x))\end{aligned}$$

即$1=u(x)f_1(x)+v(x)g_1(x)$，再由教材定理2知$(f_1(x),\ g_1(x))=1$.

4. 证明：在$\mathbb{K}[x]$中，$(f(x),\ g(x))h(x)$是$f(x)h(x)$与$g(x)h(x)$的一个最大公因式；特别地，若$h(x)$的首项系数为1，则

$$(f(x)h(x),\ g(x)h(x))=(f(x),\ g(x))h(x)$$

证明： 在$\mathbb{K}[x]$中存在$u(x)$，$v(x)$，使得

$$(f(x),\ g(x))=u(x)f(x)+v(x)g(x)$$

则$(f(x),\ g(x))h(x)=u(x)f(x)h(x)+v(x)g(x)h(x)$.

故$(f(x),\ g(x))h(x)$是$f(x)h(x)$与$g(x)h(x)$的一个最大公因式.

特别地，若$h(x)$的首项系数为1，则

$$(f(x)h(x),\ g(x)h(x))=(f(x),\ g(x))h(x)$$

5. 设$f(x)$，$g(x)\in\mathbb{K}[x]$，a，b，c，$d\in\mathbb{K}$且$ad-bc\neq 0$. 证明：

$$(af(x)+bg(x),\ cf(x)+dg(x))=(f(x),\ g(x)).$$

证明： 首先

$$(f(x),\ g(x))\mid af(x)+bg(x)$$

$$(f(x),\ g(x))\mid cf(x)+dg(x)$$

从而$(f(x),\ g(x))$是$af(x)+bg(x)$与$cf(x)+dg(x)$的公因式，记

$$p(x)=af(x)+bg(x)$$

$$q(x)=cf(x)+dg(x)$$

由于 $ad-bc\neq 0$，因此由上式可解出

$$f(x)=\frac{d}{ad-bc}p(x)-\frac{b}{ad-bc}q(x)$$

$$g(x)=\frac{-c}{ad-bc}p(x)+\frac{a}{ad-bc}q(x)$$

从而 $p(x)$ 与 $g(x)$ 的任何一个公因子 $c(x)\mid f(x)$，$c(x)\mid g(x)$，从而 $c(x)\mid(f(x),g(x))$，因此 $(af(x)+bg(x),cf(x)+dg(x))=(f(x),g(x))$.

6. 证明：在 $\mathbb{K}[x]$ 中，如果 $(f(x),g(x))=1$，那么

(1) $(f(x),f(x)+g(x))=1$，$(g(x),f(x)+g(x))=1$；

(2) $(f(x)g(x),f(x)+g(x))=1$.

证明： **（证法一）**(1) 由题意知，存在 $u(x)$，$v(x)\in\mathbb{K}[x]$，使得 $u(x)f(x)+v(x)\cdot g(x)=1$，则

$$(u(x)-v(x))f(x)+(f(x)+g(x))v(x)=1,$$

$$(v(x)-u(x))g(x)+(f(x)+g(x))u(x)=1,$$

从而 $(f(x),f(x)+g(x))=1$，$(g(x),f(x)+g(x))=1$.

(2) 由(1)中的证明知 $(u-v)f=1-v(f+g)$，$(v-u)g=1-u(f+g)$.

两式相乘得

$$-(u-v)^2fg=1-u(f+g)-v(f+g)+uv(f+g)^2$$

即

$$-(u-v)^2fg+(u+v-uv(f+g))(f+g)=1.$$

这就说明了 $(f(x)g(x),f(x)+g(x))=1$.

（证法二）(1) 由第 5 题的结论立即知

$$(f(x),f(x)+g(x))=(f(x),g(x))=1$$

$$(g(x),f(x)+g(x))=(f(x),g(x))=1$$

(2) 由第(1)小题的结论和互素多项式的性质 3，得

$$(f(x)g(x),\ f(x)+g(x))=1.$$

7. 证明：在$\mathbb{K}[x]$中，如果$f(x)$，$g(x)$不全为零，并且

$$u(x)f(x)+v(x)g(x)=(f(x),\ g(x))$$

那么$(u(x),\ v(x))=1$.

证明： 设$f(x)=f_1(x)(f(x),\ g(x))$，$g(x)=g_1(x)(f(x),\ g(x))$，则

$$u(x)f_1(x)(f(x),\ g(x))+v(x)g_1(x)(f(x),\ g(x))=(f(x),\ g(x))$$

则

$$u(x)f_1(x)+v(x)g_1(x)=1$$

从而$(u(x),\ v(x))=1$，$(f_1(x),\ g_1(x))=1$.

8. 设$f_i(x)$，$g_j(x)\in\mathbb{K}[x]$，$i=1, 2, \cdots, s$；$j=1, 2, \cdots, m$. 证明：如果$(f_i(x),\ g_j(x))=1$，$i=1, 2, \cdots, s$；$j=1, 2, \cdots, m$，那么$(f_1(x)f_2(x)\cdots f_s(x),\ g_1(x)g_2(x)\cdots g_m(x))=1$.

证明： 因为$f_1(x)$、$f_2(x)$与$g_1(x)$互素，所以由教材性质3知

$$(f_1(x)f_2(x),\ g_1(x))=1$$

同理$(g_2(x),\ f_1(x)f_2(x))=1$，再应用性质3得

$$(g_1(x)g_2(x),\ f_1(x)f_2(x))=1$$

反复应用性质3得

$$(f_1(x)f_2(x)\cdots f_s(x),\ g_1(x)g_2(x)\cdots g_m(x))=1$$

9. 证明：在$\mathbb{K}[x]$中，如果$(f(x),\ g(x))=1$，且$\deg f(x)>0$，那么在$\mathbb{K}[x]$中存在唯一的一对多项式$u(x)$，$v(x)$，使得

$$u(x)f(x)+v(x)g(x)=1,$$

且$\deg u(x)<\deg g(x)$，$\deg v(x)<\deg f(x)$.

证明： 由$(f(x),\ g(x))=1$知，存在$p(x)$，$q(x)\in\mathbb{K}[x]$，使得

$$p(x)f(x)+q(x)g(x)=1$$

用$g(x)$去除$p(x)$，存在$h(x)$，$r(x)\in\mathbb{K}[x]$，使得

$$p(x)=h(x)g(x)+r(x),\ \deg r(x)<\deg g(x)$$

代入 $p(x)$ 得 $(h(x)g(x)+r(x))f(x)+q(x)g(x)=1$，即

$$r(x)f(x)+(h(x)f(x)+q(x))g(x)=1.$$

令 $u(x)=r(x)$，$v(x)=h(x)f(x)+q(x)$，则上式变为

$$u(x)f(x)+v(x)g(x)=1,$$

其中 $\deg u(x)=\deg r(x)<\deg g(x)$. 由于 $\deg g(x)>0$，从上式可看出 $u(x)\neq 0$. 假如 $\deg v(x)\geqslant \deg f(x)$，则

$$\begin{aligned}\deg[v(x)g(x)]&=\deg v(x)+\deg g(x)\geqslant \deg f(x)+\deg g(x)\\&>\deg f(x)+\deg u(x)=\deg[u(x)f(x)]\end{aligned}$$

从而

$$\deg[u(x)f(x)+v(x)g(x)]=\deg[v(x)g(x)]\geqslant \deg f(x)+\deg g(x)>0$$

这与 $\deg[u(x)f(x)+v(x)g(x)]=\deg 1=0$ 矛盾. 因此 $\deg v(x)<\deg f(x)$. 存在性得证. 再证唯一性，假设 $\mathbb{K}[x]$ 中还有一个多项式 $u_1(x)$，$v_1(x)$，使得

$$u_1(x)f(x)+v_1(x)g(x)=1,$$

且 $\deg u_1(x)<\deg g(x)$，$\deg v_1(x)<\deg f(x)$，则

$$(u_1(x)-u(x))f(x)+(v_1(x)-v(x))g(x)=0$$

即

$$(u_1(x)-u(x))f(x)=(v(x)-v_1(x))g(x)$$

由 $g(x)\mid f(x)(u_1(x)-u(x))$ 与 $(g(x),f(x))=1$ 知

$$g(x)\mid[u_1(x)-u(x)]$$

假如 $u_1(x)-u(x)\neq 0$，则 $\deg g(x)\leqslant \deg[u_1(x)-u(x)]<\deg g(x)$，矛盾，因此 $u_1(x)=u(x)$，从而 $v_1(x)=v(x)$，唯一性得证.

10. 设 $\boldsymbol{A}\in M_n(\mathbb{K})$，$f(x)$，$g(x)\in\mathbb{K}[x]$，$d(x)$ 是 $f(x)$ 与 $g(x)$ 的一个最大公因式. 证明：齐次线性方程组 $d(\boldsymbol{A})\boldsymbol{X}=\boldsymbol{0}$ 的解空间 $W_3=W_1\cap W_2$，其中 W_1，W_2 分别是齐次线性方程组 $f(\boldsymbol{A})\boldsymbol{X}=\boldsymbol{0}$，$g(\boldsymbol{A})\boldsymbol{X}=\boldsymbol{0}$ 的解空间.

证明： 存在 $u(x)$，$v(x)\in\mathbb{K}[x]$，使得

$$d(x)=u(x)f(x)+v(x)g(x).$$

由于$\mathbb{K}[\mathbf{A}]$可看成$\mathbb{K}$的一个扩环，由 5.1 节定理 1 知 x 可用$\mathbf{A}$ 代入

$$d(\mathbf{A})=u(\mathbf{A})f(\mathbf{A})+v(\mathbf{A})g(\mathbf{A}).$$

任取 $\boldsymbol{\eta}\in W_1\cap W_2$，则 $f(\mathbf{A})\boldsymbol{\eta}=\mathbf{0}$，$g(\mathbf{A})\boldsymbol{\eta}=\mathbf{0}$. 于是

$$d(\mathbf{A})\boldsymbol{\eta}=u(\mathbf{A})f(\mathbf{A})\boldsymbol{\eta}+v(\mathbf{A})g(\mathbf{A})\boldsymbol{\eta}=\mathbf{0}$$

因此 $\boldsymbol{\eta}\in W_3$，从而 $W_1\cap W_2\subseteq W_3$.

设 $f(x)=f_1(x)d(x)$，$g(x)=g_1(x)d(x)$.

将 x 用$\mathbf{A}$ 代入上式，得到

$$f(\mathbf{A})=f_1(\mathbf{A})d(\mathbf{A}),\ g(\mathbf{A})=g_1(\mathbf{A})d(\mathbf{A})$$

任取 $\boldsymbol{\delta}\in W_3$，则 $d(\mathbf{A})\boldsymbol{\delta}=\mathbf{0}$，从而

$$f(\mathbf{A})\boldsymbol{\delta}=f_1(\mathbf{A})d(\mathbf{A})\boldsymbol{\delta}=\mathbf{0},\ g(\mathbf{A})\boldsymbol{\delta}=g_1(\mathbf{A})d(\mathbf{A})\boldsymbol{\delta}=\mathbf{0}$$

因此 $\boldsymbol{\delta}\in W_1\cap W_2$，从而 $W_3\subseteq W_1\cap W_2$.

综上所述，$W_3=W_1\cap W_2$.

11. 设 $\mathbf{A}\in M_n(\mathbb{K})$，$f_1(x)$，$f_2(x)\in\mathbb{K}[x]$. 记 $f(x)=f_1(x)f_2(x)$. 证明：如果 $(f_1(x),\ f_2(x))=1$，那么 $W=W_1\oplus W_2$，其中，W，W_1，W_2 分别是齐次线性方程组 $f_1(\mathbf{A})\mathbf{X}=\mathbf{0}$，$f_2(\mathbf{A})\mathbf{X}=\mathbf{0}$，$f(\mathbf{A})\mathbf{X}=\mathbf{0}$的解空间.

证明： 任取 $\boldsymbol{\eta}\in W_1+W_2$，则 $\boldsymbol{\eta}=\boldsymbol{\eta}_1+\boldsymbol{\eta}_2$，其中 $\boldsymbol{\eta}_1\in W_1$，$\boldsymbol{\eta}_2\in W_2$ 则 $f_1(\mathbf{A})\boldsymbol{\eta}_1=\mathbf{0}$，$f_2(\mathbf{A})\boldsymbol{\eta}_2=\mathbf{0}$，从而

$$\begin{aligned}f(\mathbf{A})\boldsymbol{\eta}&=f_1(\mathbf{A})f_2(\mathbf{A})(\boldsymbol{\eta}_1+\boldsymbol{\eta}_2)\\&=f_1(\mathbf{A})f_2(\mathbf{A})\boldsymbol{\eta}_1+f_1(\mathbf{A})f_2(\mathbf{A})\boldsymbol{\eta}_2\\&=f_2(\mathbf{A})f_1(\mathbf{A})\boldsymbol{\eta}_1+f_1(\mathbf{A})f_2(\mathbf{A})\boldsymbol{\eta}_2\\&=\mathbf{0}+\mathbf{0}=\mathbf{0}\end{aligned}$$

从而 $\boldsymbol{\eta}\in W$，即 $W_1+W_2\subseteq W$. 任取 $\boldsymbol{\delta}\in W$，则 $f(\mathbf{A})\boldsymbol{\delta}=\mathbf{0}$，即 $f_1(\mathbf{A})f_2(\mathbf{A})\boldsymbol{\delta}=\mathbf{0}$. 由于 $(f_1(x),\ f_2(x))=1$，因此存在 $u(x)$，$v(x)\in\mathbb{K}[x]$，使得

$$u(x)f_1(x)+v(x)f_2(x)=1$$

不定元 x 用A 代入得

$$u(\mathbf{A})f_1(\mathbf{A})+v(\mathbf{A})f_2(\mathbf{A})=\boldsymbol{I}$$

从而 $u(\mathbf{A})f_1(\mathbf{A})\boldsymbol{\delta}+v(\mathbf{A})f_2(\mathbf{A})\boldsymbol{\delta}=\boldsymbol{\delta}$.

记 $\boldsymbol{\delta}_2=u(\boldsymbol{A})f_1(\boldsymbol{A})\boldsymbol{\delta}$，$\boldsymbol{\delta}_1=v(\boldsymbol{A})f_2(\boldsymbol{A})\boldsymbol{\delta}$，则 $\boldsymbol{\delta}=\boldsymbol{\delta}_1+\boldsymbol{\delta}_2$，

$$\begin{aligned}f_1(\boldsymbol{A})\boldsymbol{\delta}_1&=f_1(\boldsymbol{A})v(\boldsymbol{A})f_2(\boldsymbol{A})\boldsymbol{\delta}=v(\boldsymbol{A})f_1(\boldsymbol{A})f_2(\boldsymbol{A})\boldsymbol{\delta}\\&=v(\boldsymbol{A})f(\boldsymbol{A})\boldsymbol{\delta}=v(\boldsymbol{A})\boldsymbol{0}=\boldsymbol{0}\end{aligned}$$

$$\begin{aligned}f_2(\boldsymbol{A})\boldsymbol{\delta}_2&=f_2(\boldsymbol{A})u(\boldsymbol{A})f_1(\boldsymbol{A})\boldsymbol{\delta}=u(\boldsymbol{A})f_2(\boldsymbol{A})f_1(\boldsymbol{A})\boldsymbol{\delta}\\&=u(\boldsymbol{A})f_1(\boldsymbol{A})f_2(\boldsymbol{A})\boldsymbol{\delta}=u(\boldsymbol{A})f(\boldsymbol{A})\boldsymbol{\delta}\\&=u(\boldsymbol{A})\cdot\boldsymbol{0}=\boldsymbol{0}\end{aligned}$$

因此 $\delta_1\in W_1$，$\delta_2\in W_2$，从而 $\delta\in W_1+W_2$，于是证明了 $W\subseteq W_1+W_2$，从而有 $W=W_1+W_2$. 再证是直和，由于 $f_1(x)$ 与 $f_2(x)$ 的最大公因式为 1，因此，由第 10 题的结论知 $\boldsymbol{IX}=\boldsymbol{0}$ 的解空间 $W_3=W_1\cap W_2$，显然 $W_3=\{0\}$，因此 $W_1\cap W_2=\{0\}$. 于是 W_1+W_2 是直和.

12. 设 m，$n\in\mathbb{N}^*$，证明：在 $\mathbb{K}[x]$ 中，

$$(x^m-1,\ x^n-1)=x^{(m,\ n)}-1.$$

证明： **（证法一）** 当 $m=n$ 时，$(m,\ n)=m$，命题显然成立. 下面设 $m>n$，对幂指数 m 和 n 的最大值做数学归纳法：当 $\max\{m,\ n\}=2$ 时，$m=2$，$n=1$，$(m,\ n)=1$，显然有 $(x^2-1,\ x-1)=x-1$. 假设幂指数的最大值小于 m 时，命题为真，来看 $\max\{m,\ n\}=m$ 的情形.

$$\begin{aligned}(x^m-1,\ x^n-1)&=(x^m-x^{m-n}+x^{m-n}-1,\ x^n-1)\\&=(x^{m-n}(x^n-1)+x^{m-n}-1,\ x^n-1)\\&=(x^{m-n}-1,\ x^n-1)\end{aligned}$$

由于 $\max\{n,\ m-n\}<m$，由归纳法假设得

$$(x^n-1,\ x^{m-n}-1)=x^{(n,\ m-n)}-1=x^{(n,\ m)}-1$$

从而 $(x^m-1,\ x^n-1)=x^{(m,\ n)}-1$，根据归纳法原理，对一切正整数 m，n，命题为真.

（证法二） 先证明：当 n 除 m 的最低次数余项为 r 时，x^n-1 去除 x^m-1 的最低次数余项是 x^r-1. 为此，设 $m=qn+r$，$0\leqslant r<n$，则

$$\begin{aligned}x^m-1&=x^{qn+r}-1=x^{qn+r}-x^r+x^r-1\\&=x^r(x^{qn}-1)+x^r-1\\&=x^r[(x^n)^q-1]+x^r-1\\&=x^r[(x^n-1)(x^{n(q-1)}+\cdots+1)]+x^r-1\end{aligned}$$

从而 x^n-1 去除 x^m-1 的最低次数余项为 x^r-1. 求 $r_0=m$，$r_1=n$ 的最大公约数的 Euclid算法如下：

$$\begin{cases} r_0=q_1r_1+r_2, & 0\leqslant r_2<r_1, \\ r_1=q_2r_2+r_3, & 0\leqslant r_3<r_2 \\ \cdots\cdots & \\ r_{k-3}=q_{k-2}r_{k-2}+r_{k-1}, & 0\leqslant r_{k-1}<r_{k-2}, \\ r_{k-2}=q_{k-1}r_{k-1}+0, & \end{cases}$$

现令 $R_0(x)=x^m-1$，$R_1(x)=x^n-1$，对 $R_0(x)$，$R_1(x)$使用 Euclid 算法

$$R_0(x)=Q_1(x)R_1(x)+R_2(x)$$

由刚证明的结论知 $R_2(x)=x^{r_2}-1$，继续做下去

$$\begin{aligned} &R_1(x)=Q_2(x)R_2(x)+R_3(x),\ R_3(x)=x^{r_3}-1, \\ &R_2(x)=Q_3(x)R_3(x)+R_4(x),\ R_4(x)=x^{r_4}-1, \\ &\cdots\cdots \\ &R_{k-3}=Q_{k-2}R_{k-2}(x)+R_{k-1}(x),\ R_{k-1}(x)=x^{r_{k-1}}-1, \\ &R_{k-2}=Q_{k-1}R_{k-1}(x)+0 \end{aligned}$$

则 $R_{k-1}(x)=(R_0(x), R_1(x))$，即 $x^{(m,n)}-1=(x^m-1, x^n-1)$.

13. 设 $f(x)$，$g(x)\in\mathbb{K}[x]$，且 $f(x)$与 $g(x)$不全为 0. 证明：在$\mathbb{K}[x]$中，如果 $f(x)\mid h(x)$，$g(x)\mid h(x)$，那么

$$f(x)g(x)\mid h(x)(f(x), g(x)).$$

证明： 存在 $u(x)$，$v(x)\in\mathbb{K}[x]$，使得

$$u(x)f(x)+v(x)g(x)=(f(x), g(x))$$

于是 $h(x)(f(x), g(x))=u(x)f(x)h(x)+v(x)g(x)h(x)$

由 $f(x)\mid h(x)$知，$f(x)g(x)\mid v(x)g(x)h(x)$；

由 $g(x)\mid h(x)$知，$f(x)g(x)\mid u(x)f(x)h(x)$，

从而 $f(x)g(x)\mid[u(x)f(x)h(x)+v(x)g(x)h(x)]$，即

$$f(x)g(x)\mid h(x)(f(x), g(x))$$

14. 证明：在$\mathbb{K}[x]$中两个非零多项式 $f(x)$与 $g(x)$不互素的充分必要条件是：$\mathbb{K}[x]$中存在两个非零多项式 $u(x)$，$v(x)$，使得

$$u(x)f(x)=v(x)g(x),$$

$$\deg u(x)<\deg g(x),\ \deg v(x)<\deg f(x).$$

证明： （**必要性**）设 $f(x)=f_1(x)(f(x), g(x))$，$g(x)=g_1(x)(f(x), g(x))$，这

里$(f(x), g(x))\neq 1$. 于是

$$g_1(x)f(x)=g_1(x)f_1(x)(f(x), g(x))=f_1(x)g(x)$$

记$u(x)=g_1(x)$，$v(x)=f_1(x)$，由于$(f(x), g(x))\neq 1$，则$\deg u(x)=\deg g_1(x)<\deg g(x)$，$\deg v(x)=\deg f_1(x)<\deg f(x)$.

(充分性) 假如$(f(x), g(x))=1$，由$u(x)f(x)=v(x)g(x)$知$f(x)|v(x)g(x)$，由Euclid引理知$f(x)|v(x)$，于是$\deg f(x)\leqslant \deg v(x)$，这与已知矛盾，故$f(x)$与$g(x)$不互素.

15. 证明互素的整数的性质1，性质2，性质3.

证明： 性质1：在$\mathbb{Z}$中，若$a|bc$，且$(a, b)=1$，则$a|c$. 设整数x，$y\in\mathbb{Z}$，使得$ax+by=1$，则$acx+bcy=c$，由$a|acx$，$a|bcy$知$a|c$. 证毕.

性质2：在$\mathbb{Z}$中，若$a|c$，$b|c$，且$(a, b)=1$，则$ab|c$. 设整数x，$y\in\mathbb{Z}$，使得$ax+by=1$，则$acx+bcy=c$，由$a|c$得$ab|bc$，由$b|c$得$ab|ac$，从而$ab|(bcy+acx)$，即$ab|c$，证毕.

性质3：在$\mathbb{Z}$中，若$(a, c)=1$，$(b, c)=1$，则$(ab, c)=1$.

由$(a, c)=1$，$(b, c)=1$知，存在x，y，z，$w\in\mathbb{Z}$，使得

$$ax+cy=1$$

$$bz+cw=1$$

相乘后得$(xz)ab+(axw+byz+cyw)c=1$. 所以有$(ab, c)=1$.

习题5.4 不可约多项式，唯一因式分解定理

1. 证明下列多项式在实数域上和有理数域上都不可约：

(1) x^2+1；　　(2) x^2+2x+3

证明： (1) 假如x^2+1在实数域上可约，则$x^2+1=(x+a)(x+b)$，a，$b\in\mathbb{R}$，此式也可以看成x^2+1在$\mathbb{C}[x]$中的因式分解. 另一方面，在$\mathbb{C}[x]$中

$$x^2+1=(x-\mathrm{i})(x+\mathrm{i})$$

根据唯一因式分解定理知$a=-\mathrm{i}$，$b=\mathrm{i}$，这与a，$b\in\mathbb{R}$矛盾. 因此x^2+1在实数域上不可约. 假如x^2+1在有理数域上可约，则$x^2+1=(x+c)(x+d)$，c，$d\in\mathbb{Q}$. 此式也可看成x^2+1在$\mathbb{R}[x]$中的因式分解，由此推出x^2+1在$\mathbb{R}$上可约，矛盾. 因此x^2+1在有理数域上不可约. (2) 同理.

2. 分别在有理数域、实数域和复数域上把下列多项式分解成不可约因式的乘积：

(1) x^4+1； (2) x^4+4； (3) x^4+x^2+1； (4) x^6-1； (5) x^6+1.

解： (1) x^4+1 在有理数域、实数域上为不可约多项式，在复数域上易证

$$\left(\frac{\sqrt{2}}{2}+\frac{\sqrt{2}}{2}\mathrm{i}\right)^2=\mathrm{i},\ \left(-\frac{\sqrt{2}}{2}-\frac{\sqrt{2}}{2}\mathrm{i}\right)^2=\mathrm{i},\ \left(-\frac{\sqrt{2}}{2}+\frac{\sqrt{2}}{2}\mathrm{i}\right)^2=-\mathrm{i}.$$

而

$$\begin{aligned}x^4+1&=(x^2-\mathrm{i})(x^2+\mathrm{i})\\&=\left[x-\left(\frac{\sqrt{2}}{2}+\frac{\sqrt{2}}{2}\mathrm{i}\right)\right]\left[x+\left(\frac{\sqrt{2}}{2}+\frac{\sqrt{2}}{2}\mathrm{i}\right)\right]\cdot\left[x-\left(-\frac{\sqrt{2}}{2}+\frac{\sqrt{2}}{2}\mathrm{i}\right)\right]\cdot\left[x+\left(-\frac{\sqrt{2}}{2}+\frac{\sqrt{2}}{2}\mathrm{i}\right)\right]\end{aligned}$$

或者

$$\begin{aligned}x^4+1&=(x^2+1)^2-(\sqrt{2}x)^2=(x^2+\sqrt{2}x+1)(x^2-\sqrt{2}x+1)\\&=\left[x-\left(-\frac{\sqrt{2}}{2}+\frac{\sqrt{2}}{2}\mathrm{i}\right)\right]\cdot\left[x-\left(-\frac{\sqrt{2}}{2}-\frac{\sqrt{2}}{2}\mathrm{i}\right)\right]\cdot\\&\quad\left[x-\left(\frac{\sqrt{2}}{2}+\frac{\sqrt{2}}{2}\mathrm{i}\right)\right]\cdot\left[x-\left(\frac{\sqrt{2}}{2}-\frac{\sqrt{2}}{2}\mathrm{i}\right)\right]\end{aligned}$$

(2) $x^4+4=(x^2+2)^2-(2x)^2=(x^2+2x+2)(x^2-2x+2)$ 在$\mathbb{Q}$上，在$\mathbb{R}$上

$=[x-(-1+\mathrm{i})][x-(-1-\mathrm{i})]\cdot[x-(1+\mathrm{i})][x-(1-\mathrm{i})]$ 在$\mathbb{C}$上

(3) $x^4+x^2+1=(x^2+1)^2-x^2=(x^2+x+1)(x^2-x+1)$ 在$\mathbb{Q}$上，在$\mathbb{R}$上

$=\left(x-\frac{-1+\sqrt{3}\mathrm{i}}{2}\right)\left(x-\frac{-1-\sqrt{3}\mathrm{i}}{2}\right)\left(x-\frac{1+\sqrt{3}\mathrm{i}}{2}\right)\left(x-\frac{1-\sqrt{3}\mathrm{i}}{2}\right)$ 在$\mathbb{C}$上

(4) $x^6-1=(x^3-1)(x^3+1)=(x-1)(x^2+x+1)(x+1)(x^2-x+1)$ 在$\mathbb{Q}$上，在$\mathbb{R}$上

$=(x-1)(x+1)\left(x-\frac{-1+\sqrt{3}\mathrm{i}}{2}\right)\left(x+\frac{1+\sqrt{3}\mathrm{i}}{2}\right)\left(x-\frac{1+\sqrt{3}\mathrm{i}}{2}\right)\cdot$

$\left(x+\frac{-1+\sqrt{3}\mathrm{i}}{2}\right)$ 在$\mathbb{C}$上

(5) $x^6+1=(x^2+1)(x^4-x^2+1)$ 在$\mathbb{Q}$上

$=(x^2+1)[(x^2+1)^2-(\sqrt{3}x)^2)]$

$=(x^2+1)(x^2+\sqrt{3}x+1)(x^2-\sqrt{3}x+1)$ 在$\mathbb{R}$上

$=(x-\mathrm{i})(x+\mathrm{i})\left(x-\frac{-\sqrt{3}+\mathrm{i}}{2}\right)\left(x+\frac{\sqrt{3}+\mathrm{i}}{2}\right)\left(x-\frac{\sqrt{3}+\mathrm{i}}{2}\right)\left(x-\frac{\sqrt{3}-\mathrm{i}}{2}\right)$ 在$\mathbb{C}$上

3. 设 $f(x)$，$g(x)$是$\mathbb{K}[x]$中次数大于 0 的多项式. 证明：在$\mathbb{K}[x]$中，$g^2(x)\mid f^2(x)$当且仅当 $g(x)\mid f(x)$.

证明：　充分性显然，以下证明必要性. 设 $f(x)$，$g(x)$的标准分解为

$$f(x)=ap_1^{l_1}(x)p_2^{l_2}(x)\cdots p_s^{l_s}(x),$$

$$g(x)=bq_1^{r_1}(x)q_2^{r_2}(x)\cdots q_m^{r_m}(x).$$

由于 $g^2(x)\mid f^2(x)$，因此每个 $j\in\{1, 2, \cdots, m\}$，有 $q_j^{2r_j}(x)\mid f^2(x)$，从而 $q_j(x)$与 $f^2(x)$的标准分解中的某一个不可约因式相伴，不妨设 $q_j(x)\sim p_j(x)$. 由于它们的首项系数都为 1，故 $q_j(x)=P_j(x)$. 于是

$$g(x)=bp_1^{r_1}(x)p_2^{r_2}(x)\cdots p_m^{r_m}(x), m\leqslant s$$

由于 $g^2(x)\mid f^2(x)$，因此 $2r_j\leqslant 2l_j$，从而 $r_j\leqslant l_j$，$j=1, 2, \cdots, m$. 于是 $g(x)\mid f(x)$.

4. 设 $f(x)$，$g(x)$是$\mathbb{K}[x]$中次数大于 0 的多项式. 证明：在$\mathbb{K}[x]$中，对任意正整数 m，有

$$(f^m(x), g^m(x))=(f(x), g(x))^m.$$

证明：　设 $f(x)$，$g(x)$的标准分解为

$$f(x)=ap_1^{l_1}(x)p_2^{l_2}(x)\cdots p_s^{l_s}(x),$$

$$g(x)=bp_1^{r_1}(x)p_2^{r_2}(x)\cdots p_n^{r_n}(x)q_1^{t_1}(x)q_2^{t_2}(x)\cdots q_u^{t_u}(x).$$

不妨设 $s\geqslant n$，记 $e_i=m\in\{l_i, r_i\}$，$i=1, 2, \cdots, n$，则

$$(f(x), g(x))=p_1^{e_1}(x)p_2^{e_2}(x)\cdots p_s^{e_s}(x),$$

又有 $f^m(x)$，$g^m(x)$的标准分解为

$$f^m(x)=a^m p_1^{l_1 m}(x)p_2^{l_2 m}(x)\cdots p_s^{l_s m}(x),$$

$$g^m(x)=b^m p_1^{r_1 m}(x)p_2^{r_2 m}(x)\cdots p_n^{r_n m}(x)q_1^{t_1 m}(x)q_2^{t_2 m}(x)\cdots q_u^{t_u m}(x).$$

由于 $m\in\{l_i m, r_i m\}=e_i m$，因此，

$$(f^m(x), g^m(x))=p_1^{e_1 m}(x)p_2^{e_2 m}(x)\cdots p_n^{e_n m}(x)=(f(x), g(x))^m.$$

5. 证明：在$\mathbb{K}[x]$中，如果$(f(x), g_i(x))=1$，$i=1, 2$，那么

$$(f(x)g_1(x), g_2(x))=(g_1(x), g_2(x)).$$

证明：　**（证法一）** 显然有$(g_1(x), g_2(x))\mid g_2(x)$，$(g_1(x), g_2(x))\mid f(x)g_1(x)$，故$(g_1(x), g_2(x))$是 $f(x)g_1(x)$与 $g_2(x)$的一个公因式. 现设 $c(x)$是 $f(x)g_1(x)$与$g_2(x)$的任一公因式，即 $c(x)\mid f(x)g_1(x)$，$c(x)\mid g_2(x)$. 由于$(f(x), g_i(x))=1$，$i=1, 2$，故$(f(x), g_1(x)g_2(x))=1$，于是存在 $u(x)$，$v(x)\in\mathbb{K}[x]$，使得 $u(x)f(x)+v(x)g_1(x)g_2(x)=1$，从而

$$u(x)f(x)g_1(x)+v(x)g_1^2(x)g_2(x)=g_1(x)$$

由 $c(x)\mid f(x)g_1(x)$ 与 $c(x)\mid g_2(x)$ 得 $c(x)\mid g_1(x)$，故 $c(x)$ 为 $g_1(x)$ 和 $g_2(x)$ 的公因式，故 $c(x)\mid(g_1(x), g_2(x))$，综上结论成立.

(证法二) 设 $g_1(x)$，$g_2(x)$ 的标准分解式为

$$g_1(x)=b_1q_1^{r_1}(x)\cdots q_m^{r_m}(x)q_{m+1}^{r_{m+1}}(x)\cdots q_t^{r_t}(x),$$

$$g_2(x)=b_2q_1^{k_1}(x)\cdots q_m^{k_m}(x)u_1^{e_1}(x)\cdots u_n^{e_n}(x).$$

由于 $(f, g_i)=1$，$i=1, 2$，因此 $f(x)$ 的标准分解式为

$$f(x)=ap_1^{l_1}(x)p_2^{l_2}(x)\cdots p_s^{l_s}(x).$$

其中 $p_i(x)(i=1, 2, \cdots, s)$ 在 $g_1(x)$，$g_2(x)$ 的标准分解式中不出现.

于是 $(fg_1, g_2)=q_1^{\min\{r_1, k_1\}}(x)\cdots q_m^{\min\{r_m, k_m\}}(x)=(g_1, g_2)$.

6. 设 $f(x)$，$g(x)$ 是 $\mathbb{K}[x]$ 中次数大于 0 的多项式，证明：如果 $g(x)$ 是 $\mathbb{K}$ 上的不可约多项式，那么 $g(x)\mid f^m(x)$ 当且仅当 $g(x)\mid f(x)$，其中 m 是任一正整数.

证明： 充分性显然，下证必要性. 由教材定理 1 知 $(g(x), f(x))=1$ 或者 $g(x)\mid f(x)$，对于 $(g(x), f(x))=1$ 的情形加上 $g(x)\mid f^m(x)$ 的条件和 Euclid 引理知 $g(x)\mid f(x)$. 不管哪种情况都有 $g(x)\mid f(x)$.

7. 设 $f(x)$ 是 $\mathbb{K}[x]$ 中次数大于 0 的多项式，证明下列命题等价：

(1) $f(x)$ 与 $\mathbb{K}[x]$ 中某一个不可约多项式的正整数次幂相伴；

(2) $\forall g(x)\in\mathbb{K}[x]$，有 $(f(x), g(x))=1$ 或者 $f(x)\mid g^m(x)$ 对于某一个正整数 m；

(3) 在 $\mathbb{K}[x]$ 中，从 $f(x)\mid g(x)h(x)$ 可以推出 $f(x)\mid g(x)$ 或者 $f(x)\mid h^m(x)$ 对于某一个正整数 m.

证明： (1)⇒(2)，设 $f(x)=c\cdot p^l(x)$，其中 $c\in\mathbb{K}^*$，$l\in\mathbb{N}^*$，任取 $g(x)\in\mathbb{K}[x]$，由于 $P(x)$ 是不可约多项式，故 $(p(x), g(x))=1$ 或 $p(x)\mid g(x)$，于是 $(p^l(x), g(x))=1$ 或 $p^l(x)\mid g^l(x)$，从而 $(f(x), g(x))=1$ 或 $f(x)\mid g^l(x)$.

(2)⇒(3)，设 $f(x)\mid g(x)h(x)$，假若对 $\forall m\in\mathbb{N}^*$ 都有 $f(x)h^m(x)$，则由(2)知必有 $(f(x), h(x))=1$，这时由 Euclid 引理知 $f(x)\mid g(x)$.

(3)⇒(1)，假如 $f(x)$ 不是某一个不可约多项式的方幂，则 $f(x)$ 的标准分解式为

$$f(x)=ap_1^{l_1}(x)p_2^{l_2}(x)\cdots p_s^{l_s}(x),$$

其中 $s\geqslant 2$. 取 $g(x)=p_1^{l_1}(x)$，$h(x)=p_2^{l_2}(x)\cdots p_s^{l_s}(x)$，则 $f(x)=g(x)h(x)$，从而 $f(x)\mid g(x)h(x)$，据(3)得 $f(x)\mid g(x)$ 或者 $f(x)\mid h^m(x)$，从而

$$\deg f(x)\leqslant\deg g(x) \text{ 或 } p_1^{l_1}(x)\mid p_2^{l_2m-1}(x)\cdots p_s^{l_sm-1}(x).$$

前者是不可能的，后者推出 $p_1(x)$ 与某个 $p_j(x)$ 相伴，$j\in\{2, 3, \cdots, s\}$. 由此得 $p_1(x)=p_j(x)$，矛盾，因此 $f(x)$ 与 $\mathbb{K}[x]$ 中某一不可约多项式的正整数幂相伴.

8. $\mathbb{K}[x]$ 中，$f(x)$ 的次数大于 0，令 $g(x):=f(x+b)$，$b\in\mathbb{K}^*$，证明：$f(x)$ 在 $\mathbb{K}$ 上不可约当且仅当 $g(x)$ 在 $\mathbb{K}$ 上不可约.

证明： （**充分性**）易知 $\deg f(x)=\deg g(x)$. 假如 $f(x)$ 在 $\mathbb{K}$ 上可约，则在 $\mathbb{K}[x]$ 中有

$$f(x)=f_1(x)f_2(x),\ \deg f_i(x)<\deg f(x),\ i=1, 2.$$

由上式得

$$f(x+b)=f_1(x+b)f_2(x+b).$$

令 $g_i(x)=f_i(x+b)$，显然 $\deg g_i(x)=\deg f_i(x)$，$i=1, 2$. 于是在 $\mathbb{K}[x]$ 中有

$$g(x)=g_1(x)g_2(x),\ \deg g_i<\deg f=\deg g,\ i=1, 2.$$

这与 $g(x)$ 在 $\mathbb{K}[x]$ 上不可约矛盾. 因此 $f(x)$ 在 $\mathbb{K}$ 上不可约.

（**必要性**）x 用 $x-b$ 代入得 $g(x-b)=f(x)$，即 $g(x+(-b))=f(x)$，由充分性的证明知，$f(x)$ 在 $\mathbb{K}$ 上不可约可推出 $f(x+b)$ 在 $\mathbb{K}$ 上可约，即 $g(x)$ 在 $\mathbb{K}$ 上不可约.

习题 5.5　重因式

1. 判断下列有理系数多项式有无重因式；如果有重因式，试求出一个多项式与它有完全相同的不可约因式(不计重数)，且这个多项式没有重因式.

(1) $f(x)=x^3+x^2-16x+20$；　(2) $f(x)=x^3+2x^2-11x-12$.

解： 先求出 $(f(x), f'(x))$，应用辗转相除法：

$q_2(x)=-\frac{27}{98}x-\frac{36}{49}$	$f'(x)$ $3x^2+2x-16$ $3x^2-6x$	$f(x)$ $x^3+x^2-16x+20$ $x^3+\frac{2}{3}x^2-\frac{16}{3}x$	$\frac{1}{3}x+\frac{1}{9}=q_1(x)$
	$8x-16$ $8x-16$	$\frac{1}{3}x^2-\frac{32}{3}x+20$ $\frac{1}{3}x^2+\frac{2}{9}x-\frac{16}{9}$	
	0	$r_1(x)=-\frac{98}{9}x+\frac{196}{9}$	

所以$(f(x), f'(x))=x-2$，再对 $f(x)$与$(f(x), f'(x))$做综合除法

1	1	-16	20	
	2	6	-20	2
1	3	-10	0	

从而 $x^3+x^2-16x+20=(x-2)(x^2+3x-10)+0$. 从而多项式 $g(x)=x^2+3x-10$ 满足要求.

(2) 先求得$(f(x), f'(x))=1$，因此 $f(x)$没有重因式. 故 $g(x)=x^3+2x^2-11x-12$ 满足要求.

2. 对于第 1 题中有重因式的多项式 $f(x)$，求出它在$\mathbb{Q}[x]$中的标准分解式.

解： $f(x)=x^3+x^2-16x+20=(x-2)^2(x+5)$

3. 在$\mathbb{Q}[x]$中，$f(x)=x^5-3x^4+2x^3+2x^2-3x+1$.

(1) 求一个没有重因式的多项式 $g(x)$，使它与 $f(x)$含有完全相同的不可约因式(不计重数)；

(2) 求 $f(x)$在$\mathbb{Q}[x]$中的标准分解式.

解： (1) 先求出$(f(x), f'(x))=(x-1)^3$，再用$(f(x), f'(x))$去除 $f(x)$，所得的商为 $g(x)=x^2-1$，从而有

$$f(x)=(x-1)^3\cdot g(x)=(x-1)^4(x+1)$$

(2) 见上式.

4. 设$\mathbb{K}$是数域，$f(x)=x^3+ax+b\in\mathbb{K}[x]$，求 $f(x)$有重因式的充分必要条件.

解： 用辗转相除法求$(f(x), f'(x))$，先假设 $a\neq 0$，则 $f(x)$有重因子的充要条件是 $4a+27b^2=0$；

$q_2(x)=\dfrac{9}{2a}x-\dfrac{27b}{4a^2}$	$f'(x)$ $3x^2+a$ $3x^2+\dfrac{9b}{2a}x$	$f(x)$ x^3+ax+b $x^3+\dfrac{a}{3}x$	$\dfrac{1}{3}x=q_1(x)$
	$-\dfrac{9b}{2a}x+a$ $-\dfrac{9b}{2a}x-\dfrac{27b^2}{4a^2}$	$r_1(x)=\dfrac{2}{3}ax+b$ $\dfrac{2}{3}a+b$	$\dfrac{8a^3}{12a+81b^2}x+\dfrac{4a^2b}{4a+27b^2}=q_3(x)$
	$r_2(x)=a+\dfrac{27b^2}{4a^2}$	$r_3(x)=3$	

当 $a=0$ 时，$f(x)$有重因子的充要条件是 $b=0$.

综上，$f(x)$有重因子的充要条件是 $4a+27b^2=0$.

$f'(x)$	$f(x)$	
$3x^2$	x^3+b	$\frac{1}{3}x$
	x^3	
	b	

5. 设$\mathbb{K}$是数域，举例说明$\mathbb{K}[x]$中一个不可约多项式 $p(x)$是 $f(x)$的导数 $f'(x)$的 $k-1$重因式($k\geqslant 2$)，但是 $p(x)$不是 $f(x)$的 k 重因式.

解： 例如 $f(x)=x^k+1$，$k\geqslant 2$，$f'(x)=kx^{k-1}$，则 $p(x)=x$ 是 $f'(x)$的 $k-1$ 重因式，但不是 $f(x)$的重因式.

6. 设$\mathbb{K}$是数域，证明：在$\mathbb{K}[x]$中，若不可约多项式 $p(x)$是 $f(x)$的导数 $f'(x)$的 $k-1$重因式($k\geqslant 2$)，且 $p(x)$是 $f(x)$的因式，则 $p(x)$是 $f(x)$的 k 重因式.

证明：　由 $p(x)$是 $f(x)$与 $f'(x)$的公因式知 $f(x)$必有重因式 $p(x)$. 不妨设 $p(x)$是 $f(x)$的 t 重因式，则 $p(x)$是 $f'(x)$的 $t-1$ 重因式. 由题意知，$p(x)$是 $f'(x)$的 $k-1$ 重因式，于是有 $t-1=k-1$，故 $t=k$，即 $p(x)$是 $f(x)$的 k 重因式.

7. 设$\mathbb{K}$是数域，证明：在$\mathbb{K}[x]$中，不可约多项式 $p(x)$是 $f(x)$的 k 重因式($k\geqslant 1$)的充分必要条件为：$p(x)$是 $f(x)$，$f'(x)$，…，$f^{(k-1)}(x)$的因式，但不是 $f^{(k)}(x)$的因式.

证明：　(**必要性**) $p(x)$是 $f(x)$的 k 重因式

$\Rightarrow p(x)$是 $f'(x)$的 $k-1$ 重因式

$\Rightarrow p(x)$是 $f''(x)$的 $k-2$ 重因式

…

$\Rightarrow p(x)$是 $f^{(k-1)}(x)$的 1 重因式(单因式)

从而 $p(x)$是 $f(x)$，$f'(x)$，…，$f^{(k-1)}(x)$的因式，但不是 $f^{(k)}(x)$的因式.

(**充分性**) 由 $p(x)$是 $f^{(k-1)}(x)$的因式，但不是 $f^{(k)}(x)$的因式知 $p(x)$是 $f^{(k-1)}(x)$的 1 重因式(单因式)；由 $p(x)$是 $f^{(k-2)}(x)$的因式，且 $p(x)$是 $f^{(k-1)}(x)$的 1 重因式(单因式)和第 6 题的结论知 $p(x)$是 $f^{(k-2)}(x)$的 2 重因式；由 $p(x)$是 $f^{(k-3)}(x)$的因式和 $p(x)$是 $f^{(k-2)}(x)$的 2 重因式和第 6 题的结论知 $p(x)$是 $f^{(k-3)}(x)$的 3 重因式；依次递推得$p(x)$是 $f(x)$的 k 重因式.

8. 设$\mathbb{K}$是数域，证明：在$\mathbb{K}[x]$中一个 $n(n\geqslant 1)$次多项式 $f(x)$能被它的导数整除的充分必要条件是它与一个一次因式的 n 次幂相伴.

证明：　(**充分性**) 设 $f(x)\sim(x-a)^n$，则设 $f(x)=c(x-a)^n$，$c\in\mathbb{K}$，则 $f'(x)=nc(x-a)^n$，从而 $f'(x)\mid f(x)$.

(**必要性**) 设 $f'(x)\mid f(x)$，则$(f(x),\ f'(x))=cf'(x)$，其中 c^{-1}为 $f'(x)$的首项系数. 由于$(f(x),\ f'(x))$去除 $f(x)$所得的余数为 0，所得的商 $g(x)$与 $f(x)$具有相同的不可约因式(不计重数)，且 $g(x)$没有重因式，故 $f(x)=(f(x),\ f'(x))g(x)$，于是 $g(x)$是一次因式. 不妨设 $g(x)=a(x+b)$，$a\in\mathbb{K}$，注意到 $f'(x)$的首项系数为$\dfrac{1}{c}$，$g(x)$的首次项系数即为 $f(x)$的首次项系数，由 $f(x)=ca(x+b)f'(x)$及微分方程理论知 $f(x)=a(x+b)^n$，从而 $f(x)\sim(x-b)^n$.

习题 5.6　多项式的根，多项式函数，复数域上的不可约多项式

1. 设 $f(x)=x^5+7x^4+19x^3+26x^2+20x+8\in\mathbb{Q}[x]$，判断 -2 是不是 $f(x)$的根；如果是的话，它是几重根？

解： 由综合除法：

$$\begin{array}{cccccc|c} 1 & 7 & 19 & 26 & 20 & 8 & -2 \\ & -2 & -10 & -18 & -16 & -8 & \\ \hline 1 & 5 & 9 & 8 & 4 & 0 & \end{array}$$

从而有 $x^5+7x^4+19x^3+26x^2+20x+8=(x^4+5x^3+9x^2+8x+4)(x+2)$.

再使用综合除法：

$$\begin{array}{ccccc|c} 1 & 5 & 9 & 8 & 4 & -2 \\ & -2 & -6 & -6 & -4 & \\ \hline 1 & 3 & 3 & 2 & 0 & \end{array}$$

再使用综合除法：

$$\begin{array}{cccc|c} 1 & 3 & 3 & 2 & -2 \\ & -2 & -2 & -2 & \\ \hline 1 & 1 & 1 & 0 & \end{array}\qquad \begin{array}{ccc|c} 1 & 1 & 1 & -2 \\ & -2 & 2 & \\ \hline 1 & -1 & 3 & \end{array}$$

由以上分析知，-2 为 $f(x)$的 3 重根.

2. 在$\mathbb{Q}[x]$中，$f(x)=x^3-3x^2+ax+4$. 求 a 的值，使得 $f(x)$在$\mathbb{Q}[x]$中有重根，并且求出相应的重根及重数.

解： 设 $c\in\mathbb{Q}$是 $f(x)$的重根$\Leftrightarrow x-c$ 是 $f(x)$的重因式$\Leftrightarrow x-c$ 是$(f(x),\ f'(x))$的因式，先求$(f(x),\ f'(x))$，当 $a\neq3$ 时

$$a+\frac{9a(12-a)}{(2a-6)^2}=0$$

$\frac{9}{2a-6}x-\frac{45a}{(2a-6)^2}$	$f'(x)$ $3x^2-6x+a$ $3x^2+\frac{36+3a}{2a-6}x$	$f(x)$ x^3-3x^2+ax+4 $x^3-2x^2+\frac{a}{3}x$	$\frac{1}{3}x-\frac{1}{3}=q_1(x)$
	$-\frac{15a}{2a-6}x+a$ $-\frac{9a}{2a-6}x-\frac{15a(12+a)}{(2a-6)^2}$	$-x^2+\frac{2}{3}ax+4$ $-x^2+2x-\frac{a}{3}$	
	$a+\frac{9a(a+12)}{(2a-6)^2}$	$r_1=\left(\frac{2}{3}a-2\right)x+4+\frac{a}{3}$	

即

$$a(4a^2-9a+216)=0,\ a=0$$

此时$(f(x),\ f'(x))=x-2$，故 $x-2$ 为 $f(x)$和 $f'(x)$的因子，此时

$$f(x)=\left(\frac{1}{3}x-\frac{1}{3}\right)f'(x)+(-2x+4)$$

$$f'(x)=\left(-\frac{3}{2}x\right)(-2x+4)$$

故

$$\begin{aligned}f(x)&=\left(\frac{1}{3}x-\frac{1}{3}\right)\left(-\frac{3}{2}x\right)(-2x+4)+(-2x+4)\\&=(-2x+4)\left[-\frac{3}{2}x\left(\frac{1}{3}x-\frac{1}{3}\right)+1\right]\\&=(x-2)\left[3x\left(\frac{1}{3}x-\frac{1}{3}\right)-2\right]\\&=(x-2)(x^2-x-2)=(x-2)^2(x+1)\end{aligned}$$

故 2 是 $f(x)$的 2 重根.

当 $a=3$ 时，$f(x)=x^3-3x^2+3x+4$，

$f'(x)$ $3x^2-6x+3$	$f(x)$ x^3-3x^2+3x+4 x^3-2x^2+x	$\frac{1}{3}x-\frac{1}{3}$
	$-x^2+2x+4$ $-x^2+2x-1$	
	5	

从而$(f(x), f'(x))=1$，因此，$f(x)$在$\mathbb{Q}$中没有重根.

综上所述，$f(x)$在$\mathbb{Q}$中有重根当且仅当$a=0$，此时$f(x)=(x-2)^2(x+1)$，2 为$f(x)$的 2 重根.

3. 在$\mathbb{Q}[x]$中，$f(x)=2x^3-7x^2+4x+a$，求a的值，使得$f(x)$在$\mathbb{Q}[x]$中有重根，并且求出相应的重根及重数.

解：设$c\in\mathbb{Q}$是$f(x)$的重根$\Leftrightarrow x-c$是$f(x)$的重因子$\Leftrightarrow x-c$是$(f(x), f'(x))$的因子. 先求$(f(x), f'(x))$：

$q_2(x)=-\frac{54}{25}x-\frac{9(54a-266)}{25^2}$	$f'(x)$	$f(x)$	$\frac{1}{3}x-\frac{7}{18}=q_1(x)$
	$6x^2-14x+4$	$2x^3-7x^2+4x+a$	
	$6x^2+\frac{54}{25}\left(a+\frac{14}{9}\right)x$	$2x^3-\frac{14}{3}x^2+\frac{4}{3}x$	
	$\left(\frac{54}{25}a-\frac{266}{25}\right)x+4$	$-\frac{7}{3}x^2+\frac{8}{3}x+a$	
	$\left(\frac{54}{25}a-\frac{266}{25}\right)x-\frac{(54a-266)(9a+144)}{25^2}$	$-\frac{7}{3}x^2+\frac{49}{9}x-\frac{14}{9}$	
	$4+\frac{(54a-266)(9a+14)}{25^2}$	$r_1(x)=-\frac{25}{9}x+a+\frac{14}{9}$	

所以得

$$4+\frac{(54a-266)(9a+14)}{625}=0$$

解得

$$a=4 \text{ 或 } a=-\frac{17}{27}$$

当$a=4$时，

$$f(x)=q_1(x)f'(x)-\frac{25}{9}x+\frac{50}{9}$$

$$f'(x)=q_2(x)\cdot r_1(x)+0$$

即

$$\begin{aligned}
f(x)&=\left(\frac{1}{3}x-\frac{7}{18}\right)\left(-\frac{54}{25}x+\frac{18}{25}\right)\left(-\frac{25}{9}x+\frac{50}{9}\right)-\frac{25}{9}x+\frac{50}{9}\\
&=\left(-\frac{25}{9}x+\frac{50}{9}\right)\left[\left(\frac{1}{3}x-\frac{7}{18}\right)\left(-\frac{54}{25}x+\frac{18}{25}\right)+1\right]\\
&=(x-2)^2(2x+1)=2(x-2)^2\left(x+\frac{1}{2}\right)
\end{aligned}$$

故 $x=2$ 为 $f(x)$的 2 重根.

当 $a=-\frac{17}{27}$时，$(f(x),\ f'(x))=x-\frac{1}{3}$，因为

$$f(x)=\left(x-\frac{1}{3}\right)^2\left(2x-\frac{17}{3}\right)=2\left(x-\frac{1}{3}\right)^2\left(x-\frac{17}{6}\right)$$

故 $x-\frac{1}{3}$是 $f(x)$的 2 重根.

4. 设$\mathbb{K}$是数域，证明：$\mathbb{K}[x]$中两个次数大于 0 的多项式有公共复根的充分必要条件是它们在$\mathbb{K}[x]$中不互素.

证明： $f(x)$与 $g(x)$在$\mathbb{C}[x]$中有公共一次因式，从而在$\mathbb{C}[x]$中不互素. 由互素性不随数域的扩大而改变知 $f(x)$与 $g(x)$在$\mathbb{K}[x]$中不互素.

5. $\mathbb{Q}[x]$中，$f(x)=x^3-3x^2+x-3$，$g(x)=x^4-x^3+2x^2-x+1$. $f(x)$与 $g(x)$有无公共复根？如果有，试把它求出来.

解：

$x-3$	$f(x)$ x^3-3x^2+x-3 x^3+x	$g(x)$ $x^4-x^3+2x^2-x+1$ $x^4-3x^3+x^2-3x$	$x+2=q_1(x)$
	$-3x^2-3$ $-3x^2-3$	$2x^3+x^2+2x+1$ $2x^3-6x^2+2x-6$	
	0	$r_1(x)=7x^2+7$	

即$(f(x),\ g(x))=x^2+1$，于是 i 和$-$i 是 $f(x)$与 $g(x)$的公共复根.

6. 设 $f(x)=x^4-5x^3+ax^2+bx+9\in\mathbb{Q}[x]$，如果 3 是 $f(x)$的 2 重根，求 a，b.

解：由综合除法：

1	-5	a	b	9	3
	3	-6	$3(a-6)$	$3b+9(a-6)$	
1	-2	$a-6$	$b+3(a-6)$	$9+3b+9(a-6)$	

1	-2	$a-6$	-3	3
	3	3	$3(a-3)$	
1	1	$a-3$	$3a-12$	

故 $9+3b+9a-54=0$，$3a-12=0$，

解得 $a=4$，$b=3$.

7. 证明：在$\mathbb{K}[x]$中，如果 $x-a \mid f(x^m)$，其中 m 是任一正整数，那么 $x^m-a^m \mid f(x^m)$.

证明： 令 $g(x)=f(x^m)$，则 $x-a \mid g(x)$，从而 a 是 $g(x)$在$\mathbb{K}$中的根，从而 $g(a)=0$，即 $f(a^m)=0$. 这表明 a^m 是 $f(x)$在$\mathbb{K}[x]$中的根，从而 $x-a^m \mid f(x)$. 于是存在 $h(x)\in\mathbb{K}[x]$，使得 $f(x)=h(x)(x-a^m)$. 不定元 x 用 x^m 代入得 $f(x^m)=h(x^m)(x^m-a^m)$，因此 $x^m-a^m \mid f(x^m)$.

8. 证明：在$\mathbb{Q}[x]$中，$x^2+x+1 \mid x^{3m}+x^{3n+1}+x^{3l+2}$，其中 m，n，$l\in\mathbb{N}^*$.

证明： x^2+x+1 的两个复根是$\dfrac{-1\pm\sqrt{3}\mathrm{i}}{2}$. 记 $\omega=\dfrac{-1\pm\sqrt{3}\mathrm{i}}{2}$，则 $\omega^2=\dfrac{-1-\sqrt{3}\mathrm{i}}{2}$，显然 $1+\omega+\omega^2=0$，且 $\omega^3=1$，从而 $\omega^{3m}+\omega^{3n+1}+\omega^{3l+2}=1+\omega+\omega^2=0$. 于是 ω 是 $x^{3m}+x^{3n+1}+x^{3l+2}$的一个复根. 根据 Bezout 定理知 $x-\omega$ 是 x^2+x+1 与 $x^{3m}+x^{3n+1}+x^{3l+2}$ 在$\mathbb{C}[x]$中的公因式，从而 x^2+x+1 与 $x^{3m}+x^{3n+1}+x^{3l+2}$ 在$\mathbb{C}[x]$中不互素，因此它们在$\mathbb{Q}[x]$中也不互素. 又由于 x^2+x+1 在$\mathbb{Q}$上不可约，于是在$\mathbb{Q}[x]$中，$x^2+x+1 \mid x^{3m}+x^{3n+1}+x^{3l+2}$，其中 m，n，$l\in\mathbb{N}^*$.

9. 证明：在$\mathbb{Q}[x]$中，如果 $x^2+x+1 \mid f_1(x^3)+xf_2(x^3)$，那么 1 是 $f_i(x)$的根，$i=1$，2.

证明： 由已知条件得，存在 $h(x)\in\mathbb{Q}[x]$，使得

$$f_1(x^3)+xf_2(x^3)=h(x)(x^2+x+1)$$

x 分别用 $\omega=\dfrac{-1+\sqrt{3}\mathrm{i}}{2}$和 $\omega^2=\dfrac{-1-\sqrt{3}\mathrm{i}}{2}$代入上式，得

$$f_1(1)+\omega f_2(1)=0，f_1(1)+\omega^2 f_2(1)=0$$

联立解得 $f_1(x)=0$，$f_2(x)=0$. 因此 1 是 $f_i(x)$的根，$i=1$，2.

10. 设$\mathbb{K}$是一个数域，$f(x)\in\mathbb{K}[x]$且 $f(x)$的次数 n 大于 0. 证明：如果在$\mathbb{K}[x]$中，$f(x) \mid f(x^m)$，m 是大于 1 的整数，那么 $f(x)$的复根只能是 0 或单位根.

证明： 设 c 是 $f(x)$的一个复根，则 $f(c)=0$. 由于 $f(x) \mid f(x^m)$，因此存在 $h(x)\in\mathbb{K}[x]$，使得 $f(x^m)=h(x)f(x)$. 将 x 用 c 代入得，$f(c^m)=h(c)f(c)=0$，于是 c^m 是 $f(x)$的一个复根. 依次下去可得 c，c^m，c^{m^2}，c^{m^3}，…都是 $f(x)$的复根. 把 $f(x)$看成$\mathbb{C}[x]$中的多项式，则 $f(x)$中会有 n 个复根(重根按重数计算). 于是必存在正整数 j，使得 $c^{m^j}=c^{m^i}$对于某个正整数 $i<j$. 由此推出 $c^{m^i}(c^{m^j-m^i}-1)=0$. 因此 $c^{m^i}=0$ 或 $c^{m^j-m^i}=1$，从而 $c=0$ 或 c 是单位根.

11. 设$\mathbb{K}$是一个数域，$f(x)\in\mathbb{K}[x]$且$\deg f(x)=n>0$. 证明：c是$f(x)$的k重复根($k\geqslant 1$)的充要条件是：

$$f(c)=f'(c)=\cdots=f^{(k-1)}(c)=0,\ f^{(k)}(c)\neq 0.$$

证明： 在习题5.5的第7题中取$p(x)=x-c$即可.

12. 设$f(x)=x^4+5x^3+ax^2+bx+c\in\mathbb{Q}[x]$，如果$-2$是$f(x)$的3重根，求$a$，$b$，$c$.

解： 由第11题的结论知

$$\begin{cases}f(-2)=0,\\ f'(-2)=0,\\ f''(-2)=0\end{cases}\Rightarrow\begin{cases}(-2)^4+5(-2)^3+a(-2)^2+b(-2)+c=0,\\ 4(-2)^3+15(-2)^2+2a(-2)+b=0,\\ 12(-2)^2+30(-2)+2a=0\end{cases}$$

解得$a=6$，$b=-4$，$c=-8$. 易验证$f^3(-2)\neq 0$.

13. 证明：在$\mathbb{K}[x]$中，如果$f(x)$与一个不可约多项式$p(x)$有公共复根，那么$p(x)\mid f(x)$.

证明： 由条件知$f(x)$与$p(x)$在$\mathbb{C}[x]$中有公共的一次因式，从而在$\mathbb{C}[x]$中，$(f(x),p(x))\neq 1$. 由于互素性不随数域的扩大而改变，因此在$\mathbb{K}[x]$中，$(f(x),p(x))\neq 1$.

由于$p(x)$在$\mathbb{K}$上不可约，因此$p(x)\mid f(x)$.

14. 设x^n-a^n是数域$\mathbb{K}$上的多项式($a\neq 0$)，求x^n-a^n在$\mathbb{C}[x]$中的标准分解式.

解： 由教材例2中x^n-1的标准分解式

$$x^n-1=(x-1)(x-\xi)(x-\xi^2)\cdots(x-\xi^{n-1}),\ \xi=e^{\mathrm{i}\frac{2\pi}{n}}$$

可得

$$\begin{aligned}\left(\frac{x}{a}\right)^n-1&=\left(\frac{x}{a}-1\right)\left(\frac{x}{a}-\xi\right)\left(\frac{x}{a}-\xi^2\right)\cdots\left(\frac{x}{a}-\xi^{n-1}\right)\\&=\frac{1}{a^n}(x-a)(x-a\xi)(x-a\xi^2)\cdots(x-a\xi^{n-1})\end{aligned}$$

从而

$$x^n-a^n=a^n\left[\left(\frac{x}{a}\right)^n-1\right]=(x-a)(x-a\xi)(x-a\xi^2)\cdots(x-a\xi^{n-1})$$

15. 设$\boldsymbol{B}$是数域$\mathbb{K}$上的一个n级矩阵. 证明：存在$t_0\in\mathbb{K}$使得$\boldsymbol{B}+t_0\boldsymbol{I}$为可逆矩阵，且这样的$t_0$有无穷多个.

证明： 设$\boldsymbol{B}(t)=\boldsymbol{B}+t\boldsymbol{I}$，由行列式性质知$|\boldsymbol{B}(t)|=|\boldsymbol{B}+t\boldsymbol{I}|$是$t$的$n$次多项式，记作$f(t)$，于是$f(t)$是数域$\mathbb{K}$上的$n$次多项式，从而$f(x)$在$\mathbb{K}$中的根至多有$n$个(重根按

重数计算). 因此存在 $t_0\in\mathbb{K}$, 使得 $f(t_0)\neq 0$, 即 $|\boldsymbol{B}(t_0)|=|\boldsymbol{B}+t_0\boldsymbol{I}|\neq 0$, 从而 $\boldsymbol{B}+t_0\boldsymbol{I}$ 为可逆矩阵. 由于数域$\mathbb{K}$有无穷多个, 因此这样的 t_0 有无穷多个.

16. 设 $\boldsymbol{A}$, $\boldsymbol{B}$, $\boldsymbol{C}$, $\boldsymbol{D}$ 都是数域$\mathbb{K}$上的 n 级矩阵, 且 $\boldsymbol{AC}=\boldsymbol{CA}$. 证明: 当 $|\boldsymbol{A}|=0$ 时, 也有

$$\begin{vmatrix}\boldsymbol{A} & \boldsymbol{B}\\ \boldsymbol{C} & \boldsymbol{D}\end{vmatrix}=|\boldsymbol{AD}-\boldsymbol{BC}|$$

证明: 根据第 15 题的证明过程知, 存在 $\delta>0$, 使得 $\forall\, t\in(0-\delta,\ 0+\delta)$ 且 $t\neq 0$, 都有 $f(t)=|\boldsymbol{A}-t\boldsymbol{I}|\neq 0$, 于是矩阵 $\boldsymbol{B}(t)=\boldsymbol{A}-t\boldsymbol{I}$ 可逆, 从而由习题 4.6 的第 17 题结论

$$\begin{vmatrix}\boldsymbol{A}-t\boldsymbol{I} & \boldsymbol{B}\\ \boldsymbol{C} & \boldsymbol{D}\end{vmatrix}=|(\boldsymbol{A}-t\boldsymbol{I})\boldsymbol{D}-\boldsymbol{BC}|$$

上式中令 $t\to 0$, 利用行列式关于 t 的连续性知

$$\begin{vmatrix}\boldsymbol{A} & \boldsymbol{B}\\ \boldsymbol{C} & \boldsymbol{D}\end{vmatrix}=|\boldsymbol{AD}-\boldsymbol{BC}|$$

17. 设$\mathbb{K}$是一个数域, R 是一个有单位元 $1'$的交换环且$\mathbb{K}$到R 的一个子环 R_1(含 $1'$)有一个环同构映射 τ. 设 $a\in R$, 令 σ_a: $f(x)\mapsto f(a)$, 则 σ_a 是$\mathbb{K}[x]$到 R 的一个映射(根据一元多项式环的通用性质). 令

$$J_a=\{f(x)\in\mathbb{K}[x]\mid f(a)=0\}$$

设 $J_a\neq\{0\}$. 证明:

(1) J_a 中存在唯一的首一多项式 $m(x)$, 使得

$$J_a=\{h(x)m(x)\mid h(x)\in\mathbb{K}[x]\};$$

(2) 如果 R 没有非平凡的零因子, 那么第(1)小题中的 $m(x)$在$\mathbb{K}[x]$中不可约.

证明: (1) 在 J_a 中取一个次数最低的首一多项式, 记作 $m(x)$, 任取 $f(x)\in J_a$, 做带余除法:

$$f(x)=h(x)m(x)+r(x),\ \deg r(x)<\deg m(x)$$

假如 $r(a)\neq 0$, 将 x 用 a 代入上式, 得 $f(a)=h(a)m(a)+r(a)$, 由 $m(x)$, $f(x)\in J_a$ 知 $f(a)=0$, $m(a)=0$, 从而 $r(a)=0$, 于是有 $r(x)\in J_a$. 这与 $m(x)$是 J_a 中次数最低的首一多项式矛盾, 从而 $f(x)=h(x)m(x)$.

(2) 假设 $m(x)$在$\mathbb{K}[x]$中可约, 则在$\mathbb{K}[x]$中有

$$m(x)=m_1(x)m_2(x),\ \deg m_i(x)<\deg m(x),\ i=1,\ 2$$

将 x 用 a 代入上式，得 $m(a)=m_1(a)m_2(a)=0$. 由于 R 没有非平凡零因子，故 $m_1(a)=0$ 或 $m_2(a)=0$，从而 $m_1(x)\in J_a$ 或 $m_2(x)\in J_a$. 这与 $m(x)$ 的取法矛盾，因此 $m(x)$ 在 $\mathbb{K}[x]$ 中不可约.

18. 设 $f(x)$，$g(x)\in\mathbb{C}[x]$，且 $f(x)$，$g(x)$ 的次数都大于 0. 对于 $c\in\mathbb{C}$，令

$$f^{-1}(c):=\{a\in\mathbb{C}\mid f(a)=c\}$$

即用 $f^{-1}(c)$ 表示 c 在多项式函数 f 下的原像集. 证明：如果 $f^{-1}(0)=g^{-1}(0)$，且 $f^{-1}(1)=g^{-1}(1)$，那么 $f(x)=g(x)$.

证明： 设 $\max\{\deg f(x), \deg g(x)\}=n$，不妨设 $f(x)$ 的次数为 n. 由映射的定义知 $f^{-1}(0)\cap f^{-1}(1)=\varnothing$，如果能证明 $|f^{-1}(0)\cup f^{-1}(1)|\geqslant n+1$，那么由于 $f^{-1}(0)=g^{-1}(0)$ 且 $f^{-1}(1)=g^{-1}(1)$，因此根据本节定理 4 得 $f(x)=g(x)$. 设 $f(x)$，$f(x)-1$ 的标准分解式为

$$f(x)=a\prod_{i=1}^{m}(x-c_i)^{r_i},\ f(x)-1=a\prod_{j=1}^{s}(x-d_j)^{t_j}$$

其中 $\sum\limits_{i=1}^{m}r_i=n=\sum\limits_{j=1}^{s}t_j$，显然

$$f^{-1}(0)=\{c_1, c_2, \cdots, c_m\},\ f^{-1}(1)=\{d_1, d_2, \cdots, d_s\}$$

因此 $|f^{-1}(0)\cup f^{-1}(1)|=m+s$. 根据 §5.5 定理 1 得

$$f'(x)=[f(x)-1]'=\prod_{i=1}^{m}(x-c_i)^{r_i-1}\prod_{j=1}^{s}(x-d_j)^{t_j-1}h(x)$$

其中 $h(x)$ 不能被 $x-c_i$ 整除，$i=1, 2, \cdots, m$；$h(x)$ 也不能被 $x-d_j$ 整除，$j=1, 2, \cdots, s$，于是

$$\sum_{i=1}^{m}(r_i-1)+\sum_{j=1}^{s}(t_j-1)\leqslant\deg f'(x)=n-1$$

另一方面，

$$\sum_{i=1}^{m}(r_i-1)+\sum_{j=1}^{s}(t_j-1)=\sum_{i=1}^{m}r_i-m+\sum_{j=1}^{s}t_j-s=2n-(m+s)$$

因此 $2n-(m+s)\leqslant n-1$. 由此得 $m+s\geqslant n+1$. 命题成立.

19. 设 $\mathbb{K}[x]$ 中 n 次多项式 $f(x)=a_nx^n+\cdots+a_1x+a_0$ 的 n 个复根是 c_1，c_2，$\cdots$，c_n，对于 $b\in\mathbb{K}$，求数域 $\mathbb{K}$ 上以 bc_1，bc_2，$\cdots$，bc_n 为复根的多项式.

解： 由 Vieta 公式知 $\frac{1}{a_n}f(x)=0$ 的复根也为 c_1，c_2，…，c_n，且

$$c_1+c_2+\cdots+c_n=(-1)^1\frac{a_{n-1}}{a_n}$$

$$\sum_{1\leqslant i<j\leqslant n}c_ic_j=(-1)^2\frac{a_{n-2}}{a_n}$$

$$\cdots$$

$$\sum_{1\leqslant i_1<i_2<\cdots<i_k\leqslant n}c_{i_1}c_{i_2}\cdots c_{i_k}=(-1)^k\frac{a_{n-k}}{a_n}$$

$$\cdots$$

$$c_1c_2\cdots c_n=(-1)^n\frac{a_0}{a_n}$$

于是

$$bc_1+bc_2+\cdots+bc_n=(-1)^1\frac{a_{n-1}}{a_n}b$$

$$\sum_{1\leqslant i<j\leqslant n}bc_ibc_j=(-1)^2\frac{a_{n-2}}{a_n}b^2$$

$$\cdots$$

$$\sum_{1\leqslant i_1<i_2<\cdots<i_k\leqslant n}bc_{i_1}bc_{i_2}\cdots bc_{i_k}=(-1)^k\frac{a_{n-k}}{a_n}b^k$$

$$\cdots$$

$$bc_1bc_2\cdots bc_n=(-1)^n\frac{a_0}{a_n}b^n$$

所以以 c_1，c_2，…，c_n 为复根的多项式为(或与之相伴)

$$g(x)=a_nx^n+a_{n-1}bx^{n-1}+a_{n-2}b^2x^{n-2}+\cdots+a_1b^{n-1}x+a_0b^n$$

习题 5.7　实数域上的不可约多项式

1. 求多项式 x^n-1 在实数域上的标准分解式.

解： 记 $\xi=e^{i\frac{2\pi}{n}}$，则由 § 5.6 例 2 知在 $\mathbb{C}[x]$ 中，有

$$x^n-1=(x-1)(x-\xi)\cdots(x-\xi^{n-1})$$

当 $1\leqslant k\leqslant n-1$ 时，有 $\xi^k\xi^{n-k}=1$. 由于 $\xi^k\cdot\overline{\xi^k}=|\xi^k|^2=1$，因此 $\overline{\xi^k}=\xi^{n-k}$，从而 $\xi^k+\xi^{n-k}=$

$\xi^k+\overline{\xi^k}=2\mathrm{Re}(\xi^k)=2\cos\dfrac{2k\pi}{n}$.

情形 1：$n=2m+1$，此时有

$$\begin{aligned}x^{2m+1}-1&=(x-1)(x-\xi)(x-\xi^2)\cdots(x-\xi^{2m-1})(x-\xi^{2m})\\&=(x-1)(x-\xi)(x-\xi^{2m})(x-\xi^2)(x-\xi^{2m-1})\cdots(x-\xi^m)(x-\xi^{m+1})\\&=(x-1)\left(x^2-2x\cos\frac{2\pi}{2m+1}+1\right)\cdots\left(x^2-2x\cos\frac{2m\pi}{2m+1}+1\right)\\&=(x-1)\prod_{k=1}^{m}\left(x^2-2x\cos\frac{2k\pi}{2m+1}+1\right)\end{aligned}$$

情形 2：$n=2m$，此时 $\xi^m=\mathrm{e}^{\mathrm{i}\frac{2m\pi}{n}}=\mathrm{e}^{\mathrm{i}\pi}=-1$，从而

$$\begin{aligned}x^{2m}-1&=(x-1)(x-\xi)(x-\xi^2)\cdots(x-\xi^{2m-2})(x-\xi^{2m-1})\\&=(x-1)(x-\xi)(x-\xi^{2m-1})\cdots(x+1)\cdots(x-\xi^{m-1})(x-\xi^{m+1})\\&=(x-1)(x+1)\prod_{k=1}^{m-1}\left(x^2-2x\cos\frac{k\pi}{m}+1\right)\end{aligned}$$

2. 求多项式 x^n+1 分别在复数域上和实数域上的标准分解式.

解：记 $\omega_k=\mathrm{e}^{\mathrm{i}\frac{(2k+1)\pi}{n}}$，$k=0,1,2,\cdots,n-1$，则 ω_k 是 $x^n+1=0$ 的全部复根，因此 x^n+1 在$\mathbb{C}[x]$中的标准分解式为

$$x^n+1=(x-\omega_0)(x-\omega_1)\cdots(x-\omega_{n-1})$$

当 $0\leqslant k\leqslant n-1$ 时，有

$$\omega_k\omega_{n-k-1}=\mathrm{e}^{\mathrm{i}\frac{(2k+1)\pi+[2(n-k-1)+1]\pi}{n}}=\mathrm{e}^{\mathrm{i}2\pi}=1$$

从而 $\bar{\omega}_k=\omega_{n-k-1}$，于是

$$\omega_k+\omega_{n-k-1}=2\cos\frac{(2k+1)\pi}{n}$$

情形 1：$n=2m+1$，此时有

$$\omega_m=\mathrm{e}^{\mathrm{i}\frac{(2m+1)\pi}{2m+1}}=-1$$

从而在$\mathbb{R}[x]$中 $x^{2m+1}+1$ 的标准分解式为

$$\begin{aligned}x^{2m+1}+1&=(x-\omega_0)(x-\omega_{2m})(x-\omega_1)(x-\omega_{2m-1})\cdots(x-\omega_{m-1})(x-\omega_{m+1})(x-\omega_m)\\&=(x+1)\prod_{k=0}^{m-1}(x-\omega_k)(x-\omega_{2m-k})\end{aligned}$$

$$=(x+1)\prod_{k=0}^{m-1}\left[x^2-2\cos\frac{(2k+1)\pi}{2m+1}+1\right]$$

情形 2：$n=2m$，此时有

$$\begin{aligned}x^{2m+1}+1&=(x-\omega_0)(x-\omega_1)\cdots(x-\omega_{2m-1})\\&=(x-\omega_0)(x-\omega_{2m-1})\cdots(x-\omega_{m-1})(x-\omega_m)\\&=\prod_{k=0}^{m-1}\left[x^2-2x\cos\frac{(2k+1)\pi}{2m}+1\right]\end{aligned}$$

3. 设 $a\in\mathbb{R}^*$，求多项式 x^n-a^n 在实数域上的标准分解式.

解： 由于 $x^n-a^n=a^n\left[\left(\frac{x}{a}\right)^n-1\right]$，从第 1 题的结论知

当 $n=2m+1$ 时，有

$$\begin{aligned}x^n-a^n&=a^n\left(\frac{x}{a}-1\right)\prod_{k=1}^{m}\left[\left(\frac{x}{a}\right)^2-2\left(\frac{x}{a}\right)\cos\frac{2k\pi}{2m+1}+1\right]\\&=a^n\left(\frac{x}{a}-1\right)\frac{1}{a^{2m}}\prod_{k=1}^{m}\left(x^2-2ax\cos\frac{2k\pi}{2m+1}+a^2\right)\\&=(x-a)\prod_{k=1}^{m}\left(x^2-2ax\cos\frac{2k\pi}{2m+1}+a^2\right)\end{aligned}$$

当 $n=2m$ 时，有

$$\begin{aligned}x^{2m}-a^{2m}&=a^{2m}\left(\frac{x}{a}-1\right)\left(\frac{x}{a}+1\right)\prod_{k=1}^{m-1}\left[\left(\frac{x}{a}\right)^2-2\left(\frac{x}{a}\right)\cos\frac{k\pi}{m}+1\right]\\&=(x-a)(x+a)\prod_{k=1}^{m-1}\left(x^2-2ax\cos\frac{k\pi}{m}+a^2\right)\end{aligned}$$

4. 设 $a\in\mathbb{R}^*$，求多项式 x^n+a^n 在实数域上的标准分解式.

解： 由第 2 题的结论和 $x^n+a^n=a^n\left[\left(\frac{x}{a}\right)^n+1\right]$知：

当 $n=2m+1$ 时，有

$$\begin{aligned}x^{2m+1}+a^{2m+1}&=a^{2m+1}\left(\frac{x}{a}+1\right)\prod_{k=0}^{m-1}\left[\left(\frac{x}{a}\right)^2-2\left(\frac{x}{a}\right)\cos\frac{(2k+1)\pi}{2m+1}+1\right]\\&=(x+a)\prod_{k=0}^{m-1}\left[x^2-2ax\cos\frac{(2k+1)\pi}{2m+1}+a^2\right]\end{aligned}$$

当 $n=2m$ 时，有

$$x^{2m}+a^{2m}=a^{2m}\prod_{k=0}^{m-1}\left[\left(\frac{x}{a}\right)^2-2\left(\frac{x}{a}\right)\cos\frac{(2k+1)\pi}{2m}+1\right]$$

$$=\prod_{k=0}^{m-1}\left[x^2-2ax\cos\frac{(2k+1)\pi}{2m}+a^2\right]$$

5. 证明：

(1) $\prod\limits_{k=1}^{m}\cos\frac{k\pi}{2m+1}=\frac{1}{2^m}$；　　(2) $\prod\limits_{k=1}^{m-1}\sin\frac{k\pi}{2m}=\frac{\sqrt{m}}{2^{m-1}}$；

(3) $\prod\limits_{k=1}^{m-1}\cos\frac{k\pi}{2m}=\frac{\sqrt{m}}{2^{m-1}}$；　　(4) $\prod\limits_{k=1}^{m}\sin\frac{k\pi}{2m+1}=\frac{\sqrt{2m+1}}{2^m}$.

证明： (1) 在第 1 题 $x^{2m+1}-1$ 的标准分解式中令 $x=-1$ 得

$$-2=-2\prod_{k=1}^{m}\left(2+2\cos\frac{2k\pi}{2m+1}\right)$$

$$=(-2)\cdot 4^m\left(\prod_{k=1}^{m}\cos\frac{k\pi}{2m+1}\right)^2$$

化简即得.

(2) 由第 1 题 $x^{2m}-1$ 的标准分解式和恒等式

$$x^{2m}-1=(x^2-1)(x^{2(m-1)}+x^{2(m-2)}+\cdots+x^2+1)$$

得

$$\prod_{k=1}^{m-1}\left(x^2-2x\cos\frac{k\pi}{m}+1\right)=x^{2(m-1)}+x^{2(m-2)}+\cdots+x^2+1$$

令 $x=1$ 得

$$\prod_{k=1}^{m-1}\sin\frac{k\pi}{2m}=\frac{\sqrt{m}}{2^{m-1}}$$

(3) 在 $\prod\limits_{k=1}^{m-1}\left(x^2-2x\cos\frac{k\pi}{m}+1\right)=x^{2(m-1)}+x^{2(m-2)}+\cdots+x^2+1$ 中令 $x=-1$，得

$$\prod_{k=1}^{m-1}\cos\frac{k\pi}{2m}=\frac{\sqrt{\pi}}{2^{m-1}}$$

(4) 由第 1 题 $x^{2m+1}-1$ 的标准分解式和恒等式

$$x^{2m+1}-1=(x-1)(x^{2m}+x^{2m-1}+\cdots+x+1)$$

得

$$\prod_{k=1}^{m}\left(x^2-2x\cos\frac{2k\pi}{2m+1}+1\right)=x^{2m}+x^{2m-1}+\cdots+x+1$$

令 $x=1$ 得

$$\prod_{k=1}^{m}\left(2-2\cos\frac{2k\pi}{2m+1}\right)=2m+1$$

化简得

$$\prod_{k=1}^{m}\sin\frac{k\pi}{2m+1}=\frac{\sqrt{2m+1}}{2^m}$$

6. 设实系数多项式 $f(x)=x^3+a_2x^2+a_1x+a_0$ 的 3 个复根都是实数，证明：$a_2^2\geqslant 3a_1$.

证明： 设 3 个复根分别为 c_1，c_2，c_3，由 Vieta 定理得

$$\begin{cases}c_1+c_2+c_3=-a_2,\\c_1c_2+c_1c_3+c_2c_3=a_1\end{cases}$$

从而

$$\begin{aligned}a_2^2&=(c_1+c_2+c_3)^2\\&=c_1^2+c_2^2+c_3^2+2(c_1c_2+c_1c_3+c_2c_3)\\&=c_1^2+c_2^2+c_3^2+2a_1\end{aligned}$$

于是

$$c_1^2+c_2^2+c_3^2=a_2^2-2a_1$$

由于

$$(c_1-c_2)^2+(c_1-c_3)^2+(c_2-c_3)^2\geqslant 0$$

即

$$2(c_1^2+c_2^2+c_3^2)-2(c_1c_2+c_1c_3+c_2c_3)\geqslant 0$$

代入比较

$$2(a_2^2-2a_1)-2a_1\geqslant 0$$

即

$$a_2^2\geqslant 3a_1$$

习题 5.8 有理数域上的不可约多项式

1. 求下列整系数多项式的全部有理根.

(1) $2x^3+x^2-3x+1$；　　　　(2) $2x^4-x^3-19x^2+9x+9$.

解：(1) $f(x)$的有理根可能是±1，$\pm\frac{1}{2}$

$$f(1)=1\neq0,\quad f(-1)=3\neq0$$

因此±1都不是$f(x)$的根.

考虑$\frac{1}{2}$，由于

$$\frac{f(1)}{2-1}=1\in\mathbb{Z},\quad \frac{f(-1)}{2+1}=1\in\mathbb{Z}$$

因此需要用$x-\frac{1}{2}$去除$2x^3+x^2-3x+1$，用综合除法：

$$\begin{array}{cccc|c}
2 & 1 & -3 & 1 & \\
 & 1 & 1 & -1 & \frac{1}{2} \\
\hline
2 & 2 & -2 & 0 & \\
 & 1 & \frac{3}{2} & & \\
\hline
2 & 3 & -\frac{1}{2} & &
\end{array}$$

这表明$x-\frac{1}{2}$是$2x^3+x^2-3x+1$的一重因式. 因此$\frac{1}{2}$是$2x^3+x^2-3x+1$的单根，从而

$$2x^3+x^2-3x+1=(2x^2+2x-2)\left(x-\frac{1}{2}\right)$$

因为x^2+x+1没有有理根(±1不是它的根)，所以$2x^3+x^2-3x+1$的全部有理根是$\frac{1}{2}$.

(2) $f(x)$的有理根可能是±1，±3，±9，$\pm\frac{1}{2}$，$\pm\frac{3}{2}$，$\pm\frac{9}{2}$

$$f(1)=0,\ f(-1)=-16$$

先将 $f(x)$写成

$$2x^4-x^3-19x^2+9x+9=(x-1)(2x^3+x^2-18x-9)$$

$g(x)=2x^3+x^2-18x-9$ 的有理根可能为±1，±3，±9，$\pm\frac{1}{2}$，$\pm\frac{3}{2}$，$\pm\frac{9}{2}$

$$g(1)=-24\neq0,\ g(-1)=8\neq0$$

再考虑 $3=\frac{3}{1}$，因为$\frac{g(-1)}{1+3}=2\in\mathbb{Z}$，$\frac{g(1)}{1-3}=12\in\mathbb{Z}$，所以用综合除法：

所以 $x-3$ 为 $g(x)$的一重因式：

$$g(x)=(x-3)(2x^2+7x+3)$$

再分解得

$$f(x)=(x-1)(x-3)(2x+1)(x+3)$$

故 $f(x)$的所有有理根为 1，3，$-\frac{1}{2}$，-3.

2. 判断下列整系数多项式在有理数域上是否不可约：

(1) $x^4-6x^3+2x^2+10$；

(2) x^3-5x^2+4x+3；

(3) x^3+x^2-3x+2；

(4) $2x^3-x^2+x+1$；

(5) $7x^5+18x^4+9x-6$；

(6) $5x^6-6x^5+12x^2-36x+18$；

(7) x^4-2x^3+2x-3；

(8) x^5+5x^3+1；

(9) x^p+px^2+1，p 为奇素数；

(10) x^p+px^r+1，p 为奇素数，$0\leqslant r\leqslant p$；

(11) x^4+3x+1.

解：(1) 因为 $2|10$，$2|2$，$2|6$，$2\nmid1$，$2^2\nmid10$，所以由 Eisenstein 判别法知不可约.

(2) 有理根只能是±1，±3，$f(1)=3$，$f(-1)=-7$. $3=\frac{3}{1}$，$\frac{f(1)}{1-3}\notin\mathbb{Z}$，所以 3 不是有理根. $-3=\frac{3}{-1}$，$\frac{f(1)}{-1-3}\notin\mathbb{Z}$，所以$-3$ 不是有理根. 故不可约.

(3) 有理根只能是±1，±2，$f(1)=1$，$f(-1)=5$，$2=\frac{2}{1}$，$\frac{f(1)}{1-2}=-1$，$\frac{f(1)}{1+2}=\frac{5}{3}\notin\mathbb{Z}$，所以 2 不是有理根. $-2=\frac{2}{-1}$，$\frac{f(1)}{-1-2}=-\frac{1}{3}\notin\mathbb{Z}$，所以$-2$ 不是有理根. 故不可约.

(4) 有理根只能是± 1，$\pm\frac{1}{2}$，$f(1)=3$，$f(-1)=-3$.

$\frac{1}{2}$时，$\frac{f(1)}{2-1}=3\in\mathbb{Z}$，$\frac{f(-1)}{2+1}=\frac{-3}{3}=-1\in\mathbb{Z}$.

$\therefore\frac{1}{2}$不是有理根.

$-\frac{1}{2}$时，$\frac{f(1)}{2+1}=1\in\mathbb{Z}$，$\frac{f(-1)}{2-1}=-3\in\mathbb{Z}$.

$\therefore -\frac{1}{2}$为$f(x)$的单根，即$f(x)$有一重因式$x+\frac{1}{2}$. 故可约.

(5) 因为$3\mid(-6)$，$3\mid 9$，$3\mid 18$，$3\nmid 7$，$3^2\nmid(-6)$，所以由 Eisenstein 判别法知不可约.

(6) 因为$2\mid 18$，$2\mid(-36)$，$2\mid 12$，$2\mid(-6)$，$2\nmid 5$，$2^2\nmid 18$，所以由 Eisenstein 判别法知不可约.

(7) 有理根只可能为± 1，± 3，$f(1)=-2$，$f(-1)=-2$. $-3=\frac{3}{-1}$，$\frac{f(-1)}{-1-3}\notin\mathbb{Z}$，所以$-3$不是有理根. $3=\frac{3}{1}$，$\frac{f(1)}{1-3}\in\mathbb{Z}$，$\frac{f(-1)}{1+3}=\frac{-2}{4}=-\frac{1}{2}\notin\mathbb{Z}$. 故3不是$f(x)$的根，从而$f(x)$在$\mathbb{Q}$上不可约.

(8) 有理根只可能为± 1，而± 1都不是有理根，故不可约. 或者令$g(x)=f(x-1)=x^5-5x^4+15x^3-25x^2+20x-5$，因为$5\mid(-5)$，$5\mid 20$，$5\mid(-25)$，$5\mid 15$，$5\mid(-5)$，$5^2\nmid(-5)$，$5\nmid 1$，所以由 Eisenstein 判别法知不可约.

(9) 令

$$\begin{aligned}g(x)=f(x-1)&=C_p^0x^p(-1)^0+C_p^1x^{p-1}(-1)^1+\cdots+C_p^px^0(-1)^p+p(x^2-2x+1)+1\\&=C_p^0x^p-C_p^1x^{p-1}+\cdots+(-1)+px^2-2px+p+1\\&=C_p^0x^p-C_p^1x^{p-1}+\cdots+(p-C_p^2)x^2-px+p\end{aligned}$$

因为$p\mid p$，$p\mid C_p^i$，$1\leqslant j\leqslant p-1$，且$p\nmid C_p^0$，$p^2\nmid p$，所以由 Eisenstein 判别法知不可约.

(10) 令

$$\begin{aligned}g(x)=f(x-1)&=(x-1)^p+p(x-1)^r+1\\&=C_p^0x^p(-1)^0+\cdots+C_p^{p-r}x^r(-1)^{p-r}+\cdots+C_p^px^0(-1)^p\\&\quad+p[C_r^0x^r(-1)^n+\cdots+C_r^rx^0(-1)^r]+1\\&=x^p+\cdots+[(-1)^{p-r}C_p^r+p]x^r+\cdots+[-1+(-1)^rp]+1\end{aligned}$$

因为$p\mid(-1)^rp$，…，$p\mid(-1)^{p-r}C_p^r+p$，$p\mid(-p)$，$p\nmid 1$，$p^2\nmid(-1)^rp$，所以由 Eisenstein

判别法知不可约.

(11) 由于 $f(x)=x^4+3x+1$ 的有理根只可能是 ±1，而 ±1 都不是有理根. 若 $f(x)$ 在 $\mathbb{Q}$ 上可解，则可设 $f(x)=h(x)g(x)=(x^2+ax+1)(x^2+bx+1)$，$h(x)$，$g(x)\in Z[x]$.

比较系数得 $\begin{cases}a+b=0,\\ a+b=3,\\ ab+1+1=0,\end{cases}$ 矛盾.

故不可约.

3. 证明：设 p_1，p_2，…，p_t 是两两不等的素数，$t\geqslant1$. 则对于任意大于 1 的整数 n，都有 $\sqrt[n]{p_1p_2\cdots p_t}$ 是无理数.

证明： 易知 $\sqrt[n]{p_1p_2\cdots p_t}$ 是多项式 $x^n-p_1p_2\cdots p_t$ 的一个实根. 假如 $\sqrt[n]{p_1p_2\cdots p_t}$ 是有理数，那么 $x^n-p_1p_2\cdots p_t$ 在 $\mathbb{Q}[x]$ 中有一次因式. 由 $n>1$ 知 $x^n-p_1p_2\cdots p_t$ 在 $\mathbb{Q}[x]$ 上可约. 因为 $p_1\mid p_1p_2\cdots p_t$，$p_1\nmid1$，$p_1^2\nmid p_1p_2\cdots p_t$，所以由 Eisenstein 判别法知 $x^n-p_1p_2\cdots p_t$ 在 $\mathbb{Q}[x]$ 上不可约，矛盾. 故 $\sqrt[n]{p_1p_2\cdots p_t}$ 是无理数.

4. 设 $n>1$，证明：n 个两两不等的素数的几何平均数一定是无理数.

证明： 见第 3 题的 $t=n$ 的特殊情形.

5. 设 m，n 都是正整数，且 $m<n$. 证明：如果 $f(x)$ 是 $\mathbb{Q}$ 上的 m 次多项式，那么对任意素数 p，都有 $\sqrt[n]{p}$ 不是 $f(x)$ 的实根.

证明： 假设 $\sqrt[n]{p}$ 是 $f(x)$ 的实根，则 $f(x)$ 作为实数域上的多项式有一次因式 $x-\sqrt[n]{p}$，而 $\sqrt[n]{p}$ 是 $g(x)=x^n-p$ 的一个实根，从而 $g(x)$ 作为实数域上的多项式有一次因式 $x-\sqrt[n]{p}$，于是在 $\mathbb{R}[x]$ 中，$f(x)$ 与 $g(x)$ 不互素，从而在 $\mathbb{Q}[x]$ 中，$f(x)$ 与 $g(x)$ 不互素. 由 Eisenstein 判别法易知 x^n-p 在 $\mathbb{Q}$ 上不可约，从而 $g(x)\mid f(x)$. 由此推出 $n\leqslant m$，矛盾. 故 $\sqrt[n]{p}$ 不是 $f(x)$ 的实根.

6. 设 $f(x)=a_nx^n+\cdots+a_1x+a_0$ 是次数 $n>0$ 的整系数多项式. 证明：如果 $a_n+\cdots+a_1+a_0$ 是一个奇数，那么 1 和 -1 都不是 $f(x)$ 的根.

证明： 由于 $f(1)=a_n+\cdots+a_1+a_0$ 是一个奇数，因此 1 不是 $f(x)$ 的根. 设 $f(x)=mg(x)$，其中 $g(x)$ 是本原多项式，$m\in\mathbb{Z}^*$. 假如 -1 是 $f(x)$ 的根，则 $g(-1)=0$，于是 $g(x)$ 有一次因式 $x+1$. 根据本原多项式在 $\mathbb{Q}[x]$ 中的唯一分解定理知，存在整系数多项式 $h(x)$，使得 $g(x)=(x+1)h(x)$，于是有

$$f(x)=m(x+1)h(x)$$

将 x 用 1 代入上式得 $f(1)=2mh(1)$，这与 $f(1)$ 是奇数矛盾. 因此，-1 不是 $f(x)$ 的根.

7. 设 $f(x)$ 是一个次数大于 0 的首一整系数多项式，证明：如果 $f(0)$ 与 $f(1)$ 都是奇数，那么 $f(x)$ 没有有理根.

证明： 设 $f(x)=x^n+a_{n-1}x^{n-1}+a_{n-2}x^{n-2}\cdots+a_1x+a_0$，由题意得 $f(0)=a_0$ 为奇数，$1+a_{n-1}+a_{n-2}\cdots+a_1+a_0$ 为奇数，故 $a_{n-1}+a_{n-2}\cdots+a_1$ 为奇数，由首项系数为 1 可知 $f(x)$ 为本原多项式且 $f(x)$ 的有理根 b 只能是整数，于是存在本原多项式 $h(x)$，使得 $f(x)=(x-b)h(x)$. 将 x 用 0 和 1 代入上式得 $f(0)=h(0)(-b)$，$f(1)=h(1)(1-b)$. 由于 $-b$ 和 $-b+1$ 必有一个是偶数，故 $f(0)$ 与 $f(1)$ 必有一个是偶数，与题意矛盾.

8. 设 $f(x)=x^3+ax^2+bx+c$ 是整系数多项式. 证明：如果 $(a+b)c$ 是奇数，那么 $f(x)$ 在有理数域上不可约.

证明： 假设 $f(x)$ 在 $\mathbb{Q}$ 上可约，则 $f(x)$ 必有因子 $x-\dfrac{q}{p}$，其中 $r=\dfrac{q}{p}$ 为 $f(x)$ 的有理根. 首项系数为 1 知 r 只能为整数，$f(x)$ 为本原多项式，$x-r$ 也是一个本原多项式，故存在一个本原多项式 $h(x)$，使得 $f(x)=(x-r)h(x)$. 将 x 用 0 和 1 代入得 $f(0)=(-r)h(0)=c$，$f(1)=(-r+1)h(1)=1+a+b+c$. 由于 $-r$ 和 $-r+1$ 中必有一个是偶数，故 $c(1+a+b+c)$ 为偶数，即 $(a+b)c+c(1+c)$ 为偶数，而 $c(1+c)$ 为偶数，从而 $(a+b)c$ 也为偶数，这与题意矛盾. 故 $f(x)$ 在有理数域上不可约.

9. 设 $f(x)=(x-a_1)(x-a_2)\cdots(x-a_n)-1$，其中 $a_1, a_2, \cdots, a_n$ 是两两不等的整数，证明 $f(x)$ 在 $\mathbb{Q}$ 上不可约.

证明： 假设 $f(x)$ 在 $\mathbb{Q}$ 上可约，则存在两个整系数多项式 $g_1(x)$，$g_2(x)$，使得 $f(x)=g_1(x)g_2(x)$，将 x 用 $a_j(j=1, 2, \cdots, n)$ 代入得 $-1=g_1(a_j)g_2(a_j)$，即 $g_1(a_j)$ 与 $g_2(a_j)$ 中一个为 1，一个为 -1，故 $g_1(a_j)+g_2(a_j)=0$，即 $g_1(x)+g_2(x)$ 有 n 个互不相同的根. 由于 $f(x)$ 的首项系数为 1，故 $g_1(a_j)$ 与 $g_2(a_j)$ 的首项系数同为 1 或 -1，且 $g_1(x)$，$g_2(x)$ 的次数都小于 n，从而 $g_1(x)+g_2(x)$ 的次数小于 n，故 $g_1(x)+g_2(x)=0$，即 $g_1(x)$ 与 $g_2(x)$ 的首项系数互为相反数，矛盾，于是 $f(x)$ 在 $\mathbb{Q}$ 上不可约.

10. 设 $f(x)=(x-a_1)(x-a_2)\cdots(x-a_n)+1$，其中 $a_1, a_2, \cdots, a_n$ 是两两不等的整数.

(1) 证明：当 n 是奇数时，$f(x)$ 在 $\mathbb{Q}$ 上不可约；

(2) 证明：当 n 是偶数且 $n\geqslant 6$ 时，$f(x)$ 在 $\mathbb{Q}$ 上不可约；

(3) 当 $n=2$ 或 4 时，$f(x)$ 在 $\mathbb{Q}$ 上是否不可约?

证明： (1) 假设 $f(x)$ 在 $\mathbb{Q}$ 上可约，则存在多项式 $f(x)=g_1(x)g_2(x)$，x 用 a_j $(j=1, 2, \cdots, n)$ 代入得 $1=g_1(a_j)g_2(a_j)$，从而 $g_1(a_j)$ 与 $g_2(a_j)$ 同为 1 或同为 -1，即 $g_1(a_j)-g_2(a_j)=0$，而 $g_1(x)$，$g_2(x)$ 的次数都小于 n，故 $g_1(x)-g_2(x)=0$，所以 $f(x)=$

$g_1^2(x)$，因此 $n=2\deg g_1(x)$，故与 n 为奇数矛盾.

(2) 假设 $f(x)$在$\mathbb{Q}$上可约，则仍可推出 $f(x)=g_1^2(x)$，不妨设

$$a_1<a_2<a_3<\cdots<a_n$$

x 用$a_1+\frac{1}{2}$代入，得

$$\begin{aligned}f\left(a_1+\frac{1}{2}\right)&=\frac{1}{2}\left(a_1+\frac{1}{2}-a_2\right)\cdots\left(a_1+\frac{1}{2}-a_n\right)+1\\&=(-1)^{n-1}\left(a_2-a_1-\frac{1}{2}\right)\cdots\left(a_n-a_1-\frac{1}{2}\right)+1\end{aligned}$$

由于

$$a_2-a_1-\frac{1}{2}\geqslant 1-\frac{1}{2}=\frac{1}{2},$$

$$\cdots\cdots\cdots\cdots$$

$$a_j-a_1-\frac{1}{2}\geqslant (j-1)-\frac{1}{2}=\frac{2j-3}{2}$$

$$\cdots\cdots\cdots\cdots$$

$$a_n-a_1-\frac{1}{2}\geqslant (n-1)-\frac{1}{2}=\frac{2n-3}{2}$$

且 $n\geqslant 6$，因此，

$$\begin{aligned}\frac{1}{2}\left(a_2-a_1-\frac{1}{2}\right)\cdots\left(a_n-a_1-\frac{1}{2}\right)&\geqslant\frac{1}{2}\cdot\frac{1}{2}\cdot\frac{3}{2}\cdot\cdots\cdot\frac{2n-3}{2}\\&\geqslant\frac{1}{2}\cdot\frac{1}{2}\cdot\frac{3}{2}\cdot\frac{5}{2}\cdot\frac{7}{2}\cdot\frac{9}{2}=\frac{15\times 63}{64}>1\end{aligned}$$

由于 n 为偶数，故

$$f\left(a_1+\frac{1}{2}\right)<-1+1=0$$

这与 $f(x)=g^2(x)$矛盾，从而 $f(x)$在$\mathbb{Q}$上不可约.

(3) 当 $n=2$ 或 4 时，$f(x)$有可能在$\mathbb{Q}$上可约. 例如，$(x-1)(x+1)+1=x^2$ 在$\mathbb{Q}$上可约；$x(x-1)(x+1)(x+2)+1=x^4+2x^3-x^2-2x+1=(x^2+x-1)^2$ 在$\mathbb{Q}$上可约. 而 $x(x+1)+1=x^2+x+1$ 在$\mathbb{Q}$上不可约；而$(x-1)x(x+1)(x+2)+1=x^4+2x^3-x^2-2x+1$ 在$\mathbb{Q}$上不可约.

11. 设 $f(x)=(x-a_1)^2(x-a_2)^2\cdots(x-a_n)^2+1$，其中 a_1，a_2，…，a_n 是两两不相等的整数. 证明：$f(x)$在$\mathbb{Q}$上不可约.

证明： 假设 $f(x)$在$\mathbb{Q}$上可约，则存在多项式 $g_1(x)$，$g_2(x)$，使得 $f(x)=g_1(x)g_2(x)$，其中 $\deg g_1(x)<2n$，将 $\deg g_2(x)<2n$，将 x 用a_j 代入，$1=g_1(a_j)g_2(a_j)$，$j=1$，2，…，n，从而 $g_1(x)$与 $g_2(x)$同为 1 或同为-1. 由于 $f(x)$没有实根，故 $g_i(a_1)$，$g_i(a_2)$，…，$g_i(a_n)$同号，$i=1$，2(否则由零点定理知 $g_i(x)$有实根与 $f(x)$有根矛盾)，于是不妨设 $g_i(a_1)=g_i(a_2)=\cdots=g_i(a_n)=1$，$i=1$，2.

情形 1：$g_1(x)$与 $g_2(x)$中有一个的次数小于 n. 不妨设 $\deg g_1(x)<n$. 由于 $g_1(a_j)-1=0$，$j=1$，2，…，n. 因此多项式 $g_1(x)-1$ 有 n 个不同的根，于是 $g_1(x)-1=0$，从而 $f(x)=g_2(x)$，这与 $\deg g_2(x)<2n$ 矛盾.

情形 2：$g_1(x)$与 $g_2(x)$的次数都等于 n. 由于 a_1，a_2，…，a_n 都是 $g_i(x)-1$ 的根，且 $g_i(x)-1$ 的首项系数为 1，因此 $g_i(x)-1=(x-a_1)(x-a_2)\cdots(x-a_n)$，$i=1$，2

从而

$$\begin{aligned}f(x)&=[(x-a_1)(x-a_2)\cdots(x-a_n)+1]^2\\&=(x-a_1)^2(x-a_2)^2\cdots(x-a_n)^2+1+2(x-a_1)(x-a_2)\cdots(x-a_n)\end{aligned}$$

由此推出 $2(x-a_1)(x-a_2)\cdots(x-a_n)=0$，矛盾. 综上所述，$f(x)$在$\mathbb{Q}$上不可约.

12. 设 ξ 是复数域上的一个本原 n 次单位根，令

$$J_\xi=\{f(x)\in\mathbb{Q}[x]\mid f(\xi)=0\}$$

把 J_ξ 中次数最低的首项系数为 1 的多项式称为 ξ 在$\mathbb{Q}$上的极小多项式，记作 $m_\xi(x)$.

证明：

(1) $m_\xi(x)$在$\mathbb{Q}$上不可约；

(2) $m_\xi(x)$是整系数多项式.

证明： (1)由于复数域$\mathbb{C}$没有平凡零因子，且复数域$\mathbb{C}$是环，因此根据习题 5.6 的第 17 题的第(2)小题得 $m_\xi(x)$在$\mathbb{Q}$上不可约.

(2) 由于 $\xi^n=1$，因此 $x^n-1\in J_\xi$. 由习题 5.6 的第 17 题的第(1)小题得，存在 $h(x)\in\mathbb{Q}[x]$，使得 $x^n-1=h(x)m_\xi(x)$. 由于 x^n-1 是本原多项式，因此根据本节的推论 1 得，$x^n-1=p_1(x)p_2(x)\cdots p_s(x)$，其中 $p_1(x)$，$p_2(x)$，…，$p_s(x)$是$\mathbb{Q}$上不可约的首一本原多项式. 由 $m_\xi(x)$不可约，且 $m_\xi(x)$是 x^n-1 的一个因式，从唯一分解定理知 $m_\xi(x)\sim p_j(x)$，$j=1$，2，…，s. 由于 $m_\xi(x)$与 $p_j(x)$都是首一多项式，故 $m_\xi(x)=p_j(x)$，从而 $m_\xi(x)$是整系数多项式.

13. 设 α 是一个首一整系数多项式 $g(x)$ 的复根，令

$$J_\alpha=\{f(x)\in\mathbb{Q}[x]\mid f(\alpha)=0\}$$

把 J_α 中次数最低的首项系数为 1 的多项式称为 α 在 $\mathbb{Q}$ 上的极小多项式，记作 $m_\alpha(x)$.

证明：

(1) $m_\alpha(x)$ 在 $\mathbb{Q}$ 上不可约；(2) $m_\alpha(x)$ 是整系数多项式.

证明： 类似第 12 题的解法，将 x^n-1 换成 $g(x)$ 即可.

习题 5.9 模 m 剩余类环,域,域的特征

1. 今天是星期五，过了 102 天是星期几？

解： 由于今天是星期五，每经过七天还是星期五，因此去计算 $102\equiv4(\bmod 7)$，$5+4\equiv2(\bmod 7)$，于是过了 102 天是星期二.

2. 证明：若 m 是合数，则模 m 剩余类环 $\mathbb{Z}_m$ 不是域.

证明： 由于 m 是合数，则 $m=m_1m_2$，其中 $0<m_i<m$，$i=1, 2$. 于是有 $\overline{m}=\overline{m_1}\,\overline{m_2}=\overline{0}$，从而 $\overline{m_1}$ 为非平凡零因子，从而它不是可逆元，因此 $\mathbb{Z}_m$ 不是域.

3. $\mathbb{Z}_{15}$，$\mathbb{Z}_{23}$，$\mathbb{Z}_{79}$，$\mathbb{Z}_{91}$，$\mathbb{Z}_{97}$ 哪些是域？哪些不是域？

解： 由于 23，79，97 是素数，15，91 是合数，故 $\mathbb{Z}_{23}$，$\mathbb{Z}_{79}$，$\mathbb{Z}_{97}$ 是域，$\mathbb{Z}_{15}$，$\mathbb{Z}_{91}$ 不是域.

4. 证明：在模 m 剩余类环 $\mathbb{Z}_m$ 中，$\overline{a}$ 是可逆元当且仅当 a 与 m 互素.

证明： **（充分性）** 设 $(a, m)=1$，则 $\exists\, u, v\in\mathbb{Z}$，使得

$$ua+vm=1$$

从而 $\overline{1}=\overline{ua+vm}=\overline{u}\,\overline{a}+\overline{v}\,\overline{m}=\overline{u}\,\overline{a}$，因此 $\overline{a}$ 可逆.

（必要性） 设 $\overline{a}$ 是可逆元，其中 $0<a<m$. 假如 a 与 m 不互素，则 $(a, m)=d$. 其中 $d>1$，于是 $a=db$，$m=dl$，其中 $b, l\in\mathbb{Z}^+$. 由于 $d>1$，因此 $l<m$. 由于 $la=ldb=mb$，因此

$$\overline{l}\,\overline{a}=\overline{m}\,\overline{b}=0$$

由于 $\overline{l}\neq0$，因此 $\overline{a}$ 是右零因子，故 $\overline{a}$ 为不可逆元，从而矛盾.

5. 证明 Fermat 小定理：若 p 是素数，则对于任意整数 a，有 $a^p\equiv a(\bmod p)$.

证明： 设 $a=hp+r$，$0<r<p$，则在 $\mathbb{Z}_p$ 中，$\overline{a}=\overline{r}$. 由于域 $\mathbb{Z}_p$ 的特征值为 p，因此

$$\overline{a^p}=\bar{a}^p=\bar{r}^p\underbrace{(T+T+\cdots+T)^p}_{r个}=\underbrace{T^p+T^p+\cdots+T^p}_{r个}=\bar{r}=\bar{a}$$

于是

$$a^p\equiv a(\bmod p)$$

若 $p|a$，则 $a\equiv 0(\bmod p)$，$a^p\equiv 0(\bmod p)$，从而 $a^p\equiv a(\bmod p)$.

6. $\mathbb{Z}_m$ 中可逆元的个数记作 $\varphi(m)$，称 $\varphi(m)$ 为欧拉函数. 证明：

(1) $\varphi(m)$ 等于集合 $\{1, 2, \cdots, m\}$ 中与 m 互素的整数的个数；

(2) 若 p 为素数，则 $\varphi(p)=p-1$；

(3) 若 p 为素数，则 $\varphi(p^r)=p^{r-1}(p-1)$，其中 $r\in\mathbb{N}^*$.

证明： (1)由第 4 题的结论知 $\mathbb{Z}_m$ 中可逆元和 m 互素，而 $\mathbb{Z}_m$ 可以写成

$$\mathbb{Z}_m=\{\bar{1}, \bar{2}, \cdots, \bar{m}\}$$

从而 $\mathbb{Z}_m$ 中可逆元的个数即 $\{1, 2, \cdots, m\}$ 中与 m 互素的整数的个数为 $\varphi(m)$.

(2) 若 p 为素数，则 $\varphi(p)$ 等于 $\{1, 2, \cdots, p\}$ 中与 p 互素的整数的个数，只有 $p-1$ 个，故 $\varphi(p)=p-1$.

(3) $\{1, 2, \cdots, p^r\}$ 中与 p^r 不互素的整数就是不超过 p^r 且能被 p 整除的整数 kp，$1\leqslant k\leqslant p^{r-1}$，恰有 p^{r-1} 个这样的整数，所以存在 (p^r-p^{r-1}) 个与 p^r 互素的整数. 所以

$$\varphi(p^r)=p^{r-1}(p-1)$$

(注：设 $m=m_1m_2$ 且 $(m_1, m_2)=1$，则 $\varphi(m)=\varphi(m_1)\varphi(m_2)$. 由这个结论以及第(2)小题的结论立即得到：若 $m=p_1^{r_1}p_2^{r_2}\cdots p_s^{r_s}$，其中 $p_1, p_2, \cdots, p_s$ 是两两不等的素数，则

$$\begin{aligned}\varphi(m)&=\varphi(p_1^{r_1})\varphi(p_2^{r_2})\cdots\varphi(p_s^{r_s})\\&=p_1^{r_1-1}(p_1-1)p_2^{r_2-1}(p_2-1)\cdots p_s^{r_s-1}(p_s-1).)\end{aligned}$$

证明： $\varphi(m_1)$ 是 $\mathbb{Z}_{m_1}$ 中可逆元的个数，$\varphi(m_2)$ 是 $\mathbb{Z}_{m_2}$ 中可逆元的个数. 考虑集合 $\mathbb{Z}_{m_1}$ 与 $\mathbb{Z}_{m_2}$ 的 Descartes 积

$$\mathbb{Z}_{m_1}\times\mathbb{Z}_{m_2}=\{(\bar{a}_1, \bar{a}_2)|\bar{a}_1\in\mathbb{Z}_{m_1}, \bar{a}_2\in\mathbb{Z}_{m_2}\}$$

规定它的加法与乘法运算如下：

$$(\bar{a}_1, \bar{a}_2)+(\bar{b}_1, \bar{b}_2):=(\bar{a}_1+\bar{b}_1, \bar{a}_2+\bar{b}_2)$$

$$(\bar{a}_1, \bar{a}_2)(\bar{b}_1, \bar{b}_2):=(\bar{a}_1\bar{b}_1, \bar{a}_2\bar{b}_2)$$

容易验证$\mathbb{Z}_{m_1}\times\mathbb{Z}_{m_2}$成为一个有单位元$(\bar{1},\bar{1})$的交换环，把这个交换环叫做$\mathbb{Z}_{m_1}$与$\mathbb{Z}_{m_2}$的直和，记为$\mathbb{Z}_{m_1}\oplus\mathbb{Z}_{m_2}$.

$$(\bar{a}_1,\bar{a}_2)\text{是}\mathbb{Z}_{m_1}\oplus\mathbb{Z}_{m_2}\text{的可逆元}$$
$$\Leftrightarrow\text{存在}(\bar{b}_1,\bar{b}_2)\in\mathbb{Z}_{m_1}\oplus\mathbb{Z}_{m_2}\text{，使得}(\bar{a}_1,\bar{a}_2)(\bar{b}_1,\bar{b}_2)=(\bar{1},\bar{1})$$
$$\text{即}(\bar{a}_1\bar{b}_1,\bar{a}_2\bar{b}_2)=(\bar{1},\bar{1})$$
$$\Leftrightarrow\text{存在}\bar{b}_1\in\mathbb{Z}_{m_1}\text{，}\bar{b}_2\in\mathbb{Z}_{m_2}\text{，使得}\bar{a}_1\bar{b}_1=1\text{，且}\bar{a}_2\bar{b}_2=1$$
$$\Leftrightarrow\bar{a}_1\text{是}\mathbb{Z}_{m_1}\text{的可逆元，}\bar{a}_2\text{是}\mathbb{Z}_{m_2}\text{的可逆元}$$

于是我们证明了$(\bar{a}_1,\bar{a}_2)$是$\mathbb{Z}_{m_1}\oplus\mathbb{Z}_{m_2}$的可逆元，当且仅当$\bar{a}_1$，$\bar{a}_2$分别是$\mathbb{Z}_{m_1}$，$\mathbb{Z}_{m_2}$的可逆元. 于是$\varphi(m_1)\varphi(m_2)$是环$\mathbb{Z}_{m_1}\oplus\mathbb{Z}_{m_2}$的可逆元的个数.

下面将建立$\mathbb{Z}_m$的元素与$\mathbb{Z}_{m_1}\oplus\mathbb{Z}_{m_2}$的元素之间的对应关系. 令

$$\sigma:\ \mathbb{Z}_m\to\mathbb{Z}_{m_1}\oplus\mathbb{Z}_{m_2}$$
$$\bar{x}\mapsto(\tilde{x},\tilde{\tilde{x}})$$

$\bar{x}$表示x模m的等价类(剩余类)，$\tilde{x}$，$\tilde{\tilde{x}}$分别表示x模m_1和m_2的剩余类，则σ是一个映射，再证σ是满射.

σ是满射$\Leftrightarrow$任给$(\bar{b}_1,\tilde{\tilde{b}}_2)\in\mathbb{Z}_{m_1}\oplus\mathbb{Z}_{m_2}$，存在$\bar{x}\in\mathbb{Z}_m$，使得$(\tilde{x},\tilde{\tilde{x}})=(\bar{b}_1,\tilde{\tilde{b}}_2)$，即$\tilde{x}=\bar{b}_1$且$\tilde{\tilde{x}}=\tilde{\tilde{b}}_2$

$$\Leftrightarrow\text{任给}b_1,b_2\in\mathbb{Z}\text{，一次同余方程组}$$
$$\begin{cases}x\equiv b_1\pmod{m_1},\\x\equiv b_2\pmod{m_2}\end{cases}$$

有整数解. 由于$(m_1,m_2)=1$，由中国剩余定理(孙子定理)得上述一次同余方程组一定有整数解，从而σ是满射.

由于$|\mathbb{Z}_m|=m=m_1m_2=|\mathbb{Z}_{m_1}\oplus\mathbb{Z}_{m_2}|$，因此由$\sigma$是满射可推出$\sigma$是单射，于是$\sigma$是双射. 由于

$$\begin{aligned}\sigma(\bar{x}+\bar{y})&=\sigma(\overline{x+y})=(\widetilde{x+y},\widetilde{\widetilde{x+y}})\\&=(\tilde{x}+\tilde{y},\tilde{\tilde{x}}+\tilde{\tilde{y}})\\&=(\tilde{x},\tilde{\tilde{x}})+(\tilde{y},\tilde{\tilde{y}})=\sigma(\bar{x})+\sigma(\bar{y})\end{aligned}$$

$$\begin{aligned}\sigma(\bar{x}\bar{y})&=\sigma(\overline{xy})=(\widetilde{xy},\widetilde{\widetilde{xy}})=(\tilde{x}\tilde{y},\tilde{\tilde{x}}\tilde{\tilde{y}})\\&=(\tilde{x},\tilde{\tilde{x}})(\tilde{y},\tilde{\tilde{y}})=\sigma(\bar{x})\sigma(\bar{y})\end{aligned}$$

从而 σ 是环 $\mathbb{Z}_m$ 到 $\mathbb{Z}_{m_1}\oplus\mathbb{Z}_{m_2}$ 的一个环同构映射，若 $\bar{a}$ 是 $\mathbb{Z}_m$ 的可逆元

$\Leftrightarrow$存在 $\bar{b}\in\mathbb{Z}_m$，使得 $\overline{ab}=\bar{1}$

$\Leftrightarrow$存在 $\bar{b}\in\mathbb{Z}_m$，使得 $\sigma(\bar{1})=\sigma(\overline{ab})=\sigma(\bar{a})\sigma(\bar{b})$

$\Leftrightarrow\sigma(\bar{a})$是 $\mathbb{Z}_{m_1}\oplus\mathbb{Z}_{m_2}$ 的可逆元

从而证得了 $\varphi(m)=\varphi(m_1)\varphi(m_2)$

7. 计算 $\varphi(100)$，$\varphi(1\ 360)$.

解：$100=2^2\times5^2$，$\varphi(100)=\varphi(2^2)\varphi(5^2)=(2^2-2)(5^2-5)=40$.

$1\ 360=2^4\times5\times17$，$\varphi(1\ 360)=(2^4-2^3)(5-1)(17-1)=512$.

8. 令

$$\mathbb{F}=\left\{\begin{pmatrix}a & b\\ -b & a\end{pmatrix}\middle|\, a,\ b\in\mathbb{Z}_3\right\}$$

证明：$\mathbb{F}$是一个有 9 个元素的域，并且 $\operatorname{char}\mathbb{F}=3$.

证明： 设

$$\begin{pmatrix}a_1 & b_1\\ -b_1 & a_1\end{pmatrix},\ \begin{pmatrix}a_2 & b_2\\ -b_2 & a_2\end{pmatrix}\in\mathbb{F}$$

易证$\mathbb{F}$对于矩阵的减法和乘法运算封闭，因此$\mathbb{F}$是环 $M_2(\mathbb{Z}_3)$的子环且 $\begin{pmatrix}\bar{1} & \bar{0}\\ \bar{0} & \bar{1}\end{pmatrix}\in\mathbb{F}$. 直接验证$\mathbb{F}$满足乘法交换律

$$\begin{vmatrix}a & b\\ -b & a\end{vmatrix}=a^2+b^2$$

由 $a^2+b^2=\bar{0}$ 可推出 $a^2=-b^2$，进而得到 $a=\bar{0}$，$b=\bar{0}$(因为 $\bar{1}^2=1$，$\bar{2}^2=1$). 从而$\mathbb{F}$中每个非零矩阵都是可逆元，因此$\mathbb{F}$是域. 由于 a，b 都可以从 $\bar{0}$，$\bar{1}$，$\bar{2}$ 中取值，所以$|\mathbb{F}|=9$. 由于

$$2\begin{pmatrix}\bar{1} & \bar{0}\\ \bar{0} & \bar{1}\end{pmatrix}=\begin{pmatrix}\bar{2} & \bar{0}\\ \bar{0} & \bar{2}\end{pmatrix},\ 3\begin{pmatrix}\bar{1} & \bar{0}\\ \bar{0} & \bar{1}\end{pmatrix}=\begin{pmatrix}\bar{0} & \bar{0}\\ \bar{0} & \bar{0}\end{pmatrix}$$

故 $\operatorname{char}\mathbb{F}=3$.

9. 判断下列整系数多项式在有理数域上是否不可约：

(1) $f(x)=x^4-6x^3-7x+3$；　　(2) $f(x)=3x^5-10x^4+9x^2-15$；

(3) $f(x)=x^4+3x^3+3x^2-5$；　　　　(4) $f(x)=4x^3-12x^2+5x-10$.

解：(1) 将 $f(x)$各项系数模 2 后得到 $\mathbb{Z}_2$ 上的多项式 $\widetilde{f}(x)=x^4+x+\bar{1}=x(x^3+\bar{1})+\bar{1}=x(x+\bar{1})(x^2+x+\bar{1})+\bar{1}$，$\mathbb{Z}_2$ 上的一次多项式 x，$x+\bar{1}$，二次不可约多项式 $x^2+x+\bar{1}$ 都不是 $\widetilde{f}(x)$的因式. 又因为 $\deg\widetilde{f}(x)=4$，所以 $\widetilde{f}(x)$在 $\mathbb{Z}_2$ 上不可约，从而 $f(x)$在 $\mathbb{Q}$上不可约.

(2) 将 $f(x)$各项系数模 2 后得到 $\mathbb{Z}_2$ 上的多项式 $\widetilde{f}(x)=x^5+x^2+\bar{1}=x^2(x^3+\bar{1})+\bar{1}=x^2(x+\bar{1})(x^2+x+\bar{1})+\bar{1}$，从而 $\widetilde{f}(x)$不可约，故 $f(x)$在 $\mathbb{Q}$上不可约.

(3) 将 $f(x)$各项系数模 2 后得到 $\mathbb{Z}_2$ 上的多项式 $\widetilde{f}(x)=x^4+x^3+x^2+\bar{1}=(x+\bar{1})(x^3+x+\bar{1})$，于是 $\widetilde{f}(x)$在 $\mathbb{Z}_2$ 上可约，但这时不能说明 $f(x)$在 $\mathbb{Q}$上可约. 注意到 $\bar{0}$，$\bar{1}$ 都不是 $x^3+x+\bar{1}$ 的根，因此 $x^3+x+\bar{1}$ 在 $\mathbb{Z}_2$ 上不可约. 这时只能从 $f(x)$本身判断，$f(x)$的有理根只能是±1，±5.

$$f(1)=2,\ f(-1)=-4$$

故±1 都不是 $f(x)$的根. 对于 $5=\frac{5}{1}$，由于

$$\frac{f(1)}{1-5}=-\frac{1}{2}\notin\mathbb{Z}$$

因此 5 不是 $f(x)$的根. 对于$-5=\frac{-5}{1}$，由于

$$\frac{f(1)}{1+5}=\frac{1}{3}\notin\mathbb{Z}$$

因此-5 不是 $f(x)$的根，从而 $f(x)$没有有理根，不可约.

(4) 将 $f(x)$各项系数模 3 后得到 $\mathbb{Z}_3$ 上的多项式 $\widetilde{f}(x)=x^3+\bar{2}x+\bar{2}$. 由于 $\widetilde{f}(\bar{0})=\bar{2}$，$\widetilde{f}(\bar{1})=\bar{2}$，$\widetilde{f}(\bar{2})=\bar{2}$，因此 $\widetilde{f}(x)$在 $\mathbb{Z}_3$ 中没有复根. 又因为 $\deg\widetilde{f}(x)=3$，所以 $\widetilde{f}(x)$在 $\mathbb{Z}_3$ 上不可约，故 $f(x)$在 $\mathbb{Q}$上不可约.

10. 用$\mathbb{F}_q$ 表示 q 个元素的有限域，其中 q 是素数 p 的方幂. 设 V 是域$\mathbb{F}_q$ 上的 n 维线性空间，V_1，V_2，V_3 都是 V 的 $n-1$ 维子空间，且 V_1，V_2，V_3 两两不等.

(1) 求 $\dim(V_1+V_2)$，$\dim(V_1\cap V_2)$，$|V_1\cap V_2|$；

(2) 求$|V_1\cap V_2\cap V_3|$.

解：(1) 由于 $V_1\neq V_2$，因此 $V_1\not\subseteq V_2$ 或 $V_2\not\subseteq V_1$. 不妨设 $V_1\not\subseteq V_2$，于是存在 $\boldsymbol{\alpha}_1\in V_1$ 但 $\boldsymbol{\alpha}_1\notin V_2$，显然 $\boldsymbol{\alpha}_1\in V_1+V_2$，因此 $V_2\subsetneqq V_1+V_2$. 从而 $\dim(V_1+V_2)>\dim V_2$. 由于

$\dim V_2=n-1$，故 $\dim(V_1+V_2)=n$.

$$\begin{aligned}\dim(V_1\cap V_2)&=\dim V_1+\dim V_2-\dim(V_1+V_2)\\&=(n-1)+(n-1)-n\\&=n-2\end{aligned}$$

在 $V_1\cap V_2$ 中取一个基 $\boldsymbol{\alpha}_1$，$\boldsymbol{\alpha}_2$，…，$\boldsymbol{\alpha}_{n-2}$，则 $V_1\cap V_2$ 中任一向量 $\boldsymbol{\alpha}$ 可以唯一地表示成

$$\boldsymbol{\alpha}=a_1\boldsymbol{\alpha}_1+a_2\boldsymbol{\alpha}_2+\cdots+a_{n-2}\boldsymbol{\alpha}_{n-2}$$

其中 a_1，a_2，…，$a_{n-2}\in\mathbb{F}_q$，于是把 $\boldsymbol{\alpha}$ 映到 $(a_1, a_2, \cdots, a_{n-2})'$ 是 $V_1\cap V_2$ 到 $\mathbb{F}_q^{n-2}$ 的一个映射，显然，这是双射，从而

$$|V_1\cap V_2|=|\mathbb{F}_q^{n-2}|=q^{n-2}$$

(2) 根据第三章习题 3.9 的第 16 题的结论（它对任一域 $\mathbb{F}$ 上的线性空间也成立）

$$\begin{aligned}\dim(V_1\cap V_2\cap V_3)\geqslant&\dim(V_1+V_2+V_3)+\dim(V_1\cap V_2)+\dim(V_1\cap V_3)\\&+\dim(V_2\cap V_3)-\dim V_1-\dim V_2-\dim V_3\\=&n+(n-2)+(n-2)+(n-2)-3(n-1)\\=&n-3\end{aligned}$$

记 $\dim(V_1\cap V_2\cap V_3)=m$，类似(1)的分析得到 $V_1\cap V_2\cap V_3$ 到 $\mathbb{F}_{q^m}$ 有一个双射，从而

$$|V_1\cap V_2\cap V_3|=|\mathbb{F}_{q^m}|=q^m\geqslant q^{n-3}$$

又由于 $V_1\cap V_2\cap V_3\subseteq V_1\cap V_2$，因此

$$|V_1\cap V_2\cap V_3|\leqslant|V_1\cap V_2|=q^{n-2}$$

综上所述，$|V_1\cap V_2\cap V_3|=q^{n-3}$ 或 q^{n-2}.

例如，当 $q=2$，$n=3$ 时，令 $V=\mathbb{Z}_2^3$. 设 $V_1=\langle\boldsymbol{\varepsilon}_1, \boldsymbol{\varepsilon}_2\rangle$，$V_2=\langle\boldsymbol{\varepsilon}_1, \boldsymbol{\varepsilon}_3\rangle$，$V_3=\langle\boldsymbol{\varepsilon}_2, \boldsymbol{\varepsilon}_3\rangle$，其中 $\boldsymbol{\varepsilon}_1=(1, 0, 0)'$，$\boldsymbol{\varepsilon}_2=(0, 1, 0)'$，$\boldsymbol{\varepsilon}_3=(0, 0, 1)'$，则 $V_1\cap V_2=\langle\boldsymbol{\varepsilon}_1\rangle$，$V_1\cap V_2\cap V_3=\{(0, 0, 0)'\}$. 于是 $|V_1\cap V_2\cap V_3|=1=2^{3-3}=q^{n-3}$. 设 $V_4=\langle\boldsymbol{\varepsilon}_1, \boldsymbol{\varepsilon}_1+\boldsymbol{\varepsilon}_2+\boldsymbol{\varepsilon}_3\rangle$，则 $V_1\cap V_2\cap V_4=\langle\boldsymbol{\varepsilon}_1, \boldsymbol{\varepsilon}_2+\boldsymbol{\varepsilon}_3\rangle$，于是 $|V_1\cap V_2\cap V_4|=2=2^{3-2}=q^{n-2}$.

补充题五

1. 在 $\mathbb{Z}_2[x]$ 中，用 $g(x)=x^4+x^3+\bar{1}$ 去除 $f(x)=x^6+x^4+x^2+\bar{1}$，求商式和余式.

解：

$g(x)$	$f(x)$	
$x^4+x^3+\overline{1}$	$x^6+x^4+x^2+\overline{1}$	x^2+x
	$x^6+x^4+x^2$	
	$\overline{1}x^5+x^4+\overline{1}$	
	x^5+x^4+x	
	$x+\overline{1}$	

从而 $x^6+x^4+x^2+\overline{1}=(x^4+x^3+\overline{1})(x^2+x)+x+\overline{1}$.

2. 在$\mathbb{Z}_2[x]$中，用 $g(x)=x^4+x^2+\overline{1}$ 去除 $f(x)=x^{10}+x^5+\overline{1}$，求商式和余式.

解：

$g(x)$	$f(x)$	
$x^4+x^3+\overline{1}$	$x^{10}+x^5+\overline{1}$	x^6+x^4+x+1
	$x^{10}+x^8+x^6$	
	$\overline{1}x^8+\overline{1}x^6+x^5+\overline{1}$	
	$x^8+x^6+x^4$	
	$x^5+\overline{1}x^4+\overline{1}$	
	x^5+x^3+x	
	$x^4+x^3+x+\overline{1}$	
	$x^4+x^2+\overline{1}$	
	x^3+x^2+x	

从而 $x^{10}+x^5+\overline{1}=(x^4+x^2+\overline{1})(x^6+x^4+x+1)+x^3+x^2+x$.

3. 设$\mathbb{F}$是特征为一个素数的域. 证明：在$\mathbb{F}[x]$中一个次数大于 0 的多项式 $f(x)$如果没有重因式，那么$(f(x), f'(x))=1$ 或者 $f(x)$有一个单因式 $p(x)$使得 $p'(x)=0$.

先证明如下定理：设$\mathbb{F}$是一个域，不可约多项式 $p(x)$是 $f(x)$的一个 k 重因式($k\geqslant 1$)，证明：

(1) 如果 $\operatorname{char}\mathbb{F}=0$，那么 $p(x)$是 $f'(x)$的 $k-1$ 重因式，特别地，$f(x)$的单因式不是 $f'(x)$的因式；

(2) 如果 $\operatorname{char}\mathbb{F}\neq 0$，那么 $p(x)$是 $f'(x)$的至少 $k-1$ 重因式，其中当 $\operatorname{char}\mathbb{F}\nmid k$ 且 $p'(x)\neq 0$ 时，$p(x)$是 $f'(x)$的 $k-1$ 重因式；当 $\operatorname{char}\mathbb{F}\mid k$ 或 $p'(x)=0$ 时，$p(x)$是 $f'(x)$

的至少 k 重因式.

证明: 设 $f(x)=p(x)^k g(x)$，其中 $p(x)\nmid g(x)$，我们有

$$\begin{aligned}f'(x)&=kp^{k-1}(x)g(x)+p^k(x)g'(x)\\&=p^{k-1}(x)[kp'(x)g(x)+p(x)g'(x)]\end{aligned}$$

(1) 若 $\operatorname{char}\mathbb{F}=0$，则 $p(x)\nmid kp'(x)$. 从而 $p(x)\nmid kp'(x)g(x)$，于是 $p(x)\nmid[kp'(x)g(x)+p(x)g'(x)]$，因此 $p(x)$是 $f'(x)$的 $k-1$ 重因式.

(2) 若 $\operatorname{char}\mathbb{F}\neq 0$，设 $\operatorname{char}\mathbb{F}=p$($p$ 是素数). 如果 $p\nmid k$ 且 $p'(x)\neq 0$，那么 $p(x)\nmid kp'(x)$，此时由(1)的结论知 $p(x)$是 $f'(x)$的 $k-1$ 重因式. 如果 $p|k$ 或 $p'(x)=0$，那么 $kp'(x)=0$（这时 $k=pl=\overline{0}$ 为零元），此时 $p(x)$至少是 $f'(x)$的 k 重因式（当 $p(x)\nmid g'(x)$时，$p(x)$是 $f'(x)$的 k 重因式）

再来证明第 3 题的结论.

证明: 由 $\operatorname{char}\mathbb{F}=p$(素数)，且 $f(x)$没有重因式. 如果 $f(x)$的任意一个单因式 $p(x)$都使得 $p'(x)\neq 0$，由 $p\nmid 1$ 及刚证明的(2)的结论知 $p(x)$不是 $f'(x)$的因式，从而 $f(x)$与 $f'(x)$没有次数大于 0 的公因式，因此$(f(x), f'(x))=1$.

4. 设域$\mathbb{F}$的特征为素数 p，举一个例子说明：在$\mathbb{F}[x]$中一个次数大于 0 的多项式 $f(x)$没有重因式，但是 $f(x)$与 $f'(x)$不互素.

解: 取$\mathbb{F}$为 $\mathbb{Z}_p$ 上的一元分式域 $\mathbb{Z}_p(y)$，令 $f(x)=x^p+y$. 由《高等代数学习指导书》7.12 节例 18 至例 26 的结论，把数域$\mathbb{K}$换成 $\mathbb{Z}_p$ 时仍成立. 现任取 y，它是 $\mathbb{Z}_p[y]$中的不可约多项式. 由指导书中例 23 的定理知 $f(x)$在$\mathbb{F}[x]$是不可约的，即$f(x)$是 $f(x)$的单因式，从而 $f(x)$没有重因式. 由 $f'(x)=px^{p-1}$且 $\operatorname{char}\mathbb{F}=p$ 知 $f'(x)=0$，从而$(f(x), f'(x))=f(x)$，于是 $f(x)$与 $f'(x)$不互素.

5. 设 p 是素数.

(1) $\mathbb{Z}_p$ 上的一元函数(即 $\mathbb{Z}_p$ 到 $\mathbb{Z}_p$ 的映射)有多少个?

(2) 证明：$\mathbb{Z}_p$ 上的一元函数都是 $\mathbb{Z}_p$ 上的一元多项式函数，并且 $\mathbb{Z}_p$ 上的每个一元函数都可以由 $\mathbb{Z}_p$ 上唯一的一个次数小于 p 的多项式诱导出来.

解: (1) 任取 $\mathbb{Z}_p$ 上的一元函数 f，f 完全被 p 元有序数组$(f(\overline{0}), f(\overline{1}), f(\overline{2}), \cdots, f(\overline{p-1}))$决定. 即存在由 $\mathbb{Z}_p$ 上的一元函数组成的集合 S 到 $\mathbb{Z}_p$ 上的 p 元有序数组形成的集合 $\mathbb{Z}_p^p$ 的一个映射 σ：$f\mapsto(f(\overline{0}), f(\overline{1}), f(\overline{2}), \cdots, f(\overline{p-1}))$，显然 σ 是双射. 由于 $|\mathbb{Z}_p^p|=p^p$，从而$|S|=p^p$，即 $\mathbb{Z}_p$ 上的一元函数共有 p^p 个.

证明: (2) $\mathbb{Z}_p$ 上的一元多项式函数都是由 $\mathbb{Z}_p$ 上的一元多项式诱导的函数，考虑 $\mathbb{Z}_p$ 上次数小于 p 的一元多项式组成的集合:

$$W=\{a_0+a_1x+\cdots+a_{p-1}x^{p-1}\mid a_i\in\mathbb{Z}_p,\ i=0,1,2,\cdots,p-1\}$$

由于 a_0，a_1，…，a_{p-1}各有 p 种取法，因此$|W|=p^p$. 设

$$f(x)=a_0+a_1x+\cdots+a_{p-1}x^{p-1},\ g(x)=b_0+b_1x+\cdots+b_{p-1}x^{p-1}$$

假如 $f(x)$诱导的一元多项式函数 $f(t)$，$t\in\mathbb{Z}_p$ 与 $g(x)$诱导的一元多项式函数 $g(t)$相等，则 $f(\bar{i})=g(\bar{i})$，$i=0,1,2,\cdots,p-1$. 令 $h(x)=f(x)-g(x)$，则 $\deg h(x)\leqslant p-1$. 如果 $h(x)\neq 0$，那么 $h(x)$在 $\mathbb{Z}_p$ 中的根至多有 $p-1$ 个，现 $h(\bar{i})=0$，$i=0,1,2,\cdots,p-1$. 说明 $h(x)$在 $\mathbb{Z}_p$ 中的根至少 p 个，故 $h(x)=0$. 从而证明了 W 中不相等的多项式，诱导的函数也不相等. 因此 $\mathbb{Z}_p$ 上次数小于 p 的一元多项式函数组成的集合 S_1 的元素个数等于$|W|=p^p$. 由于 S_1 是 S 的子集，且$|S_1|=p^p=|S|$，因此 $S_1=S$，这就证明了结论.

6. 证明中国剩余定理：设 m_1，m_2，…，m_s 是两两互素的大于 1 的整数，则对于任意给定的整数 b_1，b_2，…，b_s，一次同余方程组

$$\begin{cases}x\equiv b_1\pmod{m_1},\\ x\equiv b_2\pmod{m_2},\\ \quad\cdots\cdots\\ x\equiv b_s\pmod{m_s},\end{cases}$$

在 $\mathbb{Z}$ 中有解，它的全部解是

$$c+km_1m_2\cdots m_s,\ k\in\mathbb{Z}$$

其中 $c=b_1v_1\prod\limits_{j\neq 1}m_j+b_2v_2\prod\limits_{j\neq 2}m_j+\cdots+b_sv_s\prod\limits_{j\neq s}m_j$，$v_i$ 满足

$$u_im_i+v_i\prod_{j\neq i}m_j=1,\ i=1,2,\cdots,s$$

证明： 由于 m_1，m_2，…，m_s 两两互素，因此对 $i\in\{1,2,\cdots,s\}$，有

$$\left(m_i,\ \prod_{j\neq i}m_j\right)=1$$

从而存在 u_i，$v_i\in\mathbb{Z}$，使得

$$u_im_i+v_i\prod_{j\neq i}m_j=1$$

由上式得

$$v_i \prod_{j\neq i} m_j \equiv 1 (\bmod m_i)$$

$$v_i \prod_{j\neq i} m_j \equiv 0 (\bmod m_k),\ k\neq i$$

令

$$c=\sum_{k=1}^{s}\left(b_k v_k \prod_{j\neq k} m_j\right)$$

则对 $i\in\{1, 2, \cdots, s\}$，有

$$c\equiv b_i\cdot 1+\sum_{k\neq i} b_k\cdot 0 (\bmod m_i)$$

即

$$c\equiv b_i (\bmod m_i)$$

因此 c 是同余方程组的一个解.

假设 d 也是同余方程组的一个解，则

$$d\equiv c (\bmod m_i),\ i=1, 2, \cdots, s$$

于是 $m_i \mid d-c$，$i=1, 2, \cdots, s$. 由于 $m_1, m_2, \cdots, m_s$ 两两互素，因此

$$m_1 m_2 \cdots m_s \mid d-c$$

从而

$$d\equiv c (\bmod m_1 m_2 \cdots m_s).$$

补充题：证明同余方程组

$$\begin{cases} x\equiv a_1 (\bmod m_1), \\ x\equiv a_2 (\bmod m_2) \end{cases}$$

有解，当且仅当 $(m_1, m_2) \mid (a_1-a_2)$. 若有解，则解模 $[m_1, m_2]$ 唯一.

证明： 设 x 是同余方程组的一个解，则由同余式第(1)个方程得，存在某个整数 k，使得 $x=a_1+km_1$. 将它代入同余式第(2)个方程得

$$a_1+km_1\equiv a_2 (\bmod m_2)$$

上式等价于关于 k 的方程：$m_1 k\equiv a_2-a_1 (\bmod m_2)$ 有解.

于是$(m_1, m_2)\mid(a_1-a_2)$.

现在假设k_o为一解，则不同余的解的一个完全集合可以通过取$k=k_0+\frac{m_2}{(m_1, m_2)}t$得到，这里$t$是整数. 则$x=a_1+km_1=a_1+k_0m_1+\frac{m_1m_2}{(m_1, m_2)}t=x_1+[m_1, m_2]t\equiv x_1(\bmod [m_1, m_2])$.

于是原方程组有模$[m_1, m_2]$的唯一解.

7. 设$\mathbb{F}[x]$中的非零既约分式$\frac{f(x)}{g(x)}$满足方程

$$a_0(x)y^n+a_1(x)y^{n-1}+\cdots+a_{n-1}(x)y+a_n(x)=0,$$

其中$a_i(x)\in\mathbb{F}[x]$，$i=0, 1, \cdots, n$，且$a_0(x)\neq 0$，证明：

$$g(x)\mid a_0(x),\ f(x)\mid a_n(x).$$

证明： 将$\frac{f(x)}{g(x)}$代入得

$$a_0(x)\frac{f^n(x)}{g^n(x)}+a_1(x)\frac{f^{n-1}(x)}{g^{n-1}(x)}+\cdots+a_{n-1}(x)\frac{f(x)}{g(x)}+a_n(x)=0$$

即

$$a_0(x)f^n(x)+a_1(x)f^{n-1}(x)g(x)+\cdots+a_{n-1}(x)f(x)g^{n-1}(x)+a_n(x)g^n(x)=0$$

由此得出

$$a_0(x)f^n(x)=-[a_1(x)f^{n-1}(x)+\cdots+a_{n-1}(x)f(x)g^{n-2}(x)+a_n(x)g^{n-1}(x)]g(x)$$

于是$g(x)\mid a_0(x)f^n(x)$. 由$(f(x), g(x))=1$得$(f^n(x), g(x))=1$，于是有$g(x)\mid a_0(x)$.

由上述第一个等式又得出

$$f(x)[a_0(x)f^{n-1}(x)+a_1(x)f^{n-2}(x)g(x)+\cdots+a_{n-1}(x)g^{n-1}(x)]=-a_n(x)g^n(x)$$

所以$f(x)\mid a_n(x)g^n(x)$，由$(f(x), g^n(x))=1$得$f(x)\mid a_n(x)$.

第 6 章 线性映射

习题 6.1 线性映射的定义和性质

1. 判定下面所定义的 $\mathbb{R}^3$ 上的变换，哪些是线性变换：

(1) $\mathscr{A}\begin{pmatrix}x_1\\x_2\\x_3\end{pmatrix}=\begin{pmatrix}x_1-x_2+x_3\\2x_1+x_2-5x_3\\-x_1+3x_2+2x_3\end{pmatrix}$； (2) $\mathscr{B}\begin{pmatrix}x_1\\x_2\\x_3\end{pmatrix}=\begin{pmatrix}x_1+x_2\\x_1-x_2\\x_3^2\end{pmatrix}$.

解：(1) 设 $\boldsymbol{\alpha}=\begin{pmatrix}x_1\\x_2\\x_3\end{pmatrix}$，$\boldsymbol{\beta}=\begin{pmatrix}y_1\\y_2\\y_3\end{pmatrix}$，则 $\boldsymbol{\alpha}+\boldsymbol{\beta}=\begin{pmatrix}x_1+y_1\\x_2+y_2\\x_3+y_3\end{pmatrix}$，

$$\mathscr{A}(\boldsymbol{\alpha}+\boldsymbol{\beta})=\begin{pmatrix}x_1+y_1-x_2-y_2+x_3+y_3\\2x_1+2y_1+x_2+y_2-5x_3-5y_3\\-x_1-y_1+3x_2+3y_2+2x_3+2y_3\end{pmatrix}$$

$$\mathscr{A}(\boldsymbol{\alpha})=\begin{pmatrix}x_1-x_2+x_3\\2x_1+x_2-5x_3\\-x_1+3x_2+2x_3\end{pmatrix},\ \mathscr{A}(\boldsymbol{\beta})=\begin{pmatrix}y_1-y_2+y_3\\2y_1+y_2-5y_3\\-y_1+3y_2+2y_3\end{pmatrix}$$

易验证 $\mathscr{A}(\boldsymbol{\alpha})+\mathscr{A}(\boldsymbol{\beta})=\mathscr{A}(\boldsymbol{\alpha}+\boldsymbol{\beta})$，设 $k\in\mathbb{F}$，则

$$\mathscr{A}(k\boldsymbol{\alpha})=\begin{pmatrix}kx_1-kx_2+kx_3\\2kx_1+kx_2-5kx_3\\-kx_1+3kx_2+2kx_3\end{pmatrix}=k\mathscr{A}(\boldsymbol{\alpha})$$

所以 $\mathscr{A}$ 是线性变换.

(2) 设 $\boldsymbol{\alpha}=\begin{pmatrix}x_1\\x_2\\x_3\end{pmatrix}$，$k\in\mathbb{F}$，则 $k\boldsymbol{\alpha}=\begin{pmatrix}kx_1\\kx_2\\kx_3\end{pmatrix}$，

$$\mathscr{B}(k\boldsymbol{\alpha})=\mathscr{B}\begin{pmatrix}kx_1\\kx_2\\kx_3\end{pmatrix}=\begin{pmatrix}kx_1+kx_2\\kx_1-kx_2\\k^2x_3^2\end{pmatrix},\quad k\mathscr{B}(\boldsymbol{\alpha})=\begin{pmatrix}kx_1+kx_2\\kx_1-kx_2\\kx_3^2\end{pmatrix}$$

$$\mathscr{B}(k\boldsymbol{\alpha})\neq k\mathscr{B}(\boldsymbol{\alpha})$$

故 $\mathscr{B}$ 不是线性变换.

2. 设 V 是域$\mathbb{F}$上的线性空间，给定 $a\in\mathbb{F}$，$\boldsymbol{\delta}\in V$. 令 $\mathscr{A}(\boldsymbol{\alpha})=a\boldsymbol{\alpha}+\boldsymbol{\delta}$，$\forall\,\boldsymbol{\alpha}\in V$，试问：$\mathscr{A}$ 是不是 V 上的线性变换?

解： 当 $\boldsymbol{\delta}\neq\mathbf{0}$时，$\mathscr{A}$ 不是线性变换，理由如下：

设 $\boldsymbol{\alpha}$，$\boldsymbol{\beta}\in V$，$a\in\mathbb{F}$，$\boldsymbol{\delta}\in V$，则

$$\mathscr{A}(\boldsymbol{\alpha}+\boldsymbol{\beta})=a(\boldsymbol{\alpha}+\boldsymbol{\beta})+\boldsymbol{\delta}$$

$$\mathscr{A}(\boldsymbol{\alpha})=a\boldsymbol{\alpha}+\boldsymbol{\delta},\ \mathscr{A}(\boldsymbol{\beta})=a\boldsymbol{\beta}+\boldsymbol{\delta}$$

从而 $\mathscr{A}(\boldsymbol{\alpha}+\boldsymbol{\beta})\neq\mathscr{A}(\boldsymbol{\alpha})+\mathscr{A}(\boldsymbol{\beta})$，从而 $\mathscr{A}$ 不是线性变换. 当 $\boldsymbol{\delta}=\mathbf{0}$时是数乘变换.

3. 把复数域$\mathbb{C}$分别看作实数域$\mathbb{R}$和复数域$\mathbb{C}$上的线性空间. 令 $\mathscr{A}(z)=\bar{z}$，$\forall\,z\in\mathbb{C}$. 试问：$\mathscr{A}$ 是不是$\mathbb{C}$上的线性变换?

解： 若 z_1，$z_2\in\mathbb{C}$，$k\in\mathbb{R}$，则

$$\mathscr{A}(z_1+z_2)=\overline{z_1+z_2}=\bar{z}_1+\bar{z}_2=\mathscr{A}(z_1)+\mathscr{A}(z_2)$$

$$\mathscr{A}(kz_1)=\overline{kz_1}=\bar{k}\bar{z}_1=k\bar{z}_1=k\mathscr{A}(z_1)$$

这时 $\mathscr{A}$ 是线性变换.

若 z_1，$z_2\in\mathbb{C}$，$k\in\mathbb{C}$，则

$$\mathscr{A}(kz_1)=\overline{kz_1}=\bar{k}\bar{z}_1\neq k\mathscr{A}(z_1)$$

这时 $\mathscr{A}$ 不是线性变换.

4. 在$\mathbb{F}[x]$，令 $\mathscr{T}_a$：$f(x)\mapsto f(x+a)$，其中 a 是$\mathbb{F}$中一个给定的元素. 试问：$\mathscr{T}_a$ 是不是$\mathbb{F}[x]$上的线性变换? $\mathscr{T}_a$ 称为由 a 决定的平移.

解： 设 $f(x)$，$g(x)\in\mathbb{F}[x]$，$a\in\mathbb{F}$，$k\in\mathbb{F}$，则

$$\begin{aligned}\mathscr{T}_a[f(x)+g(x)]&=f(x+a)+g(x+a)\\&=\mathscr{T}_a[f(x)]+\mathscr{T}_a[g(x)]\end{aligned}$$

$$\begin{aligned}\mathscr{T}_a[kf(x)]&=kf(x+a)\\&=k\mathscr{T}_a[f(x)]\end{aligned}$$

从而 $\mathscr{T}_a$ 是$\mathbb{F}[x]$上的线性变换.

5. 设$\mathbb{R}^+$是第三章习题 3.1 的第 2 题中的实数域$\mathbb{R}$上的一个线性空间，$\mathbb{R}$可看成是实数域$\mathbb{R}$上的线性空间. 判别$\mathbb{R}^+$到$\mathbb{R}$的下述映射是不是线性映射：设 $a>0$ 且 $a\neq 1$，令

$$\log_a: \mathbb{R}^+ \to \mathbb{R}$$
$$x \mapsto \log_a x$$

解：设 x，$y\in\mathbb{R}^+$，$k\in\mathbb{R}$，则

$$\log_a(x\oplus y)=\log_a(xy)=\log_a x+\log_a y$$

$$\log_a(k\odot y)=\log_a(y^k)=k\log_a y$$

于是 $\log_a$ 是$\mathbb{R}^+$到$\mathbb{R}$的一个线性映射.

6. 设 X 是任一集合，$\mathbb{F}$是一个域，从 X 到$\mathbb{F}$的所有映射组成的集合记作$\mathbb{F}^X$，它对于函数的加法和纯量乘法成为域$\mathbb{F}$上的一个线性空间. $\mathbb{F}$可以看成是域$\mathbb{F}$上的一个线性空间. 给定 $x_0\in\mathbb{F}$，判别$\mathbb{F}^X$ 到$\mathbb{F}$的下述映射是不是线性映射：

$$\mathscr{A}(f):=f(x_0),\ \forall f\in\mathbb{F}^X.$$

解：设 f，$g\in\mathbb{F}^X$，$k\in\mathbb{F}$，则

$$\mathscr{A}(f+g)=(f+g)(x_0)=f(x_0)+g(x_0)=\mathscr{A}(f)+\mathscr{A}(g)$$

$$\mathscr{A}(kf)=(kf)(x_0)=kf(x_0)=k\mathscr{A}(f)$$

因此 $\mathscr{A}$ 是$\mathbb{F}^X$ 到$\mathbb{F}$的一个线性映射.

7. 判断下面所定义的 $M_n(\mathbb{F})$上的变换，哪些是线性变换：

(1) 设 $\boldsymbol{A}\in M_n(\mathbb{F})$，令 $\mathscr{A}(\boldsymbol{X})=\boldsymbol{XA}$，$\forall\boldsymbol{X}\in M_n(\mathbb{F})$；

(2) 设 $\boldsymbol{B}$，$\boldsymbol{C}\in M_n(\mathbb{F})$，令 $\mathscr{B}(\boldsymbol{X})=\boldsymbol{BXC}$，$\forall\boldsymbol{X}\in M_n(\mathbb{F})$.

解：(1) 设 $\boldsymbol{X}$，$\boldsymbol{Y}\in M_n(\mathbb{F})$，$k\in\mathbb{F}$，则

$$\mathscr{A}(\boldsymbol{X}+\boldsymbol{Y})=(\boldsymbol{X}+\boldsymbol{Y})\boldsymbol{A}=\boldsymbol{XA}+\boldsymbol{YA}=\mathscr{A}(\boldsymbol{X})+\mathscr{A}(\boldsymbol{Y})$$

$$\mathscr{A}(k\boldsymbol{X})=(k\boldsymbol{X})\boldsymbol{A}=k(\boldsymbol{XA})=k\mathscr{A}(\boldsymbol{X})$$

所以 $\mathscr{A}$ 是 $M_n(\mathbb{F})$上的线性变换.

(2) 设 $\boldsymbol{X}$，$\boldsymbol{Y}\in M_n(\mathbb{F})$，$k\in\mathbb{F}$，则

$$\mathscr{B}(\boldsymbol{X}+\boldsymbol{Y})=\boldsymbol{B}(\boldsymbol{X}+\boldsymbol{Y})\boldsymbol{C}=\boldsymbol{BXC}+\boldsymbol{BYC}=\mathscr{B}(\boldsymbol{X})+\mathscr{B}(\boldsymbol{Y})$$

$$\mathscr{B}(k\boldsymbol{X})=\boldsymbol{B}(k\boldsymbol{X})\boldsymbol{C}=k(\boldsymbol{BXC})=k\mathscr{B}(\boldsymbol{X})$$

所以 $\mathscr{B}$ 是 $M_n(\mathbb{F})$ 上的线性变换.

8. 在实数域 $\mathbb{R}$ 上的线性空间 $\mathbb{R}^3$ 中，取 3 个向量：

$$\boldsymbol{\gamma}_1=(1,\ 0,\ 1)',\qquad \boldsymbol{\gamma}_2=(2,\ 0,\ 2)',\qquad \boldsymbol{\gamma}_3=(1,\ 1,\ 0)'$$

求 $\mathbb{R}^3$ 上的一个线性变换 $\mathscr{A}$ 且它满足：$\mathscr{A}(\boldsymbol{\varepsilon}_i)=\boldsymbol{\gamma}_i$，$i=1,2,3$；并且求向量 $\boldsymbol{\alpha}=(1,-1,2)'$ 在 $\mathscr{A}$ 下的像.

解： 由本节命题 1 得

$$\mathscr{A}\begin{pmatrix}x_1\\x_2\\x_3\end{pmatrix}=\mathscr{A}\left(\sum_{i=1}^{3}x_i\boldsymbol{\varepsilon}_i\right)=\sum_{i=1}^{3}x_i\mathscr{A}(\boldsymbol{\varepsilon}_i)=\sum_{i=1}^{3}x_i\boldsymbol{\gamma}_i=\begin{pmatrix}x_1+2x_2+x_3\\x_3\\x_1+2x_2\end{pmatrix}$$

从而

$$\mathscr{A}(\boldsymbol{\alpha})=\begin{pmatrix}1+2\times(-1)+2\\2\\1+2\times(-1)\end{pmatrix}=\begin{pmatrix}1\\2\\-1\end{pmatrix}$$

9. 在 $\mathbb{R}^3$ 中取 3 个向量：

$$\boldsymbol{\delta}_1=(1,\ -3,\ 2)',\qquad \boldsymbol{\delta}_2=(-2,\ 1,\ 4)',\qquad \boldsymbol{\delta}_3=(0,\ -5,\ 8)'$$

求 $\mathbb{R}^3$ 上的一个线性变换 $\mathscr{B}$ 且它满足：$\mathscr{B}(\boldsymbol{\varepsilon}_i)=\boldsymbol{\delta}_i$，$i=1,2,3$；并且求向量 $\boldsymbol{\beta}=(-2,5,6)'$ 在 $\mathscr{B}$ 下的像.

解：

$$\mathscr{B}\begin{pmatrix}x_1\\x_2\\x_3\end{pmatrix}=\mathscr{B}\left(\sum_{i=1}^{3}x_i\boldsymbol{\varepsilon}_i\right)=\begin{pmatrix}x_1-2x_2\\-3x_1+x_2-5x_3\\2x_1+4x_2+8x_3\end{pmatrix}$$

从而

$$\mathscr{B}(\boldsymbol{\beta})=\mathscr{B}\begin{pmatrix}-2\\5\\6\end{pmatrix}=\begin{pmatrix}-2-2\times5\\-3\times(-2)+5-5\times6\\2\times(-2)+4\times5+8\times6\end{pmatrix}=\begin{pmatrix}-12\\-19\\64\end{pmatrix}$$

习题 6.2　线性映射的运算

1. 设 $\boldsymbol{\delta}$ 是几何空间 V 的一个非零向量，过定点 O 方向向量为 $\boldsymbol{\delta}$ 的直线记作 l. 任取

V 的一个向量$\overrightarrow{OA}$，从点 A 作直线 l 的垂线，垂足为 B，如图所示. 令 $\mathscr{P}_{\boldsymbol{\delta}}(\overrightarrow{OA})=\overrightarrow{OB}$，称 $\mathscr{P}_{\boldsymbol{\delta}}$ 是在直线 l 上的正投影，把$\overrightarrow{OB}$称为$\overrightarrow{OA}$在方向 $\boldsymbol{\delta}$ 上的内射影.

（1）证明：$\mathscr{P}_{\boldsymbol{\delta}}$ 是 V 上的一个线性变换；

（2）证明：$\mathscr{P}_{\boldsymbol{\delta}}(\overrightarrow{OA})=\dfrac{\overrightarrow{OA}\cdot\boldsymbol{\delta}}{\boldsymbol{\delta}\cdot\boldsymbol{\delta}}\boldsymbol{\delta}$；

（3）设 $\boldsymbol{\gamma}\in V$，且 $\boldsymbol{\gamma}\neq 0$，证明：$\boldsymbol{\delta}\perp\boldsymbol{\gamma}$ 当且仅当 $\mathscr{P}_{\boldsymbol{\gamma}}\mathscr{P}_{\boldsymbol{\delta}}=\mathscr{P}_{\boldsymbol{\delta}}\mathscr{P}_{\boldsymbol{\gamma}}=\mathscr{O}$.

证明： （1）过点 O 作平面 U 与直线 l 垂直，则 $V=U\oplus l$. 于是 $\mathscr{P}_{\boldsymbol{\delta}}$ 是平行于 U 在 l 上的投影，从而由教材性质 1 知 $\mathscr{P}_{\boldsymbol{\delta}}$ 是 V 上的一个线性变换.

（2）$\mathscr{P}_{\boldsymbol{\delta}}(\overrightarrow{OA})=\overrightarrow{OB}=|\overrightarrow{OB}|\cdot\boldsymbol{\delta}^0$，其中 $\boldsymbol{\delta}^0=\dfrac{1}{|\boldsymbol{\delta}|}\boldsymbol{\delta}$，从而

$$\begin{aligned}\overrightarrow{OB}&=\frac{|\overrightarrow{OB}|}{|\boldsymbol{\delta}|}\boldsymbol{\delta}\\&=\frac{|\overrightarrow{OA}|\cos\langle\overrightarrow{OA}\cdot\overrightarrow{OB}\rangle}{|\boldsymbol{\delta}|}\cdot\boldsymbol{\delta}=\frac{|\overrightarrow{OA}|\cdot\overrightarrow{OA}\cdot\overrightarrow{OB}}{|\boldsymbol{\delta}|\,|\overrightarrow{OA}|\,|\overrightarrow{OB}|}\boldsymbol{\delta}=\frac{\overrightarrow{OA}\cdot\overrightarrow{OB}}{|\boldsymbol{\delta}|\,|\overrightarrow{OB}|}\boldsymbol{\delta}\\&=\frac{\overrightarrow{OA}\cdot\boldsymbol{\delta}^0\cdot|\overrightarrow{OB}|}{|\overrightarrow{OB}|\cdot|\boldsymbol{\delta}|}\boldsymbol{\delta}=\frac{\overrightarrow{OA}\cdot\boldsymbol{\delta}^0}{|\boldsymbol{\delta}|}\boldsymbol{\delta}=\frac{\overrightarrow{OA}\cdot\boldsymbol{\delta}}{|\boldsymbol{\delta}|^2}\boldsymbol{\delta}=\frac{\overrightarrow{OA}\cdot\boldsymbol{\delta}}{\boldsymbol{\delta}\cdot\boldsymbol{\delta}}\boldsymbol{\delta}\end{aligned}$$

（3）
$$\mathscr{P}_{\boldsymbol{\gamma}}\mathscr{P}_{\boldsymbol{\delta}}(\overrightarrow{OA})=\mathscr{P}_{\boldsymbol{\gamma}}\left(\frac{\overrightarrow{OA}\cdot\boldsymbol{\delta}}{\boldsymbol{\delta}\cdot\boldsymbol{\delta}}\boldsymbol{\delta}\right)=\frac{\overrightarrow{OA}\cdot\boldsymbol{\delta}}{\boldsymbol{\delta}\cdot\boldsymbol{\delta}}\mathscr{P}_{\boldsymbol{\gamma}}(\boldsymbol{\delta})=\frac{\overrightarrow{OA}\cdot\boldsymbol{\delta}}{\boldsymbol{\delta}\cdot\boldsymbol{\delta}}\frac{\boldsymbol{\delta}\cdot\boldsymbol{\gamma}}{\boldsymbol{\gamma}\cdot\boldsymbol{\gamma}}\boldsymbol{\gamma}$$

若 $\boldsymbol{\delta}\perp\boldsymbol{\gamma}$，则 $\mathscr{P}_{\boldsymbol{\gamma}}\mathscr{P}_{\boldsymbol{\delta}}(\overrightarrow{OA})=\mathbf{0}$，$\forall\,\overrightarrow{OA}\in V$，于是 $\mathscr{P}_{\boldsymbol{\gamma}}\mathscr{P}_{\boldsymbol{\delta}}=\mathscr{O}$；

若 $\mathscr{P}_{\boldsymbol{\gamma}}\mathscr{P}_{\boldsymbol{\delta}}=\mathscr{O}$，则 $\mathscr{P}_{\boldsymbol{\gamma}}\mathscr{P}_{\boldsymbol{\delta}}(\boldsymbol{\delta})=\mathbf{0}$，从而 $\boldsymbol{\delta}\cdot\boldsymbol{\gamma}=0$，因此 $\boldsymbol{\delta}\perp\boldsymbol{\gamma}$.

同理可证 $\mathscr{P}_{\boldsymbol{\gamma}}\mathscr{P}_{\boldsymbol{\delta}}=\mathscr{O}$ 当且仅当 $\boldsymbol{\delta}\perp\boldsymbol{\gamma}$.

2. 在几何空间 V 中，取右手直角坐标系 $Oxyz$，用 $\mathscr{A}$ 表示绕 x 轴按右手螺旋方向旋转 90°的变换，用 $\mathscr{B}$ 表示绕 y 轴右旋 90°的变换，用 $\mathscr{C}$ 表示绕 z 轴右旋 90°的变换. 证明：

$$\mathscr{A}^4=\mathscr{B}^4=\mathscr{C}^4=\mathscr{I},\ \mathscr{A}\mathscr{B}\neq\mathscr{B}\mathscr{A},\ \mathscr{A}^2\mathscr{B}^2=\mathscr{B}^2\mathscr{A}^2$$

并检验$(\mathscr{A}\mathscr{B})^2=\mathscr{A}^2\mathscr{B}^2$ 是否成立. $\mathscr{A}^2$，$\mathscr{B}^2$，$\mathscr{A}^2\mathscr{B}^2$ 分别是几何空间 V 上的什么样的变换？

证明： 由于 $\mathscr{A}^4$ 表示绕 x 轴右旋 360°的变换，因此 $\mathscr{A}^4=\mathscr{I}$. 同理 $\mathscr{B}^4=\mathscr{C}^4=\mathscr{I}$. 用 $\boldsymbol{e}_1$，$\boldsymbol{e}_2$，$\boldsymbol{e}_3$ 分别表示 x 轴，y 轴，z 轴上的单位向量，则

$$\mathscr{A}(\boldsymbol{e}_1)=\boldsymbol{e}_1,\ \mathscr{A}(\boldsymbol{e}_2)=\boldsymbol{e}_3,\ \mathscr{A}(\boldsymbol{e}_3)=-\boldsymbol{e}_2\text{（大拇指指向 }x\text{ 轴）}$$

$$\mathscr{B}(\boldsymbol{e}_1)=-\boldsymbol{e}_3,\ \mathscr{B}(\boldsymbol{e}_2)=\boldsymbol{e}_2,\ \mathscr{B}(\boldsymbol{e}_3)=\boldsymbol{e}_1\text{（大拇指指向 }y\text{ 轴）}$$

于是 $\mathscr{A}\mathscr{B}(\boldsymbol{e}_1)=\mathscr{A}(-\boldsymbol{e}_3)=\boldsymbol{e}_2$，$\mathscr{B}\mathscr{A}(\boldsymbol{e}_1)=\mathscr{B}(\boldsymbol{e}_1)=-\boldsymbol{e}_3$，因此 $\mathscr{A}\mathscr{B}\neq\mathscr{B}\mathscr{A}$.

直接计算得

$$\mathscr{A}^2(\boldsymbol{e}_1)=\boldsymbol{e}_1,\ \mathscr{A}^2(\boldsymbol{e}_2)=-\boldsymbol{e}_2,\ \mathscr{A}^2(\boldsymbol{e}_3)=-\boldsymbol{e}_3,$$

$$\mathscr{B}^2(\boldsymbol{e}_1)=-\boldsymbol{e}_1,\ \mathscr{B}^2(\boldsymbol{e}_2)=\boldsymbol{e}_2,\ \mathscr{B}^2(\boldsymbol{e}_3)=-\boldsymbol{e}_3,$$

$$\mathscr{A}^2\mathscr{B}^2(\boldsymbol{e}_1)=-\boldsymbol{e}_1,\ \mathscr{A}^2\mathscr{B}^2(\boldsymbol{e}_2)=-\boldsymbol{e}_2,\ \mathscr{A}^2\mathscr{B}^2(\boldsymbol{e}_3)=\boldsymbol{e}_3,$$

$$\mathscr{B}^2\mathscr{A}^2(\boldsymbol{e}_1)=-\boldsymbol{e}_1,\ \mathscr{B}^2\mathscr{A}^2(\boldsymbol{e}_2)=-\boldsymbol{e}_2,\ \mathscr{B}^2\mathscr{A}^2(\boldsymbol{e}_3)=\boldsymbol{e}_3,$$

所以有 $\mathscr{A}^2\mathscr{B}^2=\mathscr{B}^2\mathscr{A}^2$(易证 $\mathscr{A}$, $\mathscr{B}$, $\mathscr{C}$ 是 V 上的线性变换).

经计算:$(\mathscr{A}\mathscr{B})^2(\boldsymbol{e}_1)=(\mathscr{A}\mathscr{B})[\mathscr{A}\mathscr{B}(\boldsymbol{e}_1)]=(\mathscr{A}\mathscr{B})(\boldsymbol{e}_2)=\boldsymbol{e}_3$,$\mathscr{A}^2\mathscr{B}^2(\boldsymbol{e}_1)=-\boldsymbol{e}_1$,所以 $(\mathscr{A}\mathscr{B})^2\neq\mathscr{A}^2\mathscr{B}^2$. $\mathscr{A}^2$ 是绕 x 轴右旋 $180°$ 的变换($\mathscr{A}^2$ 也是关于 x 轴的反射),同理 $\mathscr{B}^2$ 也是关于 y 轴的反射,$\mathscr{C}^2$ 是关于 z 轴的反射. $\mathscr{A}^2\mathscr{B}^2$ 是关于 z 轴的反射.

3. 设 $\mathbb{K}$ 是一数域,在 $\mathbb{K}[x]$ 中,令

$$\mathscr{A}[f(x)]=xf(x),\qquad \forall f(x)\in\mathbb{K}[x]$$

证明:(1) $\mathscr{A}$ 是 $\mathbb{K}[x]$ 上的一个线性变换;

(2) $\mathscr{D}\mathscr{A}-\mathscr{A}\mathscr{D}=\mathscr{I}$,其中 $\mathscr{D}$ 是求导数.

证明: (1) 任取 $f(x)$,$g(x)\in\mathbb{K}[x]$,$k\in\mathbb{K}$,则

$$\mathscr{A}[f(x)+g(x)]=x[f(x)+g(x)]=xf(x)+xg(x)=\mathscr{A}[f(x)]+\mathscr{A}[g(x)]$$
$$\mathscr{A}[kf(x)]=x[kf(x)]=kxf(x)=k\mathscr{A}[f(x)]$$

所以 $\mathscr{A}$ 是 $\mathbb{K}[x]$ 上的一个线性变换.

(2)
$$\begin{aligned}(\mathscr{D}\mathscr{A}-\mathscr{A}\mathscr{D})[f(x)]&=\mathscr{D}\mathscr{A}[f(x)]-\mathscr{A}\mathscr{D}[f(x)]\\&=\mathscr{D}[xf(x)]-\mathscr{A}[f'(x)]\\&=f(x)+xf'(x)-xf'(x)\\&=f(x)\end{aligned}$$

所以 $\mathscr{D}\mathscr{A}-\mathscr{A}\mathscr{D}=\mathscr{I}$.

4. 设 $\mathscr{A}$, $\mathscr{B}$ 是域 $\mathbb{F}$ 上线性空间 V 上的线性变换. 证明:如果 $\mathscr{A}\mathscr{B}-\mathscr{B}\mathscr{A}=\mathscr{I}$,那么 $\mathscr{A}^k\mathscr{B}-\mathscr{B}\mathscr{A}^k=k\mathscr{A}^{k-1}$,$k\geqslant 1$.

证明: 当 $k=1$ 时,显然成立,假设结论对 $k=l$ 时成立. 当 $k=l+1$ 时,由题意知

$$\mathscr{A}^l\mathscr{B}-\mathscr{B}\mathscr{A}^l=l\mathscr{A}^{l-1}$$

两边左乘 $\mathscr{A}$ 得

$$\mathscr{A}^{l+1}\mathscr{B}-\mathscr{A}\mathscr{B}\mathscr{A}^{l}=l\mathscr{A}^{l}$$

将 $\mathscr{A}\mathscr{B}=\mathscr{B}\mathscr{A}+\mathscr{I}$ 代入上式得

$$\mathscr{A}^{l+1}\mathscr{B}-(\mathscr{B}\mathscr{A}+\mathscr{I})\mathscr{A}^{l}=l\mathscr{A}^{l}$$

即

$$\mathscr{A}^{l+1}\mathscr{B}-\mathscr{B}\mathscr{A}^{l+1}-\mathscr{A}^{l}=l\mathscr{A}^{l}$$

移项即得

$$\mathscr{A}^{l+1}\mathscr{B}-\mathscr{B}\mathscr{A}^{l+1}=(1+l)\mathscr{A}^{l}$$

所以结论对 $k=l+1$ 时也成立，由归纳法原理，原命题得证.

5. 设 V 是域$\mathbb{F}$上的线性空间，$\operatorname{char}\mathbb{F}\neq 2$. 设 $\mathscr{A}$, $\mathscr{B}$ 是 V 上的幂等变换，证明：

(1) $\mathscr{A}+\mathscr{B}$ 是幂等变换，当且仅当 $\mathscr{A}\mathscr{B}=\mathscr{B}\mathscr{A}=\mathscr{O}$;

(2) 若 $\mathscr{A}\mathscr{B}=\mathscr{B}\mathscr{A}$, 则 $\mathscr{A}+\mathscr{B}-\mathscr{A}\mathscr{B}$ 也是幂等变换.

证明： (1) $(\mathscr{A}+\mathscr{B})^2=\mathscr{A}^2+\mathscr{A}\mathscr{B}+\mathscr{B}\mathscr{A}+\mathscr{B}^2=\mathscr{A}+\mathscr{A}\mathscr{B}+\mathscr{B}\mathscr{A}+\mathscr{B}$

若 $\mathscr{A}+\mathscr{B}$ 是幂等变换,则 $\mathscr{A}\mathscr{B}+\mathscr{B}\mathscr{A}=\mathscr{O}$, 左乘 $\mathscr{A}$ 得

$$\mathscr{A}\mathscr{B}+\mathscr{A}\mathscr{B}\mathscr{A}=\mathscr{O}$$

右乘 $\mathscr{A}$ 得

$$\mathscr{A}\mathscr{B}\mathscr{A}+\mathscr{B}\mathscr{A}=\mathscr{O}$$

从而 $\mathscr{A}\mathscr{B}=\mathscr{B}\mathscr{A}$, 回代得 $2\mathscr{A}\mathscr{B}=\mathscr{O}$, 由于 $\operatorname{char}\mathbb{F}\neq 2$, 故 $\mathscr{A}\mathscr{B}=\mathscr{B}\mathscr{A}=\mathscr{O}$.

(2)
$$\begin{aligned}(\mathscr{A}+\mathscr{B}-\mathscr{A}\mathscr{B})^2&=\mathscr{A}^2+\mathscr{A}\mathscr{B}-\mathscr{A}^2\mathscr{B}+\mathscr{B}\mathscr{A}+\mathscr{B}^2-\mathscr{B}\mathscr{A}\mathscr{B}-\mathscr{A}\mathscr{B}\mathscr{A}-\mathscr{A}\mathscr{B}^2+\mathscr{A}\mathscr{B}\mathscr{A}\mathscr{B}\\&=\mathscr{A}+\mathscr{A}\mathscr{B}-\mathscr{A}\mathscr{B}+\mathscr{B}\mathscr{A}+\mathscr{B}-\mathscr{B}\mathscr{A}\mathscr{B}-\mathscr{A}\mathscr{B}\mathscr{A}-\mathscr{A}\mathscr{B}+\mathscr{A}\mathscr{B}\mathscr{A}\mathscr{B}\\&=\mathscr{A}+\mathscr{B}-\mathscr{B}^2\mathscr{A}-\mathscr{A}^2\mathscr{B}+\mathscr{A}^2\mathscr{B}^2\\&=\mathscr{A}+\mathscr{B}-\mathscr{A}\mathscr{B}\end{aligned}$$

所以 $\mathscr{A}+\mathscr{B}-\mathscr{A}\mathscr{B}$ 是幂等变换.

6. 设 V 是域$\mathbb{F}$上的线性空间，$\mathscr{A}_1$, $\mathscr{A}_2$, $\cdots$, $\mathscr{A}_s$ 都是 V 上的幂等变换，证明：如果 $\mathscr{A}_1$, $\mathscr{A}_2$, $\cdots$, $\mathscr{A}_s$ 两两正交，那么 $\mathscr{A}_1+\mathscr{A}_2+\cdots+\mathscr{A}_s$ 也是幂等变换.

证明： $(\mathscr{A}_1+\mathscr{A}_2+\cdots+\mathscr{A}_s)^2=\sum\limits_{i=1}^{s}\mathscr{A}_i^2+2\sum\limits_{i\neq j}\mathscr{A}_i\mathscr{A}_j$, 由题意

$$\mathscr{A}_i\mathscr{A}_j=\mathscr{A}_j\mathscr{A}_i=\mathscr{O},\ i\neq j$$

故上式化为

$$(\mathscr{A}_1+\mathscr{A}_2+\cdots+\mathscr{A}_s)^2=\mathscr{A}_1^2+\mathscr{A}_2^2+\cdots+\mathscr{A}_s^2=\mathscr{A}_1+\mathscr{A}_2+\cdots+\mathscr{A}_s$$

因此 $\mathscr{A}_1+\mathscr{A}_2+\cdots+\mathscr{A}_s$ 也是幂等变换.

7. 设 V 是域 $\mathbb{F}$ 上的线性空间，V_1，V_2，…，V_s 都是 V 的子空间，且 $V=V_1\oplus V_2\oplus\cdots\oplus V_s$. 用 $\mathscr{P}_i$ 表示平行于 $\sum\limits_{j\neq i}V_j$ 在 V_i 上的投影，证明：$\mathscr{P}_1$，$\mathscr{P}_2$，…，$\mathscr{P}_s$ 是两两正交的幂等变换，且 $\mathscr{P}_1+\mathscr{P}_2+\cdots+\mathscr{P}_s=\mathscr{I}$.

证明： 任取 $\boldsymbol{\alpha}\in V$，则 $\boldsymbol{\alpha}$ 可唯一地表示成

$$\boldsymbol{\alpha}=\boldsymbol{\alpha}_1+\boldsymbol{\alpha}_2+\cdots+\boldsymbol{\alpha}_s,\quad \boldsymbol{\alpha}_i\in V_i,\quad i=1,2,\cdots,s$$

根据定义，$\mathscr{P}_i(\boldsymbol{\alpha})=\boldsymbol{\alpha}_i$，$i=1$，2，…，$s$，从而 $\mathscr{P}_i^2(\boldsymbol{\alpha})=\mathscr{P}_i(\boldsymbol{\alpha}_i)=\boldsymbol{\alpha}_i=\mathscr{P}_i(\boldsymbol{\alpha})$，因此 $\mathscr{P}_i^2=\mathscr{P}_i$，$i=1$，2，…，$s$. 当 $j\neq i$ 时，$\mathscr{P}_j\mathscr{P}_i(\boldsymbol{\alpha})=\mathscr{P}_j(\boldsymbol{\alpha}_i)=\mathbf{0}$. 因此 $\mathscr{P}_j\mathscr{P}_i=\mathscr{O}$. 同理 $\mathscr{P}_i\mathscr{P}_j=\mathscr{O}$. 由于 $(\mathscr{P}_1+\mathscr{P}_2+\cdots+\mathscr{P}_s)(\boldsymbol{\alpha})=\mathscr{P}_1(\boldsymbol{\alpha})+\mathscr{P}_2(\boldsymbol{\alpha})+\cdots+\mathscr{P}_s(\boldsymbol{\alpha})=\boldsymbol{\alpha}=\boldsymbol{\alpha}_1+\boldsymbol{\alpha}_2+\cdots+\boldsymbol{\alpha}_s=\boldsymbol{\alpha}$，因此 $\mathscr{P}_1+\mathscr{P}_2+\cdots+\mathscr{P}_s=\mathscr{I}$.

习题 6.3　线性映射的核与像

1. 设 $\mathscr{A}$ 是域 $\mathbb{F}$ 上的线性空间 V 到 V' 的一个线性映射，W 是 V 的一个子空间，令

$$\mathscr{A}W:=\{\mathscr{A}\boldsymbol{\beta}\mid\boldsymbol{\beta}\in W\}$$

证明：(1) $\mathscr{A}W$ 是 V' 的一个子空间；

(2) 若 V 是有限维的，则

$$\dim(\mathscr{A}W)+\dim[(\operatorname{Ker}\mathscr{A})\cap W]=\dim W$$

证明： (1) 由于 $\mathscr{A}(\mathbf{0})=\mathbf{0}\in\mathscr{A}W$，设 $\boldsymbol{x}$，$\boldsymbol{y}\in\mathscr{A}W$，则存在 $\boldsymbol{\alpha}$，$\boldsymbol{\beta}\in W$，使得 $\mathscr{A}\boldsymbol{\alpha}=\boldsymbol{x}$，$\mathscr{A}\boldsymbol{\beta}=\boldsymbol{y}$. 故 $\boldsymbol{x}+\boldsymbol{y}=\mathscr{A}\boldsymbol{\alpha}+\mathscr{A}\boldsymbol{\beta}=\mathscr{A}(\boldsymbol{\alpha}+\boldsymbol{\beta})$，因为 $\boldsymbol{\alpha}+\boldsymbol{\beta}\in W$，故 $\mathscr{A}(\boldsymbol{\alpha}+\boldsymbol{\beta})\in\mathscr{A}W$，从而 $\mathscr{A}W$ 对加法封闭. 再设 $k\in\mathbb{F}$，则 $k\boldsymbol{x}=k\mathscr{A}(\boldsymbol{\alpha})=\mathscr{A}(k\boldsymbol{\alpha})$，而 $k\boldsymbol{\alpha}\in W$，故 $\mathscr{A}(k\boldsymbol{\alpha})\in\mathscr{A}W$，从而 $\mathscr{A}W$ 对纯量乘法封闭，因此 $\mathscr{A}W$ 是 V 的一个子空间.

(2) 考虑 $\mathscr{A}$ 在 W 上的限制 $\mathscr{A}|W$，它是 W 到 $\mathscr{A}W$ 的一个线性映射. 任取 $\boldsymbol{\alpha}\in W$，由 $(\mathscr{A}|W)\boldsymbol{\alpha}=\mathscr{A}\boldsymbol{\alpha}$，故 $\operatorname{Ker}(\mathscr{A}|W)\subseteq\operatorname{Ker}(\mathscr{A})$，因此 $\operatorname{Ker}(\mathscr{A}|W)=(\operatorname{Ker}\mathscr{A})\cap W$. 再由教材定理 2 得

$$\dim\operatorname{Ker}(\mathscr{A}|W)+\dim[\operatorname{Im}(\mathscr{A}|W)]=\dim W$$

即

$$\dim[(\mathrm{Ker}\mathscr{A})\cap W]+\dim(\mathscr{A}W)=\dim W$$

2. 判断下面定义的$\mathbb{K}^4$到$\mathbb{K}^3$的映射$\mathscr{A}$是不是线性映射. 如果是，求 $\mathrm{Ker}\mathscr{A}$，$\mathrm{Im}\mathscr{A}$(要求写出它的一个基)，以及求$\mathbb{K}^4/\mathrm{Ker}\mathscr{A}$的一个基.

$$\mathscr{A}\begin{pmatrix}x_1\\x_2\\x_3\\x_4\end{pmatrix}=\begin{pmatrix}x_1-3x_2+x_3-2x_4\\-x_1-11x_2+2x_3-5x_4\\3x_1+5x_2+x_4\end{pmatrix}$$

解: 由于

$$\mathscr{A}\begin{pmatrix}x_1\\x_2\\x_3\\x_4\end{pmatrix}=\begin{pmatrix}1&-3&1&-2\\-1&-11&2&-5\\3&5&0&1\end{pmatrix}\begin{pmatrix}x_1\\x_2\\x_3\\x_4\end{pmatrix}=\boldsymbol{A}\begin{pmatrix}x_1\\x_2\\x_3\\x_4\end{pmatrix}$$

因此$\mathscr{A}$是$\mathbb{K}^4$到$\mathbb{K}^3$的一个线性映射. 由于

$$\mathrm{Ker}(\mathscr{A})=\{\boldsymbol{\alpha}\in\mathbb{K}^4\mid\mathscr{A}\boldsymbol{\alpha}=\boldsymbol{0}\}=\{\boldsymbol{\alpha}\in\mathbb{K}^4\mid\boldsymbol{A}\boldsymbol{\alpha}=\boldsymbol{0}\}$$

于是 $\mathrm{Ker}(\mathscr{A})$等于齐次方程组$\boldsymbol{AX}=\boldsymbol{0}$的解空间$W$

$$\boldsymbol{A}\rightarrow\begin{pmatrix}1&0&\frac{5}{14}&-\frac{1}{2}\\0&1&-\frac{3}{14}&\frac{1}{2}\\0&0&0&0\end{pmatrix}$$

于是$\boldsymbol{AX}=\boldsymbol{0}$的一个基础解系为：$\boldsymbol{\eta}_1=(5,-3,-14,0)'$，$\boldsymbol{\eta}_2=(1,-1,0,2)'$. 从而 $\mathrm{Ker}(\mathscr{A})=W=\langle\boldsymbol{\eta}_1,\boldsymbol{\eta}_2\rangle$. 设$\boldsymbol{A}=(\boldsymbol{\alpha}_1,\boldsymbol{\alpha}_2,\boldsymbol{\alpha}_3,\boldsymbol{\alpha}_4)$，则

$$\mathrm{Im}(\mathscr{A})=\{\mathscr{A}\boldsymbol{\alpha}\mid\boldsymbol{\alpha}\in\mathbb{K}^4\}=\{\boldsymbol{A}\boldsymbol{\alpha}\mid\boldsymbol{\alpha}\in\mathbb{K}^4\}=\langle\boldsymbol{\alpha}_1,\boldsymbol{\alpha}_2,\boldsymbol{\alpha}_1,\boldsymbol{\alpha}_4\rangle$$

于是 $\mathrm{Im}(\mathscr{A})$等于矩阵$\boldsymbol{A}$的列空间. 由于$\boldsymbol{A}$的列向量组的一个极大无关组为$\boldsymbol{\alpha}_1$，$\boldsymbol{\alpha}_2$，因此 $\mathrm{Im}(\mathscr{A})=\langle\boldsymbol{\alpha}_1,\boldsymbol{\alpha}_2\rangle$.

把 $\mathrm{Ker}(\mathscr{A})$的基$\boldsymbol{\eta}_1$，$\boldsymbol{\eta}_2$扩充成$\mathbb{K}^4$的一个基

$$\boldsymbol{\eta}_1,\boldsymbol{\eta}_2,(1,0,0,0)',(0,1,0,0)'$$

因此$\mathbb{K}^4/\mathrm{Ker}\mathscr{A}$的一个基为$(1, 0, 0, 0)'+\mathrm{Ker}(\mathscr{A})$，$(0, 1, 0, 0)'+\mathrm{Ker}(\mathscr{A})$.

3. 任意取定$a\in\mathbb{F}$，在$\mathbb{F}[x]$中，令$\mathscr{T}_a$：$f(x)\mapsto f(x+a)$. 求$\mathrm{Ker}\mathscr{T}_a$，$\mathrm{Im}\mathscr{T}_a$.

解： 设$f(x)$，$g(x)\in\mathbb{F}[x]$，若$\mathscr{T}_a(f(x))=\mathscr{T}_a(g(x))$，则$f(x+a)=g(x+a)$，将$x$用$x-a$代入得$f(x)=g(x)$，从而$\mathscr{T}_a$是单射，故$\mathrm{Ker}\mathscr{T}_a=\mathbf{0}$. 任取$h(x)\in\mathbb{F}[x]$，令$g(x)=h(x-a)$，则$\mathscr{T}_a(g(x))=g(x+a)=h(x)$. 因此$\mathscr{T}_a$是满射，从而$\mathrm{Im}\mathscr{T}_a=\mathbb{F}[x]$.

4. 设σ是域$\mathbb{F}$到自身的一个映射，如果σ保持加法乘法运算，那么称σ是域$\mathbb{F}$的一个自同态. 证明：域$\mathbb{F}$的非零自同态一定是域$\mathbb{F}$的自同构(即域$\mathbb{F}$到自身的一个同构映射).

证明： 域$\mathbb{F}$看成自身上的线性空间，它是1维的. 由于σ是域$\mathbb{F}$的一个自同态，因此σ是线性空间$\mathbb{F}$的一个上的一个线性变换. $\mathrm{Ker}\sigma$是$\mathbb{F}$的一个子空间，因为$\sigma\neq\mathscr{O}$，因此$\mathrm{Ker}\sigma\neq\mathbb{F}$. 由于$\dim\mathbb{F}=1$，因此$\dim(\mathrm{Ker}\sigma)=0$. 从而$\mathrm{Ker}\sigma=\mathbf{0}$，于是$\sigma$是单射. 由于线性空间$\mathbb{F}$是有限维的，因此$\sigma$也是满射. 又$\sigma$保持加法和乘法. 因此$\sigma$是域$\mathbb{F}$的一个自同构.

5. 设V，U，W，M都是域$\mathbb{F}$上的线性空间，并且V，U都是有限维的. 设$\mathscr{A}\in\mathrm{Hom}(V, U)$，$\mathscr{B}\in\mathrm{Hom}(U, W)$，$\mathscr{C}\in\mathrm{Hom}(W, M)$.

证明：$\mathrm{rank}(\mathscr{C}\mathscr{B}\mathscr{A})\geqslant\mathrm{rank}(\mathscr{C}\mathscr{B})+\mathrm{rank}(\mathscr{B}\mathscr{A})-\mathrm{rank}(\mathscr{B})$.

证明： $\mathrm{rank}(\mathscr{C}\mathscr{B}\mathscr{A})=\dim((\mathscr{C}\mathscr{B}\mathscr{A})V)$，$(\mathscr{C}\mathscr{B}\mathscr{A})V=\mathscr{C}[(\mathscr{B}\mathscr{A})V]=\mathrm{Im}(\mathscr{C}|(\mathscr{B}\mathscr{A})V)$. 由于$\mathscr{A}V\subseteq U$，因此$(\mathscr{B}\mathscr{A})V\subseteq\mathscr{B}U$，从而$\mathrm{Ker}(\mathscr{C}|(\mathscr{B}\mathscr{A})V)\subseteq\mathrm{Ker}(\mathscr{C}|\mathscr{B}U)$. 于是有

$$\begin{aligned}\mathrm{rank}(\mathscr{C}\mathscr{B}\mathscr{A})&=\dim((\mathscr{C}\mathscr{B}\mathscr{A})V)=\dim(\mathrm{Im}(\mathscr{C}|(\mathscr{B}\mathscr{A})V))\\&=\dim((\mathscr{B}\mathscr{A})V)-\dim(\mathrm{Ker}(\mathscr{C}|(\mathscr{B}\mathscr{A})V))\\&\geqslant\mathrm{rank}(\mathscr{B}\mathscr{A})-\dim(\mathrm{Ker}(\mathscr{C}|\mathscr{B}U))\\&=\mathrm{rank}(\mathscr{B}\mathscr{A})-[\dim(\mathscr{B}U)-\dim(\mathscr{C}(\mathscr{B}U))]\\&=\mathrm{rank}(\mathscr{B}\mathscr{A})+\dim((\mathscr{C}\mathscr{B})U)-\dim(\mathscr{B}U)\\&=\mathrm{rank}(\mathscr{B}\mathscr{A})+\mathrm{rank}(\mathscr{C}\mathscr{B})-\mathrm{rank}(\mathscr{B})\end{aligned}$$

6. 设V和V'都是域$\mathbb{F}$上的线性空间. $\mathscr{A}\in\mathrm{Hom}(V, V')$. 证明：存在直和分解

$$V=\mathrm{Ker}\mathscr{A}\oplus W,\qquad V'=M\oplus N$$

使得$W\cong M$.

证明： 由于线性空间的任一子空间都有补空间，因此存在$\mathrm{Ker}\mathscr{A}$在V中的补空间W，$\mathrm{Im}\mathscr{A}$在V'中的补空间N，使得

$$V=\mathrm{Ker}\mathscr{A}\oplus W,\qquad V'=\mathrm{Im}\mathscr{A}\oplus N.$$

根据习题3.12的结论知$W\cong V/\mathrm{Ker}\mathscr{A}$. 根据本节定理1得$V/\mathrm{Ker}\mathscr{A}\cong\mathrm{Im}\mathscr{A}$，于是$W\cong$

$\mathrm{Im}\mathscr{A}$. 取 $M=\mathrm{Im}\mathscr{A}$, 则 $W\cong M$, 且 $V'=\mathrm{Im}\mathscr{A}\oplus N=M\oplus N$.

7. 设 V 是域 $\mathbb{F}$ 上的线性空间, $\mathrm{char}\,\mathbb{F}=0$. 证明: 如果 $\mathscr{A}_1$, $\mathscr{A}_2$, $\cdots$, $\mathscr{A}_s$ 是 V 上两两不等的线性变换, 那么 V 中至少有一个向量 $\boldsymbol{\alpha}$, 使得 $\mathscr{A}_1\boldsymbol{\alpha}$, $\mathscr{A}_2\boldsymbol{\alpha}$, $\cdots$, $\mathscr{A}_s\boldsymbol{\alpha}$ 两两不等.

证明: 由于 $\mathscr{A}_1$, $\mathscr{A}_2$, $\cdots$, $\mathscr{A}_s$ 两两不等, 因此 $\mathscr{A}_i-\mathscr{A}_j\neq\mathscr{O}$, $1\leqslant i<j\leqslant s$, 从而 $\mathrm{Ker}(\mathscr{A}_i-\mathscr{A}_j)\neq V$. 由于 $\mathrm{char}\,\mathbb{F}=0$, 因此域 $\mathbb{F}$ 有无穷多个元素, 从而习题 3.9 的第 18 题的结论成立, 即

$$\mathrm{Ker}(\mathscr{A}_1-\mathscr{A}_2)\cup\mathrm{Ker}(\mathscr{A}_1-\mathscr{A}_3)\cup\cdots\cup\mathrm{Ker}(\mathscr{A}_{s-1}-\mathscr{A}_s)\neq V$$

于是存在 $\boldsymbol{\alpha}\in V$, 使得 $\boldsymbol{\alpha}\notin\mathrm{Ker}(\mathscr{A}_1-\mathscr{A}_2)\cup\mathrm{Ker}(\mathscr{A}_1-\mathscr{A}_3)\cup\cdots\cup\mathrm{Ker}(\mathscr{A}_{s-1}-\mathscr{A}_s)$, 从而 $(\mathscr{A}_1-\mathscr{A}_2)\boldsymbol{\alpha}\neq\mathbf{0}$, $(\mathscr{A}_1-\mathscr{A}_3)\boldsymbol{\alpha}\neq\mathbf{0}$, $\cdots$, $(\mathscr{A}_{s-1}-\mathscr{A}_s)\boldsymbol{\alpha}\neq\mathbf{0}$. 因此 $\mathscr{A}_1\boldsymbol{\alpha}$, $\mathscr{A}_2\boldsymbol{\alpha}$, $\cdots$, $\mathscr{A}_s\boldsymbol{\alpha}$ 两两不等.

8. 设 V 是域 $\mathbb{F}$ 上的线性空间, $\mathscr{A}_1$, $\mathscr{A}_2$, $\cdots$, $\mathscr{A}_s$ 是 V 上两两正交的幂等变换, 且 $\mathscr{A}_1+\mathscr{A}_2+\cdots+\mathscr{A}_s=\mathscr{I}$. 证明:

$$V=\mathrm{Im}\mathscr{A}_1\oplus\mathrm{Im}\mathscr{A}_2\oplus\cdots\oplus\mathrm{Im}\mathscr{A}_s$$

且 $\mathscr{A}_i$ 是平行于 $\sum\limits_{j\neq i}\mathrm{Im}\mathscr{A}_j$ 在 $\mathrm{Im}\mathscr{A}_i$ 上的投影, $i=1, 2, \cdots, s$.

证明: 任取 $\boldsymbol{\alpha}\in V$, 由于 $\mathscr{A}_1+\mathscr{A}_2+\cdots+\mathscr{A}_s=\mathscr{I}$, 因此

$$\boldsymbol{\alpha}=\mathscr{I}(\boldsymbol{\alpha})=(\mathscr{A}_1+\mathscr{A}_2+\cdots+\mathscr{A}_s)\boldsymbol{\alpha}=\mathscr{A}_1\boldsymbol{\alpha}+\mathscr{A}_2\boldsymbol{\alpha}+\cdots+\mathscr{A}_s\boldsymbol{\alpha}$$

由此推出

$$V=\mathrm{Im}\mathscr{A}_1+\mathrm{Im}\mathscr{A}_2+\cdots+\mathrm{Im}\mathscr{A}_s.$$

任取 $\boldsymbol{\beta}\in\left(\sum\limits_{j\neq i}\mathrm{Im}\mathscr{A}_j\right)\cap\mathrm{Im}\mathscr{A}_i$. 由于 $\boldsymbol{\beta}\in\mathrm{Im}\mathscr{A}_i$, 因此存在 $\boldsymbol{\gamma}\in V$, 使得 $\mathscr{A}_i\boldsymbol{\gamma}=\boldsymbol{\beta}$. 由于 $\boldsymbol{\beta}\in\left(\sum\limits_{j\neq i}\mathrm{Im}\mathscr{A}_j\right)$, 因此 $\boldsymbol{\beta}=\sum\limits_{j\neq i}\boldsymbol{\beta}_j$, 其中 $\boldsymbol{\beta}_j\in\mathrm{Im}\mathscr{A}_j(j\neq i)$. 从而存在 $\boldsymbol{\delta}_j\in V$, 使得 $\mathscr{A}_j(\boldsymbol{\delta}_j)=\boldsymbol{\beta}_j(j\neq i)$. 由于 $\mathscr{A}_i^2=\mathscr{A}_i$, 因此 $\boldsymbol{\beta}=\mathscr{A}_i\boldsymbol{\gamma}=\mathscr{A}_i^2\boldsymbol{\gamma}=\mathscr{A}_i(\mathscr{A}_i\boldsymbol{\gamma})=\mathscr{A}_i\boldsymbol{\beta}$. 由于 $\mathscr{A}_i\mathscr{A}_j=\mathscr{A}_j\mathscr{A}_i=\mathscr{O}$, $j\neq i$. 因此

$$\boldsymbol{\beta}=\mathscr{A}_i(\boldsymbol{\beta})=\mathscr{A}_i\left(\sum_{j\neq i}\boldsymbol{\beta}_j\right)=\mathscr{A}_i\left(\sum_{j\neq i}\mathscr{A}_j(\boldsymbol{\delta}_j)\right)=\sum_{j\neq i}\mathscr{A}_i\mathscr{A}_j(\boldsymbol{\delta}_j)=\mathbf{0}$$

从而 $\boldsymbol{\beta}=\mathbf{0}$. 因此 $\left(\sum\limits_{j\neq i}\mathrm{Im}\mathscr{A}_j\right)\cap\mathrm{Im}\mathscr{A}_i=\mathbf{0}$, $i=1, 2, \cdots, s$. 因此

$$V=\mathrm{Im}\mathscr{A}_1\oplus\mathrm{Im}\mathscr{A}_2\oplus\cdots\oplus\mathrm{Im}\mathscr{A}_s$$

用 $\mathscr{P}_i$ 表示平行于 $\sum\limits_{j\neq i}\mathrm{Im}\mathscr{A}_j$ 在 $\mathrm{Im}\mathscr{A}_i$ 上的投影. 当 $\boldsymbol{\beta}\in\mathrm{Im}\mathscr{A}_i$ 时, 以上讨论表明: $\boldsymbol{\beta}=\mathscr{A}_i\boldsymbol{\beta}$,

当 $\boldsymbol{\beta}\in\sum\limits_{j\neq i}\mathrm{Im}\mathscr{A}_j$ 时，$\mathscr{A}_i(\boldsymbol{\beta})=0$. 根据教材 6.2 节投影性质 2，得 $\mathscr{A}_i=\mathscr{P}_i$.

9. 设 $\mathscr{A}$，$\mathscr{B}$ 都是域$\mathbb{F}$上线性空间 V 上的幂等变换，证明：

(1) $\mathscr{A}$ 与 $\mathscr{B}$ 有相同的像当且仅当 $\mathscr{A}\mathscr{B}=\mathscr{B}$，$\mathscr{B}\mathscr{A}=\mathscr{A}$;

(2) $\mathscr{A}$ 与 $\mathscr{B}$ 有相同的核当且仅当 $\mathscr{A}\mathscr{B}=\mathscr{A}$，$\mathscr{B}\mathscr{A}=\mathscr{B}$.

证明： (1)（**必要性**）任取 $\boldsymbol{\alpha}\in V$，设 $\mathscr{A}$ 与 $\mathscr{B}$ 有相同的像，则

$$\begin{cases}\mathscr{A}(\boldsymbol{\alpha})=\mathscr{B}(\boldsymbol{\alpha}),\\ \mathscr{A}(\mathscr{B}\boldsymbol{\alpha})=\mathscr{B}(\mathscr{B}\boldsymbol{\alpha})\end{cases}$$

则 $\mathscr{B}(\mathscr{A}(\boldsymbol{\alpha}))=\mathscr{B}^2(\boldsymbol{\alpha})$，$(\mathscr{A}\mathscr{B})(\boldsymbol{\alpha})=\mathscr{B}^2(\boldsymbol{\alpha})$，所以有 $\mathscr{B}\mathscr{A}=\mathscr{A}\mathscr{B}=\mathscr{B}^2=\mathscr{B}$. 由 $\mathscr{A}(\mathscr{A}(\boldsymbol{\alpha}))=\mathscr{A}(\mathscr{B}(\boldsymbol{\alpha}))$和 $\mathscr{A}(\mathscr{A}(\boldsymbol{\alpha}))=\mathscr{B}(\mathscr{A}(\boldsymbol{\alpha})$得 $\mathscr{A}^2=\mathscr{A}\mathscr{B}=\mathscr{B}\mathscr{A}=\mathscr{A}$，所以有 $\mathscr{A}\mathscr{B}=\mathscr{B}$，$\mathscr{B}\mathscr{A}=\mathscr{A}$.

（**充分性**）任取 $\gamma\in\mathrm{Im}\mathscr{A}$，则存在 $\boldsymbol{\delta}\in V$，$\mathscr{A}(\boldsymbol{\delta})=\boldsymbol{\gamma}$，$\mathscr{A}(\mathscr{A}(\boldsymbol{\delta}))=\mathscr{A}^2(\boldsymbol{\delta})=\mathscr{A}(\boldsymbol{\delta})=\boldsymbol{\gamma}$，即 $\mathscr{A}\boldsymbol{\gamma}=\boldsymbol{\gamma}$，从而$(\mathscr{B}\mathscr{A})\boldsymbol{\gamma}=\mathscr{A}\boldsymbol{\gamma}=\boldsymbol{\gamma}$. 于是 $\boldsymbol{\gamma}=\mathscr{B}(\mathscr{A}(\boldsymbol{\gamma}))\in\mathrm{Im}\mathscr{B}$，因此 $\mathrm{Im}\mathscr{A}\subseteq\mathrm{Im}\mathscr{B}$. 同理可证 $\mathrm{Im}\mathscr{B}\subseteq\mathrm{Im}\mathscr{A}$. 因此 $\mathrm{Im}\mathscr{A}=\mathrm{Im}\mathscr{B}$.

(2)（**必要性**）设 $\mathrm{Ker}\mathscr{A}=\mathrm{Ker}\mathscr{B}$，任取 $\boldsymbol{\alpha}\in V$，则 $\boldsymbol{\alpha}-\mathscr{A}\boldsymbol{\alpha}\in\mathrm{Ker}\mathscr{A}$，则 $\boldsymbol{\alpha}-\mathscr{A}\boldsymbol{\alpha}\in\mathrm{Ker}\mathscr{B}$，从而 $\mathscr{B}(\boldsymbol{\alpha}-\mathscr{A}\boldsymbol{\alpha})=0$，即 $\mathscr{B}\boldsymbol{\alpha}=\mathscr{B}\mathscr{A}\boldsymbol{\alpha}$. 因此有 $\mathscr{B}\mathscr{A}=\mathscr{B}$. 同理 $\mathscr{A}\mathscr{B}=\mathscr{A}$.

（**充分性**）设 $\mathscr{A}\mathscr{B}=\mathscr{A}$，$\mathscr{B}\mathscr{A}=\mathscr{B}$. 任取 $\boldsymbol{\delta}\in\mathrm{Ker}\mathscr{A}$，则 $\mathscr{A}\boldsymbol{\delta}=\mathbf{0}$，从而 $\mathscr{B}\mathscr{A}\boldsymbol{\delta}=\mathbf{0}$，因此 $\mathscr{B}\boldsymbol{\delta}=\mathbf{0}$，从而 $\boldsymbol{\delta}\in\mathrm{Ker}\mathscr{B}$，因此 $\mathrm{Ker}\mathscr{A}\subseteq\mathrm{Ker}\mathscr{B}$. 同理可证 $\mathrm{Ker}\mathscr{B}\subseteq\mathrm{Ker}\mathscr{A}$. 因此 $\mathrm{Ker}\mathscr{A}=\mathrm{Ker}\mathscr{B}$.

10. 设 V 是域$\mathbb{F}$上的线性空间，且 $V=U\oplus W$，用 $\mathscr{P}_U$ 表示平行于 W 在 U 上的投影. 证明：$\mathrm{Ker}\mathscr{P}_U=W$，$\mathrm{Im}\mathscr{P}_U=U$.

证明： 任取 $\boldsymbol{\beta}\in W$，则由 $\mathscr{P}_U$ 的性质知 $\mathscr{P}_U(\boldsymbol{\beta})=\mathbf{0}$，从而 $\boldsymbol{\beta}\in\mathrm{Ker}\mathscr{P}_U$. 于是 $W\subseteq\mathrm{Ker}\mathscr{P}_U$. 任取 $\boldsymbol{\delta}\in\mathrm{Ker}\mathscr{P}_U$，设 $\boldsymbol{\delta}=\boldsymbol{\delta}_1+\boldsymbol{\delta}_2$，其中 $\boldsymbol{\delta}_1\in U$，$\boldsymbol{\delta}_2\in W$，由 $\mathscr{P}_U(\boldsymbol{\delta})=\mathbf{0}$，且 $\mathscr{P}_U(\boldsymbol{\delta})=\boldsymbol{\delta}_1$ 得 $\boldsymbol{\delta}_1=\mathbf{0}$，于是 $\boldsymbol{\delta}=\boldsymbol{\delta}_2\in W$，从而 $\mathrm{Ker}\mathscr{P}_U\subseteq W$. 综上，$\mathrm{Ker}\mathscr{P}_U=W$. 任取 $\boldsymbol{\gamma}\in U$，有 $\mathscr{P}_U(\boldsymbol{\gamma})=\boldsymbol{\gamma}$，于是 $\boldsymbol{\gamma}\in\mathrm{Im}\mathscr{P}_U$，因此 $U\subseteq\mathrm{Im}\mathscr{P}_U$. 任取 $\mathscr{P}_U(\boldsymbol{\alpha})\in\mathrm{Im}\mathscr{P}_U$，设 $\mathscr{P}_U(\boldsymbol{\alpha})=\boldsymbol{\alpha}_1+\boldsymbol{\alpha}_2$，$\boldsymbol{\alpha}_1\in U$，$\boldsymbol{\alpha}_2\in W$，则 $\mathscr{P}_U(\mathscr{P}_U(\boldsymbol{\alpha}))=\boldsymbol{\alpha}_1$. 由 ${\mathscr{P}_U}^2=\mathscr{P}_U$ 得 $\mathscr{P}_U(\boldsymbol{\alpha})=\boldsymbol{\alpha}_1\in U$，于是 $\mathrm{Im}\mathscr{P}_U\subseteq U$. 综上，$\mathrm{Im}\mathscr{P}_U=U$.

11. $\mathbb{K}[x]_{n-1}$可以看成是$\mathbb{K}[x]_n$ 的一个子空间，求$\mathbb{K}[x]_{n-1}$在$\mathbb{K}[x]_n$ 中的一个补空间 W，并且求平行于 W 在$\mathbb{K}[x]_{n-1}$上的投影 $\mathscr{P}$的核与像.

解： 任意取 $f(x)=a_{n-1}x^{n-1}+a_{n-2}x^{n-2}+\cdots+a_1x+a_0\in\mathbb{K}[x]_n$，则

$$f(x)=a_{n-1}x^{n-1}+(a_{n-2}x^{n-2}+\cdots+a_1x+a_0)\in\langle 0x^{n-1}\rangle+\mathbb{K}[x]_{n-1}$$

从而$\mathbb{K}[x]_n=\langle x^{n-1}\rangle+\mathbb{K}[x]_{n-1}$. 显然$\langle x^{n-1}\rangle\cap\mathbb{K}[x]_{n-1}=0$，因此$\mathbb{K}[x]_n=\langle x^{n-1}\rangle\oplus\mathbb{K}[x]_{n-1}$，从而$\langle x^{n-1}\rangle$是$\mathbb{K}[x]_{n-1}$在$\mathbb{K}[x]_n$ 中的补空间. 平行于 W 在$\mathbb{K}[x]_{n-1}$上的投影 $\mathscr{P}$ 的核 $\mathrm{Ker}\mathscr{P}=W=\langle x^{n-1}\rangle$，$\mathscr{P}$的像 $\mathrm{Im}\mathscr{P}=\mathbb{K}[x]_{n-1}$.

12. 设 V 是域 $\mathbb{F}$ 上的线性空间，则 V 的任一子空间 U 是平行于 U 的一个补空间在 U 上的投影 $\mathscr{P}_U$ 的像.

证明： 由于 V 的任一子空间 U 都有补空间，取 U 在 V 中的一个补空间 W，于是 $V=U\oplus W$，则由第 10 题知 $U=\mathrm{Im}\mathscr{P}_U$.

13. 设 V 是域 $\mathbb{F}$ 上的线性空间，则 V 的任一子空间 W 是平行于 W 在 W 的一个补空间 U 上的投影 $\mathscr{P}_U$ 的核.

证明： 取 W 在 V 中的一个补空间 U，则 $V=U\oplus W$，由第 10 题知 $W=\mathrm{Ker}\mathscr{P}_U$.

14. 设 $\mathscr{A}$，$\mathscr{B}$ 都是域 $\mathbb{F}$ 上 n 维线性空间 V 上的线性变换，证明：若 $\mathrm{rank}(\mathscr{A}\mathscr{B})=\mathrm{rank}(\mathscr{B})$，则对于 V 上任意线性变换 $\mathscr{C}$，都有 $\mathrm{rank}(\mathscr{A}\mathscr{B}\mathscr{C})=\mathrm{rank}(\mathscr{B}\mathscr{C})$.（比较习题 4.2 的第 6 题）

证明： 考虑 $\mathscr{A}|\mathscr{B}V$. 根据本节定理 4.2 得

$$\dim(\mathrm{Im}(\mathscr{A}|\mathscr{B}V))+\dim(\mathrm{Ker}(\mathscr{A}|\mathscr{B}V))=\dim(\mathscr{B}V)$$

由于 $\mathrm{Im}(\mathscr{A}|(\mathscr{B}V))=\mathscr{A}\mathscr{B}V$，$\mathrm{Ker}(\mathscr{A}|\mathscr{B}V)=(\mathrm{Ker}\mathscr{A})\cap(\mathscr{B}V)$. 由题意 $\dim(\mathscr{A}\mathscr{B}V)=\dim(\mathscr{B}V)$，因此 $\dim[(\mathrm{Ker}\mathscr{A})\cap(\mathscr{B}V)]=0$，从而 $(\mathrm{Ker}\mathscr{A})\cap(\mathscr{B}V)=\mathbf{0}$.

由于 $\mathscr{B}V\supseteq\mathscr{B}\mathscr{C}V$，因此 $(\mathrm{Ker}\mathscr{A})\cap(\mathscr{B}\mathscr{C}V)=\mathbf{0}$.

考虑 $\mathscr{A}|\mathscr{B}\mathscr{C}V$，由于 $\mathrm{Ker}(\mathscr{A}|\mathscr{B}\mathscr{C}V)=(\mathrm{Ker}\mathscr{A})\cap(\mathscr{B}\mathscr{C}V)=\mathbf{0}$，因此

$$\begin{aligned}\dim(\mathscr{B}\mathscr{C}V)&=\dim(\mathrm{Im}(\mathscr{A}|(\mathscr{B}\mathscr{C}V)))+\dim(\mathrm{Ker}(\mathscr{A}|(\mathscr{B}\mathscr{C}V)))\\&=\dim(\mathscr{A}\mathscr{B}\mathscr{C}V)+0=\dim(\mathscr{A}\mathscr{B}\mathscr{C}V)\end{aligned}$$

所以 $\mathrm{rank}(\mathscr{B}\mathscr{C})=\mathrm{rank}(\mathscr{A}\mathscr{B}\mathscr{C})$.

15. 设 $\mathscr{A}$ 是域 $\mathbb{F}$ 上的 n 维线性空间 V 上的线性变换，证明：存在一个正整数 m，使得

$$\mathscr{A}^mV=\mathscr{A}^{m+k}V,\quad k=1,2,3,\cdots$$

证明： 由于 $V\supseteq\mathscr{A}V\supseteq\mathscr{A}^2V\supseteq\cdots\mathscr{A}^mV\supseteq\cdots$，因此

$$n=\dim V\geqslant\dim\mathscr{A}V\geqslant\dim\mathscr{A}^2V\geqslant\cdots$$

由于上式中自然数都小于等于 n，因此必然存在一个正整数 m，使得 $\dim(\mathscr{A}^mV)=\dim(\mathscr{A}^{m+1}V)$. 即 $\mathrm{rank}(\mathscr{A}^m)=\mathrm{rank}(\mathscr{A}^{m+1})=\mathrm{rank}(\mathscr{A}\mathscr{A}^m)$. 反复应用第 14 题结论得

$$\mathscr{A}^mV=\mathscr{A}^{m+1}V=\mathscr{A}^{m+2}V=\cdots.$$

习题 6.4　线性变换和线性映射的矩阵

1. 设 $\mathscr{A}$ 是 $\mathbb{K}^3$ 上的一个线性变换：

$$\mathscr{A}\begin{pmatrix}x_1\\x_2\\x_3\end{pmatrix}=\begin{pmatrix}x_1+2x_2\\x_3-x_2\\x_2-x_3\end{pmatrix}$$

求 $\mathscr{A}$ 在 $\mathbb{K}^3$ 的标准基 $\boldsymbol{\varepsilon}_1$，$\boldsymbol{\varepsilon}_2$，$\boldsymbol{\varepsilon}_3$ 下的矩阵 $\boldsymbol{A}$.

解：

$$\begin{aligned}\mathscr{A}(\boldsymbol{\varepsilon}_1,\boldsymbol{\varepsilon}_2,\boldsymbol{\varepsilon}_3)&=\mathscr{A}\left(\begin{pmatrix}1\\0\\0\end{pmatrix},\begin{pmatrix}0\\1\\0\end{pmatrix},\begin{pmatrix}0\\0\\1\end{pmatrix}\right)=\begin{pmatrix}1&2&0\\0&-1&1\\0&1&-1\end{pmatrix}\\&=(\boldsymbol{\varepsilon}_1,\boldsymbol{\varepsilon}_2,\boldsymbol{\varepsilon}_2)\begin{pmatrix}1&2&0\\0&-1&1\\0&1&-1\end{pmatrix}\end{aligned}$$

所以 $\mathscr{A}$ 在 $\mathbb{K}^3$ 的标准基 $\boldsymbol{\varepsilon}_1$，$\boldsymbol{\varepsilon}_2$，$\boldsymbol{\varepsilon}_3$ 下的矩阵 $\boldsymbol{A}=\begin{pmatrix}1&2&0\\0&-1&1\\0&1&-1\end{pmatrix}$.

2. 在实数域 $\mathbb{R}$ 上的线性空间 $\mathbb{R}^{\mathbb{R}}$ 中，令

$$V=\langle 1,\ \sin x,\ \cos x\rangle$$

试问：1，$\sin x$，$\cos x$ 是不是 V 的一个基？求导数 $\mathscr{D}$ 是不是 V 上的一个线性变换？如果是，求 $\mathscr{D}$ 在 V 的基 1，$\sin x$，$\cos x$ 下的矩阵 $\boldsymbol{D}$.

解： 在 $x=0$ 处函数 1，$\sin x$，$\cos x$ 的 Wronsky 行列式为

$$\begin{vmatrix}1&\sin x&\cos x\\0&\cos x&-\sin x\\0&-\sin x&-\cos x\end{vmatrix}=\begin{vmatrix}1&0&1\\0&1&0\\0&0&-1\end{vmatrix}\neq 0$$

故 1，$\sin x$，$\cos x$ 线性无关，构成 V 的一个基. 求导数 $\mathscr{D}$ 显然是 V 上的线性变换. 由于

$$\begin{aligned}\mathscr{D}(1,\sin x,\cos x)&=(0,\cos x,-\sin x)\\&=(1,\sin x,\cos x)\begin{pmatrix}0&0&0\\0&0&-1\\0&1&0\end{pmatrix}\end{aligned}$$

故 $\mathscr{D}$ 在 V 的基 1，$\sin x$，$\cos x$ 下的矩阵 $\boldsymbol{D}$ 为

$$\boldsymbol{D}=\begin{pmatrix}0&0&0\\0&0&-1\\0&1&0\end{pmatrix}$$

3. 在 $\mathbb{R}^{\mathbb{R}}$ 中，令 $V=\langle f_1, f_2\rangle$，其中

$$f_1=e^{ax}\cos bx,\quad f_2=e^{ax}\sin bx,\quad b\neq 0$$

求 V 的一个基；求导数 $\mathscr{D}$ 是不是 V 上的一个线性变换？如果是，求 $\mathscr{D}$ 在 V 的一个基下的矩阵 $\boldsymbol{D}$.

解： 函数 f_1，f_2 的 Wronsky 行列式为

$$W(x)=\begin{vmatrix} e^{ax}\cos bx & e^{ax}\sin bx \\ e^{ax}(a\cos bx-b\sin bx) & e^{ax}(a\sin bx+b\cos bx)\end{vmatrix}$$

$W(0)=b\neq 0$，故 f_1，f_2 线性无关. 于是 V 的一个基为 f_1，f_2. 因为 $\mathscr{D}(f_1)=ae^{ax}\cos bx-be^{ax}\sin bx\langle f_1, f_2\rangle$，$\mathscr{D}(f_2)=ae^{ax}\sin bx+be^{ax}\cos bx\langle f_1, f_2\rangle$，从而 $\mathscr{D}$ 是 V 到自身的一个映射，因而是 V 上的一个线性变换. 因为

$$\mathscr{D}(f_1, f_2)=(f_1, f_2)\begin{pmatrix} a & b \\ -b & a\end{pmatrix}$$

因此 $\mathscr{D}$ 在 V 的基 f_1，f_2 下的矩阵

$$\boldsymbol{D}=\begin{pmatrix} a & b \\ -b & a\end{pmatrix}$$

4. 在 $\mathbb{R}^{\mathbb{R}}$ 中，令 $V=\langle f_1, f_2, f_3, f_4, f_5, f_6\rangle$，其中

$$f_1=e^{ax}\cos bx,\ f_2=e^{ax}\sin bx,\ f_3=xe^{ax}\cos bx,\ f_4=xe^{ax}\sin bx,$$
$$f_5=\frac{1}{2}x^2e^{ax}\cos bx,\ f_6=\frac{1}{2}x^2e^{ax}\sin bx,\quad b\neq 0.$$

求 V 的一个基；求导数 $\mathscr{D}$ 是不是 V 上的一个线性变换？如果是，求 $\mathscr{D}$ 在 V 的一个基下的矩阵 $\boldsymbol{D}$.

解： 考虑 $k_1f_1+k_2f_2+\cdots+k_6f_6=0$. 将 x 用 0 代入得 $k_1=0$. 因而

$$k_2\sin bx+k_3x\cos bx+k_4x\sin bx+k_5\frac{1}{2}x^2\cos bx+k_6\frac{1}{2}x^2\sin bx=0$$

分别令 $x=\frac{\pi}{2b}$，$-\frac{\pi}{2b}$ 得

$$\begin{cases} k_2+k_4\dfrac{\pi}{2b}+k_6\dfrac{1}{2}\dfrac{\pi^2}{4b^2}=0, \\ -k_2+k_4\dfrac{\pi}{2b}-k_6\dfrac{1}{2}\dfrac{\pi^2}{4b^2}=0\end{cases}$$

解得 $k_4=0$，$k_2=-\dfrac{\pi^2}{8b^2}k_6$. 将 x 用$\dfrac{\pi}{b}$代入得

$$-k_3\,\frac{\pi}{b}-k_5\,\frac{1}{2}\frac{\pi^2}{b^2}=0$$

由此得 $k_3=-k_5\,\dfrac{\pi}{2b}$. 将 x 分别用$\dfrac{\pi}{6b}$，$\dfrac{\pi}{3b}$代入得

$$\begin{cases} k_2\,\dfrac{1}{2}+k_3\,\dfrac{\pi}{6b}\cdot\dfrac{\sqrt{3}}{2}+k_5\left(\dfrac{\pi}{6b}\right)^2\cdot\dfrac{1}{2}\cdot\dfrac{\sqrt{3}}{2}+k_6\,\dfrac{1}{2}\left(\dfrac{\pi}{6b}\right)^2\,\dfrac{1}{2}=0, \\ k_2\,\dfrac{\sqrt{3}}{2}+k_3\left(\dfrac{\pi}{3b}\right)\cdot\dfrac{1}{2}+k_5\cdot\dfrac{1}{2}\left(\dfrac{\pi}{3b}\right)^2\cdot\dfrac{1}{2}+k_6\,\dfrac{1}{2}\left(\dfrac{\pi}{3b}\right)^2\cdot\dfrac{\sqrt{3}}{2}=0 \end{cases}$$

解得 $k_6=-\dfrac{5\sqrt{3}}{16}k_5$，$k_5=-\dfrac{5\sqrt{3}}{8}k_6$. 联立后解得 $k_5=0$，$k_6=0$，从而 $k_2=0$，$k_3=0$. 因此 f_1，f_2，f_3，f_4，f_5，f_6 线性无关，从而它们是 V 的一个基.

$$\begin{aligned}
&\mathscr{D}(f_1)=a\mathrm{e}^{ax}\cos bx-b\mathrm{e}^{ax}\sin bx\\
&\mathscr{D}(f_2)=a\mathrm{e}^{ax}\sin bx+b\mathrm{e}^{ax}\cos bx\\
&\mathscr{D}(f_3)=\mathrm{e}^{ax}\cos bx+ax\mathrm{e}^{ax}\cos bx-bx\mathrm{e}^{ax}\sin bx\\
&\mathscr{D}(f_4)=\mathrm{e}^{ax}\sin bx+ax\mathrm{e}^{ax}\sin bx+bx\mathrm{e}^{ax}\cos bx\\
&\mathscr{D}(f_5)=x\mathrm{e}^{ax}\cos bx+\frac{1}{2}ax^2\mathrm{e}^{ax}\cos bx-\frac{1}{2}bx^2\mathrm{e}^{ax}\sin bx\\
&\mathscr{D}(f_6)=x\mathrm{e}^{ax}\sin bx+\frac{1}{2}ax^2\mathrm{e}^{ax}\sin bx+\frac{1}{2}bx^2\mathrm{e}^{ax}\cos bx
\end{aligned}$$

因为 $\mathscr{D}(f_i)\in V$，因此 $\mathscr{D}$ 是自身的一个映射，从而是 V 上的一个线性变换. 由上述求导式子可以看出，$\mathscr{D}$ 在基 f_1，f_2，f_3，f_4，f_5，f_6 下的矩阵为

$$\boldsymbol{D}=\begin{pmatrix} a & b & 1 & 0 & 0 \\ -b & a & 0 & 0 & 0 \\ 0 & 0 & a & 1 & 0 \\ 0 & 0 & -b & 0 & 1 \\ 0 & 0 & 0 & a & b \\ 0 & 0 & 0 & -b & a \end{pmatrix}.$$

5.（1）在数域$\mathbb{K}$上线性空间$\mathbb{K}[x]_n$ 中，证明：

$$1,\ x-a,\ \frac{1}{2!}(x-a)^2,\ \cdots,\ \frac{1}{(n-1)!}(x-a)^{n-1}$$

是$\mathbb{K}[x]_n$的一个基，其中a是$\mathbb{K}$中任意给定的数；

(2) 求$\mathscr{D}$在$\mathbb{K}[x]_n$的上述基下的矩阵$\boldsymbol{D}$，其中$\mathscr{D}$是求导数.

证明： (1) 设$k_0\cdot 1+k_1(x-a)+k_2\dfrac{1}{2!}(x-a)^2+\cdots+k_{n-1}\dfrac{1}{(n-1)!}(x-a)^{n-1}=0$. 将$x$用$x+a$代入上式得

$$k_0\cdot 1+k_1x+k_2\frac{1}{2!}x^2+\cdots+k_{n-1}\frac{1}{(n-1)!}x^{n-1}=0$$

对上式不断求微分可得$k_0=k_1=\cdots=k_{n-1}=0$. 因此$1,\ x-a,\ \dfrac{1}{2!}(x-a)^2,\ \cdots,\ \dfrac{1}{(n-1)!}\cdot(x-a)^{n-1}$线性无关. 又因为$\mathbb{K}[x]_n$的维数为$n$，所以这就是$\mathbb{K}[x]_n$的一个基.

(2) $\mathscr{D}(1)=0$，$\mathscr{D}(x-a)=1$，…，$\mathscr{D}\left[\dfrac{1}{k!}(x-a)^k\right]=\dfrac{1}{(k-1)!}(x-a)^{k-1}$，$2\leqslant k\leqslant n-1$. 因此$\mathscr{D}$在$\mathbb{K}[x]_n$的这组基下的矩阵为

$$\boldsymbol{D}=\begin{pmatrix}0&1&0&0&\cdots&0\\0&0&1&0&\cdots&0\\0&0&0&1&\cdots&0\\\vdots&\vdots&\vdots&\vdots&&\vdots\\0&0&0&0&\cdots&1\\0&0&0&0&\cdots&0\end{pmatrix}$$

6. 给定$a\in\mathbb{R}$，令$\mathscr{A}(f(x))=f(x+a)-f(x)$，$\forall f(x)\in\mathbb{R}[x]_n$. 试问：$\mathscr{A}$是不是$\mathbb{R}[x]_n$上的一个线性变换？如果是，求$\mathscr{A}$在$\mathbb{R}[x]_n$上的一个基$1,\ x-a,\ \dfrac{1}{2!}(x-a)^2,\ \cdots,\ \dfrac{1}{(n-1)!}(x-a)^{n-1}$下的矩阵$\boldsymbol{A}$.

解： 任取$f(x)$，$g(x)\in\mathbb{R}[x]_n$，则

$$\begin{aligned}\mathscr{A}(f(x)+g(x))&=f(x+a)+g(x+a)-(f(x)+g(x))\\&=f(x+a)-f(x)+g(x+a)-g(x)\\&=\mathscr{A}(f(x))+\mathscr{A}(g(x))\end{aligned}$$

$$\begin{aligned}\mathscr{A}(kf(x))&=kf(x+a)-kf(x)=k(f(x+a)-f(x))\\&=k\mathscr{A}(f(x))\end{aligned}$$

因此 $\mathscr{A}$ 是 $\mathbb{R}[x]_n$ 上的一个线性变换. 由于 $\mathscr{A}(f(x))=(\mathscr{T}_a-\mathscr{I})(f(x))$，因此 $\mathscr{A}=\mathscr{T}_a-\mathscr{I}$，由教材 6.2 节 $\mathscr{T}_a$ 与 $\mathscr{D}$ 的关系式(15)得

$$\mathscr{A}=a\mathscr{D}+\frac{a^2}{2!}\mathscr{D}^2+\cdots+\frac{a^{n-1}}{(n-1)!}\mathscr{D}^{n-1}$$

于是 $\mathscr{A}$ 在基 $1, x-a, \frac{1}{2!}(x-a)^2, \cdots, \frac{1}{(n-1)!}(x-a)^{n-1}$ 下的矩阵

$$\begin{aligned}\boldsymbol{A}&=a\boldsymbol{D}+\frac{a^2}{2!}\boldsymbol{D}^2+\cdots+\frac{a^{n-1}}{(n-1)!}\boldsymbol{D}^{n-1}\\&=\begin{pmatrix}0 & a & \frac{a^2}{2!} & \frac{a^3}{3!} & \cdots & \frac{a^{n-1}}{(n-1)!}\\ 0 & 0 & a & \frac{a^2}{2!} & \cdots & \frac{a^{n-2}}{(n-2)!}\\ \vdots & \vdots & \vdots & \vdots & & \vdots\\ 0 & 0 & 0 & 0 & \cdots & a\\ 0 & 0 & 0 & 0 & \cdots & 0\end{pmatrix}\end{aligned}$$

其中 $\boldsymbol{D}$ 为第 5 题中 $\mathscr{D}$ 在基下的矩阵.

7. 在习题 6.2 的第 2 题中，$\mathscr{A}$, $\mathscr{B}$ 分别表示绕 x 轴，y 轴右旋 90°的变换，分别求 $\mathscr{A}$, $\mathscr{B}$, $\mathscr{A}^2$, $\mathscr{B}^2$, $\mathscr{A}^2\mathscr{B}^2$ 在几何空间 V 的一个基 $\boldsymbol{e}_1, \boldsymbol{e}_2, \boldsymbol{e}_3$ 下的矩阵，其中 $\boldsymbol{e}_1, \boldsymbol{e}_2, \boldsymbol{e}_3$ 分别是 x 轴，y 轴，z 轴上的单位向量.

解: 由于

$$\mathscr{A}(\boldsymbol{e}_1, \boldsymbol{e}_2, \boldsymbol{e}_3)=(\boldsymbol{e}_1, \boldsymbol{e}_3, -\boldsymbol{e}_2)=(\boldsymbol{e}_1, \boldsymbol{e}_2, \boldsymbol{e}_3)\begin{pmatrix}1 & 0 & 0\\ 0 & 0 & -1\\ 0 & 1 & 0\end{pmatrix}$$

$$\mathscr{B}(\boldsymbol{e}_1, \boldsymbol{e}_2, \boldsymbol{e}_3)=(-\boldsymbol{e}_3, \boldsymbol{e}_2, \boldsymbol{e}_1)=(\boldsymbol{e}_1, \boldsymbol{e}_2, \boldsymbol{e}_3)\begin{pmatrix}0 & 0 & 1\\ 0 & 1 & 0\\ -1 & 0 & 0\end{pmatrix}$$

$$\mathscr{A}^2(\boldsymbol{e}_1, \boldsymbol{e}_2, \boldsymbol{e}_3)=(\boldsymbol{e}_1, -\boldsymbol{e}_2, -\boldsymbol{e}_3)=(\boldsymbol{e}_1, \boldsymbol{e}_2, \boldsymbol{e}_3)\begin{pmatrix}1 & 0 & 0\\ 0 & -1 & 0\\ 0 & 0 & -1\end{pmatrix}$$

$$\mathscr{B}^2(\boldsymbol{e}_1, \boldsymbol{e}_2, \boldsymbol{e}_3)=(-\boldsymbol{e}_1, \boldsymbol{e}_2, -\boldsymbol{e}_3)=(\boldsymbol{e}_1, \boldsymbol{e}_2, \boldsymbol{e}_3)\begin{pmatrix}-1 & 0 & 0\\ 0 & 1 & 0\\ 0 & 0 & -1\end{pmatrix}$$

$$\mathscr{A}^2\mathscr{B}^2(\boldsymbol{e}_1, \boldsymbol{e}_2, \boldsymbol{e}_3)=(-\boldsymbol{e}_1, -\boldsymbol{e}_2, \boldsymbol{e}_3)=(\boldsymbol{e}_1, \boldsymbol{e}_2, \boldsymbol{e}_3)\begin{pmatrix}-1 & 0 & 0\\ 0 & -1 & 0\\ 0 & 0 & 1\end{pmatrix}$$

于是 $\mathscr{A}$, $\mathscr{B}$, $\mathscr{A}^2$, $\mathscr{B}^2$, $\mathscr{A}^2\mathscr{B}^2$ 在基 $\boldsymbol{e}_1$, $\boldsymbol{e}_2$, $\boldsymbol{e}_3$ 下的矩阵分别为

$$\boldsymbol{A}=\begin{pmatrix}1 & 0 & 0\\ 0 & 0 & -1\\ 0 & 1 & 0\end{pmatrix}, \quad \boldsymbol{B}=\begin{pmatrix}0 & 0 & 1\\ 0 & 1 & 0\\ -1 & 0 & 0\end{pmatrix},$$

$$\boldsymbol{A}^2=\begin{pmatrix}1 & 0 & 0\\ 0 & -1 & 0\\ 0 & 0 & -1\end{pmatrix}, \quad \boldsymbol{B}^2=\begin{pmatrix}-1 & 0 & 0\\ 0 & 1 & 0\\ 0 & 0 & -1\end{pmatrix}, \quad \boldsymbol{A}^2\boldsymbol{B}^2=\begin{pmatrix}-1 & 0 & 0\\ 0 & -1 & 0\\ 0 & 0 & 1\end{pmatrix}$$

8. 在 $M_2(\mathbb{F})$ 中定义下列变换：

$$\mathscr{A}_1(\boldsymbol{X})=\begin{pmatrix}a & b\\ c & d\end{pmatrix}\boldsymbol{X}, \quad \mathscr{A}_2(\boldsymbol{X})=\boldsymbol{X}\begin{pmatrix}a & b\\ c & d\end{pmatrix},$$

$$\mathscr{A}_3(\boldsymbol{X})=\begin{pmatrix}a & b\\ c & d\end{pmatrix}\boldsymbol{X}\begin{pmatrix}a & b\\ c & d\end{pmatrix},$$

其中 $\begin{pmatrix}a & b\\ c & d\end{pmatrix}$ 是给定的一个 2 级矩阵. 说明 $\mathscr{A}_1$, $\mathscr{A}_2$, $\mathscr{A}_3$ 都是域 $\mathbb{F}$ 上线性空间 $M_2(\mathbb{F})$ 上的线性变换，并且分别求它们在基 $\boldsymbol{E}_{11}$, $\boldsymbol{E}_{12}$, $\boldsymbol{E}_{21}$, $\boldsymbol{E}_{22}$ 下的矩阵 $\boldsymbol{A}_1$, $\boldsymbol{A}_2$, $\boldsymbol{A}_3$.

解：易证 $\mathscr{A}_1$, $\mathscr{A}_2$, $\mathscr{A}_3$ 保持加法与纯量乘法，因此都是域 $\mathbb{F}$ 上的线性空间 $M_2(\mathbb{F})$ 上的线性变换. 由于

$$\mathscr{A}_1(\boldsymbol{E}_{11})=\begin{pmatrix}a & b\\ c & d\end{pmatrix}\begin{pmatrix}1 & 0\\ 0 & 0\end{pmatrix}=\begin{pmatrix}a & 0\\ c & 0\end{pmatrix}=a\boldsymbol{E}_{11}+c\boldsymbol{E}_{21}$$

$$\mathscr{A}_1(\boldsymbol{E}_{12})=\begin{pmatrix}a & b\\ c & d\end{pmatrix}\begin{pmatrix}0 & 1\\ 0 & 0\end{pmatrix}=\begin{pmatrix}0 & a\\ 0 & c\end{pmatrix}=a\boldsymbol{E}_{12}+c\boldsymbol{E}_{22}$$

$$\mathscr{A}_1(\boldsymbol{E}_{21})=\begin{pmatrix}a & b\\ c & d\end{pmatrix}\begin{pmatrix}0 & 0\\ 1 & 0\end{pmatrix}=\begin{pmatrix}b & 0\\ d & 0\end{pmatrix}=b\boldsymbol{E}_{11}+d\boldsymbol{E}_{21}$$

$$\mathscr{A}_1(\boldsymbol{E}_{22})=\begin{pmatrix}a & b\\ c & d\end{pmatrix}\begin{pmatrix}0 & 0\\ 0 & 1\end{pmatrix}=\begin{pmatrix}0 & b\\ 0 & d\end{pmatrix}=b\boldsymbol{E}_{12}+d\boldsymbol{E}_{22}$$

从而 $\mathscr{A}_1(\boldsymbol{E}_{11}, \boldsymbol{E}_{12}, \boldsymbol{E}_{21}, \boldsymbol{E}_{22})=(\boldsymbol{E}_{11}, \boldsymbol{E}_{12}, \boldsymbol{E}_{21}, \boldsymbol{E}_{22})\begin{pmatrix}a & 0 & b & 0\\ 0 & a & 0 & b\\ c & 0 & d & 0\\ 0 & c & 0 & d\end{pmatrix}$，即 $\mathscr{A}_1$ 在基 $\boldsymbol{E}_{11}$, $\boldsymbol{E}_{12}$,

$\boldsymbol{E}_{21}$，$\boldsymbol{E}_{22}$下的矩阵为$\begin{pmatrix} a & 0 & b & 0 \\ 0 & a & 0 & b \\ c & 0 & d & 0 \\ 0 & c & 0 & d \end{pmatrix}$.

同理可求出 $\mathscr{A}_1$，$\mathscr{A}_2$，$\mathscr{A}_3$ 在基下的矩阵为

$$\boldsymbol{A}_2=\begin{pmatrix} a & 0 & b & 0 \\ 0 & a & 0 & b \\ c & 0 & d & 0 \\ 0 & c & 0 & d \end{pmatrix}, \qquad \boldsymbol{A}_3=\boldsymbol{A}_1\boldsymbol{A}_2=\begin{pmatrix} a^2 & ac & ba & bc \\ ab & ad & b^2 & bd \\ ca & c^2 & da & dc \\ cb & cd & db & d^2 \end{pmatrix}$$

9. 设 $\mathscr{A}$ 是域$\mathbb{F}$上 n 维线性空间 V 上的一个线性变换，证明：如果存在 $\boldsymbol{\alpha}\in V$ 使得 $\mathscr{A}^{n-1}\boldsymbol{\alpha}\neq\boldsymbol{0}$，$\mathscr{A}^{n}\boldsymbol{\alpha}=\boldsymbol{0}$，那么 V 中存在一个基，使得 $\mathscr{A}$ 在此基下的矩阵为

$$\begin{pmatrix} 0 & 1 & 0 & 0 & \cdots & 0 \\ 0 & 0 & 1 & 0 & \cdots & 0 \\ \vdots & \vdots & \vdots & \vdots & & \vdots \\ 0 & 0 & 0 & 0 & \cdots & 1 \\ 0 & 0 & 0 & 0 & \cdots & 0 \end{pmatrix}$$

证明： 根据教材 6.2 节例 1，$\mathscr{A}^{n-1}\boldsymbol{\alpha}$，$\mathscr{A}^{n-2}\boldsymbol{\alpha}$，$\cdots$，$\mathscr{A}\boldsymbol{\alpha}$，$\boldsymbol{\alpha}$ 线性无关. 又因为 $\dim V=n$，所以 $\mathscr{A}^{n-1}\boldsymbol{\alpha}$，$\mathscr{A}^{n-2}\boldsymbol{\alpha}$，$\cdots$，$\mathscr{A}\boldsymbol{\alpha}$，$\boldsymbol{\alpha}$ 为 V 的一个基.

$$\mathscr{A}(\mathscr{A}^{n-1}\boldsymbol{\alpha},\mathscr{A}^{n-2}\boldsymbol{\alpha},\cdots,\mathscr{A}\boldsymbol{\alpha},\boldsymbol{\alpha})=(\boldsymbol{0},\mathscr{A}^{n-1}\boldsymbol{\alpha},\cdots,\mathscr{A}^{2}\boldsymbol{\alpha},\mathscr{A}\boldsymbol{\alpha})$$

$$=(\mathscr{A}^{n-1}\boldsymbol{\alpha},\mathscr{A}^{n-2}\boldsymbol{\alpha},\cdots,\mathscr{A}\boldsymbol{\alpha},\boldsymbol{\alpha})\begin{pmatrix} 0 & 1 & 0 & 0 & \cdots & 0 \\ 0 & 0 & 1 & 0 & \cdots & 0 \\ \vdots & \vdots & \vdots & \vdots & & \vdots \\ 0 & 0 & 0 & 0 & \cdots & 1 \\ 0 & 0 & 0 & 0 & \cdots & 0 \end{pmatrix}$$

10. 设 V 是域$\mathbb{F}$上的 n 维线性空间，证明：V 上的线性变换 $\mathscr{A}$ 如果与 V 上的所有线性变换都可交换，那么 $\mathscr{A}$ 是数乘变换.

证明： V 中取一个基 $\boldsymbol{\alpha}_1$，$\boldsymbol{\alpha}_2$，$\cdots$，$\boldsymbol{\alpha}_n$，设 $\mathscr{A}$ 在此基下的矩阵为 $\boldsymbol{A}$，任取 $\mathscr{B}\in\mathrm{Hom}(V,V)$，设 $\mathscr{B}$ 在 $\boldsymbol{\alpha}_1$，$\boldsymbol{\alpha}_2$，$\cdots$，$\boldsymbol{\alpha}_n$ 下的矩阵为 $\boldsymbol{B}$，则由 $\mathscr{A}\mathscr{B}=\mathscr{B}\mathscr{A}$，$\forall\,\mathscr{B}\in\mathrm{Hom}(V,V)$ 得 $\boldsymbol{AB}=\boldsymbol{BA}$，$\forall\,\boldsymbol{B}\in M_n(\mathbb{F})$，由教材 4.3 节例 1 的结论，“与任意矩阵可交换的矩阵一定是数量矩阵”得 $\boldsymbol{A}=k\boldsymbol{I}$，$k\in\mathbb{F}$，从而 $\mathscr{A}=k\,\mathscr{I}$，即 $\mathscr{A}=\mathscr{K}$.

11. 设 V 和 V'分别是域$\mathbb{F}$上 n 维，s 维线性空间，$\mathscr{A}$ 是 V 到 V'的一个线性映射. 证

明：存在 V 的一个基和 V' 的一个基，使得 $\mathscr{A}$ 在这一对基下的矩阵为

$$\begin{pmatrix} \boldsymbol{I}_r & \boldsymbol{0} \\ \boldsymbol{0} & \boldsymbol{0} \end{pmatrix},$$

其中 $r=\operatorname{rank}(\mathscr{A})$.

证明： 设 $\operatorname{Ker}\mathscr{A}$ 在 V 中的一个补空间为 W，取 W 的一个基 $\boldsymbol{\alpha}_1$，$\boldsymbol{\alpha}_2$，…，$\boldsymbol{\alpha}_r$，在 $\operatorname{Ker}\mathscr{A}$ 中取一个基 $\boldsymbol{\alpha}_{r+1}$，…，$\boldsymbol{\alpha}_n$，则 $\boldsymbol{\alpha}_1$，$\boldsymbol{\alpha}_2$，…，$\boldsymbol{\alpha}_n$ 是 V 的一个基. 则 $V/\operatorname{Ker}\mathscr{A}$ 的一个基为

$$\boldsymbol{\alpha}_1+\operatorname{Ker}\mathscr{A},\ \boldsymbol{\alpha}_2+\operatorname{Ker}\mathscr{A},\ \cdots,\ \boldsymbol{\alpha}_r+\operatorname{Ker}\mathscr{A}$$

于是 σ：$\boldsymbol{\alpha}+\operatorname{Ker}\mathscr{A}\mapsto\mathscr{A}\boldsymbol{\alpha}$ 是 $V/\operatorname{Ker}\mathscr{A}$ 到 $\operatorname{Im}\mathscr{A}$ 的一个同构映射，从而 $\mathscr{A}\boldsymbol{\alpha}_1$，$\mathscr{A}\boldsymbol{\alpha}_2$，…，$\mathscr{A}\boldsymbol{\alpha}_r$ 是 $\operatorname{Im}\mathscr{A}$ 的一个基. 设 $\operatorname{Im}\mathscr{A}$ 在 V' 中的一个补空间为 N，即 $V'=\operatorname{Im}\mathscr{A}\oplus N$，在 N 中取一个基 $\boldsymbol{\eta}_1$，$\boldsymbol{\eta}_2$，…，$\boldsymbol{\eta}_{s-r}$，则 $\mathscr{A}\boldsymbol{\alpha}_1$，$\mathscr{A}\boldsymbol{\alpha}_2$，…，$\mathscr{A}\boldsymbol{\alpha}_r$，$\boldsymbol{\eta}_1$，$\boldsymbol{\eta}_2$，…，$\boldsymbol{\eta}_{s-r}$ 是 V' 的一个基，则

$$\mathscr{A}(\boldsymbol{\alpha}_1,\boldsymbol{\alpha}_2,\cdots,\boldsymbol{\alpha}_r,\boldsymbol{\alpha}_{r+1},\cdots,\boldsymbol{\alpha}_n)=(\mathscr{A}\boldsymbol{\alpha}_1,\mathscr{A}\boldsymbol{\alpha}_2,\cdots,\mathscr{A}\boldsymbol{\alpha}_r,\boldsymbol{\eta}_1,\boldsymbol{\eta}_2,\cdots,\boldsymbol{\eta}_{s-r})\begin{pmatrix} 1 & & & & & \\ & \ddots & & & & \\ & & 1 & & & \\ & & & 0 & & \\ & & & & \ddots & \\ & & & & & 0 \end{pmatrix}$$

其中 $\mathscr{A}(\boldsymbol{\alpha}_{r+1})=\boldsymbol{0}$，$\mathscr{A}(\boldsymbol{\alpha}_{r+2})=\boldsymbol{0}$，…，$\mathscr{A}(\boldsymbol{\alpha}_n)=\boldsymbol{0}$，$r=\dim(\operatorname{Im}\mathscr{A})=\operatorname{rank}(\boldsymbol{A})$.

12. 设 V，V'，V'' 分别是域 $\mathbb{F}$ 上的 n 维，s 维，m 维线性空间，$\mathscr{A}\in\operatorname{Hom}(V,V')$，$\mathscr{B}\in\operatorname{Hom}(V',V'')$. 设 $\mathscr{A}$ 在 V 的一个基 $\boldsymbol{\alpha}_1$，…，$\boldsymbol{\alpha}_n$ 和 V' 的一个基 $\boldsymbol{\eta}_1$，…，$\boldsymbol{\eta}_s$ 下的矩阵为 $\boldsymbol{A}$；$\mathscr{B}$ 在 V' 的一个基 $\boldsymbol{\eta}_1$，…，$\boldsymbol{\eta}_s$ 和 V'' 的一个基 $\boldsymbol{\delta}_1$，…，$\boldsymbol{\delta}_m$ 下的矩阵为 $\boldsymbol{B}$. 证明：$\mathscr{B}\mathscr{A}$ 在 V 的基 $\boldsymbol{\alpha}_1$，…，$\boldsymbol{\alpha}_n$ 和 V'' 的基 $\boldsymbol{\delta}_1$，…，$\boldsymbol{\delta}_m$ 下的矩阵为 $\boldsymbol{BA}$.

证明： 由题意

$$\mathscr{A}(\boldsymbol{\alpha}_1,\boldsymbol{\alpha}_2,\cdots,\boldsymbol{\alpha}_n)=(\boldsymbol{\eta}_1,\boldsymbol{\eta}_2,\cdots,\boldsymbol{\eta}_s)\boldsymbol{A}$$
$$\mathscr{B}(\boldsymbol{\eta}_1,\boldsymbol{\eta}_2,\cdots,\boldsymbol{\eta}_s)=(\boldsymbol{\delta}_1,\boldsymbol{\delta}_2,\cdots,\boldsymbol{\delta}_m)\boldsymbol{B}$$

则

$$\begin{aligned}\mathscr{B}\mathscr{A}(\boldsymbol{\alpha}_1,\boldsymbol{\alpha}_2,\cdots,\boldsymbol{\alpha}_n)&=[\mathscr{B}(\boldsymbol{\eta}_1,\boldsymbol{\eta}_2,\cdots,\boldsymbol{\eta}_s)]\boldsymbol{A}\\&=[(\boldsymbol{\delta}_1,\boldsymbol{\delta}_2,\cdots,\boldsymbol{\delta}_m)\boldsymbol{B}]\boldsymbol{A}=(\boldsymbol{\delta}_1,\boldsymbol{\delta}_2,\cdots,\boldsymbol{\delta}_m)\boldsymbol{BA}\end{aligned}$$

从而 $\mathscr{B}\mathscr{A}$ 在 V 的基 $\boldsymbol{\alpha}_1$，…，$\boldsymbol{\alpha}_n$ 和 V'' 的基 $\boldsymbol{\delta}_1$，…，$\boldsymbol{\delta}_m$ 下的矩阵为 $\boldsymbol{BA}$.

13. 设 V，V'分别是域$\mathbb{F}$上的 n 维，s 维线性空间. 证明：V 到 V'的每一秩为 r 的线性映射 $\mathscr{A}$ 能表示成 r 个秩为 1 的线性映射的和.

证明： 在 V 中取一个基 $\boldsymbol{\alpha}_1$，$\boldsymbol{\alpha}_2$，…，$\boldsymbol{\alpha}_n$，V'中取一个基 $\boldsymbol{\eta}_1$，$\boldsymbol{\eta}_2$，…，$\boldsymbol{\eta}_s$. 设

$$\mathscr{A}(\boldsymbol{\alpha}_1, \boldsymbol{\alpha}_2, \cdots, \boldsymbol{\alpha}_n)=(\boldsymbol{\eta}_1, \boldsymbol{\eta}_2, \cdots, \boldsymbol{\eta}_s)\boldsymbol{A}$$

则 $\operatorname{rank}(\mathscr{A})=\operatorname{rank}(\boldsymbol{A})$. 由于秩为 r 的矩阵能写成 r 个秩为 1 的线性映射的和(习题 4.8 的第 2 题)，故将 $\boldsymbol{A}$ 写成

$$\boldsymbol{A}=\boldsymbol{A}_1+\boldsymbol{A}_2+\cdots+\boldsymbol{A}_r$$

其中 $\operatorname{rank}(\boldsymbol{A}_i)=1$，$i=1, 2, \cdots, r$.

教材定理 1 已证明，任给 $\boldsymbol{A}_i\in M_{s\times n}(\mathbb{F})$，$i=1, 2, \cdots, r$. 存在唯一的 $\mathscr{A}_i$，使得

$$\mathscr{A}_i(\boldsymbol{\alpha}_1, \boldsymbol{\alpha}_2, \cdots, \boldsymbol{\alpha}_n)=(\boldsymbol{\eta}_1, \boldsymbol{\eta}_2, \cdots, \boldsymbol{\eta}_s)\boldsymbol{A}_i$$

从而 $\mathscr{A}=\mathscr{A}_1+\mathscr{A}_2+\cdots+\mathscr{A}_r$，且 $\operatorname{rank}(\mathscr{A}_i)=\operatorname{rank}(\boldsymbol{A}_i)$，$i=1, 2, \cdots, r$.

14. 在$\mathbb{K}^3$ 中取一个基 $\boldsymbol{\alpha}_1=(1, 1, 1)'$，$\boldsymbol{\alpha}_2=(1, 1, 0)'$，$\boldsymbol{\alpha}_3=(1, 0, 0)'$；在$\mathbb{K}^2$ 中取 3 个向量 $\boldsymbol{\gamma}_1=(1, -1)'$，$\boldsymbol{\gamma}_2=(0, 1)'$，$\boldsymbol{\gamma}_3=(2, -1)'$. 定义$\mathbb{K}^3$ 到$\mathbb{K}^2$ 的一个线性映射 $\mathscr{A}$，使得

$$\mathscr{A}\boldsymbol{\alpha}_i=\boldsymbol{\gamma}_i, \quad i=1, 2, 3.$$

在$\mathbb{K}^2$ 中取一个基 $\boldsymbol{\eta}_1=(1, 0)'$，$\boldsymbol{\eta}_2=(1, 1)'$. 求 $\mathscr{A}$ 在$\mathbb{K}^3$ 的基 $\boldsymbol{\alpha}_1$，$\boldsymbol{\alpha}_2$，$\boldsymbol{\alpha}_3$ 和$\mathbb{K}^2$ 的基 $\boldsymbol{\eta}_1$，$\boldsymbol{\eta}_2$ 下的矩阵 $\boldsymbol{A}$.

解： $\mathscr{A}\boldsymbol{\alpha}_1=\boldsymbol{\gamma}_1=(1, -1)'=2\boldsymbol{\eta}_1-\boldsymbol{\eta}_2$，$\mathscr{A}\boldsymbol{\alpha}_2=\boldsymbol{\gamma}_2=-\boldsymbol{\eta}_1+\boldsymbol{\eta}_2$，$\mathscr{A}\boldsymbol{\alpha}_3=\boldsymbol{\gamma}_3=3\boldsymbol{\eta}_1-\boldsymbol{\eta}_2$. 从而

$$\mathscr{A}(\boldsymbol{\alpha}_1, \boldsymbol{\alpha}_2, \boldsymbol{\alpha}_3)=(\boldsymbol{\eta}_1, \boldsymbol{\eta}_2)\begin{pmatrix} 2 & -1 & 3 \\ -1 & 1 & -1 \end{pmatrix}$$

15. 设 $\mathscr{A}$ 是习题 6.3 的第 2 题所定义的$\mathbb{K}^4$ 到$\mathbb{K}^3$ 的一个线性映射. 在$\mathbb{K}^4$ 中取一个基：

$$\boldsymbol{\alpha}_1=\begin{pmatrix} 1 \\ 0 \\ 0 \\ 0 \end{pmatrix}, \quad \boldsymbol{\alpha}_2=\begin{pmatrix} 1 \\ 1 \\ 0 \\ 0 \end{pmatrix}, \quad \boldsymbol{\alpha}_3=\begin{pmatrix} 1 \\ 1 \\ 1 \\ 0 \end{pmatrix}, \quad \boldsymbol{\alpha}_4=\begin{pmatrix} 1 \\ 1 \\ 1 \\ 1 \end{pmatrix};$$

在$\mathbb{K}^4$ 中取一个基：

$$\boldsymbol{\eta}_1=\begin{pmatrix}1\\0\\-2\end{pmatrix},\quad \boldsymbol{\eta}_2=\begin{pmatrix}1\\-1\\0\end{pmatrix},\quad \boldsymbol{\eta}_3=\begin{pmatrix}0\\0\\1\end{pmatrix}.$$

求 $\mathscr{A}$ 在 $\mathbb{K}^4$ 的上述基和 $\mathbb{K}^3$ 的上述基下的矩阵 $\boldsymbol{A}$.

解：

$$\mathscr{A}\boldsymbol{\alpha}_1=\begin{pmatrix}1\\-1\\3\end{pmatrix},\quad \mathscr{A}\boldsymbol{\alpha}_2=\begin{pmatrix}-2\\-12\\8\end{pmatrix},\quad \mathscr{A}\boldsymbol{\alpha}_3=\begin{pmatrix}-1\\-10\\8\end{pmatrix},\quad \mathscr{A}\boldsymbol{\alpha}_4=\begin{pmatrix}-3\\-15\\9\end{pmatrix}$$

由 $\mathscr{A}(\boldsymbol{\alpha}_1,\boldsymbol{\alpha}_2,\boldsymbol{\alpha}_3,\boldsymbol{\alpha}_4)=(\boldsymbol{\eta}_1,\boldsymbol{\eta}_2,\boldsymbol{\eta}_3)\boldsymbol{A}$，得

$$\begin{aligned}\boldsymbol{A}&=(\boldsymbol{\eta}_1,\boldsymbol{\eta}_2,\boldsymbol{\eta}_3)^{-1}(\mathscr{A}\boldsymbol{\alpha}_1,\mathscr{A}\boldsymbol{\alpha}_2,\mathscr{A}\boldsymbol{\alpha}_3,\mathscr{A}\boldsymbol{\alpha}_4)\\&=\begin{pmatrix}0&-14&-11&-18\\1&12&10&15\\3&-20&-14&-27\end{pmatrix}\end{aligned}$$

16. 设 $\boldsymbol{A}$，$\boldsymbol{B}$ 都是域 $\mathbb{F}$ 上的 $s\times n$ 矩阵. 证明：n 元齐次线性方程组 $\boldsymbol{AX}=\boldsymbol{0}$ 和 $\boldsymbol{BX}=\boldsymbol{0}$ 同解当且仅当存在域 $\mathbb{F}$ 上的 s 级可逆矩阵 $\boldsymbol{C}$，使得 $\boldsymbol{B}=\boldsymbol{CA}$.

证明： （证法一）充分性是显然的，下面证明必要性. 定义 $\mathbb{F}^n$ 到 $\mathbb{F}^s$ 的映射 $\mathscr{A}$，$\mathscr{B}$ 分别如下：

$$\begin{aligned}\mathscr{A}:\ &\mathbb{F}^n\to\mathbb{F}^s &\qquad \mathscr{B}:\ &\mathbb{F}^n\to\mathbb{F}^s\\ &\boldsymbol{\alpha}\mapsto\boldsymbol{A\alpha} & &\boldsymbol{\alpha}\mapsto\boldsymbol{B\alpha},\qquad \forall\,\boldsymbol{\alpha}\in\mathbb{F}\end{aligned}$$

则 $\mathscr{A}$，$\mathscr{B}$ 都是 $\mathbb{F}^n$ 到 $\mathbb{F}^s$ 的线性映射，且 $\mathrm{Ker}\mathscr{A}$ 等于 $\boldsymbol{AX}=\boldsymbol{0}$ 的解空间，$\mathrm{Ker}\mathscr{B}$ 等于 $\boldsymbol{BX}=\boldsymbol{0}$ 的解空间，由已知条件得 $\mathrm{Ker}\mathscr{A}=\mathrm{Ker}\mathscr{B}$. 设 $\mathbb{F}^n=\mathrm{Ker}\mathscr{A}\oplus W$. 在 W 中取一个基 $\boldsymbol{\alpha}_1,\boldsymbol{\alpha}_2,\cdots,\boldsymbol{\alpha}_r$，在 $\mathrm{Ker}\mathscr{A}$ 中取一个基 $\boldsymbol{\alpha}_{r+1},\cdots,\boldsymbol{\alpha}_n$，则 $\boldsymbol{\alpha}_1,\boldsymbol{\alpha}_2,\cdots,\boldsymbol{\alpha}_r,\boldsymbol{\alpha}_{r+1},\cdots,\boldsymbol{\alpha}_n$ 是 $\mathbb{F}^n$ 的一个基，则 $\mathscr{A}\boldsymbol{\alpha}_1,\cdots,\mathscr{A}\boldsymbol{\alpha}_r$ 是 $\mathrm{Im}\mathscr{A}$ 的一个基. 由于 $\mathrm{Ker}\mathscr{A}=\mathrm{Ker}\mathscr{B}$，因此 $\mathscr{B}\boldsymbol{\alpha}_1,\mathscr{B}\boldsymbol{\alpha}_2,\cdots,\mathscr{B}\boldsymbol{\alpha}_r$ 是 $\mathrm{Im}\mathscr{B}$ 的一个基. 把它们分别扩充为 $\mathbb{F}^s$ 的一个基：

$$\mathscr{A}\boldsymbol{\alpha}_1,\cdots,\mathscr{A}\boldsymbol{\alpha}_r,\boldsymbol{\gamma}_1,\boldsymbol{\gamma}_2,\cdots,\boldsymbol{\gamma}_{s-r}$$

$$\mathscr{B}\boldsymbol{\alpha}_1,\cdots,\mathscr{B}\boldsymbol{\alpha}_r,\boldsymbol{\delta}_1,\boldsymbol{\delta}_2,\cdots,\boldsymbol{\delta}_{s-r}$$

于是存在 $\mathbb{F}^s$ 上的唯一的可逆线性变换 $\mathscr{C}$，使得

$$\mathscr{C}(\mathscr{A}\boldsymbol{\alpha}_i)=\mathscr{B}\boldsymbol{\alpha}_i,\ i=1,2,\cdots,r,$$

$$\mathscr{C}(\boldsymbol{\gamma}_j)=\boldsymbol{\delta}_j,\ j=1,2,\cdots,s-r$$

把 $\mathscr{C}$ 在 $\mathbb{F}^s$ 的标准基 $\tilde{\boldsymbol{\varepsilon}}_1, \tilde{\boldsymbol{\varepsilon}}_2, \cdots, \tilde{\boldsymbol{\varepsilon}}_s$ 下的矩阵记为 $\boldsymbol{C}$，则 $\boldsymbol{C}$ 是域 $\mathbb{F}$ 上的 s 级可逆矩阵. 由 $\mathscr{A}$，$\mathscr{B}$ 的定义知

$$\mathscr{A}(\boldsymbol{\varepsilon}_1, \boldsymbol{\varepsilon}_2, \cdots, \boldsymbol{\varepsilon}_n)=(\tilde{\varepsilon}_1, \tilde{\varepsilon}_2, \cdots, \tilde{\varepsilon}_s)\boldsymbol{A}$$
$$\mathscr{B}(\boldsymbol{\varepsilon}_1, \boldsymbol{\varepsilon}_2, \cdots, \boldsymbol{\varepsilon}_n)=(\tilde{\varepsilon}_1, \tilde{\varepsilon}_2, \cdots, \tilde{\varepsilon}_s)\boldsymbol{B}$$

且 $\mathscr{C}(\tilde{\boldsymbol{\varepsilon}}_1, \tilde{\boldsymbol{\varepsilon}}_2, \cdots, \tilde{\boldsymbol{\varepsilon}}_s)=(\tilde{\boldsymbol{\varepsilon}}_1, \tilde{\boldsymbol{\varepsilon}}_2, \cdots, \tilde{\boldsymbol{\varepsilon}}_s)\boldsymbol{C}$

由

$$(\mathscr{C}\mathscr{A})\boldsymbol{\alpha}_i=\mathscr{C}(\mathscr{A}\boldsymbol{\alpha}_i)=\mathscr{B}\boldsymbol{\alpha}_i, \ i=1, 2, \cdots, r,$$
$$(\mathscr{C}\mathscr{A})\boldsymbol{\alpha}_j=\mathscr{C}(\mathscr{A}\boldsymbol{\alpha}_j)=\mathscr{C}(\boldsymbol{0})=\boldsymbol{0}=\mathscr{B}(\boldsymbol{\alpha}_j), \ j=r+1, \cdots, n$$

得 $\mathscr{C}\mathscr{A}=\mathscr{B}$. 因此 $\boldsymbol{CA}=\boldsymbol{B}$.

（证法二） $\boldsymbol{AX}=\boldsymbol{0}$ 和 $\boldsymbol{BX}=\boldsymbol{0}$ 的充分必要条件是 $\boldsymbol{A}$，$\boldsymbol{B}$ 的行向量组等价，所以 $\boldsymbol{A}$ 可经初等变换化为 $\boldsymbol{B}$，即存在可逆矩阵 $\boldsymbol{C}$，使得 $\boldsymbol{B}=\boldsymbol{CA}$.

17. 设 $\boldsymbol{A}$，$\boldsymbol{B}$ 都是域 $\mathbb{F}$ 上的 $s\times n$ 矩阵，证明：$\boldsymbol{A}$ 的行向量组与 $\boldsymbol{B}$ 的行向量组等价当且仅当存在域 $\mathbb{F}$ 上的 s 级可逆矩阵 $\boldsymbol{C}$，使得 $\boldsymbol{B}=\boldsymbol{CA}$.

证明： **（充分性）** 设 $\boldsymbol{B}=\boldsymbol{CA}$，其中 $\boldsymbol{C}$ 可逆，则 $\boldsymbol{B}$ 的行向量组 $\boldsymbol{\beta}_1, \cdots, \boldsymbol{\beta}_s$ 可以由 $\boldsymbol{A}$ 的行向量组 $\boldsymbol{\alpha}_1, \cdots, \boldsymbol{\alpha}_s$ 线性表出. 由于 $\boldsymbol{A}=\boldsymbol{C}^{-1}\boldsymbol{B}$，因此 $\boldsymbol{\alpha}_1, \cdots, \boldsymbol{\alpha}_s$ 可由 $\boldsymbol{\beta}_1, \cdots, \boldsymbol{\beta}_s$ 线性表出，从而 $\{\boldsymbol{\alpha}_1, \cdots, \boldsymbol{\alpha}_s\}\cong\{\boldsymbol{\beta}_1, \cdots, \boldsymbol{\beta}_s\}$.

（必要性） 设 $\{\boldsymbol{\alpha}_1, \cdots, \boldsymbol{\alpha}_s\}\cong\{\boldsymbol{\beta}_1, \cdots, \boldsymbol{\beta}_s\}$，则 $\mathrm{rank}(\boldsymbol{A})=\mathrm{rank}(\boldsymbol{B})$. 从而 $\boldsymbol{AX}=\boldsymbol{0}$ 的解空间 W_1 与 $\boldsymbol{BX}=\boldsymbol{0}$ 的解空间 W_2 的维数相等. 任取 $\boldsymbol{\eta}\in W_1$，则 $\begin{pmatrix}\boldsymbol{\alpha}_1\\ \vdots\\ \boldsymbol{\alpha}_s\end{pmatrix}\boldsymbol{\eta}=\boldsymbol{0}$，即 $\boldsymbol{\alpha}_i\boldsymbol{\eta}=0$，$i=1, 2, \cdots, s$. 由于

$$\boldsymbol{\beta}_j=k_{j1}\boldsymbol{\alpha}_1+k_{j2}\boldsymbol{\alpha}_2+\cdots+k_{js}\boldsymbol{\alpha}_s$$

因此 $\boldsymbol{\beta}_j\boldsymbol{\eta}=0$，$j=1, 2, \cdots, s$. 于是 $\begin{pmatrix}\boldsymbol{\beta}_1\\ \vdots\\ \boldsymbol{\beta}_s\end{pmatrix}\boldsymbol{\eta}=\boldsymbol{0}$，即 $\boldsymbol{\eta}\in W_2$. 从而 $W_1\subseteq W_2$. 又 $\dim W_1=\dim W_2$，因此 $W_1=W_2$. 根据第 16 题结论知，存在域 $\mathbb{F}$ 上的 s 级可逆矩阵 $\boldsymbol{C}$，使得 $\boldsymbol{B}=\boldsymbol{CA}$.

习题 6.5　线性变换在不同基下的矩阵之间的关系，相似的矩阵

1. 已知 $\mathbb{K}^3$ 上的线性变换 $\mathscr{A}$ 在基

$$\boldsymbol{\alpha}_1=(8, -6, 7)', \quad \boldsymbol{\alpha}_2=(-16, 7, -13)', \quad \boldsymbol{\alpha}_3=(9, -3, 7)'$$

下的矩阵为

$$\boldsymbol{A}=\begin{pmatrix}1 & -18 & 15\\ -1 & -22 & 20\\ 1 & -25 & 22\end{pmatrix}$$

求 $\mathscr{A}$ 在基 $\boldsymbol{\eta}_1=(1, -2, 1)'$, $\boldsymbol{\eta}_2=(3, -1, 2)'$, $\boldsymbol{\eta}_3=(2, 1, 2)'$ 下的矩阵 $\boldsymbol{B}$.

解：设由基 $\boldsymbol{\alpha}_1, \boldsymbol{\alpha}_2, \boldsymbol{\alpha}_3$ 到基 $\boldsymbol{\eta}_1, \boldsymbol{\eta}_2, \boldsymbol{\eta}_3$ 的过渡矩阵为 $\boldsymbol{P}$.

则

$$(\boldsymbol{\eta}_1, \boldsymbol{\eta}_2, \boldsymbol{\eta}_3)=(\boldsymbol{\alpha}_1, \boldsymbol{\alpha}_2, \boldsymbol{\alpha}_3)\boldsymbol{P} \tag{1}$$

由题意知

$$\mathscr{A}(\boldsymbol{\alpha}_1, \boldsymbol{\alpha}_2, \boldsymbol{\alpha}_3)=(\boldsymbol{\alpha}_1, \boldsymbol{\alpha}_2, \boldsymbol{\alpha}_3)\boldsymbol{A}$$

$$\mathscr{A}(\boldsymbol{\eta}_1, \boldsymbol{\eta}_2, \boldsymbol{\eta}_3)=(\boldsymbol{\eta}_1, \boldsymbol{\eta}_2, \boldsymbol{\eta}_3)\boldsymbol{B}$$

对(1)式两边变换得

$$\begin{aligned}\mathscr{A}(\boldsymbol{\eta}_1, \boldsymbol{\eta}_2, \boldsymbol{\eta}_3)&=\mathscr{A}(\boldsymbol{\alpha}_1, \boldsymbol{\alpha}_2, \boldsymbol{\alpha}_3)\boldsymbol{P}\\ &=(\boldsymbol{\alpha}_1, \boldsymbol{\alpha}_2, \boldsymbol{\alpha}_3)\boldsymbol{AP}\\ &=(\boldsymbol{\eta}_1, \boldsymbol{\eta}_2, \boldsymbol{\eta}_3)\boldsymbol{B}\\ &=(\boldsymbol{\alpha}_1, \boldsymbol{\alpha}_2, \boldsymbol{\alpha}_3)\boldsymbol{PB}\end{aligned}$$

从而 $\boldsymbol{AP}=\boldsymbol{PB}$，$\boldsymbol{B}=\boldsymbol{P}^{-1}\boldsymbol{AP}$，先求 $\boldsymbol{P}$：

$$\boldsymbol{P}=(\boldsymbol{\alpha}_1, \boldsymbol{\alpha}_2, \boldsymbol{\alpha}_3)^{-1}(\boldsymbol{\eta}_1, \boldsymbol{\eta}_2, \boldsymbol{\eta}_3)=\begin{pmatrix}1 & 1 & -3\\ 1 & 2 & -5\\ 1 & 3 & -6\end{pmatrix}$$

$$\boldsymbol{B}=\boldsymbol{P}^{-1}\boldsymbol{AP}=\begin{pmatrix}1 & 2 & 2\\ 3 & -1 & -2\\ 2 & -3 & 1\end{pmatrix}$$

2. 已知 $\mathbb{K}^3$ 上的线性变换 $\mathscr{A}$ 在标准基 $\boldsymbol{\varepsilon}_1, \boldsymbol{\varepsilon}_2, \boldsymbol{\varepsilon}_3$ 下的矩阵是

$$\boldsymbol{A}=\begin{pmatrix}15 & -11 & 5\\ 20 & -15 & 8\\ 8 & -7 & 6\end{pmatrix}$$

求 $\mathscr{A}$ 在基 $\boldsymbol{\eta}_1=(2,3,1)'$, $\boldsymbol{\eta}_2=(3,4,1)'$, $\boldsymbol{\eta}_3=(1,2,2)'$ 下的矩阵 $\boldsymbol{B}$.

解：设 $(\boldsymbol{\eta}_1,\boldsymbol{\eta}_2,\boldsymbol{\eta}_3)=(\boldsymbol{\varepsilon}_1,\boldsymbol{\varepsilon}_2,\boldsymbol{\varepsilon}_3)\boldsymbol{P}$，从而有 $\boldsymbol{B}=\boldsymbol{P}^{-1}\boldsymbol{A}\boldsymbol{P}$. 计算 $\boldsymbol{P}$ 和 $\boldsymbol{B}$ 得

$$\boldsymbol{P}=\begin{pmatrix}2&3&1\\3&4&2\\1&1&2\end{pmatrix},\quad \boldsymbol{B}=\begin{pmatrix}1&0&0\\0&2&0\\0&0&3\end{pmatrix}$$

3. 设域 $\mathbb{F}$ 上的 3 维线性空间 V 上的线性变换 $\mathscr{A}$ 在基 $\boldsymbol{\alpha}_1$, $\boldsymbol{\alpha}_2$, $\boldsymbol{\alpha}_3$ 下的矩阵为 $\boldsymbol{A}=(a_{ij})$，其中 a_{ij} 是 $\boldsymbol{A}$ 的 (i,j) 元.

(1) 求 $\mathscr{A}$ 在基 $\boldsymbol{\alpha}_2$, $\boldsymbol{\alpha}_3$, $\boldsymbol{\alpha}_1$ 下的矩阵 $\boldsymbol{B}$;

(2) 求 $\mathscr{A}$ 在基 $k\boldsymbol{\alpha}_1$, $\boldsymbol{\alpha}_2$, $\boldsymbol{\alpha}_3$ 下的矩阵 $\boldsymbol{C}$，其中 $k\in\mathbb{F}^*$;

(3) 求 $\mathscr{A}$ 在基 $\boldsymbol{\alpha}_1$, $\boldsymbol{\alpha}_1+\boldsymbol{\alpha}_2$, $\boldsymbol{\alpha}_3$ 下的矩阵 $\boldsymbol{D}$.

解：由题意 $\mathscr{A}(\boldsymbol{\alpha}_1,\boldsymbol{\alpha}_2,\boldsymbol{\alpha}_3)=(\boldsymbol{\alpha}_1,\boldsymbol{\alpha}_2,\boldsymbol{\alpha}_3)\boldsymbol{A}$.

(1) 由于 $(\boldsymbol{\alpha}_2,\boldsymbol{\alpha}_3,\boldsymbol{\alpha}_1)=(\boldsymbol{\alpha}_1,\boldsymbol{\alpha}_2,\boldsymbol{\alpha}_3)\begin{pmatrix}0&0&1\\1&0&0\\0&1&0\end{pmatrix}$，所以

$$\begin{aligned}\mathscr{A}(\boldsymbol{\alpha}_2,\boldsymbol{\alpha}_3,\boldsymbol{\alpha}_1)&=\mathscr{A}(\boldsymbol{\alpha}_1,\boldsymbol{\alpha}_2,\boldsymbol{\alpha}_3)\begin{pmatrix}0&0&1\\1&0&0\\0&1&0\end{pmatrix}\\&=(\boldsymbol{\alpha}_1,\boldsymbol{\alpha}_2,\boldsymbol{\alpha}_3)\boldsymbol{A}\begin{pmatrix}0&0&1\\1&0&0\\0&1&0\end{pmatrix}\\&=(\boldsymbol{\alpha}_2,\boldsymbol{\alpha}_3,\boldsymbol{\alpha}_1)\begin{pmatrix}0&0&1\\1&0&0\\0&1&0\end{pmatrix}^{-1}\boldsymbol{A}\begin{pmatrix}0&0&1\\1&0&0\\0&1&0\end{pmatrix}\end{aligned}$$

记 $\boldsymbol{P}=\begin{pmatrix}0&0&1\\1&0&0\\0&1&0\end{pmatrix}$，则 $\mathscr{A}$ 在基 $\boldsymbol{\alpha}_2$, $\boldsymbol{\alpha}_3$, $\boldsymbol{\alpha}_1$ 下的矩阵为 $\boldsymbol{P}^{-1}\boldsymbol{A}\boldsymbol{P}$.

(2) 由于

$$\begin{aligned}(k\boldsymbol{\alpha}_1,\boldsymbol{\alpha}_2,\boldsymbol{\alpha}_3)&=(\boldsymbol{\alpha}_1,\boldsymbol{\alpha}_2,\boldsymbol{\alpha}_3)\begin{pmatrix}k&0&0\\0&1&0\\0&0&1\end{pmatrix}\\&\xlongequal{\triangle}(\boldsymbol{\alpha}_1,\boldsymbol{\alpha}_2,\boldsymbol{\alpha}_3)\boldsymbol{P}_2\end{aligned}$$

故 $\mathscr{A}$ 在基 $k\boldsymbol{\alpha}_1$，$\boldsymbol{\alpha}_2$，$\boldsymbol{\alpha}_3$ 下的矩阵 $\boldsymbol{C}=\boldsymbol{P}_2^{-1}\boldsymbol{A}\boldsymbol{P}_2$.

(3) 由于

$$(\boldsymbol{\alpha}_1, \boldsymbol{\alpha}_1+\boldsymbol{\alpha}_2, \boldsymbol{\alpha}_3)=(\boldsymbol{\alpha}_1, \boldsymbol{\alpha}_2, \boldsymbol{\alpha}_3)\begin{pmatrix}1&1&0\\0&1&0\\0&0&1\end{pmatrix}\xlongequal{\triangle}(\boldsymbol{\alpha}_1, \boldsymbol{\alpha}_2, \boldsymbol{\alpha}_3)\boldsymbol{P}_3$$

故 $\mathscr{A}$ 在基 $\boldsymbol{\alpha}_1$，$\boldsymbol{\alpha}_1+\boldsymbol{\alpha}_2$，$\boldsymbol{\alpha}_3$ 下的矩阵 $\boldsymbol{D}=\boldsymbol{P}_3^{-1}\boldsymbol{A}\boldsymbol{P}_3$.

4. 设 $\boldsymbol{\alpha}_1$，$\boldsymbol{\alpha}_2$，$\boldsymbol{\alpha}_3$，$\boldsymbol{\alpha}_4$ 是数域 $\mathbb{K}$ 上 4 维线性空间 V 的一个基，V 上的线性变换 $\mathscr{A}$ 在此基下的矩阵为

$$\boldsymbol{A}=\begin{pmatrix}1&0&2&1\\-1&2&1&3\\1&2&5&5\\2&-2&1&-2\end{pmatrix}$$

(1) 求 $\mathscr{A}$ 在基 $\boldsymbol{\eta}_1=\boldsymbol{\alpha}_1-2\boldsymbol{\alpha}_2+\boldsymbol{\alpha}_4$，$\boldsymbol{\eta}_2=3\boldsymbol{\alpha}_2-\boldsymbol{\alpha}_3-\boldsymbol{\alpha}_4$，$\boldsymbol{\eta}_3=\boldsymbol{\alpha}_3+\boldsymbol{\alpha}_4$，$\boldsymbol{\eta}_4=2\boldsymbol{\alpha}_4$ 下的矩阵 $\boldsymbol{B}$；

(2) 求 $\mathscr{A}$ 的核和值域；

(3) 在 $\mathrm{Ker}\mathscr{A}$ 中选一个基，把它扩充成 V 的一个基，并且求 $\mathscr{A}$ 在这个基下的矩阵 $\boldsymbol{C}$；

(4) 在 $\mathrm{Im}\mathscr{A}$ 中选一个基，把它扩充成 V 的一个基，并且求 $\mathscr{A}$ 在这个基下的矩阵 $\boldsymbol{D}$.

解：(1) 由于

$$(\boldsymbol{\eta}_1, \boldsymbol{\eta}_2, \boldsymbol{\eta}_3, \boldsymbol{\eta}_4)=(\boldsymbol{\alpha}_1, \boldsymbol{\alpha}_2, \boldsymbol{\alpha}_3, \boldsymbol{\alpha}_4)\begin{pmatrix}1&0&0&0\\-2&3&0&0\\0&-1&1&0\\1&-1&1&2\end{pmatrix}$$

将后一矩阵记为 $\boldsymbol{P}$，则 $\mathscr{A}$ 在基 $\boldsymbol{\eta}_1$，$\boldsymbol{\eta}_2$，$\boldsymbol{\eta}_3$，$\boldsymbol{\eta}_4$ 下的矩阵 $\boldsymbol{B}=\boldsymbol{P}^{-1}\boldsymbol{A}\boldsymbol{P}$.

(2) 设 $\boldsymbol{\alpha}$ 在基 $\boldsymbol{\alpha}_1$，$\boldsymbol{\alpha}_2$，$\boldsymbol{\alpha}_3$，$\boldsymbol{\alpha}_4$ 下的坐标为 $\boldsymbol{X}$，则 $\boldsymbol{\alpha}=(\boldsymbol{\alpha}_1, \boldsymbol{\alpha}_2, \boldsymbol{\alpha}_3, \boldsymbol{\alpha}_4)\boldsymbol{X}$，若 $\boldsymbol{\alpha}\in\mathrm{Ker}\mathscr{A}$，则 $\mathscr{A}\boldsymbol{\alpha}=\boldsymbol{0}$，即 $\mathscr{A}(\boldsymbol{\alpha}_1, \boldsymbol{\alpha}_2, \boldsymbol{\alpha}_3, \boldsymbol{\alpha}_4)\boldsymbol{X}=\boldsymbol{0}$，即$(\boldsymbol{\alpha}_1, \boldsymbol{\alpha}_2, \boldsymbol{\alpha}_3, \boldsymbol{\alpha}_4)\boldsymbol{A}\boldsymbol{X}=\boldsymbol{0}$，从而 $\boldsymbol{A}\boldsymbol{X}=\boldsymbol{0}$，解方程 $\boldsymbol{A}\boldsymbol{X}=\boldsymbol{0}$得

$$\boldsymbol{X}=k_1(4, 3, -2, 0)'+k_2(1, 2, 0, -1)', \ k_1, k_2\in\mathbb{K}$$

从而

$$\mathrm{Ker}\mathscr{A}=k_1(4\boldsymbol{\alpha}_1+3\boldsymbol{\alpha}_2-2\boldsymbol{\alpha}_3)+k_2(\boldsymbol{\alpha}_1+2\boldsymbol{\alpha}_2-\boldsymbol{\alpha}_4)$$

$$=\langle 4\boldsymbol{\alpha}_1+3\boldsymbol{\alpha}_2-2\boldsymbol{\alpha}_3,\ \boldsymbol{\alpha}_1+2\boldsymbol{\alpha}_2-\boldsymbol{\alpha}_4\rangle$$

若 $\boldsymbol{\gamma}\in \mathrm{Im}\mathscr{A}$，则存在 $\delta\in V$，使得 $\mathscr{A}(\boldsymbol{\delta})=\boldsymbol{\gamma}$. 设 δ 在基 $\boldsymbol{\alpha}_1, \boldsymbol{\alpha}_2, \boldsymbol{\alpha}_3, \boldsymbol{\alpha}_4$ 下的坐标为 $\boldsymbol{Y}$，即 $\delta=(\boldsymbol{\alpha}_1, \boldsymbol{\alpha}_2, \boldsymbol{\alpha}_3, \boldsymbol{\alpha}_4)\boldsymbol{Y}$，又设 $\boldsymbol{\gamma}$ 在基 $\boldsymbol{\alpha}_1, \boldsymbol{\alpha}_2, \boldsymbol{\alpha}_3, \boldsymbol{\alpha}_4$ 下的坐标为 $\boldsymbol{Z}$，即 $\boldsymbol{\gamma}=(\boldsymbol{\alpha}_1, \boldsymbol{\alpha}_2, \boldsymbol{\alpha}_3, \boldsymbol{\alpha}_4)\boldsymbol{Z}$，由于 $\mathscr{A}(\boldsymbol{\delta})=\mathscr{A}(\boldsymbol{\alpha}_1, \boldsymbol{\alpha}_2, \boldsymbol{\alpha}_3, \boldsymbol{\alpha}_4)\boldsymbol{Y}=(\boldsymbol{\alpha}_1, \boldsymbol{\alpha}_2, \boldsymbol{\alpha}_3, \boldsymbol{\alpha}_4)\boldsymbol{AY}=\boldsymbol{\gamma}=(\boldsymbol{\alpha}_1, \boldsymbol{\alpha}_2, \boldsymbol{\alpha}_3, \boldsymbol{\alpha}_4)\boldsymbol{Z}$，即

$$\boldsymbol{Z}=\boldsymbol{AY}$$

所以存在 $\boldsymbol{Y}\in\mathbb{K}^4$，使得 $\boldsymbol{Z}=\boldsymbol{AY}$，即 $\boldsymbol{Z}$ 属于 $\boldsymbol{A}$ 的列空间.

$$\boldsymbol{A}\to\begin{pmatrix}1 & 0 & 2 & 1\\ 0 & 1 & \dfrac{3}{2} & 2\\ 0 & 0 & 0 & 0\\ 0 & 0 & 0 & 0\end{pmatrix}$$

$\boldsymbol{A}$ 的列空间组的一个极大线性无关组是

$$\begin{pmatrix}1\\-1\\1\\2\end{pmatrix},\quad\begin{pmatrix}0\\2\\2\\-2\end{pmatrix}$$

即

$$\boldsymbol{Z}\in\left\langle\begin{pmatrix}1\\-1\\1\\2\end{pmatrix},\begin{pmatrix}0\\2\\2\\-2\end{pmatrix}\right\rangle,\ \mathrm{Im}\mathscr{A}=\langle\boldsymbol{\alpha}_1-\boldsymbol{\alpha}_2+\boldsymbol{\alpha}_3+2\boldsymbol{\alpha}_4,\ 2\boldsymbol{\alpha}_2+2\boldsymbol{\alpha}_3-2\boldsymbol{\alpha}_4\rangle$$

(3) 由于 $\begin{pmatrix}4\\3\\-2\\0\end{pmatrix},\begin{pmatrix}1\\2\\0\\-1\end{pmatrix},\begin{pmatrix}0\\1\\0\\0\end{pmatrix},\begin{pmatrix}1\\0\\0\\0\end{pmatrix}$ 是 $\mathbb{K}^4$ 的一个基，故 V 的一个基为 $4\boldsymbol{\alpha}_1+3\boldsymbol{\alpha}_2-2\boldsymbol{\alpha}_3, \boldsymbol{\alpha}_1+2\boldsymbol{\alpha}_2-\boldsymbol{\alpha}_4, \boldsymbol{\alpha}_2, \boldsymbol{\alpha}_1$. 由于

$$(4\boldsymbol{\alpha}_1+3\boldsymbol{\alpha}_2-2\boldsymbol{\alpha}_3, \boldsymbol{\alpha}_1+2\boldsymbol{\alpha}_2-\boldsymbol{\alpha}_4, \boldsymbol{\alpha}_2, \boldsymbol{\alpha}_1)=(\boldsymbol{\alpha}_1, \boldsymbol{\alpha}_2, \boldsymbol{\alpha}_3, \boldsymbol{\alpha}_4)\begin{pmatrix}4 & 1 & 0 & 1\\ 3 & 2 & 1 & 0\\ -2 & 0 & 0 & 0\\ 0 & -1 & 0 & 0\end{pmatrix}$$

从而 $\mathscr{A}$ 在 V 的上述基下的矩阵

$$C=\begin{pmatrix}4&1&0&1\\3&2&1&0\\-2&0&0&0\\0&-1&0&0\end{pmatrix}^{-1}A\begin{pmatrix}4&1&0&1\\3&2&1&0\\-2&0&0&0\\0&-1&0&0\end{pmatrix}=\begin{pmatrix}0&0&-1&-\frac{1}{2}\\0&0&2&-2\\0&0&1&\frac{9}{2}\\0&0&2&5\end{pmatrix}$$

(4) 先将 $(1,-1,1,2)'$ 和 $(0,2,2,-2)'$ 扩充成 $\mathbb{K}^4$ 的一个基:

$$(1,-1,1,2)',\quad(0,2,2,-2)',\quad(0,1,0,0)',\quad(1,0,0,0)'$$

由于

$$(\boldsymbol{\alpha}_1-\boldsymbol{\alpha}_2+\boldsymbol{\alpha}_3+2\boldsymbol{\alpha}_4,\ 2\boldsymbol{\alpha}_2+2\boldsymbol{\alpha}_3-2\boldsymbol{\alpha}_4,\ \boldsymbol{\alpha}_2,\ \boldsymbol{\alpha}_1)=(\boldsymbol{\alpha}_1,\boldsymbol{\alpha}_2,\boldsymbol{\alpha}_3,\boldsymbol{\alpha}_4)\begin{pmatrix}1&0&0&1\\-1&2&1&0\\1&2&0&0\\2&-2&0&0\end{pmatrix}$$

从而 $\mathrm{Im}\mathscr{A}$ 的基 $\boldsymbol{\alpha}_1-\boldsymbol{\alpha}_2+\boldsymbol{\alpha}_3+2\boldsymbol{\alpha}_4$, $2\boldsymbol{\alpha}_2+2\boldsymbol{\alpha}_3-2\boldsymbol{\alpha}_4$ 扩充成 V 的基为 $\boldsymbol{\alpha}_1-\boldsymbol{\alpha}_2+\boldsymbol{\alpha}_3+2\boldsymbol{\alpha}_4$, $2\boldsymbol{\alpha}_2+2\boldsymbol{\alpha}_3-2\boldsymbol{\alpha}_4$, $\boldsymbol{\alpha}_2$, $\boldsymbol{\alpha}_1$ 且 $\mathscr{A}$ 在 V 的上述基下的矩阵为

$$D=\begin{pmatrix}1&0&0&1\\-1&2&1&0\\1&2&0&0\\2&-2&0&0\end{pmatrix}^{-1}A\begin{pmatrix}1&0&0&1\\-1&2&1&0\\1&2&0&0\\2&-2&0&0\end{pmatrix}=\begin{pmatrix}5&2&0&1\\\frac{9}{2}&1&1&0\\0&0&0&0\\0&0&0&0\end{pmatrix}$$

5. 设 $\mathscr{A}$ 是域 $\mathbb{F}$ 上 n 维线性空间 V 上的线性变换. 证明: 如果 $\mathscr{A}$ 在 V 的各个基下的矩阵都相等, 那么 $\mathscr{A}$ 是数乘变换.

证明: 设 $\mathscr{A}$ 在 V 的一个基 $\boldsymbol{\alpha}_1,\boldsymbol{\alpha}_2,\cdots,\boldsymbol{\alpha}_n$ 下的矩阵为 $\boldsymbol{A}$, 则由题意得 $\mathscr{A}$ 在 V 的另一个基 $\boldsymbol{\beta}_1,\boldsymbol{\beta}_2,\cdots,\boldsymbol{\beta}_n$ 下的矩阵也为 $\boldsymbol{A}$, 则从 $\boldsymbol{\alpha}_1,\boldsymbol{\alpha}_2,\cdots,\boldsymbol{\alpha}_n$ 到基 $\boldsymbol{\beta}_1,\boldsymbol{\beta}_2,\cdots,\boldsymbol{\beta}_n$ 的过渡矩阵为 $\boldsymbol{P}$(这里任取可逆矩阵 $\boldsymbol{P}$, 则从 $\boldsymbol{\alpha}_1,\boldsymbol{\alpha}_2,\cdots,\boldsymbol{\alpha}_n$ 就得到另一个基 $\boldsymbol{\beta}_1,\boldsymbol{\beta}_2,\cdots,\boldsymbol{\beta}_n$). 从而有 $\boldsymbol{A}=\boldsymbol{P}^{-1}\boldsymbol{AP}$, 即 $\boldsymbol{PA}=\boldsymbol{AP}$, 从而 $\boldsymbol{A}$ 与任何可逆矩阵可交换, 由习题 4.6 的第 23 题结论知 $\boldsymbol{A}=k\boldsymbol{I}$, $k\in\mathbb{F}$. 从而 $\mathscr{A}=k\mathscr{I}=\mathscr{K}$.

6. 设 V 和 V' 分别是域 $\mathbb{F}$ 上 n 维, s 维线性空间. $\mathscr{A}\in\mathrm{Hom}(V,V')$. 设 $\mathscr{A}$ 在 V 的基 $\boldsymbol{\alpha}_1,\cdots,\boldsymbol{\alpha}_n$ 和 V' 的基 $\boldsymbol{\eta}_1,\cdots,\boldsymbol{\eta}_s$ 下的矩阵为 $\boldsymbol{A}$; $\mathscr{A}$ 在 V 的基 $\boldsymbol{\beta}_1,\cdots,\boldsymbol{\beta}_n$ 和 V' 的基 $\boldsymbol{\delta}_1,\cdots,$

$\boldsymbol{\delta}_s$ 下的矩阵为 $\boldsymbol{B}$. 证明：如果 V 的基 $\boldsymbol{\alpha}_1, \cdots, \boldsymbol{\alpha}_n$ 到基 $\boldsymbol{\beta}_1, \cdots, \boldsymbol{\beta}_n$ 的过渡矩阵为 $\boldsymbol{P}$，V' 的基 $\eta_1, \cdots, \boldsymbol{\eta}_s$ 到基 $\boldsymbol{\delta}_1, \cdots, \boldsymbol{\delta}_s$ 的过渡矩阵为 $\boldsymbol{Q}$，那么 $\boldsymbol{B}=\boldsymbol{Q}^{-1}\boldsymbol{AP}$.

证明： 由题意

$$\mathscr{A}(\boldsymbol{\alpha}_1, \cdots, \boldsymbol{\alpha}_n)=(\boldsymbol{\eta}_1, \cdots, \boldsymbol{\eta}_s)\boldsymbol{A}$$
$$\mathscr{A}(\boldsymbol{\beta}_1, \cdots, \boldsymbol{\beta}_n)=(\boldsymbol{\delta}_1, \cdots, \boldsymbol{\delta}_s)\boldsymbol{B}$$
$$(\boldsymbol{\beta}_1, \cdots, \boldsymbol{\beta}_n)=(\boldsymbol{\alpha}_1, \cdots, \boldsymbol{\alpha}_n)\boldsymbol{P}$$
$$(\boldsymbol{\delta}_1, \cdots, \boldsymbol{\delta}_s)=(\boldsymbol{\eta}_1, \cdots, \boldsymbol{\eta}_s)\boldsymbol{Q}$$

从而有

$$\begin{aligned}\mathscr{A}(\boldsymbol{\beta}_1, \cdots, \boldsymbol{\beta}_n)&=\mathscr{A}(\boldsymbol{\alpha}_1, \cdots, \boldsymbol{\alpha}_n)\boldsymbol{P}\\&=(\boldsymbol{\delta}_1, \cdots, \boldsymbol{\delta}_s)\boldsymbol{AP}\\\mathscr{A}(\boldsymbol{\beta}_1, \cdots, \boldsymbol{\beta}_n)&=(\boldsymbol{\delta}_1, \cdots, \boldsymbol{\delta}_s)\boldsymbol{B}\\&=(\boldsymbol{\eta}_1, \cdots, \boldsymbol{\eta}_s)\boldsymbol{QB}\end{aligned}$$

从而有 $\boldsymbol{AP}=\boldsymbol{QB}$，$\boldsymbol{B}=\boldsymbol{Q}^{-1}\boldsymbol{AP}$.

7. 设 $f(x)=a_mx^m+\cdots+a_1x+a_0$ 是域 $\mathbb{F}$ 上的一元多项式，$\boldsymbol{A}, \boldsymbol{B}\in M_n(\mathbb{F})$. 证明：如果 $\boldsymbol{A}\sim\boldsymbol{B}$，那么 $f(\boldsymbol{A})\sim f(\boldsymbol{B})$.

证明： 由 $\boldsymbol{A}\sim\boldsymbol{B}$，则存在可逆矩阵 $\boldsymbol{P}$，使得 $\boldsymbol{B}=\boldsymbol{P}^{-1}\boldsymbol{AP}$. 从而

$$\begin{aligned}f(\boldsymbol{B})&=a_m\boldsymbol{B}^m+\cdots+a_1\boldsymbol{B}+a_0\boldsymbol{I}=a_m(\boldsymbol{P}^{-1}\boldsymbol{AP})^m+\cdots+a_1(\boldsymbol{P}^{-1}\boldsymbol{AP})+a_0\boldsymbol{I}\\&=a_m\boldsymbol{P}^{-1}\boldsymbol{A}^m\boldsymbol{P}+\cdots+a_1(\boldsymbol{P}^{-1}\boldsymbol{AP})+a_0\boldsymbol{I}\\&=\boldsymbol{P}^{-1}(a_m\boldsymbol{A}^m+\cdots+a_1\boldsymbol{A}+a_0\boldsymbol{I})\boldsymbol{P}\\&=\boldsymbol{P}^{-1}f(\boldsymbol{A})\boldsymbol{P}\end{aligned}$$

因此 $f(\boldsymbol{A})\sim f(\boldsymbol{B})$.

8. 设 $\boldsymbol{A}$ 是域 $\mathbb{F}$ 上的 n 级矩阵，如果有正整数 m 使得 $\boldsymbol{A}^m=\boldsymbol{I}$，那么称 $\boldsymbol{A}$ 是周期矩阵，使得 $\boldsymbol{A}^m=\boldsymbol{I}$ 成立的最小正整数 m 称为 $\boldsymbol{A}$ 的周期. 证明：与周期矩阵相似的矩阵仍是周期矩阵，并且它们的周期相等.

证明： 设 $\boldsymbol{A}$ 是周期为 m 的周期矩阵. 若 $\boldsymbol{A}\sim\boldsymbol{B}$，则存在域 $\mathbb{F}$ 上的 n 级可逆矩阵 $\boldsymbol{P}$，使得 $\boldsymbol{B}=\boldsymbol{P}^{-1}\boldsymbol{AP}$. 于是 $\boldsymbol{B}^m=\boldsymbol{P}^{-1}\boldsymbol{A}^m\boldsymbol{P}=\boldsymbol{P}^{-1}\boldsymbol{IP}=\boldsymbol{I}$，因此 $\boldsymbol{B}$ 为周期矩阵. 当 $s<m$ 时，假设有 $\boldsymbol{B}^s=\boldsymbol{I}$，则 $\boldsymbol{A}^s=\boldsymbol{PB}^s\boldsymbol{P}^{-1}=\boldsymbol{I}$，矛盾. 因此 $\boldsymbol{B}$ 的周期为 m.

9. 证明：如果域 $\mathbb{F}$ 上的 n 级矩阵 $\boldsymbol{A}$ 的相似类里只有一个元素，那么 $\boldsymbol{A}$ 是数量矩阵.

证明： 由于域 $\mathbb{F}$ 上的相似的 n 级矩阵可以看成域 $\mathbb{F}$ 上 n 维线性空间 V 上一个线性变换 $\mathscr{A}$ 在 V 的不同基下的矩阵，因此由已知条件知 $\mathscr{A}$ 在 V 的各个基下的矩阵都相等，

由第 5 题得，$\mathscr{A}$ 是数乘变换，从而 $\boldsymbol{A}$ 是数量矩阵.

10. 设 $\boldsymbol{P}$ 是域 $\mathbb{F}$ 上的 n 级矩阵，如果 $\boldsymbol{P}$ 的每行有且只有一个元素是 1，每列也有且只有一个元素是 1，其余元素全为 0，那么称 $\boldsymbol{P}$ 是 n 级置换矩阵. 证明：置换矩阵 $\boldsymbol{P}$ 是可逆矩阵，且 $\boldsymbol{P}^{-1}=\boldsymbol{P}'$，从而 P^{-1} 也是置换矩阵.

证明： 设置换矩阵 $\boldsymbol{P}$ 的第 l 列的元素 1 位于第 i_l 行，$l=1, 2, \cdots, n$，则 $\boldsymbol{P}=(\boldsymbol{\varepsilon}_{i_1}, \boldsymbol{\varepsilon}_{i_2}, \cdots, \boldsymbol{\varepsilon}_{i_n})$. 由于

$$\boldsymbol{P}'\boldsymbol{P}=\begin{pmatrix}\boldsymbol{\varepsilon}_{i_1}'\\ \boldsymbol{\varepsilon}_{i_2}'\\ \vdots\\ \boldsymbol{\varepsilon}_{i_n}'\end{pmatrix}(\boldsymbol{\varepsilon}_{i_1}, \boldsymbol{\varepsilon}_{i_2}, \cdots, \boldsymbol{\varepsilon}_{i_n})=\begin{pmatrix}1 & 0 & \cdots & 0\\ 0 & 1 & \cdots & 0\\ \vdots & \vdots & & \vdots\\ 0 & 0 & \cdots & 1\end{pmatrix}=\boldsymbol{I}$$

因此 $\boldsymbol{P}$ 可逆，且 $\boldsymbol{P}^{-1}=\boldsymbol{P}'$.

11. 设 $i_1, i_2, \cdots, i_n$ 是 $1, 2, \cdots, n$ 的一个排列，$\boldsymbol{A}=(a_{ij})$ 是域 $\boldsymbol{F}$ 上的 n 级矩阵，令

$$\boldsymbol{B}=\begin{pmatrix}a_{i_1 i_1} & a_{i_1 i_2} & \cdots & a_{i_1 i_n}\\ a_{i_2 i_1} & a_{i_2 i_2} & \cdots & a_{i_2 i_n}\\ \vdots & \vdots & & \cdots\\ a_{i_n i_1} & a_{i_n i_2} & \cdots & a_{i_n i_n}\end{pmatrix}$$

证明：$\boldsymbol{A}\sim\boldsymbol{B}$.

证明： 设 A 的列向量组是 $\boldsymbol{\alpha}_1, \boldsymbol{\alpha}_2, \cdots, \boldsymbol{\alpha}_n$，取一个置换矩阵 $\boldsymbol{P}=(\boldsymbol{\varepsilon}_{i_1}, \boldsymbol{\varepsilon}_{i_2}, \cdots, \boldsymbol{\varepsilon}_{i_n})$. 则

$$\begin{aligned}\boldsymbol{P}^{-1}\boldsymbol{A}\boldsymbol{P}&=\boldsymbol{P}^{-1}(\boldsymbol{\alpha}_1, \boldsymbol{\alpha}_2, \cdots, \boldsymbol{\alpha}_n)(\boldsymbol{\varepsilon}_{i_1}, \boldsymbol{\varepsilon}_{i_2}, \cdots, \boldsymbol{\varepsilon}_{i_n})\\ &=\boldsymbol{P}'(\boldsymbol{\alpha}_{i_1}, \boldsymbol{\alpha}_{i_2}, \cdots, \boldsymbol{\alpha}_{i_n})\\ &=\begin{pmatrix}\boldsymbol{\varepsilon}_{i_1}'\\ \boldsymbol{\varepsilon}_{i_2}'\\ \vdots\\ \boldsymbol{\varepsilon}_{i_n}'\end{pmatrix}(\boldsymbol{\alpha}_{i_1}, \boldsymbol{\alpha}_{i_2}, \cdots, \boldsymbol{\alpha}_{i_n})=\boldsymbol{B}\end{aligned}$$

因此 $\boldsymbol{A}\sim\boldsymbol{B}$.

12. 证明：$\operatorname{diag}\{\lambda_1, \lambda_2, \cdots, \lambda_n\}\sim\operatorname{diag}\{\lambda_{i_1}, \lambda_{i_2}, \cdots, \lambda_{i_n}\}$，其中 $i_1, i_2, \cdots, i_n$ 是 $1, 2, \cdots, n$ 的一个排列.

证明： 由第 11 题的结论立即得到结论.

13. 设

$$\boldsymbol{J}_0=\begin{pmatrix}0 & 1 & 0 & \cdots & 0 & 0\\ 0 & 0 & 1 & \cdots & 0 & 0\\ \vdots & \vdots & \vdots & & \vdots & \vdots\\ 0 & 0 & 0 & \cdots & 1 & 0\\ 0 & 0 & 0 & \cdots & 0 & 1\\ 0 & 0 & 0 & \cdots & 0 & 0\end{pmatrix}_{n\times n}$$

证明：$\boldsymbol{J}_0\sim\boldsymbol{J}_0'$.

证明： $\boldsymbol{J}_0=(\boldsymbol{0},\ \boldsymbol{\varepsilon}_1,\ \boldsymbol{\varepsilon}_2,\ \cdots,\ \boldsymbol{\varepsilon}_{n-1})$. 取置换矩阵 $\boldsymbol{P}=(\boldsymbol{\varepsilon}_n,\ \boldsymbol{\varepsilon}_{n-1},\ \cdots,\ \boldsymbol{\varepsilon}_1)$，则

$$\boldsymbol{P}^{-1}\boldsymbol{J}_0\boldsymbol{P}=\boldsymbol{P}'(\boldsymbol{0},\ \boldsymbol{\varepsilon}_1,\ \boldsymbol{\varepsilon}_2,\ \cdots,\ \boldsymbol{\varepsilon}_{n-1})(\boldsymbol{\varepsilon}_n,\ \boldsymbol{\varepsilon}_{n-1},\ \cdots,\ \boldsymbol{\varepsilon}_1)$$

$$=\begin{pmatrix}\boldsymbol{\varepsilon}_n'\\ \boldsymbol{\varepsilon}_{n-1}'\\ \vdots\\ \boldsymbol{\varepsilon}_1'\end{pmatrix}(\boldsymbol{\varepsilon}_{n-1},\ \boldsymbol{\varepsilon}_{n-2},\ \cdots,\ \boldsymbol{\varepsilon}_1,\ \boldsymbol{0})=\begin{pmatrix}0 & 0 & 0 & \cdots & 0 & 0\\ 1 & 0 & 0 & \cdots & 0 & 0\\ 0 & 1 & 0 & \cdots & 0 & 0\\ \vdots & \vdots & \vdots & & \vdots & \vdots\\ 0 & 0 & 0 & \cdots & 0 & 0\\ 0 & 0 & 0 & \cdots & 1 & 0\end{pmatrix}=\boldsymbol{J}_0'$$

14. 证明：如果域$\mathbb{F}$上的 n 级矩阵 $\boldsymbol{A}$ 可逆，那么 $\boldsymbol{AB}\sim\boldsymbol{BA}$.

证明： 由于 $\boldsymbol{BA}=\boldsymbol{A}^{-1}(\boldsymbol{AB})\boldsymbol{A}$，故 $\boldsymbol{AB}\sim\boldsymbol{BA}$.

15. 证明：如果 $\boldsymbol{A}_1\sim\boldsymbol{B}_1$，$\boldsymbol{A}_2\sim\boldsymbol{B}_2$，那么

$$\begin{pmatrix}\boldsymbol{A}_1 & \boldsymbol{0}\\ \boldsymbol{0} & \boldsymbol{A}_2\end{pmatrix}\sim\begin{pmatrix}\boldsymbol{B}_1 & \boldsymbol{0}\\ \boldsymbol{0} & \boldsymbol{B}_2\end{pmatrix}$$

证明： 由于 $\boldsymbol{A}_i\sim\boldsymbol{B}_i$，因此存在可逆矩阵 $\boldsymbol{P}_i$，使得 $\boldsymbol{B}_i=\boldsymbol{P}_i^{-1}\boldsymbol{A}\boldsymbol{P}_i$，$i=1,\ 2$. 于是

$$\begin{pmatrix}\boldsymbol{P}_1 & \boldsymbol{0}\\ \boldsymbol{0} & \boldsymbol{P}_2\end{pmatrix}^{-1}\begin{pmatrix}\boldsymbol{A}_1 & \boldsymbol{0}\\ \boldsymbol{0} & \boldsymbol{A}_2\end{pmatrix}\begin{pmatrix}\boldsymbol{P}_1 & \boldsymbol{0}\\ \boldsymbol{0} & \boldsymbol{P}_2\end{pmatrix}=\begin{pmatrix}\boldsymbol{P}_1^{-1}\boldsymbol{A}\boldsymbol{P}_1 & \boldsymbol{0}\\ \boldsymbol{0} & \boldsymbol{P}_2^{-1}\boldsymbol{A}\boldsymbol{P}_2\end{pmatrix}=\begin{pmatrix}\boldsymbol{B}_1 & \boldsymbol{0}\\ \boldsymbol{0} & \boldsymbol{B}_2\end{pmatrix}$$

从而

$$\begin{pmatrix}\boldsymbol{A}_1 & \boldsymbol{0}\\ \boldsymbol{0} & \boldsymbol{A}_2\end{pmatrix}\sim\begin{pmatrix}\boldsymbol{B}_1 & \boldsymbol{0}\\ \boldsymbol{0} & \boldsymbol{B}_2\end{pmatrix}$$

16. 证明：与数量矩阵 $k\boldsymbol{I}$ 相似的矩阵只有 $k\boldsymbol{I}$ 自己.

证明： 对于可逆矩阵 $\boldsymbol{P}$，由于 $\boldsymbol{P}^{-1}(k\boldsymbol{I})\boldsymbol{P}=\boldsymbol{P}^{-1}\boldsymbol{P}(k\boldsymbol{I})=k\boldsymbol{I}$，所以与 $k\boldsymbol{I}$ 相似的矩阵

只能是 $k\boldsymbol{I}$.

17. 证明：如果 $\boldsymbol{A}\sim\boldsymbol{B}$，那么使得 $\boldsymbol{B}=\boldsymbol{P}^{-1}\boldsymbol{A}\boldsymbol{P}$ 成立的所有可逆矩阵 $\boldsymbol{P}$ 组成的集合 Ω_1 可以用下述方法得到：将与 $\boldsymbol{A}$ 可交换的所有可逆矩阵组成的集合 Ω_2 中的矩阵，右乘 Ω_1 中的一个矩阵 $\boldsymbol{P}_0$，即取定一个 $\boldsymbol{P}_0\in\Omega_1$，则 $\Omega_1=\{\boldsymbol{S}\boldsymbol{P}_0\mid\boldsymbol{S}\in\Omega_2\}$.

证明： 任取 $\boldsymbol{S}\in\Omega_2$，由于 $\boldsymbol{S}\boldsymbol{A}=\boldsymbol{A}\boldsymbol{S}$，因此 $\boldsymbol{A}=\boldsymbol{S}^{-1}\boldsymbol{A}\boldsymbol{S}$. 从而

$$(\boldsymbol{S}\boldsymbol{P}_0)^{-1}\boldsymbol{A}(\boldsymbol{S}\boldsymbol{P}_0)=\boldsymbol{P}_0^{-1}\boldsymbol{S}^{-1}\boldsymbol{A}\boldsymbol{S}\boldsymbol{P}_0=\boldsymbol{P}_0^{-1}\boldsymbol{A}\boldsymbol{P}_0=\boldsymbol{B}$$

于是 $\boldsymbol{S}\boldsymbol{P}_0\in\Omega_1$. 反之，任取 $\boldsymbol{U}\in\Omega_1$，则 $\boldsymbol{U}^{-1}\boldsymbol{A}\boldsymbol{U}=\boldsymbol{B}$. 从而

$$(\boldsymbol{U}\boldsymbol{P}_0^{-1})^{-1}\boldsymbol{A}(\boldsymbol{U}\boldsymbol{P}_0^{-1})=\boldsymbol{P}_0\boldsymbol{U}^{-1}\boldsymbol{A}\boldsymbol{U}\boldsymbol{P}_0^{-1}=\boldsymbol{P}_0\boldsymbol{B}\boldsymbol{P}_0^{-1}=\boldsymbol{A}$$

于是 $(\boldsymbol{U}\boldsymbol{P}_0^{-1})\boldsymbol{A}=\boldsymbol{A}(\boldsymbol{U}\boldsymbol{P}_0^{-1})$，从而 $\boldsymbol{U}\boldsymbol{P}_0^{-1}\in\Omega_2$，且 $\boldsymbol{U}=\boldsymbol{U}\boldsymbol{P}_0^{-1}\boldsymbol{P}_0$.

18. 证明：如果数域 $\mathbb{K}$ 上的 n 级矩阵 $\boldsymbol{A}$，$\boldsymbol{B}$ 满足：$\boldsymbol{A}\boldsymbol{B}-\boldsymbol{B}\boldsymbol{A}=\boldsymbol{A}$，那么 $\boldsymbol{A}$ 不可逆.

证明： 假设 $\boldsymbol{A}$ 可逆，则在方程 $\boldsymbol{A}\boldsymbol{B}-\boldsymbol{B}\boldsymbol{A}=\boldsymbol{A}$ 两边左乘 $\boldsymbol{A}^{-1}$ 得 $\boldsymbol{B}-\boldsymbol{A}^{-1}\boldsymbol{B}\boldsymbol{A}=\boldsymbol{I}$，同时取迹得 $\mathrm{tr}(\boldsymbol{B}-\boldsymbol{A}^{-1}\boldsymbol{B}\boldsymbol{A})=\mathrm{tr}(\boldsymbol{I})=n$. 但 $\mathrm{tr}(\boldsymbol{B}-\boldsymbol{A}^{-1}\boldsymbol{B}\boldsymbol{A})=\mathrm{tr}(\boldsymbol{B})-\mathrm{tr}(\boldsymbol{A}^{-1}\boldsymbol{B}\boldsymbol{A})=\mathrm{tr}(\boldsymbol{B})-\mathrm{tr}(\boldsymbol{B})=\boldsymbol{0}$，矛盾. 因此 $\boldsymbol{A}$ 不可逆.

19. 证明：如果数域 $\mathbb{K}$ 上的 2 级矩阵 $\boldsymbol{A}$ 满足 $\boldsymbol{A}\boldsymbol{B}-\boldsymbol{B}\boldsymbol{A}=\boldsymbol{A}$，那么 $\boldsymbol{A}^2=\boldsymbol{0}$.

证明： 由第 18 题结论知 $\boldsymbol{A}$ 不可逆. 由于 $\boldsymbol{A}$ 是 2 级矩阵，故 $\mathrm{rank}(\boldsymbol{A})\leqslant 1$. 如果 $\mathrm{rank}(\boldsymbol{A})=\boldsymbol{0}$，那么 $\boldsymbol{A}=\boldsymbol{0}$，从而 $\boldsymbol{A}^2=\boldsymbol{0}$；如果 $\mathrm{rank}(\boldsymbol{A})=1$，那么

$$\boldsymbol{A}=\begin{pmatrix}k_1\\k_2\end{pmatrix}(a_1,a_2)=\begin{pmatrix}k_1a_1&k_1a_2\\k_2a_1&k_2a_2\end{pmatrix}$$

由于 $\mathrm{tr}(\boldsymbol{A})=\mathrm{tr}(\boldsymbol{A}\boldsymbol{B}-\boldsymbol{B}\boldsymbol{A})=\mathrm{tr}(\boldsymbol{A}\boldsymbol{B})-\mathrm{tr}(\boldsymbol{B}\boldsymbol{A})=0$，因此 $k_1a_1+k_2a_2=0$. 从而

$$\boldsymbol{A}^2=\begin{pmatrix}k_1\\k_2\end{pmatrix}(a_1,a_2)\begin{pmatrix}k_1\\k_2\end{pmatrix}(a_1,a_2)=(k_1a_1+k_2a_2)\boldsymbol{A}=\boldsymbol{0}.$$

20. 证明：设 $\boldsymbol{A}$，$\boldsymbol{B}$ 都是数域 $\mathbb{K}$ 上的 n 级矩阵. 证明：如果 $\boldsymbol{A}\boldsymbol{B}-\boldsymbol{B}\boldsymbol{A}=\boldsymbol{A}$，那么对一切正整数 k，有 $\mathrm{tr}(\boldsymbol{A}^k)=0$.

证明： $\mathrm{tr}(\boldsymbol{A})=\mathrm{tr}(\boldsymbol{A}\boldsymbol{B}-\boldsymbol{B}\boldsymbol{A})=\mathrm{tr}(\boldsymbol{A}\boldsymbol{B})-\mathrm{tr}(\boldsymbol{B}\boldsymbol{A})=0$. 当 $k>1$ 时，

$$\begin{aligned}\mathrm{tr}(\boldsymbol{A}^k)&=\mathrm{tr}(\boldsymbol{A}\cdot\boldsymbol{A}^{k-1})=\mathrm{tr}((\boldsymbol{A}\boldsymbol{B}-\boldsymbol{B}\boldsymbol{A})\cdot\boldsymbol{A}^{k-1})\\&=\mathrm{tr}(\boldsymbol{A}\boldsymbol{B}\boldsymbol{A}^{k-1})-\mathrm{tr}(\boldsymbol{B}\boldsymbol{A}\boldsymbol{A}^{k-1})\\&=\mathrm{tr}(\boldsymbol{A}(\boldsymbol{B}\boldsymbol{A}^{k-1}))-\mathrm{tr}(\boldsymbol{B}\boldsymbol{A}^{k-1}\boldsymbol{A})=0\end{aligned}$$

21. 设 $\boldsymbol{A}$，$\boldsymbol{B}$，$\boldsymbol{C}$ 都是数域 $\mathbb{K}$ 上的 n 级矩阵，证明：如果 $\boldsymbol{A}\boldsymbol{B}-\boldsymbol{B}\boldsymbol{A}=\boldsymbol{C}$，并且 $\boldsymbol{A}\boldsymbol{C}=\boldsymbol{C}\boldsymbol{A}$，那么 $\mathrm{tr}(C^k)=0$，$\forall k\in N^*$.

证明： $\operatorname{tr}(\boldsymbol{C})=\operatorname{tr}(\boldsymbol{AB}-\boldsymbol{BA})=\operatorname{tr}(\boldsymbol{AB})-\operatorname{tr}(\boldsymbol{BA})=0$，当 $k>1$ 时，由于 $\boldsymbol{AC}=\boldsymbol{CA}$，因此

$$\begin{aligned}\boldsymbol{C}^k&=\boldsymbol{C}\cdot\boldsymbol{C}^{k-1}=(\boldsymbol{AB}-\boldsymbol{BA})\boldsymbol{C}^{k-1}=\boldsymbol{ABC}^{k-1}-\boldsymbol{BAC}^{k-1}\\&=\boldsymbol{ABC}^{k-1}-\boldsymbol{BC}^{k-1}\boldsymbol{A}\end{aligned}$$

从而

$$\operatorname{tr}(\boldsymbol{C}^k)=\operatorname{tr}(\boldsymbol{ABC}^{k-1})-\operatorname{tr}(\boldsymbol{BC}^{k-1}\boldsymbol{A})=0$$

22. 设 $\boldsymbol{A}=(a_{ij})$ 是实数域上的 n 级矩阵，证明：若 $\operatorname{tr}(\boldsymbol{AA}')=0$，则 $\boldsymbol{A}=\boldsymbol{0}$.

证明： $\operatorname{tr}(\boldsymbol{AA}')=\sum\limits_{i=1}^{n}\boldsymbol{AA}'(i;\ i)=\sum\limits_{i=1}^{n}\left[\sum\limits_{j=1}^{n}\boldsymbol{A}(i;\ j)\boldsymbol{A}'(j;\ i)\right]=\sum\limits_{i=1}^{n}\sum\limits_{j=1}^{n}a_{ij}^2.$

若 $\operatorname{tr}(\boldsymbol{AA}')=0$，则 $\sum\limits_{i,\ j}a_{ij}^2=0$，由于 $a_{ij}\in\mathbb{R}$，故 $a_{ij}=0$，i，$j=1$，2，…，n. 因此 $\boldsymbol{A}=\boldsymbol{0}$.

23. 证明：如果实数域上的 n 级矩阵 $\boldsymbol{A}$ 与 $\boldsymbol{B}$ 不相似，那么把它们看成复数域上的矩阵后仍然不相似.

证明： 假设把 $\boldsymbol{A}$ 与 $\boldsymbol{B}$ 看成复数域上的矩阵后它们相似，则存在复数域上的 n 级可逆矩阵 $\boldsymbol{U}$，使得 $\boldsymbol{B}=\boldsymbol{U}^{-1}\boldsymbol{AU}$. 设 $\boldsymbol{U}=\boldsymbol{P}+\mathrm{i}\boldsymbol{Q}$，其中 $\boldsymbol{P},\boldsymbol{Q}\in M_n(\mathbb{R})$. 考虑函数 $f(t)=|\boldsymbol{P}+t\boldsymbol{Q}|$，则 $f(t)$ 至多有 n 个实根. 于是存在实数 t_0，使得 $f(t_0)\neq0$，即 $\boldsymbol{P}+t_0\boldsymbol{Q}$ 是实数域上的 $\boldsymbol{n}$ 级可逆矩阵. 记 $\boldsymbol{S}=\boldsymbol{P}+t_0\boldsymbol{Q}$. 由于 $\boldsymbol{U}^{-1}\boldsymbol{AU}=\boldsymbol{B}$，因此 $\boldsymbol{AU}=\boldsymbol{UB}$，从而 $\boldsymbol{A}(\boldsymbol{P}+\mathrm{i}\boldsymbol{Q})=(\boldsymbol{P}+\mathrm{i}\boldsymbol{Q})\boldsymbol{B}$. 于是有 $\boldsymbol{AP}=\boldsymbol{PB}$，$\boldsymbol{AQ}=\boldsymbol{QB}$. 因此 $\boldsymbol{AS}=\boldsymbol{A}(\boldsymbol{P}+t_0\boldsymbol{Q})=\boldsymbol{AP}+t_0\boldsymbol{AQ}=\boldsymbol{PB}+t_0\boldsymbol{QB}=(\boldsymbol{P}+t_0\boldsymbol{Q})\boldsymbol{B}=\boldsymbol{SB}$，即 $\boldsymbol{S}^{-1}\boldsymbol{AS}=\boldsymbol{B}$. 这表明实矩阵 $\boldsymbol{A}$ 与 $\boldsymbol{B}$ 相似，矛盾.

24. 用 $M_n^0(\mathbb{K})$ 表示数域 $\mathbb{K}$ 上所有迹为 0 的 n 级矩阵组成的集合，它是 $M_n(\mathbb{K})$ 的一个子空间. 证明：

$$M_n(\mathbb{K})=\langle\boldsymbol{I}\rangle\oplus M_n^0(\mathbb{K}).$$

证明： 先证明 $M_n(\mathbb{K})=\langle\boldsymbol{I}\rangle+M_n^0(\mathbb{K})$. 任取 $\boldsymbol{A}\in M_n(\mathbb{K})$. 设 $\boldsymbol{A}=(a_{ij})$，把 $\boldsymbol{A}$ 表示成 $k\boldsymbol{I}+\boldsymbol{A}_2$，其中 $\boldsymbol{A}_2$ 的迹为零. 于是 $\operatorname{tr}(\boldsymbol{A}_2)=\operatorname{tr}(\boldsymbol{A}-k\boldsymbol{I})=\operatorname{tr}(\boldsymbol{A})-kn=0$，由此得 $k=\dfrac{1}{n}\sum\limits_{i=1}^{n}a_{ii}$，故只要令 $\boldsymbol{A}_2=\boldsymbol{A}-\left(\dfrac{1}{n}\sum\limits_{i=1}^{n}a_{ii}\right)\boldsymbol{I}$，则 $\boldsymbol{A}=k\boldsymbol{I}+\boldsymbol{A}_2$，于是有 $M_n(\mathbb{K})\subseteq\langle\boldsymbol{I}\rangle+M_n^0(\mathbb{K})$. 而 $\langle\boldsymbol{I}\rangle+M_n^0(\mathbb{K})\subseteq M_n(\mathbb{K})$ 显然，故 $M_n(\mathbb{K})=\langle\boldsymbol{I}\rangle+M_n^0(\mathbb{K})$.

再证 $\langle\boldsymbol{I}\rangle\cap M_n^0(\mathbb{K})=0$. 设 $\boldsymbol{B}\in\langle\boldsymbol{I}\rangle\cap M_n^0(\mathbb{K})$，则 $\boldsymbol{B}=k\boldsymbol{I}$，且 $\operatorname{tr}(\boldsymbol{B})=0$. 由于 $\operatorname{tr}(\boldsymbol{B})=\operatorname{tr}(kI)=kn$，故 $k=0$，从而 $\boldsymbol{B}=\boldsymbol{0}$. 综上所述，$M_n(\mathbb{K})=\langle\boldsymbol{I}\rangle\oplus M_n^0(\mathbb{K})$.

25. 求 $M_n^0(\mathbb{K})$ 的一个基.

证明： 设 $\boldsymbol{X}\in M_n^0(\mathbb{K})$，$\boldsymbol{X}=(x_{ij})$，则 $x_{11}+x_{22}+\cdots+x_{nn}=0$. 因此

$$\begin{aligned}\boldsymbol{X}&=x_{11}\boldsymbol{E}_{11}+\cdots+x_{1n}\boldsymbol{E}_{1n}+\cdots+x_{n1}\boldsymbol{E}_{n1}+\cdots+x_{n,\,n-1}\boldsymbol{E}_{n,\,n-1}\\&\quad-(x_{11}+\cdots+x_{n-1,\,n-1})\boldsymbol{E}_{nn}\\&=x_{11}(\boldsymbol{E}_{11}-\boldsymbol{E}_{nn})+\cdots+x_{1n}\boldsymbol{E}_{1n}+\cdots+x_{n1}\boldsymbol{E}_{n1}+\cdots+x_{n,\,n-1}\boldsymbol{E}_{n,\,n-1}\end{aligned}$$

由第 24 题知 $\dim M_n^0(\mathbb{K})=n^2-1$，因此 $\boldsymbol{E}_{11}-\boldsymbol{E}_{nn}$，$\boldsymbol{E}_{12}$，…，$\boldsymbol{E}_{1n}$，$\boldsymbol{E}_{21}$，$\boldsymbol{E}_{22}-\boldsymbol{E}_{nn}$，…，$\boldsymbol{E}_{2n}$，…，$\boldsymbol{E}_{n-1,\,1}$，…，$\boldsymbol{E}_{n-1,\,n-1}-\boldsymbol{E}_{nn}$，$\boldsymbol{E}_{n-1,\,n}$，$\boldsymbol{E}_{n1}$，$\boldsymbol{E}_{n2}$，…，$\boldsymbol{E}_{n,\,n-1}$是 $M_n^0(\mathbb{K})$的一个基.

习题 6.6 线性变换与矩阵的特征值和特征向量

1. 设 V 是数域$\mathbb{K}$上的 3 维线性空间，V 上一个线性变换 $\mathscr{A}$ 在 V 的一个基 $\boldsymbol{\alpha}_1$，$\boldsymbol{\alpha}_2$，$\boldsymbol{\alpha}_3$ 下的矩阵为 $\boldsymbol{A}$，求 $\mathscr{A}$ 的全部特征值和特征向量.

(1) $\boldsymbol{A}=\begin{pmatrix}2&2&-2\\2&5&-4\\-2&-4&5\end{pmatrix}$；　(2) $\boldsymbol{A}=\begin{pmatrix}2&3&2\\1&8&2\\-2&-14&-3\end{pmatrix}$；

(3) $\boldsymbol{A}=\begin{pmatrix}6&2&4\\2&3&2\\4&2&6\end{pmatrix}$；　(4) $\boldsymbol{A}=\begin{pmatrix}2&-1&2\\5&-3&3\\-1&0&-2\end{pmatrix}$；

(5) $\boldsymbol{A}=\begin{pmatrix}0&\frac{1}{2}&\frac{1}{2}\\1&-\frac{1}{2}&\frac{1}{2}\\1&-\frac{1}{2}&\frac{1}{2}\end{pmatrix}$.

解： (1) $|\lambda\boldsymbol{I}-\boldsymbol{A}|=\begin{vmatrix}\lambda-2&-2&2\\-2&\lambda-5&4\\2&4&\lambda-5\end{vmatrix}=-\lambda^3+12\lambda^2-21\lambda+10=0$

得 $\lambda_1=\lambda_2=1$，$\lambda_3=10$. 解方程$(\boldsymbol{I}-\boldsymbol{A})\boldsymbol{X}=\boldsymbol{0}$ 得属于特征值 1 的特征向量 $\xi_1=(-2,\ 1,\ 0)'$，$\xi_2=(2,\ 0,\ 1)'$. 解方程$(10\boldsymbol{I}-\boldsymbol{A})\boldsymbol{X}=\boldsymbol{0}$得属于特征值 10 的特征向量 $\xi_3=(-1,\ -2,\ 2)'$. 从而 $\mathscr{A}$ 的属于特征值 1 的全部特征向量是

$$\{k_1(-2\boldsymbol{\alpha}_1+\boldsymbol{\alpha}_2)+k_2(2\boldsymbol{\alpha}_1+\boldsymbol{\alpha}_3)\,|\,k_1,\ k_2\in\mathbb{K}，且\ k_1,\ k_2\ 不全为\ 0\}$$

$\mathscr{A}$ 的属于特征值 10 的全部特征向量是$\{k(-\boldsymbol{\alpha}_1-2\boldsymbol{\alpha}_2+2\boldsymbol{\alpha}_3)\,|\,k\in\mathbb{K}，且\ k\neq0\}$

(2) $\mathscr{A}$的全部特征值是$\lambda_1=1$，$\lambda_2=\lambda_3=3$.

$\mathscr{A}$的属于特征值1的全部特征向量是$\{k(2\boldsymbol{\alpha}_1-\boldsymbol{\alpha}_3)\mid k\in\mathbb{K},\ k\neq 0\}$

$\mathscr{A}$的属于特征值3的全部特征向量是$\{k(\boldsymbol{\alpha}_1-\boldsymbol{\alpha}_2+2\boldsymbol{\alpha}_3)\mid k\in\mathbb{K},\ k\neq 0\}$

(3) $\mathscr{A}$的全部特征值是$\lambda_1=\lambda_2=2$，$\lambda_3=11$.

$\mathscr{A}$的属于特征值2的全部特征向量是

$$\{k_1(\boldsymbol{\alpha}_1-2\boldsymbol{\alpha}_2)+k_2(\boldsymbol{\alpha}_1-\boldsymbol{\alpha}_3)\mid k_1,\ k_2\in\mathbb{K}，且\ k_1,\ k_2\ 不全为\ 0\}$$

$\mathscr{A}$的属于特征值11的全部特征向量是$\{k(2\boldsymbol{\alpha}_1+\boldsymbol{\alpha}_2+2\boldsymbol{\alpha}_3)\mid k\in\mathbb{K}，且\ k\neq 0\}$

(4) $\mathscr{A}$的全部特征值是$\lambda_1=\lambda_2=\lambda_3=-1$.

$\mathscr{A}$的属于特征值-1的全部特征向量是$\{k(\boldsymbol{\alpha}_1+\boldsymbol{\alpha}_2-\boldsymbol{\alpha}_3)\mid k\in\mathbb{K}，且\ k\neq 0\}$

(5) $\mathscr{A}$的全部特征值是0，1，-1.

$\mathscr{A}$的属于特征值0的全部特征向量是$\{k(\boldsymbol{\alpha}_1+\boldsymbol{\alpha}_2-\boldsymbol{\alpha}_3)\mid k\in\mathbb{K}，且\ k\neq 0\}$

$\mathscr{A}$的属于特征值1的全部特征向量是$\{k(\boldsymbol{\alpha}_1+\boldsymbol{\alpha}_2+\boldsymbol{\alpha}_3)\mid k\in\mathbb{K}，且\ k\neq 0\}$

$\mathscr{A}$的属于特征值-1的全部特征向量是$\{k(\boldsymbol{\alpha}_1-\boldsymbol{\alpha}_2-\boldsymbol{\alpha}_3)\mid k\in\mathbb{K}，且\ k\neq 0\}$

Mathematica 软件输入：

$$\boldsymbol{A}=\{\{2,\ 2,\ -2\},\ \{2,\ 5,\ -4\},\ \{-2,\ -4,\ 5\}\}$$

Eigensystem[$\boldsymbol{A}$]

这时返回$\{\{10,\ 1,\ 1\},\ \{\{-1,\ -2,\ 2\},\ \{2,\ 0,\ 1\},\ \{-2,\ 1,\ 0\}\}\}$. 前三个数10，1，1为$\boldsymbol{A}$的特征值，后三个向量$(-1,\ -2,\ 2)'$，$(2,\ 0,\ 1)'$，$(-2,\ 1,\ 0)'$为矩阵$\boldsymbol{A}$的特征向量.

输入 CharacteristicPolynomial[$\boldsymbol{A}$，λ]得到$\boldsymbol{A}$的特征多项式.

2. 设$\boldsymbol{A}$是复数域上的n级矩阵，并且$\boldsymbol{A}$的元素全是实数，证明：如果虚数λ_0是$\boldsymbol{A}$的一个特征值，$\boldsymbol{\alpha}$是$\boldsymbol{A}$的属于λ_0的一个特征向量，那么$\bar{\lambda}_0$也是$\boldsymbol{A}$的一个特征值，且$\bar{\boldsymbol{\alpha}}$是$\boldsymbol{A}$的属于$\bar{\lambda}_0$的一个特征向量.

证明： 由题意可知$\boldsymbol{A}\boldsymbol{\alpha}=\lambda_0\boldsymbol{\alpha}$，两边取共轭得$\boldsymbol{A}\bar{\boldsymbol{\alpha}}=\bar{\lambda}_0\bar{\boldsymbol{\alpha}}$，此即表明$\bar{\lambda}_0$是$\boldsymbol{A}$的特征值，$\bar{\boldsymbol{\alpha}}$是属于$\bar{\lambda}_0$的一个特征向量.

3. 求复数域上的矩阵$\boldsymbol{A}$的全部特征值和特征向量；如果把$\boldsymbol{A}$看成实数域上的矩阵，它有没有特征值？有多少个特征值？

(1) $\boldsymbol{A}=\begin{pmatrix}1 & -\sqrt{3}\\ \sqrt{3} & 1\end{pmatrix}$；(2) $\boldsymbol{A}=\begin{pmatrix}4 & 7 & -3\\ -2 & -4 & 2\\ -4 & -10 & 4\end{pmatrix}$；(3) $\boldsymbol{A}=\begin{pmatrix}0 & a\\ -a & 0\end{pmatrix}$，$a\in\mathbb{R}^*$.

解：(1) $\boldsymbol{A}$ 的全部特征值是 $\lambda_1=1+\sqrt{3}\mathrm{i}$，$\lambda_2=1-\sqrt{3}\mathrm{i}$，相应的特征向量是 $\{k(\mathrm{i},1)'|k\neq 0\}$，$\{k(-\mathrm{i},1)'|k\neq 0\}$. 若把 $\boldsymbol{A}$ 看成实数域上的矩阵，它没有特征值.

(2) $\boldsymbol{A}$ 的全部特征值为 $\lambda_1=2$，$\lambda_2=1+\mathrm{i}$，$\lambda_3=1-\mathrm{i}$.

$\boldsymbol{A}$ 的属于特征值 2 的全部特征向量是 $\{k_1(2,-1,-1)'|k_1\in\mathbb{C}$，且 $k_1\neq 0\}$；

$\boldsymbol{A}$ 的属于特征值 $1+\mathrm{i}$ 的全部特征向量是 $\{k_2(1-2\mathrm{i},-1+\mathrm{i},-2)'|k_2\in\mathbb{C}$，且 $k_2\neq 0\}$；

$\boldsymbol{A}$ 的属于特征值 $1-\mathrm{i}$ 的全部特征向量是 $\{k_3(1+2\mathrm{i},-1-\mathrm{i},-2)'|k_3\in\mathbb{C}$，且 $k_3\neq 0\}$；

把 $\boldsymbol{A}$ 看成实数域上的矩阵，它只有一个特征值 2.

(3) $\boldsymbol{A}$ 的全部特征值是 $a\mathrm{i}$，$-a\mathrm{i}$，对应的特征向量分别为 $\{k_1(1,\mathrm{i})'|k_1\in\mathbb{C}$，且 $k_1\neq 0\}$，$\{k_2(1,-\mathrm{i})'|k_2\in\mathbb{C}$，且 $k_2\neq 0\}$. 把 $\boldsymbol{A}$ 看成实数域上的矩阵，它没有特征值.

4. 设 V 是域 $\mathbb{F}$ 上的线性空间，$\mathscr{A}$ 是 V 上的一个可逆线性变换. 证明：

(1) 0 不是 $\mathscr{A}$ 的特征值；

(2) 若 λ_0 是 $\mathscr{A}$ 的一个特征值，则 λ_0^{-1} 是 $\mathscr{A}^{-1}$ 的一个特征值；

(3) 设 $\dim V=n$，且 $\mathbb{F}$ 是数域. 若 λ_0 是 $\mathscr{A}$ 的一个 l 重特征值，则 λ_0^{-1} 是 $\mathscr{A}^{-1}$ 的一个 l 重特征值.

证明： (1) 设 0 是 $\mathscr{A}$ 的特征值，对应的特征向量设为 $\boldsymbol{\alpha}\in V$，$\boldsymbol{\alpha}\neq\boldsymbol{0}$，则 $\mathscr{A}\boldsymbol{\alpha}=0\boldsymbol{\alpha}=\boldsymbol{0}$，于是 $\boldsymbol{\alpha}\in\operatorname{Ker}\mathscr{A}$，从而 $\mathscr{A}$ 不是单射，与 $\mathscr{A}$ 是可逆映射矛盾.

(2) 设 λ_0 对应的特征向量为 $\boldsymbol{\alpha}(\boldsymbol{\alpha}\in V,\boldsymbol{\alpha}\neq\boldsymbol{0})$，则 $\mathscr{A}\boldsymbol{\alpha}=\lambda_0\boldsymbol{\alpha}$，则 $\mathscr{A}^{-1}(\mathscr{A}\boldsymbol{\alpha})=\lambda_0\mathscr{A}^{-1}\boldsymbol{\alpha}$，从而有 $\mathscr{I}\boldsymbol{\alpha}=\lambda_0\mathscr{A}^{-1}\boldsymbol{\alpha}$. 由于 $\lambda_0\neq 0$，因此 $\mathscr{A}^{-1}\boldsymbol{\alpha}=\lambda_0^{-1}\boldsymbol{\alpha}$，从而 λ_0^{-1} 是 $\mathscr{A}^{-1}$ 的一个特征值.

(3) 设 $\mathscr{A}$ 在 V 的基 $\boldsymbol{\alpha}_1,\boldsymbol{\alpha}_2,\cdots,\boldsymbol{\alpha}_n$ 下的矩阵为 $\boldsymbol{A}$，则 $\boldsymbol{A}$ 为可逆矩阵，由于 λ_0 是 $\mathscr{A}$ 的一个 l 重特征值，故 λ_0 是 $|\lambda\boldsymbol{I}-\boldsymbol{A}|$ 的一个 l 重根，于是

$$|\lambda\boldsymbol{I}-\boldsymbol{A}|=(\lambda-\lambda_0)^l g(\lambda),\ (g(\lambda),\lambda-\lambda_0)=1$$

把 $g(\lambda)$ 在复数域上因式分解：$g(\lambda)=(\lambda-\lambda_1)^{l_1}(\lambda-\lambda_2)^{l_2}\cdots(\lambda-\lambda_m)^{l_m}$，其中 $\lambda_1,\lambda_2,\cdots,\lambda_m$ 是两两不相等的复数，且它们都不等于 λ_0，$l_1+l_2+\cdots+l_m=n-l$. λ 用 $\dfrac{1}{\lambda}$ 代入得

$$\left|\frac{1}{\lambda}\boldsymbol{I}-\boldsymbol{A}\right|=\left(\frac{1}{\lambda}-\lambda_0\right)^l\left(\frac{1}{\lambda}-\lambda_1\right)^{l_1}\cdots\left(\frac{1}{\lambda}-\lambda_m\right)^{l_m}$$

从而 $\boldsymbol{A}^{-1}$ 的特征多项式

$$|\lambda\boldsymbol{I}-\boldsymbol{A}^{-1}|=|\boldsymbol{A}^{-1}(\lambda\boldsymbol{I})\boldsymbol{A}-\boldsymbol{A}^{-1}\boldsymbol{I}|=|\boldsymbol{A}^{-1}(\lambda\boldsymbol{A}-\boldsymbol{I})|=\left|\boldsymbol{A}^{-1}(-\lambda)\left(\frac{1}{\lambda}\boldsymbol{I}-\boldsymbol{A}\right)\right|$$

$$=(-1)^n\lambda^n|\mathbf{A}^{-1}|\cdot\left|\frac{1}{\lambda}\boldsymbol{I}-\mathbf{A}\right|=(-\lambda)^n\cdot|\mathbf{A}|^{-1}$$
$$\cdot\left(\frac{1}{\lambda}-\lambda_0\right)^l\left(\frac{1}{\lambda}-\lambda_1\right)^{l_1}\cdots\left(\frac{1}{\lambda}-\lambda_m\right)^{l_m}$$
$$=|\mathbf{A}^{-1}|\cdot(\lambda\lambda_0-1)^l(\lambda\lambda_1-1)^{l_1}\cdots(\lambda\lambda_m-1)^{l_m}$$
$$=|\mathbf{A}^{-1}|\cdot\lambda_0^l\lambda_1^{l_1}\cdots\lambda_m^{l_m}\cdot\left(\lambda-\frac{1}{\lambda_0}\right)^l\left(\lambda-\frac{1}{\lambda_1}\right)^{l_1}\cdots\left(\lambda-\frac{1}{\lambda_1}\right)^{l_m}$$

因此$\frac{1}{\lambda_0}$是$\mathbf{A}^{-1}$的一个 l 重特征值，于是$\frac{1}{\lambda_0}$是 $\mathscr{A}^{-1}$的一个 l 重特征值.

5. 证明：域$\mathbb{F}$上线性空间 V 上的幂零变换一定有特征值，并且它的特征值一定是 0.

证明： 设幂零变换的幂零指数为 l，即 $\mathscr{A}^l=\mathscr{O}$. 设 λ 是 $\mathscr{A}$ 的特征值，对应的特征向量为 $\boldsymbol{\alpha}$，则 $\mathscr{A}\boldsymbol{\alpha}=\lambda\boldsymbol{\alpha}$，从而得 $\mathscr{A}^l\boldsymbol{\alpha}=\lambda^l\boldsymbol{\alpha}=\mathbf{0}$. 由于 $\boldsymbol{\alpha}\neq\mathbf{0}$，故 $\lambda=0$.

6. 证明：域$\mathbb{F}$上线性空间 V 上的幂等变换一定有特征值，并且它的特征值是 1 或者 0.

证明： 设 λ 是 $\mathscr{A}$ 的特征值，对应的特征向量为 $\boldsymbol{\alpha}$，则 $\mathscr{A}\boldsymbol{\alpha}=\lambda\boldsymbol{\alpha}$，于是 $\mathscr{A}^2\boldsymbol{\alpha}=\lambda^2\boldsymbol{\alpha}=\mathscr{A}\boldsymbol{\alpha}=\lambda\boldsymbol{\alpha}$，从而得 $\lambda^2=\lambda$，所以 $\lambda=1$ 或 0.

7. 设 V 和 V'都是域$\mathbb{F}$上的线性空间，$\mathscr{A}\in\mathrm{Hom}(V, V')$，$\mathscr{B}\in\mathrm{Hom}(V', V)$. 证明：

(1) $\mathscr{AB}$ 与 $\mathscr{BA}$ 有相同的非零特征值；

(2) 如果 $\boldsymbol{\alpha}$ 是 $\mathscr{AB}$ 的属于非零特征值 λ_0 的一个特征向量，那么 $\mathscr{B}\boldsymbol{\alpha}$ 是 $\mathscr{BA}$ 的属于特征值 λ_0 的一个特征向量；

(3) 设$\mathbb{F}$是数域. 若 $\dim V=n$，$\dim V'=s$，则 $\mathscr{AB}$ 与 $\mathscr{BA}$ 的相同非零特征值 λ_0 的重数也相同.

证明： (1) 设 λ_0 是 $\mathscr{AB}$ 的一个非零特征值，则在 V' 中存在 $\boldsymbol{\alpha}\neq\mathbf{0}$，使得$(\mathscr{AB})\boldsymbol{\alpha}=\lambda_0\boldsymbol{\alpha}$，从而 $\mathscr{B}(\mathscr{AB})\boldsymbol{\alpha}=\lambda_0(\mathscr{B}\boldsymbol{\alpha})$，即$(\mathscr{BA})(\mathscr{B}\boldsymbol{\alpha})=\lambda_0(\mathscr{B}\boldsymbol{\alpha})$. 假如 $\mathscr{B}\boldsymbol{\alpha}=\mathbf{0}$，则 $\lambda_0\boldsymbol{\alpha}=\mathscr{A}(\mathscr{B}\boldsymbol{\alpha})=\mathscr{A}(0)=\mathbf{0}$. 由于 $\boldsymbol{\alpha}\neq\mathbf{0}$，因此 $\lambda_0=0$，矛盾，所以 $\mathscr{B}\boldsymbol{\alpha}\neq\mathbf{0}$是 $\mathscr{BA}$ 属于特征值 λ_0 的特征向量. 由于 $\mathscr{A}$ 与 $\mathscr{B}$ 地位对称，因此 $\mathscr{BA}$ 的每个非零特征值也是 $\mathscr{AB}$ 的特征值.

(2) 在(1)中已证.

(3) 设 $\mathscr{A}$ 在 V 的一个基 $\boldsymbol{\alpha}_1$，$\boldsymbol{\alpha}_2$，…，$\boldsymbol{\alpha}_n$ 和 V'的一个基 $\boldsymbol{\eta}_1$，$\boldsymbol{\eta}_2$，…，$\boldsymbol{\eta}_s$ 下的矩阵为 $\boldsymbol{A}$，$\mathscr{B}$ 在 V'的一个基 $\boldsymbol{\eta}_1$，$\boldsymbol{\eta}_2$，…，$\boldsymbol{\eta}_s$ 和 V 的一个基 $\boldsymbol{\alpha}_1$，$\boldsymbol{\alpha}_2$，…，$\boldsymbol{\alpha}_n$ 下的矩阵为 $\boldsymbol{B}$. 设 $\lambda_0\neq 0$ 是 $\mathscr{AB}$ 的 l 重非零的特征值，把 $\boldsymbol{AB}$ 的特征多项式 $|\lambda\boldsymbol{I}_s-\boldsymbol{AB}|$ 在复数域上因式分解

$$|\lambda\boldsymbol{I}_s-\boldsymbol{AB}|=(\lambda-\lambda_0)^l(\lambda-\lambda_1)^{l_1}\cdots(\lambda-\lambda_{m-1})^{l_{m-1}}$$

其中 λ_0，λ_1，…，λ_{m-1} 两两不等，$l+l_1+\cdots+l_{m-1}=s$. 由教材 4.5 节命题 2 得

$$\lambda^n|\lambda\boldsymbol{I}_s-\boldsymbol{AB}|=\lambda^n\left|\lambda\left(\boldsymbol{I}_s-\frac{1}{\lambda}\boldsymbol{AB}\right)\right|=\lambda^n\lambda^s\left|I_s-\frac{1}{\lambda}\boldsymbol{AB}\right|$$
$$=\lambda^s\lambda^n\left|\boldsymbol{I}_n-\frac{1}{\lambda}\boldsymbol{BA}\right|=\lambda^s|\lambda I_n-\boldsymbol{BA}|$$

从而有 $\lambda^s|\lambda\boldsymbol{I}_n-\boldsymbol{BA}|=\lambda^n(\lambda-\lambda_0)^l(\lambda-\lambda_1)^{l_1}\cdots(\lambda-\lambda_{m-1})^{l_{m-1}}$，由此得 $\lambda-\lambda_0$ 是 $|\lambda\boldsymbol{I}_n-\boldsymbol{BA}|$ 的 l 重因式，从而 λ_0 是 $\boldsymbol{BA}$ 的特征多项式 $|\lambda\boldsymbol{I}_n-\boldsymbol{BA}|$ 的 l 重根. 因此 λ_0 是 $\mathscr{B}\mathscr{A}$ 的 l 重特征值.

8. 用 $\boldsymbol{J}$ 表示元素全为 1 的 n 级矩阵，求数域 $\mathbb{K}$ 上的 n 级矩阵 $\boldsymbol{J}$ 的全部特征值和特征向量.

解： 设 $\boldsymbol{J}=\boldsymbol{1}_n\boldsymbol{1}_n'$，其中 $\boldsymbol{1}_n$ 表示元素全为 1 的 n 维向量，由第 7 题的结论，$\boldsymbol{J}$ 与 $\boldsymbol{1}_n'\boldsymbol{1}_n=(n)$ 有相同的非零特征值且重数相同. 由于 1 级矩阵 (n) 的特征值为 n，因此 $\boldsymbol{J}$ 的非零特征值为 n，且它的重数也是 1. 由于 (1) 是 (n) 的属于特征值 n 的特征向量，因此 $1_n(1)=1_n$ 是 $\boldsymbol{J}$ 的属于特征值 n 的特征向量. 由于 $\boldsymbol{J}$ 的特征值 n 的几何重数不超过它的代数重数 1. 因此 $\boldsymbol{J}$ 的属于 n 的特征子空间的维数为 1，从而 $\boldsymbol{J}$ 的属于 n 的所有特征向量为 $\{k\,\boldsymbol{1}_n\,|\,k\in\mathbb{K},\ k\neq 0\}$. 由于 $|\boldsymbol{J}|=0$，因此 0 是 $\boldsymbol{J}$ 的特征值. 显然 $\mathrm{rank}(\boldsymbol{J})=1$，因此 $(0\boldsymbol{I}-\boldsymbol{J})\boldsymbol{X}=\boldsymbol{0}$ 解空间维数等于 $n-1$. 容易解出 $x_1=-x_2-x_3-\cdots-x_n$，其中 $x_2,x_3,\cdots,x_n$ 为自由未知量，于是它的基础解系是

$$\boldsymbol{\eta}_1=\begin{pmatrix}1\\-1\\0\\\vdots\\0\end{pmatrix},\ \boldsymbol{\eta}_2=\begin{pmatrix}1\\0\\-1\\0\\\vdots\\0\end{pmatrix},\ \cdots,\ \boldsymbol{\eta}_{n-1}=\begin{pmatrix}1\\0\\\vdots\\0\\1\end{pmatrix}$$

从而 0 的代数重数大于等于 $n-1$，所以 0 的代数重数为 $n-1$，$\boldsymbol{J}$ 的属于特征值 0 的特征向量是

$$\{k_1\boldsymbol{\eta}_1+k_2\boldsymbol{\eta}_2+\cdots+k_{n-1}\boldsymbol{\eta}_{n-1}\,|\,k_1,k_2,\cdots,k_{n-1}\in\mathbb{K},\text{它们不全为 }0\}.$$

9. 设 $f(x)=a_mx^m+\cdots+a_1x+a_0$ 是域 $\mathbb{F}$ 上的一个多项式，$\mathscr{A}$ 是域 $\mathbb{F}$ 上线性空间 V 上的一个线性变换. 证明：如果 λ_0 是 $\mathscr{A}$ 的一个特征值，且 $\boldsymbol{\alpha}$ 是 $\mathscr{A}$ 的属于 λ_0 的一个特征向量，那么 $f(\lambda_0)$ 是 $f(\mathscr{A})$ 的一个特征值，且 $\boldsymbol{\alpha}$ 是 $f(\mathscr{A})$ 的属于 $f(\lambda_0)$ 的一个特征向量.

证明： 由题意可知 $\mathscr{A}\boldsymbol{\alpha}=\lambda_0\boldsymbol{\alpha}$，由此可得 $\mathscr{A}^k\boldsymbol{\alpha}=\lambda_0^k\boldsymbol{\alpha}$，$k\geqslant 1$，$k\in\mathbb{Z}$.

$$f(\mathscr{A})\boldsymbol{\alpha}=(a_m\mathscr{A}^m+\cdots+a_1\mathscr{A}+a_0\mathscr{I})\boldsymbol{\alpha}$$

$$
\begin{aligned}
&=a_m\mathscr{A}^m\boldsymbol{\alpha}+\cdots+a_1\mathscr{A}\boldsymbol{\alpha}+a_0\boldsymbol{\alpha}\\
&=a_m\lambda_0^m\boldsymbol{\alpha}+\cdots+a_1\lambda_0\boldsymbol{\alpha}+a_0\boldsymbol{\alpha}\\
&=(a_m\lambda_0^m+\cdots+a_1\lambda_0+a_0)\boldsymbol{\alpha}\\
&=f(\lambda_0)\boldsymbol{\alpha}
\end{aligned}
$$

从而 $f(\lambda)$是 $f(\mathscr{A})$的一个特征值，$\boldsymbol{\alpha}$ 是 $f(\mathscr{A})$的属于 $f(\lambda_0)$的一个特征向量.

10. 求复数域上 n 级循环移位矩阵$\boldsymbol{C}=(\boldsymbol{\varepsilon}_n,\boldsymbol{\varepsilon}_1,\cdots,\boldsymbol{\varepsilon}_{n-1})$的全部特征值和特征向量.

解： $\boldsymbol{C}$ 的特征多项式$|\lambda\boldsymbol{I}-\boldsymbol{C}|$为

$$
\begin{vmatrix}
\lambda & -1 & 0 & \cdots & 0 & 0\\
0 & \lambda & -1 & \cdots & 0 & 0\\
\vdots & \vdots & \vdots & & \vdots & \vdots\\
0 & 0 & 0 & \cdots & \lambda & -1\\
-1 & 0 & 0 & \cdots & 0 & \lambda
\end{vmatrix}
=\lambda\begin{vmatrix}
\lambda & -1 & \cdots & 0 & 0\\
\vdots & \vdots & & \vdots & \vdots\\
0 & 0 & \cdots & \lambda & -1\\
0 & 0 & \cdots & 0 & \lambda
\end{vmatrix}+(-1)(-1)^{n+1}(-1)^{n-1}
$$

$$=\lambda^n-1$$

于是 $\boldsymbol{C}$ 的全部特征值为 $1,\xi,\xi^2,\cdots,\xi^{n-1}$，其中 $\xi=e^{i\frac{2\pi}{n}}$.

对于非负整数 $m(0\leqslant m<n)$，有

$$
\boldsymbol{C}\begin{pmatrix}1\\ \xi^m\\ \xi^{2m}\\ \vdots\\ \xi^{(n-1)m}\end{pmatrix}=\begin{pmatrix}\xi^m\\ \xi^{2m}\\ \vdots\\ \xi^{(n-1)m}\\ 1\end{pmatrix}=\xi^m\begin{pmatrix}1\\ \xi^m\\ \xi^{2m}\\ \vdots\\ \xi^{(n-1)m}\end{pmatrix}
$$

因此 $\boldsymbol{C}$ 的属于特征值 ξ^m 的全部特征向量是

$$\{k(1,\xi^m,\cdots,\xi^{(n-1)m})'\,|\,k\in\mathbb{C}，且\ k\neq 0\}.$$

11. 求复数域上 n 级循环矩阵

$$
\boldsymbol{A}=\begin{pmatrix}
a_1 & a_2 & a_3 & \cdots & a_n\\
a_n & a_1 & a_2 & \cdots & a_{n-1}\\
\vdots & \vdots & \vdots & & \vdots\\
a_2 & a_3 & a_4 & \cdots & a_1
\end{pmatrix}
$$

的全部特征值和特征向量.

解： 由习题 4.3 的第 18 题得，$\boldsymbol{A}=a_1\boldsymbol{I}+a_2\boldsymbol{C}+\cdots+a_n\boldsymbol{C}^{n-1}$，其中 $\boldsymbol{C}$ 是 n 级循环移位

矩阵，$\boldsymbol{C}=(\varepsilon_n, \varepsilon_1, \cdots, \varepsilon_{n-1})$. 令

$$f(x)=a_1+a_2x+\cdots+a_nx^{n-1}, \ \xi=\mathrm{e}^{\mathrm{i}\frac{2\pi}{n}}.$$

则 $\boldsymbol{A}=f(\boldsymbol{C})$，由第 9，10 题两题的结论知 $f(\boldsymbol{C})$的全部特征值为 $f(\xi^m)$，$m=0, 1, 2, \cdots, n-1$；$f(\boldsymbol{C})$属于特征值 ξ^m 的特征向量为

$$\{k(1, \xi^m, \xi^{2m}\cdots, \xi^{(n-1)m})' \mid k\in\mathbb{C}, \text{且 } k\neq 0\}.$$

12. 对于第 11 题中的复数域上的 n 级循环矩阵 $\boldsymbol{A}$，求 $|\boldsymbol{A}|$.

解：$|\boldsymbol{A}|=\prod\limits_{m=0}^{n-1} f(\xi^m)$.

13. 证明：复数域上的 n 级矩阵 $\boldsymbol{A}$ 如果是周期为 m 的周期矩阵，那么它的特征值都是 m 次单位根.

证明： 由题意可知 $\boldsymbol{A}^m=\boldsymbol{I}$. 设 λ_0 是 $\boldsymbol{A}$ 的任一特征值，则存在 $\boldsymbol{\alpha}\in\mathbb{C}^n$，$\boldsymbol{\alpha}\neq\boldsymbol{0}$，使得 $\boldsymbol{A\alpha}=\lambda_0\boldsymbol{\alpha}$，从而 $\boldsymbol{A}^m\boldsymbol{\alpha}=\lambda_0^m\boldsymbol{\alpha}=\boldsymbol{\alpha}$，从而有 $\lambda_0^m=1$. 从而 λ_0 为 m 次单位根，$\lambda_0=\mathrm{e}^{\mathrm{i}\frac{2k\pi}{m}}$，$k=0, 1, 2, \cdots, m-1$.

14. 证明：域$\mathbb{F}$上 n 级矩阵 $\boldsymbol{A}$ 与 $\boldsymbol{A}'$有相同的特征多项式，从而它们有相同的特征值，并且重数相同.

证明： $|\lambda\boldsymbol{I}-\boldsymbol{A}|=|\lambda\boldsymbol{I}'-\boldsymbol{A}'|=|\lambda\boldsymbol{I}-\boldsymbol{A}'|$，结论成立.

15. 证明：域$\mathbb{F}$上的 n 级矩阵 $\boldsymbol{A}$ 有特征值 0 当且仅当$|\boldsymbol{A}|=0$.

证明： （**充分性**）设$|\boldsymbol{A}|=0$，则$|0\boldsymbol{I}-\boldsymbol{A}|=(-1)^n|\boldsymbol{A}|=0$，从而 0 是 $\boldsymbol{A}$ 的特征值.
（**必要性**）设 0 是 $\boldsymbol{A}$ 的特征值，则$|0\boldsymbol{I}-\boldsymbol{A}|=0$，从而$|\boldsymbol{A}|=0$.

16. 设有理数域上的 n 级矩阵 $\boldsymbol{A}=b_0\boldsymbol{I}+b_1\boldsymbol{J}$，其中 $b_0b_1\neq 0$，求 $\boldsymbol{A}$ 的全部特征值和特征向量(式中 $\boldsymbol{J}$ 为全 1 矩阵).

解：由第 8，9 题的结论知，$\boldsymbol{A}$ 的特征值为 b_0+b_1n，b_0（$n-1$ 重）. $\boldsymbol{A}$ 的属于特征值 b_0+b_1n 的全部特征向量是$\{k\,\boldsymbol{1}_n \mid k\in\mathbb{Q}, \text{且 } k\neq 0\}$；$\boldsymbol{A}$ 的属于特征值 b_0 的全部特征向量是

$$\{k_1\boldsymbol{\eta}_1+k_2\boldsymbol{\eta}_2+\cdots+k_{n-1}\boldsymbol{\eta}_{n-1} \mid k_1, k_2, \cdots, k_{n-1}\in\mathbb{Q}, \text{它们不全为 } 0\}.$$

17. 设 $\boldsymbol{\alpha}=(a_1, a_2, \cdots, a_n)'\in\mathbb{R}^n$ 且 $\boldsymbol{\alpha}\neq 0$，$n>1$，求 $\boldsymbol{\alpha\alpha}'$的全部特征值和特征向量.

解：$\boldsymbol{\alpha\alpha}'$的非零特征值与 $\boldsymbol{\alpha}'\boldsymbol{\alpha}=\sum\limits_{i=1}^{n} a_i^2$ 的非零特征值相同，且重数相同. 故 $\boldsymbol{\alpha\alpha}'$有 1 重特征值 $\sum\limits_{i=1}^{n} a_i^2$. 而矩阵(1)为 $\boldsymbol{\alpha}'\boldsymbol{\alpha}$ 属于特征值 $\sum\limits_{i=1}^{n} a_i^2$ 的一个特征向量，故 $\boldsymbol{\alpha}(1)=\boldsymbol{\alpha}$ 为

矩阵 $\boldsymbol{\alpha\alpha}'$ 的属于特征值 $\sum_{i=1}^{n} a_i^2$ 的一个特征向量. 由于 $\sum_{i=1}^{n} a_i^2$ 的几何重数不超过它的代数重数 1，故几何重数为 1. 综上，$\boldsymbol{\alpha\alpha}'$ 的全部特征值为 $\sum_{i=1}^{n} a_i^2$，$0(n-1$ 重). 属于特征值 $\sum_{i=1}^{n} a_i^2$ 的全部特征向量是$\{k\boldsymbol{\alpha} \mid k\in \mathbb{R}^*\}$，求解$(0I-\boldsymbol{\alpha\alpha}')X=\mathbf{0}$. 因为 $\operatorname{rank}(\boldsymbol{\alpha\alpha}')=1$，从而解空间的维数为 $n-1$，设 $a_i\neq 0$，则从 $\boldsymbol{\alpha\alpha}'\mathbf{X}=\mathbf{0}$的第 i 个方程得

$$x_i=-\frac{a_1}{a_i}x_1-\cdots-\frac{a_{i-1}}{a_i}x_{i-1}-\frac{a_{i+1}}{a_i}x_{i+1}-\cdots-\frac{a_n}{a_i}x_n$$

于是得到基础解系

$$\boldsymbol{\eta}_1=\begin{pmatrix} a_i\\ 0\\ \vdots\\ 0\\ -a_1\\ 0\\ \vdots\\ 0\end{pmatrix},\ \boldsymbol{\eta}_2=\begin{pmatrix} 0\\ a_i\\ 0\\ \vdots\\ 0\\ -a_2\\ 0\\ \vdots\\ 0\end{pmatrix},\ \cdots,\ \boldsymbol{\eta}_{n-1}=\begin{pmatrix} 0\\ \vdots\\ 0\\ -a_n\\ 0\\ \vdots\\ 0\\ a_i\end{pmatrix}$$

因此 $\boldsymbol{\alpha\alpha}'$ 的属于 0 的全部特征向量为

$$\{k_1\boldsymbol{\eta}_1+k_2\boldsymbol{\eta}_2+\cdots+k_{n-1}\boldsymbol{\eta}_{n-1} \mid k_1,\ k_2,\ \cdots,\ k_{n-1}\in\mathbb{R}，\text{它们不全为 }0\}.$$

18. 设 $\boldsymbol{A}$ 是复数域上的 n 级矩阵，λ_1，λ_2，…，λ_n 是 $\boldsymbol{A}$ 的全部特征值，求 $\boldsymbol{A}$ 的伴随矩阵 $\boldsymbol{A}^*$ 的全部特征值.

解： 当 $\boldsymbol{A}$ 可逆时，$\lambda_i\neq 0(i=1,\ 2,\ \cdots,\ n)$，$\boldsymbol{A}^{-1}$的全部特征值为$\frac{1}{\lambda_1}$，$\frac{1}{\lambda_2}$，…，$\frac{1}{\lambda_n}$. 由于 $\boldsymbol{AA}^*=|\boldsymbol{A}|\boldsymbol{I}$，因此 $\boldsymbol{A}^*=|\boldsymbol{A}|\boldsymbol{A}^{-1}=\lambda_1\lambda_2\cdots\lambda_n\boldsymbol{A}^{-1}$，因此 $\boldsymbol{A}^*$ 的特征值为 $\lambda_2\lambda_3\cdots\lambda_n$，$\lambda_1\lambda_3\cdots\lambda_n$，…，$\lambda_1\lambda_2\cdots\lambda_{n-1}$.

当 $\boldsymbol{A}$ 不可逆时，此时 0 是 $\boldsymbol{A}$ 的一个特征值. 不妨设 $\lambda_n=0$. 这时又分两种情况：情形①，$\operatorname{rank}(\boldsymbol{A})<n-1$. 此时 $\boldsymbol{A}^*=\mathbf{0}$，此时 0 是 $\boldsymbol{A}^*$ 的 n 重特征值. 情形②，$\operatorname{rank}(\boldsymbol{A})=n-1$. 此时 $\operatorname{rank}(\boldsymbol{A}^*)=1$，从而$(0\boldsymbol{I}-\boldsymbol{A}^*)\mathbf{X}=\mathbf{0}$的解空间的维数为 $n-1$. 于是 0 是 $\boldsymbol{A}^*$ 的至少 $n-1$ 重特征值. 设 μ 也是 $\boldsymbol{A}^*$ 的一个特征值，则$|\lambda\boldsymbol{I}-\boldsymbol{A}^*|=\lambda^{n-1}(\lambda-\mu)$，根据本节定理 3

可知$\mu=\mathrm{tr}(\boldsymbol{A}^*)=\boldsymbol{A}_{11}+\boldsymbol{A}_{22}+\cdots+\boldsymbol{A}_{nn}=\boldsymbol{A}\begin{pmatrix}2, & 3, & \cdots, & n\\2, & 3, & \cdots, & n\end{pmatrix}+\boldsymbol{A}\begin{pmatrix}1, & 3, & \cdots, & n\\1, & 3, & \cdots, & n\end{pmatrix}+\cdots+$ $\boldsymbol{A}\begin{pmatrix}1, & 2, & \cdots, & n-1\\1, & 2, & \cdots, & n-1\end{pmatrix}=(-1)^{n-1}$乘$|\lambda\boldsymbol{I}-\boldsymbol{A}|$的一次项系数$=(-1)^{n-1}\cdot(-1)^{n-1}\lambda_1\lambda_2\cdots\lambda_{n-1}$. 因此$\mu=\lambda_1\lambda_2\cdots\lambda_{n-1}$. 于是$\boldsymbol{A}^*$的全部特征值是$\lambda_1\lambda_2\cdots\lambda_{n-1}$，0(至少$n-1$重).

19. 设$\boldsymbol{A}$是数域$\mathbb{K}$上的n级矩阵，$n\geqslant 2$. 证明：如果$\boldsymbol{A}$的秩为1且$\boldsymbol{A}^2\neq\boldsymbol{0}$，那么$\boldsymbol{A}$有一个非零特征值，其重数为1，并且0是$\boldsymbol{A}$的$n-1$重特征值.

证明： 由于$\mathrm{rank}(\boldsymbol{A})=1$，因此$\boldsymbol{A}$可以写成$\boldsymbol{A}=\boldsymbol{\alpha\beta}'$，其中$\boldsymbol{\alpha}$，$\boldsymbol{\beta}\in\mathbb{K}^n$. 记$k=\boldsymbol{\beta}'\boldsymbol{\alpha}$，则$\boldsymbol{A}^2=\boldsymbol{\alpha\beta}'\boldsymbol{\alpha\beta}'=k\boldsymbol{\alpha\beta}'=k\boldsymbol{A}$，由$\boldsymbol{A}^2\neq\boldsymbol{0}$，因此$k\neq 0$. 从而$\boldsymbol{\beta}'\boldsymbol{\alpha}$有非零特征值$k$，从而$\boldsymbol{\alpha\beta}'$也有1重非零特征值$k$. 由$|\boldsymbol{A}|=0$知0为$\boldsymbol{A}$的一个特征值. $(0\boldsymbol{I}-\boldsymbol{A})\boldsymbol{X}=\boldsymbol{0}$的解空间维数为$n-1$，因此0至少为$n-1$重特征值. 再结合$\boldsymbol{A}$已经有非零特征值$k$，故0为$n-1$重特征值.

20. 设$\mathscr{A}$是域$\mathbb{F}$上的线性空间V上的一个线性变换，λ_1，λ_2是$\mathscr{A}$的两个不同的特征值，$\boldsymbol{\alpha}_i$是$\mathscr{A}$的属于特征值λ_i的一个特征向量，$i=1, 2$. 证明：$\boldsymbol{\alpha}_1+\boldsymbol{\alpha}_2$不是$\mathscr{A}$的特征向量.

证明： **(反证法)** 假设$\boldsymbol{\alpha}_1+\boldsymbol{\alpha}_2$是$\mathscr{A}$的属于特征值$\lambda_0$的特征向量，则$\mathscr{A}(\boldsymbol{\alpha}_1+\boldsymbol{\alpha}_2)=\lambda_0(\boldsymbol{\alpha}_1+\boldsymbol{\alpha}_2)$. 由题意可知$\mathscr{A}\boldsymbol{\alpha}_i=\lambda_i\boldsymbol{\alpha}_i$，$i=1, 2$，于是$\mathscr{A}(\boldsymbol{\alpha}_1+\boldsymbol{\alpha}_2)=\mathscr{A}\boldsymbol{\alpha}_1+\mathscr{A}\boldsymbol{\alpha}_2=\lambda_1\boldsymbol{\alpha}_1+\lambda_2\boldsymbol{\alpha}_2=\lambda_0\boldsymbol{\alpha}_1+\lambda_0\boldsymbol{\alpha}_2$，于是得

$$(\lambda_1-\lambda_0)\boldsymbol{\alpha}_1+(\lambda_2-\lambda_0)\boldsymbol{\alpha}_2=\boldsymbol{0}$$

由于$\lambda_1\neq\lambda_2$，故$\boldsymbol{\alpha}_1$，$\boldsymbol{\alpha}_2$线性无关，于是$\lambda_1=\lambda_0$，$\lambda_2=\lambda_0$. 矛盾.

21. 设$\mathscr{A}$是域$\mathbb{F}$上的线性空间V上的一个线性变换，证明：如果V中每个非零向量都是$\mathscr{A}$的特征向量，那么$\mathscr{A}$是数乘变换.

证明： 由第20题结论知$\mathscr{A}$只有一个特征值λ_0，从而$V=V_{\lambda_0}=\mathrm{Ker}(\lambda_0\mathscr{I}-\mathscr{A})$，即任意$\boldsymbol{\alpha}\neq\boldsymbol{0}$，$\boldsymbol{\alpha}\in V$都有$\mathscr{A}\boldsymbol{\alpha}=\lambda_0\boldsymbol{\alpha}$，而$\mathscr{A}(\boldsymbol{0})=\boldsymbol{0}=\lambda_0\boldsymbol{0}$，故$\mathscr{A}=\lambda_0\mathscr{I}$，是数乘变换.

22. 令

$$\mathscr{A}: \mathbb{K}[x]_n\to\mathbb{K}[x]_{n+1}$$
$$f(x)\mapsto xf(x)$$

把求导数$\mathscr{D}$看成$\mathbb{K}[x]_{n+1}$到$\mathbb{K}[x]_n$的一个线性映射. 试问：

(1) $\mathscr{D}\mathscr{A}$是不是$\mathbb{K}[x]_n$上的一个线性变换？如果是，求$\mathscr{D}\mathscr{A}$的全部特征值；

(2) $\mathscr{A}\mathscr{D}$是不是$\mathbb{K}[x]_{n+1}$上的一个线性变换？如果是，求$\mathscr{A}\mathscr{D}$的全部特征值.

证明： 根据习题6.2的第3题知$\mathscr{A}$是$\mathbb{K}[x]_n$到$\mathbb{K}[x]_{n+1}$上的一个线性映射，$\mathscr{D}\mathscr{A}$，

$\mathscr{AD}$ 分别是 $\mathbb{K}[x]_n$，$\mathbb{K}[x]_{n+1}$ 上的一个线性变换.

(1) $\mathbb{K}[x]_n$ 的一个基为 1，x，x^2，…，x^{n-1}，$\mathscr{DA}$ 在这个基下的矩阵

$$\mathscr{DA}(1,\ x,\ x^2,\ \cdots,\ x^{n-1})=(1,\ x,\ x^2,\ \cdots,\ x^{n-1})\begin{pmatrix}1&&&\\&2&&\\&&\ddots&\\&&&n\end{pmatrix}$$

后一个矩阵记为 $\boldsymbol{A}$，则 $\boldsymbol{A}=\begin{pmatrix}1&&&\\&2&&\\&&\ddots&\\&&&n\end{pmatrix}$，$\mathscr{DA}$ 的全部特征值为 1，2，…，n.

(2) $\mathscr{AD}$ 的非零特征值与 $\mathscr{DA}$ 的非零特征值相同，为 1，2，…，n. 又因为 $\mathscr{AD}(1)=0=0(1)$，故 0 是 $\mathscr{AD}$ 的一个特征值，于是 $\mathscr{AD}$ 的全部特征值为 0，1，2，…，n.

23. 证明：如果 $\boldsymbol{A}$ 是 $s\times n$ 实矩阵，那么 $\boldsymbol{A}'\boldsymbol{A}$ 的特征多项式的复根都是非负实数.

证明： 由于 $(\boldsymbol{A}'\boldsymbol{A})'=\boldsymbol{A}'\boldsymbol{A}$，因此 $\boldsymbol{A}'\boldsymbol{A}$ 为 n 阶实对称矩阵. 从而 $\boldsymbol{A}'\boldsymbol{A}$ 的特征多项式的复根都是实数，它们都是 $\boldsymbol{A}'\boldsymbol{A}$ 的特征值. 任取 $\boldsymbol{A}'\boldsymbol{A}$ 的一个特征值 λ_0，则存在 $\boldsymbol{\alpha}\in\mathbb{R}^n$ 且 $\boldsymbol{\alpha}\neq\boldsymbol{0}$，使得 $\boldsymbol{A}'\boldsymbol{A}\boldsymbol{\alpha}=\lambda_0\boldsymbol{\alpha}$. 左乘 $\boldsymbol{\alpha}'$ 得，$\boldsymbol{\alpha}'\boldsymbol{A}'\boldsymbol{A}\boldsymbol{\alpha}=\lambda_0\boldsymbol{\alpha}'\boldsymbol{\alpha}$. 由于 $\boldsymbol{\alpha}\neq\boldsymbol{0}$，因此 $\boldsymbol{\alpha}'\boldsymbol{\alpha}=|\boldsymbol{\alpha}|^2>0$. 从而 $\lambda_0=\dfrac{\boldsymbol{\alpha}'\boldsymbol{A}'\boldsymbol{A}\boldsymbol{\alpha}}{\boldsymbol{\alpha}'\boldsymbol{\alpha}}=\dfrac{(\boldsymbol{A}\boldsymbol{\alpha})'(\boldsymbol{A}\boldsymbol{\alpha})}{\boldsymbol{\alpha}'\boldsymbol{\alpha}}=\dfrac{(\boldsymbol{A}\boldsymbol{\alpha},\ \boldsymbol{A}\boldsymbol{\alpha})}{(\boldsymbol{\alpha},\ \boldsymbol{\alpha})}\geqslant0$.

24. 证明：实数域上的斜对称矩阵的特征多项式的复根是 0 或纯虚数.

证明： 设 λ_0 是 $\boldsymbol{A}$ 的特征多项式的任意一个复根，把 $\boldsymbol{A}$ 看成复数域上的矩阵，则 λ_0 是 $\boldsymbol{A}$ 的一个特征值，从而存在 $\boldsymbol{\alpha}\in\mathbb{C}^n$ 且 $\boldsymbol{\alpha}\neq\boldsymbol{0}$，使得

$$\boldsymbol{A}\boldsymbol{\alpha}=\lambda_0\boldsymbol{\alpha}\tag{1}$$

式(1)两边取共轭，由于 A 的元素是实数，因此得

$$\boldsymbol{A}\overline{\boldsymbol{\alpha}}=\overline{\lambda}_0\overline{\boldsymbol{\alpha}}\tag{2}$$

式(1)两边取转置，由于 A 是斜对称矩阵，因此 $\boldsymbol{A}'=-\boldsymbol{A}$，从而

$$-\boldsymbol{\alpha}'\boldsymbol{A}=\lambda_0\boldsymbol{\alpha}'\tag{3}$$

式(2)左乘 $\boldsymbol{\alpha}'$，式(3)右乘 $\overline{\boldsymbol{\alpha}}$ 得

$$\begin{cases}\boldsymbol{\alpha}'\boldsymbol{A}\overline{\boldsymbol{\alpha}}=\overline{\lambda}_0\boldsymbol{\alpha}'\overline{\boldsymbol{\alpha}},\\-\boldsymbol{\alpha}'\boldsymbol{A}\overline{\boldsymbol{\alpha}}=\lambda_0\boldsymbol{\alpha}'\overline{\boldsymbol{\alpha}}.\end{cases}$$

相加后得$(\bar{\lambda}_0+\lambda_0)\boldsymbol{\alpha}'\bar{\boldsymbol{\alpha}}=0$. 设$\boldsymbol{\alpha}=(c_1, c_2, \cdots, c_n)'$，则

$$\boldsymbol{\alpha}'\bar{\boldsymbol{\alpha}}=c_1\bar{c}_1+c_2\bar{c}_2+\cdots+c_n\bar{c}_n=|c_1|^2+\cdots+|c_n|^2.$$

由于$\boldsymbol{\alpha}\neq\mathbf{0}$，因此$c_1, c_2, \cdots, c_n$不全为零，从而$\boldsymbol{\alpha}'\bar{\boldsymbol{\alpha}}\neq 0$. 于是$\bar{\lambda}_0+\lambda_0=0$，故$\lambda_0$为0或纯虚数.

25. 设$\boldsymbol{A}$是复数域上的n级可逆矩阵，证明：若$\boldsymbol{A}\sim\boldsymbol{A}^k$，其中$k$是某个大于1的正整数，则$\boldsymbol{A}$的特征值都是单位根.

证明： 设λ_0是$\boldsymbol{A}$的特征值，则λ_0^k为$\boldsymbol{A}^k$的一个特征值，由于$\boldsymbol{A}\sim\boldsymbol{A}^k$，故$\lambda_0^k$也是$\boldsymbol{A}$的特征值，同理，$\lambda_0^{k^2}$，$\lambda_0^{k^3}$，$\cdots$，都是$\boldsymbol{A}$的特征值. 但是$n$级可逆矩阵$\boldsymbol{A}$的特征值恰有$n$个(重根按重数计算). 因此上述过程不可能无限下去，故到某一步有$\lambda_0^{k^s}=\lambda_0^{k^l}$，其中$0\leqslant l<s$. 由于$\boldsymbol{A}$可逆，故$\lambda_0\neq 0$. 从而$\lambda_0^{k^s-k^l}=1$. 因此$\lambda_0$为单位根.

26. 证明：在Euclid空间$\mathbb{R}^n$中，如果向量$\boldsymbol{\alpha}$与$\mathbb{R}^n$的一个正交基$\boldsymbol{\beta}_1, \cdots, \boldsymbol{\beta}_n$的每一个向量都正交，那么$\boldsymbol{\alpha}=\mathbf{0}$.

证明： 由于$\boldsymbol{\beta}_1, \cdots, \boldsymbol{\beta}_n$为$\mathbb{R}^n$的一个正交基，设

$$\boldsymbol{\alpha}=\sum_{i=1}^{n}k_i\boldsymbol{\beta}_i$$

则$0=(\boldsymbol{\alpha}, \boldsymbol{\beta}_j)=\left(\sum_{i=1}^{n}k_i\boldsymbol{\beta}_i, \boldsymbol{\beta}_j\right)=k_j(\boldsymbol{\beta}_j, \boldsymbol{\beta}_j)$. 由于$(\boldsymbol{\beta}_j, \boldsymbol{\beta}_j)>0$，因此$k_j=0(j=1, 2, \cdots, n)$. 从而$\boldsymbol{\alpha}=\mathbf{0}$.

习题6.7 线性变换与矩阵可对角化的充分必要条件

1. 对于习题6.6的第1题的各个小题中的线性变换$\mathscr{A}$，判断它是否可对角化？如果$\mathscr{A}$可对角化，求$\mathscr{A}$的标准形，并指出$\mathscr{A}$在V的哪个基下的矩阵是这个标准形.

解：(1) 由于$\mathscr{A}$的特征值1的几何重数等于代数重数2，故$\mathscr{A}$可对角化，$\mathscr{A}$在V的一个基$-2\boldsymbol{\alpha}_1+\boldsymbol{\alpha}_2$，$2\boldsymbol{\alpha}_1+\boldsymbol{\alpha}_3$，$-\boldsymbol{\alpha}_1-2\boldsymbol{\alpha}_2+2\boldsymbol{\alpha}_3$下的矩阵是标准形

$$\begin{pmatrix}1&0&0\\0&1&0\\0&0&10\end{pmatrix}$$

(2) 由于$\mathscr{A}$的特征值3的特征子空间的维数等于1，小于代数重数2，因此$\mathscr{A}$不可对角化.

(3) 由于 $\mathscr{A}$ 的特征值 2 的几何重数等于代数重数 2，故 $\mathscr{A}$ 可对角化，$\mathscr{A}$ 在 V 的一个基 $\boldsymbol{\alpha}_1-2\boldsymbol{\alpha}_2$，$\boldsymbol{\alpha}_1-\boldsymbol{\alpha}_3$，$2\boldsymbol{\alpha}_1+\boldsymbol{\alpha}_2+2\boldsymbol{\alpha}_3$ 下的矩阵是标准形

$$\begin{pmatrix}2&0&0\\0&2&0\\0&0&11\end{pmatrix}$$

(4) 由于 $\mathscr{A}$ 的特征值 -1 的特征子空间的维数等于 1，小于代数重数 3，因此 $\mathscr{A}$ 不可对角化.

(5) 由于 $\mathscr{A}$ 的特征值互不相同，故 $\mathscr{A}$ 可对角化，$\mathscr{A}$ 在 V 的一个基 $\boldsymbol{\alpha}_1+\boldsymbol{\alpha}_2-\boldsymbol{\alpha}_3$，$\boldsymbol{\alpha}_1+\boldsymbol{\alpha}_2+\boldsymbol{\alpha}_3$，$\boldsymbol{\alpha}_1-\boldsymbol{\alpha}_2-\boldsymbol{\alpha}_3$ 下的矩阵是标准形

$$\begin{pmatrix}0&0&0\\0&1&0\\0&0&-1\end{pmatrix}$$

2. 设 V 是域 $\mathbb{F}$ 上的 n 维线性空间($n>1$)，$\mathscr{A}$ 是 V 上的一个线性变换，它在 V 的一个基 $\boldsymbol{\alpha}_1$，$\boldsymbol{\alpha}_2$，…，$\boldsymbol{\alpha}_n$ 下的矩阵

$$\boldsymbol{A}=\begin{pmatrix}a&1&0&\cdots&0&0\\0&a&1&\cdots&0&0\\\vdots&\vdots&\vdots&&\vdots&\vdots\\a&0&0&\cdots&a&1\\0&0&0&\cdots&0&a\end{pmatrix}$$

证明 $\mathscr{A}$ 不可对角化.

证明： 因为 $\boldsymbol{A}$ 的特征多项式为 $|\lambda\boldsymbol{I}-\boldsymbol{A}|=(\lambda-a)^n$，所以 $\boldsymbol{A}$ 的特征值为 $\lambda_0=a$(n 重). 由于 $\operatorname{rank}(a\boldsymbol{I}-\boldsymbol{A})=n-1$，故 $(a\boldsymbol{I}-\boldsymbol{A})\boldsymbol{X}=\boldsymbol{0}$ 的解空间的维数 $\dim W_{\lambda_0}=n-(n-1)=1<n$，因此 $\mathscr{A}$ 不可对角化.

3. 设 $\mathscr{A}$ 是数域 $\mathbb{K}$ 上 4 维线性空间 V 上的一个线性变换，它在 V 的一个基 $\boldsymbol{\alpha}_1$，$\boldsymbol{\alpha}_2$，$\boldsymbol{\alpha}_3$，$\boldsymbol{\alpha}_4$ 下的矩阵

$$\boldsymbol{A}=\begin{pmatrix}1&0&0&0\\0&0&0&0\\1&0&0&0\\0&0&0&1\end{pmatrix},$$

试问：$\mathscr{A}$ 是否可对角化？如果 $\mathscr{A}$ 可对角化，求 V 的一个基，使得 $\mathscr{A}$ 在此基下的矩阵是对

角阵，并且写出这个对角矩阵.

解:
$$|\lambda \boldsymbol{I}-\boldsymbol{A}|=\begin{vmatrix}\lambda-1 & 0 & 0 & 0\\ 0 & \lambda & 0 & 0\\ -1 & 0 & \lambda & 0\\ 0 & 0 & 0 & \lambda-1\end{vmatrix}=\lambda^2(\lambda-1)^2$$

故 $\mathscr{A}$ 的特征值为 $\lambda_1=0$(2 重)，$\lambda_2=1$(2 重). 求解 $(0\boldsymbol{I}-\boldsymbol{A})\boldsymbol{X}=\boldsymbol{0}$，得基础解系 $\boldsymbol{\xi}_1=(0, 1, 0, 0)'$，$\boldsymbol{\xi}_2=(0, 0, 1, 0)'$. 故 $\boldsymbol{A}$ 对应于特征值 $\lambda_1=0$ 的全部特征向量为

$$\{k_1\boldsymbol{\xi}_1+k_2\boldsymbol{\xi}_2 \mid k_1, k_2\in\mathbb{K}, k_1, k_2 \text{ 不全为 } 0\}$$

所以 $\mathscr{A}$ 属于特征值 $\lambda_1=0$ 的全部特征向量为

$$\{l_1\boldsymbol{\alpha}_2+l_2\boldsymbol{\alpha}_3 \mid l_1, l_2\in\mathbb{K}, l_1, l_2 \text{ 不全为 } 0\}$$

即 $V_{\lambda_1}=\langle\boldsymbol{\alpha}_2, \boldsymbol{\alpha}_3\rangle$.

对于特征值 $\lambda_2=1$，同理求出 $V_{\lambda_2}=\langle\boldsymbol{\alpha}_1+\boldsymbol{\alpha}_3, \boldsymbol{\alpha}_4\rangle$，$\dim V_{\lambda_1}+\dim V_{\lambda_2}=4$，故 $\mathscr{A}$ 可对角化，$\mathscr{A}$ 在 V 的基 $\boldsymbol{\alpha}_2, \boldsymbol{\alpha}_3, \boldsymbol{\alpha}_1+\boldsymbol{\alpha}_3, \boldsymbol{\alpha}_4$ 下的矩阵为 $\mathrm{diag}\{0, 0, 1, 1\}$.

4. 有理数域 $\mathbb{Q}$ 上元素全为 1 的 n 级矩阵 $\boldsymbol{J}$ 是否可对角化？如果 $\boldsymbol{J}$ 可对角化，求出 $\mathbb{Q}$ 上的 n 级可逆矩阵 $\boldsymbol{P}$，使得 $\boldsymbol{P}^{-1}\boldsymbol{J}\boldsymbol{P}$ 为对角矩阵，并且写出这个对角矩阵.

解: 由习题 6.6 的第 8 题结论知 $\boldsymbol{J}$ 的特征值是 n，0($n-1$ 重)，且 $\dim W_{\lambda=n}+\dim W_{\lambda=0}=n$，故 $\boldsymbol{J}$ 可对角化. 令

$$\boldsymbol{P}=\begin{pmatrix}1 & 1 & \cdots & 1\\ 1 & -1 & \cdots & 0\\ 1 & 0 & \cdots & 0\\ \vdots & \vdots & & \vdots\\ 1 & 0 & \cdots & 0\\ 1 & 0 & \cdots & -1\end{pmatrix}$$

则 $\boldsymbol{P}^{-1}\boldsymbol{J}\boldsymbol{P}=\mathrm{diag}\{n, 0, 0, \cdots, 0\}$.

5. 复数域上的 n 级循环移位矩阵 $\boldsymbol{C}=(\boldsymbol{\varepsilon}_n, \boldsymbol{\varepsilon}_1, \cdots, \boldsymbol{\varepsilon}_{n-1})$ 是否可对角化？如果 $\boldsymbol{C}$ 可对角化，求一个可逆矩阵 $\boldsymbol{P}$，使得 $\boldsymbol{P}^{-1}\boldsymbol{C}\boldsymbol{P}$ 为对角矩阵，并且写出这个对角矩阵.

解: 根据习题 6.6 的第 10 题，$\boldsymbol{C}$ 有 n 个不同的特征值 $1, \xi, \xi^2, \cdots, \xi^{n-1}$，其中 $\xi=\mathrm{e}^{\mathrm{i}\frac{2\pi}{n}}$. 因此 $\boldsymbol{C}$ 可对角化，令

$$P=\begin{pmatrix}1 & 1 & 1 & \cdots & 1\\ 1 & \xi & \xi^2 & \cdots & \xi^{n-1}\\ 1 & \xi^2 & \xi^4 & \cdots & \xi^{2(n-1)}\\ \vdots & \vdots & \vdots & & \vdots\\ 1 & \xi^{n-1} & \xi^{2(n-1)} & \cdots & \xi^{(n-1)(n-1)}\end{pmatrix}$$

则 $P^{-1}CP=\mathrm{diag}\{1, \xi, \xi^2, \cdots, \xi^{n-1}\}$.

6. 证明：复数域上的所有 n 级循环矩阵都可对角化，并且能找到同一个可逆矩阵 $\boldsymbol{P}$，使它们同时对角化.

证明： 由习题 6.6 的第 11 题结论，取 $\boldsymbol{P}$ 同第 5 题的解答中的可逆矩阵 $\boldsymbol{P}$，故

$$\begin{aligned}\boldsymbol{P}^{-1}f(\boldsymbol{C})\boldsymbol{P}&=\boldsymbol{P}^{-1}(a_1\boldsymbol{I}+a_2\boldsymbol{C}+\cdots+a_n\boldsymbol{C}^{n-1})\boldsymbol{P}\\&=a_1\boldsymbol{I}+a_2\boldsymbol{\Lambda}+\cdots+a_n\boldsymbol{\Lambda}^{n-1}\\&=f(\boldsymbol{\Lambda})=\mathrm{diag}\{f(1), f(\xi), \cdots, f(\xi^{n-1})\}\end{aligned}$$

式中的 $\boldsymbol{C}$ 为循环移位矩阵，$f(x)=a_1+a_2x+\cdots+a_nx^{n-1}$.

7. 设 $\boldsymbol{A}=(a_{ij})$是数域$\mathbb{K}$上的 n 级上三角矩阵. 证明：

(1) 若 $a_{11}, a_{22}, \cdots, a_{nn}$ 两两不等，则 $\boldsymbol{A}$ 可对角化；

(2) 若 $a_{11}=a_{22}=\cdots=a_{nn}$，并且至少有一个 $a_{kl}\neq 0(k<l)$，则 $\boldsymbol{A}$ 不可对角化.

证明： (1) $|\lambda\boldsymbol{I}-\boldsymbol{A}|=(\lambda-a_{11})(\lambda-a_{22})\cdots(\lambda-a_{nn})$，故上三角矩阵的全部特征值是 $a_{11}, a_{22}, \cdots, a_{nn}$. 若 $a_{11}, a_{22}, \cdots, a_{nn}$ 两两不等，则 $\boldsymbol{A}$ 有 n 个互不相同的特征值，从而 $\boldsymbol{A}$ 可对角化.

(2) 若 $a_{11}=a_{22}=\cdots=a_{nn}$，则 $\boldsymbol{A}$ 有特征值 a_{11}(n 重). $(a_{11}\boldsymbol{I}-\boldsymbol{A})\boldsymbol{X}=\boldsymbol{0}$的解空间的维数等于 $n-\mathrm{rank}(a_{11}\boldsymbol{I}-\boldsymbol{A})$，因为

$$a_{11}\boldsymbol{I}-\boldsymbol{A}=\begin{pmatrix}0 & a_{12} & a_{13} & \cdots & a_{1n}\\ 0 & 0 & a_{23} & \cdots & a_{2n}\\ \vdots & \vdots & \vdots & & \vdots\\ 0 & 0 & 0 & \cdots & a_{n-1,n}\\ 0 & 0 & 0 & \cdots & 0\end{pmatrix}$$

由于至少有一个 $a_{kl}\neq 0(k<l)$，故$(a_{11}\boldsymbol{I}-\boldsymbol{A})\neq\boldsymbol{0}$，从而解空间的维数小于 n，从而 $\boldsymbol{A}$ 不可对角化.

8. 设 $\boldsymbol{A}$ 是域$\mathbb{F}$上的 n 级可逆矩阵. 证明：如果 $\boldsymbol{A}$ 可对角化，那么 $\boldsymbol{A}^{-1}$，$\boldsymbol{A}^*$ 都可对角化.

证明： 由题意存在 n 级可逆矩阵 $\boldsymbol{P}$，使得 $\boldsymbol{P}^{-1}\boldsymbol{A}\boldsymbol{P}=\boldsymbol{\Lambda}$，$\boldsymbol{\Lambda}$ 为对角矩阵. 因为 $\boldsymbol{A}$ 可逆，则 $\boldsymbol{A}^*=|\boldsymbol{A}|\cdot\boldsymbol{A}^{-1}$，将 $\boldsymbol{P}^{-1}\boldsymbol{A}\boldsymbol{P}=\boldsymbol{\Lambda}$ 两边求逆得 $\boldsymbol{P}^{-1}\boldsymbol{A}^{-1}(\boldsymbol{P}^{-1})^{-1}=\boldsymbol{\Lambda}^{-1}$，这里 $\boldsymbol{\Lambda}$ 一定可逆是由于 $\boldsymbol{A}$ 没有特征值 0. 于是 $\boldsymbol{P}^{-1}\boldsymbol{A}^{-1}\boldsymbol{P}=\boldsymbol{\Lambda}^{-1}$，因此 $\boldsymbol{A}^{-1}$ 可对角化. 因为 $\boldsymbol{P}^{-1}\boldsymbol{A}^*\boldsymbol{P}=\boldsymbol{P}^{-1}(|\boldsymbol{A}|\boldsymbol{A}^{-1})\boldsymbol{P}=|\boldsymbol{A}|\cdot\boldsymbol{P}^{-1}\boldsymbol{A}^{-1}\boldsymbol{P}=|\boldsymbol{A}|\boldsymbol{\Lambda}^{-1}$，因此 $\boldsymbol{A}^*$ 也可对角化.

9. Fibonacci 数列是 0，1，1，2，3，5，8，13，…，它满足下列递推公式：

$$a_{n+2}=a_{n+1}+a_n,\ n=0,\ 1,\ 2,\ \cdots,$$

以及初始条件：$a_0=0$，$a_1=1$. 求 Fibonacci 数列的通项公式，并且求 $\lim\limits_{n\to\infty}\dfrac{a_n}{a_{n+1}}$.

解： 令 $\boldsymbol{\alpha}_n=\begin{pmatrix}a_{n+1}\\a_n\end{pmatrix}$，$n=0$，1，2，…，则

$$\begin{pmatrix}a_{n+2}\\a_{n+1}\end{pmatrix}=\begin{pmatrix}1&1\\1&0\end{pmatrix}\begin{pmatrix}a_{n+1}\\a_n\end{pmatrix}=\boldsymbol{A}\begin{pmatrix}a_{n+1}\\a_n\end{pmatrix}=\cdots=\boldsymbol{A}^{n+1}\begin{pmatrix}a_1\\a_0\end{pmatrix}$$

由此得到 $\boldsymbol{\alpha}_n=\boldsymbol{A}^n\boldsymbol{\alpha}$. 为了计算 $\boldsymbol{A}^n$，可利用 $\boldsymbol{A}$ 的标准形.

$$|\lambda\boldsymbol{I}-\boldsymbol{A}|=\lambda^2-\lambda-1=\left(\lambda-\frac{1+\sqrt{5}}{2}\right)\left(\lambda-\frac{1-\sqrt{5}}{2}\right)$$

于是 $\boldsymbol{A}$ 有两个不同的特征值：$\lambda_1=\dfrac{1+\sqrt{5}}{2}$，$\lambda_2=\dfrac{1-\sqrt{5}}{2}$. 从而 $\boldsymbol{A}$ 可对角化. 经计算

$$\begin{pmatrix}1&1\\1&0\end{pmatrix}\begin{pmatrix}\lambda_i\\1\end{pmatrix}=\lambda_i\begin{pmatrix}\lambda_i\\1\end{pmatrix},\quad i=1,\ 2$$

令 $\boldsymbol{P}=\begin{pmatrix}\lambda_1&\lambda_2\\1&1\end{pmatrix}$，则 $\boldsymbol{P}^{-1}\boldsymbol{A}\boldsymbol{P}=\begin{pmatrix}\lambda_1&0\\0&\lambda_2\end{pmatrix}$. 从而

$$\begin{aligned}\boldsymbol{A}^n&=\left[\boldsymbol{P}\begin{pmatrix}\lambda_1&0\\0&\lambda_2\end{pmatrix}\boldsymbol{P}^{-1}\right]^n=\boldsymbol{P}\begin{pmatrix}\lambda_1&0\\0&\lambda_2\end{pmatrix}^n\boldsymbol{P}^{-1}\\&=\begin{pmatrix}\lambda_1&\lambda_2\\1&1\end{pmatrix}\begin{pmatrix}\lambda_1^n&0\\0&\lambda_2^n\end{pmatrix}\frac{1}{\sqrt{5}}\begin{pmatrix}1&-\lambda_2\\-1&\lambda_1\end{pmatrix}=\frac{1}{\sqrt{5}}\begin{pmatrix}\lambda_1^{n+1}&\lambda_2^{n+1}\\\lambda_1^n&\lambda_2^n\end{pmatrix}\begin{pmatrix}1&-\lambda_2\\-1&\lambda_1\end{pmatrix}\end{aligned}$$

由于 $\begin{pmatrix}a_{n+1}\\a_n\end{pmatrix}=\boldsymbol{A}^n\begin{pmatrix}1\\0\end{pmatrix}$，因此

$$a_n=\frac{1}{\sqrt{5}}(\lambda_1^n-\lambda_2^n)=\frac{1}{\sqrt{5}}\left[\left(\frac{1+\sqrt{5}}{2}\right)^n-\left(\frac{1-\sqrt{5}}{2}\right)^n\right]$$

$$\lim_{n\to\infty}\frac{a_n}{a_{n+1}}=\lim_{n\to\infty}\frac{\lambda_1^n-\lambda_2^n}{\lambda_1^{n+1}-\lambda_2^{n+1}}=\lim_{n\to\infty}\frac{1-\left(\frac{\lambda_2}{\lambda_1}\right)^n}{\lambda_1-\left(\frac{\lambda_2}{\lambda_1}\right)^n\lambda_2}=\frac{1}{\lambda_1}=\frac{\sqrt{5}-1}{2}$$

10. 求 $\boldsymbol{A}^m$，其中 m 是任一正整数：

(1) $\boldsymbol{A}=\begin{pmatrix}1 & 2\\ -1 & 4\end{pmatrix}$；　　(2) $\boldsymbol{A}=\begin{pmatrix}0 & 2\\ 1 & 1\end{pmatrix}$.

解： (1) 由于 $|\lambda\boldsymbol{I}-\boldsymbol{A}|=(\lambda-2)(\lambda-3)$，因此 $\boldsymbol{A}$ 的特征值为 $\lambda_1=2$，$\lambda_2=3$，求解 $(2I-\boldsymbol{A})\boldsymbol{X}=\boldsymbol{0}$ 得基础解系 $\boldsymbol{\xi}_1=(2,1)'$. 求解 $(3\boldsymbol{I}-\boldsymbol{A})\boldsymbol{X}=\boldsymbol{0}$ 得基础解系 $\boldsymbol{\xi}_2=(1,1)'$. 令 $\boldsymbol{P}=\begin{pmatrix}2 & 1\\ 1 & 1\end{pmatrix}$，则 $\boldsymbol{P}^{-1}\boldsymbol{AP}=\begin{pmatrix}2 & 0\\ 0 & 3\end{pmatrix}$，故

$$\begin{aligned}\boldsymbol{A}^m&=\boldsymbol{P}\begin{pmatrix}2 & 0\\ 0 & 3\end{pmatrix}^m\boldsymbol{P}^{-1}=\begin{pmatrix}2 & 1\\ 1 & 1\end{pmatrix}\begin{bmatrix}2^m & 0\\ 0 & 3^m\end{bmatrix}\begin{pmatrix}1 & -1\\ -1 & 2\end{pmatrix}\\&=\begin{bmatrix}2^{m+1}-3^m & 2(3^m-2^m)\\ 2^m-3^m & 2(3^m-2^{m-1})\end{bmatrix}\end{aligned}$$

(2) 用同样方法得

$$\boldsymbol{A}^m=\frac{1}{3}\begin{bmatrix}2^m+(-1)^m\cdot 2 & 2^{m+1}-(-1)^m\cdot 2\\ 2^m+(-1)^{m+1} & 2^{m+1}+(-1)^m\end{bmatrix}$$

11. 设 $\boldsymbol{\alpha}=(a_1,a_2,\cdots,a_n)'$，$\boldsymbol{\beta}=(b_1,b_2,\cdots,b_n)'\in\mathbb{R}^n$，且 $\boldsymbol{\alpha}\neq\boldsymbol{0}$，$\boldsymbol{\beta}\neq\boldsymbol{0}$，$n>1$. 令 $\boldsymbol{A}=\boldsymbol{\beta\alpha}'$，试问：$\boldsymbol{A}$ 是否可对角化？如果 $\boldsymbol{A}$ 可对角化，求出一个可逆矩阵 $\boldsymbol{P}$，使得 $\boldsymbol{P}^{-1}\boldsymbol{AP}$ 为对角矩阵，并且写出这个对角矩阵.

解： $\boldsymbol{A}=\boldsymbol{\beta\alpha}'$ 的非零特征值为 $\boldsymbol{\alpha}'\boldsymbol{\beta}$ 的非零特征值，故当 $\boldsymbol{\alpha}'\boldsymbol{\beta}\neq 0$ 时，$\boldsymbol{A}$ 有一个非零特征值 $\boldsymbol{\alpha}'\boldsymbol{\beta}=\sum_{i=1}^{n}a_ib_i$（1 重）. 由于矩阵 $\boldsymbol{\alpha}'\boldsymbol{\beta}$ 满足 $\boldsymbol{\alpha}'\boldsymbol{\beta}(1)=(\boldsymbol{\alpha}'\boldsymbol{\beta})(1)$，故 $\boldsymbol{\alpha}'\boldsymbol{\beta}$ 对应于非零特征值 $\boldsymbol{\alpha}'\boldsymbol{\beta}$ 的特征向量是(1)，从而由习题 6.6 的第 7 题知矩阵 $\boldsymbol{A}$ 属于特征值 $\boldsymbol{\alpha}'\boldsymbol{\beta}$ 的特征向量是 $\boldsymbol{\beta}(1)=\boldsymbol{\beta}$. 由于 $\mathrm{rank}(\boldsymbol{A})=\mathrm{rank}(\boldsymbol{\beta\alpha}')\leqslant\mathrm{rank}(\boldsymbol{\beta})=1$，而由 $\boldsymbol{\alpha}\neq\boldsymbol{0}$，$\boldsymbol{\beta}\neq\boldsymbol{0}$ 得 $\boldsymbol{A}\neq\boldsymbol{0}$，因此 $\mathrm{rank}(\boldsymbol{A})=1$. 从而 $(0\boldsymbol{I}-\boldsymbol{A})\boldsymbol{X}=\boldsymbol{0}$ 的解空间维数为 $n-1$，由于特征值 0 的代数重数为 $n-1$，故 $\boldsymbol{A}$ 可对角化. 设 $b_j\neq 0$，$a_i\neq 0$，从 $\boldsymbol{AX}=\boldsymbol{0}$ 的第 j 个方程得

$$x_i=-\frac{1}{a_i}(a_1x_1+\cdots+a_{i-1}x_{i-1}+a_{i+1}x_{i+1}+\cdots+a_nx_n)$$

由此得出 $\boldsymbol{AX}=\boldsymbol{0}$ 的一个基础解系为

$$\boldsymbol{\eta}_1=\begin{pmatrix} a_i \\ 0 \\ \vdots \\ 0 \\ -a_1 \\ 0 \\ \vdots \\ 0 \end{pmatrix},\ \boldsymbol{\eta}_2=\begin{pmatrix} 0 \\ a_i \\ 0 \\ \vdots \\ 0 \\ -a_2 \\ 0 \\ \vdots \\ 0 \end{pmatrix},\ \cdots,\ \boldsymbol{\eta}_{n-1}=\begin{pmatrix} 0 \\ 0 \\ \vdots \\ 0 \\ -a_n \\ 0 \\ \vdots \\ 0 \\ a_i \end{pmatrix}$$

令 $\boldsymbol{P}=(\boldsymbol{\beta}, \boldsymbol{\eta}_1, \boldsymbol{\eta}_2, \cdots, \boldsymbol{\eta}_{n-1})$，则 $\boldsymbol{P}^{-1}\boldsymbol{A}\boldsymbol{P}=\mathrm{diag}\left\{\sum_{i=1}^{n} a_i b_i, 0, \cdots, 0\right\}$.

当 $\boldsymbol{\alpha}'\boldsymbol{\beta}=0$ 时，$\boldsymbol{A}^2=(\boldsymbol{\beta}\boldsymbol{\alpha}')(\boldsymbol{\beta}\boldsymbol{\alpha}')=\boldsymbol{0}$. 于是 $\boldsymbol{A}$ 是非零的幂等矩阵. 由教材例 8，$\boldsymbol{A}$ 不可对角化.

12. 设数列$\{a_i\}$满足下述递推公式：

$$a_{k+2}=\frac{1}{2}(a_{k+1}+a_k),\quad k=0, 1, 2, \cdots$$

以及初始条件：$a_0=0$，$a_1=\frac{1}{2}$. 求这个数列的通项公式，并且求出$\lim\limits_{k\to\infty} a_k$.

解：由题意

$$\begin{pmatrix} a_{k+2} \\ a_{k+1} \end{pmatrix}=\begin{pmatrix} \frac{1}{2} & \frac{1}{2} \\ 1 & 0 \end{pmatrix}\begin{pmatrix} a_{k+1} \\ a_k \end{pmatrix}\xlongequal{\triangle}\boldsymbol{A}\begin{pmatrix} a_{k+1} \\ a_k \end{pmatrix}$$

$$=\boldsymbol{A}^2\begin{pmatrix} a_k \\ a_{k-1} \end{pmatrix}\cdots=\boldsymbol{A}^{k+1}\begin{pmatrix} a_1 \\ a_0 \end{pmatrix}=\boldsymbol{A}^{k+1}\begin{pmatrix} \frac{1}{2} \\ 0 \end{pmatrix}.$$

用前文求 $\boldsymbol{A}$ 的方幂的方法得

$$\boldsymbol{A}^k=\begin{pmatrix} \frac{2}{3}-\frac{1}{3}(-1)^{1+k}\frac{1}{2^k}, & \frac{1}{3}+\frac{1}{3}(-1)^{1+k}\frac{1}{2^k} \\ \frac{2}{3}-\frac{1}{3}(-1)^k 2^{1-k}, & \frac{1}{3}+\frac{1}{3}(-1)^k 2^{1-k} \end{pmatrix}$$

从而得 $a_n=\frac{1}{3}\left[1+(-1)^{1+n}\frac{1}{2^n}\right]$，$n=0, 1, 2, \cdots$. $\lim\limits_{n\to\infty} a_n=\frac{1}{3}$.

13. 设 $\boldsymbol{A}$ 是实数域上的 2 级矩阵，证明：如果 $|\boldsymbol{A}|<0$，那么 $\boldsymbol{A}$ 可对角化.

证明： $|\lambda \boldsymbol{I}-\boldsymbol{A}|=\lambda^2-\operatorname{tr}(\boldsymbol{A})\lambda+|\boldsymbol{A}|$，判别式 $\Delta=[\operatorname{tr}(\boldsymbol{A})]^2-4|\boldsymbol{A}|$. 由于 $|\boldsymbol{A}|<0$，因此 $\Delta>0$，从而 $|\lambda \boldsymbol{I}-\boldsymbol{A}|$ 有两个不等的实根，因此 $\boldsymbol{A}$ 有两个不同的特征值，从而 2 级矩阵 $\boldsymbol{A}$ 可对角化.

14. 设 b_1，b_2，…，b_n 都是正实数，且 $\sum\limits_{i=1}^{n} b_i=1$. 设 $\boldsymbol{A}=(a_{ij})$，其中

$$a_{ij}=\begin{cases}1-b_i, & \text{当 } i=j;\\ -\sqrt{b_ib_j}, & \text{当 } i\neq j.\end{cases}$$

求矩阵 $\boldsymbol{A}$ 的秩；$\boldsymbol{A}$ 能否对角化？若 $\boldsymbol{A}$ 可对角化，则写出与 $\boldsymbol{A}$ 相似的对角矩阵.

解： 令 $\boldsymbol{\alpha}=(\sqrt{b_1},\sqrt{b_2},\cdots,\sqrt{b_n})'$，则 $\boldsymbol{A}=\boldsymbol{I}-\boldsymbol{\alpha\alpha}'$. 从而

$$\begin{aligned}\boldsymbol{A}^2&=\boldsymbol{I}-2\boldsymbol{\alpha\alpha}'+\boldsymbol{\alpha\alpha}'\boldsymbol{\alpha\alpha}'=\boldsymbol{I}-2\boldsymbol{\alpha\alpha}'+(b_1+b_2+\cdots+b_n)\boldsymbol{\alpha\alpha}'\\&=\boldsymbol{I}-2\boldsymbol{\alpha\alpha}'+\boldsymbol{\alpha\alpha}'=I-\boldsymbol{\alpha\alpha}'=\boldsymbol{A}\end{aligned}$$

因此 $\boldsymbol{A}$ 是幂等矩阵. 由教材例 6 的结论知

$$\operatorname{rank}(\boldsymbol{A})=\operatorname{tr}(\boldsymbol{A})=\sum_{i=1}^{n}(1-b_i)=n-1.$$

幂等矩阵一定可对角化，即 $\boldsymbol{A}\sim\begin{pmatrix}\boldsymbol{I}_{n-1} & \boldsymbol{0}\\ \boldsymbol{0} & 0\end{pmatrix}$.

15. 设生产三种产品 P_1，P_2，P_3，每生产 1 个单位的 P_i 需要消耗掉 a_{ij} 个单位的 P_j. 令 $\boldsymbol{A}=(a_{ij})$，称 $\boldsymbol{A}$ 是消耗系数矩阵，在实际问题中，$\boldsymbol{A}$ 是可逆矩阵，且 $\boldsymbol{A}$ 的每个元素都是非负数. 设初始投入的 P_i 的数量为 b_i，令 $\boldsymbol{\beta}=(b_1,b_2,b_3)'$. 为了使一年后这三种产品同步增长(即增长的百分比相同)，则对 $\boldsymbol{\beta}$ 应当有什么要求？这个增长的百分比是多少？

解： 设一年后生产这三种产品的数量依次是 c_1，c_2，c_3. 令 $\boldsymbol{\gamma}=(c_1,c_2,c_3)'$. 由于生产 c_i 个单位产品 P_i 需要消耗 $a_{ij}c_i$ 个单位的 P_j，因此初始投入的 P_j 的数量 b_j 满足

$$b_j=a_{1j}c_1+a_{2j}c_2+a_{3j}c_3,\ j=1,2,3$$

由此得出

$$\begin{pmatrix}b_1\\b_2\\b_3\end{pmatrix}=\begin{pmatrix}a_{11} & a_{21} & a_{31}\\ a_{12} & a_{22} & a_{32}\\ a_{13} & a_{23} & a_{33}\end{pmatrix}\begin{pmatrix}c_1\\c_2\\c_3\end{pmatrix}$$

即 $\boldsymbol{\beta}=\boldsymbol{A}'\boldsymbol{\gamma}$. 由于要求一年后这三种产品增长的百分比相同，因此 $\boldsymbol{\gamma}=k\boldsymbol{\beta}$，其中 k 是正数. 于是有 $\boldsymbol{\beta}=\boldsymbol{A}'k\boldsymbol{\beta}$，即 $\boldsymbol{A}'\boldsymbol{\beta}=\frac{1}{k}\boldsymbol{\beta}$. 这表明 $\boldsymbol{\beta}$ 应当是 $\boldsymbol{A}'$ 的属于特征值 $\frac{1}{k}$ 的一个特征向量，而增长的百分比为 $k-1$.

16. 在第 15 题中，设消耗系数矩阵

$$\boldsymbol{A}=\begin{bmatrix}0.3 & 0.2 & 0.4\\ 0.2 & 0 & 0.2\\ 0.4 & 0.2 & 0.3\end{bmatrix}$$

求初始投入的这三种产品 P_1，P_2，P_3 的数量之比应当为多少时，才能使它们一年后按同一百分比增长，这个增长的百分比是多少?

解: 易求得 $\boldsymbol{A}'$ 的特征值为 $\lambda_1=\frac{4}{5}$，$\lambda_2=-\frac{1}{10}$，$\lambda_3=-\frac{1}{10}$. 故第 15 题中的 $\frac{1}{k}=\frac{4}{5}$. $\boldsymbol{A}'$ 的属于 λ_1 的特征向量的全体为 $\left\{l\left(1,\ \frac{1}{2},\ 1\right)',\ l\neq 0\right\}$，即 $\boldsymbol{\beta}=l\left(1,\ \frac{1}{2},\ 1\right)'$，从而初始投入的这三种产品 P_1，P_2，P_3 的数量之比为 $2:1:2$，增长的百分比为 25%.

17. 下列各题中分别给出了二次曲线 S 在直角坐标系 Oxy 中的方程，x 轴、y 轴的单位向量分别为 $\boldsymbol{e}_1$，$\boldsymbol{e}_2$. 试问：S 是什么样的二次曲线? 指出它的对称轴，以及有关参数，并且画图.

(1) $11x^2+6xy+3y^2-12x-12y-12=0$;

(2) $5x^2+12xy-22x-12y-19=0$.

解: (1) 二次项部分

$$11x^2+6xy+3y^2=(x\quad y)\begin{pmatrix}11 & 3\\ 3 & 3\end{pmatrix}\begin{pmatrix}x\\ y\end{pmatrix}$$

设坐标系 xOy 顺时针旋转 θ 角后得坐标系 x^*Oy^*，则

$$\begin{bmatrix}x^*\\ y^*\end{bmatrix}=\begin{pmatrix}\cos\theta & -\sin\theta\\ \sin\theta & \cos\theta\end{pmatrix}\begin{pmatrix}x\\ y\end{pmatrix}\xlongequal{\triangle}\boldsymbol{T}'\begin{pmatrix}x\\ y\end{pmatrix}$$

则

$$(x\quad y)\begin{pmatrix}11 & 3\\ 3 & 3\end{pmatrix}\begin{pmatrix}x\\ y\end{pmatrix}=(x^*\quad y^*)\boldsymbol{T}'\boldsymbol{A}\boldsymbol{T}\begin{bmatrix}x^*\\ y^*\end{bmatrix}$$

其中 $\boldsymbol{A}=\begin{pmatrix}11 & 3\\ 3 & 3\end{pmatrix}$. 先求 $\boldsymbol{A}$ 的特征值：$|\lambda\boldsymbol{I}-\boldsymbol{A}|=(\lambda-2)(\lambda-12)$，故 $\boldsymbol{A}$ 的特征值 $\lambda_1=2$，

$\lambda_2=12$. 解$(2\boldsymbol{I}-\boldsymbol{A})\boldsymbol{X}=\boldsymbol{0}$得基础解系$\boldsymbol{\xi}_1=(1,-3)'$，解$(12\boldsymbol{I}-\boldsymbol{A})\boldsymbol{X}=\boldsymbol{0}$得基础解系$\boldsymbol{\xi}_2=(3,1)'$. 单位化后得$\boldsymbol{\eta}_1=\left(\frac{1}{\sqrt{10}},-\frac{3}{\sqrt{10}}\right)'$，$\boldsymbol{\eta}_2=\left(\frac{3}{\sqrt{10}},\frac{1}{\sqrt{10}}\right)'$. 令$\boldsymbol{T}=(\boldsymbol{\eta}_1,\boldsymbol{\eta}_2)$，则必有$\boldsymbol{T}'\boldsymbol{A}\boldsymbol{T}=\begin{pmatrix}2&0\\0&12\end{pmatrix}$.

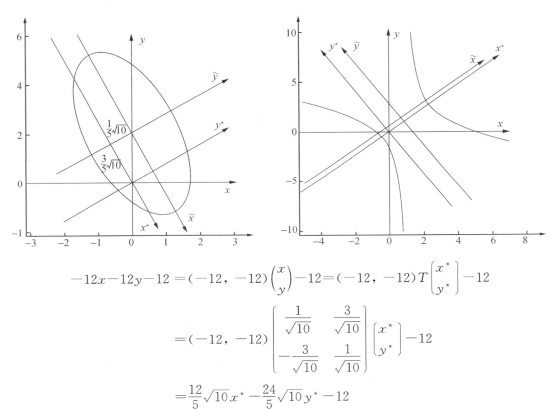

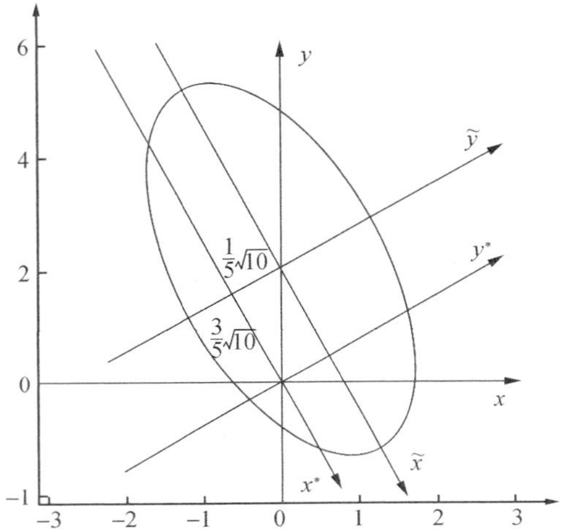

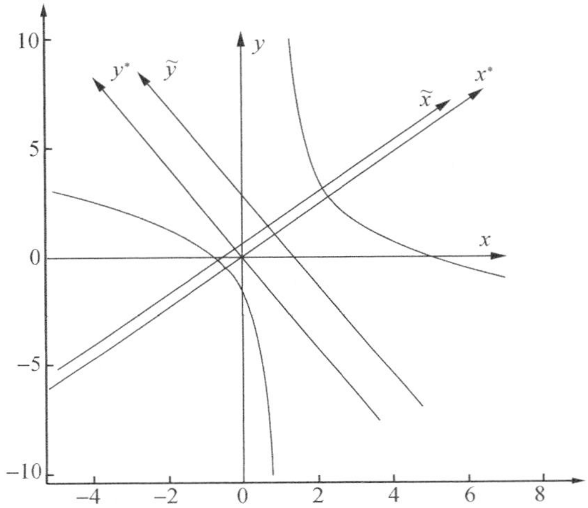

$$-12x-12y-12=(-12,-12)\begin{pmatrix}x\\y\end{pmatrix}-12=(-12,-12)T\begin{bmatrix}x^*\\y^*\end{bmatrix}-12$$

$$=(-12,-12)\begin{bmatrix}\frac{1}{\sqrt{10}}&\frac{3}{\sqrt{10}}\\-\frac{3}{\sqrt{10}}&\frac{1}{\sqrt{10}}\end{bmatrix}\begin{bmatrix}x^*\\y^*\end{bmatrix}-12$$

$$=\frac{12}{5}\sqrt{10}\,x^*-\frac{24}{5}\sqrt{10}\,y^*-12$$

所以

$$11x^2+6xy+3y^2-12x-12y-12=2(x^*)^2+12(y^*)^2+\frac{12}{5}\sqrt{10}\,x^*-\frac{24}{5}\sqrt{10}\,y^*-12$$

$$=2\left(x^*+\frac{3}{5}\sqrt{10}\right)^2+12\left(y^*-\frac{1}{5}\sqrt{10}\right)^2-24$$

故坐标系x^*Oy^*中二次曲线方程为$\left(x^*+\frac{3}{5}\sqrt{10}\right)^2+6\left(y^*-\frac{1}{5}\sqrt{10}\right)^2-12=0$

令 $\tilde{x}=x^*+\frac{3}{5}\sqrt{10}$，$\tilde{y}=y^*-\frac{1}{5}\sqrt{10}$，得

$$\frac{\tilde{x}^2}{12}+\frac{\tilde{y}^2}{2}=1.$$

(2) $5x^2+12xy=(x\quad y)\begin{pmatrix}5&6\\6&0\end{pmatrix}\begin{pmatrix}x\\y\end{pmatrix}$

其中 $\boldsymbol{A}=\begin{pmatrix}5&6\\6&0\end{pmatrix}$. 先求 $\boldsymbol{A}$ 的特征值：$|\lambda\boldsymbol{I}-\boldsymbol{A}|=(\lambda-9)(\lambda+4)$，故 $\boldsymbol{A}$ 的特征值 $\lambda_1=9$，$\lambda_2=-4$. 解 $(9\boldsymbol{I}-\boldsymbol{A})\boldsymbol{X}=\boldsymbol{0}$ 得基础解系 $\boldsymbol{\xi}_1=(3,2)'$，单位化后 $\boldsymbol{\eta}_1=\left(\frac{3}{\sqrt{13}},\frac{2}{\sqrt{13}}\right)'$；解 $(-4\boldsymbol{I}-\boldsymbol{A})\boldsymbol{X}=\boldsymbol{0}$ 得基础解系 $\boldsymbol{\xi}_2=(-2,3)'$，单位化后 $\boldsymbol{\eta}_2=\left(\frac{-2}{\sqrt{13}},\frac{3}{\sqrt{13}}\right)'$. 令 $\boldsymbol{T}=(\boldsymbol{\eta}_1,\boldsymbol{\eta}_2)$，则必有 $\boldsymbol{T}'\boldsymbol{A}\boldsymbol{T}=\begin{pmatrix}9&0\\0&-4\end{pmatrix}$. 从而设

$$\begin{bmatrix}x^*\\y^*\end{bmatrix}=\begin{pmatrix}\cos\theta&\sin\theta\\-\sin\theta&\cos\theta\end{pmatrix}\begin{pmatrix}x\\y\end{pmatrix}\xlongequal{\triangle}\boldsymbol{T}'\begin{pmatrix}x\\y\end{pmatrix}$$

从而 $5x^2+12xy=(x^*\ y^*)\boldsymbol{T}'\boldsymbol{A}\boldsymbol{T}\begin{bmatrix}x^*\\y^*\end{bmatrix}=9(x^*)^2-4(y^*)^2$.

$$\begin{aligned}-22x-12y-19&=(-22,-12)\begin{pmatrix}x\\y\end{pmatrix}-19\\&=(-22,-12)T\begin{bmatrix}x^*\\y^*\end{bmatrix}-19\\&=(-22,-12)\begin{bmatrix}\frac{3}{\sqrt{13}}&\frac{-2}{\sqrt{13}}\\\frac{2}{\sqrt{13}}&\frac{3}{\sqrt{13}}\end{bmatrix}\begin{bmatrix}x^*\\y^*\end{bmatrix}-19\\&=-\frac{90}{\sqrt{13}}x^*+\frac{8}{\sqrt{13}}y^*-19\end{aligned}$$

从而原二次曲线方程在坐标系 x^*Oy^* 中的方程为

$$9(x^*)^2-4(y^*)^2-\frac{90}{\sqrt{13}}x^*+\frac{8}{\sqrt{13}}y^*-19=0$$

即

$$9\left(x^*-\frac{5}{\sqrt{13}}\right)^2-4\left(y^*-\frac{1}{\sqrt{13}}\right)^2-36=0$$

令 $\tilde{x}=x^*-\frac{5}{\sqrt{13}}$，$\tilde{y}=y^*-\frac{1}{\sqrt{13}}$，则二次曲线化为

$$\frac{\tilde{x}^2}{4}-\frac{\tilde{y}^2}{9}=1$$

习题 6.8　线性变换的不变子空间，Hamilton-Cayley 定理

1. 设 $\mathscr{A}$ 是数域 $\mathbb{K}$ 上 4 维向量空间 $\mathbb{K}^4$ 上的一个线性变换，$\mathscr{A}$ 在 $\mathbb{K}^4$ 的一个基 $\boldsymbol{\alpha}_1$，$\boldsymbol{\alpha}_2$，$\boldsymbol{\alpha}_3$，$\boldsymbol{\alpha}_4$ 下的矩阵

$$\boldsymbol{A}=\begin{pmatrix}1 & 0 & 2 & -1\\ 0 & 1 & 4 & -2\\ 2 & -1 & 0 & 1\\ 2 & -1 & -1 & 2\end{pmatrix}$$

令 $W=\langle\boldsymbol{\alpha}_1+2\boldsymbol{\alpha}_2,\ \boldsymbol{\alpha}_2+\boldsymbol{\alpha}_3+2\boldsymbol{\alpha}_4\rangle$，证明：$W$ 是 $\mathscr{A}$-子空间.

证明：

$$\boldsymbol{\alpha}_1+2\boldsymbol{\alpha}_2=(\boldsymbol{\alpha}_1,\boldsymbol{\alpha}_2,\boldsymbol{\alpha}_3,\boldsymbol{\alpha}_4)\begin{pmatrix}1\\2\\0\\0\end{pmatrix},\quad \boldsymbol{\alpha}_2+\boldsymbol{\alpha}_3+2\boldsymbol{\alpha}_4=(\boldsymbol{\alpha}_1,\boldsymbol{\alpha}_2,\boldsymbol{\alpha}_3,\boldsymbol{\alpha}_4)\begin{pmatrix}0\\1\\1\\2\end{pmatrix}$$

$$\mathscr{A}(\boldsymbol{\alpha}_1+2\boldsymbol{\alpha}_2)=\mathscr{A}(\boldsymbol{\alpha}_1,\boldsymbol{\alpha}_2,\boldsymbol{\alpha}_3,\boldsymbol{\alpha}_4)\begin{pmatrix}1\\2\\0\\0\end{pmatrix}=(\boldsymbol{\alpha}_1,\boldsymbol{\alpha}_2,\boldsymbol{\alpha}_3,\boldsymbol{\alpha}_4)\boldsymbol{A}\begin{pmatrix}1\\2\\0\\0\end{pmatrix}$$

$$=(\boldsymbol{\alpha}_1,\boldsymbol{\alpha}_2,\boldsymbol{\alpha}_3,\boldsymbol{\alpha}_4)\begin{pmatrix}1\\2\\0\\0\end{pmatrix}=\boldsymbol{\alpha}_1+2\boldsymbol{\alpha}_2\in W$$

$$\mathscr{A}(\boldsymbol{\alpha}_2+\boldsymbol{\alpha}_3+2\boldsymbol{\alpha}_4)=\mathscr{A}(\boldsymbol{\alpha}_1,\boldsymbol{\alpha}_2,\boldsymbol{\alpha}_3,\boldsymbol{\alpha}_4)\begin{pmatrix}0\\1\\1\\2\end{pmatrix}=(\boldsymbol{\alpha}_1,\boldsymbol{\alpha}_2,\boldsymbol{\alpha}_3,\boldsymbol{\alpha}_4)A\begin{pmatrix}0\\1\\1\\2\end{pmatrix}$$

$$=(\boldsymbol{\alpha}_1,\boldsymbol{\alpha}_2,\boldsymbol{\alpha}_3,\boldsymbol{\alpha}_4)\begin{pmatrix}0\\1\\1\\2\end{pmatrix}=\boldsymbol{\alpha}_2+\boldsymbol{\alpha}_3+2\boldsymbol{\alpha}_4\in W$$

故由教材命题 5 知 W 是 $\mathscr{A}$-子空间.

2. 设 $\mathscr{A}$ 是域 $\mathbb{F}$ 上线性空间 V 上的可逆线性变换，W 是 $\mathscr{A}$ 的有限维不变子空间. 证明：

(1) $\mathscr{A}|W$ 是 W 上的可逆线性变换；

(2) W 也是 $\mathscr{A}^{-1}$ 的不变子空间，且 $\mathscr{A}^{-1}|W=(\mathscr{A}|W)^{-1}$.

证明： (1) 由于 $\mathscr{A}$ 是可逆变换，因此 $\mathscr{A}$ 是单射，从而 $\mathscr{A}|W$ 是单射. 由于 W 是有限维的，且 $\mathscr{A}|W$ 是 W 上的线性变换，故 $\mathscr{A}|W$ 是满射，从而 $\mathscr{A}|W$ 是双射，即 $\mathscr{A}|W$ 是 W 上的可逆线性变换.

(2) 任取 $\delta\in W$. 由于 $\mathscr{A}|W$ 是 W 到 W 的双射，因此 W 中存在唯一的向量 $\boldsymbol{\gamma}$，使得 $(\mathscr{A}|W)\boldsymbol{\gamma}=\boldsymbol{\delta}$，从而 $\mathscr{A}\boldsymbol{\gamma}=\boldsymbol{\delta}$. 由于 $\mathscr{A}$ 是可逆的，因此 $\mathscr{A}^{-1}\boldsymbol{\delta}=\boldsymbol{\gamma}\in W$，于是 W 是 $\mathscr{A}^{-1}$ 的不变子空间，由于 $(\mathscr{A}^{-1}|W)\boldsymbol{\delta}=\mathscr{A}^{-1}\boldsymbol{\delta}=\boldsymbol{\gamma}=(\mathscr{A}|W)^{-1}\boldsymbol{\delta}$，$\forall\,\boldsymbol{\delta}\in W$，因此 $\mathscr{A}^{-1}|W=(\mathscr{A}|W)^{-1}$.

3. 设 V 是复数域上的 n 维线性空间，$\mathscr{A}$, $\mathscr{B}$ 都是 V 上的线性变换. 证明：如果 $\mathscr{A}\mathscr{B}=\mathscr{B}\mathscr{A}$，那么 $\mathscr{A}$ 与 $\mathscr{B}$ 至少有一个公共的特征向量.

证明： 由于 V 是复数域上的线性空间，因此 $\mathscr{A}$ 必有特征值 λ_0. 由于 $\mathscr{A}\mathscr{B}=\mathscr{B}\mathscr{A}$，因此 $\mathscr{A}$ 的特征子空间 V_{λ_0} 是 $\mathscr{B}$ 的不变子空间，于是 $\mathscr{B}|V_{\lambda_0}$ 是 V_{λ_0} 上的一个线性变换. 同理 $\mathscr{B}|V_{\lambda_0}$ 有特征值 μ_0，从而 V_{λ_0} 中存在非零向量 $\boldsymbol{\alpha}$，使得 $\mathscr{B}\boldsymbol{\alpha}=(\mathscr{B}|V_{\lambda_0})\boldsymbol{\alpha}=\mu_0\boldsymbol{\alpha}$，而 $\boldsymbol{\alpha}\in V_{\lambda_0}$ 必满足 $\mathscr{A}\boldsymbol{\alpha}=\lambda_0\boldsymbol{\alpha}$，因此 $\boldsymbol{\alpha}$ 是 $\mathscr{A}$ 与 $\mathscr{B}$ 的公共特征向量.

4. 设 V 是复数域上的 n 维线性空间，$\mathscr{A}$ 与 $\mathscr{B}$ 都是 V 上的线性变换，且 $\mathscr{A}$ 有 s 个不同的特征值. 证明：如果 $\mathscr{A}\mathscr{B}=\mathscr{B}\mathscr{A}$，那么 $\mathscr{A}$ 与 $\mathscr{B}$ 至少有 s 个公共的特征向量，并且它们线性无关.

证明： 设 $\lambda_1,\lambda_2,\cdots,\lambda_s$ 是 $\mathscr{A}$ 的不同的特征值，则由第 3 题证明过程知在 V_{λ_i} 中存在非零向量 $\boldsymbol{\alpha}_i$，它是 $\mathscr{A}$ 与 $\mathscr{B}$ 的公共特征向量，$i=1,2,\cdots,s$. 由于 $\mathscr{A}$ 的属于不同特征值的特征向量线性无关，因此 $\boldsymbol{\alpha}_1,\boldsymbol{\alpha}_2,\cdots,\boldsymbol{\alpha}_s$ 线性无关.

5. 设 $\boldsymbol{A}$, $\boldsymbol{B}$ 都是 n 级复矩阵(即复数域上的矩阵). 证明：如果 $\boldsymbol{AB}=\boldsymbol{BA}$，那么存在 n

级可逆复矩阵 $\boldsymbol{P}$，使得 $\boldsymbol{P}^{-1}\boldsymbol{AP}$ 和 $\boldsymbol{P}^{-1}\boldsymbol{BP}$ 都是上三角矩阵.

证明： 当 $n=1$ 时，显然命题为真. 假设结论对于 $n-1$ 级复矩阵成立. 现在来看 n 级复矩阵 $\boldsymbol{A}$，$\boldsymbol{B}$. 取 $\boldsymbol{A}$ 的一个特征值 λ_1，由于 $\boldsymbol{AB}=\boldsymbol{BA}$，根据本节习题 3 的证明过程知，在 $\boldsymbol{A}$ 的属于特征值 λ_1 的特征子空间 W_{λ_1} 中存在一个非零向量 $\boldsymbol{X}_1$，使得 $\boldsymbol{BX}_1=\mu_1\boldsymbol{X}_1$. 把 $\boldsymbol{X}_1$ 扩充成 $\mathbb{C}^n$ 的一个基 $\boldsymbol{X}_1, \boldsymbol{X}_2, \cdots, \boldsymbol{X}_n$. 令 $\boldsymbol{P}_1=(\boldsymbol{X}_1, \boldsymbol{X}_2, \cdots, \boldsymbol{X}_n)$，则 $\boldsymbol{P}_1$ 是 n 级可逆矩阵，且

$$\boldsymbol{P}_1^{-1}\boldsymbol{AP}_1=\boldsymbol{P}_1^{-1}(\boldsymbol{AX}_1, \boldsymbol{AX}_2, \cdots, \boldsymbol{AX}_n)=(\boldsymbol{P}_1^{-1}\lambda_1\boldsymbol{X}_1, \boldsymbol{P}_1^{-1}\boldsymbol{AX}_2, \cdots, \boldsymbol{P}_1^{-1}\boldsymbol{AX}_n)$$

由于 $\boldsymbol{P}_1^{-1}\boldsymbol{P}_1=(\boldsymbol{P}_1^{-1}\boldsymbol{X}_1, \boldsymbol{P}_1^{-1}\boldsymbol{X}_2, \cdots, \boldsymbol{P}_1^{-1}\boldsymbol{X}_n)=\boldsymbol{I}$，因此 $\boldsymbol{P}_1^{-1}\boldsymbol{X}_1=\boldsymbol{\varepsilon}_1$，从而

$$\boldsymbol{P}_1^{-1}\boldsymbol{AP}_1=\begin{pmatrix}\lambda_1 & \boldsymbol{\alpha}' \\ \boldsymbol{0} & \boldsymbol{A}_1\end{pmatrix}$$

$$\boldsymbol{P}_1^{-1}\boldsymbol{BP}_1=\boldsymbol{P}_1^{-1}(\boldsymbol{BX}_1, \boldsymbol{BX}_2, \cdots, \boldsymbol{BX}_n)=(\boldsymbol{P}_1^{-1}\mu_1\boldsymbol{X}_1, \boldsymbol{P}_1^{-1}\boldsymbol{BX}_2, \cdots, \boldsymbol{P}_1^{-1}\boldsymbol{BX}_n)$$

$$\boldsymbol{P}_1^{-1}\boldsymbol{BP}_1=\begin{pmatrix}\mu_1 & \boldsymbol{\beta}' \\ \boldsymbol{0} & \boldsymbol{B}_1\end{pmatrix}$$

由于 $\boldsymbol{AB}=\boldsymbol{BA}$，因此 $(\boldsymbol{P}_1^{-1}\boldsymbol{AP}_1)(\boldsymbol{P}_1^{-1}\boldsymbol{BP}_1)=(\boldsymbol{P}_1^{-1}\boldsymbol{BP}_1)(\boldsymbol{P}_1^{-1}\boldsymbol{AP}_1)$，从而

$$\begin{pmatrix}\lambda_1 & \boldsymbol{\alpha}' \\ \boldsymbol{0} & \boldsymbol{A}_1\end{pmatrix}\begin{pmatrix}\mu_1 & \boldsymbol{\beta}' \\ \boldsymbol{0} & \boldsymbol{B}_1\end{pmatrix}=\begin{pmatrix}\mu_1 & \boldsymbol{\beta}' \\ \boldsymbol{0} & \boldsymbol{B}_1\end{pmatrix}\begin{pmatrix}\lambda_1 & \boldsymbol{\alpha}' \\ \boldsymbol{0} & \boldsymbol{A}_1\end{pmatrix}$$

由此得出 $\boldsymbol{A}_1\boldsymbol{B}_1=\boldsymbol{B}_1\boldsymbol{A}_1$. 根据归纳法假设，存在 $n-1$ 级可逆复矩阵 $\boldsymbol{P}_2$，使得 $\boldsymbol{P}_2^{-1}\boldsymbol{A}_1\boldsymbol{P}_2$ 与 $\boldsymbol{P}_2^{-1}\boldsymbol{B}_1\boldsymbol{P}_2$ 都为上三角矩阵，令

$$\boldsymbol{P}=\boldsymbol{P}_1\begin{pmatrix}1 & \boldsymbol{0}' \\ \boldsymbol{0} & \boldsymbol{P}_2\end{pmatrix}$$

则 $\boldsymbol{P}$ 是 n 级可逆复矩阵，且

$$\boldsymbol{P}^{-1}\boldsymbol{AP}=\begin{pmatrix}1 & \boldsymbol{0}' \\ \boldsymbol{0} & \boldsymbol{P}_2\end{pmatrix}^{-1}\boldsymbol{P}_1^{-1}\boldsymbol{P}_1\begin{pmatrix}\lambda_1 & \boldsymbol{\alpha}' \\ \boldsymbol{0} & \boldsymbol{A}_1\end{pmatrix}\boldsymbol{P}_1^{-1}\boldsymbol{P}_1\begin{pmatrix}1 & \boldsymbol{0}' \\ \boldsymbol{0} & \boldsymbol{P}_2\end{pmatrix}=\begin{pmatrix}\lambda_1 & \boldsymbol{\alpha}'\boldsymbol{P}_2 \\ \boldsymbol{0} & \boldsymbol{P}_2^{-1}\boldsymbol{A}_1\boldsymbol{P}_2\end{pmatrix}$$

$$\boldsymbol{P}^{-1}\boldsymbol{BP}=\begin{pmatrix}1 & \boldsymbol{0}' \\ \boldsymbol{0} & \boldsymbol{P}_2\end{pmatrix}^{-1}\boldsymbol{P}_1^{-1}\boldsymbol{P}_1\begin{pmatrix}\mu_1 & \boldsymbol{\beta}' \\ \boldsymbol{0} & \boldsymbol{B}_1\end{pmatrix}\boldsymbol{P}_1^{-1}\boldsymbol{P}_1\begin{pmatrix}1 & \boldsymbol{0}' \\ \boldsymbol{0} & \boldsymbol{P}_2\end{pmatrix}=\begin{pmatrix}\mu_1 & \boldsymbol{\beta}'\boldsymbol{P}_2 \\ \boldsymbol{0} & \boldsymbol{P}_2^{-1}\boldsymbol{B}_1\boldsymbol{P}_2\end{pmatrix}$$

因此 $\boldsymbol{P}^{-1}\boldsymbol{AP}$，$\boldsymbol{P}^{-1}\boldsymbol{BP}$ 都是上三角矩阵. 由归纳法知对一切正整数 n，命题为真.

6. 证明：任一 n 级复矩阵一定相似于一个上三角矩阵.

证明： （**证法一**）此命题称为 Schur 引理，任一 n 级复矩阵一定酉相似于一个上（下）三角矩阵. 用数学归纳法，$\boldsymbol{A}$ 的级数为 1 时定理显然成立. 现设 $\boldsymbol{A}$ 的级数为 $k-1$ 时定理成立，考虑 $\boldsymbol{A}$ 的级数为 k 时的情况.

取 k 级矩阵 $\boldsymbol{A}$ 的一个特征值 λ_1 对应的单位特征向量为 $\boldsymbol{\alpha}_1$，构造以 $\boldsymbol{\alpha}_1$ 为第一列的 k 级酉矩阵 $\boldsymbol{U}_1=(\boldsymbol{\alpha}_1, \boldsymbol{\alpha}_2, \cdots, \boldsymbol{\alpha}_k)$，则

$$\begin{aligned}\boldsymbol{AU}_1&=(\boldsymbol{A\alpha}_1, \boldsymbol{A\alpha}_2, \cdots, \boldsymbol{A\alpha}_k)\\&=(\lambda_1\boldsymbol{\alpha}_1, \boldsymbol{A\alpha}_2, \cdots, \boldsymbol{A\alpha}_k)\end{aligned}$$

由于 $\boldsymbol{\alpha}_1, \boldsymbol{\alpha}_2, \cdots, \boldsymbol{\alpha}_k$ 构成$\mathbb{C}^k$ 的一个标准正交基，故

$$\begin{aligned}\boldsymbol{AU}_1&=(\boldsymbol{\alpha}_1, \boldsymbol{\alpha}_2, \cdots, \boldsymbol{\alpha}_k)\begin{pmatrix}\lambda_1 & * \cdots * \\ 0 & \\ \vdots & \boldsymbol{A}_1 \\ 0 & \end{pmatrix}\\&=(\boldsymbol{\alpha}_1, \boldsymbol{\alpha}_2, \cdots, \boldsymbol{\alpha}_k)\begin{pmatrix}\lambda_1 & \boldsymbol{\alpha}' \\ \boldsymbol{0} & \boldsymbol{A}_1\end{pmatrix}=\boldsymbol{U}_1\begin{pmatrix}\lambda_1 & \boldsymbol{\alpha}' \\ \boldsymbol{0} & \boldsymbol{A}_1\end{pmatrix}\end{aligned}$$

其中 $\boldsymbol{A}_1$ 是 $k-1$ 级矩阵，根据归纳法假设，存在 $k-1$ 级酉矩阵 $\boldsymbol{W}$ 满足

$$\boldsymbol{W}^{\mathrm{H}}\boldsymbol{A}_1\boldsymbol{W}=\boldsymbol{R}_1\text{（上三角矩阵）}$$

令

$$\boldsymbol{U}_2=\begin{pmatrix}1 & \boldsymbol{0} \\ \boldsymbol{0} & \boldsymbol{W}\end{pmatrix}\text{（酉矩阵）}$$

则

$$\begin{aligned}\boldsymbol{U}_2^{\mathrm{H}}\boldsymbol{U}_1^{\mathrm{H}}\boldsymbol{AU}_1\boldsymbol{U}_2&=\begin{pmatrix}1 & \boldsymbol{0} \\ \boldsymbol{0} & \boldsymbol{W}^{\mathrm{H}}\end{pmatrix}\boldsymbol{U}_1^{\mathrm{H}}\boldsymbol{U}_1\begin{pmatrix}\lambda_1 & \boldsymbol{\alpha}' \\ \boldsymbol{0} & \boldsymbol{A}_1\end{pmatrix}\begin{pmatrix}1 & \boldsymbol{0} \\ \boldsymbol{0} & \boldsymbol{W}\end{pmatrix}\\&=\begin{pmatrix}\lambda_1 & \boldsymbol{\alpha}' \\ \boldsymbol{0} & \boldsymbol{R}_1\end{pmatrix}\text{（上三角矩阵）}\end{aligned}$$

只要令 $\boldsymbol{U}=\boldsymbol{U}_1\boldsymbol{U}_2$，则 $\boldsymbol{U}^{\mathrm{H}}\boldsymbol{AU}=\begin{pmatrix}\lambda_1 & \boldsymbol{\alpha}' \\ \boldsymbol{0} & \boldsymbol{R}_1\end{pmatrix}$为上三角矩阵.

（**证法二**）只要在第 5 题中令 $\boldsymbol{B}=\boldsymbol{A}$，立即得结论.

7. 设 V 是复数域上的 n 维线性空间，$\mathscr{A}$ 是 V 上的一个线性变换. 证明：对于满足

$1\leqslant r\leqslant n$ 的正整数 r，$\mathscr{A}$ 有 r 维不变子空间.

证明： 由 Schur 引理知(第 6 题)，任一 n 维复矩阵一定相似于一个上三角矩阵，因此存在 V 的一个基 $\boldsymbol{\alpha}_1$，$\boldsymbol{\alpha}_2$，…，$\boldsymbol{\alpha}_n$，使得 $\mathscr{A}$ 在此基下的矩阵 $\boldsymbol{A}$ 为上三角矩阵，即

$$\boldsymbol{A}=\begin{pmatrix}\lambda_1 & a_{12} & \cdots & a_{1n}\\ 0 & \lambda_2 & \cdots & a_{2n}\\ \vdots & \vdots & & \vdots\\ 0 & 0 & \cdots & \lambda_n\end{pmatrix}$$

任给 $r(1\leqslant r<n)$，$\boldsymbol{A}$ 可分块写成 $\boldsymbol{A}=\begin{pmatrix}\boldsymbol{A}_1 & \boldsymbol{A}_3\\ \boldsymbol{0} & \boldsymbol{A}_2\end{pmatrix}$，其中 $\boldsymbol{A}_1$ 是 r 级矩阵，由定理 3 知 $W=\langle\boldsymbol{\alpha}_1,\boldsymbol{\alpha}_2,\cdots,\boldsymbol{\alpha}_n\rangle$是 $\mathscr{A}$ 的 r 维不变子空间. 当 $r=n$ 时，V 是 $\mathscr{A}$ 的 n 维不变子空间.

8. 设 V 是域$\mathbb{F}$上的 n 维线性空间，V 上的线性变换 $\mathscr{A}$ 在 V 的一个基 $\boldsymbol{\alpha}_1$，$\boldsymbol{\alpha}_2$，…，$\boldsymbol{\alpha}_n$ 下的矩阵

$$\boldsymbol{A}=\begin{pmatrix}a & 1 & 0 & \cdots & 0 & 0\\ 0 & a & 1 & \cdots & 0 & 0\\ \vdots & \vdots & \vdots & & \vdots & \vdots\\ 0 & 0 & 0 & \cdots & a & 1\\ 0 & 0 & 0 & \cdots & 0 & a\end{pmatrix}$$

(1) 证明：若 $\mathscr{A}$ 的一个不变子空间 W 含有向量 $\boldsymbol{\alpha}_n$，则 $W=V$；

(2) 证明：$\boldsymbol{\alpha}_1$ 属于 $\mathscr{A}$ 的任意一个非零不变子空间；

(3) 证明：V 不能分解成 $\mathscr{A}$ 的两个非平凡不变子空间的直和；

(4) 求 $\mathscr{A}$ 的所有不变子空间.

证明： (1) 由题意知

$$\mathscr{A}(\boldsymbol{\alpha}_1,\boldsymbol{\alpha}_2,\cdots,\boldsymbol{\alpha}_n)=(\boldsymbol{\alpha}_1,\boldsymbol{\alpha}_2,\cdots,\boldsymbol{\alpha}_n)\begin{pmatrix}a & 1 & 0 & \cdots & 0 & 0\\ 0 & a & 1 & \cdots & 0 & 0\\ \vdots & \vdots & \vdots & & \vdots & \vdots\\ 0 & 0 & 0 & \cdots & a & 1\\ 0 & 0 & 0 & \cdots & 0 & a\end{pmatrix}$$

由于 $\boldsymbol{\alpha}_n\in W$，且 W 是 V 的一个不变子空间，故 $\mathscr{A}(\boldsymbol{\alpha}_n)\in W$，而 $\mathscr{A}(\boldsymbol{\alpha}_n)=\boldsymbol{\alpha}_{n-1}+a\boldsymbol{\alpha}_n\in W$，从而有 $\boldsymbol{\alpha}_{n-1}\in W$. 又因为 $\mathscr{A}(\boldsymbol{\alpha}_{n-1})=\boldsymbol{\alpha}_{n-2}+a\boldsymbol{\alpha}_{n-1}$，故 $\boldsymbol{\alpha}_{n-2}\in W$，步骤一直进行下去，最后得 $\boldsymbol{\alpha}_1\in W$，从而 $W=V$.

(2) 设 W 是 $\mathscr{A}$ 的任一非零不变子空间. 取 $\boldsymbol{\beta}\in W$ 且 $\boldsymbol{\beta}\neq\mathbf{0}$，设 $\boldsymbol{\beta}=\sum\limits_{i=1}^{s}k_i\boldsymbol{\alpha}_i$，其中 $k_s\neq 0$. 由于 $\mathscr{A}\mathscr{B}\in W$，因此

$$k_1\mathscr{A}(\boldsymbol{\alpha}_1)+k_2\mathscr{A}(\boldsymbol{\alpha}_2)+\cdots+k_s\mathscr{A}(\boldsymbol{\alpha}_s)\in W$$

即

$$\begin{aligned}&k_1a\boldsymbol{\alpha}_1+k_2(\boldsymbol{\alpha}_1+a\boldsymbol{\alpha}_2)+\cdots+k_s(\boldsymbol{\alpha}_{s-1}+a\boldsymbol{\alpha}_s)\\=&ak_1\boldsymbol{\alpha}_1+ak_2\boldsymbol{\alpha}_2+\cdots+ak_s\boldsymbol{\alpha}_s+k_2\boldsymbol{\alpha}_1+\cdots+k_s\boldsymbol{\alpha}_{s-1}\\=&a\boldsymbol{\beta}+k_2\boldsymbol{\alpha}_1+\cdots+k_s\boldsymbol{\alpha}_{s-1}\in W\end{aligned}$$

由此得，$k_2\boldsymbol{\alpha}_1+k_3\boldsymbol{\alpha}_2+\cdots+k_s\boldsymbol{\alpha}_{s-1}\in W$. 用 $\mathscr{A}$ 再次作用后

$$\begin{aligned}&k_2a\boldsymbol{\alpha}_1+k_3(\boldsymbol{\alpha}_1+a\boldsymbol{\alpha}_2)+\cdots+k_s(\boldsymbol{\alpha}_{s-2}+a\boldsymbol{\alpha}_{s-1})\\=&a(k_2\boldsymbol{\alpha}_1+k_3\boldsymbol{\alpha}_2+\cdots+k_s\boldsymbol{\alpha}_{s-1})+k_3\boldsymbol{\alpha}_1+k_4\boldsymbol{\alpha}_2+\cdots+k_s\boldsymbol{\alpha}_{s-2}\in W\end{aligned}$$

从而 $k_3\boldsymbol{\alpha}_1+k_4\boldsymbol{\alpha}_2+\cdots+k_s\boldsymbol{\alpha}_{s-2}\in W$. 依次用 $\mathscr{A}$ 作用，最后可得 $k_s\boldsymbol{\alpha}_1\in W$. 由于 $k_s\neq 0$，故 $\boldsymbol{\alpha}_1\in W$. 所以 $\boldsymbol{\alpha}_1$ 属于 $\mathscr{A}$ 的任一非零子空间.

(3) 由(2)知 $\mathscr{A}$ 的任意两个非零不变子空间的交必含有非零向量 $\boldsymbol{\alpha}_1$，从而 V 不能分解成 $\mathscr{A}$ 的两个非平凡不变子空间的直和.

(4) 由于 $\mathscr{A}$ 在 V 的一个基 $\boldsymbol{\alpha}_1,\boldsymbol{\alpha}_2,\cdots,\boldsymbol{\alpha}_n$ 下的矩阵 A 是上三角矩阵，因此由第 7 题的证明过程知，$\mathscr{A}$ 的不变子空间有

$$\mathbf{0},\ \langle\boldsymbol{\alpha}_1\rangle,\ \langle\boldsymbol{\alpha}_1,\boldsymbol{\alpha}_2\rangle,\ \cdots,\ \langle\boldsymbol{\alpha}_1,\boldsymbol{\alpha}_2,\cdots,\boldsymbol{\alpha}_{n-1}\rangle,\ V$$

还需证明 $\mathscr{A}$ 的不变子空间只有上述 $n+1$ 个. 设 W 是 V 的非零不变子空间，$\dim W=m$. 由(2)知 $\boldsymbol{\alpha}_1\in W$. 把 $\boldsymbol{\alpha}_1$ 扩充成 W 的一个基 $\boldsymbol{\alpha}_1,\boldsymbol{\beta}_2,\cdots,\boldsymbol{\beta}_m$. 设

$$\boldsymbol{\beta}_2=k_{21}\boldsymbol{\alpha}_1+k_{22}\boldsymbol{\alpha}_2+\cdots+k_{2s}\boldsymbol{\alpha}_s$$

$$\cdots\cdots\cdots\cdots\cdots$$

$$\boldsymbol{\beta}_m=k_{m1}\boldsymbol{\alpha}_1+k_{m2}\boldsymbol{\alpha}_2+\cdots+k_{ms}\boldsymbol{\alpha}_s$$

其中 $k_{2s},\cdots,k_{ms}$ 不全为零. 不妨设 $k_{2s}\neq 0$. 由于 $\boldsymbol{\alpha}_1,\boldsymbol{\beta}_2,\cdots,\boldsymbol{\beta}_m$ 可以由 $\boldsymbol{\alpha}_1,\boldsymbol{\alpha}_2,\cdots,\boldsymbol{\alpha}_s$ 线性表出，因此 $m\leqslant s$. 由于 $\mathscr{A}\boldsymbol{\beta}_2\in W$，因此

$$\begin{aligned}&k_{21}\mathscr{A}\boldsymbol{\alpha}_1+k_{22}\mathscr{A}\boldsymbol{\alpha}_2+\cdots+k_{2s}\mathscr{A}\boldsymbol{\alpha}_s\\=&k_{21}a\boldsymbol{\alpha}_1+k_{22}(\boldsymbol{\alpha}_1+a\boldsymbol{\alpha}_2)+\cdots+k_{2s}(\boldsymbol{\alpha}_{s-1}+a\boldsymbol{\alpha}_s)\\=&a\boldsymbol{\beta}_2+k_{22}\boldsymbol{\alpha}_1+\cdots+k_{2s}\boldsymbol{\alpha}_{s-1}\in W\end{aligned}$$

因此$k_{22}\boldsymbol{\alpha}_1+\cdots+k_{2s}\boldsymbol{\alpha}_{s-1}\in W$. 不断做变换$\mathscr{A}$，与(3)的证明过程类似，可得$k_{2s}\boldsymbol{\alpha}_2\in W$，由$k_{2s}\neq 0$得$\boldsymbol{\alpha}_2\in W$. 由上面用$\mathscr{A}$作用的倒数第二步得$k_{23}\boldsymbol{\alpha}_3\in W$，从而$\boldsymbol{\alpha}_3\in W$. 依次下去，可得$\boldsymbol{\alpha}_4\in W$，…，$\boldsymbol{\alpha}_{s-1}\in W$. 再由$\boldsymbol{\beta}_2$的表达式得$\boldsymbol{\alpha}_s\in W$. 于是$\boldsymbol{\alpha}_1$，$\boldsymbol{\alpha}_2$，…，$\boldsymbol{\alpha}_s$可由$\boldsymbol{\alpha}_1$，$\boldsymbol{\beta}_2$，…，$\boldsymbol{\beta}_m$线性表出. 从而$s\leqslant m$，因此$s=m$. 于是$W=\langle\boldsymbol{\alpha}_1, \boldsymbol{\beta}_2, \cdots, \boldsymbol{\beta}_m\rangle=\langle\boldsymbol{\alpha}_1, \boldsymbol{\alpha}_2, \cdots, \boldsymbol{\alpha}_s\rangle$，于是$\mathscr{A}$的不变子空间只有上述$n+1$个.

9. 在$\mathbb{K}[x]_n$中，求出求导数$\mathscr{D}$的所有不变子空间.

证明： 取$\mathbb{K}[x]_n$的一个基$1, x, \frac{1}{2}x^2, \cdots, \frac{1}{(n-1)!}x^{n-1}$，则

$$\mathscr{D}\left(1, x, \frac{1}{2}x^2, \cdots, \frac{x^{n-1}}{(n-1)!}\right)=\left(1, x, \frac{1}{2}x^2, \cdots, \frac{x^{n-1}}{(n-1)!}\right)\begin{pmatrix}0&1&0&0&\cdots&0\\0&0&1&0&\cdots&0\\0&0&0&1&\cdots&0\\\vdots&\vdots&\vdots&\vdots&&\vdots\\0&0&0&0&\cdots&1\\0&0&0&0&\cdots&0\end{pmatrix}$$

由第8题知，$\mathscr{D}$的所有不变子空间为

$$\mathbf{0}, \langle 1\rangle, \langle 1, x\rangle, \left\langle 1, x, \frac{1}{2}x^2\right\rangle, \cdots, \left\langle 1, x, \frac{1}{2}x^2, \cdots, \frac{x^{n-2}}{(n-2)!}\right\rangle, \mathbb{K}[x]_n.$$

10. 设V是复数域上的n维线性空间，如果V上的线性变换$\mathscr{A}$有n个不同的特征值$\lambda_1, \lambda_2, \cdots, \lambda_n$，求$\mathscr{A}$的所有不变子空间，并且求出$\mathscr{A}$的不变子空间的个数.

解： 由于$\mathscr{A}$有n个不同的特征值，因此$\mathscr{A}$可对角化，于是$V=V_{\lambda_1}\oplus V_{\lambda_2}\oplus\cdots\oplus V_{\lambda_n}$，而且$\dim V_{\lambda_i}=1(i=1, 2, \cdots, n)$. V_{λ_i}都是$\mathscr{A}$的不变子空间. 由于$\mathscr{A}$的不变子空间的和仍是$\mathscr{A}$的不变子空间，其中$1\leqslant j_1\leqslant j_2<\cdots<j_r\leqslant n$，$r=1, 2, \cdots, n$. 显然，上述和是直和. 上述形式的不变子空间有$C_n^r$个，从而$\mathscr{A}$-子空间的个数为

$$1+C_n^1+C_n^2+\cdots+C_n^n=2^n$$

再证$\mathscr{A}$的不变子空间只有上述2^n个. 任取$\mathscr{A}$的一个不变子空间W，设$\dim W=m$. 由于W是复数域上的线性空间，因此W上的线性变换$\mathscr{A}|W$有特征值μ. 于是存在某个$\boldsymbol{\eta}\in W$，$\boldsymbol{\eta}\neq 0$使得$\mathscr{A}\boldsymbol{\eta}=(\mathscr{A}|W)\boldsymbol{\eta}=\mu\boldsymbol{\eta}$. 因此$\mu$是$\mathscr{A}$的一个特征值，即$\mu$等于某个$\lambda_l$，由于$\dim V_{\lambda_l}=1$，故$W\supseteq V_{\lambda_l}$. 由于$\mathscr{A}$的特征值两两不等，因此$\mathscr{A}|W$的特征值也两两不等. 由$\dim V=m$知$\mathscr{A}|W$的特征多项式是$m$次多项式，它恰有$m$个复根，从而$\mathscr{A}|W$恰有$m$个不同的特征值$\lambda_{l_1}, \lambda_{l_2}, \cdots, \lambda_{l_m}$，于是$\mathscr{A}|W$可对角化. 因此$W=V_{\lambda_{l_1}}\oplus V_{\lambda_{l_2}}\oplus\cdots\oplus V_{\lambda_{l_m}}$.

这就证明了 $\mathscr{A}$ 的任一非零不变子空间都是上面列出的 2^n-1 个非零不变子空间之一. 所以 $\mathscr{A}$ 的不变子空间只有上述 2^n 个.

11. 对于复数域上的 3 级矩阵 $\boldsymbol{A}$，令 $\mathscr{A}\boldsymbol{\alpha}=\boldsymbol{A}\boldsymbol{\alpha}$，$\boldsymbol{\alpha}\in\mathbb{C}^3$，求$\mathbb{C}^3$ 上的线性变换 $\mathscr{A}$ 的所有不变子空间，其中

$$\boldsymbol{A}=\begin{pmatrix}4 & 7 & -3\\ -2 & -4 & 2\\ -4 & -10 & 4\end{pmatrix}$$

解: $\boldsymbol{A}$ 的特征多项式 $|\lambda\boldsymbol{I}-\boldsymbol{A}|=(\lambda-2)(\lambda^2-2\lambda+2)$. 因此 $\boldsymbol{A}$ 的全部特征值是 2，$1+\mathrm{i}$，$1-\mathrm{i}$. 易得 $\boldsymbol{A}$ 的全部特征子空间为：$W_{\lambda_1=2}=\langle(2,\ -1,\ -1)'\rangle$，$W_{\lambda_2=1+\mathrm{i}}=\langle(1-2\mathrm{i},\ -1+\mathrm{i},\ -2)'\rangle$，$W_{\lambda_3=1-\mathrm{i}}=\langle(1+2\mathrm{i},\ -1-\mathrm{i},\ -2)'\rangle$. 由题意 $\mathscr{A}$ 在$\mathbb{C}^3$ 的标准基 $\boldsymbol{\varepsilon}_1$，$\boldsymbol{\varepsilon}_2$，$\boldsymbol{\varepsilon}_3$ 下的矩阵为 $\boldsymbol{A}$. 由第 10 题结论知 $\mathscr{A}$ 的所有不变子空间为

$$\boldsymbol{0},\ W_{\lambda_1},\ W_{\lambda_2},\ W_{\lambda_3},\ W_{\lambda_1}\oplus W_{\lambda_2},\ W_{\lambda_1}\oplus W_{\lambda_3},\ W_{\lambda_2}\oplus W_{\lambda_3},\ \mathbb{C}^3$$

12. 设 V 是域$\mathbb{F}$上的线性空间，$\mathscr{A}$ 是 V 上的线性变换. 证明：如果 W 是 $\mathscr{A}$ 的不变子空间，那么 $\mathscr{A}W$ 和 W 在 $\mathscr{A}$ 下的原像集 $\mathscr{A}^{-1}W$ 都是 $\mathscr{A}$ 的不变子空间.

证明: 任取 $\boldsymbol{\gamma}\in\mathscr{A}W$，则存在 $\boldsymbol{\beta}\in W$ 使得 $\boldsymbol{\gamma}=\mathscr{A}\boldsymbol{\beta}$. 由于 W 是 $\mathscr{A}$-子空间，因此 $\mathscr{A}\boldsymbol{\beta}\in W$，即 $\boldsymbol{\gamma}\in W$，因此 $\mathscr{A}\boldsymbol{\gamma}\in\mathscr{A}W$. 从而 $\mathscr{A}W$ 为 $\mathscr{A}$ 的不变子空间. 任取 $\boldsymbol{\alpha}\in\mathscr{A}^{-1}W$，则 $\mathscr{A}\boldsymbol{\alpha}\in W$. 由于 W 是 $\mathscr{A}$-子空间，故 $\mathscr{A}(\mathscr{A}\boldsymbol{\alpha})\in W$. 从而 $\mathscr{A}\boldsymbol{\alpha}\in\mathscr{A}^{-1}W$，于是 $\mathscr{A}^{-1}W$ 是 $\mathscr{A}$-子空间.

13. 对于第 8 题中的 V 上的线性变换 $\mathscr{A}$，求 $\mathscr{A}$ 的全部特征子空间；$\mathscr{A}$ 的任一非零不变子空间是否包含 $\mathscr{A}$ 的特征子空间?

解: $\mathscr{A}$ 的特征多项式 $|\lambda\boldsymbol{I}-\boldsymbol{A}|=(\lambda-a)^n$，从而 $\mathscr{A}$ 的全部特征值是 a(n 重). 解齐次方程组$(a\boldsymbol{I}-\boldsymbol{A})\boldsymbol{X}=\boldsymbol{0}$，求出一个基础解系为 $\boldsymbol{\alpha}_1=(1,\ 0,\ \cdots,\ 0)'$. 因此 $\mathscr{A}$ 的属于特征值 a 的全部特征向量为$\{k\boldsymbol{\alpha}_1\mid k\in\mathbb{F}^*\}$，于是 $V_{\lambda=a}=\langle\boldsymbol{\alpha}_1\rangle$. 由第 8 题的证明(2)得，$\mathscr{A}$ 的任一非零不变子空间都包含 $V_{\lambda=a}$.

14. 设 V 是实数域上的 n 维线性空间，证明：V 上的任一线性变换 $\mathscr{A}$ 必有一个 1 维不变子空间或者 2 维不变子空间.

证明: 情形 1，$\mathscr{A}$ 有一个特征值 $\lambda_1\in\mathbb{R}$，设 $\boldsymbol{\alpha}$ 是属于 λ_1 的一个特征向量，则$\langle\boldsymbol{\alpha}\rangle$是 $\mathscr{A}$ 的 1 维不变子空间.

情形 2，$\mathscr{A}$ 没有特征值，则 $\mathscr{A}$ 的特征多项式没有实根. 设 $\mathscr{A}$ 在 V 的一个基 $\boldsymbol{\alpha}_1$，$\boldsymbol{\alpha}_2$，$\cdots$，$\boldsymbol{\alpha}_n$ 下的矩阵为 $\boldsymbol{A}$. 取 $f(\lambda)$的一对共轭复根 $a\pm b\mathrm{i}$. 将 $\boldsymbol{A}$ 看成复数域上的矩阵，则 $a\pm b\mathrm{i}$ 为 $\boldsymbol{A}$ 的特征值. 设 $\boldsymbol{X}=\boldsymbol{X}_1+\mathrm{i}\boldsymbol{X}_2$ 是复矩阵 $\boldsymbol{A}$ 的属于特征值 $a+b\mathrm{i}$ 的一个特征向量，其中 $\boldsymbol{X}_1$，$\boldsymbol{X}_2\in\mathbb{R}^n$，则

$$\boldsymbol{A}\boldsymbol{X}_1+\mathrm{i}\boldsymbol{A}\boldsymbol{X}_2=(a+b\mathrm{i})(\boldsymbol{X}_1+\mathrm{i}\boldsymbol{X}_2)=(a\boldsymbol{X}_1-b\boldsymbol{X}_2)+\mathrm{i}(b\boldsymbol{X}_1+a\boldsymbol{X}_2)$$

由此推出 $\boldsymbol{A}\boldsymbol{X}_1=a\boldsymbol{X}_1-b\boldsymbol{X}_2$，$\boldsymbol{A}\boldsymbol{X}_2=b\boldsymbol{X}_1+a\boldsymbol{X}_2$. 令

$$\boldsymbol{\beta}_1=(\boldsymbol{\alpha}_1,\boldsymbol{\alpha}_2,\cdots,\boldsymbol{\alpha}_n)\boldsymbol{X}_1,\qquad \boldsymbol{\beta}_2=(\boldsymbol{\alpha}_1,\boldsymbol{\alpha}_2,\cdots,\boldsymbol{\alpha}_n)\boldsymbol{X}_2$$

则

$$\mathscr{A}\boldsymbol{\beta}_1=(\boldsymbol{\alpha}_1,\boldsymbol{\alpha}_2,\cdots,\boldsymbol{\alpha}_n)\boldsymbol{A}\boldsymbol{X}_1=(\boldsymbol{\alpha}_1,\boldsymbol{\alpha}_2,\cdots,\boldsymbol{\alpha}_n)(a\boldsymbol{X}_1-b\boldsymbol{X}_2)=a\boldsymbol{\beta}_1-b\boldsymbol{\beta}_2$$

$$\mathscr{A}\boldsymbol{\beta}_2=(\boldsymbol{\alpha}_1,\boldsymbol{\alpha}_2,\cdots,\boldsymbol{\alpha}_n)\boldsymbol{A}\boldsymbol{X}_2=(\boldsymbol{\alpha}_1,\boldsymbol{\alpha}_2,\cdots,\boldsymbol{\alpha}_n)(b\boldsymbol{X}_1+a\boldsymbol{X}_2)=b\boldsymbol{\beta}_1+a\boldsymbol{\beta}_2$$

令 $W=\langle\boldsymbol{\beta}_1,\boldsymbol{\beta}_2\rangle$，由上述两式可以看出，$W$ 是 $\mathscr{A}$ 的一个不变子空间. 假设 $\boldsymbol{\beta}_1$，$\boldsymbol{\beta}_2$ 线性相关，则 $\mathbb{R}^n$ 中向量 $\boldsymbol{X}_1$，$\boldsymbol{X}_2$ 线性相关. 由于 $\boldsymbol{X}_1$ 与 $\boldsymbol{X}_2$ 不全为零，不妨设 $\boldsymbol{X}_1\neq\boldsymbol{0}$，则 $\boldsymbol{X}_2=c\boldsymbol{X}_1$，$c\in\mathbb{R}$. 于是 $\boldsymbol{A}\boldsymbol{X}_1=a\boldsymbol{X}_1-bc\boldsymbol{X}_1=(a-bc)\boldsymbol{X}_1$，从而实数域上矩阵 $\boldsymbol{A}$ 有特征值为 $a-bc$，即 $\mathscr{A}$ 有特征值 $a-bc$，矛盾. 因此 $\boldsymbol{\beta}_1$，$\boldsymbol{\beta}_2$ 线性无关. 从而 $\dim W=2$，即 $\mathscr{A}$ 有 2 维不变子空间 W.

15. 设 $\mathscr{A}$ 是域 $\mathbb{F}$ 上 n 维线性空间 V 上的一个线性变换，且 $\mathscr{A}$ 在 V 的一个基 $\boldsymbol{\alpha}_1$，$\boldsymbol{\alpha}_2$，…，$\boldsymbol{\alpha}_n$ 下的矩阵

$$\boldsymbol{A}=\begin{pmatrix} & & & & a_1\\ & & & a_2 & \\ & & \iddots & & \\ & a_{n-1} & & & \\ a_n & & & & \end{pmatrix}$$

其中，$\boldsymbol{A}$ 的空白位置的元素为 0. 试问：V 是否可分解成 $\mathscr{A}$ 的 2 维或 1 维不变子空间的直和.

解： $\mathscr{A}\boldsymbol{\alpha}_1=a_n\boldsymbol{\alpha}_n$，$\mathscr{A}\boldsymbol{\alpha}_2=a_{n-1}\boldsymbol{\alpha}_{n-1}$，…，$\mathscr{A}\boldsymbol{\alpha}_{n-1}=a_2\boldsymbol{\alpha}_2$，$\mathscr{A}\boldsymbol{\alpha}_n=a_1\boldsymbol{\alpha}_1$

故 $\langle\boldsymbol{\alpha}_1,\boldsymbol{\alpha}_n\rangle$，$\langle\boldsymbol{\alpha}_2,\boldsymbol{\alpha}_{n-1}\rangle$，…，$\langle\boldsymbol{\alpha}_i,\boldsymbol{\alpha}_{n-i+1}\rangle$，…，都是 $\mathscr{A}$ 的 2 维不变子空间.

当 $n=2m$ 时，

由于 $\langle\boldsymbol{\alpha}_1,\boldsymbol{\alpha}_n\rangle$，$\langle\boldsymbol{\alpha}_2,\boldsymbol{\alpha}_{n-1}\rangle$，…，$\langle\boldsymbol{\alpha}_m,\boldsymbol{\alpha}_{m+1}\rangle$ 的基合起来是 V 的一个基，由教材 3.9 节推论 2 知

$$V=\langle\boldsymbol{\alpha}_1\oplus\boldsymbol{\alpha}_n\rangle\oplus\langle\boldsymbol{\alpha}_2\oplus\boldsymbol{\alpha}_{n-1}\rangle\oplus\cdots\oplus\langle\boldsymbol{\alpha}_m\oplus\boldsymbol{\alpha}_{m+1}\rangle$$

当 $n=2m+1$ 时

由于 $\langle\boldsymbol{\alpha}_1,\boldsymbol{\alpha}_n\rangle$，$\langle\boldsymbol{\alpha}_2,\boldsymbol{\alpha}_{n-1}\rangle$，…，$\langle\boldsymbol{\alpha}_m,\boldsymbol{\alpha}_{m+2}\rangle$，$\langle\boldsymbol{\alpha}_{m+1}\rangle$ 的基合起来是 V 的一个基，从而

$$V=\langle\boldsymbol{\alpha}_1\oplus\boldsymbol{\alpha}_n\rangle\oplus\langle\boldsymbol{\alpha}_2\oplus\boldsymbol{\alpha}_{n-1}\rangle\oplus\cdots\oplus\langle\boldsymbol{\alpha}_m\oplus\boldsymbol{\alpha}_{m+2}\rangle\oplus\langle\boldsymbol{\alpha}_{m+1}\rangle.$$

16. 设 V 是域$\mathbb{F}$上的 n 维线性空间，域$\mathbb{F}$的特征不等于 2，$\mathscr{A}$ 是 V 上的一个线性变换. 证明：$\mathscr{A}$ 是对合变换的充要条件是 $\operatorname{rank}(\mathscr{A}+\mathscr{I})+\operatorname{rank}(\mathscr{A}-\mathscr{I})=n$.

证明： 考虑域$\mathbb{F}$上的一元多项式 $g(x)=(x+1)(x-1)$. 由于 $x+1$ 与 $x-1$ 互素，故 $\operatorname{Ker} g(\mathscr{A})=\operatorname{Ker}(\mathscr{A}+\mathscr{I})\oplus\operatorname{Ker}(\mathscr{A}-\mathscr{I})$.

$$\begin{aligned}\mathscr{A}\text{ 是对合变换}&\Leftrightarrow(\mathscr{A}+\mathscr{I})(\mathscr{A}-\mathscr{I})=\mathscr{O}\\&\Leftrightarrow g(\mathscr{A})=\mathscr{O}\\&\Leftrightarrow V=\operatorname{Ker}(\mathscr{A}+\mathscr{I})\oplus\operatorname{Ker}(\mathscr{A}-\mathscr{I})\\&\Leftrightarrow \dim V=\dim(\operatorname{Ker}(\mathscr{A}+\mathscr{I}))+\dim(\operatorname{Ker}(\mathscr{A}-\mathscr{I}))\\&\Leftrightarrow n=n-\dim(\operatorname{Im}(\mathscr{A}+\mathscr{I}))+n-\dim(\operatorname{Im}(\mathscr{A}-\mathscr{I}))\\&\Leftrightarrow \operatorname{rank}(\mathscr{A}+\mathscr{I})+\operatorname{rank}(\mathscr{A}-\mathscr{I})=n\end{aligned}$$

其中倒数第三个“$\Leftrightarrow$”中的“$\Leftarrow$”的理由是：$\operatorname{Ker}(\mathscr{A}+\mathscr{I})+\operatorname{Ker}(\mathscr{A}-\mathscr{I})$ 是直和，因此 $\dim(\operatorname{Ker}(\mathscr{A}+\mathscr{I}))+\dim(\operatorname{Ker}(\mathscr{A}-\mathscr{I}))=\dim(\operatorname{Ker}(\mathscr{A}+\mathscr{I})\oplus\operatorname{Ker}(\mathscr{A}-\mathscr{I}))$，于是 $\dim V=\dim(\operatorname{Ker}(\mathscr{A}+\mathscr{I})\oplus\operatorname{Ker}(\mathscr{A}-\mathscr{I}))$. 而 $\operatorname{Ker}(\mathscr{A}+\mathscr{I})\oplus\operatorname{Ker}(\mathscr{A}-\mathscr{I})\subseteq V$，故 $V=\operatorname{Ker}(\mathscr{A}+\mathscr{I})\oplus\operatorname{Ker}(\mathscr{A}-\mathscr{I})$.

17. 证明：对于域$\mathbb{F}$上的 n 级可逆矩阵 $\boldsymbol{A}$，存在$\mathbb{F}$中元素 $k_0, k_1, \cdots, k_{n-1}$，使得 $\boldsymbol{A}^{-1}=k_{n-1}\boldsymbol{A}^{n-1}+\cdots+k_1\boldsymbol{A}+k_0\boldsymbol{I}$.

证明： 设 $\boldsymbol{A}$ 的特征多项式为 $f(\lambda)=\lambda^n+b_{n-1}\lambda^{n-1}+\cdots+b_1\lambda+b_0$，则由 Hamilton-Cayley 定理得

$$\boldsymbol{A}^n+b_{n-1}\boldsymbol{A}^{n-1}+\cdots+b_1\boldsymbol{A}+b_0\boldsymbol{I}=0$$

即

$$\boldsymbol{A}(\boldsymbol{A}^{n-1}+b_{n-1}\boldsymbol{A}^{n-2}+\cdots+b_1\boldsymbol{I})=-b_0\boldsymbol{I}$$

由于 $\boldsymbol{A}$ 可逆，且 $b_0=(-1)^n|\boldsymbol{A}|\neq0$，从而 $\boldsymbol{A}^{-1}=-\dfrac{1}{b_0}\boldsymbol{A}^{n-1}-\dfrac{b_{n-1}}{b_0}\boldsymbol{A}^{n-2}-\cdots-\dfrac{b_1}{b_0}\boldsymbol{I}$.

18. 利用数学归纳法证明 Hamilton-Cayley 定理.

证明： 先设$\mathbb{F}$是一个代数封闭域（即域$\mathbb{F}$使得$\mathbb{F}[x]$中每个次数大于 0 的多项式在$\mathbb{F}$中有根），对线性空间的维数 n 做数学归纳法.

当 $n=1$ 时，设 $V=\langle\boldsymbol{\alpha}\rangle$，则对某个 $k\in\mathbb{F}$，有 $\mathscr{A}\boldsymbol{\alpha}=k\boldsymbol{\alpha}$. 由于 V 是 $\mathscr{A}$ 的不变子空间，因此$\langle\boldsymbol{\alpha}\rangle$是 $\mathscr{A}$ 的属于特征值 k 的特征子空间. 从而 $V=\operatorname{Ker}(k\mathscr{I}-\mathscr{A})=V_{\lambda=k}$，于是 $k\mathscr{I}-\mathscr{A}=\mathscr{O}$. 而 $\mathscr{A}$ 的特征多项式 $f(\lambda)=\lambda-k$，因此 $f(\mathscr{A})=\mathscr{A}-k\mathscr{I}=\mathscr{O}$，定理成立.

假设命题对于域$\mathbb{F}$上的$n-1$维线性空间成立．现在来看域$\mathbb{F}$上的n维线性空间V上的线性变换$\mathscr{A}$．由于$\mathbb{F}$是代数封闭域，因此$\mathscr{A}$有特征值λ_1．设$\boldsymbol{\alpha}_1$是$\mathscr{A}$的属于特征值λ_1的特征向量，令$W=\langle\boldsymbol{\alpha}_1\rangle$，则$W$是$\mathscr{A}$的不变子空间．将$\boldsymbol{\alpha}_1$扩充成$V$的一个基$\boldsymbol{\alpha}_1,\boldsymbol{\alpha}_2,\cdots,\boldsymbol{\alpha}_n$，则$\mathscr{A}$在此基下的矩阵

$$\boldsymbol{A}=\begin{pmatrix}\lambda_1 & \boldsymbol{\beta}' \\ \boldsymbol{0} & \boldsymbol{A}_2\end{pmatrix}$$

其中$\boldsymbol{A}_2$是商空间V/W上的诱导变换$\tilde{\mathscr{A}}$在基$\boldsymbol{\alpha}_2+W,\cdots,\boldsymbol{\alpha}_n+W$下的矩阵．将$\tilde{\mathscr{A}}$的特征多项式记作$f_2(\lambda)$，则根据本节例1得$f(\lambda)=(\lambda-\lambda_1)f_2(\lambda)$．由于$\dim(V/W)=\dim V-\dim W=n-1$，因此根据归纳法假设$f_2(\tilde{\mathscr{A}})=\mathscr{O}$，任取$\boldsymbol{\alpha}\in V$，则$f_2(\tilde{\mathscr{A}})(\boldsymbol{\alpha}+W)=\mathscr{O}(\boldsymbol{\alpha}+W)=\mathscr{O}(\boldsymbol{\alpha})+W=W$．又因为$f_2(\tilde{\mathscr{A}})(\boldsymbol{\alpha}+W)=f_2(\tilde{\mathscr{A}})(\boldsymbol{\alpha})+W=f_2(\mathscr{A})(\boldsymbol{\alpha})+W$，所以$f_2(\mathscr{A})(\boldsymbol{\alpha})\in W$．由于$\lambda-\lambda_1$是$\mathscr{A}|W$的特征多项式，且$\dim W=1$，由归纳法假设知$(\mathscr{A}|W)-\lambda_1\mathscr{I}=\mathscr{O}$．从而

$$\begin{aligned}f(\mathscr{A})\boldsymbol{\alpha}&=(\mathscr{A}-\lambda_1\mathscr{I})f_2(\mathscr{A})(\boldsymbol{\alpha})=(\mathscr{A}|W)f_2(\mathscr{A})(\boldsymbol{\alpha})-\lambda_1\mathscr{I}f_2(\mathscr{A})(\boldsymbol{\alpha})\\&=(\mathscr{A}|W-\lambda_1\mathscr{I})f_2(\mathscr{A})(\boldsymbol{\alpha})\\&=\boldsymbol{0}\end{aligned}$$

由此得$f(\mathscr{A})=\mathscr{O}$．根据归纳法原理知，命题对一切正整数成立．

下面设$\mathbb{F}$是任一域，设域$\mathbb{E}$包含$\mathbb{F}$，且域$\mathbb{E}$是代数封闭域．对域$\mathbb{F}$上n维线性空间V上的线性变换$\mathscr{A}$，设$\mathscr{A}$在V的一个基下的矩阵是$\boldsymbol{A}$，则$\mathscr{A}$的特征多项式$f(\lambda)$也就是$\boldsymbol{A}$的特征多项式$|\lambda\boldsymbol{I}-\boldsymbol{A}|$．把$\boldsymbol{A}$看成域$\mathbb{E}$上的矩阵，由前面证得的结论用矩阵语言叙述就得到$f(\boldsymbol{A})=0$．把$\boldsymbol{A}$仍作为$\mathbb{F}$上的矩阵，便得到$f(\mathscr{A})=\mathscr{O}$．

习题 6.9　线性变换与矩阵的最小多项式

1. 求下列数域$\mathbb{K}$上的4级矩阵$\boldsymbol{A}$和$\boldsymbol{B}$的最小多项式；它们是否可对角化？它们是否相似？

$$\boldsymbol{A}=\begin{pmatrix}3&1&0&0\\0&3&0&0\\0&0&5&0\\0&0&0&5\end{pmatrix},\quad \boldsymbol{B}=\begin{pmatrix}3&1&0&0\\0&3&0&0\\0&0&3&0\\0&0&0&5\end{pmatrix}$$

解：$\boldsymbol{A}$ 的特征多项式 $|\lambda\boldsymbol{I}-\boldsymbol{A}|=(\lambda-3)^2(\lambda-5)^2$，$\boldsymbol{B}$ 的特征多项式 $|\lambda\boldsymbol{I}-\boldsymbol{B}|=(\lambda-3)^3(\lambda-5)$．由于 $\boldsymbol{A}=\mathrm{diag}\left\{\begin{pmatrix}3&1\\0&3\end{pmatrix},(5),(5),\right\}=\mathrm{diag}\{\boldsymbol{J}_2(3),(5),(5)\}$，则由教材 6.8 节定理 3 和本节定理 1 知 $\boldsymbol{A}$ 的最小多项式为 $m_{\boldsymbol{A}}(\lambda)=[(\lambda-3)^2,(\lambda-5),(\lambda-5)]=(\lambda-3)^2(\lambda-5)$．$\boldsymbol{B}=\mathrm{diag}\{J_2(3),(3),(5)\}$，因此，$\boldsymbol{B}$ 的最小多项式为 $m_{\boldsymbol{B}}(\lambda)=[(\lambda-3)^2,(\lambda-3),(\lambda-5)]=(\lambda-3)^2(\lambda-5)$．由于 $m_{\boldsymbol{A}}(\lambda)$ 与 $m_{\boldsymbol{B}}(\lambda)$ 的标准分解中都含有二次因式，因此由本节定理 2 知 $\boldsymbol{A}$，$\boldsymbol{B}$ 都不可对角化．由于 $\mathrm{tr}(\boldsymbol{A})=16$，$\mathrm{tr}(\boldsymbol{B})=14$，因此 $\boldsymbol{A}$ 与 $\boldsymbol{B}$ 不相似.

注：求最小多项式还有其他方法，如对本题 $\boldsymbol{A}$，最小多项式可能是 $(\lambda-3)(\lambda-5)$，$(\lambda-3)^2(\lambda-5)$，$(\lambda-3)(\lambda-5)^2$，$(\lambda-3)^2(\lambda-5)^2$．然后再计算 $(\boldsymbol{A}-3\boldsymbol{I})(\boldsymbol{A}-5\boldsymbol{I})$ 等这些矩阵是否为零或者先把特征矩阵 $\lambda\boldsymbol{I}-\boldsymbol{A}$ 化成 Smith 标准形：

$$\begin{pmatrix}\lambda-3&-1&0&0\\0&\lambda-3&0&0\\0&0&\lambda-5&0\\0&0&0&\lambda-5\end{pmatrix}\xrightarrow[c_2\times(-1)]{c_1\leftrightarrow c_2}\begin{pmatrix}1&\lambda-3&0&0\\-\lambda+3&0&0&0\\0&0&\lambda-5&0\\0&0&0&\lambda-5\end{pmatrix}$$

$$\xrightarrow{r_1\times(\lambda-3)+r_2}\begin{pmatrix}1&\lambda-3&0&0\\0&\lambda^2-6\lambda+9&0&0\\0&0&\lambda-5&0\\0&0&0&\lambda-5\end{pmatrix}\xrightarrow{c_1\times(-\lambda+3)+c_2}\begin{pmatrix}1&0&0&0\\0&\lambda^2-6\lambda+9&0&0\\0&0&\lambda-5&0\\0&0&0&\lambda-5\end{pmatrix}$$

$$\xrightarrow[c_2\leftrightarrow c_3]{r_2\leftrightarrow r_3}\begin{pmatrix}1&0&0&0\\0&\lambda-5&0&0\\0&0&\lambda^2-6\lambda+9&0\\0&0&0&\lambda-5\end{pmatrix}\xrightarrow{r_2+r_3}\begin{pmatrix}1&0&0&0\\0&\lambda-5&\lambda^2-6\lambda+9&0\\0&0&\lambda^2-6\lambda+9&0\\0&0&0&\lambda-5\end{pmatrix}$$

$$\xrightarrow[c_2\times(-\lambda+1)+c_3]{}\begin{pmatrix}1&0&0&0\\0&\lambda-5&4&0\\0&0&\lambda^2-6\lambda+9&0\\0&0&0&\lambda-5\end{pmatrix}\xrightarrow[c_2\leftrightarrow c_3]{}\begin{pmatrix}1&0&0&0\\0&4&\lambda-5&0\\0&\lambda^2-6\lambda+9&0&0\\0&0&0&\lambda-5\end{pmatrix}$$

$$\xrightarrow{r_2\times\left[-\frac{1}{4}(\lambda-3)^2\right]+r_3}\begin{pmatrix}1&0&0&0\\0&1&\frac{1}{4}(\lambda-5)&0\\0&0&-\frac{1}{4}(\lambda-3)^2(\lambda-5)&0\\0&0&0&\lambda-5\end{pmatrix}$$

$$\xrightarrow{c_2\times\left[-\frac{1}{4}(\lambda-5)\right]+c_3}\begin{pmatrix}1&0&0&0\\0&1&0&0\\0&0&-\frac{1}{4}(\lambda-3)^2(\lambda-5)&0\\0&0&0&\lambda-5\end{pmatrix}$$

$$\xrightarrow[r_3\times(-4),\,r_3\leftrightarrow r_4]{c_3\leftrightarrow c_4}\begin{pmatrix}1&0&0&0\\0&1&0&0\\0&0&\lambda-5&0\\0&0&0&(\lambda-3)^2(\lambda-5)\end{pmatrix}$$

于是 A 的最小多项式就是最后一个不变因子 $(\lambda-3)^2(\lambda-5)$.

2. 数域 $\mathbb{K}$ 上的 n 级矩阵 $\boldsymbol{A}$ 满足 $\boldsymbol{A}^3=3\boldsymbol{A}^2+\boldsymbol{A}-3\boldsymbol{I}$，判断 $\boldsymbol{A}$ 是否可对角化.

解：由题意知 $g(\lambda)=\lambda^3-3\lambda^2-\lambda+3$ 是 $\boldsymbol{A}$ 的一个零化多项式. 由于 $g(\lambda)=(\lambda+1)(\lambda-1)(\lambda-3)$，且 $\boldsymbol{A}$ 的最小多项式 $m(\lambda)\mid g(\lambda)$，于是 $m(\lambda)$ 在 $\mathbb{K}[\lambda]$ 中可分解成不同的一次因式的乘积，故 $\boldsymbol{A}$ 可对角化.

3. 设 $\mathscr{A}$ 是域 $\mathbb{F}$ 上 n 维线性空间 V 的对合变换，求 $\mathscr{A}$ 的最小多项式 $m(\lambda)$；判断 $\mathscr{A}$ 是否可对角化.

解：由于 $\mathscr{A}^2=\mathscr{I}$，因此 $\mathscr{A}^2-\mathscr{I}=\mathscr{O}$，从而 λ^2-1 是 $\mathscr{A}$ 的一个零化多项式，由于 $\mathscr{A}$ 的最小多项式 $m(\lambda)\mid\lambda^2-1$，因此 $m(\lambda)=\lambda^2-1$ 或 $\lambda+1$ 或 $\lambda-1$. 若 $\operatorname{char}\mathbb{F}\neq 2$，则 $1\neq-1$，从而 $\lambda+1\neq\lambda-1$，从而 $m(\lambda)$ 在 $\mathbb{F}[\lambda]$ 中可分解成不同的一次因式的乘积，因此 $\mathscr{A}$ 可对角化. 若 $\operatorname{char}\mathbb{F}=2$，则单位元 1 的 2 倍等于 0，即 $1=-1$，从而 $\lambda+1=\lambda-1$. 若 $m(\lambda)=\lambda+1$. 则 $\mathscr{A}+\mathscr{I}=\mathscr{O}$，从而 $\mathscr{A}=-1\cdot\mathscr{I}=\mathscr{I}$，从而 $\mathscr{A}$ 可对角化；若 $m(\lambda)=\lambda^2-1=(\lambda+1)^2$，则 $\mathscr{A}$ 不可对角化.

4. 设 $\mathscr{A}$ 是复数域上 n 维线性空间 V 上的周期变换，其周期为 m，判断 $\mathscr{A}$ 是否可对角化.

解：由于 $\mathscr{A}^m=\mathscr{I}$，因此 λ^m-1 是 $\mathscr{A}$ 的一个零化多项式，从而 $\mathscr{A}$ 的最小多项式 $m(\lambda)\mid\lambda^m-1$. 由于 λ^m-1 在 $\mathbb{C}[\lambda]$ 中可分解成 m 个不同一次因式的乘积，因此 $m(\lambda)$ 也可以分解成不同的一次因式的乘积，故 $\mathscr{A}$ 可对角化.

5. 设 $\mathscr{A}$ 是域 $\mathbb{F}$ 上的 n 维线性空间 V 上的线性变换，证明：如果 $\mathscr{A}$ 可对角化，那么对于 $\mathscr{A}$ 的任意一个非平凡不变子空间 W，都有 $\mathscr{A}|W$ 可对角化.

证明： 设 $\mathscr{A}$ 的最小多项式为 $m(\lambda)$，$\mathscr{A}|W$ 的最小多项式为 $m_1(\lambda)$. 对于任意 $\gamma\in W$，有 $m(\mathscr{A}|W)\gamma=m(\mathscr{A})\gamma=0$，因此 $m(\mathscr{A}|W)=\mathscr{O}$，从而 $m(\lambda)$ 是 $\mathscr{A}|W$ 的一个零化多项式，于是 $m_1(\lambda)\mid m(\lambda)$. 由 $\mathscr{A}$ 可对角化知，$\mathscr{A}$ 可分解成不同的一次因式的乘积，从而

$m_1(\lambda)$在$\mathbb{F}[\lambda]$中也可分解成不同的一次因式的乘积，故 $\mathscr{A}|W$ 可对角化.

6. 设 $\mathscr{A}$ 是域$\mathbb{F}$上的 n 维线性空间 V 上的线性变换，λ_1，λ_2，…，λ_s 是 $\mathscr{A}$ 的所有不同的特征值. 证明：如果 $\mathscr{A}$ 可对角化，那么 $\mathscr{A}$ 的任一非平凡不变子空间

$$W=(V_{\lambda_{j_1}}\cap W)\oplus(V_{\lambda_{j_2}}\cap W)\oplus\cdots\oplus(V_{\lambda_{j_r}}\cap W)$$

并且对于 $V_{\lambda_{j_i}}$，存在 $\mathscr{A}$ 的不变子空间 U_{j_i}，使得 $V_{\lambda_{j_i}}=(V_{\lambda_{j_i}}\cap W)\oplus U_{j_i}$，$i=1, 2, \cdots, r$.

证明： 因为 $\mathscr{A}$ 可对角化，由第 5 题结论知 $\mathscr{A}|W$ 也可对角化，从而 $\mathscr{A}|W$ 有特征值. 任取 $\mathscr{A}|W$ 的一个特征值 μ，则存在 $\boldsymbol{\eta}_1\in W$ 且 $\boldsymbol{\eta}_1\neq\mathbf{0}$使得$(\mathscr{A}|W)\boldsymbol{\eta}_1=\mu\boldsymbol{\eta}_1$. 从而 $\mathscr{A}\boldsymbol{\eta}_1=\mu\boldsymbol{\eta}_1$，因此 μ 是 $\mathscr{A}$ 的某一个特征值. 设 $\mathscr{A}|W$ 的所有不同的特征值为λ_{j_1}，λ_{j_2}，…，λ_{j_r}，则 $\mathscr{A}|W$ 的属于特征值$\lambda_{j_i}(i=1, 2, \cdots, r)$的特征子空间为

$$\{\boldsymbol{\gamma}\in W\mid(\mathscr{A}|W)\boldsymbol{\gamma}=\lambda_{j_i}\boldsymbol{\gamma}\}=\{\boldsymbol{\gamma}\in W\mid\mathscr{A}\boldsymbol{\gamma}=\lambda_{j_i}\boldsymbol{\gamma}\}=V_{\lambda_{j_i}}\cap W$$

由于 $\mathscr{A}|W$ 可对角化，因此 $W=(V_{\lambda_{j_1}}\cap W)\oplus\cdots\oplus(V_{\lambda_{j_r}}\cap W)$.

对于 $V_{\lambda_{j_i}}$，它的子空间 $V_{\lambda_{j_i}}\cap W$ 在 $V_{\lambda_{j_i}}$ 中有补空间 U_{j_i}，即 $V_{\lambda_{j_i}}=(V_{\lambda_{j_i}}\cap W)\oplus U_{j_i}$. 再证 U_{j_i} 是 $\mathscr{A}$ 的不变子空间. 任取 $\boldsymbol{\delta}\in U_{j_i}$，由于 U_{j_i} 是 $V_{\lambda_{j_i}}$ 的子空间，故 $\mathscr{A}\boldsymbol{\delta}=\lambda_{j_i}\boldsymbol{\delta}\in U_{j_i}$. 故 U_{j_i} 是 $\mathscr{A}$ 的不变子空间.

7. 设 $\mathscr{A}$ 是域$\mathbb{F}$上的 n 维线性空间 V 上的线性变换，证明：如果 $\mathscr{A}$ 可对角化，那么对于 $\mathscr{A}$ 的任一不变子空间 W，都存在 $\mathscr{A}$ 的不变子空间 U 作为 W 在 V 中的补空间(U 称为 W 在 V 中的 $\mathscr{A}$ 不变补空间).

证明： 若 W 是零空间，则 $V=\{\mathbf{0}\}\oplus V$，命题为真. 下面假设 W 是 V 的非平凡不变子空间. 由于 V 可对角化，因此

$$V=V_{\lambda_1}\oplus V_{\lambda_2}\oplus\cdots\oplus V_{\lambda_s}$$

由第 6 题的结论，得

$$W=(V_{\lambda_{j_1}}\cap W)\oplus(V_{\lambda_{j_2}}\cap W)\oplus\cdots\oplus(V_{\lambda_{j_r}}\cap W),\quad V_{\lambda_{j_i}}=(V_{\lambda_{j_i}}\cap W)\oplus U_{j_i}$$

设$\{l_1, l_2, \cdots, l_{s-r}\}=\{1, 2, \cdots, s\}\setminus\{j_1, j_2, \cdots, j_r\}$，则

$$\begin{aligned}V&=V_{\lambda_{j_1}}\oplus\cdots\oplus V_{\lambda_{j_r}}\oplus V_{\lambda_{l_1}}\oplus\cdots\oplus V_{\lambda_{l_{s-r}}}\\&=[(V_{\lambda_{j_1}}\cap W)\oplus U_{j_1}]\oplus\cdots\oplus[(V_{\lambda_{j_r}}\cap W)\oplus U_{j_r}]\oplus V_{\lambda_{l_1}}\oplus\cdots\oplus V_{\lambda_{l_{s-r}}}\\&=W\oplus U_{j_1}\oplus\cdots\oplus U_{j_r}\oplus V_{\lambda_{l_1}}\oplus\cdots\oplus V_{\lambda_{l_{s-r}}}\end{aligned}$$

令 $U=U_{j_1}\oplus\cdots\oplus U_{j_r}\oplus V_{\lambda_{l_1}}\oplus\cdots\oplus V_{\lambda_{l_{s-r}}}$，则 $V=W\oplus U$. 由于 U_{j_1}，…，U_{j_r}，$V_{\lambda_{l_1}}$，…，$V_{\lambda_{l_{s-r}}}$

都是$\mathscr{A}$的不变子空间，因此U也是$\mathscr{A}$的不变子空间.

8. 设$\mathscr{A}$是域$\mathbb{F}$上的n维线性空间V上的线性变换，证明：如果$\mathscr{A}$的特征多项式$f(\lambda)$在$\mathbb{F}[\lambda]$中的标准分解式为

$$f(\lambda)=(\lambda-\lambda_1)^{r_1}(\lambda-\lambda_2)^{r_2}\cdots(\lambda-\lambda_s)^{r_s}$$

且对于$\mathscr{A}$的任一不变子空间W，都存在W在V中的$\mathscr{A}$不变补空间，那么$\mathscr{A}$可对角化.（注：第7题和第8题合起来给出了线性变换$\mathscr{A}$可对角化的第7个充分必要条件）

证明： 对线性空间的维数做数学归纳法. 当$n=1$时，$V=\langle\boldsymbol{\alpha}\rangle$. 于是$\mathscr{A}$在$V$的基$\boldsymbol{\alpha}$下的矩阵为1级矩阵，从而$\mathscr{A}$可对角化.

假设对于$n-1$维线性空间，命题为真，现在来看n维线性空间V的情形. 设$\boldsymbol{\alpha}_1$是$\mathscr{A}$属于特征值λ_1的一个特征向量，则$\langle\boldsymbol{\alpha}_1\rangle$是$\mathscr{A}$的一个不变子空间. 由已知条件得，$\langle\boldsymbol{\alpha}_1\rangle$在$V$中有$\mathscr{A}$的不变补空间$U$，即$V=\langle\boldsymbol{\alpha}_1\rangle\oplus U$. 考虑$U$上的线性变换$\mathscr{A}|U$，任取$\mathscr{A}|U$的一个不变子空间$U_1$，由于对$\forall\,\boldsymbol{\gamma}_1\in U_1$，有$\mathscr{A}\boldsymbol{\gamma}_1=(\mathscr{A}|U)\boldsymbol{\gamma}_1\in U_1$，因此$U_1$也是$\mathscr{A}$的不变子空间. 再由已知条件，$U_1$在$V$中有$\mathscr{A}$不变补空间$\Omega$，即$V=U_1\oplus\Omega$. 由于$U_1\subseteq U\subseteq V$，据习题3.9的第15题结论得$U=U_1\oplus(\Omega\cap U)$. 由于$\Omega$和$U$都是$\mathscr{A}$的不变子空间，因此$\Omega\cap U$也是$\mathscr{A}$的不变子空间. 由于$\Omega\cap U\subseteq U$，因此$\Omega\cap U$是$\mathscr{A}|U$的不变子空间. 这证明了：对于$\mathscr{A}|U$的任一不变子空间$U_1$，存在$U_1$在$U$中的$\mathscr{A}|U$不变补空间$\Omega\cap U$. 又因为$U$为$\mathscr{A}$的非平凡不变子空间，因此$\mathscr{A}|U$的特征多项式$f_1(\lambda)$是$f(\lambda)$的一个因式. 从而$f_1(\lambda)$也可在$\mathbb{F}[\lambda]$中因式分解成一次因式的乘积. 又因为$\dim U=n-1$，所以根据归纳法假设$\mathscr{A}|U$可对角化，从而$U$中存在一个基$\boldsymbol{\beta}_1,\cdots,\boldsymbol{\beta}_{n-1}$，使得$\mathscr{A}|U$在$U$的这个基下的矩阵是对角阵，于是$\mathscr{A}$在$V$的基$\boldsymbol{\alpha}_1,\boldsymbol{\beta}_1,\cdots,\boldsymbol{\beta}_{n-1}$下的矩阵为对角矩阵，因此$\mathscr{A}$可对角化. 由归纳法原理可知，对一切正整数$n$，命题成立.

9. 设$\boldsymbol{A}$是有理数域$\mathbb{Q}$上的n级非零矩阵，且$\boldsymbol{A}$有一个零化多项式$g(\lambda)$是$\mathbb{Q}$上r次不可约多项式，$r>1$，判断$\boldsymbol{A}$是否可对角化. 若把$\boldsymbol{A}$看成复数域上的矩阵，判断$\boldsymbol{A}$是否可对角化.

证明： 由于$\boldsymbol{A}$的最小多项式$m(\lambda)\mid g(\lambda)$，而$g(\lambda)$在$\mathbb{Q}$上不可约，因此$m(\lambda)\sim g(\lambda)$，从而$m(\lambda)$在$\mathbb{Q}$上不可约. 由于$\deg m(\lambda)=\deg g(\lambda)=r>1$，因此$\boldsymbol{A}$不可对角化.

若把$\boldsymbol{A}$看成复数域上的矩阵，则$\boldsymbol{A}$的最小多项式仍为$m(\lambda)$，$m(\lambda)$在$\mathbb{C}[\lambda]$中可以分解成一次因式的乘积. 由于$m[\lambda]$在$\mathbb{Q}$上不可约，所以$m(\lambda)$在$\mathbb{Q}[\lambda]$中没有重因式，由于无重因式不随数域的扩大而改变，故$m(\lambda)$在$\mathbb{C}[\lambda]$中也没有重因式. 从而$m(\lambda)$分解式中的一次因式两两不同，故矩阵$\boldsymbol{A}$可对角化.

10. 设$\mathscr{A}$是域$\mathbb{F}$上n维线性空间V上的线性变换，$\mathscr{A}$在V的一个基$\boldsymbol{\alpha}_1,\boldsymbol{\alpha}_2,\cdots,\boldsymbol{\alpha}_n$

下的矩阵

$$
\boldsymbol{A}=\begin{pmatrix}
0 & 0 & \cdots & 0 & -a_0 \\
1 & 0 & \cdots & 0 & -a_1 \\
0 & 1 & \cdots & 0 & -a_2 \\
0 & 0 & \cdots & 0 & -a_3 \\
\vdots & \vdots & & \vdots & \vdots \\
0 & 0 & \cdots & 0 & -a_{n-2} \\
0 & 0 & \cdots & 1 & -a_{n-1}
\end{pmatrix}
$$

这种形式的矩阵称为 n 级 Frobenius 矩阵，其中 $n\geqslant 2$；

(1) 求 $\boldsymbol{A}$ 的特征多项式 $f(\lambda)$和最小多项式 $m(\lambda)$；

(2) 把$\mathbb{F}$换成复数域，$\mathscr{A}$是否可对角化？

解：(1) 由教材 2.4 节例 4 的结论知

$$
|\lambda \boldsymbol{I}-\boldsymbol{A}|=\begin{vmatrix}
\lambda & 0 & \cdots & 0 & a_0 \\
-1 & \lambda & \cdots & 0 & a_1 \\
0 & -1 & \cdots & 0 & a_2 \\
\vdots & \vdots & & \vdots & \vdots \\
0 & 0 & \cdots & \lambda & a_{n-2} \\
0 & 0 & \cdots & -1 & \lambda+a_{n-1}
\end{vmatrix}=\lambda^n+a_{n-1}\lambda^{n-1}+\cdots+a_1\lambda+a_0
$$

由于 $\mathscr{A}$的最小多项式 $m(\lambda)\mid f(\lambda)$，假设 $m(\lambda)$的次数小于 n，设

$$
m(\lambda)=\lambda^r+b_{r-1}\lambda^{r-1}+\cdots+b_1\lambda+b_0,\ r<n
$$

由于 $\mathscr{A}$在 V 的基 $\boldsymbol{\alpha}_1$，$\boldsymbol{\alpha}_2$，…，$\boldsymbol{\alpha}_n$ 下的矩阵为 $\boldsymbol{A}$，因此

$$
\mathscr{A}(\boldsymbol{\alpha}_1,\boldsymbol{\alpha}_2,\cdots,\boldsymbol{\alpha}_n)=(\boldsymbol{\alpha}_1,\boldsymbol{\alpha}_2,\cdots,\boldsymbol{\alpha}_n)\begin{pmatrix}
0 & 0 & \cdots & 0 & -a_0 \\
1 & 0 & \cdots & 0 & -a_1 \\
0 & 1 & \cdots & 0 & -a_2 \\
\vdots & \vdots & & \vdots & \vdots \\
0 & 0 & \cdots & 0 & -a_{n-2} \\
0 & 0 & \cdots & 1 & -a_{n-1}
\end{pmatrix}
$$

即

$$\mathscr{A}\boldsymbol{\alpha}_1=\boldsymbol{\alpha}_2,\ \mathscr{A}^2\boldsymbol{\alpha}_1=\mathscr{A}\boldsymbol{\alpha}_2=\boldsymbol{\alpha}_3,\ \cdots,\ \mathscr{A}^{r-1}\boldsymbol{\alpha}_1=\boldsymbol{\alpha}_r,\ \mathscr{A}^r\boldsymbol{\alpha}_1=\boldsymbol{\alpha}_{r+1}$$

于是

$$\begin{aligned}0&=m(\mathscr{A})=(\mathscr{A}^r+b_{r-1}\mathscr{A}^{r-1}+\cdots+b_1\mathscr{A}+b_0\mathscr{I})\boldsymbol{\alpha}_1\\&=\boldsymbol{\alpha}_{r+1}+b_{r-1}\boldsymbol{\alpha}_r+\cdots+b_1\boldsymbol{\alpha}_2+b_0\boldsymbol{\alpha}_1\end{aligned}$$

由此推出 $\boldsymbol{\alpha}_1$，$\boldsymbol{\alpha}_2$，$\cdots$，$\boldsymbol{\alpha}_{r+1}$线性相关，矛盾. 因此 $m(\lambda)$的次数为 n，从而 $m(\lambda)=f(\lambda)$.

(2) 在$\mathbb{C}[\lambda]$中，$m(\lambda)$能分解成一次因式的乘积，故 $\mathscr{A}$ 可对角化当且仅当 $m(\lambda)$在$\mathbb{C}[\lambda]$中没有重因式，即 $\lambda^n+a_{n-1}\lambda^{n-1}+\cdots+a_1\lambda+a_0$ 在$\mathbb{C}$中没有重根.

11. 设 $\mathscr{A}$ 是域$\mathbb{F}$上 n 维线性空间 V 上的线性变换，与 $\mathscr{A}$ 可交换的所有线性变换组成的集合记作 $C(\mathscr{A})$. 证明：

(1) $C(\mathscr{A})$是域$\mathbb{F}$上线性空间 $\mathrm{Hom}(V, V)$的一个子空间，也是环 $\mathrm{Hom}(V, V)$的一个子环；

(2) 若 $\mathscr{A}$ 有 n 个不同的特征值，则 $\dim C(\mathscr{A})=n$，且 $C(\mathscr{A})=\mathbb{F}[\mathscr{A}]$，从而与 $\mathscr{A}$ 可交换的每一个线性变换 $\mathscr{B}$ 能唯一地表示成 $\mathscr{A}$ 的一个次数小于 n 的多项式.

证明： (1) 因为$\mathscr{I}\in C(\mathscr{A})$，所以 $C(\mathscr{A})$非空. 易证 $C(\mathscr{A})$对加法和纯量乘法封闭，因此 $C(\mathscr{A})$是域$\mathbb{F}$上线性空间 $\mathrm{Hom}(V, V)$的一个子空间；易证 $C(\mathscr{A})$对减法和乘法封闭，因此 $C(\mathscr{A})$是环 $\mathrm{Hom}(V, V)$的一个子环.

(2) 若 $\mathscr{A}$ 有 n 个不同的特征值λ_1，λ_2，$\cdots$，λ_n，则 V 中存在一个基 $\boldsymbol{\alpha}_1$，$\boldsymbol{\alpha}_2$，$\cdots$，$\boldsymbol{\alpha}_n$，使得 $\mathscr{A}$ 在此基下的矩阵 $\boldsymbol{A}$ 为对角阵 $\mathrm{diag}\{\lambda_1, \lambda_2, \cdots, \lambda_n\}$. 设 V 上线性变换 $\mathscr{B}$ 在基 $\boldsymbol{\alpha}_1$，$\boldsymbol{\alpha}_2$，$\cdots$，$\boldsymbol{\alpha}_n$ 下的矩阵为 $\boldsymbol{B}$，则根据习题 4.3 的第 1 题得

$$\mathscr{A}\mathscr{B}=\mathscr{B}\mathscr{A}\Leftrightarrow\boldsymbol{AB}=\boldsymbol{BA}\Leftrightarrow\boldsymbol{B}=\mathrm{diag}\{b_1, b_2, \cdots, b_n\}$$

于是 $C(\boldsymbol{A})$是由所有 n 级对角阵组成的集合，它是域$\mathbb{F}$上的线性空间. 根据习题 4.3 的第 2 题，$\dim C(\boldsymbol{A})=n$. 由于线性变换对应到它在基 $\boldsymbol{\alpha}_1$，$\boldsymbol{\alpha}_2$，$\cdots$，$\boldsymbol{\alpha}_n$ 下的矩阵的这个映射 σ 是线性空间 $\mathrm{Hom}(V, V)$到 $M_n(\mathbb{F})$的同构映射，且 $\sigma(C(\mathscr{A}))=C(\boldsymbol{A})$，因此 $\dim C(\mathscr{A})=\dim C(\boldsymbol{A})=n$. 由于 $\mathscr{A}$ 有 n 个不同的特征值，因此 $\mathscr{A}$ 的最小多项式 $m(\lambda)$在$\mathbb{F}[\lambda]$中的标准分解式为 $m(\lambda)=(\lambda-\lambda_1)(\lambda-\lambda_2)\cdots(\lambda-\lambda_n)$. 由本节例 1 得 $\dim\mathbb{F}[\lambda]=\deg m(\lambda)=n$. 由于 $\mathscr{A}$ 的任一多项式与 $\mathscr{A}$ 可交换，因此$\mathbb{F}[\mathscr{A}]\subseteq C(\mathscr{A})$，从而$\mathbb{F}[\mathscr{A}]=C(\boldsymbol{A})$. 若 $\mathscr{B}\in C(\boldsymbol{A})$，则 $\mathscr{B}\in\mathbb{F}[\mathscr{A}]$. 本节例 1 已经证明了$\mathbb{F}[\mathscr{A}]$的基为：$\mathscr{A}^{n-1}$，$\mathscr{A}^{n-2}$，$\cdots$，$\mathscr{A}$，$\mathscr{I}$. 因此 $\mathscr{B}$ 能唯一地表示成 $\mathscr{B}=b_{n-1}\mathscr{A}^{n-1}+\cdots+b_1\mathscr{A}+b_0\mathscr{I}$.

12. 设 $\mathscr{A}$ 是域$\mathbb{F}$上 n 维线性空间 V 上的线性变换，且 $\mathscr{A}$ 的最小多项式 $m(\lambda)$在$\mathbb{F}[\lambda]$中的标准分解式为

$$m(\lambda)=(\lambda-\lambda_1)(\lambda-\lambda_2)\cdots(\lambda-\lambda_s);$$

$\mathscr{A}$的特征多项式 $f(\lambda)$在$\mathbb{F}[\lambda]$中的标准分解式为

$$f(\lambda)=(\lambda-\lambda_1)^{r_1}(\lambda-\lambda_2)^{r_2}\cdots(\lambda-\lambda_s)^{r_s}$$

证明：(1) $\dim C(\mathscr{A})=\sum_{i=1}^{s} r_i^2$；

(2) 若 $s<n$，则 $C(\mathscr{A})\supsetneqq\mathbb{F}[\mathscr{A}]$.

证明： (1) 由于$m(\lambda)$能分解成不同一次因式的乘积，因此$\mathscr{A}$可对角化. 从而V中存在一个基$\boldsymbol{\alpha}_1$，$\boldsymbol{\alpha}_2$，…，$\boldsymbol{\alpha}_n$，使得$\mathscr{A}$在此基下的矩阵$\boldsymbol{A}$是对角矩阵：$\boldsymbol{A}=\operatorname{diag}\{\lambda_1\boldsymbol{I}_{r_1},\lambda_2\boldsymbol{I}_{r_2},\cdots,\lambda_s\boldsymbol{I}_{r_s}\}$. 设$V$上的线性变换$\mathscr{B}$在$V$的基$\boldsymbol{\alpha}_1$，$\boldsymbol{\alpha}_2$，…，$\boldsymbol{\alpha}_n$下的矩阵为$\boldsymbol{B}$. 由于$\lambda_1$，…，$\lambda_s$互不相等，则根据习题 4.6 的第 11 题得

$$\begin{aligned}\mathscr{A}\mathscr{B}=\mathscr{B}\mathscr{A}&\Leftrightarrow\boldsymbol{AB}=\boldsymbol{BA}\\&\Leftrightarrow\boldsymbol{B}=\operatorname{diag}\{\boldsymbol{B}_1,\boldsymbol{B}_2,\cdots,\boldsymbol{B}_s\},\quad\text{其中 }\boldsymbol{B}_i\text{ 是 }r_i\text{ 级矩阵.}\end{aligned}$$

于是$C(\boldsymbol{A})=\{\boldsymbol{B}=\operatorname{diag}\{\boldsymbol{B}_1,\boldsymbol{B}_2,\cdots,\boldsymbol{B}_s\}\mid\boldsymbol{B}_i\in M_{r_i}(\mathbb{F}),i=1,2,\cdots,s\}$. 令

$$\begin{aligned}\sigma:C(\boldsymbol{A})&\to M_{r_1}(\mathbb{F})\dotplus M_{r_2}(\mathbb{F})\dotplus\cdots\dotplus M_{r_s}(\mathbb{F})\\\operatorname{diag}\{\boldsymbol{B}_1,\boldsymbol{B}_2,\cdots,\boldsymbol{B}_s\}&\mapsto(\boldsymbol{B}_1,\boldsymbol{B}_2,\cdots,\boldsymbol{B}_s)\end{aligned}$$

易证σ是双射，且保持加法和纯量乘法运算，因此

$$C(\boldsymbol{A})\cong M_{r_1}(\mathbb{F})\dotplus M_{r_2}(\mathbb{F})\dotplus\cdots\dotplus M_{r_s}(\mathbb{F})$$

从而

$$\begin{aligned}\dim C(\boldsymbol{A})&=\dim M_{r_1}(\mathbb{F})+\dim M_{r_2}(\mathbb{F})+\cdots+\dim M_{r_s}(\mathbb{F})\\&=r_1^2+r_2^2+\cdots+r_s^2\end{aligned}$$

因此$\dim C(\mathscr{A})=\dim C(\boldsymbol{A})=\sum_{i=1}^{s}r_i^2$.

(2) 若$s<n$，则$\dim\mathbb{F}[\mathscr{A}]=\deg m(\lambda)=s<n=\sum_{i=1}^{s}r_i<\sum_{i=1}^{s}r_i^2=\dim C(\mathscr{A})$. 从而$\mathbb{F}[\mathscr{A}]\subsetneqq C(\mathscr{A})$.

13. 设$\mathscr{A}$是数域$\mathbb{K}$上 3 维线性空间V上的线性变换，它在V的一个基$\boldsymbol{\alpha}_1$，$\boldsymbol{\alpha}_2$，$\boldsymbol{\alpha}_3$下的矩阵

$$A=\begin{pmatrix}2&2&-2\\2&5&-4\\-2&-4&5\end{pmatrix}$$

求 $C(\mathscr{A})$的维数.

解： $f(\lambda)=|\lambda I-A|=(\lambda-1)^2(\lambda-10)$，计算 $\text{rank}(1I-A)=1$，因此 $\dim W_{\lambda=1}=2$. 从而 A 可对角化，故 $m(\lambda)=(\lambda-1)(\lambda-10)$. 由习题 12 的结论知 $\dim C(\mathscr{A})=2^2+1^2=5$.

14. 设 $\mathscr{A}$ 是域$\mathbb{F}$上 n 维线性空间 V 上的线性变换，它在 V 的一个基 $\boldsymbol{\alpha}_1$，$\boldsymbol{\alpha}_2$，…，$\boldsymbol{\alpha}_n$ 下的矩阵 A 为 Frobenius 矩阵：

$$A=\begin{pmatrix}0&0&\cdots&0&-a_0\\1&0&\cdots&0&-a_1\\0&1&\cdots&0&-a_2\\0&0&\cdots&0&-a_3\\\vdots&\vdots&&\vdots&\vdots\\0&0&\cdots&0&-a_{n-2}\\0&0&\cdots&1&-a_{n-1}\end{pmatrix}$$

证明：$C(\mathscr{A})=\mathbb{F}[\mathscr{A}]$，$\dim C(\mathscr{A})=n$.

证明： 由于 $\mathscr{A}\boldsymbol{\alpha}_1=\boldsymbol{\alpha}_2$，$\mathscr{A}\boldsymbol{\alpha}_2=\boldsymbol{\alpha}_3$，…，$\mathscr{A}\boldsymbol{\alpha}_{n-1}=\boldsymbol{\alpha}_n$，故 V 的一个基是 $\boldsymbol{\alpha}_1$，$\mathscr{A}\boldsymbol{\alpha}_1$，$\mathscr{A}^2\boldsymbol{\alpha}_1$，…，$\mathscr{A}^{n-1}\boldsymbol{\alpha}_1$. 任取 $\mathscr{B}\in C(\mathscr{A})$，设 $\mathscr{B}\boldsymbol{\alpha}_1=\sum\limits_{j=0}^{n-1}b_j\mathscr{A}^j\boldsymbol{\alpha}_1$. 任取 $\boldsymbol{\alpha}\in V$，设 $\boldsymbol{\alpha}=\sum\limits_{i=0}^{n-1}d_i\mathscr{A}^i\boldsymbol{\alpha}_1$，则

$$\begin{aligned}\mathscr{B}\boldsymbol{\alpha}&=\sum_{i=0}^{n-1}d_i\mathscr{B}\mathscr{A}^i\boldsymbol{\alpha}_1=\sum_{i=0}^{n-1}d_i\mathscr{A}^i\mathscr{B}\boldsymbol{\alpha}_1=\sum_{i=0}^{n-1}d_i\mathscr{A}^i\left(\sum_{j=0}^{n-1}b_j\mathscr{A}^j\boldsymbol{\alpha}_1\right)\\&=\sum_{j=0}^{n-1}b_j\mathscr{A}^j\left(\sum_{i=0}^{n-1}d_i\mathscr{A}^i\boldsymbol{\alpha}_1\right)=\sum_{j=0}^{n-1}b_j\mathscr{A}^j\boldsymbol{\alpha}\end{aligned}$$

于是 $\mathscr{B}\in\mathbb{F}[\mathscr{A}]$，故 $C(\mathscr{A})\subseteq\mathbb{F}[\mathscr{A}]$. 又由于$\mathbb{F}[\mathscr{A}]\subseteq C(\mathscr{A})$，因此 $C(\mathscr{A})=\mathbb{F}[\mathscr{A}]$，根据第 10 题结论知，$\mathscr{A}$ 的最小多项式

$$m(\lambda)=\lambda^n+a_{n-1}\lambda^{n-1}+\cdots+a_1\lambda+a_0$$

因此 $\dim C(\mathscr{A})=\dim\mathbb{F}(\mathscr{A})=\deg m(\lambda)=n$.

15. 设 $\mathscr{A}$ 是域$\mathbb{F}$上 n 维线性空间 V 上的线性变换，它在 V 的一个基 $\boldsymbol{\alpha}_1$，$\boldsymbol{\alpha}_2$，…，$\boldsymbol{\alpha}_n$ 下的矩阵为 $\boldsymbol{J}_n(0)$. 证明：

$$C(\mathscr{A})=\mathbb{F}[\mathscr{A}],\ \dim C(\mathscr{A})=n.$$

证明： 由题意 $\mathscr{A}\boldsymbol{\alpha}_2=\boldsymbol{\alpha}_1$，$\mathscr{A}\boldsymbol{\alpha}_3=\boldsymbol{\alpha}_2$，…，$\mathscr{A}\boldsymbol{\alpha}_n=\boldsymbol{\alpha}_{n-1}$，故 V 的一个基为 $\boldsymbol{\alpha}_n$，$\mathscr{A}\boldsymbol{\alpha}_n$，$\mathscr{A}^2\boldsymbol{\alpha}_n$，…，$\mathscr{A}^{n-1}\boldsymbol{\alpha}_n$. 任取 $\mathscr{B}\in C(\mathscr{A})$，设 $\mathscr{B}\boldsymbol{\alpha}_n=\sum\limits_{j=0}^{n-1} b_j\mathscr{A}^j\boldsymbol{\alpha}_n$. 任取 $\boldsymbol{\alpha}\in V$，设 $\boldsymbol{\alpha}=\sum\limits_{i=0}^{n-1} d_i\mathscr{A}^i\boldsymbol{\alpha}_n$，则

$$\begin{aligned}\mathscr{B}\boldsymbol{\alpha}&=\sum_{i=0}^{n-1} d_i\mathscr{B}\mathscr{A}^i\boldsymbol{\alpha}_n=\sum_{i=0}^{n-1} d_i\mathscr{A}^i\mathscr{B}\boldsymbol{\alpha}_n=\sum_{i=0}^{n-1} d_i\mathscr{A}^i\left(\sum_{j=0}^{n-1}b_j\mathscr{A}^j\boldsymbol{\alpha}_n\right)\\&=\sum_{j=0}^{n-1} b_j\mathscr{A}^j\left(\sum_{i=0}^{n-1} d_i\mathscr{A}^i\boldsymbol{\alpha}_n\right)n-1=\sum_{j=0}^{n-1} b_j\mathscr{A}^j\boldsymbol{\alpha}\end{aligned}$$

于是 $\mathscr{B}=\sum\limits_{j=0}^{n-1} b_j\mathscr{A}^j\in\mathbb{F}[\mathscr{A}]$，因此 $C(\mathscr{A})\subseteq\mathbb{F}[\mathscr{A}]$. 又由于$\mathbb{F}[\mathscr{A}]\subseteq C(\mathscr{A})$，因此 $C(\mathscr{A})=\mathbb{F}[\mathscr{A}]$. 根据本节命题 6，$J_n(0)$的最小多项式为 λ^n，从而 $\mathscr{A}$ 的最小多项式为 $m(\lambda)=\lambda^n$. 因此

$$\dim C(\mathscr{A})=\dim\mathbb{F}(\mathscr{A})=\deg m(\lambda)=n.$$

16. 设 $\mathscr{A}$ 是域$\mathbb{F}$上 n 维线性空间 V 上的线性变换，它在 V 的一个基 $\boldsymbol{\alpha}_1$，$\boldsymbol{\alpha}_2$，…，$\boldsymbol{\alpha}_n$ 下的矩阵为 $\boldsymbol{J}_n(a)$. 证明：

$$C(\mathscr{A})=\mathbb{F}[\mathscr{A}],\ \dim C(\mathscr{A})=n.$$

证明： 设 V 上的线性变换 $\mathscr{B}$ 在 V 的基 $\boldsymbol{\alpha}_1$，$\boldsymbol{\alpha}_2$，…，$\boldsymbol{\alpha}_n$ 下的矩阵为 $J_n(0)$. 由于 $J_n(a)=aI+J_n(0)$，因此 $\mathscr{A}=a\mathscr{I}+\mathscr{B}$. 设 $\mathscr{C}\in C(\mathscr{A})\Leftrightarrow\mathscr{C}\mathscr{A}=\mathscr{A}\mathscr{C}\Leftrightarrow\mathscr{C}\mathscr{B}=\mathscr{B}\mathscr{C}\Leftrightarrow\mathscr{C}\in C(\mathscr{B})$，因此 $C(\mathscr{A})=C(\mathscr{B})$. 显然由第 15 题结论得 $C(\mathscr{A})=C(\mathscr{B})=\mathbb{F}[\mathscr{B}]=\mathbb{F}[\mathscr{A}]$，因此 $\dim C(\mathscr{A})=\dim\mathbb{F}[\mathscr{B}]=\deg m(\lambda)=n$.

17. 设 $\mathscr{A}$ 是域$\mathbb{F}$上 n 维线性空间 V 上的线性变换，它在 V 的一个基 $\boldsymbol{\alpha}_1$，$\boldsymbol{\alpha}_2$，…，$\boldsymbol{\alpha}_n$ 下的矩阵

$$\boldsymbol{A}=\begin{pmatrix} & & & a_1\\ & & a_2 & \\ & ⋰ & & \\ a_{n-1} & & & \\ a_n & & & \end{pmatrix}$$

求 $\mathscr{A}$ 可对角化的充分必要条件；当$\mathbb{F}$取实数域时，叙述 $\mathscr{A}$ 可对角化的充分必要条件.

解： 根据习题 6.8 的第 15 题的结论，当 $n=2k$ 时，

$$V=\langle \boldsymbol{\alpha}_1,\boldsymbol{\alpha}_{2k}\rangle \oplus \langle \boldsymbol{\alpha}_2,\boldsymbol{\alpha}_{2k-1}\rangle \oplus \cdots \oplus \langle \boldsymbol{\alpha}_k,\boldsymbol{\alpha}_{k+1}\rangle$$

当 $n=2k+1$ 时，

$$V=\langle \boldsymbol{\alpha}_1,\boldsymbol{\alpha}_{2k+1}\rangle \oplus \langle \boldsymbol{\alpha}_2,\boldsymbol{\alpha}_{2k}\rangle \oplus \cdots \oplus \langle \boldsymbol{\alpha}_k,\boldsymbol{\alpha}_{k+2}\rangle \oplus \langle \boldsymbol{\alpha}_{k+1}\rangle$$

当 $n=2k+1$ 时，$\mathscr{A}\boldsymbol{\alpha}_{k+1}=a_{k+1}\boldsymbol{\alpha}_{k+1}$，因此 $\mathscr{A}|\langle \boldsymbol{\alpha}_{k+1}\rangle$ 是数乘变换 $a_{k+1}\mathscr{I}$. 它的最小多项式记为 $m_{k+1}(\lambda)=\lambda-a_{k+1}$.

设 $\mathscr{A}|\langle \boldsymbol{\alpha}_i,\boldsymbol{\alpha}_{n-i+1}\rangle$ 的最小多项式为 $m_i(\lambda)$，$i=1,2,\cdots,k$，则 $\mathscr{A}$ 的最小多项式

$$m(\lambda)=[m_1(\lambda),m_2(\lambda),\cdots,m_k(\lambda)],\quad 当\ n=2k$$

$$m(\lambda)=[m_1(\lambda),m_2(\lambda),\cdots,m_k(\lambda),m_{k+1}(\lambda)],\quad 当\ n=2k+1$$

于是 $\mathscr{A}$ 可对角化当且仅当 $m_i(\lambda)$ 在 $\mathbb{F}[\lambda]$ 中可分解成不同的一次因式的乘积，$i=1$, $2,\cdots,k$. $\mathscr{A}|\langle \boldsymbol{\alpha}_i,\boldsymbol{\alpha}_{n-i+1}\rangle$ 在基 $\boldsymbol{\alpha}_i,\boldsymbol{\alpha}_{n-i+1}$ 下的矩阵 $\boldsymbol{A}_i=\begin{pmatrix}0 & a_i\\ a_{n-i+1} & 0\end{pmatrix}$. 当 $a_i=a_{n-i+1}=0$ 时，$\boldsymbol{A}_i=0$，于是 $m_i(\lambda)=\lambda$；当 a_i 与 a_{n-i+1} 不同时为零时，$\boldsymbol{A}_i$ 不是数量矩阵，从而 $m_i(\lambda)$ 的次数大于 1. 于是 $m_i(\lambda)$ 等于 $\boldsymbol{A}_i$ 的特征多项式 $f_i(\lambda)=\lambda^2-a_ia_{n-i+1}$. 因此 $\mathscr{A}$ 可对角化的充分必要条件是：当 a_i 与 a_{n-i+1} 不全为 0 时，$\lambda^2-a_ia_{n-i+1}$ 在 $\mathbb{F}[\lambda]$ 中能分解成不同的一次因式的乘积，$i=1,2,\cdots,k$，其中 $k=\frac{n}{2}$ 或 $k=\frac{n-1}{2}$. 当 $\mathbb{F}$ 取实数域时，$\mathscr{A}$ 可对角化的充分必要条件是：$a_ia_{n-i+1}>0$，$i=1,2,\cdots,k$，这是因为此时二次方程 $x^2-a_ia_{n-i+1}=0$ 的判别式 $\Delta=4a_ia_{n-i+1}>0$，故它有两个不同的实根 λ_1,λ_2. 于是 $\lambda^2-a_ia_{n-i+1}=(\lambda-\lambda_1)\cdot(\lambda-\lambda_2)$.

18. 设 $\mathscr{A}$, $\mathscr{B}$ 都是实数域上的 5 维线性空间 V 上的线性变换，它们在 V 的一个基下的矩阵分别为 $\boldsymbol{A}$，$\boldsymbol{B}$：

$$\boldsymbol{A}=\begin{pmatrix} & & & & 0\\ & & & 1 & \\ & & 2 & & \\ & 3 & & & \\ 4 & & & & \end{pmatrix},\quad \boldsymbol{B}=\begin{pmatrix} & & & & 1\\ & & & -2 & \\ & & 3 & & \\ & -4 & & & \\ 5 & & & & \end{pmatrix}$$

判断 $\mathscr{A}$, $\mathscr{B}$ 是否可对角化.

解：对于 $\mathscr{A}$，由第 17 题结论知 $V=\langle \boldsymbol{\alpha}_1,\boldsymbol{\alpha}_5\rangle \oplus \langle \boldsymbol{\alpha}_2,\boldsymbol{\alpha}_4\rangle \oplus \langle \boldsymbol{\alpha}_3\rangle$，$\mathscr{A}|\langle \boldsymbol{\alpha}_1,\boldsymbol{\alpha}_5\rangle$ 在基 $\boldsymbol{\alpha}_1$，$\boldsymbol{\alpha}_5$ 下的矩阵 $\boldsymbol{A}_1=\begin{pmatrix}0 & 0\\ 4 & 0\end{pmatrix}$，$\boldsymbol{A}_1$ 的最小多项式 $m_1(\lambda)=f_1(\lambda)=\lambda^2$，故 $\mathscr{A}$ 不可对角化.

对于 $\mathscr{B}$，$V=\langle\boldsymbol{\alpha}_1,\boldsymbol{\alpha}_5\rangle\oplus\langle\boldsymbol{\alpha}_2,\boldsymbol{\alpha}_4\rangle\oplus\langle\boldsymbol{\alpha}_3\rangle$，$\mathscr{B}|\langle\boldsymbol{\alpha}_1,\boldsymbol{\alpha}_5\rangle$ 在基 $\boldsymbol{\alpha}_1$，$\boldsymbol{\alpha}_5$ 下的矩阵 $\boldsymbol{A}_1=\begin{pmatrix}0&1\\5&0\end{pmatrix}$，$\boldsymbol{A}_1$ 的最小多项式 $m_1(\lambda)=f_1(\lambda)=\lambda^2-5=(\lambda-\sqrt{5})(\lambda+\sqrt{5})$，$\mathscr{B}|\langle\boldsymbol{\alpha}_2,\boldsymbol{\alpha}_4\rangle$ 在基 $\boldsymbol{\alpha}_2$，$\boldsymbol{\alpha}_4$ 下的矩阵 $\boldsymbol{A}_2=\begin{pmatrix}0&-2\\-4&0\end{pmatrix}$，$\boldsymbol{A}_2$ 的最小多项式 $m_2(\lambda)=f_2(\lambda)=\lambda^2-8=(\lambda+2\sqrt{2})\cdot(\lambda-2\sqrt{2})$，从而 $\mathscr{B}$ 可对角化.

19. 设域 $\mathbb{F}$ 的特征不等于 2，$\mathscr{A}$ 是域 $\mathbb{F}$ 上 n 维线性空间 V 上的对合变换，求 $\mathscr{A}$ 的全部特征值；求 V 的一个基使得 $\mathscr{A}$ 在此基下的矩阵是对角矩阵，并写出这个对角矩阵.

解： 由 $\operatorname{char}\mathbb{F}\neq 2$ 和第 3 题结论知 $\mathscr{A}$ 的最小多项式等于 λ^2-1 或 $\lambda+1$ 或 $\lambda-1$. 由于 $m(\lambda)$ 与 $\mathscr{A}$ 的特征多项式在 $\mathbb{F}$ 中有相同的根，因此当 $\mathscr{A}=\mathscr{I}$ 时，$\mathscr{A}$ 的全部特征值是 1（n 重），$\mathscr{A}$ 在 V 的任一基下的矩阵为 $\boldsymbol{I}$；当 $\mathscr{A}=-\mathscr{I}$ 时，$\mathscr{A}$ 的全部特征值是 -1（n 重），$\mathscr{A}$ 在 V 的任一基下的矩阵为 $-\boldsymbol{I}$；当 $\mathscr{A}\neq\pm\mathscr{I}$ 时，$m(\lambda)=\lambda^2-1$，从而 $\mathscr{A}$ 的所有不同特征值是 1，-1. 由 $m(\lambda)=(\lambda-1)(\lambda+1)$ 且 $\operatorname{char}\mathbb{F}\neq 2$ 知 $\mathscr{A}$ 可对角化，于是 V 中存在 $\mathscr{A}$ 的特征向量组成的一个基，记 $\lambda_1=1$，$\lambda_2=-1$. 在 V_{λ_1} 中取一个基 $\boldsymbol{\alpha}_1,\boldsymbol{\alpha}_2,\cdots,\boldsymbol{\alpha}_r$，在 V_{λ_2} 中取一个基 $\boldsymbol{\alpha}_{r+1},\boldsymbol{\alpha}_{r+2},\cdots,\boldsymbol{\alpha}_n$，则 $\boldsymbol{\alpha}_1,\boldsymbol{\alpha}_2,\cdots,\boldsymbol{\alpha}_r,\boldsymbol{\alpha}_{r+1},\cdots,\boldsymbol{\alpha}_n$ 为 V 的一个基，$\mathscr{A}$ 在此基下的矩阵

$$\boldsymbol{A}=\begin{pmatrix}\boldsymbol{I}_r&\boldsymbol{0}\\\boldsymbol{0}&-\boldsymbol{I}_{n-r}\end{pmatrix}$$

由于 $\boldsymbol{I}+\boldsymbol{A}=\begin{pmatrix}2\boldsymbol{I}_r&\boldsymbol{0}\\\boldsymbol{0}&\boldsymbol{0}\end{pmatrix}$，因此 $r=\operatorname{rank}(\boldsymbol{I}+\boldsymbol{A})=\operatorname{rank}(\mathscr{I}+\mathscr{A})$.

20. 设域 $\mathbb{F}$ 的特征不等于 2，$\mathscr{A}$，$\mathscr{B}$ 都是域 $\mathbb{F}$ 上 n 维线性空间 V 上的线性变换，且 $\mathscr{A}$ 是对合变换，$\mathscr{A}\neq\pm\mathscr{I}$，$\mathscr{B}\neq\mathscr{O}$. 证明：如果 $\mathscr{A}\mathscr{B}+\mathscr{B}\mathscr{A}=\mathscr{O}$，那么 V 中存在一个基，使得 $\mathscr{A}$ 在此基下的矩阵是对角矩阵，而 $\mathscr{B}$ 在此基下的矩阵 $\boldsymbol{B}$ 是分块对角矩阵：

$$\boldsymbol{B}=\begin{pmatrix}\boldsymbol{0}&\boldsymbol{B}_1\\\boldsymbol{B}_2&\boldsymbol{0}\end{pmatrix}$$

其中 $r=\operatorname{rank}(\boldsymbol{I}+\boldsymbol{A})$，如果 $\mathscr{B}$ 也是对合变换，那么 $\boldsymbol{B}_1$ 与 $\boldsymbol{B}_2$ 有什么关系？

证明： 由于 $\operatorname{char}\mathbb{F}\neq 2$，则由第 19 题结论知，$V$ 中存在一个基 $\boldsymbol{\alpha}_1,\boldsymbol{\alpha}_2,\cdots,\boldsymbol{\alpha}_n$，使得 $\mathscr{A}$ 在此基下的矩阵

$$\boldsymbol{A}=\begin{pmatrix}\boldsymbol{I}_r&\boldsymbol{0}\\\boldsymbol{0}&-\boldsymbol{I}_{n-r}\end{pmatrix}$$

其中 $r=\operatorname{rank}(\boldsymbol{I}+\boldsymbol{A})$. 设 $\mathscr{B}$ 在 V 的基 $\boldsymbol{\alpha}_1,\boldsymbol{\alpha}_2,\cdots,\boldsymbol{\alpha}_n$ 下的矩阵

$$\boldsymbol{B}=\begin{pmatrix}\boldsymbol{B}_{11} & \boldsymbol{B}_{12}\\ \boldsymbol{B}_{21} & \boldsymbol{B}_{22}\end{pmatrix}$$

其中 $\boldsymbol{B}_{11}$ 是 r 级矩阵，$\boldsymbol{B}_{22}$ 是 $n-r$ 级矩阵. 由于 $\mathscr{A}\mathscr{B}+\mathscr{B}\mathscr{A}=\mathscr{O}$，故 $\boldsymbol{AB}+\boldsymbol{BA}=\boldsymbol{0}$，即

$$\begin{pmatrix}\boldsymbol{I}_r & \boldsymbol{0}\\ \boldsymbol{0} & -\boldsymbol{I}_{n-r}\end{pmatrix}\begin{pmatrix}\boldsymbol{B}_{11} & \boldsymbol{B}_{12}\\ \boldsymbol{B}_{21} & \boldsymbol{B}_{22}\end{pmatrix}=-\begin{pmatrix}\boldsymbol{B}_{11} & \boldsymbol{B}_{12}\\ \boldsymbol{B}_{21} & \boldsymbol{B}_{22}\end{pmatrix}\begin{pmatrix}\boldsymbol{I}_r & \boldsymbol{0}\\ \boldsymbol{0} & -\boldsymbol{I}_{n-r}\end{pmatrix}$$

由此得出，$\boldsymbol{B}_{11}=-\boldsymbol{B}_{11}$，$\boldsymbol{B}_{22}=-\boldsymbol{B}_{22}$. 由于 char $\mathbb{F}\neq 2$，因此 $\boldsymbol{B}_{11}=\boldsymbol{0}$，$\boldsymbol{B}_{22}=\boldsymbol{0}$. 从而 $\boldsymbol{B}=\begin{pmatrix}\boldsymbol{0} & \boldsymbol{B}_{12}\\ \boldsymbol{B}_{21} & \boldsymbol{0}\end{pmatrix}$，记 $\boldsymbol{B}_1=\boldsymbol{B}_{12}$，$\boldsymbol{B}_2=\boldsymbol{B}_{21}$. 如果 $\mathscr{B}$ 也是对合变换，那么 $\boldsymbol{B}$ 是对合矩阵，从而 $\boldsymbol{B}^2=\boldsymbol{I}$. 由此得

$$\begin{pmatrix}\boldsymbol{0} & \boldsymbol{B}_1\\ \boldsymbol{B}_2 & \boldsymbol{0}\end{pmatrix}\begin{pmatrix}\boldsymbol{0} & \boldsymbol{B}_1\\ \boldsymbol{B}_2 & \boldsymbol{0}\end{pmatrix}=\begin{pmatrix}\boldsymbol{0} & \boldsymbol{B}_1\\ \boldsymbol{B}_2 & \boldsymbol{0}\end{pmatrix}\begin{pmatrix}\boldsymbol{0} & \boldsymbol{B}_1\\ \boldsymbol{B}_2 & \boldsymbol{0}\end{pmatrix}=\begin{pmatrix}\boldsymbol{B}_1\boldsymbol{B}_2 & \boldsymbol{0}\\ \boldsymbol{0} & \boldsymbol{B}_2\boldsymbol{B}_1\end{pmatrix}=\boldsymbol{I}$$

从而 $\boldsymbol{B}_1\boldsymbol{B}_2=\boldsymbol{I}_r$，$\boldsymbol{B}_2\boldsymbol{B}_1=\boldsymbol{I}_{n-r}$.

21. 设 $\boldsymbol{A}$，$\boldsymbol{B}$ 分别是域 $\mathbb{F}$ 上 n 级，m 级矩阵，证明：如果 $\boldsymbol{A}$ 的最小多项式 $m_1(\lambda)$ 与 $\boldsymbol{B}$ 的最小多项式 $m_2(\lambda)$ 互素，那么矩阵方程 $\boldsymbol{AX}=\boldsymbol{XB}$ 只有零解.

证明： 由于 $(m_1(\lambda),m_2(\lambda))=1$，因此存在 $u(\lambda)$，$v(\lambda)\in\mathbb{F}[\lambda]$，使得 $u(\lambda)m_1(\lambda)+v(\lambda)m_2(\lambda)=1$. 不定元用 $\boldsymbol{A}$ 代入得 $u(\boldsymbol{A})m_1(\boldsymbol{A})+v(\boldsymbol{A})m_2(\boldsymbol{A})=\boldsymbol{I}$，即 $v(\boldsymbol{A})m_2(\boldsymbol{A})=\boldsymbol{I}$，因此 $m_2(\boldsymbol{A})$ 可逆. 设 $m_2(\lambda)=\lambda^r+b_{r-1}\lambda^{r-1}+\cdots+b_1\lambda+b_0$，则 $m_2(\boldsymbol{A})=\boldsymbol{A}^r+b_{r-1}\boldsymbol{A}^{r-1}+\cdots+b_1\boldsymbol{A}+b_0\boldsymbol{I}$. 设 $\boldsymbol{C}$ 是 $\boldsymbol{AX}=\boldsymbol{XB}$ 的一个解，则 $\boldsymbol{AC}=\boldsymbol{CB}$，从而

$$\begin{aligned}m_2(\boldsymbol{A})\boldsymbol{C}&=\boldsymbol{A}^r\boldsymbol{C}+b_{r-1}\boldsymbol{A}^{r-1}\boldsymbol{C}+\cdots+b_1\boldsymbol{AC}+b_0\boldsymbol{CI}=\boldsymbol{CB}^r+b_{r-1}\boldsymbol{CB}^{r-1}+\cdots+b_1\boldsymbol{CB}+b_0\boldsymbol{CI}\\&=\boldsymbol{C}(\boldsymbol{B}^r+b_{r-1}\boldsymbol{B}^{r-1}+\cdots+b_1\boldsymbol{B}+b_0\boldsymbol{I})=\boldsymbol{C}\cdot m_2(\boldsymbol{B})=\boldsymbol{0}\end{aligned}$$

由此得 $\boldsymbol{C}=(m_2(\boldsymbol{A}))^{-1}\boldsymbol{0}=\boldsymbol{0}$.

22. 设 $\boldsymbol{A}$，$\boldsymbol{B}$ 分别是域 $\mathbb{F}$ 上 n 级、m 级矩阵，它们的最小多项式分别为 $m_1(\lambda)$，$m_2(\lambda)$. 证明：如果 $m_1(\lambda)$ 与 $m_2(\lambda)$ 有公共的一次因式，那么矩阵方程 $\boldsymbol{AX}=\boldsymbol{XB}$ 有非零解.

证明： 设 $m_1(\lambda)$ 与 $m_2(\lambda)$ 有公共的一次因式 $\lambda-\lambda_1$，则 λ_1 为 $\boldsymbol{A}$，$\boldsymbol{B}$ 的公共的特征值. 于是存在 $\boldsymbol{\alpha}\in\mathbb{F}^n$ 且 $\boldsymbol{\alpha}\neq\boldsymbol{0}$，使得 $A\boldsymbol{\alpha}=\lambda_1\boldsymbol{\alpha}$. 由于 $\boldsymbol{B}$ 与 $\boldsymbol{B}'$ 有相同的特征值，因此 λ_1 也是 $\boldsymbol{B}'$ 的一个特征值. 从而存在 $\boldsymbol{\beta}\in\mathbb{F}^m$ 且 $\boldsymbol{\beta}\neq\boldsymbol{0}$，使得 $\boldsymbol{B}'\boldsymbol{\beta}=\lambda_1\boldsymbol{\beta}$. 从而 $\boldsymbol{\beta}'\boldsymbol{B}=\lambda_1\boldsymbol{\beta}'$，于是

$$\boldsymbol{A}(\boldsymbol{\alpha}\boldsymbol{\beta}')-(\boldsymbol{\alpha}\boldsymbol{\beta}')\boldsymbol{B}=\lambda_1\boldsymbol{\alpha}\boldsymbol{\beta}'-\lambda_1\boldsymbol{\alpha}\boldsymbol{\beta}'=\boldsymbol{0}$$

因此 $\boldsymbol{\alpha\beta}'$ 是 $\boldsymbol{AX}=\boldsymbol{XB}$ 的一个解，由于 $\boldsymbol{\alpha}\neq\boldsymbol{0}$，$\boldsymbol{\beta}\neq\boldsymbol{0}$，因此 $\boldsymbol{\alpha}$ 的某个分量 $a_i\neq0$，$\boldsymbol{\beta}$ 的某个分量 $b_j\neq0$. 从而 $\boldsymbol{\alpha\beta}'$ 的 $(i,\ j)$ 元 $a_ib_j\neq0$，因此 $\boldsymbol{\alpha\beta}'\neq\boldsymbol{0}$.

23. 设 $\mathscr{A}$ 是域 $\mathbb{F}$ 上 n 维线性空间 V 上的线性变换，证明：如果 $\mathscr{A}$ 的特征多项式 $f(\lambda)$ 在 $\mathbb{F}[\lambda]$ 中的标准分解式为

$$f(\lambda)=(\lambda-\lambda_1)^{r_1}(\lambda-\lambda_2)^{r_2}\cdots(\lambda-\lambda_s)^{r_s},$$

那么

$$\operatorname{rank}(\mathscr{A}-\lambda_j\mathscr{I})^{r_j}=n-r_j,\quad j=1,\ 2,\ \cdots,\ s.$$

证明： 由教材例 7 的结论知 $\dim(\operatorname{Ker}(\mathscr{A}-\lambda_j\mathscr{I})^{r_j})=r_j$，从而

$$\dim(\operatorname{Ker}(\mathscr{A}-\lambda_j\mathscr{I})^{r_j})+\dim(\operatorname{Im}(\mathscr{A}-\lambda_j\mathscr{I})^{r_j})=n$$

推出

$$\operatorname{rank}(\mathscr{A}-\lambda_j\mathscr{I})^{r_j}=\dim(\operatorname{Im}(\mathscr{A}-\lambda_j\mathscr{I})^{r_j})=n-r_j.$$

24. 设 $\boldsymbol{A}=\operatorname{diag}\{\boldsymbol{A}_1,\ \boldsymbol{A}_2,\ \cdots,\ \boldsymbol{A}_s\}$ 是数域 $\mathbb{K}$ 上的 n 级矩阵，其中 $\boldsymbol{A}_j$ 是主对角元都为 a_j 的 n 级上三角矩阵，$j=1,\ 2,\ \cdots,\ s$. 证明：$\boldsymbol{A}$ 可对角化当且仅当每个 $\boldsymbol{A}_j(j=1,\ 2,\ \cdots,\ s)$ 都是数量矩阵.

证明： **(必要性)** 设 $\boldsymbol{A}$ 可对角化. 假如某个 $\boldsymbol{A}_i$ 不是数量矩阵，则 $\boldsymbol{A}_i$ 的最小多项式 $m_i(\lambda)$ 不是一次因式. 因为 $\boldsymbol{A}_i=\begin{pmatrix}a_i & & & \\ & a_i & & \\ & & \ddots & \\ & & & a_i\end{pmatrix}$，所以 $\boldsymbol{A}_i$ 的特征多项式 $f_i(\lambda)=(\lambda-a_i)^{n_i}$，从而 $m_i(\lambda)=(\lambda-a_i)^{k_i}$，$2\leqslant k_i\leqslant n_i$. 又因为 $\boldsymbol{A}$ 的最小多项式 $m(\lambda)=[m_1(\lambda),\ \cdots,\ m_i(\lambda),\ \cdots,\ m_s(\lambda)]$，因此 $m(\lambda)$ 的标准分解中 $\lambda-a_i$ 的幂指数大于 1. 从而 $\boldsymbol{A}$ 不可对角化，矛盾. 因此 $\boldsymbol{A}_i$ 都是数量矩阵.

(充分性) 若每个 $\boldsymbol{A}_i$ 都是数量矩阵，则 $\boldsymbol{A}$ 是对角矩阵.

25. 设 $\mathscr{A}$, $\mathscr{B}$ 是实数域上奇数维线性空间 V 上的线性变换，证明：如果 $\mathscr{A}\mathscr{B}=\mathscr{B}\mathscr{A}$, 那么 $\mathscr{A}$ 与 $\mathscr{B}$ 必有公共的特征向量.（与习题 6.8 的第 3 题比较）

证明： 由于 $\mathscr{A}$ 的特征多项式的次数等于 V 的维数，而奇数次实系数多项式必有实根，又由于 $f(\lambda)$ 的复根总是共轭对出现，故 $f(\lambda)$ 必有一个实根 λ_1 的重数 r_1 是奇数. 本节例 7 表明，$\mathscr{A}$ 的根子空间 $W_1=\operatorname{Ker}(\mathscr{A}-\lambda_1\mathscr{I})^{r_1}$ 的维数等于 r_1，为奇数. 由于 $\mathscr{A}\mathscr{B}=\mathscr{B}\mathscr{A}$，因此 $\mathscr{B}$ 与 $(\mathscr{A}-\lambda_1\mathscr{I})^{r_1}$ 可交换，从而 $\operatorname{Ker}(\mathscr{A}-\lambda_1\mathscr{I})^{r_1}$ 是 $\mathscr{B}$ 的不变子空间. 由于 W_1 是奇数维的，故 $\mathscr{B}|W_1$ 必有特征值 μ_1. 把 $\mathscr{B}|W_1$ 的属于特征值 μ_1 的特征子空间记作

$(\mathscr{W}_1)_{\mu_1}$，$\mathscr{A}|W_1$ 的特征多项式为 $f_1(\lambda)=(\lambda-\lambda_1)^{r_1}$. 令 $\mathscr{A}_1=\mathscr{A}|W_1$，由于 $\mathscr{A}|W_1$ 与 $\mathscr{B}|W_1$ 可交换，因此$(W_1)_{\mu_1}$是 $\mathscr{A}_1$ 的不变子空间. 从而 $\mathscr{A}_1|(W_1)_{\mu_1}$ 是$(W_1)_{\mu_1}$上的线性变换. 由于$(W_1)_{\mu_1}$是 $\mathscr{A}_1$ 的非平凡不变子空间，因此根据 6.8 节例 1 的结论得 $\mathscr{A}_2=\mathscr{A}_1|(W_1)_{\mu_1}$ 的特征多项式是 $\mathscr{A}_1$ 的特征多项式 $f_1(\lambda)=(\lambda-\lambda_1)^{r_1}$ 的因式，从而 $\mathscr{A}_2$ 的特征多项式是$(\lambda-\lambda_1)^{k_1}$，$k_1\leqslant r_1$. 因此 $\mathscr{A}_2$ 有特征值 λ_1. 于是存在 $\boldsymbol{\eta}\in(W_1)_{\mu_1}$ 且 $\boldsymbol{\eta}\neq\boldsymbol{0}$，使得 $\mathscr{A}_2\boldsymbol{\eta}=\lambda_1\boldsymbol{\eta}$. 从而 $\mathscr{A}\boldsymbol{\eta}=\mathscr{A}_2\boldsymbol{\eta}=\lambda_1\boldsymbol{\eta}$. 又由于 $\mathscr{B}\boldsymbol{\eta}=(\mathscr{B}|W_1)\boldsymbol{\eta}=\mu_1\boldsymbol{\eta}$，因此 $\boldsymbol{\eta}$ 是 $\mathscr{A}$ 与 $\mathscr{B}$ 的公共的特征向量.

26. 设 $\boldsymbol{A}$ 是域 $\mathbb{F}$ 上的 n 级矩阵，$g(\lambda)$是 $\boldsymbol{A}$ 的一个零化多项式，且 $g(\lambda)$在域 $\mathbb{F}$ 上不可约. 证明：如果正整数 d 使得 $\boldsymbol{A}^d$ 有特征值 1，其中 1 是域 $\mathbb{F}$ 上的单位元，那么 $g(\lambda)\mid\lambda^d-1$.

证明： 假设 $g(\lambda)\nmid\lambda^d-1$，由于 $g(\lambda)$在域 $\mathbb{F}$ 上不可约，因此$(g(\lambda),\lambda^d-1)=1$. 于是存在 $u(\lambda)$，$v(\lambda)\in\mathbb{F}[\lambda]$，使得

$$u(\lambda)g(\lambda)+v(\lambda)(\lambda^d-1)=1$$

不定元 λ 用 $\boldsymbol{A}$ 代入得

$$u(\boldsymbol{A})g(\boldsymbol{A})+v(\boldsymbol{A})(\boldsymbol{A}^d-\boldsymbol{I})=\boldsymbol{I}$$

即 $v(\boldsymbol{A})(\boldsymbol{A}^d-\boldsymbol{I})=\boldsymbol{I}$. 从而 $\boldsymbol{A}^d-\boldsymbol{I}$ 为可逆矩阵，因此 $|\boldsymbol{A}^d-\boldsymbol{I}|\neq0$. 这与 $\boldsymbol{A}^d$ 有特征值 1 矛盾，所以 $g(\lambda)\mid\lambda^d-1$.

习题 6.10　幂零变换的 Jordan 标准形

1. 证明：域 $\mathbb{F}$ 上的 n 级矩阵 $\boldsymbol{B}$ 是幂零矩阵当且仅当 $\boldsymbol{B}$ 有特征值 0(n 重).

证明： (**必要性**) 设 $\boldsymbol{B}$ 是域 $\mathbb{F}$ 上幂零指数为 l 的幂零矩阵，则 $\boldsymbol{B}$ 相似于一个Jordan 形矩阵，其中每个 Jordan 块的主对角元都为零. 从而这个 Jordan 形矩阵的特征多项式为 λ^n，于是 $\boldsymbol{B}$ 的特征多项式为 λ^n，因此 $\boldsymbol{B}$ 的特征值是 0(n 重).

(**充分性**) 设域 $\mathbb{F}$ 上的 n 级矩阵 $\boldsymbol{B}$ 有特征值是 0(n 重)，则 $\boldsymbol{B}$ 的特征多项式为 $f(\lambda)=\lambda^n$，由 Hamilton-Cayley 定理得 $\boldsymbol{0}=f(\boldsymbol{B})=\boldsymbol{B}^n$，因此 $\boldsymbol{B}$ 是幂零矩阵.

2. 证明：如果域 $\mathbb{F}$ 上的 n 级矩阵 $\boldsymbol{B}$ 是幂零矩阵，那么对一切正整数 k，有 $\operatorname{tr}(\boldsymbol{B}^k)=0$.

证明： 由于 $\boldsymbol{B}$ 是幂零矩阵，故 $\boldsymbol{B}^k$ 也是幂零矩阵，从而 $\boldsymbol{B}^k$ 相似于一个主对角元都是 0 的 n 级 Jordan 形矩阵. 由于相似矩阵有相同的迹，因此 $\operatorname{tr}(\boldsymbol{B}^k)=0$.

3. 设 $\boldsymbol{A}$，$\boldsymbol{B}$ 都是域 $\mathbb{F}$ 上的 n 级矩阵，证明：如果 $\boldsymbol{B}$ 是幂零矩阵，且 $\boldsymbol{AB}+\boldsymbol{BA}=\boldsymbol{A}$(或 $\boldsymbol{AB}-\boldsymbol{BA}=\boldsymbol{A}$)，那么 $\boldsymbol{A}=\boldsymbol{0}$.

证明： 设 B 的幂零指数为 l，则 $\boldsymbol{B}$ 的最小多项式 $m_{\boldsymbol{B}}(\lambda)=\lambda^l$. 由于 $\boldsymbol{AB}+\boldsymbol{BA}=\boldsymbol{A}$(或 $\boldsymbol{AB}-\boldsymbol{BA}=\boldsymbol{A}$)，因此 $\boldsymbol{BA}=\boldsymbol{A}(\boldsymbol{I}-\boldsymbol{B})$(或 $\boldsymbol{BA}=\boldsymbol{A}(\boldsymbol{B}-\boldsymbol{I})$). 从而 $\boldsymbol{A}$ 是矩阵方程 $\boldsymbol{BX}=\boldsymbol{X}(\boldsymbol{I}-$

$\boldsymbol{B}$)(或 $\boldsymbol{BX}=\boldsymbol{X}(\boldsymbol{B}-\boldsymbol{I})$)的一个解. 由于 $\boldsymbol{B}$ 相似于一个主对角元都为 0 的 n 级 Jordan 形矩阵，于是 $\boldsymbol{I}-\boldsymbol{B}$ 相似于一个主对角元为 1 的上三角矩阵，从而 $\boldsymbol{I}-\boldsymbol{B}$ 的特征多项式为$(\lambda-1)^n$. 于是 $\boldsymbol{I}-\boldsymbol{B}$ 的最小多项式 $m_{\boldsymbol{I}-\boldsymbol{B}}(\lambda)=(\lambda-1)^k$，对于某个 $k\leqslant n$. 在$\mathbb{F}[\lambda]$中，$(\lambda, \lambda-1)=1$，从而$(\lambda^l, (\lambda-1)^k)=1$. 根据习题 6.9 第 21 题结论知 $\boldsymbol{BX}=\boldsymbol{X}(\boldsymbol{I}-\boldsymbol{B})$ 只有零解，从而 $\boldsymbol{A}=\boldsymbol{0}$.

4. 设 $\mathscr{A}$ 是域 $\mathbb{F}$ 上 n 维线性空间 V 上的线性变换，其中 $n>1$. 证明：如果 $\operatorname{rank}(\mathscr{A})=1$，那么 $\mathscr{A}$ 是幂零指数大于 1 的幂零变换，或者 $\mathscr{A}$ 可对角化.

证明： 由于 $\operatorname{rank}(\mathscr{A})=1$，故 $\det(\mathscr{A})=0$，从而 0 是 $\mathscr{A}$ 的一个特征值，记作 λ_1. $\mathscr{A}$ 的属于 λ_1 的特征子空间 $V_{\lambda_1}=\operatorname{Ker}(0\mathscr{I}-\mathscr{A})=\operatorname{Ker}\mathscr{A}$ 的维数等于 $n-\operatorname{rank}(\mathscr{A})=n-1$. 于是 $\mathscr{A}$ 的特征值 0 的几何重数为 $n-1$，从而特征值为 0 的代数重数为 $n-1$ 或 n.

情形 1：$\mathscr{A}$ 的特征值 0 的代数重数为 $n-1$，此时 $\mathscr{A}$ 的特征多项式 $f(\lambda)$在包含$\mathbb{F}$的代数封闭域中还有一个根 $\lambda_2\neq 0$. 由于 $f(\lambda)$的 n 个根的和等于 $\operatorname{tr}(\mathscr{A})\in\mathbb{F}$，因此 $\lambda_2=\operatorname{tr}(\mathscr{A})\in\mathbb{F}$. 从而 $f(\lambda)=\lambda^{n-1}(\lambda-\lambda_2)$. 此时 $\dim V_{\lambda_1}+\dim V_{\lambda_2}=n-1+1=n=\dim V$，因此 $\mathscr{A}$ 可对角化.

情形 2：$\mathscr{A}$ 的特征值 0 的代数重数为 n，此时 $f(\lambda)=\lambda^n$，从而 $\mathscr{A}^n=\mathscr{O}$，因此 $\mathscr{A}$ 是幂零变换. 由于 $\operatorname{rank}(\mathscr{A})=1$，因此 $\mathscr{A}\neq\mathscr{O}$，从而 $\mathscr{A}$ 是幂零指数大于 1 的幂零变换.

5. 证明：如果 $\mathscr{B}$ 是域 $\mathbb{F}$ 上 n 维线性空间 V 上的幂零变换，其幂零指数为 l，那么 $\mathscr{B}$ 的 Jordan 标准形中必有 l 级 Jordan 块.

证明： 由本节定理 2，$\mathscr{B}$ 的 Jordan 标准形中 l 级 Jordan 块的个数为 $N(l)=\operatorname{rank}(\mathscr{B}^{l-1})$. 由于 $\mathscr{B}$ 的幂零指数为 l，因此 $\mathscr{B}^{l-1}\neq 0$. 从而 $\operatorname{rank}(\mathscr{B}^{l-1})>0$.

6. 证明：如果 $\mathscr{B}$ 是域 $\mathbb{F}$ 上 n 维线性空间 V 上的幂零变换，那么它的幂零指数为 l，满足：

$$l\leqslant 1+\operatorname{rank}(\mathscr{B})$$

从而秩为 1 的幂零变换的幂零指数等于 2.

证明： 幂零变换 $\mathscr{B}$ 的 Jordan 标准形 B 中 t 级 Jordan 块的个数记作 $N(t)$，其中 $1\leqslant t\leqslant l$，则根据第 5 题，$N(l)>0$. 由于

$$\operatorname{rank}(\mathscr{B})=\operatorname{rank}(B)=N(2)\cdot 1+N(3)\cdot 2+\cdots+N(l)(l-1)$$

因此

$$\begin{aligned} l-1&=\frac{1}{N(l)}[\operatorname{rank}(\mathscr{B})-N(2)-2N(3)-\cdots-(l-2)N(l-1)]\\ &\leqslant\operatorname{rank}(\mathscr{B})\end{aligned}$$

从而 $l\leqslant 1+\text{rank}(\mathscr{B})$. 设 $\mathscr{B}$ 是秩为 1 的幂零变换，则它的幂零指数 $\leqslant 1+1=2$. 由于 $\mathscr{B}\neq\mathscr{O}$，因此 $l\neq 1$，故 $l=2$.

7. 设 $\mathscr{B}$ 是域 $\mathbb{F}$ 上 n 维线性空间 V 上的幂零变换($n>1$). 证明：如果 $\mathscr{B}$ 有两个线性无关的特征向量，那么 $\mathscr{B}$ 的幂零指数 $l<n$.

证明： 教材 6.2 节的例 1 结论已证得存在 $\boldsymbol{\alpha}\in V$，使得

$$\boldsymbol{\alpha},\ \mathscr{A}\boldsymbol{\alpha},\ \cdots,\ \mathscr{A}^{l-1}\boldsymbol{\alpha}$$

线性无关，从而 $l\leqslant n$. 下面假设 $l=n$，由习题 6 的结论知，$l=n\leqslant 1+\text{rank}(\mathscr{B})$，即 $\text{rank}(\mathscr{B})\geqslant n-1$，于是 $\mathscr{B}$ 的属于特征值 0 的特征子空间的维数等于 $n-\text{rank}(\mathscr{B})\leqslant n-(n-1)$. 从而 $n-\text{rank}(\mathscr{B})=1$. 又由于 $\mathscr{B}$ 的特征值只有 0，因此 $\mathscr{B}$ 没有两个线性无关的特征向量，矛盾，故 $l<n$.

8. 设 $\boldsymbol{B}$ 是域 $\mathbb{F}$ 上的 n 级幂零矩阵($n>1$)，证明：如果 $\boldsymbol{B}$ 的幂零指数 $l=n$，那么不存在域 $\mathbb{F}$ 上的 n 级矩阵 $\boldsymbol{H}$，使得 $\boldsymbol{H}^2=\boldsymbol{B}$.

证明： 根据习题 6 的结论知 $n\leqslant 1+\text{rank}(\boldsymbol{B})$，从而 $\text{rank}(\boldsymbol{B})\geqslant n-1$. 又由于 $\boldsymbol{B}$ 不可逆，所以 $\text{rank}(\boldsymbol{B})=n-1$. 假设域 $\mathbb{F}$ 上存在一个 n 级矩阵 $\boldsymbol{H}$ 满足 $\boldsymbol{H}^2=\boldsymbol{B}$，则 $(\boldsymbol{H}^2)^n=\boldsymbol{B}^n=\boldsymbol{0}$，故 $\boldsymbol{H}$ 也是幂零矩阵. 设 $\boldsymbol{H}$ 的 Jordan 标准形中的 Jordan 块的总数为 N，则 $\text{rank}(\boldsymbol{H})=n-N$，由于主对角元为 0 的每个 Jordan 块平方后会增加一个零行，因此 $\text{rank}(\boldsymbol{H}^2)<n-N\leqslant n-1=\text{rank}(\boldsymbol{B})$，矛盾. 因此不存在域 $\mathbb{F}$ 上的 n 级矩阵 $\boldsymbol{H}$，使得 $\boldsymbol{H}^2=\boldsymbol{B}$.

9. 证明：对于 $\mathbb{K}[x]_n$ 上的求导数 $\mathscr{D}$，不存在 $\mathbb{K}[x]_n$ 上的线性变换 $\mathscr{H}$，使得 $\mathscr{H}^2=\mathscr{D}$.

证明： 对于 $\mathbb{K}[x]_n$ 上的求导数 $\mathscr{D}$，由于 $\mathscr{D}^n=\mathscr{O}$，$\mathscr{D}^{n-1}\neq\mathscr{O}$，因此 $\mathscr{D}$ 是幂零指数为 n 的幂零变换且 $\dim\mathbb{K}[x]_n=n$，由第 8 题的结论知不存在 $\mathbb{K}[x]_n$ 上的线性变换 $\mathscr{H}$，使得 $\mathscr{H}^2=\mathscr{D}$.

10. 设 $\boldsymbol{A}$，$\boldsymbol{B}$ 都是数域 $\mathbb{K}$ 上的 n 级矩阵，其中 $\boldsymbol{B}$ 是幂零矩阵，且 $\boldsymbol{AB}=\boldsymbol{BA}$，证明：$|\boldsymbol{A}+\boldsymbol{B}|=|\boldsymbol{A}|$.

证明： 把 $\boldsymbol{A}$，$\boldsymbol{B}$ 看成复数域上的矩阵，由习题 6.8 第 5 题，由于 $\boldsymbol{AB}=\boldsymbol{BA}$，因此存在 n 级可逆复矩阵 $\boldsymbol{P}$，使得 $\boldsymbol{P}^{-1}\boldsymbol{AP}$ 与 $\boldsymbol{P}^{-1}\boldsymbol{BP}$ 都为上三角矩阵. 因此 $\boldsymbol{P}^{-1}\boldsymbol{AP}$ 的主对角元是复矩阵 $\boldsymbol{A}$ 的全部特征值 λ_1，λ_2，$\cdots$，λ_n. 由于 $\boldsymbol{B}$ 是幂零矩阵，因此 $\boldsymbol{P}^{-1}\boldsymbol{BP}$ 的主对角元都是 0. 于是 $\boldsymbol{P}^{-1}\boldsymbol{AP}+\boldsymbol{P}^{-1}\boldsymbol{BP}$ 的主对角元为 λ_1，λ_2，$\cdots$，λ_n，且 $\boldsymbol{P}^{-1}\boldsymbol{AP}+\boldsymbol{P}^{-1}\boldsymbol{BP}$ 仍为上三角矩阵，因此

$$\begin{aligned}|\boldsymbol{A}+\boldsymbol{B}|&=|\boldsymbol{P}^{-1}(\boldsymbol{A}+\boldsymbol{B})\boldsymbol{P}|=|\boldsymbol{P}^{-1}\boldsymbol{AP}+\boldsymbol{P}^{-1}\boldsymbol{BP}|\\&=\lambda_1\lambda_2\cdots\lambda_n=|\boldsymbol{P}^{-1}\boldsymbol{AP}|=|\boldsymbol{A}|.\end{aligned}$$

习题 6.11 线性变换的 Jordan 标准形

1. 设数域 $\mathbb{K}$ 上 3 维线性空间 V 上的线性变换 $\mathscr{A}$ 在 V 的一个基 $\boldsymbol{\alpha}_1$，$\boldsymbol{\alpha}_2$，$\boldsymbol{\alpha}_3$ 下的矩阵 $\boldsymbol{A}$ 分别是下列各小题中的矩阵，$\mathscr{A}$ 是否有 Jordan 标准形？如果有，求出 $\mathscr{A}$ 的 Jordan 标准形：

(1) $\begin{pmatrix} 4 & -5 & 2 \\ 5 & -7 & 3 \\ 6 & -9 & 4 \end{pmatrix}$；　(2) $\begin{pmatrix} 1 & -3 & 4 \\ 4 & -7 & 8 \\ 6 & -7 & 7 \end{pmatrix}$；　(3) $\begin{pmatrix} 13 & 16 & 16 \\ -5 & -7 & -6 \\ -6 & -8 & -7 \end{pmatrix}$；

(4) $\begin{pmatrix} 3 & 0 & 8 \\ 3 & -1 & 6 \\ -2 & 0 & -5 \end{pmatrix}$；　(5) $\begin{pmatrix} 1 & -3 & 3 \\ -2 & -6 & 13 \\ -1 & -4 & 8 \end{pmatrix}$.

解：(1) $|\lambda \boldsymbol{I}-\boldsymbol{A}|=\lambda^2(\lambda-1)$，于是 $\mathscr{A}$ 的全部特征值是 0(2 重)，1. 对于特征值 0，$\operatorname{rank}(\mathscr{A}-0\mathscr{I})=\operatorname{rank}(\boldsymbol{A})=2$，因此 $\boldsymbol{A}$ 的 Jordan 标准形 $\boldsymbol{J}$ 中主对角元为 0 的 Jordan 块总数为 $3-2=1$. 于是 $\boldsymbol{J}=\begin{pmatrix} 0 & 1 & 0 \\ 0 & 0 & 0 \\ 0 & 0 & 1 \end{pmatrix}$.

(2) $|\lambda \boldsymbol{I}-\boldsymbol{A}|=(\lambda+1)^2(\lambda-3)$，于是 $\mathscr{A}$ 的全部特征值是 -1(2 重)，3. 由于 $\operatorname{rank}(\mathscr{A}-(-1)\mathscr{I})=\operatorname{rank}(\boldsymbol{A}+\boldsymbol{I})=2$，因此 $\boldsymbol{A}$ 的 Jordan 标准形 $\boldsymbol{J}$ 中主对角元为 -1 的 Jordan 块总数为 $3-2=1$. 于是 $\boldsymbol{J}=\begin{pmatrix} -1 & 1 & 0 \\ 0 & -1 & 0 \\ 0 & 0 & 3 \end{pmatrix}$.

(3) $|\lambda \boldsymbol{I}-\boldsymbol{A}|=(\lambda+3)(\lambda-1)^2$，于是 $\mathscr{A}$ 的全部特征值是 -3，1(2 重). 由于 $\operatorname{rank}(\mathscr{A}-1\mathscr{I})=\operatorname{rank}(\boldsymbol{A}-\boldsymbol{I})=2$，因此 $\boldsymbol{A}$ 的 Jordan 标准形 $\boldsymbol{J}$ 中主对角元为 1 的 Jordan 块总数为 $3-2=1$. 于是 $\boldsymbol{J}=\begin{pmatrix} -3 & 0 & 0 \\ 0 & 1 & 1 \\ 0 & 0 & 1 \end{pmatrix}$.

(4) $|\lambda \boldsymbol{I}-\boldsymbol{A}|=(\lambda+1)^3$，于是 $\mathscr{A}$ 的全部特征值是 -1(3 重). 由于 $\operatorname{rank}(\mathscr{A}-(-1)\mathscr{I})=\operatorname{rank}(\boldsymbol{A}+\boldsymbol{I})=1$，因此 $\boldsymbol{A}$ 的 Jordan 标准形 $\boldsymbol{J}$ 中主对角元为 -1 的 Jordan 块总数为 $3-1=2$. 由于 $\boldsymbol{A}$ 为 3 级矩阵，故 $\boldsymbol{A}$ 的 Jordan 标准形 $\boldsymbol{J}=\begin{pmatrix} -1 & 0 & 0 \\ 0 & -1 & 1 \\ 0 & 0 & -1 \end{pmatrix}$，或者可计算主

对角元为-1的1级Jordan块的个数为

$$\begin{aligned}N(1)&=\mathrm{rank}(\mathscr{A}-(-1)\mathscr{I})^0+\mathrm{rank}(\mathscr{A}-(-1)\mathscr{I})^2-2\mathrm{rank}(\mathscr{A}+\mathscr{I})\\&=\mathrm{rank}(\boldsymbol{I})+\mathrm{rank}(\boldsymbol{A}+\boldsymbol{I})^2-2\mathrm{rank}(\boldsymbol{A}+\boldsymbol{I})\\&=3+0-2=1\end{aligned}$$

$$\begin{aligned}N(2)&=\mathrm{rank}(\mathscr{A}-(-1)\mathscr{I})^1+\mathrm{rank}(\mathscr{A}-(-1)\mathscr{I})^3-2\mathrm{rank}(\mathscr{A}+\mathscr{I})^2\\&=\mathrm{rank}(\boldsymbol{A}+\boldsymbol{I})+\mathrm{rank}(\boldsymbol{A}+\boldsymbol{I})^3-2\mathrm{rank}(\boldsymbol{A}+\boldsymbol{I})^2\\&=1+0-0=1\end{aligned}$$

(5) $|\lambda\boldsymbol{I}-\boldsymbol{A}|=(\lambda-1)^3$，于是$\mathscr{A}$的全部特征值是1(3重)．由于$\mathrm{rank}(\mathscr{A}-1\mathscr{I})=\mathrm{rank}(\boldsymbol{A}-\boldsymbol{I})=2$，因此$\boldsymbol{A}$的Jordan标准形$\boldsymbol{J}$中主对角元为1的Jordan块总数为$3-2=1$．于是$\boldsymbol{J}=\begin{pmatrix}1&1&0\\0&1&1\\0&0&1\end{pmatrix}$．

2. 分别求第1题的第(1)(4)(5)小题的$\mathscr{A}$的一个Jordan基.

解: (1) 设$\boldsymbol{P}^{-1}\boldsymbol{A}\boldsymbol{P}=\boldsymbol{J}$，则$\boldsymbol{P}$为矩阵方程$\boldsymbol{AX}=\boldsymbol{XJ}$的解，即$\boldsymbol{A}(\boldsymbol{X}_1,\boldsymbol{X}_2,\boldsymbol{X}_3)=(\boldsymbol{X}_1,\boldsymbol{X}_2,\boldsymbol{X}_3)\boldsymbol{J}$，所以

$$\boldsymbol{AX}_1=\boldsymbol{0},\ \boldsymbol{AX}_2=\boldsymbol{X}_1,\ \boldsymbol{AX}_3=\boldsymbol{X}_3$$

解得

$$\boldsymbol{X}_1=(1,2,3)',\quad \boldsymbol{X}_2=(0,1,3)',\quad \boldsymbol{X}_3=(1,1,1)'$$

则

$$\boldsymbol{P}=\boldsymbol{X}=\begin{pmatrix}1&0&1\\2&1&1\\3&3&1\end{pmatrix}$$

容易看出$\boldsymbol{X}$是可逆矩阵，它可作为过渡矩阵$\boldsymbol{S}$. 令

$$(\boldsymbol{\eta}_1,\boldsymbol{\eta}_2,\boldsymbol{\eta}_3)=(\boldsymbol{\alpha}_1,\boldsymbol{\alpha}_2,\boldsymbol{\alpha}_3)\boldsymbol{S}$$

则

$$\boldsymbol{\eta}_1=\boldsymbol{\alpha}_1+2\boldsymbol{\alpha}_2+3\boldsymbol{\alpha}_3,\quad \boldsymbol{\eta}_2=\boldsymbol{\alpha}_2+3\boldsymbol{\alpha}_3,\quad \boldsymbol{\eta}_1=\boldsymbol{\alpha}_1+\boldsymbol{\alpha}_2+\boldsymbol{\alpha}_3$$

就是$\mathscr{A}$的一个Jordan基.

(4) 由$\boldsymbol{P}^{-1}\boldsymbol{AP}=\boldsymbol{J}$知$\boldsymbol{AP}=\boldsymbol{PJ}$，设$\boldsymbol{P}=(\boldsymbol{X}_1,\boldsymbol{X}_2,\boldsymbol{X}_3)$，则$\boldsymbol{AX}_1=-\boldsymbol{X}_1$，$\boldsymbol{AX}_2=-\boldsymbol{X}_2$，

$AX_3=X_2-X_3$，从而知 X_1，X_2 是属于特征值-1的特征向量，解齐次方程组$(I+A)X=0$得一般解为 $y_1=-2y_3$，其中 y_2，y_3 为自由未知量. 取 $X_1=(-2, 0, 1)'$，设 $X_2=(-2y_3, y_2, y_3)'$. 由于$(A+I)X_3=X_2$，因此 X_2 的取法应使方程组$(A+I)Y=X_2$ 有解. 把增广矩阵化为阶梯形

$$\begin{pmatrix} 4 & 0 & 8 & -2y_3 \\ 3 & 0 & 6 & y_2 \\ -2 & 0 & -4 & y_3 \end{pmatrix} \to \begin{pmatrix} 1 & 0 & 2 & -\frac{1}{2}y_3 \\ 0 & 0 & 0 & \frac{1}{3}y_2+\frac{1}{2}y_3 \\ 0 & 0 & 0 & 0 \end{pmatrix}$$

为了使$(A+I)Y=X_2$ 有解，必须$\frac{1}{3}y_2+\frac{1}{2}y_3=0$. 于是取 $X_2=(-4, -3, 2)'$，这时得 $X_3=(-1, 0, 0)'$，则

$$P=\begin{pmatrix} -2 & -4 & -1 \\ 0 & -3 & 0 \\ 1 & 2 & 0 \end{pmatrix}$$

容易看出 P 是可逆矩阵，它就可以作为过渡矩阵 S，令

$$(\boldsymbol{\delta}_1, \boldsymbol{\delta}_2, \boldsymbol{\delta}_3)=(\boldsymbol{\alpha}_1, \boldsymbol{\alpha}_2, \boldsymbol{\alpha}_3)S$$

则得到 $\mathscr{A}$ 的一个 Jordan 基为 $\boldsymbol{\delta}_1=-2\boldsymbol{\alpha}_1+\boldsymbol{\alpha}_3$，$\boldsymbol{\delta}_2=-4\boldsymbol{\alpha}_1-3\boldsymbol{\alpha}_2+2\boldsymbol{\alpha}_3$，$\boldsymbol{\delta}_3=-\boldsymbol{\alpha}_1$.

(5) 设 $P=(X_1, X_2, X_3)$，由 $AP=PJ$ 得

$$AX_1=X_1,\ AX_2=X_1+X_2,\ AX_3=X_2+X_3$$

解$(I-A)X=0$ 得 $X_1=(3, 1, 1)'$；解$(A-I)X=X_1$ 得 $X_2=(3, -1, 0)'$；解$(A-I)X=X_2$ 得 $X_3=(4, -1, 0)'$，从而

$$P=\begin{pmatrix} 3 & 3 & 4 \\ 1 & -1 & -1 \\ 1 & 0 & 0 \end{pmatrix}$$

容易验证 P 为可逆矩阵，令

$$(\boldsymbol{\delta}_1, \boldsymbol{\delta}_2, \boldsymbol{\delta}_3)=(\boldsymbol{\alpha}_1, \boldsymbol{\alpha}_2, \boldsymbol{\alpha}_3)P$$

则得到 $\mathscr{A}$ 的一个 Jordan 基为 $\boldsymbol{\delta}_1=3\boldsymbol{\alpha}_1+\boldsymbol{\alpha}_2+\boldsymbol{\alpha}_3$，$\boldsymbol{\delta}_2=3\boldsymbol{\alpha}_1-\boldsymbol{\alpha}_2$，$\boldsymbol{\delta}_3=4\boldsymbol{\alpha}_1-\boldsymbol{\alpha}_2$.

注：使得 $P^{-1}AP=J$ 成立的可逆矩阵 P 不唯一，用 Mathematica 求 Jordan 标准形的

命令为：

A={{1, -3, 3}, {-2, -6, 13}, {-1, -4, 8}}//Matrixform

{P, J}=JordanDecomposition[A]

P//Matrixform

J//Matrixform

3. 设数域$\mathbb{K}$上 4 维线性空间 V 上的线性变换 $\mathscr{A}$ 在 V 的一个基 $\boldsymbol{\alpha}_1$，$\boldsymbol{\alpha}_2$，$\boldsymbol{\alpha}_3$，$\boldsymbol{\alpha}_4$ 下的矩阵 $\boldsymbol{A}$ 分别为下列各小题中的矩阵，$\mathscr{A}$ 是否存在 Jordan 标准形？如果有，求出 $\mathscr{A}$ 的 Jordan 标准形.

(1) $\begin{pmatrix} 3 & -1 & 0 & 0 \\ 1 & 1 & 0 & 0 \\ 3 & 0 & 5 & -3 \\ 4 & -1 & 3 & -1 \end{pmatrix}$；　(2) $\begin{pmatrix} 3 & -4 & 0 & 2 \\ 4 & -5 & -2 & 4 \\ 0 & 0 & 3 & -2 \\ 0 & 0 & 2 & -1 \end{pmatrix}$.

解：(1) 先求 $\boldsymbol{A}$ 的特征多项式 $|\lambda\boldsymbol{I}-\boldsymbol{A}|=(\lambda-2)^4$，故 A 的特征值是 2(4 重). 由于 $\operatorname{rank}(\mathscr{A}-2\mathscr{I})=\operatorname{rank}(\boldsymbol{A}-2\boldsymbol{I})=2$，所以对角线为 2 的 Jordan 块的个数为 $4-2=2$. 主对角元为 2 的 1 级 Jordan 块的个数

$$\begin{aligned} N(1)&=\operatorname{rank}(\mathscr{A}-2\mathscr{I})^0+\operatorname{rank}(\mathscr{A}-2\mathscr{I})^2-2\operatorname{rank}(\mathscr{A}-2\mathscr{I}) \\ &=\operatorname{rank}(\boldsymbol{A}-2\boldsymbol{I})^0+\operatorname{rank}(\boldsymbol{A}-2\boldsymbol{I})^2-2\operatorname{rank}(\boldsymbol{A}-2\boldsymbol{I}) \\ &=\operatorname{rank}(\boldsymbol{I})+\operatorname{rank}(\boldsymbol{A}-2\boldsymbol{I})^2-2\operatorname{rank}(\boldsymbol{A}-2\boldsymbol{I}) \\ &=4+0-4=0 \end{aligned}$$

主对角元为 2 的 2 级 Jordan 块的个数

$$\begin{aligned} N(2)&=\operatorname{rank}(\mathscr{A}-2\mathscr{I})^1+\operatorname{rank}(\mathscr{A}-2\mathscr{I})^3-2\operatorname{rank}(\mathscr{A}-2\mathscr{I})^2 \\ &=\operatorname{rank}(\boldsymbol{A}-2\boldsymbol{I})+\operatorname{rank}(\boldsymbol{A}-2\boldsymbol{I})^3-2\operatorname{rank}(\boldsymbol{A}-2\boldsymbol{I})^2 \\ &=2+0-0=2 \end{aligned}$$

于是 $\mathscr{A}$ 的 Jordan 标准形为

$$\boldsymbol{J}=\begin{pmatrix} 2 & 1 & 0 & 0 \\ 0 & 2 & 0 & 0 \\ 0 & 0 & 2 & 1 \\ 0 & 0 & 0 & 2 \end{pmatrix}.$$

(2) $|\lambda\boldsymbol{I}-\boldsymbol{A}|=(\lambda+1)^2(\lambda-1)^2$，故 $\boldsymbol{A}$ 的特征值是 $\lambda_1=-1$(2 重)，$\lambda_2=1$(2 重). 由于 $\operatorname{rank}(\mathscr{A}-(-1)\mathscr{I})=\operatorname{rank}(\boldsymbol{A}+\boldsymbol{I})=3$，所以主对角元为 -1 的 Jordan 块的个数为 4−

$3=1$. 再计算 $\operatorname{rank}(\mathscr{A}-1\mathscr{I})=\operatorname{rank}(\boldsymbol{A}-\boldsymbol{I})=3$，所以主对角元为 1 的 Jordan 块的个数为 $4-3=1$. 于是 $\mathscr{A}$ 的 Jordan 标准形为

$$\boldsymbol{J}=\begin{pmatrix}-1 & 1 & 0 & 0\\ 0 & -1 & 0 & 0\\ 0 & 0 & 1 & 1\\ 0 & 0 & 0 & 1\end{pmatrix}.$$

4. 求第 3 题的第(1)小题的 $\mathscr{A}$ 的一个 Jordan 基.

解： 设 $\boldsymbol{P}=(\boldsymbol{X}_1, \boldsymbol{X}_2, \boldsymbol{X}_3, \boldsymbol{X}_4)$ 满足 $\boldsymbol{P}^{-1}\boldsymbol{AP}=\boldsymbol{J}$，即 $\boldsymbol{AP}=\boldsymbol{PJ}$，故 $\boldsymbol{AX}_1=2\boldsymbol{X}_1$，$\boldsymbol{AX}_2=\boldsymbol{X}_1+2\boldsymbol{X}_2$，$\boldsymbol{AX}_3=2\boldsymbol{X}_3$，$\boldsymbol{AX}_4=\boldsymbol{X}_3+2\boldsymbol{X}_4$. 于是 $\boldsymbol{X}_1$，$\boldsymbol{X}_3$ 是 $\boldsymbol{A}$ 的属于特征值 2 的特征向量，解 $(2\boldsymbol{I}-\boldsymbol{A})\boldsymbol{X}=\boldsymbol{0}$ 得 $\boldsymbol{X}_1=(-1, -1, 1, 0)'$，$\boldsymbol{X}_3=(1, 1, 0, 1)'$. $\boldsymbol{X}_3$ 的一般形式为 $\boldsymbol{X}_3=(-x_3+x_4, -x_3+x_4, x_3, x_4)'$，其中 x_3，x_4 为自由未知量，再由方程 $\boldsymbol{AX}_2=\boldsymbol{X}_1+2\boldsymbol{X}_2$，解 $(\boldsymbol{A}-2\boldsymbol{I})\boldsymbol{Y}=\boldsymbol{X}_1$ 得 $\boldsymbol{X}_2=\left(\frac{1}{3}, \frac{4}{3}, 0, 0\right)'$. 为了得到 $\boldsymbol{X}_4$，求解方程组 $(\boldsymbol{A}-2\boldsymbol{I})\boldsymbol{Y}=\boldsymbol{X}_3$，将增广矩阵化为梯形

$$\begin{pmatrix}1 & -1 & 0 & 0 & -x_3+x_4\\ 1 & -1 & 0 & 0 & -x_3+x_4\\ 3 & 0 & 3 & -3 & x_3\\ 4 & -1 & 3 & -3 & x_4\end{pmatrix}\to\begin{pmatrix}1 & -1 & 0 & 0 & -x_3+x_4\\ 0 & 1 & 1 & -1 & -x_4+\frac{4}{3}x_3\\ 0 & 0 & 0 & 0 & -5x_3\\ 0 & 0 & 0 & 0 & 0\end{pmatrix}$$

所以 $-5x_3=0$，于是可取 $\boldsymbol{X}_3=(1, 1, 0, 1)'$，这时解出的 $\boldsymbol{X}_4=(0, -1, 0, 0)'$，因此

$$\boldsymbol{P}=\begin{pmatrix}-1 & \frac{1}{3} & 1 & 0\\ -1 & \frac{4}{3} & 1 & -1\\ 1 & 0 & 0 & 0\\ 0 & 0 & 1 & 0\end{pmatrix}$$

易证 $\boldsymbol{P}$ 为可逆矩阵且满足 $\boldsymbol{P}^{-1}\boldsymbol{AP}=\boldsymbol{J}$，设

$$(\boldsymbol{\delta}_1, \boldsymbol{\delta}_2, \boldsymbol{\delta}_3, \boldsymbol{\delta}_4)=(\boldsymbol{\alpha}_1, \boldsymbol{\alpha}_2, \boldsymbol{\alpha}_3, \boldsymbol{\alpha}_4)\boldsymbol{P}$$

即 $\boldsymbol{\delta}_1=-\boldsymbol{\alpha}_1-\boldsymbol{\alpha}_2+\boldsymbol{\alpha}_3$，$\boldsymbol{\delta}_2=\frac{1}{3}\boldsymbol{\alpha}_1+\frac{4}{3}\boldsymbol{\alpha}_2$，$\boldsymbol{\delta}_3=\boldsymbol{\alpha}_1+\boldsymbol{\alpha}_2+\boldsymbol{\alpha}_4$，$\boldsymbol{\delta}_4=-\boldsymbol{\alpha}_2$ 为 $\mathscr{A}$ 的 Jordan 基.

5. 求数域 $\mathbb{K}$ 上 n 级矩阵 $\boldsymbol{A}$ 的 Jordan 标准形：

$$A=\begin{pmatrix}1&1&1&\cdots&1&1\\0&1&1&\cdots&1&1\\0&0&1&\cdots&1&1\\\vdots&\vdots&\vdots&&\vdots&\vdots\\0&0&0&\cdots&1&1\\0&0&0&\cdots&0&1\end{pmatrix}$$

解: $|\lambda I-A|=(\lambda-1)^n=0$，于是 $\lambda=1$（n 重）为 A 的特征值. 由于 $\operatorname{rank}(A-I)=n-1$，因此对角线为 1 的 Jordan 块的个数为 $n-(n-1)=1$，故 A 的 Jordan 标准形为

$$J=\begin{pmatrix}1&1&0&\cdots&0&0\\0&1&1&\cdots&0&0\\\vdots&\vdots&\vdots&&\vdots&\vdots\\0&0&0&\cdots&1&1\\0&0&0&\cdots&0&1\end{pmatrix}=J_n(1)$$

6. 设 A 是域 $\mathbb{F}$ 上的下述 n 级上三角矩阵，其主对角元都是 a_1，且 $a_2\neq0$，求 A 的 Jordan 标准形：

$$A=\begin{pmatrix}a_1&a_2&a_3&\cdots&a_{n-1}&a_n\\0&a_1&a_2&\cdots&a_{n-2}&a_{n-1}\\\vdots&\vdots&\vdots&&\vdots&\vdots\\0&0&0&\cdots&a_1&a_2\\0&0&0&\cdots&0&a_1\end{pmatrix}$$

解: A 的特征值为 a_1（n 重）. 由于 $\operatorname{rank}(A-a_1I)=n-1$，因此主对角元为 a_1 的 Jordan块的个数为 $n-(n-1)=1$，故 A 的 Jordan 标准形为 $J_n(a_1)$.

7. 设 $\mathscr{A}$ 是域 $\mathbb{F}$ 上 n 维线性空间 V 上的线性变换，其中 $n>1$. 如果 $\operatorname{rank}(\mathscr{A})=1$，试问：$\mathscr{A}$ 是否有 Jordan 标准形？如果有，求出 $\mathscr{A}$ 的 Jordan 标准形.

解: 由于 $\operatorname{rank}(\mathscr{A})=1<n$，因此 $\det(\mathscr{A})=0$，从而 0 是 $\mathscr{A}$ 的一个特征值，记作 λ_1，$\dim V_{\lambda_1}=\dim\ker\mathscr{A}=n-\operatorname{rank}(\mathscr{A})=n-1$. 于是 $\lambda_1=0$ 的代数重数为 n 或 $n-1$.

情形 1： $\mathscr{A}$ 的特征值 $\lambda_1=0$ 的代数重数为 n，则 $\mathscr{A}$ 的特征多项式 $f(\lambda)=\lambda^n$，从而 $\mathscr{A}$ 有 Jordan 标准形. 主对角元为 0 的 Jordan 块总数等于 $n-\operatorname{rank}(\mathscr{A}-0\mathscr{I})=n-1$. 因此 $\mathscr{A}$ 的 Jordan 标准形为 $\operatorname{diag}\left\{\underbrace{(0),(0),\cdots,(0)}_{(n-2)\text{个}},\begin{pmatrix}0&1\\0&0\end{pmatrix}\right\}$.

情形 2： $\lambda_1=0$ 的代数重数为 $n-1$，此时 $f(\lambda)$ 在包含 $\mathbb{F}$ 的代数封闭域 $\mathbb{E}$ 中还有一个根 λ_2. 由于 $(n-1)\cdot0+\lambda_2=\operatorname{tr}(\mathscr{A})\in\mathbb{F}$，因此 $f(\lambda)=\lambda^{n-1}(\lambda-\lambda_2)$，因此 $\mathscr{A}$ 有 Jordan 标准形. 此时 $\dim V_{\lambda_1}+\dim V_{\lambda_2}=n-1+1=n$，因此 $\mathscr{A}$ 可对角化. 从而 $\mathscr{A}$ 的 Jordan 标准形为

diag$\{0, 0, \cdots, 0, \lambda_2\}$.

8. 设 $\mathscr{A}$ 是域 $\mathbb{F}$ 上 n 维线性空间 V 上的线性变换，其中 $n>1$. 如果 $\mathrm{tr}(\mathscr{A})=\mathrm{rank}(\mathscr{A})=1$，求 $\mathscr{A}$ 的 Jordan 标准形.

解：由第 7 题(2)的结论知，$\mathscr{A}$ 的 Jordan 标准形为 $\mathrm{diag}\{\underbrace{0, 0, \cdots, 0}_{(n-1)个}, 1\}$.

9. 设 $\boldsymbol{A}$ 是域 $\mathbb{F}$ 上的 n 级矩阵，且 $\boldsymbol{A}$ 有 Jordan 标准形，证明：$\boldsymbol{A}$ 可对角化当且仅当对于 $\boldsymbol{A}$ 的任一特征值 λ_j，有

$$\mathrm{rank}(\boldsymbol{A}-\lambda_j\boldsymbol{I})^2=\mathrm{rank}(\boldsymbol{A}-\lambda_j\boldsymbol{I}).$$

证明： 由定理 1 知，主对角元为 λ_j 的 Jordan 块的总数是 $n-\mathrm{rank}(\boldsymbol{A}-\lambda_j\boldsymbol{I})$，主对角元为 λ_j 的 1 级 Jordan 块的个数为

$$\begin{aligned}N_j(1)&=\mathrm{rank}(\boldsymbol{A}-\lambda_j\boldsymbol{I})^0+\mathrm{rank}(\boldsymbol{A}-\lambda_j\boldsymbol{I})^2-2\mathrm{rank}(\boldsymbol{A}-\lambda_j\boldsymbol{I})\\&=n-\mathrm{rank}(\boldsymbol{A}-\lambda_j\boldsymbol{I})\end{aligned}$$

而 1 级 Jordan 块组成的矩阵为对角阵，故 $\boldsymbol{A}$ 可对角化.

10. 证明：对于任给 $a\in\mathbb{F}$，有 $\boldsymbol{J}_n(a)\sim\boldsymbol{J}_n(a)'$.

证明： 由于 $\boldsymbol{J}_n(a)'$ 的特征值是 a (n 重)，再计算 $\mathrm{rank}(\boldsymbol{J}_n(a)'-a\boldsymbol{I})=n-1$，故 $\boldsymbol{J}_n(a)'$ 的 Jordan 标准形中主对角元为 a 的 Jordan 块的总数是 $n-(n-1)=1$，即 $\boldsymbol{J}_n(a)'$ 的 Jordan 标准形是 $\boldsymbol{J}_n(a)$，从而 $\boldsymbol{J}_n(a)\sim\boldsymbol{J}_n(a)'$.

11. 证明：任一 n 级复矩阵 $\boldsymbol{A}$ 与 $\boldsymbol{A}'$ 相似.

证明： 设 $\boldsymbol{A}$ 的 Jordan 标准形 $\boldsymbol{J}=\mathrm{diag}\{\boldsymbol{J}_{k_1}(\lambda_1), \cdots, \boldsymbol{J}_{k_m}(\lambda_m)\}$. 由于 $\boldsymbol{J}_{k_i}(\lambda_i)\sim\boldsymbol{J}_{k_i}(\lambda_i)'$，因此有可逆矩阵 $\boldsymbol{P}_i$，使得 $\boldsymbol{P}_i^{-1}J_{k_i}(\lambda_i)\boldsymbol{P}_i=J_{k_i}(\lambda_i)'$，$i=1, 2, \cdots, m$. 令 $\boldsymbol{P}=\mathrm{diag}\{\boldsymbol{P}_1, \boldsymbol{P}_2, \cdots, \boldsymbol{P}_m\}$，则 $\boldsymbol{P}^{-1}\boldsymbol{J}\boldsymbol{P}=\boldsymbol{J}'$，从而有 $\boldsymbol{J}\sim\boldsymbol{J}'$. 由于 $\boldsymbol{A}\sim\boldsymbol{J}$，因此 $\boldsymbol{A}'=\boldsymbol{J}'$，从而 $\boldsymbol{A}\sim\boldsymbol{A}'$.

12. 证明：对于域 $\mathbb{F}$ 上的 t 级 Jordan 块 $\boldsymbol{J}_t(a)$，有 $\boldsymbol{J}_t(a)=\boldsymbol{G}\boldsymbol{H}$，其中 $\boldsymbol{G}$ 是可逆的对称矩阵，$\boldsymbol{H}$ 是对称矩阵.

证明： 因为

$$\begin{pmatrix} & & & 1\\ & & 1 & \\ & \iddots & & \\ 1 & & & \end{pmatrix}^{-1}\begin{pmatrix} a & 1 & & \\ & a & 1 & \\ & & \ddots & \ddots \\ & & & \ddots & 1\\ & & & & a\end{pmatrix}\begin{pmatrix} & & & 1\\ & & 1 & \\ & \iddots & & \\ 1 & & & \end{pmatrix}$$

$$=\begin{pmatrix} & & & 1 \\ & & 1 & \\ & \iddots & & \\ 1 & & & \end{pmatrix}\begin{pmatrix} & & & 1 & a \\ & & 1 & a & \\ & \iddots & \iddots & & \\ 1 & \iddots & & & \\ a & & & & \end{pmatrix}=\begin{pmatrix} a & & & & \\ 1 & a & & & \\ & 1 & \ddots & & \\ & & \ddots & \ddots & \\ & & & 1 & a \end{pmatrix}$$

所以

$$\boldsymbol{J}_t(a)=\begin{pmatrix} & & & 1 \\ & & 1 & \\ & \iddots & & \\ 1 & & & \end{pmatrix}\boldsymbol{J}_t(a)'\begin{pmatrix} & & & 1 \\ & & 1 & \\ & \iddots & & \\ 1 & & & \end{pmatrix}$$

令 $\boldsymbol{H}=\boldsymbol{J}_t(a)'\begin{pmatrix} & & & 1 \\ & & 1 & \\ & \iddots & & \\ 1 & & & \end{pmatrix}=\begin{pmatrix} & & & & a \\ & & & a & 1 \\ & & \iddots & 1 & \\ & \iddots & \iddots & & \\ a & 1 & & & \end{pmatrix}$ 是对称矩阵，$\boldsymbol{G}=\begin{pmatrix} & & & 1 \\ & & 1 & \\ & \iddots & & \\ 1 & & & \end{pmatrix}$ 也是可逆的对称矩阵，且满足 $\boldsymbol{J}_t(a)=\boldsymbol{GH}$.

13. 证明：对于任一 n 级复矩阵 $\boldsymbol{A}$，存在一个可逆的 n 级复矩阵 $\boldsymbol{P}$，使得 $\boldsymbol{P}^{-1}\boldsymbol{AP}=\boldsymbol{GH}$，其中 $\boldsymbol{G}$ 是可逆的对称矩阵，$\boldsymbol{H}$ 是对称矩阵.

证明： n 级复矩阵 $\boldsymbol{A}$ 有 Jordan 标准形 $\boldsymbol{J}$，因此存在 n 级可逆复矩阵 $\boldsymbol{P}$，使得

$$\boldsymbol{P}^{-1}\boldsymbol{AP}=\boldsymbol{J}=\operatorname{diag}\{\boldsymbol{J}_{k_1}(\lambda_1), \boldsymbol{J}_{k_2}(\lambda_2), \cdots, \boldsymbol{J}_{k_m}(\lambda_m)\}$$

由第 12 题结论知，$\boldsymbol{J}_{k_i}(\lambda_i)=\boldsymbol{G}_i\boldsymbol{H}_i$，其中 $\boldsymbol{G}_i$ 是可逆的对称矩阵，$\boldsymbol{H}_i$ 是对称矩阵，$i=1, 2, \cdots, m$. 于是

$$\boldsymbol{J}=\begin{pmatrix} \boldsymbol{G}_1\boldsymbol{H}_1 & & & \\ & \boldsymbol{G}_2\boldsymbol{H}_2 & & \\ & & \ddots & \\ & & & \boldsymbol{G}_m\boldsymbol{H}_m \end{pmatrix}=\begin{pmatrix} \boldsymbol{G}_1 & & & \\ & \boldsymbol{G}_2 & & \\ & & \ddots & \\ & & & \boldsymbol{G}_m \end{pmatrix}\begin{pmatrix} \boldsymbol{H}_1 & & & \\ & \boldsymbol{H}_2 & & \\ & & \ddots & \\ & & & \boldsymbol{H}_m \end{pmatrix}$$

显然，$\operatorname{diag}\{\boldsymbol{G}_1, \boldsymbol{G}_2, \cdots, \boldsymbol{G}_m\}$是可逆的对称矩阵，$\operatorname{diag}\{\boldsymbol{H}_1, \boldsymbol{H}_2, \cdots, \boldsymbol{H}_m\}$是对称矩阵.

14. 设 V 是域 $\mathbb{F}$ 上的 n 维线性空间，域 $\mathbb{F}$ 的特征为 2，$\mathscr{A}$ 是 V 上的对合变换，且 $\mathscr{A}\neq\mathscr{I}$. 设 $\operatorname{rank}(\mathscr{A}+\mathscr{I})=r$. 试问：$\mathscr{A}$ 有没有 Jordan 标准形？如果有，求出 $\mathscr{A}$ 的 Jordan 标

准形.

解：由于 $\mathscr{A}$ 是对合变换，所以 λ^2-1 是 $\mathscr{A}$ 的零化多项式. 由于 char $\mathbb{F}=2$，因此 $\lambda^2-1=\lambda^2+1=(\lambda+1)^2$，因此 $\mathscr{A}$ 的最小多项式 $m(\lambda)=(\lambda+1)^2$ 或 $\lambda+1$. 由于 $\mathscr{A}\neq\mathscr{I}$，因此 $\mathscr{A}-\mathscr{I}\neq\mathscr{O}$，故 $m(\lambda)=(\lambda+1)^2$，从而 $\mathscr{A}$ 有 Jordan 标准形，且 $\mathscr{A}$ 的特征多项式为 $f(\lambda)=(\lambda+1)^n$，于是 $\mathscr{A}$ 的特征值是 1(n 重). 主对角元为 1 的 Jordan 块的总数为 $n-\text{rank}(\mathscr{A}-\mathscr{I})=n-\text{rank}(\mathscr{A}+\mathscr{I})=n-r$，主对角元为 1 的 1 级 Jordan 块的个数

$$\begin{aligned}N(1)&=\text{rank}(\mathscr{A}-\mathscr{I})^0+\text{rank}(\mathscr{A}-\mathscr{I})^2-2\text{rank}(\mathscr{A}-\mathscr{I})\\&=n+0-2r\end{aligned}$$

由于 $m(\lambda)=(\lambda+1)^2$，因此每个 Jordan 块的级数不超过 2. 从而主对角元为 1 的 2 级 Jordan 块的个数为 $n-r-(n-2r)=r$. 因此 $\mathscr{A}$ 的 Jordan 标准形 $\boldsymbol{J}$ 为

$$\boldsymbol{J}=\text{diag}\left\{\underbrace{1,1,\cdots,1}_{(n-2r)\text{个}},\underbrace{\begin{pmatrix}1&1\\0&1\end{pmatrix},\cdots,\begin{pmatrix}1&1\\0&1\end{pmatrix}}_{r\text{个}}\right\}$$

15. 设 $\boldsymbol{A}$ 是域 $\mathbb{F}$ 上的 n 级矩阵，域 $\mathbb{F}$ 的特征为 2. 证明：$\boldsymbol{A}$ 是对合矩阵且满足 $\text{rank}(\boldsymbol{A}+\boldsymbol{I})+\text{rank}(\boldsymbol{A}-\boldsymbol{I})=n$ 的充分必要条件是：

$$\boldsymbol{A}\sim\text{diag}\left\{\begin{pmatrix}1&1\\0&1\end{pmatrix},\begin{pmatrix}1&1\\0&1\end{pmatrix},\cdots,\begin{pmatrix}1&1\\0&1\end{pmatrix}\right\}.$$

证明：（**必要性**）由于 char $\mathbb{F}=2$，因此 $\boldsymbol{A}-\boldsymbol{I}=\boldsymbol{A}+\boldsymbol{I}$. 从已知条件 $2\text{rank}(\boldsymbol{A}+\boldsymbol{I})=n$，即 n 是偶数. 若 $\boldsymbol{A}=\boldsymbol{I}$，则 $\boldsymbol{A}+\boldsymbol{I}=2\boldsymbol{I}=0$，这时 $\text{rank}(\boldsymbol{A}+\boldsymbol{I})=0$，矛盾. 因此 $\boldsymbol{A}\neq\boldsymbol{I}$. 根据第 14 题结论 $\boldsymbol{A}$ 的 Jordan 标准形 $\boldsymbol{J}$ 中，1 级 Jordan 块的个数为 $n-2\text{rank}(\boldsymbol{A}+\boldsymbol{I})=0$. 从而

$$\boldsymbol{A}\sim\boldsymbol{J}=\text{diag}\left\{\begin{pmatrix}1&1\\0&1\end{pmatrix},\begin{pmatrix}1&1\\0&1\end{pmatrix},\cdots,\begin{pmatrix}1&1\\0&1\end{pmatrix}\right\}.$$

（**充分性**）由于 char $\mathbb{F}=2$，因此 $\begin{pmatrix}1&1\\0&1\end{pmatrix}^2=\boldsymbol{I}$. 从而

$$\left[\text{diag}\left\{\begin{pmatrix}1&1\\0&1\end{pmatrix},\begin{pmatrix}1&1\\0&1\end{pmatrix},\cdots,\begin{pmatrix}1&1\\0&1\end{pmatrix}\right\}\right]^2=\boldsymbol{I}$$

因此 $\boldsymbol{A}^2\sim\boldsymbol{I}$，所以 $\boldsymbol{A}^2=\boldsymbol{I}$，即 $\boldsymbol{A}$ 是对合矩阵. 因为

$$\boldsymbol{A}+\boldsymbol{I}\sim\text{diag}\left\{\begin{pmatrix}0&1\\0&0\end{pmatrix},\begin{pmatrix}0&1\\0&0\end{pmatrix},\cdots,\begin{pmatrix}0&1\\0&0\end{pmatrix}\right\}$$

因此 $\text{rank}(\boldsymbol{A}+\boldsymbol{I})=\dfrac{n}{2}=\text{rank}(\boldsymbol{A}-\boldsymbol{I})$，从而

$$\text{rank}(\boldsymbol{A}+\boldsymbol{I})+\text{rank}(\boldsymbol{A}-\boldsymbol{I})=n.$$

16. 设 $\mathscr{A}$ 是域 $\mathbb{F}$ 上 n 维线性空间 V 上的线性变换，证明：如果 $\mathscr{A}$ 有 Jordan 标准形 $\boldsymbol{J}=\text{diag}\{\boldsymbol{J}_{n_1}(\lambda_1),\ \boldsymbol{J}_{n_2}(\lambda_2),\ \cdots,\ \boldsymbol{J}_{n_s}(\lambda_s)\}$，其中 $\lambda_1,\ \lambda_2,\ \cdots,\ \lambda_s$ 是 $\mathbb{F}$ 中两两不等的元素，$n_1+n_2+\cdots+n_s=n$，那么

$$\dim C(\mathscr{A})=n,\ C(\mathscr{A})=\mathbb{F}[\mathscr{A}].$$

证明： 设 $\mathscr{A}$ 的 Jordan 基为 $\boldsymbol{\alpha}_1,\ \boldsymbol{\alpha}_2,\ \cdots,\ \boldsymbol{\alpha}_n$，即

$$\mathscr{A}(\boldsymbol{\alpha}_1,\ \boldsymbol{\alpha}_2,\ \cdots,\ \boldsymbol{\alpha}_n)=(\boldsymbol{\alpha}_1,\ \boldsymbol{\alpha}_2,\ \cdots,\ \boldsymbol{\alpha}_n)\boldsymbol{J}$$

设 $\mathscr{B}\in C(\mathscr{A})$，且 $\mathscr{B}$ 在基 $\boldsymbol{\alpha}_1,\ \boldsymbol{\alpha}_2,\ \cdots,\ \boldsymbol{\alpha}_n$ 下的矩阵为 $\boldsymbol{B}$，即

$$\mathscr{B}(\boldsymbol{\alpha}_1,\ \boldsymbol{\alpha}_2,\ \cdots,\ \boldsymbol{\alpha}_n)=(\boldsymbol{\alpha}_1,\ \boldsymbol{\alpha}_2,\ \cdots,\ \boldsymbol{\alpha}_n)\boldsymbol{B}$$

由于

$$\begin{aligned}\mathscr{A}\mathscr{B}(\boldsymbol{\alpha}_1,\ \boldsymbol{\alpha}_2,\ \cdots,\ \boldsymbol{\alpha}_n)&=\mathscr{A}(\boldsymbol{\alpha}_1,\ \boldsymbol{\alpha}_2,\ \cdots,\ \boldsymbol{\alpha}_n)\boldsymbol{B}\\&=(\boldsymbol{\alpha}_1,\ \boldsymbol{\alpha}_2,\ \cdots,\ \boldsymbol{\alpha}_n)\boldsymbol{J}\boldsymbol{B}\end{aligned}$$

$$\begin{aligned}\mathscr{B}\mathscr{A}(\boldsymbol{\alpha}_1,\ \boldsymbol{\alpha}_2,\ \cdots,\ \boldsymbol{\alpha}_n)&=\mathscr{B}(\boldsymbol{\alpha}_1,\ \boldsymbol{\alpha}_2,\ \cdots,\ \boldsymbol{\alpha}_n)\boldsymbol{J}\\&=(\boldsymbol{\alpha}_1,\ \boldsymbol{\alpha}_2,\ \cdots,\ \boldsymbol{\alpha}_n)\boldsymbol{B}\boldsymbol{J}\end{aligned}$$

因为 $\mathscr{A}\mathscr{B}=\mathscr{B}\mathscr{A}$，故 $\boldsymbol{J}\boldsymbol{B}=\boldsymbol{B}\boldsymbol{J}$，即 $\boldsymbol{B}\in C(\boldsymbol{J})$．把 $\boldsymbol{B}$ 写成分块矩阵

$$\begin{aligned}&\begin{pmatrix}\boldsymbol{B}_{11}&\boldsymbol{B}_{12}&\cdots&\boldsymbol{B}_{1s}\\\boldsymbol{B}_{21}&\boldsymbol{B}_{22}&\cdots&\boldsymbol{B}_{2s}\\\vdots&\vdots&&\vdots\\\boldsymbol{B}_{s1}&\boldsymbol{B}_{s2}&\cdots&\boldsymbol{B}_{ss}\end{pmatrix}\begin{pmatrix}\boldsymbol{J}_{n_1}(\lambda_1)&&&\\&\boldsymbol{J}_{n_2}(\lambda_2)&&\\&&\ddots&\\&&&\boldsymbol{J}_{n_s}(\lambda_s)\end{pmatrix}\\=&\begin{pmatrix}\boldsymbol{J}_{n_1}(\lambda_1)&&&\\&\boldsymbol{J}_{n_2}(\lambda_2)&&\\&&\ddots&\\&&&\boldsymbol{J}_{n_s}(\lambda_s)\end{pmatrix}\begin{pmatrix}\boldsymbol{B}_{11}&\boldsymbol{B}_{12}&\cdots&\boldsymbol{B}_{1s}\\\boldsymbol{B}_{21}&\boldsymbol{B}_{22}&\cdots&\boldsymbol{B}_{2s}\\\vdots&\vdots&&\vdots\\\boldsymbol{B}_{s1}&\boldsymbol{B}_{s2}&\cdots&\boldsymbol{B}_{ss}\end{pmatrix}\end{aligned}$$

由此得出

$$\boldsymbol{B}_{ii}\boldsymbol{J}_{n_i}(\lambda_i)=\boldsymbol{J}_{n_i}(\lambda_i)\boldsymbol{B}_{ii},\ i=1,\ 2,\ \cdots,\ s$$

$$\boldsymbol{B}_{ij}\boldsymbol{J}_{n_j}(\lambda_j)=\boldsymbol{J}_{n_i}(\lambda_i)\boldsymbol{B}_{ij},\ j\neq i$$

于是 $\boldsymbol{B}_{ii}\in C(\boldsymbol{J}_{n_i}(\lambda_i))$. 由习题 6.9 的第 16 题知 $C(\boldsymbol{J}_{n_i}(\lambda_i))=\mathbb{F}[\boldsymbol{J}_{n_i}(\lambda_i)]$，因此 $\boldsymbol{B}_{ii}\in\mathbb{F}[\boldsymbol{J}_{n_i}(\lambda_i)]$. $\boldsymbol{J}_{n_i}(\lambda_i)$ 的最小多项式为 $m_i(\lambda)=(\lambda-\lambda_i)^{n_i}$，由教材 6.9 节例 1 的结论知 $\dim\mathbb{F}[\boldsymbol{J}_{n_i}(\lambda_i)]=n_i$，$i=1, 2, \cdots, s$. 当 $i\neq j$ 时，$\lambda_i\neq\lambda_j$，故 $((\lambda-\lambda_i)^{n_i}, (\lambda-\lambda_j)^{n_j})=1$，由 6.9 节第 21 题的结论知矩阵方程 $\boldsymbol{J}_{n_i}(\lambda_i)\boldsymbol{X}=\boldsymbol{X}\boldsymbol{J}_{n_j}(\lambda_j)$ 只有零解. 因此，$\boldsymbol{B}_{ij}=\boldsymbol{0}$，$i\neq j$，于是

$$\boldsymbol{B}=\mathrm{diag}\{\boldsymbol{B}_{11}, \boldsymbol{B}_{22}, \cdots, \boldsymbol{B}_{ss}\}$$

其中 $\boldsymbol{B}_{ii}\in\mathbb{F}[\boldsymbol{J}_{n_i}(\lambda_i)]$，$i=1, 2, \cdots, s$. 令

$$\sigma: C(J)\to\mathbb{F}[\boldsymbol{J}_{n_1}(\lambda_1)]\dotplus\cdots\dotplus\mathbb{F}[\boldsymbol{J}_{n_s}(\lambda_s)]$$

$$\boldsymbol{B}=\mathrm{diag}\{\boldsymbol{B}_{11}, \boldsymbol{B}_{22}, \cdots, \boldsymbol{B}_{ss}\}\mapsto(\boldsymbol{B}_{11}, \boldsymbol{B}_{22}, \cdots, \boldsymbol{B}_{ss})$$

显然 σ 是双射. 易验证 σ 保持加法和纯量乘法运算，因此 σ 是一个同构映射. 从而

$$C(\boldsymbol{J})\cong\mathbb{F}[\boldsymbol{J}_{n_1}(\lambda_1)]\dotplus\cdots\dotplus\mathbb{F}[\boldsymbol{J}_{n_s}(\lambda_s)]$$

从而

$$\begin{aligned}\dim C(\boldsymbol{J})&=\dim\mathbb{F}[\boldsymbol{J}_{n_1}(\lambda_1)]+\cdots+\dim\mathbb{F}[\boldsymbol{J}_{n_s}(\lambda_s)]\\&=n_1+n_2+\cdots+n_s=n\end{aligned}$$

因此 $\dim C(\mathscr{A})=n$. $\mathscr{A}$ 的最小多项式 $m(\lambda)$ 为

$$\begin{aligned}m(\lambda)&=[(\lambda-\lambda_1)^{n_1}, (\lambda-\lambda_2)^{n_2}, \cdots, (\lambda-\lambda_s)^{n_s}]\\&=(\lambda-\lambda_1)^{n_1}(\lambda-\lambda_2)^{n_2}\cdots(\lambda-\lambda_s)^{n_s}\end{aligned}$$

因此 $\deg m(\lambda)=n_1+n_2+\cdots+n_s=n$，从而 $\dim\mathbb{F}[\mathscr{A}]=n$. 而 $\mathbb{F}[\mathscr{A}]\subseteq C(\mathscr{A})$，故 $C(\mathscr{A})=\mathbb{F}[\mathscr{A}]$.

17. 设 $\mathscr{A}$ 是域 $\mathbb{F}$ 上 3 维线性空间 V 上的线性变换，证明：如果 $\mathscr{A}$ 有 Jordan 标准形 $\boldsymbol{J}=\mathrm{diag}\{\boldsymbol{J}_1(a), \boldsymbol{J}_2(a)\}$，其中 $a\in\mathbb{F}$，那么 $\dim C(\mathscr{A})=5$.

证明： 设 V 上线性变换 $\mathscr{B}\in C(\mathscr{A})$，且 $\mathscr{B}$ 在 $\mathscr{A}$ 的 Jordan 标准形 $\boldsymbol{J}$ 对应的 Jordan 基下的矩阵为 $\boldsymbol{B}$，则 $\boldsymbol{B}\in C(\boldsymbol{J})$. 因为 $\boldsymbol{J}=\mathrm{diag}\{\boldsymbol{J}_1(a), \boldsymbol{J}_2(a)\}=a\boldsymbol{I}+\mathrm{diag}\{\boldsymbol{J}_1(0), \boldsymbol{J}_2(0)\}$，经计算

$$\begin{aligned}\boldsymbol{BJ}=\boldsymbol{JB}&\Leftrightarrow\boldsymbol{B}\mathrm{diag}\{\boldsymbol{J}_1(0), \boldsymbol{J}_2(0)\}=\mathrm{diag}\{\boldsymbol{J}_1(0), \boldsymbol{J}_2(0)\}\boldsymbol{B}\\&\Leftrightarrow\boldsymbol{BE}_{23}=\boldsymbol{E}_{23}\boldsymbol{B}\\&\Leftrightarrow\boldsymbol{B}=\begin{bmatrix}b_{11}&0&b_{13}\\b_{21}&b_{22}&b_{23}\\0&0&b_{33}\end{bmatrix}\in\langle\boldsymbol{E}_{11}, \boldsymbol{E}_{13}, \boldsymbol{E}_{21}, \boldsymbol{E}_{23}, \boldsymbol{E}_{22}+\boldsymbol{E}_{33}\rangle\end{aligned}$$

所以

$$C(\boldsymbol{J})=\langle \boldsymbol{E}_{11}, \boldsymbol{E}_{13}, \boldsymbol{E}_{21}, \boldsymbol{E}_{23}, \boldsymbol{E}_{22}+\boldsymbol{E}_{33}\rangle$$

从而 $\dim C(\boldsymbol{J})=5$，因此 $\dim C(\mathscr{A})=5$. 这里由于 $\mathscr{A}$ 的最小多项式 $m(\lambda)=[\lambda-a, (\lambda-a)^2]=(\lambda-a)^2$，因此 $\dim \mathbb{F}[\mathscr{A}]=\deg m(\lambda)=2<5$.

18. 设 $\mathscr{A}$ 是数域 $\mathbb{K}$ 上 3 维线性空间 V 上的一个线性变换，$\mathscr{A}$ 在 V 的一个基下的矩阵

$$\boldsymbol{A}=\begin{pmatrix}-2 & 1 & 0\\ -4 & 2 & 0\\ -2 & 1 & 0\end{pmatrix}$$

试问：$\mathscr{A}$ 是否有 Jordan 标准形？如果有，求出 $\mathscr{A}$ 的 Jordan 标准形，并且求 $\dim C(\mathscr{A})$.

解： 由于 $\operatorname{rank}(\boldsymbol{A})=1$，由第 7 题知 $\boldsymbol{A}$ 有 Jordan 标准形；或者从 $\mathscr{A}$ 的特征多项式 $f(\lambda)=\lambda^3$，所以 $\boldsymbol{A}$ 有 Jordan 标准形. 由第 7 题知 $\boldsymbol{A}$ 的 Jordan 标准形 $\boldsymbol{J}=\operatorname{diag}\left\{0, \begin{pmatrix}0 & 1\\ 0 & 0\end{pmatrix}\right\}$. 再由第 17 题结论知 $\dim C(\mathscr{A})=5$.

19. 设 $\boldsymbol{A}$ 是域 $\mathbb{F}$ 上的 n 级分块上三角矩阵：

$$\boldsymbol{A}=\begin{pmatrix}\boldsymbol{A}_1 & \boldsymbol{A}_3\\ \boldsymbol{0} & \boldsymbol{A}_2\end{pmatrix}$$

其中 $\boldsymbol{A}_1$，$\boldsymbol{A}_2$ 分别是 n_1 级，n_2 级矩阵. 证明：如果 $\boldsymbol{A}_1$，$\boldsymbol{A}_2$ 分别有 Jordan 标准形 $\boldsymbol{J}_1$，$\boldsymbol{J}_2$，且 $\boldsymbol{A}_1$ 的特征多项式 $f_1(\lambda)$ 与 $\boldsymbol{A}_2$ 的特征多项式 $f_2(\lambda)$ 互素，那么 $\boldsymbol{A}$ 有 Jordan 标准形 $\boldsymbol{J}$，且 $\boldsymbol{J}=\operatorname{diag}\{\boldsymbol{J}_1, \boldsymbol{J}_2\}$.

证明： 由于 $f_1(\lambda)$ 与 $f_2(\lambda)$ 互素，故可以设

$$f_1(\lambda)=(\lambda-\lambda_1)^{r_1}\cdots(\lambda-\lambda_u)^{r_u}, \quad f_2(\lambda)=(\lambda-\lambda_{u+1})^{r_{u+1}}\cdots(\lambda-\lambda_s)^{r_s}$$

其中 $\lambda_1, \lambda_2, \cdots, \lambda_u, \lambda_{u+1}, \cdots, \lambda_s$ 是 $\mathbb{F}$ 中两两不等的元素，且 $r_1+r_2+\cdots+r_u=n_1$，$\lambda_{u+1}+\cdots+\lambda_s=n_2$. 于是 $\boldsymbol{A}$ 的特征多项式

$$\begin{aligned}f(\lambda)&=|\lambda\boldsymbol{I}-\boldsymbol{A}|=|\lambda\boldsymbol{I}_{n_1}-\boldsymbol{A}_1|\cdot|\lambda\boldsymbol{I}_{n_2}-\boldsymbol{A}_2|\\&=(\lambda-\lambda_1)^{r_1}\cdots(\lambda-\lambda_u)^{r_u}(\lambda-\lambda_{u+1})^{r_{u+1}}\cdots(\lambda-\lambda_s)^{r_s}\end{aligned}$$

从而 $\boldsymbol{A}$ 有 Jordan 标准形 $\boldsymbol{J}$，且 $\boldsymbol{A}$ 的最小多项式

$$m(\lambda)=(\lambda-\lambda_1)^{l_1}\cdots(\lambda-\lambda_u)^{l_u}(\lambda-\lambda_{u+1})^{l_{u+1}}\cdots(\lambda-\lambda_s)^{l_s}$$

其中 $l_j \leqslant r_j$，$j=1, 2, \cdots, s$. 设 V 是域 $\mathbb{F}$ 上的 n 维线性空间，$\mathscr{A}$ 是 V 上的一个线性变换，且使得 $\mathscr{A}$ 在 V 的一个基 $\boldsymbol{\alpha}_1, \boldsymbol{\alpha}_2, \cdots, \boldsymbol{\alpha}_n$ 下的矩阵为 $\boldsymbol{A}$. 令 $W=\langle \boldsymbol{\alpha}_1, \boldsymbol{\alpha}_2, \cdots, \boldsymbol{\alpha}_{n_1} \rangle$，于是由教材 6.8 节定理 2 得，$W$ 是 $\mathscr{A}$ 的一个非平凡不变子空间，且 $\boldsymbol{A}_1$ 是 $\mathscr{A}|W$ 在 W 的基 $\boldsymbol{\alpha}_1, \boldsymbol{\alpha}_2, \cdots, \boldsymbol{\alpha}_{n_1}$ 下的矩阵，$\boldsymbol{A}_2$ 是 $\mathscr{A}$ 诱导的商空间 V/W 上的线性变换 $\widetilde{\mathscr{A}}$ 在 V/W 的基 $\boldsymbol{\alpha}_{n_1+1}+W, \cdots, \boldsymbol{\alpha}_n+W$ 下的矩阵. 由 $m(\lambda)$ 的分解式得 $V=\operatorname{Ker}(\mathscr{A}-\lambda_1\mathscr{I})^{l_1} \oplus \cdots \oplus \operatorname{Ker}(\mathscr{A}-\lambda_s\mathscr{I})^{l_s}$，记 $W_j=\operatorname{Ker}(\mathscr{A}-\lambda_j\mathscr{I})^{l_j}$，$j=1, 2, \cdots, s$，则 $V=W_1 \oplus \cdots \oplus W_s$. $\mathscr{A}|W$ 的最小多项式为 $m_1(\lambda)$，则 $m_1(\lambda) \mid f_1(\lambda)$，因此 $m_1(\lambda)=(\lambda-\lambda_1)^{q_1}\cdots(\lambda-\lambda_u)^{q_u}$，其中 $q_i \leqslant r_i$，$i=1, 2, \cdots, u$. 对任意 $\boldsymbol{\gamma} \in W$，有 $m(\mathscr{A}|W)\boldsymbol{\gamma}=m(\mathscr{A})\boldsymbol{\gamma}=\boldsymbol{0}$，因此 $m(\mathscr{A}|W)=\mathscr{O}$，从而 $m(\lambda)$ 是 $\mathscr{A}|W$ 的一个零化多项式，由而 $m_1(\lambda) \mid m(\lambda)$，从而 $q_i \leqslant l_i$，$i=1, 2, \cdots, u$. 由 $m_1(\lambda)$ 的分解式得 $W=\operatorname{Ker}(\mathscr{A}-\lambda_1\mathscr{I})^{q_1} \oplus \cdots \oplus \operatorname{Ker}(\mathscr{A}-\lambda_u\mathscr{I})^{q_u}$，由于 $q_i \leqslant l_i$，因此 $\operatorname{Ker}(\mathscr{A}-\lambda_i\mathscr{I})^{q_i} \subseteq \operatorname{Ker}(\mathscr{A}-\lambda_i\mathscr{I})^{l_i}$，$i=1, 2, \cdots, u$. 从而 $W \subseteq \operatorname{Ker}(\mathscr{A}-\lambda_1\mathscr{I})^{l_1} \oplus \cdots \oplus \operatorname{Ker}(\mathscr{A}-\lambda_u\mathscr{I})^{l_u}=W_1 \oplus \cdots \oplus W_u$. 根据教材 6.9 节例 6 的结论知，$W_j$ 等于 $\mathscr{A}$ 的根子空间 $\operatorname{Ker}(\mathscr{A}-\lambda_j\mathscr{I})^{r_j}$；根据教材 6.9 节例 7 的结论知，$\mathscr{A}$ 的根子空间 $\operatorname{Ker}(\mathscr{A}-\lambda_j\mathscr{I})^{r_j}$ 的维数等于 r_j，$j=1, 2, \cdots, s$. 因此 $\dim(W_1 \oplus \cdots \oplus W_u)=\dim W_1+\cdots+\dim W_u=r_1+r_2+\cdots+r_u=n_1=\dim W$，于是 $W=W_1 \oplus \cdots \oplus W_u$. 于是 $V=W \oplus U$，其中 $U=W_{u+1} \oplus \cdots \oplus W_s$. 由于 A_1 相似于它的Jordan标准形 $\boldsymbol{J}_1$，因此在 $W_1, \cdots, W_u$ 中各取一个基，合起来就是 W 的基，使得 $\mathscr{A}|W$ 在 W 的这个基下的矩阵为 $\boldsymbol{J}_1$. 显然 U 是 $\mathscr{A}$ 的不变子空间. 由于 $\mathscr{A}|W_j$ 的最小多项式为 $(\lambda-\lambda_j)^{l_j}$，因此 $\mathscr{A}|U$ 的最小多项式 $m_2(\lambda)=[(\lambda-\lambda_{u+1})^{l_{u+1}}, \cdots, (\lambda-\lambda_s)^{l_s}]=(\lambda-\lambda_{u+1})^{l_{u+1}}\cdots(\lambda-\lambda_s)^{l_s}$. 从而 $\mathscr{A}|U$ 有 Jordan 标准形. 在 $W_{n+1}, \cdots, W_s$ 中分别取一个基，它们合起来就是 U 的一个基，使得 $\mathscr{A}|U$ 在 U 的这个基下的矩阵为 Jordan 标准形 $\boldsymbol{J}_3$. 于是 $\mathscr{A}$ 在由 W 的上述基和 U 的这个基合起来成为 V 的一个基下的矩阵为 Jordan 形矩阵 $\operatorname{diag}\{\boldsymbol{J}_1, \boldsymbol{J}_3\}$，从而 $\operatorname{diag}\{\boldsymbol{J}_1, \boldsymbol{J}_3\}$ 是 $\mathscr{A}$ 的一个 Jordan 标准形. 根据 6.8 节定理 2 知，$\boldsymbol{J}_3$ 是 $\mathscr{A}$ 诱导的商空间 V/W 上的线性变换 $\widetilde{\mathscr{A}}$ 在 V/W 的相应基下的矩阵，从而 $A_2 \sim \boldsymbol{J}_3$. 又已知 $\boldsymbol{A}_2 \sim \boldsymbol{J}_2$，从而 $\boldsymbol{J}_3 \sim \boldsymbol{J}_2$. 由于 $\boldsymbol{A}_2$ 的 Jordan 标准形唯一，因此 $\boldsymbol{J}_2, \boldsymbol{J}_3$ 除了 Jordan 块的排列次序不同之外，其他都是相同的，从而 $\mathscr{A}$ 的 Jordan 标准形为 $\operatorname{diag}\{\boldsymbol{J}_1, \boldsymbol{J}_2\}$.

20. 证明：如果 n_1 级复矩阵 $\boldsymbol{A}_1$ 与 n_2 级复矩阵 $\boldsymbol{A}_2$ 没有公共的特征值，那么对任意 $n_1 \times n_2$ 复矩阵 $\boldsymbol{B}, \boldsymbol{C}$，有

$$\begin{pmatrix} \boldsymbol{A}_1 & \boldsymbol{B} \\ \boldsymbol{0} & \boldsymbol{A}_2 \end{pmatrix} \sim \begin{pmatrix} \boldsymbol{A}_1 & \boldsymbol{C} \\ \boldsymbol{0} & \boldsymbol{A}_2 \end{pmatrix}.$$

证明： 由于复矩阵 $\boldsymbol{A}_1$ 与 $\boldsymbol{A}_2$ 没有公共的特征值，故 $\boldsymbol{A}_1$ 的特征多项式 $f_1(\lambda)$ 与 $\boldsymbol{A}_2$ 的特征多项式 $f_2(\lambda)$ 互素. 又因为复矩阵 $\boldsymbol{A}_1, \boldsymbol{A}_2$ 分别有 Jordan 标准形 $\boldsymbol{J}_1, \boldsymbol{J}_2$，因此根据

第 19 题的结论得

$$\begin{pmatrix} \boldsymbol{A}_1 & \boldsymbol{B} \\ \boldsymbol{0} & \boldsymbol{A}_2 \end{pmatrix} \sim \begin{pmatrix} \boldsymbol{J}_1 & \boldsymbol{0} \\ \boldsymbol{0} & \boldsymbol{J}_2 \end{pmatrix}, \quad \begin{pmatrix} \boldsymbol{A}_1 & \boldsymbol{C} \\ \boldsymbol{0} & \boldsymbol{A}_2 \end{pmatrix} \sim \begin{pmatrix} \boldsymbol{J}_1 & \boldsymbol{0} \\ \boldsymbol{0} & \boldsymbol{J}_2 \end{pmatrix}$$

因此

$$\begin{pmatrix} \boldsymbol{A}_1 & \boldsymbol{B} \\ \boldsymbol{0} & \boldsymbol{A}_2 \end{pmatrix} \sim \begin{pmatrix} \boldsymbol{A}_1 & \boldsymbol{C} \\ \boldsymbol{0} & \boldsymbol{A}_2 \end{pmatrix}.$$

21. 证明：数域$\mathbb{K}$上的 r 级 Jordan 块 $\boldsymbol{J}_r(1)$与它的 k 次幂 $\boldsymbol{J}_r^k(1)$相似，其中 $k\in\mathbb{N}^*$.

证明： $\boldsymbol{J}_r^k(1)$是主对角元为 1 的上三角矩阵，因此 $\boldsymbol{J}_r^k(1)$的特征多项式 $f(\lambda)=(\lambda-1)^r$. 从而 $\boldsymbol{J}_r^k(1)$有 Jordan 标准形 $\boldsymbol{J}$，$\boldsymbol{J}$ 中主对角元为 1 的 Jordan 标准块的总数为 $r-\text{rank}(\boldsymbol{J}_r^k(1)-\boldsymbol{I})$. 由于 $\boldsymbol{J}_r(1)=\boldsymbol{I}+\boldsymbol{J}_r(0)$，因此

$$\begin{aligned}
\boldsymbol{J}_r^k(1) &= [\boldsymbol{I}+\boldsymbol{J}_r(0)]^k = \mathrm{C}_k^0\boldsymbol{I}+\mathrm{C}_k^1\boldsymbol{J}_r^1(0)+\mathrm{C}_k^2\boldsymbol{J}_r^2(0)+\cdots+\mathrm{C}_k^k\boldsymbol{J}_r^k(0) \\
&= \begin{cases} \boldsymbol{I}+\mathrm{C}_k^1\boldsymbol{J}_r^1(0)+\mathrm{C}_k^2\boldsymbol{J}_r^2(0)+\cdots+\mathrm{C}_k^k\boldsymbol{J}_r^k(0), & 1\leqslant k\leqslant r-1 \\ \boldsymbol{I}+\mathrm{C}_k^1\boldsymbol{J}_r^1(0)+\mathrm{C}_k^2\boldsymbol{J}_r^2(0)+\cdots+\mathrm{C}_k^{k-1}\boldsymbol{J}_r^{k-1}(0), & k\geqslant r \end{cases}
\end{aligned}$$

当 $1\leqslant k\leqslant r-1$ 时，$\text{rank}(\boldsymbol{J}_r^k(1)-\boldsymbol{I})=r-1$；当 $k\geqslant r$ 时，$\text{rank}(\boldsymbol{J}_r^k(1)-\boldsymbol{I})=r-1$. 因此$r-\text{rank}(\boldsymbol{J}_r^k(1)-\boldsymbol{I})=1$. 因此 $\boldsymbol{J}_r^k(1)$的 Jordan 标准形为 $\boldsymbol{J}_r(1)$，即 $\boldsymbol{J}_r^k(1)\sim\boldsymbol{J}_r(1)$.

22. 求 $\boldsymbol{J}_n^2(0)$的 Jordan 标准形，其中 $n>1$.

解：（方法一）

$$\boldsymbol{J}_n^2(0)=\begin{pmatrix} 0 & 0 & 1 & 0 & \cdots & 0 & 0 \\ 0 & 0 & 0 & 1 & \cdots & 0 & 0 \\ \vdots & \vdots & \vdots & \vdots & & \vdots & \vdots \\ 0 & 0 & 0 & 0 & \cdots & 0 & 1 \\ 0 & 0 & 0 & 0 & \cdots & 0 & 0 \\ 0 & 0 & 0 & 0 & \cdots & 0 & 0 \end{pmatrix}$$

$\boldsymbol{J}_n^2(0)$的特征多项式为 λ^n，故 $\boldsymbol{J}_n^2(0)$的 Jordan 标准形 J 中主对角元为 0 的 Jordan 块的总数为 $n-\text{rank}(\boldsymbol{J}_n^2(0))=n-(n-2)=2$，而主对角元为 0 的 1 级 Jordan 块的个数

$$\begin{aligned}
N(1) &= \text{rank}(\boldsymbol{J}_n^2(0))^0+\text{rank}(\boldsymbol{J}_n^2(0))^2-2\text{rank}(\boldsymbol{J}_n^2(0)) \\
&= n+n-4-2(n-2)=0
\end{aligned}$$

当 $n=2m$ 时，主对角元为 0 的 2 级 Jordan 块的个数

$$N(2)=\text{rank}(\boldsymbol{J}_n^2(0))^1+\text{rank}(\boldsymbol{J}_n^2(0))^3-2\text{rank}(\boldsymbol{J}_n^2(0))^2$$

$$=(n-2)+(n-6)-2(n-4)=0$$

同理

$$\begin{aligned}N(3)&=\operatorname{rank}(\boldsymbol{J}_n^2(0))^2+\operatorname{rank}(\boldsymbol{J}_n^2(0))^4-2\operatorname{rank}(\boldsymbol{J}_n^2(0))^3\\&=(n-4)+(n-8)-2(n-6)=0\end{aligned}$$

$$\cdots\cdots$$

$$\begin{aligned}N(m-1)&=\operatorname{rank}(\boldsymbol{J}_n^2(0))^{m-2}+\operatorname{rank}(\boldsymbol{J}_n^2(0))^m-2\operatorname{rank}(\boldsymbol{J}_n^2(0))^{m-1}\\&=n-(2m-4)+0-2[n-(2m-2)]\\&=0\end{aligned}$$

$$\begin{aligned}N(m)&=\operatorname{rank}(\boldsymbol{J}_n^2(0))^{m-1}+\operatorname{rank}(\boldsymbol{J}_n^2(0))^{m+1}-2\operatorname{rank}(\boldsymbol{J}_n^2(0))^m\\&=n-(2m-2)+0-0=2\end{aligned}$$

从而 $\boldsymbol{J}_n^2(0)$的 Jordan 标准形 $\boldsymbol{J}=\operatorname{diag}\{\boldsymbol{J}_m(0),\ \boldsymbol{J}_m(0)\}$.

当 $n=2m+1$ 时，

$$N(1)=N(2)=\cdots=N(m-1)=0$$

$$\begin{aligned}N(m)&=\operatorname{rank}(\boldsymbol{J}_n^2(0))^{m-1}+\operatorname{rank}(\boldsymbol{J}_n^2(0))^{m+1}+2\operatorname{rank}(\boldsymbol{J}_n^2(0))^m\\&=n-(2m-2)+0-2(n-2m)=1\end{aligned}$$

$$\begin{aligned}N(m+1)&=\operatorname{rank}(\boldsymbol{J}_n^2(0))^m+\operatorname{rank}(\boldsymbol{J}_n^2(0))^{m+2}+2\operatorname{rank}(\boldsymbol{J}_n^2(0))^{m+1}\\&=n-(2m)+0+0=1\end{aligned}$$

从而 $\boldsymbol{J}_n^2(0)$的 Jordan 标准形 $J=\operatorname{diag}\{\boldsymbol{J}_m(0),\ \boldsymbol{J}_{m+1}(0)\}$.

(方法二) 当 $n=2m$ 时，由于$[\boldsymbol{J}_n^2(0)]^m=\boldsymbol{J}_n^{2m}(0)=0$，而$[\boldsymbol{J}_n^2(0)]^{m-1}\neq 0$，因此$\boldsymbol{J}_n^2(0)$的幂零指数为 m. 根据 6.10 节第 5 题的结论知 $\boldsymbol{J}_n^2(0)$的 Jordan 标准形 $\boldsymbol{J}$ 中必有 m 级 Jordan 块 $\boldsymbol{J}_m(0)$，从而 $\boldsymbol{J}=\operatorname{diag}\{\boldsymbol{J}_m(0),\ \boldsymbol{J}_m(0)\}$.

当 $n=2m+1$ 时，由于$[\boldsymbol{J}_n^2(0)]^{m+1}=\boldsymbol{J}_n^{2m+2}(0)=0$，$[\boldsymbol{J}_n^2(0)]^m=\boldsymbol{J}_n^{2m}(0)\neq 0$，故 $\boldsymbol{J}_n^2(0)$的幂零指数为 $m+1$，于是 $\boldsymbol{J}$ 中有 $m+1$ 级 Jordan 块 $\boldsymbol{J}_{m+1}(0)$，从而 $\boldsymbol{J}=\operatorname{diag}\{\boldsymbol{J}_m(0),\ \boldsymbol{J}_{m+1}(0)\}$.

23. 设 a 是域$\mathbb{F}$中的非零元，求 $\boldsymbol{J}_r^2(a)$的 Jordan 标准形，其中 $r>1$.

解： 由于 $\boldsymbol{J}_r(a)=a\boldsymbol{I}+\boldsymbol{J}_r(0)$，$\boldsymbol{J}_r^2(a)=a^2\boldsymbol{I}+2a\boldsymbol{J}_r(0)+\boldsymbol{J}_r^2(0)$，因此 $\boldsymbol{J}_r^2(a)$的特征多项式$f(\lambda)=(\lambda-a^2)^r$. 于是 $\boldsymbol{J}_r^2(a)$有 Jordan 标准形 $\boldsymbol{J}$. 由于 $a\neq 0$，因此 $\operatorname{rank}(\boldsymbol{J}_r^2(a)-a^2I)=r-1$，从而 $\boldsymbol{J}$ 中主对角元为 a^2 的 Jordan 块的个数为 $r-(r-1)=1$，因此$\boldsymbol{J}=\boldsymbol{J}_r(a^2)$.

24. 设 a 是非零复数，证明：$\boldsymbol{J}_r(a)$有平方根，即存在 r 级复矩阵 $\boldsymbol{B}$，使得 $\boldsymbol{B}^2=\boldsymbol{J}_r(a)$.

证明： 由第 23 题的结论知$[\boldsymbol{J}_r(\sqrt{a})]^2\sim\boldsymbol{J}_r(a)$，因此存在复可逆矩阵 $\boldsymbol{P}$，使得

$\boldsymbol{P}^{-1}[\boldsymbol{J}_r(\sqrt{a})]^2\boldsymbol{P}=\boldsymbol{J}_r(a)$，从而

$$\boldsymbol{J}_r(a)=\boldsymbol{P}^{-1}[\boldsymbol{J}_r(\sqrt{a})]\boldsymbol{P}\boldsymbol{P}^{-1}[\boldsymbol{J}_r(\sqrt{a})]\boldsymbol{P}=(\boldsymbol{P}^{-1}[\boldsymbol{J}_r(\sqrt{a})]\boldsymbol{P})^2$$

令 $\boldsymbol{B}=\boldsymbol{P}^{-1}[\boldsymbol{J}_r(\sqrt{a})]^2\boldsymbol{P}$，则 $\boldsymbol{B}^2=\boldsymbol{J}_r(a)$.

25. 证明：任一 n 级可逆复矩阵 $\boldsymbol{A}$ 都有平方根.

证明： 设 $\boldsymbol{A}$ 的 Jordan 标准形为 $\boldsymbol{J}=\mathrm{diag}\{\boldsymbol{J}_{r_1}(\lambda_1),\ \cdots,\ \boldsymbol{J}_{r_s}(\lambda_s)\}$，其中 $\lambda_1,\ \lambda_2,\ \cdots,\ \lambda_s$ 是 $\boldsymbol{A}$ 的特征值(它们中可能有相同的)，由于 $\boldsymbol{A}$ 可逆，因此 $\lambda_i\neq 0$，$i=1,\ 2,\ \cdots,\ s$. 由第24题结论知存在 r_i 级复矩阵 $\boldsymbol{B}_i$，使得 $\boldsymbol{B}_i^2=\boldsymbol{J}_{r_i}(\lambda_i)$，$i=1,\ 2,\ \cdots,\ s$. 令 $\boldsymbol{B}=\mathrm{diag}\{\boldsymbol{B}_1,\ \boldsymbol{B}_2,\ \cdots,\ \boldsymbol{B}_s\}$，则 $\boldsymbol{B}^2=\mathrm{diag}\{\boldsymbol{B}_1^2,\ \boldsymbol{B}_2^2,\ \cdots,\ \boldsymbol{B}_s^2\}=\mathrm{diag}\{\boldsymbol{J}_{r_1}(\lambda_1),\ \cdots,\ \boldsymbol{J}_{r_s}(\lambda_s)\}=\boldsymbol{J}$. 由于 $\boldsymbol{A}\sim\boldsymbol{J}$，因此存在 n 级可逆复矩阵 $\boldsymbol{P}$，使得 $\boldsymbol{A}=\boldsymbol{P}^{-1}\boldsymbol{J}\boldsymbol{P}$，从而 $\boldsymbol{A}=\boldsymbol{P}^{-1}\boldsymbol{B}^2\boldsymbol{P}=\boldsymbol{P}^{-1}\boldsymbol{B}\boldsymbol{P}\boldsymbol{P}^{-1}\boldsymbol{B}\boldsymbol{P}=(\boldsymbol{P}^{-1}\boldsymbol{B}\boldsymbol{P})^2$. 即 $\boldsymbol{A}$ 有平方根.

26. 设 $\boldsymbol{A}$ 是数域 $\mathbb{K}$ 上的 n 级矩阵，证明：如果 $\boldsymbol{A}$ 的特征多项式 $f(\lambda)=(\lambda-1)^n$，那么 $\boldsymbol{A}\sim\boldsymbol{A}^k$，其中 $k\in\mathbb{N}^*$.

证明： 由 $f(\lambda)$ 为 1 次因式方幂的乘积知，$\boldsymbol{A}$ 有 Jordan 标准形 $\boldsymbol{J}=\mathrm{diag}\{\boldsymbol{J}_{r_1}(1),\ \cdots,\ \boldsymbol{J}_{r_s}(1)\}$. 由于 $\boldsymbol{A}\sim\boldsymbol{J}$，因此 $\boldsymbol{A}^k\sim\boldsymbol{J}^k$，其中 $\boldsymbol{J}^k=\mathrm{diag}\{\boldsymbol{J}_{r_1}^k(1),\ \cdots,\ \boldsymbol{J}_{r_s}^k(1)\}$. 由第 21 题结论知 $\boldsymbol{J}_{r_i}^k(1)\sim\boldsymbol{J}_{r_i}(1)$，$i=1,\ 2,\ \cdots,\ s$. 因此 $\boldsymbol{J}\sim\boldsymbol{J}^k$，所以 $\boldsymbol{A}\sim\boldsymbol{A}^k$.

27. 设 $\boldsymbol{A}$ 是域 $\mathbb{F}$ 上的 n 级上三角矩阵($n\geqslant 3$)：

$$\boldsymbol{A}=\begin{pmatrix} a & 0 & 1 & 0 & 0 & \cdots & 0 & 0 \\ 0 & a & 0 & 1 & 0 & \cdots & 0 & 0 \\ \vdots & \vdots & \vdots & \vdots & \vdots & & \vdots & \vdots \\ 0 & 0 & 0 & 0 & 0 & \cdots & a & 0 \\ 0 & 0 & 0 & 0 & 0 & \cdots & 0 & a \end{pmatrix}$$

求 $\boldsymbol{A}$ 的 Jordan 标准形.

解： $\boldsymbol{A}=a\boldsymbol{I}+\boldsymbol{J}_n^2(\boldsymbol{0})$. 由第 22 题结论知，当 $n=2m$ 时，$\boldsymbol{J}_n^2(0)\sim\mathrm{diag}\{\boldsymbol{J}_m(0),\ \boldsymbol{J}_m(0)\}$，从而

$$\begin{aligned}\boldsymbol{A}&=a\boldsymbol{I}+\boldsymbol{J}_n^2(0)\sim a\boldsymbol{I}+\mathrm{diag}\{\boldsymbol{J}_m(0),\ \boldsymbol{J}_m(0)\}\\&=\mathrm{diag}\{\boldsymbol{J}_m(a),\ \boldsymbol{J}_m(a)\}\end{aligned}$$

当 $n=2m+1$ 时，$\boldsymbol{J}_n^2(0)\sim\mathrm{diag}\{\boldsymbol{J}_m(0),\ \boldsymbol{J}_{m+1}(0)\}$，从而

$$\boldsymbol{A}\sim\mathrm{diag}\{\boldsymbol{J}_m(a),\ \boldsymbol{J}_{m+1}(a)\}.$$

28. 设 $\mathscr{A}$ 是域 $\mathbb{F}$ 上 n 维线性空间 V 上的线性变换，证明：如果 $\mathscr{A}$ 的最小多项式 $m(\lambda)$ 等于 $\mathscr{A}$ 的特征多项式 $f(\lambda)$，且 $f(\lambda)$ 在 $\mathbb{F}[\lambda]$ 中的标准分解式为

$$f(\lambda)=(\lambda-\lambda_1)^{r_1}(\lambda-\lambda_2)^{r_2}\cdots(\lambda-\lambda_s)^{r_s}$$

那么 $\mathscr{A}$ 的 Jordan 标准形 $\boldsymbol{J}$ 中各个 Jordan 块的主对角元互不相同.

证明： 从 $f(\lambda)$ 的分解式可以看出 $V=\mathrm{Ker}(\mathscr{A}-\lambda_1\mathscr{I})^{r_1}\oplus\cdots\oplus\mathrm{Ker}(\mathscr{A}-\lambda_s\mathscr{I})^{r_s}$. 记 $W_j=\mathrm{Ker}(\mathscr{A}-\lambda_j\mathscr{I})^{r_j}$，令 $\mathscr{B}_j=\mathscr{A}|W_j-\lambda_j\mathscr{I}$，$j=1, 2, \cdots, s$，则 $\mathscr{B}_j$ 是 W_j 上的幂零变换. 由于 $m(\lambda)=f(\lambda)$，因此 $\mathscr{B}_j$ 的幂零指数等于 r_j. 又因为 $\dim W_j=r_j$，所以 $\mathscr{B}_j$ 的幂零指数等于 $\dim W_j$. 故 $\mathscr{B}_j$ 在 W_j 的一个适当的基下的矩阵 $\boldsymbol{B}_j=\boldsymbol{J}_{r_j}(0)$，于是 $\mathscr{A}|W_j$ 在这个基下的矩阵 $\boldsymbol{A}_j=\boldsymbol{B}_j+\lambda_j\boldsymbol{I}=\boldsymbol{J}_{r_j}(\lambda_j)$. 因此 $\mathscr{A}$ 在由 $W_1, \cdots, W_s$ 的上述基合起来所成的 V 的一个基下的矩阵

$$\boldsymbol{J}=\mathrm{diag}\{\boldsymbol{J}_{r_1}(\lambda_1), \boldsymbol{J}_{r_2}(\lambda_2), \cdots, \boldsymbol{J}_{r_s}(\lambda_s)\}.$$

29. 设 $\mathscr{A}$ 是域 $\mathbb{F}$ 上 n 维线性空间 V 上的线性变换，且 $\mathscr{A}$ 的特征多项式 $f(\lambda)$ 在 $\mathbb{F}[\lambda]$ 中的标准分解式为

$$f(\lambda)=(\lambda-\lambda_1)^{r_1}(\lambda-\lambda_2)^{r_2}\cdots(\lambda-\lambda_s)^{r_s}$$

证明：$\mathscr{A}$ 的 Jordan 标准形 $\boldsymbol{J}$ 恰好由 s 个 Jordan 块组成当且仅当对于 $\mathscr{A}$ 的每一个特征值 λ_j 有 $\dim V_{\lambda_j}=1$.

证明： $\boldsymbol{J}$ 中主对角元为 λ_j 的 Jordan 块的个数为

$$\begin{aligned} n-\mathrm{rank}(\mathscr{A}-\lambda_j\mathscr{I}) &= n-\dim[\mathrm{Im}(\mathscr{A}-\lambda_j\mathscr{I})] \\ &= \dim[\mathrm{Ker}(\mathscr{A}-\lambda_j\mathscr{I})] \\ &= \dim V_{\lambda_j} \end{aligned}$$

因此

$$\begin{aligned} &\mathscr{A}\text{ 的 Jordan 标准形 }\boldsymbol{J}\text{ 恰好由 }s\text{ 个 Jordan 块组成} \\ \Leftrightarrow\ &\boldsymbol{J}\text{ 中主对角元为 }\lambda_j\text{ 的 Jordan 块恰有 1 个，}\quad j=1, 2, \cdots, s \\ \Leftrightarrow\ &\dim V_{\lambda_j}=1 \end{aligned}$$

习题 6.12　线性变换的有理标准形

1. 求下述实数域上 3 级矩阵 $\boldsymbol{A}$, $\boldsymbol{B}$ 的有理标准形：

$$\boldsymbol{A}=\begin{pmatrix}4&7&-3\\-2&-4&2\\-4&-10&4\end{pmatrix},\quad \boldsymbol{B}=\begin{pmatrix}4&7&-5\\-4&5&0\\1&9&-4\end{pmatrix}.$$

解： $|\lambda\boldsymbol{I}-\boldsymbol{A}|=(\lambda-2)(\lambda^2-2\lambda+2)$，于是实矩阵 $\boldsymbol{A}$ 恰有 1 个特征值 2. 由 $\boldsymbol{A}$ 的特征多项式 $f(\lambda)=(\lambda-2)(\lambda^2-2\lambda+2)$ 知 $\boldsymbol{A}$ 的最小多项式 $m(\lambda)=(\lambda-2)$ 或 $m(\lambda)=\lambda^2-2\lambda+2$ 或 $m(\lambda)=(\lambda-2)(\lambda^2-2\lambda+2)$. 经计算

$$\boldsymbol{A}-2\boldsymbol{I}=\begin{pmatrix}2&7&-3\\-2&-6&2\\-4&-10&2\end{pmatrix},\quad \boldsymbol{A}^2-2\boldsymbol{A}+2\boldsymbol{I}=\begin{pmatrix}8&16&-4\\-4&-8&2\\-4&-8&2\end{pmatrix}$$

于是 $\boldsymbol{A}$ 的最小多项式 $m(\lambda)=(\lambda-2)(\lambda^2-2\lambda+2)=p_1(\lambda)p_2(\lambda)$，其中 $p_1(\lambda)$，$p_2(\lambda)$ 都是实数域上的不可约多项式. 对于 $p_1(\lambda)$，有理块的总数 $N_1=\frac{1}{1}[3-\operatorname{rank}(\boldsymbol{A}-2\boldsymbol{I})]=1$，1 级有理块的个数 $N_1(1)=1$，这个有理块是(2)；对于 $p_2(\lambda)$，有理块的总数 $N_2=\frac{1}{2}[3-\operatorname{rank}(\boldsymbol{A}^2-2\boldsymbol{A}+2\boldsymbol{I})]=1$，2 级有理块的个数 $N_2(1)=\frac{1}{2}[\operatorname{rank}(\boldsymbol{A}^2-2\boldsymbol{A}+2\boldsymbol{I})^0+\operatorname{rank}(\boldsymbol{A}^2-2\boldsymbol{A}+2\boldsymbol{I})^2-2\operatorname{rank}(\boldsymbol{A}^2-2\boldsymbol{A}+2\boldsymbol{I})]=\frac{1}{2}[3+1-2\times1]=1$. 这个有理块是 $\begin{pmatrix}0&-2\\1&2\end{pmatrix}$. 从而 $\boldsymbol{A}$ 的有理标准形

$$\boldsymbol{C}=\begin{pmatrix}2&0&0\\0&0&-2\\0&1&2\end{pmatrix}$$

$|\lambda\boldsymbol{I}-\boldsymbol{B}|=(\lambda-1)(\lambda^2-4\lambda+13)$，于是实矩阵 $\boldsymbol{B}$ 恰有一个特征值 1，由 $\boldsymbol{B}$ 的特征多项式 $f(\lambda)=(\lambda-1)(\lambda^2-4\lambda+13)$ 知，$\boldsymbol{B}$ 的最小多项式 $m(\lambda)=\lambda-1$ 或 $m(\lambda)=\lambda^2-4\lambda+13$ 或 $m(\lambda)=f(\lambda)$. 经计算

$$\boldsymbol{B}-\boldsymbol{I}=\begin{pmatrix}3&7&-5\\-4&4&0\\1&9&-5\end{pmatrix},\quad \boldsymbol{B}^2-4\boldsymbol{B}+13\boldsymbol{I}=\begin{pmatrix}-20&-10&20\\-20&-10&20\\-40&-20&40\end{pmatrix}$$

从而 $f(\lambda)=(\lambda-1)(\lambda^2-4\lambda+13)=p_1(\lambda)p_2(\lambda)$. 对于 $p_1(\lambda)$，有理块的总数 $N_1=\frac{1}{1}[3-\operatorname{rank}(p_1(\boldsymbol{B}))]=1$，1 级有理块的个数 $N_1(1)=1$，这个有理块为(1)；对于 $p_2(\lambda)$，有理块的总数 $N_2=\frac{1}{2}[3-\operatorname{rank}(p_2(\boldsymbol{B}))]$，2 级有理块的个数 $N_2(1)=1$，这个有理块为

$\begin{pmatrix}0 & -13\\1 & 4\end{pmatrix}$. 从而 $\boldsymbol{B}$ 的有理标准形

$$\boldsymbol{C}=\begin{pmatrix}1 & 0 & 0\\0 & 0 & -13\\0 & 1 & 4\end{pmatrix}$$

2. 求下述有理数域上 3 级矩阵 $\boldsymbol{A}$ 的有理标准形：

$$\boldsymbol{A}=\begin{pmatrix}0 & 0 & 1\\1 & 0 & 0\\4 & -2 & 1\end{pmatrix}.$$

解： $|\lambda\boldsymbol{I}-\boldsymbol{A}|=f(\lambda)=\lambda^3-\lambda^2-4\lambda+2$. 由于 ±1，±2 都不是 $f(\lambda)$ 的根，因此 $f(\lambda)$ 在 $\mathbb{Q}$ 上不可约，于是 $m(\lambda)=f(\lambda)$. 从而 $\boldsymbol{A}$ 的有理标准形为

$$\begin{pmatrix}0 & 0 & -2\\1 & 0 & 4\\0 & 1 & 1\end{pmatrix}.$$

3. 设 n 级实矩阵 $\boldsymbol{A}$ 满足 $\boldsymbol{A}^2+\boldsymbol{I}=\boldsymbol{0}$.

(1) 求 $\boldsymbol{A}$ 的有理标准形 $\boldsymbol{C}$ 且证明 n 是偶数；

(2) 证明：

$$\boldsymbol{A}\sim\begin{pmatrix}\boldsymbol{0} & -\boldsymbol{I}_m\\\boldsymbol{I}_m & \boldsymbol{0}\end{pmatrix}$$

证明： (1) 由于 $\boldsymbol{A}^2+\boldsymbol{I}=\boldsymbol{0}$，因此 λ^2+1 是 A 的一个零化多项式. 从而 $\boldsymbol{A}$ 的最小多项式 $m(\lambda)\mid\lambda^2+1$. 由于 λ^2+1 在 $\mathbb{R}$ 上不可约，因此 $m(\lambda)=\lambda^2+1$. 设 A 的特征多项式为 $f(\lambda)$，因此 $m(\lambda)\mid f(\lambda)$，从而 n 是一个偶数. 设 $f(\lambda)=(\lambda^2+1)^m=p^m(\lambda)$，其中 $2m=n$. 于是 $\boldsymbol{A}$ 的有理标准形 $\boldsymbol{C}$ 中，有理块的总数 $N=\dfrac{1}{2}[n-\operatorname{rank}(\boldsymbol{A}^2+\boldsymbol{I})]=m$，2 级有理块的个数

$$N_1(1)=\frac{1}{2}[\operatorname{rank}(\boldsymbol{A}^2+\boldsymbol{I})^0+\operatorname{rank}(\boldsymbol{A}^2+\boldsymbol{I})^2-2\operatorname{rank}(\boldsymbol{A}^2+\boldsymbol{I})]=\frac{1}{2}[n+0-2\times0]=m.$$

从而

$$\boldsymbol{C}=\operatorname{diag}\left\{\begin{pmatrix}0 & -1\\1 & 0\end{pmatrix},\begin{pmatrix}0 & -1\\1 & 0\end{pmatrix},\cdots,\begin{pmatrix}0 & -1\\1 & 0\end{pmatrix}\right\}$$

(2) n 是偶数已经得证，$n=2$ 的结论已知由(1)给出. 先看 $n=4$ 的情形：

$$C=\begin{pmatrix}0&-1&0&0\\1&0&0&0\\0&0&0&-1\\0&0&1&0\end{pmatrix}\xrightarrow{①,③}\begin{pmatrix}0&0&0&-1\\1&0&0&0\\0&-1&0&0\\0&0&1&0\end{pmatrix}\xrightarrow[①,③]{}\begin{pmatrix}0&0&0&-1\\0&0&1&0\\0&-1&0&0\\1&0&0&0\end{pmatrix}$$

$$\xrightarrow{②,③}\begin{pmatrix}0&0&0&-1\\0&-1&0&0\\0&0&1&0\\1&0&0&0\end{pmatrix}\xrightarrow[②,③]{}\begin{pmatrix}0&0&0&-1\\0&0&-1&0\\0&1&0&0\\1&0&0&0\end{pmatrix}\xrightarrow{③,④}\begin{pmatrix}0&0&0&-1\\0&0&-1&0\\1&0&0&0\\0&1&0&0\end{pmatrix}$$

$$\xrightarrow[③,④]{}\begin{pmatrix}0&0&-1&0\\0&0&0&-1\\1&0&0&0\\0&1&0&0\end{pmatrix}=\begin{pmatrix}\mathbf{0}&-I_2\\I_2&\mathbf{0}\end{pmatrix}$$

因此，当 $n=4$ 时，$\boldsymbol{C}\sim\begin{pmatrix}\mathbf{0}&-I_2\\I_2&\mathbf{0}\end{pmatrix}$.

当 $n=4$ 时，$\boldsymbol{A}\sim\begin{pmatrix}\mathbf{0}&-I_2\\I_2&\mathbf{0}\end{pmatrix}$.

现用归纳法，假设对于级数小于 $2m$ 的矩阵

$$\operatorname{diag}\left\{\begin{pmatrix}0&-1\\1&0\end{pmatrix},\begin{pmatrix}0&-1\\1&0\end{pmatrix},\cdots,\begin{pmatrix}0&-1\\1&0\end{pmatrix}\right\}$$

经过一系列成对的两行两列互换可化成 $\begin{pmatrix}\mathbf{0}&-\boldsymbol{I}_k\\\boldsymbol{I}_k&\mathbf{0}\end{pmatrix}$，现在来看 $2m$ 级矩阵 $\boldsymbol{C}=\operatorname{diag}\left\{\begin{pmatrix}0&-1\\1&0\end{pmatrix},\begin{pmatrix}0&-1\\1&0\end{pmatrix},\cdots,\begin{pmatrix}0&-1\\1&0\end{pmatrix}\right\}$

$$\boldsymbol{C}\xrightarrow[①,\,\boxed{2m-1}]{①,\,\boxed{2m-1}}\begin{pmatrix}0&&&&&&&-1\\&0&&&&&-1&\\&&0&-1&&&&\\&&1&0&&&&\\&&&&\ddots&&&\\&&&&&0&-1&&\\&&&&&1&0&&\\&-1&&&&&0&\\1&&&&&&&0\end{pmatrix}$$

$$\xrightarrow[\text{②}, \boxed{2m-1}]{\text{②}, \boxed{2m-1}} \begin{pmatrix} 0 & & & & & & & & -1 \\ & 0 & & & & & & -1 & \\ & & 0 & -1 & & & & & \\ & & 1 & 0 & & & & & \\ & & & & \ddots & & & & \\ & & & & & 0 & -1 & & \\ & & & & & 1 & 0 & & \\ & 1 & & & & & & 0 & \\ 1 & & & & & & & & 0 \end{pmatrix}$$

最后这个矩阵的第 3，4，…，$2m-2$ 行与第 3，4，…，$2m-2$ 列组成的 $2m-4$ 级矩阵为

$$\operatorname{diag}\left\{\begin{pmatrix} 0 & -1 \\ 1 & 0 \end{pmatrix}, \cdots, \begin{pmatrix} 0 & -1 \\ 1 & 0 \end{pmatrix}\right\}.$$

由归纳法假设，它经过一系列的两行两列互换化成$\begin{pmatrix} \mathbf{0} & -\boldsymbol{I}_{m-2} \\ \boldsymbol{I}_{m-2} & \mathbf{0} \end{pmatrix}$，从而 $\boldsymbol{C}$ 经过一系列的两行两列互换化成$\begin{pmatrix} 0 & & & -1 \\ & 0 & -\boldsymbol{I}_{m-2} & \\ & \boldsymbol{I}_{m-2} & 0 & \\ 1 & & & 0 \end{pmatrix}$，再将 1 换到适当的位置得$\begin{pmatrix} \mathbf{0} & -\boldsymbol{I}_m \\ \boldsymbol{I}_m & \mathbf{0} \end{pmatrix}$.

根据归纳法原理，对一切正整数 m，都有 $2m$ 级矩阵 $\boldsymbol{C} \sim \begin{pmatrix} \mathbf{0} & -\boldsymbol{I}_m \\ \boldsymbol{I}_m & \mathbf{0} \end{pmatrix}$. 由于 $\boldsymbol{A} \sim \boldsymbol{C}$，因此 $\boldsymbol{A} \sim \begin{pmatrix} \mathbf{0} & -\boldsymbol{I}_m \\ \boldsymbol{I}_m & \mathbf{0} \end{pmatrix}$.

4. 设 $\mathscr{A}$ 是域 $\mathbb{F}$ 上 n 维线性空间 V 上的线性变换，证明：如果 $\mathscr{A}$ 的有理标准形 $\boldsymbol{G}$ 中，各个有理块的最小多项式两两互素，那么 $\dim C(\mathscr{A})=n$，$C(\mathscr{A})=\mathbb{F}[\mathscr{A}]$.

证明： 设 $\mathscr{A}$ 的有理标准形 $\boldsymbol{G}=\operatorname{diag}\{\boldsymbol{G}_1, \boldsymbol{G}_2, \cdots, \boldsymbol{G}_s\}$，其中 $\boldsymbol{G}_j$ 是 n_j 级有理块，$\boldsymbol{G}_j$ 的最小多项式为 $m_j(\lambda)$，$j=1, 2, \cdots, s$，且 $m_1(\lambda)$，$m_2(\lambda)$，…，$m_s(\lambda)$ 两两互素. 设 $\mathscr{B} \in C(\mathscr{A})$，且 $\mathscr{B}$ 在 V 的相应的基下的矩阵为 $\boldsymbol{B}$. 设

$$\begin{cases} \mathscr{A}(\boldsymbol{\alpha}_1, \cdots, \boldsymbol{\alpha}_n)=(\boldsymbol{\alpha}_1, \cdots, \boldsymbol{\alpha}_n)\boldsymbol{G}, \\ \mathscr{B}(\boldsymbol{\alpha}_1, \cdots, \boldsymbol{\alpha}_n)=(\boldsymbol{\alpha}_1, \cdots, \boldsymbol{\alpha}_n)\boldsymbol{B} \end{cases}$$

由 $\mathscr{A}\mathscr{B}=\mathscr{B}\mathscr{A}$ 可推出 $\boldsymbol{GB}=\boldsymbol{BG}$，即 $\boldsymbol{B}=C(\boldsymbol{G})$，于是有

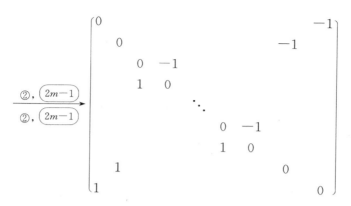

$$\begin{pmatrix} \boldsymbol{B}_{11} & \boldsymbol{B}_{12} & \cdots & \boldsymbol{B}_{1s} \\ \boldsymbol{B}_{21} & \boldsymbol{B}_{22} & \cdots & \boldsymbol{B}_{2s} \\ \vdots & \vdots & & \vdots \\ \boldsymbol{B}_{s1} & \boldsymbol{B}_{s2} & \cdots & \boldsymbol{B}_{ss} \end{pmatrix} \begin{pmatrix} \boldsymbol{G}_1 & & & \\ & \boldsymbol{G}_2 & & \\ & & \ddots & \\ & & & \boldsymbol{G}_s \end{pmatrix}$$
$$= \begin{pmatrix} \boldsymbol{G}_1 & & & \\ & \boldsymbol{G}_2 & & \\ & & \ddots & \\ & & & \boldsymbol{G}_s \end{pmatrix} \begin{pmatrix} \boldsymbol{B}_{11} & \boldsymbol{B}_{12} & \cdots & \boldsymbol{B}_{1s} \\ \boldsymbol{B}_{21} & \boldsymbol{B}_{22} & \cdots & \boldsymbol{B}_{2s} \\ \vdots & \vdots & & \vdots \\ \boldsymbol{B}_{s1} & \boldsymbol{B}_{s2} & \cdots & \boldsymbol{B}_{ss} \end{pmatrix}$$

由此得

$$\boldsymbol{B}_{jj}\boldsymbol{G}_j = \boldsymbol{G}_j\boldsymbol{B}_{jj}, \quad j=1, 2, \cdots, s$$
$$\boldsymbol{B}_{ij}\boldsymbol{G}_j = \boldsymbol{G}_i\boldsymbol{B}_{ij}, \quad i \neq j$$

于是 $\boldsymbol{B}_{jj} \in C(\boldsymbol{G}_j)$，$j=1, 2, \cdots, s$. 由于 $\boldsymbol{G}_j$ 是一个 n_j 级 Frobenius 矩阵，因此，根据习题 6.9 第 14 题的结论，得 $C(\boldsymbol{G}_j)=\mathbb{F}[\boldsymbol{G}_j]$，$j=1, 2, \cdots, s$. 当 $i \neq j$ 时，由于 $m_i(\lambda)$ 与 $m_j(\lambda)$ 互素，因此根据习题 6.9 第 21 题，得矩阵方程 $\boldsymbol{X}\boldsymbol{G}_j=\boldsymbol{G}_i\boldsymbol{X}$ 只有零解，因此 $\boldsymbol{B}_{ij}=\boldsymbol{0}$，从而 $\boldsymbol{B}=\mathrm{diag}\{\boldsymbol{B}_{11}, \cdots, \boldsymbol{B}_{ss}\}$. 令

$$\sigma: C(\boldsymbol{G}) \to \mathbb{F}[\boldsymbol{G}_1] \dotplus \mathbb{F}[\boldsymbol{G}_2] \dotplus \cdots \dotplus \mathbb{F}[\boldsymbol{G}_s]$$
$$\mathrm{diag}\{\boldsymbol{B}_{11}, \boldsymbol{B}_{22}, \cdots, \boldsymbol{B}_{ss}\} \mapsto (\boldsymbol{B}_{11}, \boldsymbol{B}_{22}, \cdots, \boldsymbol{B}_{ss})$$

容易看出 σ 是双射，并且 σ 保持加法和纯量乘法运算，因此 σ 是一个同构映射，从而

$$\begin{aligned} \dim C(\boldsymbol{G}) &= \dim \mathbb{F}[\boldsymbol{G}_1] + \dim \mathbb{F}[\boldsymbol{G}_2] + \cdots + \dim \mathbb{F}[\boldsymbol{G}_s] \\ &= n_1 + n_2 + \cdots + n_s = n \end{aligned}$$

由于 $m_1(\lambda)$，$m_2(\lambda)$，$\cdots$，$m_s(\lambda)$ 两两互素，因此 $\boldsymbol{G}$ 的最小多项式

$$\begin{aligned} m(\lambda) &= [m_1(\lambda), m_2(\lambda), \cdots, m_s(\lambda)] = m_1(\lambda)m_2(\lambda)\cdots m_s(\lambda) \\ &= f_1(\lambda)f_2(\lambda)\cdots f_s(\lambda) = f(\lambda) \end{aligned}$$

从而 $\deg m(\lambda) = \deg f(\lambda) = \dim V = n$，于是 $\dim \mathbb{F}[\boldsymbol{G}] = \deg m(\lambda) = n$. 又因为 $\mathbb{F}[\boldsymbol{G}] \subseteq C(\boldsymbol{G})$，从而 $\mathbb{F}[\boldsymbol{G}] = C(\boldsymbol{G})$，即有 $C(\mathscr{A}) = \mathbb{F}[\mathscr{A}]$.

5. 对于第 1，2 题中各个矩阵 $\boldsymbol{A}$，$\boldsymbol{B}$，求 $C(\boldsymbol{A})$，$C(\boldsymbol{B})$ 以及它们的维数.

解： 第 1 题中，由于 $\boldsymbol{A}$ 的有理标准形中，各个有理块的最小多项式两两互素（一个是 $\lambda-2$，一个是 $\lambda^2-2\lambda+2$），因此由第 4 题结论知 $C(\boldsymbol{A})=\mathbb{R}[\boldsymbol{A}]$，$\dim C(\boldsymbol{A})=3$；$\boldsymbol{B}$ 的有理标准形中，各个有理块的最小多项式两两互素（一个是 $\lambda-1$，一个是 $\lambda^2-4\lambda+13$），于

是有 $C(\boldsymbol{B})=\mathbb{R}[\boldsymbol{B}]$，$\dim C(\boldsymbol{B})=3$. 第 2 题中 $\boldsymbol{A}$ 的有理块只有一个，故 $C(\boldsymbol{A})=\mathbb{Q}[\boldsymbol{A}]$，$\dim C(\boldsymbol{A})=3$.

6. 设 $\mathscr{A}$ 是域 $\mathbb{F}$ 上 n 维线性空间 V 上的线性变换，$\mathscr{A}$ 的最小多项式 $m(\lambda)=p(\lambda)$，其中 $p(\lambda)$ 是域 $\mathbb{F}$ 上的首一不可约多项式，且 $\deg p(\lambda)=r$. 证明：

$$C(\mathscr{A})=\mathrm{Hom}_{\mathbb{F}[\mathscr{A}]}(V,V)，\dim_{\mathbb{F}} C(\mathscr{A})=\frac{1}{r}(\dim_{\mathbb{F}} V)^2.$$

证明： 由于 $\mathscr{A}$ 的最小多项式 $m(\lambda)=p(\lambda)$ 在域 $\mathbb{F}$ 上不可约，因此根据 6.9 节例 2 得，$\mathbb{F}[\mathscr{A}]$ 是一个域. V 能成为域 $\mathbb{F}[\mathscr{A}]$ 上的线性空间，其中 $g(\mathscr{A})$ 与 V 中向量 $\boldsymbol{\alpha}$ 的纯量乘法规定为 $g(\mathscr{A})\boldsymbol{\alpha}$. 任取 $\boldsymbol{\beta}\in\mathrm{Hom}_{\mathbb{F}[\mathscr{A}]}(V,V)$，于是对 $\forall\boldsymbol{\alpha}\in V$，$g(\mathscr{A})\in\mathbb{F}[\mathscr{A}]$，$\mathscr{B}[g(\mathscr{A})\boldsymbol{\alpha}]=g(\mathscr{A})(\mathscr{B}\boldsymbol{\alpha})$. 特别地，对 $\forall\boldsymbol{\alpha}\in V$，$\mathscr{B}(\mathscr{A}\boldsymbol{\alpha})=\mathscr{A}(\mathscr{B}\boldsymbol{\alpha})$，因此 $\mathscr{B}\mathscr{A}=\mathscr{A}\mathscr{B}$，从而 $\mathscr{B}\in C(\mathscr{A})$，所以 $\mathrm{Hom}_{\mathbb{F}[\mathscr{A}]}(V,V)\subseteq C(\mathscr{A})$. 反之，任取 $\mathscr{B}\in C(\mathscr{A})$，则 $\mathscr{B}\mathscr{A}=\mathscr{A}\mathscr{B}$，从而对 $\forall g(\mathscr{A})\in\mathbb{F}[\mathscr{A}]$，$\mathscr{B}g(\mathscr{A})=g(\mathscr{A})\mathscr{B}$，于是 $\forall\boldsymbol{\alpha}\in V$，$\mathscr{B}[g(\mathscr{A})\boldsymbol{\alpha}]=g(\mathscr{A})(\mathscr{B}\boldsymbol{\alpha})$. 这表明 $\mathscr{B}$ 保持域 $\mathbb{F}[\mathscr{A}]$ 与 V 的纯量乘法，从而 $\mathscr{B}\in\mathrm{Hom}_{\mathbb{F}[\mathscr{A}]}(V,V)$. 于是 $C(\mathscr{A})\subseteq\mathrm{Hom}_{\mathbb{F}[\mathscr{A}]}(V,V)$，因此 $C(\mathscr{A})=\mathrm{Hom}_{\mathbb{F}[\mathscr{A}]}(V,V)$.

记 $\Omega=\mathrm{Hom}_{\mathbb{F}[\mathscr{A}]}(V,V)$，$\Omega$ 是域 $\mathbb{F}[\mathscr{A}]$ 上的线性空间，由于 $\mathbb{F}[\mathscr{A}]$ 是域 $\mathbb{F}$ 上的线性空间，因此根据习题 3.5 第 12 题的结论得，Ω 可看成域 $\mathbb{F}$ 上的线性空间，并且

$$\dim_{\mathbb{F}}\Omega=\dim_{\mathbb{F}}\mathbb{F}[\mathscr{A}]\cdot\mathrm{Hom}_{\mathbb{F}[\mathscr{A}]}\Omega.$$

由于 $\dim_{\mathbb{F}}\mathbb{F}[\mathscr{A}]=\deg m(\lambda)=r$，因此 $\dim_{\mathbb{F}}\Omega=r\cdot\dim_{\mathbb{F}[\mathscr{A}]}\Omega=r[\dim_{\mathbb{F}[\mathscr{A}]}V]^2$. 同样根据习题 3.5 第 12 题的结论得

$$\dim_{\mathbb{F}}V=(\dim_{\mathbb{F}}\mathbb{F}[\mathscr{A}])\cdot(\dim_{\mathbb{F}[\mathscr{A}]}V)=r(\dim_{\mathbb{F}[\mathscr{A}]}V)$$

故 $\dim_{\mathbb{F}}C(\mathscr{A})=\dim_{\mathbb{F}}\Omega=r(\dim_{\mathbb{F}[\mathscr{A}]}V)^2=\frac{1}{r}(\dim_{\mathbb{F}}V)^2$.

7. 设实数域上的 4 级矩阵 $\boldsymbol{G}=\mathrm{diag}\left\{\begin{pmatrix}0&-1\\1&0\end{pmatrix},\begin{pmatrix}0&-1\\1&0\end{pmatrix}\right\}$，求 $\dim C(\boldsymbol{G})$ 和 $C(\boldsymbol{G})$ 的一个基.

解： $\boldsymbol{G}$ 的最小多项式 $m(\lambda)=[\lambda^2+1,\lambda^2+1]=\lambda^2+1$，因此根据第 6 题的结论得 $\dim C(\boldsymbol{G})=\frac{1}{2}\times4^2=8$. 易验证 $\begin{pmatrix}0&-1\\1&0\end{pmatrix}^{-1}=\begin{pmatrix}0&-1\\1&0\end{pmatrix}$，则

$$\begin{pmatrix}\boldsymbol{H}&\boldsymbol{0}\\\boldsymbol{0}&\boldsymbol{H}\end{pmatrix}\begin{bmatrix}\boldsymbol{H}^{-1}&\boldsymbol{0}\\\boldsymbol{0}&\boldsymbol{0}\end{bmatrix}=\begin{pmatrix}\boldsymbol{I}&\boldsymbol{0}\\\boldsymbol{0}&\boldsymbol{0}\end{pmatrix}=\begin{bmatrix}\boldsymbol{H}^{-1}&\boldsymbol{0}\\\boldsymbol{0}&\boldsymbol{0}\end{bmatrix}\begin{pmatrix}\boldsymbol{H}&\boldsymbol{0}\\\boldsymbol{0}&\boldsymbol{H}\end{pmatrix}$$

$$\begin{pmatrix}\boldsymbol{H} & \boldsymbol{0}\\ \boldsymbol{0} & \boldsymbol{H}\end{pmatrix}\begin{bmatrix}\boldsymbol{0} & \boldsymbol{H}^{-1}\\ \boldsymbol{0} & \boldsymbol{0}\end{bmatrix}=\begin{pmatrix}\boldsymbol{0} & \boldsymbol{I}\\ \boldsymbol{0} & \boldsymbol{0}\end{pmatrix}=\begin{bmatrix}\boldsymbol{0} & \boldsymbol{H}^{-1}\\ \boldsymbol{0} & \boldsymbol{0}\end{bmatrix}\begin{pmatrix}\boldsymbol{H} & \boldsymbol{0}\\ \boldsymbol{0} & \boldsymbol{H}\end{pmatrix}$$

$$\begin{pmatrix}\boldsymbol{H} & \boldsymbol{0}\\ \boldsymbol{0} & \boldsymbol{H}\end{pmatrix}\begin{bmatrix}\boldsymbol{0} & \boldsymbol{0}\\ \boldsymbol{H}^{-1} & \boldsymbol{0}\end{bmatrix}=\begin{pmatrix}\boldsymbol{0} & \boldsymbol{0}\\ \boldsymbol{I} & \boldsymbol{0}\end{pmatrix}=\begin{bmatrix}\boldsymbol{0} & \boldsymbol{0}\\ \boldsymbol{H}^{-1} & \boldsymbol{0}\end{bmatrix}\begin{pmatrix}\boldsymbol{H} & \boldsymbol{0}\\ \boldsymbol{0} & \boldsymbol{H}\end{pmatrix}$$

$$\begin{pmatrix}\boldsymbol{H} & \boldsymbol{0}\\ \boldsymbol{0} & \boldsymbol{H}\end{pmatrix}\begin{bmatrix}\boldsymbol{0} & \boldsymbol{0}\\ \boldsymbol{0} & \boldsymbol{H}^{-1}\end{bmatrix}=\begin{pmatrix}\boldsymbol{0} & \boldsymbol{0}\\ \boldsymbol{0} & \boldsymbol{I}\end{pmatrix}=\begin{bmatrix}\boldsymbol{0} & \boldsymbol{0}\\ \boldsymbol{0} & \boldsymbol{H}^{-1}\end{bmatrix}\begin{pmatrix}\boldsymbol{H} & \boldsymbol{0}\\ \boldsymbol{0} & \boldsymbol{H}\end{pmatrix}$$

因此$\begin{bmatrix}\boldsymbol{H}^{-1} & \boldsymbol{0}\\ \boldsymbol{0} & \boldsymbol{0}\end{bmatrix}$，$\begin{bmatrix}\boldsymbol{0} & \boldsymbol{H}^{-1}\\ \boldsymbol{0} & \boldsymbol{0}\end{bmatrix}$，$\begin{bmatrix}\boldsymbol{0} & \boldsymbol{0}\\ \boldsymbol{H}^{-1} & \boldsymbol{0}\end{bmatrix}$，$\begin{bmatrix}\boldsymbol{0} & \boldsymbol{0}\\ \boldsymbol{0} & \boldsymbol{H}^{-1}\end{bmatrix}\in C(\boldsymbol{G})$，易证上述 8 个矩阵线性无关. 又由于 $\dim C(\boldsymbol{G})=8$，因此这 8 个矩阵构成 $C(\boldsymbol{G})$的一个基.

8. 设实数域上的 4 级矩阵 $\boldsymbol{G}=\mathrm{diag}\left\{\begin{pmatrix}0 & -13\\ 1 & 4\end{pmatrix}, \begin{pmatrix}0 & -13\\ 1 & 4\end{pmatrix}\right\}$，求 $\dim C(\boldsymbol{G})$和 $C(\boldsymbol{G})$的一个基.

解： G 的最小多项式 $m(\lambda)=[\lambda^2-4\lambda+13, \lambda^2-4\lambda+13]=\lambda^2-4\lambda+13$，因此根据第 6 题的结论得 $\dim C(\boldsymbol{G})=\frac{1}{2}\times 4^2=8$. 同第 7 题，记 $\boldsymbol{G}_1=\begin{pmatrix}0 & -13\\ 1 & 4\end{pmatrix}$，则$\begin{bmatrix}\boldsymbol{G}_1^{-1} & \boldsymbol{0}\\ \boldsymbol{0} & \boldsymbol{0}\end{bmatrix}$，$\begin{bmatrix}\boldsymbol{0} & \boldsymbol{G}_1^{-1}\\ \boldsymbol{0} & \boldsymbol{0}\end{bmatrix}$，$\begin{bmatrix}\boldsymbol{0} & \boldsymbol{0}\\ \boldsymbol{G}_1^{-1} & \boldsymbol{0}\end{bmatrix}$，$\begin{bmatrix}\boldsymbol{0} & \boldsymbol{0}\\ \boldsymbol{0} & \boldsymbol{G}_1^{-1}\end{bmatrix}$，$\begin{pmatrix}\boldsymbol{I} & \boldsymbol{0}\\ \boldsymbol{0} & \boldsymbol{0}\end{pmatrix}$，$\begin{pmatrix}\boldsymbol{0} & \boldsymbol{I}\\ \boldsymbol{0} & \boldsymbol{0}\end{pmatrix}$，$\begin{pmatrix}\boldsymbol{0} & \boldsymbol{0}\\ \boldsymbol{I} & \boldsymbol{0}\end{pmatrix}$，$\begin{pmatrix}\boldsymbol{0} & \boldsymbol{0}\\ \boldsymbol{0} & \boldsymbol{I}\end{pmatrix}$是 $C(\boldsymbol{G})$ 的一个基.

9. 设 $\mathscr{A}$ 是域 $\mathbb{F}$ 上 n 维线性空间 V 上的线性变换，$\mathscr{A}$ 的最小多项式 $m(\lambda)$在$\mathbb{F}[\lambda]$中的标准分解式为

$$m(\lambda)=p_1^{l_1}(\lambda)p_2^{l_2}(\lambda)\cdots p_s^{l_s}(\lambda).$$

记 $W_j=\mathrm{Ker}\,p_j^{l_j}(\mathscr{A})$，$\mathscr{A}_j=\mathscr{A}|W_j$，$j=1, 2, \cdots, s$. 证明：

$$\dim C(\mathscr{A})=\sum_{j=1}^{s}\dim C(\mathscr{A}_j).$$

证明： 由题意 $V=W_1\oplus W_2\oplus\cdots\oplus W_s$，$\mathscr{A}_j=\mathscr{A}|W_j$ 的最小多项式 $m_j(\lambda)=p_j^{l_j}(\lambda)$，$j=1, 2, \cdots, s$. 在 $W_1, W_2, \cdots, W_s$ 中各取一个基，把它们合起来成为 V 的一个基，$\mathscr{A}$ 在此基下的矩阵 $\boldsymbol{A}=\mathrm{diag}\{\boldsymbol{A}_1, \boldsymbol{A}_2, \cdots, \boldsymbol{A}_s\}$，其中 $\boldsymbol{A}_j$ 是 $\mathscr{A}_j$ 在 W_j 的上述基下的矩阵，设 V 上的线性变换 $\mathscr{B}$ 在 V 的上述基下的矩阵为 $\boldsymbol{B}$，则

若 $\mathscr{B}\in C(\mathscr{A})\Leftrightarrow\boldsymbol{B}\in C(\boldsymbol{A})\Leftrightarrow\boldsymbol{AB}=\boldsymbol{BA}$

$$\Leftrightarrow\begin{cases}\boldsymbol{B}_{jj}\boldsymbol{A}_j=\boldsymbol{A}_j\boldsymbol{B}_{jj}, & j=1,2,\cdots,s\\ \boldsymbol{B}_{ij}\boldsymbol{A}_j=\boldsymbol{A}_i\boldsymbol{B}_{ij}, & i\neq j\end{cases}$$

$$\Leftrightarrow\begin{cases}\boldsymbol{B}_{jj}\in C(\boldsymbol{A}_j), & j=1,2,\cdots,s\\ \boldsymbol{B}_{ij}\boldsymbol{A}_j=\boldsymbol{A}_i\boldsymbol{B}_{ij}, & i\neq j\end{cases}$$

由于当 $i\neq j$ 时，$m_i(\lambda)=p_i^{l_i}(\lambda)$ 与 $m_j(\lambda)=p_j^{l_j}(\lambda)$ 互素，因此矩阵方程 $\boldsymbol{X}\boldsymbol{A}_j=\boldsymbol{A}_i\boldsymbol{X}$ 只有零解，从而当 $i\neq j$ 时，$\boldsymbol{B}_{ij}=\boldsymbol{0}$. 因此 $\boldsymbol{B}\in C(\boldsymbol{A})\Leftrightarrow\boldsymbol{B}=\mathrm{diag}\{\boldsymbol{B}_{11},\boldsymbol{B}_{22},\cdots,\boldsymbol{B}_{ss}\}$，$\boldsymbol{B}_{jj}\in C(\boldsymbol{A}_j)$，$j=1,2,\cdots,s$. 令

$$\sigma: C(\boldsymbol{A})\to C(\boldsymbol{A}_1)\dotplus C(\boldsymbol{A}_2)\dotplus\cdots\dotplus C(\boldsymbol{A}_s)$$
$$\mathrm{diag}\{\boldsymbol{B}_{11},\boldsymbol{B}_{22},\cdots,\boldsymbol{B}_{ss}\}\mapsto(\boldsymbol{B}_{11},\boldsymbol{B}_{22},\cdots,\boldsymbol{B}_{ss})$$

易证 σ 是同构映射，因此

$$\begin{aligned}\dim C(\boldsymbol{A})&=\dim C(\boldsymbol{A}_1)+\dim C(\boldsymbol{A}_2)+\cdots+\dim C(\boldsymbol{A}_s)\\&=\sum_{j=1}^{s}\dim C(\mathscr{A}_j)\end{aligned}$$

10. 设 $\mathscr{A}$ 是域 $\mathbb{F}$ 上 n 维线性空间 V 上的线性变换，且 $\mathscr{A}$ 的最小多项式 $m(\lambda)$ 在 $\mathbb{F}[\lambda]$ 中的标准分解式为 $m(\lambda)=p_1(\lambda)p_2(\lambda)\cdots p_s(\lambda)$，$\deg p_i(\lambda)=r_i$，$i=1,2,\cdots,s$；$\mathscr{A}$ 的特征多项式 $f(\lambda)=p_1^{k_1}(\lambda)p_2^{k_2}(\lambda)\cdots p_s^{k_s}(\lambda)$. 证明：

$$\dim C(\mathscr{A})=\sum_{i=1}^{s}r_ik_i^2.$$

证明： 记 $W_j=\mathrm{Ker}\,p_j(\mathscr{A})$，$\mathscr{A}_j=\mathscr{A}|W_j$，根据第 9 题的结论得，$\dim C(\mathscr{A})=\sum_{j=1}^{s}\dim C(\mathscr{A}_j)$. 由于 $\mathscr{A}_j$ 的最小多项式 $m_j(\lambda)=p_j(\lambda)$ 在域 $\mathbb{F}$ 上不可约，因此根据第 6 题的结论得 $\dim C(\mathscr{A}_j)=\frac{1}{r_j}(\dim W_j)^2$. 根据本节例 1 前面的一段话中的(70)式，$\dim W_j=k_j\deg p_j(\lambda)=k_jr_j$，因此

$$\dim C(\mathscr{A})=\sum_{j=1}^{s}\dim C(\mathscr{A}_j)=\sum_{j=1}^{s}\frac{1}{r_j}(k_jr_j)^2=\sum_{j=1}^{s}k_j^2r_j$$

11. 设实数域上的 6 级矩阵 $\boldsymbol{A}=\mathrm{diag}\left\{\begin{pmatrix}0&-1\\1&1\end{pmatrix},\begin{pmatrix}0&-13\\1&4\end{pmatrix},\begin{pmatrix}0&-13\\1&4\end{pmatrix}\right\}$，求 $C(\boldsymbol{A})$ 的维数和 $C(\boldsymbol{A})$ 的一个基.

解： $\boldsymbol{A}$ 的最小多项式 $m(\lambda)=[\lambda^2-\lambda+1,\lambda^2-4\lambda+13,\lambda^2-4\lambda+13]=(\lambda^2-\lambda+1)\cdot$

$(\lambda^2-4\lambda+13)$. 而 $\boldsymbol{A}$ 为 6 级矩阵，故 $\boldsymbol{A}$ 的特征多项式 $f(\lambda)=f_1(\lambda)f_2(\lambda)f_3(\lambda)$ 分别是矩阵 $\begin{pmatrix}0&-1\\1&1\end{pmatrix}$ · $\begin{pmatrix}0&-13\\1&4\end{pmatrix}$，$\begin{pmatrix}0&-13\\1&4\end{pmatrix}$ 的特征多项式，而 Frobenius 矩阵的最小多项式等于特征多项式，故 $\boldsymbol{A}$ 的特征多项式 $f(\lambda)=(\lambda^2-\lambda+1)(\lambda^2-4\lambda+13)^2$. 由第 10 题的结论得 $\dim C(A)=2\times1^2+2\times2^2=10$. 记 $\boldsymbol{A}_1=\begin{pmatrix}0&-1\\1&1\end{pmatrix}$，$\boldsymbol{A}_2=\begin{pmatrix}0&-13\\1&4\end{pmatrix}$，则 $\boldsymbol{A}_1$ 的最小多项式 $m_1(\lambda)=\lambda^2-\lambda+1=f_1(\lambda)$，由第 10 题结论知 $\dim C(\boldsymbol{A}_1)=2\times1=2$，而第 8 题已经求出 $\dim C(\operatorname{diag}\{\boldsymbol{A}_2, \boldsymbol{A}_1\})$ 和一个基，故只要求出 $C(\boldsymbol{A}_1)$ 的一个基，再利用第 9 题的结论即可得结论，易知 $\begin{pmatrix}0&-1\\1&1\end{pmatrix}\begin{pmatrix}0&-1\\1&1\end{pmatrix}=\begin{pmatrix}0&-1\\1&1\end{pmatrix}\begin{pmatrix}0&-1\\1&1\end{pmatrix}$，且 $\boldsymbol{I}_2\boldsymbol{A}_1=\boldsymbol{A}_1\boldsymbol{I}_2$，故 $C(\boldsymbol{A}_1)$ 的一个基为 $\begin{pmatrix}0&-1\\1&1\end{pmatrix}$，$I_2$. 从而 $C(A)$ 的一个基为

$$\begin{pmatrix}\boldsymbol{I}&&\\&\boldsymbol{0}&\boldsymbol{0}\\&\boldsymbol{0}&\boldsymbol{0}\end{pmatrix},\begin{pmatrix}\boldsymbol{A}_1&&\\&\boldsymbol{0}&\boldsymbol{0}\\&\boldsymbol{0}&\boldsymbol{0}\end{pmatrix},\begin{pmatrix}\boldsymbol{0}&&\\&\boldsymbol{I}&\boldsymbol{0}\\&\boldsymbol{0}&\boldsymbol{0}\end{pmatrix},\begin{pmatrix}\boldsymbol{0}&&\\&\boldsymbol{0}&\boldsymbol{I}\\&\boldsymbol{0}&\boldsymbol{0}\end{pmatrix},\begin{pmatrix}\boldsymbol{0}&&\\&\boldsymbol{0}&\boldsymbol{0}\\&\boldsymbol{I}&\boldsymbol{0}\end{pmatrix},$$

$$\begin{pmatrix}\boldsymbol{0}&&\\&\boldsymbol{0}&\boldsymbol{0}\\&\boldsymbol{0}&\boldsymbol{I}\end{pmatrix},\begin{pmatrix}\boldsymbol{0}&&\\&\boldsymbol{A}_2^{-1}&\boldsymbol{0}\\&\boldsymbol{0}&\boldsymbol{0}\end{pmatrix},\begin{pmatrix}\boldsymbol{0}&&\\&\boldsymbol{0}&\boldsymbol{A}_2^{-1}\\&\boldsymbol{0}&\boldsymbol{0}\end{pmatrix},\begin{pmatrix}\boldsymbol{0}&&\\&\boldsymbol{0}&\boldsymbol{I}\\&\boldsymbol{A}_2^{-1}&\boldsymbol{0}\end{pmatrix},\begin{pmatrix}\boldsymbol{0}&&\\&\boldsymbol{0}&\boldsymbol{0}\\&\boldsymbol{0}&\boldsymbol{A}_3^{-1}\end{pmatrix}$$

12. 设 V 是域 $\mathbb{F}$ 上的线性空间，$\mathscr{A}$ 是 V 上的一个线性变换. 设 $V=U_1\oplus U_2\oplus\cdots\oplus U_m$，用 $\mathscr{P}_j$ 表示平行于 $\bigoplus\limits_{i\neq j}U_i$ 在 U_j 上的投影. 证明：

$$U_j \text{ 是 } \mathscr{A} \text{ 的不变子空间}, j=1, 2, \cdots, m \Leftrightarrow \mathscr{P}_j\in C(\mathscr{A}), j=1, 2, \cdots, m.$$

证明： **（必要性）** 设 U_j 是 $\mathscr{A}$ 的不变子空间，$j=1, 2, \cdots, m$. 任取 $\boldsymbol{\alpha}_j\in U_j$，则 $\mathscr{A}\boldsymbol{\alpha}_j\in U_j$，从而 $\mathscr{P}_j(\mathscr{A}\boldsymbol{\alpha}_j)=\mathscr{A}\boldsymbol{\alpha}_j$. 又由于 $\mathscr{A}\mathscr{P}_j\boldsymbol{\alpha}_j=\mathscr{A}\boldsymbol{\alpha}_j$，因此对 $\forall\,\boldsymbol{\alpha}_j\in U_j$，$\mathscr{P}_j\mathscr{A}\boldsymbol{\alpha}_j=\mathscr{A}\mathscr{P}_j\boldsymbol{\alpha}_j$. 当 $i\neq j$ 时，任取 $\boldsymbol{\alpha}_i\in U_i$，由 $\mathscr{P}_j$ 的定义得 $\mathscr{P}_j\boldsymbol{\alpha}_i=0$，从而 $\mathscr{A}(\mathscr{P}_j\boldsymbol{\alpha}_i)=\boldsymbol{0}$. 由于 U_i 是 $\mathscr{A}$ 的不变子空间，因此 $\mathscr{A}\boldsymbol{\alpha}_i\in U_i$，于是 $\mathscr{P}_j(\mathscr{A}\boldsymbol{\alpha}_i)=\boldsymbol{0}$，从而对 $\forall\,\boldsymbol{\alpha}_i\in U_i$，$i\neq j$，$\mathscr{A}\mathscr{P}_j\boldsymbol{\alpha}_i=\mathscr{P}_j\mathscr{A}\boldsymbol{\alpha}_i$. 任取 $\boldsymbol{\alpha}\in V$，设 $\boldsymbol{\alpha}=\sum\limits_{k=1}^{m}\boldsymbol{\alpha}_k$，$\boldsymbol{\alpha}_k\in U_k$，$k=1, 2, \cdots, m$，则

$$\mathscr{P}_j\mathscr{A}\boldsymbol{\alpha}=\sum_{k=1}^{m}\mathscr{P}_j\mathscr{A}\boldsymbol{\alpha}_k=\sum_{k=1}^{m}\mathscr{A}\mathscr{P}_j\boldsymbol{\alpha}_k=\mathscr{A}\mathscr{P}_j\sum_{k=1}^{m}\boldsymbol{\alpha}_k=\mathscr{A}\mathscr{P}_j\boldsymbol{\alpha}.$$

因此 $\mathscr{P}_j\mathscr{A}=\mathscr{A}\mathscr{P}_j$，即 $\mathscr{P}_j\in C(\mathscr{A})$.

（充分性）设 $\mathscr{P}_j \in C(\mathscr{A})$，则 $\mathrm{Im}\mathscr{P}_j$ 是 $\mathscr{A}$ 的不变子空间. 由于 $\mathrm{Im}\mathscr{P}_j = U_j$，因此 U_j 是 $\mathscr{A}$ 的不变子空间.

习题 6.13 线性函数,对偶空间

1. 用 $C[a, b]$ 表示闭区间 $[a, b]$ 上所有连续函数组成的集合，它是实数域上的一个线性空间. 证明：$[a, b]$ 上的定积分 $J: f(x) \mapsto \int_a^b f(x)\mathrm{d}x$ 是 $C[a, b]$ 上的一个线性函数.

证明： 显然 J 是 $C[a, b]$ 到 $\mathbb{R}$ 的一个映射，由于

$$\begin{aligned} J(kf(x)+lg(x)) &= \int_a^b (kf(x)+lg(x))\mathrm{d}x \\ &= k\int_a^b f(x)\mathrm{d}x + l\int_a^b g(x)\mathrm{d}x \\ &= kJ(f(x)) + lJ(g(x)) \end{aligned}$$

从而 J 保持加法和数量乘法，因此 J 是 $C[a, b]$ 上的一个线性函数.

2. 设 V 是域 $\mathbb{F}$ 上的 3 维线性空间，$\boldsymbol{\alpha}_1, \boldsymbol{\alpha}_2, \boldsymbol{\alpha}_3$ 是 V 的一个基，f 是 V 上的一个线性函数. 已知

$$f(\boldsymbol{\alpha}_1+2\boldsymbol{\alpha}_3)=4,\ f(\boldsymbol{\alpha}_2+3\boldsymbol{\alpha}_3)=0,\ f(4\boldsymbol{\alpha}_1+\boldsymbol{\alpha}_2)=5,$$

求 f 在基 $\boldsymbol{\alpha}_1, \boldsymbol{\alpha}_2, \boldsymbol{\alpha}_3$ 下的表达式.

解： 由于 f 是 V 上的一个线性函数，由已知条件得

$$\begin{cases} f(\boldsymbol{\alpha}_1)+2f(\boldsymbol{\alpha}_3)=4, \\ f(\boldsymbol{\alpha}_2)+3f(\boldsymbol{\alpha}_3)=0, \\ 4f(\boldsymbol{\alpha}_1)+f(\boldsymbol{\alpha}_2)=5, \end{cases}$$

解得 $f(\boldsymbol{\alpha}_1)=2$，$f(\boldsymbol{\alpha}_2)=-3$，$f(\boldsymbol{\alpha}_3)=1$. 因此 $f(\boldsymbol{\alpha})=2x_1-3x_2+x_3$，其中 $\boldsymbol{\alpha}=\sum_{i=1}^{3} x_i\boldsymbol{\alpha}_i$.

3. 设 V 是域 $\mathbb{F}$ 上的 3 维线性空间，$\boldsymbol{\alpha}_1, \boldsymbol{\alpha}_2, \boldsymbol{\alpha}_3$ 是 V 的一个基. 试找出 V 上的一个线性函数 f，使得

$$f(3\boldsymbol{\alpha}_1+\boldsymbol{\alpha}_2)=2,\quad f(\boldsymbol{\alpha}_2-\boldsymbol{\alpha}_3)=1,\quad f(2\boldsymbol{\alpha}_1+\boldsymbol{\alpha}_3)=2.$$

解： 由于 f 是 V 上的一个线性函数，由已知条件得

$$\begin{cases}3f(\boldsymbol{\alpha}_1)+f(\boldsymbol{\alpha}_2)=2,\\ f(\boldsymbol{\alpha}_2)-f(\boldsymbol{\alpha}_3)=1,\\ 2f(\boldsymbol{\alpha}_1)+f(\boldsymbol{\alpha}_3)=2,\end{cases}$$

解得 $f(\boldsymbol{\alpha}_1)=-1$，$f(\boldsymbol{\alpha}_2)=5$，$f(\boldsymbol{\alpha}_3)=4$. 因此 V 上的线性函数 f 为 $f(\boldsymbol{\alpha})=-x_1+5x_2+4x_3$，其中 $\boldsymbol{\alpha}=\sum\limits_{i=1}^{3}x_i\boldsymbol{\alpha}_i$.

4. 设 V 是域 $\mathbb{F}$ 上的 n 维线性空间，$\boldsymbol{\alpha}_1$，$\boldsymbol{\alpha}_2$，$\cdots$，$\boldsymbol{\alpha}_n$ 是 V 的一个基，V^* 中相应的对偶基为 f_1，f_2，$\cdots$，f_n. 求 f_i 的表达式，$i=1$，2，$\cdots$，n.

解： 任取 V 中的一个向量 $\boldsymbol{\alpha}=\sum\limits_{i=1}^{3}x_i\boldsymbol{\alpha}_i$，则根据本节(10)式得

$$f_i(\boldsymbol{\alpha})=x_i,\qquad i=1,\ 2,\ \cdots,\ n$$

5. 设 $V=M_n(\mathbb{F})$，V 中取一个基 $\boldsymbol{E}_{11}$，$\cdots$，$\boldsymbol{E}_{1n}$，$\cdots$，$\boldsymbol{E}_{n1}$，$\cdots$，$\boldsymbol{E}_{nn}$，V^* 中相应的对偶基为 f_{11}，$\cdots$，f_{1n}，$\cdots$，f_{n1}，$\cdots$，f_{nn}. 求 f_{ij} 的表达式.

解： 在 $M_n(\mathbb{F})$ 中任取一个矩阵 $\boldsymbol{A}=(x_{ij})=\sum\limits_{i=1}^{n}\sum\limits_{j=1}^{n}x_{ij}\boldsymbol{E}_{ij}$，由对偶基的性质得

$$\begin{aligned}f_{ij}(\boldsymbol{A})&=f_{ij}\left(\sum_{l=1}^{n}\sum_{k=1}^{n}x_{lk}\boldsymbol{E}_{lk}\right)\\&=\sum_{l=1}^{n}\sum_{k=1}^{n}x_{lk}f_{ij}(\boldsymbol{E}_{lk})\\&=x_{ij}\end{aligned}$$

6. 设 $V=\mathbb{R}[x]_3$，对于 $g(x)\in V$，定义

$$f_1(g(x))=\int_0^1 g(x)\mathrm{d}x,\quad f_2(g(x))=\int_0^2 g(x)\mathrm{d}x,\quad f_3(g(x))=\int_0^{-1} g(x)\mathrm{d}x.$$

证明：f_1，f_2，f_3 是 V^* 的一个基；并且求出 V 的一个基 $g_1(x)$，$g_2(x)$，$g_3(x)$，使得 f_1，f_2，f_3 是相应的对偶基.

证明： 根据第 1 题的结论得，f_1，f_2，f_3 都是 V 上的线性函数，在 $V=\mathbb{R}[x]_3$ 中取一个基 1，x，x^2，V^* 中相应的对偶基记作 $\tilde{f}_1$，$\tilde{f}_2$，$\tilde{f}_3$. 计算得

$$f_1(1)=\int_0^1 1\mathrm{d}x=1,\ f_1(x)=\frac{1}{2},\ f_1(x^2)=\frac{1}{3}$$

$$f_2(1)=2,\ f_2(x)=2,\ f_2(x^2)=\frac{8}{3}$$

$$f_3(1)=-1,\ f_3(x)=\frac{1}{2},\ f_3(x^2)=-\frac{1}{3}$$

根据本节(11)式得

$$f_1=f_1(1)\widetilde{f}_1+f_1(x)\widetilde{f}_2+f_1(x^2)\widetilde{f}_3=\widetilde{f}_1+\frac{1}{2}\widetilde{f}_2+\frac{1}{3}\widetilde{f}_3$$

$$f_2=2\widetilde{f}_1+2\widetilde{f}_2+\frac{8}{3}\widetilde{f}_3$$

$$f_3=-\widetilde{f}_1+\frac{1}{2}\widetilde{f}_2-\frac{1}{3}\widetilde{f}_3$$

于是

$$(f_1,\ f_2,\ f_3)=(\widetilde{f}_1,\ \widetilde{f}_2,\ \widetilde{f}_3)\begin{pmatrix}1 & 2 & -1\\ \frac{1}{2} & 2 & \frac{1}{2}\\ \frac{1}{3} & \frac{8}{3} & -\frac{1}{3}\end{pmatrix}$$

用 $\boldsymbol{B}$ 表示上式右端的 3 级矩阵，由于 $|\boldsymbol{B}|\neq 0$，因此 $\boldsymbol{B}$ 可逆. 由于 $\widetilde{f}_1$，$\widetilde{f}_2$，$\widetilde{f}_3$ 是 V^* 的一个基，因此 f_1，f_2，f_3 是 V^* 的一个基. 求出 $\boldsymbol{B}$ 的逆矩阵为

$$\boldsymbol{B}^{-1}=\begin{pmatrix}1 & 1 & -\frac{3}{2}\\ -\frac{1}{6} & 0 & \frac{1}{2}\\ -\frac{1}{3} & 1 & -\frac{1}{2}\end{pmatrix}$$

设 V 的一个基 $g_1(x)$，$g_2(x)$，$g_3(x)$ 在 V^* 中的对偶基为 f_1，f_2，f_3，则根据本节定理 1 得

$$(g_1(x),\ g_2(x),\ g_3(x))=(1,\ x,\ x^2)(\boldsymbol{B}^{-1})'=(1,\ x,\ x^2)\begin{pmatrix}1 & -\frac{1}{6} & -\frac{1}{3}\\ 1 & 0 & 1\\ -\frac{3}{2} & \frac{1}{2} & -\frac{1}{2}\end{pmatrix}$$

因此 $g_1(x)=1+x-\frac{3}{2}x^2$，$g_2(x)=-\frac{1}{6}+\frac{1}{2}x^2$，$g_3(x)=-\frac{1}{3}+x-\frac{1}{2}x^2$.

7. 设 V 是域 $\mathbb{F}$ 上的 3 维线性空间，V 的一个基 $\boldsymbol{\alpha}_1$，$\boldsymbol{\alpha}_2$，$\boldsymbol{\alpha}_3$ 在 V^* 中的对偶基为 f_1，

f_2，f_3. 设

$$\boldsymbol{\beta}_1=2\boldsymbol{\alpha}_1+\boldsymbol{\alpha}_2+2\boldsymbol{\alpha}_3,\quad \boldsymbol{\beta}_2=\boldsymbol{\alpha}_1+2\boldsymbol{\alpha}_2-2\boldsymbol{\alpha}_3,\quad \boldsymbol{\beta}_3=-2\boldsymbol{\alpha}_1+2\boldsymbol{\alpha}_2+\boldsymbol{\alpha}_3$$

证明：$\boldsymbol{\beta}_1$，$\boldsymbol{\beta}_2$，$\boldsymbol{\beta}_3$ 是 V 的一个基，并且求 V^* 中相应的对偶基 g_1，g_2，g_3(用 f_1，f_2，f_3 表出).

证明： 由题意知

$$(\boldsymbol{\beta}_1,\boldsymbol{\beta}_2,\boldsymbol{\beta}_3)=(\boldsymbol{\alpha}_1,\boldsymbol{\alpha}_2,\boldsymbol{\alpha}_3)\begin{pmatrix}2&1&-2\\1&2&2\\2&-2&1\end{pmatrix}$$

把上式右端的 3 级矩阵记作 $\boldsymbol{A}$. 由于 $|\boldsymbol{A}|\neq 0$，因此 $\boldsymbol{A}$ 可逆. 从而 $\boldsymbol{\beta}_1$，$\boldsymbol{\beta}_2$，$\boldsymbol{\beta}_3$ 是 V 的一个基. 计算得

$$\boldsymbol{A}^{-1}=\frac{1}{9}\begin{pmatrix}2&1&2\\1&2&-2\\-2&2&1\end{pmatrix}.$$

根据本节定理 1 得

$$(g_1,g_2,g_3)=(f_1,f_2,f_3)(\boldsymbol{A}^{-1})'$$

于是

$$g_1=\frac{2}{9}f_1+\frac{1}{9}f_2+\frac{2}{9}f_3,\ g_2=\frac{1}{9}f_1+\frac{2}{9}f_2-\frac{2}{9}f_3,\ g_3=-\frac{2}{9}f_1+\frac{2}{9}f_2+\frac{1}{9}f_3$$

8. 设 $V=\mathbb{R}^3$，在 V 中取一个基：

$$\boldsymbol{\alpha}_1=(1,1,-1)',\quad \boldsymbol{\alpha}_2=(1,-1,0)',\quad \boldsymbol{\alpha}_3=(2,0,0)'.$$

V^* 中相应的对偶基为 g_1，g_2，g_3. 求 g_i 在标准基 $\boldsymbol{\varepsilon}_1$，$\boldsymbol{\varepsilon}_2$，$\boldsymbol{\varepsilon}_3$ 下的表达式，$i=1,2,3$.

解： 对 V 中任一向量 $\boldsymbol{\alpha}=(x_1,x_2,x_3)'$. 设 $\boldsymbol{\alpha}=y_1\boldsymbol{\alpha}_1+y_2\boldsymbol{\alpha}_2+y_3\boldsymbol{\alpha}_3$，则

$$\begin{pmatrix}x_1\\x_2\\x_3\end{pmatrix}=y_1\begin{pmatrix}1\\1\\-1\end{pmatrix}+y_2\begin{pmatrix}1\\-1\\0\end{pmatrix}+y_3\begin{pmatrix}2\\0\\0\end{pmatrix}$$

解关于 y_1，y_2，y_3 的线性方程组得

$$y_1=-x_3,\quad y_2=-x_2-x_3,\quad y_3=\frac{1}{2}x_1+\frac{1}{2}x_2+x_3$$

由于 g_1，g_2，g_3 是 V 的基 $\boldsymbol{\alpha}_1$，$\boldsymbol{\alpha}_2$，$\boldsymbol{\alpha}_3$ 的对偶基，因此根据本节(10)式得

$$g_1(\boldsymbol{\alpha})=y_1=-x_3,\ g_2(\boldsymbol{\alpha})=y_2=-x_2-x_3,\ g_3(\boldsymbol{\alpha})=y_3=\frac{1}{2}x_1+\frac{1}{2}x_2+x_3$$

9. 设 V 是域 $\mathbb{F}$ 上的线性空间，U 是 V 的一个子空间，f_1 是 U 上的一个线性函数，试把 f_1 扩充成 V 上的一个线性函数.

解：任取 U 在 V 中的一个补空间 W，则 $V=U\oplus W$. 任取 $\boldsymbol{\alpha}\in V$，设 $\boldsymbol{\alpha}=\boldsymbol{\alpha}_1+\boldsymbol{\alpha}_2$，$\boldsymbol{\alpha}_1\in U$，$\boldsymbol{\alpha}_2\in W$. 令 $f(\boldsymbol{\alpha})=f_1(\boldsymbol{\alpha}_1)$，下证 f 是 V 上的一个线性函数.

任取 $\boldsymbol{\alpha}$，$\boldsymbol{\beta}\in V$，设 $\boldsymbol{\alpha}=\boldsymbol{\alpha}_1+\boldsymbol{\alpha}_2$，其中 $\boldsymbol{\alpha}_1\in U$，$\boldsymbol{\alpha}_2\in W$；设 $\boldsymbol{\beta}=\boldsymbol{\beta}_1+\boldsymbol{\beta}_2$，其中 $\boldsymbol{\beta}_1\in U$，$\boldsymbol{\beta}_2\in W$，则

$$f(\boldsymbol{\alpha}+\boldsymbol{\beta})=f_1(\boldsymbol{\alpha}_1+\boldsymbol{\beta}_1)=f_1(\boldsymbol{\alpha}_1)+f_1(\boldsymbol{\beta}_1)=f(\boldsymbol{\alpha})+f(\boldsymbol{\beta})$$
$$f(k\boldsymbol{\alpha})=f_1(k\boldsymbol{\alpha}_1)=kf_1(\boldsymbol{\alpha}_1)=kf(\boldsymbol{\alpha})$$

10. 设 V 是域 $\mathbb{F}$ 上的线性空间，$\mathrm{char}\,\mathbb{F}=0$. 设 f_1，f_2，…，f_s 都是 V 上的线性函数，并且它们都不是零函数. 证明：存在 $\boldsymbol{\alpha}\in V$，使得 $f_i(\boldsymbol{\alpha})\neq 0$，$i=1$，2，…，$s$.

证明： 证明：由于 $f_i\neq 0$，所以 $\mathrm{Ker}f_i\subsetneqq V$，$i=1$，2，…，$s$. 根据习题 3.9 第 18 题的结论得 $\bigcup\limits_{i=1}^{s}\mathrm{Ker}f_i\neq V$. 从而存在 $\boldsymbol{\alpha}\in V$，使得 $\boldsymbol{\alpha}\notin\bigcup\limits_{i=1}^{s}\mathrm{Ker}f_i$. 由此得出，$\boldsymbol{\alpha}\notin\mathrm{Ker}f_i$，$i=1$，2，…，$s$. 因此，$f_i(\boldsymbol{\alpha})\neq 0$，$i=1$，2，…，$s$.

11. 设 V 是域 $\mathbb{F}$ 上的 n 维线性空间，$\mathscr{A}$ 是 V 上的一个线性变换.

(1) 证明：对于 $f\in V^*$，有 $f\mathscr{A}\in V^*$；

(2) 令 $\mathscr{A}^*$：$V^*\to V^*$

$$f\mapsto f\mathscr{A}.$$

证明：$\mathscr{A}^*$ 是 V^* 上的一个线性变换.

(3) 设 V 的一个基 $\boldsymbol{\alpha}_1$，$\boldsymbol{\alpha}_2$，…，$\boldsymbol{\alpha}_n$ 在 V^* 中的对偶基为 f_1，f_2，…，f_n，$\mathscr{A}$ 在 V 的基 $\boldsymbol{\alpha}_1$，$\boldsymbol{\alpha}_2$，…，$\boldsymbol{\alpha}_n$ 下的矩阵为 $\boldsymbol{A}$. 证明：$\mathscr{A}^*$ 在 V^* 的基 f_1，f_2，…，f_n 下的矩阵为 $\boldsymbol{A}'$(把 $\mathscr{A}^*$ 称为 $\mathscr{A}$ 的转置映射或对偶映射).

证明： (1) 因为 f 可看成 $V\to\mathbb{R}$ 上的线性映射，而 $\mathscr{A}$ 是 V 上的线性变换，由线性映射的乘法立即得证.

(2) 任取 f，$g\in V^*$，$k\in\mathbb{F}$，有

$$\mathscr{A}^*(f+g)=(f+g)\mathscr{A}=f\mathscr{A}+g\mathscr{A}=\mathscr{A}^*(f)+\mathscr{A}^*(g)$$
$$\mathscr{A}^*(kf)=(kf)\mathscr{A}=k(f\mathscr{A})=k\mathscr{A}^*(f)$$

因此 $\mathscr{A}^*$ 是 V^* 上的一个线性变换.

(3) 已知 $\mathscr{A}(\boldsymbol{\alpha}_1, \boldsymbol{\alpha}_2, \cdots, \boldsymbol{\alpha}_n)=(\boldsymbol{\alpha}_1, \boldsymbol{\alpha}_2, \cdots, \boldsymbol{\alpha}_n)\mathbf{A}$, 设 $\mathbf{A}=(a_{ij})$. 先计算

$$f_i\mathscr{A}=\sum_{j=1}^{n}(f_i\mathscr{A})(\boldsymbol{\alpha}_j)f_j=\sum_{j=1}^{n}f_i\left(\sum_{k=1}^{n}a_{kj}\boldsymbol{\alpha}_k\right)f_j$$
$$=\sum_{j=1}^{n}\sum_{k=1}^{n}a_{kj}f_i(\boldsymbol{\alpha}_k)f_j=\sum_{j=1}^{n}a_{ij}f_j$$

从而

$$\begin{aligned}\mathscr{A}^*(f_1, f_2, \cdots, f_n)&=(f_1\mathscr{A}, f_2\mathscr{A}, \cdots, f_n\mathscr{A})\\&=\left(\sum_{j=1}^{n}a_{1j}f_j, \sum_{j=1}^{n}a_{2j}f_j, \cdots, \sum_{j=1}^{n}a_{nj}f_j\right)\\&=(f_1, f_2, \cdots, f_n)\begin{pmatrix}a_{11} & a_{21} & \cdots & a_{n1}\\ a_{12} & a_{22} & \cdots & a_{n2}\\ \vdots & \vdots & & \vdots\\ a_{1n} & a_{2n} & \cdots & a_{nn}\end{pmatrix}\\&=(f_1, f_2, \cdots, f_n)\mathbf{A}'\end{aligned}$$

因此 $\mathscr{A}^*$ 在 V^* 的基 $f_1, f_2, \cdots, f_n$ 下的矩阵为 $\mathbf{A}'$.

12. 设 V 是域 $\mathbb{F}$ 上的 n 维线性空间, $\operatorname{char}\mathbb{F}=0$. 设 $\boldsymbol{\alpha}_1, \boldsymbol{\alpha}_2, \cdots, \boldsymbol{\alpha}_n$ 是 V 中非零向量, 证明: 存在 $f\in V^*$, 使得 $f(\boldsymbol{\alpha}_i)\neq 0$, $i=1, 2, \cdots, s$.

证明: 由于 V 到 V^{**} 有一个同构映射(自然映射): $\boldsymbol{\alpha}\mapsto\boldsymbol{\alpha}^{**}$, 使得 $\boldsymbol{\alpha}^{**}(f)=f(\boldsymbol{\alpha})$, $\forall f\in V^{**}$. 由于 $\boldsymbol{\alpha}_1, \boldsymbol{\alpha}_2, \cdots, \boldsymbol{\alpha}_s$ 是 V 中的非零向量, 因此 $\boldsymbol{\alpha}_1^{**}, \boldsymbol{\alpha}_2^{**}, \cdots, \boldsymbol{\alpha}_s^{**}$ 是 V^{**} 中的非零向量, 即它们是 V^{**} 上的非零线性函数. 根据第 10 题的结论, 存在 $f\in V^*$ 使得 $\boldsymbol{\alpha}_i(f)^{**}\neq 0$, 从而 $f(\boldsymbol{\alpha}_i)\neq 0$, $i=1, 2, \cdots, s$.

13. 设 V 是域 $\mathbb{F}$ 上的线性空间, 证明:

(1) 对于 $f_1, f_2, \cdots, f_s\in V^*$, V 的下述子集:

$$W=\{\boldsymbol{\alpha}\in V\,|\,f_i(\boldsymbol{\alpha})=0, i=1, 2, \cdots, s\}$$

是 V 的一个子空间, W 称为线性函数 $f_1, f_2, \cdots, f_s$ 的零化子空间;

(2) 若 V 是有限维的, 则 V 的任一子空间都是某些线性函数的零化子空间.

证明: (1) 设 $\boldsymbol{\alpha}, \boldsymbol{\beta}\in W$, $k\in\mathbb{F}$, 则 $f_i(\boldsymbol{\alpha})=0$, $f_i(\boldsymbol{\beta})=0$, $i=1, 2, \cdots, s$, 从而

$$f_i(\boldsymbol{\alpha}+\boldsymbol{\beta})=f_i(\boldsymbol{\alpha})+f_i(\boldsymbol{\beta})=0$$
$$f_i(k\boldsymbol{\alpha})=kf_i(\boldsymbol{\alpha})=0$$

所以 $\boldsymbol{\alpha}+\boldsymbol{\beta}\in W$，$k\boldsymbol{\alpha}\in W$. 从而 W 是 V 的一个子空间.

或者，由于 $W=\bigcup_{i=1}^{s}\mathrm{Ker}f_i$，因此 W 是 V 的一个子空间.

(2) 任给 V 的一个子空间 U，在 U 中取一个基 $\boldsymbol{\alpha}_1,\boldsymbol{\alpha}_2,\cdots,\boldsymbol{\alpha}_m$，将其扩充成 V 的一个基 $\boldsymbol{\alpha}_1,\boldsymbol{\alpha}_2,\cdots,\boldsymbol{\alpha}_m,\boldsymbol{\alpha}_{m+1},\cdots,\boldsymbol{\alpha}_n$. 设 V 的对偶空间 V^* 的基为 $f_1,f_2,\cdots,f_n$，任取 $\boldsymbol{\alpha}\in V$，则由教材(10)式得 $\boldsymbol{\alpha}=\sum_{i=1}^{n}f_i(\boldsymbol{\alpha})\boldsymbol{\alpha}_i$. 因此

$$\begin{aligned}\boldsymbol{\alpha}\in U&\Leftrightarrow\boldsymbol{\alpha}=\sum_{i=1}^{n}f_i(\boldsymbol{\alpha})\boldsymbol{\alpha}_i\Leftrightarrow f_{m+1}(\boldsymbol{\alpha})=0,\cdots,f_n(\boldsymbol{\alpha})=0\\&\Leftrightarrow\boldsymbol{\alpha}\in\bigcap_{i=m+1}^{n}\mathrm{Ker}f_i.\end{aligned}$$

于是 $U=\bigcap_{i=m+1}^{n}\mathrm{Ker}f_i$，即 U 是 $f_{m+1},\cdots,f_n$ 的零化子空间.

14. 设 V 是域 $\mathbb{F}$ 上的 n 维线性空间，W 是 V 的一个子空间，令

$$W'=\{f\in V^*\mid f(\boldsymbol{\beta})=0,\ \forall\boldsymbol{\beta}\in W\}.$$

证明：(1) W' 是 V^* 的一个子空间；

(2) $\dim W+\dim W'=\dim V$；

(3) $(W')'=W$(在把 V 与 V^* 等同的意义下).

证明： (1) 显然，V^* 中的零元，即 V 上的零函数属于 W'. 任取 $f,g\in W'$，$k\in\mathbb{F}$，则对 $\forall\boldsymbol{\beta}\in W$，有

$$\begin{gathered}(f+g)(\boldsymbol{\beta})=f(\boldsymbol{\beta})+g(\boldsymbol{\beta})=0\\(kf)(\boldsymbol{\beta})=kf(\boldsymbol{\beta})=0\end{gathered}$$

从而 W' 对加法和纯量乘法封闭，因此 W' 是 V^* 的一个子空间.

(2) 在 W 中取一个基 $\boldsymbol{\alpha}_1,\boldsymbol{\alpha}_2,\cdots,\boldsymbol{\alpha}_m$，将它扩充成 V 的一个基 $\boldsymbol{\alpha}_1,\boldsymbol{\alpha}_2,\cdots,\boldsymbol{\alpha}_m,\boldsymbol{\alpha}_{m+1},\cdots,\boldsymbol{\alpha}_n$. V^* 中相应的对偶基为 $f_1,f_2,\cdots,f_n$，对 $\forall f\in V^*$，由本节公式(11)得 $f=\sum_{j=1}^{n}f(\boldsymbol{\alpha}_j)f_j$，于是

$$\begin{aligned}f\in W'&\Leftrightarrow f(\boldsymbol{\beta})=0,\ \forall\boldsymbol{\beta}\in W\\&\Leftrightarrow f(\boldsymbol{\alpha}_i)=0,\ i=1,2,\cdots,m\\&\Leftrightarrow f=\sum_{j=m+1}^{n}f(\boldsymbol{\alpha}_j)f_j\\&\Leftrightarrow f\in\langle f_{m+1},\cdots,f_n\rangle\end{aligned}$$

因此 $W'=\langle f_{m+1}, \cdots, f_n\rangle$. 从而

$$\dim W+\dim W'=m+(n-m)=n=\dim V$$

(3) 双重对偶空间 V^{**} 中相应于 V^* 的基 $f_1, f_2, \cdots, f_n$ 的对偶基为 $\boldsymbol{\alpha}_1^{**}, \cdots, \boldsymbol{\alpha}_n^{**}$. 由第(2)小题知 $W'=\langle f_{m+1}, \cdots, f_n\rangle$. 运用这个结论得 $(W')'=\langle \boldsymbol{\alpha}_1^{**}, \boldsymbol{\alpha}_2^{**}, \cdots, \boldsymbol{\alpha}_m^{**}\rangle$. 由于 $\boldsymbol{\alpha}$ 与 $\boldsymbol{\alpha}^{**}$ 等同，因此 $(W')'=\langle \boldsymbol{\alpha}_1, \boldsymbol{\alpha}_2, \cdots, \boldsymbol{\alpha}_m\rangle=W$.

15. 设 V 是域 $\mathbb{F}$ 上的 1 维线性空间，V 中取两个基：$\boldsymbol{\alpha}_1$ 和 $\boldsymbol{\beta}_1$，其中 $\boldsymbol{\beta}_1=a\boldsymbol{\alpha}_1$，$a\in\mathbb{F}^*$，分别求 V^* 中相应的对偶基 f_1 和 g_1. 证明：如果 $a^2\neq 1$，那么 V 到 V^* 的两个同构映射：σ: $x\boldsymbol{\alpha}_1\mapsto xf_1$；$\tau$: $y\boldsymbol{\beta}_1\mapsto yg_1$ 是不相同的.

证明： 由于 $\boldsymbol{\beta}_1=a\boldsymbol{\alpha}_1$，$a\in F^*$，因此 $\boldsymbol{\alpha}_1=a^{-1}\boldsymbol{\beta}_1$. 先取 $f_1\in V^*$ 满足 $f_1(\boldsymbol{\alpha}_1)=1$，则 $g_1(\boldsymbol{\alpha}_1)=g_1(a^{-1}\boldsymbol{\beta}_1)=a^{-1}g_1(\boldsymbol{\beta}_1)=a^{-1}=a^{-1}f_1(\boldsymbol{\alpha}_1)$，因此 $g_1=a^{-1}f_1$. 由 τ 和 σ 的定义得 $\tau(\boldsymbol{\alpha}_1)=\tau(a^{-1}\boldsymbol{\beta}_1)=a^{-1}g_1=a^{-2}f_1$，且 $\sigma(\boldsymbol{\alpha}_1)=f_1$，假如有 $\tau=\sigma$，则 $\tau(\boldsymbol{\alpha}_1)=\sigma(\boldsymbol{\alpha}_1)$，即 $a^{-2}f_1=f_1$，于是 $(a^2-1)f_1=0$，由于 $\mathrm{char}\,\mathbb{F}=0$，故 $a^2=1$. 矛盾. 因此 $\tau\neq\sigma$. 此题表明：在 V 中取不同的基，得到 V 到 V^* 的同构映射不相等，因此 V 到 V^* 的同构映射依赖于基的选择，从而不是自然同构.

16. 设 V 是域 $\mathbb{F}$ 上的线性空间，$\mathrm{char}\,\mathbb{F}\neq 0$. 对于 $f, g\in V^*$ 定义：

$$(fg)\boldsymbol{\alpha}=f(\boldsymbol{\alpha})g(\boldsymbol{\alpha}), \ \forall\, \boldsymbol{\alpha}\in V.$$

证明：如果 $fg=0$，那么 $f=0$ 或 $g=0$.

证明： 对于 $f, g\in V^*$，假设 $f\neq 0$ 且 $g\neq 0$，那么由第 10 题的结论知，存在 $\boldsymbol{\alpha}\in V$ 使得 $f(\boldsymbol{\alpha})\neq 0$，$g(\boldsymbol{\alpha})\neq 0$. 从而 $(fg)(\boldsymbol{\alpha})=f(\boldsymbol{\alpha})g(\boldsymbol{\alpha})\neq 0$，因此 $fg\neq 0$，矛盾. 因此 $f=0$ 或 $g=0$.

17. 设 V 是域 $\mathbb{F}$ 上的线性空间，$f\in V^*$ 且 $f\neq 0$.

(1) 证明：$\mathrm{Ker}f$ 是 V 的极大子空间(即如果 V 的子空间 U 满足 $\mathrm{Ker}f\subset U$，那么 $U=\mathrm{Ker}f$ 或 $U=V$)；

(2) 任意给定 $\boldsymbol{\beta}\neq\mathrm{Ker}f$，证明：$V$ 中任一向量 $\boldsymbol{\alpha}$ 可以唯一地表示成

$$\boldsymbol{\alpha}=\boldsymbol{\eta}+k\boldsymbol{\beta}, \quad \boldsymbol{\eta}\in\mathrm{Ker}f,\ k\in\mathbb{F}.$$

证明： (1) 设 U 是 V 的一个子空间且 $\mathrm{Ker}f\subsetneqq U$，则在 U 中存在 $\boldsymbol{\beta}\neq\mathrm{Ker}f$. 任取 $\boldsymbol{\alpha}\in V$，令 $\boldsymbol{\eta}=\boldsymbol{\alpha}-\dfrac{f(\boldsymbol{\alpha})}{f(\boldsymbol{\beta})}\boldsymbol{\beta}$，则 $f(\boldsymbol{\eta})=f(\boldsymbol{\alpha})-\dfrac{f(\boldsymbol{\alpha})}{f(\boldsymbol{\beta})}f(\boldsymbol{\beta})=0$，因此 $\boldsymbol{\eta}\in\mathrm{Ker}f$. 于是 $\boldsymbol{\alpha}=\boldsymbol{\eta}+\dfrac{f(\boldsymbol{\alpha})}{g(\boldsymbol{\beta})}\boldsymbol{\beta}\in U$，故证明了 $U=V$. 故 $\mathrm{Ker}f$ 是 V 的极大子空间.

(2) 存在性在(1)中已经得到证明，下面证唯一性. 设 $\boldsymbol{\alpha}=\boldsymbol{\eta}_1+k_1\boldsymbol{\beta}=\boldsymbol{\eta}_2+k_2\boldsymbol{\beta}$，其中

$\boldsymbol{\eta}_i\in\operatorname{Ker}f$，$k_i\in\mathbb{F}$，$i=1,2$，则 $\boldsymbol{\eta}_1-\boldsymbol{\eta}_2=(k_2-k_1)\boldsymbol{\beta}$. 假如 $k_2\neq k_1$，则 $\boldsymbol{\beta}=\dfrac{1}{k_2-k_1}(\boldsymbol{\eta}_1-\boldsymbol{\eta}_2)\in\operatorname{Ker}f$. 矛盾. 因此 $k_2=k_1$，从而 $\boldsymbol{\eta}_2=\boldsymbol{\eta}_1$，唯一性得证.

18. 设 V 是域 $\mathbb{F}$ 上的线性空间，证明：如果 V 上两个线性函数 f 与 g 有相同的核，那么 $f=ag$，其中 $a\in\mathbb{F}^*$.

证明： 若 $f=0$，则 $\operatorname{Ker}f=V$. 由于 $\operatorname{Ker}g=\operatorname{Ker}f$，因此 $\operatorname{Ker}g=V$，从而 $g=0$，从而对 $\forall a\in\mathbb{F}^*$，$f=ag$. 下面设 $f\neq 0$，则 $g\neq 0$. 任意取定 $\boldsymbol{\beta}\neq\operatorname{Ker}f$，任取 $\boldsymbol{\alpha}\in V$，根据第 17 题结论知，$\boldsymbol{\alpha}$ 可以唯一地表示成 $\boldsymbol{\alpha}=\boldsymbol{\eta}_1+\dfrac{f(\boldsymbol{\alpha})}{f(\boldsymbol{\beta})}\boldsymbol{\beta}$，$\boldsymbol{\eta}_1\in\operatorname{Ker}f$；$\boldsymbol{\alpha}=\boldsymbol{\eta}_2+\dfrac{g(\boldsymbol{\alpha})}{g(\boldsymbol{\beta})}\boldsymbol{\beta}$，$\boldsymbol{\eta}_2\in\operatorname{Ker}g$，从而 $\boldsymbol{\eta}_2-\boldsymbol{\eta}_1=\left[\dfrac{f(\boldsymbol{\alpha})}{f(\boldsymbol{\beta})}-\dfrac{g(\boldsymbol{\alpha})}{g(\boldsymbol{\beta})}\right]\boldsymbol{\beta}$. 由于 $\boldsymbol{\eta}_2-\boldsymbol{\eta}_1\in\operatorname{Ker}f$，$\boldsymbol{\beta}\in\operatorname{Ker}f$，因此 $\dfrac{f(\boldsymbol{\alpha})}{f(\boldsymbol{\beta})}-\dfrac{g(\boldsymbol{\alpha})}{g(\boldsymbol{\beta})}=0$. 由此得出 $f(\boldsymbol{\alpha})=\dfrac{f(\boldsymbol{\beta})}{g(\boldsymbol{\beta})}g(\boldsymbol{\alpha})$. 因此 $f=\dfrac{f(\boldsymbol{\beta})}{g(\boldsymbol{\beta})}g$，其中 $\boldsymbol{\beta}\neq\operatorname{Ker}f=\operatorname{Ker}g$，因此 $f(\boldsymbol{\beta})\neq 0$，$g(\boldsymbol{\beta})\neq 0$，故 $\dfrac{f(\boldsymbol{\beta})}{g(\boldsymbol{\beta})}\in\mathbb{F}^*$.

19. 设 V 是几何空间，把 V 看成 $\mathbb{R}^3$，说出第 18 题中命题的几何意义.

解： 设 V 是几何空间，则 $\mathbb{R}^3$ 上的线性函数 f 的表达式为 $f(x_1,x_2,x_3)=a_1x_1+a_2x_2+a_3x_3$，线性函数 g 的表达式为 $g(x_1,x_2,x_3)=b_1x_1+b_2x_2+b_3x_3$. 由于 $\operatorname{Ker}f$ 是表示过原点的一个平面 π_1：$a_1x_1+a_2x_2+a_3x_3=0$，而 $\operatorname{Ker}g$ 是表示平面 π_2：$b_1x_1+b_2x_2+b_3x_3=0$，$\operatorname{Ker}f=\operatorname{Ker}g$ 表示两平面重合，即 $f=cg$，$c\in\mathbb{F}^*$，即 $(a_1,a_2,a_3)=c(b_1,b_2,b_3)$.

20. 设 V 是域 $\mathbb{F}$ 上的线性空间，$f,g_1,\cdots,g_s\in V^*$. 证明：如果 $\operatorname{Ker}f\supseteq\bigcap\limits_{j=1}^{s}\operatorname{Ker}g_j$，那么存在 $b_1,b_2,\cdots,b_s\in\mathbb{F}$，使得

$$f=\sum_{j=1}^{s}b_jg_j.$$

证明： 易见 $\bigcap\limits_{j=1}^{s}\operatorname{Ker}g_j\subseteq\bigcap\limits_{j\neq i}\operatorname{Ker}g_j$ 对于 $1\leqslant i\leqslant s$ 成立. 假设对某个 i 有 $\bigcap\limits_{j\neq i}\operatorname{Ker}g_j=\bigcap\limits_{j=1}^{s}\operatorname{Ker}g_j$，则对任意 $\boldsymbol{\alpha}\in\bigcap\limits_{j\neq i}\operatorname{Ker}g_j$ 都有 $\boldsymbol{\alpha}\in\bigcap\limits_{j=1}^{s}\operatorname{Ker}g_j$，从而 $\boldsymbol{\alpha}\in\operatorname{Ker}g_i$. 于是 $\bigcap\limits_{j\neq i}\operatorname{Ker}g_j\subseteq\operatorname{Ker}g_i$，从而不失一般性可设对于 $1\leqslant i\leqslant s$，有 $\bigcap\limits_{j\neq i}\operatorname{Ker}g_j\supsetneqq\bigcap\limits_{j=1}^{s}\operatorname{Ker}g_j$. 于是对于 $1\leqslant i\leqslant s$，存在 $\boldsymbol{\beta}_i\in\bigcap\limits_{j\neq i}\operatorname{Ker}g_j$，但 $\boldsymbol{\beta}\neq\bigcap\limits_{j=1}^{s}\operatorname{Ker}g_j$. 从而当 $j\neq i$ 时，$g_j(\boldsymbol{\beta}_i)=0$，且 $g_i(\boldsymbol{\beta}_i)\neq 0$. 设 $\boldsymbol{\alpha}_i=[g_i(\boldsymbol{\beta}_i)]^{-1}\boldsymbol{\beta}_i$，则 $g_i(\boldsymbol{\alpha}_i)=1$ 且当 $j\neq i$ 时，$g_j(\boldsymbol{\alpha}_i)=0$. 设 $f\in V^*$ 且 $\operatorname{Ker}f\supseteq\bigcap\limits_{j=1}^{s}\operatorname{Ker}g_j$，记 $f(\boldsymbol{\alpha}_i)=b_i$. 任给 $\boldsymbol{\alpha}\in V$，设 $\boldsymbol{\beta}=\boldsymbol{\alpha}-\sum\limits_{i=1}^{s}g_i(\boldsymbol{\alpha})\boldsymbol{\alpha}_i$，则

$$g_j(\boldsymbol{\beta})=g_j(\boldsymbol{\alpha})-\sum_{i=1}^{s} g_i(\boldsymbol{\alpha})g_j(\boldsymbol{\alpha}_i)=g_j(\boldsymbol{\alpha})-g_j(\boldsymbol{\alpha})=0,\quad j=1,2,\cdots,s$$

于是 $\boldsymbol{\beta}=\bigcap_{j=1}^{s}\mathrm{Ker}g_j$，从而 $\boldsymbol{\beta}\in\mathrm{Ker}f$，因此 $f(\boldsymbol{\beta})=0$. 于是

$$\begin{aligned}0&=f(\boldsymbol{\alpha})-\sum_{i=1}^{s} g_i(\boldsymbol{\alpha})f(\boldsymbol{\alpha}_i)=f(\boldsymbol{\alpha})-\sum_{i=1}^{s} b_i g_i(\boldsymbol{\alpha})\\&=\left(f-\sum_{i=1}^{s} b_i g_i\right)\boldsymbol{\alpha},\quad \forall\boldsymbol{\alpha}\in V\end{aligned}$$

从而 $f=\sum_{j=1}^{s} b_j g_j$.

补充题六

1. 设数域$\mathbb{K}$上的 3 级矩阵 $\boldsymbol{A}$ 如下，求 $\boldsymbol{A}^{10}$.

$$\boldsymbol{A}=\begin{pmatrix}2&3&2\\1&8&2\\-2&-14&-3\end{pmatrix}.$$

解： $|\lambda\boldsymbol{I}-\boldsymbol{A}|=(\lambda-3)^2(\lambda-1)$，于是 $\boldsymbol{A}$ 的特征值为 3(2 重)，1. 对于特征值 3，由于 $\mathrm{rank}(\boldsymbol{A}_3\boldsymbol{I})=2$，所以对角线为 3 的 Jordan 块的个数为 $3-2=1$，于是 $\boldsymbol{A}$ 的 Jordan 标准形为

$$\boldsymbol{J}=\begin{pmatrix}1&0&0\\0&3&1\\0&0&3\end{pmatrix}=\begin{pmatrix}1&\boldsymbol{0}\\\boldsymbol{0}&\boldsymbol{J}_2(3)\end{pmatrix}$$

设 $\boldsymbol{P}^{-1}\boldsymbol{A}\boldsymbol{P}=\boldsymbol{J}$，即 $\boldsymbol{A}\boldsymbol{P}=\boldsymbol{P}\boldsymbol{J}$，设 $\boldsymbol{P}=(\boldsymbol{X}_1,\boldsymbol{X}_2,\boldsymbol{X}_3)$，则

$$\boldsymbol{A}(\boldsymbol{X}_1,\boldsymbol{X}_2,\boldsymbol{X}_3)=(\boldsymbol{X}_1,\boldsymbol{X}_2,\boldsymbol{X}_3)\begin{pmatrix}1&0&0\\0&3&1\\0&0&3\end{pmatrix}$$

于是得线性方程组

$$\boldsymbol{A}\boldsymbol{X}_1=\boldsymbol{X}_1,\ \boldsymbol{A}\boldsymbol{X}_2=3\boldsymbol{X}_2,\ \boldsymbol{A}\boldsymbol{X}_3=\boldsymbol{X}_2+3\boldsymbol{X}_3$$

先求解$(\boldsymbol{A}-\boldsymbol{I})\boldsymbol{X}=0$得$\boldsymbol{X}_1=(-2,\ 0,\ 1)'$，再求解$(\boldsymbol{A}-3\boldsymbol{I})\boldsymbol{X}=0$得$\boldsymbol{X}_2=\left(\frac{1}{2}x_3,\ -\frac{1}{2}x_3,\ x_3\right)'$. 最后求解$(\boldsymbol{A}-3\boldsymbol{I})\boldsymbol{X}=\boldsymbol{X}_2$，增广矩阵为

$$\begin{pmatrix} -1 & 3 & 2 & \frac{1}{2}x_3 \\ 1 & 5 & 2 & -\frac{1}{2}x_3 \\ -2 & -14 & -6 & x_3 \end{pmatrix} \to \begin{pmatrix} 1 & -3 & -2 & -\frac{1}{2}x_3 \\ 0 & 8 & 4 & 0 \\ 0 & -4 & -2 & 0 \end{pmatrix}$$

$$\to \begin{pmatrix} 1 & -3 & -2 & -\frac{1}{2}x_3 \\ 0 & 1 & \frac{1}{2} & 0 \\ 0 & 0 & 0 & 0 \end{pmatrix} \to \begin{pmatrix} 1 & 0 & -\frac{1}{2} & -\frac{1}{2}x_3 \\ 0 & 1 & \frac{1}{2} & 0 \\ 0 & 0 & 0 & 0 \end{pmatrix}$$

可取$x_3=2$，则$\boldsymbol{X}_2=(1,\ -1,\ 2)'$，$\boldsymbol{X}_3=(0,\ -1,\ 2)'$，即

$$\boldsymbol{P}=\begin{pmatrix} -2 & 1 & 0 \\ 0 & -1 & -1 \\ 1 & 2 & 2 \end{pmatrix}$$

满足$\boldsymbol{P}^{-1}\boldsymbol{A}\boldsymbol{P}=\boldsymbol{J}$. 于是$\boldsymbol{A}=\boldsymbol{P}\boldsymbol{J}\boldsymbol{P}^{-1}$，$\boldsymbol{A}^{10}=\boldsymbol{P}\boldsymbol{J}^{10}\boldsymbol{P}^{-1}$，其中

$$\boldsymbol{J}^{10}=\mathrm{diag}\{1,\ \boldsymbol{J}_2^{10}(3)\}$$

$$\boldsymbol{J}_2^{10}(3)=\left[3\boldsymbol{I}+\begin{pmatrix} 0 & 1 \\ 0 & 0 \end{pmatrix}\right]^{10}=(3\boldsymbol{I})^{10}+\mathrm{C}_{10}^{1}(3\boldsymbol{I})^{9}\cdot\begin{pmatrix} 0 & 1 \\ 0 & 0 \end{pmatrix}=\begin{pmatrix} 3^{10} & 10\cdot 3^{9} \\ 0 & 3^{10} \end{pmatrix}$$

于是

$$\boldsymbol{A}^{10}=\begin{pmatrix} -2 & 1 & 0 \\ 0 & -1 & -1 \\ 1 & 2 & 2 \end{pmatrix}\begin{pmatrix} 1 & 0 & 0 \\ 0 & 3^{10} & 10\cdot 3^{9} \\ 0 & 0 & 3^{10} \end{pmatrix}\begin{pmatrix} 0 & 2 & 1 \\ 1 & 4 & 2 \\ -1 & -5 & -2 \end{pmatrix}$$

$$=\begin{pmatrix} -7\cdot 3^{9} & -38\cdot 3^{9}-4 & -14\cdot 3^{9}-2 \\ 10\cdot 3^{9} & 53\cdot 3^{9} & 20\cdot 3^{9} \\ -20\cdot 3^{9} & -106\cdot 3^{9}+2 & -40\cdot 3^{9}+1 \end{pmatrix}.$$

2. 设数域$\mathbb{K}$上的3级矩阵

$$\boldsymbol{A}=\begin{pmatrix}1 & 0 & 0\\ 1 & 0 & 1\\ 0 & 1 & 0\end{pmatrix}.$$

（1）求 $\boldsymbol{A}^{100}+2\boldsymbol{A}^{90}+3\boldsymbol{A}^{60}$；

（2）证明：当 $k\geqslant 3$ 时，$\boldsymbol{A}^k=\boldsymbol{A}^{k-2}+\boldsymbol{A}^2-\boldsymbol{I}$，然后利用这个公式计算 $\boldsymbol{A}^{100}+2\boldsymbol{A}^{90}+3\boldsymbol{A}^{60}$.

解：（1）先计算 A 的特征多项式 $f(\lambda)=|\lambda\boldsymbol{I}-\boldsymbol{A}|=(\lambda-1)^2(\lambda+1)=\lambda^3-\lambda^2-\lambda+1$. 令 $g(\lambda)=\lambda^{100}+2\lambda^{90}+3\lambda^{60}$，则用 $f(\lambda)$去除 $g(\lambda)$得

$$g(\lambda)=q(\lambda)f(\lambda)+r(\lambda),\quad \deg r(\lambda)<\deg f(\lambda)=3$$

利用 Hamilton-Caylay 定理知 $g(\boldsymbol{A})=r(\boldsymbol{A})$. 设 $r(\lambda)=c_2\lambda^2+c_1\lambda+c_0$，则 $g(1)=r(1)$，$g(-1)=r(-1)$，从而得 $c_2+c_1+c_0=6$，$c_2-c_1+c_0=6$. 对 $g(\lambda)=q(\lambda)f(\lambda)+r(\lambda)$两边求导得 $g'(\lambda)=q'(\lambda)f(\lambda)+q(\lambda)f'(\lambda)+r'(\lambda)$. 再把 $f(\lambda)$的二重根 1 代入得 $g'(1)=r'(1)$，即 $2c_2+c_1=460$，解得 $c_1=0$，$c_2=230$，$c_0=-224$. 因此

$$\boldsymbol{A}^{100}+2\boldsymbol{A}^{90}+3\boldsymbol{A}^{60}=g(\boldsymbol{A})=r(\boldsymbol{A})=230\boldsymbol{A}^2-224\boldsymbol{I}=\begin{pmatrix}6 & 0 & 0\\ 230 & 6 & 0\\ 230 & 0 & 6\end{pmatrix}.$$

证明：（2）由于 $\boldsymbol{A}^3-\boldsymbol{A}^2-\boldsymbol{A}+\boldsymbol{I}=\boldsymbol{0}$，因此 $k=3$ 时公式成立. 假设此公式对 $k=l-1$ 时成立，即 $\boldsymbol{A}^{l-1}=\boldsymbol{A}^{l-3}+\boldsymbol{A}^2-\boldsymbol{I}$，从而当 $k=l$ 时，

$$\begin{aligned}\boldsymbol{A}^l=\boldsymbol{A}\cdot\boldsymbol{A}^{l-1}&=\boldsymbol{A}(\boldsymbol{A}^{l-3}+\boldsymbol{A}^2-\boldsymbol{I})\\&=\boldsymbol{A}^{l-2}+\boldsymbol{A}^3-\boldsymbol{A}\\&=\boldsymbol{A}^{l-2}+\boldsymbol{A}-\boldsymbol{I}\end{aligned}$$

由归纳法原理，对一切整数 $k\geqslant 3$，都有 $\boldsymbol{A}^k=\boldsymbol{A}^{k-2}+\boldsymbol{A}^2-\boldsymbol{I}$. 从而有

$$\begin{aligned}\boldsymbol{A}^{2r}&=\boldsymbol{A}^{2r-2}+\boldsymbol{A}^2-\boldsymbol{I}\\&=\boldsymbol{A}^{2r-4}+2(\boldsymbol{A}^2-\boldsymbol{I})=\cdots=\boldsymbol{A}^{2r-(2r-2)}+(r-1)(\boldsymbol{A}^2-\boldsymbol{I})\\&=\boldsymbol{A}^2+(r-1)\boldsymbol{A}^2-(r-1)\boldsymbol{I}=r\boldsymbol{A}^2-(r-1)\boldsymbol{I}\end{aligned}$$

从而

$$\boldsymbol{A}^{100}=50\boldsymbol{A}^2-49\boldsymbol{I},\ \boldsymbol{A}^{90}=45\boldsymbol{A}^2-44\boldsymbol{I},\ \boldsymbol{A}^{60}=30\boldsymbol{A}^2-29\boldsymbol{I}$$

$$\boldsymbol{A}^{100}+2\boldsymbol{A}^{90}+3\boldsymbol{A}^{60}=230\boldsymbol{A}^2-224\boldsymbol{I}=\begin{pmatrix}6 & 0 & 0\\ 230 & 6 & 0\\ 230 & 0 & 6\end{pmatrix}$$

3. 设数域$\mathbb{K}$上的 2 级矩阵 $\boldsymbol{A}$ 如下，求 $\boldsymbol{A}^{100}+3\boldsymbol{A}^{23}+\boldsymbol{A}^{20}$.

$$\boldsymbol{A}=\begin{pmatrix} 0 & 1 \\ -1 & 2 \end{pmatrix}.$$

解：$\boldsymbol{A}$ 的特征多项式 $f(\lambda)=|\lambda\boldsymbol{I}-\boldsymbol{A}|=(\lambda-1)^2=\lambda^2-2\lambda+1$. 设 $g(\lambda)=\lambda^{100}+3\lambda^{23}+\lambda^{20}$，则用 $f(\lambda)$去除 $g(\lambda)$得

$$g(\lambda)=q(\lambda)f(\lambda)+r(\lambda),\quad \deg r(\lambda)<\deg f(\lambda)=2$$

从而设 $r(\lambda)=c_1\lambda+c_0$. 在带余除法中令 $\lambda=1$ 得 $g(1)=r(1)$，对 $g(\lambda)=q(\lambda)f(\lambda)+r(\lambda)$两端求导得 $g'(\lambda)=q'(\lambda)f(\lambda)+q(\lambda)f'(\lambda)+r'(\lambda)$，再利用 $\lambda=1$ 为 $f(\lambda)$的二重根得 $g'(1)=r'(1)$，从而有方程组 $c_1+c_0=5$，$c_1=189$，从而 $c_0=-184$. 因此 $g(\boldsymbol{A})=r(\boldsymbol{A})$，从而

$$\boldsymbol{A}^{100}+3\boldsymbol{A}^{23}+\boldsymbol{A}^{20}=189\boldsymbol{A}-184\boldsymbol{I}=\begin{pmatrix} -184 & 189 \\ -189 & 194 \end{pmatrix}$$

4. 设 $\boldsymbol{A}$ 是复数域上的 n 级可逆矩阵，证明：如果 $\boldsymbol{A}\sim\boldsymbol{A}^k$，其中 k 是大于 1 的正整数，那么 $\boldsymbol{A}$ 的特征值都是单位根.

证明： 设 λ_0 是 $\boldsymbol{A}$ 的任一特征值，则 λ_0^k 是 $\boldsymbol{A}^k$ 的一个特征值. 由于 $\boldsymbol{A}\sim\boldsymbol{A}^k$，因此 λ_0^k 是 $\boldsymbol{A}$ 的特征值. 同理$(\lambda_0^k)^k=\lambda_0^{k^2}$ 是 $\boldsymbol{A}$ 的特征值，$\lambda_0^{k^3}$，$\lambda_0^{k^4}$，…都是 $\boldsymbol{A}$ 的特征值. 由于 n 级复矩阵 $\boldsymbol{A}$ 恰有 n 个特征值(重根按重数计算)，因此上述过程不可能无限下去. 于是到某一步 $\lambda_0^{k^s}$，有 $\lambda_0^{k^s}=\lambda_0^{k^l}$，其中 $0\leqslant l<s$. 由于 $\boldsymbol{A}$ 可逆，因此 $\lambda_0\neq0$. 由上式得 $\lambda_0^{k^s-k^l}=1$，因此 λ_0 是单位根.

5. 设 $\boldsymbol{A}=(a_{ij})$是 n 级复矩阵(即复数域上的矩阵). 令

$$D_i(\boldsymbol{A})=\left\{z\in\mathbb{C}\,\middle|\,|z-a_{ii}|\leqslant\sum_{j\neq i}|a_{ij}|\right\},$$

称 $D_i(\boldsymbol{A})(i=1,2,\cdots,n)$是 $\boldsymbol{A}$ 的 n 个 Gersgorin 圆盘. 证明下述的 Gersgorin 圆盘定理：n 级复矩阵 $\boldsymbol{A}$ 的每一个特征值都在 $\boldsymbol{A}$ 的某个 Gersgorin 圆盘中.

证明： 设 $\boldsymbol{Ax}=\lambda\boldsymbol{x}$，且$|x_p|=\max\limits_{1\leqslant i\leqslant n}\{|x_i|\}$，则对$\forall\, i\in\{1,2,\cdots,n\}$有$|x_i|\leqslant|x_p|$，由 $\boldsymbol{Ax}=\lambda\boldsymbol{x}$ 得 $\sum\limits_{j=1}^{n}a_{pj}x_j=\lambda x_p$，即 $\sum\limits_{\substack{j=1\\ j\neq p}}^{n}a_{pj}x_j=x_p(\lambda-a_{pp})$，从而

$$|\lambda-a_{pp}|\cdot|x_p|\leqslant\sum_{j\neq p}|a_{pj}|\cdot|x_j|\leqslant|x_p|\cdot\sum_{j\neq p}|a_{pj}|$$

由于$|x_p|>0$，因此$|\lambda-a_{pp}|\leqslant \sum\limits_{j\neq p}|a_{pj}|$. 从而$\boldsymbol{A}$的每一个特征值都在$\boldsymbol{A}$的某个Gersgorin圆盘中.

实际上Gersgorin在1931年证明了Gersgorin第二定理：若第一定理中的s个圆盘组成一个连通域，并与其余圆盘隔开，则在此连通域中恰有s个$\boldsymbol{A}$的特征值.

证明： 令

$$\boldsymbol{A}=\operatorname{diag}\{a_{11}, a_{22}, \cdots, a_{nn}\}+\boldsymbol{C}=\boldsymbol{D}+\boldsymbol{C}$$

其中$\boldsymbol{C}$是一矩阵，它的非对角元素等于$\boldsymbol{A}$的相应元素，而对角元素为零. 定义$r_i=\sum\limits_{j\neq i}|a_{ij}|$. 现在考查矩阵$\boldsymbol{D}+\varepsilon\boldsymbol{C}$，其中$0\leqslant\varepsilon\leqslant 1$. 当$\varepsilon=0$时，它为$\boldsymbol{D}$；当$\varepsilon=1$时，它为$\boldsymbol{A}$. $(\boldsymbol{D}+\varepsilon\boldsymbol{C})$的特征多项式的系数是$\varepsilon$的多项式，从而特征方程的根是$\varepsilon$的连续函数. 由第一定理知，对任一$\varepsilon$，$(\boldsymbol{D}+\varepsilon\boldsymbol{C})$的特征值都位于$\bigcup\limits_{i=1}^{n}\left\{z\,\middle|\,|z-a_{ii}|\leqslant\varepsilon\sum\limits_{j\neq i}|a_{ij}|\right\}$中. 若令$\varepsilon$从0连续地变到1，则$(\boldsymbol{D}+\varepsilon\boldsymbol{C})$的所有特征值均连续地变化. 不失一般性，我们可假定前s个圆盘组成连通域. 由于以$r_{s+1}, r_{s+2}, \cdots, r_n$为半径的$n-s$个圆盘与以$r_1, r_2, \cdots, r_s$为半径的圆盘是隔开的，因此对于以$\varepsilon r_i$为半径的圆盘同样也有此性质. 但当$\varepsilon=0$时，特征值是$a_{11}, a_{22}, \cdots, a_{nn}$，它们之中的前$s$个落在相应的前$s$个圆盘的区域中，而其余的$n-s$个特征值落在此区域之外. 由此可见，对所有的$\varepsilon$，包括$\varepsilon=1$在内，这一结论也成立. 特别地，若某个Gersgorin圆盘是孤立的，则它恰好含有一个特征值.

6. 设$\boldsymbol{A}=(a_{ij})$是n级复矩阵，证明：如果$\boldsymbol{A}$的每一个Gersgorin圆盘都不包含复平面上的原点，那么$\boldsymbol{A}$是可逆矩阵.

证明： 假如$\boldsymbol{A}$不可逆，则0是$\boldsymbol{A}$的一个特征值. 由Gersgorin圆盘定理，0属于$\boldsymbol{A}$的某个Gersgorin圆盘，这与已知条件矛盾，故$\boldsymbol{A}$可逆.

7. 设$\boldsymbol{A}=(a_{ij})$是n级复矩阵，证明：如果

$$|a_{ii}|>(n-1)|a_{ij}|,\ j\neq i,\ i,\ j=1,\ 2,\ \cdots,\ n,$$

那么$\boldsymbol{A}$是可逆矩阵.

证明： 只要证0不属于$\boldsymbol{A}$的每一个Gersgorin圆盘. 根据第6题结论即得$\boldsymbol{A}$可逆. 假如0属于$\boldsymbol{A}$的某一个Gersgorin圆盘$\left\{z\,\middle|\,|z-a_{ll}|\leqslant\sum\limits_{j\neq i}|a_{lj}|\right\}$，则$|0-a_{ll}|\leqslant\sum\limits_{j\neq l}|a_{lj}|$. 设$|a_{lm}|=\max\{|a_{l1}|, \cdots, |a_{l,l-1}|, |a_{l,l+1}|, \cdots, |a_{ln}|\}$，则

$$|a_{ll}| \leqslant \sum_{j \neq l} |a_{lj}| \leqslant \sum_{j \neq l} |a_{lm}| = (n-1) a_{lm}$$

这与题意矛盾，从而 $\boldsymbol{A}$ 是可逆矩阵.

8. 设 $\boldsymbol{A}=(a_{ij})$ 是 n 级复矩阵，$\boldsymbol{A}$ 的所有特征值组成的 n 元数组 $(\lambda_1, \lambda_2, \cdots, \lambda_n)$ 称为 $\boldsymbol{A}$ 的谱. $\boldsymbol{A}$ 的特征值的模的最大值称为 $\boldsymbol{A}$ 的谱半径，记作 $S_r(\boldsymbol{A})$. 证明：

$$S_r(\boldsymbol{A}) \leqslant \max_{1 \leqslant i \leqslant n} \sum_{j=1}^{n} |a_{ij}|, \quad S_r(\boldsymbol{A}) \leqslant \max_{1 \leqslant j \leqslant n} \sum_{i=1}^{n} |a_{ij}|.$$

证明： 设 $|\lambda_l| = S_r(\boldsymbol{A})$. 根据 Gersgorin 圆盘定理，对某个 k，成立 $|\lambda_l - a_{kk}| \leqslant \sum_{j \neq k} |a_{kj}|$. 从而

$$|\lambda_l| \leqslant |a_{kk}| + |\lambda - a_{kk}| \leqslant |a_{kk}| + \sum_{j \neq k} |a_{kj}| \leqslant \sum_{j=1}^{n} |a_{kj}| \leqslant \max_{1 \leqslant i \leqslant n} \sum_{j=1}^{n} |a_{ij}|$$

对 $\boldsymbol{A}'$ 用刚证得的结论，并注意到 $\boldsymbol{A}$ 与 $\boldsymbol{A}'$ 有相同的特征值(包括重数)，便得到

$$|\lambda_l| \leqslant \max_{1 \leqslant j \leqslant n} \sum_{i=1}^{n} |a_{ij}|.$$

9. 设 $\boldsymbol{A}$ 是 n 级复矩阵，如果 $\boldsymbol{A}$ 的每一个特征值的实部都是负数，那么 $\boldsymbol{A}$ 称为稳定矩阵.(注：稳定矩阵在微分方程理论中有重要应用). 判断下述矩阵 $\boldsymbol{A}$ 是否为稳定矩阵：

$$\boldsymbol{A} = \begin{pmatrix} -8 & 2 & 0 & 2 \\ 0 & -5 & 1 & 1 \\ 1 & -1 & -8 & -2 \\ 1 & 1 & 1 & -6 \end{pmatrix}.$$

解： $D_1(\boldsymbol{A}) = \{z \in \mathbb{C} \mid |z+8| \leqslant 4\}$，$D_2(\boldsymbol{A}) = \{z \in \mathbb{C} \mid |z+5| \leqslant 2\}$，$D_3(\boldsymbol{A}) = \{z \in \mathbb{C} \mid |z+8| \leqslant 4\}$，$D_4(\boldsymbol{A}) = \{z \in \mathbb{C} \mid |z+6| \leqslant 3\}$. 上述 4 个圆盘里的复数的实部都是负数，从而 $\boldsymbol{A}$ 的每一个特征值的实部都是负数，因此 $\boldsymbol{A}$ 是稳定矩阵.

10. 设 $\boldsymbol{B}(t) = (f_{ij}(t))$ 是由可微函数 $f_{ij}(t)(i, i=1, 2, \cdots, n)$ 组成的 n 级矩阵. 规定：$\dfrac{\mathrm{d}\boldsymbol{B}(t)}{\mathrm{d}t} := \left(\dfrac{\mathrm{d}f_{ij}(t)}{\mathrm{d}t}\right)$，即把矩阵 $\boldsymbol{B}(t)$ 的每一个元素 $f_{ij}(t)$ 都求一阶导数，由导数性质得，对于 n 级实矩阵 $\boldsymbol{C}$，有 $\dfrac{\mathrm{d}(\boldsymbol{C}\boldsymbol{B}(t))}{\mathrm{d}t} = \boldsymbol{C}\dfrac{\mathrm{d}\boldsymbol{B}(t)}{\mathrm{d}t}$. 求下述线性微分方程组的通解：

$$\begin{cases}\dfrac{\mathrm{d}y_1}{\mathrm{d}t}=y_1-2y_2+2y_3,\\ \dfrac{\mathrm{d}y_2}{\mathrm{d}t}=-2y_1-2y_2+4y_3,\\ \dfrac{\mathrm{d}y_3}{\mathrm{d}t}=2y_1+4y_2-2y_3,\end{cases}$$

其中 y_1，y_2，y_3 都是 t 的函数，它们是未知的.

解： 令

$$\boldsymbol{Y}=\begin{pmatrix}y_1\\ y_2\\ y_3\end{pmatrix},\quad \boldsymbol{A}=\begin{pmatrix}1&-2&2\\ -2&-2&4\\ 2&4&-2\end{pmatrix}$$

则原方程组为$\dfrac{\mathrm{d}\boldsymbol{Y}}{\mathrm{d}t}=\boldsymbol{AY}$.

如果 $\boldsymbol{A}$ 可对角化，即 $\boldsymbol{P}^{-1}\boldsymbol{AP}=\boldsymbol{D}$，其中 $\boldsymbol{P}$ 为可逆矩阵，$\boldsymbol{D}$ 为对角矩阵，那么$\dfrac{\mathrm{d}\boldsymbol{Y}}{\mathrm{d}t}=\boldsymbol{PDP}^{-1}\boldsymbol{Y}$，即$\dfrac{\mathrm{d}(\boldsymbol{P}^{-1}\boldsymbol{Y})}{\mathrm{d}t}=\boldsymbol{D}(\boldsymbol{P}^{-1}\boldsymbol{Y})$，这是一个易求解的方程. 下面将 $\boldsymbol{A}$ 对角化：

$|\lambda\boldsymbol{I}-\boldsymbol{A}|=(\lambda-2)^2(\lambda+7)$，于是 $\boldsymbol{A}$ 的全部特征值是 2(2 重)，-7. 求出$(2\boldsymbol{I}-\boldsymbol{A})\boldsymbol{X}=\boldsymbol{0}$的一个基础解系：$(-2,1,0)'$，$(2,0,1)'$；求出$(-7\boldsymbol{I}-\boldsymbol{A})\boldsymbol{X}=\boldsymbol{0}$的一个基础解系：$(1,2,-2)'$. 令 $\boldsymbol{P}=\begin{pmatrix}-2&2&1\\ 1&0&2\\ 0&1&-2\end{pmatrix}$，则 $\boldsymbol{P}^{-1}\boldsymbol{AP}=\boldsymbol{D}=\mathrm{diag}\{2,2,-7\}$. 令 $\boldsymbol{P}^{-1}\boldsymbol{Y}=\boldsymbol{Z}$，则$\dfrac{\mathrm{d}(\boldsymbol{P}^{-1}\boldsymbol{Y})}{\mathrm{d}t}=\boldsymbol{D}(\boldsymbol{P}^{-1}\boldsymbol{Y})$化成

$$\begin{cases}\dfrac{\mathrm{d}z_1}{\mathrm{d}t}=2z_1,\\ \dfrac{\mathrm{d}z_2}{\mathrm{d}t}=2z_2,\\ \dfrac{\mathrm{d}z_3}{\mathrm{d}t}=-7z_3,\end{cases}$$

解得 $z_1=c_1\mathrm{e}^{2t}$，$z_2=c_2\mathrm{e}^{2t}$，$z_3=c_3\mathrm{e}^{-7t}$，其中 c_1，c_2，c_3 是任意常数. 由于$\boldsymbol{Y}=\boldsymbol{PZ}$，因此

$$y_1=-2c_1\mathrm{e}^{2t}+2c_2\mathrm{e}^{2t}+c_3\mathrm{e}^{-7t},$$

$$y_2 = c_1 e^{2t} + 2c_3 e^{-7t},$$
$$y_3 = c_2 e^{2t} - 2c_3 e^{-7t},$$

其中 c_1，c_2，c_3 是任意常数.

补充：利用根子空间分解的理论可求常系数线性微分方程组 $\boldsymbol{x}'=\boldsymbol{A}\boldsymbol{x}$ 的基解矩阵，其中 $\boldsymbol{x}=(x_1, x_2, \cdots, x_n)'$，$\boldsymbol{A}=(a_{ij})_{n\times n}$ 为常系数矩阵. 首先我们试图寻找 $\boldsymbol{x}'=\boldsymbol{A}\boldsymbol{x}$ 的形如 $\boldsymbol{\varphi}(t)=e^{\lambda t}\boldsymbol{c}$，$\boldsymbol{c}\neq 0$ 的解，其中常数 λ 和向量 $\boldsymbol{c}$ 是待定的. 为此，将解 $\boldsymbol{\varphi}(t)=e^{\lambda}\boldsymbol{c}$ 代入方程组中得到 $\lambda e^{\lambda t}\boldsymbol{c}=\boldsymbol{A}e^{\lambda t}\boldsymbol{c}$，从而得 $(\lambda\boldsymbol{I}-\boldsymbol{A})\boldsymbol{c}=\boldsymbol{0}$，这就表示 λ 和向量 $\boldsymbol{c}$ 分别是矩阵 $\boldsymbol{A}$ 的特征值和相应的特征向量. 于是我们得到下面的定理：

定理：如果矩阵 $\boldsymbol{A}$ 具有 n 个线性无关的特征向量 $\boldsymbol{v}_1$，$\boldsymbol{v}_2$，…，$\boldsymbol{v}_n$(不必各不相同)，那么矩阵

$$\boldsymbol{\Phi}(t)=[e^{\lambda_1 t}\boldsymbol{v}_1, e^{\lambda_2 t}\boldsymbol{v}_2, \cdots, e^{\lambda_n t}\boldsymbol{v}_1 n], \quad -\infty<t<\infty$$

是常系数线性微分方程组 $\boldsymbol{x}'=\boldsymbol{A}\boldsymbol{x}$ 的一个基解矩阵.

证明： 由上面讨论知 $\Phi(t)$ 的每一列 $e^{\lambda_j t}\boldsymbol{v}_j (j=1, 2, \cdots, n)$ 都是 $\boldsymbol{x}'=\boldsymbol{A}\boldsymbol{x}$ 的一个解. 因此，矩阵 $\boldsymbol{\Phi}(t)$ 是 $\boldsymbol{x}'=\boldsymbol{A}\boldsymbol{x}$ 的一个解矩阵. 因为 $\det\Phi(0)=\det[\boldsymbol{v}_1, \boldsymbol{v}_2, \cdots, \boldsymbol{v}_n]\neq 0$，可证明 $\forall t\in\mathbb{R}$，$\det\Phi(t)\neq 0$，从而 $\Phi(t)$ 为 $\boldsymbol{x}'=\boldsymbol{A}\boldsymbol{x}$ 的一个基解矩阵.

定理：矩阵 $\boldsymbol{\Phi}(t)=\exp(\boldsymbol{A}t)$ 是 $\boldsymbol{x}'=\boldsymbol{A}\boldsymbol{x}$ 的基解矩阵，且 $\boldsymbol{\Phi}(0)=\boldsymbol{I}$.

证明： 由定义 $\exp(\boldsymbol{A}t)=\boldsymbol{I}+\sum\limits_{k=1}^{+\infty}\dfrac{\boldsymbol{A}^k t^k}{k!}$ 立即得 $\exp(0)=\boldsymbol{I}=\boldsymbol{\Phi}(0)$. 而

$$\begin{aligned}(\boldsymbol{\Phi}(t))' &= (\exp(\boldsymbol{A}t))' \\ &= \boldsymbol{A}+\frac{\boldsymbol{A}^2 t}{1!}+\frac{\boldsymbol{A}^3 t^2}{2!}+\cdots+\frac{\boldsymbol{A}^k t^{k-1}}{(k-1)!}+\cdots \\ &= \boldsymbol{A}\exp(\boldsymbol{A}t)=\boldsymbol{A}\boldsymbol{\Phi}(t)\end{aligned}$$

这表明 $\boldsymbol{\Phi}(t)$ 是 $\boldsymbol{x}'=\boldsymbol{A}\boldsymbol{x}$ 的解矩阵. 又由于 $\det\boldsymbol{\Phi}(0)=\det\boldsymbol{I}=1\neq 0$，因此 $\boldsymbol{\Phi}(t)$ 是基解矩阵.

现在讨论当 $\boldsymbol{A}$ 是任意的 $n\times n$ 矩阵时，$\boldsymbol{x}'=\boldsymbol{A}\boldsymbol{x}$ 的基解矩阵的计算方法.

设 $\boldsymbol{A}\in M_n(F)$，λ_1，λ_2，…，λ_s 是 $\boldsymbol{A}$ 的不同的特征值，$\boldsymbol{A}$ 的特征多项式

$$f(\lambda)=(\lambda-\lambda_1)^{r_1}(\lambda-\lambda_2)^{r_2}\cdots(\lambda-\lambda_s)^{r_s}$$

这里 $r_1+r_2+\cdots+r_s=n$. 则线性空间 V 表示成根子空间的直和

$$V=W_1\oplus W_2\oplus\cdots\oplus W_s$$

其中 $W_j=\mathrm{Ker}(\boldsymbol{A}-\lambda_j\boldsymbol{I})^{r_j}$，且 $\dim W_j=r_j$，即 W_j 为线性代数方程组

$$(\boldsymbol{A}-\lambda_j\boldsymbol{I})^{r_j}\boldsymbol{u}=\boldsymbol{0}$$

的解空间．这就是说对于 $\forall\,\boldsymbol{u}\in V$，存在唯一的向量 $\boldsymbol{u}_1$，$\boldsymbol{u}_2$，…，$\boldsymbol{u}_s$，其中 $\boldsymbol{u}_j\in W_j$，$j=1$，2，…，s，使得

$$\boldsymbol{u}=\boldsymbol{u}_1+\boldsymbol{u}_2+\cdots+\boldsymbol{u}_s$$

我们先求微分方程组 $\boldsymbol{x}'=\boldsymbol{A}\boldsymbol{x}$ 满足初值条件 $\boldsymbol{\varphi}(0)=\boldsymbol{\eta}$ 的解 $\boldsymbol{\varphi}(t)$．从前面的讨论我们知道 $\boldsymbol{\varphi}(t)=\exp(\boldsymbol{A}t)\boldsymbol{\eta}$．设

$$\boldsymbol{\eta}=\boldsymbol{v}_1+\boldsymbol{v}_2+\cdots+\boldsymbol{v}_s$$

其中 $\boldsymbol{v}_j\in W_j$，$j=1$，2，…，s，即 $(\boldsymbol{A}-\lambda_j\boldsymbol{I})^k=\boldsymbol{v}_j$，$k\geqslant r_j$，$j=1$，$2$，…，$s$．注意到当矩阵是对角矩阵的时候，$\exp(\boldsymbol{A}t)$ 是很容易求出的，易验证

$$\mathrm{e}^{\lambda_j t}\exp(-\lambda_j\boldsymbol{I}t)=\mathrm{e}^{\lambda_j t}\begin{pmatrix}\mathrm{e}^{-\lambda_j t} & & \\ & \mathrm{e}^{-\lambda_j t} & \\ & & \mathrm{e}^{-\lambda_j t}\end{pmatrix}=\boldsymbol{I},$$

因此

$$\begin{aligned}\exp(\boldsymbol{A}t)\cdot\boldsymbol{v}_j&=\exp(\boldsymbol{A}t)\cdot\mathrm{e}^{\lambda_j t}\exp(-\lambda_j\boldsymbol{I}t)\cdot\boldsymbol{v}_j\\&=\mathrm{e}^{\lambda_j t}[\exp((\boldsymbol{A}-\lambda_j\boldsymbol{I})t)]\boldsymbol{v}_j\\&=\mathrm{e}^{\lambda_j t}\left[\boldsymbol{I}+t(\boldsymbol{A}-\lambda_j\boldsymbol{I})+\frac{t^2}{2!}(\boldsymbol{A}-\lambda_j\boldsymbol{I})^2+\cdots+\frac{t^{r_j-1}}{(r_j-1)!}(\boldsymbol{A}-\lambda_j\boldsymbol{I})^{r_j-1}\right]\boldsymbol{v}_j\end{aligned}$$

于是

$$\begin{aligned}\boldsymbol{\varphi}(t)&=\exp(\boldsymbol{A}t)\boldsymbol{\eta}=\exp(\boldsymbol{A}t)\sum_{j=1}^{s}\boldsymbol{v}_j=\sum_{j=1}^{s}\exp(\boldsymbol{A}t)\cdot\boldsymbol{v}_j\\&=\sum_{j=1}^{s}\mathrm{e}^{\lambda_j t}\left[\boldsymbol{I}+t(\boldsymbol{A}-\lambda_j\boldsymbol{I})+\frac{t^2}{2!}(\boldsymbol{A}-\lambda_j\boldsymbol{I})^2+\cdots+\frac{t^{r_j-1}}{(r_j-1)!}(\boldsymbol{A}-\lambda_j\boldsymbol{I})^{r_j-1}\right]\cdot\boldsymbol{v}_j\\&=\sum_{j=1}^{s}\mathrm{e}^{\lambda_j t}\left[\sum_{i=0}^{r_j-1}\frac{t^i}{i!}(\boldsymbol{A}-\lambda_j\boldsymbol{I})^i\right]\cdot\boldsymbol{v}_j\end{aligned}$$

当 $\boldsymbol{A}$ 只有一个特征值 λ_0 时，$f(\lambda)=(\lambda-\lambda_0)^n$，由 Hamilton-Cayley 定理知 $(\boldsymbol{A}-\lambda_0\boldsymbol{I})^n=\boldsymbol{0}$，这样就有

$$\begin{aligned}\exp(\boldsymbol{A}t)&=\mathrm{e}^{\lambda_0 t}\exp(-\lambda_0\boldsymbol{I}t)\cdot\exp(\boldsymbol{A}t)\\&=\mathrm{e}^{\lambda_0 t}\exp((\boldsymbol{A}-\lambda_0\boldsymbol{I})t)\\&=\mathrm{e}^{\lambda_0 t}\sum_{i=0}^{n-1}\frac{t^i}{i\,!}(\boldsymbol{A}-\lambda_0\boldsymbol{I})^i\end{aligned}$$

在 $\boldsymbol{\varphi}(t)=\exp(\boldsymbol{A}t)\boldsymbol{\eta}$ 中分别令 $\boldsymbol{\eta}=\boldsymbol{e}_1$，$\boldsymbol{\eta}=\boldsymbol{e}_2$，$\cdots$，$\boldsymbol{\eta}=\boldsymbol{e}_n$ 就同样得 $\exp(\boldsymbol{A}t)$.

以上是从解微分方程组的过程中找到的求 $\exp(\boldsymbol{A}t)$ 的方法，求 $\exp(\boldsymbol{A}t)$ 还可利用 Jordan 标准形的理论. 设可逆矩阵 $\boldsymbol{P}$ 满足 $\boldsymbol{P}^{-1}\boldsymbol{A}\boldsymbol{P}=\boldsymbol{J}$，其中 $\boldsymbol{J}$ 为 $\boldsymbol{A}$ 的 Jordan 标准形，即

$$\boldsymbol{J}=\begin{pmatrix}\boldsymbol{J}_1&&&\\&\boldsymbol{J}_2&&\\&&\ddots&\\&&&\boldsymbol{J}_s\end{pmatrix},\quad \boldsymbol{J}_j=\begin{pmatrix}\lambda_j&1&&&\\&\lambda_j&1&&\\&&\ddots&\ddots&\\&&&\ddots&1\\&&&&\lambda_j\end{pmatrix}$$

这里每个 Jordan 块 $\boldsymbol{J}_j$ 为 n_j 级矩阵，$n_1+n_2+\cdots+n_s=n$，s 为矩阵 $\boldsymbol{A}$ 的初等因子(即 $\boldsymbol{A}-\lambda\boldsymbol{I}$ 的初等因子)的初等因子的个数，λ_1，λ_2，$\cdots$，λ_s 为特征方程的根，其间可能有相同的. 利用定义容易计算得到

$$\exp(\boldsymbol{J}t)=\begin{pmatrix}\exp(\boldsymbol{J}_1t)&&&\\&\exp(\boldsymbol{J}_2t)&&\\&&\ddots&\\&&&\exp(\boldsymbol{J}_st)\end{pmatrix}$$

其中

$$\exp(\boldsymbol{J}_it)=\boldsymbol{I}+\boldsymbol{J}_jt+\frac{t^2}{2\,!}\boldsymbol{J}_j^2+\cdots+\frac{t^{n_j-1}}{(n_j-1)\,!}\boldsymbol{J}_j^{n_j-1}+\cdots$$

因为 $\boldsymbol{J}_j=\lambda_j\boldsymbol{I}_{n_j}+\begin{pmatrix}0&1&&&\\&0&1&&\\&&\ddots&\ddots&\\&&&\ddots&1\\&&&&0\end{pmatrix}$，所以

$$\exp(\boldsymbol{J}_i t)=\begin{pmatrix}1 & t & \frac{t^2}{2} & \cdots & \frac{t^{n_j-1}}{(n_j-1)!}\\ 0 & 1 & t & \cdots & \frac{t^{n_j-2}}{(n_j-2)!}\\ \vdots & \vdots & \vdots & & \vdots\\ 0 & 0 & 0 & \cdots & t\\ 0 & 0 & 0 & \cdots & 1\end{pmatrix}\mathrm{e}^{\lambda_j t}$$

实际上，若 $f(t)$ 为 t 的一个多项式函数，则

$$f(\boldsymbol{J}_i)=\begin{pmatrix}f(\lambda_j) & f'(\lambda_j) & \frac{1}{2!}f''(\lambda_j) & \cdots & \frac{1}{(n_j-1)!}f^{(n_j-1)}(\lambda_j)\\ 0 & f(\lambda_j) & f'(\lambda_j) & \cdots & \frac{t^{n_j-2}}{(n_j-2)!}f^{(n_j-2)}(\lambda_j)\\ \vdots & \vdots & \vdots & & \vdots\\ 0 & 0 & 0 & \cdots & f'(\lambda_j)\\ 0 & 0 & 0 & \cdots & f(\lambda_j)\end{pmatrix}.$$

从而 $\exp(\boldsymbol{A}t)=\exp(\boldsymbol{PJP}^{-1}t)=\boldsymbol{P}(\exp(\boldsymbol{J}t))\boldsymbol{P}^{-1}$.

11. 设 $\boldsymbol{A}$ 是 n 级复矩阵，它满足 $\boldsymbol{A}^2=-\boldsymbol{I}$. 证明：$\boldsymbol{A}$ 可对角化，并且写出 $\boldsymbol{A}$ 的相似标准形.

证明： 由于 $\boldsymbol{A}^2=-\boldsymbol{I}$，因此 λ^2+1 是 $\boldsymbol{A}$ 的一个零化多项式，从而 $\boldsymbol{A}$ 的最小多项式 $m(\lambda)=\lambda^2+1=(\lambda+\mathrm{i})(\lambda-\mathrm{i})$，或 $m(\lambda)=\lambda+\mathrm{i}$，或 $m(\lambda)=\lambda-\mathrm{i}$. 不管哪种情形，$\boldsymbol{A}$ 的最小多项式都可以写成一次因式方幂乘积的形式，故 $\boldsymbol{A}$ 可对角化. 当 $m(\lambda)=\lambda+\mathrm{i}$ 时，$\boldsymbol{A}=-\mathrm{i}\boldsymbol{I}$；当 $m(\lambda)=\lambda-\mathrm{i}$ 时，$\boldsymbol{A}=\mathrm{i}\boldsymbol{I}$；当 $m(\lambda)=(\lambda+\mathrm{i})(\lambda-\mathrm{i})$时，$\boldsymbol{A}$ 的不同特征值为$-\mathrm{i}$，i. $\boldsymbol{A}$ 的属于特征值 i 的特征子空间 $V_{\lambda=\mathrm{i}}$的维数 $\dim V_{\lambda=\mathrm{i}}=\dim\mathrm{Ker}(\mathrm{i}\boldsymbol{I}-\boldsymbol{A})=n-\mathrm{rank}(\mathrm{i}\boldsymbol{I}-\boldsymbol{A})$. 记 $\mathrm{rank}(\mathrm{i}\boldsymbol{I}-\boldsymbol{A})=r$，则 $\dim V_{\lambda=\mathrm{i}}=n-r$，从而 $\boldsymbol{A}$ 的相似标准形为

$$\begin{pmatrix}\mathrm{i}\boldsymbol{I}_{n-r} & \boldsymbol{0}\\ \boldsymbol{0} & -\mathrm{i}\boldsymbol{I}_r\end{pmatrix}.$$

12. 设 $\boldsymbol{A}$ 是 n 级实矩阵，它满足 $\boldsymbol{A}^2=-\boldsymbol{I}$. 证明：$n$ 是偶数，且

$$\boldsymbol{A}\sim\begin{pmatrix}\boldsymbol{0} & -\boldsymbol{I}_m\\ \boldsymbol{I}_m & \boldsymbol{0}\end{pmatrix}.$$

证明： 把 n 级实矩阵 $\boldsymbol{A}$ 看成是 n 级复矩阵，则由第 11 题的结论知，$\boldsymbol{A}$ 相似于

$\begin{pmatrix} \mathrm{i}\boldsymbol{I}_{n-r} & \boldsymbol{0} \\ \boldsymbol{0} & -\mathrm{i}\boldsymbol{I}_r \end{pmatrix}$，其中 $r=\mathrm{rank}(\boldsymbol{A}-\mathrm{i}\boldsymbol{I})$. 设 $\boldsymbol{B}$ 是 n 级复矩阵，由行列式的定义可以看出 $|\overline{\boldsymbol{B}}|=\overline{|\boldsymbol{B}|}$，从而 $|\boldsymbol{B}|\neq 0$ 当且仅当 $|\overline{\boldsymbol{B}}|\neq 0$. 由矩阵的秩的子式定义知 $\mathrm{rank}(\overline{\boldsymbol{B}})=\mathrm{rank}(\boldsymbol{B})$. 利用这个结论和 $\boldsymbol{A}$ 是实矩阵得 $\mathrm{rank}(\boldsymbol{A}+\mathrm{i}\boldsymbol{I})=\mathrm{rank}(\overline{\boldsymbol{A}+\mathrm{i}\boldsymbol{I}})=\mathrm{rank}(\boldsymbol{A}-\mathrm{i}\boldsymbol{I})=r$. 由于

$$\begin{aligned}\mathrm{rank}(\boldsymbol{A}+\mathrm{i}\boldsymbol{I})&=n-\dim\mathrm{Ker}(\boldsymbol{A}+\mathrm{i}\boldsymbol{I})\\&=n-\dim V_{\lambda=-\mathrm{i}}\end{aligned}$$

而 $\mathrm{rank}(\boldsymbol{A}-\mathrm{i}\boldsymbol{I})=n-\dim V_{\lambda=\mathrm{i}}$，从而 $\dim V_{\lambda=\mathrm{i}}=\dim V_{\lambda=-\mathrm{i}}$. 由于把 $\boldsymbol{A}$ 看成复矩阵后可对角化，故 $\dim V_{\lambda=\mathrm{i}}+\dim V_{\lambda=-\mathrm{i}}=n$. 于是 n 为偶数，记 $n=2m$. 于是 $\boldsymbol{A}\sim\mathrm{diag}\{\mathrm{i}\boldsymbol{I}_m, -\mathrm{i}\boldsymbol{I}_m\}$. 由于

$$\left[\frac{1}{\sqrt{2}}\begin{pmatrix} \mathrm{i}\boldsymbol{I}_m & \boldsymbol{I}_m \\ \boldsymbol{I}_m & \mathrm{i}\boldsymbol{I}_m \end{pmatrix}\right]\begin{pmatrix} \mathrm{i}\boldsymbol{I}_m & \boldsymbol{0} \\ \boldsymbol{0} & -\mathrm{i}\boldsymbol{I}_m \end{pmatrix}\left[\frac{1}{\sqrt{2}}\begin{pmatrix} -\mathrm{i}\boldsymbol{I}_m & \boldsymbol{I}_m \\ \boldsymbol{I}_m & \mathrm{i}\boldsymbol{I}_m \end{pmatrix}\right]=\begin{pmatrix} \boldsymbol{0} & -\boldsymbol{I}_m \\ \boldsymbol{I}_m & \boldsymbol{0} \end{pmatrix}$$

且

$$\frac{1}{\sqrt{2}}\begin{pmatrix} \mathrm{i}\boldsymbol{I}_m & \boldsymbol{I}_m \\ \boldsymbol{I}_m & \mathrm{i}\boldsymbol{I}_m \end{pmatrix}\cdot\frac{1}{\sqrt{2}}\begin{pmatrix} -\mathrm{i}\boldsymbol{I}_m & \boldsymbol{I}_m \\ \boldsymbol{I}_m & \mathrm{i}\boldsymbol{I}_m \end{pmatrix}=\begin{pmatrix} \boldsymbol{I}_m & \boldsymbol{0} \\ \boldsymbol{0} & \boldsymbol{I}_m \end{pmatrix}$$

因此

$$\begin{pmatrix} \mathrm{i}\boldsymbol{I}_m & \boldsymbol{0} \\ \boldsymbol{0} & -\mathrm{i}\boldsymbol{I}_m \end{pmatrix}\sim\begin{pmatrix} \boldsymbol{I}_m & \boldsymbol{0} \\ \boldsymbol{0} & \boldsymbol{I}_m \end{pmatrix}$$

从而把 $\boldsymbol{A}$ 看成复矩阵后有 $\boldsymbol{A}\sim\begin{pmatrix} \boldsymbol{0} & -\boldsymbol{I}_m \\ \boldsymbol{I}_m & \boldsymbol{0} \end{pmatrix}$. 这是习题 6.12 第 3 题的第(2)小题的第二种证法.

13. 设 $\boldsymbol{A}$, $\boldsymbol{B}$ 分别是域 $\mathbb{F}$ 上 $m\times n$ 矩阵和 $l\times n$ 矩阵，用 U 表示 $\boldsymbol{A}$ 的列空间，用 W 表示 n 元齐次线性方程组 $\boldsymbol{BX}=\boldsymbol{0}$ 的解空间. 令 $\mathscr{A}(\boldsymbol{\eta})=\boldsymbol{A\eta}$，$\forall\,\boldsymbol{\eta}\in W$. 证明：

(1) $\mathscr{A}$ 是 W 到 U 的一个线性映射；

(2) $\dim(\mathscr{A}W)=\mathrm{rank}\begin{pmatrix}\boldsymbol{A}\\ \boldsymbol{B}\end{pmatrix}-\mathrm{rank}(\boldsymbol{B})$.

证明： (1) 设 $\boldsymbol{\eta}_1$，$\boldsymbol{\eta}_2\in W$，$k\in\mathbb{F}$，则显然 $\mathscr{A}$ 是由 W 到 U 的映射，且

$$\begin{gathered}\mathscr{A}(\boldsymbol{\eta}_1+\boldsymbol{\eta}_2)=\boldsymbol{A}(\boldsymbol{\eta}_1+\boldsymbol{\eta}_2)=\boldsymbol{A}(\boldsymbol{\eta}_1)+\boldsymbol{A}(\boldsymbol{\eta}_2)=\mathscr{A}\boldsymbol{\eta}_1+\mathscr{A}\boldsymbol{\eta}_2\\ \mathscr{A}(k\boldsymbol{\eta}_1)=\boldsymbol{A}(k\boldsymbol{\eta}_1)=k\boldsymbol{A}\boldsymbol{\eta}_1=k\mathscr{A}(\boldsymbol{\eta}_1).\end{gathered}$$

(2)
$$\dim(\mathscr{A}W)=\dim(\mathrm{Im}(\mathscr{A}|W))=\dim W-\dim(\mathrm{Ker}\mathscr{A})$$
$$=(n-\mathrm{rank}(\boldsymbol{B}))-\dim(\mathrm{Ker}(\mathscr{A}))$$

因为

$$\boldsymbol{\eta}\in\mathrm{Ker}\mathscr{A}\Leftrightarrow\mathscr{A}\boldsymbol{\eta}=\mathbf{0},\ \boldsymbol{\eta}\in W$$
$$\Leftrightarrow\boldsymbol{A}\boldsymbol{\eta}=\mathbf{0},\ \boldsymbol{B}\boldsymbol{\eta}=\mathbf{0}$$
$$\Leftrightarrow\begin{pmatrix}\boldsymbol{A}\\ \boldsymbol{B}\end{pmatrix}\boldsymbol{\eta}=\mathbf{0}$$

所以 $\dim(\mathrm{Ker}(\mathscr{A}))=n-\mathrm{rank}\begin{pmatrix}\boldsymbol{A}\\ \boldsymbol{B}\end{pmatrix}$. 从而

$$\mathrm{rank}(\mathscr{A})=\dim(\mathscr{A}W)=\mathrm{rank}\begin{pmatrix}\boldsymbol{A}\\ \boldsymbol{B}\end{pmatrix}-\mathrm{rank}(\boldsymbol{B}).$$

14. 设 $\boldsymbol{A}$ 是特征为 0 的域 $\mathbb{F}$ 上的 n 级矩阵，证明：如果 $\mathrm{tr}(\boldsymbol{A})=0$，那么 $\boldsymbol{A}$ 相似于一个主对角元全为 0 的矩阵.

证明： 对矩阵的级数 n 做数学归纳法. 当 $n=1$ 时，$\boldsymbol{A}=(a)$，由于 $\mathrm{tr}(\boldsymbol{A})=0$，故 $\boldsymbol{A}=(0)$，命题为真. 假设对 $n-1$ 级矩阵命题为真，现在来看 n 级矩阵 $\boldsymbol{A}$ 的情形. 如果能证明 $\boldsymbol{A}$ 相似于下述形式的分块矩阵 $\begin{pmatrix}0 & \boldsymbol{\alpha}'\\ \boldsymbol{\beta} & \boldsymbol{B}\end{pmatrix}$，那么 $\mathrm{tr}(\boldsymbol{A})=\mathrm{tr}(\boldsymbol{B})=0$. 由归纳法假设，存在域 $\mathbb{F}$ 上 $n-1$ 级可逆矩阵 $\boldsymbol{Q}$，使得 $\boldsymbol{Q}^{-1}\boldsymbol{B}\boldsymbol{Q}$ 是主对角元全为 0 的矩阵. 于是

$$\begin{pmatrix}1 & \mathbf{0}'\\ \mathbf{0} & \boldsymbol{Q}\end{pmatrix}^{-1}\begin{pmatrix}0 & \boldsymbol{\alpha}'\\ \boldsymbol{\beta} & \boldsymbol{B}\end{pmatrix}\begin{pmatrix}1 & \mathbf{0}'\\ \mathbf{0} & \boldsymbol{Q}\end{pmatrix}=\begin{bmatrix}0 & \boldsymbol{\alpha}'\boldsymbol{Q}\\ \boldsymbol{Q}^{-1}\boldsymbol{\beta} & \boldsymbol{Q}^{-1}\boldsymbol{B}\boldsymbol{Q}\end{bmatrix}$$

上式右端的主对角元全为 0，从而 $\boldsymbol{A}$ 相似于一个主对角元全为 0 的矩阵.

下面来证明 $\boldsymbol{A}$ 一定相似于形如 $\begin{pmatrix}0 & \boldsymbol{\alpha}'\\ \boldsymbol{\beta} & \boldsymbol{B}\end{pmatrix}$ 的分块矩阵.

设 $\boldsymbol{A}$ 的最小多项式 $m(\lambda)$ 在 $\mathbb{F}[\lambda]$ 中的标准分解式为

$$m(\lambda)=p_1^{l_1}(\lambda)p_2^{l_2}(\lambda)\cdots p_s^{l_s}(\lambda)$$

情形 1：设 $\deg p_j(\lambda)=r_j>1$，则在 $\boldsymbol{A}$ 的有理标准形(Frobenius 标准形)$\boldsymbol{C}$ 中，有对应于 $p_j^{l_j}(\lambda)$ 的一个 l_jr_j 级有理块：

$$\begin{pmatrix} 0 & 0 & \cdots & 0 & -c_0 \\ 1 & 0 & \cdots & 0 & -c_1 \\ 0 & 1 & \cdots & 0 & -c_2 \\ \vdots & \vdots & & \vdots & \vdots \\ 0 & 0 & \cdots & 0 & -c_{l_jr_j-2} \\ 0 & 0 & \cdots & 1 & -c_{l_jr_j-1} \end{pmatrix}$$

其中 $p_j^{l_j}(\lambda)=\lambda^{l_jr_j}+c_{l_jr_j-1}\lambda^{l_jr_j-1}\cdots+c_1\lambda+c_0$. 把这个有理块排在 $\boldsymbol{A}$ 的有理标准形 $\boldsymbol{C}$ 的左上角，则 $\boldsymbol{C}$ 可以写成分块矩阵的形式：$\begin{pmatrix} 0 & \boldsymbol{\alpha}' \\ \boldsymbol{\beta} & \boldsymbol{B} \end{pmatrix}$. 于是 $\boldsymbol{A}\sim\begin{pmatrix} 0 & \boldsymbol{\alpha}' \\ \boldsymbol{\beta} & \boldsymbol{B} \end{pmatrix}$.

情形 2：$m(\lambda)=(\lambda-\lambda_1)^{l_1}(\lambda-\lambda_2)^{l_2}\cdots(\lambda-\lambda_s)^{l_s}$. 若 $s=1$，则 $m(\lambda)=(\lambda-\lambda_1)^{l_1}$. 此时 $\boldsymbol{A}$ 的 Jordan 标准形 $\boldsymbol{J}$ 的主对角元全为 λ_1，于是 $0=\mathrm{tr}(\boldsymbol{A})=\mathrm{tr}(\boldsymbol{J})=n\lambda_1$. 由 $\mathrm{char}\,\mathbb{F}=0$ 知 $\lambda_1=0$，从而 $\boldsymbol{A}$ 相似于主对角元全为 0 的矩阵 $\boldsymbol{J}$，当然 $\boldsymbol{J}$ 是 $\begin{pmatrix} 0 & \boldsymbol{\alpha}' \\ \boldsymbol{\beta} & \boldsymbol{B} \end{pmatrix}$ 这种形式.

若 $s>1$，且存在 $l_i>1$，不妨设 $l_1>1$，于是 $\boldsymbol{A}$ 的 Jordan 标准形 $\boldsymbol{J}$ 中有一个 l_1 级 Jordan块 $\boldsymbol{J}_{l_1}(\lambda_1)$. 从而 $\boldsymbol{J}$ 可写成

$$\boldsymbol{J}=\begin{pmatrix} \lambda_1 & 1 & \boldsymbol{H} \\ 0 & \lambda_1 & \\ \boldsymbol{0} & & \boldsymbol{R} \end{pmatrix}$$

对 $\boldsymbol{J}$ 做下述初等行变换和初等列变换：

$$\boldsymbol{J}\xrightarrow{②+①\cdot\lambda_1}\begin{pmatrix} \lambda_1 & 1 & \boldsymbol{H}_1 \\ \lambda_1^2 & 2\lambda_1 & \\ \boldsymbol{0} & & \boldsymbol{R} \end{pmatrix}\xrightarrow[①+②\cdot(-\lambda_1)]{}\begin{pmatrix} 0 & 1 & \boldsymbol{H}_1 \\ -\lambda_1^2 & 2\lambda_1 & \\ \boldsymbol{0} & & \boldsymbol{R} \end{pmatrix}$$

于是

$$\begin{pmatrix} 1 & 0 & \boldsymbol{0} \\ \lambda_1 & 1 & \\ \boldsymbol{0} & & \boldsymbol{I}_{n-2} \end{pmatrix}\begin{pmatrix} \lambda_1 & 1 & \boldsymbol{H} \\ 0 & \lambda_1 & \\ \boldsymbol{0} & & \boldsymbol{R} \end{pmatrix}\begin{pmatrix} 1 & 0 & \boldsymbol{0} \\ -\lambda_1 & 1 & \\ \boldsymbol{0} & & \boldsymbol{I}_{n-2} \end{pmatrix}=\begin{pmatrix} 0 & 1 & \boldsymbol{H}_1 \\ -\lambda_1^2 & 2\lambda_1 & \\ \boldsymbol{0} & & \boldsymbol{R} \end{pmatrix}$$

且

$$\begin{pmatrix} 1 & 0 & \boldsymbol{0} \\ \lambda_1 & 1 & \\ \boldsymbol{0} & & \boldsymbol{I}_{n-2} \end{pmatrix}=\begin{pmatrix} 1 & 0 & \boldsymbol{0} \\ -\lambda_1 & 1 & \\ \boldsymbol{0} & & \boldsymbol{I}_{n-2} \end{pmatrix}^{-1}$$

从而 $\boldsymbol{A}$ 相似于$\begin{pmatrix} 0 & \boldsymbol{\alpha}' \\ \boldsymbol{\beta} & \boldsymbol{B} \end{pmatrix}$形式的矩阵.

若 $s>1$, $l_i=1$, $i=1, 2, \cdots, s$, 即 $m(\lambda)=(\lambda-\lambda_1)(\lambda-\lambda_2)\cdots(\lambda-\lambda_s)$. 此时 $\boldsymbol{A}$ 可对角化，$\boldsymbol{A}$ 相似于下述形式的对角矩阵

$$\boldsymbol{D}=\begin{pmatrix} \lambda_1 & 0 & \\ 0 & \lambda_2 & \boldsymbol{0} \\ & \boldsymbol{0} & \boldsymbol{D}_1 \end{pmatrix}$$

对 $\boldsymbol{D}$ 做初等行变换和初等列变换：

$$\boldsymbol{D}\xrightarrow{②+①\cdot\lambda_1}\begin{pmatrix} \lambda_1 & 0 & \\ \lambda_1^2 & \lambda_2 & \boldsymbol{0} \\ & \boldsymbol{0} & \boldsymbol{D}_1 \end{pmatrix}\xrightarrow[①+②\cdot(-\lambda_1)]{}\begin{pmatrix} \lambda_1 & 0 & \\ \lambda_1^2-\lambda_1\lambda_2 & \lambda_2 & \boldsymbol{0} \\ & \boldsymbol{0} & \boldsymbol{D}_1 \end{pmatrix}$$

$$\xrightarrow{①+②\cdot\left(\frac{-1}{\lambda_1-\lambda_2}\right)}\begin{pmatrix} 0 & -\frac{\lambda_2}{\lambda_1-\lambda_2} & \boldsymbol{0} \\ \lambda_1^2-\lambda_1\lambda_2 & \lambda_2 & \\ & \boldsymbol{0} & \boldsymbol{D}_1 \end{pmatrix}\xrightarrow[②+①\cdot\frac{1}{\lambda_1-\lambda_2}]{}\begin{pmatrix} 0 & -\frac{\lambda_2}{\lambda_1-\lambda_2} & \boldsymbol{0} \\ \lambda_1(\lambda_1-\lambda_2) & \lambda_1+\lambda_2 & \\ & \boldsymbol{0} & \boldsymbol{D}_1 \end{pmatrix}$$

于是

$$\begin{pmatrix} 1 & -\frac{\lambda_2}{\lambda_1-\lambda_2} & \boldsymbol{0} \\ 0 & 1 & \\ & \boldsymbol{0} & \boldsymbol{I}_{n-2} \end{pmatrix}\begin{pmatrix} 1 & 0 & \boldsymbol{0} \\ \lambda_1 & 1 & \\ & \boldsymbol{0} & \boldsymbol{I}_{n-2} \end{pmatrix}\begin{pmatrix} \lambda_1 & 0 & \boldsymbol{0} \\ 0 & \lambda_2 & \\ & \boldsymbol{0} & \boldsymbol{D}_1 \end{pmatrix}\begin{pmatrix} 1 & 0 & \boldsymbol{0} \\ -\lambda_1 & 1 & \\ & \boldsymbol{0} & \boldsymbol{I}_{n-2} \end{pmatrix}\begin{pmatrix} 1 & \frac{\lambda_2}{\lambda_1-\lambda_2} & \boldsymbol{0} \\ 0 & 1 & \\ & \boldsymbol{0} & \boldsymbol{I}_{n-2} \end{pmatrix}$$

$$=\begin{pmatrix} 0 & -\frac{\lambda_2}{\lambda_1-\lambda_2} & \boldsymbol{0} \\ \lambda_1(\lambda_1-\lambda_2) & \lambda_1+\lambda_2 & \\ & \boldsymbol{0} & \boldsymbol{D}_1 \end{pmatrix}$$

从而 $\boldsymbol{A}$ 相似于$\begin{pmatrix} 0 & \boldsymbol{\alpha}' \\ \boldsymbol{\beta} & \boldsymbol{B} \end{pmatrix}$形式的矩阵. 综上所述，$\boldsymbol{A}$ 一定能相似于主对角元全为 0 的矩阵.

15. 根据数学分析的知识，$\forall x\in\mathbb{R}$，有

$$\mathrm{e}^x=\sum_{m=0}^{+\infty}\frac{x^m}{m\,!}.$$

由此受到启发，对于实数域上任一 n 级矩阵 $\boldsymbol{A}=(a_{ij})$，定义

$$\mathrm{e}^{\boldsymbol{A}}:=\sum_{m=0}^{+\infty}\frac{\boldsymbol{A}^m}{m\,!}.$$

如果 n^2 个数值级数 $\sum_{m=0}^{+\infty}\left(\frac{\boldsymbol{A}^m}{m!}\right)(i;j)(i,j=1,2,\cdots,n)$都收敛，那么称矩阵级数 $\sum_{m=0}^{+\infty}\frac{\boldsymbol{A}^m}{m!}$收敛. 证明：对于任意 n 级实矩阵 $\boldsymbol{A}=(a_{ij})$，都有矩阵级数 $\sum_{m=0}^{+\infty}\frac{\boldsymbol{A}^m}{m!}$收敛，把 $\sum_{m=0}^{+\infty}\left(\frac{\boldsymbol{A}^m}{m!}\right)(i;j)$作为 $\mathrm{e}^{\boldsymbol{A}}$ 的(i,j)元，从而 $\mathrm{e}^{\boldsymbol{A}}$ 是一个确定的 n 级实矩阵. 于是 $f:\boldsymbol{A}\mapsto\mathrm{e}^{\boldsymbol{A}}$ 是$M_n(\mathbb{R})$到自身的一个映射，我们把 $f(\boldsymbol{A})=\mathrm{e}^{\boldsymbol{A}}$ 称为矩阵指数函数.

证明： 令 $M=\max\{|a_{ij}|,i,j=1,2,\cdots,n\}$，则对任意的 $i,j\in\{1,2,\cdots,n\}$，有

$$|\boldsymbol{A}^2(i;j)|=\left|\sum_{k=1}^{n}a_{ik}a_{kj}\right|\leqslant\sum_{k=1}^{n}|a_{ik}|\cdot|a_{kj}|\leqslant n\cdot M^2$$

$$|\boldsymbol{A}^3(i;j)|=\left|\sum_{k=1}^{n}\boldsymbol{A}^2(i;k)a_{kj}\right|\leqslant\sum_{k=1}^{n}|\boldsymbol{A}^2(i;k)|\cdot|a_{kj}|\leqslant n^2\cdot M^3$$

$$\cdots\cdots$$

$$|\boldsymbol{A}^m(i;j)|=\left|\sum_{k=1}^{n}\boldsymbol{A}^{m-1}(i;k)a_{kj}\right|\leqslant\sum_{k=1}^{n}|\boldsymbol{A}^{m-1}(i;k)|\cdot|a_{kj}|\leqslant n^{m-1}\cdot M^m$$

从而 $\sum_{m=0}^{+\infty}\left|\left(\frac{\boldsymbol{A}^m}{m!}\right)(i;j)\right|\leqslant\sum_{m=0}^{+\infty}\frac{n^{m-1}\cdot M^m}{m!}$. 对于右端的正项级数，由于

$$\lim_{m\to+\infty}\left[\frac{n^m\cdot M^{m+1}}{(m+1)!}\bigg/\frac{1}{m!}n^{m-1}M^m\right]=\lim_{m\to+\infty}\frac{nM}{m+1}=0$$

故由 d'Alembert 判别法，级数 $\sum_{m=0}^{+\infty}\frac{n^{m-1}\cdot M^m}{m!}$收敛，再由比较判别法知级数 $\sum_{m=0}^{+\infty}\frac{\boldsymbol{A}^m(i;j)}{m!}$ 绝对收敛.

16. 设 $\boldsymbol{A}$，$\boldsymbol{B}$ 都是实数域上的 n 级矩阵，证明：如果 $\boldsymbol{AB}=\boldsymbol{BA}$，那么 $\mathrm{e}^{\boldsymbol{A}+\boldsymbol{B}}=\mathrm{e}^{\boldsymbol{A}}\mathrm{e}^{\boldsymbol{B}}$.

证明： 由于 $\sum_{m=0}^{+\infty}\frac{\boldsymbol{A}^m}{m!}$绝对收敛，根据数学分析的知识可知，两个绝对收敛的数值级数，它们各项之积按任意方式排列后的级数也绝对收敛，且和等于原来两级数的值的乘积. 从而 $\mathrm{e}^{\boldsymbol{A}}\mathrm{e}^{\boldsymbol{B}}$有意义，且在 Cauchy 积的意义下：

$$\mathrm{e}^{\boldsymbol{A}}\mathrm{e}^{\boldsymbol{B}}=\sum_{n=0}^{+\infty}\left(\sum_{k=0}^{n}\frac{1}{k!(n-k)!}\boldsymbol{A}^k\boldsymbol{B}^{n-k}\right)$$

$$= \sum_{n=0}^{+\infty} \frac{1}{n!}\left(\sum_{k=0}^{n}\binom{n}{k}\boldsymbol{A}^k\boldsymbol{B}^{n-k}\right)$$

$$= \sum_{n=0}^{+\infty} \frac{1}{n!}(\boldsymbol{A}+\boldsymbol{B})^n \quad \text{（这步用到了 } \boldsymbol{AB}=\boldsymbol{BA} \text{ 这一条件）}$$

$$= \mathrm{e}^{\boldsymbol{A}+\boldsymbol{B}}$$

17. 证明：对于任意一个 n 级实矩阵 $\boldsymbol{A}$，都有 $\mathrm{e}^{\boldsymbol{A}}$ 是可逆矩阵，且 $(\mathrm{e}^{\boldsymbol{A}})^{-1}=\mathrm{e}^{-\boldsymbol{A}}$.

证明： 由于 $\boldsymbol{A}$ 与 $-\boldsymbol{A}$ 可交换，由第 16 题的结论知

$$\mathrm{e}^{\boldsymbol{A}}\cdot\mathrm{e}^{-\boldsymbol{A}}=\mathrm{e}^{\boldsymbol{A}-\boldsymbol{A}}=\mathrm{e}^{\boldsymbol{0}}=\boldsymbol{I}$$

从而 $(\mathrm{e}^{\boldsymbol{A}})^{-1}=\mathrm{e}^{-\boldsymbol{A}}$.

18. 设 $\boldsymbol{A}$，$\boldsymbol{P}$ 都是 n 级实矩阵，且 $\boldsymbol{P}$ 可逆，证明：

$$\mathrm{e}^{\boldsymbol{P}^{-1}\boldsymbol{AP}}=\boldsymbol{P}^{-1}\mathrm{e}^{\boldsymbol{A}}\boldsymbol{P}.$$

证明：

$$\mathrm{e}^{\boldsymbol{P}^{-1}\boldsymbol{AP}}=\boldsymbol{I}+\sum_{k=1}^{+\infty}\frac{(\boldsymbol{P}^{-1}\boldsymbol{AP})^k}{k!}=\boldsymbol{I}+\sum_{k=1}^{+\infty}\frac{\boldsymbol{P}^{-1}\boldsymbol{A}^k\boldsymbol{P}}{k!}$$

$$=\boldsymbol{I}+\boldsymbol{P}^{-1}\left(\sum_{k=1}^{+\infty}\frac{\boldsymbol{A}^k}{k!}\right)\boldsymbol{P}$$

$$=\boldsymbol{P}^{-1}\mathrm{e}^{\boldsymbol{A}}\boldsymbol{P}$$

第 7 章 双线性函数，二次型

习题 7.1 双线性函数的表达式和性质

1. 在$\mathbb{R}^4$中，设$\boldsymbol{\alpha}=(x_1, x_2, x_3, x_4)'$，$\boldsymbol{\beta}=(y_1, y_2, y_3, y_4)'$. 令$f(\boldsymbol{\alpha}, \boldsymbol{\beta})=x_1y_1+x_2y_2+x_3y_3-x_4y_4$.

(1) 求f在$\mathbb{R}^4$的标准基$\boldsymbol{\varepsilon}_1, \boldsymbol{\varepsilon}_2, \boldsymbol{\varepsilon}_3, \boldsymbol{\varepsilon}_4$下的度量矩阵$\boldsymbol{A}$；

(2) 说明双线性函数f是非退化的；

(3) 求一个向量$\boldsymbol{\alpha}\neq\boldsymbol{0}$，使得$f(\boldsymbol{\alpha}, \boldsymbol{\alpha})=0$.

解：(1) f在$\mathbb{R}^4$的标准基$\boldsymbol{\varepsilon}_1, \boldsymbol{\varepsilon}_2, \boldsymbol{\varepsilon}_3, \boldsymbol{\varepsilon}_4$下的度量矩阵

$$\boldsymbol{A}=\begin{pmatrix} f(\boldsymbol{\varepsilon}_1, \boldsymbol{\varepsilon}_1) & f(\boldsymbol{\varepsilon}_1, \boldsymbol{\varepsilon}_2) & f(\boldsymbol{\varepsilon}_1, \boldsymbol{\varepsilon}_3) & f(\boldsymbol{\varepsilon}_1, \boldsymbol{\varepsilon}_4) \\ f(\boldsymbol{\varepsilon}_2, \boldsymbol{\varepsilon}_1) & f(\boldsymbol{\varepsilon}_2, \boldsymbol{\varepsilon}_2) & f(\boldsymbol{\varepsilon}_2, \boldsymbol{\varepsilon}_3) & f(\boldsymbol{\varepsilon}_2, \boldsymbol{\varepsilon}_4) \\ f(\boldsymbol{\varepsilon}_3, \boldsymbol{\varepsilon}_1) & f(\boldsymbol{\varepsilon}_3, \boldsymbol{\varepsilon}_2) & f(\boldsymbol{\varepsilon}_3, \boldsymbol{\varepsilon}_3) & f(\boldsymbol{\varepsilon}_3, \boldsymbol{\varepsilon}_4) \\ f(\boldsymbol{\varepsilon}_4, \boldsymbol{\varepsilon}_1) & f(\boldsymbol{\varepsilon}_4, \boldsymbol{\varepsilon}_2) & f(\boldsymbol{\varepsilon}_4, \boldsymbol{\varepsilon}_3) & f(\boldsymbol{\varepsilon}_4, \boldsymbol{\varepsilon}_4) \end{pmatrix}=\begin{pmatrix} 1 & 0 & 0 & 0 \\ 0 & 1 & 0 & 0 \\ 0 & 0 & 1 & 0 \\ 0 & 0 & 0 & -1 \end{pmatrix}$$

(2) 由于$\boldsymbol{A}$是满秩矩阵，故双线性函数f是非退化的.

(3) 设$\boldsymbol{\alpha}=(x_1, x_2, x_3, x_4)'$，则$f(\boldsymbol{\alpha}, \boldsymbol{\alpha})=x_1^2+x_2^2+x_3^2-x_4^2$，故可令$\boldsymbol{\alpha}=(1, 0, 0, 1)'$满足题意.

2. 任给$\boldsymbol{A}, \boldsymbol{B}\in M_n(\mathbb{F})$，令

$$f(\boldsymbol{A}, \boldsymbol{B})=\operatorname{tr}(\boldsymbol{A}\boldsymbol{B}'),$$

证明：f是$M_n(\mathbb{F})$上的一个非退化双线性函数.

证明： 设$\boldsymbol{A}_1, \boldsymbol{A}_2, \boldsymbol{B}_1, \boldsymbol{B}_2\in M_n(\mathbb{F})$，$k_1, k_2\in\mathbb{F}$，则

$$\begin{aligned} f(k_1\boldsymbol{A}_1+k_2\boldsymbol{A}_2, \boldsymbol{B}) &= \operatorname{tr}((k_1\boldsymbol{A}_1+k_2\boldsymbol{A}_2)\boldsymbol{B}') \\ &= \operatorname{tr}(k_1\boldsymbol{A}_1\boldsymbol{B}'+k_2\boldsymbol{A}_2\boldsymbol{B}') \\ &= \operatorname{tr}(k_1\boldsymbol{A}_1\boldsymbol{B}')+\operatorname{tr}(k_2\boldsymbol{A}_2\boldsymbol{B}') \\ &= k_1\operatorname{tr}(\boldsymbol{A}_1\boldsymbol{B}')+k_2\operatorname{tr}(\boldsymbol{A}_2\boldsymbol{B}') \\ &= k_1 f(\boldsymbol{A}_1, \boldsymbol{B})+k_2 f(\boldsymbol{A}_2, \boldsymbol{B}) \end{aligned}$$

同理 $f(\boldsymbol{A}, k_1\boldsymbol{B}_1+k_2\boldsymbol{B}_2)=k_1f(\boldsymbol{A}, \boldsymbol{B}_1)+k_2f(\boldsymbol{A}, \boldsymbol{B}_2)$.

计算 f 在 $M_n(\mathbb{F})$ 的一个基 $\boldsymbol{E}_{11}, \cdots, \boldsymbol{E}_{1n}, \cdots, \boldsymbol{E}_{n1}, \cdots, \boldsymbol{E}_{nn}$ 下的度量矩阵 $\boldsymbol{A}$,

$$f(\boldsymbol{E}_{ik}, \boldsymbol{E}_{jl})=\mathrm{tr}(\boldsymbol{E}_{ik}\boldsymbol{E}'_{jl})=\mathrm{tr}(\boldsymbol{E}_{ik}\boldsymbol{E}_{lj})$$

由于

$$\boldsymbol{E}_{ik}\boldsymbol{E}_{lj}=\begin{cases}\boldsymbol{E}_{ij}, & \text{当 } k=l \text{ 时}\\ 0, & \text{当 } k\neq l \text{ 时}\end{cases}$$

因此

$$f(\boldsymbol{E}_{ik}, \boldsymbol{E}_{jl})=\begin{cases}1, & \text{当 } k=l \text{ 且 } i=j\\ 0, & \text{其他.}\end{cases}$$

从而 $\boldsymbol{A}$ 为 n^2 级单位矩阵，因此 f 是非退化的.

3. 在 $\mathbb{R}^4$ 中，设 $\boldsymbol{\alpha}=(x_1, x_2, x_3, x_4)'$, $\boldsymbol{\beta}=(y_1, y_2, y_3, y_4)'$. 令

$$f(\boldsymbol{\alpha}, \boldsymbol{\beta})=x_1y_2-2x_2y_1+x_3y_4-3x_4y_2.$$

(1) 证明：f 是 $\mathbb{R}^4$ 上的一个双线性函数；

(2) 求 f 在 $\mathbb{R}^4$ 的标准基 $\boldsymbol{\varepsilon}_1, \boldsymbol{\varepsilon}_2, \boldsymbol{\varepsilon}_3, \boldsymbol{\varepsilon}_4$ 下的度量矩阵 $\boldsymbol{A}$;

(3) f 是不是非退化的？

(4) 求 f 在 $\mathbb{R}^4$ 的一个基

$$\boldsymbol{\alpha}_1=(1, 2, 1, 1)', \quad \boldsymbol{\alpha}_2=(2, 3, 1, 0)'$$
$$\boldsymbol{\alpha}_3=(3, 1, 1, -2)', \quad \boldsymbol{\alpha}_4=(4, 2, -1, -6)'$$

下的度量矩阵.

解：(1) $$f(\boldsymbol{\alpha}, \boldsymbol{\beta})=(x_1, x_2, x_3, x_4)\begin{pmatrix}0 & 1 & 0 & 0\\ -2 & 0 & 0 & 0\\ 0 & 0 & 0 & 1\\ 0 & -3 & 0 & 0\end{pmatrix}\begin{pmatrix}y_1\\ y_2\\ y_3\\ y_4\end{pmatrix}=\boldsymbol{\alpha}'\boldsymbol{A}\boldsymbol{\beta}$$

任给 $\boldsymbol{\alpha}_1, \boldsymbol{\alpha}_2, \boldsymbol{\beta}_1, \boldsymbol{\beta}_2, \boldsymbol{\alpha}, \boldsymbol{\beta}\in\mathbb{R}^4$, $k_1, k_2\in\mathbb{R}$, 则

$$\begin{aligned}f(k_1\boldsymbol{\alpha}_1+k_2\boldsymbol{\alpha}_2, \boldsymbol{\beta})&=(k_1\boldsymbol{\alpha}_1+k_2\boldsymbol{\alpha}_2)'\boldsymbol{A}\boldsymbol{\beta}\\&=k_1\boldsymbol{\alpha}'_1\boldsymbol{A}\boldsymbol{\beta}+k_2\boldsymbol{\alpha}'_2\boldsymbol{A}\boldsymbol{\beta}\\&=k_1f(\boldsymbol{\alpha}_1, \boldsymbol{\beta})+k_2f(\boldsymbol{\alpha}_2, \boldsymbol{\beta})\end{aligned}$$

同理可证 $f(\boldsymbol{\alpha}, k_1\boldsymbol{\beta}_1+k_2\boldsymbol{\beta}_2)=k_1f(\boldsymbol{\alpha}, \boldsymbol{\beta}_1)+k_2f(\boldsymbol{\alpha}, \boldsymbol{\beta}_2)$. 从而 f 是 $\mathbb{R}^4$ 上的一个双线性

函数.

(2) f 在 $\mathbb{R}^4$ 的标准基 $\boldsymbol{\varepsilon}_1$, $\boldsymbol{\varepsilon}_2$, $\boldsymbol{\varepsilon}_3$, $\boldsymbol{\varepsilon}_4$ 下的度量矩阵

$$\boldsymbol{A}=\begin{pmatrix} 0 & 1 & 0 & 0 \\ -2 & 0 & 0 & 0 \\ 0 & 0 & 0 & 1 \\ 0 & -3 & 0 & 0 \end{pmatrix}$$

(3) 由于 $|\boldsymbol{A}|=0$，从而 f 是退化的.

(4) 从 $\boldsymbol{\varepsilon}_1$, $\boldsymbol{\varepsilon}_2$, $\boldsymbol{\varepsilon}_3$, $\boldsymbol{\varepsilon}_4$ 到基 $\boldsymbol{\alpha}_1$, $\boldsymbol{\alpha}_2$, $\boldsymbol{\alpha}_3$, $\boldsymbol{\alpha}_4$ 的过渡矩阵

$$\boldsymbol{P}=\begin{pmatrix} 1 & 2 & 3 & 4 \\ 2 & 3 & 1 & 2 \\ 1 & 1 & 1 & -1 \\ 1 & 0 & -2 & -6 \end{pmatrix}$$

由教材定理 1，f 在基 $\boldsymbol{\alpha}_1$, $\boldsymbol{\alpha}_2$, $\boldsymbol{\alpha}_3$, $\boldsymbol{\alpha}_4$ 下的过渡矩阵

$$\boldsymbol{B}=\boldsymbol{P}'\boldsymbol{A}\boldsymbol{P}\begin{pmatrix} -7 & -14 & -16 & -26 \\ -1 & -6 & -18 & -26 \\ 17 & 23 & 1 & 4 \\ 39 & 58 & 12 & 34 \end{pmatrix}$$

4. 设 $\boldsymbol{A}=(a_{ij})$ 是域 $\mathbb{F}$ 上的一个 m 级矩阵，对于 $\boldsymbol{G}, \boldsymbol{H}\in M_{m\times n}(\mathbb{F})$，令

$$f(\boldsymbol{G}, \boldsymbol{H})=\mathrm{tr}(\boldsymbol{G}).$$

(1) 证明：f 是 $M_{m\times n}(\mathbb{F})$ 上的一个双线性函数；

(2) 求 f 在 $M_{m\times n}(\mathbb{F})$ 的一个基 $\boldsymbol{E}_{11}$, $\boldsymbol{E}_{12}$, $\cdots$, $\boldsymbol{E}_{1n}$, $\cdots$, $\boldsymbol{E}_{m1}$, $\cdots$, $\boldsymbol{E}_{mn}$ 下的度量矩阵.

(3) $\boldsymbol{A}$ 是什么样的 m 级矩阵时，f 才非退化?

证明： (1) 对于 $\boldsymbol{G}_1$, $\boldsymbol{G}_2$, $\boldsymbol{H}_1$, $\boldsymbol{H}_2$, $\boldsymbol{G}$, $\boldsymbol{H}\in M_{m\times n}(\mathbb{F})$，$k_1$, $k_2\in\mathbb{F}$，则

$$\begin{aligned} f(k_1\boldsymbol{G}_1+k_2\boldsymbol{G}_2, \boldsymbol{H}) &= \mathrm{tr}((k_1\boldsymbol{G}_1+k_2\boldsymbol{G}_2)'\boldsymbol{A}\boldsymbol{H}) \\ &= \mathrm{tr}(k_1\boldsymbol{G}_1'\boldsymbol{A}\boldsymbol{H}+k_2\boldsymbol{G}_2'\boldsymbol{A}\boldsymbol{H}) \\ &= k_1\mathrm{tr}(\boldsymbol{G}_1'\boldsymbol{A}\boldsymbol{H})+k_2\mathrm{tr}(\boldsymbol{G}_2'\boldsymbol{A}\boldsymbol{H}) \\ &= k_1f(\boldsymbol{G}_1, \boldsymbol{H})+k_2f(\boldsymbol{G}_2, \boldsymbol{H}) \end{aligned}$$

同理可证 $f(\boldsymbol{G}, k_1\boldsymbol{H}_1+k_2\boldsymbol{H}_2)=k_1f(\boldsymbol{G}, \boldsymbol{H}_1)+k_2f(\boldsymbol{G}, \boldsymbol{H}_2)$. 从而 f 是 $M_{m\times n}(\mathbb{F})$ 上的一个双线性函数.

(2)
$$f(\boldsymbol{E}_{ik},\boldsymbol{E}_{jl})=\operatorname{tr}(\boldsymbol{E}'_{ik}\boldsymbol{A}\boldsymbol{E}_{jl})=\operatorname{tr}(\boldsymbol{E}_{ki}\boldsymbol{A}\boldsymbol{E}_{jl})$$
$$=\operatorname{tr}\left(\sum_{r=1}^{m}a_{ir}\boldsymbol{E}_{kr}\boldsymbol{E}_{jl}\right)=\sum_{r=1}^{m}a_{ir}\operatorname{tr}(\boldsymbol{E}_{kr}\boldsymbol{E}_{jl})$$
$$=a_{ij}\operatorname{tr}(\boldsymbol{E}_{kl})=\begin{cases}a_{ij}, & 当\ k=l\\ 0, & 当\ k\neq l\end{cases}$$

从而在 $M_{m\times n}(\mathbb{F})$ 的基 $\boldsymbol{E}_{11},\boldsymbol{E}_{12},\cdots,\boldsymbol{E}_{1n},\cdots,\boldsymbol{E}_{m1},\boldsymbol{E}_{m2},\cdots,\boldsymbol{E}_{mn}$ 下的度量矩阵

$$\boldsymbol{B}=\begin{pmatrix}a_{11}\boldsymbol{I}_n & a_{12}\boldsymbol{I}_n & \cdots & a_{1n}\boldsymbol{I}_n\\ a_{21}\boldsymbol{I}_n & a_{22}\boldsymbol{I}_n & \cdots & a_{2n}\boldsymbol{I}_n\\ \vdots & \vdots & & \vdots\\ a_{m1}\boldsymbol{I}_n & a_{m2}\boldsymbol{I}_n & \cdots & a_{mn}\boldsymbol{I}_n\end{pmatrix}=\boldsymbol{A}\otimes\boldsymbol{I}_n$$

(3) 要使 f 非退化，则 $|\boldsymbol{B}|\neq0$，而 $|\boldsymbol{B}|=|\boldsymbol{A}\otimes\boldsymbol{I}_n|=|\boldsymbol{A}|^n\cdot|\boldsymbol{I}_n|^m=|\boldsymbol{A}|^n$，故当 $|\boldsymbol{A}|\neq0$ 时 f 非退化.

5. 设 f 是域 $\mathbb{F}$ 上线性空间 V 上的一个双线性函数，W 是 V 的一个子空间，显然，f 在 W 上的限制 $f|W$ 是 W 上的一个双线性函数. $f|W$ 在 W 中的左根记作 $\mathrm{rad}_{\mathrm{L}}W$，$f|W$ 在 W 中的右根记作 $\mathrm{rad}_{\mathrm{R}}W$. 证明：设 W 是有限维的子空间，则

$$\dim(\mathrm{rad}_{\mathrm{L}}W)=\dim(\mathrm{rad}_{\mathrm{R}}W)$$

证明： 教材中已经证明 $\mathrm{rad}_{\mathrm{L}}V$ 和 $\mathrm{rad}_{\mathrm{R}}V$ 都是线性空间 V 的子空间($n>1$). 从而 $\mathrm{rad}_{\mathrm{L}}W$ 和 $\mathrm{rad}_{\mathrm{R}}W$ 是线性空间 W 的子空间. 由教材中公式(11)(12)得

$$\dim(\mathrm{rad}_{\mathrm{L}}W)=\dim W-\mathrm{rank}_{\mathrm{m}}(f|W)$$
$$\dim(\mathrm{rad}_{\mathrm{R}}W)=\dim W-\mathrm{rank}_{\mathrm{m}}(f|W)$$

从而 $\dim(\mathrm{rad}_{\mathrm{L}}W)=\dim(\mathrm{rad}_{\mathrm{R}}W)$.

6. 在 $\mathbb{R}^2$ 中，设 $\boldsymbol{\alpha}=(x_1,x_2)'$，$\boldsymbol{\beta}=(y_1,y_2)'$，令

$$f(\boldsymbol{\alpha},\boldsymbol{\beta})=x_1y_1-x_2y_2.$$

(1) 证明：f 是 $\mathbb{R}^2$ 上的一个双线性函数，并且求出 f 在 $\mathbb{R}^2$ 的标准基 $\boldsymbol{\varepsilon}_1,\boldsymbol{\varepsilon}_2$ 下的度量矩阵；

(2) f 是不是非退化的？

(3) 求 $\mathbb{R}^2$ 的一个基，使得 f 在此基下的度量矩阵 $\boldsymbol{B}$ 为

$$\begin{pmatrix}0 & 1\\ 1 & 0\end{pmatrix};$$

(4) 求出使得 $f(\boldsymbol{\alpha}, \boldsymbol{\alpha})=0$ 的所有非零向量 $\boldsymbol{\alpha}$.

证明: (1) $f(\boldsymbol{\alpha}, \boldsymbol{\beta})=(x_1, x_2)\begin{pmatrix}1 & 0\\0 & -1\end{pmatrix}\begin{pmatrix}y_1\\y_2\end{pmatrix}=\boldsymbol{\alpha}'\boldsymbol{A}\boldsymbol{\beta}$. 采用与第 3 题相同的方法可证 f 是 $\mathbb{R}^2$ 上的一个双线性函数，且 $\boldsymbol{A}=\begin{pmatrix}1 & 0\\0 & -1\end{pmatrix}$是 f 在 $\mathbb{R}^2$ 的标准基 $\boldsymbol{\varepsilon}_1$，$\boldsymbol{\varepsilon}_2$ 下的度量矩阵.

(2) 因为$|\boldsymbol{A}|\neq 0$，所以 f 是非退化的.

(3) 设 f 在基 $\boldsymbol{\alpha}_1=(a_1, a_2)'$，$\boldsymbol{\alpha}_2=(b_1, b_2)'$下的度量矩阵为 $\boldsymbol{B}$，则

$$(\boldsymbol{\alpha}_1, \boldsymbol{\alpha}_2)=(\boldsymbol{\varepsilon}_1, \boldsymbol{\varepsilon}_2)\begin{pmatrix}a_1 & b_1\\a_2 & b_2\end{pmatrix}$$

即从基 $\boldsymbol{\varepsilon}_1$，$\boldsymbol{\varepsilon}_2$ 到基 $\boldsymbol{\alpha}_1$，$\boldsymbol{\alpha}_2$ 的过渡矩阵 $\boldsymbol{P}=\begin{pmatrix}a_1 & b_1\\a_2 & b_2\end{pmatrix}$. 由于

$$\boldsymbol{B}=\begin{pmatrix}0 & 1\\1 & 0\end{pmatrix}=\boldsymbol{P}'\boldsymbol{A}\boldsymbol{P}=\begin{pmatrix}a_1 & a_2\\b_1 & b_2\end{pmatrix}\begin{pmatrix}1 & 0\\0 & -1\end{pmatrix}\begin{pmatrix}a_1 & b_1\\a_2 & b_2\end{pmatrix}=\begin{pmatrix}a_1^2-a_2^2 & a_1b_1-a_2b_2\\a_1b_1-a_2b_2 & b_1^2-b_2^2\end{pmatrix}$$

解得 $a_1^2=a_2^2$，$b_1^2=b_2^2$，$a_1b_1-a_2b_2=1$. 取 $a_1=a_2=1$，得 $b_1=\frac{1}{2}$，$b_2=-\frac{1}{2}$. 因此 $\boldsymbol{\alpha}_1=(1, 1)'$，$\boldsymbol{\alpha}_2=\left(\frac{1}{2}, -\frac{1}{2}\right)'$.

(4) 设 $\boldsymbol{\alpha}=(x_1, x_2)'$，则 $f(\boldsymbol{\alpha}, \boldsymbol{\alpha})=x_1^2-x_2^2=0$，得 $x_1^2=x_2^2$，即 $\boldsymbol{\alpha}=(x_1, x_1)'$或 $\boldsymbol{\alpha}=(x_1, -x_1)'$，$x_1\in\mathbb{R}$.

习题 7.2 对称和斜对称双线性函数

1. 设 V 是复数域上的 n 维线性空间，$n\geqslant 2$，f 是 V 上的一个对称双线性函数. 证明:

(1) V 中存在一个基 $\boldsymbol{\delta}_1$，$\boldsymbol{\delta}_2$，…，$\boldsymbol{\delta}_n$，使得 f 在此基下的度量矩阵 $\boldsymbol{A}=\mathrm{diag}\{1, \cdots, 1, 0, \cdots, 0\}$;

(2) V 中存在非零向量 $\boldsymbol{\beta}$，使得 $f(\boldsymbol{\beta}, \boldsymbol{\beta})=0$;

(3) 如果 f 是非退化的，那么存在线性无关的向量 $\boldsymbol{\beta}_1$，$\boldsymbol{\beta}_2$，使得 $f(\boldsymbol{\beta}_1, \boldsymbol{\beta}_1)=f(\boldsymbol{\beta}_2, \boldsymbol{\beta}_2)=0$，且 $f(\boldsymbol{\beta}_1, \boldsymbol{\beta}_2)=1$.

证明: (1) 由于 $\mathrm{char}\,\mathbb{C}=0\neq 2$，由教材定理 1 知，在 V 中存在一个基 $\boldsymbol{\alpha}_1$，$\boldsymbol{\alpha}_2$，…，

$\boldsymbol{\alpha}_n$，使得 f 在此基下的度量矩阵 $\boldsymbol{A}$ 为对角矩阵

$$\boldsymbol{A}=\begin{pmatrix} d_1 & & & & & \\ & \ddots & & & & \\ & & d_r & & & \\ & & & 0 & & \\ & & & & \ddots & \\ & & & & & 0 \end{pmatrix}, \quad r=\text{rank}(\boldsymbol{A})\leqslant n$$

设从基 $\boldsymbol{\alpha}_1$，$\boldsymbol{\alpha}_2$，…，$\boldsymbol{\alpha}_n$ 到 V 的另一个基 $\boldsymbol{\delta}_1$，$\boldsymbol{\delta}_2$，…，$\boldsymbol{\delta}_n$ 的过渡矩阵

$$\boldsymbol{P}=\begin{pmatrix} \frac{1}{\sqrt{d_1}} & & & & & \\ & \ddots & & & & \\ & & \frac{1}{\sqrt{d_r}} & & & \\ & & & 1 & & \\ & & & & \ddots & \\ & & & & & 1 \end{pmatrix}$$

即$(\boldsymbol{\delta}_1, \boldsymbol{\delta}_2, \cdots, \boldsymbol{\delta}_n)=(\boldsymbol{\alpha}_1, \boldsymbol{\alpha}_2, \cdots, \boldsymbol{\alpha}_n)\boldsymbol{P}$. 则由教材 7.1 节定理 1 知，$f$ 在$\boldsymbol{\delta}_1$，$\boldsymbol{\delta}_2$，…，$\boldsymbol{\delta}_n$ 下的度量矩阵 $\boldsymbol{B}=\boldsymbol{P}'\boldsymbol{A}\boldsymbol{P}$，即

$$\boldsymbol{B}=\begin{pmatrix} \frac{1}{\sqrt{d_1}} & & & & & \\ & \ddots & & & & \\ & & \frac{1}{\sqrt{d_r}} & & & \\ & & & 1 & & \\ & & & & \ddots & \\ & & & & & 1 \end{pmatrix}\begin{pmatrix} d_1 & & & & & \\ & \ddots & & & & \\ & & d_r & & & \\ & & & 0 & & \\ & & & & \ddots & \\ & & & & & 0 \end{pmatrix}\begin{pmatrix} \frac{1}{\sqrt{d_1}} & & & & & \\ & \ddots & & & & \\ & & \frac{1}{\sqrt{d_r}} & & & \\ & & & 1 & & \\ & & & & \ddots & \\ & & & & & 1 \end{pmatrix}$$

$$=\begin{pmatrix} 1 & & & & & \\ & \ddots & & & & \\ & & 1 & & & \\ & & & 0 & & \\ & & & & \ddots & \\ & & & & & 0 \end{pmatrix}$$

(2) 若 $f=0$，则对 $\forall\boldsymbol{\alpha}\in V$ 有 $f(\boldsymbol{\alpha},\boldsymbol{\alpha})=0$. 下面设 $f\neq 0$. 由第(1)小题的结论，设 $\boldsymbol{\alpha}=(\boldsymbol{\delta}_1,\boldsymbol{\delta}_2,\cdots,\boldsymbol{\delta}_n)\boldsymbol{X}$，$\boldsymbol{\beta}=(\boldsymbol{\delta}_1,\boldsymbol{\delta}_2,\cdots,\boldsymbol{\delta}_n)\boldsymbol{Y}$，则 $f(\boldsymbol{\alpha},\boldsymbol{\beta})=x_1y_1+x_2y_2+\cdots+x_ry_r$，其中 $r=\mathrm{rank}_m f$.

当 $r=1$ 时，$f(\boldsymbol{\alpha},\boldsymbol{\beta})=x_1y_1$. 取 $\boldsymbol{\beta}=(\boldsymbol{\delta}_1,\boldsymbol{\delta}_2,\cdots,\boldsymbol{\delta}_n)\begin{pmatrix}0\\1\\0\\\vdots\\0\end{pmatrix}$，则 $f(\boldsymbol{\alpha},\boldsymbol{\beta})=0$.

当 $r\geqslant 2$ 时，取 $\boldsymbol{\beta}=(\boldsymbol{\delta}_1,\boldsymbol{\delta}_2,\cdots,\boldsymbol{\delta}_n)\begin{pmatrix}1\\\mathrm{i}\\0\\\vdots\\0\end{pmatrix}$，则 $f(\boldsymbol{\beta},\boldsymbol{\beta})=1+\mathrm{i}^2=0$.

(3) 若 f 非退化，则 f 在上述基 $\boldsymbol{\delta}_1,\boldsymbol{\delta}_2,\cdots,\boldsymbol{\delta}_n$ 下的度量矩阵为单位矩阵 $\boldsymbol{I}$，从而 $f(\boldsymbol{\alpha},\boldsymbol{\beta})=x_1y_1+x_2y_2+\cdots+x_ny_n$. 取 $\boldsymbol{\beta}_1,\boldsymbol{\beta}_2$ 使得它们在基 $\boldsymbol{\delta}_1,\boldsymbol{\delta}_2,\cdots,\boldsymbol{\delta}_n$ 下的坐标分别为 $\left(\frac{\sqrt{2}}{2},\frac{\sqrt{2}}{2}\mathrm{i},0,\cdots,0\right)'$，$\left(\frac{\sqrt{2}}{2},-\frac{\sqrt{2}}{2}\mathrm{i},0,\cdots,0\right)'$，则

$$f(\boldsymbol{\beta}_1,\boldsymbol{\beta}_1)=\left(\frac{\sqrt{2}}{2}\right)^2+\left(\frac{\sqrt{2}}{2}\mathrm{i}\right)^2=0,\quad f(\boldsymbol{\beta}_2,\boldsymbol{\beta}_2)=\left(\frac{\sqrt{2}}{2}\right)^2+\left(-\frac{\sqrt{2}}{2}\mathrm{i}\right)^2=0$$

$$f(\boldsymbol{\beta}_1,\boldsymbol{\beta}_2)=\frac{\sqrt{2}}{2}\cdot\frac{\sqrt{2}}{2}+\left(\frac{\sqrt{2}}{2}\mathrm{i}\right)\left(-\frac{\sqrt{2}}{2}\mathrm{i}\right)=1$$

2. 几何空间 V 中，W 是过原点 O 的一条直线，向量 $\boldsymbol{\alpha}\notin W$. 证明：在 W 的陪集 $\boldsymbol{\alpha}+W$ 中存在 $\boldsymbol{\eta}\neq\boldsymbol{0}$，使得

$$\boldsymbol{\eta}\cdot\boldsymbol{\beta}=0,\ \forall\boldsymbol{\beta}\in W.$$

证明： **（几何证明法）**$\boldsymbol{\alpha}+W$ 是与 W 平行的直线，在 W 与 $\boldsymbol{\alpha}+W$ 决定的平面内，过点 O 作直线 $\boldsymbol{\alpha}+W$ 的垂线，垂足为 M. 令 $\overrightarrow{\boldsymbol{OM}}=\boldsymbol{\eta}$，从而 $\forall\boldsymbol{\beta}\in W$，都有 $\boldsymbol{\eta}\cdot\boldsymbol{\beta}=0$.

（严格代数的证法）设 $W=\langle\boldsymbol{\omega}\rangle$，令 $\boldsymbol{\beta}\in W$，记 $\boldsymbol{\eta}=\boldsymbol{\alpha}+\boldsymbol{\beta}\in\boldsymbol{\alpha}+W$. 如果 $\boldsymbol{\beta}=\boldsymbol{0}$，则 $\boldsymbol{\eta}\cdot\boldsymbol{\beta}=0$ 显然成立. 下设 $\boldsymbol{\beta}\neq\boldsymbol{0}$，设 $\boldsymbol{\beta}=\boldsymbol{\omega}$，$k\neq 0$，令 $k=-\frac{\boldsymbol{\alpha}\cdot\boldsymbol{\omega}}{\boldsymbol{\omega}\cdot\boldsymbol{\omega}}$，则

$$\boldsymbol{\eta}\cdot\boldsymbol{\beta}=(\boldsymbol{\alpha}+\boldsymbol{\beta})\cdot\boldsymbol{\beta}=\boldsymbol{\alpha}\cdot\boldsymbol{\beta}+\boldsymbol{\beta}\cdot\boldsymbol{\beta}=-\frac{\boldsymbol{\alpha}\cdot\boldsymbol{\omega}}{\boldsymbol{\omega}\cdot\boldsymbol{\omega}}(\boldsymbol{\alpha}\cdot\boldsymbol{\omega})+\left(-\frac{\boldsymbol{\alpha}\cdot\boldsymbol{\omega}}{\boldsymbol{\omega}\cdot\boldsymbol{\omega}}\right)^2(\boldsymbol{\omega}\cdot\boldsymbol{\omega})=0$$

又因为 $\boldsymbol{\alpha}\notin W$，所以 $\boldsymbol{\alpha}+\boldsymbol{\beta}=\boldsymbol{\alpha}+k\boldsymbol{\omega}\neq 0$，即 $\boldsymbol{\eta}\neq\mathbf{0}$.

3. 设 f 是特征不为 2 的域 $\mathbb{F}$ 上线性空间 V 上的对称或斜对称双线性函数，W 是 V 的一个有限维子空间. 证明：如果 V 中存在向量 $\boldsymbol{\alpha}\notin W$，使得 $f(\boldsymbol{\alpha},\boldsymbol{\gamma})=0$，$\forall\boldsymbol{\gamma}\in\operatorname{rad}W$，那么在 W 的陪集 $\boldsymbol{\alpha}+W$ 中存在 $\boldsymbol{\eta}\neq\mathbf{0}$，使得 $f(\boldsymbol{\eta},\boldsymbol{\beta})=0$，$\forall\boldsymbol{\beta}\in W$.

证明： 先考虑 f 是 V 上的对称双线性函数，则 $f|W$ 是 W 上的对称双线性函数. 若 $f|W=0$，则 $\operatorname{rad}W=W$. f 是对 $\forall\boldsymbol{\beta}\in W$，有 $f(\boldsymbol{\alpha},\boldsymbol{\beta})=0$，$\forall\boldsymbol{\alpha}\in V$. 从而对于 $\boldsymbol{\alpha}+W$ 中任一向量 $\boldsymbol{\alpha}+\boldsymbol{\gamma}(\boldsymbol{\gamma}\in W)$，有

$$f(\boldsymbol{\alpha}+\boldsymbol{\gamma},\boldsymbol{\beta})=f(\boldsymbol{\alpha},\boldsymbol{\beta})+f(\boldsymbol{\gamma},\boldsymbol{\beta})=0+0=0$$

定理成立，下面设 $f|W\neq 0$. 由教材定理 1 得，W 中存在一个基 $\boldsymbol{\eta}_1,\boldsymbol{\eta}_2,\cdots,\boldsymbol{\eta}_m$，使得 $f|W$ 在此基下的度量矩阵为 $\operatorname{diag}\{d_1,d_2,\cdots,d_r,0,\cdots,0\}$，$r\leqslant m$，其中 $d_i\neq 0$，$i=1,2,\cdots,r$. 我们想找 $\boldsymbol{\alpha}+W$ 中的一个非零向量 $\boldsymbol{\eta}$，使得对 $\forall\boldsymbol{\beta}\in W$，$f(\boldsymbol{\eta},\boldsymbol{\beta})=0$. 为此设 $\boldsymbol{\eta}=\boldsymbol{\alpha}+\boldsymbol{\gamma}$，其中 $\boldsymbol{\gamma}\in W$. 于是 $\boldsymbol{\gamma}=\sum\limits_{i=1}^{m}k_i\boldsymbol{\eta}_i$，其中 k_i 待定. 为了使 $\forall\boldsymbol{\beta}\in W$，$f(\boldsymbol{\eta},\boldsymbol{\beta})=0$，应当对于 $j=1,2,\cdots,m$，有

$$\begin{aligned}0&=f(\boldsymbol{\eta},\boldsymbol{\eta}_j)=f(\boldsymbol{\alpha}+\boldsymbol{\gamma},\boldsymbol{\eta}_j)=f(\boldsymbol{\alpha},\boldsymbol{\eta}_j)+f(\boldsymbol{\gamma},\boldsymbol{\eta}_j)\\&=f(\boldsymbol{\alpha},\boldsymbol{\eta}_j)+\sum_{i=1}^{m}k_if(\boldsymbol{\eta}_i,\boldsymbol{\eta}_j)=f(\boldsymbol{\alpha},\boldsymbol{\eta}_j)+k_jf(\boldsymbol{\eta}_j,\boldsymbol{\eta}_j)\\&=f(\boldsymbol{\alpha},\boldsymbol{\eta}_j)+k_jd_j,\quad j=1,2,\cdots,m\end{aligned}$$

由此推出，当 $j=1,2,\cdots,r$ 时，$k_j=-\dfrac{f(\boldsymbol{\alpha},\boldsymbol{\eta}_j)}{d_j}$；当 $j=r+1,\cdots,m$ 时，$d_j=0$. 这时 $f(\boldsymbol{\eta}_j,\boldsymbol{\eta}_i)=0$，$i=1,2,\cdots,m$，因此 $\boldsymbol{\eta}_j\in\operatorname{rad}W$. 根据条件 $f(\boldsymbol{\alpha},\boldsymbol{\eta}_j)=0$，上面的式子右边 $=0+0=0=$ 左边，因此我们令

$$\boldsymbol{\eta}=\boldsymbol{\alpha}-\sum_{i=1}^{r}\frac{f(\boldsymbol{\alpha},\boldsymbol{\eta}_i)}{d_i}\boldsymbol{\eta}_i$$

则当 $1\leqslant j\leqslant r$ 时，有

$$f(\boldsymbol{\eta},\boldsymbol{\eta}_j)=f(\boldsymbol{\alpha},\boldsymbol{\eta}_j)-\sum_{i=1}^{r}\frac{f(\boldsymbol{\alpha},\boldsymbol{\eta}_i)f(\boldsymbol{\eta}_i,\boldsymbol{\eta}_j)}{d_i}=f(\boldsymbol{\alpha},\boldsymbol{\eta}_j)-\frac{f(\boldsymbol{\alpha},\boldsymbol{\eta}_j)}{d_j}d_j=0$$

当 $r+1\leqslant j\leqslant m$ 时，上面已证 $f(\boldsymbol{\alpha},\boldsymbol{\eta}_j)=0$，从而

$$f(\boldsymbol{\eta},\boldsymbol{\eta}_j)=f(\boldsymbol{\alpha},\boldsymbol{\eta}_j)-\sum_{i=1}^{r}\frac{f(\boldsymbol{\alpha},\boldsymbol{\eta}_i)}{d_i}f(\boldsymbol{\eta}_i,\boldsymbol{\eta}_j)=0$$

因此对 $\forall \boldsymbol{\beta}\in W$，有 $f(\boldsymbol{\eta}, \boldsymbol{\beta})=0$.

现在考虑 f 是 V 上斜对称双线性函数的情形. 若 $f|W=0$，则与 f 是对称双线性函数情形的证明一样，命题为真. 下面设 $f|W\neq 0$. 设 $\dim W=m$，根据教材定理 2，W 中存在一个基 $\boldsymbol{\delta}_1, \boldsymbol{\delta}_{-1}, \cdots, \boldsymbol{\delta}_r, \boldsymbol{\delta}_{-r}, \boldsymbol{\eta}_1, \cdots, \boldsymbol{\eta}_{m-2r}$，使得 $f|W$ 在此基下的矩阵为

$$\operatorname{diag}\{\underbrace{\begin{pmatrix}0 & 1\\ -1 & 0\end{pmatrix}, \cdots, \begin{pmatrix}0 & 1\\ -1 & 0\end{pmatrix}}_{r\text{个}}, 0\cdots, 0\}, \quad 2r\leqslant m$$

与上文一样的分析法，设

$$\boldsymbol{\gamma}=\sum_{i=1}^{r} k_{1i}\boldsymbol{\delta}_i+\sum_{i=1}^{r} k_{2i}\boldsymbol{\delta}_{-i}$$

为了使 $\forall \boldsymbol{\beta}\in W$，$f(\boldsymbol{\eta}, \boldsymbol{\beta})=0$，应当

$$\begin{aligned}0&=f(\boldsymbol{\eta}, \boldsymbol{\delta}_j)=f(\boldsymbol{\alpha}+\boldsymbol{\gamma}, \boldsymbol{\delta}_j)=f(\boldsymbol{\alpha}, \boldsymbol{\delta}_j)+f(\boldsymbol{\gamma}, \boldsymbol{\delta}_j)\\&=f(\boldsymbol{\alpha}, \boldsymbol{\delta}_j)+\sum_{i=1}^{r} k_{1i}f(\boldsymbol{\delta}_i, \boldsymbol{\delta}_j)+\sum_{i=1}^{r} k_{2i}f(\boldsymbol{\delta}_{-i}, \boldsymbol{\delta}_j)\\&=f(\boldsymbol{\alpha}, \boldsymbol{\delta}_j)+k_{1j}f(\boldsymbol{\delta}_i, \boldsymbol{\delta}_j)+k_{2j}f(\boldsymbol{\delta}_{-i}, \boldsymbol{\delta}_j)\\&=f(\boldsymbol{\alpha}, \boldsymbol{\delta}_j)-k_{2j}\end{aligned}$$

和

$$\begin{aligned}0&=f(\boldsymbol{\eta}, \boldsymbol{\delta}_{-j})=f(\boldsymbol{\alpha}+\boldsymbol{\gamma}, \boldsymbol{\delta}_{-j})=f(\boldsymbol{\alpha}, \boldsymbol{\delta}_{-j})+f(\boldsymbol{\gamma}, \boldsymbol{\delta}_{-j})\\&=f(\boldsymbol{\alpha}, \boldsymbol{\delta}_{-j})+\sum_{i=1}^{r} k_{1i}f(\boldsymbol{\delta}_i, \boldsymbol{\delta}_{-j})+\sum_{i=1}^{r} k_{2i}f(\boldsymbol{\delta}_{-i}, \boldsymbol{\delta}_{-j})\\&=f(\boldsymbol{\alpha}, \boldsymbol{\delta}_{-j})+k_{1j}f(\boldsymbol{\delta}_i, \boldsymbol{\delta}_{-j})+k_{2j}f(\boldsymbol{\delta}_{-i}, \boldsymbol{\delta}_{-j})\\&=f(\boldsymbol{\alpha}, \boldsymbol{\delta}_{-j})+k_{1j}\end{aligned}$$

从而可令

$$\boldsymbol{\eta}=\boldsymbol{\alpha}+\boldsymbol{\gamma}=\boldsymbol{\alpha}+\sum_{i=1}^{r}[-f(\boldsymbol{\alpha}, \boldsymbol{\delta}_{-i})\boldsymbol{\delta}_i+f(\boldsymbol{\alpha}, \boldsymbol{\delta}_i)\boldsymbol{\delta}_{-i}]$$

则当 $1\leqslant j\leqslant r$ 时，有 $f(\boldsymbol{\eta}, \boldsymbol{\delta}_j)=0$，$f(\boldsymbol{\eta}, \boldsymbol{\delta}_{-j})=0$.

当 $1\leqslant s\leqslant m-2r$ 时，由于 $f(\boldsymbol{\eta}_s, \boldsymbol{\beta})=0$，$\forall \boldsymbol{\beta}\in W$，因此 $\boldsymbol{\eta}_s\in \operatorname{rad}W$. 根据已知条件得 $f(\boldsymbol{\alpha}, \boldsymbol{\eta}_s)=0$，于是

$$
\begin{aligned}
f(\boldsymbol{\eta}, \boldsymbol{\eta}_s) &= f(\boldsymbol{\alpha}, \boldsymbol{\eta}_s) + f(\boldsymbol{\gamma}, \boldsymbol{\eta}_s) \\
&= 0 + \sum_{i=1}^{r} [-f(\boldsymbol{\alpha}, \boldsymbol{\delta}_{-i}) f(\boldsymbol{\delta}_i, \boldsymbol{\eta}_s) + f(\boldsymbol{\alpha}, \boldsymbol{\delta}_i) f(\boldsymbol{\delta}_{-i}, \boldsymbol{\eta}_s)] \\
&= 0
\end{aligned}
$$

因此，对 $\forall \boldsymbol{\beta} \in W$，有 $f(\boldsymbol{\eta}, \boldsymbol{\beta}) = 0$.

4. 证明：特征不为 2 的域$\mathbb{F}$上的两个 n 级斜对称矩阵合同的充分必要条件是它们有相同的秩.

证明： （**必要性**）合同矩阵有相同的秩.

（**充分性**）设 $\boldsymbol{A}$，$\boldsymbol{B}$ 都是域$\mathbb{F}$上 n 级斜对称矩阵，并且 $\text{rank}(\boldsymbol{A}) = \text{rank}(\boldsymbol{B})$. 于是由教材定理 2 得，$\boldsymbol{A}$ 与 $\boldsymbol{B}$ 都合同于同一个分块对角矩阵

$$
\text{diag}\left\{\begin{pmatrix} 0 & 1 \\ -1 & 0 \end{pmatrix}, \cdots, \begin{pmatrix} 0 & 1 \\ -1 & 0 \end{pmatrix}, 0, \cdots, 0\right\}
$$

因此 $\boldsymbol{A}$ 与 $\boldsymbol{B}$ 合同.

5. 设域$\mathbb{F}$的特征不为 2，在域$\mathbb{F}$上所有 n 级斜对称矩阵组成的集合 Ω 中，有多少个合同类(即在合同关系下的等价类)？

解： 根据第 4 题两个 n 级斜对称矩阵合同当且仅当它们的秩相同，又根据本节推论 3，n 级斜对称矩阵的秩为偶数，因此 Ω 中秩为 0(即零矩阵)的矩阵组成一个合同类，秩为 2 的矩阵组成一个合同类，…，秩为 $2m$ 的矩阵组成一个合同类，其中 $n-1 \leqslant 2m \leqslant n$. 因此，当 $n=2m$ 时，Ω 共有 $m+1$ 个合同类；当 $n=2m+1$ 时，Ω 共有 $m+1$ 个合同类.

6. 设 V 是域$\mathbb{F}$上的线性空间，f 是 V 上的对称或斜对称双线性函数；W_1，W_2 是 V 的两个子空间. 证明：

(1) 若 $W_1 \subset W_2$，则 $W_1^{\perp} \supseteq W_2^{\perp}$；

(2) 若 V 有限维，f 是非退化的，且 $W_1 \subsetneqq W_2$，则 $W_1^{\perp} \supsetneqq W_2^{\perp}$.

证明： (1) 任取 $\boldsymbol{\alpha} \in W_2^{\perp}$，对任意的 $\boldsymbol{\gamma} \in W_1$，由 $W_1 \subseteq W_2$ 知 $\boldsymbol{\gamma} \in W_2$. 由于 $\boldsymbol{\alpha} \in W_2^{\perp}$，因此 $f(\boldsymbol{\alpha}, \boldsymbol{\gamma}) = 0$，再由 $\boldsymbol{\gamma}$ 的任意性知 $\boldsymbol{\alpha} \in W_1^{\perp}$，从而 $W_2^{\perp} \subseteq W_1^{\perp}$.

(2) 由 $W_1 \subseteq W_2$ 得 $W_1^{\perp} \supseteq W_2^{\perp}$，假设 $W_1^{\perp} = W_2^{\perp}$，由教材定理 3 知，$(W_1^{\perp})^{\perp} = W_1$，$(W_2^{\perp})^{\perp} = W_2$，从而推出 $W_1 = W_2$，矛盾. 故 $W_1^{\perp} \supsetneqq W_2^{\perp}$.

7. 设 V 是域 F 上的线性空间，f 是 V 上的对称或斜对称双线性函数；W_1，W_2 是 V 的两个子空间. 证明：如果 $W_1 \subseteq W_2^{\perp}$，那么 $W_2 \subseteq W_1^{\perp}$.

证明： 因为 $W_1 \subseteq W_2^{\perp}$，所以 $(W_2^{\perp})^{\perp} \subseteq W_1^{\perp}$，由教材定理 3 的证明过程知 $W_2 \subseteq$

$(W_2^{\perp})^{\perp}$，从而 $W_2 \subseteq W_1^{\perp}$.

8. 设 V 是域 $\mathbb{F}$ 上的 n 维线性空间，f 是 V 上的对称或斜对称双线性函数；U，W 是 V 的两个子空间. 证明：

(1) $(U+W)^{\perp}=U^{\perp}\cap W^{\perp}$；

(2) 若 f 非退化，则 $(U\cap W)^{\perp}=U^{\perp}+W^{\perp}$.

证明： (1) 由于 $U\subseteq U+W$，由第 6 题(1)的结论知 $(U+W)^{\perp}\subseteq U^{\perp}$. 同理 $(U+W)^{\perp}\subseteq W^{\perp}$，于是 $(U+W)^{\perp}\subseteq U^{\perp}\cap W^{\perp}$. 任取 $\boldsymbol{\alpha}\in U^{\perp}\cap W^{\perp}$，则对于 $U+W$ 中的任一向量 $\boldsymbol{u}+\boldsymbol{w}$，其中 $\boldsymbol{u}\in U$，$\boldsymbol{w}\in W$，有 $f(\boldsymbol{\alpha}, \boldsymbol{u}+\boldsymbol{w})=f(\boldsymbol{\alpha}, \boldsymbol{u})+f(\boldsymbol{\alpha}, \boldsymbol{w})=0+0=0$. 从而 $\boldsymbol{\alpha}\in(U+W)^{\perp}$. 于是 $U^{\perp}\cap W^{\perp}\subseteq(U+W)^{\perp}$，从而 $(U+W)^{\perp}=U^{\perp}\cap W^{\perp}$.

(2) 对 $U^{\perp}$ 和 $W^{\perp}$ 应用(1)的结论得 $(U^{\perp}+W^{\perp})^{\perp}=(U^{\perp})^{\perp}\cap(W^{\perp})^{\perp}$，由于 f 非退化，因此 $(U^{\perp}+W^{\perp})^{\perp}=U\cap W$，从而 $U^{\perp}+W^{\perp}=(U\cap W)^{\perp}$.

9. 设 V 是域 $\mathbb{F}$ 上的线性空间，f 是 V 上对称或斜对称双线性函数. 证明：如果有 V 上的线性函数 g，h，使得

$$f(\boldsymbol{\alpha}, \boldsymbol{\beta})=g(\boldsymbol{\alpha})h(\boldsymbol{\beta}),\quad \forall\, \boldsymbol{\alpha}, \boldsymbol{\beta}\in V$$

那么存在 $a\in\mathbb{F}^*$，使得

$$f(\boldsymbol{\alpha}, \boldsymbol{\beta})=ah(\boldsymbol{\alpha})h(\boldsymbol{\beta}),\ \forall\, \boldsymbol{\alpha}, \boldsymbol{\beta}\in V$$

证明： 只要证存在 $a\in\mathbb{F}^*$，使得 $g(\boldsymbol{\alpha})=ah(\boldsymbol{\alpha})$，$\forall\,\boldsymbol{\alpha}\in V$，也就是证 $g=ah$. 由习题 6.13 的第 18 题知，只要证线性函数 g 和 h 有相同的核. 当 $f=0$ 时，结论显然成立. 下设 $f\neq 0$. 任取 $\boldsymbol{\alpha}\in \operatorname{Ker} g$，则 $g(\boldsymbol{\alpha})=0$. 从而对 $\forall\,\boldsymbol{\beta}\in V$，有 $f(\boldsymbol{\alpha}, \boldsymbol{\beta})=g(\boldsymbol{\alpha})h(\boldsymbol{\beta})=0h(\boldsymbol{\beta})=0$，于是 $\boldsymbol{\alpha}\in \operatorname{rad}_L V$. 因此 $\operatorname{Ker} g\subseteq \operatorname{rad}_L V$. 反之，任取 $\boldsymbol{\gamma}\in \operatorname{rad}_L V$，则对 $\forall\,\boldsymbol{\beta}\in V$，有 $0=f(\boldsymbol{\gamma}, \boldsymbol{\beta})=g(\boldsymbol{\gamma})h(\boldsymbol{\beta})$. 由于 $f\neq 0$，因此 $h\neq 0$，从而存在 $\boldsymbol{\eta}\in V$ 使得 $h(\boldsymbol{\eta})\neq 0$. 于是由 $g(\boldsymbol{\gamma})h(\boldsymbol{\eta})=0$ 得 $g(\boldsymbol{\gamma})=0$，因此 $\boldsymbol{\gamma}\in \operatorname{Ker} g$，从而 $\operatorname{rad}_L V\subseteq \operatorname{Ker} g$，这就证明了 $\operatorname{rad}_L V=\operatorname{Ker} g$. 再证 $\operatorname{rad}_R V=\operatorname{Ker} h$. 设 $\boldsymbol{\beta}\in \operatorname{Ker} h$，即 $h(\boldsymbol{\beta})=0$，从而对 $\forall\,\boldsymbol{\alpha}\in V$，有 $f(\boldsymbol{\alpha}, \boldsymbol{\beta})=g(\boldsymbol{\alpha})h(\boldsymbol{\beta})=g(\boldsymbol{\alpha})\cdot 0=0$. 也就是 $\boldsymbol{\beta}\in \operatorname{rad}_R V$. 反之，任取 $\boldsymbol{\gamma}\in \operatorname{rad}_R V$，则对 $\forall\,\boldsymbol{\alpha}\in V$，$g(\boldsymbol{\alpha})h(\boldsymbol{\gamma})=f(\boldsymbol{\alpha}, \boldsymbol{\gamma})=0$，由于 $f\neq 0$，故 $g\neq 0$，所以 $\exists\,\boldsymbol{\alpha}_1\in V$，使得 $g(\boldsymbol{\alpha}_1)\neq 0$. 于是 $g(\boldsymbol{\alpha}_1)h(\boldsymbol{\gamma})=f(\boldsymbol{\alpha}_1, \boldsymbol{\gamma})=0$. 从而 $h(\boldsymbol{\gamma})=0$，即 $\boldsymbol{\gamma}\in \operatorname{Ker} h$，从而 $\operatorname{rad}_R V\subseteq \operatorname{Ker} h$. 综上，$\operatorname{rad}_R V=\operatorname{Ker} h$. 由于 f 是对称或斜对称双线性函数，因此 $\operatorname{rad}_L V=\operatorname{rad}_R V$，从而 $\operatorname{Ker} g=\operatorname{Ker} h$.

10. 判断数域 $\mathbb{K}$ 上的下列两个斜对称矩阵是否合同：

$$\boldsymbol{A}=\begin{pmatrix} 0 & 2 & 1 & -3 \\ -2 & 0 & 4 & 5 \\ -1 & -4 & 0 & -1 \\ 3 & -5 & 1 & 0 \end{pmatrix},\quad \boldsymbol{B}=\begin{pmatrix} 0 & 1 & -4 & -1 \\ -1 & 0 & 3 & -2 \\ 4 & -3 & 0 & 11 \\ 1 & 2 & -11 & 0 \end{pmatrix}$$

并且分别写出 $\boldsymbol{A}$，$\boldsymbol{B}$ 的合同标准形.

解： 由第 4 题结论得，只要 $\mathrm{rank}(\boldsymbol{A})=\mathrm{rank}(\boldsymbol{B})$，则 $\boldsymbol{A}$ 与 $\boldsymbol{B}$ 合同. 经计算 $\mathrm{rank}(\boldsymbol{A})=4$，$\mathrm{rank}(\boldsymbol{B})=2$，因此 $\boldsymbol{A}$ 与 $\boldsymbol{B}$ 不合同. $\boldsymbol{A}$ 的合同标准形是 $\mathrm{diag}\left\{\begin{pmatrix}0&1\\-1&0\end{pmatrix},\begin{pmatrix}0&1\\-1&0\end{pmatrix}\right\}$，$\boldsymbol{B}$ 的合同标准形是 $\mathrm{diag}\left\{\begin{pmatrix}0&1\\-1&0\end{pmatrix},0,0\right\}$.

习题 7.3　双线性函数空间，Witt 消去定理

1. 设 V 是特征不为 2 的域 $\mathbb{F}$ 上的 n 维线性空间，f 和 g 是 V 上的对称双线性函数，其中 f 是非退化的. 设 $\mathscr{G}$ 是 V 上唯一的一个线性变换，使得

$$g(\boldsymbol{\alpha},\boldsymbol{\beta})=f(\mathscr{G}(\boldsymbol{\alpha}),\boldsymbol{\beta}),\ \forall\,\boldsymbol{\alpha},\boldsymbol{\beta}\in V$$

证明：V 中存在一个基使得 f，g 在此基下的度量矩阵都是对角矩阵的充分必要条件是 $\mathscr{G}$ 可对角化.

证明：　(**充分性**) 设 $\mathscr{G}$ 可对角化，则

$$V=V_{\lambda_1}\oplus V_{\lambda_2}\oplus\cdots\oplus V_{\lambda_s}$$

其中 λ_1，λ_2，…，λ_s 是 $\mathscr{G}$ 的全部不同的特征值. 当 $i\neq j$ 时，对于 $\boldsymbol{\eta}_i\in V_{\lambda_i}$，$\boldsymbol{\eta}_j\in V_{\lambda_j}$，有

$$g(\boldsymbol{\eta}_i,\boldsymbol{\eta}_j)=f(\mathscr{G}(\boldsymbol{\eta}_i),\boldsymbol{\eta}_j)=f(\lambda_i\boldsymbol{\eta}_i,\boldsymbol{\eta}_j)=\lambda_i f(\boldsymbol{\eta}_i,\boldsymbol{\eta}_j)$$

$$\begin{aligned}g(\boldsymbol{\eta}_i,\boldsymbol{\eta}_j)&=g(\boldsymbol{\eta}_j,\boldsymbol{\eta}_i)=f(\mathscr{G}(\boldsymbol{\eta}_j),\boldsymbol{\eta}_i)=f(\lambda_j\boldsymbol{\eta}_j,\boldsymbol{\eta}_i)=\lambda_j f(\boldsymbol{\eta}_j,\boldsymbol{\eta}_i)\\&=\lambda_j f(\boldsymbol{\eta}_i,\boldsymbol{\eta}_j)\end{aligned}$$

于是 $0=(\lambda_i-\lambda_j)f(\boldsymbol{\eta}_i,\boldsymbol{\eta}_j)$. 由于 $\lambda_i\neq\lambda_j$，因此 $f(\boldsymbol{\eta}_i,\boldsymbol{\eta}_j)=0$，从而 $g(\boldsymbol{\eta}_i,\boldsymbol{\eta}_j)=0$. 由于 $f|V_{\lambda_i}$ 是 V_{λ_i} 上的一个对称双线性函数，且 $\mathrm{char}\,\mathbb{F}\neq 2$，因此 V_{λ_i} 中存在一个基 $\boldsymbol{\alpha}_{i_1}$，$\boldsymbol{\alpha}_{i_2}$，…，$\boldsymbol{\alpha}_{i_{r_i}}$，使得 $f|V_{\lambda_i}$ 在此基下的度量矩阵 $\boldsymbol{A}_i=(f(\boldsymbol{\alpha}_{ik},\boldsymbol{\alpha}_{ij}))$ 为对角矩阵. 于是当 $k\neq j$ 时，有 $f(\boldsymbol{\alpha}_{ik},\boldsymbol{\alpha}_{ij})=0$. 此时也有

$$g(\boldsymbol{\alpha}_{ik},\boldsymbol{\alpha}_{ij})=f(\mathscr{G}(\boldsymbol{\alpha}_{ik}),\boldsymbol{\alpha}_{ij})=f(\lambda_i\boldsymbol{\alpha}_{ik},\boldsymbol{\alpha}_{ij})=\lambda_i f(\boldsymbol{\alpha}_{ik},\boldsymbol{\alpha}_{ij})=0$$

从而 $g|V_{\lambda_i}$ 在基 $\boldsymbol{\alpha}_{i_1}$，$\boldsymbol{\alpha}_{i_2}$，…，$\boldsymbol{\alpha}_{i_r}$ 下的度量矩阵 $\boldsymbol{B}_i$ 也是对角矩阵. 把 $\boldsymbol{\alpha}_{i_1}$，$\boldsymbol{\alpha}_{i_2}$，…，$\boldsymbol{\alpha}_{i_r}$ $(i=1,2,\cdots,s)$ 合起来成为 V 的基. 综上所述，f 在此基下的度量矩阵 $\boldsymbol{A}=\mathrm{diag}\{\boldsymbol{A}_1,\boldsymbol{A}_2,\cdots,\boldsymbol{A}_s\}$，$g$ 在此基下的度量矩阵 $\boldsymbol{B}=\mathrm{diag}\{\boldsymbol{B}_1,\boldsymbol{B}_2,\cdots,\boldsymbol{B}_s\}$，$\boldsymbol{A}$ 和 $\boldsymbol{B}$ 都是对角矩阵.

(**必要性**) 设 f 和 g 在 V 的一个基 $\boldsymbol{\alpha}_1$，$\boldsymbol{\alpha}_2$，…，$\boldsymbol{\alpha}_n$ 下的度量矩阵都是对角矩阵，则

当$i\neq j$时，有$f(\boldsymbol{\alpha}_i, \boldsymbol{\alpha}_j)=0$，$g(\boldsymbol{\alpha}_i, \boldsymbol{\alpha}_j)=0$. 由$f(\boldsymbol{\alpha}_i, \boldsymbol{\alpha}_j)=0$得$\boldsymbol{\alpha}_i\in\langle\boldsymbol{\alpha}_1, \cdots, \boldsymbol{\alpha}_{i-1}, \boldsymbol{\alpha}_{i+1}, \cdots, \boldsymbol{\alpha}_n\rangle^{\perp}$，由于

$$0=g(\boldsymbol{\alpha}_i, \boldsymbol{\alpha}_j)=f(\mathscr{G}(\boldsymbol{\alpha}_i), \boldsymbol{\alpha}_j),\ i\neq j$$

因此$\mathscr{G}(\boldsymbol{\alpha}_i)\in\langle\boldsymbol{\alpha}_1, \cdots, \boldsymbol{\alpha}_{i-1}, \boldsymbol{\alpha}_{i+1}, \cdots, \boldsymbol{\alpha}_n\rangle^{\perp}$. 由于$f$是非退化的，因此根据教材7.2节定理3得

$$\begin{aligned}\dim\langle\boldsymbol{\alpha}_1, \cdots, \boldsymbol{\alpha}_{i-1}, \boldsymbol{\alpha}_{i+1}, \cdots, \boldsymbol{\alpha}_n\rangle^{\perp}&=\dim V-\dim\langle\boldsymbol{\alpha}_1, \cdots, \boldsymbol{\alpha}_{i-1}, \boldsymbol{\alpha}_{i+1}, \cdots, \boldsymbol{\alpha}_n\rangle\\&=n-(n-1)=1\end{aligned}$$

从而存在$\lambda_i\in\mathbb{F}$，使得$\mathscr{G}(\boldsymbol{\alpha}_i)=\lambda_i\boldsymbol{\alpha}_i$. 这表明$\lambda_i$是$\mathscr{G}$的一个特征值，$\boldsymbol{\alpha}_i$是$\mathscr{G}$的属于特征值$\lambda_i$的一个特征向量. 从而$\mathscr{G}$有$n$个线性无关的特征向量，因此$\mathscr{G}$可对角化.

2. 设$\boldsymbol{A}, \boldsymbol{B}$都是特征不为2的域$\mathbb{F}$上的$n$级对称矩阵，且$A$是可逆的. 证明：存在$n$级可逆矩阵$\boldsymbol{P}$，使得$\boldsymbol{P}'\boldsymbol{A}\boldsymbol{P}$和$\boldsymbol{P}'\boldsymbol{B}\boldsymbol{P}$都为对角矩阵的充分必要条件是$\boldsymbol{A}^{-1}\boldsymbol{B}$可对角化.

证明： 设V是域$\mathbb{F}$上的n维线性空间，V中取一个基$\boldsymbol{\alpha}_1, \boldsymbol{\alpha}_2, \cdots, \boldsymbol{\alpha}_n$，任给$V$中的向量$\boldsymbol{\alpha}=(\boldsymbol{\alpha}_1, \boldsymbol{\alpha}_2, \cdots, \boldsymbol{\alpha}_n)\boldsymbol{X}$，$\boldsymbol{\beta}=(\boldsymbol{\alpha}_1, \boldsymbol{\alpha}_2, \cdots, \boldsymbol{\alpha}_n)\boldsymbol{Y}$，令

$$f(\boldsymbol{\alpha}, \boldsymbol{\beta})=\boldsymbol{X}'\boldsymbol{A}\boldsymbol{Y},\quad g(\boldsymbol{\alpha}, \boldsymbol{\beta})=\boldsymbol{X}'\boldsymbol{B}\boldsymbol{Y}$$

则f和g都是V上的对称双线性函数，它们在基$\boldsymbol{\alpha}_1, \boldsymbol{\alpha}_2, \cdots, \boldsymbol{\alpha}_n$下的度量矩阵分别为$\boldsymbol{A}, \boldsymbol{B}$. 由于$\boldsymbol{A}$可逆，因此$f$非退化. 设$\mathscr{G}$是$V$上唯一的线性变换，使得

$$g(\boldsymbol{\alpha}, \boldsymbol{\beta})=f(\mathscr{G}(\boldsymbol{\alpha}), \boldsymbol{\beta}),\quad \forall\,\boldsymbol{\alpha}, \boldsymbol{\beta}\in V$$

设$\mathscr{G}$在V的基$\boldsymbol{\alpha}_1, \boldsymbol{\alpha}_2, \cdots, \boldsymbol{\alpha}_n$下的矩阵为$\boldsymbol{G}$，则由上式得

$$\boldsymbol{X}'\boldsymbol{B}\boldsymbol{Y}=(\boldsymbol{G}\boldsymbol{X})'\boldsymbol{A}\boldsymbol{Y}=\boldsymbol{X}'\boldsymbol{G}'\boldsymbol{A}\boldsymbol{Y},\ \forall\,\boldsymbol{X}, \boldsymbol{Y}\in\mathbb{F}^n$$

于是$\boldsymbol{B}=\boldsymbol{G}'\boldsymbol{A}$. 两边转置得$\boldsymbol{B}=\boldsymbol{A}\boldsymbol{G}$，因此$\boldsymbol{G}=\boldsymbol{A}^{-1}\boldsymbol{B}$. 根据第1题结论得

$\boldsymbol{A}^{-1}\boldsymbol{B}$可对角化$\Leftrightarrow\boldsymbol{G}$可对角化

$\Leftrightarrow V$中存在一个基$\boldsymbol{\eta}_1, \boldsymbol{\eta}_2, \cdots, \boldsymbol{\eta}_n$，使得$f, g$在此基下的度量矩阵都是对角阵

$\Leftrightarrow$存在域$\mathbb{F}$上的n级可逆矩阵$\boldsymbol{P}$(它是基$\boldsymbol{\alpha}_1, \boldsymbol{\alpha}_2, \cdots, \boldsymbol{\alpha}_n$到基$\boldsymbol{\eta}_1, \boldsymbol{\eta}_2, \cdots, \boldsymbol{\eta}_n$的过渡矩阵)，使得$\boldsymbol{P}'\boldsymbol{A}\boldsymbol{P}$和$\boldsymbol{P}'\boldsymbol{B}\boldsymbol{P}$都是对角阵

3. 判断下列两个实对称矩阵是否可一齐合同对角化：

$$\boldsymbol{A}=\begin{pmatrix}0&1\\1&0\end{pmatrix},\quad \boldsymbol{B}=\begin{pmatrix}1&0\\0&-1\end{pmatrix}.$$

解：
$$A^{-1}B=\begin{pmatrix}0&1\\1&0\end{pmatrix}\begin{pmatrix}1&0\\0&-1\end{pmatrix}'=\begin{pmatrix}0&-1\\1&0\end{pmatrix}$$

由于$G^2=-I$，因此λ^2+1是G的零化多项式. 从而G的最小多项式$m(\lambda)\mid\lambda^2+1$. 由于$\lambda^2+1$在$\mathbb{R}$上不可约，因此$m(\lambda)=\lambda^2+1$，于是$A^{-1}B$不可对角化. 根据第 2 题结论知，$A$与$B$不能一齐合同对角化.

4. 判断下列两个实对称矩阵能否一齐合同对角化：

$$A=\begin{pmatrix}1&1\\1&0\end{pmatrix},\quad B=\begin{pmatrix}0&1\\1&1\end{pmatrix}.$$

解： $A^{-1}B=\begin{pmatrix}0&1\\1&-1\end{pmatrix}\begin{pmatrix}0&1\\1&1\end{pmatrix}=\begin{pmatrix}1&1\\-1&0\end{pmatrix}$，$\quad|\lambda I-A^{-1}B|=\lambda^2-\lambda+1$，

由于$\lambda^2-\lambda+1$没有实根，故$\lambda^2-\lambda+1$在$\mathbb{R}$上不可约，从而$A^{-1}B$的最小多项式$m(\lambda)=\lambda^2-\lambda+1$，故$A^{-1}B$不能对角化，于是$A$，$B$不能一齐合同对角化.

5. 设A，B都是特征不为 2 的域$\mathbb{F}$上的n级对称矩阵，证明：若存在$\lambda_0\in\mathbb{F}$使得$A+\lambda_0B$可逆且$(A+\lambda_0B)^{-1}B$可对角化，则A与B可一齐合同对角化；若存在$\lambda_0\in\mathbb{F}$使得$A+\lambda_0B$可逆且$(A+\lambda_0B)^{-1}B$不可对角化，则A与B不能一齐合同对角化.

证明： 设$\lambda_0\in\mathbb{F}$使得$A+\lambda_0B$可逆，且$(A+\lambda_0B)^{-1}B$可对角化，则根据第 2 题结论得，存在n级可逆矩阵P，使得$P'(A+\lambda_0B)P$与$P'BP$都是对角矩阵. 由于$P'(A+\lambda_0B)P=P'AP+\lambda_0P'BP$，因此$P'AP$也是对角矩阵. 设$A+\lambda_0B$可逆，$(A+\lambda_0B)^{-1}B$不可对角化. 假如$A$与$B$可一齐合同对角化，则存在域$\mathbb{F}$上的$n$级可逆矩阵$P$，使得$P'AP$与$P'BP$都是对角矩阵. 由于

$$P'(A+\lambda_0B)P=P'AP+\lambda_0P'BP$$

因此$P'(A+\lambda_0B)P$也是对角矩阵，由第 2 题结论得$(A+\lambda_0B)^{-1}B$可对角化，矛盾. 因此A与B不能一齐合同对角化.

6. 判断下列两个实对称矩阵是否可一齐合同化：

$$A=\begin{pmatrix}1&1\\1&1\end{pmatrix},\quad B=\begin{pmatrix}0&0\\0&-1\end{pmatrix}.$$

解：首先A与B都是不可逆矩阵，无法用第 2 题的结论来判定. 因为$A+B=\begin{pmatrix}1&1\\1&0\end{pmatrix}$，显然$A+B$可逆且$G=(A+B)^{-1}B=\begin{pmatrix}0&-1\\0&1\end{pmatrix}$，$|\lambda I-G|=\lambda(\lambda-1)$. 从而$G$的最小多项式$m(\lambda)=\lambda$或$m(\lambda)=\lambda-1$或$m(\lambda)=\lambda(\lambda-1)$. 由于$G\neq 0$且$G\neq I$，因此$m(\lambda)=$

$\lambda(\lambda-1)$，从而 $\boldsymbol{G}$ 可对角化. 根据第 5 题结论知 $\boldsymbol{A}$ 与 $\boldsymbol{B}$ 可一齐合同对角化.

7. 证明：秩为 1 的两个 2 级实对称矩阵一定可以一齐合同对角化.

证明： 设 $\boldsymbol{A}$ 与 $\boldsymbol{B}$ 都是秩为 1 的 2 级实对称矩阵，由

$$\operatorname{rank}\begin{pmatrix} a_1 & a_2 \\ a_2 & a_3 \end{pmatrix}=1 \Leftrightarrow a_1a_3-a_2^2=0\text{，且 } a_1\text{，}a_2\text{，}a_3 \text{ 全不为 } 0$$

$$\Leftrightarrow \text{当 } a_1\neq 0 \text{ 时，} a_3=\frac{a_2^2}{a_1}\text{；当 } a_1=0 \text{ 时，} a_2=0\text{，} a_3\neq 0$$

情形 1： $a_1\neq 0$，$b_1\neq 0$，此时

$$\boldsymbol{A}=\begin{pmatrix} a_1 & a_2 \\ a_2 & \dfrac{a_2^2}{a_1} \end{pmatrix},\quad \boldsymbol{B}=\begin{pmatrix} b_1 & b_2 \\ b_2 & \dfrac{b_2^2}{b_1} \end{pmatrix}$$

$$|\boldsymbol{A}+\boldsymbol{B}|=\begin{vmatrix} a_1+b_1 & a_2+b_2 \\ a_2+b_2 & \dfrac{a_2^2}{a_1}+\dfrac{b_2^2}{b_1} \end{vmatrix}=\frac{1}{a_1b_1}(a_1b_2-a_2b_1)^2.$$

当 $a_1b_2=a_2b_1$ 时，$b_2=\dfrac{a_2}{a_1}b_1$，从而

$$\boldsymbol{B}=\begin{pmatrix} b_1 & \dfrac{a_2}{a_1}b_1 \\ \dfrac{a_2}{a_1}b_1 & \dfrac{a_2^2}{a_1^2}b_1 \end{pmatrix}=\frac{b_1}{a_1}\begin{pmatrix} a_1 & a_2 \\ a_2 & \dfrac{a_2^2}{a_1} \end{pmatrix}=\frac{b_1}{a_1}\boldsymbol{A}$$

于是 $\boldsymbol{A}$ 与 $\boldsymbol{B}$ 可一齐合同对角化.

当 $a_1b_2\neq a_2b_1$ 时，$(\boldsymbol{A}+\boldsymbol{B})$可逆，且

$$\begin{aligned}(\boldsymbol{A}+\boldsymbol{B})^{-1}\boldsymbol{B}&=\frac{a_1b_1}{(a_1b_2-a_2b_1)^2}\begin{pmatrix} \dfrac{a_2^2}{a_1}+\dfrac{b_2^2}{b_1} & -(a_2+b_2) \\ -(a_2+b_2) & a_1+b_1 \end{pmatrix}\begin{pmatrix} b_1 & b_2 \\ b_2 & \dfrac{b_2^2}{b_1} \end{pmatrix}\\ &=\frac{1}{a_1b_2-a_2b_1}\begin{pmatrix} -a_2b_1 & -a_2b_2 \\ a_1b_1 & a_1b_2 \end{pmatrix}\end{aligned}$$

于是$|\lambda\boldsymbol{I}-(\boldsymbol{A}+\boldsymbol{B})^{-1}\boldsymbol{B}|=\lambda^2-\lambda=\lambda(\lambda-1)$，从而$(\boldsymbol{A}+\boldsymbol{B})^{-1}\boldsymbol{B}$ 的最小多项式在 $\mathbb{R}[\lambda]$中能分解成不同的一次因式的乘积. 因此$(\boldsymbol{A}+\boldsymbol{B})^{-1}\boldsymbol{B}$ 可对角化. 根据第 5 题结论得，$\boldsymbol{A}$ 与 $\boldsymbol{B}$ 可一齐合同对角化.

情形 2： $a_1\neq 0$，$b_1=0$，此时

$$\boldsymbol{A}=\begin{pmatrix} a_1 & a_2 \\ a_2 & \dfrac{a_2^2}{a_1} \end{pmatrix},\quad \boldsymbol{B}=\begin{pmatrix} 0 & 0 \\ 0 & b \end{pmatrix}$$

其中 $b\neq 0$.

$$|\boldsymbol{A}+\boldsymbol{B}|=\begin{vmatrix} a_1 & a_2 \\ a_2 & \dfrac{a_2^2}{a_1}+b \end{vmatrix}=a_1b\neq 0$$

$$(\boldsymbol{A}+\boldsymbol{B})^{-1}\boldsymbol{B}=\frac{1}{a_1b}\begin{pmatrix} \dfrac{a_2^2}{a_1}+b & -a_2 \\ -a_2 & a_1 \end{pmatrix}\begin{pmatrix} 0 & 0 \\ 0 & b \end{pmatrix}=\begin{pmatrix} 0 & -\dfrac{a_2}{a_1} \\ 0 & 1 \end{pmatrix}$$

$$|\lambda\boldsymbol{I}-(\boldsymbol{A}+\boldsymbol{B})^{-1}\boldsymbol{B}|=\lambda(\lambda-1)$$

从而$(\boldsymbol{A}+\boldsymbol{B})^{-1}\boldsymbol{B}$ 可对角化，于是 $\boldsymbol{A}$ 与 $\boldsymbol{B}$ 可一齐合同对角化.

情形 3： $a_1=0$，$b_1\neq 0$. 由情形 2 得$(\boldsymbol{A}+\boldsymbol{B})^{-1}\boldsymbol{A}$ 可对角化，从而 $\boldsymbol{A}$ 与 $\boldsymbol{B}$ 可一齐合同对角化.

情形 4： $a_1=0$，$b_1=0$，此时

$$\boldsymbol{A}=\begin{pmatrix} 0 & 0 \\ 0 & a \end{pmatrix},\quad \boldsymbol{B}=\begin{pmatrix} 0 & 0 \\ 0 & b \end{pmatrix}$$

其中 $a\neq 0$，$b\neq 0$. 从而 $\boldsymbol{B}=\dfrac{b}{a}\boldsymbol{A}$，于是 $\boldsymbol{A}$ 与 $\boldsymbol{B}$ 可一齐合同对角化.

8. 某地有 7 个小麦品种要比较优劣，为此选取 7 块试验田(每块称为一个区组). 为了使每两个品种都能在同一个区组里相遇，以便比较它们的优劣，可以把每个区组分成三小块，在每一小块上种 1 个品种. 这样的试验安排方案存在吗？为了研究这类问题，抽象出下述概念：设 V，$\mathscr{B}$ 是两个有限集合，它们的交集为空集，V 中元素称为点，$\mathscr{B}$ 中元素称为区组；I 是 $V\times\mathscr{B}$ 的一个子集，若$(P, B)\in I$，则称点 P 与区组 B 关联，记作 $P\mathrm{I}B$；否则，称 P 与 B 不关联，记作 $P\not\mathrm{I}B$；如果满足

(i) $|V|=|\mathscr{B}|=v$；

(ii) 每一个区组恰好与 k 个不同的点关联；

(iii) 每两个不同的点一起恰好与 λ 个区组关联，那么称三元组$(V, \mathscr{B}, I)$是一个参数为(v, k, λ)的对称设计.

设$(V, \mathscr{B}, I)$是(v, k, λ)-对称设计，$V=\{P_1, \cdots, P_v\}$，$\mathscr{B}=\{B_1, \cdots, B_v\}$，一个 v 级矩阵$\boldsymbol{A}=(a_{ij})$，其中

$$a_{ij}=\begin{cases}1, & \text{当 } P_i I B_j, \\ 0, & \text{当 } P_i \not{I} B_j,\end{cases}$$

称 $\boldsymbol{A}$ 是这个对称设计的关联矩阵. 证明：

(1) $\boldsymbol{A}$ 的每列元素的和(简称为列和)都是 k；$\boldsymbol{A}$ 的每两行对应元素的乘积之和(即内积)等于 λ；

(2) $\boldsymbol{A}$ 的每行元素的和(简称为行和)都是 k；且 $\lambda(v-1)=k(k-1)$；

(3) $\boldsymbol{A}'\boldsymbol{A}=\boldsymbol{A}\boldsymbol{A}'=(k-\lambda)\boldsymbol{I}+\lambda\boldsymbol{J}$，其中 $\boldsymbol{J}$ 是元素全为 1 的矩阵；

(4) $|\boldsymbol{A}\boldsymbol{A}'|=[k+\lambda(v-1)](k-\lambda)^{v-1}$；

(5) 若 v 是偶数，则 $k-\lambda$ 一定是平方数(即一个整数的平方).

证明： (1) 关联矩阵 $\boldsymbol{A}$ 的行指标是 V 中的编号，列指标是 $\mathscr{B}$ 中区组的编号. 由于每一个区组恰好与 k 个不同的点关联，因此 $\boldsymbol{A}$ 的每一列恰好有 k 个 1，其余元素为 0，从而 $\boldsymbol{A}$ 的每一列的列和为 k. 由于每两个不同的点一起恰好与 λ 个区组关联，因此 $\boldsymbol{A}$ 的每两行对应元素组成的有序对恰好有 λ 对$\begin{pmatrix}1\\1\end{pmatrix}$，其余有序对为$\begin{pmatrix}0\\1\end{pmatrix}$或$\begin{pmatrix}0\\0\end{pmatrix}$. 从而 $\boldsymbol{A}$ 的每两行对应的元素的乘积之和为 λ.

(2) 用两种方法计算 $\boldsymbol{A}$ 的第 1 行与其他各行的对应元素组成的有序对中$\begin{pmatrix}1\\1\end{pmatrix}$的总数. 第 1 行与第 i 行$(i\neq 1)$中有序对为$\begin{pmatrix}1\\1\end{pmatrix}$的有 λ 对，$i=2, 3, \cdots, v$，从而第 1 行与其他各行中每一行的对应元素组成的有序对$\begin{pmatrix}1\\1\end{pmatrix}$的总数为 $\lambda(v-1)$. 考虑第 1 行中元素为 1 所在的每一列，由于 $\boldsymbol{A}$ 的每一列恰有 k 个元素是 1，因此这些列中第 1 行的元素 1 与其他各行中的元素 1 均构成有序对$\begin{pmatrix}1\\1\end{pmatrix}$，共有 $k-1$ 对. 设第 1 行有 r_1 个元素是 1，则上面所说的有序对$\begin{pmatrix}1\\1\end{pmatrix}$的总数是 $r_1(k-1)$，于是 $r_1(k-1)=\lambda(v-1)$. 同理，设第 i 行$(2\leqslant i\leqslant v)$中有 r_i 个元素是 1，则可得 $r_i(k-1)=\lambda(v-1)$，于是 $r_i=\dfrac{\lambda(v-1)}{k-1}$，$i=1, 2, \cdots, v$. 从而对于 $i=1, 2, \cdots, v$，r_i 是常数，记为 $r=\dfrac{\lambda(v-1)}{k-1}$.

用两种方法计算 $\boldsymbol{A}$ 中元素为 1 的总数；由于 $\boldsymbol{A}$ 的每一行有 r 个 1，因此，$\boldsymbol{A}$ 中 1 的总数为 rv；由于 $\boldsymbol{A}$ 的每列有 k 个 1. 因此 $\boldsymbol{A}$ 中 1 的总数为 kv，从而 $rv=kv$，由此得 $r=k$. 综上 $k(k-1)=\lambda(v-1)$. $\boldsymbol{A}$ 的每行元素的和为 $r=k$.

(3) 根据第(1)小题的结论知，当 $i\neq j$ 时

$$(\boldsymbol{AA}')(i;\ j)=\sum_{l=1}^{v} a_{il}a_{jl}=\lambda$$

根据第(2)小题的结论知，$\boldsymbol{A}$ 的每一行有 k 个 1，从而

$$(\boldsymbol{AA}')(i;\ i)=\sum_{l=1}^{v} a_{il}a_{il}=k$$

因此

$$\boldsymbol{AA}'=(k-\lambda)\boldsymbol{I}+\lambda\boldsymbol{J}$$

其中 $\boldsymbol{J}$ 是元素全为 1 的 v 级矩阵. 根据教材 2.3 节例 1，得

$$|\boldsymbol{AA}'|=[k+\lambda(v-1)](k-\lambda)^{v-1}$$

由于 $\lambda(v-1)=k(k-1)$，且 $k<v$，因此 $\lambda<k$，从而

$$|\boldsymbol{AA}'|=k^2(k-\lambda)^{v-1}>0$$

于是 $\boldsymbol{A}$ 可逆，由 $\boldsymbol{A}$ 的列和为 k，行和也是 k，得

$$\begin{aligned}\boldsymbol{A}'\boldsymbol{A}&=(\boldsymbol{A}^{-1}\boldsymbol{A})\boldsymbol{A}'\boldsymbol{A}=\boldsymbol{A}^{-1}(\boldsymbol{AA}')\boldsymbol{A}=\boldsymbol{A}^{-1}[(k-\lambda)\boldsymbol{I}+\lambda\boldsymbol{J}]\boldsymbol{A}=(k-\lambda)\boldsymbol{I}+\lambda\boldsymbol{A}^{-1}(\boldsymbol{JA})\\&=(k-\lambda)\boldsymbol{I}+\lambda\boldsymbol{A}^{-1}(k\boldsymbol{J})=(k-\lambda)\boldsymbol{I}+\lambda\boldsymbol{A}^{-1}(\boldsymbol{AJ})=(k-\lambda)\boldsymbol{I}+\lambda\boldsymbol{J}=\boldsymbol{AA}'\end{aligned}$$

(4) 在(3)中已经证明.

(5) 由 $|\boldsymbol{A}|^2=|\boldsymbol{AA}'|=k^2(k-\lambda)^{v-1}$ 知，若 v 是偶数，则 $k-\lambda$ 一定是平方数.

9. (Bruck-Chowla-Ryser 定理)设 $(V,\ \mathscr{B},\ I)$ 是 $(v,\ k,\ \lambda)$-对称设计，若 v 是奇数，则方程

$$x^2=(k-\lambda)y^2+(-1)^{\frac{v-1}{2}}\lambda z^2$$

有不全为 0 的整数解.

证明： 设对称设计的关联矩阵为 $\boldsymbol{A}$，令 $\boldsymbol{H}=\boldsymbol{AA}'$，记 $n=k-\lambda>0$. 根据第 8 题第(3)小题的结论知，$\boldsymbol{H}=\boldsymbol{AA}'=(k-\lambda)\boldsymbol{I}+\lambda\boldsymbol{J}=n\boldsymbol{I}+\lambda\boldsymbol{J}$. 由于 $\boldsymbol{A}$ 是有理数域上的可逆矩阵，因此由 $\boldsymbol{H}=\boldsymbol{AIA}'$ 得，在有理数域上 $\boldsymbol{H}\simeq\boldsymbol{I}$. 考虑 $v+1$ 级矩阵：

$$\begin{pmatrix} \boldsymbol{H} & \lambda\mathbf{1} \\ \lambda\mathbf{1}' & \lambda \end{pmatrix}=\begin{pmatrix} n\boldsymbol{I}+\lambda\boldsymbol{J} & \lambda\mathbf{1} \\ \lambda\mathbf{1}' & \lambda \end{pmatrix}$$

由于

$$\begin{pmatrix} \boldsymbol{I} & \mathbf{0} \\ -\mathbf{1}' & 1 \end{pmatrix}'\begin{pmatrix} n\boldsymbol{I}+\lambda\boldsymbol{J} & \lambda\mathbf{1} \\ \lambda\mathbf{1}' & \lambda \end{pmatrix}\begin{pmatrix} \boldsymbol{I} & \mathbf{0} \\ -\mathbf{1}' & 1 \end{pmatrix}=\begin{pmatrix} n\boldsymbol{I} & \mathbf{0} \\ \mathbf{0}' & \lambda \end{pmatrix}$$

因此在有理数域上有

$$\begin{pmatrix} \boldsymbol{H} & \lambda\mathbf{1} \\ \lambda\mathbf{1}' & \lambda \end{pmatrix}\simeq\begin{pmatrix} n\boldsymbol{I} & \mathbf{0} \\ \mathbf{0}' & \lambda \end{pmatrix}$$

由于 $\boldsymbol{H}$ 是可逆的对称矩阵，因此有

$$\begin{bmatrix} \boldsymbol{I} & -\lambda\boldsymbol{H}^{-1}\mathbf{1} \\ \mathbf{0}' & 1 \end{bmatrix}'\begin{pmatrix} \boldsymbol{H} & \lambda\mathbf{1} \\ \lambda\mathbf{1}' & \lambda \end{pmatrix}\begin{bmatrix} \boldsymbol{I} & -\lambda\boldsymbol{H}^{-1}\mathbf{1} \\ \mathbf{0}' & 1 \end{bmatrix}=\begin{bmatrix} \boldsymbol{H} & \mathbf{0} \\ \mathbf{0}' & \lambda-\lambda^2\mathbf{1}'\boldsymbol{H}^{-1}\mathbf{1} \end{bmatrix}$$

从而在有理数域上有

$$\begin{pmatrix} \boldsymbol{H} & \lambda\mathbf{1} \\ \lambda\mathbf{1}' & \lambda \end{pmatrix}\simeq\begin{bmatrix} \boldsymbol{H} & \mathbf{0} \\ \mathbf{0}' & \lambda-\lambda^2\mathbf{1}'\boldsymbol{H}^{-1}\mathbf{1} \end{bmatrix}$$

由于 $\boldsymbol{A}\mathbf{1}=k\mathbf{1}$，因此 $\boldsymbol{A}^{-1}\mathbf{1}=\frac{1}{k}\mathbf{1}$. 从而有

$$\begin{aligned} \lambda-\lambda^2\mathbf{1}'\boldsymbol{H}^{-1}\mathbf{1} &=\lambda-\lambda^2\mathbf{1}'(\boldsymbol{A}\boldsymbol{A}')^{-1}\mathbf{1} \\ &=\lambda-\lambda^2\mathbf{1}'(\boldsymbol{A}^{-1})'\boldsymbol{A}^{-1}\mathbf{1} \\ &=\lambda-\lambda^2(\boldsymbol{A}^{-1}\mathbf{1})'(\boldsymbol{A}^{-1}\mathbf{1}) \\ &=\lambda-\lambda^2\left(\frac{1}{k}\mathbf{1}\right)'\left(\frac{1}{k}\mathbf{1}\right) \\ &=\lambda-\frac{\lambda^2}{k^2}\mathbf{1}'\mathbf{1} \\ &=\lambda-\frac{\lambda^2}{k^2}v \end{aligned}$$

由于 $\lambda(v-1)=k(k-1)$，因此 $\lambda v=k^2-n$. 代入上式得

$$\lambda-\lambda^2\mathbf{1}'\boldsymbol{H}^{-1}\mathbf{1}=\lambda-\frac{\lambda}{k^2}(k^2-n)=\frac{\lambda}{k^2}n$$

从而有

$$\begin{pmatrix} H & \lambda \mathbf{1} \\ \lambda \mathbf{1}' & \lambda \end{pmatrix} \simeq \begin{pmatrix} H & \mathbf{0} \\ \mathbf{0}' & \frac{\lambda}{k^2}n \end{pmatrix} \simeq \begin{pmatrix} H & \mathbf{0} \\ \mathbf{0}' & \lambda n \end{pmatrix}$$

有理数域上的合同. 综上所述

$$\begin{pmatrix} H & \mathbf{0} \\ \mathbf{0}' & \lambda n \end{pmatrix} \simeq \begin{pmatrix} nI & \mathbf{0} \\ \mathbf{0}' & \lambda \end{pmatrix} \simeq \begin{pmatrix} I & \mathbf{0} \\ \mathbf{0}' & n\lambda \end{pmatrix}, \quad \text{最后一步利用了 } H \simeq I.$$

由初等数论中的 Lagrange 定理(1770 年)，存在整数 a，b，c，d，使得 $n=a^2+b^2+c^2+d^2$. 由于

$$\begin{pmatrix} a & b & c & d \\ b & -a & -d & c \\ c & d & -a & -b \\ d & -c & b & -a \end{pmatrix}' I_4 \begin{pmatrix} a & b & c & d \\ b & -a & -d & c \\ c & d & -a & -b \\ d & -c & b & -a \end{pmatrix} = \begin{pmatrix} n & 0 & 0 & 0 \\ 0 & n & 0 & 0 \\ 0 & 0 & n & 0 \\ 0 & 0 & 0 & n \end{pmatrix}$$

因此 $I_4 \simeq nI_4$.

情形 1： $v \equiv 1 \pmod 4$. 根据上式得

$$\begin{pmatrix} I_v & \mathbf{0} \\ \mathbf{0}' & n\lambda \end{pmatrix} \simeq \begin{pmatrix} nI_v & \mathbf{0} \\ \mathbf{0}' & \lambda \end{pmatrix} = \begin{pmatrix} nI_{v-1} & & \\ & n & \\ & & \lambda \end{pmatrix} \simeq \begin{pmatrix} I_{v-1} & & \\ & n & \\ & & \lambda \end{pmatrix}$$

由 Witt 消去定理及上式得，在有理数域上有

$$\begin{pmatrix} 1 & 0 \\ 0 & n\lambda \end{pmatrix} \simeq \begin{pmatrix} n & 0 \\ 0 & \lambda \end{pmatrix}$$

于是存在有理数域上的 2 级可逆矩阵 $C=(c_{ij})$，使得

$$\begin{pmatrix} c_{11} & c_{12} \\ c_{21} & c_{22} \end{pmatrix}' \begin{pmatrix} n & 0 \\ 0 & \lambda \end{pmatrix} \begin{pmatrix} c_{11} & c_{12} \\ c_{21} & c_{22} \end{pmatrix} = \begin{pmatrix} 1 & 0 \\ 0 & n\lambda \end{pmatrix}$$

比较上式两边矩阵的(1，1)元得 $nc_{11}^2+\lambda c_{21}^2=1$.

令 $c_{11}=\frac{e_1}{d}$，$c_{21}=\frac{e_2}{d}$，其中 d，e_1，e_2 都是整数，代入上式得

$$ne_1^2+\lambda e_2^2=d^2$$

由于 C 是可逆矩阵，因此 c_{11}，c_{21} 不全为 0，从而 e_1，e_2 不全为 0. 上式表明 $x=d$，$y=e_1$，

$z=e_2$ 是方程

$$x^2=(k-\lambda)y^2+(-1)^{\frac{v-1}{2}}\lambda z^2$$

的不全为 0 的整数解.

情形 2： $v\equiv 3 \pmod 4$. 根据上式得

$$\begin{pmatrix} \boldsymbol{I}_v & \boldsymbol{0} \\ \boldsymbol{0}' & n\lambda \end{pmatrix} \simeq \begin{pmatrix} n\boldsymbol{I}_v & \boldsymbol{0} \\ \boldsymbol{0}' & \lambda \end{pmatrix} = \begin{pmatrix} n\boldsymbol{I}_{v-3} & & \\ & n\boldsymbol{I}_3 & \\ & & \lambda \end{pmatrix} \simeq \begin{pmatrix} \boldsymbol{I}_{v-3} & & \\ & n\boldsymbol{I}_3 & \\ & & \lambda \end{pmatrix}$$

由 Witt 消去定理及上式得，在有理数域上有

$$\begin{pmatrix} \boldsymbol{I}_3 & \\ & n\lambda \end{pmatrix} \simeq \begin{pmatrix} n\boldsymbol{I}_3 & 0 \\ 0 & \lambda \end{pmatrix}$$

从而有

$$\begin{pmatrix} \boldsymbol{I}_3 & & \\ & n & \\ & & n\lambda \end{pmatrix} \simeq \begin{pmatrix} n\boldsymbol{I}_3 & & \\ & n & \\ & & \lambda \end{pmatrix} = \begin{pmatrix} n\boldsymbol{I}_4 & \\ & \lambda \end{pmatrix} \simeq \begin{pmatrix} \boldsymbol{I}_4 & \\ & \lambda \end{pmatrix}$$

仍用 Witt 消去定理得

$$\begin{pmatrix} n & \\ & n\lambda \end{pmatrix} \simeq \begin{pmatrix} 1 & \\ & \lambda \end{pmatrix}$$

于是存在有理数域上的可逆矩阵 $\boldsymbol{B}=(b_{ij})$，使得

$$\begin{pmatrix} b_{11} & b_{12} \\ b_{21} & b_{22} \end{pmatrix}' \begin{pmatrix} n & 0 \\ 0 & n\lambda \end{pmatrix} \begin{pmatrix} b_{11} & b_{12} \\ b_{21} & b_{22} \end{pmatrix} = \begin{pmatrix} 1 & 0 \\ 0 & \lambda \end{pmatrix}$$

比较上式两边矩阵的(1，1)元得 $nb_{11}^2+\lambda b_{21}^2=1$.

令 $b_{11}=\dfrac{h_1}{g}$，$b_{21}=\dfrac{h_2}{g}$，其中 h_1，h_2，g 都是整数，由于 $\boldsymbol{B}$ 可逆，因此 h_1，h_2 不全为 0. 由上式得 $nh_1^2+n\lambda h_2^2=g^2$，即 $(nh_1)^2=ng^2-\lambda(nh_2)^2$. 由此可看出 $x=nh_1$，$y=g$，$z=nh_2$ 是方程

$$x^2=(k-\lambda)y^2+(-1)^{\frac{v-1}{2}}\lambda z^2$$

的不全为 0 的整数解.

习题 7.4　二次型和它的标准形

1. 做非退化线性替换把数域$\mathbb{K}$上的下列二次型化成标准形，并且写出所做的非退化线性替换：

(1) $f(x_1, x_2, x_3)=x_1^2+2x_2^2+2x_1x_2-2x_1x_3$；

(2) $f(x_1, x_2, x_3)=x_1^2-x_3^2+2x_1x_2+2x_2x_3$；

(3) $f(x_1, x_2, x_3)=x_1x_2+x_1x_3+x_2x_3$；

(4) $f(x_1, x_2, x_3, x_4)=2x_1x_2-2x_3x_4$.

解： (1) 方法一：
$$\begin{aligned}f(x_1, x_2, x_3)&=(x_1+x_2-x_3)^2+x_2^2-x_3^2+2x_2x_3\\&=(x_1+x_2-x_3)^2+(x_2+x_3)^2-2x_3^2\end{aligned}$$

令 $y_1=x_1+x_2-x_3$，$y_2=x_2+x_3$，$y_3=x_3$，则 $f(x_1, x_2, x_3)=y_1^2+y_2^2-2y_3^2$. 所做的变换为

$$\begin{pmatrix}y_1\\y_2\\y_3\end{pmatrix}=\begin{pmatrix}1&1&-1\\0&1&1\\0&0&1\end{pmatrix}\begin{pmatrix}x_1\\x_2\\x_3\end{pmatrix}$$

即

$$\begin{pmatrix}x_1\\x_2\\x_3\end{pmatrix}=\begin{pmatrix}1&-1&2\\0&1&-1\\0&0&1\end{pmatrix}\begin{pmatrix}y_1\\y_2\\y_3\end{pmatrix}$$

方法二：

$$\begin{pmatrix}1&1&-1\\1&2&0\\-1&0&0\\1&0&0\\0&1&0\\0&0&1\end{pmatrix}\to\begin{pmatrix}1&1&-1\\0&1&1\\-1&0&0\\1&0&0\\0&1&0\\0&0&1\end{pmatrix}\to\begin{pmatrix}1&0&-1\\0&1&1\\-1&1&0\\1&-1&0\\0&1&0\\0&0&1\end{pmatrix}\to$$

$$\begin{pmatrix}1&0&-1\\0&1&1\\0&1&-1\\1&-1&0\\0&1&0\\0&0&1\end{pmatrix}\to\begin{pmatrix}1&0&0\\0&1&1\\0&1&-1\\1&-1&1\\0&1&0\\0&0&1\end{pmatrix}\to\begin{pmatrix}1&0&0\\0&1&1\\0&0&-2\\1&-1&1\\0&1&0\\0&0&1\end{pmatrix}\to\begin{pmatrix}1&0&0\\0&1&0\\0&0&-2\\1&-1&2\\0&1&-1\\0&0&1\end{pmatrix}$$

所以，做变换

$$\begin{pmatrix}x_1\\x_2\\x_3\end{pmatrix}=\begin{pmatrix}1&-1&2\\0&1&-1\\0&0&1\end{pmatrix}\begin{pmatrix}y_1\\y_2\\y_3\end{pmatrix}$$

原二次型化成 $f=y_1^2+y_2^2-2y_3^2$.

(2) 方法一(配方法)：

$$\begin{aligned}f(x_1,x_2,x_3)&=x_1^2+2x_1x_2-x_3^2+2x_2x_3\\&=(x_1+x_2)^2-x_2^2-x_3^2+2x_2x_3\\&=(x_1+x_2)^2-(x_2-x_3)^2\end{aligned}$$

令 $y_1=x_1+x_2$，$y_2=x_2-x_3$，$y_3=x_3$，则原二次型化为 $f(x_1,x_2,x_3)=y_1^2-y_2^2$. 所做的变换为

$$\begin{pmatrix}y_1\\y_2\\y_3\end{pmatrix}=\begin{pmatrix}1&1&0\\0&1&-1\\0&0&1\end{pmatrix}\begin{pmatrix}x_1\\x_2\\x_3\end{pmatrix}$$

即

$$\begin{pmatrix}x_1\\x_2\\x_3\end{pmatrix}\begin{pmatrix}1&-1&-1\\0&1&1\\0&0&1\end{pmatrix}\begin{pmatrix}y_1\\y_2\\y_3\end{pmatrix}$$

方法二：采用成对初等行列变换法同(1).

(3) 方法一(配方法)：令 $x_1=y_1-y_2$，$x_2=y_1+y_2$，$x_3=y_3$，则

$$\begin{aligned}f&=y_1^2-y_2^2+y_1y_3-y_2y_3+y_1y_3+y_2y_3\\&=y_1^2-y_2^2+2y_1y_3\\&=(y_1+y_3)^2-y_2^2-y_3^2\\&=z_1^2-z_2^2-z_3^2\end{aligned}$$

只要令 $z_1=y_1+y_3$，$z_2=y_2$，$z_3=y_3$，从而有

$$\begin{pmatrix}x_1\\x_2\\x_3\end{pmatrix}=\begin{pmatrix}1&-1&-1\\1&1&-1\\0&0&1\end{pmatrix}\begin{pmatrix}z_1\\z_2\\z_3\end{pmatrix}$$

方法二：采用成对初等行列变换法

$$\begin{pmatrix}0&\frac{1}{2}&\frac{1}{2}\\\frac{1}{2}&0&\frac{1}{2}\\\frac{1}{2}&\frac{1}{2}&0\\1&0&0\\0&1&0\\0&0&1\end{pmatrix}\to\begin{pmatrix}\frac{1}{2}&\frac{1}{2}&1\\\frac{1}{2}&0&\frac{1}{2}\\\frac{1}{2}&\frac{1}{2}&0\\1&0&0\\0&1&0\\0&0&1\end{pmatrix}\to\begin{pmatrix}1&\frac{1}{2}&1\\\frac{1}{2}&0&\frac{1}{2}\\1&\frac{1}{2}&0\\1&0&0\\1&1&0\\0&0&1\end{pmatrix}\to\begin{pmatrix}1&\frac{1}{2}&1\\0&-\frac{1}{4}&0\\1&\frac{1}{2}&0\\1&0&0\\1&1&0\\0&0&1\end{pmatrix}$$

$$\to\begin{pmatrix}1&0&1\\0&-\frac{1}{4}&0\\1&0&0\\1&-\frac{1}{2}&0\\1&\frac{1}{2}&0\\0&0&1\end{pmatrix}\to\begin{pmatrix}1&0&1\\0&-\frac{1}{4}&0\\0&0&-1\\1&-\frac{1}{2}&0\\1&\frac{1}{2}&0\\0&0&1\end{pmatrix}\to\begin{pmatrix}1&0&0\\0&-\frac{1}{4}&0\\0&0&-1\\1&-\frac{1}{2}&-1\\1&\frac{1}{2}&-1\\0&0&1\end{pmatrix}$$

做变换

$$\begin{pmatrix}x_1\\x_2\\x_3\end{pmatrix}=\begin{pmatrix}1&-\frac{1}{2}&-1\\1&\frac{1}{2}&-1\\0&0&1\end{pmatrix}\begin{pmatrix}y_1\\y_2\\y_3\end{pmatrix}$$

则 $f=y_1^2-\frac{1}{4}y_2^2-y_3^2$.

(4) 令 $x_1=y_1-y_2$，$x_2=y_1+y_2$，$x_3=y_3-y_4$，$x_4=y_3+y_4$，则原二次型化成 $f(x_1,x_2,x_3,x_4)=2y_1^2-2y_2^2-2y_3^2+2y_4^2$. 所做的变换为

$$\begin{pmatrix} x_1 \\ x_2 \\ x_3 \\ x_4 \end{pmatrix} = \begin{pmatrix} 1 & -1 & 0 & 0 \\ 1 & 1 & 0 & 0 \\ 0 & 0 & 1 & -1 \\ 0 & 0 & 1 & 1 \end{pmatrix} \begin{pmatrix} y_1 \\ y_2 \\ y_3 \\ y_4 \end{pmatrix}$$

2. 用矩阵的成对初等行、列变换法，求数域$\mathbb{K}$上的下列二次型的一个标准形，并且写出所做的非退化线性替换：

(1) $f(x_1, x_2, x_3) = x_1^2 - 2x_2^2 + x_3^2 - 2x_1x_2 + 4x_2x_3$;

(2) $f(x_1, x_2, x_3) = x_1x_2 + x_1x_3 + x_2x_3$.

解：(1)

$$\begin{pmatrix} 1 & -1 & 0 \\ -1 & -2 & 2 \\ 0 & 2 & 1 \\ 1 & 0 & 0 \\ 0 & 1 & 0 \\ 0 & 0 & 1 \end{pmatrix} \rightarrow \begin{pmatrix} 1 & 0 & 0 \\ 0 & -3 & 0 \\ 0 & 0 & -\frac{7}{3} \\ 1 & 1 & \frac{2}{3} \\ 0 & 1 & \frac{2}{3} \\ 0 & 0 & 1 \end{pmatrix}$$

而所做的变换为

$$\begin{pmatrix} x_1 \\ x_2 \\ x_3 \end{pmatrix} = \begin{pmatrix} 1 & 1 & \frac{2}{3} \\ 0 & 1 & \frac{2}{3} \\ 0 & 0 & 1 \end{pmatrix} \begin{pmatrix} y_1 \\ y_2 \\ y_3 \end{pmatrix}$$

原二次型化为 $f(x_1, x_2, x_3) = y_1^2 - 3y_2^2 + \frac{7}{3}y_3^2$.

(2) 第1题的第(3)题.

3. 做非退化线性替换把数域$\mathbb{K}$上的下列二次型化成标准形，并且写出所做的非退化线性替换：

(1) $f(x_1, x_2, x_3) = \sum\limits_{i=1}^{3} x_i^2 + \sum\limits_{1 \leqslant i < j \leqslant 3} x_ix_j$;

(2) $f(x_1, x_2, \cdots, x_n) = \sum\limits_{i=1}^{n} x_i^2 + \sum\limits_{1 \leqslant i < j \leqslant n} x_ix_j$;

(3) $f(x_1, x_2, \cdots, x_n)=\sum_{i=1}^{n}(x_i-\overline{x})^2$，其中 $\overline{x}=\frac{1}{n}\sum_{i=1}^{n}x_i$.

解：(1) $f(x_1, x_2, x_3)=x_1^2+(x_2+x_3)x_1+x_2^2+x_3^2+x_2x_3$

$$\begin{aligned}&=\left[x_1+\frac{1}{2}(x_2+x_3)\right]^2-\frac{1}{4}(x_2+x_3)^2+x_2^2+x_3^2+x_2x_3\\&=\left(x_1+\frac{1}{2}x_2+\frac{1}{2}x_3\right)^2+\frac{3}{4}x_2^2+\frac{1}{2}x_2x_3+\frac{3}{4}x_3^2\\&=\left(x_1+\frac{1}{2}x_2+\frac{1}{2}x_3\right)^2+\frac{3}{4}\left(x_2+\frac{1}{3}x_3\right)^2+\frac{2}{3}x_3^2\end{aligned}$$

令

$$\begin{pmatrix}y_1\\y_2\\y_3\end{pmatrix}=\begin{pmatrix}1&\frac{1}{2}&\frac{1}{2}\\0&1&\frac{1}{3}\\0&0&1\end{pmatrix}\begin{pmatrix}x_1\\x_2\\x_3\end{pmatrix}$$

则 $f(x_1, x_2, x_3)=y_1^2+\frac{3}{4}y_2^2+\frac{2}{3}y_3^2$. 所做的线性替换为

$$\begin{pmatrix}x_1\\x_2\\x_3\end{pmatrix}=\begin{pmatrix}1&-\frac{1}{2}&-\frac{1}{3}\\0&1&-\frac{1}{3}\\0&0&1\end{pmatrix}\begin{pmatrix}y_1\\y_2\\y_3\end{pmatrix}$$

(2) 从(1)中受到启发，令

$$\boldsymbol{X}=\begin{pmatrix}x_1\\x_2\\\vdots\\x_{n-1}\\x_n\end{pmatrix}=\begin{pmatrix}1&-\frac{1}{2}&-\frac{1}{3}&\cdots&-\frac{1}{n}\\0&1&-\frac{1}{3}&\cdots&-\frac{1}{n}\\\vdots&\vdots&\vdots&&\cdots\\0&0&0&\cdots&-\frac{1}{n}\\0&0&0&\cdots&1\end{pmatrix}\begin{pmatrix}y_1\\y_2\\\vdots\\y_{n-1}\\y_n\end{pmatrix}=\boldsymbol{CY}$$

由 $f(x_1, x_2, \cdots, x_n)$的矩阵 $\boldsymbol{A}=\frac{1}{2}(\boldsymbol{I}+\boldsymbol{J})$，其中 $\boldsymbol{J}$ 是元素全为 1 的 n 级矩阵，得

$$\boldsymbol{C}'\boldsymbol{A}\boldsymbol{C}=\frac{1}{2}\boldsymbol{C}'(\boldsymbol{I}+\boldsymbol{J})\boldsymbol{C}=\frac{1}{2}\boldsymbol{C}'\boldsymbol{C}+\frac{1}{2}\boldsymbol{C}'\boldsymbol{1}\boldsymbol{1}'\boldsymbol{C}$$
$$=\frac{1}{2}[\boldsymbol{C}'\boldsymbol{C}+(\boldsymbol{1}'\boldsymbol{C})'(\boldsymbol{1}\boldsymbol{C})]$$

由于 $\boldsymbol{1}'\boldsymbol{C}=\left(1,\ \frac{1}{2},\ \cdots,\ \frac{1}{n}\right)$，因此

$$(\boldsymbol{1}'\boldsymbol{C})'(\boldsymbol{1}'\boldsymbol{C})=\begin{pmatrix}1\\ \frac{1}{2}\\ \frac{1}{3}\\ \vdots\\ \frac{1}{n}\end{pmatrix}\left(1,\ \frac{1}{2},\ \frac{1}{3},\ \cdots,\ \frac{1}{n}\right)=\begin{pmatrix}1 & \frac{1}{2} & \frac{1}{3} & \cdots & \frac{1}{n}\\ \frac{1}{2} & \frac{1}{4} & \frac{1}{6} & \cdots & \frac{1}{2n}\\ \frac{1}{3} & \frac{1}{6} & \frac{1}{9} & \cdots & \frac{1}{3n}\\ \frac{1}{n} & \frac{1}{2n} & \frac{1}{3n} & \cdots & \frac{1}{n^2}\end{pmatrix}$$

$$\boldsymbol{C}'\boldsymbol{C}=\begin{pmatrix}1 & -\frac{1}{2} & -\frac{1}{3} & \cdots & -\frac{1}{n}\\ -\frac{1}{2} & \frac{1}{4}+1 & \frac{1}{6}-\frac{1}{3} & \cdots & \frac{1}{2n}-\frac{1}{n}\\ -\frac{1}{3} & \frac{1}{6}-\frac{1}{3} & \frac{2}{9}+1 & \cdots & \frac{2}{3n}-\frac{1}{n}\\ \vdots & \vdots & \vdots & & \vdots\\ \frac{1}{n} & \frac{1}{2n}-\frac{1}{n} & \frac{2}{3n}-\frac{1}{n} & \cdots & \frac{n-1}{n^2}+1\end{pmatrix}$$

从而

$$\boldsymbol{C}'\boldsymbol{A}\boldsymbol{C}=\begin{pmatrix}1 & & & & \\ & \frac{1}{2}\left(\frac{1}{2}+1\right) & & & \\ & & \frac{1}{2}\left(\frac{1}{3}+1\right) & & \\ & & & \ddots & \\ & & & & \frac{1}{2}\left(\frac{1}{n}+1\right)\end{pmatrix}$$

因此

$$f(x_1,\ x_2,\ \cdots,\ x_n)=y_1^2+\frac{3}{4}y_2^2+\frac{2}{3}y_3^2+\cdots+\frac{k+1}{2k}y_k^2+\cdots+\frac{n+1}{2n}y_n^2$$

（3）

$$\begin{cases} y_1=x_1-\overline{x}, \\ y_2=x_2-\overline{x}, \\ \cdots\cdots\cdots \\ y_{n-1}=x_{n-1}-\overline{x}, \\ y_n=x_n \end{cases}$$

易验证这是非退化的线性替换，且 $\sum\limits_{k=1}^{n} y_k=\sum\limits_{k=1}^{n} x_k-(n-1)\overline{x}$，从而 $x_n-\overline{x}=y_n-\overline{x}=-(y_1+y_2+\cdots+y_{n-1})$．于是

$$\begin{aligned} f(x_1,x_2,\cdots,x_n)&=y_1^2+y_2^2+\cdots+y_{n-1}^2+(y_1+y_2+\cdots+y_{n-1})^2 \\ &=2(y_1^2+y_2^2+\cdots+y_{n-1}^2)+2\sum_{1\leqslant i\leqslant j\leqslant n-1} y_iy_j \\ &=2\left(\sum_{i=1}^{n-1} y_i^2+\sum_{1\leqslant i\leqslant j\leqslant n-1} y_iy_j\right) \end{aligned}$$

根据第(2)小题，令

$$\begin{pmatrix} y_1 \\ y_2 \\ \vdots \\ y_{n-1} \\ y_n \end{pmatrix}=\begin{pmatrix} 1 & -\frac{1}{2} & -\frac{1}{3} & \cdots & -\frac{1}{n-1} & 0 \\ 0 & 1 & -\frac{1}{3} & \cdots & -\frac{1}{n-1} & 0 \\ \vdots & \vdots & \vdots & & \vdots & \vdots \\ 0 & 0 & 0 & \cdots & 1 & 0 \\ 0 & 0 & 0 & \cdots & 0 & 1 \end{pmatrix}\begin{pmatrix} z_1 \\ z_2 \\ \vdots \\ z_{n-1} \\ z_n \end{pmatrix}$$

则

$$f(x_1,x_2,\cdots,x_n)=2\sum_{k=1}^{n}\frac{k+1}{2k}z_k^2=\sum_{k=1}^{n-1}\frac{k+1}{k}z_k^2.$$

从所做的变换知

$$\boldsymbol{Y}=\begin{pmatrix} y_1 \\ y_2 \\ \vdots \\ y_{n-1} \\ y_n \end{pmatrix}=\begin{pmatrix} 1-\frac{1}{n} & -\frac{1}{n} & \cdots & -\frac{1}{n} & -\frac{1}{n} \\ -\frac{1}{n} & 1-\frac{1}{n} & \cdots & -\frac{1}{n} & -\frac{1}{n} \\ \vdots & \vdots & & \vdots & \vdots \\ -\frac{1}{n} & -\frac{1}{n} & \cdots & 1-\frac{1}{n} & -\frac{1}{n} \\ 0 & 0 & \cdots & 0 & 1 \end{pmatrix}\begin{pmatrix} x_1 \\ x_2 \\ \vdots \\ x_{n-1} \\ x_n \end{pmatrix}\xlongequal{\triangle}\begin{pmatrix} \boldsymbol{A}_{n-1} & \boldsymbol{\beta} \\ \boldsymbol{0} & 1 \end{pmatrix}\boldsymbol{X}$$

其中 $\boldsymbol{A}_{n-1}=\boldsymbol{I}_{n-1}-\frac{1}{n}\boldsymbol{J}_{n-1}$，易证 $\boldsymbol{A}_{n-1}^{-1}=\boldsymbol{I}_{n-1}+\boldsymbol{J}_{n-1}$. 而

$$\begin{pmatrix}\boldsymbol{A}_{n-1} & \boldsymbol{\beta}\\ \boldsymbol{0} & 1\end{pmatrix}^{-1}=\begin{pmatrix}\boldsymbol{A}_{n-1}^{-1} & -\boldsymbol{A}_{n-1}^{-1}\boldsymbol{\beta}\\ \boldsymbol{0} & 1\end{pmatrix}$$

从而

$$\boldsymbol{X}=\begin{pmatrix}\boldsymbol{A}_{n-1} & \boldsymbol{\beta}\\ \boldsymbol{0} & 1\end{pmatrix}^{-1}\boldsymbol{Y}=\begin{pmatrix}\boldsymbol{A}_{n-1}^{-1} & -\boldsymbol{A}_{n-1}^{-1}\boldsymbol{\beta}\\ \boldsymbol{0} & 1\end{pmatrix}\boldsymbol{Y}$$

$$=\begin{pmatrix}2 & 1 & \cdots & 1 & -1\\ 1 & 2 & \cdots & 1 & -1\\ \vdots & \vdots & & \vdots & \vdots\\ 1 & 1 & \cdots & 2 & -1\\ 0 & 0 & \cdots & 0 & 1\end{pmatrix}\begin{pmatrix}1 & -\frac{1}{2} & -\frac{1}{3} & \cdots & -\frac{1}{n-1} & 0\\ 0 & 1 & -\frac{1}{3} & \cdots & -\frac{1}{n-1} & 0\\ \vdots & \vdots & \vdots & & \vdots & \vdots\\ 0 & 0 & 0 & \cdots & 1 & 0\\ 0 & 0 & 0 & \cdots & 0 & 1\end{pmatrix}\boldsymbol{Z}$$

$$=\begin{pmatrix}2 & 0 & 0 & \cdots & 0 & 0\\ 1 & \frac{3}{2} & 0 & \cdots & 0 & 0\\ \vdots & \vdots & \vdots & & \vdots & \vdots\\ 1 & \frac{1}{2} & \frac{1}{3} & \cdots & 0 & 1\\ \vdots & \vdots & \vdots & & \vdots & \vdots\\ 1 & \frac{1}{2} & \frac{1}{3} & \cdots & \frac{n}{n-1} & 1\\ 0 & 0 & 0 & \cdots & 0 & 1\end{pmatrix}\boldsymbol{Z}$$

4. 设 $\boldsymbol{A}$ 是特征不为 2 的域 $\mathbb{F}$ 上的 n 级矩阵，证明：$\boldsymbol{A}$ 是斜对称矩阵当且仅当 $\forall\boldsymbol{\alpha}\in\mathbb{F}^n$ 有 $\boldsymbol{\alpha}'\boldsymbol{A}\boldsymbol{\alpha}=0$.

证明： 设 V 是特征不为 2 的域 $\mathbb{F}$ 上的 n 维线性空间，V 中取一个基 $\boldsymbol{\alpha}_1,\boldsymbol{\alpha}_2,\cdots,\boldsymbol{\alpha}_n$. 对于 V 中任意两个向量 $\boldsymbol{\alpha}=(\boldsymbol{\alpha}_1,\boldsymbol{\alpha}_2,\cdots,\boldsymbol{\alpha}_n)\boldsymbol{X}$, $\boldsymbol{\beta}=(\boldsymbol{\alpha}_1,\boldsymbol{\alpha}_2,\cdots,\boldsymbol{\alpha}_n)\boldsymbol{Y}$，令 $f(\boldsymbol{\alpha},\boldsymbol{\beta})=\boldsymbol{X}'\boldsymbol{A}\boldsymbol{Y}$，则 f 是 V 上的一个双线性函数. 从而

$$\begin{aligned}\boldsymbol{A}\text{ 是斜对称矩阵}&\Leftrightarrow f\text{ 是斜对称双线性函数}\\ &\Leftrightarrow\forall\boldsymbol{\alpha}\in V,\text{ 有 } f(\boldsymbol{\alpha},\boldsymbol{\alpha})=0\\ &\Leftrightarrow\forall\boldsymbol{X}\in\mathbb{F}^n,\text{ 有 }\boldsymbol{X}'\boldsymbol{A}\boldsymbol{X}=0\end{aligned}$$

5. 设$\boldsymbol{A}$是特征不为 2 的域$\mathbb{F}$上的n级对称矩阵，证明：如果对于任意$\boldsymbol{\alpha}\in\mathbb{F}^n$有$\boldsymbol{\alpha}'\boldsymbol{A}\boldsymbol{\alpha}=0$，那么$\boldsymbol{A}=\boldsymbol{0}$.

证明： 由于对于$\forall\boldsymbol{\alpha}\in\mathbb{F}^n$有$\boldsymbol{\alpha}'\boldsymbol{A}\boldsymbol{\alpha}=0$，因此根据第 4 题的结论，得$\boldsymbol{A}$是斜对称矩阵，于是$\boldsymbol{A}'=-\boldsymbol{A}$. 又已知$\boldsymbol{A}$是对称矩阵，因此$\boldsymbol{A}'=\boldsymbol{A}$. 从而$\boldsymbol{A}=-\boldsymbol{A}$，即$2\boldsymbol{A}=\boldsymbol{0}$. 由于$\operatorname{char}\mathbb{F}\neq 2$，因此$\boldsymbol{A}=\boldsymbol{0}$.

6. 证明：特征不为 2 的域$\mathbb{F}$上的n级矩阵

$$\operatorname{diag}\{\lambda_1,\lambda_2,\cdots,\lambda_n\}\simeq\operatorname{diag}\{\lambda_{i_1},\lambda_{i_2},\cdots,\lambda_{i_n}\}$$

其中$i_1i_2\cdots i_n$是 1，2，…，n的一个全排列.

证明： 在二次型$\lambda_{i_1}x_1^2+\lambda_{i_2}x_2^2+\cdots+\lambda_{i_n}x_n^2$中做变换$x_i=y_{i_1}$，$x_2=y_{i_2}$，…，$x_n=y_{i_n}$，则

$$\lambda_{i_1}x_1^2+\lambda_{i_2}x_2^2+\cdots+\lambda_{i_n}x_n^2\cong\lambda_{i_1}x_{i_1}^2+\lambda_{i_2}x_{i_2}^2+\cdots+\lambda_{i_n}x_{i_n}^2=\lambda_1x_1^2+\lambda_2x_2^2+\cdots+\lambda_nx_n^2$$

从而有$\operatorname{diag}\{\lambda_{i_1},\lambda_{i_2},\cdots,\lambda_{i_n}\}\simeq\operatorname{diag}\{\lambda_1,\lambda_2,\cdots,\lambda_n\}$，于是有

$$\operatorname{diag}\{\lambda_1,\lambda_2,\cdots,\lambda_n\}\simeq\operatorname{diag}\{\lambda_{i_1},\lambda_{i_2},\cdots,\lambda_{i_n}\}$$

其他证法见习题 6.5 的 11，12 题.

7. 证明：特征不为 2 的域$\mathbb{F}$上秩为r的n级对称矩阵可以表示成r个秩为 1 的n级对称矩阵之和.

证明： 由于$\boldsymbol{A}$是特征不为 2 的域$\mathbb{F}$上的n级对称矩阵，且$\operatorname{rank}(\boldsymbol{A})=r$，则

$$\boldsymbol{A}\simeq\operatorname{diag}\{d_1,d_2,\cdots,d_r,0,\cdots,0\}$$

其中$d_i\neq 0$，$i=1,2,\cdots,r$. 于是存在域$\mathbb{F}$上的n级可逆矩阵$\boldsymbol{C}$，使得

$$\boldsymbol{A}=\boldsymbol{C}'\operatorname{diag}\{d_1,d_2,\cdots,d_r,0,\cdots,0\}\boldsymbol{C}$$

将等式写成

$$\boldsymbol{A}=\boldsymbol{C}'\operatorname{diag}\{d_1,d_2,\cdots,d_r,0,\cdots,0\}\boldsymbol{C}=\boldsymbol{C}'\left(\sum_{i=1}^{r}\operatorname{diag}\{0,\cdots,0,d_i,0,\cdots,0\}\right)\boldsymbol{C}$$

$$=\sum_{i=1}^{r}\boldsymbol{C}'\operatorname{diag}\{0,\cdots,0,d_i,0,\cdots,0\}\boldsymbol{C}$$

由于$\boldsymbol{C}'\operatorname{diag}\{0,\cdots,0,d_i,0,\cdots,0\}\boldsymbol{C}$的秩等于对角矩阵$\operatorname{diag}\{0,\cdots,0,d_i,0,\cdots,0\}$的秩，且$\boldsymbol{C}'\operatorname{diag}\{0,\cdots,0,d_i,0,\cdots,0\}\boldsymbol{C}$也是对称矩阵，因此特征不为 2 的域$\mathbb{F}$上秩为$r$的$n$级矩阵可以表示成$r$个秩为 1 的$n$级对称矩阵的和.

8. 证明：实数域上任一斜对称矩阵的行列式的值必为非负实数.

证明： 设 $\boldsymbol{A}$ 是实数域上 n 级斜对称矩阵，且 char$\mathbb{R}\neq 2$，由教材 7.2 节的推论 2 得 $\boldsymbol{A}\simeq\operatorname{diag}\left\{\begin{pmatrix}0&1\\-1&0\end{pmatrix},\cdots,\begin{pmatrix}0&1\\-1&0\end{pmatrix},0,\cdots,0\right\}$. 从而存在可逆矩阵 $\boldsymbol{C}$，使得

$$\boldsymbol{C}'\boldsymbol{A}\boldsymbol{C}=\operatorname{diag}\left\{\begin{pmatrix}0&1\\-1&0\end{pmatrix},\cdots,\begin{pmatrix}0&1\\-1&0\end{pmatrix},0,\cdots,0\right\}$$

若右端分块对角矩阵的对角线含有子矩阵(0)，则 $|\boldsymbol{C}'\boldsymbol{A}\boldsymbol{C}|=0$，从而 $|\boldsymbol{A}||\boldsymbol{C}|^2=0$. 由于 $|\boldsymbol{C}|\neq 0$，因此 $|\boldsymbol{A}|=0$. 若右端全部为 2 阶子矩阵 $\begin{pmatrix}0&1\\-1&0\end{pmatrix}$，则 $|\boldsymbol{C}'\boldsymbol{A}\boldsymbol{C}|=1$，从而 $|\boldsymbol{A}|=\dfrac{1}{|\boldsymbol{C}|^2}>0$.

9. 证明：元素全为整数的斜对称矩阵的行列式的值一定是一个整数的平方.

证明： 设 $\boldsymbol{A}$ 是元素全为整数的 n 级斜对称矩阵，把 $\boldsymbol{A}$ 看成有理数域上的矩阵. 由第 8 题的证明过程可知，$|\boldsymbol{A}|=0$ 或 $|\boldsymbol{A}|=\dfrac{1}{|\boldsymbol{C}|^2}$，其中 $\boldsymbol{C}$ 是有理数域上的 n 级可逆矩阵. 对于后一情形，设 $|\boldsymbol{C}|=\dfrac{q}{p}$，其中 $(p,q)=1$. 由 $|\boldsymbol{A}|=\dfrac{1}{|\boldsymbol{C}|^2}$ 得 $q^2|\boldsymbol{A}|=p^2$. 由于 $|\boldsymbol{A}|$ 是整数，因此从上式得 $q\mid p^2$. 由于 $(p,q)=1$，因此 $q\mid p$，从而 $q=\pm 1$，于是 $|\boldsymbol{A}|=p^2$.

习题 7.5　实(复)二次型的规范形

1. 把习题 7.4 的第 1 题的所有实二次型的标准形进一步化成规范形，并且分别说出它们的秩和正惯性指数，负惯性指数，以及符号差.

解： (1) 规范形 $f(x_1,x_2,x_3)=z_1^2+z_2^2-z_3^2$，它的秩为 3，正惯性指数为 2，负惯性指数为 1，符号差为 1.

(2) 已经是规范形，它的秩为 2，正惯性指数为 1，负惯性指数为 1，符号差为 0.

(3) 已经是规范形，它的秩为 3，正惯性指数为 1，负惯性指数为 2，符号差为 −1.

(4) 规范形为 $f(x_1,x_2,x_3,x_4)=z_1^2+z_2^2-z_3^2-z_4^2$，它的秩为 4，正惯性指数为 2，负惯性指数为 2，符号差为 0.

2. 3 级实对称矩阵组成的集合 $S_3(\mathbb{R})$ 有多少个合同类？每一类里写出一个最简单

的矩阵(即合同规范形).

解:

序号	秩	正惯性指数	合同规范形
1	0	0	$\mathbf{0}=\mathrm{diag}\{0, 0, 0\}$
2	1	1	$\mathrm{diag}\{1, 0, 0\}$
3	1	0	$\mathrm{diag}\{-1, 0, 0\}$
4	2	2	$\mathrm{diag}\{1, 1, 0\}$
5	2	1	$\mathrm{diag}\{1, -1, 0\}$
6	2	0	$\mathrm{diag}\{-1, -1, 0\}$
7	3	3	$\boldsymbol{I}=\mathrm{diag}\{1, 1, 1\}$
8	3	2	$\mathrm{diag}\{1, 1, -1\}$
9	3	1	$\mathrm{diag}\{1, -1, -1\}$
10	3	0	$\mathrm{diag}\{-1, -1, -1\}$

3. 3 级复对称矩阵组成的集合 $S_3(\mathbb{C})$ 有多少个合同类？每一类里写出一个最简单的矩阵(即合同规范形).

解:

序号	秩	合同规范形
1	0	$\mathbf{0}=\mathrm{diag}\{0, 0, 0\}$
2	1	$\mathrm{diag}\{1, 0, 0\}$
3	2	$\mathrm{diag}\{1, 1, 0\}$
4	3	$\boldsymbol{I}=\mathrm{diag}\{1, 1, 1\}$

4. n 级实对称矩阵组成的集合 $S_n(\mathbb{R})$ 有多少个合同类？

解: 秩为 0 的有 1 个合同类；秩为 1 的有 2 个合同类；秩为 2 的有 3 个合同类；…；秩为 n 的有 $n+1$ 个合同类. 因此 n 级实对称矩阵组成的集合 $S_n(\mathbb{R})$ 的合同类的个数为 $1+2+\cdots+(n+1)=\dfrac{(n+1)(n+2)}{2}$.

5. n 级复对称矩阵组成的集合 $S_n(\mathbb{C})$ 有多少个合同类？

解: 秩为 $0, 1, \cdots, n$ 的分别有一个合同类，因此 $S_n(\mathbb{C})$ 共有 $n+1$ 个合同类.

6. 证明：一个 n 元实二次型可以分解成两个实系数一次齐次多项式的乘积当且仅当它的秩等于 2 且符号差为 0，或者它的秩等于 1.

证明： **（必要性）** 设 n 元实二次型 $\boldsymbol{X}'\boldsymbol{A}\boldsymbol{X}$ 可以分解成

$$\boldsymbol{X}'\boldsymbol{A}\boldsymbol{X}=(a_1x_1+a_2x_2+\cdots+a_nx_n)(b_1x_1+b_2x_2+\cdots+b_nx_n)$$

其中 $a_1, a_2, \cdots, a_n$ 不全为 0，$b_1, b_2, \cdots, b_n$ 不全为 0.

情形 1：$(a_1, a_2, \cdots, a_n)'$ 与 $(b_1, b_2, \cdots, b_n)'$ 线性相关，则存在 $k\in\mathbb{R}^*$，使得 $(b_1, b_2, \cdots, b_n)'=k(a_1, a_2, \cdots, a_n)'$. 从而

$$\boldsymbol{X}'\boldsymbol{A}\boldsymbol{X}=k(a_1x_1+a_2x_2+\cdots+a_nx_n)^2.$$

设 $a_i\neq 0$，则做替换

$$\begin{pmatrix} y_1\\ \vdots\\ y_i\\ \vdots\\ y_n\end{pmatrix}=\begin{pmatrix} 1 & & & & \\ & \ddots & & & \\ a_1 & \cdots & a_i & \cdots & a_n\\ & & & \ddots & \\ & & & & 1\end{pmatrix}\begin{pmatrix} x_1\\ \vdots\\ x_i\\ \vdots\\ x_n\end{pmatrix}$$

显然这是一个非退化的线性替换，于是 $\boldsymbol{X}'\boldsymbol{A}\boldsymbol{X}=ky_i^2$. 由于二次型 ky_i^2 的秩为 1，因此 $\boldsymbol{X}'\boldsymbol{A}\boldsymbol{X}$ 的秩为 1.

情形 2：$(a_1, a_2, \cdots, a_n)'$ 与 $(b_1, b_2, \cdots, b_n)'$ 线性无关，从而存在一个 2 阶子式 $\begin{vmatrix} a_i & a_j\\ b_i & b_j\end{vmatrix}\neq 0$. 不妨设 $i<j$，则做替换：

$$\begin{pmatrix} y_1\\ \vdots\\ y_i\\ \vdots\\ y_j\\ \vdots\\ y_n\end{pmatrix}=\begin{pmatrix} 1 & \cdots & 0 & \cdots & 0 & \cdots & 0\\ \vdots & & \vdots & & \vdots & & \vdots\\ a_1 & \cdots & a_i & \cdots & a_j & \cdots & a_n\\ \vdots & & \vdots & & \vdots & & \vdots\\ b_1 & \cdots & b_i & \cdots & b_j & \cdots & b_n\\ \vdots & & \vdots & & \vdots & & \vdots\\ 0 & \cdots & 0 & \cdots & 0 & \cdots & 1\end{pmatrix}\begin{pmatrix} x_1\\ \vdots\\ x_i\\ \vdots\\ x_j\\ \vdots\\ x_n\end{pmatrix}$$

由 Laplace 定理知上式右端第 1 个 n 级矩阵的行列式等于 $\begin{vmatrix} a_i & a_j\\ b_i & b_j\end{vmatrix}$. 从而上式是非退化的线性替换. 从而

$$X'AX=y_iy_j$$

再令 $y_i=z_i-z_j$，$y_j=z_i+z_j$ 得 $X'AX=z_i^2-z_j^2$，因此 $X'AX$ 的秩为 2，正惯性指数为 1，符号差为 0.

（充分性） 若 $X'AX$ 的秩等于 2 且符号差为 0，则 $X'AX\cong y_1^2-y_2^2$. 于是存在一个非退化的线性替换 $Y=CX$，使得 $y_1^2-y_2^2$ 变成 $X'AX$. 设 $C=(c_{ij})$，则令

$$\begin{cases} y_1=c_{11}x_1+c_{12}x_2+\cdots+c_{1n}x_n, \\ y_2=c_{21}x_1+c_{22}x_2+\cdots+c_{2n}x_n, \\ \cdots\cdots\cdots\cdots\cdots\cdots \\ y_n=c_{n1}x_1+c_{n2}x_2+\cdots+c_{nn}x_n \end{cases}$$

即

$$X'AX=(c_{11}x_1+c_{12}x_2+\cdots+c_{1n}x_n)^2-(c_{21}x_1+c_{22}x_2+\cdots+c_{2n}x_n)^2$$

从而

$$X'AX=[(c_{11}+c_{21})x_1+\cdots+(c_{1n}+c_{2n})x_n][(c_{11}-c_{21})x_1+\cdots+(c_{1n}-c_{2n})x_n]$$

由于 C 可逆，因此 $(c_{11}, c_{12}, \cdots, c_{1n})'$ 与 $(c_{21}, c_{22}, \cdots, c_{2n})'$ 线性无关，从而 $c_{11}+c_{21}$，$c_{12}+c_{22}$，…，$c_{1n}+c_{2n}$ 不全为 0，且 $c_{11}-c_{21}$，$c_{12}-c_{22}$，…，$c_{1n}-c_{2n}$ 不全为零. 因此 $X'AX$ 可表示成两个实系数一次齐次多项式的乘积.

7. 设 $X'AX$ 是一个 n 元实二次型. 证明：如果有 $\alpha_i\in\mathbb{R}^n$，$i=1, 2$，使得 $\alpha_1'A\alpha_1>0$，$\alpha_2'A\alpha_2<0$，那么 $\mathbb{R}^n$ 中有非要向量 α_3，使得 $\alpha_3'A\alpha_3=0$.

证明： 设 $\mathrm{rank}(A)=r$. 做非退化的线性替换 $X=CY$，则

$$X'AX=Y'(C'AC)Y=y_1^2+\cdots+y_p^2-y_{p+1}^2-\cdots-y_r^2$$

由于存在 $\alpha_1\in\mathbb{R}^n$ 使得 $\alpha_1'A\alpha_1>0$，因此 $p>0$. 由于 $\alpha_2'A\alpha_2<0$，因此 $r>p$. 取 $\beta=(\underbrace{1, 0, \cdots, 0}_{p\text{个}}, 1, 0, \cdots, 0)'$，于是只要令 $\alpha_3=C\beta$，则

$$\alpha_3'A\alpha_3=(C\beta)'A(C\beta)=\beta'(C'AC)\beta=0$$

8. 设 A 为一个 n 级实对称矩阵，证明：如果 $|A|<0$，那么在 $\mathbb{R}^n$ 中有非零向量 α，使得 $\alpha'A\alpha<0$.

证明： 由于 $|A|<0$，因此 $\mathrm{rank}(A)=n$，且 A 的合同规范形中，主对角线上 -1 的个数为奇数，即 A 的负惯性指数为奇数. 于是令 $X=CY$，则有

$$X'AX=Y'(C'AC)Y=y_1^2+\cdots+y_p^2-y_{p+1}^2-\cdots-y_n^2$$

其中 $n-p$ 为奇数. 取 $\boldsymbol{\beta}=(\underbrace{0, \cdots, 0}_{p个}, 1, 0, \cdots, 0)$，令 $\boldsymbol{\alpha}=\boldsymbol{C\beta}$，则

$$(\boldsymbol{C\beta})'\boldsymbol{A}(\boldsymbol{C\beta})=\boldsymbol{\beta}'\boldsymbol{C}'\boldsymbol{AC\beta}=-1<0$$

9. 设 n 元实二次型 $\boldsymbol{X}'\boldsymbol{AX}$ 可以表示成

$$\boldsymbol{X}'\boldsymbol{AX}=l_1^2+\cdots+l_s^2-l_{s+1}^2-\cdots-l_{s+u}^2,$$

其中 l_i 是实系数一次齐次多项式，$i=1, 2, \cdots, s+u$. 证明：$\boldsymbol{X}'\boldsymbol{AX}$ 的正惯性指数 $p\leqslant s$，负惯性指数 $q\leqslant u$.

证明： 由于 l_i 是一次齐次多项式，$i=1, 2, \cdots, s+u$，因此 $\boldsymbol{L}=\boldsymbol{HX}$，其中 $\boldsymbol{L}=(l_1, l_2, \cdots, l_{s+u}, \cdots, l_n)$，当 $j>s+u$ 时，$l_j=0$. 设 $\boldsymbol{X}'\boldsymbol{AX}$ 的正惯性指数为 p，负惯性指数为 q，则 $\boldsymbol{X}'\boldsymbol{AX}\cong y_1^2+\cdots+y_p^2-y_{p+1}^2-\cdots-y_{p+q}^2$，因此存在非退化的线性替换 $\boldsymbol{X}=\boldsymbol{CY}$，使得

$$(\boldsymbol{CY})'\boldsymbol{A}(\boldsymbol{CY})=\boldsymbol{Y}'(\boldsymbol{C}'\boldsymbol{AC})\boldsymbol{Y}=y_1^2+\cdots+y_p^2-y_{p+1}^2-\cdots-y_{p+q}^2$$

取 $\boldsymbol{Y}=(k_1, \cdots, k_p, 0, \cdots, 0)$，则由上式得

$$(\boldsymbol{CY})'\boldsymbol{A}(\boldsymbol{CY})=k_1^2+\cdots+k_p^2$$

由于

$$\begin{aligned}\boldsymbol{X}'\boldsymbol{AX}&=l_1^2+\cdots+l_s^2-l_{s+1}^2-\cdots-l_{s+u}^2\\&=(l_1, l_2, \cdots, l_{s+u}, 0, \cdots, 0)\begin{pmatrix}1&&&&&&&\\&\ddots&&&&&&\\&&1&&&&&\\&&&-1&&&&\\&&&&\ddots&&&\\&&&&&-1&&\\&&&&&&0&\\&&&&&&&\ddots&\\&&&&&&&&0\end{pmatrix}\begin{pmatrix}l_1\\l_2\\\vdots\\l_{s+u}\\0\\\vdots\\0\end{pmatrix}\\&=\boldsymbol{X}'\boldsymbol{H}'\operatorname{diag}\{\underbrace{1, \cdots, 1}_{s个}, \underbrace{-1, \cdots, -1}_{u个}, 0, \cdots, 0\}\boldsymbol{HX}\end{aligned}$$

因此 $(\boldsymbol{CY})'\boldsymbol{A}(\boldsymbol{CY})=(\boldsymbol{CY})'\boldsymbol{H}'\operatorname{diag}\{\underbrace{1, \cdots, 1}_{s个}, \underbrace{-1, \cdots, -1}_{u个}, 0, \cdots, 0\}\boldsymbol{HCY}$. 设 $\boldsymbol{HC}=(g_{ij})$，则

$$HCY=\begin{pmatrix} g_{11}k_1+g_{12}k_2+\cdots+g_{1p}k_p \\ g_{21}k_1+g_{22}k_2+\cdots+g_{2p}k_p \\ \vdots \qquad\qquad \vdots \\ g_{n1}k_1+g_{n2}k_2+\cdots+g_{np}k_p \end{pmatrix}$$

假设 $p>s$，则 p 元齐次方程组

$$\begin{cases} g_{11}y_1+g_{12}y_2+\cdots+g_{1p}y_p=0, \\ g_{21}y_1+g_{22}y_2+\cdots+g_{2p}y_p=0, \\ \cdots\cdots\cdots\cdots\cdots\cdots \\ g_{s1}y_1+g_{s2}y_2+\cdots+g_{sp}y_p=0 \end{cases}$$

有非零解. 任取一个非零解$(k_1, k_2, \cdots, k_p)'$，让上述 $\boldsymbol{Y}$ 的前 p 个分量取这个非零解的分量，则

$$(\boldsymbol{CY})'\boldsymbol{A}(\boldsymbol{CY})=k_1^2+k_2^2+\cdots+k_p^2>0$$

$$(\boldsymbol{HCY})'=(\underbrace{0, \cdots, 0}_{s个}, g_{s+1,1}k_1+\cdots+g_{s+1,p}k_p, \cdots, g_{n1}k_1+\cdots+g_{np}k_p)$$

$$(\boldsymbol{CY})'\boldsymbol{A}(\boldsymbol{CY})=-(g_{s+1,1}k_1+\cdots+g_{s+1,p}k_p)^2-\cdots-(g_{s+u,1}k_1+\cdots+g_{s+u,p}k_p)^2\leqslant 0$$

矛盾，因此 $p\leqslant s$. 同理可证 $q\leqslant u$.

10. 证明：在实数域上，$-\boldsymbol{I}_n$ 与 $\boldsymbol{I}_n$ 不是合同的；在复数域上，$-\boldsymbol{I}_n$ 与 $\boldsymbol{I}_n$ 合同.

证明： 在实数域上 $-\boldsymbol{I}_n$ 的正惯性指数为 0，$\boldsymbol{I}_n$ 的正惯性指数为 n，因此 $-\boldsymbol{I}_n$ 与 $\boldsymbol{I}_n$ 不是合同的. 在复数域上 $-\boldsymbol{I}_n$ 与 $\boldsymbol{I}_n$ 的秩都等于 n，因此合同.

11. 指出下列实二次型中，哪些是等价的？写出理由：

$f_1(x_1, x_2, x_3)=x_1^2-x_2x_3$；$f_2(x_1, x_2, x_3)=x_1x_2-x_3^2$；$f_3(x_1, x_2, x_3)=x_1x_2+x_3^2$.

解： 在 f_1 中，令 $x_1=y_1$，$x_2=y_2+y_3$，$x_3=y_2-y_3$，则 $f_1(x_1, x_2, x_3)=y_1^2-y_2^2+y_3^2$.

在 f_2 中，令 $x_1=y_1+y_2$，$x_2=y_1-y_2$，$x_3=y_3$，则 $f_2(x_1, x_2, x_3)=y_1^2-y_2^2-y_3^2$.

在 f_3 中，令 $x_1=y_1+y_2$，$x_2=y_1-y_2$，$x_3=y_3$，则 $f_3(x_1, x_2, x_3)=y_1^2-y_2^2+y_3^2$.

12. 设 $\boldsymbol{A}$ 是 n 级实对称矩阵，且 $\boldsymbol{A}\neq\boldsymbol{0}$. 证明：如果 $\boldsymbol{A}$ 的符号差 $s=0$，那么 $\mathbb{R}^n$ 中有非零向量 $\boldsymbol{\alpha}_1$，$\boldsymbol{\alpha}_2$，$\boldsymbol{\alpha}_3$，使得

$$\boldsymbol{\alpha}_1'\boldsymbol{A}\boldsymbol{\alpha}_1>0, \quad \boldsymbol{\alpha}_2'\boldsymbol{A}\boldsymbol{\alpha}_2<0, \quad \boldsymbol{\alpha}_3'\boldsymbol{A}\boldsymbol{\alpha}_3=0.$$

证明： 对实二次型 $\boldsymbol{X}'\boldsymbol{A}\boldsymbol{X}$，做非退化的线性替换：$\boldsymbol{X}=\boldsymbol{CY}$，则

$$(\boldsymbol{CY})'\boldsymbol{A}(\boldsymbol{CY})=y_1^2+\cdots+y_p^2-y_{p+1}^2-\cdots-y_r^2$$

其中 $r=\operatorname{rank}(\boldsymbol{A})$. 由于符号差为 0，所以 $p=r-p$，即 $r=2p$.

任取 $\boldsymbol{Y}_1=(1,0,\cdots,0)'$，则 $(\boldsymbol{CY}_1)'\boldsymbol{A}(\boldsymbol{CY}_1)=1^2>0$. 取 $\boldsymbol{\alpha}_1=\boldsymbol{CY}_1$，则 $\boldsymbol{\alpha}_1'\boldsymbol{A}\boldsymbol{\alpha}_1>0$.

取 $\boldsymbol{Y}_2=(\underbrace{0,\cdots,0}_{p个},1,0,\cdots,0)$，则 $(\boldsymbol{CY}_2)'\boldsymbol{A}(\boldsymbol{CY}_2)=-1^2<0$. 取 $\boldsymbol{\alpha}_2=\boldsymbol{CY}_2$，则 $\boldsymbol{\alpha}_2'\boldsymbol{A}\boldsymbol{\alpha}_2<0$.

取 $\boldsymbol{Y}_3=(\underbrace{1,0,\cdots,0}_{p个},1,0,\cdots,0)$，则 $(\boldsymbol{CY}_3)'\boldsymbol{A}(\boldsymbol{CY}_3)=1^2-1^2=0$. 取 $\boldsymbol{\alpha}_3=\boldsymbol{CY}_3$，则 $\boldsymbol{\alpha}_3'\boldsymbol{A}\boldsymbol{\alpha}_3=0$.

13. n 级实对称矩阵组成的集合 $S_n(\mathbb{R})$ 中，如果一个合同类里既含有 $\boldsymbol{A}$，又含有 $-\boldsymbol{A}$，那么 $\boldsymbol{A}$ 的符号差 s 等于多少？

解： 由于 $\boldsymbol{A}$ 是 n 级实对称矩阵，因此存在 n 级实可逆矩阵 $\boldsymbol{C}$，使得

$$\boldsymbol{C}'\boldsymbol{AC}=\operatorname{diag}\{\underbrace{1,\cdots,1}_{p个},\underbrace{-1,\cdots,-1}_{q个},0,\cdots,0\}$$

从而 $\boldsymbol{C}'(-\boldsymbol{A})\boldsymbol{C}=\operatorname{diag}\{\underbrace{-1,\cdots,-1}_{p个},\underbrace{1,\cdots,1}_{q个},0,\cdots,0\}$. 由于 $\boldsymbol{A}$ 与 $-\boldsymbol{A}$ 在同一个合同类里，因此它们的合同规范形相同，从而 $p=q$. 于是 $\boldsymbol{A}$ 的符号差为 0.

14. n 级实对称矩阵组成的集合 $S_n(\mathbb{R})$ 中，符号差为给定数 s 的合同类有多少个？

解： n 级实对称矩阵的秩 r 和符号差 s 确定后，正惯性指数 $p=\frac{r+s}{2}$. 因此秩和符号差也是 $S_n(\mathbb{R})$ 的一组完全不变量. 从而当符号差 s 为给定数时，秩 r 有多少种取法就有多少个合同类. 当 $s<0$ 时，设 $s=-m$，其中 m 是正整数，由于正惯性指数 $p\geqslant 0$，且 $r=2p-s=2p+m$，因此 r 可取 m，$m+2$，$m+4$，$\cdots$，$m+2l$，其中 $m+2l=n$ 或 $n-1$. 于是 $l=\left[\frac{n-m}{2}\right]=\left[\frac{n+s}{2}\right]$，从而 r 的取法有 $1+l=1+\left[\frac{n+s}{2}\right]$ 种，即当 $s<0$ 时，符号差为 s 的合同类有 $1+\left[\frac{n+s}{2}\right]$ 个；当 $s\geqslant 0$ 时，由于 $p\leqslant r$，因此 $\frac{r+s}{2}\leqslant r$，即 $r\geqslant s$. 因为 $r=p+q$ 且 $p-q=s$，所以 $r=2q+s$，从而 r 可取 s，$s+2$，$\cdots$，$s+2t$. 其中 $s+2t=n$ 或 $n-1$，于是 r 的取法有 $1+t=1+\left[\frac{n-s}{2}\right]$ 种，即当 $s\geqslant 0$ 时符号差为 s 的合同类有 $1+\left[\frac{n-s}{2}\right]$ 个.

15. 设 $\boldsymbol{A}$ 是 n 级可逆实对称矩阵，$\boldsymbol{\alpha}\in\mathbb{R}^n$，令 $\boldsymbol{B}=\boldsymbol{A}-\boldsymbol{\alpha\alpha}'$. 用 $s(\boldsymbol{A})$，$s(\boldsymbol{B})$ 分别表示 $\boldsymbol{A}$，$\boldsymbol{B}$ 的符号差. 证明：

$$s(\boldsymbol{A})=\begin{cases}s(\boldsymbol{B})+2, & \boldsymbol{\alpha}'\boldsymbol{A}^{-1}\boldsymbol{\alpha}>1,\\ s(\boldsymbol{B}), & \boldsymbol{\alpha}'\boldsymbol{A}^{-1}\boldsymbol{\alpha}<1.\end{cases}$$

证明： 由教材 7.4 节的例 3 得

$$\begin{pmatrix}1 & \boldsymbol{\alpha}' \\ \boldsymbol{\alpha} & \boldsymbol{A}\end{pmatrix} \simeq \begin{pmatrix}1 & \boldsymbol{0}' \\ \boldsymbol{0} & \boldsymbol{A}-\boldsymbol{\alpha}\boldsymbol{\alpha}'\end{pmatrix} = \begin{pmatrix}1 & \boldsymbol{0}' \\ \boldsymbol{0} & \boldsymbol{B}\end{pmatrix}$$

由于

$$\begin{pmatrix}1 & \boldsymbol{\alpha}' \\ \boldsymbol{\alpha} & \boldsymbol{A}\end{pmatrix} \xrightarrow{①+(-\boldsymbol{\alpha}'\boldsymbol{A}^{-1})②} \begin{bmatrix}1-\boldsymbol{\alpha}'\boldsymbol{A}^{-1}\boldsymbol{\alpha} & \boldsymbol{0}' \\ \boldsymbol{\alpha} & \boldsymbol{A}\end{bmatrix} \xrightarrow[①+②\cdot(-\boldsymbol{A}^{-1}\boldsymbol{\alpha})]{} \begin{pmatrix}1-\boldsymbol{\alpha}'\boldsymbol{\alpha} & \boldsymbol{0}' \\ 0 & \boldsymbol{A}\end{pmatrix}$$

因此

$$\begin{bmatrix}1 & \boldsymbol{0} \\ -\boldsymbol{A}^{-1}\boldsymbol{\alpha} & \boldsymbol{I}\end{bmatrix}' \begin{pmatrix}1 & \boldsymbol{\alpha}' \\ \boldsymbol{\alpha} & \boldsymbol{A}\end{pmatrix} \begin{bmatrix}1 & \boldsymbol{0} \\ -\boldsymbol{A}^{-1}\boldsymbol{\alpha} & \boldsymbol{I}\end{bmatrix} = \begin{bmatrix}1-\boldsymbol{\alpha}'\boldsymbol{A}^{-1}\boldsymbol{\alpha} & \boldsymbol{0}' \\ \boldsymbol{0} & \boldsymbol{A}\end{bmatrix}$$

因此

$$\begin{pmatrix}1 & \boldsymbol{\alpha}' \\ \boldsymbol{\alpha} & \boldsymbol{A}\end{pmatrix} \simeq \begin{bmatrix}1-\boldsymbol{\alpha}'\boldsymbol{A}^{-1}\boldsymbol{\alpha} & \boldsymbol{0}' \\ \boldsymbol{0} & \boldsymbol{A}\end{bmatrix}$$

从而

$$\begin{pmatrix}1 & \boldsymbol{0}' \\ \boldsymbol{0} & \boldsymbol{B}\end{pmatrix} \simeq \begin{bmatrix}1-\boldsymbol{\alpha}'\boldsymbol{A}^{-1}\boldsymbol{\alpha} & \boldsymbol{0}' \\ \boldsymbol{0} & \boldsymbol{A}\end{bmatrix}$$

下面设 $\boldsymbol{\alpha}'\boldsymbol{A}^{-1}\boldsymbol{\alpha} \neq 1$，则 $\boldsymbol{B}$ 可逆. 设 $\boldsymbol{A}$，$\boldsymbol{B}$ 的正惯性指数分别为 p_1，p_2，则 $\boldsymbol{A}$，$\boldsymbol{B}$ 的符号差为 $s(\boldsymbol{A})=2p_1-n$，$s(\boldsymbol{B})=2p_2-n$. 因此

$$\begin{bmatrix}1 & & \\ & \boldsymbol{I}_{p_2} & \\ & & -\boldsymbol{I}_{n-p_2}\end{bmatrix} \simeq \begin{bmatrix}1-\boldsymbol{\alpha}'\boldsymbol{A}^{-1}\boldsymbol{\alpha} & & \\ & \boldsymbol{I}_{p_1} & \\ & & -\boldsymbol{I}_{n-p_1}\end{bmatrix}$$

于是当 $\boldsymbol{\alpha}'\boldsymbol{A}^{-1}\boldsymbol{\alpha}<1$ 时，$1-\boldsymbol{\alpha}'\boldsymbol{A}^{-1}\boldsymbol{\alpha}>0$，比较上述两矩阵的正惯性指数得 $1+p_2=1+p_1$. 于是 $p_2=p_1$，从而 $s(\boldsymbol{A})=s(\boldsymbol{B})$. 当 $\boldsymbol{\alpha}'\boldsymbol{A}^{-1}\boldsymbol{\alpha}>1$ 时，$1-\boldsymbol{\alpha}'\boldsymbol{A}^{-1}\boldsymbol{\alpha}<0$，比较正惯性指数得 $1+p_2=p_1$，从而

$$s(\boldsymbol{A})=2p_1-n=2(1+p_2)-n=2+2p_2-n=2+s(\boldsymbol{B})$$

习题 7.6　正定二次型，正定矩阵

1. 证明：如果 $\boldsymbol{A}$ 是 n 级正定矩阵，那么 $\boldsymbol{A}^{-1}$ 也是正定矩阵.

证明： $\boldsymbol{A}$ 是 n 级正定矩阵的充分必要条件是存在 n 级实可逆矩阵 $\boldsymbol{C}$ 使得 $\boldsymbol{A}=\boldsymbol{C}'\boldsymbol{C}$，从而 $\boldsymbol{A}^{-1}=\boldsymbol{C}^{-1}(\boldsymbol{C}')^{-1}$，从而 $\boldsymbol{A}^{-1}$ 为正定矩阵.

2. 证明：如果 $\boldsymbol{A}$ 是正定矩阵，那么 $\boldsymbol{A}^*$ 也是正定矩阵.

证明： 由 $\boldsymbol{A}^*=|\boldsymbol{A}|\boldsymbol{A}^{-1}$，由第 1 题知 $\boldsymbol{A}^{-1}$ 为正定矩阵，因此对 $\forall\boldsymbol{\alpha}\in\mathbb{R}^n$，$\boldsymbol{\alpha}\neq\boldsymbol{0}$，有

$$\boldsymbol{\alpha}'\boldsymbol{A}^*\boldsymbol{\alpha}=\boldsymbol{\alpha}'(|\boldsymbol{A}|\boldsymbol{A}^{-1})\boldsymbol{\alpha}=|\boldsymbol{A}|\boldsymbol{\alpha}'\boldsymbol{A}^{-1}\boldsymbol{\alpha}>0$$

从而得到 $\boldsymbol{A}^*$ 正定.

3. 证明；如果 $\boldsymbol{A}$，$\boldsymbol{B}$ 都是 n 级正定知阵，那么 $\boldsymbol{A}+\boldsymbol{B}$ 也是正定矩阵.

证明： 对 $\forall\boldsymbol{\alpha}\in\mathbb{R}^n$ 且 $\boldsymbol{\alpha}\neq\boldsymbol{0}$，有 $\boldsymbol{\alpha}'(\boldsymbol{A}+\boldsymbol{B})\boldsymbol{\alpha}=\boldsymbol{\alpha}'\boldsymbol{A}\boldsymbol{\alpha}+\boldsymbol{\alpha}'\boldsymbol{B}\boldsymbol{\alpha}>0$，从而 $\boldsymbol{A}+\boldsymbol{B}$ 为正定矩阵.

4. 判断下列实二次型是否正定：

(1) $f(x_1, x_2, x_3)=5x_1^2+6x_2^2+4x_3^2-4x_1x_2-4x_2x_3$；

(2) $g(x_1, x_2, x_3)=10x_1^2+8x_1x_2+24x_1x_3+2x_2^2-28x_2x_3+x_3^2$；

(3) $h(x_1, x_2, x_3)=3x_1^2+4x_2^2+5x_3^2+4x_1x_2-4x_2x_3$.

解：(1) 二次型矩阵为

$$\boldsymbol{A}=\begin{pmatrix}5 & -2 & 0\\ -2 & 6 & -2\\ 0 & -2 & 4\end{pmatrix}$$

计算各阶顺序主子式：$|5|>0$，$\begin{pmatrix}5 & -2\\ -2 & 6\end{pmatrix}=26>0$，$|\boldsymbol{A}|=84>0$，故此实二次型正定；(2) 不是正定的；(3) 正定.

5. t 满足什么条件时，下列实二次型是正定的？

(1) $f(x_1, x_2, x_3)=x_1^2+x_2^2+5x_3^2+2tx_1x_2-2x_1x_3+4x_2x_3$；

(2) $g(x_1, x_2, x_3)=x_1^2+4x_2^2+2x_3^2+2tx_1x_2+2x_1x_3$.

解：令各阶顺序主子式大于零得：(1) $-\dfrac{4}{5}<t<0$；(2) $-\sqrt{2}<t<\sqrt{2}$.

6. 判断 $a\boldsymbol{I}+\boldsymbol{J}$ 是否为正定矩阵，其中 $a>0$，并且求 $a\boldsymbol{I}+\boldsymbol{J}$ 的符号差.（$\boldsymbol{J}$ 是元素全为 1 的 n 级矩阵.）

证明： 任取 $\boldsymbol{\alpha}\in\mathbb{R}^n$，$\boldsymbol{\alpha}\neq\boldsymbol{0}$，有 $\boldsymbol{\alpha}'(a\boldsymbol{I}+\boldsymbol{J})\boldsymbol{\alpha}=a\boldsymbol{\alpha}'\boldsymbol{\alpha}+\boldsymbol{\alpha}'\boldsymbol{J}\boldsymbol{\alpha}$. 由于 $\boldsymbol{\alpha}'\boldsymbol{J}\boldsymbol{\alpha}=\boldsymbol{\alpha}'\boldsymbol{1}_n\boldsymbol{1}_n'\boldsymbol{\alpha}=(\boldsymbol{1}_n'\boldsymbol{\alpha})'(\boldsymbol{1}_n'\boldsymbol{\alpha})\geqslant 0$，因此 $\boldsymbol{\alpha}'(a\boldsymbol{I}+\boldsymbol{J})\boldsymbol{\alpha}>0$，从而 $a\boldsymbol{I}+\boldsymbol{J}$ 正定. 故 $a\boldsymbol{I}+\boldsymbol{J}$ 的正惯性指数等于 n，于是 $a\boldsymbol{I}+\boldsymbol{J}$ 的符号差等于 n.

7. 证明：如果 $\boldsymbol{A}$ 是 n 级正定矩阵，$\boldsymbol{B}$ 是 n 级半正定矩阵，那么 $\boldsymbol{A}+\boldsymbol{B}$ 是正定矩阵.

证明： 任取 $\boldsymbol{\alpha}\in\mathbb{R}^n$，$\boldsymbol{\alpha}\neq\mathbf{0}$，$\boldsymbol{\alpha}'(\boldsymbol{A}+\boldsymbol{B})\boldsymbol{\alpha}=\boldsymbol{\alpha}'\boldsymbol{A}\boldsymbol{\alpha}+\boldsymbol{\alpha}'\boldsymbol{B}\boldsymbol{\alpha}>0$，因此 $\boldsymbol{A}+\boldsymbol{B}$ 正定.

8. 证明：n 级实对称矩阵 $\boldsymbol{A}$ 是正定的充分必要条件为：有 n 级实可逆矩阵 $\boldsymbol{C}$，使得 $\boldsymbol{A}=\boldsymbol{C}'\boldsymbol{C}$.

证明： 由 $\boldsymbol{A}$ 正定$\Leftrightarrow\boldsymbol{A}\simeq\boldsymbol{I}\Leftrightarrow$有 n 级实可逆矩阵 $\boldsymbol{C}$，使得 $\boldsymbol{A}=\boldsymbol{C}'\boldsymbol{I}\boldsymbol{C}=\boldsymbol{C}'\boldsymbol{C}$.

9. 证明：n 级实对称矩阵 $\boldsymbol{A}$ 是正定的充分必要条件为：有 $m\times n$ 列满秩实矩阵 $\boldsymbol{B}$，使得 $\boldsymbol{A}=\boldsymbol{B}'\boldsymbol{B}$.

证明： **（必要性）**因为 A 正定，所以 $\boldsymbol{A}=\boldsymbol{C}'\boldsymbol{C}$，其中 $\boldsymbol{C}$ 可逆. 令 $\boldsymbol{B}=\begin{pmatrix}\boldsymbol{C}\\ \mathbf{0}\end{pmatrix}_{m\times n}$，则 $\boldsymbol{B}$ 是 $m\times n$ 列满秩矩阵，且 $\boldsymbol{B}'\boldsymbol{B}=(\boldsymbol{C}'\quad\mathbf{0})\begin{pmatrix}\boldsymbol{C}\\ \mathbf{0}\end{pmatrix}=\boldsymbol{C}'\boldsymbol{C}=\boldsymbol{A}$.

（充分性）由于 $\mathrm{rank}(\boldsymbol{B})=n$，因此 n 元齐次方程组 $\boldsymbol{B}\boldsymbol{X}=0$ 的解空间 W 的维数 $\dim W=n-\mathrm{rank}(\boldsymbol{B})=0$，从而 $\boldsymbol{B}\boldsymbol{X}=\mathbf{0}$只有零解. 因此对 $\forall\boldsymbol{\alpha}\in\mathbb{R}^n$ 且 $\boldsymbol{\alpha}\neq\mathbf{0}$，有 $\boldsymbol{B}\boldsymbol{\alpha}\neq\mathbf{0}$，从而 $\boldsymbol{\alpha}'\boldsymbol{A}\boldsymbol{\alpha}=\boldsymbol{\alpha}'\boldsymbol{B}'\boldsymbol{B}\boldsymbol{\alpha}=(\boldsymbol{B}\boldsymbol{\alpha})'(\boldsymbol{B}\boldsymbol{\alpha})>0$，因此 $\boldsymbol{A}$ 正定.

10. 证明：n 级实对称矩阵 $\boldsymbol{A}$ 是半正定的充分必要条件为：有 $r\times n$ 行满秩矩阵 $\boldsymbol{Q}$，使得 $\boldsymbol{A}=\boldsymbol{Q}'\boldsymbol{Q}$.

证明： 由于 $\boldsymbol{A}$ 半正定$\Leftrightarrow\boldsymbol{A}\simeq\begin{bmatrix}\boldsymbol{I}_r & \mathbf{0}\\ \mathbf{0} & \mathbf{0}\end{bmatrix}\Leftrightarrow$存在 n 级实可逆矩阵 $\boldsymbol{C}$，使得

$$\boldsymbol{A}=\boldsymbol{C}'\begin{bmatrix}\boldsymbol{I}_r & \mathbf{0}\\ \mathbf{0} & \mathbf{0}\end{bmatrix}\boldsymbol{C}=(\boldsymbol{Q}',\ \boldsymbol{H}')\begin{bmatrix}\boldsymbol{I}_r & \mathbf{0}\\ \mathbf{0} & \mathbf{0}\end{bmatrix}\begin{pmatrix}\boldsymbol{Q}\\ \boldsymbol{H}\end{pmatrix}=\boldsymbol{Q}'\boldsymbol{Q}$$

其中 $r=\mathrm{rank}(\boldsymbol{A})$，$\boldsymbol{C}=\begin{pmatrix}\boldsymbol{Q}\\ \boldsymbol{H}\end{pmatrix}$. 由于 $\boldsymbol{C}$ 是可逆的，故 $\boldsymbol{Q}$ 是 $r\times n$ 的行满秩矩阵.

11. 证明：n 级实对称矩阵 $\boldsymbol{A}$ 是正定的充分必要条件为 $\boldsymbol{A}$ 的所有主子式全大于 0.

证明： **（充分性）**由于 $\boldsymbol{A}$ 的所有主子式都大于零，故特别的，顺序主子式也都大于零.

（必要性）设 $\boldsymbol{A}$ 是 n 级正定矩阵，则存在 n 级实可逆矩阵 $\boldsymbol{C}$，使得 $\boldsymbol{A}=\boldsymbol{C}'\boldsymbol{C}$，从而 $\boldsymbol{A}$ 的任一 m 阶主子式$(1\leqslant m\leqslant n)$为

$$\begin{aligned}\boldsymbol{A}\begin{pmatrix}i_1, i_2, \cdots, i_m\\ i_1, i_2, \cdots, i_m\end{pmatrix}&=\boldsymbol{C}'\boldsymbol{C}\begin{pmatrix}i_1, i_2, \cdots, i_m\\ i_1, i_2, \cdots, i_m\end{pmatrix}\\ &=\sum_{1\leqslant\nu_1<\nu_2<\cdots<\nu_m\leqslant n}\boldsymbol{C}'\begin{pmatrix}i_1, i_2, \cdots, i_m\\ \nu_1, \nu_2, \cdots, \nu_m\end{pmatrix}\boldsymbol{C}\begin{pmatrix}\nu_1, \nu_2, \cdots, \nu_m\\ i_1, i_2, \cdots, i_m\end{pmatrix}\end{aligned}$$

$$= \sum_{1\leqslant \nu_1<\nu_2<\cdots<\nu_m\leqslant n} \left[C\begin{pmatrix} \nu_1, \nu_2, \cdots, \nu_m \\ i_1, i_2, \cdots, i_m \end{pmatrix} \right]^2.$$

由于 C_1 是可逆矩阵，因此 C 的第 i_1，i_2，…，i_m 列组成的子矩阵 C_1 是列满秩矩阵，从而 C_1 有一个 m 阶子式不为零，从而

$$A\begin{pmatrix} i_1, i_2, \cdots, i_m \\ i_1, i_2, \cdots, i_m \end{pmatrix}>0$$

12. 证明：n 元实二次型 $f(x_1, x_2, \cdots, x_n)=n\sum_{i=1}^n x_i^2-\left(\sum_{i=1}^n x_i\right)^2$ 是半正定的.

证明： 任取 $\boldsymbol{\alpha}=(a_1, a_2, \cdots, a_n)'\in\mathbb{R}^n$，且 $\boldsymbol{\alpha}\neq\mathbf{0}$，则由离散形式的 Cauchy-Bunyakovsky 不等式，得

$$\left(\sum_{i=1}^n a_i^2\right)\left(\sum_{i=1}^n 1^2\right)\geqslant\left(\sum_{i=1}^n (a_i 1)\right)^2$$

于是

$$f(a_1, a_2, \cdots, a_n)=n\sum_{i=1}^n a_i^2-\left(\sum_{i=1}^n a_i\right)^2\geqslant 0$$

因此 f 是半正定的.

13. 证明：n 元实二次型 $X'AX$ 是正定的必要条件为：它的 n 个平方项的系数全是正的. 举例说明这个条件不是 $X'AX$ 为正定的充分条件.

证明： （**方法一**）由于 $X'AX$ 正定，因此令 $X=(0, \cdots, 0, 1, 0, \cdots, 0)'$，其中第 i 个分量为 1，其他全是 0. 则 $X\neq 0$，$X'AX>0$，即

$$(0, \cdots, 0, 1, 0, \cdots, 0)\begin{pmatrix} a_{11} & a_{12} & \cdots & a_{1n} \\ a_{21} & a_{22} & \cdots & a_{2n} \\ \vdots & \vdots & & \vdots \\ a_{n1} & a_{n2} & \cdots & a_{nn} \end{pmatrix}\begin{pmatrix} 0 \\ \vdots \\ 0 \\ 1 \\ 0 \\ \vdots \\ 0 \end{pmatrix}=a_{ii}>0,\quad i=1, 2, \cdots, n$$

从而 n 个平方项的系数全是正的.

$a_{ii}>0$ 不是 $\boldsymbol{A}$ 为正定矩阵的充分条件. 例如二次型

$$f(x_1, x_2)=x_1^2+2x_1x_2+x_2^2=(x_1+x_2)^2$$

是半正定而不是正定的.

(方法二) 由于 $\boldsymbol{A}$ 正定，因此 $\boldsymbol{A}=\boldsymbol{C}'\boldsymbol{C}$，其中 $\boldsymbol{C}$ 是可逆矩阵. 于是对于 $i\in\{1, 2, \cdots, n\}$ 有

$$\boldsymbol{A}(i; i)=\boldsymbol{C}'\boldsymbol{C}(i; i)=\sum_{k=1}^{n}\boldsymbol{C}'(i; k)\boldsymbol{C}(k; i)=\sum_{k=1}^{n}[\boldsymbol{C}(k; i)]^2$$

由于 $\boldsymbol{C}$ 的第 i 列的元素不能全为 0，因此 $\boldsymbol{A}(i; i)>0$，即 $\boldsymbol{A}$ 的对角线元素全为正. 于是 $\boldsymbol{X}'\boldsymbol{A}\boldsymbol{X}$ 的 n 个平方项的系数全是正的.

14. 证明：正定矩阵的迹大于 0.

证明： 由于正定矩阵的主对角线元素全是正数，故它的迹大于 0.

15. 证明：n 级实对称矩阵 $\boldsymbol{A}$ 是负定的充分必要条件为：它的奇数阶顺序主子式全小于 0，偶数阶顺序主子式全大于 0.

证明： 设 $\boldsymbol{A}$ 是 n 级实对称矩阵，则

$$\begin{aligned}&\boldsymbol{A}\text{ 是负定的}\Leftrightarrow -\boldsymbol{A}\text{ 是正定的}\\
&\Leftrightarrow(-\boldsymbol{A})\begin{pmatrix}1, 2, \cdots, k\\1, 2, \cdots, k\end{pmatrix}>0,\quad k=1, 2, \cdots, n\\
&\Leftrightarrow(-1)^k\boldsymbol{A}\begin{pmatrix}1, 2, \cdots, k\\1, 2, \cdots, k\end{pmatrix}>0,\quad k=1, 2, \cdots, n\\
&\Leftrightarrow\begin{cases}\boldsymbol{A}\begin{pmatrix}1, 2, \cdots, k\\1, 2, \cdots, k\end{pmatrix}>0, & \text{当 } k \text{ 是偶数}, 1\leqslant k\leqslant n\\ \boldsymbol{A}\begin{pmatrix}1, 2, \cdots, k\\1, 2, \cdots, k\end{pmatrix}<0, & \text{当 } k \text{ 是奇数}, 1\leqslant k\leqslant n\end{cases}\end{aligned}$$

16. 设 $\boldsymbol{M}=\begin{pmatrix}\boldsymbol{A} & \boldsymbol{B}\\ \boldsymbol{B}' & \boldsymbol{D}\end{pmatrix}$ 是 n 级正定矩阵，其中 $\boldsymbol{A}$ 是 r 级矩阵($r<n$). 证明：$\boldsymbol{A}$，$\boldsymbol{D}$，$\boldsymbol{D}-\boldsymbol{B}'\boldsymbol{A}^{-1}\boldsymbol{B}$ 都是正定矩阵.

证明： 由于 $\boldsymbol{M}$ 正定，因此 $\boldsymbol{M}$ 的所有顺序主子式全大于 0. 由于 $\boldsymbol{A}$ 的各阶顺序主子式都是 $\boldsymbol{M}$ 的 1，2，…，r 阶顺序主子式，因此 $\boldsymbol{A}$ 正定. 由于 $\boldsymbol{D}$ 的所有顺序主子式都是 $\boldsymbol{M}$ 的主子式，因此根据第 11 题结论得 $\boldsymbol{D}$ 正定. 因此 $\boldsymbol{A}$ 正定，故 $|\boldsymbol{A}|>0$，当然可逆，从而由教材 7.4 节例 3 的结论得

$$\boldsymbol{M}=\begin{pmatrix}\boldsymbol{A} & \boldsymbol{B}\\ \boldsymbol{B}' & \boldsymbol{D}\end{pmatrix}\simeq\begin{bmatrix}\boldsymbol{A} & \boldsymbol{0}\\ \boldsymbol{0} & \boldsymbol{D}-\boldsymbol{B}'\boldsymbol{A}^{-1}\boldsymbol{B}\end{bmatrix}$$

由于 $\boldsymbol{M}$ 正定，从而与 $\boldsymbol{M}$ 合同的矩阵也正定，即上式右端是正定矩阵，由刚证得的结论知 $\boldsymbol{D}-\boldsymbol{B}'\boldsymbol{A}^{-1}\boldsymbol{B}$ 正定.

17. 设二元实值函数 $F(x, y)$ 有一个稳定点 $\boldsymbol{\alpha}_0=(x_0, y_0)'$(即 $F(x, y)$ 在 (x_0, y_0) 处的一阶偏导数全为 0)，并且 $F(x, y)$ 在 (x_0, y_0) 的一个邻域里有 3 阶连续偏导数. 令

$$\boldsymbol{H}=\begin{pmatrix} F''_{xx}(x_0, y_0) & F''_{xy}(x_0, y_0) \\ F''_{xy}(x_0, y_0) & F''_{yy}(x_0, y_0) \end{pmatrix}$$

称 $\boldsymbol{H}$ 是 $F(x, y)$ 在 (x_0, y_0) 处的**何塞(Hesse)矩阵**. 证明：如果 $\boldsymbol{H}$ 是正定的，那么 $F(x, y)$ 在 (x_0, y_0) 处达到极小值；如果 $\boldsymbol{H}$ 是负定的，那么 $F(x, y)$ 在 (x_0, y_0) 处达到极大值；如果 $\boldsymbol{H}$ 是不定的，那么 $F(x, y)$ 在 (x_0, y_0) 处既不是极小，也不是极大，这时称 $\boldsymbol{\alpha}_0=(x_0, y_0)'$ 是 $F(x, y)$ 的一个**鞍点**.

证明： $F(x, y)$ 在 (x_0, y_0) 的邻域里有 3 阶连续偏导数，且 $\boldsymbol{\alpha}_0=(x_0, y_0)$ 是 $F(x, y)$ 的一个稳定点，由 $F(x, y)$ 在 (x_0, y_0) 处的 Taylor 展开式

$$F(x_0+h, y_0+k)=F(x_0, y_0)+\left(h\frac{\partial}{\partial x}+k\frac{\partial}{\partial y}\right)f(x_0, y_0)+\frac{1}{2!}\left(h\frac{\partial}{\partial x}+k\frac{\partial}{\partial y}\right)^2 f(x_0, y_0)$$
$$+\frac{1}{3!}\left(h\frac{\partial}{\partial x}+k\frac{\partial}{\partial y}\right)^3 f(x_0+\theta h, y_0+\theta k),\quad 0<\theta<1$$

只要 $|h|$, $|k|$ 足够小，那么可使得

$$\left|\frac{1}{3!}\left(h\frac{\partial}{\partial x}+k\frac{\partial}{\partial y}\right)^3 f(x_0+\theta h, y_0+\theta k)\right|$$
$$<\left|\frac{1}{2!}\left(h\frac{\partial}{\partial x}+k\frac{\partial}{\partial y}\right)^2 f(x_0+\theta h, y_0+\theta k)\right|$$

从而 $F(x_0+h, y_0+k)-F(x_0, y_0)$ 的符号与 $\frac{1}{2!}\left(h\frac{\partial}{\partial x}+k\frac{\partial}{\partial y}\right)^2 f(x_0+\theta h, y_0+\theta k)$ 的符号相同. 考虑二次型

$$f(x_1, x_2)=\frac{\partial^2 f}{\partial x^2}(x_0, y_0)x_1^2+2\frac{\partial^2 f}{\partial x\partial y}(x_0, y_0)x_1x_2+\frac{\partial^2 f}{\partial y^2}(x_0, y_0)x_2^2$$

它的矩阵就是 $\boldsymbol{H}$. 如果 $\boldsymbol{H}$ 正定，那么对足够小的 $|h|$, $|k|$，且 $(h, k)\neq(0, 0)$，有 $F(x_0+h, y_0+k)-F(x_0, y_0)>0$. 从而 $F(x, y)$ 在 (x_0, y_0) 处达到极小值. 如果 $\boldsymbol{H}$ 是负定的，那么对足够小的 $|h|$, $|k|$，且 $(h, k)\neq(0, 0)$，有 $F(x_0+h, y_0+k)-F(x_0, y_0)<0$. 从而 $F(x, y)$ 在 (x_0, y_0) 处达到极大值.

18. 求 $F(x, y)=6xy-x^2-y^3$ 的极值.

解： $\dfrac{\partial F}{\partial x}=6y-2x=0$，$\dfrac{\partial F}{\partial y}=6x-3y^2=0$. 解得$(x_0, y_0)=(0, 0)$或$(x_0, y_0)=(18, 6)$. Hesse 矩阵在稳定点的值

$$\begin{pmatrix}-2 & 6\\ 6 & -6y\end{pmatrix}_{(0,0)}=\begin{pmatrix}-2 & 6\\ 6 & 0\end{pmatrix},\quad \begin{pmatrix}-2 & 6\\ 6 & -6y\end{pmatrix}_{(18,6)}=\begin{pmatrix}-2 & 6\\ 6 & -36\end{pmatrix}$$

从而在$(0, 0)$处是鞍点，在$(18, 6)$处 $\boldsymbol{H}$ 是负定的，从而取极小值 108.

19. 某厂生产两种产品，价格分别为 $P_1=4$，$P_2=8$，产量分别为 Q_1，Q_2，成本函数为 $C(Q_1, Q_2)=Q_1^2+2Q_1Q_2+3Q_2^2+2$. 问：该厂应如何安排生产，才能使所得利润最大？

解： 收入函数 $R(Q_1, Q_2)=P_1Q_1+P_2Q_2=4Q_1+8Q_2$，于是利润函数

$$\begin{aligned}L(Q_1, Q_2)&=R(Q_1, Q_2)-C(Q_1, Q_2)\\&=4Q_1+8Q_2-Q_1^2-2Q_1Q_2-3Q_2^2-2\end{aligned}$$

由$\dfrac{\partial L}{\partial Q_1}=0$，$\dfrac{\partial L}{\partial Q_2}=0$ 解出稳定点为$(1, 1)$，Hesse 矩阵在$(1, 1)$处为$\begin{pmatrix}-2 & -2\\ -2 & -6\end{pmatrix}$. 所以$(1, 1)$为极大值点，从而极大值为 4，也是最大值.

补充题七

1. 证明：如果 $\boldsymbol{A}$ 是 n 级正定矩阵，那么 $\forall \boldsymbol{\alpha}\in \mathbb{R}^n$ 且 $\boldsymbol{\alpha}\neq \boldsymbol{0}$，有

$$\begin{vmatrix}\boldsymbol{A} & \boldsymbol{\alpha}\\ \boldsymbol{\alpha}' & 0\end{vmatrix}<0$$

证明： 由 $\boldsymbol{A}$ 正定知$|\boldsymbol{A}|>0$，且 $\boldsymbol{A}^{-1}$正定. 由教材 7.4 节例 3 知

$$\begin{pmatrix}\boldsymbol{A} & \boldsymbol{\alpha}\\ \boldsymbol{\alpha}' & 0\end{pmatrix}\simeq\begin{bmatrix}\boldsymbol{A} & \boldsymbol{0}\\ \boldsymbol{0} & -\boldsymbol{\alpha}'\boldsymbol{A}^{-1}\boldsymbol{\alpha}\end{bmatrix}$$

即存在 n 级实可逆矩阵 $\boldsymbol{C}$，使得 $\boldsymbol{C}'\begin{pmatrix}\boldsymbol{A} & \boldsymbol{\alpha}\\ \boldsymbol{\alpha}' & 0\end{pmatrix}\boldsymbol{C}=\begin{bmatrix}\boldsymbol{A} & \boldsymbol{0}\\ \boldsymbol{0} & -\boldsymbol{\alpha}'\boldsymbol{A}^{-1}\boldsymbol{\alpha}\end{bmatrix}$，于是

$$|\boldsymbol{C}'|\cdot\begin{vmatrix}\boldsymbol{A} & \boldsymbol{\alpha}\\ \boldsymbol{\alpha}' & 0\end{vmatrix}\cdot|\boldsymbol{C}|=|\boldsymbol{A}|\cdot|-\boldsymbol{\alpha}'\boldsymbol{A}^{-1}\boldsymbol{\alpha}|$$

由于 $\boldsymbol{A}^{-1}$正定，故对 $\forall \boldsymbol{\alpha}\in \mathbb{R}^n$ 且 $\boldsymbol{\alpha}\neq\boldsymbol{0}$，有$-\boldsymbol{\alpha}'\boldsymbol{A}^{-1}\boldsymbol{\alpha}<0$，从而$|-\boldsymbol{\alpha}'\boldsymbol{A}^{-1}\boldsymbol{\alpha}|=-\boldsymbol{\alpha}'\boldsymbol{A}^{-1}\boldsymbol{\alpha}<$

0. 又因为$|\boldsymbol{A}|>0$，$|\boldsymbol{C}'||\boldsymbol{C}|=|\boldsymbol{C}|^2>0$，所以$\begin{vmatrix}\boldsymbol{A} & \boldsymbol{\alpha}\\ \boldsymbol{\alpha}' & 0\end{vmatrix}<0$.

2. 证明：如果$\boldsymbol{A}=(a_{ij})$是n级正定矩阵，$b_1, b_2, \cdots, b_n$是任意n个非零实数，那么$\boldsymbol{C}=(a_{ij}b_ib_j)$是正定矩阵.

证明： 由题意得$\boldsymbol{C}=\boldsymbol{DAD}$，其中$\boldsymbol{D}=\mathrm{diag}\{b_1, b_2, \cdots, b_n\}$. 因为$\boldsymbol{A}$是$n$级正定矩阵，故$\boldsymbol{A}=\boldsymbol{P}'\boldsymbol{P}$，其中$\boldsymbol{P}$是$n$级实可逆矩阵，从而

$$\boldsymbol{C}=\boldsymbol{DAD}=\boldsymbol{DP}'\boldsymbol{PD}=(\boldsymbol{PD})'(\boldsymbol{PD})$$

由于$\boldsymbol{D}$的对角线是n个非零实数，故$\boldsymbol{D}$可逆，从而$\boldsymbol{PD}$可逆，因此$\boldsymbol{C}$是正定矩阵.

3. 证明：如果数域$\mathbb{K}$上n级对称矩阵$\boldsymbol{A}$的顺序主子式全不为0，那么存在$\mathbb{K}$上主对角元全为1的上三角矩阵$\boldsymbol{B}$与主对角元全不为0的对角矩阵$\boldsymbol{D}$，使得$\boldsymbol{A}=\boldsymbol{B}'\boldsymbol{DB}$；并且$\boldsymbol{A}$的这种分解式是唯一的.

证明： (**存在性**)对矩阵的级数n做数学归纳法.

$n=1$时，$A=(a)=(1)'(a)(1)$，由A的顺序主子式不为零，所以$a\neq 0$，因此$n=1$时命题为真.

假设对$n-1$级对称矩阵命题为真，现在来看n级对称矩阵$\boldsymbol{A}$的情形. 把$\boldsymbol{A}$写成

$$\boldsymbol{A}=\begin{pmatrix}\boldsymbol{A}_{n-1} & \boldsymbol{\alpha}\\ \boldsymbol{\alpha}' & \boldsymbol{a}_{nn}\end{pmatrix}$$

由于$\boldsymbol{A}$的顺序主子式全不为零，因此$\boldsymbol{A}_{n-1}$的顺序主子式也全不为0. 对$\boldsymbol{A}_{n-1}$用归纳法假设，存在主对角元全为1的$n-1$级上三角矩阵$\boldsymbol{B}_1$和主对角元不为0的对角矩阵$\boldsymbol{D}_1$，使得$\boldsymbol{A}_{n-1}=\boldsymbol{B}_1'\boldsymbol{D}_1\boldsymbol{B}_1$. 由教材7.4节例3得

$$\boldsymbol{A}\simeq\begin{pmatrix}\boldsymbol{A}_{n-1} & \boldsymbol{0}\\ \boldsymbol{0} & \boldsymbol{a}_{nn}-\boldsymbol{\alpha}'\boldsymbol{A}_{n-1}^{-1}\boldsymbol{\alpha}\end{pmatrix}$$

$$|\boldsymbol{A}|=|\boldsymbol{A}_{n-1}|\cdot(\boldsymbol{a}_{nn}-\boldsymbol{\alpha}'\boldsymbol{A}_{n-1}^{-1}\boldsymbol{\alpha})$$

由于$|\boldsymbol{A}|\neq 0$，因此$\boldsymbol{a}_{nn}-\boldsymbol{\alpha}'\boldsymbol{A}_{n-1}^{-1}\boldsymbol{\alpha}\neq 0$. 令

$$\boldsymbol{B}=\begin{pmatrix}\boldsymbol{B}_1 & \boldsymbol{0}\\ \boldsymbol{0}' & \boldsymbol{1}\end{pmatrix}\begin{pmatrix}\boldsymbol{I}_{n-1} & -\boldsymbol{A}_{n-1}^{-1}\boldsymbol{\alpha}\\ \boldsymbol{0}' & \boldsymbol{1}\end{pmatrix}^{-1}$$

则$\boldsymbol{B}$是主对角元全为1的n级上三角矩阵，且使得

$$\begin{pmatrix} I_{n-1} & 0 \\ -\alpha' A_{n-1}^{-1}\alpha & 1 \end{pmatrix} \begin{pmatrix} A_{n-1} & \alpha \\ \alpha' & a_{nn} \end{pmatrix} \begin{pmatrix} I_{n-1} & -A_{n-1}^{-1}\alpha \\ 0' & 1 \end{pmatrix} = \begin{pmatrix} A_{n-1} & 0 \\ 0' & a_{nn}-\alpha' A_{n-1}^{-1}\alpha \end{pmatrix}$$

$$\begin{aligned} A &= \begin{pmatrix} I_{n-1} & 0 \\ -\alpha' A_{n-1}^{-1} & 1 \end{pmatrix}^{-1} \begin{pmatrix} A_{n-1} & 0 \\ 0' & a_{nn}-\alpha' A_{n-1}^{-1}\alpha \end{pmatrix} \begin{pmatrix} I_{n-1} & -A_{n-1}^{-1}\alpha \\ 0' & 1 \end{pmatrix}^{-1} \\ &= \left[\begin{pmatrix} I_{n-1} & -A_{n-1}^{-1}\alpha \\ 0 & 1 \end{pmatrix}'\right]^{-1} \begin{pmatrix} B_1 & 0 \\ 0' & 1 \end{pmatrix} \begin{pmatrix} D_1 & 0 \\ 0' & a_{nn}-\alpha' A_{n-1}^{-1}\alpha \end{pmatrix} \begin{pmatrix} B_1 & 0 \\ 0' & 1 \end{pmatrix} \begin{pmatrix} I_{n-1} & -A_{n-1}^{-1}\alpha \\ 0' & 1 \end{pmatrix} \\ &= B' \begin{pmatrix} D_1 & 0 \\ 0' & a_{nn}-\alpha' A_{n-1}^{-1}\alpha \end{pmatrix} B = B'DB \end{aligned}$$

其中 D 是主对角元不为 0 的对角矩阵. 由归纳法原理，存在性得证.

（唯一性） 设还有主对角元全为 1 的上三角矩阵 C 和主对角元全不为 0 的对角矩阵 H，使得 $A=C'HC$，则 $B'DB=C'HC$，此式两边左乘 $(C')^{-1}$，右乘 B^{-1}，得 $(C')^{-1}B'D=HCB^{-1}$. 这个式子的左边是下三角矩阵，右边是上三角矩阵，从而这个式子的左右两边都是对角矩阵. 从而 $CB^{-1}=H^{-1}(HCB^{-1})$ 是对角矩阵. 由于 C，B 都是主对角元全为 1 的上三角矩阵，因此 CB^{-1} 主对角元都是 1. 从而 $CB^{-1}=I$，于是 $C=B$. 由 $B'DB=C'HC$ 可推出 $D=H$. 唯一性得证.

4. 设 A 是数域 $\mathbb{K}$ 上的 n 级对称矩阵，证明：如果 B 是 $\mathbb{K}$ 上主对角元全为 1 的 n 级上三角矩阵，那么 $B'AB$ 与 A 的 k 阶顺序主子式对应相等，$k=1, 2, \cdots, n$.

证明： 记 $G=B'AB$. 把 G 写成 $G=\begin{pmatrix} G_k & H_1 \\ H_1' & H_2 \end{pmatrix}$，其中 G_k 是 k 级矩阵，$1\leqslant k<n$，则

$$(I_k \quad 0)G\begin{pmatrix} I_k \\ 0 \end{pmatrix}=G_k$$

分别把 A，B 写成 $A=\begin{pmatrix} A_k & F_1 \\ F_1' & F_2 \end{pmatrix}$，$B=\begin{pmatrix} B_k & M_1 \\ 0 & M_2 \end{pmatrix}$，其中 A_k，B_k 都是 k 级矩阵，且 B_k 和 M_2 都是主对角元为 1 的上三角矩阵，则

$$\begin{aligned} (I_k \quad 0)B'AB\begin{pmatrix} I_k \\ 0 \end{pmatrix} &= G_k = \left[B\begin{pmatrix} I_k \\ 0 \end{pmatrix}\right]' A \left[B\begin{pmatrix} I_k \\ 0 \end{pmatrix}\right] \\ &= (B_k' \quad 0)\begin{pmatrix} A_k & F_1 \\ F_1' & F_2 \end{pmatrix}\begin{pmatrix} B_k \\ 0 \end{pmatrix} = B_k' A_k B_k \end{aligned}$$

于是 $G_k=B_k'A_kB_k$，从而 $|G_k|=|B_k'||A_k||B_k|=|A_k|$，$1\leqslant k<n$. 又由于 $|G|=|B'|\cdot|A||B|=|A|$，因此 $B'AB$ 与 A 的 k 阶顺序主子式对应相等，$k=1, 2, \cdots, n$.

5. 设 A 是数域 $\mathbb{K}$ 上的 n 级对称矩阵，A 的顺序主子式全不为 0，证明：第 3 题中的对角矩阵 $D=\operatorname{diag}\{d_1, d_2, \cdots, d_n\}$ 的主对角元为

$$d_1=|A_1|,\quad d_k=\frac{|A_k|}{|A_{k-1}|},\quad k=2, 3, \cdots, n$$

其中 $|A_k|$ 是 A 的 k 阶顺序主子式，$k=1, 2, \cdots, n$.

证明： 由第 3 题知，$A=B'DB$，其中 B 是主对角元全为 1 的上三角矩阵. 根据第 4 题的结论得

$$|A_k|=|D_k|=d_1d_2\cdots d_k,\quad 1\leqslant k\leqslant n$$

因此 $d_1=|A_1|$，且当 $k=2, 3, \cdots, n$ 时，有 $d_k=\dfrac{|A_k|}{|A_{k-1}|}$.

6. 设 A 是 n 级实对称矩阵，证明：如果 A 的顺序主子式全不为 0，那么 A 的正惯性指数等于数列

$$1,\ |A_1|,\ |A_2|,\ \cdots,\ |A_{n-1}|,\ |A|$$

中的保号数，而 A 的负惯性指数等于这个数列的变号数，其中 $|A_k|$ 是 A 的 k 阶顺序主子式，$k=1, 2, \cdots, n-1$.

证明： 由第 3 题知，$A=B'DB$，其中 B 是主对角元全为 1 的 n 级上三角矩阵，

$$D=\operatorname{diag}\{d_1, d_2, \cdots, d_n\}$$

根据第 5 题结论 $d_k=\dfrac{|A_k|}{|A_{k-1}|}$，$k=1, 2, \cdots, n$，$|A_0|=1$. 由于 $A\simeq D$，因此 A 的正惯性指数等于 D 的主对角线上正数的个数. 而 $d_k>0$ 当且仅当 $|A_k|$ 与 $|A_{k-1}|$ 同号，因此 A 的正惯性指数等于数列中的保号数，从而 A 的负惯性指数等于数列中的变号数.（此题告诉我们，若 n 级实对称矩阵 A 的顺序主子式全不为零，则计算 A 的顺序主子式就可求出 A 的正、负惯性指数）

7. 求下述 3 元实二次型的正、负惯性指数：

(1) $f(x_1, x_2, x_3)=x_1^2+2x_2^2-3x_3^2+4x_1x_2+2x_2x_3$；

(2) $g(x_1, x_2, x_3)=x_1^2+2x_2^2+3x_3^2-4x_1x_2-4x_2x_3$.

解： $f(x_1, x_2, x_3)$ 的矩阵 $A=\begin{pmatrix}1 & 2 & 0\\ 2 & 2 & 1\\ 0 & 1 & -3\end{pmatrix}$，计算 A 的各阶顺序主子式：$|1|=1$，

$\begin{vmatrix} 1 & 2 \\ 2 & 2 \end{vmatrix}=-2$，$|\boldsymbol{A}|=5$. 数列 1，1，$-2$，5 的保号数是 1，变号数是 2，因此这个二次型的正惯性指数为 1，负惯性指数是 2.

(2) $g(x, x_2, x_3)$的矩阵 $\boldsymbol{B}=\begin{pmatrix} 1 & -2 & 0 \\ -2 & 2 & -2 \\ 0 & -2 & 3 \end{pmatrix}$，计算 $\boldsymbol{B}$ 的各阶顺序主子式：$|1|=1$，$\begin{vmatrix} 1 & -2 \\ -2 & 2 \end{vmatrix}=-2$，$|\boldsymbol{B}|=-10$. 数列 1，1，$-2$，$-10$ 的保号数为 2，变号数为 1，因此这个二次型的正惯性指数为 2，负惯性指数为 1.

8. 设 $\boldsymbol{A}$ 是 n 级实对称矩阵，证明：

(1) 如果 $\boldsymbol{A}$ 是正定的，那么 $\forall \boldsymbol{\alpha}\in \mathbb{R}^n$，有

$$\boldsymbol{\alpha}'\boldsymbol{A}^{-1}\boldsymbol{\alpha}\geqslant\left(\frac{\mathbf{1}_n'\boldsymbol{\alpha}}{\sqrt{\mathbf{1}_n'\boldsymbol{A}\ \mathbf{1}_n}}\right)^2,$$

其中 $\mathbf{1}_n$ 表示元素全为 1 的 n 维列向量；

(2) 如果 $\boldsymbol{A}$ 是半正定的，那么 $\boldsymbol{A}$ 有一个广义逆 $\boldsymbol{A}^-$，使得 $\forall \boldsymbol{\alpha}\in \mathbb{R}^n$，有

$$(\boldsymbol{\alpha}'\boldsymbol{A}^-\boldsymbol{\alpha})(\mathbf{1}_n'\boldsymbol{A}\mathbf{1}_n)\geqslant(\mathbf{1}_n'\boldsymbol{A}\boldsymbol{A}^-\boldsymbol{\alpha})^2.$$

证明： (1) 由于 $\boldsymbol{A}$ 正定，$\boldsymbol{A}^{-1}$也正定，于是存在 n 级实可逆矩阵 $\boldsymbol{C}$，使得 $\boldsymbol{A}^{-1}=\boldsymbol{C}'\boldsymbol{C}$. 于是 $\boldsymbol{A}=\boldsymbol{C}^{-1}(\boldsymbol{C}^{-1})'$. 任取 $\boldsymbol{\alpha}\in \mathbb{R}^n$，记 $\boldsymbol{C\alpha}=(a_1, a_2, \cdots, a_n)'$，$(\boldsymbol{C}^{-1})'\mathbf{1}_n=(b_1, b_2, \cdots, b_n)'$，则

$$\boldsymbol{\alpha}'\boldsymbol{A}^{-1}\boldsymbol{\alpha}=\boldsymbol{\alpha}'\boldsymbol{C}'\boldsymbol{C\alpha}=(\boldsymbol{C\alpha})'(\boldsymbol{C\alpha})=\sum_{i=1}^n a_i^2\geqslant\frac{\left(\sum\limits_{i=1}^n a_ib_i\right)^2}{\sum\limits_{i=1}^n b_i^2}$$

$$=\frac{[((\boldsymbol{C}^{-1})'\mathbf{1}_n)'(\boldsymbol{C\alpha})]^2}{((\boldsymbol{C}^{-1})'\mathbf{1}_n)((\boldsymbol{C}^{-1})'\mathbf{1}_n)}=\frac{(\mathbf{1}_n'\boldsymbol{\alpha})^2}{(\mathbf{1}_n'\boldsymbol{A}\mathbf{1}_n)}=\left(\frac{\mathbf{1}_n'\boldsymbol{\alpha}}{\sqrt{\mathbf{1}_n'\boldsymbol{A}\mathbf{1}_n}}\right)^2$$

(2) 因为 $\boldsymbol{A}$ 半正定，所以 $\boldsymbol{A}\simeq\begin{pmatrix} \boldsymbol{I}_r & \mathbf{0} \\ \mathbf{0} & \mathbf{0} \end{pmatrix}$，其中 $r=\text{rank}(\boldsymbol{A})$. 于是存在 n 级实可逆矩阵 $\boldsymbol{P}$，使得

$$\boldsymbol{A}=\boldsymbol{P}'\begin{pmatrix} \boldsymbol{I}_r & \mathbf{0} \\ \mathbf{0} & \mathbf{0} \end{pmatrix}\boldsymbol{P}$$

从而 $\boldsymbol{A}$ 有一个广义逆

$$\boldsymbol{A}^{-}=\boldsymbol{P}^{-1}\begin{pmatrix}\boldsymbol{I}_r & \boldsymbol{0}\\ \boldsymbol{0} & \boldsymbol{0}\end{pmatrix}(\boldsymbol{P}')^{-1}=\boldsymbol{P}^{-1}\begin{pmatrix}\boldsymbol{I}_r & \boldsymbol{0}\\ \boldsymbol{0} & \boldsymbol{0}\end{pmatrix}(\boldsymbol{P}^{-1})'$$

于是 $\boldsymbol{A}^{-}$ 也是半正定矩阵. 记 $\boldsymbol{P}^{-1}=(\boldsymbol{P}_1,\boldsymbol{P}_2)$，其中 $\boldsymbol{P}_1$ 为 $n\times r$ 矩阵，则

$$\boldsymbol{A}^{-}=(\boldsymbol{P}_1,\boldsymbol{P}_2)\begin{pmatrix}\boldsymbol{I}_r & \boldsymbol{0}\\ \boldsymbol{0} & \boldsymbol{0}\end{pmatrix}\begin{pmatrix}\boldsymbol{P}_1'\\ \boldsymbol{P}_2'\end{pmatrix}=\boldsymbol{P}_1\boldsymbol{P}_1'$$

于是 $\forall\boldsymbol{\alpha}\in\mathbb{R}^n$，有

$$\boldsymbol{\alpha}'\boldsymbol{A}^{-}\boldsymbol{\alpha}=\boldsymbol{\alpha}'\boldsymbol{P}_1\boldsymbol{P}_1'\boldsymbol{\alpha}=(\boldsymbol{P}_1'\boldsymbol{\alpha})'(\boldsymbol{P}_1'\boldsymbol{\alpha})=|\boldsymbol{P}_1'\boldsymbol{\alpha}|^2$$

$$\boldsymbol{1}_n'\boldsymbol{A}\boldsymbol{1}_n=\boldsymbol{1}_n'\boldsymbol{A}\boldsymbol{A}^{-}\boldsymbol{A}\boldsymbol{1}_n=\boldsymbol{1}_n'\boldsymbol{A}\boldsymbol{P}_1\boldsymbol{P}_1'\boldsymbol{A}\boldsymbol{1}_n=(\boldsymbol{P}_1'\boldsymbol{A}\boldsymbol{1}_n)'(\boldsymbol{P}_1'\boldsymbol{A}\boldsymbol{1}_n)=|\boldsymbol{P}_1'\boldsymbol{A}\boldsymbol{1}_n|^2$$

利用 Cauchy-Bunyakovsky 不等式

$$\begin{aligned}|\boldsymbol{P}_1'\boldsymbol{\alpha}|^2\cdot|\boldsymbol{P}_1'\boldsymbol{A}\boldsymbol{1}_n|^2&\geqslant[(\boldsymbol{P}_1'\boldsymbol{A}\boldsymbol{1}_n)'(\boldsymbol{P}_1'\boldsymbol{\alpha})]^2\\&=[\boldsymbol{1}_n'\boldsymbol{A}\boldsymbol{P}_1\boldsymbol{P}_1'\boldsymbol{\alpha}]^2=(\boldsymbol{1}_n'\boldsymbol{A}\boldsymbol{A}^{-}\boldsymbol{\alpha})^2\end{aligned}$$

从而

$$(\boldsymbol{\alpha}'\boldsymbol{A}^{-}\boldsymbol{\alpha})(\boldsymbol{1}_n'\boldsymbol{A}\boldsymbol{1}_n)\geqslant(\boldsymbol{1}_n'\boldsymbol{A}\boldsymbol{A}^{-}\boldsymbol{\alpha})^2$$

第 8 章 具有度量的线性空间

习题 8.1 实线性空间的内积，实内积空间的度量概念

1. 判断下列实线性空间中分别规定的二元函数是不是该实线性空间上的一个内积：

(1) 在 $M_n(\mathbb{R})$ 中规定 $f(\boldsymbol{A},\boldsymbol{B}):=\operatorname{tr}(\boldsymbol{AB})$；

(2) 在 $M_n(\mathbb{R})$ 中规定 $f(\boldsymbol{A},\boldsymbol{B}):=\operatorname{tr}(\boldsymbol{AB}')$；

(3) 在 $\mathbb{R}^2$ 中，对于任意 $\boldsymbol{\alpha}=(x_1,x_2)$，$\boldsymbol{\beta}=(y_1,y_2)$，令

$$f(\boldsymbol{\alpha},\boldsymbol{\beta})=x_1y_1-x_1y_2-x_2y_1+4x_2y_2;$$

(4) 在 $\mathbb{R}^n$ 中，对于任意 $\boldsymbol{X},\boldsymbol{Y}$，规定

$$f(\boldsymbol{X},\boldsymbol{Y})=\boldsymbol{X}'\boldsymbol{C}'\boldsymbol{C}\boldsymbol{Y}$$

其中 $\boldsymbol{C}$ 是一个 n 级实可逆矩阵.

解：(1) 由于迹是线性函数，因此 f 是一个双线性函数. 由于 $f(\boldsymbol{A},\boldsymbol{B})=\operatorname{tr}(\boldsymbol{AB})=\operatorname{tr}(\boldsymbol{BA})=f(\boldsymbol{B},\boldsymbol{A})$，因此 f 是对称的. 设 n 级矩阵 $\boldsymbol{A}=\operatorname{diag}\left\{\begin{pmatrix}0&1\\0&0\end{pmatrix},\underbrace{0,\cdots,0}_{n-1\text{个}}\right\}$，则 $\boldsymbol{A}^2=0$，于是 $f(\boldsymbol{A},\boldsymbol{A})=\operatorname{tr}(\boldsymbol{A}^2)=0$. 这表明 f 不是正定的，因此 f 不是 $M_n(\mathbb{R})$ 上的一个内积.

(2) 易证 f 是双线性函数. 由于

$$f(\boldsymbol{A},\boldsymbol{B})=\operatorname{tr}(\boldsymbol{AB}')=\operatorname{tr}((\boldsymbol{AB}')')=\operatorname{tr}(\boldsymbol{BA}')=f(\boldsymbol{B},\boldsymbol{A})$$

因此 f 是对称的. 由习题 7.1 的第 2 题知，f 在 $M_n(\mathbb{R})$ 的基 $\boldsymbol{E}_{11},\boldsymbol{E}_{12},\cdots,\boldsymbol{E}_{1n},\cdots,\boldsymbol{E}_{n1},\boldsymbol{E}_{n2},\cdots,\boldsymbol{E}_{nn}$ 下的度量矩阵 $\boldsymbol{A}$ 是 n^2 级单位矩阵 $\boldsymbol{I}$. 由于 $\boldsymbol{I}$ 是正定矩阵，因此 f 是正定的，从而 f 是 $M_n(\mathbb{R})$ 上的一个内积.

(3) 从 f 的表达式立即得出，f 是 $\mathbb{R}^2$ 上的一个双线性函数. f 在 $\mathbb{R}^2$ 的标准基 $\boldsymbol{\varepsilon}_1,\boldsymbol{\varepsilon}_2$ 下的度量矩阵

$$\boldsymbol{A}=\begin{pmatrix}1&-1\\-1&4\end{pmatrix}$$

由于 $\boldsymbol{A}$ 是对称矩阵，因此 f 是对称的. 从 $\boldsymbol{A}$ 的顺序主子式都大于零知 $\boldsymbol{A}$ 是正定矩阵，从而 f 是正定的，因此 f 是 $\mathbb{R}^2$ 上的一个内积.

(4) 易证 f 是 $\mathbb{R}^n$ 上的一个双线性函数，它在 $\mathbb{R}^n$ 的标准基 $\boldsymbol{\varepsilon}_1$，$\boldsymbol{\varepsilon}_2$，…，$\boldsymbol{\varepsilon}_n$ 下的度量矩阵 $\boldsymbol{A}=\boldsymbol{C}'\boldsymbol{C}$，于是 $\boldsymbol{A}$ 是正定矩阵. 因此 f 是正定的对称双线性函数，从而 f 是 $\mathbb{R}^n$ 上的一个内积.

2. 设 $\boldsymbol{A}=(a_{ij})$ 是一个 n 级正定矩阵，在 $\mathbb{R}^n$ 中规定

$$(\boldsymbol{X}, \boldsymbol{Y}) := \boldsymbol{X}'\boldsymbol{A}\boldsymbol{Y}$$

(1) 说明 f 是 $\mathbb{R}^n$ 上的一个内积，并且指出这个内积在 $\mathbb{R}^n$ 的标准基 $\boldsymbol{\varepsilon}_1$，$\boldsymbol{\varepsilon}_2$，…，$\boldsymbol{\varepsilon}_n$ 下的度量矩阵；

(2) 具体写出这个 Euclid 空间 $\mathbb{R}^n$ 的 Cauchy-Буняковский-Schwartz 不等式.

解：(1) 易证(,)是一个双线性函数，且它在 $\mathbb{R}^n$ 的标准基 $\boldsymbol{\varepsilon}_1$，$\boldsymbol{\varepsilon}_2$，…，$\boldsymbol{\varepsilon}_n$ 下的度量矩阵是 $\boldsymbol{A}$. 由于 $\boldsymbol{A}$ 是正定矩阵，因此(,)是正定的对称双线性函数，从而(,)是 $\mathbb{R}^n$ 上的一个内积.

(2) 由 $|(\boldsymbol{X}, \boldsymbol{Y})| \leqslant \sqrt{(\boldsymbol{X}, \boldsymbol{X})}\sqrt{(\boldsymbol{Y}, \boldsymbol{Y})}$，得 $|\boldsymbol{X}'\boldsymbol{A}\boldsymbol{Y}| \leqslant \sqrt{\boldsymbol{X}'\boldsymbol{A}\boldsymbol{X}}\sqrt{\boldsymbol{Y}'\boldsymbol{A}\boldsymbol{Y}}$. 设 $\boldsymbol{X}=(x_1, x_2, \cdots, x_n)'$，$\boldsymbol{Y}=(y_1, y_2, \cdots, y_n)'$，则上式为

$$\left|\sum_{i=1}^{n}\sum_{j=1}^{n} a_{ij}x_iy_j\right| \leqslant \sqrt{\sum_{i=1}^{n}\sum_{j=1}^{n} a_{ij}x_ix_j}\sqrt{\sum_{i=1}^{n}\sum_{j=1}^{n} a_{ij}y_iy_j}$$

3. 求出 $\mathbb{R}^1$ 上的所有内积.

解：$\mathbb{R}^1$ 上任一双线性函数 f 在基 $\boldsymbol{\varepsilon}_1=(1)$ 下的表达式为 $f(x_1, y_1)=ax_1y_1$. 其中 (x_1) 在基 $\boldsymbol{\varepsilon}_1$ 下的坐标为 x_1，y_1 为向量 (y_1) 在基 $\boldsymbol{\varepsilon}_1$ 下的坐标. 由于 $f(y_1, x_1)=ay_1x_1=ax_1y_1=f(x_1, y_1)$，因此 f 是对称的. f 在基 $\boldsymbol{\varepsilon}_1$ 下的矩阵为 (a). f 是正定的当且仅当 (a) 是正定的，即 $a>0$. 因此 $\mathbb{R}^1$ 上所有的内积为 $(x_1, y_1)=ax_1y_1$，$a>0$.

4. 设 V 和 U 都是实线性空间，U 上指定了一个内积$(\ ,\ )_1$. 设 σ 是 V 到 U 的一个线性映射，且 σ 是单射. 对于 V 中任意两个向量 $\boldsymbol{\alpha}$，$\boldsymbol{\beta}$，规定

$$(\boldsymbol{\alpha}, \boldsymbol{\beta}) := (\sigma(\boldsymbol{\alpha}), \sigma(\boldsymbol{\beta}))_1,$$

证明：(,)是 V 上的一个内积.

证明：　先证(,)是 V 上的一个双线性函数. 对 $\forall\, \boldsymbol{\alpha}, \boldsymbol{\beta}, \boldsymbol{\gamma} \in V$，$k$，$t \in \mathbb{R}$，有

$$\begin{aligned}(k\boldsymbol{\alpha}+t\boldsymbol{\beta}, \boldsymbol{\gamma}) &= (\sigma(k\boldsymbol{\alpha}+t\boldsymbol{\beta}), \sigma(\boldsymbol{\gamma}))_1\\ &= (k\sigma(\boldsymbol{\alpha})+t\sigma(\boldsymbol{\beta}), \sigma(\boldsymbol{\gamma}))_1\\ &= k(\sigma(\boldsymbol{\alpha}), \sigma(\boldsymbol{\gamma}))_1+t(\sigma(\boldsymbol{\beta}), \sigma(\boldsymbol{\gamma}))_1\\ &= k(\boldsymbol{\alpha}, \boldsymbol{\gamma})+t(\boldsymbol{\beta}, \boldsymbol{\gamma})\end{aligned}$$

同理可证对另一侧也有线性性，从而(,)是 V 上的一个双线性函数. 显然$(\boldsymbol{\alpha}, \boldsymbol{\beta})=(\boldsymbol{\beta}, \boldsymbol{\alpha})$，因此(,)是对称的.

对 $\forall \boldsymbol{\alpha}\in V$ 且 $\boldsymbol{\alpha}\neq \mathbf{0}$，由于 σ 是单射，因此 $\sigma(\boldsymbol{\alpha})\neq \mathbf{0}$，从而

$$(\boldsymbol{\alpha}, \boldsymbol{\alpha})=(\sigma(\boldsymbol{\alpha}), \sigma(\boldsymbol{\alpha}))_1>0$$

又由于$(\mathbf{0}, \mathbf{0})=(\sigma(\mathbf{0}), \sigma(\mathbf{0}))_1=(\mathbf{0}, \mathbf{0})_1=0$，因此(,)是正定的，从而(,)是 V 上的一个内积.

5. 设 $V=C[0, 1]$，考虑 V 到自身的一个映射 σ：$f\mapsto \sigma f$，其中 σf 的定义为 $(\sigma f)(t):=tf(t)$，$\forall t\in[0, 1]$. 证明：

(1) σ 是 V 上的一个线性变换，且 σ 是单射；

(2) 对于任意 $f, g\in V$，规定

$$(f, g):=\int_0^1 f(t)g(t)t^2\,\mathrm{d}t$$

则(f, g)是 V 上的一个内积.

证明： (1) 任取 $f, g\in V$，$k\in \mathbb{R}$，则

$$\sigma(f+g)=t(f(t)+g(t))=tf(t)+tg(t)=\sigma(f)+\sigma(g)$$

$$\sigma(kf)=t(kf(t))=ktf(t)=k\sigma(f)$$

从而 σ 保持加法和数量乘法，因此 σ 是 V 上的一个线性变换. 再考虑 $f, g\in V$，且 $\sigma(f)=\sigma(g)$，则 $tf(t)=tg(t)$，$\forall t\in[0, 1]$. 当 $t\in(0, 1]$时，由 $tf(t)=tg(t)$得 $f(t)=g(t)$，于是$\lim\limits_{t\to 0^+}f(t)=\lim\limits_{t\to 0^+}g(t)$. 由于 f，g 是$[0, 1]$上的连续函数，因此 $f(0)=g(0)$，从而对 $\forall t\in[0, 1]$都有 $f=g$，即 σ 是单射.

(2) 由本节例 2 知$(f, g)=\int_0^1 f(t)g(t)\,\mathrm{d}t$ 是 $C[0, 1]$上的一个内积. 由于

$$(f, g)=\int_0^1 f(t)g(t)t^2\,\mathrm{d}t=(\sigma(f), \sigma(g))_1$$

因此根据第 4 题的结论得，(f, g)是 $C[0, 1]$上的一个内积.

6. 设 $V=\mathbb{R}[x]$，对于 $f(x)=\sum\limits_{i=0}^{n} a_i x^i$，$g(x)=\sum\limits_{j=0}^{m} b_j x^j$，规定

$$(f, g)=\sum_{i=0}^{n}\sum_{j=0}^{m}\frac{a_i b_j}{i+j+1}$$

(1) 证明：(,)是$\mathbb{R}[x]$上的一个内积；

(2) 求第(1)小题中的内积在$\mathbb{R}[x]_n$上的限制在基$1, x, x^2, \cdots, x^{n-1}$下的度量矩阵.

证明： (1) 把$C[0,1]$上的内积$(f,g)=\int_0^1 f(x)g(x)\mathrm{d}x$限制到$\mathbb{R}[x]$中，得$\mathbb{R}[x]$上的一个内积

$$(f(x), g(x))=\int_0^1\Big(\sum_{i=0}^{n}a_ix^i\Big)\Big(\sum_{j=0}^{m}b_jx^j\Big)\mathrm{d}x=\sum_{i=0}^{n}\sum_{j=0}^{m}a_ib_j\frac{1}{i+j+1}$$

因此题中所给的二元函数是$\mathbb{R}[x]$上的一个内积.

(2) 由于$(x^i, x^j)=\dfrac{1}{i+j+1}$，$0\leqslant i, j\leqslant n$，因此第(1)小题中的内积在$\mathbb{R}[x]_n$上的限制在基$1, x, \cdots, x^{n-1}$下的度量矩阵

$$\boldsymbol{A}=\begin{pmatrix}1 & \frac{1}{2} & \frac{1}{3} & \cdots & \frac{1}{n}\\ \frac{1}{2} & \frac{1}{3} & \frac{1}{4} & \cdots & \frac{1}{n+1}\\ \vdots & \vdots & \vdots & & \vdots\\ \frac{1}{n} & \frac{1}{n+1} & \frac{1}{n+2} & \cdots & \frac{1}{2n-1}\end{pmatrix}$$

7. 证明下述n级实矩阵$\boldsymbol{A}$是正定矩阵：

$$\boldsymbol{A}=\begin{pmatrix}1 & \frac{1}{2} & \frac{1}{3} & \cdots & \frac{1}{n}\\ \frac{1}{2} & \frac{1}{3} & \frac{1}{4} & \cdots & \frac{1}{n+1}\\ \vdots & \vdots & \vdots & & \vdots\\ \frac{1}{n} & \frac{1}{n+1} & \frac{1}{n+2} & \cdots & \frac{1}{2n-1}\end{pmatrix}$$

证明： 根据第 6 题结论，$\boldsymbol{A}$是$\mathbb{R}[x]_n$上的内积$(f,g)=\sum_{i=0}^{n-1}\sum_{j=0}^{n-1}\dfrac{a_ib_j}{i+j+1}$在基$1$, $x, \cdots, x^{n-1}$下的度量矩阵，因此$\boldsymbol{A}$是正定矩阵.

8. 设V是n维实线性空间，$\boldsymbol{\alpha}_1, \boldsymbol{\alpha}_2, \cdots, \boldsymbol{\alpha}_n$是$V$的一个基. 对于$V$中任意两个向量$\boldsymbol{\alpha}=\sum_{i=1}^{n}x_i\boldsymbol{\alpha}_i$，$\boldsymbol{\beta}=\sum_{i=1}^{n}y_i\boldsymbol{\alpha}_i$，规定

$$(\boldsymbol{\alpha}, \boldsymbol{\beta})=x_1y_1+x_2y_2+\cdots+x_ny_n.$$

证明：(1) (,)是 V 上的一个内积；

(2) 对于 V 中任意一个基 $\boldsymbol{\alpha}_1$，$\boldsymbol{\alpha}_2$，…，$\boldsymbol{\alpha}_n$，存在 V 上唯一的一个内积(,)，使得 $(\boldsymbol{\alpha}_i, \boldsymbol{\alpha}_j)=\delta_{ij}$，$i$，$j=1, 2, \cdots, n$.

证明： (1) 由(,)的表达式可以看出它是 V 上的一个双线性函数，它在 V 的基 $\boldsymbol{\alpha}_1$，$\boldsymbol{\alpha}_2$，…，$\boldsymbol{\alpha}_n$ 下的度量矩阵是 $\boldsymbol{I}$，$\boldsymbol{I}$ 是正定矩阵，因此(,)是 V 上的一个正定的对称双线性函数. 从而(,)是 V 上的一个内积.

(2) 对于 V 中任意一个基 $\boldsymbol{\alpha}_1$，$\boldsymbol{\alpha}_2$，…，$\boldsymbol{\alpha}_n$，按照第(1)小题中的规定得到 V 上的一个内积，它使得 $(\boldsymbol{\alpha}_i, \boldsymbol{\alpha}_j)=\delta_{ij}$，$i$，$j=1, 2, \cdots, n$. 假如 V 上还有一个内积$(\ ,\ )_1$ 使得 $(\boldsymbol{\alpha}_i, \boldsymbol{\alpha}_j)_1=\delta_{ij}$，$i$，$j=1, 2, \cdots, n$，则$(\ ,\ )_1$ 在 V 的基下的度量矩阵是 $\boldsymbol{I}$，从而双线性函数$(\ ,\ )_1$ 与(,)相等.

9. 在 Euclid 空间 $\mathbb{R}^2$(指定标准内积)中，设 $\boldsymbol{\alpha}=(1, 2)'$，$\boldsymbol{\beta}=(-1, 1)'$，求向量 $\boldsymbol{\gamma}$ 使得 $(\boldsymbol{\alpha}, \boldsymbol{\gamma})=-1$，且 $(\boldsymbol{\beta}, \boldsymbol{\gamma})=3$.

解： 设 $\boldsymbol{\gamma}=(x_1, x_2)'$，则 $(\boldsymbol{\alpha}, \boldsymbol{\gamma})=x_1+2x_2=-1$，$(\boldsymbol{\beta}, \boldsymbol{\gamma})=-x_1+x_2=3$，解得 $x_1=-\dfrac{7}{3}$，$x_2=\dfrac{2}{3}$. 于是 $\boldsymbol{\gamma}=\left(-\dfrac{7}{3}, \dfrac{2}{3}\right)'$.

10. 在 Euclid 空间 $\mathbb{R}^4$(指定标准内积)中，设 $\boldsymbol{\alpha}=(1, -1, 4, 0)'$，$\boldsymbol{\beta}=(3, 1, -2, 2)'$，求 $\langle\boldsymbol{\alpha}, \boldsymbol{\beta}\rangle$.

解： $\cos\langle\boldsymbol{\alpha}, \boldsymbol{\beta}\rangle=\dfrac{(\boldsymbol{\alpha}, \boldsymbol{\beta})}{|\boldsymbol{\alpha}|\cdot|\boldsymbol{\beta}|}=\dfrac{1\times3-1\times1+4\times(-2)}{\sqrt{1+1+16}\times\sqrt{9+1+4+4}}=-\dfrac{1}{3}$，从而 $\langle\boldsymbol{\alpha}, \boldsymbol{\beta}\rangle=\arccos\left(-\dfrac{1}{3}\right)$.

11. 设 V 是一个实内积空间，证明：$\forall\,\boldsymbol{\alpha}, \boldsymbol{\beta}\in V$，有

$$(\boldsymbol{\alpha}, \boldsymbol{\beta})=\frac{1}{4}|\boldsymbol{\alpha}+\boldsymbol{\beta}|^2-\frac{1}{4}|\boldsymbol{\alpha}-\boldsymbol{\beta}|^2.$$

这个式子称为极化恒等式.

证明： 直接计算得到

$$\begin{aligned}\frac{1}{4}|\boldsymbol{\alpha}+\boldsymbol{\beta}|^2-\frac{1}{4}|\boldsymbol{\alpha}-\boldsymbol{\beta}|^2&=\frac{1}{4}[(\boldsymbol{\alpha}+\boldsymbol{\beta}, \boldsymbol{\alpha}+\boldsymbol{\beta})-(\boldsymbol{\alpha}-\boldsymbol{\beta}, \boldsymbol{\alpha}-\boldsymbol{\beta})]\\&=\frac{1}{4}[(\boldsymbol{\alpha}, \boldsymbol{\alpha})+2(\boldsymbol{\alpha}, \boldsymbol{\beta})+(\boldsymbol{\beta}, \boldsymbol{\beta})-(\boldsymbol{\alpha}, \boldsymbol{\alpha})+2(\boldsymbol{\alpha}, \boldsymbol{\beta})-(\boldsymbol{\beta}, \boldsymbol{\beta})]\\&=(\boldsymbol{\alpha}, \boldsymbol{\beta})\end{aligned}$$

12. 设 V 是一个实内积空间，证明：$\forall \boldsymbol{\alpha}, \boldsymbol{\beta} \in V$，有

$$|\boldsymbol{\alpha}+\boldsymbol{\beta}|^2+|\boldsymbol{\alpha}-\boldsymbol{\beta}|^2=2|\boldsymbol{\alpha}|^2+2|\boldsymbol{\beta}|^2.$$

当 V 是几何空间时，说明这个恒等式的几何意义.

解：

$$\begin{aligned}|\boldsymbol{\alpha}+\boldsymbol{\beta}|^2+|\boldsymbol{\alpha}-\boldsymbol{\beta}|^2 &=(\boldsymbol{\alpha}+\boldsymbol{\beta}, \boldsymbol{\alpha}+\boldsymbol{\beta})+(\boldsymbol{\alpha}-\boldsymbol{\beta}, \boldsymbol{\alpha}-\boldsymbol{\beta})\\ &=|\boldsymbol{\alpha}|^2+2(\boldsymbol{\alpha}, \boldsymbol{\beta})+|\boldsymbol{\beta}|^2+|\boldsymbol{\alpha}|^2-2(\boldsymbol{\alpha}, \boldsymbol{\beta})+|\boldsymbol{\beta}|^2\\ &=2|\boldsymbol{\alpha}|^2+2|\boldsymbol{\beta}|^2\end{aligned}$$

当 V 是几何空间时，此恒等式表明：平行四边形的两条对角线长度的平方和等于四条边长度的平方和.

13. 设 V 是 n 维 Euclid 空间，$\boldsymbol{\alpha}_1, \boldsymbol{\alpha}_2, \cdots, \boldsymbol{\alpha}_n$ 是 V 的一个基. 证明：对于任意给定的一组实数 $c_1, c_2, \cdots, c_n$，V 中存在唯一的一个向量 $\boldsymbol{\alpha}$，使得 $(\boldsymbol{\alpha}, \boldsymbol{\alpha}_j)=c_j$，$j=1, 2, \cdots, n$.

证明： （方法一）不妨设 $\boldsymbol{\alpha}=\sum_{i=1}^{n} x_i\boldsymbol{\alpha}_i$，则 $(\boldsymbol{\alpha}_j, \boldsymbol{\alpha})=\sum_{i=1}^{n}(\boldsymbol{\alpha}_j, \boldsymbol{\alpha}_i)x_i$，$j=1, 2, \cdots, n$. 从而得到

$$\begin{pmatrix}(\boldsymbol{\alpha}_1, \boldsymbol{\alpha}_1) & (\boldsymbol{\alpha}_1, \boldsymbol{\alpha}_2) & \cdots & (\boldsymbol{\alpha}_1, \boldsymbol{\alpha}_n)\\ \vdots & \vdots & & \vdots\\ (\boldsymbol{\alpha}_j, \boldsymbol{\alpha}_1) & (\boldsymbol{\alpha}_j, \boldsymbol{\alpha}_2) & \cdots & (\boldsymbol{\alpha}_j, \boldsymbol{\alpha}_n)\\ \vdots & \vdots & & \vdots\\ (\boldsymbol{\alpha}_n, \boldsymbol{\alpha}_1) & (\boldsymbol{\alpha}_n, \boldsymbol{\alpha}_2) & \cdots & (\boldsymbol{\alpha}_n, \boldsymbol{\alpha}_n)\end{pmatrix}\begin{pmatrix}x_1\\ x_2\\ \vdots\\ x_n\end{pmatrix}=\begin{pmatrix}c_1\\ c_2\\ \vdots\\ c_n\end{pmatrix}$$

其中系数矩阵为 $(\ ,\ )$ 在 V 的基 $\boldsymbol{\alpha}_1, \boldsymbol{\alpha}_2, \cdots, \boldsymbol{\alpha}_n$ 下的度量矩阵. 由系数矩阵的正定性知，以上方程组有唯一解 $(x_1, x_2, \cdots, x_n)'$，从而 $\boldsymbol{\alpha}$ 是唯一存在的.

（方法二）

$$\begin{aligned}&(\boldsymbol{\alpha}, \boldsymbol{\alpha}_j)=c_j, \quad j=1, 2, \cdots, n\\ &\Leftrightarrow X'\boldsymbol{A}\boldsymbol{\varepsilon}_j=c_j,\ j=1, 2, \cdots, n（\text{其中 } \boldsymbol{X} \text{ 为 } \boldsymbol{\alpha} \text{ 在基 } \boldsymbol{\alpha}_1, \cdots, \boldsymbol{\alpha}_n \text{ 下的坐标}）\\ &\Leftrightarrow X'\boldsymbol{A}(\boldsymbol{\varepsilon}_1, \boldsymbol{\varepsilon}_2, \cdots, \boldsymbol{\varepsilon}_n)=(c_1, c_2, \cdots, c_n)\\ &\Leftrightarrow \boldsymbol{AX}=(c_1, c_2, \cdots, c_n)'\end{aligned}$$

由于 $\boldsymbol{A}$ 是正定矩阵，因此 $|\boldsymbol{A}|>0$，从而以上方程组 $\boldsymbol{AX}=(c_1, \cdots, c_n)'$ 有唯一解.

14. 设 V 是实内积空间，$\boldsymbol{\alpha}, \boldsymbol{\beta} \in V$. 证明：$\boldsymbol{\alpha}$ 与 $\boldsymbol{\beta}$ 正交当且仅当对任意实数 t，有 $|\boldsymbol{\alpha}+t\boldsymbol{\beta}| \geqslant |\boldsymbol{\alpha}|$.

证明： $|\boldsymbol{\alpha}+t\boldsymbol{\beta}|^2=(\boldsymbol{\alpha}+t\boldsymbol{\beta}, \boldsymbol{\alpha}+t\boldsymbol{\beta})=|\boldsymbol{\alpha}|^2+2t(\boldsymbol{\alpha}, \boldsymbol{\beta})+t^2|\boldsymbol{\beta}|^2$.

（必要性） 设 $\boldsymbol{\alpha}$ 与 $\boldsymbol{\beta}$ 正交，则 $(\boldsymbol{\alpha}, \boldsymbol{\beta})=0$. 从而对 $\forall t \in \mathbb{R}$，有

$$|\boldsymbol{\alpha}+t\boldsymbol{\beta}|^2=|\boldsymbol{\alpha}|^2+t^2|\boldsymbol{\beta}|^2\geqslant|\boldsymbol{\alpha}|^2$$

于是有$|\boldsymbol{\alpha}+t\boldsymbol{\beta}|\geqslant|\boldsymbol{\alpha}|$.

(充分性) 设对$\forall t\in\mathbb{R}$有$|\boldsymbol{\alpha}+t\boldsymbol{\beta}|\geqslant|\boldsymbol{\alpha}|$，则

$$2t(\boldsymbol{\alpha},\boldsymbol{\beta})+t^2|\boldsymbol{\beta}|^2\geqslant 0$$

若$\boldsymbol{\beta}=\boldsymbol{0}$，则$\boldsymbol{\alpha}$与$\boldsymbol{\beta}$正交. 下设$\boldsymbol{\beta}\neq\boldsymbol{0}$. 由上式得一元二次多项式$|\boldsymbol{\beta}|^2t^2+2(\boldsymbol{\alpha},\boldsymbol{\beta})t$的判别式$4(\boldsymbol{\alpha},\boldsymbol{\beta})^2-4|\boldsymbol{\beta}|^2\cdot 0\leqslant 0$，即$(\boldsymbol{\alpha},\boldsymbol{\beta})=0$. 因此$\boldsymbol{\alpha}$与$\boldsymbol{\beta}$正交.

习题 8.2　标准正交基,正交矩阵

1. 设V是3维Euclid空间，V中指定的内积在基$\boldsymbol{\alpha}_1$，$\boldsymbol{\alpha}_2$，$\boldsymbol{\alpha}_3$下的度量矩阵$\boldsymbol{A}$为

$$\begin{pmatrix}1&0&1\\0&10&-2\\1&-2&2\end{pmatrix}.$$

求V的一个标准正交基.

解: 对基$\boldsymbol{\alpha}_1$，$\boldsymbol{\alpha}_2$，$\boldsymbol{\alpha}_3$做Schmidt正交化，令

$$\boldsymbol{\beta}_1=\boldsymbol{\alpha}_1$$

$$\boldsymbol{\beta}_2=\boldsymbol{\alpha}_2-\frac{(\boldsymbol{\alpha}_2,\boldsymbol{\beta}_1)}{(\boldsymbol{\beta}_1,\boldsymbol{\beta}_1)}\boldsymbol{\beta}_1-\boldsymbol{\alpha}_2-\frac{(\boldsymbol{\alpha}_2,\boldsymbol{\alpha}_1)}{(\boldsymbol{\beta}_1,\boldsymbol{\beta}_1)}\boldsymbol{\beta}_1=\boldsymbol{\alpha}_2$$

$$\boldsymbol{\beta}_3=\boldsymbol{\alpha}_3-\frac{(\boldsymbol{\alpha}_3,\boldsymbol{\beta}_1)}{(\boldsymbol{\beta}_1,\boldsymbol{\beta}_1)}\boldsymbol{\beta}_1-\frac{(\boldsymbol{\alpha}_3,\boldsymbol{\beta}_2)}{(\boldsymbol{\beta}_2,\boldsymbol{\beta}_2)}\boldsymbol{\beta}_2=-\boldsymbol{\alpha}_1+\frac{1}{5}\boldsymbol{\alpha}_2+\boldsymbol{\alpha}_3$$

再单位化，令

$$\boldsymbol{\eta}_1=\frac{1}{|\boldsymbol{\beta}_1|}\boldsymbol{\beta}_1=\boldsymbol{\alpha}_1$$

$$\boldsymbol{\eta}_2=\frac{1}{|\boldsymbol{\beta}_2|}\boldsymbol{\beta}_2=\frac{1}{\sqrt{10}}\boldsymbol{\alpha}_2$$

$$\boldsymbol{\eta}_3=\frac{1}{|\boldsymbol{\beta}_3|}\boldsymbol{\beta}_3$$

由于$(\boldsymbol{\beta}_3,\boldsymbol{\beta}_3)=\left(-1,\frac{1}{5},1\right)\boldsymbol{A}\left(-1,\frac{1}{5},1\right)'=\frac{3}{5}$，故$|\boldsymbol{\beta}_3|=\sqrt{\frac{3}{5}}$，从而$\boldsymbol{\eta}_3=\sqrt{\frac{5}{3}}\left(-\boldsymbol{\alpha}_1+\right.$

$\left.\frac{1}{5}\boldsymbol{\alpha}_2+\boldsymbol{\alpha}_3\right)=-\frac{\sqrt{15}}{3}\boldsymbol{\alpha}_1+\frac{\sqrt{15}}{15}\boldsymbol{\alpha}_2+\frac{\sqrt{15}}{3}\boldsymbol{\alpha}_3$. 于是 V 的一个标准正交基为:

$$\boldsymbol{\alpha}_1,\ \frac{\sqrt{10}}{10}\boldsymbol{\alpha}_2,\ -\frac{\sqrt{15}}{3}\boldsymbol{\alpha}_1+\frac{\sqrt{15}}{15}\boldsymbol{\alpha}_2+\frac{\sqrt{15}}{3}\boldsymbol{\alpha}_3$$

2. 在 Euclid 空间 $\mathbb{R}[x]_3$ 中，其指定的内积为

$$(f,\ g)=\int_0^1 f(x)g(x)\mathrm{d}x$$

求 $\mathbb{R}[x]_3$ 的一个正交基.

解: $\mathbb{R}[x]_3$ 的一个基为 1, x, x^2，对 1, x, x^2 做 Schmidt 正交化得 $\mathbb{R}[x]_3$ 的一个正交基:

$$\beta_1=1,$$

$$\beta_2=x-\frac{(x,\ \beta_1)}{(\beta_1,\ \beta_1)}\beta_1=x-\frac{\int_0^1 x\mathrm{d}x}{\int_0^1 1\mathrm{d}x}1=x-\frac{1}{2}$$

$$\begin{aligned}\beta_3&=x^2-\frac{(x^2,\ \beta_1)}{(\beta_1,\ \beta_1)}\beta_1-\frac{(x^2,\ \beta_2)}{(\beta_2,\ \beta_2)}\beta_2\\&=x^2-\frac{\int_0^1 x^2\mathrm{d}x}{\int_0^1 1\mathrm{d}x}\beta_1-\frac{\int_0^1 x^2\left(x-\frac{1}{2}\right)\mathrm{d}x}{\int_0^1\left(x-\frac{1}{2}\right)^2\mathrm{d}x}\left(x-\frac{1}{2}\right)\\&=x^2-x+\frac{1}{6}\end{aligned}$$

3. 在 $\mathbb{R}[x]_4$ 中给定一个内积为

$$(f,\ g)=\int_{-1}^1 f(x)g(x)\mathrm{d}x$$

求 $\mathbb{R}[x]_4$ 的一个正交基和一个标准正交基.

解: 取 $\mathbb{R}[x]_4$ 的一个基 x, x, x^2, x^3，对其做 Schmidt 正交化得

$$\beta_1=1,$$

$$\beta_2=x-\frac{(x,\ \beta_1)}{(\beta_1,\ \beta_1)}\beta_1=x-\frac{\int_{-1}^1 x\mathrm{d}x}{\int_{-1}^1 1\mathrm{d}x}1=x,$$

$$\beta_3=x^2-\frac{(x^2,\beta_1)}{(\beta_1,\beta_1)}\beta_1-\frac{(x^2,\beta_2)}{(\beta_2,\beta_2)}\beta_2$$

$$=x^2-\frac{\int_{-1}^{1}x^2\mathrm{d}x}{\int_{-1}^{1}1\mathrm{d}x}1-\frac{\int_{-1}^{1}x^2x\mathrm{d}x}{\int_{-1}^{1}x^2\mathrm{d}x}\beta_2=x^2-\frac{1}{3}$$

$$\beta_4=x^3-\frac{(x^3,\beta_1)}{(\beta_1,\beta_1)}\beta_1-\frac{(x^3,\beta_2)}{(\beta_2,\beta_2)}\beta_2-\frac{(x^3,\beta_3)}{(\beta_3,\beta_3)}\beta_3$$

$$=x^3-\frac{3}{5}x$$

4. 设 $\boldsymbol{\eta}_1$，$\boldsymbol{\eta}_2$，$\boldsymbol{\eta}_3$ 是 3 维 Euclid 空间 V 的一个标准正交基，令

$$\boldsymbol{\beta}_1=\frac{1}{3}(2\boldsymbol{\eta}_1-\boldsymbol{\eta}_2+2\boldsymbol{\eta}_3),\quad \boldsymbol{\beta}_2=\frac{1}{3}(2\boldsymbol{\eta}_1+2\boldsymbol{\eta}_2-\boldsymbol{\eta}_3),\quad \boldsymbol{\beta}_3=\frac{1}{3}(\boldsymbol{\eta}_1-2\boldsymbol{\eta}_2-2\boldsymbol{\eta}_3)$$

证明：$\boldsymbol{\beta}_1$，$\boldsymbol{\beta}_2$，$\boldsymbol{\beta}_3$ 也是 V 的一个标准正交基.

证明： 由题意

$$(\boldsymbol{\beta}_1,\boldsymbol{\beta}_2,\boldsymbol{\beta}_3)=(\boldsymbol{\eta}_1,\boldsymbol{\eta}_2,\boldsymbol{\eta}_3)\begin{pmatrix}\frac{2}{3}&\frac{2}{3}&\frac{1}{3}\\-\frac{1}{3}&\frac{2}{3}&-\frac{2}{3}\\\frac{2}{3}&-\frac{1}{3}&-\frac{2}{3}\end{pmatrix}$$

由教材中定理 2 知，只要验证从标准正交基到 $\boldsymbol{\beta}_1$，$\boldsymbol{\beta}_2$，$\boldsymbol{\beta}_3$ 的过渡矩阵是正交矩阵即可. 直接计算知

$$\frac{1}{3}\begin{pmatrix}2&2&1\\-1&2&-2\\2&-1&-2\end{pmatrix}\frac{1}{3}\begin{pmatrix}2&-1&2\\2&2&-1\\1&-2&-2\end{pmatrix}=\begin{pmatrix}1&0&0\\0&1&0\\0&0&1\end{pmatrix}$$

从而过渡矩阵是正交矩阵.

5. 设 $\boldsymbol{\eta}_1$，$\boldsymbol{\eta}_2$，$\boldsymbol{\eta}_3$，$\boldsymbol{\eta}_4$，$\boldsymbol{\eta}_5$ 是 5 维 Euclid 空间 V 的一个标准正交基. $V_1=\langle\boldsymbol{\alpha}_1,\boldsymbol{\alpha}_2,\boldsymbol{\alpha}_3\rangle$，其中

$$\boldsymbol{\alpha}_1=\boldsymbol{\eta}_1+2\boldsymbol{\eta}_3-\boldsymbol{\eta}_5,\quad \boldsymbol{\alpha}_2=\boldsymbol{\eta}_2-\boldsymbol{\eta}_3+\boldsymbol{\eta}_4,\quad \boldsymbol{\alpha}_3=-\boldsymbol{\eta}_2+\boldsymbol{\eta}_3+\boldsymbol{\eta}_5$$

(1) 求$(\boldsymbol{\alpha}_i,\boldsymbol{\alpha}_j)$，$1\leqslant i$，$j\leqslant 3$；

(2) 求 V_1 的一个正交基和一个标准正交基.

解: $\boldsymbol{\alpha}_1$ 在基 $\boldsymbol{\eta}_1, \boldsymbol{\eta}_2, \cdots, \boldsymbol{\eta}_5$ 下的坐标为 $\boldsymbol{X}_1=(1,0,2,0,-1)'$, $\boldsymbol{\alpha}_2$ 在基 $\boldsymbol{\eta}_1, \boldsymbol{\eta}_2, \cdots, \boldsymbol{\eta}_5$ 下的坐标为 $\boldsymbol{X}_2=(0,1,-1,1,0)'$, $\boldsymbol{\alpha}_3$ 在基 $\boldsymbol{\eta}_1, \boldsymbol{\eta}_2, \cdots, \boldsymbol{\eta}_5$ 下的坐标为 $\boldsymbol{X}_3=(0,-1,1,0,1)'$. V 中的内积(,)在标准正交基 $\boldsymbol{\eta}_1, \boldsymbol{\eta}_2, \cdots, \boldsymbol{\eta}_5$ 下的度量矩阵为 $\boldsymbol{I}$. 从而

(1) $(\boldsymbol{\alpha}_1,\boldsymbol{\alpha}_1)=\boldsymbol{X}_1'\boldsymbol{I}\boldsymbol{X}_1=6$, $(\boldsymbol{\alpha}_1,\boldsymbol{\alpha}_2)=\boldsymbol{X}_1'\boldsymbol{I}\boldsymbol{X}_2=-2$, $(\boldsymbol{\alpha}_1,\boldsymbol{\alpha}_3)=\boldsymbol{X}_1'\boldsymbol{I}\boldsymbol{X}_3=1$, $(\boldsymbol{\alpha}_2,\boldsymbol{\alpha}_3)=\boldsymbol{X}_2'\boldsymbol{I}\boldsymbol{X}_3=-2$, $(\boldsymbol{\alpha}_3,\boldsymbol{\alpha}_3)=\boldsymbol{X}_3'\boldsymbol{I}\boldsymbol{X}_3=3$, $(\boldsymbol{\alpha}_2,\boldsymbol{\alpha}_2)=\boldsymbol{X}_2'\boldsymbol{I}\boldsymbol{X}_2=3$.

(2)

$$(\boldsymbol{\alpha}_1,\boldsymbol{\alpha}_2,\boldsymbol{\alpha}_3)=(\boldsymbol{\eta}_1,\boldsymbol{\eta}_2,\boldsymbol{\eta}_3,\boldsymbol{\eta}_4,\boldsymbol{\eta}_5)\begin{pmatrix}1&0&0\\0&1&-1\\2&-1&1\\0&1&0\\-1&0&1\end{pmatrix}\xlongequal{\triangle}(\boldsymbol{\eta}_1,\boldsymbol{\eta}_2,\boldsymbol{\eta}_3,\boldsymbol{\eta}_4,\boldsymbol{\eta}_5)\boldsymbol{B}$$

由于在 $\boldsymbol{B}$ 中,有一个三阶子式不为零,故 $\operatorname{rank}(\boldsymbol{B})=3$,从而 $\operatorname{rank}\{\boldsymbol{\alpha}_1,\boldsymbol{\alpha}_2,\boldsymbol{\alpha}_3\}=3$. 因此 $\boldsymbol{\alpha}_1,\boldsymbol{\alpha}_2,\boldsymbol{\alpha}_3$ 是 V_1 的一个基. 对 $\boldsymbol{\alpha}_1,\boldsymbol{\alpha}_2,\boldsymbol{\alpha}_3$ 做 Schmidt 正交化得 V_1 的一个正交基:

$$\boldsymbol{\beta}_1=\boldsymbol{\alpha}_1,$$

$$\boldsymbol{\beta}_2=\boldsymbol{\alpha}_2-\frac{(\boldsymbol{\alpha}_2,\boldsymbol{\beta}_1)}{(\boldsymbol{\beta}_1,\boldsymbol{\beta}_1)}\boldsymbol{\beta}_1=\frac{1}{3}\boldsymbol{\alpha}_1+\boldsymbol{\alpha}_2,$$

$$\boldsymbol{\beta}_3=\boldsymbol{\alpha}_3-\frac{(\boldsymbol{\alpha}_3,\boldsymbol{\beta}_1)}{(\boldsymbol{\beta}_1,\boldsymbol{\beta}_1)}\boldsymbol{\beta}_1-\frac{(\boldsymbol{\alpha}_3,\boldsymbol{\beta}_2)}{(\boldsymbol{\beta}_2,\boldsymbol{\beta}_2)}\boldsymbol{\beta}_2=\frac{1}{14}\boldsymbol{\alpha}_1+\frac{5}{7}\boldsymbol{\alpha}_2+\boldsymbol{\alpha}_3.$$

其中$(\boldsymbol{\beta}_2,\boldsymbol{\beta}_2)=\left(\frac{1}{3}\boldsymbol{\alpha}_1+\boldsymbol{\alpha}_2,\frac{1}{3}\boldsymbol{\alpha}_1+\boldsymbol{\alpha}_2\right)=\frac{1}{9}(\boldsymbol{\alpha}_1,\boldsymbol{\alpha}_1)+\frac{2}{3}(\boldsymbol{\alpha}_1,\boldsymbol{\alpha}_2)+(\boldsymbol{\alpha}_2,\boldsymbol{\alpha}_2)=\frac{7}{3}$, $(\boldsymbol{\alpha}_3,\boldsymbol{\beta}_2)=\left(\boldsymbol{\alpha}_3,\frac{1}{3}\boldsymbol{\alpha}_1+\boldsymbol{\alpha}_2\right)=\frac{1}{3}(\boldsymbol{\alpha}_3,\boldsymbol{\alpha}_1)+(\boldsymbol{\alpha}_3,\boldsymbol{\alpha}_2)=-\frac{5}{3}$.

再单位化得 $\boldsymbol{\eta}_1=\frac{1}{|\boldsymbol{\beta}_1|}\boldsymbol{\beta}_1$, $\boldsymbol{\eta}_2=\frac{1}{|\boldsymbol{\beta}_2|}\boldsymbol{\beta}_2$, $\boldsymbol{\eta}_3=\frac{1}{|\boldsymbol{\beta}_3|}\boldsymbol{\beta}_3$,其中$(\boldsymbol{\beta}_1,\boldsymbol{\beta}_1)=(\boldsymbol{\alpha}_1,\boldsymbol{\alpha}_1)=6$, $(\boldsymbol{\beta}_2,\boldsymbol{\beta}_2)=\frac{7}{3}$, $(\boldsymbol{\beta}_3,\boldsymbol{\beta}_3)=\left(\frac{1}{14}\boldsymbol{\alpha}_1+\frac{5}{7}\boldsymbol{\alpha}_2+\boldsymbol{\alpha}_3,\frac{1}{14}\boldsymbol{\alpha}_1+\frac{5}{7}\boldsymbol{\alpha}_2+\boldsymbol{\alpha}_3\right)=\frac{1}{196}(\boldsymbol{\alpha}_1,\boldsymbol{\alpha}_1)=\frac{5}{98}(\boldsymbol{\alpha}_1,\boldsymbol{\alpha}_2)+\frac{1}{14}(\boldsymbol{\alpha}_1,\boldsymbol{\alpha}_3)+\frac{5}{98}(\boldsymbol{\alpha}_2,\boldsymbol{\alpha}_1)+\frac{25}{49}(\boldsymbol{\alpha}_2,\boldsymbol{\alpha}_2)+\frac{5}{7}(\boldsymbol{\alpha}_2,\boldsymbol{\alpha}_3)+\frac{1}{14}(\boldsymbol{\alpha}_3,\boldsymbol{\alpha}_1)+\frac{5}{7}(\boldsymbol{\alpha}_3,\boldsymbol{\alpha}_2)+(\boldsymbol{\alpha}_3,\boldsymbol{\alpha}_3)=\frac{23}{14}$. 从而 $\boldsymbol{\eta}_1=\frac{\sqrt{6}}{6}$, $\boldsymbol{\eta}_2=\frac{\sqrt{21}}{21}\boldsymbol{\alpha}_1+\frac{\sqrt{21}}{7}$, $\boldsymbol{\eta}_3=\frac{\sqrt{322}}{322}\boldsymbol{\alpha}_1+\frac{5\sqrt{322}}{161}\boldsymbol{\alpha}_2+\frac{\sqrt{322}}{23}\boldsymbol{\alpha}_3$. 事实上(,)在 $\boldsymbol{\alpha}_1,\boldsymbol{\alpha}_2,\boldsymbol{\alpha}_3$ 下的度量矩阵与(,)在 $\boldsymbol{\eta}_1,\boldsymbol{\eta}_2,\boldsymbol{\eta}_3,\boldsymbol{\eta}_4,\boldsymbol{\eta}_5$ 下的度量矩阵的关系为

$$\begin{pmatrix}(\boldsymbol{\alpha}_1,\boldsymbol{\alpha}_1) & (\boldsymbol{\alpha}_1,\boldsymbol{\alpha}_2) & (\boldsymbol{\alpha}_1,\boldsymbol{\alpha}_3)\\(\boldsymbol{\alpha}_2,\boldsymbol{\alpha}_1) & (\boldsymbol{\alpha}_2,\boldsymbol{\alpha}_2) & (\boldsymbol{\alpha}_2,\boldsymbol{\alpha}_3)\\(\boldsymbol{\alpha}_3,\boldsymbol{\alpha}_1) & (\boldsymbol{\alpha}_3,\boldsymbol{\alpha}_2) & (\boldsymbol{\alpha}_3,\boldsymbol{\alpha}_3)\end{pmatrix}=\begin{pmatrix}1&0&0\\0&1&-1\\2&-1&1\\0&1&0\\-1&0&1\end{pmatrix}'\begin{pmatrix}(\boldsymbol{\eta}_1,\boldsymbol{\eta}_1)&\cdots&(\boldsymbol{\eta}_1,\boldsymbol{\eta}_5)\\\vdots&&\vdots\\(\boldsymbol{\eta}_5,\boldsymbol{\eta}_1)&\cdots&(\boldsymbol{\eta}_5,\boldsymbol{\eta}_5)\end{pmatrix}\begin{pmatrix}1&0&0\\0&1&-1\\2&-1&1\\0&1&0\\-1&0&1\end{pmatrix}$$

本题推出了

$$(\boldsymbol{\beta}_1,\boldsymbol{\beta}_2,\boldsymbol{\beta}_3)=(\boldsymbol{\alpha}_1,\boldsymbol{\alpha}_2,\boldsymbol{\alpha}_3)\begin{pmatrix}1&\frac{1}{3}&\frac{1}{14}\\0&1&\frac{5}{7}\\0&0&1\end{pmatrix}$$

则

$$\begin{pmatrix}(\boldsymbol{\beta}_1,\boldsymbol{\beta}_1) & (\boldsymbol{\beta}_1,\boldsymbol{\beta}_2) & (\boldsymbol{\beta}_1,\boldsymbol{\beta}_3)\\(\boldsymbol{\beta}_2,\boldsymbol{\beta}_1) & (\boldsymbol{\beta}_2,\boldsymbol{\beta}_2) & (\boldsymbol{\beta}_2,\boldsymbol{\beta}_3)\\(\boldsymbol{\beta}_3,\boldsymbol{\beta}_1) & (\boldsymbol{\beta}_3,\boldsymbol{\beta}_2) & (\boldsymbol{\beta}_3,\boldsymbol{\beta}_3)\end{pmatrix}$$

$$=\begin{pmatrix}1&0&0\\\frac{1}{3}&1&0\\\frac{1}{14}&\frac{5}{7}&1\end{pmatrix}\begin{pmatrix}(\boldsymbol{\alpha}_1,\boldsymbol{\alpha}_1) & (\boldsymbol{\alpha}_1,\boldsymbol{\alpha}_2) & (\boldsymbol{\alpha}_1,\boldsymbol{\alpha}_3)\\(\boldsymbol{\alpha}_2,\boldsymbol{\alpha}_1) & (\boldsymbol{\alpha}_2,\boldsymbol{\alpha}_2) & (\boldsymbol{\alpha}_2,\boldsymbol{\alpha}_3)\\(\boldsymbol{\alpha}_3,\boldsymbol{\alpha}_1) & (\boldsymbol{\alpha}_3,\boldsymbol{\alpha}_2) & (\boldsymbol{\alpha}_3,\boldsymbol{\alpha}_3)\end{pmatrix}\begin{pmatrix}1&\frac{1}{3}&\frac{1}{14}\\0&1&\frac{5}{7}\\0&0&1\end{pmatrix}$$

$$=\begin{pmatrix}1&0&0\\\frac{1}{3}&1&0\\\frac{1}{14}&\frac{5}{7}&1\end{pmatrix}\begin{pmatrix}1&0&2&0&-1\\0&1&-1&1&0\\0&-1&1&0&1\end{pmatrix}\begin{pmatrix}1&0&0\\0&1&-1\\2&-1&1\\0&1&0\\-1&0&1\end{pmatrix}\begin{pmatrix}1&\frac{1}{3}&\frac{1}{14}\\0&1&\frac{5}{7}\\0&0&1\end{pmatrix}=\begin{pmatrix}6&0&0\\0&\frac{7}{3}&0\\0&0&\frac{23}{14}\end{pmatrix}$$

6. 已知一个 3×5 实矩阵

$$\boldsymbol{A}=\begin{pmatrix}1&-1&2&0&3\\2&0&-1&1&4\\-1&1&1&0&-2\end{pmatrix},$$

求一个 5×2 实矩阵 $\boldsymbol{B}$，使得 $\boldsymbol{AB}=\boldsymbol{0}$，且 $\boldsymbol{B}$ 的列向量组是正交单位向量组（$\mathbb{R}^5$ 中指定标准内积）.

解：由 $\boldsymbol{AB}=\boldsymbol{0}$得，$\boldsymbol{B}$ 的每一列是齐次方程组 $\boldsymbol{AX}=\boldsymbol{0}$的一非零解. 先求得 $\boldsymbol{AX}=\boldsymbol{0}$的一

个基础解系：

$$\boldsymbol{\alpha}_1=(1,1,0,-2,0)',\quad \boldsymbol{\alpha}_2=(12,-1,2,0,-6)'.$$

由于要求 $\boldsymbol{B}$ 的列向量组是正交向量组，因此 $\boldsymbol{B}$ 的列向量组应当线性无关. 由于 $\boldsymbol{B}$ 恰好有两列，因此应当把 $\boldsymbol{\alpha}_1$，$\boldsymbol{\alpha}_2$ 经过 Schmidt 正交化变成正交向量组：$\boldsymbol{\beta}_1=\boldsymbol{\alpha}_1$，$\boldsymbol{\beta}_2=\boldsymbol{\alpha}_2-\dfrac{(\boldsymbol{\alpha}_2,\boldsymbol{\beta}_1)}{(\boldsymbol{\beta}_1,\boldsymbol{\beta}_1)}\boldsymbol{\beta}_1=-2\boldsymbol{\alpha}_1+\boldsymbol{\alpha}_2$，再单位化得 $\boldsymbol{\eta}_1=\dfrac{\sqrt{6}}{6}\boldsymbol{\alpha}_1$，$\boldsymbol{\eta}_2=-\dfrac{\sqrt{186}}{93}\boldsymbol{\alpha}_1+\dfrac{\sqrt{186}}{186}\boldsymbol{\alpha}_2$，其中$(\boldsymbol{\beta}_2,\boldsymbol{\beta}_2)=(-2\boldsymbol{\alpha}_1+\boldsymbol{\alpha}_2,-2\boldsymbol{\alpha}_1+\boldsymbol{\alpha}_2)=4(\boldsymbol{\alpha}_1,\boldsymbol{\alpha}_1)-4(\boldsymbol{\alpha}_1,\boldsymbol{\alpha}_2)+(\boldsymbol{\alpha}_2,\boldsymbol{\alpha}_2)=186$. 因此 $\boldsymbol{B}$ 的列向量组为：$\left(\dfrac{\sqrt{6}}{6},\dfrac{\sqrt{6}}{6},0,-\dfrac{\sqrt{6}}{3},0\right)'$，$\left(\dfrac{11\sqrt{186}}{186},-\dfrac{\sqrt{186}}{62},\dfrac{\sqrt{186}}{93},\dfrac{2\sqrt{186}}{93},-\dfrac{\sqrt{186}}{31}\right)'$.

7. 在实内积空间 $C[0,2\pi]$中，指定的内积为

$$(f,g)=\int_0^{2\pi}f(x)g(x)\mathrm{d}x,$$

证明：$C[0,2\pi]$的一个子集

$$S=\left\{\frac{1}{\sqrt{2\pi}},\frac{1}{\sqrt{\pi}}\cos nx,\frac{1}{\sqrt{\pi}}\sin nx\,\middle|\,n\in\mathbb{Z},n\geqslant 1\right\}$$

是一个正交规范集(即 S 中每个向量是单位向量，且任意两个不同的向量都正交).

证明： 对任意 $l\in\mathbb{Z}$，且 $l\neq 0$，有

$$\int_0^{2\pi}\cos lx\mathrm{d}x=\frac{1}{l}\sin lx\Big|_0^{2\pi}=0$$

$$\int_0^{2\pi}\sin lx\mathrm{d}x=-\frac{1}{l}\cos lx\Big|_0^{2\pi}=0$$

对任意 $n,m\in\mathbb{Z}$，且 $n\geqslant 1$，$m\geqslant 1$，有

$$\left(\frac{1}{\sqrt{2\pi}},\frac{1}{\sqrt{\pi}}\cos nx\right)=\int_0^{2\pi}\frac{1}{\sqrt{2\pi}}\cdot\frac{1}{\sqrt{\pi}}\cos nx\mathrm{d}x=0$$

$$\left(\frac{1}{\sqrt{2\pi}},\frac{1}{\sqrt{\pi}}\sin nx\right)=\int_0^{2\pi}\frac{1}{\sqrt{2\pi}}\cdot\frac{1}{\sqrt{\pi}}\sin nx\mathrm{d}x=0$$

$$\begin{aligned}\left(\frac{1}{\sqrt{\pi}}\cos nx,\frac{1}{\sqrt{\pi}}\sin mx\right)&=\int_0^{2\pi}\frac{1}{\sqrt{\pi}}\cdot\frac{1}{\sqrt{\pi}}\cos nx\cdot\sin mx\mathrm{d}x\\&=\frac{1}{\pi}\int_0^{2\pi}[\sin(n+m)x-\sin(n-m)x]\mathrm{d}x=0\end{aligned}$$

进一步，当 $n\neq m$ 时，有

$$\left(\frac{1}{\sqrt{\pi}}\cos nx, \frac{1}{\sqrt{\pi}}\cos mx\right)=\int_0^{2\pi}\frac{1}{\sqrt{\pi}}\frac{1}{\sqrt{\pi}}\cos nx\cdot\cos mx\mathrm{d}x$$
$$=\frac{1}{\pi}\int_0^{2\pi}\frac{1}{2}[\cos(n+m)x+\cos(n-m)x]\mathrm{d}x=0$$

$$\left(\frac{1}{\sqrt{\pi}}\sin nx, \frac{1}{\sqrt{\pi}}\sin mx\right)=\int_0^{2\pi}\frac{1}{\sqrt{\pi}}\frac{1}{\sqrt{\pi}}\sin nx\cdot\sin mx\mathrm{d}x$$
$$=\frac{1}{\pi}\int_0^{2\pi}-\frac{1}{2}[\cos(n+m)x-\cos(n-m)x]\mathrm{d}x=0$$

因此，S 中任意两个不同的向量都正交. 由于

$$\left(\frac{1}{\sqrt{2\pi}}, \frac{1}{\sqrt{2\pi}}\right)=\int_0^{2\pi}\frac{1}{\sqrt{2\pi}}\cdot\frac{1}{\sqrt{2\pi}}\mathrm{d}x=1$$

$$\left(\frac{1}{\sqrt{\pi}}\cos nx, \frac{1}{\sqrt{\pi}}\cos nx\right)=\int_0^{2\pi}\frac{1}{\sqrt{\pi}}\frac{1}{\sqrt{\pi}}\cos^2 nx\mathrm{d}x=1$$

$$\left(\frac{1}{\sqrt{\pi}}\sin nx, \frac{1}{\sqrt{\pi}}\sin nx\right)=\int_0^{2\pi}\frac{1}{\sqrt{\pi}}\frac{1}{\sqrt{\pi}}\sin^2 nx\mathrm{d}x=1$$

因此 S 中每个向量都是单位向量，从而 S 是正交规范集.

8. 设 $\boldsymbol{\alpha}_1, \boldsymbol{\alpha}_2, \cdots, \boldsymbol{\alpha}_m$ 是 n 维 Euclid 空间 V 的一组向量，

$$\boldsymbol{A}=\begin{pmatrix}(\boldsymbol{\alpha}_1, \boldsymbol{\alpha}_1) & (\boldsymbol{\alpha}_1, \boldsymbol{\alpha}_2) & \cdots & (\boldsymbol{\alpha}_1, \boldsymbol{\alpha}_m)\\(\boldsymbol{\alpha}_2, \boldsymbol{\alpha}_1) & (\boldsymbol{\alpha}_2, \boldsymbol{\alpha}_2) & \cdots & (\boldsymbol{\alpha}_2, \boldsymbol{\alpha}_m)\\\vdots & \vdots & & \vdots\\(\boldsymbol{\alpha}_m, \boldsymbol{\alpha}_1) & (\boldsymbol{\alpha}_m, \boldsymbol{\alpha}_2) & \cdots & (\boldsymbol{\alpha}_m, \boldsymbol{\alpha}_m)\end{pmatrix}$$

称 $\boldsymbol{A}$ 是向量组 $\boldsymbol{\alpha}_1, \boldsymbol{\alpha}_2, \cdots, \boldsymbol{\alpha}_m$ 的 **Gram** 矩阵，记作 $\boldsymbol{G}(\boldsymbol{\alpha}_1, \boldsymbol{\alpha}_2, \cdots, \boldsymbol{\alpha}_m)$，把 $|\boldsymbol{A}|$ 称为这个向量组的 **Gram** 行列式. 证明：$|\boldsymbol{G}(\boldsymbol{\alpha}_1, \boldsymbol{\alpha}_2, \cdots, \boldsymbol{\alpha}_m)|\geqslant 0$，等号成立当且仅当 $\boldsymbol{\alpha}_1, \boldsymbol{\alpha}_2, \cdots, \boldsymbol{\alpha}_m$ 线性相关.

证明： 情形 1：$\boldsymbol{\alpha}_1, \boldsymbol{\alpha}_2, \cdots, \boldsymbol{\alpha}_m$ 线性无关. 令

$$V_1=\langle\boldsymbol{\alpha}_1, \boldsymbol{\alpha}_2, \cdots, \boldsymbol{\alpha}_m\rangle$$

则 $\boldsymbol{\alpha}_1, \boldsymbol{\alpha}_2, \cdots, \boldsymbol{\alpha}_m$ 是 V_1 的一个基. 把 V 的内积限制到 V_1 上成为 V_1 上的一个内积，它在 V_1 的基 $\boldsymbol{\alpha}_1, \boldsymbol{\alpha}_2, \cdots, \boldsymbol{\alpha}_m$ 下的度量矩阵正好是 $\boldsymbol{A}$. 于是 $\boldsymbol{A}$ 是正定矩阵，从而 $\det(\boldsymbol{A})>0$.

情形 2：$\boldsymbol{\alpha}_1, \boldsymbol{\alpha}_2, \cdots, \boldsymbol{\alpha}_m$ 线性相关，则有一组不为 0 的数 $k_1, k_2, \cdots, k_m$，使得 $k_1\boldsymbol{\alpha}_1 + k_2\boldsymbol{\alpha}_2 + \cdots + k_m\boldsymbol{\alpha}_m = \mathbf{0}$. 从而

$$\boldsymbol{A}\begin{pmatrix} k_1 \\ k_2 \\ \vdots \\ k_m \end{pmatrix} = \begin{pmatrix} k_1(\boldsymbol{\alpha}_1, \boldsymbol{\alpha}_1) + k_2(\boldsymbol{\alpha}_1, \boldsymbol{\alpha}_2) + \cdots + k_m(\boldsymbol{\alpha}_1, \boldsymbol{\alpha}_m) \\ k_1(\boldsymbol{\alpha}_2, \boldsymbol{\alpha}_1) + k_2(\boldsymbol{\alpha}_2, \boldsymbol{\alpha}_2) + \cdots + k_m(\boldsymbol{\alpha}_2, \boldsymbol{\alpha}_m) \\ \vdots \\ k_1(\boldsymbol{\alpha}_m, \boldsymbol{\alpha}_1) + k_2(\boldsymbol{\alpha}_m, \boldsymbol{\alpha}_2) + \cdots + k_m(\boldsymbol{\alpha}_m \boldsymbol{\alpha}_m) \end{pmatrix}$$

$$= \begin{pmatrix} (\boldsymbol{\alpha}_1, k_1\boldsymbol{\alpha}_1 + k_2\boldsymbol{\alpha}_2 + \cdots + k_m\boldsymbol{\alpha}_m) \\ (\boldsymbol{\alpha}_2, k_1\boldsymbol{\alpha}_1 + k_2\boldsymbol{\alpha}_2 + \cdots + k_m\boldsymbol{\alpha}_m) \\ \vdots \\ (\boldsymbol{\alpha}_m, k_1\boldsymbol{\alpha}_1 + k_2\boldsymbol{\alpha}_2 + \cdots + k_m\boldsymbol{\alpha}_m) \end{pmatrix}$$

$$= \begin{pmatrix} (\boldsymbol{\alpha}_1, 0) \\ (\boldsymbol{\alpha}_2, 0) \\ \vdots \\ (\boldsymbol{\alpha}_m, 0) \end{pmatrix} = \begin{pmatrix} 0 \\ 0 \\ \vdots \\ 0 \end{pmatrix}$$

于是齐次方程组 $\boldsymbol{AX} = \mathbf{0}$ 有非零解，从而 $\det(\boldsymbol{A}) = 0$.

9. 在几何空间 V(把 V 等同于 $\mathbb{R}^3$，在 $\mathbb{R}^3$ 指定标准内积)中，分别计算不共线的向量组 $\boldsymbol{\alpha}_1, \boldsymbol{\alpha}_2$ 和向量组 $\boldsymbol{\alpha}_1, \boldsymbol{\alpha}_2, \boldsymbol{\alpha}_3$ 的 **Gram** 行列式，并说出它们的几何意义.

解：

$$|G(\boldsymbol{\alpha}_1, \boldsymbol{\alpha}_2)| = \begin{vmatrix} (\boldsymbol{\alpha}_1, \boldsymbol{\alpha}_1) & (\boldsymbol{\alpha}_1, \boldsymbol{\alpha}_2) \\ (\boldsymbol{\alpha}_2, \boldsymbol{\alpha}_1) & (\boldsymbol{\alpha}_2, \boldsymbol{\alpha}_2) \end{vmatrix} = |\boldsymbol{\alpha}_1|^2 \cdot |\boldsymbol{\alpha}_2|^2 - (\boldsymbol{\alpha}_1, \boldsymbol{\alpha}_2)^2$$

$$= |\boldsymbol{\alpha}_1|^2 |\boldsymbol{\alpha}_2|^2 - |\boldsymbol{\alpha}_1|^2 |\boldsymbol{\alpha}_2|^2 \cdot \cos^2\langle \boldsymbol{\alpha}_1, \boldsymbol{\alpha}_2 \rangle$$

$$= |\boldsymbol{\alpha}_1|^2 \cdot |\boldsymbol{\alpha}_2|^2 \cdot \sin^2\langle \boldsymbol{\alpha}_1, \boldsymbol{\alpha}_2 \rangle$$

$$= (|\boldsymbol{\alpha}_1| \cdot |\boldsymbol{\alpha}_2| \cdot \sin\langle \boldsymbol{\alpha}_1, \boldsymbol{\alpha}_2 \rangle)^2.$$

于是 $|G(\boldsymbol{\alpha}_1, \boldsymbol{\alpha}_2)|$ 是以 $\boldsymbol{\alpha}_1, \boldsymbol{\alpha}_2$ 为邻边的平行四边形面积的平方.

$$|G(\boldsymbol{\alpha}_1, \boldsymbol{\alpha}_2, \boldsymbol{\alpha}_3)| = \begin{vmatrix} (\boldsymbol{\alpha}_1, \boldsymbol{\alpha}_1) & (\boldsymbol{\alpha}_1, \boldsymbol{\alpha}_2) & (\boldsymbol{\alpha}_1, \boldsymbol{\alpha}_3) \\ (\boldsymbol{\alpha}_2, \boldsymbol{\alpha}_1) & (\boldsymbol{\alpha}_2, \boldsymbol{\alpha}_2) & (\boldsymbol{\alpha}_2, \boldsymbol{\alpha}_3) \\ (\boldsymbol{\alpha}_3, \boldsymbol{\alpha}_1) & (\boldsymbol{\alpha}_3, \boldsymbol{\alpha}_2) & (\boldsymbol{\alpha}_3, \boldsymbol{\alpha}_3) \end{vmatrix} = \begin{vmatrix} \boldsymbol{\alpha}_1'\boldsymbol{\alpha}_1 & \boldsymbol{\alpha}_1'\boldsymbol{\alpha}_2 & \boldsymbol{\alpha}_1'\boldsymbol{\alpha}_3 \\ \boldsymbol{\alpha}_2'\boldsymbol{\alpha}_1 & \boldsymbol{\alpha}_2'\boldsymbol{\alpha}_2 & \boldsymbol{\alpha}_2'\boldsymbol{\alpha}_3 \\ \boldsymbol{\alpha}_3'\boldsymbol{\alpha}_1 & \boldsymbol{\alpha}_3'\boldsymbol{\alpha}_2 & \boldsymbol{\alpha}_3'\boldsymbol{\alpha}_3 \end{vmatrix}$$

$$= \left| \begin{pmatrix} \boldsymbol{\alpha}_1' \\ \boldsymbol{\alpha}_2' \\ \boldsymbol{\alpha}_3' \end{pmatrix} (\boldsymbol{\alpha}_1, \boldsymbol{\alpha}_2, \boldsymbol{\alpha}_3) \right| = \left| \begin{pmatrix} \boldsymbol{\alpha}_1' \\ \boldsymbol{\alpha}_2' \\ \boldsymbol{\alpha}_3' \end{pmatrix} \right| \cdot |(\boldsymbol{\alpha}_1, \boldsymbol{\alpha}_2, \boldsymbol{\alpha}_3)|$$

$$= |(\boldsymbol{\alpha}_1, \boldsymbol{\alpha}_2, \boldsymbol{\alpha}_3)'| \cdot |(\boldsymbol{\alpha}_1, \boldsymbol{\alpha}_2, \boldsymbol{\alpha}_3)| = |(\boldsymbol{\alpha}_1, \boldsymbol{\alpha}_2, \boldsymbol{\alpha}_3)|^2$$

$$= (\boldsymbol{\alpha}_1 \times \boldsymbol{\alpha}_2 \cdot \boldsymbol{\alpha}_3)^2$$

于是$|G(\boldsymbol{\alpha}_1,\boldsymbol{\alpha}_2,\boldsymbol{\alpha}_3)|$是以$\boldsymbol{\alpha}_1$，$\boldsymbol{\alpha}_2$，$\boldsymbol{\alpha}_3$为邻边且定向为$(\boldsymbol{\alpha}_1,\boldsymbol{\alpha}_2,\boldsymbol{\alpha}_3)$的平行六面体的定向体积的平方.

10. 从第9题受到启发，在n维Euclid空间V中，把线性无关的向量组$\boldsymbol{\alpha}_1$，$\boldsymbol{\alpha}_2$，…，$\boldsymbol{\alpha}_m$的**Gram**行列式$|\boldsymbol{G}(\boldsymbol{\alpha}_1,\boldsymbol{\alpha}_2,\cdots,\boldsymbol{\alpha}_m)|$称为由向量组$\boldsymbol{\alpha}_1$，$\boldsymbol{\alpha}_2$，…，$\boldsymbol{\alpha}_m$张成的"$m$维平行$2m$面体"的体积的平方. 在$\mathbb{R}^4$(内积为标准内积)中，计算向量组

$$\boldsymbol{\alpha}_1=(1,1,1,1)',\quad \boldsymbol{\alpha}_2=(1,1,1,0)',\quad \boldsymbol{\alpha}_3=(1,1,0,0)',\quad \boldsymbol{\alpha}_4=(1,0,0,0)'$$

张成的"4维平行8面体"的体积的平方.

解: 由于$(\boldsymbol{\alpha}_1,\boldsymbol{\alpha}_1)=4$，$(\boldsymbol{\alpha}_1,\boldsymbol{\alpha}_2)=3$，$(\boldsymbol{\alpha}_1,\boldsymbol{\alpha}_3)=2$，$(\boldsymbol{\alpha}_1,\boldsymbol{\alpha}_4)=1$，$(\boldsymbol{\alpha}_2,\boldsymbol{\alpha}_2)=3$，$(\boldsymbol{\alpha}_2,\boldsymbol{\alpha}_3)=2$，$(\boldsymbol{\alpha}_2,\boldsymbol{\alpha}_4)=1$，$(\boldsymbol{\alpha}_3,\boldsymbol{\alpha}_3)=2$，$(\boldsymbol{\alpha}_3,\boldsymbol{\alpha}_4)=1$，$(\boldsymbol{\alpha}_4,\boldsymbol{\alpha}_4)=1$，因此

$$|G(\boldsymbol{\alpha}_1,\boldsymbol{\alpha}_2,\boldsymbol{\alpha}_3,\boldsymbol{\alpha}_4)|=\begin{vmatrix}4&3&2&1\\3&3&2&1\\2&2&2&1\\1&1&1&1\end{vmatrix}=1$$

从而由$\boldsymbol{\alpha}_1$，$\boldsymbol{\alpha}_2$，$\boldsymbol{\alpha}_3$，$\boldsymbol{\alpha}_4$张成的4维平行8面体的体积的平方等于1.

11. 设V是n维Euclid空间，V中线性无关的向量组$\boldsymbol{\alpha}_1$，$\boldsymbol{\alpha}_2$，…，$\boldsymbol{\alpha}_m$经过Schmidt正交化变成正交向量组$\boldsymbol{\beta}_1$，$\boldsymbol{\beta}_2$，…，$\boldsymbol{\beta}_m$. 证明

$$|G(\boldsymbol{\alpha}_1,\boldsymbol{\alpha}_2,\cdots,\boldsymbol{\alpha}_m)|=|G(\boldsymbol{\beta}_1,\boldsymbol{\beta}_2,\cdots,\boldsymbol{\beta}_m)|=|\boldsymbol{\beta}_1|^2|\boldsymbol{\beta}_2|^2\cdots|\boldsymbol{\beta}_m|^2.$$

证明:
$$(\boldsymbol{\alpha}_1,\boldsymbol{\alpha}_2,\cdots,\boldsymbol{\alpha}_m)=(\boldsymbol{\eta}_1,\boldsymbol{\eta}_2,\cdots,\boldsymbol{\eta}_n)\cdot\boldsymbol{P}$$

其中$\boldsymbol{P}=(\boldsymbol{X}_1,\boldsymbol{X}_2,\cdots,\boldsymbol{X}_m)$是$n\times m$矩阵. 由已知条件得

$$(\boldsymbol{\beta}_1,\boldsymbol{\beta}_2,\cdots,\boldsymbol{\beta}_m)=(\boldsymbol{\alpha}_1,\boldsymbol{\alpha}_2,\cdots,\boldsymbol{\alpha}_m)\boldsymbol{A}$$

其中$\boldsymbol{A}$是m级上三角矩阵，其主对角元全为1(见教材命题6的证明过程)，从而$|\boldsymbol{A}|=1$. 由上述两个等式得

$$(\boldsymbol{\beta}_1,\boldsymbol{\beta}_2,\cdots,\boldsymbol{\beta}_m)=(\boldsymbol{\eta}_1,\boldsymbol{\eta}_2,\cdots,\boldsymbol{\eta}_n)\cdot\boldsymbol{PA}$$

于是$\boldsymbol{PA}$的列向量分别是$\boldsymbol{\beta}_1$，$\boldsymbol{\beta}_2$，…，$\boldsymbol{\beta}_m$在标准正交基$\boldsymbol{\eta}_1$，$\boldsymbol{\eta}_2$，…，$\boldsymbol{\eta}_n$下的坐标$\boldsymbol{Y}_1$，$\boldsymbol{Y}_2$，…，$\boldsymbol{Y}_m$.

$$|G(\boldsymbol{\beta}_1,\boldsymbol{\beta}_2,\cdots,\boldsymbol{\beta}_m)|=\begin{vmatrix}\boldsymbol{Y}_1'\boldsymbol{Y}_1&\boldsymbol{Y}_1'\boldsymbol{Y}_2&\cdots&\boldsymbol{Y}_1'\boldsymbol{Y}_m\\\boldsymbol{Y}_2'\boldsymbol{Y}_1&\boldsymbol{Y}_2'\boldsymbol{Y}_2&\cdots&\boldsymbol{Y}_2'\boldsymbol{Y}_m\\\vdots&\vdots&&\vdots\\\boldsymbol{Y}_m'\boldsymbol{Y}_1&\boldsymbol{Y}_m'\boldsymbol{Y}_2&\cdots&\boldsymbol{Y}_m'\boldsymbol{Y}_m\end{vmatrix}=\left|\begin{pmatrix}\boldsymbol{Y}_1'\\\boldsymbol{Y}_2'\\\vdots\\\boldsymbol{Y}_m'\end{pmatrix}(\boldsymbol{Y}_1,\boldsymbol{Y}_2,\cdots,\boldsymbol{Y}_m)\right|$$

$$= |(\boldsymbol{PA})'(\boldsymbol{PA})| = |\boldsymbol{A}'\boldsymbol{P}'\boldsymbol{PA}| = |\boldsymbol{A}|^2 \left| \begin{pmatrix} \boldsymbol{X}_1' \\ \boldsymbol{X}_2' \\ \vdots \\ \boldsymbol{X}_m' \end{pmatrix} (\boldsymbol{X}_1, \boldsymbol{X}_2, \cdots, \boldsymbol{X}_m) \right|$$

$$= |G(\boldsymbol{\alpha}_1, \boldsymbol{\alpha}_2, \cdots, \boldsymbol{\alpha}_m)|$$

由于 $\boldsymbol{\beta}_1, \boldsymbol{\beta}_2, \cdots, \boldsymbol{\beta}_m$ 是正交向量组，因此

$$|G(\boldsymbol{\beta}_1, \boldsymbol{\beta}_2, \cdots, \boldsymbol{\beta}_m)| = |\mathrm{diag}\{(\boldsymbol{\beta}_1, \boldsymbol{\beta}_1), (\boldsymbol{\beta}_2, \boldsymbol{\beta}_2), \cdots, (\boldsymbol{\beta}_m, \boldsymbol{\beta}_m)\}|$$
$$= |\boldsymbol{\beta}_1|^2 |\boldsymbol{\beta}_2|^2 \cdots |\boldsymbol{\beta}_m|^2$$

12. 设 $\boldsymbol{\alpha}_1, \boldsymbol{\alpha}_2, \cdots, \boldsymbol{\alpha}_m$ 是 n 维 Euclid 空间 V 的一个由非零向量组成的向量组，证明：

$$|G(\boldsymbol{\alpha}_1, \boldsymbol{\alpha}_2, \cdots, \boldsymbol{\alpha}_m)| \leqslant |\boldsymbol{\alpha}_1|^2 |\boldsymbol{\alpha}_2|^2 \cdots |\boldsymbol{\alpha}_m|^2$$

等号成立当且仅当 $\boldsymbol{\alpha}_1, \boldsymbol{\alpha}_2, \cdots, \boldsymbol{\alpha}_m$ 是正交向量组.

证明： 情形 1：$\boldsymbol{\alpha}_1, \boldsymbol{\alpha}_2, \cdots, \boldsymbol{\alpha}_m$ 线性无关. 做 Schmidt 正交化，令 $\boldsymbol{\beta}_1 = \boldsymbol{\alpha}_1$，$\boldsymbol{\beta}_2 = \boldsymbol{\alpha}_2 - \frac{(\boldsymbol{\alpha}_2, \boldsymbol{\beta}_1)}{(\boldsymbol{\beta}_1, \boldsymbol{\beta}_1)}\boldsymbol{\beta}_1$，$\boldsymbol{\beta}_m = \boldsymbol{\alpha}_m - \sum_{j=1}^{m-1} \frac{(\boldsymbol{\alpha}_m, \boldsymbol{\beta}_j)}{(\boldsymbol{\beta}_j, \boldsymbol{\beta}_j)}\boldsymbol{\beta}_j$，则 $\boldsymbol{\beta}_1, \boldsymbol{\beta}_2, \cdots, \boldsymbol{\beta}_m$ 是正交向量组. 对于 $i \in \{2, 3, \cdots, m\}$，根据推广的勾股定理得

$$\left| \sum_{j=1}^{i-1} \frac{(\boldsymbol{\alpha}_i, \boldsymbol{\beta}_j)}{(\boldsymbol{\beta}_j, \boldsymbol{\beta}_j)}\boldsymbol{\beta}_j \right|^2 = \sum_{j=1}^{i-1} \left| \frac{(\boldsymbol{\alpha}_i, \boldsymbol{\beta}_j)}{(\boldsymbol{\beta}_j, \boldsymbol{\beta}_j)}\boldsymbol{\beta}_j \right|^2 = \sum_{j=1}^{i-1} \frac{(\boldsymbol{\alpha}_i, \boldsymbol{\beta}_j)^2}{|\boldsymbol{\beta}_j|^2}$$

于是

$$|\boldsymbol{\beta}_i|^2 = (\boldsymbol{\beta}_i, \boldsymbol{\beta}_i) = \left(\boldsymbol{\alpha}_i - \sum_{j=1}^{i-1} \frac{(\boldsymbol{\alpha}_i, \boldsymbol{\beta}_j)}{(\boldsymbol{\beta}_j, \boldsymbol{\beta}_j)}\boldsymbol{\beta}_j, \boldsymbol{\alpha}_i - \sum_{j=1}^{i-1} \frac{(\boldsymbol{\alpha}_i, \boldsymbol{\beta}_j)}{(\boldsymbol{\beta}_j, \boldsymbol{\beta}_j)}\boldsymbol{\beta}_j \right)$$
$$= |\boldsymbol{\alpha}_i|^2 - 2\sum_{j=1}^{i-1} \frac{(\boldsymbol{\alpha}_i, \boldsymbol{\beta}_j)}{(\boldsymbol{\beta}_j, \boldsymbol{\beta}_j)}(\boldsymbol{\alpha}_i, \boldsymbol{\beta}_j) + \left| \sum_{j=1}^{i-1} \frac{(\boldsymbol{\alpha}_i, \boldsymbol{\beta}_j)}{(\boldsymbol{\beta}_j, \boldsymbol{\beta}_j)}\boldsymbol{\beta}_j \right|^2$$
$$= |\boldsymbol{\alpha}_i|^2 - \sum_{j=1}^{i-1} \frac{(\boldsymbol{\alpha}_i, \boldsymbol{\beta}_j)^2}{|\boldsymbol{\beta}_j|^2} \leqslant |\boldsymbol{\alpha}_i|^2$$

根据第 11 题得

$$|G(\boldsymbol{\alpha}_1, \boldsymbol{\alpha}_2, \cdots, \boldsymbol{\alpha}_m)| = |G(\boldsymbol{\beta}_1, \boldsymbol{\beta}_2, \cdots, \boldsymbol{\beta}_m)| = |\boldsymbol{\beta}_1|^2 |\boldsymbol{\beta}_2|^2 \cdot |\boldsymbol{\beta}_m|^2 \leqslant |\boldsymbol{\alpha}_1|^2 |\boldsymbol{\alpha}_2|^2 \cdots |\boldsymbol{\alpha}_m|^2$$

等号成立当且仅当对于 $i=2, 3, \cdots, m$，有 $\sum_{j=1}^{i-1} \frac{(\boldsymbol{\alpha}_i, \boldsymbol{\beta}_j)^2}{|\boldsymbol{\beta}_j|^2} = 0$，即 $(\boldsymbol{\alpha}_i, \boldsymbol{\beta}_j) = 0$，$j=1$，

2，…，$i-1$，从而 $\boldsymbol{\beta}_i=\boldsymbol{\alpha}_i-\sum\limits_{j=1}^{i-1}\frac{(\boldsymbol{\alpha}_i,\boldsymbol{\beta}_j)}{(\boldsymbol{\beta}_j,\boldsymbol{\beta}_j)}\boldsymbol{\beta}_j=\boldsymbol{\alpha}_i$. 因此等号成立当且仅当 $\boldsymbol{\alpha}_1$，$\boldsymbol{\alpha}_2$，…，$\boldsymbol{\alpha}_m$ 是正交向量组.

情形 2：$\boldsymbol{\alpha}_1$，$\boldsymbol{\alpha}_2$，…，$\boldsymbol{\alpha}_m$ 线性无关. 由第 8 题结论知，此时 $|G(\boldsymbol{\alpha}_1,\boldsymbol{\alpha}_2,\cdots,\boldsymbol{\alpha}_m)|=0$，从而 $|G(\boldsymbol{\alpha}_1,\boldsymbol{\alpha}_2,\cdots,\boldsymbol{\alpha}_m)|=0<|\boldsymbol{\alpha}_1|^2|\boldsymbol{\alpha}_2|^2\cdots|\boldsymbol{\alpha}_m|^2$.

13. 设 $\boldsymbol{C}=(c_{ij})$ 是 n 级实矩阵，证明：

$$|\boldsymbol{C}|^2\leqslant\prod_{j=1}^{n}(c_{1j}^2+c_{2j}^2+\cdots+c_{nj}^2)$$

等号成立当且仅当 $\boldsymbol{C}$ 的列向量组是正交向量组. 这个不等式称为 Hadamard 不等式.

证明： 设 $\boldsymbol{C}=(\boldsymbol{X}_1,\boldsymbol{X}_2,\cdots,\boldsymbol{X}_n)$. 若 $\boldsymbol{C}$ 不可逆，则 $|\boldsymbol{C}|=0$，从而不等式成立. 下面设 C 可逆. 在 $\mathbb{R}^n$(内积为标准内积)中

$$|G(\boldsymbol{X}_1,\boldsymbol{X}_2,\cdots\boldsymbol{X}_n)|=\begin{vmatrix}\boldsymbol{X}_1'\boldsymbol{X}_1 & \boldsymbol{X}_1'\boldsymbol{X}_2 & \cdots & \boldsymbol{X}'\boldsymbol{X}_n\\ \boldsymbol{X}_2'\boldsymbol{X}_1 & \boldsymbol{X}_2'\boldsymbol{X}_2 & \cdots & \boldsymbol{X}_2'\boldsymbol{X}_n\\ \vdots & \vdots & & \vdots\\ \boldsymbol{X}_n'\boldsymbol{X}_1 & \boldsymbol{X}_n'\boldsymbol{X}_2 & \cdots & \boldsymbol{X}_n'\boldsymbol{X}_n\end{vmatrix}=\left|\begin{pmatrix}\boldsymbol{X}_1'\\ \boldsymbol{X}_2'\\ \vdots\\ \boldsymbol{X}_n'\end{pmatrix}(\boldsymbol{X}_1,\boldsymbol{X}_2,\cdots,\boldsymbol{X}_n)\right|$$
$$=|\boldsymbol{C}'\boldsymbol{C}|.$$

于是根据第 12 题的结论得

$$|\boldsymbol{C}|^2=|\boldsymbol{C}'\boldsymbol{C}|=|G(\boldsymbol{X}_1,\boldsymbol{X}_2,\cdots,\boldsymbol{X}_n)|\leqslant|\boldsymbol{X}_1|^2|\boldsymbol{X}_2|^2\cdots|\boldsymbol{X}_n|^2=\prod_{j=1}^{n}|\boldsymbol{X}_j|^2$$
$$=\prod_{j=1}^{n}(c_{1j}^2+c_{2j}^2+\cdots+c_{nj}^2)$$

14. 证明：如果 $\boldsymbol{A}=(a_{ij})$ 是 n 级正定矩阵，那么

$$|\boldsymbol{A}|\leqslant a_{11}a_{22}\cdots a_{nn}$$

等号成立当且仅当 $\boldsymbol{A}$ 是对角矩阵.

证明： 由于 $\boldsymbol{A}$ 正定，因此 $\boldsymbol{A}=\boldsymbol{C}\boldsymbol{C}'$，其中 $\boldsymbol{C}$ 是 n 级实可逆矩阵. 于是

$$a_{ii}=\sum_{k=1}^{n}\boldsymbol{C}'(i;k)\boldsymbol{C}(k;i)=\sum_{k=1}^{n}c_{ki}^2$$

由 Hadamard 不等式(第 13 题)得

$$|\boldsymbol{A}|=|\boldsymbol{C}|^2\leqslant\prod_{i=1}^{n}(c_{1i}^2+c_{2i}^2+\cdots+c_{ni}^2)=\prod_{i=1}^{n}a_{ii}$$

15. 证明：如果 $\boldsymbol{A}$ 是 n 级实对称矩阵，$\boldsymbol{T}$ 是 n 级正交矩阵，那么 $\boldsymbol{T}^{-1}\boldsymbol{AT}$ 是实对称矩阵.

证明： 由于 $\boldsymbol{T}$ 是 n 级正交矩阵，则 $\boldsymbol{T}'\boldsymbol{T}=\boldsymbol{I}$，即 $\boldsymbol{T}^{-1}=\boldsymbol{T}'$. 从而 $(\boldsymbol{T}^{-1}\boldsymbol{AT})'=\boldsymbol{T}'\boldsymbol{A}'(\boldsymbol{T}^{-1})'=\boldsymbol{T}^{-1}\boldsymbol{AT}$，从而 $\boldsymbol{T}^{-1}\boldsymbol{AT}$ 是实对称矩阵.

16. 证明：如果 n 级正交矩阵 $\boldsymbol{A}$ 是上三角矩阵，那么 $\boldsymbol{A}$ 是主对角元为 1 或 -1 的对角矩阵.

证明： 由于 $\boldsymbol{A}=(a_{ij})$ 是正交矩阵，因此 $\boldsymbol{A}$ 的列向量组 $\boldsymbol{\alpha}_1, \boldsymbol{\alpha}_2, \cdots, \boldsymbol{\alpha}_n$ 是 $\mathbb{R}^n$ 的一个标准正交基. 由于 $\boldsymbol{A}$ 是上三角矩阵，因此 $a_{ij}=0(i>j)$. 由于 $(\boldsymbol{\alpha}_1, \boldsymbol{\alpha}_1)=1$，因此 $a_{11}^2+a_{21}^2+\cdots+a_{n1}^2=1$，由 $a_{21}=a_{31}=\cdots=a_{n1}=0$ 得 $a_{11}=\pm1$. 由 $(\boldsymbol{\alpha}_1, \boldsymbol{\alpha}_2)=0$，$(\boldsymbol{\alpha}_2, \boldsymbol{\alpha}_2)=1$ 得 $a_{12}=0$，$a_{22}=\pm1$. 由于 $(\boldsymbol{\alpha}_1, \boldsymbol{\alpha}_3)=0$，$(\boldsymbol{\alpha}_2, \boldsymbol{\alpha}_3)=0$，$(\boldsymbol{\alpha}_3, \boldsymbol{\alpha}_3)=1$，因此 $a_{13}=0$，$a_{23}=0$，$a_{33}=\pm1$. 一直下去，得 $a_{ii}=\pm1$. 所以 $\boldsymbol{A}$ 是主对角元为 1 或 -1 的对角矩阵.

17. 设 $\boldsymbol{A}$ 是 $m\times n$ 实矩阵，证明：如果 $\boldsymbol{A}$ 列满秩，那么 $\boldsymbol{A}$ 可以唯一地分解成

$$\boldsymbol{A}=\boldsymbol{QR}$$

其中 $\boldsymbol{Q}$ 是列向量组为正交单位向量组的 $m\times n$ 矩阵，$\boldsymbol{R}$ 是主对角元都为正数的 n 级上三角矩阵，这种分解称为 $\boldsymbol{QR}$-分解.

证明： （**存在性**）由于 $\boldsymbol{A}$ 的列向量组 $\boldsymbol{\alpha}_1, \boldsymbol{\alpha}_2, \cdots, \boldsymbol{\alpha}_n$ 线性无关，因此在 $\mathbb{R}^n$ 中，经过 Schmidt 正交化可得到与它等价的正交向量组 $\boldsymbol{\beta}_1, \boldsymbol{\beta}_2, \cdots, \boldsymbol{\beta}_n$，再单位化可得到正交单位向量组 $\boldsymbol{\eta}_1, \boldsymbol{\eta}_2, \cdots, \boldsymbol{\eta}_n$. 与本节命题 6 的证明过程类似得到

$$\boldsymbol{A}=(\boldsymbol{\eta}_1, \boldsymbol{\eta}_2, \cdots, \boldsymbol{\eta}_n)\begin{pmatrix} |\boldsymbol{\beta}_1| & b_{12}|\boldsymbol{\beta}_1| & \cdots & b_{1n}|\boldsymbol{\beta}_n| \\ 0 & |\boldsymbol{\beta}_2| & \cdots & b_{2n}|\boldsymbol{\beta}_n| \\ \vdots & \vdots & & \vdots \\ 0 & 0 & \cdots & |\boldsymbol{\beta}_n| \end{pmatrix}=\boldsymbol{QR}$$

其中 $\boldsymbol{Q}=(\boldsymbol{\eta}_1, \boldsymbol{\eta}_2, \cdots, \boldsymbol{\eta}_n)$ 是列向量组为正交单位向量组的 $m\times n$ 矩阵，$\boldsymbol{R}$ 是主对角元都为正数的 n 级上三角矩阵.

（**唯一性**）假如 $\boldsymbol{A}$ 还有一种分解式 $\boldsymbol{A}=\boldsymbol{Q}_1\boldsymbol{R}_1$，符合所需求的条件，则 $\boldsymbol{QR}=\boldsymbol{Q}_1\boldsymbol{R}_1$. 由于 $\boldsymbol{R}$ 是可逆的 n 级上三角矩阵，因此 $\boldsymbol{Q}=\boldsymbol{Q}_1\boldsymbol{R}_1\boldsymbol{R}^{-1}=\boldsymbol{Q}_1\boldsymbol{C}$，其中 $\boldsymbol{C}=\boldsymbol{R}_1R^{-1}$ 是主对角元都为正数的 n 级上三角矩阵，$\boldsymbol{C}=(c_{ij})$，$\boldsymbol{Q}_1$ 的列向量组为 $\boldsymbol{\delta}_1, \boldsymbol{\delta}_2, \cdots, \boldsymbol{\delta}_n$，则

$$\begin{aligned}(\boldsymbol{\eta}_1, \boldsymbol{\eta}_2, \cdots, \boldsymbol{\eta}_n)&=(\boldsymbol{\delta}_1, \boldsymbol{\delta}_2, \cdots, \boldsymbol{\delta}_n)\begin{pmatrix} c_{11} & c_{12} & \cdots & c_{1n} \\ 0 & c_{22} & \cdots & c_{2n} \\ \vdots & \vdots & & \vdots \\ 0 & 0 & \cdots & c_{nn} \end{pmatrix} \\ &=(c_{11}\boldsymbol{\delta}_1, c_{12}\boldsymbol{\delta}_1+c_{22}\boldsymbol{\delta}_2, \cdots, c_{1n}\boldsymbol{\delta}_1+c_{2n}\boldsymbol{\delta}_2+\cdots+c_{nn}\boldsymbol{\delta}_n)\end{aligned}$$

由于$(\boldsymbol{\eta}_1,\boldsymbol{\eta}_1)=1$，因此$(c_{11}\boldsymbol{\delta}_1,c_{11}\boldsymbol{\delta}_1)=1$，从而$c_{11}=1$. 由于$(\boldsymbol{\eta}_1,\boldsymbol{\eta}_2)=0$，$(\boldsymbol{\eta}_2,\boldsymbol{\eta}_2)=1$，因此$c_{11}c_{12}=0$，$c_{12}^2+c_{22}^2=1$，解得$c_{12}=0$，$c_{22}=1$. 一直做下去得$\boldsymbol{C}=\boldsymbol{I}$，于是$\boldsymbol{R}_1=\boldsymbol{R}$，$\boldsymbol{Q}=\boldsymbol{Q}_1$. 从而唯一性得证.

18. 设$\boldsymbol{A}$是实数域上的$m\times n$列满秩矩阵，证明：$\forall\boldsymbol{\beta}\in\mathbb{R}^m$，线性方程组$\boldsymbol{A}'\boldsymbol{A}\boldsymbol{X}=\boldsymbol{A}'\boldsymbol{\beta}$有唯一解，并且写出这个解.

证明： **（方法一）** 因为$\text{rank}(\boldsymbol{A})=n-\text{rank}(\boldsymbol{A}'\boldsymbol{A})$，所以$n$级矩阵$\boldsymbol{A}'\boldsymbol{A}$是满秩矩阵，从而$\boldsymbol{A}'\boldsymbol{A}X=\boldsymbol{A}'\boldsymbol{\beta}$有唯一解$\boldsymbol{X}=(\boldsymbol{A}'\boldsymbol{A})^{-1}\boldsymbol{A}'\boldsymbol{\beta}$.

（方法二） 由于$\boldsymbol{A}$列满秩，因此根据第17题结论，$\boldsymbol{A}$可唯一地分解成$\boldsymbol{A}=\boldsymbol{Q}\boldsymbol{R}$，其中$\boldsymbol{Q}$是列向量组为$\boldsymbol{\eta}_1,\boldsymbol{\eta}_2,\cdots,\boldsymbol{\eta}_n$的正交单位向量组的$m\times n$矩阵，$\boldsymbol{R}$是主对角元都为正数的$n$级上三角矩阵. 容易验证$\boldsymbol{Q}'\boldsymbol{Q}=\boldsymbol{I}_n$，从而$\boldsymbol{A}'\boldsymbol{A}(\boldsymbol{R}^{-1}\boldsymbol{Q}'\boldsymbol{\beta})=(\boldsymbol{Q}\boldsymbol{R})'(\boldsymbol{Q}\boldsymbol{R})(\boldsymbol{R}^{-1}\boldsymbol{Q}'\boldsymbol{\beta})=\boldsymbol{R}'\boldsymbol{Q}'\boldsymbol{Q}\boldsymbol{R}\boldsymbol{R}^{-1}\boldsymbol{Q}'\boldsymbol{\beta}=\boldsymbol{R}'\boldsymbol{Q}'\boldsymbol{\beta}=\boldsymbol{A}'\boldsymbol{\beta}$. 因此$\boldsymbol{R}^{-1}\boldsymbol{Q}'\boldsymbol{\beta}$是线性方程组$\boldsymbol{A}'\boldsymbol{A}\boldsymbol{X}=\boldsymbol{A}'\boldsymbol{\beta}$的一个解，再由$\text{rank}(\boldsymbol{A})=n=\text{rank}(\boldsymbol{A}'\boldsymbol{A})$得系数矩阵是可逆矩阵，从而原方程组有唯一解.

19. 决定所有的2级正交矩阵.

证明： 设$\boldsymbol{A}$是2级正交矩阵，则$\boldsymbol{A}^{-1}=\boldsymbol{A}'$，即

$$\frac{1}{|\boldsymbol{A}|}\begin{pmatrix}a_{22} & -a_{12}\\ -a_{21} & a_{11}\end{pmatrix}=\begin{pmatrix}a_{11} & a_{12}\\ a_{21} & a_{22}\end{pmatrix}'=\begin{pmatrix}a_{11} & a_{21}\\ a_{12} & a_{22}\end{pmatrix}$$

由于$|\boldsymbol{A}|=\pm1$，因此分两种情形.

情形1：$|\boldsymbol{A}|=1$，此时有$a_{22}=a_{11}$，$a_{21}=-a_{12}$. 由于$a_{11}^2+a_{21}^2=1$，因此可设$a_{11}=\cos\theta$，$a_{21}=\sin\theta$. 于是

$$\boldsymbol{A}=\begin{pmatrix}\cos\theta & -\sin\theta\\ \sin\theta & \cos\theta\end{pmatrix},\quad \theta\in\mathbb{R}$$

情形2：$|\boldsymbol{A}|=-1$，此时有$a_{22}=-a_{11}$，$a_{21}=a_{12}$. 由于$a_{11}^2+a_{21}^2=1$，因此，同情形1得$a_{11}=\cos\theta$，$a_{21}=\sin\theta$，于是

$$\boldsymbol{A}=\begin{pmatrix}\cos\theta & \sin\theta\\ \sin\theta & -\cos\theta\end{pmatrix},\quad \theta\in\mathbb{R}$$

20. 证明：实数域上的一个n级矩阵如果具有下列三个性质中的任意两个性质，那么必有第三个性质：正交矩阵，对称矩阵，对合矩阵.

证明： 设$\boldsymbol{A}$是n级实矩阵$\boldsymbol{A}$是正交矩阵，且$\boldsymbol{A}$是对称矩阵，则$\boldsymbol{A}^2=\boldsymbol{A}\boldsymbol{A}=\boldsymbol{A}'\boldsymbol{A}=\boldsymbol{I}$. 因此$\boldsymbol{A}$是对合矩阵.

设$\boldsymbol{A}$是正交矩阵和对合矩阵，则$\boldsymbol{A}'=\boldsymbol{A}^{-1}=\boldsymbol{A}$，从而$\boldsymbol{A}$是对称矩阵.

设 $\boldsymbol{A}$ 是对称矩阵和对合矩阵，则 $\boldsymbol{A}'\boldsymbol{A}=\boldsymbol{A}\boldsymbol{A}=\boldsymbol{A}^2=\boldsymbol{I}$，从而 $\boldsymbol{A}$ 是正交矩阵.

21. 设 $\boldsymbol{A}$ 是 n 级正交矩阵，证明：对于 $\mathbb{R}^n$(内积为标准内积)中任一向量 $\boldsymbol{\alpha}$，有 $|\boldsymbol{A\alpha}|=|\boldsymbol{\alpha}|$.

证明： 由 $|\boldsymbol{A\alpha}|^2=(\boldsymbol{A\alpha},\boldsymbol{A\alpha})=(\boldsymbol{A\alpha})'(\boldsymbol{A\alpha})=\boldsymbol{\alpha}'\boldsymbol{A}'\boldsymbol{A\alpha}=\boldsymbol{\alpha}'\boldsymbol{\alpha}=|\boldsymbol{\alpha}|^2$ 得 $|\boldsymbol{A\alpha}|=|\boldsymbol{\alpha}|$.

22. 证明：实数域上的 n 级置换矩阵是正交矩阵.

证明： 由于置换矩阵的每列有且仅有一个元素是 1，且这些 1 都位于不同的行. 因此在 $\mathbb{R}^n$ 中，$\boldsymbol{P}$ 的列向量组是 $\mathbb{R}$ 的一个标准正交基，从而 $\boldsymbol{P}$ 是正交矩阵.

23. 设 $\boldsymbol{A}$ 是一个 n 级正交矩阵，证明：

(1) 如果 $\boldsymbol{A}$ 有特征值，那么它的特征值是 1 或 -1；

(2) 如果 $|\boldsymbol{A}|=-1$，那么 -1 是 $\boldsymbol{A}$ 的一个特征值；

(3) 如果 $|\boldsymbol{A}|=1$，且 n 是奇数，那么 1 是 $\boldsymbol{A}$ 的一个特征值.

证明： (1) 若 λ_0 是 n 级正交矩阵 $\boldsymbol{A}$ 的一个特征值，则存在 $\boldsymbol{\alpha}\in\mathbb{R}^n$ 且 $\boldsymbol{\alpha}\neq\boldsymbol{0}$，使得 $\boldsymbol{A\alpha}=\lambda_0\boldsymbol{\alpha}$，从而 $\boldsymbol{\alpha}'\boldsymbol{A}'=\lambda_0\boldsymbol{\alpha}'$. 两式相乘得 $(\boldsymbol{\alpha}'\boldsymbol{A}')(\boldsymbol{A\alpha})=\lambda_0^2\boldsymbol{\alpha}'\boldsymbol{\alpha}$. 于是 $\boldsymbol{\alpha}'\boldsymbol{\alpha}=\lambda_0^2\boldsymbol{\alpha}'\boldsymbol{\alpha}$，即 $(\lambda_0^2-1)\boldsymbol{\alpha}'\boldsymbol{\alpha}=0$. 由于 $\boldsymbol{\alpha}\neq\boldsymbol{0}$，因此 $\boldsymbol{\alpha}'\boldsymbol{\alpha}\neq0$，从而 $\lambda_0=\pm1$.

(2) 若 $|\boldsymbol{A}|=-1$，则 $|(-1)\boldsymbol{I}-\boldsymbol{A}|=|-\boldsymbol{A}'\boldsymbol{A}-\boldsymbol{A}|=|(-\boldsymbol{A}'-\boldsymbol{I})\boldsymbol{A}|=|(-\boldsymbol{A}-\boldsymbol{I})'|\cdot|\boldsymbol{A}|=-|(-1)\boldsymbol{A}-\boldsymbol{I}|$，从而 $2|(-1)\boldsymbol{I}-\boldsymbol{A}|=0$，从而 $|(-1)\boldsymbol{I}-\boldsymbol{A}|=0$，即 -1 是 $\boldsymbol{A}$ 的一个特征值.

(3) 若 $|\boldsymbol{A}|=1$ 且 n 是奇数，则 $|\boldsymbol{I}-\boldsymbol{A}|=|\boldsymbol{A}'\boldsymbol{A}-\boldsymbol{A}|=|(\boldsymbol{A}'-\boldsymbol{I})\boldsymbol{A}|=|\boldsymbol{A}'-\boldsymbol{I}||\boldsymbol{A}|=|-(\boldsymbol{I}-\boldsymbol{A})'|=(-1)^n|\boldsymbol{I}-\boldsymbol{A}|=-|\boldsymbol{I}-\boldsymbol{A}|$，从而 $2|\boldsymbol{I}-\boldsymbol{A}|=0$，即 $|\boldsymbol{I}-\boldsymbol{A}|=0$，于是 1 是 $\boldsymbol{A}$ 的特征值.

24. 证明：如果 $\boldsymbol{A}$ 是 n 级斜对称实矩阵，那么 $\mathrm{e}^{\boldsymbol{A}}$ 是正交矩阵.

证明： 由于 $\boldsymbol{A}'=-\boldsymbol{A}$，因此 $\boldsymbol{I}=\mathrm{e}^{\boldsymbol{O}}=\mathrm{e}^{\boldsymbol{A}+\boldsymbol{A}'}=\mathrm{e}^{\boldsymbol{A}}\cdot\mathrm{e}^{\boldsymbol{A}'}$，则

$$\mathrm{e}^{\boldsymbol{A}'}=\sum_{m=0}^{+\infty}\frac{(\boldsymbol{A}')^m}{m!}=\sum_{m=0}^{+\infty}\frac{(\boldsymbol{A}^m)'}{m!}=(\mathrm{e}^{\boldsymbol{A}})'$$

从而 $\mathrm{e}^{\boldsymbol{A}}\cdot(\mathrm{e}^{\boldsymbol{A}})'=\boldsymbol{I}$，即 $\mathrm{e}^{\boldsymbol{A}}$ 为正交矩阵.

25. 设

$$\boldsymbol{A}=\begin{pmatrix}0 & x\\ -x & 0\end{pmatrix},\quad x\in\mathbb{R}$$

证明：

$$\mathrm{e}^{\boldsymbol{A}}=\begin{pmatrix}\cos x & \sin x\\ -\sin x & \cos x\end{pmatrix}.$$

证明：

$$\boldsymbol{A}^2=\begin{pmatrix}-x^2 & 0\\ 0 & -x^2\end{pmatrix},\quad \boldsymbol{A}^3=\begin{pmatrix}0 & -x^3\\ x^3 & 0\end{pmatrix},\quad \boldsymbol{A}^4=\begin{pmatrix}x^4 & 0\\ 0 & x^4\end{pmatrix},$$

$$\boldsymbol{A}^5=\begin{pmatrix}0 & x^5\\ -x^5 & 0\end{pmatrix},\quad \boldsymbol{A}^6=\begin{pmatrix}-x^6 & 0\\ 0 & -x^6\end{pmatrix}.$$

于是

$$\begin{aligned}
\mathrm{e}^{\boldsymbol{A}}&=\boldsymbol{I}+\boldsymbol{A}+\frac{1}{2!}\boldsymbol{A}^2+\frac{1}{3!}\boldsymbol{A}^3+\cdots\\
&=\begin{pmatrix}1 & 0\\ 0 & 1\end{pmatrix}+\begin{pmatrix}0 & x\\ -x & 0\end{pmatrix}+\frac{1}{2!}\begin{pmatrix}-x^2 & 0\\ 0 & -x^2\end{pmatrix}+\frac{1}{3!}\begin{pmatrix}0 & -x^3\\ x^3 & 0\end{pmatrix}+\frac{1}{4!}\begin{pmatrix}x^4 & 0\\ 0 & x^4\end{pmatrix}\\
&\quad+\frac{1}{5!}\begin{pmatrix}0 & x^5\\ -x^5 & 0\end{pmatrix}+\frac{1}{6!}\begin{pmatrix}-x^6 & 0\\ 0 & -x^6\end{pmatrix}+\cdots\\
&=\begin{pmatrix}1-\frac{1}{2!}x^2+\frac{1}{4!}x^4-\frac{1}{6!}x^6+\cdots & x-\frac{1}{3!}x^3+\frac{1}{5!}x^5-\cdots\\ -x+\frac{1}{3!}x^3-\frac{x^5}{5!}+\cdots & 1-\frac{1}{2!}x^2+\frac{1}{4!}x^4-\frac{1}{6!}x^6+\cdots\end{pmatrix}\\
&=\begin{pmatrix}\cos x & \sin x\\ -\sin x & \cos x\end{pmatrix}
\end{aligned}$$

26. 设 $\boldsymbol{B}$ 是实矩阵，从 $\mathrm{e}^{\boldsymbol{B}}=\boldsymbol{I}$ 能否推出 $\boldsymbol{B}=\boldsymbol{0}$？

解： 不能，例如 $\boldsymbol{B}=\begin{pmatrix}0 & 2\pi\\ -2\pi & 0\end{pmatrix}$，则根据 25 题结论得 $\mathrm{e}^{\boldsymbol{B}}=\begin{pmatrix}\cos 2\pi & \sin 2\pi\\ -\sin 2\pi & \cos 2\pi\end{pmatrix}$.

27. 设 $V=\mathbb{R}^n$，指定内积为标准内积.

(1) 证明：L_f：$\boldsymbol{\alpha}\mapsto\boldsymbol{\alpha}_{\mathrm{L}}$ 是 V 到 V^* 的一个同构映射；

(2) 在 V 中任取一个标准正交基 $\boldsymbol{\eta}_1$，$\boldsymbol{\eta}_2$，…，$\boldsymbol{\eta}_n$，V^* 中相应的对偶基为 f_1，f_2，…，f_n，令

$$\tau:V\to V^*$$
$$\sum_{i=1}^n x_i\boldsymbol{\eta}_i\mapsto\sum_{i=1}^n x_i f_i,$$

证明：$\tau=L_f$.

证明： (1) 由教材 7.1 节命题 2 可知，只需证明 $\mathbb{R}^n$ 的标准内积是非退化的双线性函数. $\forall\boldsymbol{\alpha}\in\mathrm{rad}_{\mathrm{L}}V\Leftrightarrow\boldsymbol{\alpha}_{\mathrm{L}}=0\Leftrightarrow(\boldsymbol{\alpha},\boldsymbol{\beta})=0$，$\forall\boldsymbol{\beta}\in V\Leftrightarrow\boldsymbol{\alpha}=\boldsymbol{0}$，因此 $\mathrm{rad}_{\mathrm{L}}V=\boldsymbol{0}$，从而 $\mathbb{R}^n$ 的标准内积是非退化的对称双线性函数. 因此 L_f 是 V 到 V^* 的一个同构映射.

(2) 任取 $\boldsymbol{\alpha}=\sum\limits_{i=1}^n x_i\boldsymbol{\eta}_i\in\mathbb{R}^n$，对 $\forall\boldsymbol{\beta}=\sum\limits_{i=1}^n y_i\boldsymbol{\eta}_i$，有

$$[\tau(\boldsymbol{\alpha})]\boldsymbol{\beta}=\left(\sum_{i=1}^{n}x_if_i\right)\boldsymbol{\beta}=\sum_{i=1}^{n}x_if_i(\boldsymbol{\beta})=\sum_{i=1}^{n}x_if_i\left(\sum_{j=1}^{n}y_j\boldsymbol{\eta}_j\right)$$

$$=\sum_{i=1}^{n}x_i\sum_{j=1}^{n}y_jf_i(\boldsymbol{\eta}_j)=\sum_{i=1}^{n}x_iy_i$$

设$(\boldsymbol{\eta}_1, \boldsymbol{\eta}_2, \cdots, \boldsymbol{\eta}_n)=(\boldsymbol{\varepsilon}_1, \boldsymbol{\varepsilon}_2, \cdots, \boldsymbol{\varepsilon}_n)\boldsymbol{T}$，由于 $\boldsymbol{\eta}_1, \boldsymbol{\eta}_2, \cdots, \boldsymbol{\eta}_n$ 和 $\boldsymbol{\varepsilon}_1, \boldsymbol{\varepsilon}_2, \cdots, \boldsymbol{\varepsilon}_n$ 都是 $\mathbb{R}^n$ 的标准正交基，因此由本节定理 2 知 $\boldsymbol{T}$ 是正交矩阵. 记 $\boldsymbol{X}=(x_1, x_2, \cdots, x_n)'$，$\boldsymbol{Y}=(y_1, y_2, \cdots, y_n)'$，则 $\boldsymbol{X}, \boldsymbol{Y}$ 分别是 $\boldsymbol{\alpha}, \boldsymbol{\beta}$ 在基 $\boldsymbol{\eta}_1, \boldsymbol{\eta}_2, \cdots, \boldsymbol{\eta}_n$ 下的坐标，于是 $\boldsymbol{\alpha}, \boldsymbol{\beta}$ 在基 $\boldsymbol{\varepsilon}_2, \cdots, \boldsymbol{\varepsilon}_n$ 下的坐标分别是 $\boldsymbol{TX}$，$\boldsymbol{TY}$. 从而

$$[\tau(\boldsymbol{\alpha})]\boldsymbol{\beta}=\sum_{i=1}^{n}x_iy_i=\boldsymbol{X}'\boldsymbol{Y}=\boldsymbol{X}'\boldsymbol{T}'\boldsymbol{T}\boldsymbol{Y}=(\boldsymbol{TX})'(\boldsymbol{TY})=(\boldsymbol{\alpha}, \boldsymbol{\beta})=\boldsymbol{\alpha}_{\mathrm{L}}(\boldsymbol{\beta})$$

因此 $\tau(\boldsymbol{\alpha})=\boldsymbol{\alpha}_{\mathrm{L}}=L_f(\boldsymbol{\alpha})$.

习题 8.3 正交补,实内积空间的保距同构

1. 设 U 是 Euclid 空间 $\mathbb{R}^4$(指定标准内积)的一个子空间，$U=\langle\boldsymbol{\alpha}_1, \boldsymbol{\alpha}_2\rangle$，其中 $\boldsymbol{\alpha}_1=(1, 1, 2, 1)'$，$\boldsymbol{\alpha}_2=(1, 0, 0, -2)'$.

(1) 求 $U^{\perp}$ 的维数和一个标准正交基;

(2) 求 $\boldsymbol{\alpha}=(1, -3, 2, 2)'$在 U 上的正交投影.

解: (1) 由于 $\boldsymbol{\alpha}_1, \boldsymbol{\alpha}_2$ 线性无关，因此 $\boldsymbol{\alpha}_1, \boldsymbol{\alpha}_2$ 是$U=\langle\boldsymbol{\alpha}_1, \boldsymbol{\alpha}_2\rangle$的一个基，于是 $\dim U=2$. 由于 $\mathbb{R}^4=U\oplus U^{\perp}$，因此

$$\dim U^{\perp}=\dim\mathbb{R}^4-\dim U=4-2=2$$

若 $\boldsymbol{\beta}\in U^{\perp}$，则$(\boldsymbol{\beta}, \boldsymbol{\alpha}_i)=0$，$i=1, 2$，即 $\boldsymbol{\alpha}_i'\boldsymbol{\beta}=0$，$i=1, 2$，即

$$\begin{pmatrix}\boldsymbol{\alpha}_1'\\ \boldsymbol{\alpha}_2'\end{pmatrix}\boldsymbol{\beta}=\mathbf{0}$$

所以 $\boldsymbol{\beta}$ 是齐次方程组 $\begin{pmatrix}\boldsymbol{\alpha}_1'\\ \boldsymbol{\alpha}_2'\end{pmatrix}\boldsymbol{X}=\mathbf{0}$的解. 求出 $\begin{pmatrix}\boldsymbol{\alpha}_1'\\ \boldsymbol{\alpha}_2'\end{pmatrix}\boldsymbol{X}=\mathbf{0}$的基础解系：$\boldsymbol{\beta}_1=(0, 2, -1, 0)'$，$\boldsymbol{\beta}_2=(2, -3, 0, 1)'$，则 $\boldsymbol{\beta}_1, \boldsymbol{\beta}_2$ 是 $U^{\perp}$ 的一个基. 把 $\boldsymbol{\beta}_1, \boldsymbol{\beta}_2$ Schmidt 正交化得

$$\boldsymbol{\gamma}_1=\boldsymbol{\beta}_1,\quad \boldsymbol{\gamma}_2=\boldsymbol{\beta}_2-\frac{(\boldsymbol{\beta}_2, \boldsymbol{\gamma}_1)}{(\boldsymbol{\gamma}_1, \boldsymbol{\gamma}_1)}\boldsymbol{\gamma}_1=\left(2, -\frac{3}{5}, -\frac{6}{5}, q\right)',$$

再单位化得

$$\boldsymbol{\eta}_1=\left(0,\ \frac{2\sqrt{5}}{5},\ -\frac{\sqrt{5}}{5},\ 0\right)',\quad \boldsymbol{\eta}_2=\left(\frac{\sqrt{170}}{17},\ -\frac{3\sqrt{170}}{170},\ -\frac{3\sqrt{170}}{85},\ \frac{\sqrt{170}}{34}\right)'.$$

则 $\boldsymbol{\eta}_1$，$\boldsymbol{\eta}_2$ 就是 $U^{\perp}$ 的一个标准正交基.

(2) 把 U 的一个基 $\boldsymbol{\alpha}_1$，$\boldsymbol{\alpha}_2$ 进行 Schmidt 正交化和单位化得 U 的一个标准正交基：

$$\boldsymbol{\delta}_1=\left(\frac{\sqrt{7}}{7},\ \frac{\sqrt{7}}{7},\ \frac{\sqrt{7}}{7},\ \frac{\sqrt{7}}{7}\right)',\quad \boldsymbol{\delta}_2=\left(\frac{4\sqrt{238}}{119},\ \frac{\sqrt{238}}{238},\ \frac{\sqrt{238}}{119},\ -\frac{13\sqrt{238}}{238}\right)'$$

则 $\boldsymbol{\alpha}$ 在 U 上的正交投影为

$$(\boldsymbol{\alpha},\ \boldsymbol{\delta}_1)\boldsymbol{\delta}_1+(\boldsymbol{\alpha},\ \boldsymbol{\delta}_2)\boldsymbol{\delta}_2=\left(0,\ \frac{1}{2},\ 1,\ \frac{3}{2}\right)'$$

2. 设 U 是 n 维 Euclid 空间 V 的一个子空间，证明：

$$(U^{\perp})^{\perp}=U.$$

证明： 由于 V 的内积是非退化的对称双线性函数，因此根据教材 7.2 节的定理 3 得 $(U^{\perp})^{\perp}=U$.

3. 设 V_1，V_2 是 n 维 Euclid 空间 V 的两个子空间，证明：$(V_1+V_2)^{\perp}=V_1^{\perp}\cap V_2^{\perp}$，$(V_1\cap V_2)^{\perp}=V_1^{\perp}+V_2^{\perp}$.

证明： 由于 V 的内积是非退化的对称双线性函数，因此根据习题 7.2 第 8 题的结论立即得到.

4. 证明：Euclid 空间 $\mathbb{R}^n$（指定标准内积）的任一子空间 U 是一个齐次线性方程组的解空间.

证明： 在 $U^{\perp}$ 中取一个标准正交基 $\boldsymbol{\eta}_1$，$\boldsymbol{\eta}_2$，…，$\boldsymbol{\eta}_m$. 由于 $(U^{\perp})^{\perp}=U$，因此对 $\forall\boldsymbol{\alpha}\in U$

$$\begin{aligned}\boldsymbol{\alpha}\in U&\Leftrightarrow(\boldsymbol{\alpha},\ \boldsymbol{\eta}_i)=0,\ i=1,\ 2,\ \cdots,\ m\\&\Leftrightarrow\boldsymbol{\eta}_i'\boldsymbol{\alpha}=0,\ i=1,\ 2,\ \cdots,\ m\\&\Leftrightarrow\begin{pmatrix}\boldsymbol{\eta}_1'\\\boldsymbol{\eta}_2'\\\vdots\\\boldsymbol{\eta}_m'\end{pmatrix}\boldsymbol{\alpha}=\mathbf{0}\end{aligned}$$

$\Leftrightarrow\boldsymbol{\alpha}$ 是齐次线性方程组 $(\boldsymbol{\eta}_1,\ \boldsymbol{\eta}_2,\ \cdots,\ \boldsymbol{\eta}_m)'\boldsymbol{X}=\mathbf{0}$ 的解.

5. 设 $\boldsymbol{\eta}_1, \boldsymbol{\eta}_2, \cdots, \boldsymbol{\eta}_m$ 是实内积空间 V 的一个正交单位向量组，证明：对于 V 中任一向量 $\boldsymbol{\alpha}$，有

$$\sum_{i=1}^{m}(\boldsymbol{\alpha}, \boldsymbol{\eta}_i)^2 \leqslant |\boldsymbol{\alpha}|^2,$$

等号成立当且仅当 $\boldsymbol{\alpha}=\sum_{i=1}^{m}(\boldsymbol{\alpha}, \boldsymbol{\eta}_i)\boldsymbol{\eta}_i$. 这个不等式称为 Bessel 不等式.

证明： 令 $W=\langle\boldsymbol{\eta}_1, \boldsymbol{\eta}_2, \cdots, \boldsymbol{\eta}_m\rangle$，则 $\boldsymbol{\eta}_1, \boldsymbol{\eta}_2, \cdots, \boldsymbol{\eta}_m$ 是 W 的一个标准正交基. 于是 $\boldsymbol{\alpha}$ 在 W 上的投影 $\boldsymbol{\alpha}_1=\sum_{i=1}^{m}(\boldsymbol{\alpha}, \boldsymbol{\eta}_i)\boldsymbol{\eta}_i$. 由于 $\boldsymbol{\alpha}-\boldsymbol{\alpha}_1 \in W^{\perp}$，因此

$$|\boldsymbol{\alpha}|^2=|(\boldsymbol{\alpha}-\boldsymbol{\alpha}_1)+\boldsymbol{\alpha}_1|^2=|\boldsymbol{\alpha}-\boldsymbol{\alpha}_1|^2+|\boldsymbol{\alpha}_1|^2 \geqslant |\boldsymbol{\alpha}_1|^2=\sum_{i=1}^{m}(\boldsymbol{\alpha}, \boldsymbol{\eta}_i)^2$$

等号成立当且仅当 $\boldsymbol{\alpha}-\boldsymbol{\alpha}_1=\mathbf{0}$，即 $\boldsymbol{\alpha}=\boldsymbol{\alpha}_1=\sum_{i=1}^{m}(\boldsymbol{\alpha}, \boldsymbol{\eta}_i)\boldsymbol{\eta}_i$.

6. Euclid 空间 $\mathbb{R}[x]_4$ 指定的内积为

$$(f, g)=\int_0^1 f(x)g(x)\mathrm{d}x,$$

设 W 是由零次多项式和零多项式组成的子空间，求 $W^{\perp}$ 以及它的一个基.

解： 由已知条件得 $W=\langle 1\rangle$. 在 $\mathbb{R}[x]_4$ 中任取一个多项式 $f(x)=a_0+a_1x+a_2x^2+a_3x^3$，则由 $f\in W^{\perp}$ 知 $(f, 1)=0$，即 $\int_0^1 f(x)\mathrm{d}x=0$，即 $a_0+\frac{1}{2}a_1+\frac{1}{3}a_2+\frac{1}{4}a_3=0$. 因此

$$W^{\perp}=\left\{a_0+a_1x+a_2x^2+a_3x^3 \,\middle|\, a_0+\frac{1}{2}a_1+\frac{1}{3}a_2+\frac{1}{4}a_3=0, a_i\in\mathbb{R}\right\}$$

由

$$\dim W^{\perp}=\dim\mathbb{R}[x]_4-\dim W=4-1=3$$

且在 $W^{\perp}$ 中找到了 $x-\frac{1}{2}$，$x^2-\frac{1}{3}$，$x^3-\frac{1}{4}$，这三个多项式显然线性无关，从而成为 $W^{\perp}$ 的一个基.

7. Euclid 空间 $M_n(\mathbb{R})$ 指定的内积为

$$(\boldsymbol{A}, \boldsymbol{B})=\mathrm{tr}(\boldsymbol{A}\boldsymbol{B}').$$

(1) 设 U 是由所有对称矩阵组成的子空间，求 $U^{\perp}$；

(2) 设 W 是由所有对角矩阵组成的子空间，求 $W^{\perp}$ 以及 $W^{\perp}$ 的一个标准正交基.

解: 根据习题 4.3 的第 5 题结论得 $M_n(\mathbb{R})=U\oplus W$，其中 W 是所有斜对称矩阵组成的子空间. 由本节定理 1 得 $M_n(\mathbb{R})=U\oplus U^{\perp}$，因此 $\dim U^{\perp}=\dim M_n(\mathbb{R})-\dim U=\dim W$. 任取 $\boldsymbol{B}\in W$，对 $\forall\boldsymbol{A}\in U$，有

$$(\boldsymbol{A},\boldsymbol{B})=\mathrm{tr}(\boldsymbol{AB}')=\mathrm{tr}(-\boldsymbol{AB})=-\mathrm{tr}(\boldsymbol{AB})$$
$$(\boldsymbol{A},\boldsymbol{B})=(\boldsymbol{B},\boldsymbol{A})=\mathrm{tr}(\boldsymbol{BA}')=\mathrm{tr}(\boldsymbol{BA})=\mathrm{tr}(\boldsymbol{AB})$$

于是 $\mathrm{tr}(\boldsymbol{AB})=0$. 因此$(\boldsymbol{A},\boldsymbol{B})=0$，由此得 $\boldsymbol{B}\in U^{\perp}$，于由 $W\subset U^{\perp}$，再由 $\dim W=\dim U^{\perp}$ 得 $W=U^{\perp}$.

(2) W 的一个基是：$\boldsymbol{E}_{11}$，$\boldsymbol{E}_{22}$，…，$\boldsymbol{E}_{nn}$. 任取 $\boldsymbol{A}=(a_{ij})\in M_n(\mathbb{R})$，则

$$\boldsymbol{A}\in W^{\perp}\Leftrightarrow\mathrm{tr}(\boldsymbol{AE}'_{ii})=0,\ i=1,2,\cdots,n$$
$$\Leftrightarrow a_{ii}=0,\ i=1,2,\cdots,n$$

因此 $W^{\perp}=\{\boldsymbol{A}=(a_{ij})\in M_n(\mathbb{R})\mid a_{ii}=0,\ i=1,2,\cdots,n\}$. 于是当 $i\neq j$ 时，$\boldsymbol{E}_{ij}\in W^{\perp}$，且有$(\boldsymbol{E}_{ij},\boldsymbol{E}_{ij})=\mathrm{tr}(\boldsymbol{E}_{ij}\boldsymbol{E}'_{ij})=\mathrm{tr}(\boldsymbol{E}_{ij}\boldsymbol{E}_{ji})=\mathrm{tr}(\boldsymbol{E}_{ii})=1$；当 $k\neq i$ 或 $l=j$ 时，

$$(\boldsymbol{E}_{ij},\boldsymbol{E}_{kl})=\mathrm{tr}(\boldsymbol{E}_{ij}\boldsymbol{E}'_{kl})=\mathrm{tr}(\boldsymbol{E}_{ij}\boldsymbol{E}_{lk})=0$$

因此$\{\boldsymbol{E}_{ij}\mid i\neq j,\ 1\leqslant i,\ j\leqslant n\}$是 $W^{\perp}$ 的一个正交单位向量组，其中有 n^2-n 个矩阵. 由于 $\dim W^{\perp}=\dim M_n(\mathbb{R})-\dim W=n^2-n$，因此$\{\boldsymbol{E}_{ij}\mid i\neq j,\ 1\leqslant i,\ j\leqslant n\}$是 $W^{\perp}$ 的一个标准正交基.

8. 设 $V=C[-1,1]$，指定内积为

$$(f,g)=\int_{-1}^{1}f(x)g(x)\mathrm{d}x.$$

设 W 是 V 中所有奇函数组成的子空间，求 $W^{\perp}$. 试问：V 在 W 上的正交投影存在吗?

解: 用 U 表示 V 中所有偶函数组成的子空间. 根据习题 3.9 第 8 题的结论得 $V=U\oplus W$. 任取 $f(x)\in U$，对 W 中任一 $g(x)\in W$，有

$$(f,g)=\int_{-1}^{1}f(x)g(x)\mathrm{d}x=0$$

因此 $f\in W^{\perp}$，于是 $U\subset W^{\perp}$. 任取 $h(x)\in W^{\perp}$，由于 $V=W\oplus U$，因此 $h(x)=h_1(x)+h_2(x)$，$h_1(x)\in W$，$h_2(x)\in U$. 由于 $U\subset W^{\perp}$，因此 $h_1(x)=h(x)-h_2(x)\in W^{\perp}$，从而 $h_1(x)\in W\cap W^{\perp}$. 于是$(h_1(x),h_1(x))=0$，根据内积的正定性知 $h_1(x)=0$. 因此 $h(x)=h_2(x)\in U$，从而有 $W^{\perp}\subset W$. 综上可知 $U=W^{\perp}$. 因此 $V=W\oplus W^{\perp}$，从而 V 在 W 上的正

交投影 $\mathscr{P}_W$ 存在.

9. 实内积空间 $C[0, 2\pi]$指定的内积为

$$(f, g)=\int_0^{2\pi} f(x)g(x)\mathrm{d}x.$$

证明：$\forall f\in C[0, 2\pi]$，有

$$\frac{1}{\pi}\sum_{k=1}^{m}\left[\left(\int_0^{2\pi}f(x)\cos kx\,\mathrm{d}x\right)^2+\left(\int_0^{2\pi}f(x)\sin kx\,\mathrm{d}x\right)^2\right]$$
$$\leqslant\int_0^{2\pi}[f(x)]^2\mathrm{d}x-\frac{1}{2\pi}\left(\int_0^{2\pi}f(x)\mathrm{d}x\right)^2.$$

证明： 由习题 8.2 第 7 题的结论知$\left\{\frac{1}{\sqrt{2\pi}}, \frac{1}{\sqrt{\pi}}\sin kx, \frac{1}{\sqrt{\pi}}\cos kx \,\middle|\, 1\leqslant k\leqslant m\right\}$是$C[0, 2\pi]$上的一个正交单位向量组，于是根据第 5 题的 Bessel 不等式得，对$\forall f\in C[0, 2\pi]$，有

$$|f|^2=\int_0^2[f(x)]^2\mathrm{d}x\geqslant\left(f, \frac{1}{\sqrt{2\pi}}\right)^2+\sum_{k=1}^{m}\left[\left(f, \frac{1}{\sqrt{\pi}}\sin kx\right)^2+\left(f, \frac{1}{\sqrt{\pi}}\cos kx\right)^2\right]$$
$$=\frac{1}{2\pi}\left(\int_0^{2\pi}f(x)\mathrm{d}x\right)^2+\frac{1}{\pi}\sum_{k=1}^{m}\left[\left(\int_0^{2\pi}f(x)\sin kx\,\mathrm{d}x\right)^2+\left(\int_0^{2\pi}f(x)\cos kx\,\mathrm{d}x\right)^2\right]$$

10. 用 V 表示在区间$[0, 2\pi]$上可积函数组成的集合，显然 V 是$\mathbb{R}^{[0, 2\pi]}$的一个子空间. 在 V 中指定内积为$(f, g)=\int_0^{2\pi}f(x)g(x)\mathrm{d}x$，令

$$U=\left\langle\frac{1}{\sqrt{2\pi}}, \frac{1}{\sqrt{\pi}}\sin x, \frac{1}{\sqrt{\pi}}\cos x, \frac{1}{\sqrt{\pi}}\sin 2x, \frac{1}{\sqrt{\pi}}\cos 2x, \frac{1}{\sqrt{\pi}}\sin 3x, \frac{1}{\sqrt{\pi}}\cos 3x\right\rangle$$

设

$$f(x)=\begin{cases}1, & 0\leqslant x<\pi,\\ 0, & \pi\leqslant x\leqslant 2\pi,\end{cases}$$

求 $f(x)$在 U 上的正交投影 $f_1(x)$.

解： 根据习题 8.2 第 7 题的结论，U 的一个标准正交基是

$$\frac{1}{\sqrt{2\pi}}, \frac{1}{\sqrt{\pi}}\sin x, \frac{1}{\sqrt{\pi}}\cos x, \frac{1}{\sqrt{\pi}}\sin 2x, \frac{1}{\sqrt{\pi}}\cos 2x, \frac{1}{\sqrt{\pi}}\sin 3x, \frac{1}{\sqrt{\pi}}\cos 3x$$

于是 $f(x)$在 U 上的正交投影

$$f_1(x)=\left(f(x), \frac{1}{\sqrt{2\pi}}\right)\frac{1}{\sqrt{2\pi}}+\sum_{k=1}^{3}\left[\left(f(x), \frac{1}{\sqrt{\pi}}\sin kx\right)\frac{1}{\sqrt{\pi}}\sin kx\right.$$
$$\left.+\left(f(x), \frac{1}{\sqrt{\pi}}\cos kx\right)\frac{1}{\sqrt{\pi}}\cos kx\right]$$

由于

$$\left(f(x), \frac{1}{\sqrt{2\pi}}\right)=\int_0^{2\pi} f(x)\frac{1}{\sqrt{2\pi}}\mathrm{d}x=\frac{1}{\sqrt{2\pi}}\int_0^{\pi} 1\mathrm{d}x=\sqrt{\frac{\pi}{2}}$$
$$\left(f(x), \frac{1}{\sqrt{\pi}}\sin kx\right)=\frac{1}{\sqrt{\pi}}\int_0^{2\pi} f(x)\cdot\sin kx\mathrm{d}x=\frac{1}{\sqrt{\pi}}\int_0^{\pi}\sin kx\mathrm{d}x=-\frac{1}{k\sqrt{\pi}}[(-1)^k-1]$$
$$\left(f(x), \frac{1}{\sqrt{\pi}}\cos kx\right)=\frac{1}{\sqrt{\pi}}\int_0^{2\pi} f(x)\cdot\cos kx\mathrm{d}x=\frac{1}{\sqrt{\pi}}\int_0^{\pi}\cos kx\mathrm{d}x=0$$

因此 $f_1(x)=\frac{1}{2}+\frac{2}{\pi}\sin x+\frac{2}{3\pi}\sin 3x$.

11. 设 V 是一个实内积空间，W 是 V 的一个子空间. 设 $\boldsymbol{\alpha}\in V$，证明：

(1) $\boldsymbol{\beta}\in W$ 是 $\boldsymbol{\alpha}$ 在 W 上的最佳逼近元当且仅当 $\boldsymbol{\alpha}-\boldsymbol{\beta}\in W^{\perp}$；

(2) 若 $\boldsymbol{\alpha}$ 在 W 上的最佳逼近元存在，则它是唯一的.

证明： （**充分性**）对 $\forall\boldsymbol{\gamma}\in W$，由于 $\boldsymbol{\alpha}-\boldsymbol{\beta}\in W^{\perp}$，因此 $\boldsymbol{\alpha}-\boldsymbol{\beta}\perp\boldsymbol{\beta}-\boldsymbol{\gamma}$. 根据勾股定理得

$$[d(\boldsymbol{\alpha}, \boldsymbol{\gamma})]^2=|\boldsymbol{\alpha}-\boldsymbol{\gamma}|^2=|(\boldsymbol{\alpha}-\boldsymbol{\beta})+(\boldsymbol{\beta}-\boldsymbol{\gamma})|^2=|\boldsymbol{\alpha}-\boldsymbol{\beta}|^2+|\boldsymbol{\beta}-\boldsymbol{\gamma}|^2$$
$$\geqslant|\boldsymbol{\alpha}-\boldsymbol{\beta}|^2=[d(\boldsymbol{\alpha}, \boldsymbol{\beta})]^2$$

从而由最佳逼近元的定义 2 知 $\boldsymbol{\beta}$ 是 $\boldsymbol{\alpha}$ 在 W 上的最佳逼近元.

（**必要性**）设 $\boldsymbol{\beta}$ 是 $\boldsymbol{\alpha}$ 在 W 上的最佳逼近元，则 $d(\boldsymbol{\alpha}, \boldsymbol{\beta})\leqslant d(\boldsymbol{\alpha}, \boldsymbol{\gamma})$，$\forall\boldsymbol{\gamma}\in W$. 对 $\forall\boldsymbol{\gamma}\in W$，有

$$|\boldsymbol{\alpha}-\boldsymbol{\gamma}|^2=|(\boldsymbol{\alpha}-\boldsymbol{\beta})+(\boldsymbol{\beta}-\boldsymbol{\gamma})|^2=|\boldsymbol{\alpha}-\boldsymbol{\beta}|^2+2(\boldsymbol{\alpha}-\boldsymbol{\beta}, \boldsymbol{\beta}-\boldsymbol{\gamma})+|\boldsymbol{\beta}-\boldsymbol{\gamma}|^2$$

由 $d(\boldsymbol{\alpha}, \boldsymbol{\beta})\leqslant d(\boldsymbol{\alpha}, \boldsymbol{\gamma})$得 $2(\boldsymbol{\alpha}-\boldsymbol{\beta}, \boldsymbol{\beta}-\boldsymbol{\gamma})+|\boldsymbol{\beta}-\boldsymbol{\gamma}|^2\geqslant 0$. 于是当 $k\neq 0$ 时，$\boldsymbol{\beta}-\boldsymbol{\gamma}$ 用 $k(\boldsymbol{\beta}-\boldsymbol{\gamma})$ 代替，由上式得，$\forall\boldsymbol{\gamma}\in W$，有 $2k(\boldsymbol{\alpha}-\boldsymbol{\beta}, \boldsymbol{\beta}-\boldsymbol{\gamma})+k^2|\boldsymbol{\beta}-\boldsymbol{\gamma}|^2\geqslant 0$. 显然 $k=0$ 时，此式也成立. 当 $\boldsymbol{\gamma}\neq\boldsymbol{\beta}$ 时，取 $k_0=-\frac{(\boldsymbol{\alpha}-\boldsymbol{\beta}, \boldsymbol{\beta}-\boldsymbol{\gamma})}{|\boldsymbol{\beta}-\boldsymbol{\gamma}|^2}$ 代入上式得，$\forall\boldsymbol{\gamma}\in W$，且 $\boldsymbol{\gamma}\neq\boldsymbol{\beta}$ 有

$-\frac{(\boldsymbol{\alpha}-\boldsymbol{\beta},\ \boldsymbol{\beta}-\boldsymbol{\gamma})}{|\boldsymbol{\beta}-\boldsymbol{\gamma}|^2}\geqslant 0$. 由此得出$(\boldsymbol{\alpha}-\boldsymbol{\beta},\ \boldsymbol{\beta}-\boldsymbol{\gamma})=0$，$\forall \boldsymbol{\gamma}\in W$，且 $\boldsymbol{\gamma}\neq\boldsymbol{\beta}$. 因此$\forall \boldsymbol{\gamma}\in W$，有$(\boldsymbol{\alpha}-\boldsymbol{\beta},\ \boldsymbol{\gamma})=0$，从而 $\boldsymbol{\alpha}-\boldsymbol{\beta}\in W^{\perp}$.

(2) 设$\boldsymbol{\beta}$，$\boldsymbol{\delta}$都是$\boldsymbol{\alpha}$ 在 W 上的最佳逼近元，则可得 $d(\boldsymbol{\alpha},\ \boldsymbol{\beta})\leqslant d(\boldsymbol{\alpha},\ \boldsymbol{\delta})$和 $d(\boldsymbol{\alpha},\ \boldsymbol{\delta})\leqslant d(\boldsymbol{\alpha},\ \boldsymbol{\beta})$. 于是 $d(\boldsymbol{\alpha},\ \boldsymbol{\beta})=d(\boldsymbol{\alpha},\ \boldsymbol{\delta})$. 由 $\boldsymbol{\alpha}-\boldsymbol{\beta}\in W^{\perp}$，$\boldsymbol{\beta}-\boldsymbol{\delta}\in W$ 得

$$|\boldsymbol{\alpha}-\boldsymbol{\delta}|^2=|(\boldsymbol{\alpha}-\boldsymbol{\beta})+(\boldsymbol{\beta}-\boldsymbol{\delta})|^2=|\boldsymbol{\alpha}-\boldsymbol{\beta}|^2+|\boldsymbol{\beta}-\boldsymbol{\delta}|^2$$

再由$|\boldsymbol{\alpha}-\boldsymbol{\beta}|^2=|\boldsymbol{\alpha}-\boldsymbol{\delta}|^2$ 得$|\boldsymbol{\beta}-\boldsymbol{\delta}|^2=0$，从而 $\boldsymbol{\beta}=\boldsymbol{\delta}$. 从而最佳逼近元是唯一的.

12. 设 W 是实内积空间 V 的一个子空间，证明：V 中每个向量 $\boldsymbol{\alpha}$ 都有在 W 上的最佳逼近元当且仅当 $V=W\oplus W^{\perp}$.

证明： **(充分性)** 设 $V=W\oplus W^{\perp}$，则根据本节定理 2 得，$\forall \boldsymbol{\alpha}\in V$，$\boldsymbol{\alpha}$ 在 W 上的正交投影 $\boldsymbol{\alpha}_1$ 就是 $\boldsymbol{\alpha}$ 在 W 上的最佳逼近元.

(必要性) 设 V 中每个向量 $\boldsymbol{\alpha}$ 都有在 W 上的最佳逼近元$\boldsymbol{\delta}$，则根据第 11 题结论得 $\boldsymbol{\alpha}-\boldsymbol{\delta}\in W^{\perp}$. 由于 $\boldsymbol{\alpha}=\boldsymbol{\delta}+(\boldsymbol{\alpha}-\boldsymbol{\delta})$，因此 $V=W+W^{\perp}$. 任取 $\boldsymbol{\beta}\in W\cap W^{\perp}$，则$(\boldsymbol{\beta},\ \boldsymbol{\beta})=0$，从而 $\boldsymbol{\beta}=\mathbf{0}$. 因此 $W\cap W^{\perp}=\mathbf{0}$. 综上所述，$V=W\oplus W^{\perp}$.

13. 设 W 是实内积空间 V 的一个子空间.

(1) 证明：若 V 在 W 上的正交投影 $\mathscr{P}$存在，则 $\mathscr{P}$是 V 上的一个线性变换，且是幂等的，还有

$$\mathrm{Ker}\mathscr{P}=W^{\perp},\ \mathrm{Im}\mathscr{P}=W;$$

(2) 证明：若 V 在 W 上的正交投影 $\mathscr{P}$存在，则 V 在 $W^{\perp}$上的正交投影也存在，它等于$\mathscr{I}-\mathscr{P}$.

证明： 任取 $\boldsymbol{\alpha}_1$，$\boldsymbol{\alpha}_2\in V$，设 $\mathscr{P}(\boldsymbol{\alpha}_i)=\boldsymbol{\beta}_i$，$i=1$，2，则根据正交投影的定义得，$\boldsymbol{\beta}_i$ 是 $\boldsymbol{\alpha}_i$ 在 W 上的最佳逼近元，于是根据第 11 题结论，$\boldsymbol{\alpha}_i-\boldsymbol{\beta}_i\in W^{\perp}$，$i=1$，2. 由于 $W^{\perp}$是 V 的一个子空间，因此

$$(\boldsymbol{\alpha}_1+\boldsymbol{\alpha}_2)-(\boldsymbol{\beta}_1+\boldsymbol{\beta}_2)=(\boldsymbol{\alpha}_1-\boldsymbol{\beta}_1)+(\boldsymbol{\alpha}_2-\boldsymbol{\beta}_2)\in W^{\perp}$$

根据第 11 题结论得，$\boldsymbol{\beta}_1+\boldsymbol{\beta}_2$ 是 $\boldsymbol{\alpha}_1+\boldsymbol{\alpha}_2$ 在 W 上的最佳逼近元，于是 $\mathscr{P}(\boldsymbol{\alpha}_1+\boldsymbol{\alpha}_2)=\boldsymbol{\beta}_1+\boldsymbol{\beta}_2=\mathscr{P}(\boldsymbol{\alpha}_1)+\mathscr{P}(\boldsymbol{\alpha}_2)$. 因为 $k(\boldsymbol{\alpha}_1-\boldsymbol{\beta}_1)\in W^{\perp}$，即 $k\boldsymbol{\alpha}_1-k\boldsymbol{\beta}_1\in W^{\perp}$且 $k\boldsymbol{\alpha}_1\in V$，所以根据第 11 题的(1)知 $k\boldsymbol{\beta}_1$ 是 $k\boldsymbol{\alpha}_1$ 在 W 上的最佳逼近元，即 $\mathscr{P}(k\boldsymbol{\alpha}_1)=k\boldsymbol{\beta}_1=k\mathscr{P}(\boldsymbol{\alpha}_1)$. 因此 $\mathscr{P}$是 V 上的线性变换.

任取 $\boldsymbol{\alpha}\in V$，设 $\mathscr{P}(\boldsymbol{\alpha})=\boldsymbol{\beta}$，则$\boldsymbol{\beta}$是$\boldsymbol{\alpha}$ 在 W 上的最佳逼近元. 由于$\boldsymbol{\beta}-\boldsymbol{\beta}=\mathbf{0}\in W^{\perp}$且$\boldsymbol{\beta}\in W\subset V$，根据第 11 题的(1)知$\boldsymbol{\beta}$是$\boldsymbol{\beta}$ 在 W 上的最佳逼近元，从而 $\mathscr{P}(\boldsymbol{\beta})=\boldsymbol{\beta}$，于是 $\mathscr{P}^2(\boldsymbol{\alpha})=$

$\mathscr{P}(\boldsymbol{\beta})=\boldsymbol{\beta}=\mathscr{P}(\boldsymbol{\alpha})$. 因此 $\mathscr{P}^2=\mathscr{P}$, 即 $\mathscr{P}$ 是幂等的. 虽然 $\mathrm{Im}\mathscr{P}\subseteq W$，任取 $\boldsymbol{\gamma}\in W$，由于 $\mathscr{P}(\boldsymbol{\gamma})=\boldsymbol{\gamma}$，因此 $W\subseteq\mathrm{Im}\mathscr{P}$, 从而 $\mathrm{Im}\mathscr{P}=W$. 任取 $\boldsymbol{\alpha}\in\mathrm{Ker}\mathscr{P}\Leftrightarrow\mathscr{P}(\boldsymbol{\alpha})=\mathbf{0}\Leftrightarrow\boldsymbol{\alpha}-\mathbf{0}\in W^{\perp}$，因此 $\mathrm{Ker}\mathscr{P}=W^{\perp}$.

(2) 任取 $\boldsymbol{\alpha}\in V$，已知 V 在 W 上的正交投影 $\mathscr{P}$ 存在，因此 $\mathscr{P}(\boldsymbol{\alpha})$ 是 $\boldsymbol{\alpha}$ 在 W 上的最佳逼近元. 根据第 11 题结论得，$(\mathscr{I}-\mathscr{P})\boldsymbol{\alpha}$ 是 $\boldsymbol{\alpha}$ 在 $W^{\perp}$ 上的最佳逼近元，于是把 $\boldsymbol{\alpha}$ 对应到 $(\mathscr{I}-\mathscr{P})\boldsymbol{\alpha}$ 的映射 $\mathscr{I}-\mathscr{P}$ 是 V 在 $W^{\perp}$ 上的正交投影.

14. 设 W 是实内积空间 V 的一个子空间. 证明：如果 V 在 W 上的正交投影 $\mathscr{P}$ 存在，那么

$$(\mathscr{P}\boldsymbol{\alpha},\ \boldsymbol{\beta})=(\boldsymbol{\alpha},\ \mathscr{P}\boldsymbol{\beta}),\quad \forall\,\boldsymbol{\alpha},\ \boldsymbol{\beta}\in V.$$

证明： 任取 $\boldsymbol{\alpha}$，$\boldsymbol{\beta}\in V$. 由于 V 在 W 上的正交投影 $\mathscr{P}$ 存在，因此 $\mathscr{P}(\boldsymbol{\alpha})$，$\mathscr{P}(\boldsymbol{\beta})$ 分别是 $\boldsymbol{\alpha}$，$\boldsymbol{\beta}$ 在 W 上的最佳逼近元. 根据第 11 题的结论得 $\boldsymbol{\alpha}-\mathscr{P}(\boldsymbol{\alpha})\in W^{\perp}$，$\boldsymbol{\beta}-\mathscr{P}(\boldsymbol{\beta})\in W^{\perp}$，因此

$$0=(\boldsymbol{\alpha}-\mathscr{P}(\boldsymbol{\alpha}),\ \mathscr{P}(\boldsymbol{\beta}))=(\boldsymbol{\alpha},\ \mathscr{P}(\boldsymbol{\beta}))-(\mathscr{P}(\boldsymbol{\alpha}),\ \mathscr{P}(\boldsymbol{\beta}))$$
$$0=(\boldsymbol{\beta}-\mathscr{P}(\boldsymbol{\beta}),\ \mathscr{P}(\boldsymbol{\alpha}))=(\boldsymbol{\beta},\ \mathscr{P}(\boldsymbol{\alpha}))-(\mathscr{P}(\boldsymbol{\beta}),\ \mathscr{P}(\boldsymbol{\alpha}))$$

由以上两式得 $(\boldsymbol{\alpha},\ \mathscr{P}(\boldsymbol{\beta}))=(\boldsymbol{\beta},\ \mathscr{P}(\boldsymbol{\alpha}))$.

15. 设 U 是实内积空间 V 的一个有限维子空间，$\boldsymbol{\beta}_1$，$\boldsymbol{\beta}_2$，…，$\boldsymbol{\beta}_m$ 是 U 的一个正交基，用 $\mathscr{P}_U$ 表示 V 在 U 上的正交投影. 证明：对于 $\boldsymbol{\alpha}\in V$，有

$$\mathscr{P}_U(\boldsymbol{\alpha})=\sum_{i=1}^{m}\frac{(\boldsymbol{\alpha},\ \boldsymbol{\beta}_i)}{|\boldsymbol{\beta}_i|^2}\boldsymbol{\beta}_i.$$

证明： **(证法一)** 设 $\mathscr{P}_U(\boldsymbol{\alpha})=\sum\limits_{i=1}^{m}k_i\boldsymbol{\beta}_i$，则 $(\mathscr{P}_U(\boldsymbol{\alpha}),\ \boldsymbol{\beta}_j)=\sum\limits_{i=1}^{m}k_i(\boldsymbol{\beta}_i,\ \boldsymbol{\beta}_j)=k_j|\boldsymbol{\beta}_j|^2$，利用第 14 题的结论知 $(\mathscr{P}_U(\boldsymbol{\alpha}),\ \boldsymbol{\beta}_j)=(\boldsymbol{\alpha},\ \mathscr{P}_U(\boldsymbol{\beta}_j))=(\boldsymbol{\alpha},\ \boldsymbol{\beta}_j)$，从而有

$$k_j=\frac{(\boldsymbol{\alpha},\ \boldsymbol{\beta}_j)}{|\boldsymbol{\beta}_j|^2},\quad \mathscr{P}_U(\boldsymbol{\alpha})=\sum_{i=1}^{m}\frac{(\boldsymbol{\alpha},\ \boldsymbol{\beta}_i)}{|\boldsymbol{\beta}_i|^2}\boldsymbol{\beta}_i$$

(证法二) 令 $\boldsymbol{\eta}_i=\dfrac{1}{|\boldsymbol{\beta}_i|}\boldsymbol{\beta}_i$，$i=1,\ 2,\ \cdots,\ m$，则 $\boldsymbol{\eta}_1$，$\boldsymbol{\eta}_2$，…，$\boldsymbol{\eta}_m$ 是 U 的一个标准正交基. 于是 $\boldsymbol{\alpha}$ 在 U 上的正交投影

$$\mathscr{P}_U(\boldsymbol{\alpha})=\sum_{i=1}^{m}(\boldsymbol{\alpha},\ \boldsymbol{\eta}_i)\boldsymbol{\eta}_i=\sum_{i=1}^{m}\left(\boldsymbol{\alpha},\ \frac{1}{|\boldsymbol{\beta}_i|}\boldsymbol{\beta}_i\right)\frac{1}{|\boldsymbol{\beta}_i|}\boldsymbol{\beta}_i=\sum_{i=1}^{m}\frac{(\boldsymbol{\alpha},\ \boldsymbol{\beta}_i)}{|\boldsymbol{\beta}_i|^2}\boldsymbol{\beta}_i$$

16. 设 V 是 n 维 Euclid 空间，证明：存在 V 上的一个非零线性变换 $\mathscr{A}$，使得 $\forall\,\boldsymbol{\alpha}\in V$ 都有 $(\mathscr{A}\boldsymbol{\alpha},\ \boldsymbol{\alpha})=0$.

证明： 在 V 中取一个标准正交基 $\boldsymbol{\eta}_1, \boldsymbol{\eta}_2, \cdots, \boldsymbol{\eta}_n$，设 V 上的线性变换 $\mathscr{A}$ 在此基下的矩阵为 $\boldsymbol{A}$，V 中任一向量 $\boldsymbol{\alpha}$ 在此基下的坐标为 $\boldsymbol{X}$，则

$$\begin{aligned}&\forall \boldsymbol{\alpha}\in V \text{ 都有}(\mathscr{A}\boldsymbol{\alpha}, \boldsymbol{\alpha})=0\\ \Leftrightarrow &\forall \boldsymbol{X}\in \mathbb{R}^n \text{ 都有 } \boldsymbol{X}'\boldsymbol{A}\boldsymbol{X}=0\\ \Leftrightarrow &\boldsymbol{A} \text{ 是 } n \text{ 级斜对称矩阵}\end{aligned}$$

其中最后一个“$\Leftrightarrow$”是根据习题 7.4 第 4 题的结论. 于是任取一个 $\mathbb{R}$ 上的 n 级斜对称矩阵 $\boldsymbol{A}(\boldsymbol{A}\neq\boldsymbol{0})$，建立 V 上的一个线性变换 $\mathscr{A}$，使得 $\mathscr{A}$ 在 V 的一个标准正交基下的矩阵为 $\boldsymbol{A}$，则 $\forall \boldsymbol{\alpha}\in V$，有 $(\mathscr{A}\boldsymbol{\alpha}, \boldsymbol{\alpha})=0$.

17. 设 V 是由 $M_3(\mathbb{R})$ 中所有斜对称矩阵组成的子空间，对于 $\boldsymbol{A}, \boldsymbol{B}\in V$，规定 $(\boldsymbol{A}, \boldsymbol{B})=\frac{1}{2}\mathrm{tr}(\boldsymbol{A}\boldsymbol{B}')$. 容易看出这是 V 上的一个内积，令

$$\sigma: \mathbb{R}^3\to V$$
$$\begin{pmatrix}x_1\\x_2\\x_3\end{pmatrix}\mapsto\begin{pmatrix}0 & x_1 & x_2\\ -x_1 & 0 & x_3\\ -x_2 & -x_3 & 0\end{pmatrix}$$

证明：σ 是 Euclid 空间 $\mathbb{R}^3$（指定标准内积）到 V 的一个保距同构，并且求 V 的一个标准正交基.

证明： 先证明 $(\boldsymbol{A}, \boldsymbol{B})=\frac{1}{2}\mathrm{tr}(\boldsymbol{A}\boldsymbol{B}')$ 是 V 上的内积. 设 $k, l\in\mathbb{R}$，则

$$\begin{aligned}(k\boldsymbol{A}_1+l\boldsymbol{A}_2, \boldsymbol{B})&=\frac{1}{2}\mathrm{tr}[(k\boldsymbol{A}_1+l\boldsymbol{A}_2)\boldsymbol{B}']\\&=\frac{1}{2}\mathrm{tr}[k\boldsymbol{A}_1\boldsymbol{B}'+l\boldsymbol{A}_2\boldsymbol{B}']\\&=\frac{1}{2}k\,\mathrm{tr}(\boldsymbol{A}_1\boldsymbol{B}')+\frac{1}{2}l\,\mathrm{tr}(\boldsymbol{A}_2\boldsymbol{B}')\\&=k(\boldsymbol{A}_1, \boldsymbol{B})+l(\boldsymbol{A}_2, \boldsymbol{B})\end{aligned}$$

同理可证 $(\boldsymbol{A}, k\boldsymbol{B}_1+l\boldsymbol{B}_2)=k(\boldsymbol{A}, \boldsymbol{B}_1)+l(\boldsymbol{A}, \boldsymbol{B}_2)$，即 $(\boldsymbol{A}, \boldsymbol{B})$ 是一个双线性函数. 由于 $(\boldsymbol{A}, \boldsymbol{B})=\frac{1}{2}\mathrm{tr}(\boldsymbol{A}\boldsymbol{B}')$，$(\boldsymbol{B}, \boldsymbol{A})=\frac{1}{2}\mathrm{tr}(\boldsymbol{B}\boldsymbol{A}')$，从而有 $(\boldsymbol{A}, \boldsymbol{B})=(\boldsymbol{B}, \boldsymbol{A})$. 因此(,)是对称的双线性函数，(,)在 $M_n(\mathbb{R})$ 的基下的度量矩阵为 $\frac{1}{2}\boldsymbol{I}_{n^2}$（见习题 8.1 的第 1 题）. 因此(,)是正定

的，从而$(\boldsymbol{A},\boldsymbol{B})=\frac{1}{2}\operatorname{tr}(\boldsymbol{AB}')$是$V$上的内积.

显然，σ是满射. 在$\mathbb{R}^3$中任取$\boldsymbol{\alpha}=\begin{pmatrix}x_1\\x_2\\x_3\end{pmatrix}$，$\boldsymbol{\beta}=\begin{pmatrix}y_1\\y_2\\y_3\end{pmatrix}$，则$(\boldsymbol{\alpha},\boldsymbol{\beta})=x_1x_2+x_2y_2+x_3y_3$.

由于

$$\begin{aligned}(\sigma(\boldsymbol{\alpha}),\sigma(\boldsymbol{\beta}))&=\frac{1}{2}\operatorname{tr}[\sigma(\boldsymbol{\alpha})\sigma(\boldsymbol{\beta})']\\&=\frac{1}{2}\operatorname{tr}\left[\begin{pmatrix}0&x_1&x_2\\-x_1&0&x_3\\-x_2&-x_3&0\end{pmatrix}\begin{pmatrix}0&-y_1&-y_2\\y_1&0&-y_3\\y_2&y_3&0\end{pmatrix}\right]\\&=(x_1y_1+x_2y_2+x_3y_3)=(\boldsymbol{\alpha},\boldsymbol{\beta})\end{aligned}$$

于是根据本节定义3得，σ是$\mathbb{R}^3$到V的一个保距同构.

σ把$\mathbb{R}^3$的一个标准正交基$\boldsymbol{\varepsilon}_1$，$\boldsymbol{\varepsilon}_2$，$\boldsymbol{\varepsilon}_3$映成$V$的一个标准正交基：

$$\begin{pmatrix}0&1&0\\-1&0&0\\0&0&0\end{pmatrix},\quad\begin{pmatrix}0&0&1\\0&0&0\\-1&0&0\end{pmatrix},\quad\begin{pmatrix}0&0&0\\0&0&1\\0&-1&0\end{pmatrix}$$

习题 8.4　正交变换

1. 设$\mathscr{A}$是实内积空间V上的一个正交变换，证明：如果$\mathscr{A}$有特征值，那么$\mathscr{A}$的特征值为1或-1.

证明： 设$\mathscr{A}$有特征值λ，那么存在$\boldsymbol{\alpha}\in V$且$\boldsymbol{\alpha}\neq\boldsymbol{0}$，使得$\boldsymbol{A\alpha}=\lambda\boldsymbol{\alpha}$. 从而$(\boldsymbol{\alpha},\boldsymbol{\alpha})=(\mathscr{A}\boldsymbol{\alpha},\mathscr{A}\boldsymbol{\alpha})=(\lambda\boldsymbol{\alpha},\lambda\boldsymbol{\alpha})=\lambda^2(\boldsymbol{\alpha},\boldsymbol{\alpha})$，由于$\boldsymbol{\alpha}\neq\boldsymbol{0}$，因此$(\boldsymbol{\alpha},\boldsymbol{\alpha})\neq0$. 于是$\lambda^2=1$，因此$\lambda=\pm1$.

2. 设$\mathscr{A}$是n维Euclid空间V上的一个正交变换，证明：$\mathscr{A}$的特征多项式的复根为±1或$\cos\theta\pm\mathrm{i}\sin\theta$，其中$0<\theta<\pi$.

证明： 设$\mathscr{A}$在V的一个标准正交基下的矩阵为$\boldsymbol{A}$，则$\boldsymbol{A}$是正交矩阵. 设λ_j是$\boldsymbol{A}$的特征多项式的任一复根. 把$\boldsymbol{A}$看成复数域上的矩阵，则λ_j是复矩阵$\boldsymbol{A}$的一个特征值. 从而存在$\boldsymbol{\alpha}\in\mathbb{C}^n$且$\boldsymbol{\alpha}\neq\boldsymbol{0}$，使得$\boldsymbol{A\alpha}=\lambda_j\boldsymbol{\alpha}$. 两边取共轭和转置得，$\bar{\boldsymbol{\alpha}}'\bar{\boldsymbol{A}}'=\bar{\lambda}_j\bar{\boldsymbol{\alpha}}'$. 由于$A$是实矩阵，因此$\bar{\boldsymbol{A}}=\boldsymbol{A}$，从而有$\bar{\boldsymbol{\alpha}}'\boldsymbol{A}'=\bar{\lambda}_j\bar{\boldsymbol{\alpha}}'$. 两边右乘$\boldsymbol{A\alpha}$并结合$\boldsymbol{A\alpha}=\lambda_j\boldsymbol{\alpha}$得，$\bar{\boldsymbol{\alpha}}'\boldsymbol{A}'\boldsymbol{A\alpha}=\bar{\lambda}_j\bar{\boldsymbol{\alpha}}'\lambda_j\boldsymbol{\alpha}$，于是$\bar{\boldsymbol{\alpha}}'\boldsymbol{\alpha}=|\lambda_j|^2\bar{\boldsymbol{\alpha}}'\boldsymbol{\alpha}$. 由于$\boldsymbol{\alpha}\neq\boldsymbol{0}$，因此$\bar{\boldsymbol{\alpha}}'\boldsymbol{\alpha}\neq0$，从而$|\lambda_j|^2=1$，于是$|\lambda_j|=1$. 从

而

$$\lambda_j = \cos\theta + \mathrm{i}\sin\theta,\quad 0 \leqslant \theta < 2\pi$$

当 $\theta=0$ 时，$\lambda_j=1$；当 $\theta=\pi$ 时，$\lambda_j=-1$；当 $\pi<\theta<2\pi$ 时，令 $\varphi=2\pi-\theta$，则 $0<\varphi<\pi$，且

$$\lambda_j = \cos\theta + \mathrm{i}\sin\theta = \cos(2\pi-\varphi) + \mathrm{i}\sin(2\pi-\varphi) = \cos\varphi - \mathrm{i}\sin\varphi$$

3. 证明：n 级正交矩阵 $\boldsymbol{A}$ 如果有两个不同的特征值，那么 $\boldsymbol{A}$ 的属于不同特征值的特征向量在 $\mathbb{R}^n$(指定标准内积)中是正交的.

证明： 设 n 级正交矩阵 $\boldsymbol{A}$ 有两个不同的特征值 λ_1，λ_2，则 $\lambda_i=1$ 或 -1，$i=1$，2. 不妨设 $\lambda_1=1$，$\lambda_2=-1$. 设 $\boldsymbol{\alpha}_i$ 是 $\boldsymbol{A}$ 的属于 λ_i 的一个特征向量，$i=1$，2，则在 $\mathbb{R}^n$(指定标准内积)中，有

$$\begin{aligned}(\boldsymbol{\alpha}_1, \boldsymbol{\alpha}_2) &= \lambda_1(\boldsymbol{\alpha}_1, \boldsymbol{\alpha}_2) = (\lambda_1\boldsymbol{\alpha}_1, \boldsymbol{\alpha}_2) = (\boldsymbol{A}\boldsymbol{\alpha}_1, \boldsymbol{\alpha}_2) = (\boldsymbol{A}\boldsymbol{\alpha}_1)'\boldsymbol{\alpha}_2 = \boldsymbol{\alpha}_1'\boldsymbol{A}'\boldsymbol{\alpha}_2 \\ &= \boldsymbol{\alpha}_1'\boldsymbol{A}^{-1}\boldsymbol{\alpha}_2 = \boldsymbol{\alpha}_1'\lambda_2^{-1}\boldsymbol{\alpha}_2 = \boldsymbol{\alpha}_1'(-1)\boldsymbol{\alpha}_2 = -(\boldsymbol{\alpha}_1, \boldsymbol{\alpha}_2)\end{aligned}$$

从而 $2(\boldsymbol{\alpha}_1, \boldsymbol{\alpha}_2)=0$，因此 $(\boldsymbol{\alpha}_1, \boldsymbol{\alpha}_2)=0$.

4. 设 $\mathscr{A}$ 是 2 维 Euclid 空间 V 上的一个正交变换，证明：(1) 如果 $\mathscr{A}$ 是第一类的，那么 V 中存在一个标准正交基，使得 $\mathscr{A}$ 在此基下的矩阵为

$$\begin{pmatrix} \cos\theta & -\sin\theta \\ \sin\theta & \cos\theta \end{pmatrix},\quad 0 \leqslant \theta \leqslant \pi;$$

(2) 如果 $\mathscr{A}$ 是第二类的，那么 V 中存在一个标准正交基，使得 $\mathscr{A}$ 在此基下的矩阵为

$$\begin{pmatrix} 1 & 0 \\ 0 & -1 \end{pmatrix}.$$

证明： 设 $\mathscr{A}$ 在 V 的一个标准正交基 $\boldsymbol{\eta}_1$，$\boldsymbol{\eta}_2$ 下的矩阵为 $\boldsymbol{A}$，则 $\boldsymbol{A}$ 是 2 级正交矩阵.

(1) $|\boldsymbol{A}|=1$. 根据习题 8.2 的第 19 题，

$$\boldsymbol{A} = \begin{pmatrix} \cos\theta & -\sin\theta \\ \sin\theta & \cos\theta \end{pmatrix},\quad \theta \in \mathbb{R}$$

由于 $y=\sin x$ 和 $y=\cos x$ 的最小正周期都是 2π，因此可取 $0 \leqslant \theta < 2\pi$. 当 $\theta=0$ 时，$\boldsymbol{A}=\begin{pmatrix} 1 & 0 \\ 0 & 1 \end{pmatrix}$；当 $\theta=\pi$ 时，$\boldsymbol{A}=\begin{pmatrix} -1 & 0 \\ 0 & -1 \end{pmatrix}$；当 $\pi<\theta<2\pi$ 时，令 $\varphi=2\pi-\theta$，则 $0<\varphi<\pi$. 此时

$$\boldsymbol{A} = \begin{pmatrix} \cos(2\pi-\varphi) & -\sin(2\pi-\varphi) \\ \sin(2\pi-\varphi) & \cos(2\pi-\varphi) \end{pmatrix} = \begin{pmatrix} \cos\varphi & \sin\varphi \\ -\sin\varphi & \cos\varphi \end{pmatrix}$$

由于

$$\begin{pmatrix}1 & 0\\0 & -1\end{pmatrix}^{-1}\begin{pmatrix}\cos\varphi & \sin\varphi\\-\sin\varphi & \cos\varphi\end{pmatrix}\begin{pmatrix}1 & 0\\0 & -1\end{pmatrix}=\begin{pmatrix}\cos\varphi & -\sin\varphi\\\sin\varphi & \cos\varphi\end{pmatrix}$$

因此

$$\boldsymbol{A}\sim\begin{pmatrix}\cos\varphi & -\sin\varphi\\\sin\varphi & \cos\varphi\end{pmatrix}$$

令$(\boldsymbol{\gamma}_1, \boldsymbol{\gamma}_2)=(\boldsymbol{\eta}_1, \boldsymbol{\eta}_2)\begin{pmatrix}1 & 0\\0 & -1\end{pmatrix}$. 易知$\begin{pmatrix}1 & 0\\0 & -1\end{pmatrix}$是正交矩阵，从而$\boldsymbol{\gamma}_1$，$\boldsymbol{\gamma}_2$也是$V$的一个标准正交基. $\mathscr{A}$在基$\boldsymbol{\gamma}_1$，$\boldsymbol{\gamma}_2$下的矩阵是$\begin{pmatrix}1 & 0\\0 & -1\end{pmatrix}^{-1}\boldsymbol{A}\begin{pmatrix}1 & 0\\0 & -1\end{pmatrix}=\begin{pmatrix}\cos\varphi & -\sin\varphi\\\sin\varphi & \cos\varphi\end{pmatrix}$. 综上所述，当$|\boldsymbol{A}|=1$时，存在$V$的标准正交基，使得$\mathscr{A}$在此基下的矩阵为

$$\begin{pmatrix}\cos\theta & -\sin\theta\\\sin\theta & \cos\theta\end{pmatrix},\quad 0\leqslant\theta\leqslant\pi$$

(2) $|\boldsymbol{A}|=-1$. 根据习题 8.2 的第 19 题，

$$\boldsymbol{A}=\begin{pmatrix}\cos\theta & \sin\theta\\\sin\theta & -\cos\theta\end{pmatrix},\quad 0\leqslant\theta<2\pi$$

由于$|\boldsymbol{A}|=-1$，因此根据习题 8.2 的第 23 题，-1是$\boldsymbol{A}$的一个特征值. 设$\boldsymbol{A}$的特征多项式的另一个复根是λ_2. 由于$\boldsymbol{A}$是实对称矩阵，因此根据教材 6.6 节的定理 4 得，λ_2是实数，从而λ_2是$\boldsymbol{A}$的另一个特征值. 根据教材 6.6 节的推论 2 得，$(-1)\lambda_2=|\boldsymbol{A}|$，于是$\lambda_2=1$. 分别取$\boldsymbol{A}$的属于 1 和$-1$的特征向量$\boldsymbol{\delta}_1$，$\boldsymbol{\delta}_2$，且$|\boldsymbol{\delta}_i|=1$，$i=1, 2$，根据第 3 题，在$\mathbb{R}^2$(指定标准内积)中，$\boldsymbol{\delta}_1$与$\boldsymbol{\delta}_2$正交. 令

$$\boldsymbol{\beta}_i=(\boldsymbol{\eta}_1, \boldsymbol{\eta}_2)\boldsymbol{\delta}_i,\quad i=1, 2$$

则$(\boldsymbol{\beta}_i, \boldsymbol{\beta}_i)=\boldsymbol{\delta}_i'\boldsymbol{\delta}_i=|\boldsymbol{\delta}_i|^2=1$，$i=1, 2$，$(\boldsymbol{\beta}_1, \boldsymbol{\beta}_2)=\boldsymbol{\delta}_1'\boldsymbol{\delta}_2=0$. 因此$\boldsymbol{\beta}_1$，$\boldsymbol{\beta}_2$是$V$的一个标准正交基. 由于$A\boldsymbol{\delta}_1=\boldsymbol{\delta}_1$，因此$\mathscr{A}\boldsymbol{\beta}_1=\boldsymbol{\beta}_1$，同理$\mathscr{A}\boldsymbol{\beta}_2=-\boldsymbol{\beta}_2$. 于是$\mathscr{A}$在$V$的标准正交基$\boldsymbol{\beta}_1$，$\boldsymbol{\beta}_2$下的矩阵为$\begin{pmatrix}1 & 0\\0 & -1\end{pmatrix}$.

5. 设$\mathscr{A}$是n维 Euclid 空间V上的一个正交变换，证明：V中存在一个标准正交基，使得$\mathscr{A}$在此基下的矩阵为下述形式的分块对角矩阵：

$$\operatorname{diag}\left\{\lambda_1, \cdots, \lambda_r, \begin{pmatrix}\cos\theta_1 & -\sin\theta_1\\ \sin\theta_1 & \cos\theta_1\end{pmatrix}, \cdots, \begin{pmatrix}\cos\theta_m & -\sin\theta_m\\ \sin\theta_m & \cos\theta_m\end{pmatrix}\right\},$$

其中 $\lambda_i=1$ 或 -1，$i=1, \cdots, r$；$0<\theta_j<\pi$，$j=1, \cdots, m$.

证明： 对 Euclid 空间的维数 n 做数学归纳法. $n=1$ 时，取一个单位向量 $\boldsymbol{\eta}$，则 $V=\langle\eta\rangle$. 设 $\mathscr{A}\boldsymbol{\eta}=k\boldsymbol{\eta}$，则 $|\mathscr{A}\boldsymbol{\eta}|=|k\boldsymbol{\eta}|$. 由于 $|\mathscr{A}\boldsymbol{\eta}|=|\boldsymbol{\eta}|$，因此 $|k|=1$，从而 $k=1$ 或 -1. 于是 $\mathscr{A}$ 在 V 的标准正交基 $\boldsymbol{\eta}$ 下的矩阵为 (1) 或 (-1). 因此当 $n=1$ 时命题为真. $n=2$ 时，根据第 4 题结论，命题为真. 假设对于维数小于 n 的 Euclid 空间，命题为真. 现在来看 n 维 Euclid 空间 V 上的正交变换 $\mathscr{A}$.

情形 1：$\mathscr{A}$ 有特征值 λ_1，则根据第 1 题结论知，$\lambda_1=1$ 或 -1. 取 $\mathscr{A}$ 的属于 λ_1 的一个单位特征向量 $\boldsymbol{\eta}_1$，于是 $V=\langle\boldsymbol{\eta}_1\rangle\oplus\langle\boldsymbol{\eta}_1\rangle^{\perp}$. 由于 $\langle\boldsymbol{\eta}_1\rangle$ 是 $\mathscr{A}$ 的不变子空间，因此根据本节命题 8 得，$\langle\boldsymbol{\eta}_1\rangle^{\perp}$ 也是 $\mathscr{A}$ 的不变子空间. 于是 $\mathscr{A}|\langle\boldsymbol{\eta}_1\rangle^{\perp}$ 是 $\langle\boldsymbol{\eta}_1\rangle^{\perp}$ 上的正交变换. 由于 $\dim\langle\boldsymbol{\eta}_1\rangle^{\perp}=n-1$，根据归纳假设，$\langle\boldsymbol{\eta}_1\rangle^{\perp}$ 存在一个标准正交基 $\boldsymbol{\eta}_2, \cdots, \boldsymbol{\eta}_n$，使得 $\mathscr{A}|\langle\boldsymbol{\eta}_1\rangle^{\perp}$ 在此基下的矩阵为形如下述的 $n-1$ 级分块对角阵：

$$\operatorname{diag}\left\{\lambda_2, \cdots, \lambda_r, \begin{pmatrix}\cos\theta_1 & -\sin\theta_1\\ \sin\theta_1 & \cos\theta_1\end{pmatrix}, \cdots, \begin{pmatrix}\cos\theta_m & -\sin\theta_m\\ \sin\theta_m & \cos\theta_m\end{pmatrix}\right\}$$

其中 $\lambda_i=1$ 或 -1，$i=2, \cdots, r$；$0<\theta_j<\pi$，$j=1, 2, \cdots, m$. 于是 $\mathscr{A}$ 在 V 的标准正交基 $\boldsymbol{\eta}_1, \boldsymbol{\eta}_2, \cdots, \boldsymbol{\eta}_n$ 下的矩阵为

$$\operatorname{diag}\left\{\lambda_1, \lambda_2, \cdots, \lambda_r, \begin{pmatrix}\cos\theta_1 & -\sin\theta_1\\ \sin\theta_1 & \cos\theta_1\end{pmatrix}, \cdots, \begin{pmatrix}\cos\theta_m & -\sin\theta_m\\ \sin\theta_m & \cos\theta_m\end{pmatrix}\right\}$$

λ_{ui}，θ_j 同上所述.

情形 2：$\mathscr{A}$ 没有特征值，则根据习题 6.8 第 14 题结论知，$\mathscr{A}$ 有一个 2 维不变子空间 W. 于是 $\mathscr{A}|W$ 是 W 上的一个正交变换. 根据 $n=2$ 的情形，$\mathscr{A}|W$ 在 W 的一个标准正交基 $\boldsymbol{\gamma}_1, \boldsymbol{\gamma}_2$ 下的矩阵为

$$\begin{pmatrix}\cos\theta_1 & -\sin\theta_1\\ \sin\theta_1 & \cos\theta_1\end{pmatrix}, \quad 0<\theta_1<\pi$$

由于 $W^{\perp}$ 也是 $\mathscr{A}$ 的不变子空间，因此 $\mathscr{A}|W^{\perp}$ 是 $W^{\perp}$ 上的正交变换. 由于 $\dim W^{\perp}=\dim V-\dim W=n-2$，因此根据归纳假设，$W^{\perp}$ 中存在一个标准正交基 $\boldsymbol{\delta}_3, \cdots, \boldsymbol{\delta}_n$，使得 $\mathscr{A}|W^{\perp}$ 在此基下的矩阵为形如下述的 $n-2$ 级分块对角矩阵：

$$\operatorname{diag}\left\{\begin{pmatrix}\cos\theta_2 & -\sin\theta_2\\ \sin\theta_2 & \cos\theta_2\end{pmatrix},\ \cdots,\ \begin{pmatrix}\cos\theta_m & -\sin\theta_m\\ \sin\theta_m & \cos\theta_m\end{pmatrix}\right\}$$

其中 $0<\theta_j<\pi$，$j=2$，…，m. 于是 Ω 在 V 的标准正交基 γ_1，γ_2，δ_3，…，δ_n 下的矩阵为

$$\operatorname{diag}\left\{\begin{pmatrix}\cos\theta_1 & -\sin\theta_1\\ \sin\theta_1 & \cos\theta_1\end{pmatrix},\ \begin{pmatrix}\cos\theta_2 & -\sin\theta_2\\ \sin\theta_2 & \cos\theta_2\end{pmatrix},\ \cdots,\ \begin{pmatrix}\cos\theta_m & -\sin\theta_m\\ \sin\theta_m & \cos\theta_m\end{pmatrix}\right\}$$

根据数学归纳法原理，对一切正整数 n，命题为真.

6. 设 $\boldsymbol{A}$ 是 n 级正交矩阵，证明：存在 n 级正交矩阵 $\boldsymbol{T}$，使得 $\boldsymbol{T}^{-1}\boldsymbol{AT}$ 为下述形式的分块对角矩阵：

$$\operatorname{diag}\left\{\lambda_1,\ \cdots,\ \lambda_r,\ \begin{pmatrix}\cos\theta_1 & -\sin\theta_1\\ \sin\theta_1 & \cos\theta_1\end{pmatrix},\ \cdots,\ \begin{pmatrix}\cos\theta_m & -\sin\theta_m\\ \sin\theta_m & \cos\theta_m\end{pmatrix}\right\},$$

其中 $\lambda_i=1$ 或 -1，$i=1$，…，r；$0<\theta_j<\pi$，$j=1$，…，m，$0<m<\dfrac{n}{2}$.

证明： 设 V 是 n 维 Euclid 空间，$\mathscr{A}$ 是 V 上的一个线性变换，使得 $\mathscr{A}$ 在 V 的一个标准正交基 $\boldsymbol{\eta}_1$，$\boldsymbol{\eta}_2$，…，$\boldsymbol{\eta}_n$ 下的矩阵为 $\boldsymbol{A}$. 由于 $\boldsymbol{A}$ 是正交矩阵，因此 $\mathscr{A}$ 是 V 上的正交变换. 根据第 5 题结论知，V 中存在一个标准正交基 $\boldsymbol{\gamma}_1$，$\boldsymbol{\gamma}_2$，…，$\boldsymbol{\gamma}_n$，使得 $\mathscr{A}$ 在此基下的矩阵

$$\boldsymbol{B}=\operatorname{diag}\left\{\lambda_1,\ \cdots,\ \lambda_r,\ \begin{pmatrix}\cos\theta_1 & -\sin\theta_1\\ \sin\theta_1 & \cos\theta_1\end{pmatrix},\ \cdots,\ \begin{pmatrix}\cos\theta_m & -\sin\theta_m\\ \sin\theta_m & \cos\theta_m\end{pmatrix}\right\}$$

其中 $\lambda_i=1$ 或 -1，$i=1$，…，r；$0<\theta_j<\pi$，$j=1$，…，m.

设

$$(\boldsymbol{\gamma}_1,\ \boldsymbol{\gamma}_2,\ \cdots,\ \boldsymbol{\gamma}_n)=(\boldsymbol{\eta}_1,\ \boldsymbol{\eta}_2,\ \cdots,\ \boldsymbol{\eta}_n)\boldsymbol{T}$$

则 $\boldsymbol{T}$ 是正交矩阵，且 $\mathscr{A}$ 在基 $\boldsymbol{\gamma}_1$，…，$\boldsymbol{\gamma}_n$ 下的矩阵

$$\boldsymbol{B}=\boldsymbol{T}^{-1}\boldsymbol{AT}$$

7. 设 $\boldsymbol{A}$ 是 3 级正交矩阵，证明：存在 3 级正交矩阵 $\boldsymbol{T}$，使得

$$\boldsymbol{T}^{-1}\boldsymbol{AT}=\begin{pmatrix}a & 0 & 0\\ 0 & \cos\theta & -\sin\theta\\ 0 & \sin\theta & \cos\theta\end{pmatrix},$$

其中当 $|\boldsymbol{A}|=1$ 时，$a=1$；当 $|\boldsymbol{A}|=-1$ 时，$a=-1$；$0\leqslant\theta\leqslant\pi$.

证明： 根据习题 8.2 第 23 题结论，当 $|\boldsymbol{A}|=1$ 时，1 是 $\boldsymbol{A}$ 的一个特征值；当 $|\boldsymbol{A}|=-1$ 时，-1 是 $\boldsymbol{A}$ 的一个特征值. 把 $\boldsymbol{A}$ 的这个特征值记作 a. 根据第 6 题结论，存在 3 级正交矩阵 T，使得

$$\boldsymbol{T}^{-1}\boldsymbol{A}\boldsymbol{T}=\operatorname{diag}\left\{a,\ \begin{pmatrix}\cos\theta & -\sin\theta\\ \sin\theta & \cos\theta\end{pmatrix}\right\},\quad 0\leqslant\theta\leqslant\pi$$

8. 设 V 是 n 维 Euclid 空间，$\mathscr{A}$ 是 V 上的一个变换. 证明：如果 $\mathscr{A}(\mathbf{0})=\mathbf{0}$，且 $\mathscr{A}$ 保持任意两个向量的距离不变，那么 $\mathscr{A}$ 是 V 上的一个正交变换.

证明： 任取 $\boldsymbol{\alpha},\boldsymbol{\beta}\in V$，由于 $\mathscr{A}(\mathbf{0})=\mathbf{0}$，且 $\mathscr{A}$ 保持向量的距离不变，因此

$$|\mathscr{A}\boldsymbol{\alpha}|=|\mathscr{A}\boldsymbol{\alpha}-\mathbf{0}|=|\mathscr{A}\boldsymbol{\alpha}-\mathscr{A}(\mathbf{0})|=|\boldsymbol{\alpha}-\mathbf{0}|=|\boldsymbol{\alpha}|$$

$$\begin{aligned}(\mathscr{A}\boldsymbol{\alpha}-\mathscr{A}\boldsymbol{\beta},\ \mathscr{A}\boldsymbol{\alpha}-\mathscr{A}\boldsymbol{\beta})&=|\mathscr{A}\boldsymbol{\alpha}-\mathscr{A}\boldsymbol{\beta}|^2=[d(\mathscr{A}\boldsymbol{\alpha},\ \mathscr{A}\boldsymbol{\beta})]^2=[d(\boldsymbol{\alpha},\ \boldsymbol{\beta})]^2\\&=|\boldsymbol{\alpha}-\boldsymbol{\beta}|^2=(\boldsymbol{\alpha}-\boldsymbol{\beta},\ \boldsymbol{\alpha}-\boldsymbol{\beta})\end{aligned}$$

由于 $(\mathscr{A}\boldsymbol{\alpha}-\mathscr{A}\boldsymbol{\beta},\ \mathscr{A}\boldsymbol{\alpha}-\mathscr{A}\boldsymbol{\beta})=|\mathscr{A}\boldsymbol{\alpha}|^2-2(\mathscr{A}\boldsymbol{\alpha},\ \mathscr{A}\boldsymbol{\beta})+|\mathscr{A}\boldsymbol{\beta}|^2=|\boldsymbol{\alpha}|^2-2(\mathscr{A}\boldsymbol{\alpha},\ \mathscr{A}\boldsymbol{\beta})+|\boldsymbol{\beta}|^2$，$(\boldsymbol{\alpha}-\boldsymbol{\beta},\ \boldsymbol{\alpha}-\boldsymbol{\beta})=|\boldsymbol{\alpha}|^2-2(\boldsymbol{\alpha},\ \boldsymbol{\beta})+|\boldsymbol{\beta}|^2$，因此 $(\mathscr{A}\boldsymbol{\alpha},\ \mathscr{A}\boldsymbol{\beta})=(\boldsymbol{\alpha},\ \boldsymbol{\beta})$. 从而 $\mathscr{A}$ 是 V 上的一个正交变换.

9. 几何空间(作为点集)上的一个变换 σ 如果保持任意两点的距离不变，那么称 σ 是**正交点变换或保距变换**. 设 σ 是保持一个点不动的正交点变换，把这个不动点作为原点 O，则 σ 诱导了几何空间 V(以原点 O 为起点的所有定位向量组成的空间)上的一个变换 $\tilde{\sigma}$：$\overrightarrow{OP}\mapsto\overrightarrow{OP'}$，其中点 P' 是点 P 在 σ 下的像，$\tilde{\sigma}$ 是 V 上的一个正交变换(理由如下：$\tilde{\sigma}$ 把零向量 $\mathbf{0}$ 映成 $\mathbf{0}$；任给两点 P，Q，它们在 σ 下的像分别为 P'，Q'，则 $|\overrightarrow{P'Q'}|=|\overrightarrow{PQ}|$. 从而

$$d(\overrightarrow{OQ'},\ \overrightarrow{OP'})=|\overrightarrow{OQ'}-\overrightarrow{OP'}|=|\overrightarrow{P'Q'}|=|\overrightarrow{PQ}|=|\overrightarrow{OQ}-\overrightarrow{OP}|=d(\overrightarrow{OQ},\ \overrightarrow{OP}).$$

于是根据第 8 题得，$\tilde{\sigma}$ 是 V 上的一个正交变换). 证明：

(1) 若 $\tilde{\sigma}$ 是第一类的，则 σ 是绕经过不动点 O 的一条直线的旋转，其中转角 θ 为 $0\leqslant\theta\leqslant\pi$；

(2) 若 $\tilde{\sigma}$ 是第二类的，则 σ 是关于过不动点 O 的一个平面的镜面反射(即把空间中每一个点对应到它关于这个平面的对称点)，或者是一个镜面反射与一个绕过不动点 O 的一条直线的旋转的乘积，其中转角 θ 为 $0<\theta\leqslant\pi$.

证明： 设 $\tilde{\sigma}$ 在 V 的一个标准正交基 $\boldsymbol{e}_1$，$\boldsymbol{e}_2$，$\boldsymbol{e}_3$ 下的矩阵为 $\boldsymbol{A}$，则 $\boldsymbol{A}$ 为 3 级正交矩阵. 根据第 7 题结论知，存在一个 3 级正交矩阵 $\boldsymbol{T}$，使得

$$T^{-1}AT=\begin{pmatrix} a & 0 & 0 \\ 0 & \cos\theta & -\sin\theta \\ 0 & \sin\theta & \cos\theta \end{pmatrix}$$

其中当$|A|=1$时，$a=1$；当$|A|=-1$时，$a=-1$；$0\leqslant\theta\leqslant\pi$. 令

$$(e_1^*, e_2^*, e_3^*)=(e_1, e_2, e_3)T$$

则$\tilde{\sigma}$在V的标准正交基e_1，e_2^*，e_3下的矩阵为$T^{-1}AT$，即$\operatorname{diag}\left\{a, \begin{pmatrix} \cos\theta & -\sin\theta \\ \sin\theta & \cos\theta \end{pmatrix}\right\}$.

(1) 若$\tilde{\sigma}$是第一类的，则$|A|=1$，此时$a=1$. 于是

$$\tilde{\sigma}(e_1^*)=e_1^*,\ \tilde{\sigma}(e_2, e_3)=(e_2^*, e_3)\begin{pmatrix} \cos\theta & -\sin\theta \\ \sin\theta & \cos\theta \end{pmatrix}$$

从而$\tilde{\sigma}|\langle e_2^*, e_3\rangle$是绕原点$O$转角为$\theta$的旋转. 因此$\tilde{\sigma}$是绕经过原点$O$且方向向量为$e_1^*$的直线$l$的旋转，转角为$\theta$. 于是$\sigma$是绕直线$l$转角为$\theta$的旋转，$0\leqslant\theta\leqslant\pi$.

(2) 若$\tilde{\sigma}$是第二类的，则$|A|=-1$，此时$a=-1$. 当$\theta=0$时，

$$\tilde{\sigma}(e_1^*, e_2^*, e_3^*)=(e_1^*, e_2^*, e_3^*)\begin{pmatrix} -1 & 0 & 0 \\ 0 & 1 & 0 \\ 0 & 0 & 1 \end{pmatrix}$$

则$\tilde{\sigma}$是关于过原点O且与e_1垂直的平面U的镜面反射. 当$0<\theta\leqslant\pi$时，

$$\tilde{\sigma}(e_1^*, e_2^*, e_3^*)=(e_1^*, e_2^*, e_3^*)\begin{pmatrix} -1 & 0 & 0 \\ 0 & 1 & 0 \\ 0 & 0 & 1 \end{pmatrix}\begin{pmatrix} 1 & 0 & 0 \\ 0 & \cos\theta & -\sin\theta \\ 0 & \sin\theta & \cos\theta \end{pmatrix},$$

则$\tilde{\sigma}$是先作关于过原点O且与e_1^*垂直的平面U的镜面反射，再作绕经过原点O且方向向量为e_1^*的直线l的旋转，转角为θ. 从而σ是关于平面U的镜面反射与绕直线l转角为θ的旋转的乘积，$0<\theta\leqslant\pi$.

10. 设σ是几何空间(作为点集)上保持一个点不动的正交点变换，把这个不动点作为原点O建立空间直角坐标系$Oxyz$，x轴、y轴、z轴的单位方向向量分别为e_1，e_2，e_3. σ诱导的几何空间V(以原点O为起点的所有定位向量组成的空间)上的正交变换$\tilde{\sigma}$在e_1，e_2，e_3下的矩阵为

$$A=\begin{pmatrix}\frac{2}{3} & \frac{2}{3} & \frac{1}{3}\\ \frac{1}{3} & -\frac{2}{3} & \frac{2}{3}\\ -\frac{2}{3} & \frac{1}{3} & \frac{2}{3}\end{pmatrix}.$$

试问：σ 是什么样的正交点变换？（要求详细叙述）

证明： 由于 e_1，e_2，e_3 是几何空间 V 的一个标准正交基，因此 A 是正交矩阵. 根据第 7 题结论，存在一个正交矩阵 T，使得 $T^{-1}AT=\mathrm{diag}\left\{a,\begin{pmatrix}\cos\theta & -\sin\theta\\ \sin\theta & \cos\theta\end{pmatrix}\right\}$. 我们来求 T. 计算 $|\lambda I-A|=(\lambda+1)\left(\lambda^2-\frac{5}{3}\lambda+1\right)$. 于是 A 的特征多项式的复根为 -1，$\frac{1}{6}(5\pm\sqrt{11}\mathrm{i})$. 求出 $(-I-A)X=0$ 的一个基础解系：$\alpha_1=(1,-3,1)'$，单位化得 $\eta_1=\left(\frac{1}{\sqrt{11}},-\frac{3}{\sqrt{11}},\frac{1}{\sqrt{11}}\right)'$. 下面来求 $\langle\eta_1\rangle^{\perp}$ 中的一个标准正交基. 求出 $\alpha_1'X=0$ 的一个基础解系：$\alpha_2=(3,1,0)'$，$\alpha_3=(1,0,-1)'$. 把 α_2，α_3 经过 Schmidt 正交化和单位化得

$$\eta_2=\left(\frac{3}{\sqrt{22}},\frac{2}{\sqrt{22}},\frac{3}{\sqrt{22}}\right)',\quad \eta_3=\left(\frac{1}{\sqrt{2}},0,-\frac{1}{\sqrt{2}}\right)'$$

则 η_2，η_3 是 $\langle\eta_1\rangle^{\perp}$ 的一个标准正交基，于是 η_1，η_2，η_3 是 $\mathbb{R}^3$（指定标准内积）的一个标准正交基. 令 $T=(\eta_1,\eta_2,\eta_3)$，则 T 是正交矩阵. 具体计算得

$$A\eta_2=\frac{5}{6}\eta_2+\frac{\sqrt{11}}{6}\eta_3,\quad A\eta_3=-\frac{\sqrt{11}}{6}\eta_2+\frac{5}{6}\eta_3$$

于是

$$T^{-1}AT=\begin{pmatrix}-1 & 0 & 0\\ 0 & \frac{5}{6} & -\frac{\sqrt{11}}{6}\\ 0 & \frac{\sqrt{11}}{6} & \frac{5}{6}\end{pmatrix}$$

令

$$(e_1^*,e_2^*,e_3^*)=(e_1,e_2,e_3)T$$

由于$|\boldsymbol{A}|=|\boldsymbol{T}^{-1}\boldsymbol{A}\boldsymbol{T}|=-1$，因此根据第 9 题的证明过程得，$\sigma$ 是关于过原点 O 且与 $\boldsymbol{e}_1^*$ 垂直的平面 U 的镜面反射与绕过原点 O 且方向向量为 $\boldsymbol{e}_1^*$ 的直线 l 的转角为 $\theta=\arccos\dfrac{5}{6}$ 的旋转的乘积. 由于 $\boldsymbol{e}_1^*$ 在 $Oxyz$ 中的坐标为 $\boldsymbol{\eta}_1$，因此直线 l 在 $Oxyz$ 中的方程为$\dfrac{x}{1}=\dfrac{y}{-3}=\dfrac{z}{1}$；平面 U 在 $Oxyz$ 中的方程为 $x-3y+z=0$.

11. 设 $\mathscr{A}$ 是 n 维 Euclid 空间 V 上的一个正交变换，它在 V 的一个标准正交基 $\boldsymbol{\eta}_1$，$\boldsymbol{\eta}_2$，…，$\boldsymbol{\eta}_n$ 下的矩阵为 $\boldsymbol{A}$. 设 $a\pm bi$ 是 $\boldsymbol{A}$ 的特征多项式的一对共轭虚根. 把 $\boldsymbol{A}$ 看成复数域上的矩阵，设复矩阵 $\boldsymbol{A}$ 的属于特征值 $a+bi$ 的一个特征向量是 $\boldsymbol{X}+i\boldsymbol{Y}$，其中 $\boldsymbol{X}$，$\boldsymbol{Y}\in\mathbb{R}^n$，且 $\boldsymbol{X}$，$\boldsymbol{Y}$ 不全为 $\boldsymbol{0}$. 令

$$\boldsymbol{\beta}_1=(\boldsymbol{\eta}_1,\boldsymbol{\eta}_2,\cdots,\boldsymbol{\eta}_n)\boldsymbol{X},\ \boldsymbol{\beta}_2=(\boldsymbol{\eta}_1,\boldsymbol{\eta}_2,\cdots,\boldsymbol{\eta}_n)\boldsymbol{Y}.$$

证明：$\boldsymbol{\beta}_1$ 与 $\boldsymbol{\beta}_2$ 正交，且$|\boldsymbol{\beta}_1|=|\boldsymbol{\beta}_2|$.

证明： 由于 $\boldsymbol{A}(\boldsymbol{X}+i\boldsymbol{Y})=(a+bi)(\boldsymbol{X}+i\boldsymbol{Y})$，因此

$$\boldsymbol{A}\boldsymbol{X}=a\boldsymbol{X}-b\boldsymbol{Y},\quad \boldsymbol{A}\boldsymbol{Y}=b\boldsymbol{X}+a\boldsymbol{Y}$$

从而 $\mathscr{A}\boldsymbol{\beta}_1=a\boldsymbol{\beta}_1-b\boldsymbol{\beta}_2$，$\mathscr{A}\boldsymbol{\beta}_2=b\boldsymbol{\beta}_1+a\boldsymbol{\beta}_2$. 于是 $\boldsymbol{\beta}_1=a\mathscr{A}^{-1}\boldsymbol{\beta}_1-b\mathscr{A}^{-1}\boldsymbol{\beta}_2$，$\boldsymbol{\beta}_2=b\mathscr{A}^{-1}\boldsymbol{\beta}_1+a\mathscr{A}^{-1}\boldsymbol{\beta}_2$. 由此得出 $\mathscr{A}^{-1}\boldsymbol{\beta}_1=\dfrac{1}{a^2+b^2}(a\boldsymbol{\beta}_1+b\boldsymbol{\beta}_2)$，$\mathscr{A}^{-1}\boldsymbol{\beta}_2=\dfrac{1}{a^2+b^2}(a\boldsymbol{\beta}_2-b\boldsymbol{\beta}_1)$. 根据第 2 题得 $a=\cos\theta$，$b=\pm\sin\theta$，$0<\theta<\pi$，因此

$$\mathscr{A}^{-1}\boldsymbol{\beta}_1=a\boldsymbol{\beta}_1+b\boldsymbol{\beta}_2,\ \mathscr{A}^{-1}\boldsymbol{\beta}_2=a\boldsymbol{\beta}_2-b\boldsymbol{\beta}_1$$

于是

$$\begin{aligned}(\mathscr{A}\boldsymbol{\beta}_1,\boldsymbol{\beta}_1)&=(\mathscr{A}\boldsymbol{\beta}_1,\mathscr{A}\mathscr{A}^{-1}\boldsymbol{\beta}_1)=(\boldsymbol{\beta}_1,\mathscr{A}^{-1}\boldsymbol{\beta}_1)=(\boldsymbol{\beta}_1,a\boldsymbol{\beta}_1+b\boldsymbol{\beta}_2)\\&=a(\boldsymbol{\beta}_1,\boldsymbol{\beta}_1)+b(\boldsymbol{\beta}_1,\boldsymbol{\beta}_2)\end{aligned}$$

$$(\mathscr{A}\boldsymbol{\beta}_1,\boldsymbol{\beta}_1)=(a\boldsymbol{\beta}_1-b\boldsymbol{\beta}_2,\boldsymbol{\beta}_1)=a(\boldsymbol{\beta}_1,\boldsymbol{\beta}_1)-b(\boldsymbol{\beta}_2,\boldsymbol{\beta}_1)$$

由此得出 $2b(\boldsymbol{\beta}_1,\boldsymbol{\beta}_2)=0$. 由于 $b\neq0$，因此$(\boldsymbol{\beta}_1,\boldsymbol{\beta}_2)=0$，从而 $0=(\mathscr{A}\boldsymbol{\beta}_1,\mathscr{A}\boldsymbol{\beta}_2)=(a\boldsymbol{\beta}_1-b\boldsymbol{\beta}_2,b\boldsymbol{\beta}_1+a\boldsymbol{\beta}_2)=ab|\boldsymbol{\beta}_1|^2-ab|\boldsymbol{\beta}_2|^2$.

若 $a\neq0$，则由上式得$|\boldsymbol{\beta}_1|=|\boldsymbol{\beta}_2|$；若 $a=0$，则 $\theta=\dfrac{\pi}{2}$，于是 $\sin\theta=1$，从而 $b=\pm1$. 因此 $\mathscr{A}\boldsymbol{\beta}_1=\mp\boldsymbol{\beta}_2$. 于是$|\boldsymbol{\beta}_1|=|\mathscr{A}\boldsymbol{\beta}_1|=|\mp\boldsymbol{\beta}_2|=|\boldsymbol{\beta}_2|$.

12. 证明：实内积空间 V 到自身的满射 $\mathscr{A}$ 是正交变换当且仅当 $\mathscr{A}$ 是保持向量长度不变的线性变换.

证明： （**必要性**）设 $\mathscr{A}$ 是正交变换，由教材命题 2 知，$\mathscr{A}$ 保持向量的长度不变.

（**充分性**）设 $\mathscr{A}$ 是满射线性变换，且保持向量的长度不变. 则 $\forall \boldsymbol{\alpha}, \boldsymbol{\beta} \in V$，根据习题 8.1 第 11 题的极化恒等式得

$$\begin{aligned}(\mathscr{A}\boldsymbol{\alpha}, \mathscr{A}\boldsymbol{\beta}) &= \frac{1}{4}|\mathscr{A}\boldsymbol{\alpha}+\mathscr{A}\boldsymbol{\beta}|^2-\frac{1}{4}|\mathscr{A}\boldsymbol{\alpha}-\mathscr{A}\boldsymbol{\beta}|^2=\frac{1}{4}|\mathscr{A}(\boldsymbol{\alpha}+\boldsymbol{\beta})|^2-\frac{1}{4}|\mathscr{A}(\boldsymbol{\alpha}-\boldsymbol{\beta})|^2\\ &= \frac{1}{4}|\boldsymbol{\alpha}+\boldsymbol{\beta}|^2-\frac{1}{4}|\boldsymbol{\alpha}-\boldsymbol{\beta}|^2=(\boldsymbol{\alpha}, \boldsymbol{\beta})\end{aligned}$$

因此 $\mathscr{A}$ 是 V 上的一个正交变换.

13. 在 $\mathbb{R}[x]$ 中，对于 $f(x)=\sum_{i=0}^{n} a_i x^i$，$g(x)=\sum_{i=0}^{m} b_i x^i$，不妨设 $n \geqslant m$，规定

$$(f(x), g(x))=\sum_{i=0}^{n} a_i b_i.$$

(1) 证明：(,)是 $\mathbb{R}[x]$ 上的一个内积；

(2) 令

$$\begin{aligned}\mathscr{A}: \mathbb{R}[x] &\to \mathbb{R}[x]\\ f(x) &\mapsto x f(x)\end{aligned}$$

证明：$\mathscr{A}$ 保持 $\mathbb{R}[x]$ 中的内积不变，但是 $\mathscr{A}$ 不是满射.

证明： (1) 直接计算可知，(,)是 $\mathbb{R}[x]$ 上的一个对称双线性函数，且是正定的，因此它是 $\mathbb{R}[x]$ 上的一个内积.

(2) $\mathscr{A}f(x)=xf(x)=\sum_{i=0}^{n} a_i x^{i+1}$，$\mathscr{A}g(x)=xg(x)=\sum_{i=0}^{m} b_i x^{i+1}$. 不妨设 $n \geqslant m$，于是

$$(\mathscr{A}f(x), \mathscr{A}g(x))=a_0b_0+a_1b_1+\cdots+a_mb_m+\cdots+a_nb_n=\sum_{i=0}^{n} a_i b_i=(f(x), g(x))$$

由于对于任意 $f(x) \in \mathbb{R}[x]$ 且 $f \neq 0$，有 $\deg x f(x)=1+\deg f(x) \geqslant 1$，因此 $\mathbb{R}[x]$ 中的零次多项式在 $\mathscr{A}$ 下没有原像，从而 $\mathscr{A}$ 不是满射.

14. 设 $\mathscr{A}$ 是 n 维 Euclid 空间 V 上的一个正交变换，并且 1 是 $\mathscr{A}$ 的一个特征值，$\mathscr{A}$ 的属于特征值 1 的特征子空间 V_{λ_1} 的维数等于 $n-1$. 证明：$\mathscr{A}$ 是一个镜面反射.

证明： $V=V_{\lambda_1} \oplus V_{\lambda_1}^{\perp}$. 由于 $\dim V_{\lambda_1}=n-1$，因此 $\dim V_{\lambda_1}^{\perp}=1$，从而 $V_{\lambda_1}^{\perp}=\langle \boldsymbol{\eta} \rangle$. 由于 $\mathscr{A}$ 的特征子空间 V_{λ_1} 是 $\mathscr{A}$ 的不变子空间，因此 $V_{\lambda_1}^{\perp}$ 也是 $\mathscr{A}$ 的不变子空间. 从而 $\boldsymbol{\eta}$ 是 $\mathscr{A}$ 的

一个特征向量. 此时可以断言 $\boldsymbol{\eta}$ 是特征值 -1 对应的特征向量，理由如下：如果 $\mathscr{A}\boldsymbol{\eta}=\boldsymbol{\eta}$，那么 $\mathscr{A}\boldsymbol{\eta}\in V_{\lambda_1}^{\perp}$，同时 $\mathscr{A}\boldsymbol{\eta}=\boldsymbol{\eta}\in V_{\lambda_1}$，这就推出了 $\boldsymbol{\eta}=\mathbf{0}$，矛盾. 于是 $\mathscr{A}\boldsymbol{\eta}=-\boldsymbol{\eta}$. 用 $\mathscr{P}$ 表示在 $\langle\boldsymbol{\eta}\rangle$ 上的正交投影，则 $\mathscr{P}\boldsymbol{\eta}=\boldsymbol{\eta}$，从而 $\mathscr{A}\boldsymbol{\eta}=-\boldsymbol{\eta}=(\mathscr{I}-2\mathscr{P})\boldsymbol{\eta}$. 在 V_{λ_1} 中取一个基 $\boldsymbol{\alpha}_1$，…，$\boldsymbol{\alpha}_{n-1}$，由于 $\operatorname{Ker}\mathscr{P}=\langle\boldsymbol{\eta}\rangle^{\perp}=(V_{\lambda_1}^{\perp})^{\perp}=V_{\lambda_1}$，因此 $\mathscr{P}\boldsymbol{\alpha}_i=\mathbf{0}$，$i=1$，…，$n-1$. 从而有 $\mathscr{A}\boldsymbol{\alpha}_i=\boldsymbol{\alpha}_i=(\mathscr{I}-2\mathscr{P})\boldsymbol{\alpha}_i$. 由于 $\boldsymbol{\alpha}_1$，…，$\boldsymbol{\alpha}_{n-1}$，$\boldsymbol{\eta}$ 是 V 的一个基，因此 $\mathscr{A}=\mathscr{I}-2\mathscr{P}$. 从而 $\mathscr{A}$ 是关于 V_{λ_1} 的镜面反射.

15. 设 $\boldsymbol{\alpha}$，$\boldsymbol{\beta}$ 是 n 维 Euclid 空间 V 中两个不同的单位向量，证明：存在一个镜面反射 $\mathscr{A}$，使得 $\mathscr{A}\boldsymbol{\alpha}=\boldsymbol{\beta}$.

证明： 从几何空间中的镜面反射受到启发，令

$$\boldsymbol{\eta}=\frac{1}{|\boldsymbol{\alpha}-\boldsymbol{\beta}|}(\boldsymbol{\alpha}-\boldsymbol{\beta})$$

则 $\boldsymbol{\eta}$ 是单位向量. 用 $\mathscr{P}$ 表示 V 在 $\langle\boldsymbol{\eta}\rangle$ 上的正交投影，用 $\mathscr{A}$ 表示关于超平面 $\langle\boldsymbol{\eta}\rangle^{\perp}$ 的镜面反射，则 $\mathscr{A}=\mathscr{I}-2\mathscr{P}$. 由于 $\mathscr{P}\boldsymbol{\alpha}=(\boldsymbol{\alpha},\boldsymbol{\eta})\boldsymbol{\eta}$，因此经过计算得

$$\begin{aligned}\mathscr{A}\boldsymbol{\alpha}&=(\mathscr{I}-2\mathscr{P})\boldsymbol{\alpha}=\boldsymbol{\alpha}-2(\boldsymbol{\alpha},\boldsymbol{\eta})\boldsymbol{\eta}\\&=\boldsymbol{\alpha}-2\left(\boldsymbol{\alpha},\frac{1}{|\boldsymbol{\alpha}-\boldsymbol{\beta}|}(\boldsymbol{\alpha}-\boldsymbol{\beta})\right)\frac{1}{|\boldsymbol{\alpha}-\boldsymbol{\beta}|}(\boldsymbol{\alpha}-\boldsymbol{\beta})\\&=\boldsymbol{\alpha}-\frac{2}{|\boldsymbol{\alpha}-\boldsymbol{\beta}|^2}(\boldsymbol{\alpha},\boldsymbol{\alpha}-\boldsymbol{\beta})(\boldsymbol{\alpha}-\boldsymbol{\beta})\\&=\boldsymbol{\alpha}-\frac{2-2(\boldsymbol{\alpha},\boldsymbol{\beta})}{(\boldsymbol{\alpha}-\boldsymbol{\beta},\boldsymbol{\alpha}-\boldsymbol{\beta})}(\boldsymbol{\alpha}-\boldsymbol{\beta})\\&=\boldsymbol{\alpha}-(\boldsymbol{\alpha}-\boldsymbol{\beta})=\boldsymbol{\beta}\end{aligned}$$

16. 设 $\boldsymbol{\alpha}_1$，$\boldsymbol{\alpha}_2$，…，$\boldsymbol{\alpha}_m$ 和 $\boldsymbol{\beta}_1$，$\boldsymbol{\beta}_2$，…，$\boldsymbol{\beta}_m$ 是 n 维 Euclid 空间 V 的两个向量组. 证明：存在 V 上的一个正交变换 $\mathscr{A}$ 使得 $\mathscr{A}\boldsymbol{\alpha}_i=\boldsymbol{\beta}_i(i=1,2,\cdots,m)$ 的充分必要条件是

$$G(\boldsymbol{\alpha}_1,\boldsymbol{\alpha}_2,\cdots,\boldsymbol{\alpha}_m)=G(\boldsymbol{\beta}_1,\boldsymbol{\beta}_2,\cdots,\boldsymbol{\beta}_m).$$

证明： **（必要性）** 设存在 V 上的一个正交变换 $\mathscr{A}$ 使得 $\mathscr{A}\boldsymbol{\alpha}_i=\boldsymbol{\beta}_i$，$i=1,2,\cdots,m$，则 $(\boldsymbol{\beta}_i,\boldsymbol{\beta}_j)=(\mathscr{A}\boldsymbol{\alpha}_i,\mathscr{A}\boldsymbol{\alpha}_j)=(\boldsymbol{\alpha}_i,\boldsymbol{\alpha}_j)$，$1\leqslant i,j\leqslant m$. 因此 $G(\boldsymbol{\beta}_1,\boldsymbol{\beta}_2,\cdots,\boldsymbol{\beta}_m)=G(\boldsymbol{\alpha}_1,\boldsymbol{\alpha}_2,\cdots,\boldsymbol{\alpha}_m)$.

（充分性） 设 $G(\boldsymbol{\alpha}_1,\boldsymbol{\alpha}_2,\cdots,\boldsymbol{\alpha}_m)=G(\boldsymbol{\beta}_1,\boldsymbol{\beta}_2,\cdots,\boldsymbol{\beta}_m)$，令

$$U=\langle\boldsymbol{\alpha}_1,\boldsymbol{\alpha}_2,\cdots,\boldsymbol{\alpha}_m\rangle,\quad W=\langle\boldsymbol{\beta}_1,\boldsymbol{\beta}_2,\cdots,\boldsymbol{\beta}_m\rangle$$

设 $\boldsymbol{\alpha}_{i_1}$，$\boldsymbol{\alpha}_{i_2}$，…，$\boldsymbol{\alpha}_{i_r}$ 是向量组 $\boldsymbol{\alpha}_1$，$\boldsymbol{\alpha}_2$，…，$\boldsymbol{\alpha}_m$ 的一个极大线性无关组，则由习题 8.2 第 8

题结论得，$|G(\boldsymbol{\alpha}_{i_1},\boldsymbol{\alpha}_{i_2}\cdots,\boldsymbol{\alpha}_{i_r})|>0$. 由已知条件得

$$G(\boldsymbol{\alpha}_{i_1},\boldsymbol{\alpha}_{i_2}\cdots,\boldsymbol{\alpha}_{i_r})=G(\boldsymbol{\beta}_{i_1},\boldsymbol{\beta}_{i_2},\cdots,\boldsymbol{\beta}_{i_r})$$

因此$|G(\boldsymbol{\beta}_{i_1},\boldsymbol{\beta}_{i_2}\cdots,\boldsymbol{\beta}_{i_r})|>0$. 从而$\boldsymbol{\beta}_{i_1},\boldsymbol{\beta}_{i_2},\cdots,\boldsymbol{\beta}_{i_r}$线性无关. 任取除了$\boldsymbol{\beta}_{i_1},\boldsymbol{\beta}_{i_2}\cdots,\boldsymbol{\beta}_{i_r}$外的一个向量$\boldsymbol{\beta}$，若与$\boldsymbol{\beta}$对应的向量为$\boldsymbol{\alpha}$，由于$\boldsymbol{\alpha}_{i_1},\boldsymbol{\alpha}_{i_2}\cdots,\boldsymbol{\alpha}_{i_r},\boldsymbol{\alpha}$必线性相关，因此$G(\boldsymbol{\alpha}_{i_1},\boldsymbol{\alpha}_{i_2}\cdots,\boldsymbol{\alpha}_{i_r},\boldsymbol{\alpha})=0$，于是

$$G(\boldsymbol{\beta}_{i_1},\boldsymbol{\beta}_{i_2},\cdots,\boldsymbol{\beta}_{i_r},\boldsymbol{\beta})=G(\boldsymbol{\alpha}_{i_1},\boldsymbol{\alpha}_{i_2}\cdots,\boldsymbol{\alpha}_{i_r},\boldsymbol{\alpha})=0$$

这就证明了向量组$\boldsymbol{\beta}_{i_1},\boldsymbol{\beta}_{i_2},\cdots,\boldsymbol{\beta}_{i_r},\boldsymbol{\beta}$线性相关，从而$\boldsymbol{\beta}_{i_1},\boldsymbol{\beta}_{i_2},\cdots,\boldsymbol{\beta}_{i_r}$是向量组$\boldsymbol{\beta}_1,\boldsymbol{\beta}_2,\cdots,\boldsymbol{\beta}_m$的一个极大线性无关组. 于是$\boldsymbol{\alpha}_{i_1},\boldsymbol{\alpha}_{i_2},\cdots,\boldsymbol{\alpha}_{i_r}$和$\boldsymbol{\beta}_{i_1},\boldsymbol{\beta}_{i_2},\cdots,\boldsymbol{\beta}_{i_r}$分别是$U$和$W$的一个基. 把$\boldsymbol{\alpha}_{i_1},\boldsymbol{\alpha}_{i_2},\cdots,\boldsymbol{\alpha}_{i_r}$经过 Schmidt 正交化和单位化得到$U$的一个标准正交基$\tilde{\boldsymbol{\alpha}}_{i_1},\tilde{\boldsymbol{\alpha}}_{i_2},\cdots,\tilde{\boldsymbol{\alpha}}_{i_r}$且$(\tilde{\boldsymbol{\alpha}}_{i_1},\tilde{\boldsymbol{\alpha}}_{i_2}\cdots,\tilde{\boldsymbol{\alpha}}_{i_r})=(\boldsymbol{\alpha}_{i_1},\boldsymbol{\alpha}_{i_2},\cdots,\boldsymbol{\alpha}_{i_r})\boldsymbol{B}$，其中$\boldsymbol{B}=(b_{ij})$是主对角元都为正数的$r$级上三角矩阵. 把$\boldsymbol{\beta}_{i_1},\boldsymbol{\beta}_{i_2},\cdots,\boldsymbol{\beta}_{i_r}$经过 Schmidt 正交化和单位化得到$W$的一个标准正交基$\tilde{\boldsymbol{\beta}}_{i_1},\tilde{\boldsymbol{\beta}}_{i_2},\cdots,\tilde{\boldsymbol{\beta}}_{i_r}$，且

$$(\tilde{\boldsymbol{\beta}}_{i_1},\tilde{\boldsymbol{\beta}}_{i_2},\cdots,\tilde{\boldsymbol{\beta}}_{i_r})=(\boldsymbol{\beta}_{i_1},\boldsymbol{\beta}_{i_2},\cdots,\boldsymbol{\beta}_{i_r})\boldsymbol{C}$$

其中$\boldsymbol{C}$是主对角元都为正数的r级上三角矩阵. 由于$(\boldsymbol{\alpha}_i,\boldsymbol{\alpha}_j)=(\boldsymbol{\beta}_i,\boldsymbol{\beta}_j)$，因此由 Schmidt 正交化和单位化的公式可得出$\boldsymbol{B}=\boldsymbol{C}$. 把$\tilde{\boldsymbol{\alpha}}_{i_1},\tilde{\boldsymbol{\alpha}}_{i_2},\cdots,\tilde{\boldsymbol{\alpha}}_{i_r}$扩充成$V$的一个标准正交基

$$\tilde{\boldsymbol{\alpha}}_{i_1},\tilde{\boldsymbol{\alpha}}_{i_2},\cdots,\tilde{\boldsymbol{\alpha}}_{i_r},\boldsymbol{\gamma}_1,\cdots,\boldsymbol{\gamma}_{n-r}$$

把$\tilde{\boldsymbol{\beta}}_{i_1},\tilde{\boldsymbol{\beta}}_{i_2},\cdots,\tilde{\boldsymbol{\beta}}_{i_r}$扩充成$V$的一个标准正交基

$$\tilde{\boldsymbol{\beta}}_{i_1},\tilde{\boldsymbol{\beta}}_{i_2},\cdots,\tilde{\boldsymbol{\beta}}_{i_r},\boldsymbol{\delta}_1,\cdots,\boldsymbol{\delta}_{n-r}$$

存在V上唯一的线性变换$\mathscr{A}$把V的基$\tilde{\boldsymbol{\alpha}}_{i_1},\cdots,\tilde{\boldsymbol{\alpha}}_{i_r},\boldsymbol{\gamma}_1,\cdots,\boldsymbol{\gamma}_{n-r}$映成$\tilde{\boldsymbol{\beta}}_{i_1},\cdots,\tilde{\boldsymbol{\beta}}_{i_r},\boldsymbol{\delta}_1,\cdots,\boldsymbol{\delta}_{n-r}$. 由于它们都是$V$上的标准正交基，因此$\mathscr{A}$是$V$上的正交变换. 由于$\tilde{\boldsymbol{\alpha}}_{i_1},\cdots,\tilde{\boldsymbol{\alpha}}_{i_r}$是$U$的一个标准正交基，因此

$$\boldsymbol{\alpha}_j=\sum_{k=1}^{r}(\boldsymbol{\alpha}_j,\tilde{\boldsymbol{\alpha}}_{i_k})\tilde{\boldsymbol{\alpha}}_{i_k},\ j=1,2,\cdots,m$$

同理，$\boldsymbol{\beta}_j=\sum\limits_{k=1}^{r}(\boldsymbol{\beta}_j,\tilde{\boldsymbol{\beta}}_{i_k})\tilde{\boldsymbol{\beta}}_{i_k}$，$j=1,2,\cdots,m$. 于是

$$(\boldsymbol{\alpha}_j, \tilde{\boldsymbol{\alpha}}_{i_k}) = \left(\boldsymbol{\alpha}_j, \sum_{t=1}^{r} b_{tk}\boldsymbol{\alpha}_{i_t}\right) = \sum_{t=1}^{r} b_{tk}(\boldsymbol{\alpha}_j, \boldsymbol{\alpha}_{i_t})$$

$$= \sum_{t=1}^{r} b_{tk}(\boldsymbol{\beta}_j, \boldsymbol{\beta}_{i_t}) = \left(\boldsymbol{\beta}_j, \sum_{i=1}^{r} b_{tk}\boldsymbol{\beta}_{i_t}\right) = (\boldsymbol{\beta}_j, \tilde{\boldsymbol{\beta}}_{i_k})$$

因此 $\mathscr{A}\boldsymbol{\alpha}_j = \sum\limits_{k=1}^{r} (\boldsymbol{\alpha}_j, \tilde{\boldsymbol{\alpha}}_{i_k})\mathscr{A}\tilde{\boldsymbol{\alpha}}_{i_k} = \sum\limits_{k=1}^{r} (\boldsymbol{\beta}_j, \tilde{\boldsymbol{\beta}}_{i_k})\tilde{\boldsymbol{\beta}}_{i_k} = \boldsymbol{\beta}_j$，$j=1, 2, \cdots, m$.

17. 证明：n 维 Euclid 空间 V 上的第二类正交变换是一个镜面反射，或者是一个镜面反射与一个第一类正交变换的乘积.

证明： 设 $\mathscr{A}$ 是 n 维 Euclid 空间 V 上的第二类正交变换，则 $\mathscr{A}$ 的行列式为 -1，于是 -1 是 $\mathscr{A}$ 的一个特征值. 设 $\boldsymbol{\eta}_1$ 是 $\mathscr{A}$ 的属于特征值 -1 的一个单位特征向量，则 $\langle\boldsymbol{\eta}_1\rangle$ 是 $\mathscr{A}$ 的一个不变子空间，从而 $\langle\boldsymbol{\eta}_1\rangle^{\perp}$ 也是 $\mathscr{A}$ 的一个不变子空间，于是 $\mathscr{A}|\langle\boldsymbol{\eta}_1\rangle^{\perp}$ 是 $\langle\boldsymbol{\eta}_1\rangle^{\perp}$ 上的一个正交变换. 在 $\langle\boldsymbol{\eta}_1\rangle^{\perp}$ 中取一个标准正交基 $\boldsymbol{\eta}_2, \cdots, \boldsymbol{\eta}_n$，则 $\boldsymbol{\eta}_1, \boldsymbol{\eta}_2, \cdots, \boldsymbol{\eta}_n$ 是 V 的一个标准正交基，$\mathscr{A}$ 在此基下的矩阵 $\boldsymbol{A}=\mathrm{diag}\{-1, \boldsymbol{A}_2\}$，其中 $\boldsymbol{A}_2$ 是 $\mathscr{A}|\langle\boldsymbol{\eta}_1\rangle^{\perp}$ 在基 $\boldsymbol{\eta}_2, \cdots, \boldsymbol{\eta}_n$ 下的矩阵. 由于 $|\boldsymbol{A}|=-1$，因此 $|\boldsymbol{A}_2|=1$.

若 $\boldsymbol{A}_2=\boldsymbol{I}_{n-1}$，则 $\mathscr{A}\boldsymbol{\eta}_i=\boldsymbol{\eta}_i$，$i=2, \cdots, n$. 设 $\mathscr{P}$ 是 V 在 $\langle\boldsymbol{\eta}_1\rangle$ 上的正交投影，则 $\mathscr{A}\boldsymbol{\eta}_1 = -\boldsymbol{\eta}_1=(\mathscr{I}-2\mathscr{P})\boldsymbol{\eta}_1$，$\mathscr{A}\boldsymbol{\eta}_i=\boldsymbol{\eta}_i=(\mathscr{I}-2\mathscr{P})\boldsymbol{\eta}_i$，$i=2, \cdots, n$. 因此 $\mathscr{A}=\mathscr{I}-2\mathscr{P}$. 从而 $\mathscr{A}$ 是关于超平面 $\langle\boldsymbol{\eta}_1\rangle^{\perp}$ 的镜面反射.

若 $\boldsymbol{A}_2\neq\boldsymbol{I}_{n-1}$，则 $\boldsymbol{A}=\begin{pmatrix}-1 & \boldsymbol{0}' \\ \boldsymbol{0} & \boldsymbol{A}_2\end{pmatrix}=\begin{pmatrix}-1 & \boldsymbol{0}' \\ \boldsymbol{0} & \boldsymbol{I}_{n-1}\end{pmatrix}\begin{pmatrix}1 & \boldsymbol{0}' \\ \boldsymbol{0} & \boldsymbol{A}_2\end{pmatrix}$. 用 $\mathscr{B}$ 表示关于超平面 $\langle\boldsymbol{\eta}_1\rangle^{\perp}$ 的镜面反射，则 $\mathscr{B}$ 在 V 的基 $\boldsymbol{\eta}_1, \boldsymbol{\eta}_2, \cdots, \boldsymbol{\eta}_n$ 下的矩阵为 $\mathrm{diag}\{-1, \boldsymbol{I}_{n-1}\}$. 设 $\mathscr{C}$ 是 V 上的线性变换，它在基 $\boldsymbol{\eta}_1, \boldsymbol{\eta}_2, \cdots, \boldsymbol{\eta}_n$ 下的矩阵为 $\mathrm{diag}\{1, \boldsymbol{A}_2\}$，则 $\mathscr{C}$ 是正交变换且是第一类的. 于是 $\mathscr{A}=\mathscr{B}\mathscr{C}$，即 $\mathscr{A}$ 是镜面反射 $\mathscr{B}$ 与第一类正交变换 $\mathscr{C}$ 的乘积.

18. 设 $\mathscr{A}$ 是 n 维 Euclid 空间 V 上的一个线性交换，证明：$\mathscr{A}$ 是镜面反射当且仅当 $\mathscr{A}$ 在 V 的任意一个标准正交基下的矩阵形如 $\boldsymbol{I}-2\boldsymbol{\delta}\boldsymbol{\delta}'$，其中 $\boldsymbol{\delta}$ 是 $\mathbb{R}^n$（指定标准内积）中的单位向量.

证明： **（必要性）** 设 $\mathscr{A}$ 是关于超平面 $\langle\boldsymbol{\eta}_1\rangle^{\perp}$ 的镜面反射，$\boldsymbol{\eta}_1$ 是单位向量，则 $\mathscr{A}=\mathscr{I}-2\mathscr{P}$，其中 $\mathscr{P}$ 是 V 在 $\langle\boldsymbol{\eta}_1\rangle$ 上的正交投影. 在 $\langle\boldsymbol{\eta}_1\rangle^{\perp}$ 中取一个标准正交基 $\boldsymbol{\eta}_2, \cdots, \boldsymbol{\eta}_m$，则 $\boldsymbol{\eta}_1, \boldsymbol{\eta}_2, \cdots, \boldsymbol{\eta}_n$ 是 V 的一个标准正交基. 由于 $\mathscr{P}$ 在此基下的矩阵为 $\mathrm{diag}\{1, 0, \cdots, 0\}=(1, 0, \cdots, 0)'(1, 0, \cdots, 0)=\boldsymbol{\varepsilon}_1\boldsymbol{\varepsilon}_1'$，因此 $\mathscr{A}$ 在基 $\boldsymbol{\eta}_1, \boldsymbol{\eta}_2, \cdots, \boldsymbol{\eta}_n$ 下的矩阵 $\boldsymbol{A}=\boldsymbol{I}-2\boldsymbol{\varepsilon}_1\boldsymbol{\varepsilon}_1'$. 设 $\boldsymbol{\beta}_1, \boldsymbol{\beta}_2, \cdots, \boldsymbol{\beta}_n$ 是 V 的任意一个标准正交基，基 $\boldsymbol{\eta}_1, \boldsymbol{\eta}_2, \cdots, \boldsymbol{\eta}_n$ 到 $\boldsymbol{\beta}_1, \boldsymbol{\beta}_2, \cdots, \boldsymbol{\beta}_n$ 的过渡矩阵为 $\boldsymbol{T}$，则 $\boldsymbol{T}$ 是正交矩阵，且 $\mathscr{A}$ 在基 $\boldsymbol{\beta}_1, \boldsymbol{\beta}_2, \cdots, \boldsymbol{\beta}_n$ 下的矩阵 $\boldsymbol{B}=\boldsymbol{T}^{-1}\boldsymbol{A}\boldsymbol{T}=\boldsymbol{T}^{-1}(\boldsymbol{I}-$

$2\boldsymbol{\varepsilon}_1\boldsymbol{\varepsilon}_1')\boldsymbol{T}=\boldsymbol{T}=\boldsymbol{I}-2(\boldsymbol{T}'\boldsymbol{\varepsilon}_1)(\boldsymbol{T}'\boldsymbol{\varepsilon}_1)'$. 由于 $\boldsymbol{T}$ 是正交矩阵，因此$|\boldsymbol{T}'\boldsymbol{\varepsilon}_1|=|\boldsymbol{\varepsilon}_1|=1$，即 $\boldsymbol{T}'\boldsymbol{\varepsilon}_1$ 是单位向量.

（充分性） 设 $\mathscr{A}$ 在 V 的一个标准正交基 $\boldsymbol{\alpha}_1,\boldsymbol{\alpha}_2,\cdots,\boldsymbol{\alpha}_n$ 下的矩阵 $\boldsymbol{A}=\boldsymbol{I}-2\boldsymbol{\delta}\boldsymbol{\delta}'$，其中 $\boldsymbol{\delta}$ 是 $\mathbb{R}^n$ 中的单位向量. 令 $\boldsymbol{\gamma}_1=(\boldsymbol{\alpha}_1,\boldsymbol{\alpha}_2,\cdots,\boldsymbol{\alpha}_n)\boldsymbol{\delta}$. 由于把 V 中向量对应到它在标准正交基 $\boldsymbol{\alpha}_1,\boldsymbol{\alpha}_2,\cdots,\boldsymbol{\alpha}_n$ 下的坐标的映射 σ 是 V 到 $\mathbb{R}^n$ 的一个保距同构，因此$|\boldsymbol{\gamma}_1|=|\boldsymbol{\delta}|=1$. 把 $\boldsymbol{\gamma}_1$ 扩充成 V 的一个标准正交基 $\boldsymbol{\gamma}_1,\boldsymbol{\gamma}_2,\cdots,\boldsymbol{\gamma}_n$. 设基 $\boldsymbol{\alpha}_1,\boldsymbol{\alpha}_2,\cdots,\boldsymbol{\alpha}_n$ 到 $\boldsymbol{\gamma}_1,\boldsymbol{\gamma}_2,\cdots,\boldsymbol{\gamma}_n$ 的过渡矩阵为 $\boldsymbol{T}$，则 $\boldsymbol{T}$ 是正交矩阵，且 $\boldsymbol{\gamma}_i$ 在基 $\boldsymbol{\alpha}_1,\boldsymbol{\alpha}_2,\cdots,\boldsymbol{\alpha}_n$ 下的坐标 $\boldsymbol{X}_i$ 是 $\boldsymbol{T}$ 的第 i 列，即 $\boldsymbol{T}\boldsymbol{\varepsilon}_i$，$i=1,2,\cdots,n$，于是 $\boldsymbol{\delta}=\boldsymbol{T}\boldsymbol{\varepsilon}_1$. 由于 $\boldsymbol{\delta}'\boldsymbol{\delta}=|\boldsymbol{\delta}|^2=1$，因此

$$\begin{aligned}\mathscr{A}\boldsymbol{\gamma}_1&=\mathscr{A}(\boldsymbol{\alpha}_1,\boldsymbol{\alpha}_2,\cdots,\boldsymbol{\alpha}_n)\boldsymbol{\delta}=(\boldsymbol{\alpha}_1,\boldsymbol{\alpha}_2,\cdots,\boldsymbol{\alpha}_n)\boldsymbol{A}\boldsymbol{\delta}\\&=(\boldsymbol{\alpha}_1,\boldsymbol{\alpha}_2,\cdots,\boldsymbol{\alpha}_n)(\boldsymbol{I}-2\boldsymbol{\delta}\boldsymbol{\delta}')\boldsymbol{\delta}=(\boldsymbol{\alpha}_1,\boldsymbol{\alpha}_2,\cdots,\boldsymbol{\alpha}_n)(\boldsymbol{\delta}-2\boldsymbol{\delta}\boldsymbol{\delta}'\boldsymbol{\delta})\\&=(\boldsymbol{\alpha}_1,\boldsymbol{\alpha}_2,\cdots,\boldsymbol{\alpha}_n)(-\boldsymbol{\delta})=-\boldsymbol{\gamma}_1=(\mathscr{I}-2\mathscr{P})\boldsymbol{\gamma}_1\end{aligned}$$

其中 $\mathscr{P}$ 是 V 在$\langle\boldsymbol{\gamma}_1\rangle$上的正交投影. 由于当 $i=2,\cdots,n$ 时，$\boldsymbol{\varepsilon}_1'\boldsymbol{\varepsilon}_i=0$，因此当 $i=2,\cdots,n$ 时，有

$$\begin{aligned}\mathscr{A}\boldsymbol{\gamma}_i&=\mathscr{A}(\boldsymbol{\alpha}_1,\boldsymbol{\alpha}_2,\cdots,\boldsymbol{\alpha}_n)\boldsymbol{X}_i=(\boldsymbol{\alpha}_1,\boldsymbol{\alpha}_2,\cdots,\boldsymbol{\alpha}_n)\boldsymbol{A}\boldsymbol{T}\boldsymbol{\varepsilon}_i\\&=(\boldsymbol{\alpha}_1,\boldsymbol{\alpha}_2,\cdots,\boldsymbol{\alpha}_n)(\boldsymbol{I}-2\boldsymbol{\delta}\boldsymbol{\delta}')\boldsymbol{T}\boldsymbol{\varepsilon}_i=(\boldsymbol{\alpha}_1,\boldsymbol{\alpha}_2,\cdots,\boldsymbol{\alpha}_n)[\boldsymbol{T}\boldsymbol{\varepsilon}_i-2\boldsymbol{\delta}(\boldsymbol{T}\boldsymbol{\varepsilon}_1)'\boldsymbol{T}\boldsymbol{\varepsilon}_i]\\&=(\boldsymbol{\alpha}_1,\boldsymbol{\alpha}_2,\cdots,\boldsymbol{\alpha}_n)[\boldsymbol{T}\boldsymbol{\varepsilon}_i-2\boldsymbol{\delta}\boldsymbol{\varepsilon}_1'\boldsymbol{\varepsilon}_i]=(\boldsymbol{\alpha}_1,\boldsymbol{\alpha}_2,\cdots,\boldsymbol{\alpha}_n)\boldsymbol{T}\boldsymbol{\varepsilon}_i=\boldsymbol{\gamma}_i=(\mathscr{I}-2\mathscr{P})\boldsymbol{\gamma}_i\end{aligned}$$

从而 $\mathscr{A}=\mathscr{I}-2\mathscr{P}$. 因此 $\mathscr{A}$ 是关于超平面$\langle\boldsymbol{\gamma}_1\rangle^{\perp}$的镜面反射.

19. 设 $\mathscr{A}$ 是 2 维 Euclid 空间 V 上的第二类正交变换，证明：$\mathscr{A}$ 是轴反射.

证明： 2 维 Euclid 空间 V 上的正交变换 $\mathscr{A}$ 在 V 的一个标准正交基 $\boldsymbol{\eta}_1,\boldsymbol{\eta}_2$ 下的矩阵 $\boldsymbol{A}$ 是 2 级正交矩阵. 根据 8.2 节习题 19,2 级正交矩阵有且只有两种类型：

$$\begin{pmatrix}\cos\theta&-\sin\theta\\\sin\theta&\cos\theta\end{pmatrix},\begin{pmatrix}\cos\theta&\sin\theta\\\sin\theta&-\cos\theta\end{pmatrix}$$

由于 $\mathscr{A}$ 是第二类正交变换，则$|\boldsymbol{A}|=-1$,从而

$$\boldsymbol{A}=\begin{pmatrix}\cos\theta&\sin\theta\\\sin\theta&-\cos\theta\end{pmatrix}.$$

由第 4 题得到，$\boldsymbol{A}$ 正交相似于对角矩阵

$$\begin{pmatrix}1&0\\0&-1\end{pmatrix}.$$

因此 $\mathscr{A}$ 的全部特征值是 1，-1．分别取 $\mathscr{A}$ 的属于特征值 1 和 -1 的单位特征向量 $\boldsymbol{\delta}_1$，$\boldsymbol{\delta}_2$．根据第 3 题，$\boldsymbol{\delta}_1$ 和 $\boldsymbol{\delta}_2$ 正交，于是 $\boldsymbol{\delta}_1$，$\boldsymbol{\delta}_2$ 是 V 的一个标准正交基，从而

$$V=\langle\boldsymbol{\delta}_1\rangle\oplus\langle\boldsymbol{\delta}_2\rangle,\ \langle\boldsymbol{\delta}_1\rangle=\langle\boldsymbol{\delta}_2\rangle^{\perp}.$$

根据第 14 题得，$\mathscr{A}$ 是关于超平面 $\langle\boldsymbol{\delta}_1\rangle$ 的反射．由于 $\dim\langle\boldsymbol{\delta}_1\rangle=1$，所以也称 $\mathscr{A}$ 为轴反射.

20．设 $\mathscr{A}$ 是 2 维 Euclid 空间 V 上的旋转(即第一类正交变换)，证明：$\mathscr{A}\neq\mathscr{I}$ 时，$\mathscr{A}$ 能表示成 2 个不同的轴反射的乘积.

证明： 在 V 中取一个标准正交基 $\boldsymbol{\alpha}_1$，$\boldsymbol{\alpha}_2$，设 $\mathscr{A}\neq\mathscr{I}$．不妨设 $\mathscr{A}\boldsymbol{\alpha}_1\neq\boldsymbol{\alpha}_1$，令 $\boldsymbol{\gamma}_1=\boldsymbol{\alpha}_1-\mathscr{A}\boldsymbol{\alpha}_1$．用 $\mathscr{B}_1$ 表示关于 $\langle\boldsymbol{\gamma}_1\rangle^{\perp}$ 的轴反射(镜面反射)，并且注意到 $\mathscr{A}\boldsymbol{\alpha}_1$ 也是单位向量，则根据第 15 题结论得，$\mathscr{B}_1\boldsymbol{\alpha}_1=\mathscr{A}\boldsymbol{\alpha}_1$．由于 $\mathscr{B}_1\boldsymbol{\alpha}_1$，$\mathscr{B}_1\boldsymbol{\alpha}_2$ 仍是 V 的一个标准正交基，因此 $\langle\mathscr{B}_1\boldsymbol{\alpha}_2\rangle=\langle\mathscr{B}_1\boldsymbol{\alpha}_1\rangle^{\perp}=\langle\mathscr{A}\boldsymbol{\alpha}_1\rangle^{\perp}=\langle\mathscr{A}\boldsymbol{\alpha}_2\rangle$，从而 $\mathscr{B}_1\boldsymbol{\alpha}_2=\pm\mathscr{A}\boldsymbol{\alpha}_2$．若 $\mathscr{B}_1\boldsymbol{\alpha}_2=\mathscr{A}\boldsymbol{\alpha}_2$，则 $\mathscr{B}_1=\mathscr{A}$，这与 $\mathscr{B}_1$ 是轴反射(第二类的镜面反射)矛盾．因此 $\mathscr{B}_1\boldsymbol{\alpha}_2=-\mathscr{A}\boldsymbol{\alpha}_2$．用 $\mathscr{B}_2$ 表示关于 $\langle\mathscr{A}\boldsymbol{\alpha}_1\rangle$ 的轴反射，则

$$(\mathscr{B}_2\mathscr{B}_1)\boldsymbol{\alpha}_2=\mathscr{B}_2(\mathscr{B}_1\boldsymbol{\alpha}_2)=\mathscr{B}_2(-\mathscr{A}\boldsymbol{\alpha}_2)=-\mathscr{B}_2(\mathscr{A}\boldsymbol{\alpha}_2)=-(-\mathscr{A}\boldsymbol{\alpha}_2)=\mathscr{A}\boldsymbol{\alpha}_2$$
$$(\mathscr{B}_2\mathscr{B}_1)\boldsymbol{\alpha}_1=\mathscr{B}_2(\mathscr{B}_1\boldsymbol{\alpha}_1)=\mathscr{B}_2(\mathscr{A}\boldsymbol{\alpha}_1)=\mathscr{A}\boldsymbol{\alpha}_1$$

因此 $\mathscr{B}_2\mathscr{B}_1=\mathscr{A}$.

21．证明：n 维 Euclid 空间 V 上的任一正交变换都可以表示成至多 n 个不同的关于超平面的反射的乘积，其中 $n\geqslant 2$.

证明： 根据第 6 题，存在 V 的一个标准正交基

$$\boldsymbol{\eta}_1,\ \cdots,\ \boldsymbol{\eta}_r,\ \boldsymbol{\gamma}_1,\ \cdots,\ \boldsymbol{\gamma}_t,\ \boldsymbol{\delta}_{11},\ \boldsymbol{\delta}_{12},\ \cdots,\ \boldsymbol{\delta}_{m1},\ \boldsymbol{\delta}_{m2}$$

使得 $\mathscr{A}$ 在此基下的矩阵 $\boldsymbol{A}$ 为

$$\boldsymbol{A}=\operatorname{diag}\left\{\boldsymbol{I}_r,\ -\boldsymbol{I}_t,\ \begin{pmatrix}\cos\theta_1 & -\sin\theta_1\\ \sin\theta_1 & \cos\theta_1\end{pmatrix},\ \cdots,\ \begin{pmatrix}\cos\theta_m & -\sin\theta_m\\ \sin\theta_m & \cos\theta_m\end{pmatrix}\right\}$$

其中 $0\leqslant r\leqslant n$，$0\leqslant t\leqslant n$；$0\leqslant\theta_j\leqslant\pi$，$j=1$，$\cdots$，$m$，$0\leqslant m\leqslant\dfrac{n}{2}$，于是

$$\begin{aligned}\boldsymbol{A}&=\prod_{i=1}^{t}\operatorname{diag}\{\boldsymbol{I}_{r+(i-1)},\ -1,\ \boldsymbol{I}_{n-(r+i)}\}\cdot\prod_{j=1}^{m}\operatorname{diag}\left\{\boldsymbol{I}_{r+t+2(j-1)}\begin{pmatrix}\cos\theta_j & -\sin\theta_j\\ \sin\theta_j & \cos\theta_j\end{pmatrix},\ \boldsymbol{I}_{n-(r+t+2j)}\right\}\\&=\boldsymbol{A}_1\cdots\boldsymbol{A}_t\boldsymbol{B}_1\cdots\boldsymbol{B}_m.\end{aligned}$$

V 上分别存在唯一的线性变换 $\mathscr{A}_1$，$\cdots$，$\mathscr{A}_t$，$\mathscr{B}_1$，$\cdots$，$\mathscr{B}_m$ 使得它们在 V 的标准正交基 $\boldsymbol{\eta}_1$，$\cdots$，$\boldsymbol{\eta}_r$，$\boldsymbol{\gamma}_1$，$\cdots$，$\boldsymbol{\gamma}_t$，$\boldsymbol{\delta}_{11}$，$\boldsymbol{\delta}_{12}$，$\cdots$，$\boldsymbol{\delta}_{m1}$，$\boldsymbol{\delta}_{m2}$ 下的矩阵为 $\boldsymbol{A}_1$，$\cdots$，$\boldsymbol{A}_t$，$\boldsymbol{B}_1$，$\cdots$，$\boldsymbol{B}_m$．由于

这些矩阵都是正交矩阵，因此 $\mathscr{A}_1$，…，$\mathscr{A}_t$，$\mathscr{B}_1$，…，$\mathscr{B}_m$ 都是 V 上的正交变换.

由于 $\mathscr{A}_i$ 的属于特征值 1 的特征子空间的维数等于 $n-1$，因此根据第 14 题得，$\mathscr{A}_i$ 是关于超平面的反射，$i=1$，…，t.

在 V 的子空间 $\langle\boldsymbol{\delta}_{j1},\boldsymbol{\delta}_{j2}\rangle$ 中，对于矩阵 $\widetilde{\boldsymbol{B}}_j=\begin{pmatrix}\cos\theta_j & -\sin\theta_j\\ \sin\theta_j & \cos\theta_j\end{pmatrix}$，存在 $\langle\boldsymbol{\delta}_{j1},\boldsymbol{\delta}_{j2}\rangle$ 上的唯一的线性变换 $\widetilde{\mathscr{B}}_j$ 使得 $\widetilde{\mathscr{B}}_j$ 在标准正交基 $\boldsymbol{\delta}_{j1},\boldsymbol{\delta}_{j2}$ 下的矩阵为 $\widetilde{\boldsymbol{B}}_j$. 由于 $\widetilde{\boldsymbol{B}}_j$ 是正交矩阵，因此 $\mathscr{B}_j$ 是正交变换. 由于 $|\widetilde{\boldsymbol{B}}_j|=1$，因此 $\mathscr{B}_j$ 是第一类的. 根据第 20 题得，$\mathscr{B}_j$ 可以表示成 $\langle\boldsymbol{\delta}_{j1},\boldsymbol{\delta}_{j2}\rangle$ 上 2 个关于超平面的反射的乘积：$\mathscr{B}_j=\widetilde{\mathscr{B}}_{j1}\widetilde{\mathscr{B}}_{j2}$. 于是在 $\langle\boldsymbol{\delta}_{j1},\boldsymbol{\delta}_{j2}\rangle$ 中存在标准正交基 $\boldsymbol{\zeta}_{j1}$，$\boldsymbol{\zeta}_{j2}$，使得 $\widetilde{\mathscr{B}}_{j1}$ 在此基一上的矩阵为 $\begin{pmatrix}1 & 0\\ 0 & -1\end{pmatrix}$. 存在 V 上的唯一的线性变换 $\mathscr{B}_{j1}$，使得它在 V 在标准正交基 $\boldsymbol{\eta}_1$，…，$\boldsymbol{\eta}_r$，$\boldsymbol{\gamma}_1$，…，$\boldsymbol{\gamma}_t$，$\boldsymbol{\delta}_{11}$，$\boldsymbol{\delta}_{12}$，…，$\boldsymbol{\zeta}_1$，$\boldsymbol{\zeta}_2$，…，$\boldsymbol{\delta}_{m1}$，$\boldsymbol{\delta}_{m2}$ 下的矩阵为 $\operatorname{diag}\{\boldsymbol{I}_{r+t+2j-1},-1,\boldsymbol{I}_{n-(r+t+2j)}\}$. 根据第 14 题得，$\mathscr{B}_{j1}$ 是 V 上关于超平面的反射. 同理，在 $\langle\boldsymbol{\delta}_{j1},\boldsymbol{\delta}_{j2}\rangle$ 中存在标准正交基 $\boldsymbol{\xi}_{j1}$，$\boldsymbol{\xi}_{j2}$，使得 $\widetilde{\mathscr{B}}_{j2}$ 在此基下的矩阵为 $\begin{pmatrix}1 & 0\\ 0 & -1\end{pmatrix}$，从而存在 V 上唯一的线性变换 $\mathscr{B}_{j2}$ 使得它在 V 的标准正交基 $\boldsymbol{\eta}_1$，…，$\boldsymbol{\eta}_r$，$\boldsymbol{\gamma}_1$，…，$\boldsymbol{\gamma}_t$，$\boldsymbol{\delta}_{11}$，$\boldsymbol{\delta}_{12}$，…，$\boldsymbol{\xi}_{j1}$，$\boldsymbol{\xi}_{j2}$，…，$\boldsymbol{\delta}_{m1}$，$\boldsymbol{\delta}_{m2}$ 下的矩阵为 $\operatorname{diag}\{\boldsymbol{I}_{r+t+2j-1},-1,\boldsymbol{I}_{n-(r+t+2j)}\}$. 因此 $\mathscr{B}_j=\mathscr{B}_{j1}\mathscr{B}_{j2}$，$j=1$，…，$m$. 综上所述得

$$\mathscr{A}=\mathscr{A}_1\cdots\mathscr{A}_1\mathscr{B}_{11}\mathscr{B}_{12}\cdots\mathscr{B}_{m1}\mathscr{B}_{m2}$$

因此 $\mathscr{A}$ 可以表示成 $t+2m\leqslant n$ 个关于超平面的反射的乘积.

22. 设 $\mathscr{A}$ 是 n 维 Euclid 空间 V 上的一个正交变换，$\mathscr{B}$ 是关于超平面 $\langle\boldsymbol{\eta}_1\rangle^{\perp}$ 的镜面反射，其中 $\boldsymbol{\eta}_1$ 是单位向量. 证明：$\mathscr{A}^{-1}\mathscr{B}\mathscr{A}$ 是一个镜面反射，并且指出它是关于哪个超平面的镜面反射.

证明： 用 $\mathscr{P}$ 表示 V 在 $\langle\boldsymbol{\eta}_1\rangle$ 上的正交投影，则 $\mathscr{B}=\mathscr{I}-2\mathscr{P}$. 在 $\langle\boldsymbol{\eta}_1\rangle^{\perp}$ 中取一个标准正交基 $\boldsymbol{\eta}_2$，…，$\boldsymbol{\eta}_n$，则 $\boldsymbol{\eta}_1$，$\boldsymbol{\eta}_2$，…，$\boldsymbol{\eta}_n$ 是 V 的一个标准正交基. 由于 $\mathscr{P}$ 在基 $\boldsymbol{\eta}_1$，$\boldsymbol{\eta}_2$，…，$\boldsymbol{\eta}_n$ 下的矩阵 $\boldsymbol{P}=\operatorname{diag}\{1,0,\cdots,0\}=\boldsymbol{\varepsilon}_1\boldsymbol{\varepsilon}_1'$，因此 $\mathscr{B}$ 在基 $\boldsymbol{\eta}_1$，$\boldsymbol{\eta}_2$，…，$\boldsymbol{\eta}_n$ 下的矩阵 $\boldsymbol{B}=\boldsymbol{I}-2\boldsymbol{\varepsilon}_1\boldsymbol{\varepsilon}_1'$. 设 $\mathscr{A}$ 在基 $\boldsymbol{\eta}_1$，$\boldsymbol{\eta}_2$，…，$\boldsymbol{\eta}_n$ 下的矩阵为 $\boldsymbol{A}$，则 $\boldsymbol{A}$ 为正交矩阵. $\mathscr{A}^{-1}\mathscr{B}\mathscr{A}$ 在此标准正交基下的矩阵为

$$\boldsymbol{A}^{-1}\boldsymbol{B}\boldsymbol{A}=\boldsymbol{A}'(\boldsymbol{I}-2\boldsymbol{\varepsilon}_1\boldsymbol{\varepsilon}_1')\boldsymbol{A}=\boldsymbol{I}-2(\boldsymbol{A}'\boldsymbol{\varepsilon}_1)(\boldsymbol{A}'\boldsymbol{\varepsilon}_1)'$$

由于 $|\boldsymbol{A}'\boldsymbol{\varepsilon}_1|=|\boldsymbol{\varepsilon}_1|=1$，因此根据第 18 题得 $\mathscr{A}^{-1}\mathscr{B}\mathscr{A}$ 是一个镜面反射. 令 $\boldsymbol{\gamma}_1=(\boldsymbol{\eta}_1,\boldsymbol{\eta}_2,\cdots,\boldsymbol{\eta}_n)\boldsymbol{A}'\varepsilon_1$，即 $\boldsymbol{\gamma}_1=\mathscr{A}^{-1}\boldsymbol{\eta}_1$，则从第 18 题的充分性的证明中看到，$\mathscr{A}^{-1}\mathscr{B}\mathscr{A}$ 是关于超平面 $\langle\mathscr{A}^{-1}\boldsymbol{\eta}_1\rangle^{\perp}$ 的镜面反射.

23. 设 $\mathscr{A}$ 是 n 维 Euclid 空间 V 上的一个正交变换，证明：$|\operatorname{tr}(\mathscr{A})|\leqslant n$.

证明： 根据第 5 题结论得，V 中存在一个标准正交基，使得 $\mathscr{A}$ 在此基下的矩阵 $\boldsymbol{A}$ 为下述形式的分块对角矩阵：

$$\boldsymbol{A}=\operatorname{diag}\left\{\lambda_1, \cdots, \lambda_r, \begin{pmatrix}\cos\theta_1 & -\sin\theta_1\\ \sin\theta_1 & \cos\theta_1\end{pmatrix}, \cdots, \begin{pmatrix}\cos\theta_m & -\sin\theta_m\\ \sin\theta_m & \cos\theta_m\end{pmatrix}\right\}$$

其中 $\lambda_i=1$ 或 -1，$i=1, 2, \cdots, r$；$0<\theta_j<\pi$，$j=1, \cdots, m$；$r+2m=n$. 于是

$$|\operatorname{tr}(\mathscr{A})|=|\operatorname{tr}(\boldsymbol{A})|=|\lambda_1+\cdots+\lambda_r+2\cos\theta_1+\cdots+2\cos\theta_m|$$
$$\leqslant \sum_{i=1}^{r}|\lambda_i|+2\sum_{j=1}^{m}|\cos\theta_j|\leqslant r+2m=n$$

24. 设 $\mathscr{A}$ 是 n 维 Euclid 空间 V 上的旋转（即第一类正交变换），$f(\lambda)$ 是 $\mathscr{A}$ 的特征多项式，证明：

$$f(\lambda)=(-\lambda)^n f(\lambda^{-1}).$$

证明： 根据第 5 题结论得，V 中存在一个标准正交基，使得 $\mathscr{A}$ 在此基下的矩阵

$$\boldsymbol{A}=\operatorname{diag}\left\{\lambda_1, \cdots, \lambda_r, \begin{pmatrix}\cos\theta_1 & -\sin\theta_1\\ \sin\theta_1 & \cos\theta_1\end{pmatrix}, \cdots, \begin{pmatrix}\cos\theta_m & -\sin\theta_m\\ \sin\theta_m & \cos\theta_m\end{pmatrix}\right\}$$

其中 $\lambda_i=1$ 或 -1，$i=1, 2, \cdots, r$；$0<\theta_j<i$，$j=1, \cdots, m$；$r+2m=n$. 由于 $\mathscr{A}$ 是第一类的，因此 $|\boldsymbol{A}|=1$，从而 $\lambda_1, \cdots, \lambda_r$ 中 -1 的个数为偶数 $2l$. 于是

$$f(\lambda)=|\lambda\boldsymbol{I}-\boldsymbol{A}|=(\lambda-1)^{r-2l}(\lambda+1)^{2l}\prod_{j=1}^{m}(\lambda^2-2\lambda\cos\theta_j+1)$$

$$\lambda^n f(\lambda^{-1})=(1-\lambda)^{r-2l}(1+\lambda)^{2l}\prod_{j=1}^{m}(1-2\lambda\cos\theta_j+\lambda^2)$$

$$=(-1)^{r-2l}(\lambda-1)^{r-2l}(\lambda+1)^{2l}\prod_{j=1}^{m}(\lambda^2-2\lambda\cos\theta_j+1)=(-1)^r f(\lambda)$$

由于 $r+2m=n$，因此 $f(\lambda)=(-\lambda)^n f(\lambda^{-1})$.

25. 设 $\mathscr{A}$ 是 n 维 Euclid 空间 V 上的线性变换，证明：如果 $\mathscr{A}$ 可逆并且保持正交性不变，那么 $\mathscr{A}=k\mathscr{B}$，其中 $\mathscr{B}$ 是 V 上的正交变换，$k\neq 0$.

证明： V 中取一个标准正交基 $\boldsymbol{\eta}_1, \boldsymbol{\eta}_2, \cdots, \boldsymbol{\eta}_n$. 由于 $\mathscr{A}$ 是 V 上的一个可逆线性变换，因此 $\mathscr{A}$ 是 V 到自身的一个线性同构，从而 $\mathscr{A}\boldsymbol{\eta}_1, \mathscr{A}\boldsymbol{\eta}_2, \cdots, \mathscr{A}\boldsymbol{\eta}_n$ 是 V 的一个基. 由于 $\mathscr{A}$ 保持正交性不变，因此 $\mathscr{A}\boldsymbol{\eta}_1, \mathscr{A}\boldsymbol{\eta}_2, \cdots, \mathscr{A}\boldsymbol{\eta}_n$ 是 V 的一个正交基. 设 $(\mathscr{A}\boldsymbol{\eta}_i, \mathscr{A}\boldsymbol{\eta}_i)=a_i$，显然 $a_i\neq 0$，$i=1, 2, \cdots, n$. 取 $\boldsymbol{\alpha}=\boldsymbol{\eta}_1+\boldsymbol{\eta}_i$，$\boldsymbol{\beta}=\boldsymbol{\eta}_1-\boldsymbol{\eta}_i$，$i=2, 3, \cdots, n$，则

$$(\boldsymbol{\alpha}, \boldsymbol{\beta})=(\boldsymbol{\eta}_1+\boldsymbol{\eta}_i, \boldsymbol{\eta}_1-\boldsymbol{\eta}_i)=(\boldsymbol{\eta}_1, \boldsymbol{\eta}_1)-(\boldsymbol{\eta}_i, \boldsymbol{\eta}_i)=0$$

由于 $\mathscr{A}$ 保持正交性不变，因此

$$\begin{aligned}0&=(\mathscr{A}\boldsymbol{\alpha}, \mathscr{A}\boldsymbol{\beta})=(\mathscr{A}\boldsymbol{\eta}_1+\mathscr{A}\boldsymbol{\eta}_i, \mathscr{A}\boldsymbol{\eta}_1-\mathscr{A}\boldsymbol{\eta}_i)=(\mathscr{A}\boldsymbol{\eta}_1, \mathscr{A}\boldsymbol{\eta}_1)-(\mathscr{A}\boldsymbol{\eta}_i, \mathscr{A}\boldsymbol{\eta}_i)\\&=a_1-a_i\end{aligned}$$

从而 $a_i=a_1$，$i=2, 3, \cdots, n$，于是 $\frac{1}{\sqrt{a_1}}\mathscr{A}\boldsymbol{\eta}_i$ 是单位向量. 因此 $\frac{1}{\sqrt{a_1}}\mathscr{A}\boldsymbol{\eta}_1$，$\frac{1}{\sqrt{a_1}}\mathscr{A}\boldsymbol{\eta}_2$，…，$\frac{1}{\sqrt{a_1}}\mathscr{A}\boldsymbol{\eta}_n$ 是 V 的一个标准正交基，从而根据命题 6 得，$\mathscr{B}=\frac{1}{\sqrt{a_1}}\mathscr{A}$ 是 V 上的正交变换，于是 $\mathscr{A}=\sqrt{a_1}\,\mathscr{B}$.

习题 8.5 对称变换,实对称矩阵的对角化

1. 对于下述实对称矩阵 $\boldsymbol{A}$，求正交矩阵 $\boldsymbol{T}$，使得 $\boldsymbol{T}^{-1}\boldsymbol{AT}$ 为对角矩阵，并且写出这个对角矩阵.

(1) $\boldsymbol{A}=\begin{pmatrix}0&-2&2\\-2&-3&4\\2&4&-3\end{pmatrix}$；　　(2) $\boldsymbol{A}=\begin{pmatrix}1&2&4\\2&-2&2\\4&2&1\end{pmatrix}$；

(3) $\boldsymbol{A}=\begin{pmatrix}3&-2&0\\-2&2&-2\\0&-2&1\end{pmatrix}$；　　(4) $\boldsymbol{A}=\begin{pmatrix}4&1&0&-1\\1&4&-1&0\\0&-1&4&1\\-1&0&1&4\end{pmatrix}$.

解：(1) $|\lambda\boldsymbol{I}-\boldsymbol{A}|=(\lambda-1)^2(\lambda+8)$. 因此 $\boldsymbol{A}$ 的全部特征值是 1(2 重)，-8. 对于特征值 1，求得 $(3\boldsymbol{I}-\boldsymbol{A})\boldsymbol{X}=\boldsymbol{0}$ 的基础解系：

$$\boldsymbol{\alpha}_1=(-2, 1, 0)', \quad \boldsymbol{\alpha}_2=(2, 0, 1)'$$

对于特征值 -8，求得 $(-8\boldsymbol{I}-\boldsymbol{A})\boldsymbol{X}=\boldsymbol{0}$ 的基础解系：$\boldsymbol{\alpha}_3=(-1, -2, 2)'$. 将 $\boldsymbol{\alpha}_1$，$\boldsymbol{\alpha}_2$ 做 Schmidt 正交化，得

$$\boldsymbol{\beta}_1=\boldsymbol{\alpha}_1, \boldsymbol{\beta}_2=\left(\frac{2}{5}, \frac{4}{5}, 1\right)'$$

把 $\boldsymbol{\beta}_1$，$\boldsymbol{\beta}_2$，$\boldsymbol{\alpha}_3$ 分别单位化得

$$\boldsymbol{\eta}_1=\left(-\frac{2\sqrt{5}}{5},\frac{\sqrt{5}}{5},0\right)',\quad \boldsymbol{\eta}_2=\left(\frac{2\sqrt{5}}{15},\frac{4\sqrt{5}}{15},\frac{\sqrt{5}}{3}\right)',\quad \boldsymbol{\eta}_3=\left(-\frac{1}{3},-\frac{2}{3},\frac{2}{3}\right)'.$$

令 $\boldsymbol{T}=(\boldsymbol{\eta}_1,\boldsymbol{\eta}_2,\boldsymbol{\eta}_3)$，则 $\boldsymbol{T}$ 是正交矩阵，且 $\boldsymbol{T}^{-1}\boldsymbol{A}\boldsymbol{T}=\mathrm{diag}\{1,1,-8\}$.

(2) 与第(1)小题同样的方法得到

$$\boldsymbol{T}=\begin{pmatrix}\frac{\sqrt{5}}{5} & \frac{4\sqrt{5}}{15} & \frac{2}{3}\\ -\frac{2\sqrt{5}}{5} & \frac{2\sqrt{5}}{15} & \frac{1}{3}\\ 0 & -\frac{\sqrt{5}}{3} & \frac{2}{3}\end{pmatrix},\quad \boldsymbol{T}^{-1}\boldsymbol{A}\boldsymbol{T}=\begin{pmatrix}-3&0&0\\0&-3&0\\0&0&6\end{pmatrix}$$

(3) $$\boldsymbol{T}=\begin{pmatrix}\frac{2}{3} & \frac{2}{3} & \frac{1}{3}\\ \frac{1}{3} & -\frac{2}{3} & \frac{2}{3}\\ -\frac{2}{3} & \frac{1}{3} & \frac{2}{3}\end{pmatrix},\quad \boldsymbol{T}^{-1}\boldsymbol{A}\boldsymbol{T}=\begin{pmatrix}2&0&0\\0&5&0\\0&0&-1\end{pmatrix}$$

(4) $$\boldsymbol{T}=\begin{pmatrix}\frac{1}{2}\sqrt{2} & 0 & \frac{1}{2} & \frac{1}{2}\\ 0 & \frac{1}{2}\sqrt{2} & -\frac{1}{2} & \frac{1}{2}\\ \frac{1}{2}\sqrt{2} & 0 & -\frac{1}{2} & -\frac{1}{2}\\ 0 & \frac{1}{2}\sqrt{2} & \frac{1}{2} & -\frac{1}{2}\end{pmatrix},\quad \boldsymbol{T}^{-1}\boldsymbol{A}\boldsymbol{T}=\begin{pmatrix}4&0&0&0\\0&4&0&0\\0&0&2&0\\0&0&0&6\end{pmatrix}$$

2. 证明：如果 $\boldsymbol{A}$ 是实对称矩阵，且 $\boldsymbol{A}$ 是幂零矩阵，那么 $\boldsymbol{A}=\boldsymbol{0}$.

证明： 由于幂零矩阵的特征值只有 0，又对于实对称矩阵 $\boldsymbol{A}$，能找到正交矩阵 $\boldsymbol{T}$，使得 $\boldsymbol{T}^{-1}\boldsymbol{A}\boldsymbol{T}$ 为对角矩阵，因此 $\boldsymbol{T}^{-1}\boldsymbol{A}\boldsymbol{T}=\mathrm{diag}\{0,\cdots,0\}=\boldsymbol{0}$，从而 $\boldsymbol{A}=\boldsymbol{0}$.

3. 证明：如果 $\boldsymbol{A}$ 是 $s\times n$ 实矩阵，那么 $\boldsymbol{A}'\boldsymbol{A}$ 的特征值都是非负实数.

证明： (方法一) 由于$(\boldsymbol{A}'\boldsymbol{A})=\boldsymbol{A}'(\boldsymbol{A}')'=\boldsymbol{A}'\boldsymbol{A}$，因此 $\boldsymbol{A}'\boldsymbol{A}$ 是 n 级实对称矩阵. 从而存在 n 级正交矩阵 $\boldsymbol{T}$，使得

$$\boldsymbol{T}^{-1}(\boldsymbol{A}'\boldsymbol{A})\boldsymbol{T}=\mathrm{diag}\{\lambda_1,\lambda_2,\cdots,\lambda_n\}$$

其中 $\lambda_1,\lambda_2,\cdots,\lambda_n$ 是 $\boldsymbol{A}'\boldsymbol{A}$ 的全部特征值. 于是

$$\lambda_i=[(\boldsymbol{AT})'(\boldsymbol{AT})](i;\ i)=\sum_{k=1}^{n}[(\boldsymbol{AT})'(i;\ k)][(\boldsymbol{AT})(k;\ i)]=\sum_{k=1}^{n}[(\boldsymbol{AT})(k;\ i)]^2\geqslant 0$$

（方法二） $\forall\boldsymbol{\alpha}\in\mathbb{R}^n$ 且 $\boldsymbol{\alpha}\neq\mathbf{0}$，有

$$\boldsymbol{\alpha}'(\boldsymbol{A}'\boldsymbol{A})\boldsymbol{\alpha}=(\boldsymbol{A\alpha})'(\boldsymbol{A\alpha})\geqslant 0$$

因此 $\boldsymbol{AA}'$ 是半正定的，从而 $\boldsymbol{A}'\boldsymbol{A}$ 的特征值全非负.

4. 证明：n 级实矩阵 $\boldsymbol{A}$ 正交相似于一个上三角矩阵的充分必要条件是：$\boldsymbol{A}$ 的特征多项式在复数域中的根都是实数.

证明： **（必要性）** 设 n 级实矩阵 $\boldsymbol{A}$ 正交相似于一个上三角矩阵 $\boldsymbol{B}=(b_{ij})$，则 $|\lambda\boldsymbol{I}-\boldsymbol{A}|=|\lambda\boldsymbol{I}-\boldsymbol{B}|=(\lambda-b_{11})(\lambda-b_{22})\cdots(\lambda-b_{nn})$. 于是 $\boldsymbol{A}$ 的特征多项式的全部根为 b_{11}，b_{22}，…，b_{nn}，它们是实上三角矩阵 $\boldsymbol{B}$ 的元素，从而它们都是实数.

（充分性） 设 $\boldsymbol{A}$ 的特征多项式在复数域中的根都是实数. 对实矩阵的级数做数学归纳法. $n=1$ 时，$\boldsymbol{A}=(a)$，则 $(1)^{-1}(a)(1)=(a)$. 因此 $n=1$ 时命题为真. 假设对于 $n-1$ 级实矩阵命题为真. 现在来看 n 级实矩阵 $\boldsymbol{A}$. 由于 $\boldsymbol{A}$ 的特征多项式的复根都是实数，因此 A 有特征值. 取 $\boldsymbol{A}$ 的一个特征值 λ_1，设 $\boldsymbol{\eta}_1$ 是 $\boldsymbol{A}$ 的属于特征值 λ_1 的一个单位特征向量. 把 $\boldsymbol{\eta}_1$ 扩充成 $\mathbb{R}^n$ 的一个基，然后经过 Schmidt 正交化和单位化，得到 $\mathbb{R}^n$ 的一个标准正交基 $\boldsymbol{\eta}_1$，$\boldsymbol{\eta}_2$，…，$\boldsymbol{\eta}_n$. 令 $\boldsymbol{T}_1=(\boldsymbol{\eta}_1,\ \boldsymbol{\eta}_2,\ \cdots,\ \boldsymbol{\eta}_n)$，则 $\boldsymbol{T}_1$ 是 n 级正交矩阵. 令 $\mathscr{A}(\boldsymbol{\alpha})=A\boldsymbol{\alpha}$，$\forall\boldsymbol{\alpha}\in\mathbb{R}^n$，则 $\mathscr{A}$ 是 $\mathbb{R}^n$ 上的一个线性变换，$\mathscr{A}$ 在 $\mathbb{R}^n$ 的标准基 ε_1，ε_2，…，ε_n 下的矩阵为 $\boldsymbol{A}$. 由于 $\langle\boldsymbol{\eta}_1\rangle$ 是 $\mathscr{A}$ 的一个不变子空间，因此根据教材 6.8 节的定理 1 得，$\mathscr{A}$ 在 $\mathbb{R}^n$ 的基 $\boldsymbol{\eta}_1$，$\boldsymbol{\eta}_2$，…，$\boldsymbol{\eta}_n$ 下的矩阵 $\boldsymbol{B}=\begin{pmatrix}\lambda_1 & \boldsymbol{\beta}'\\ \mathbf{0} & \boldsymbol{B}_1\end{pmatrix}$. 由于 $(\boldsymbol{\eta}_1,\ \boldsymbol{\eta}_2,\ \cdots,\ \boldsymbol{\eta}_n)=(\boldsymbol{\varepsilon}_1,\ \boldsymbol{\varepsilon}_2,\ \cdots,\ \boldsymbol{\varepsilon}_n)\boldsymbol{T}_1$，因此 $\boldsymbol{T}_1^{-1}\boldsymbol{AT}_1=\boldsymbol{B}$，从而 $\boldsymbol{A}$ 的特征多项式 $f(\lambda)$ 等于 $(\lambda-\lambda_1)f_1(\lambda)$，其中 $f_1(\lambda)$ 是 $\boldsymbol{B}_1$ 的特征多项式. 于是 $f_1(\lambda)$ 的复根都是实数. 对 $n-1$ 级实矩阵 $\boldsymbol{B}_1$ 用归纳假设得，存在 $n-1$ 级正交矩阵 $\boldsymbol{T}_2$，使得 $\boldsymbol{T}_2^{-1}\boldsymbol{B}_1\boldsymbol{T}_2$ 为上三角矩阵. 令 $\boldsymbol{T}=\boldsymbol{T}_1\begin{pmatrix}1 & \mathbf{0}'\\ \mathbf{0} & \boldsymbol{T}_2\end{pmatrix}$，则 $\boldsymbol{T}$ 是 n 级正交矩阵，且

$$\begin{aligned}\boldsymbol{T}^{-1}\boldsymbol{AT}&=\begin{pmatrix}1 & \mathbf{0}'\\ \mathbf{0} & \boldsymbol{T}_2\end{pmatrix}^{-1}\boldsymbol{T}_1^{-1}\boldsymbol{AT}_1\begin{pmatrix}1 & \mathbf{0}'\\ \mathbf{0} & \boldsymbol{T}_2\end{pmatrix}=\begin{pmatrix}1 & \mathbf{0}'\\ \mathbf{0} & \boldsymbol{T}_2^{-1}\end{pmatrix}\begin{pmatrix}\lambda_1 & \boldsymbol{\beta}'\\ \mathbf{0} & \boldsymbol{B}_1\end{pmatrix}\begin{pmatrix}1 & \mathbf{0}'\\ \mathbf{0} & \boldsymbol{T}_2\end{pmatrix}\\&=\begin{pmatrix}\lambda_1 & \boldsymbol{\beta}'\boldsymbol{T}_2\\ \mathbf{0} & \boldsymbol{T}_2^{-1}\boldsymbol{B}_1\boldsymbol{T}_2\end{pmatrix}\end{aligned}$$

因此 $\boldsymbol{A}$ 正交相似于一个上三角矩阵. 根据数学归纳法原理，对一切正整数 n，充分性成立.

5. 证明：如果 n 级实矩阵 $\boldsymbol{A}$ 的特征多项式在复数域中的根都是实数，且 $\boldsymbol{A}\boldsymbol{A}'=\boldsymbol{A}'\boldsymbol{A}$，那么 $\boldsymbol{A}$ 是对称矩阵.

证明： 由于 n 级实矩阵 $\boldsymbol{A}$ 的特征多项式的复根都是实数，因此根据第 4 题结论得，存在 n 级正交矩阵 $\boldsymbol{T}$，使得 $\boldsymbol{T}^{-1}\boldsymbol{A}\boldsymbol{T}=\boldsymbol{B}$，其中 $\boldsymbol{B}=(b_{ij})$ 是 n 级上三角矩阵，从而 $\boldsymbol{B}'=\boldsymbol{T}'\boldsymbol{A}'(\boldsymbol{T}^{-1})'=\boldsymbol{T}^{-1}\boldsymbol{A}'\boldsymbol{T}$. 由于 $\boldsymbol{A}\boldsymbol{A}'=\boldsymbol{A}'\boldsymbol{A}$，因此 $\boldsymbol{B}\boldsymbol{B}'=\boldsymbol{B}'\boldsymbol{B}$，于是

$$\sum_{k=1}^{n} b_{ik}^2=\sum_{k=1}^{n} b_{ki}^2,\ i=1,\ 2,\ \cdots,\ n$$

当 $i=1$ 时，上式成为 $\sum\limits_{k=1}^{n} b_{1k}^2=\sum\limits_{k=1}^{n} b_{k1}^2=b_{11}^2$. 由此推出，$b_{1k}=0$，当 $k\neq 1$. 当 $i=2$ 时，上式成为 $\sum\limits_{k=1}^{n} b_{2k}^2=b_{12}^2+b_{22}^2=b_{22}^2$. 由此推出，$b_{2k}=0$，当 $k\neq 2$. 依此下去，可得 $b_{3k}=0$，当 $k\neq 3$，$\cdots$，$b_{n-1,\,n}=0$. 因此 $\boldsymbol{B}$ 是对角矩阵. 由于 $\boldsymbol{A}$ 正交相似于 $\boldsymbol{B}$，因此根据本节命题 4 得，$\boldsymbol{A}$ 是对称矩阵.

6. 设 $\boldsymbol{A}$ 是 n 级实矩阵，证明：如果 $\boldsymbol{A}$ 的特征多项式在复数域中的根都是非负实数，且 $\boldsymbol{A}$ 的主对角元都是 1，那么 $|\boldsymbol{A}|\leqslant 1$.

证明： 由于 $\boldsymbol{A}$ 的特征多项式在复数域中的根都是实数，根据第 4 题结论得，$\boldsymbol{A}$ 正交相似于一个上三角矩阵 $\boldsymbol{B}=(b_{ij})$. 从而 $|\boldsymbol{A}|=|\boldsymbol{B}|=b_{11}b_{22}\cdots b_{nn}$，且 $\mathrm{tr}(\boldsymbol{A})=\mathrm{tr}(\boldsymbol{B})$，$b_{11}$，$b_{22}$，$\cdots$，$b_{nn}$ 是 $\boldsymbol{A}$ 的全部特征值. 由于 $\boldsymbol{A}$ 的主对角元都是 1，因此 $b_{11}+b_{22}+\cdots+b_{nn}=\mathrm{tr}(\boldsymbol{B})=\mathrm{tr}(\boldsymbol{A})=n$. 若 b_{11}，b_{22}，$\cdots$，b_{nn} 中有一个为 0，则 $|\boldsymbol{A}|=0$；若 b_{11}，b_{22}，$\cdots$，b_{nn} 都不为 0，则由已知条件知它们全是正数. 从而 $\sqrt[n]{b_{11}b_{22}\cdots b_{nn}}\leqslant\dfrac{b_{11}+b_{22}+\cdots+b_{nn}}{n}=\dfrac{n}{n}=1$，于是 $b_{11}b_{22}\cdots b_{nn}\leqslant 1$. 因此 $|\boldsymbol{A}|\leqslant 1$.

7. 设 $\boldsymbol{A}$ 是实数域上的 n 级斜对称矩阵，证明：

$$\begin{vmatrix} 2\boldsymbol{I}_n & \boldsymbol{A} \\ \boldsymbol{A} & 2\boldsymbol{I}_n \end{vmatrix}\geqslant 2^{2n},$$

等号成立当且仅当 $\boldsymbol{A}=\boldsymbol{0}$.

证明： $\begin{pmatrix} 2\boldsymbol{I}_n & \boldsymbol{A} \\ \boldsymbol{A} & 2\boldsymbol{I}_n \end{pmatrix}\rightarrow\begin{pmatrix} 2\boldsymbol{I}_n & \boldsymbol{A} \\ \boldsymbol{0} & 2\boldsymbol{I}_n-\dfrac{1}{2}\boldsymbol{A}^2 \end{pmatrix}$，于是

$$\begin{pmatrix} \boldsymbol{I}_n & \boldsymbol{0} \\ -\dfrac{1}{2}\boldsymbol{A} & \boldsymbol{I}_n \end{pmatrix}\begin{pmatrix} 2\boldsymbol{I}_n & \boldsymbol{A} \\ \boldsymbol{A} & 2\boldsymbol{I}_n \end{pmatrix}=\begin{pmatrix} 2\boldsymbol{I}_n & \boldsymbol{A} \\ \boldsymbol{0} & 2\boldsymbol{I}_n-\dfrac{1}{2}\boldsymbol{A}^2 \end{pmatrix}$$

从而

$$\begin{vmatrix} 2\boldsymbol{I}_n & \boldsymbol{A} \\ \boldsymbol{A} & 2\boldsymbol{I}_n \end{vmatrix} = |2\boldsymbol{I}_n| \left| 2\boldsymbol{I}_n - \frac{1}{2}\boldsymbol{A}^2 \right| = 2^n \cdot 2^n \left| \boldsymbol{I}_n - \frac{1}{4}\boldsymbol{A}^2 \right|$$

由于$(\boldsymbol{A}^2)'=\boldsymbol{A}'\boldsymbol{A}'=(-\boldsymbol{A})(-\boldsymbol{A})=\boldsymbol{A}^2$，因此$\boldsymbol{A}^2$是实对称矩阵. 根据习题6.6的第24题，斜对称矩阵$\boldsymbol{A}$的特征多项式的复根是0或纯虚数，因此可设$\boldsymbol{A}$的特征多项式的全部复根为$b_1\mathrm{i}$，$b_2\mathrm{i}$，…，$b_n\mathrm{i}$，其中b_1，b_2，…，b_n是实数. 于是$\boldsymbol{A}^2$的全部特征值为$-b_1^2$，$-b_2^2$，…，$-b_n^2$，从而$\boldsymbol{I}_n-\frac{1}{4}\boldsymbol{A}^2$的全部特征值是$1+\frac{1}{4}b_1^2$，$1+\frac{1}{4}b_2^2$，…，$1+\frac{1}{4}b_n^2$. 于是

$$\left| \boldsymbol{I}_n - \frac{1}{4}\boldsymbol{A}^2 \right| = \left(1+\frac{1}{4}b_1^2\right)\left(1+\frac{1}{4}b_2^2\right)\cdots\left(1+\frac{1}{4}b_n^2\right) \geqslant 1$$

因此$\begin{vmatrix} 2\boldsymbol{I}_n & \boldsymbol{A} \\ \boldsymbol{A} & 2\boldsymbol{I}_n \end{vmatrix} \geqslant 2^{2n}$等号成立当且仅当$\frac{1}{4}b_1^2=\frac{1}{4}b_2^2=\cdots=\frac{1}{4}b_n^2=0$，即$b_1=b_2=\cdots=b_n=0$. 于是如果等号成立，那么$\boldsymbol{A}^2$相似于$\mathrm{diag}\{0, \cdots, 0\}=\boldsymbol{0}$，从而$\boldsymbol{A}^2=\boldsymbol{0}$. 由于$\boldsymbol{A}$是斜对称矩阵，因此$0=\boldsymbol{A}^2(i;i)=\sum\limits_{k=1}^{n}\boldsymbol{A}(i;k)\boldsymbol{A}(k;i)=\sum\limits_{k=1}^{n}[-\boldsymbol{A}(k;i)]\boldsymbol{A}(k;i)=-\sum\limits_{k=1}^{n}[\boldsymbol{A}(k;i)]^2$，从而$\boldsymbol{A}(k;i)=0$，$k=1, 2, \cdots, n$；$i=1, 2, \cdots, n$. 因此$\boldsymbol{A}=\boldsymbol{0}$. 反之，若$\boldsymbol{A}=0$，则$\begin{vmatrix} 2\boldsymbol{I}_n & 0 \\ 0 & 2\boldsymbol{I}_n \end{vmatrix}=2^{2n}$.

8. 用正交替换把下列实二次型化成标准形：

(1) $f(x_1, x_2, x_3)=2x_1^2+5x_2^2+5x_3^2+4x_1x_2-4x_1x_3-8x_2x_3$；

(2) $g(x_1, x_2, x_3, x_4)=2x_1x_2-2x_3x_4$.

解：(1) 二次型矩阵为$\boldsymbol{A}=\begin{pmatrix} 2 & 2 & -2 \\ 2 & 5 & -4 \\ -2 & -4 & 5 \end{pmatrix}$，易求得正交矩阵$\boldsymbol{T}=\begin{pmatrix} \frac{2}{5}\sqrt{5} & \frac{2}{15}\sqrt{5} & \frac{1}{3} \\ -\frac{1}{5}\sqrt{5} & \frac{4}{15}\sqrt{5} & \frac{2}{3} \\ 0 & \frac{1}{3}\sqrt{5} & -\frac{1}{3} \end{pmatrix}$，使得$\boldsymbol{T}'\boldsymbol{A}\boldsymbol{T}=\mathrm{diag}\{1, 1, 10\}$. $\boldsymbol{X}$用$\boldsymbol{TX}$代入，二次型化为$f(x_1, x_2, x_3)\cong x_1^2+x_2^2+10x_3^2$.

(2) $\boldsymbol{X}$用$\boldsymbol{TX}$代入，其中

$$T=\begin{pmatrix}\frac{\sqrt{2}}{2} & 0 & \frac{\sqrt{2}}{2} & 0\\ \frac{\sqrt{2}}{2} & 0 & -\frac{\sqrt{2}}{2} & 0\\ 0 & \frac{\sqrt{2}}{2} & 0 & \frac{\sqrt{2}}{2}\\ 0 & -\frac{\sqrt{2}}{2} & 0 & \frac{\sqrt{2}}{2}\end{pmatrix}$$

则 $g(x_1, x_2, x_3, x_4)\cong x_1^2+x_2^2-x_3^2-x_4^2$.

9. 作直角坐标变换，把下述二次曲面的方程化成标准方程，并且指出它是什么二次曲面：

(1) $x^2+2y^2+3z^2-4xy-4yz-1=0$;

(2) $2x^2+6y^2+2z^2+8xz-1=0$.

解： 采用与教材中例 2 相同的解法.

(1) 方程的二次项部分为 $x^2+2y^2+3z^2-4xy-4yz=(x, y, z)\begin{pmatrix}1 & -2 & 0\\ -2 & 2 & -2\\ 0 & -2 & 3\end{pmatrix}\begin{pmatrix}x\\ y\\ z\end{pmatrix}$,

右端的实对称矩阵记为 $\boldsymbol{A}$. 先求得正交矩阵 $\boldsymbol{T}=\begin{pmatrix}-\frac{2}{3} & \frac{1}{3} & \frac{2}{3}\\ \frac{1}{3} & -\frac{2}{3} & \frac{2}{3}\\ \frac{2}{3} & \frac{2}{3} & \frac{1}{3}\end{pmatrix}$, 使得 $\boldsymbol{T}^{-1}\boldsymbol{A}\boldsymbol{T}=$ $\mathrm{diag}\{5, 2, -1\}$. 做坐标旋转

$$\begin{pmatrix}x\\ y\\ z\end{pmatrix}=\boldsymbol{T}\begin{pmatrix}x^*\\ y^*\\ z^*\end{pmatrix}$$

二次曲面在新直角坐标系 $Ox^*y^*z^*$ 中的二次项部分为

$$5x^{*2}+2y^{*2}-z^{*2}$$

由于方程中没有一次项，因此不需要做移轴. 从而二次曲面在 $Ox^*y^*z^*$ 中的方程为 $5x^{*2}+2y^{*2}-z^{*2}=1$. 这是单叶双曲面.

(2) 做直角坐标系 $Oxyz$ 到直角坐标系 $Ox^*y^*z^*$ 的坐标变换：

$$\begin{pmatrix} x \\ y \\ z \end{pmatrix} = \boldsymbol{T} \begin{pmatrix} x^* \\ y^* \\ z^* \end{pmatrix}$$

其中

$$\boldsymbol{T} = \begin{pmatrix} 0 & \frac{\sqrt{2}}{2} & \frac{\sqrt{2}}{2} \\ 1 & 0 & 0 \\ 0 & \frac{\sqrt{2}}{2} & -\frac{\sqrt{2}}{2} \end{pmatrix}$$

则二次曲面的新方程为 $6x^{*2}+6y^{*2}-2z^{*2}=1$. 这是单叶双曲面.

10. 设 n 级实对称矩阵 $\boldsymbol{A}$ 的全部特征值按大小顺序排成：$\lambda_1 \geqslant \lambda_2 \geqslant \cdots \geqslant \lambda_n$. 证明：$\forall \boldsymbol{\alpha} \in \mathbb{R}^n$ 且 $\boldsymbol{\alpha} \neq \boldsymbol{0}$，有

$$\lambda_n \leqslant \frac{\boldsymbol{\alpha}'\boldsymbol{A}\boldsymbol{\alpha}}{|\boldsymbol{\alpha}|^2} \leqslant \lambda_1.$$

证明： 由于 $\boldsymbol{A}$ 是 n 级实对称矩阵，因此存在 n 级正交矩阵 $\boldsymbol{T}$，使得 $\boldsymbol{T}^{-1}\boldsymbol{A}\boldsymbol{T} = \mathrm{diag}\{\lambda_1, \lambda_2, \cdots, \lambda_n\}$. 任取 $\boldsymbol{\alpha} \in \mathbb{R}^n$ 且 $\boldsymbol{\alpha} \neq \boldsymbol{0}$，设 $\boldsymbol{T}'\boldsymbol{\alpha} = (b_1, b_2, \cdots, b_n)'$，则

$$\begin{aligned} \boldsymbol{\alpha}'\boldsymbol{A}\boldsymbol{\alpha} &= \boldsymbol{\alpha}'\boldsymbol{T}\mathrm{diag}\{\lambda_1, \lambda_2, \cdots, \lambda_n\}\boldsymbol{T}^{-1}\boldsymbol{\alpha} = (\boldsymbol{T}'\boldsymbol{\alpha})'\mathrm{diag}\{\lambda_1, \lambda_2, \cdots, \lambda_n\}(\boldsymbol{T}'\boldsymbol{\alpha}) \\ &= \lambda_1 b_1^2 + \lambda_2 b_2^2 + \cdots + \lambda_n b_n^2 \leqslant \lambda_1(b_1^2 + b_2^2 + \cdots + b_n^2) = \lambda_1 |\boldsymbol{T}'\boldsymbol{\alpha}|^2 = \lambda_1 |\boldsymbol{\alpha}|^2 \end{aligned}$$

同理 $\boldsymbol{\alpha}'\boldsymbol{A}\boldsymbol{\alpha} = \lambda_1 b_1^2 + \lambda_2 b_2^2 + \cdots + \lambda_n b_n^2 \geqslant \lambda_n |\boldsymbol{\alpha}|^2$. 因此 $\lambda_n \leqslant \frac{\boldsymbol{\alpha}'\boldsymbol{A}\boldsymbol{\alpha}}{|\boldsymbol{\alpha}|^2} \leqslant \lambda_1$.

11. 设 $\boldsymbol{A}$ 是 n 级实对称矩阵，它的 n 个特征值排序成 $\lambda_1 \geqslant \lambda_2 \geqslant \cdots \geqslant \lambda_n$. 证明：

$$\lambda_n \leqslant a_{ii} \leqslant \lambda_1, \ i=1, 2, \cdots, n.$$

证明： 由于 $\boldsymbol{\varepsilon}_i'\boldsymbol{A}\boldsymbol{\varepsilon}_i = a_{ii}$，且 $|\boldsymbol{\varepsilon}_i|^2 = 1$，因此由第 10 题的结论得，$\lambda_n \leqslant a_{ii} \leqslant \lambda_1$，$i=1, 2, \cdots, n$.

12. 设 $\boldsymbol{B}$ 是 n 级实矩阵，$\boldsymbol{B}'\boldsymbol{B}$ 的全部特征值排序成：$\lambda_1 \geqslant \lambda_2 \geqslant \cdots \geqslant \lambda_n$. 证明：如果 $\boldsymbol{B}$ 有特征值，那么 $\boldsymbol{B}$ 的任一特征值 μ 满足：$\sqrt{\lambda_n} \leqslant |\mu| \leqslant \sqrt{\lambda_1}$.

证明： 设 μ 是 $\boldsymbol{B}$ 的一个特征值，$\boldsymbol{\alpha}$ 是 $\boldsymbol{B}$ 的属于特征值 μ 的一个特征向量. 根据第 3 题结论，$\boldsymbol{B}'\boldsymbol{B}$ 的特征值都是非负实数. 对实对称矩阵 $\boldsymbol{B}'\boldsymbol{B}$ 用第 10 题结论得

$$\lambda_n \leqslant \frac{\boldsymbol{\alpha}'\boldsymbol{B}'\boldsymbol{B}\boldsymbol{\alpha}}{|\boldsymbol{\alpha}|^2} \leqslant \lambda_1$$

由于$\boldsymbol{\alpha}'\boldsymbol{B}'\boldsymbol{B}\boldsymbol{\alpha}=(\boldsymbol{B}\boldsymbol{\alpha})'(\boldsymbol{B}\boldsymbol{\alpha})=(\mu\boldsymbol{\alpha})'(\mu\boldsymbol{\alpha})=\mu^2\boldsymbol{\alpha}'\boldsymbol{\alpha}=\mu^2|\boldsymbol{\alpha}|^2$，因此$\lambda_n \leqslant \mu^2 \leqslant \lambda_1$，从而$\sqrt{\lambda_n} \leqslant |\mu| \leqslant \sqrt{\lambda_1}$.

13. 设$\boldsymbol{A}$，$\boldsymbol{B}$都是n级实对称矩阵，证明：如果$\boldsymbol{BA}=\boldsymbol{AB}$，那么存在一个$n$级正交矩阵$\boldsymbol{T}$，使得$\boldsymbol{T}'\boldsymbol{AT}$与$\boldsymbol{T}'\boldsymbol{BT}$都是对角矩阵.

证明： 因为$\boldsymbol{A}$是n级实对称矩阵，所以有n级正交矩阵$\boldsymbol{T}_1$，使得$\boldsymbol{T}_1^{-1}\boldsymbol{AT}_1=\mathrm{diag}\{\lambda_1\boldsymbol{I}_{r_1}, \lambda_2\boldsymbol{I}_{r_2}, \cdots, \lambda_m\boldsymbol{I}_{r_m}\}$，其中$\lambda_1, \lambda_2, \cdots, \lambda_m$是$\boldsymbol{A}$的全部不同的特征值. 由于$\boldsymbol{AB}=\boldsymbol{BA}$，因此$(\boldsymbol{T}_1^{-1}\boldsymbol{AT}_1)(\boldsymbol{T}_1^{-1}\boldsymbol{BT}_1)=(\boldsymbol{T}_1^{-1}\boldsymbol{BT}_1)(\boldsymbol{T}_1^{-1}\boldsymbol{AT}_1)$. 根据习题 4.6 第 11 题得，$\boldsymbol{T}_1^{-1}\boldsymbol{BT}_1=\mathrm{diag}\{\boldsymbol{B}_1, \boldsymbol{B}_2, \cdots, \boldsymbol{B}_m\}$，其中$\boldsymbol{B}_i$是$r_i$级实矩阵. 由于$\boldsymbol{T}_1^{-1}\boldsymbol{BT}_1$是对称矩阵，因此$\boldsymbol{B}_i$是对称矩阵，$i=1, 2, \cdots, m$. 于是存在$r_i$级正交矩阵$\widetilde{\boldsymbol{T}}_i$，使得，$\widetilde{\boldsymbol{T}}_i^{-1}\boldsymbol{B}_i\widetilde{\boldsymbol{T}}_i$为对角矩阵，$i=1, 2, \cdots, m$. 令$\boldsymbol{T}_2=\mathrm{diag}\{\widetilde{\boldsymbol{T}}_1, \widetilde{\boldsymbol{T}}_2, \cdots, \widetilde{\boldsymbol{T}}_m\}$，$\boldsymbol{T}=\boldsymbol{T}_1\boldsymbol{T}_2$，则$\boldsymbol{T}_2$，$\boldsymbol{T}$都是$n$级正交矩阵，且

$$\begin{aligned}
\boldsymbol{T}'\boldsymbol{BT} &= \boldsymbol{T}^{-1}\boldsymbol{BT}=\boldsymbol{T}_2^{-1}\boldsymbol{T}_1^{-1}\boldsymbol{BT}_1\boldsymbol{T}_2=\boldsymbol{T}_2^{-1}\mathrm{diag}\{B, B_2, \cdots, B_m\}\boldsymbol{T}_2 \\
&= \mathrm{diag}\{\widetilde{\boldsymbol{T}}_1^{-1}\boldsymbol{B}_1\widetilde{\boldsymbol{T}}_1, \widetilde{\boldsymbol{T}}_2^{-1}\boldsymbol{B}_2\widetilde{\boldsymbol{T}}_2, \cdots, \widetilde{\boldsymbol{T}}_m^{-1}\boldsymbol{B}_m\widetilde{\boldsymbol{T}}_m\} \\
\boldsymbol{T}'\boldsymbol{AT} &= \boldsymbol{T}^{-1}\boldsymbol{AT}=\boldsymbol{T}_2^{-1}\boldsymbol{T}_1^{-1}\boldsymbol{AT}_1\boldsymbol{T}_2=\boldsymbol{T}_2^{-1}\mathrm{diag}\{\lambda_1\boldsymbol{I}_{r_1}, \lambda_2\boldsymbol{I}_{r_2}, \cdots, \lambda_m\boldsymbol{I}_{r_m}\}\boldsymbol{T}_2 \\
&= \mathrm{diag}\{\widetilde{\boldsymbol{T}}_1^{-1}(\lambda_1 I_{r_1})\widetilde{\boldsymbol{T}}_1, \widetilde{\boldsymbol{T}}_2^{-1}(\lambda_2 I_{r_2})\widetilde{\boldsymbol{T}}_2, \cdots, \widetilde{\boldsymbol{T}}_m^{-1}(\lambda_m\boldsymbol{I}_{r_m})\widetilde{\boldsymbol{T}}_m\} \\
&= \mathrm{diag}\{\lambda_1\boldsymbol{I}_{r_1}, \lambda_2\boldsymbol{I}_{r_2}, \cdots, \lambda_m\boldsymbol{I}_{r_m}\}
\end{aligned}$$

即$\boldsymbol{T}'\boldsymbol{AT}$，$\boldsymbol{T}'\boldsymbol{BT}$都是对角矩阵.

14. 设$\boldsymbol{A}$是n级实对称矩阵，它的n个特征值的绝对值的最大者记作$S_r(\boldsymbol{A})$. 证明：当$t>S_r(\boldsymbol{A})$时，$t\boldsymbol{I}+\boldsymbol{A}$是正定矩阵.

证明： 设$\boldsymbol{A}$的全部特征值是$\lambda_1, \lambda_2, \cdots, \lambda_n$，则$t\boldsymbol{I}+\boldsymbol{A}$的全部特征值是$t+\lambda_1, t+\lambda_2, \cdots, t+\lambda_n$. 当$t>S_r(A)$时，

$$t+\lambda_i \geqslant t-|\lambda_i| \geqslant t-\mathrm{Sr}(\boldsymbol{A})>0, \quad i=1, 2, \cdots, n$$

由于$t\boldsymbol{I}+\boldsymbol{A}$是实对称矩阵，根据本节推论 3 得，$t\boldsymbol{I}+\boldsymbol{A}$是正定矩阵.

15. 证明：n级实对称矩阵$\boldsymbol{A}$是正定的充分必要条件为：有可逆实对称矩阵$\boldsymbol{C}$使得$\boldsymbol{A}=\boldsymbol{C}^2$.

证明： **（必要性）** 设$\boldsymbol{A}$是n级正定矩阵，则$\boldsymbol{A}$的特征值$\lambda_1, \lambda_2, \cdots, \lambda_n$全大于0. 由于$\boldsymbol{A}$是实对称矩阵，因此存在正交矩阵$\boldsymbol{T}$，使得

$$\begin{aligned}
\boldsymbol{A} &= \boldsymbol{T}^{-1}\mathrm{diag}\{\lambda_1, \lambda_2, \cdots, \lambda_n\}\boldsymbol{T} \\
&= \boldsymbol{T}^{-1}\mathrm{diag}\{\sqrt{\lambda_1}, \sqrt{\lambda_2}, \cdots, \sqrt{\lambda_n}\}\boldsymbol{T}\boldsymbol{T}^{-1}\mathrm{diag}\{\sqrt{\lambda_1}, \sqrt{\lambda_2}, \cdots, \sqrt{\lambda_n}\}\boldsymbol{T}=\boldsymbol{C}^2
\end{aligned}$$

其中 $\boldsymbol{C}=\boldsymbol{T}^{-1}\operatorname{diag}\{\sqrt{\lambda_1},\sqrt{\lambda_2},\cdots,\sqrt{\lambda_n}\}\boldsymbol{T}$，显然 $\boldsymbol{C}$ 是可逆实对称矩阵.

(充分性) 设 n 级实对称矩阵 $\boldsymbol{A}=\boldsymbol{C}^2$，其中 $\boldsymbol{C}$ 是可逆实对称矩阵，则 $\boldsymbol{A}=\boldsymbol{C}'\boldsymbol{C}$. 因此 $\boldsymbol{A}$ 是正定矩阵.

16. 证明：如果 $\boldsymbol{A}$ 是 n 级正定矩阵，那么存在唯一的正定矩阵 $\boldsymbol{C}$ 使得 $\boldsymbol{A}=\boldsymbol{C}^2$.

证明： **(存在性)** 第 15 题的必要性的证明中，$\boldsymbol{C}$ 的全部特征值是 $\sqrt{\lambda_1},\sqrt{\lambda_2},\cdots,\sqrt{\lambda_n}\}$，它们全大于 0，因此 $\boldsymbol{C}$ 是正定矩阵，且 $\boldsymbol{A}=\boldsymbol{C}^2$.

(唯一性) 假设还有一个 n 级正定矩阵 $\boldsymbol{C}_1$ 使得 $\boldsymbol{A}=\boldsymbol{C}_1^2$. 设 $\boldsymbol{C}_1$ 的全部特征值是 v_1，v_2，…，v_n，则 $\boldsymbol{A}$ 的全部特征值是 v_1^2，v_2^2，…，v_n^2. 适当调换 v_1，v_2，…，v_n 的下标，可以使 $v_i^2=\lambda_i$，$i=1,2,\cdots,n$. 由于 v_i 大于 0，因此 $v_i=\sqrt{\lambda_i}$，$i=1,2,\cdots,n$. 由于 $\boldsymbol{C}$ 和 $\boldsymbol{C}_1$ 都是 n 级实对称矩阵，因此存在正交矩阵 $\boldsymbol{T}$，$\boldsymbol{T}_1$，使得 $\boldsymbol{C}=\boldsymbol{T}^{-1}\operatorname{diag}\{\sqrt{\lambda_1},\sqrt{\lambda_2},\cdots,\sqrt{\lambda_n}\}\boldsymbol{T}$；$\boldsymbol{C}_1=\boldsymbol{T}_1^{-1}\operatorname{diag}\{v_1,v_2,\cdots,v_n\}\boldsymbol{T}_1$. 由于 $\boldsymbol{C}^2=\boldsymbol{A}=\boldsymbol{C}_1^2$，且 $\sqrt{\lambda_i}=v_i$，$i=1,2,\cdots,n$，因此

$$\boldsymbol{T}^{-1}\operatorname{diag}\{\lambda_1,\lambda_2,\cdots,\lambda_n\}\boldsymbol{T}=\boldsymbol{T}_1^{-1}\operatorname{diag}\{\lambda_1,\lambda_2,\cdots,\lambda_n\}\boldsymbol{T}_1$$

从而 $\boldsymbol{T}_1\boldsymbol{T}^{-1}\operatorname{diag}(\lambda_1,\lambda_2,\cdots,\lambda_n)=\operatorname{diag}\{\lambda_1,\lambda_2,\cdots,\lambda_n\}\boldsymbol{T}_1\boldsymbol{T}^{-1}$. 记 $\boldsymbol{T}_1\boldsymbol{T}^{-1}=(t_{ij})$. 比较上式两边的$(i,j)$元得 $t_{ij}\lambda_j=\lambda_i t_{ij}$. 若 $t_{ij}\neq 0$，则 $\lambda_j=\lambda_i$，从而 $\sqrt{\lambda_j}=\sqrt{\lambda_i}$. 于是 $t_{ij}\sqrt{\lambda_j}=\sqrt{\lambda_i}t_{ij}$. 若 $t_{ij}=0$，则也有 $t_{ij}\sqrt{\lambda_j}=\sqrt{\lambda_i}t_{ij}$，$1\leqslant i,j\leqslant n$. 因此

$$\boldsymbol{T}_1\boldsymbol{T}^{-1}\operatorname{diag}\{\sqrt{\lambda_1},\sqrt{\lambda_2},\cdots,\sqrt{\lambda_n}\}=\operatorname{diag}\{\sqrt{\lambda_1},\sqrt{\lambda_2},\cdots,\sqrt{\lambda_n}\}\boldsymbol{T}_1\boldsymbol{T}^{-1}$$

从而 $\boldsymbol{T}^{-1}\operatorname{diag}\{\sqrt{\lambda_1},\sqrt{\lambda_2},\cdots,\sqrt{\lambda_n}\}\boldsymbol{T}=\boldsymbol{T}_1^{-1}\operatorname{diag}\{\sqrt{\lambda_1},\sqrt{\lambda_2},\cdots,\sqrt{\lambda_n}\}\boldsymbol{T}_1$，即 $\boldsymbol{C}=\boldsymbol{C}_1$，这就证明了唯一性.

17. 证明：如果 $\boldsymbol{A}$ 是 n 级正定矩阵，$\boldsymbol{B}$ 是 n 级实对称矩阵，那么存在一个 n 级实可逆矩阵 C，使得 $\boldsymbol{C}'\boldsymbol{A}\boldsymbol{C}$ 与 $\boldsymbol{C}'\boldsymbol{B}\boldsymbol{C}$ 都为对角矩阵.

证明： 由于 $\boldsymbol{A}$ 是 n 级正定矩阵，因此 $\boldsymbol{A}\simeq\boldsymbol{I}$. 从而存在 n 级实可逆矩阵 $\boldsymbol{C}_1$，使得 $\boldsymbol{C}_1'\boldsymbol{A}\boldsymbol{C}_1=\boldsymbol{I}$. 容易验证 $\boldsymbol{C}_1'\boldsymbol{B}\boldsymbol{C}_1$ 是 n 级实对称矩阵，于是存在 n 级正交矩阵 $\boldsymbol{T}$，使得

$$\boldsymbol{T}'(\boldsymbol{C}_1'\boldsymbol{B}\boldsymbol{C}_1)\boldsymbol{T}=\boldsymbol{T}^{-1}(\boldsymbol{C}_1'\boldsymbol{B}\boldsymbol{C}_1)\boldsymbol{T}=\operatorname{diag}\{\mu_1,\mu_2,\cdots,\mu_n\}$$

令 $\boldsymbol{C}=\boldsymbol{C}_1\boldsymbol{T}$，则 $\boldsymbol{C}$ 是实可逆矩阵，且使得

$$\boldsymbol{C}'\boldsymbol{A}\boldsymbol{C}=(\boldsymbol{C}_1\boldsymbol{T})'\boldsymbol{A}(\boldsymbol{C}_1\boldsymbol{T})=\boldsymbol{T}'\boldsymbol{I}\boldsymbol{T}=\boldsymbol{I}$$
$$\boldsymbol{C}'\boldsymbol{B}\boldsymbol{C}=(\boldsymbol{C}_1\boldsymbol{T})'\boldsymbol{B}(\boldsymbol{C}_1\boldsymbol{T})=\operatorname{diag}\{\mu_1,\mu_2,\cdots,\mu_n\}$$

18. 证明：如果 $\boldsymbol{A}$ 与 $\boldsymbol{B}$ 都是 n 级正定矩阵，那么 $\boldsymbol{AB}$ 是正定矩阵的充分必要条件是

$\boldsymbol{AB}=\boldsymbol{BA}$.

证明： （**必要性**）由于 $\boldsymbol{A}$ 与 $\boldsymbol{B}$ 都是 n 级对称矩阵，因此若 $\boldsymbol{AB}$ 是对称矩阵，则 $\boldsymbol{AB}=\boldsymbol{BA}$.

（**充分性**）设 $\boldsymbol{A}$ 与 $\boldsymbol{B}$ 都是 n 级正定矩阵，当然都是实对称矩阵，且 $\boldsymbol{AB}=\boldsymbol{BA}$. 根据第 13 题结论得，存在一个 n 级正交矩阵 $\boldsymbol{T}$，使得

$$\boldsymbol{T}'\boldsymbol{AT}=\operatorname{diag}\{\lambda_1, \lambda_2, \cdots, \lambda_n\}, \quad \boldsymbol{T}'\boldsymbol{BT}=\operatorname{diag}\{\mu_1, \mu_2, \cdots, \mu_n\}$$

其中 $\lambda_1, \lambda_2, \cdots, \lambda_n$ 是 $\boldsymbol{A}$ 的全部特征值；$\mu_1, \mu_2, \cdots, \mu_n$ 是 $\boldsymbol{B}$ 的全部特征值. 由于 $\boldsymbol{A}$ 与 $\boldsymbol{B}$ 都是正定矩阵，因此 $\lambda_i>0$，$\mu_i>0$，$i=1, 2, \cdots, n$. 从而 $\lambda_i\mu_i>0$，$i=1, 2, \cdots, n$. 由于

$$\boldsymbol{T}'(\boldsymbol{AB})\boldsymbol{T}=\boldsymbol{T}'\boldsymbol{ATT}'\boldsymbol{BT}=\operatorname{diag}\{\lambda_1\mu_1, \lambda_2\mu_2, \cdots, \lambda_n\mu_n\}$$

因此 $\boldsymbol{AB}\simeq\operatorname{diag}\{\lambda_1\mu_1, \lambda_2\mu_2, \cdots, \lambda_n\mu_n\}$，从而 $\boldsymbol{AB}$ 是正定矩阵.

19. 证明：如果 $\boldsymbol{A}$ 与 $\boldsymbol{B}$ 都是 n 级正定矩阵，那么 $\boldsymbol{AB}$ 的特征值都是正数.

证明： 由于 $\boldsymbol{A}$ 与 $\boldsymbol{B}$ 都是 n 级正定矩阵，因此存在 n 级实可逆矩阵 $\boldsymbol{P}$，$\boldsymbol{Q}$，使得 $\boldsymbol{A}=\boldsymbol{P}'\boldsymbol{P}$，$\boldsymbol{B}=\boldsymbol{Q}'\boldsymbol{Q}$，于是 $\boldsymbol{AB}=\boldsymbol{P}'\boldsymbol{PQ}'\boldsymbol{Q}$. 根据习题 6.6 的第 7 题，$\boldsymbol{P}'(\boldsymbol{PQ}'\boldsymbol{Q})$ 与 $(\boldsymbol{PQ}'\boldsymbol{Q})\boldsymbol{P}'$ 有相同的非零特征值. 又由于 $(\boldsymbol{PQ}'\boldsymbol{Q})\boldsymbol{P}'=(\boldsymbol{QP}')'(\boldsymbol{QP}')$ 是正定矩阵，因此 $\boldsymbol{P}'(\boldsymbol{PQ}'\boldsymbol{Q})$ 的非零特征值都是正数. 又由于 $\boldsymbol{P}'(\boldsymbol{PQ}'\boldsymbol{Q})$ 可逆，因此 0 不是它的特征值. 从而 $\boldsymbol{P}'(\boldsymbol{PQ}'\boldsymbol{Q})$ 的特征值都是正数，即 $\boldsymbol{AB}$ 的特征值都是正数.

20. 证明：n 级实对称矩阵 $\boldsymbol{A}$ 是正定的充分必要条件为：有 n 级实上三角矩阵 $\boldsymbol{B}$ 且 $\boldsymbol{B}$ 的主对角元全大于 0，使得 $\boldsymbol{A}=\boldsymbol{B}'\boldsymbol{B}$.

证明： （**必要性**）设 n 级实对称矩阵 $\boldsymbol{A}$ 是正定的，则存在 n 级实可逆矩阵 $\boldsymbol{C}$，使得 $\boldsymbol{A}=\boldsymbol{C}'\boldsymbol{C}$. 根据教材 8.2 节的命题 6，存在 n 级正交矩阵 $\boldsymbol{T}$ 与主对角元全大于 0 的上三角矩阵 $\boldsymbol{B}$，使得 $\boldsymbol{C}=\boldsymbol{TB}$，从而 $\boldsymbol{A}=(\boldsymbol{TB})'(\boldsymbol{TB})=\boldsymbol{B}'\boldsymbol{B}$.

（**充分性**）设 n 级实对称矩阵 $\boldsymbol{A}=\boldsymbol{B}'\boldsymbol{B}$，其中 $\boldsymbol{B}$ 是主对角元全大于 0 的实上三角矩阵，从而 $\boldsymbol{B}$ 可逆，因此 $\boldsymbol{A}$ 是正定矩阵.

21. 证明：n 级实对称矩阵 $\boldsymbol{A}$ 是半正定的当且仅当 $\boldsymbol{A}$ 的所有主子式全非负.

证明： （**必要性**）设 $\boldsymbol{A}$ 是 n 级半正定矩阵，且 $\boldsymbol{A}\neq\boldsymbol{0}$，则存在 n 级实可逆矩阵 $\boldsymbol{C}$，使得 $\boldsymbol{A}=\boldsymbol{C}'\begin{pmatrix}\boldsymbol{I}_r & \boldsymbol{0}\\ \boldsymbol{0} & \boldsymbol{0}\end{pmatrix}\boldsymbol{C}$，其中 $r=\operatorname{rank}(\boldsymbol{A})$. 把 $\boldsymbol{C}$ 写成分块矩阵的形式，则

$$\boldsymbol{A}=(\boldsymbol{C}_1', \boldsymbol{C}_2')\begin{pmatrix}\boldsymbol{I}_r & \boldsymbol{0}\\ \boldsymbol{0} & \boldsymbol{0}\end{pmatrix}\begin{pmatrix}\boldsymbol{C}_1\\ \boldsymbol{C}_2\end{pmatrix}=\boldsymbol{C}_1'\boldsymbol{C}_1$$

其中 $\boldsymbol{C}_1$ 是 $r\times n$ 行满秩矩阵. 由于 $\operatorname{rank}(\boldsymbol{A})=r$，因此 $\boldsymbol{A}$ 的所有大于 r 阶的子式都等于 0.

下面考虑 $\boldsymbol{A}$ 的任一 t 阶主子式($t\leqslant r$)，由教材 4.7 节命题 1 的结论得

$$\begin{aligned}\boldsymbol{A}\begin{pmatrix}i_1, i_2, \cdots, i_t\\ i_1, i_2, \cdots, i_t\end{pmatrix}&=\boldsymbol{C}_1'\boldsymbol{C}_1\begin{pmatrix}i_1, i_2, \cdots, i_t\\ i_1, i_2, \cdots, i_t\end{pmatrix}\\&=\sum_{1\leqslant v_1<v_2<\cdots<v_t\leqslant r}\boldsymbol{C}_1'\begin{pmatrix}i_1, i_2, \cdots, i_t\\ v_1, v_2, \cdots, v_t\end{pmatrix}\boldsymbol{C}_1\begin{pmatrix}v_1, v_2, \cdots, v_t\\ i_1, i_2, \cdots, i_t\end{pmatrix}\\&=\sum_{1\leqslant v_1<v_2<\cdots<v_t\leqslant r}\left[\boldsymbol{C}_1\begin{pmatrix}v_1, v_2, \cdots, v_t\\ i_1, i_2, \cdots, i_t\end{pmatrix}\right]^2\geqslant 0\end{aligned}$$

因此 A 的所有主子式全非负. 当 $\boldsymbol{A}=\boldsymbol{0}$时，显然结论也成立.

(充分性) 先来证 $\boldsymbol{A}$ 的特征值全非负.

$$|\lambda\boldsymbol{I}-\boldsymbol{A}|=\lambda^n-b_1\lambda^{n-1}+\cdots+(-1)^k b_k\lambda^{n-k}+\cdots+(-1)^n|\boldsymbol{A}|$$

其中 b_k 等于 $\boldsymbol{A}$ 的所有 k 阶主子式的和. 由已知条件得 $b_k\geqslant 0$, $k=1, 2, \cdots, n-1$; $|\boldsymbol{A}|\geqslant 0$. 假如$|\lambda\boldsymbol{I}-\boldsymbol{A}|$有一个负根$-c$，其中 $c>0$，则

$$\begin{aligned}0&=|(-c)\boldsymbol{I}-\boldsymbol{A}|=(-c)^n-b_1(-c)^{n-1}+\cdots+(-1)^k b_k(-c)^{n-k}+\cdots+(-1)^n|\boldsymbol{A}|\\&=(-1)^n(c^n+b_1c^{n-1}+\cdots+b_kc^{n-k}+\cdots+b_{n-1}c+|\boldsymbol{A}|)\neq 0\end{aligned}$$

矛盾，因此 $\boldsymbol{A}$ 的特征值全非负. 根据本节推论 4 得 $\boldsymbol{A}$ 是半正定的.

22. 证明: n 级实对称矩阵 $\boldsymbol{A}$ 是半正定的充分必要条件为: 有实对称矩阵 $\boldsymbol{C}$ 使得 $\boldsymbol{A}=\boldsymbol{C}^2$.

证明: **(必要性)** 设 $\boldsymbol{A}$ 是 n 级半正定矩阵，则存在 n 级正交矩阵 $\boldsymbol{T}$，使得

$$\boldsymbol{A}=\boldsymbol{T}^{-1}\mathrm{diag}\{\lambda_1, \lambda_2, \cdots, \lambda_n\}\boldsymbol{T},$$

其中 $\lambda_1, \lambda_2, \cdots, \lambda_n$ 是 $\boldsymbol{A}$ 的全部特征值，它们全非负. 于是有

$$\boldsymbol{A}=\boldsymbol{T}^{-1}\mathrm{diag}\{\sqrt{\lambda_1}, \sqrt{\lambda_2}, \cdots, \sqrt{\lambda_n}\}\boldsymbol{T}\boldsymbol{T}^{-1}\mathrm{diag}\{\sqrt{\lambda_1}, \sqrt{\lambda_2}, \cdots, \sqrt{\lambda_n}\}\boldsymbol{T}=\boldsymbol{C}^2,$$

其中 $\boldsymbol{C}=\boldsymbol{T}^{-1}\mathrm{diag}\{\sqrt{\lambda_1}, \sqrt{\lambda_2}, \cdots, \sqrt{\lambda_n}\}\boldsymbol{T}$，显然 $\boldsymbol{C}$ 是实对称矩阵.

(充分性) 设 n 级实对称矩阵 $\boldsymbol{A}=\boldsymbol{C}^2$，其中 $\boldsymbol{C}$ 是实对称矩阵. 从而 $\boldsymbol{C}$ 有 n 个特征值 $\mu_1, \mu_2, \cdots, \mu_n$，于是 $\boldsymbol{A}$ 的全部特征值是 $\mu_1^2, \mu_2^2, \cdots, \mu_n^2$，它们全非负. 因此 $\boldsymbol{A}$ 是半正定的.

23. 证明: 如果 $\boldsymbol{A}$ 是 n 级正定矩阵, $\boldsymbol{B}$ 是 n 级半正定矩阵，那么 $|\boldsymbol{A}+\boldsymbol{B}|\geqslant|\boldsymbol{A}|+|\boldsymbol{B}|$，等号成立当且仅当 $\boldsymbol{B}=\boldsymbol{0}$.

证明: 由于 $\boldsymbol{A}$ 是 n 级正定矩阵, $\boldsymbol{B}$ 是 n 级实对称矩阵，因此根据第 17 题的证明过

程知道，存在一个 n 级实可逆矩阵 $\boldsymbol{C}$，使得 $\boldsymbol{C}'\boldsymbol{A}\boldsymbol{C}=\boldsymbol{I}$，$\boldsymbol{C}'\boldsymbol{B}\boldsymbol{C}=\mathrm{diag}\{\mu_1, \mu_2, \cdots, \mu_n\}=\boldsymbol{D}$. 由于 $\boldsymbol{B}$ 半正定，因此 $\mu_i\geqslant 0$，$i=1, 2, \cdots, n$，于是

$$\begin{aligned}|\boldsymbol{A}+\boldsymbol{B}|&=|(\boldsymbol{C}')^{-1}\boldsymbol{I}\boldsymbol{C}^{-1}+(\boldsymbol{C}')^{-1}\boldsymbol{D}\boldsymbol{C}^{-1}|=|(\boldsymbol{C}')^{-1}(\boldsymbol{I}+\boldsymbol{D})\boldsymbol{C}^{-1}|\\&=|\boldsymbol{C}^{-1}|^2|\boldsymbol{I}+\boldsymbol{D}|=|\boldsymbol{C}^{-1}|^2(1+\mu_1)(1+\mu_2)\cdots(1+\mu_n)\\|\boldsymbol{A}|&=|(\boldsymbol{C}')^{-1}\boldsymbol{I}\boldsymbol{C}^{-1}|=|\boldsymbol{C}^{-1}|^2,\ |\boldsymbol{B}|=|\boldsymbol{C}^{-1}|^2\mu_1\mu_2\cdots\mu_n\end{aligned}$$

由于 $(1+\mu_1)(1+\mu_2)\cdots(1+\mu_n)\geqslant 1+\mu_1\mu_2\cdots\mu_n$，因此

$$|\boldsymbol{A}+\boldsymbol{B}|\geqslant|\boldsymbol{C}^{-1}|^2(1+\mu_1\mu_2\cdots\mu_n)=|\boldsymbol{A}|+|\boldsymbol{B}|$$

若等号成立，则 $(\mu_1+\mu_2+\cdots+\mu_n)+(\mu_1\mu_2+\cdots+\mu_{n-1}\mu_n)+\cdots+\mu_2\mu_3\cdots\mu_n=0$，由此推出 $\mu_1=\mu_2=\cdots\mu_n=0$. 从而 $\boldsymbol{B}=\boldsymbol{0}$. 反之，若 $\boldsymbol{B}=\boldsymbol{0}$，则 $|\boldsymbol{A}+\boldsymbol{B}|=|\boldsymbol{A}|+|\boldsymbol{B}|$. 综上所述，等号成立当且仅当 $\boldsymbol{B}=\boldsymbol{0}$.

24. 设 $\boldsymbol{M}=\begin{pmatrix}\boldsymbol{A} & \boldsymbol{B}\\ \boldsymbol{B}' & \boldsymbol{D}\end{pmatrix}$ 是 n 级正定矩阵，其中 $\boldsymbol{A}$ 是 r 级矩阵，证明：$|\boldsymbol{M}|\leqslant|\boldsymbol{A}||\boldsymbol{D}|$，等号成立当且仅当 $\boldsymbol{B}=\boldsymbol{0}$.

证明： 由习题 7.6 的第 16 题得，$\boldsymbol{A}$，$\boldsymbol{D}$，$\boldsymbol{D}-\boldsymbol{B}'\boldsymbol{A}^{-1}\boldsymbol{B}$ 都是正定矩阵. 由教材 7.4 节的例 3 得，$|\boldsymbol{M}|=|\boldsymbol{A}||\boldsymbol{D}-\boldsymbol{B}'\boldsymbol{A}^{-1}\boldsymbol{B}|$. 由于 $\boldsymbol{A}^{-1}$ 也是正定矩阵，于是 $\forall\boldsymbol{\alpha}\in\mathbb{R}^n$ 且 $\boldsymbol{\alpha}\neq 0$，有

$$\boldsymbol{\alpha}'(\boldsymbol{B}'\boldsymbol{A}^{-1}\boldsymbol{B})\boldsymbol{\alpha}=(\boldsymbol{B}\boldsymbol{\alpha})'\boldsymbol{A}^{-1}(\boldsymbol{B}\boldsymbol{\alpha})\geqslant 0$$

因此 $\boldsymbol{B}'\boldsymbol{A}^{-1}\boldsymbol{B}$ 是半正定矩阵. 根据第 23 题的结论得，$|\boldsymbol{D}|=|(\boldsymbol{D}-\boldsymbol{B}'\boldsymbol{A}^{-1}\boldsymbol{B})+\boldsymbol{B}'\boldsymbol{A}^{-1}\boldsymbol{B}|\geqslant|\boldsymbol{D}-\boldsymbol{B}'\boldsymbol{A}^{-1}\boldsymbol{B}|+|\boldsymbol{B}'\boldsymbol{A}^{-1}\boldsymbol{B}|\geqslant|\boldsymbol{D}-\boldsymbol{B}'\boldsymbol{A}^{-1}\boldsymbol{B}|$，等号成立当且仅当 $\boldsymbol{B}'\boldsymbol{A}^{-1}\boldsymbol{B}=0$，即 $\boldsymbol{B}=\boldsymbol{0}$（假如 $\boldsymbol{B}\neq\boldsymbol{0}$，则 $\boldsymbol{B}$ 有一个列向量 $\boldsymbol{\beta}_j\neq\boldsymbol{0}$，于是

$$(\boldsymbol{B}'\boldsymbol{A}^{-1}\boldsymbol{B})(j, j)=\boldsymbol{\varepsilon}_j'(\boldsymbol{B}'\boldsymbol{A}^{-1}\boldsymbol{B})\boldsymbol{\varepsilon}_j=(\boldsymbol{B}\boldsymbol{\epsilon}_j)'\boldsymbol{A}^{-1}(\boldsymbol{B}\boldsymbol{\epsilon}_j)=\boldsymbol{\beta}_j'\boldsymbol{A}^{-1}\boldsymbol{\beta}_j>0$$

这与 $\boldsymbol{B}'\boldsymbol{A}^{-1}\boldsymbol{B}=\boldsymbol{0}$ 矛盾，因此 $\boldsymbol{B}=\boldsymbol{0}$）. 于是 $\boldsymbol{M}\leqslant|\boldsymbol{A}||\boldsymbol{D}|$，等号成立当且仅当 $\boldsymbol{B}=\boldsymbol{0}$.

25. 用 $\boldsymbol{J}$ 表示元素全为 1 的 n 级矩阵，把 n 元实二次型 $\boldsymbol{X}'(n\boldsymbol{I}-\boldsymbol{J})\boldsymbol{X}$ 的所有零点（若 $x_1, x_2, \cdots, x_n$ 分别用 $c_1, c_2, \cdots, c_n$ 代入，有 $(c_1, c_2, \cdots, c_n)(n\boldsymbol{I}-\boldsymbol{J})(c_1, c_2, \cdots, c_n)'=0$，则称 $(c_1, c_2, \cdots, c_n)'$ 是 $\boldsymbol{X}'(n\boldsymbol{I}-\boldsymbol{J})\boldsymbol{X}$ 的一个零点）组成的集合记作 U. 试问：U 是不是 $\mathbb{R}^n$ 的一个子空间？如果是子空间，那么求 U 的一个基和维数.

解： 根据习题 6.6 的第 8 题，$\boldsymbol{J}$ 的全部特征值是 n，0（$n-1$ 重），从而 $n\boldsymbol{I}-\boldsymbol{J}$ 的全部特征值是 0（1 重），n（$n-1$ 重）. 由于 $n\boldsymbol{I}-\boldsymbol{J}$ 是实对称矩阵，因此存在 n 级正交矩阵 $\boldsymbol{T}$，使得

$$\boldsymbol{T}^{-1}(n\boldsymbol{I}-\boldsymbol{J})\boldsymbol{T}=\operatorname{diag}\{n, \cdots, n, 0\}$$

从而做正交替换：$\boldsymbol{X}$ 用 $\boldsymbol{TX}$ 代入，可得到 $\boldsymbol{X}'(n\boldsymbol{I}-\boldsymbol{J})\boldsymbol{X}$ 的一个标准形为 $(\boldsymbol{TX})'(n\boldsymbol{I}-\boldsymbol{J})(\boldsymbol{TX})=nx_1^2+\cdots+nx_{n-1}^2$. 对于 $\boldsymbol{\alpha}\in\mathbb{R}^n$，设 $\boldsymbol{\beta}=\boldsymbol{T}^{-1}\boldsymbol{\alpha}$，记 $\boldsymbol{\beta}=(b_1, b_2, \cdots, b_n)'$

$$\begin{aligned}\boldsymbol{\alpha}\in U &\Leftrightarrow \boldsymbol{\alpha}'(n\boldsymbol{I}-\boldsymbol{J})\boldsymbol{\alpha}=0\\ &\Leftrightarrow (\boldsymbol{T\beta})'(n\boldsymbol{I}-\boldsymbol{J})(\boldsymbol{T\beta})=0\\ &\Leftrightarrow nb_1^2+nb_2^2+\cdots+nb_{n-1}^2=0\\ &\Leftrightarrow b_1=b_2=\cdots=b_{n-1}=0\\ &\Leftrightarrow \boldsymbol{T}^{-1}\boldsymbol{\alpha}=\boldsymbol{\beta}\in\{(0, \cdots, 0, a)' \mid a\in\mathbb{R}\}=: W\end{aligned}$$

令

$$\begin{aligned}\sigma:\quad &\mathbb{R}^n\to\mathbb{R}^n\\ &\boldsymbol{\alpha}\mapsto\boldsymbol{T}^{-1}\boldsymbol{\alpha}\end{aligned}$$

由于 T^{-1} 可逆，因此 σ 是双射，显然 σ 保持加法和数量乘法，因此 σ 是 $\mathbb{R}^n$ 到自身的一个同构映射. 显然 W 是 $\mathbb{R}^n$ 的一个 1 维子空间. 由上述推导过程得 $\sigma(U)=W$，因此 U 是 $\mathbb{R}^n$ 的一个 1 维子空间. 由于

$$\boldsymbol{1}_n'(n\boldsymbol{I}-\boldsymbol{J})\boldsymbol{1}_n=n^2-\boldsymbol{1}_n'(\boldsymbol{1}_n\boldsymbol{1}_n')\boldsymbol{1}_n=n^2-n^2=0$$

因此 $\boldsymbol{1}_n\in U$. 从而 $\boldsymbol{1}_n$ 是 U 的一个基.

26. 设 $\boldsymbol{X}'\boldsymbol{AX}$ 是 n 元满秩不定实二次型，探索 $\mathbb{R}^n$ 能否分解成两个子空间 V_1 与 V_2 的直和，使得对任意 $\boldsymbol{\alpha}_i\in V_i$ 且 $\boldsymbol{\alpha}_i\neq\boldsymbol{0}$，$i=1, 2$，有

$$\boldsymbol{\alpha}_1'\boldsymbol{A}\boldsymbol{\alpha}_1>0, \quad \boldsymbol{\alpha}_2'\boldsymbol{A}\boldsymbol{\alpha}_2<0.$$

如果 $\mathbb{R}^n$ 可以这样分解，试求出 V_1 的维数；这样的分解唯一吗？

解： 做非退化线性替换：$\boldsymbol{X}$ 用 $\boldsymbol{CX}$ 代入，把 $\boldsymbol{X}'\boldsymbol{A}'\boldsymbol{X}$ 化成规范形：$(\boldsymbol{CX})'\boldsymbol{A}(\boldsymbol{CX})=x_1^2+x_2^2+\cdots+x_p^2-x_{p+1}^2-\cdots-x_n^2$. 由于 $\boldsymbol{X}'\boldsymbol{AX}$ 是不定的，因此 $0<p<n$. 任取 $\boldsymbol{\alpha}\in\mathbb{R}^n$，设 $\boldsymbol{\beta}=\boldsymbol{C}^{-1}\boldsymbol{\alpha}$. 记 $\boldsymbol{\beta}=(b_1, b_2, \cdots, b_n)'$，令

$$\boldsymbol{\beta}_1=(b_1, \cdots, b_p, 0, \cdots, 0)', \quad \boldsymbol{\beta}_2=(0, \cdots, 0, b_{p+1}, \cdots, b_n)'$$

则

$$\boldsymbol{\alpha}=\boldsymbol{C}(b_1, b_2, \cdots, b_n)'=\boldsymbol{C\beta}_1+\boldsymbol{C\beta}_2=\boldsymbol{\alpha}_1+\boldsymbol{\alpha}_2\text{，其中 }\boldsymbol{\alpha}_1=\boldsymbol{C\beta}_1\text{，}\boldsymbol{\alpha}_2=\boldsymbol{C\beta}_2\text{. 于是}$$

$$\boldsymbol{\alpha}_1'\boldsymbol{A}\boldsymbol{\alpha}_1=(\boldsymbol{C\beta}_1)'A(\boldsymbol{C\beta}_1)=b_1^2+\cdots+b_p^2-0^2-\cdots-0^2=b_1^2+\cdots+b_p^2$$

$$\boldsymbol{\alpha}_2'\boldsymbol{A}\boldsymbol{\alpha}_2=(\boldsymbol{C\beta}_2)'A(\boldsymbol{C\beta}_2)=0^2+\cdots+0^2-b_{p+1}^2-\cdots-b_n^2=-b_{p+1}^2-\cdots-b_n^2$$

令

$$V_1=\{\boldsymbol{C\beta}_1\mid\boldsymbol{\beta}_1=(b_1,\cdots,b_p,0\cdots,0)',\quad b_i\in\mathbb{R},i=1,\cdots,p\}$$
$$V_2=\{\boldsymbol{C\beta}_2\mid\boldsymbol{\beta}_2=(0,\cdots,0,b_{p+1},\cdots,b_n)',\quad b_j\in\mathbb{R},j=p+1,\cdots,n\}$$

容易验证 V_1 和 V_2 都对加法和数量乘法封闭，且 $\boldsymbol{0}\in V_i$，$i=1,2$，因此 V_1 和 V_2 都是 $\mathbb{R}^n$ 的子空间. 从上面的讨论知道，$\mathbb{R}^n=V_1+V_2$. 任取 $\boldsymbol{\alpha}_1\in V_1$，当 $\boldsymbol{\alpha}_1\neq\boldsymbol{0}$ 时有 $\boldsymbol{\beta}_1=\boldsymbol{C}^{-1}\boldsymbol{\alpha}_1\neq\boldsymbol{0}$，从而 $\boldsymbol{\alpha}_1'\boldsymbol{A\alpha}_1=b_1^2+\cdots+b_p^2>0$. 任取 $\boldsymbol{\alpha}_2\in V_2$，当 $\boldsymbol{\alpha}_2\neq\boldsymbol{0}$ 时有 $\boldsymbol{\beta}_2=\boldsymbol{C}^{-1}\boldsymbol{\alpha}_2\neq\boldsymbol{0}$，从而 $\boldsymbol{\alpha}_2'\boldsymbol{A\alpha}_2=-b_{p+1}^2-\cdots-b_n^2<0$. 任取 $\boldsymbol{\gamma}\in V_1\cap V_2$，则 $\boldsymbol{\gamma}'\boldsymbol{A\gamma}\geqslant0$ 且 $\boldsymbol{\gamma}'\boldsymbol{A\gamma}\leqslant0$. 于是 $\boldsymbol{\gamma}'\boldsymbol{A\gamma}=0$. 由于 $\boldsymbol{\gamma}\in \boldsymbol{V}_1$，而 V_1 中任一非零向量 $\boldsymbol{\alpha}_1$ 使得 $\boldsymbol{\alpha}_1'\boldsymbol{A\alpha}_1>0$，因此 $\boldsymbol{\gamma}=\boldsymbol{0}$，从而 $V_1\cap V_2=\boldsymbol{0}$. 因此 $\mathbb{R}^n=V_1\oplus V_2$. V_1 中任一向量 $\boldsymbol{\alpha}_1$ 可以表示成

$$\boldsymbol{\alpha}_1=\boldsymbol{C\beta}_1=\boldsymbol{C}(b_1\boldsymbol{\varepsilon}_1+\cdots+b_p\boldsymbol{\varepsilon}_p)=b_1(\boldsymbol{C\varepsilon}_1)+\cdots+b_p(\boldsymbol{C\varepsilon}_p)$$

由于 $\boldsymbol{\varepsilon}_1,\cdots,\boldsymbol{\varepsilon}_p$ 线性无关，因此 $\boldsymbol{C\varepsilon}_1,\cdots,\boldsymbol{C\varepsilon}_p$ 也线性无关，从而 $\boldsymbol{C\varepsilon}_1,\cdots,\boldsymbol{C\varepsilon}_p$ 是 V_1 的一个基. 于是 $\dim V_1=p$. 由于做非退化线性替换把 $\boldsymbol{X}'\boldsymbol{AX}$ 化成标准形时，可逆矩阵 $\boldsymbol{C}$ 的取法不唯一，因此在 $\mathbb{R}^n$ 的直和分解式中，V_1 的取法不唯一.

27. 设 $\mathscr{A}$ 和 $\mathscr{B}$ 都是实内积空间 V 上的对称交换，证明：$\mathscr{AB}$ 是 V 上的对称变换当且仅当 $\mathscr{AB}=\mathscr{BA}$.

证明：
$\mathscr{AB}$ 是 V 上的对称变换
$\Leftrightarrow((\mathscr{AB})\boldsymbol{\alpha},\boldsymbol{\beta})=(\boldsymbol{\alpha},(\mathscr{AB})\boldsymbol{\beta}),\ \forall\boldsymbol{\alpha},\boldsymbol{\beta}\in V$
$\Leftrightarrow(\mathscr{B}\boldsymbol{\alpha},\mathscr{A}\boldsymbol{\beta})=(\boldsymbol{\alpha},(\mathscr{AB})\boldsymbol{\beta}),\ \forall\boldsymbol{\alpha},\boldsymbol{\beta}\in V$
$\Leftrightarrow(\boldsymbol{\alpha},(\mathscr{BA})\boldsymbol{\beta})=(\boldsymbol{\alpha},(\mathscr{AB})\boldsymbol{\beta}),\ \forall\boldsymbol{\alpha},\boldsymbol{\beta}\in V$
$\Leftrightarrow(\mathscr{BA})\boldsymbol{\beta}=(\mathscr{AB})\boldsymbol{\beta},\ \forall\boldsymbol{\beta}\in V$
$\Leftrightarrow\mathscr{BA}=\mathscr{AB}$

28. 设 $\mathscr{P}$ 是实内积空间 V 上的一个线性变换，证明：$\mathscr{P}$ 是 V 在一个子空间上的正交投影当且仅当 $\mathscr{P}$ 是幂等的对称变换.

证明： （**必要性**）设 $\mathscr{P}$ 是 V 在子空间 U 上的正交投影，则根据教材 6.2 节性质 3 知 $\mathscr{P}$ 是幂等的，并且根据习题 8.3 第 14 题的结论得 $(\mathscr{P}\boldsymbol{\alpha},\boldsymbol{\beta})=(\boldsymbol{\alpha},\mathscr{P}\boldsymbol{\beta})$，$\forall\boldsymbol{\alpha},\boldsymbol{\beta}\in V$. 从而 $\mathscr{P}$ 是对称变换.

（**充分性**）由于 $\mathscr{P}$ 是幂等的线性变换，因此根据教材 6.3 节的命题 3 得，$V=\mathrm{Ker}\mathscr{P}\oplus\mathrm{Im}\mathscr{P}$，且 $\mathscr{P}$ 是平行于 $\mathrm{Ker}\mathscr{P}$ 在 $\mathrm{Im}\mathscr{P}$ 上的投影. 由于 $\mathscr{P}$ 是对称变换，因此有

$$\begin{aligned}\boldsymbol{\alpha}\in \mathrm{Ker}\mathscr{P}\Leftrightarrow \mathscr{P}\boldsymbol{\alpha}=0 \\ &\Leftrightarrow(\mathscr{P}\boldsymbol{\alpha},\ \boldsymbol{\beta})=0,\ \forall \boldsymbol{\beta}\in V \\ &\Leftrightarrow(\boldsymbol{\alpha},\ \mathscr{P}\boldsymbol{\beta})=0,\ \forall \boldsymbol{\beta}\in V \\ &\Leftrightarrow \boldsymbol{\alpha}\in(\mathrm{Im}\mathscr{P})^{\perp}\end{aligned}$$

由此得出，$\mathrm{Ker}\mathscr{P}=(\mathrm{Im}\mathscr{P})^{\perp}$. 因此 $V=(\mathrm{Im}\mathscr{P})^{\perp}\oplus\mathrm{Im}\mathscr{P}$，且 $\mathscr{P}$ 是平行于 $(\mathrm{Im}\mathscr{P})^{\perp}$ 在 $\mathrm{Im}\mathscr{P}$ 上的投影. 从而 $\mathscr{P}$ 是 V 在 $\mathrm{Im}\mathscr{P}$ 上的正交投影.

29. 设 $\mathscr{P}_1$ 和 $\mathscr{P}_2$ 分别是实内积空间 V 在子空间 U_1 和 U_2 上的正交投影，证明：$\mathscr{P}_2\mathscr{P}_1=\mathscr{O}$ 当且仅当 U_1 和 U_2 是互相正交的（即 $U_1\subseteq U_2^{\perp}$ 且 $U_2\subseteq U_1^{\perp}$. 根据习题 7.2 的第 7 题，若 $U_1\subseteq U_2^{\perp}$，则 $U_2\subseteq U_1^{\perp}$）.

证明： **（必要性）** 设 $\mathscr{P}_2\mathscr{P}_1=\mathscr{O}$，则 $\forall \boldsymbol{\alpha}\in V$ 有 $\mathscr{P}_2(\mathscr{P}_1\boldsymbol{\alpha})=\mathbf{0}$，于是 $\mathscr{P}_1\boldsymbol{\alpha}\in\mathrm{Ker}\mathscr{P}_2$. 根据习题 8.3 的第 13 题，$\mathrm{Ker}\mathscr{P}_2=U_2^{\perp}$，因此 $\mathscr{P}_1\boldsymbol{\alpha}\in U_2^{\perp}$，从而 $\mathrm{Im}\mathscr{P}_1\subseteq U_2^{\perp}$. 仍根据习题 8.3 的第 13 题，$\mathrm{Im}\mathscr{P}_1=U_1$，因此 $U_1\subseteq U_2^{\perp}$，从而 U_1 与 U_2 互相正交.

（充分性） 设 U_1 与 U_2 互相正交，则 $U_1\subseteq U_2^{\perp}$. 根据习题 8.3 的第 13 题，$\mathrm{Im}\mathscr{P}_1\subseteq\mathrm{Ker}\mathscr{P}_2$. 于是对任意 $\boldsymbol{\alpha}\in V$，有 $\mathscr{P}_2\mathscr{P}_1\boldsymbol{\alpha}=\mathscr{P}_2(\mathscr{P}_1\boldsymbol{\alpha})=\mathbf{0}$，从而 $\mathscr{P}_2\mathscr{P}_1=\mathscr{O}$.

30. 设 $\mathscr{P}_1$ 和 $\mathscr{P}_2$ 分别是实内积空间 V 在子空间 U_1 和 U_2 上的正交投影，证明：$\mathscr{P}_1+\mathscr{P}_2$ 是正交投影当且仅当 U_1 和 U_2 是互相正交的；且此时 $\mathscr{P}_1+\mathscr{P}_2$ 是 V 在 $U_1\oplus U_2$ 上的正交投影.

证明： **（必要性）** 设 $\mathscr{P}_1+\mathscr{P}_2$ 是正交投影，则 $\mathscr{P}_1+\mathscr{P}_2$ 是幂等的. 同理，由于已知 $\mathscr{P}_1$ 和 $\mathscr{P}_2$ 是正交投影，因此 $\mathscr{P}_1$ 和 $\mathscr{P}_2$ 都是幂等的. 于是根据习题 6.2 的第 5 题，$\mathscr{P}_1\mathscr{P}_2=\mathscr{P}_2\mathscr{P}_1=\mathscr{O}$，再根据第 29 题得，$U_1$ 和 U_2 是互相正交的.

（充分性） 设 U_1 和 U_2 是互相正交的，则根据第 29 题得 $\mathscr{P}_1\mathscr{P}_2=\mathscr{P}_2\mathscr{P}_1=\mathscr{O}$. 又由于 $\mathscr{P}_1$ 和 $\mathscr{P}_2$ 是幂等的，因此根据习题 6.2 的第 5 题得 $\mathscr{P}_1+\mathscr{P}_2$ 也是幂等的. 由于 $\mathscr{P}_1$ 和 $\mathscr{P}_2$ 是正交投影，因此 $\mathscr{P}_1$ 和 $\mathscr{P}_2$ 是对称变换. 从而对任意 $\boldsymbol{\alpha}, \boldsymbol{\beta}\in V$，有

$$\begin{aligned}((\mathscr{P}_1+\mathscr{P}_2)\boldsymbol{\alpha},\ \boldsymbol{\beta})&=(\mathscr{P}_1\boldsymbol{\alpha},\ \boldsymbol{\beta})+(\mathscr{P}_2\boldsymbol{\alpha},\ \boldsymbol{\beta})=(\boldsymbol{\alpha},\ \mathscr{P}_1\boldsymbol{\beta})+(\boldsymbol{\alpha},\ \mathscr{P}_2\boldsymbol{\beta})\\&=(\boldsymbol{\alpha},\ \mathscr{P}_1\boldsymbol{\beta}+\mathscr{P}_2\boldsymbol{\beta})=(\boldsymbol{\alpha},\ (\mathscr{P}_1+\mathscr{P}_2)\boldsymbol{\beta})\end{aligned}$$

于是 $\mathscr{P}_1+\mathscr{P}_2$ 也是对称变换. 因此根据第 28 题，$\mathscr{P}_1+\mathscr{P}_2$ 是 V 在一个子空间 $\mathrm{Im}(\mathscr{P}_1+\mathscr{P}_2)$ 上的正交投影. 根据习题 8.3 的第 13 题得 $\mathrm{Im}\mathscr{P}_i=U_i$，$\mathrm{Ker}\mathscr{P}_i=U_i{}^{\perp}$，$i=1, 2$. 由于 $U_1\subseteq U_2^{\perp}$ 且 $U_2\subseteq U_1^{\perp}$，因此对任意 $\boldsymbol{\alpha}_i\in U_i$，$i=1, 2$，有

$$(\mathscr{P}_1+\mathscr{P}_2)(\boldsymbol{\alpha}_1+\boldsymbol{\alpha}_2)=\mathscr{P}_1(\boldsymbol{\alpha}_1+\boldsymbol{\alpha}_2)+\mathscr{P}_2(\boldsymbol{\alpha}_1+\boldsymbol{\alpha}_2)=\mathscr{P}_1\boldsymbol{\alpha}_1+\mathscr{P}_2\boldsymbol{\alpha}_2=\boldsymbol{\alpha}_1+\boldsymbol{\alpha}_2$$

从而 $U_1+U_2\subseteq \mathrm{Im}(\mathscr{P}_1+\mathscr{P}_2)$. 任取 $\boldsymbol{\gamma}\in \mathrm{Im}(\mathscr{P}_1+\mathscr{P}_2)$，则存在 $\boldsymbol{\alpha}\in V$，使得 $\boldsymbol{\gamma}=(\mathscr{P}_1+\mathscr{P}_2)\boldsymbol{\alpha}=\mathscr{P}_1\boldsymbol{\alpha}+\mathscr{P}_2\boldsymbol{\alpha}$，从而 $\boldsymbol{\gamma}\in U_1+U_2$. 因此，$\mathrm{Im}(\mathscr{P}_1+\mathscr{P}_2)\subseteq U_1+U_2$，于是 $\mathrm{Im}(\mathscr{P}_1+\mathscr{P}_2)=U_1+U_2$. 由于 $U_1\subseteq U_2^{\perp}$，因此 $U_1\cap U_2=U_2^{\perp}\cap U_2=\mathbf{0}$，从而 U_1+U_2 是直和. 因此 $\mathscr{P}_1+\mathscr{P}_2$ 是 V 在 $U_1\oplus U_2$ 上的正交投影.

31. 设 $\mathscr{A}$ 是 n 维 Euclid 空间 V 上的对称变换，其所有不同的特征值为 λ_1，λ_2，…，λ_s，$\mathscr{A}$ 的属于特征值 λ_i 的特征子空间记作 V_{λ_i}，用 $\mathscr{P}_i$ 表示 V 在 V_{λ_i} 上的正交投影，$i=1$，2，…，s. 证明：

(1) $V=V_{\lambda_1}\oplus V_{\lambda_2}\oplus\cdots\oplus V_{\lambda_s}$，其中当 $i\neq j$ 时，V_{λ_i} 与 V_{λ_j} 互相正交；

(2) $\mathscr{P}_i\mathscr{P}_j=\mathscr{O}$，当 $i\neq j$；

(3) $\sum\limits_{i=1}^{s}\mathscr{P}_i=\mathscr{I}$；

(4) $\mathscr{A}=\sum\limits_{i=1}^{s}\lambda_i\mathscr{P}_i$.

证明： (1) 由于对称变换 $\mathscr{A}$ 可对角化，因此

$$V=V_{\lambda_1}\oplus V_{\lambda_2}\oplus\cdots\oplus V_{\lambda_s}$$

由于实对称矩阵 $\mathbf{A}$ 属于不同特征值的特征向量是正交的，因此对称交换 $\mathscr{A}$ 的属于不同特征值的特征向量是正交的. 从而当 $i\neq j$ 时，$V_{\lambda_i}\subseteq V_{\lambda_j}^{\perp}$，于是 V_{λ_i} 与 V_{λ_j} 互相正交.

(2) 当 $i\neq j$ 时，由于 V_{λ_i} 与 V_{λ_j} 互相正交，因此根据第 29 题得 $\mathscr{P}_i\mathscr{P}_j=\mathscr{O}$.

(3) 任取 $\boldsymbol{\alpha}\in V$，根据第(1)小题有

$$\boldsymbol{\alpha}=\boldsymbol{\alpha}_1+\boldsymbol{\alpha}_2+\cdots+\boldsymbol{\alpha}_s,\quad \boldsymbol{\alpha}_i\in V_{\lambda_i},\ i=1,\ 2,\ \cdots,\ s$$

由于 $\mathscr{P}_i$ 是 V 在 V_{λ_i} 上的正交投影，因此 $\mathrm{Im}\mathscr{P}_i=V_{\lambda_i}$，从而 $\mathscr{P}_i\boldsymbol{\alpha}_i=\boldsymbol{\alpha}_i$，$i=1$，2，…，$s$. 于是当 $i\neq j$ 时，$\mathscr{P}_i\boldsymbol{\alpha}_j=\mathscr{P}_i\mathscr{P}_j\boldsymbol{\alpha}_j=\mathbf{0}$，从而 $\mathscr{P}_i\boldsymbol{\alpha}=\mathscr{P}_i\left(\boldsymbol{\alpha}_i+\sum\limits_{j\neq i}\boldsymbol{\alpha}_j\right)=\boldsymbol{\alpha}_i$，$i=1$，2，…，$s$，因此 $\boldsymbol{\alpha}=\mathscr{P}_1\boldsymbol{\alpha}+\mathscr{P}_2\boldsymbol{\alpha}+\cdots+\mathscr{P}_s\boldsymbol{\alpha}=(\mathscr{P}_1+\mathscr{P}_2+\cdots+\mathscr{P}_s)\boldsymbol{\alpha}$. 由此得出，$\mathscr{P}_1+\mathscr{P}_2+\cdots+\mathscr{P}_s=\mathscr{I}$.

(4) 任取 $\boldsymbol{\alpha}\in V$，由第(3)小题中的有关结论得

$$\begin{aligned}\mathscr{A}\boldsymbol{\alpha}&=\mathscr{A}\boldsymbol{\alpha}_1+\mathscr{A}\boldsymbol{\alpha}_2+\cdots+\mathscr{A}\boldsymbol{\alpha}_s=\lambda_1\boldsymbol{\alpha}_1+\lambda_2\boldsymbol{\alpha}_2+\cdots+\lambda_s\boldsymbol{\alpha}_s\\&=\lambda_1\mathscr{P}_1\boldsymbol{\alpha}+\lambda_2\mathscr{P}_2\boldsymbol{\alpha}+\cdots+\lambda_s\mathscr{P}_s\boldsymbol{\alpha}=(\lambda_1\mathscr{P}_1+\lambda_2\mathscr{P}_2+\cdots+\lambda_s\mathscr{P}_s)\boldsymbol{\alpha}\end{aligned}$$

由此得出，$\mathscr{A}=\lambda_1\mathscr{P}_1+\lambda_2\mathscr{P}_2+\cdots+\lambda_s\mathscr{P}_s$.

32. 设 $\mathscr{A}$ 是 n 维 Euclid 空间 V 上的一个对称变换，对于任意 $\boldsymbol{\alpha}\in V$ 且 $\boldsymbol{\alpha}\neq\mathbf{0}$，令

$$F(\boldsymbol{\alpha})=\frac{(\boldsymbol{\alpha},\ \mathscr{A}\boldsymbol{\alpha})}{(\boldsymbol{\alpha},\ \boldsymbol{\alpha})}.$$

证明：(1) $F(k\boldsymbol{\alpha})=F(\boldsymbol{\alpha})$，$\forall k\in\mathbb{R}^*$.

(2) $F(\boldsymbol{\alpha})$在 $\boldsymbol{\gamma}$ 处达到最小值λ_1，其中 $\boldsymbol{\gamma}_1$ 是 $\mathscr{A}$ 的属于最小特征值 λ_1 的一个单位特征向量. $F(\boldsymbol{\alpha})$在 $\boldsymbol{\delta}$ 处达到最大值λ_n，其中 $\boldsymbol{\delta}$ 是 $\mathscr{A}$ 的属于最大特征值 λ_n 的一个单位特征向量.

证明： (1) $\forall k\in\mathbb{R}^*$ 有 $F(k\boldsymbol{\alpha})=\dfrac{(k\boldsymbol{\alpha},\ \mathscr{A}(k\boldsymbol{\alpha}))}{(k\boldsymbol{\alpha},\ k\boldsymbol{\alpha})}=\dfrac{k^2(\boldsymbol{\alpha},\ \mathscr{A}\boldsymbol{\alpha})}{k^2(\boldsymbol{\alpha},\ \boldsymbol{\alpha})}=F(\boldsymbol{\alpha})$.

(2) 在 V 中取一个标准正交基 $\boldsymbol{\eta}_1$，$\boldsymbol{\eta}_2$，…，$\boldsymbol{\eta}_n$，则对称变换 $\mathscr{A}$ 在此基下的矩阵 $\boldsymbol{A}$ 是实对称矩阵. 任取 $\boldsymbol{\alpha}\in V$，设 $\boldsymbol{\alpha}$ 在此基下的坐标为 $\boldsymbol{X}$，则 $F(\boldsymbol{\alpha})=\dfrac{\boldsymbol{X}'(\boldsymbol{AX})}{|\boldsymbol{X}|^2}$. 设 $\boldsymbol{A}$ 的 n 个特征值按照从小到大的顺序排成 $\lambda_1\leqslant\lambda_2\leqslant\cdots\leqslant\lambda_n$，则根据第 10 题得

$$\lambda_1\leqslant F(\boldsymbol{\alpha})=\frac{\boldsymbol{X}'\boldsymbol{AX}}{|\boldsymbol{X}|^2}\leqslant\lambda_n$$

设 $\boldsymbol{\gamma}$ 是 $\mathscr{A}$ 的属于最小特征值 λ_1 的一个单位特征向量，则

$$F(\boldsymbol{\gamma})=\frac{(\boldsymbol{\gamma},\ \mathscr{A}\boldsymbol{\gamma})}{(\boldsymbol{\gamma},\ \boldsymbol{\gamma})}=(\boldsymbol{\gamma},\ \lambda_1\boldsymbol{\gamma})=\lambda_1(\boldsymbol{\gamma},\ \boldsymbol{\gamma})=\lambda_1$$

因此 $F(\boldsymbol{\alpha})$在 $\boldsymbol{\gamma}$ 处达到最小值λ_1.

设 $\boldsymbol{\delta}$ 是 $\mathscr{A}$ 的属于最大特征值 λ_n 的一个单位特征向量，则

$$F(\boldsymbol{\delta})=\frac{(\boldsymbol{\delta},\ \mathscr{A}\boldsymbol{\delta})}{(\boldsymbol{\delta},\ \boldsymbol{\delta})}=(\boldsymbol{\delta},\ \lambda_n\boldsymbol{\delta})=\lambda_n(\boldsymbol{\delta},\ \boldsymbol{\delta})=\lambda_n$$

因此 $F(\boldsymbol{\alpha})$在 $\boldsymbol{\delta}$ 处达到最大值λ_n.

习题 8.6 酉空间

1. 用$\widetilde{C}[a,\ b]$表示区间$[a,\ b]$上所有连续复值函数组成的线性空间，规定：

$$(f(x),\ g(x)):=\int_a^b f(x)\overline{g(x)}\mathrm{d}x,$$

证明：(,)是$\widetilde{C}[a,\ b]$上的一个内积.

证明： 由于$(g(x),\ f(x))=\overline{\displaystyle\int_a^b g(x)\ \overline{f(x)}\mathrm{d}x}$，从而

$$\overline{(g(x),\ f(x))}=\overline{\int_a^b g(x)\ \overline{f(x)}\mathrm{d}x}=\int_a^b \overline{g(x)}f(x)\mathrm{d}x$$

于是 Hermite 性成立. 由于对于复数 k, l,

$$\begin{aligned}(kf(x)+lg(x),\ h(x))&=\int_a^b (kf(x)+lg(x))\overline{h(x)}\mathrm{d}x\\&=k\int_a^b f(x)\overline{h(x)}\mathrm{d}x+l\int_a^b g(x)\overline{h(x)}\mathrm{d}x\\&=k(f(x),\ h(x))+l(g(x),\ h(x))\end{aligned}$$

对第一个变量有线性性. 因为

$$(f(x),\ f(x))=\int_a^b f(x)\overline{f(x)}\mathrm{d}x=\int_a^b |f(x)|^2\mathrm{d}x\geqslant 0$$

等号成立当且仅当 $f(x)=0$, 正定性满足. 从而(,)是 $\widetilde{C}[a,\ b]$上的一个内积.

2. 在 $M_n(\mathbb{C})$中, 规定

$$(\boldsymbol{A},\ \boldsymbol{B}):=\mathrm{tr}(\boldsymbol{A}\boldsymbol{B}^*),$$

证明: (,)是 $M_n(\mathbb{C})$上的一个内积.

证明: 由于$(\boldsymbol{B},\ \boldsymbol{A})=\mathrm{tr}(\boldsymbol{B}\boldsymbol{A}^*)$, 从而$\overline{(\boldsymbol{B},\ \boldsymbol{A})}=\overline{\mathrm{tr}(\boldsymbol{B}\boldsymbol{A}^*)}=\mathrm{tr}(\bar{\boldsymbol{B}}\boldsymbol{A}')=\mathrm{tr}(\boldsymbol{A}\boldsymbol{B}^*)=(\boldsymbol{A},\ \boldsymbol{B})$. Hermite 性成立. 对于复数 k, l, 由于$(k\boldsymbol{A}+l\boldsymbol{B},\ \boldsymbol{C})=\mathrm{tr}[(k\boldsymbol{A}+l\boldsymbol{B})\boldsymbol{C}^*]=\mathrm{tr}(k\boldsymbol{A}\boldsymbol{C}^*+l\boldsymbol{B}\boldsymbol{C}^*)=k\,\mathrm{tr}(\boldsymbol{A}\boldsymbol{C}^*)+l\,\mathrm{tr}(\boldsymbol{B}\boldsymbol{C}^*)=k(\boldsymbol{A},\ \boldsymbol{C})+l(\boldsymbol{B},\ \boldsymbol{C})$. 于是对第一个变量具有线性性. 考虑$(\boldsymbol{A},\ \boldsymbol{A})=\mathrm{tr}(\boldsymbol{A}\boldsymbol{A}^*)=\sum_{i=1}^n\sum_{j=1}^n a_{ij}\overline{a_{ij}}=\sum_{i=1}^n\sum_{j=1}^n |a_{ij}|^2\geqslant 0$, 等号成立当且仅当 $a_{ij}=0$, i, $j=1$, 2, $\cdots$, n, 即 $\boldsymbol{A}=\boldsymbol{0}$, 从而正定性满足. 于是(,)是 $M_n(\mathbb{C})$上的一个内积.

3. 在酉空间$\mathbb{C}^3$(指定标准内积)中, 设

$$\boldsymbol{\alpha}_1=(1,\ -1,\ \mathrm{i})',\quad \boldsymbol{\alpha}_2=(1,\ 0,\ \mathrm{i})',\quad \boldsymbol{\alpha}_3=(1,\ 1,\ 1)'.$$

求$\mathbb{C}^3$ 的一个标准正交基, 且它与 $\boldsymbol{\alpha}_1$, $\boldsymbol{\alpha}_2$, $\boldsymbol{\alpha}_3$ 等价.

解: 先进行 Schmidt 正交化, 令

$$\begin{aligned}\boldsymbol{\beta}_1&=\boldsymbol{\alpha}_1=(1,\ -1,\ \mathrm{i})'\\ \boldsymbol{\beta}_2&=\boldsymbol{\alpha}_2-\frac{(\boldsymbol{\alpha}_2,\ \boldsymbol{\beta}_1)}{(\boldsymbol{\beta}_1,\ \boldsymbol{\beta}_1)}\boldsymbol{\beta}_1\\&=\boldsymbol{\alpha}_2-\frac{2}{3}\boldsymbol{\beta}_1=\left(\frac{1}{3},\ \frac{2}{3},\ \frac{1}{3}\mathrm{i}\right)'\end{aligned}$$

$$\begin{aligned}\boldsymbol{\beta}_3 &= \boldsymbol{\alpha}_3 - \frac{(\boldsymbol{\alpha}_3, \boldsymbol{\beta}_1)}{(\boldsymbol{\beta}_1, \boldsymbol{\beta}_1)}\boldsymbol{\beta}_1 - \frac{(\boldsymbol{\alpha}_3, \boldsymbol{\beta}_1)}{(\boldsymbol{\beta}_2, \boldsymbol{\beta}_2)}\boldsymbol{\beta}_2 \\ &= \boldsymbol{\alpha}_3 - \frac{-\mathrm{i}}{3}\boldsymbol{\beta}_1 - \frac{1-\frac{1}{3}\mathrm{i}}{\frac{2}{3}}\boldsymbol{\beta}_2 \\ &= \left(\frac{1+\mathrm{i}}{2}, 0, \frac{1-\mathrm{i}}{2}\right)\end{aligned}$$

然后进行单位化：

$$\boldsymbol{\eta}_1 = \frac{1}{|\boldsymbol{\beta}_1|}\boldsymbol{\beta}_1 = \frac{1}{\sqrt{3}}\boldsymbol{\beta}_1 = \left(\frac{\sqrt{3}}{3}, -\frac{\sqrt{3}}{3}, \frac{\sqrt{3}}{3}\mathrm{i}\right)'$$

$$\boldsymbol{\eta}_2 = \frac{1}{|\boldsymbol{\beta}_2|}\boldsymbol{\beta}_2 = \sqrt{\frac{3}{2}}\boldsymbol{\beta}_2 = \left(\frac{\sqrt{6}}{6}, \frac{\sqrt{6}}{3}, \frac{\sqrt{6}}{6}\mathrm{i}\right)'$$

$$\boldsymbol{\eta}_3 = \frac{1}{|\boldsymbol{\beta}_3|}\boldsymbol{\beta}_3 = \boldsymbol{\beta}_3 = \left(\frac{1+\mathrm{i}}{2}, 0, \frac{1-\mathrm{i}}{2}\right)'$$

于是$\mathbb{C}^3$ 的一个标准正交基是 $\boldsymbol{\eta}_1, \boldsymbol{\eta}_2, \boldsymbol{\eta}_3$.

4. 写出 1 级酉矩阵的形式.

解： 设 $\boldsymbol{A}=(a)$是酉矩阵，则 $\bar{a}a=1$，于是$|a|=1$，从而 $a=\mathrm{e}^{\mathrm{i}\theta}$. 因此 $\boldsymbol{A}=(\mathrm{e}^{\mathrm{i}\theta})$，其中 $0\leqslant\theta<2\pi$.

5. 证明：酉矩阵的行列式的模为 1.

证明： 由于 $\boldsymbol{A}^*\boldsymbol{A}=\boldsymbol{I}$，因此$|\boldsymbol{A}^*||\boldsymbol{A}|=1$. 从 n 阶行列式的定义和共轭复数的性质得，$|\boldsymbol{A}^*|=|\bar{\boldsymbol{A}}|=\overline{|\boldsymbol{A}|}$，于是$\overline{|\boldsymbol{A}|}\,|\boldsymbol{A}|=1$. 因此$|\boldsymbol{A}|$的模等于 1.

6. 证明：上三角的酉矩阵必为对角矩阵，且其主对角元的模都等于 1.

证明： 设 $\boldsymbol{A}$ 是 n 级上三角的酉矩阵，则 $\boldsymbol{A}$ 可逆且 $\boldsymbol{A}^{-1}=\boldsymbol{A}^*$. 由于 $\boldsymbol{A}^{-1}$是上三角矩阵，因此 $\boldsymbol{A}^*$ 是上三角矩阵，从而 $\bar{\boldsymbol{A}}=(\boldsymbol{A}^*)'$是下三角矩阵，于是 $\boldsymbol{A}$ 是下三角矩阵. 因此 $\boldsymbol{A}$ 是对角矩阵. 由于 $\boldsymbol{A}^*\boldsymbol{A}=\boldsymbol{I}$，因此$\overline{\boldsymbol{A}(i,i)}\boldsymbol{A}(i,i)=1$，于是 $\boldsymbol{A}$ 的主对角元的模都为 1.

7. 证明：任一 n 级可逆复矩阵 $\boldsymbol{A}$ 一定可以分解成：$\boldsymbol{A}=\boldsymbol{PB}$，其中 $\boldsymbol{P}$ 是 n 级酉矩阵，$\boldsymbol{B}$ 是主对角元都为正实数的 n 级上三角矩阵，并且这种分解法是唯一的.

证明： 先证明可分解性. 由于 $\boldsymbol{A}$ 可逆，因此 $\boldsymbol{A}$ 的列向量组 $\boldsymbol{\alpha}_1, \boldsymbol{\alpha}_2, \cdots, \boldsymbol{\alpha}_n$ 线性无关，从而 $\boldsymbol{\alpha}_1, \boldsymbol{\alpha}_2, \cdots, \boldsymbol{\alpha}_n$ 是$\mathbb{C}^n$ 的一个基. 在酉空间$\mathbb{R}^n$ 中，由 Schmidt 正交化，可得到$\mathbb{C}^n$ 的一个正交基 $\boldsymbol{\beta}_1, \boldsymbol{\beta}_2, \cdots, \boldsymbol{\beta}_n$，且

$$\boldsymbol{\alpha}_1 = \boldsymbol{\beta}_1$$

$$\boldsymbol{\alpha}_2=\frac{(\boldsymbol{\alpha}_2,\boldsymbol{\beta}_1)}{(\boldsymbol{\beta}_1,\boldsymbol{\beta}_1)}\boldsymbol{\beta}_1+\boldsymbol{\beta}_2$$

$$\cdots\cdots\cdots$$

$$\boldsymbol{\alpha}_n=\sum_{j=1}^{n-1}\frac{(\boldsymbol{\alpha}_n,\boldsymbol{\beta}_j)}{(\boldsymbol{\beta}_j,\boldsymbol{\beta}_j)}\boldsymbol{\beta}_j+\boldsymbol{\beta}_n$$

记 $b_{ji}=\frac{(\boldsymbol{\alpha}_i,\boldsymbol{\beta}_j)}{(\boldsymbol{\beta}_j,\boldsymbol{\beta}_j)}$，$i=2,3,\cdots,n$；$j=1,2,\cdots,i-1$. 再单位化，即令 $\boldsymbol{\eta}_i=\frac{1}{|\boldsymbol{\beta}_i|}\boldsymbol{\beta}_i$，$i=1,2,\cdots,n$，则 $\boldsymbol{\eta}_1,\boldsymbol{\eta}_2,\cdots,\boldsymbol{\eta}_n$ 是 $\mathbb{C}^n$ 的一个标准正交基.

$$\begin{aligned}\boldsymbol{A}&=(\boldsymbol{\alpha}_1,\boldsymbol{\alpha}_2,\cdots,\boldsymbol{\alpha}_n)\\&=(\boldsymbol{\beta}_1,\boldsymbol{\beta}_2,\cdots,\boldsymbol{\beta}_n)\begin{pmatrix}1&b_{12}&\cdots&b_{1n}\\0&1&\cdots&b_{2n}\\0&0&\cdots&b_{3n}\\\vdots&\vdots&&\vdots\\0&0&\cdots&1\end{pmatrix}\\&=(\boldsymbol{\eta}_1,\boldsymbol{\eta}_2,\cdots,\boldsymbol{\eta}_n)\begin{pmatrix}|\boldsymbol{\beta}_1|&0&\cdots&0\\0&|\boldsymbol{\beta}_2|&\cdots&0\\0&0&\cdots&0\\\vdots&\vdots&&\vdots\\0&0&\cdots&|\boldsymbol{\beta}_n|\end{pmatrix}\begin{pmatrix}1&b_{12}&\cdots&b_{1n}\\0&1&\cdots&b_{2n}\\0&0&\cdots&b_{3n}\\\vdots&\vdots&&\vdots\\0&0&\cdots&1\end{pmatrix}\\&=\boldsymbol{PB}\end{aligned}$$

其中 $\boldsymbol{P}=(\boldsymbol{\eta}_1,\boldsymbol{\eta}_2,\cdots,\boldsymbol{\eta}_n)$，由于 $\boldsymbol{\eta}_1,\boldsymbol{\eta}_2,\cdots,\boldsymbol{\eta}_n$ 是 $\mathbb{C}^n$ 的一个标准正交基，因此 $\boldsymbol{P}$ 是酉矩阵.

$$\boldsymbol{B}=\begin{pmatrix}|\boldsymbol{\beta}_1|&b_{12}|\boldsymbol{\beta}_1|&\cdots&b_{1n}|\boldsymbol{\beta}_1|\\0&|\boldsymbol{\beta}_2|&\cdots&b_{2n}|\boldsymbol{\beta}_2|\\\vdots&\vdots&&\vdots\\0&0&\cdots&|\boldsymbol{\beta}_n|\end{pmatrix}$$

于是 $\boldsymbol{B}$ 是主对角元都为正数的上三角矩阵.

再证唯一性. 假如 $\boldsymbol{A}$ 还有一种分解方式：$\boldsymbol{A}=\boldsymbol{P}_1\boldsymbol{B}_1$，其中 $\boldsymbol{P}_1$ 是酉矩阵，$\boldsymbol{B}_1$ 是主对角元都为正数的上三角矩阵，则 $\boldsymbol{PB}=\boldsymbol{P}_1\boldsymbol{B}_1$，从而 $\boldsymbol{P}_1^{-1}\boldsymbol{P}=\boldsymbol{B}_1\boldsymbol{B}^{-1}$. 此式左边 $\boldsymbol{P}_1^{-1}\boldsymbol{P}$ 是酉矩阵，右边 $\boldsymbol{B}_1\boldsymbol{B}^{-1}$ 是主对角元都为正数的上三角矩阵. 类似习题 8.2 的第 16 题，可以证明：如果 n 级酉矩阵 $\boldsymbol{A}$ 是上三角矩阵，那么 $\boldsymbol{A}$ 是主对角元模长为 1 的对角矩阵. 于是

$\boldsymbol{P}_1^{-1}\boldsymbol{P}$(即 $\boldsymbol{B}_1\boldsymbol{B}^{-1}$)是对角矩阵，且主对角元的模都为 1. 又由于 $\boldsymbol{B}_1\boldsymbol{B}^{-1}$ 的对角元是实数，因此 $\boldsymbol{P}_1^{-1}\boldsymbol{P}=\boldsymbol{B}_1\boldsymbol{B}^{-1}=\boldsymbol{I}$，从而 $\boldsymbol{P}=\boldsymbol{P}_1$，$\boldsymbol{B}=\boldsymbol{B}_1$. 唯一性得证.

8. 求出所有 2 级酉矩阵.

解：设

$$\boldsymbol{A}=\begin{pmatrix} a_{11} & a_{12} \\ a_{21} & a_{22} \end{pmatrix}$$

是酉矩阵，则 $\boldsymbol{A}^{-1}=\boldsymbol{A}^*$. 于是有

$$\frac{1}{|\boldsymbol{A}|}\begin{pmatrix} a_{22} & -a_{12} \\ -a_{21} & a_{11} \end{pmatrix}=\begin{pmatrix} \overline{a_{11}} & \overline{a_{21}} \\ \overline{a_{12}} & \overline{a_{22}} \end{pmatrix}$$

由此得出，$a_{22}=|\boldsymbol{A}|\overline{a_{11}}$，$a_{12}=-|\boldsymbol{A}|\overline{a_{21}}$. 由于 $\boldsymbol{A}$ 的列向量组是 $\mathbb{C}^2$ 的一个标准正交基，因此 $|a_{11}|^2+|a_{21}|^2=1$. 从而 $(|a_{11}|, |a_{21}|)$ 是单位圆上的一个点且在第一象限或在 x 轴、y 轴的正半轴上，于是存在 $\theta\left(0\leqslant\theta\leqslant\frac{\pi}{2}\right)$，使得 $|a_{11}|=\cos\theta$，$|a_{21}|=\sin\theta$. 因此 $a_{11}=\cos\theta e^{i\theta_1}$，$a_{21}=\sin\theta e^{i\theta_2}$，其中 $0\leqslant\theta_j<2\pi$，$j=1, 2$. 根据第 5 题结论，酉矩阵 $\boldsymbol{A}$ 的行列式的模为 1，因此 $|\boldsymbol{A}|=e^{i\theta_3}$，其中 $0\leqslant\theta_3<2\pi$，于是 $a_{22}=e^{i\theta_3}\cos\theta e^{-i\theta_1}$，$a_{12}=-e^{i\theta_3}\sin\theta e^{-i\theta_2}$. 从而

$$\boldsymbol{A}=\begin{pmatrix} \cos\theta e^{i\theta_1} & -\sin\theta e^{i\theta_3}e^{-i\theta_2} \\ \sin\theta e^{i\theta_2} & \cos\theta e^{i\theta_3}e^{-i\theta_1} \end{pmatrix} \tag{1}$$

直接验证知道，形如(1)的矩阵都是酉矩阵. 于是(1)式给出了所有的 2 级酉矩阵，其中 $0\leqslant\theta\leqslant\frac{\pi}{2}$，$0\leqslant\theta_j<2\pi$，$j=1, 2, 3$.

可以把(1)式的 $\boldsymbol{A}$ 写成下述形式：

$$\boldsymbol{A}=\begin{pmatrix} e^{-i\theta_2} & 0 \\ 0 & e^{-i\theta_1} \end{pmatrix}\begin{pmatrix} \cos\theta & -\sin\theta \\ \sin\theta & \cos\theta \end{pmatrix}\begin{pmatrix} e^{i(\theta_1+\theta_2)} & 0 \\ 0 & e^{i\theta_3} \end{pmatrix}$$

9. 设 W 是酉空间 V 的一个子空间，证明：对于 $\boldsymbol{\alpha}\in V$，

(1) $\boldsymbol{\delta}\in W$ 是 $\boldsymbol{\alpha}$ 在 W 上的最佳逼近元当且仅当 $\boldsymbol{\alpha}-\boldsymbol{\delta}\in W^{\perp}$；

(2) 若 $\boldsymbol{\alpha}$ 在 W 上的最佳逼近元存在，则它是唯一的.

证明： (1)（**充分性**）设 $\boldsymbol{\delta}\in W$ 使得 $\boldsymbol{\alpha}-\boldsymbol{\delta}\in W^{\perp}$，则 $\forall\,\boldsymbol{\gamma}\in W$，有 $(\boldsymbol{\alpha}-\boldsymbol{\delta})\perp(\boldsymbol{\delta}-\boldsymbol{\gamma})$. 根据勾股定理得

$$[d(\boldsymbol{\alpha},\boldsymbol{\gamma})]^2=|\boldsymbol{\alpha}-\boldsymbol{\gamma}|^2=|\boldsymbol{\alpha}-\boldsymbol{\delta}+\boldsymbol{\delta}-\boldsymbol{\gamma}|^2=|\boldsymbol{\alpha}-\boldsymbol{\delta}|^2+|\boldsymbol{\delta}-\boldsymbol{\gamma}|^2\geqslant|\boldsymbol{\alpha}-\boldsymbol{\delta}|^2=[d(\boldsymbol{\alpha},\boldsymbol{\delta})]^2$$

于是 $\boldsymbol{\delta}$ 是 $\boldsymbol{\alpha}$ 在 W 上的最佳逼近元.

(必要性) 设 $\boldsymbol{\delta}$ 是 $\boldsymbol{\alpha}$ 在 W 上的最佳逼近元，则 $\forall\boldsymbol{\gamma}\in W$，有 $d(\boldsymbol{\alpha},\boldsymbol{\delta})\leqslant d(\boldsymbol{\alpha},\boldsymbol{\gamma})$. 计算 $|\boldsymbol{\alpha}-\boldsymbol{\gamma}|^2$ 得

$$\begin{aligned}|\boldsymbol{\alpha}-\boldsymbol{\gamma}|^2&=(\boldsymbol{\alpha}-\boldsymbol{\delta}+\boldsymbol{\delta}-\boldsymbol{\gamma},\boldsymbol{\alpha}-\boldsymbol{\delta}+\boldsymbol{\delta}-\boldsymbol{\gamma})\\&=|\boldsymbol{\alpha}-\boldsymbol{\delta}|^2+(\boldsymbol{\alpha}-\boldsymbol{\delta},\boldsymbol{\delta}-\boldsymbol{\gamma})+(\boldsymbol{\delta}-\boldsymbol{\gamma},\boldsymbol{\alpha}-\boldsymbol{\delta})+|\boldsymbol{\delta}-\boldsymbol{\gamma}|^2\\&\geqslant|\boldsymbol{\alpha}-\boldsymbol{\delta}|^2\end{aligned}$$

从而

$$(\boldsymbol{\alpha}-\boldsymbol{\delta},\boldsymbol{\delta}-\boldsymbol{\gamma})+\overline{(\boldsymbol{\alpha}-\boldsymbol{\delta},\boldsymbol{\delta}-\boldsymbol{\gamma})}+|\boldsymbol{\delta}-\boldsymbol{\gamma}|^2\geqslant0$$

于是当 $k\neq0$ 时，$\boldsymbol{\delta}-\boldsymbol{\gamma}$ 用 $k(\boldsymbol{\delta}-\boldsymbol{\gamma})$ 代替，由上式得，对 $\forall\boldsymbol{\gamma}\in W$，有

$$\bar{k}(\boldsymbol{\alpha}-\boldsymbol{\delta},\boldsymbol{\delta}-\boldsymbol{\gamma})+\overline{(\boldsymbol{\alpha}-\boldsymbol{\delta},\boldsymbol{\delta}-\boldsymbol{\gamma})}+k\bar{k}|\boldsymbol{\delta}-\boldsymbol{\gamma}|^2\geqslant0$$

当 $k=0$ 时，上式也成立. 当 $\boldsymbol{\gamma}\neq\boldsymbol{\delta}$ 时，取 $k_0=-\dfrac{(\boldsymbol{\alpha}-\boldsymbol{\delta},\boldsymbol{\delta}-\boldsymbol{\gamma})}{|\boldsymbol{\delta}-\boldsymbol{\gamma}|^2}$，代入上式得，$\forall\boldsymbol{\gamma}\in W$ 且 $\boldsymbol{\gamma}\neq\boldsymbol{\delta}$，有

$$-\frac{|(\boldsymbol{\alpha}-\boldsymbol{\delta},\boldsymbol{\delta}-\boldsymbol{\gamma})|^2}{|\boldsymbol{\delta}-\boldsymbol{\gamma}|^2}\geqslant0$$

由此得出，$(\boldsymbol{\alpha}-\boldsymbol{\delta},\boldsymbol{\delta}-\boldsymbol{\gamma})=0$，$\forall\boldsymbol{\gamma}\in W$ 且 $\boldsymbol{\gamma}\neq\boldsymbol{\delta}$. 因此 $(\boldsymbol{\alpha}-\boldsymbol{\delta},\boldsymbol{\beta})=0$，$\forall\boldsymbol{\beta}\in W$，从而 $\boldsymbol{\alpha}-\boldsymbol{\delta}\in W^{\perp}$.

(2) 设 $\boldsymbol{\delta}$, $\boldsymbol{\beta}$ 都是 $\boldsymbol{\alpha}$ 在 W 上的最佳逼近元. 根据最佳逼近元的定义得 $|\boldsymbol{\alpha}-\boldsymbol{\delta}|=|\boldsymbol{\alpha}-\boldsymbol{\beta}|$，且 $\boldsymbol{\alpha}-\boldsymbol{\delta}\in W^{\perp}$，从而 $|\boldsymbol{\alpha}-\boldsymbol{\beta}|^2=|\boldsymbol{\alpha}-\boldsymbol{\delta}+\boldsymbol{\delta}-\boldsymbol{\beta}|^2=|\boldsymbol{\alpha}-\boldsymbol{\delta}|^2+|\boldsymbol{\delta}-\boldsymbol{\beta}|^2$，于是 $|\boldsymbol{\delta}-\boldsymbol{\beta}|^2=0$. 因此 $\boldsymbol{\delta}=\boldsymbol{\beta}$.

10. 设 W 是酉空间 V 的一个子空间，则 V 在 W 上的正交投影存在当且仅当 $V=W\oplus W^{\perp}$.

证明： (充分性) 任取 $\boldsymbol{\alpha}\in V$，在 W 中取一个标准正交基 $\boldsymbol{\eta}_1$，$\boldsymbol{\eta}_2$，…，$\boldsymbol{\eta}_m$. 令 $\boldsymbol{\alpha}_1=\sum\limits_{i=1}^{m}(\boldsymbol{\alpha},\boldsymbol{\eta}_i)\boldsymbol{\eta}_i$，则 $\boldsymbol{\alpha}_1\in W$. 令 $\boldsymbol{\alpha}_2=\boldsymbol{\alpha}-\boldsymbol{\alpha}_1$，直接计算得

$$\begin{aligned}(\boldsymbol{\alpha}_2,\boldsymbol{\eta}_j)&=(\boldsymbol{\alpha}-\boldsymbol{\alpha}_1,\boldsymbol{\eta}_j)=(\boldsymbol{\alpha},\boldsymbol{\eta}_j)-(\boldsymbol{\alpha}_1,\boldsymbol{\eta}_j)=(\boldsymbol{\alpha},\boldsymbol{\eta}_j)-\left(\sum_{i=1}^{m}(\boldsymbol{\alpha},\boldsymbol{\eta}_i)\boldsymbol{\eta}_i,\boldsymbol{\eta}_j\right)\\&=(\boldsymbol{\alpha},\boldsymbol{\eta}_j)-\sum_{i=1}^{m}(\boldsymbol{\alpha},\boldsymbol{\eta}_i)(\boldsymbol{\eta}_i,\boldsymbol{\eta}_j)=(\boldsymbol{\alpha},\boldsymbol{\eta}_j)-(\boldsymbol{\alpha},\boldsymbol{\eta}_j)=0\end{aligned}$$

从而得到 $\boldsymbol{\alpha}-\boldsymbol{\alpha}_1\in W^{\perp}$. 对 $\forall\,\boldsymbol{\gamma}\in W$，因为 $\boldsymbol{\alpha}-\boldsymbol{\alpha}_1\perp\boldsymbol{\alpha}_1-\boldsymbol{\gamma}$，从而有

$$\begin{aligned}|\boldsymbol{\alpha}-\boldsymbol{\gamma}|^2&=|\boldsymbol{\alpha}-\boldsymbol{\alpha}_1+\boldsymbol{\alpha}_1-\boldsymbol{\gamma}|^2\\&=|\boldsymbol{\alpha}-\boldsymbol{\alpha}_1|^2+|\boldsymbol{\alpha}_1-\boldsymbol{\gamma}|^2\\&\geqslant|\boldsymbol{\alpha}-\boldsymbol{\alpha}_1|^2\end{aligned}$$

即证明了 V 在 W 上的正交投影存在.

（**必要性**）设 V 在 W 上的正交投影存在，则 V 中每一向量 $\boldsymbol{\alpha}$ 在 W 上有最佳逼近元 $\boldsymbol{\delta}$. 根据第 9 题，$\boldsymbol{\alpha}-\boldsymbol{\delta}\in W^{\perp}$. 由于 $\boldsymbol{\alpha}=\boldsymbol{\delta}+(\boldsymbol{\alpha}-\boldsymbol{\delta})$，因此 $V=W+W^{\perp}$. 又由于 $W\cap W^{\perp}=\mathbf{0}$，因此 $V=W\oplus W^{\perp}$.

11. 设 W_1，W_2 是酉空间 V 的两个子空间，证明：

(1) 若 $W_1\subseteq W_2$，则 $W_1^{\perp}\supseteq W_2^{\perp}$；

(2) $W_i\subseteq(W_i^{\perp})^{\perp}$，$i=1, 2$；

(3) 若 $W_1\subseteq W_2^{\perp}$，则 $W_2\subseteq W_1^{\perp}$，此时称 W_1 与 W_2 是互相正交的.

证明：　(1) 任取 $\boldsymbol{\alpha}\in W_2^{\perp}$，则 $\forall\,\boldsymbol{\beta}\in W_2$，有 $(\boldsymbol{\alpha}, \boldsymbol{\beta})=0$. 任取 $\boldsymbol{\gamma}\in W_1$，由于 $W_1\subseteq W_2$，因此 $\boldsymbol{\gamma}\in W_2$，从而 $(\boldsymbol{\alpha}, \boldsymbol{\gamma})=0$，于是 $\boldsymbol{\alpha}\in W_1^{\perp}$. 因此 $W_2^{\perp}\subseteq W_1^{\perp}$.

(2) 任取 $\boldsymbol{\alpha}\in W_1$，则 $\forall\,\boldsymbol{\beta}\in W_1^{\perp}$，有 $(\boldsymbol{\alpha}, \boldsymbol{\beta})=0$，于是 $\boldsymbol{\alpha}\in(W_1^{\perp})^{\perp}$，从而 $W_1\subseteq(W_1^{\perp})^{\perp}$. 同理，$W_2\subseteq(W_2^{\perp})^{\perp}$.

(3) 若 $W_1\subseteq W_2^{\perp}$，则根据第(1)小题得 $W_1^{\perp}\supseteq(W_2^{\perp})^{\perp}$. 根据第(2)小题得 $(W_2^{\perp})^{\perp}\supseteq W_2$. 因此 $W_1^{\perp}\supseteq W_2$.

12. 设 W 是酉空间 V 的一个子空间，证明：若 $V=W\oplus W^{\perp}$，则 $(W^{\perp})^{\perp}=W$.

证明：　根据第 11 题的第(2)小题得 $W\subseteq(W^{\perp})^{\perp}$. 任取 $\boldsymbol{\beta}\in(W^{\perp})^{\perp}$，取 $\boldsymbol{\gamma}\in W^{\perp}$，记 $\boldsymbol{\alpha}=\boldsymbol{\beta}+\boldsymbol{\gamma}$. 由于 $V=W\oplus W^{\perp}$，因此 $\boldsymbol{\alpha}=\boldsymbol{\alpha}_1+\boldsymbol{\alpha}_2$，$\boldsymbol{\alpha}_1\in W$，$\boldsymbol{\alpha}_2\in W^{\perp}$，于是 $\boldsymbol{\beta}+\boldsymbol{\gamma}=\boldsymbol{\alpha}_1+\boldsymbol{\alpha}_2$. 从而 $\boldsymbol{\beta}-\boldsymbol{\alpha}_1=\boldsymbol{\alpha}_2-\boldsymbol{\gamma}$. 由于 $W\subseteq(W^{\perp})^{\perp}$，因此 $\boldsymbol{\beta}-\boldsymbol{\alpha}_1\in(W^{\perp})^{\perp}$. 又 $\boldsymbol{\alpha}_2-\boldsymbol{\gamma}\in W^{\perp}$，由于 $W^{\perp}\cap(W^{\perp})^{\perp}=\mathbf{0}$，因此 $\boldsymbol{\beta}-\boldsymbol{\alpha}_1=\mathbf{0}$，即 $\boldsymbol{\beta}=\boldsymbol{\alpha}_1\in W$，从而 $(W^{\perp})^{\perp}\subseteq W$. 因此 $(W^{\perp})^{\perp}=W$.

13. 设 W 是酉空间 V 的一个子空间，证明：若 V 在 W 上的正交投影 $\mathscr{P}$ 存在，那么 $\mathscr{P}$ 是 V 上的幂等线性变换，且

$$\mathrm{Ker}\mathscr{P}=W^{\perp},\quad \mathrm{Im}\mathscr{P}=W$$

证明：　设 V 在 W 上的正交投影 $\mathscr{P}$ 存在，则根据第 10 题得 $V=W\oplus W^{\perp}$，且 $\mathscr{P}$ 是平行于 $W^{\perp}$ 在 W 上的投影，因此根据教材 6.2 节性质 1 和性质 3 知，$\mathscr{P}$ 是 V 上的幂等线性变换，且 $\mathrm{Im}\mathscr{P}=W$，$\mathrm{Ker}\mathscr{P}=W^{\perp}$.

14. 设 $\mathscr{P}_1$，$\mathscr{P}_2$ 分别是酉空间 V 在子空间 W_1，W_2 上的正交投影，证明：$\mathscr{P}_2\mathscr{P}_1=\mathscr{O}$ 当且仅当 W_1 与 W_2 互相正交.

证明： （**必要性**）设 $\mathscr{P}_1\mathscr{P}_2=\mathscr{O}$，则 $\forall\,\boldsymbol{\alpha}\in V$，有 $\mathscr{P}_2(\mathscr{P}_1\boldsymbol{\alpha})=\mathbf{0}$，于是 $\mathscr{P}_1\boldsymbol{\alpha}\in \mathrm{Ker}\mathscr{P}_2$. 根据第 13 题得，$\mathrm{Ker}\mathscr{P}_2=W_2^{\perp}$，因此 $\mathscr{P}_1\boldsymbol{\alpha}\in W_2^{\perp}$，从而 $\mathrm{Im}\mathscr{P}_1\subseteq W_2^{\perp}$. 由于 $\mathrm{Im}\mathscr{P}_1=W_1$，因此 $W_1\subseteq W_2^{\perp}$. 根据第 11 题得，W_1 与 W_2 互相正交.

（**充分性**）设 W_1 与 W_2 互相正交，则 $W_1\subseteq W_2^{\perp}$. 根据第 13 题得，$\mathrm{Im}\mathscr{P}_1\subseteq \mathrm{Ker}\mathscr{P}_2$，于是 $\forall\,\boldsymbol{\alpha}\in V$，有 $\mathscr{P}_2(\mathscr{P}_1\boldsymbol{\alpha})=\mathscr{O}$. 因此 $\mathscr{P}_2\mathscr{P}_1=\mathscr{O}$.

15. 设 $\boldsymbol{\eta}_1$，$\boldsymbol{\eta}_2$，…，$\boldsymbol{\eta}_m$ 是酉空间 V 的一个正交单位向量组，证明：对于任意 $\boldsymbol{\alpha}\in V$，有

$$\sum_{i=1}^{m}|(\boldsymbol{\alpha},\boldsymbol{\eta}_i)|^2\leqslant|\boldsymbol{\alpha}|^2,$$

等号成立当且仅当 $\boldsymbol{\alpha}=\sum\limits_{i=1}^{m}(\boldsymbol{\alpha},\boldsymbol{\eta}_i)\boldsymbol{\eta}_i$. 这个不等式称为 **Bessel 不等式.**

证明： 令 $W=\langle\boldsymbol{\eta}_1,\boldsymbol{\eta}_2,\cdots,\boldsymbol{\eta}_m\rangle$，则 $\boldsymbol{\alpha}$ 在 W 上的正交投影 $\boldsymbol{\alpha}_1=\sum\limits_{i=1}^{m}(\boldsymbol{\alpha},\boldsymbol{\eta}_i)\boldsymbol{\eta}_i$. 由于 $\boldsymbol{\alpha}-\boldsymbol{\alpha}_1\in W^{\perp}$，因此根据勾股定理得

$$|\boldsymbol{\alpha}|^2=|(\boldsymbol{\alpha}-\boldsymbol{\alpha}_1)+\boldsymbol{\alpha}_1|^2+|\boldsymbol{\alpha}_1|^2\geqslant|\boldsymbol{\alpha}_1|^2=\sum_{i=1}^{m}|(\boldsymbol{\alpha},\boldsymbol{\eta}_i)|^2$$

等号成立当且仅当 $\boldsymbol{\alpha}-\boldsymbol{\alpha}_1=\mathbf{0}$，即 $\boldsymbol{\alpha}=\boldsymbol{\alpha}_1=\sum\limits_{i=1}^{m}(\boldsymbol{\alpha},\boldsymbol{\eta}_i)\boldsymbol{\eta}_i$.

习题 8.7 酉变换，Hermite 变换，Hermite 型

1. 设

$$\boldsymbol{A}=\begin{pmatrix}\cos\theta & -\sin\theta\\ \sin\theta & \cos\theta\end{pmatrix}$$

其中 $0\leqslant\theta<2\pi$. 把 $\boldsymbol{A}$ 看成复矩阵，求 $\boldsymbol{A}$ 的酉相似标准形.

解： 由于 $\boldsymbol{A}^*=\overline{\boldsymbol{A}}'=\boldsymbol{A}^{-1}$，因此把 $\boldsymbol{A}$ 看成复矩阵时，$\boldsymbol{A}$ 是酉矩阵. $|\boldsymbol{\lambda I}-\boldsymbol{A}|=\lambda^2-2\lambda\cos\theta+1$，于是 A 的全部特征值是 $\cos\theta\pm\mathrm{i}\sin\theta$，即 $\mathrm{e}^{\mathrm{i}\theta}$，$\mathrm{e}^{-\mathrm{i}\theta}$. 根据教材定理 1 的推论 1 可知 $\boldsymbol{A}$ 的酉相似标准形是 $\mathrm{diag}\{\mathrm{e}^{\mathrm{i}\theta},\mathrm{e}^{-\mathrm{i}\theta}\}$.

2. 证明：酉空间 V 中，Hermite 变换 $\mathscr{A}$ 的属于不同特征值的特征向量一定正交.

证明： 设 λ_1，λ_2 是 Hermite 变换 $\mathscr{A}$ 的不同特征值，$\boldsymbol{\alpha}_1$，$\boldsymbol{\alpha}_2$ 分别是 $\mathscr{A}$ 的属于特征值 λ_1，λ_2 的一个特征向量，则 $\lambda_1(\boldsymbol{\alpha}_1, \boldsymbol{\alpha}_2)=(\lambda_1\boldsymbol{\alpha}_1, \boldsymbol{\alpha}_2)=(\mathscr{A}\boldsymbol{\alpha}_1, \boldsymbol{\alpha}_2)=(\boldsymbol{\alpha}_1, \mathscr{A}\boldsymbol{\alpha}_2)=(\boldsymbol{\alpha}_1, \lambda_2\boldsymbol{\alpha}_2)=\overline{\lambda_2}(\boldsymbol{\alpha}_1, \boldsymbol{\alpha}_2)$. 根据教材命题 11，$\lambda_1$，$\lambda_2$ 是实数，因此由上式得 $(\boldsymbol{\alpha}_1, \boldsymbol{\alpha}_2)=0$.

3. 设 $\boldsymbol{H}$ 是 n 级 Hermite 矩阵，证明：

(1) $\boldsymbol{I}-\mathrm{i}\boldsymbol{H}$ 与 $\boldsymbol{I}+\mathrm{i}\boldsymbol{H}$ 都可逆；

(2) $\boldsymbol{A}=(\boldsymbol{I}-\mathrm{i}\boldsymbol{H})(\boldsymbol{I}+\mathrm{i}\boldsymbol{H})^{-1}$ 是酉矩阵，且 -1 不是 $\boldsymbol{A}$ 的特征值.

注：第 3 题建立了 n 级 Hermite 矩阵组成的集合 Ω 到不以 -1 为特征值的 n 级酉矩阵组成的集合 U 的一个映射 σ：$\boldsymbol{H}\mapsto(\boldsymbol{I}-\mathrm{i}\boldsymbol{H})(\boldsymbol{I}+\mathrm{i}\boldsymbol{H})^{-1}$，称 σ 是 Cayley 变换，它类似于实数集 $\mathbb{R}$ 到复平面的单位圆(去掉 -1 对应的点) C_1 的一个映射 φ：$a\mapsto\dfrac{1-a\mathrm{i}}{1+a\mathrm{i}}$. 可证 φ 有逆映射 φ^{-1}：$z\mapsto\dfrac{1}{\mathrm{i}}\dfrac{1-z}{1+z}$，其中 $z\in C_1$. 因此 φ 是 $\mathbb{R}$ 到 C_1 的一个一一对应.

证明： (1) 由于 $\boldsymbol{H}$ 是 n 级 Hermite 矩阵，因此存在 n 级酉矩阵 $\boldsymbol{P}$，使得 $\boldsymbol{P}^{-1}\boldsymbol{H}\boldsymbol{P}=\mathrm{diag}\{\lambda_1, \lambda_2, \cdots, \lambda_n\}$，其中 λ_1，λ_2，$\cdots$，λ_n 是 H 的全部特征值，它们都是实数，于是

$$\boldsymbol{P}^{-1}(\boldsymbol{I}\mp\mathrm{i}\boldsymbol{H})\boldsymbol{P}=\boldsymbol{I}\mp\mathrm{i}\,\mathrm{diag}\{\lambda_1, \lambda_2, \cdots, \lambda_n\}=\mathrm{diag}\{1\mp\lambda_1\mathrm{i}, 1\mp\lambda_2\mathrm{i}, \cdots, 1\mp\lambda_n\mathrm{i}\}$$

从而 $|\boldsymbol{I}\mp\mathrm{i}\boldsymbol{H}|\neq0$. 因此 $\boldsymbol{I}\mp\mathrm{i}\boldsymbol{H}$ 可逆.

(2) $\boldsymbol{P}^{-1}(\boldsymbol{I}+\mathrm{i}\boldsymbol{H})^{-1}\boldsymbol{P}=[\boldsymbol{P}^{-1}(\boldsymbol{I}+\mathrm{i}\boldsymbol{H})\boldsymbol{P}]^{-1}=\mathrm{diag}\left\{\dfrac{1}{1+\lambda_1\mathrm{i}}, \dfrac{1}{1+\lambda_2\mathrm{i}}, \cdots, \dfrac{1}{1+\lambda_n\mathrm{i}}\right\}$，$\boldsymbol{P}^{-1}\boldsymbol{A}\boldsymbol{P}=\boldsymbol{P}^{-1}(\boldsymbol{I}-\mathrm{i}\boldsymbol{H})\boldsymbol{P}\boldsymbol{P}^{-1}(\boldsymbol{I}+\mathrm{i}\boldsymbol{H})^{-1}\boldsymbol{P}=\mathrm{diag}\left\{\dfrac{1-\lambda_1\mathrm{i}}{1+\lambda_1\mathrm{i}}, \dfrac{1-\lambda_2\mathrm{i}}{1+\lambda_2\mathrm{i}}, \cdots, \dfrac{1-\lambda_n\mathrm{i}}{1+\lambda_n\mathrm{i}}\right\}$. 因此 $(\boldsymbol{P}^{-1}\boldsymbol{A}\boldsymbol{P})(\boldsymbol{P}^{-1}\boldsymbol{A}\boldsymbol{P})^*=\boldsymbol{I}$，从而 $\boldsymbol{P}^{-1}\boldsymbol{A}\boldsymbol{P}$ 是酉矩阵. 又由于 $\boldsymbol{P}$ 是酉矩阵，因此 $\boldsymbol{P}^{-1}$ 也是酉矩阵，从而 $\boldsymbol{A}$ 是酉矩阵. 由 $\boldsymbol{P}^{-1}\boldsymbol{A}\boldsymbol{P}$ 的表达式可以看出，$\boldsymbol{A}$ 的全部特征值是 $\dfrac{1-\lambda_j\mathrm{i}}{1+\lambda_j\mathrm{i}}$，$j=1, 2, \cdots, n$. 假如 $\dfrac{1-\lambda_j\mathrm{i}}{1+\lambda_j\mathrm{i}}=-1$，则得 $1=-1$，矛盾. 因此 -1 不是 $\boldsymbol{A}$ 的特征值.

4. 设 $\boldsymbol{A}$ 是 n 级酉矩阵，且 -1 不是 $\boldsymbol{A}$ 的特征值，证明：$\boldsymbol{I}+\boldsymbol{A}$ 可逆，且 $\boldsymbol{H}=-\mathrm{i}(\boldsymbol{I}-\boldsymbol{A})(\boldsymbol{I}+\boldsymbol{A})^{-1}$ 是 Hermite 矩阵.

注：第 4 题给出了 Cayley 变换 σ 的逆映射 σ^{-1}：$\boldsymbol{A}\mapsto-\mathrm{i}(\boldsymbol{I}-\boldsymbol{A})(\boldsymbol{I}+\boldsymbol{A})^{-1}$.

证明： 由于 $\boldsymbol{A}$ 是 n 级酉矩阵，因此存在 n 级酉矩阵 $\boldsymbol{P}$，使得 $\boldsymbol{P}^{-1}\boldsymbol{A}\boldsymbol{P}=\mathrm{diag}\{\mathrm{e}^{\mathrm{i}\theta_1}, \mathrm{e}^{\mathrm{i}\theta_2}, \cdots, \mathrm{e}^{\mathrm{i}\theta_n}\}$，其中 $0\leqslant\theta_j<2\pi$，$j=1, 2, \cdots, n$. 于是

$$\boldsymbol{P}^{-1}(\boldsymbol{I}+\boldsymbol{A})\boldsymbol{P}=\mathrm{diag}\{1+\mathrm{e}^{\mathrm{i}\theta_1}, 1+\mathrm{e}^{\mathrm{i}\theta_2}, \cdots, 1+\mathrm{e}^{\mathrm{i}\theta_n}\}$$

由于-1不是$\boldsymbol{A}$的特征值，因此$1+\mathrm{e}^{\mathrm{i}\theta_j}\neq 0$，$j=1, 2, \cdots, n$，从而$|\boldsymbol{I}+\boldsymbol{A}|\neq 0$，于是$\boldsymbol{I}+\boldsymbol{A}$可逆. 经计算得

$$\begin{aligned}\boldsymbol{P}^{-1}\boldsymbol{H}\boldsymbol{P}&=\boldsymbol{P}^{-1}[-\mathrm{i}(\boldsymbol{I}-\boldsymbol{A})(\boldsymbol{I}+\boldsymbol{A})^{-1}]\boldsymbol{P}=\boldsymbol{P}^{-1}[-\mathrm{i}(\boldsymbol{I}-\boldsymbol{A})\boldsymbol{P}][\boldsymbol{P}^{-1}(\boldsymbol{I}+\boldsymbol{A})^{-1}\boldsymbol{P}]\\&=\operatorname{diag}\left\{-\mathrm{i}\frac{1-\mathrm{e}^{\mathrm{i}\theta_1}}{1+\mathrm{e}^{\mathrm{i}\theta_1}}, -\mathrm{i}\frac{1-\mathrm{e}^{\mathrm{i}\theta_2}}{1+\mathrm{e}^{\mathrm{i}\theta_2}}, \cdots, -\mathrm{i}\frac{1-\mathrm{e}^{\mathrm{i}\theta_n}}{1+\mathrm{e}^{\mathrm{i}\theta_n}}\right\}\end{aligned}$$

由于

$$\overline{\left(-\mathrm{i}\frac{1-\mathrm{e}^{\mathrm{i}\theta_j}}{1+\mathrm{e}^{\mathrm{i}\theta_j}}\right)}=\mathrm{i}\frac{1-\mathrm{e}^{-\mathrm{i}\theta_j}}{1+\mathrm{e}^{-\mathrm{i}\theta_j}}=\mathrm{i}\frac{\mathrm{e}^{-\mathrm{i}\theta_j}(\mathrm{e}^{\mathrm{i}\theta_j}-1)}{\mathrm{e}^{-\mathrm{i}\theta_j}(\mathrm{e}^{\mathrm{i}\theta_j}+1)}=-\mathrm{i}\frac{1-\mathrm{e}^{\mathrm{i}\theta_j}}{1+\mathrm{e}^{\mathrm{i}\theta_j}}$$

因此$\boldsymbol{D}=\boldsymbol{P}^{-1}\boldsymbol{H}\boldsymbol{P}$满足$\boldsymbol{D}^*=\boldsymbol{D}$，从而$\boldsymbol{D}$是 Hermite 矩阵. 由于$\boldsymbol{H}=\boldsymbol{P}\boldsymbol{D}\boldsymbol{P}^{-1}$，且$\boldsymbol{P}$是酉矩阵，因此$\boldsymbol{H}^*=(\boldsymbol{P}\boldsymbol{D}\boldsymbol{P}^{-1})^*=\boldsymbol{P}\boldsymbol{D}^*\boldsymbol{P}^{-1}=\boldsymbol{H}$，从而$\boldsymbol{H}$是 Hermite 矩阵.

5. 把迹为 0 的 2 级 Hermite 矩阵组成的集合记作V.

(1) 写出V中元素的一般形式；

(2) 证明V是实数域上的一个线性空间；

(3) 求V的一个基和维数；

(4) 对于$\boldsymbol{H}_1, \boldsymbol{H}_2\in V$，设$\boldsymbol{H}_i$在第(3)小题的$V$的一个基下的坐标为$\boldsymbol{X}_i$，$i=1, 2$. 令

$$(\boldsymbol{H}_1, \boldsymbol{H}_2)=\boldsymbol{X}_1'\boldsymbol{X}_2,$$

这定义了V上的一个内积. 设$\boldsymbol{A}$是 2 级酉矩阵，令

$$\mathscr{A}(\boldsymbol{H})=\boldsymbol{A}\boldsymbol{H}\boldsymbol{A}^{-1}, \ \forall \boldsymbol{H}\in V,$$

证明：$\mathscr{A}$是V上的一个正交变换.

(5) 证明：对于V中每个非零元$\boldsymbol{H}$，存在行列式为 1 的酉矩阵$\boldsymbol{A}$，使得

$$\boldsymbol{A}\boldsymbol{H}\boldsymbol{A}^{-1}=\begin{pmatrix}c & 0\\ 0 & -c\end{pmatrix},$$

其中$c>0$.

证明： (1) 设$\boldsymbol{H}=(h_{ij})$是迹为 0 的 2 级 Hermite 矩阵，则$h_{11}+h_{22}=0$，且$\boldsymbol{H}^*=H$. 由此解得$\boldsymbol{H}=\begin{pmatrix}x_1 & x_2+\mathrm{i}x_3\\ x_2-\mathrm{i}x_3 & -x_1\end{pmatrix}$，其中$x_1, x_2, x_3\in\mathbb{R}$. 容易验证，对于任意实数$x_1, x_2, x_3$，形如上述的矩阵$\boldsymbol{H}$是迹为 0 的 Hermite 矩阵.

(2) 直接验证V成为实数域上的一个线性空间. 例如，对于加法：

$$\begin{pmatrix} x_1 & x_2+\mathrm{i}x_3 \\ x_2-\mathrm{i}x_3 & -x_1 \end{pmatrix}+\begin{pmatrix} y_1 & y_2+\mathrm{i}y_3 \\ y_2-\mathrm{i}y_3 & -y_1 \end{pmatrix}=\begin{pmatrix} x_1+y_1 & x_2+y_2+\mathrm{i}(x_3+y_3) \\ x_2+y_2-\mathrm{i}(x_3+y_3) & -(x_1+y_1) \end{pmatrix}$$

右端还是一个 2 级 Hermite 矩阵，同理验证数乘运算封闭，且满足线性空间定义的 8 条性质.

(3) V 中任一元素 $\boldsymbol{H}$ 可以表示成

$$\boldsymbol{H}=x_1\begin{pmatrix} 1 & 0 \\ 0 & -1 \end{pmatrix}+x_2\begin{pmatrix} 0 & 1 \\ 1 & 0 \end{pmatrix}+x_3\begin{pmatrix} 0 & \mathrm{i} \\ -\mathrm{i} & 0 \end{pmatrix}$$

且上式等于 0 当且仅当 $x_1=x_2=x_3=0$. 因此 V 的一个基为

$$\begin{pmatrix} 1 & 0 \\ 0 & -1 \end{pmatrix},\ \begin{pmatrix} 0 & 1 \\ 1 & 0 \end{pmatrix},\ \begin{pmatrix} 0 & \mathrm{i} \\ -\mathrm{i} & 0 \end{pmatrix}$$

从而 $\dim V=3$. 上述 3 个矩阵称为 Pauli 矩阵.

(4) 设 $\boldsymbol{H}_1$，$\boldsymbol{H}_2$ 在第(3)小题的 V 的基下的坐标分别为

$$(x_1,\ x_2,\ x_3)',\quad (y_1,\ y_2,\ y_3)'$$

则$(\boldsymbol{H}_1,\ \boldsymbol{H}_2)=x_1y_1+x_2y_2+x_3y_3$. 于是 $\boldsymbol{H}_1$ 的长度$|\boldsymbol{H}_1|=x_1^2+x_2^2+x_3^2$. 而 $\boldsymbol{H}_1$ 的行列式

$$|\boldsymbol{H}_1|=-x_1^2-(x_2+\mathrm{i}x_3)(x_2-\mathrm{i}x_3)=-x_1^2-x_2^2-x_3^2=-\|\boldsymbol{H}_1\|.$$

设 $\boldsymbol{A}$ 是 2 级酉矩阵，则对 $\forall\boldsymbol{H}\in V$，有

$$(\boldsymbol{AHA}^{-1})^*=(\boldsymbol{A}^{-1})^*\boldsymbol{H}^*\boldsymbol{A}^*=\boldsymbol{AHA}^{-1},\ \mathrm{tr}(\boldsymbol{AHA}^{-1})=\mathrm{tr}(\boldsymbol{HA}^{-1}\boldsymbol{A})=\mathrm{tr}(\boldsymbol{H})=0$$

因此 $\boldsymbol{AHA}^{-1}\in V$. 从而 $\mathscr{A}$ 是 V 上的一个变换. 显然 $\mathscr{A}$ 保持加法和数量乘法，因此 $\mathscr{A}$ 是 V 上的线性变换. 由于 $\|\mathscr{A}(\boldsymbol{H})\|=\|\boldsymbol{AHA}^{-1}\|=-\|\boldsymbol{AHA}^{-1}\|=-|\boldsymbol{H}|=\|\boldsymbol{H}\|$，因此 $\mathscr{A}$ 是 V 上的一个正交变换.

(5) 设 $\boldsymbol{H}$ 是迹为 0 的 2 级 Hermite 矩阵，且 $\boldsymbol{H}\neq\boldsymbol{0}$，则存在 2 级酉矩阵 $\boldsymbol{P}$，使得 $\boldsymbol{PHP}^{-1}=\mathrm{diag}\{c,\ -c\}$，其中 $c>0$. 由于酉矩阵 $\boldsymbol{P}$ 的行列式$|\boldsymbol{P}|$的模等于 1，因此存在 θ $(0\leqslant\theta<2\pi)$使得$|\boldsymbol{P}|=\mathrm{e}^{\mathrm{i}\theta}$. 令 $\boldsymbol{A}=\mathrm{e}^{\mathrm{i}\left(-\frac{\theta}{2}\right)}\boldsymbol{P}$，则$|\boldsymbol{A}|=\left[\mathrm{e}^{\mathrm{i}\left(-\frac{\theta}{2}\right)}\right]^2|\boldsymbol{P}|=\mathrm{e}^{-\mathrm{i}\theta}\mathrm{e}^{\mathrm{i}\theta}=1$，且

$$\boldsymbol{AA}^*=\mathrm{e}^{\mathrm{i}\left(-\frac{\theta}{2}\right)}\boldsymbol{P}\mathrm{e}^{\mathrm{i}\left(\frac{\theta}{2}\right)}\boldsymbol{P}^*=\boldsymbol{PP}^*=\boldsymbol{I}$$

因此 $\boldsymbol{A}$ 是行列式为 1 的 2 级酉矩阵，且有

$$\boldsymbol{AHA}^{-1}=\mathrm{e}^{\mathrm{i}\left(-\frac{\theta}{2}\right)}\boldsymbol{PHP}^{-1}\mathrm{e}^{\mathrm{i}\frac{\theta}{2}}=\boldsymbol{PHP}^{-1}=\mathrm{diag}\{c,\ -c\}$$

6. 设 $\mathscr{A}$ 是酉空间 V 上的一个线性变换，证明：$\mathscr{A}$ 是 Hermite 变换当且仅当对任意

$\boldsymbol{\alpha}\in V$ 有$(\mathscr{A}\boldsymbol{\alpha},\boldsymbol{\alpha})$是实数.

证明： （**必要性**）设 $\mathscr{A}$ 是 Hermite 变换，则对 $\forall\boldsymbol{\alpha}\in V$，有

$$(\mathscr{A}\boldsymbol{\alpha},\boldsymbol{\alpha})=(\boldsymbol{\alpha},\mathscr{A}\boldsymbol{\alpha})=\overline{(\mathscr{A}\boldsymbol{\alpha},\boldsymbol{\alpha})}$$

于是$(\mathscr{A}\boldsymbol{\alpha},\boldsymbol{\alpha})$是实数.

（**充分性**）任取 $\boldsymbol{\alpha},\boldsymbol{\beta}\in V$，由已知条件，对任意 $k\in\mathbb{C}$，有

$$(\mathscr{A}(\boldsymbol{\alpha}+k\boldsymbol{\beta}),\boldsymbol{\alpha}+k\boldsymbol{\beta})=\overline{(\mathscr{A}(\boldsymbol{\alpha}+k\boldsymbol{\beta}),\boldsymbol{\alpha}+k\boldsymbol{\beta})}$$

于是$(\mathscr{A}\boldsymbol{\alpha},\boldsymbol{\alpha})+(\mathscr{A}\boldsymbol{\alpha},k\boldsymbol{\beta})+(\mathscr{A}(k\boldsymbol{\beta}),\boldsymbol{\alpha})+(\mathscr{A}(k\boldsymbol{\beta}),k\boldsymbol{\beta})=\overline{(\mathscr{A}\boldsymbol{\alpha},\boldsymbol{\alpha})}+\overline{(\mathscr{A}\boldsymbol{\alpha},k\boldsymbol{\beta})}+\overline{(\mathscr{A}(k\boldsymbol{\beta}),\boldsymbol{\alpha})}+\overline{(\mathrm{A}(k\boldsymbol{\beta}),k\boldsymbol{\beta})}$. 由已知条件得

$$\bar{k}(\mathscr{A}\boldsymbol{\alpha},\boldsymbol{\beta})+k(\mathscr{A}\boldsymbol{\beta},\boldsymbol{\alpha})=k\overline{(\mathscr{A}\boldsymbol{\alpha},\boldsymbol{\beta})}+\bar{k}\,\overline{(\mathscr{A}\boldsymbol{\beta},\boldsymbol{\alpha})}$$

分别取 $k=1$，$k=\mathrm{i}$，由上式解得$(\mathscr{A}\boldsymbol{\alpha},\boldsymbol{\beta})=(\boldsymbol{\alpha},\mathscr{A}\boldsymbol{\beta})$. 因此 $\mathscr{A}$ 是 Hermite 变换.

7. 设 $\mathscr{P}$ 是酉空间 V 上的一个线性变换，证明：$\mathscr{P}$ 是 V 在一个子空间上的正交投影当且仅当 $\mathscr{P}$ 是幂等的 Hermite 变换.

证明： （**必要性**）设 $\mathscr{P}$ 是 V 在子空间 W 上的正交投影，则对于任意 $\boldsymbol{\alpha},\boldsymbol{\beta}\in V$，有 $\boldsymbol{\alpha}-\mathscr{P}\boldsymbol{\alpha},\boldsymbol{\beta}-\mathscr{P}\boldsymbol{\beta}\in W^{\perp}$. 因此

$$0=(\boldsymbol{\alpha}-\mathscr{P}\boldsymbol{\alpha},\mathscr{P}\boldsymbol{\beta})=(\boldsymbol{\alpha},\mathscr{P}\boldsymbol{\beta})-(\mathscr{P}\boldsymbol{\alpha},\mathscr{P}\boldsymbol{\beta})$$
$$0=(\boldsymbol{\beta}-\mathscr{P}\boldsymbol{\beta},\mathscr{P}\boldsymbol{\alpha})=(\boldsymbol{\beta},\mathscr{P}\boldsymbol{\alpha})-(\mathscr{P}\boldsymbol{\beta},\mathscr{P}\boldsymbol{\alpha})$$

于是有$(\mathscr{P}\boldsymbol{\alpha},\boldsymbol{\beta})=\overline{(\boldsymbol{\beta},\mathscr{P}\boldsymbol{\alpha})}=\overline{(\mathscr{P}\boldsymbol{\beta},\mathscr{P}\boldsymbol{\alpha})}=(\mathscr{P}\boldsymbol{\alpha},\mathscr{P}\boldsymbol{\beta})=(\boldsymbol{\alpha},\mathscr{P}\boldsymbol{\beta})$. 因此 $\mathscr{P}$ 是 V 上的 Hermite 变换. 正交投影 $\mathscr{P}$ 是幂等的.

（**充分性**）设 $\mathscr{P}$ 是幂等的 Hermite 变换. 由于 $\mathscr{P}$ 是 V 上的幂等线性变换，因此根据教材 6.3 节的命题 3 得，$V=\mathrm{Ker}\mathscr{P}\oplus\mathrm{Im}\mathscr{P}$，且 $\mathscr{P}$ 是平行于 $\mathrm{Ker}\mathscr{P}$ 在 $\mathrm{Im}\mathscr{P}$ 上的投影. 由于 $\mathscr{P}$ 是 Hermite 变换，因此

$$\begin{aligned}\boldsymbol{\alpha}\in\mathrm{Ker}\mathscr{P}\Leftrightarrow\mathscr{P}\boldsymbol{\alpha}=0\Leftrightarrow(\mathscr{P}\boldsymbol{\alpha},\boldsymbol{\beta})&=0,\ \forall\boldsymbol{\beta}\in V\\ \Leftrightarrow(\boldsymbol{\alpha},\mathscr{P}\boldsymbol{\beta})&=0,\ \forall\boldsymbol{\beta}\in V\\ \Leftrightarrow\boldsymbol{\alpha}\in(\mathrm{Im}\mathscr{P})^{\perp}&\end{aligned}$$

由此得出，$\mathrm{Ker}\mathscr{P}=(\mathrm{Im}\mathscr{P})^{\perp}$，从而 $V=\mathrm{Im}\mathscr{P}\oplus(\mathrm{Im}\mathscr{P})^{\perp}$. 因此由习题 8.7 第 10 题的结论知，$\mathscr{P}$ 是 V 在 $\mathrm{Im}\mathscr{P}$ 上的正交投影.

8. 设 $\mathbf{A}=(a_{ij})$ 是 n 级正定 Hermite 矩阵，证明：

$$|\mathbf{A}|\leqslant a_{11}a_{22}\cdots a_{nn},$$

等号成立当且仅当 $\boldsymbol{A}$ 是对角矩阵.

证明：　取一个 n 维酉空间 V，n 级正定 Hermite 矩阵 $\boldsymbol{A}$ 可以看成 V 的一个基 $\boldsymbol{\alpha}_1$，$\boldsymbol{\alpha}_2$，…，$\boldsymbol{\alpha}_n$ 的度量矩阵(即 Gram 矩阵)．于是 $a_{ij}=(\boldsymbol{\alpha}_i,\boldsymbol{\alpha}_j)$，$1\leqslant i,j\leqslant n$．在 V 中取一个标准正交基 $\boldsymbol{\eta}_1$，$\boldsymbol{\eta}_2$，…，$\boldsymbol{\eta}_n$，设

$$(\boldsymbol{\alpha}_1,\boldsymbol{\alpha}_2,\cdots,\boldsymbol{\alpha}_n)=(\boldsymbol{\eta}_1,\boldsymbol{\eta}_2,\cdots,\boldsymbol{\eta}_n)\boldsymbol{P}$$

则 $\boldsymbol{\alpha}_i$ 在标准正交基 $\boldsymbol{\eta}_1$，$\boldsymbol{\eta}_2$，…，$\boldsymbol{\eta}_n$ 下的坐标为 $\boldsymbol{P}$ 的第 i 列 $\boldsymbol{X}_i$，$i=1,2,\cdots,n$．于是

$$a_{ij}=(\boldsymbol{\alpha}_i,\boldsymbol{\alpha}_j)=\boldsymbol{X}_j^*\boldsymbol{X}_i=\boldsymbol{X}_i'\overline{\boldsymbol{X}}_j,\quad 1\leqslant i,j\leqslant n$$

从而 $\boldsymbol{A}=\boldsymbol{P}'\overline{\boldsymbol{P}}$．对 $\boldsymbol{\alpha}_1$，$\boldsymbol{\alpha}_2$，…，$\boldsymbol{\alpha}_n$ 进行 Schmidt 正交化：

$$\boldsymbol{\beta}_1=\boldsymbol{\alpha}_1,\quad \boldsymbol{\beta}_i=\boldsymbol{\alpha}_i-\sum_{j=1}^{i-1}\frac{(\boldsymbol{\alpha}_i,\boldsymbol{\beta}_j)}{(\boldsymbol{\beta}_j,\boldsymbol{\beta}_j)}\boldsymbol{\beta}_j,\quad i=2,3,\cdots,n$$

则$(\boldsymbol{\beta}_1,\boldsymbol{\beta}_2,\cdots,\boldsymbol{\beta}_n)=(\boldsymbol{\alpha}_1,\boldsymbol{\alpha}_2,\cdots,\boldsymbol{\alpha}_n)\boldsymbol{B}$，其中 $\boldsymbol{B}$ 是主对角元为 1 的上三角矩阵，于是$(\boldsymbol{\beta}_1,\boldsymbol{\beta}_2,\cdots,\boldsymbol{\beta}_n)=(\boldsymbol{\eta}_1,\boldsymbol{\eta}_2,\cdots,\boldsymbol{\eta}_n)\boldsymbol{PB}$．从而 $\boldsymbol{\beta}_i$ 在 $\boldsymbol{\eta}_1$，$\boldsymbol{\eta}_2$，…，$\boldsymbol{\eta}_n$ 下的坐标为 $\boldsymbol{PB}$ 的第 i 列 $\boldsymbol{Y}_i$，因此

$$(\boldsymbol{\beta}_i,\boldsymbol{\beta}_j)=\boldsymbol{Y}_j^*\boldsymbol{Y}_i=\boldsymbol{Y}_i'\overline{\boldsymbol{Y}}_j,\quad 1\leqslant i,j\leqslant n$$

从而

$$\begin{aligned}|\mathrm{G}(\boldsymbol{\beta}_1,\boldsymbol{\beta}_2,\cdots,\boldsymbol{\beta}_n)|&=|(\boldsymbol{PB})'\overline{(\boldsymbol{PB})}|=|\boldsymbol{B}'\boldsymbol{P}'\overline{\boldsymbol{PB}}|=|\boldsymbol{B}'\boldsymbol{A}\overline{\boldsymbol{B}}|\\&=|\boldsymbol{B}|\boldsymbol{A}|\overline{\boldsymbol{B}}|=|\boldsymbol{A}|\end{aligned}$$

由于$(\boldsymbol{\beta}_i,\boldsymbol{\beta}_j)=0$，因此当 $i\neq j$ 时

$$|\boldsymbol{A}|=|\mathrm{G}(\boldsymbol{\beta}_1,\boldsymbol{\beta}_2,\cdots,\boldsymbol{\beta}_n)|=|\boldsymbol{\beta}_1|^2|\boldsymbol{\beta}_2|^2\cdots|\boldsymbol{\beta}_n|^2$$

由于

$$\begin{aligned}|\boldsymbol{\beta}_i|^2&=\left[\boldsymbol{\alpha}_i-\sum_{j=1}^{i-1}\frac{(\boldsymbol{\alpha}_i,\boldsymbol{\beta}_j)}{(\boldsymbol{\beta}_j,\boldsymbol{\beta}_j)}\boldsymbol{\beta}_j,\ \boldsymbol{\alpha}_i-\sum_{j=1}^{i-1}\frac{(\boldsymbol{\alpha}_i,\boldsymbol{\beta}_j)}{(\boldsymbol{\beta}_j,\boldsymbol{\beta}_j)}\boldsymbol{\beta}_j\right]\\&=|\boldsymbol{\alpha}_i|^2-\sum_{l=1}^{i-1}\overline{\left[\frac{(\boldsymbol{\alpha}_i,\boldsymbol{\beta}_l)}{(\boldsymbol{\beta}_l,\boldsymbol{\beta}_l)}\right]}(\boldsymbol{\alpha}_i,\boldsymbol{\beta}_l)-\sum_{j=1}^{i-1}\frac{(\boldsymbol{\alpha}_i,\boldsymbol{\beta}_j)}{(\boldsymbol{\beta}_j,\boldsymbol{\beta}_j)}(\boldsymbol{\beta}_j,\boldsymbol{\alpha}_i)\\&\quad+\sum_{j=1}^{i-1}\sum_{l=1}^{i-1}\frac{(\boldsymbol{\alpha}_i,\boldsymbol{\beta}_j)}{(\boldsymbol{\beta}_j,\boldsymbol{\beta}_j)}\overline{\left[\frac{(\boldsymbol{\alpha}_i,\boldsymbol{\beta}_l)}{(\boldsymbol{\beta}_l,\boldsymbol{\beta}_l)}\right]}(\boldsymbol{\beta}_j,\boldsymbol{\beta}_l)\\&=|\boldsymbol{\alpha}_i|^2-\sum_{j=1}^{i-1}\frac{|(\boldsymbol{\alpha}_i,\boldsymbol{\beta}_j)|^2}{|\boldsymbol{\beta}_j|^2}\leqslant|\boldsymbol{\alpha}_i|^2\end{aligned}$$

因此$|\boldsymbol{A}|\leqslant|\boldsymbol{\alpha}_1|^2|\boldsymbol{\alpha}_2|^2\cdots|\boldsymbol{\alpha}_n|^2=a_{11}a_{22}\cdots a_{nn}$，等号成立当且仅当$(\boldsymbol{\alpha}_i,\ \boldsymbol{\beta}_j)=0$，$i=1$，$2$，$\cdots$，$n$；$j=1$，$2$，$\cdots$，$i-1$. 从而$\boldsymbol{\beta}_i=\boldsymbol{\alpha}_i$，$i=1$，$2$，$\cdots$，$n$，于是$\boldsymbol{A}$为对角矩阵.

9. 设$\boldsymbol{A}$是n级可逆复矩阵，证明 Hadamard 不等式：

$$\|\boldsymbol{A}\|^2\leqslant\prod_{i=1}^{n}\sum_{j=1}^{n}|a_{ji}|^2,$$

其中$\|\boldsymbol{A}\|$表示$\boldsymbol{A}$的行列式$|\boldsymbol{A}|$的模.

证明： 由于$\boldsymbol{A}$是n级可逆复矩阵，且$\boldsymbol{I}$是n级正定 Hermite 矩阵，因此根据本节定理 4 得，$\boldsymbol{A}^*\boldsymbol{IA}$是正定 Hermite 矩阵. 由于

$$(\boldsymbol{A}^*\boldsymbol{A})(i;\ i)=\sum_{j=1}^{n}\boldsymbol{A}^*(i,\ j)\boldsymbol{A}(j;\ i)=\sum_{j=1}^{n}\overline{\boldsymbol{A}(j;\ i)}\boldsymbol{A}(j;\ i)=\sum_{j=1}^{n}|a_{ji}|^2,$$

因此根据第 8 题的结论得

$$|\boldsymbol{A}|^2=\overline{|\boldsymbol{A}|}\,|\boldsymbol{A}|=|\boldsymbol{A}^*|\,|\boldsymbol{A}|=|\boldsymbol{A}^*\boldsymbol{A}|\leqslant\prod_{i=1}^{n}(\boldsymbol{A}^*\boldsymbol{A})(i;\ i)=\prod_{i=1}^{n}\sum_{j=1}^{n}|a_{ji}|^2$$

10. 设$\boldsymbol{A}$是n级可逆复矩阵，且$\boldsymbol{A}$的每个元素的模不超过 1，证明：$\|\boldsymbol{A}\|^2\leqslant n^n$，其中$\|\boldsymbol{A}\|$是$\boldsymbol{A}$的行列式$|\boldsymbol{A}|$的模.

证明： 根据第 9 题的结论得

$$|\boldsymbol{A}|^2\leqslant\prod_{i=1}^{n}\sum_{j=1}^{n}|a_{ji}|^2\leqslant\prod_{i=1}^{n}\sum_{j=1}^{n}1=n^n$$

11. 设$\boldsymbol{A}$，$\boldsymbol{B}$都是n级正定 Hermite 矩阵，证明：

(1) $\boldsymbol{AB}$的特征值都是正实数；

(2) 若$\boldsymbol{AB}=\boldsymbol{BA}$，则$\boldsymbol{AB}$是正定 Hermite 矩阵.

证明： (1) 由于$\boldsymbol{A}$，$\boldsymbol{B}$都是n级正定 Hermite 矩阵，因此根据本节定理 4 得，$\boldsymbol{A}=\boldsymbol{P}^*\boldsymbol{P}$，$\boldsymbol{B}=\boldsymbol{Q}^*\boldsymbol{Q}$，其中$\boldsymbol{P}$、$\boldsymbol{Q}$都是$n$级可逆复矩阵，于是$\boldsymbol{AB}=\boldsymbol{P}^*\boldsymbol{PQ}^*\boldsymbol{Q}$. 由于$\boldsymbol{P}^*(\boldsymbol{PQ}^*\boldsymbol{Q})$与$(\boldsymbol{PQ}^*\boldsymbol{Q})\boldsymbol{P}^*$有相同的非零特征值，且$(\boldsymbol{PQ}^*\boldsymbol{Q})\boldsymbol{P}^*=(\boldsymbol{QP}^*)^*(\boldsymbol{QP}^*)$是正定 Hermite 矩阵，而正定 Hermite 矩阵的特征值全大于 0，因此$\boldsymbol{P}^*(\boldsymbol{PQ}^*\boldsymbol{Q})$的非零特征值都是正实数. 又由于$\boldsymbol{P}^*(\boldsymbol{PQ}^*\boldsymbol{Q})$是可逆矩阵，因此 0 不是它的特征值，从而$\boldsymbol{AB}=\boldsymbol{P}^*\boldsymbol{PQ}^*\boldsymbol{Q}$的特征值都是正实数.

(2) 由于$\boldsymbol{AB}=\boldsymbol{BA}$，且$\boldsymbol{A}$，$\boldsymbol{B}$都是 Hermite 矩阵，因此$(\boldsymbol{AB})^*=(\overline{\boldsymbol{AB}})'=(\overline{\boldsymbol{A}}\overline{\boldsymbol{B}})'=\boldsymbol{B}^*\boldsymbol{A}^*=\boldsymbol{BA}=\boldsymbol{AB}$，于是$\boldsymbol{AB}$是 Hermite 矩阵. 根据第(1)小题，$\boldsymbol{AB}$的特征值都是正数，再根据本节定理 4 得，$\boldsymbol{AB}$是正定 Hermite 矩阵.

12. 设 $\boldsymbol{A}$ 是 n 级 Hermite 矩阵，如果 $\forall \boldsymbol{X}\in\mathbb{C}^n$ 且 $\boldsymbol{X}\neq\boldsymbol{0}$ 有 $\boldsymbol{X}^*\boldsymbol{A}\boldsymbol{X}\geqslant 0$，那么称 $\boldsymbol{A}$ 是半正定的. 证明：n 级 Hermite 矩阵 $\boldsymbol{A}$ 是半正定的当且仅当 $\boldsymbol{A}$ 的特征值全非负.

证明： 由于 $\boldsymbol{A}$ 是 n 级 Hermite 矩阵，因此存在 n 级酉矩阵 $\boldsymbol{P}$，使得 $\boldsymbol{P}^{-1}\boldsymbol{A}\boldsymbol{P}=\mathrm{diag}\{\lambda_1, \lambda_2, \cdots, \lambda_n\}$，其中 $\lambda_1, \lambda_2, \cdots, \lambda_n$ 是 $\boldsymbol{A}$ 的全部特征值，它们都是实数. 于是

$$\boldsymbol{A}=\boldsymbol{P}\mathrm{diag}\{\lambda_1, \lambda_2, \cdots, \lambda_n\}\boldsymbol{P}^{-1}$$

任取 $\boldsymbol{X}\in\mathbb{C}^n$ 且 $\boldsymbol{X}\neq\boldsymbol{0}$，有 $\boldsymbol{P}^{-1}\boldsymbol{X}\neq\boldsymbol{0}$. 记 $\boldsymbol{Y}=\boldsymbol{P}^{-1}\boldsymbol{X}$，于是

$$\begin{aligned}
\boldsymbol{A}\text{ 是半正定的} &\Leftrightarrow \boldsymbol{X}^*\boldsymbol{A}\boldsymbol{X}\geqslant 0, \ \forall \boldsymbol{X}\in\mathbb{C}\text{ 且 }\boldsymbol{X}\neq\boldsymbol{0}\\
&\Leftrightarrow (\boldsymbol{P}^{-1}\boldsymbol{X})^*\mathrm{diag}\{\lambda_1, \lambda_2, \cdots, \lambda_n\}(\boldsymbol{P}^{-1}\boldsymbol{X})\geqslant 0, \quad \forall \boldsymbol{X}\in\mathbb{C}\text{ 且 }\boldsymbol{X}\neq\boldsymbol{0}\\
&\Leftrightarrow \boldsymbol{Y}^*\mathrm{diag}\{\lambda_1, \lambda_2, \cdots, \lambda_n\}\boldsymbol{Y}\geqslant 0, \ \forall \boldsymbol{Y}\in\mathbb{C}^n\text{ 且 }\boldsymbol{Y}\neq\boldsymbol{0}\\
&\Leftrightarrow \lambda_1|y_1|^2+\lambda_2|y_2|^2+\cdots+\lambda_n|y_n|^2\geqslant 0, \ \forall (y_1, y_2, \cdots, y_n)'\in\mathbb{C}^n\backslash\{\boldsymbol{0}\}\\
&\Leftrightarrow \lambda_i\geqslant 0, \ i=1, 2, \cdots, n
\end{aligned}$$

13. 设 $\boldsymbol{A}, \boldsymbol{B}$ 都是 n 级 Hermite 矩阵，证明：如果 $\boldsymbol{A}$ 是正定的，$\boldsymbol{B}$ 是半正定的，那么存在 n 级可逆复矩阵 $\boldsymbol{C}$，使得 $\boldsymbol{C}^*\boldsymbol{A}\boldsymbol{C}$ 与 $\boldsymbol{C}^*\boldsymbol{B}\boldsymbol{C}$ 都是对角矩阵.

证明： 由于 $\boldsymbol{A}$ 是正定 Hermite 矩阵，因此根据本节定理 4 得，存在一个 n 级可逆复矩阵 $\boldsymbol{C}_1$，使得 $\boldsymbol{C}_1^*\boldsymbol{A}\boldsymbol{C}_1=\boldsymbol{I}$. 由于 $(\boldsymbol{C}_1^*\boldsymbol{B}\boldsymbol{C}_1)^*=\boldsymbol{C}_1^*\boldsymbol{B}^*(\boldsymbol{C}_1^*)^*=\boldsymbol{C}_1^*\boldsymbol{B}\boldsymbol{C}_1$，因此 $\boldsymbol{C}_1^*\boldsymbol{B}\boldsymbol{C}_1$ 是 Hermite 矩阵. 于是存在 n 级酉矩阵 $\boldsymbol{P}$，使得

$$\boldsymbol{P}^{-1}(\boldsymbol{C}_1^*\boldsymbol{B}\boldsymbol{C}_1)\boldsymbol{P}=\mathrm{diag}\{\mu_1, \mu_2, \cdots, \mu_n\}$$

其中 $\mu_1, \mu_2, \cdots, \mu_n$ 是 $\boldsymbol{C}_1^*\boldsymbol{B}\boldsymbol{C}_1$ 的特征值，它们都是实数. 令 $\boldsymbol{C}=\boldsymbol{C}_1\boldsymbol{P}$，则 $\boldsymbol{C}^*=\boldsymbol{P}^*\boldsymbol{C}_1^*=\boldsymbol{P}^{-1}\boldsymbol{C}_1^*$，于是 $\boldsymbol{C}$ 可逆，且

$$\boldsymbol{C}^*\boldsymbol{A}\boldsymbol{C}=\boldsymbol{P}^{-1}\boldsymbol{C}_1^*\boldsymbol{A}\boldsymbol{C}_1\boldsymbol{P}=\boldsymbol{P}^{-1}\boldsymbol{I}\boldsymbol{P}=\boldsymbol{I}$$
$$\boldsymbol{C}^*\boldsymbol{B}\boldsymbol{C}=\boldsymbol{P}^{-1}\boldsymbol{C}_1^*\boldsymbol{B}\boldsymbol{C}_1\boldsymbol{P}=\mathrm{diag}\{\mu_1, \mu_2, \cdots, \mu_n\}$$

14. 设 $\boldsymbol{A}, \boldsymbol{B}$ 都是 n 级 Hermite 矩阵，证明：如果 $\boldsymbol{A}$ 是正定的，$\boldsymbol{B}$ 是半正定的，那么

$$|\boldsymbol{A}+\boldsymbol{B}|\geqslant|\boldsymbol{A}|+|\boldsymbol{B}|,$$

等号成立当且仅当 $\boldsymbol{B}=\boldsymbol{0}$.

证明： 由第 13 题的证明过程可知，存在一个 n 级可逆复矩阵 $\boldsymbol{C}$，使得

$$\boldsymbol{C}^*\boldsymbol{A}\boldsymbol{C}=\boldsymbol{I}, \quad \boldsymbol{C}^*\boldsymbol{B}\boldsymbol{C}=\mathrm{diag}\{\mu_1, \mu_2, \cdots, \mu_n\}$$

其中 $\mu_1, \mu_2, \cdots, \mu_n$ 是 $\boldsymbol{C}_1^*\boldsymbol{B}\boldsymbol{C}_1$ 的特征值. 由于 $\boldsymbol{B}$ 半正定，因此 $\boldsymbol{C}_1^*\boldsymbol{B}\boldsymbol{C}_1$ 也半正定. 根据第 12 题得 $\mu_i\geqslant 0$，$i=1, 2, \cdots, n$.

$$|\boldsymbol{A}|=|(\boldsymbol{C}^*)^{-1}\boldsymbol{C}^{-1}|=|\overline{\boldsymbol{C}^{-1}}||\boldsymbol{C}^{-1}|=\|\boldsymbol{C}^{-1}\|^2$$
$$|\boldsymbol{B}|=|(\boldsymbol{C}^*)^{-1}\mathrm{diag}\{\mu_1, \mu_2, \cdots, \mu_n\}\boldsymbol{C}^{-1}|=\|\boldsymbol{C}^{-1}\|^2\cdot\mu_1\mu_2\cdots\mu_n$$
$$|\boldsymbol{A}+\boldsymbol{B}|=|(\boldsymbol{C}^*)^{-1}(\boldsymbol{I}+\mathrm{diag}\{\mu_1, \mu_2, \cdots, \mu_n\})\boldsymbol{C}^{-1}|$$
$$=\|\boldsymbol{C}^{-1}\|^2(1+\mu_1)(1+\mu_2)\cdots(1+\mu_n)$$

由于

$$\begin{aligned}&(1+\mu_1)(1+\mu_2)\cdots(1+\mu_n)\\&=1+(\mu_1+\mu_2+\cdots+\mu_n)+(\mu_1\mu_2+\cdots+\mu_{n-1}\mu_n)+\cdots+\mu_1\mu_2\cdots\mu_n\\&\geqslant 1+\mu_1\mu_2\cdots\mu_n\end{aligned}$$

且等号成立当且仅当 $\mu_1=\mu_2=\cdots=\mu_n=0$，因此

$$|\boldsymbol{A}+\boldsymbol{B}|\geqslant||\boldsymbol{C}^{-1}||^2(1+\mu_1\mu_2\cdots\mu_n)=|\boldsymbol{A}|+|\boldsymbol{B}|$$

且等号成立当且仅当 $\boldsymbol{C}^*\boldsymbol{BC}=0$，从而 $\boldsymbol{B}=\boldsymbol{0}$.

习题 8.8　线性变换的伴随变换，正规变换

1. 证明：酉空间 V 上的线性变换 $\mathscr{A}$ 是酉变换当且仅当 $\mathscr{A}^*=\mathscr{A}^{-1}$.

证明：　**（必要性）** 由于$(\mathscr{A}\boldsymbol{\alpha}, \boldsymbol{\beta})=(\mathscr{A}\boldsymbol{\alpha}, \mathscr{A}\mathscr{A}^{-1}\boldsymbol{\beta})=(\boldsymbol{\alpha}, \mathscr{A}^{-1}\boldsymbol{\beta})$，因此 $\mathscr{A}^*=\mathscr{A}^{-1}$.

（充分性） 设 $\mathscr{A}^*=\mathscr{A}^{-1}$，则$(\mathscr{A}\boldsymbol{\alpha}, \mathscr{A}\boldsymbol{\beta})=(\boldsymbol{\alpha}, \mathscr{A}^*(\mathscr{A}\boldsymbol{\beta}))=(\boldsymbol{\alpha}, \mathscr{A}^{-1}(\mathscr{A}\boldsymbol{\beta}))=(\boldsymbol{\alpha}, \boldsymbol{\beta})$，$\forall\boldsymbol{\alpha}, \boldsymbol{\beta}\in V$，因此 $\mathscr{A}$ 是 V 上的酉变换.

2. 证明：酉空间 V 上的线性变换 $\mathscr{A}$ 是 Hermite 变换当且仅当 $\mathscr{A}^*=\mathscr{A}$.

证明：　**（必要性）** 由 Hermite 变换的定义知$(\mathscr{A}\boldsymbol{\alpha}, \boldsymbol{\beta})=(\boldsymbol{\alpha}, \mathscr{A}\boldsymbol{\beta})$，从而 $\mathscr{A}^*=\mathscr{A}$.

（充分性） 设 $\mathscr{A}^*=\mathscr{A}$，则$(\mathscr{A}\boldsymbol{\alpha}, \boldsymbol{\beta})=(\boldsymbol{\alpha}, \mathscr{A}^*\boldsymbol{\beta})=(\boldsymbol{\alpha}, \mathscr{A}\boldsymbol{\beta})$，$\forall\boldsymbol{\alpha}, \boldsymbol{\beta}\in V$，因此 $\mathscr{A}$ 是 V 上的 Hermite 变换.

3. 证明：酉空间 V 上的线性交换 $\mathscr{A}$ 如果满足下列 3 个条件中的任意 2 个，那么它满足第 3 个条件：

(1) $\mathscr{A}$ 是酉变换；(2) $\mathscr{A}$ 是 Hermite 交换；(3) $\mathscr{A}$ 是对合变换(即 $\mathscr{A}^2=\mathscr{I}$).

证明：　设 $\mathscr{A}$ 满足条件(1)和(2)，则 $\mathscr{A}^*=\mathscr{A}^{-1}$，$\mathscr{A}^*=\mathscr{A}$，从而 $\mathscr{A}^{-1}=\mathscr{A}$，因此 $\mathscr{A}^2=\mathscr{I}$.

设 $\mathscr{A}$ 满足条件(1)和(3)，则 $\mathscr{A}^*=\mathscr{A}^{-1}$，$\mathscr{A}^2=\mathscr{I}$，从而 $\mathscr{A}^*=\mathscr{A}^{-1}=\mathscr{A}$. 因此 $\mathscr{A}$ 是 Hermite 变换.

设 $\mathscr{A}$ 满足条件(2)和(3)，则 $\mathscr{A}^*=\mathscr{A}$，$\mathscr{A}^2=\mathscr{I}$，从而 $\mathscr{A}^*=\mathscr{A}^{-1}=\mathscr{A}$. 因此 $\mathscr{A}$ 是酉变换.

4. 设 $\mathscr{A}$, $\mathscr{B}$ 是酉空间 V 上的两个 Hermite 变换，证明：$\mathscr{A}\mathscr{B}$ 是 Hermite 变换当且仅当 $\mathscr{A}\mathscr{B}=\mathscr{B}\mathscr{A}$.

证明：

$$\begin{aligned}\mathscr{A}\mathscr{B}\text{ 是 Hermite 变换}&\Leftrightarrow(\mathscr{A}\mathscr{B})^*=\mathscr{A}\mathscr{B}\\&\Leftrightarrow\mathscr{B}^*\mathscr{A}^*=\mathscr{A}\mathscr{B}\\&\Leftrightarrow\mathscr{B}\mathscr{A}=\mathscr{A}\mathscr{B}\end{aligned}$$

5. 设 $\mathscr{A}$, $\mathscr{B}$ 是酉空间 V 上的两个 Hermite 变换，证明：$\mathscr{A}\mathscr{B}+\mathscr{B}\mathscr{A}$ 与 $\mathrm{i}(\mathscr{A}\mathscr{B}-\mathscr{B}\mathscr{A})$ 都是 Hermite 变换.

证明：

$$(\mathscr{A}\mathscr{B}+\mathscr{B}\mathscr{A})^*=\mathscr{B}^*\mathscr{A}^*+\mathscr{A}^*\mathscr{B}^*=\mathscr{B}\mathscr{A}+\mathscr{A}\mathscr{B}$$

$$(\mathrm{i}(\mathscr{A}\mathscr{B}-\mathscr{B}\mathscr{A}))^*=\bar{\mathrm{i}}(\mathscr{B}^*\mathscr{A}^*-\mathscr{A}^*\mathscr{B}^*)=-\mathrm{i}(\mathscr{B}\mathscr{A}-\mathscr{A}\mathscr{B})=\mathrm{i}(\mathscr{A}\mathscr{B}-\mathscr{B}\mathscr{A})$$

从而 $\mathscr{A}\mathscr{B}+\mathscr{B}\mathscr{A}$ 与 $\mathrm{i}(\mathscr{A}\mathscr{B}-\mathscr{B}\mathscr{A})$ 都是 Hermite 变换.

6. 证明：酉空间 V 上的线性变换 $\mathscr{A}$ 如果有伴随变换 $\mathscr{A}^*$，那么 $\mathscr{A}$ 可以唯一地表示成

$$\mathscr{A}=\mathscr{A}_1+\mathrm{i}\mathscr{A}_2,$$

其中 $\mathscr{A}_1$，$\mathscr{A}_2$ 都是 Hermite 变换.

证明： 令 $\mathscr{A}_1=\frac{1}{2}(\mathscr{A}+\mathscr{A}^*)$，$\mathscr{A}_2=\frac{1}{2\mathrm{i}}(\mathscr{A}-\mathscr{A}^*)$，则 $\mathscr{A}_1^*=\mathscr{A}_1$，$\mathscr{A}_2^*=\mathscr{A}_2$，且 $\mathscr{A}=\mathscr{A}_1+\mathrm{i}\mathscr{A}_2$. 设 $\mathscr{A}=\mathscr{B}_1+\mathrm{i}\mathscr{B}_2$，其中 $\mathscr{B}_1$，$\mathscr{B}_2$ 都是 Hermite 变换，则

$$\mathscr{A}^*=\mathscr{B}_1^*+\bar{\mathrm{i}}\mathscr{B}_2^*=\mathscr{B}_1-\mathrm{i}\mathscr{B}_2$$

联立以上两个等式，解得

$$\mathscr{B}_1=\frac{1}{2}(\mathscr{A}+\mathscr{A}^*),\ \mathscr{B}_2=\frac{1}{2\mathrm{i}}(\mathscr{A}-\mathscr{A}^*)$$

唯一性得证.

7. 设 $\mathscr{P}_1$，$\mathscr{P}_2$ 分别是酉空间 V 在子空间 W_1，W_2 上的正交投影，证明：$\mathscr{P}_1+\mathscr{P}_2$ 是正交投影当且仅当 W_1 与 W_2 互相正交，且此时 $\mathscr{P}_1+\mathscr{P}_2$ 是 V 在 $W_1\oplus W_2$ 上的正交投影.

证明： （**必要性**）设 $\mathscr{P}_1+\mathscr{P}_2$ 是正交投影，则 $\mathscr{P}_1+\mathscr{P}_2$ 是幂等的. 由于 $\mathscr{P}_1$ 和 $\mathscr{P}_2$ 也是幂等的，因此根据习题 6.2 的第 5 题得，$\mathscr{P}_1\mathscr{P}_2=\mathscr{P}_2\mathscr{P}_1=\mathscr{O}$. 再根据习题 8.6 的第 14 题得，$W_1$ 与 W_2 互相正交.

（**充分性**）设 W_1 与 W_2 互相正交，则根据习题 8.6 的第 14 题得，$\mathscr{P}_1\mathscr{P}_2=\mathscr{P}_2\mathscr{P}_1=\mathscr{O}$. 由于 $\mathscr{P}_1$ 和 $\mathscr{P}_2$ 是幂等的，因此根据习题 6.2 的第 5 题得，$\mathscr{P}_1+\mathscr{P}_2$ 也是幂等的. 由于 $\mathscr{P}_1$ 和 $\mathscr{P}_2$ 是正交投影，因此根据习题 8.7 的第 7 题得，$\mathscr{P}_1$ 和 $\mathscr{P}_2$ 是 Hermite 变换，从而 $\mathscr{P}_1^*=\mathscr{P}_1$，$\mathscr{P}_2^*=\mathscr{P}_2$. 于是

$$(\mathscr{P}_1+\mathscr{P}_2)^*=\mathscr{P}_1^*+\mathscr{P}_2^*=\mathscr{P}_1+\mathscr{P}_2$$

因此 $\mathscr{P}_1+\mathscr{P}_2$ 是 Hermite 变换. 根据习题 8.7 的第 7 题得，$\mathscr{P}_1+\mathscr{P}_2$ 是 V 在子空间 $\mathrm{Im}(\mathscr{P}_1+\mathscr{P}_2)$上的正交投影. 根据习题 8.6 的第 13 题得，$\mathrm{Im}\mathscr{P}_i=W_i$，$\mathrm{Ker}\mathscr{P}_i=W_i^{\perp}$，$i=1, 2$. 由于 $W_1\subseteq W_2^{\perp}$，$W_2\subseteq W_1^{\perp}$，因此对 $\forall\,\boldsymbol{\alpha}_1\in W_1$，$\boldsymbol{\alpha}_2\in W_2$，有

$$(\mathscr{P}_1+\mathscr{P}_2)(\boldsymbol{\alpha}_1+\boldsymbol{\alpha}_2)=\mathscr{P}_1(\boldsymbol{\alpha}_1+\boldsymbol{\alpha}_2)+\mathscr{P}_2(\boldsymbol{\alpha}_1+\boldsymbol{\alpha}_2)=\mathscr{P}_1\boldsymbol{\alpha}_1+\mathscr{P}_2\boldsymbol{\alpha}_2=\boldsymbol{\alpha}_1+\boldsymbol{\alpha}_2$$

从而 $\boldsymbol{\alpha}_1+\boldsymbol{\alpha}_2\in\mathrm{Im}(\mathscr{P}_1+\mathscr{P}_2)$，于是 $W_1+W_2\subseteq\mathrm{Im}(\mathscr{P}_1+\mathscr{P}_2)$. 任取 $\gamma\in\mathrm{Im}(\mathscr{P}_1+\mathscr{P}_2)$，则存在 $\boldsymbol{\alpha}\in V$，使得 $\gamma=(\mathscr{P}_1+\mathscr{P}_2)\boldsymbol{\alpha}=\mathscr{P}_1\boldsymbol{\alpha}+\mathscr{P}_2\boldsymbol{\alpha}$，从而 $\gamma\in W_1+W_2$. 因此 $\mathrm{Im}(\mathscr{P}_1+\mathscr{P}_2)\subseteq W_1+W_2$，于是 $\mathrm{Im}(\mathscr{P}_1+\mathscr{P}_2)=W_1+W_2$. 由于 $W_1\subseteq W_2^{\perp}$，因此 $W_1\cap W_2\subseteq W_2^{\perp}\cap W_2=\mathbf{0}$，从而 W_1+W_2 是直和. 因此 $\mathscr{P}_1+\mathscr{P}_2$ 是 V 在 $W_1\oplus W_2$ 上的正交投影.

8. 酉空间 V 上的一个变换 $\mathscr{A}$ 如果满足

$$(\mathscr{A}\boldsymbol{\alpha},\boldsymbol{\beta})=-(\boldsymbol{\alpha},\mathscr{A}\boldsymbol{\beta}),\quad\forall\,\boldsymbol{\alpha},\boldsymbol{\beta}\in V,$$

那么称 $\mathscr{A}$ 是 V 上的一个**斜 Hermite 变换**. 证明：

(1) V 上的斜 Hermite 变换 $\mathscr{A}$ 是线性变换；

(2) n 维酉空间 V 上的线性变换 $\mathscr{A}$ 是斜 Hermite 变换当且仅当 $\mathscr{A}$ 在 V 上的任意一个标准正交基下的矩阵 $\boldsymbol{A}$ 满足 $\boldsymbol{A}^*=-\boldsymbol{A}$，称此矩阵 $\boldsymbol{A}$ 是**斜 Hermite 矩阵**；

(3) 斜 Hermite 变换的特征值是 0 或纯虚数；

(4) n 维酉空间 V 中存在一个标准正交基，使得斜 Hermite 变换 $\mathscr{A}$ 在此基下的矩阵为对角矩阵，其主对角元为 0 或纯虚数.

证明： (1) 任取 $\boldsymbol{\alpha},\boldsymbol{\beta}\in V$，对 $\forall\,\boldsymbol{\gamma}\in V$，$k\in\boldsymbol{C}$，有

$$\begin{aligned}(\mathscr{A}(\boldsymbol{\alpha}+\boldsymbol{\beta}),\boldsymbol{\gamma})&=-(\boldsymbol{\alpha}+\boldsymbol{\beta},\mathscr{A}\boldsymbol{\gamma})=-(\boldsymbol{\alpha},\mathscr{A}\boldsymbol{\gamma})-(\boldsymbol{\beta},\mathscr{A}\boldsymbol{\gamma})\\&=(\mathscr{A}\boldsymbol{\alpha},\boldsymbol{\gamma})+(\mathscr{A}\boldsymbol{\beta},\boldsymbol{\gamma})=(\mathscr{A}\boldsymbol{\alpha}+\mathscr{A}\boldsymbol{\beta},\boldsymbol{\gamma})\end{aligned}$$

由此推出，$\mathscr{A}(\boldsymbol{\alpha}+\boldsymbol{\beta})=\mathscr{A}\boldsymbol{\alpha}+\mathscr{A}\boldsymbol{\beta}$.

$$(\mathscr{A}(k\boldsymbol{\alpha}),\boldsymbol{\beta})=-(k\boldsymbol{\alpha},\mathscr{A}\boldsymbol{\beta})=-k(\boldsymbol{\alpha},\mathscr{A}\boldsymbol{\beta})=k(\mathscr{A}\boldsymbol{\alpha},\boldsymbol{\beta})=(k\mathscr{A}\boldsymbol{\alpha},\boldsymbol{\beta})$$

由此推出，$\mathscr{A}(k\boldsymbol{\alpha})=k\mathscr{A}\boldsymbol{\alpha}$. 因此 $\boldsymbol{A}$ 是 V 上的线性变换.

(2) 任取 V 的一个标准正交基 $\boldsymbol{\eta}_1,\boldsymbol{\eta}_2,\cdots,\boldsymbol{\eta}_n$，设

$$\mathscr{A}(\boldsymbol{\eta}_1,\boldsymbol{\eta}_2,\cdots,\boldsymbol{\eta}_n)=(\boldsymbol{\eta}_1,\boldsymbol{\eta}_2,\cdots,\boldsymbol{\eta}_n)\boldsymbol{A}$$

则 $\mathscr{A}\boldsymbol{\eta}_j$ 在标准正交基 $\boldsymbol{\eta}_1,\boldsymbol{\eta}_2,\cdots,\boldsymbol{\eta}_n$ 下的坐标的第 i 个分量为 $a_{ij}=(\boldsymbol{A}\boldsymbol{\eta}_j,\boldsymbol{\eta}_i)$，$i,j=1,2,\cdots,n$. 因此

$$
\begin{aligned}
&\mathscr{A}\text{是 }V\text{ 上的斜 Hermite 变换}\\
&\Leftrightarrow(\mathscr{A}\boldsymbol{\alpha},\ \boldsymbol{\beta})=-(\boldsymbol{\alpha},\ \mathscr{A}\boldsymbol{\beta}),\quad \forall\,\boldsymbol{\alpha},\ \boldsymbol{\beta}\in V\\
&\Leftrightarrow(\mathscr{A}\boldsymbol{\eta}_j,\ \boldsymbol{\eta}_i)=-(\boldsymbol{\eta}_j,\ \mathscr{A}\boldsymbol{\eta}_i),\quad 1\leqslant i,\ j\leqslant n\\
&\Leftrightarrow(\mathscr{A}\boldsymbol{\eta}_j,\ \boldsymbol{\eta}_i)=-\overline{(\mathscr{A}\boldsymbol{\eta}_i,\ \boldsymbol{\eta}_j)},\quad 1\leqslant i,\ j\leqslant n\\
&\Leftrightarrow a_{ij}=-\overline{a_{ji}},\quad 1\leqslant i,\ j\leqslant n\\
&\Leftrightarrow\boldsymbol{A}=-\boldsymbol{A}^*
\end{aligned}
$$

于是 $\mathscr{A}$ 是 V 上的斜 Hermite 变换当且仅当 $\mathscr{A}$ 在 V 的任一标准正交基下的矩阵 $\boldsymbol{A}$ 是斜 Hermite 矩阵.

(3) 设 λ_1 是斜 Hermite 变换 $\mathscr{A}$ 的任一特征值，$\boldsymbol{\xi}$ 是 $\mathscr{A}$ 的属于 λ_1 的一个特征向量，则

$$\lambda_1(\boldsymbol{\xi},\ \boldsymbol{\xi})=(\lambda_1\boldsymbol{\xi},\ \boldsymbol{\xi})=(\mathscr{A}\boldsymbol{\xi},\ \boldsymbol{\xi})=-(\boldsymbol{\xi},\ \mathscr{A}\boldsymbol{\xi})=-\overline{\lambda_1}(\boldsymbol{\xi},\ \boldsymbol{\xi})$$

由此得出，$(\lambda_1+\overline{\lambda_1})(\boldsymbol{\xi},\ \boldsymbol{\xi})=0$，从而 $\overline{\lambda_1}=-\lambda_1$. 设 $\lambda_1=a+b\mathrm{i}$，则 $\overline{\lambda_1}=a-b\mathrm{i}$. 由 $\overline{\lambda_1}=-\lambda_1$ 得 $a=0$. 因此 λ_1 是 0 或纯虚数.

(4) 由于斜 Hermite 变换 $\mathscr{A}$ 的伴随变换 $\mathscr{A}^*=-\mathscr{A}$，因此 $\mathscr{A}$ 是正规变换. 据定理 6 得，V 中存在一个标准正交基，使得 $\mathscr{A}$ 在此基下的矩阵是对角矩阵，其主对角元为 $\mathscr{A}$ 的全部特征值，从而它们是 0 或纯虚数.

9. 证明：酉空间 V 上的线性变换 $\mathscr{A}$ 是斜 Hermite 变换当且仅当 $\mathscr{A}^*=-\mathscr{A}$.

证明： **(必要性)** 已经在第 9 题中证完，下面证充分性.

若 $\mathscr{A}^*=-\mathscr{A}$，则对任意的 $\boldsymbol{\alpha}$，$\boldsymbol{\beta}\in V$，有

$$(\mathscr{A}\boldsymbol{\alpha},\ \boldsymbol{\beta})=(\boldsymbol{\alpha},\ \mathscr{A}^*\boldsymbol{\beta})=(\boldsymbol{\alpha},\ -\mathscr{A}\boldsymbol{\beta})=-(\boldsymbol{\alpha},\ \mathscr{A}\boldsymbol{\beta}),$$

因此 $\mathscr{A}$ 是斜 Hermite 变换.

10. 设 $\mathscr{A}$ 是 n 维酉空间 V 上的一个斜 Hermite 变换，证明：V 中存在一个标准正交基，使得 $\mathscr{A}$ 在此基下的矩阵为对角矩阵，且其主对角元为 0 或纯虚数.

证明： 见第 8 题的(4).

11. 设 $\mathscr{A}$ 是 n 维酉空间 V 上的斜 Hermite 变换，证明：如果对任意 $\boldsymbol{\alpha}\in V$，都有 $(\mathscr{A}\boldsymbol{\alpha},\ \boldsymbol{\alpha})=0$，那么 $\mathscr{A}=\mathscr{O}$.

证明： **(方法一)** 根据第 10 题结论得，V 中存在一个标准正交基，使得 $\mathscr{A}$ 在此基下的矩阵 $\boldsymbol{A}$ 为对角矩阵

$$\boldsymbol{A}=\mathrm{diag}\{\lambda_1,\ \lambda_2,\ \cdots,\ \lambda_n\}$$

$\mathscr{A}\boldsymbol{\eta}_i$ 在标准正交基 $\boldsymbol{\eta}_1$，$\boldsymbol{\eta}_2$，…，$\boldsymbol{\eta}_n$ 下的坐标的第 i 个分量为$(\mathscr{A}\boldsymbol{\eta}_i, \boldsymbol{\eta}_i)$，它等于 $\mathbf{A}$ 的(i, i)元 λ_i. 由已知条件得 $\lambda_i=(\mathscr{A}\boldsymbol{\eta}_i, \boldsymbol{\eta}_i)=0$，$i=1, 2, \cdots, n$，因此 $\mathbf{A}=\mathbf{0}$，从而 $\mathscr{A}=\mathscr{O}$.

（方法二） 任取 $\boldsymbol{\alpha}$，$\boldsymbol{\beta}\in V$，考虑$(\mathscr{A}(\boldsymbol{\alpha}+k\boldsymbol{\beta}), \boldsymbol{\alpha}+k\boldsymbol{\beta})=0$. 而

$$\begin{aligned}(\mathscr{A}(\boldsymbol{\alpha}+k\boldsymbol{\beta}), \boldsymbol{\alpha}+k\boldsymbol{\beta})&=(\mathscr{A}\boldsymbol{\alpha}+k\mathscr{A}\boldsymbol{\beta}, \boldsymbol{\alpha}+k\boldsymbol{\beta})\\&=(\mathscr{A}\boldsymbol{\alpha}, \boldsymbol{\alpha})+(\mathscr{A}\boldsymbol{\alpha}, k\boldsymbol{\beta})+k(\mathscr{A}\boldsymbol{\beta}, \boldsymbol{\alpha})+k\bar{k}(\mathscr{A}\boldsymbol{\beta}, \boldsymbol{\beta})\\&=\bar{k}(\mathscr{A}\boldsymbol{\alpha}, \boldsymbol{\beta})+k(\mathscr{A}\boldsymbol{\beta}, \boldsymbol{\alpha})\end{aligned}$$

上式中分别令 $k=1$，i，解得$(\mathscr{A}\boldsymbol{\alpha}, \boldsymbol{\beta})=(\mathscr{A}\boldsymbol{\beta}, \boldsymbol{\alpha})=0$. 注意到$(\mathscr{A}\boldsymbol{\alpha}, \boldsymbol{\beta})=(\boldsymbol{\alpha}, \mathscr{A}^*\boldsymbol{\beta})=0$，$(\mathscr{A}\boldsymbol{\beta}, \boldsymbol{\alpha})=\overline{(\boldsymbol{\alpha}, \mathscr{A}\boldsymbol{\beta})}=0$，从而得到$(\boldsymbol{\alpha}, \mathscr{A}\boldsymbol{\beta})=0=(\boldsymbol{\alpha}, \mathscr{A}^*\boldsymbol{\beta})$，从而 $\mathscr{A}^*=\mathscr{A}$，再由第 9 题的结论得到$\mathscr{A}=-\mathscr{A}$，即证明了 $\mathscr{A}=\mathscr{O}$.

12. 证明：在酉空间 V 中，若 $\mathscr{A}$ 是 Hermite 变换（斜 Hermite 变换），则 i$\mathscr{A}$ 是斜 Hermite 变换（Hermite 变换）.

证明： 设 $\mathscr{A}$ 是 Hermite 变换，则$(\mathrm{i}\mathscr{A})^*=-\mathrm{i}\mathscr{A}^*=-\mathrm{i}\mathscr{A}$，由第 9 题的结论知 i$\mathscr{A}$ 是斜 Hermite 变换.

若 $\mathscr{A}$ 是斜 Hermite 变换，则$(\mathrm{i}\mathscr{A})^*=-\mathrm{i}\mathscr{A}^*=-\mathrm{i}(-\mathscr{A})=\mathrm{i}\mathscr{A}$，由第 2 题的结论知 i$\mathscr{A}$ 是 Hermite 变换.

13. 设 $\mathscr{A}$ 是酉空间 V 上的一个线性变换，证明：$\mathscr{A}$ 是斜 Hermite 变换当且仅当对任意 $\boldsymbol{\alpha}\in V$，有$(\mathscr{A}\boldsymbol{\alpha}, \boldsymbol{\alpha})$是 0 或纯虚数.

证明： **（必要性）** 设 $\mathscr{A}$ 是斜 Hermite 变换，则

$$(\mathscr{A}\boldsymbol{\alpha}, \boldsymbol{\alpha})=-(\boldsymbol{\alpha}, \mathscr{A}\boldsymbol{\alpha})=-\overline{(\mathscr{A}\boldsymbol{\alpha}, \boldsymbol{\alpha})}, \quad \forall\boldsymbol{\alpha}\in V$$

因此$(\mathscr{A}\boldsymbol{\alpha}, \boldsymbol{\alpha})$是 0 或纯虚数.

（充分性） 若对 $\forall\boldsymbol{\alpha}$，$\boldsymbol{\beta}\in V$ 有$(\mathscr{A}\boldsymbol{\alpha}, \boldsymbol{\alpha})$是 0 或纯虚数，则$-\mathrm{i}(\mathscr{A}\boldsymbol{\alpha}, \boldsymbol{\alpha})$是实数，即$(-\mathrm{i}\mathscr{A}\boldsymbol{\alpha}, \boldsymbol{\alpha})$是实数. 根据习题 8.7 第 6 题的结论得，$-\mathrm{i}\mathscr{A}$ 是 Hermite 变换. 根据第 12 题得，$\mathrm{i}(-\mathrm{i}\mathscr{A})$是斜 Hermite 变换，即 $\mathscr{A}$ 是斜 Hermite 变换.

14. 设酉空间 $\widetilde{C}[0, 1]$（参看习题 8.6 的第 1 题）上的一个交换 $\mathscr{A}$：$f\mapsto\mathscr{A}f$，其中

$$(\mathscr{A}f)(x):=xf(x), \quad \forall x\in[0, 1].$$

容易验证 $\mathscr{A}$ 是 $\widetilde{C}[0, 1]$上的一个线性变换，试问：

（1）$\mathscr{A}$ 有没有伴随变换？如果有，$\mathscr{A}^*$ 是什么？

（2）$\mathscr{A}$ 有没有特征值？

解：（1）任取 f，$g\in\widetilde{C}[0, 1]$，则

$$(\mathscr{A}f, g)=\int_0^1 (\mathscr{A}f)(x)\overline{g(x)}\mathrm{d}x=\int_0^1 xf(x)\overline{g(x)}\mathrm{d}x$$
$$=\int_0^1 f(x)\overline{xg(x)}\mathrm{d}x=\int_0^1 f(x)\overline{(\mathscr{A}g)(x)}\mathrm{d}x=(f, \mathscr{A}g),$$

因此 $\mathscr{A}$ 有伴随变换，且 $\mathscr{A}^*=\mathscr{A}$. 故 $\mathscr{A}$ 是 Hermite 变换.

假如 $\mathscr{A}$ 有特征值 λ_1，则存在 $f\in\widetilde{C}[0, 1]$ 且 $f\neq 0$，使得 $\mathscr{A}f=\lambda_1 f$. 从而 $\forall x\in[0, 1]$，有 $xf(x)=\lambda_1 f(x)$，即 $(x-\lambda_1)f(x)=0$. 据教材 8.7 节的命题 11 得，λ_1 是实数. 若 $\lambda_1\notin[0, 1]$，则 $\forall x\in[0, 1]$，有 $f(x)=0$，从而 $f=0$，矛盾. 若 $\lambda_1\in[0, 1]$，则当 $[0, 1]$ 中的 $x\neq\lambda_1$ 时，有 $f(x)=0$. 由于 $f(x)$ 是 $[0, 1]$ 上的连续函数，因此 $\lim\limits_{x\to\lambda_1}f(x)=0$，即 $f(\lambda_1)=0$，从而 $f=0$，矛盾. 这证明了 $\mathscr{A}$ 没有特征值.

注：第 14 题给出了无限维酉空间上的线性变换可能有伴随变换的例子，给出了无限维酉空间 $\widetilde{C}[0, 1]$ 上的一个 Hermite 变换，并且证明了这个 Hermite 变换没有特征值. 这与有限维酉空间上的 Hermite 变换区别很大(有限维线性空间上的 Hermite 变换一定有实的特征值).

15. 证明：酉空间 V 上正规变换 $\mathscr{A}$ 的属于不同特征值的特征向量一定正交.

证明：　设 λ_1，λ_2 是正规变换 $\mathscr{A}$ 的不同特征值，$\boldsymbol{\xi}_1$，$\boldsymbol{\xi}_2$ 是 $\mathscr{A}$ 的分别属于 λ_1，λ_2 的特征向量，则根据本节定理 4 得

$$\lambda_1(\boldsymbol{\xi}_1, \boldsymbol{\xi}_2)=(\lambda_1\boldsymbol{\xi}_1, \boldsymbol{\xi}_2)=(\mathscr{A}\boldsymbol{\xi}_1, \boldsymbol{\xi}_2)=(\boldsymbol{\xi}_1, \mathscr{A}^*\boldsymbol{\xi}_2)=(\boldsymbol{\xi}_1, \overline{\lambda_2}\boldsymbol{\xi}_2)=\lambda_2(\boldsymbol{\xi}_1, \boldsymbol{\xi}_2)$$

由于 $\lambda_1\neq\lambda_2$，因此 $(\boldsymbol{\xi}_1, \boldsymbol{\xi}_2)=0$，即 $\boldsymbol{\xi}_1$ 与 $\boldsymbol{\xi}_2$ 正交.

16. 设 $\mathscr{A}$ 是 n 维酉空间 V 上的正规变换，λ_1，λ_2，…，λ_s 是 $\mathscr{A}$ 的所有不同的特征值，V_{λ_i} 是 $\mathscr{A}$ 的属于特征值 λ_i 的特征子空间，用 $\mathscr{P}_i$ 表示 V 在 V_{λ_i} 上的正交投影，$i=1, 2, \cdots, s$. 证明：

(1) $V=V_{\lambda_1}\oplus V_{\lambda_2}\oplus\cdots\oplus V_{\lambda_s}$，其中 V_{λ_i} 与 V_{λ_j} 互相正交，当 $i\neq j$；

(2) $\mathscr{P}_i\mathscr{P}_j=\mathscr{O}$，当 $i\neq j$；

(3) $\sum\limits_{i=1}^{s}\mathscr{P}_i=\mathscr{I}$；

(4) $\mathscr{A}=\sum\limits_{i=1}^{s}\lambda_i\mathscr{P}_i$.

证明：　(1) 根据定理 6 得，n 维酉空间 V 上的正规变换 $\mathscr{A}$ 一定可对角化，因此

$$V=V_{\lambda_1}\oplus V_{\lambda_2}\oplus\cdots\oplus V_{\lambda_s} \tag{1}$$

根据第 15 题结论得，当 $i\neq j$ 时，$V_i\subseteq V_j^{\perp}$，因此 V_i 与 V_j 互相正交.

(2) 由于当 $i\neq j$ 时，V_i 与 V_j 互相正交，因此据习题 8.6 第 14 题结论得，$\mathscr{P}_i\mathscr{P}_j=\mathscr{O}$.

(3) 任取 $\boldsymbol{\alpha}\in V$，由(1)式得

$$\boldsymbol{\alpha}=\boldsymbol{\alpha}_1+\boldsymbol{\alpha}_2+\cdots+\boldsymbol{\alpha}_s,\quad \boldsymbol{\alpha}_i\in V_i,\quad i=1,2,\cdots,s$$

由于 $\mathscr{P}_i$ 是 V 在 V_i 上的正交投影，因此 $\mathrm{Im}\mathscr{P}_i=V_i$，从而 $\mathscr{P}_i\boldsymbol{\alpha}_i=\boldsymbol{\alpha}_i$，$i=1,2,\cdots,s$. 于是当 $j\neq i$ 时，有 $\mathscr{P}_i\boldsymbol{\alpha}_j=\mathscr{P}_i\mathscr{P}_j\boldsymbol{\alpha}_j=\mathbf{0}$.

$$\mathscr{P}_i\boldsymbol{\alpha}=\mathscr{P}_i\left(\boldsymbol{\alpha}_i+\sum_{j\neq i}\boldsymbol{\alpha}_j\right)=\boldsymbol{\alpha}_i,\quad i=1,2,\cdots,s \tag{2}$$

因此 $\boldsymbol{\alpha}=\mathscr{P}_1\boldsymbol{\alpha}+\mathscr{P}_2\boldsymbol{\alpha}+\cdots+\mathscr{P}_s\boldsymbol{\alpha}=(\mathscr{P}_1+\mathscr{P}_2+\cdots+\mathscr{P}_s)\boldsymbol{\alpha}$，$\forall\,\boldsymbol{\alpha}\in V$. 由此得出

$$\mathscr{P}_1+\mathscr{P}_2+\cdots+\mathscr{P}_s=\mathscr{I}.$$

(4) 任取 $\boldsymbol{\alpha}\in V$，利用(1)式和(2)式得

$$\begin{aligned}\mathscr{A}\boldsymbol{\alpha}&=\mathscr{A}\boldsymbol{\alpha}_1+\mathscr{A}\boldsymbol{\alpha}_2+\cdots+\mathscr{A}\boldsymbol{\alpha}_s=\lambda_1\boldsymbol{\alpha}_1+\lambda_2\boldsymbol{\alpha}_2+\cdots+\lambda_s\boldsymbol{\alpha}_s\\&=\lambda_1\mathscr{P}_1\boldsymbol{\alpha}+\lambda_2\mathscr{P}_2\boldsymbol{\alpha}+\cdots+\lambda_s\mathscr{P}_s\boldsymbol{\alpha}=(\lambda_1\mathscr{P}_1+\lambda_2\mathscr{P}_2+\cdots+\lambda_s\mathscr{P}_s)\boldsymbol{\alpha}\end{aligned}$$

由此得出

$$\mathscr{A}=\lambda_1\mathscr{P}_1+\lambda_2\mathscr{P}_2+\cdots+\lambda_s\mathscr{P}_s$$

17. 证明：在酉空间 V 中，正规变换与复数的乘积仍是正规变换.

证明： 设 $k\in\mathbb{C}$，则 $(k\mathscr{A})^*(k\mathscr{A})=(\bar{k}\mathscr{A}^*)(k\mathscr{A})=|k|^2\mathscr{A}^*\mathscr{A}$，而 $(k\mathscr{A})(k\mathscr{A})^*=(k\mathscr{A})\cdot(\bar{k}\mathscr{A}^*)=|k|^2\mathscr{A}\mathscr{A}^*$. 再结合 $\mathscr{A}\mathscr{A}^*=\mathscr{A}^*\mathscr{A}$ 得到 $k\mathscr{A}$ 是正规变换.

18. 设 $\mathscr{A}$ 是 n 维酉空间 V 上的正规变换，证明：若 W 是 $\mathscr{A}$ 的不变子空间，则 $W^{\perp}$ 也是 $\mathscr{A}$ 的不变子空间.

证明： 在 W 中取一个标准正交基 $\boldsymbol{\alpha}_1,\cdots,\boldsymbol{\alpha}_m$，把它扩充成 V 的一个标准正交基 $\boldsymbol{\alpha}_1,\cdots,\boldsymbol{\alpha}_m,\boldsymbol{\alpha}_{m+1},\cdots,\boldsymbol{\alpha}_n$，则 $\mathscr{A}$ 在此基下的矩阵

$$\mathbf{A}=\begin{pmatrix}\mathbf{A}_1 & \mathbf{A}_3\\ \mathbf{0} & \mathbf{A}_2\end{pmatrix}$$

由于 $\mathscr{A}$ 是 V 上的正规变换，因此 $\mathbf{A}$ 是正规矩阵，从而 $\mathbf{A}\mathbf{A}^*=\mathbf{A}^*\mathbf{A}$. 于是得出

$$\mathbf{A}_1\mathbf{A}_1^*+\mathbf{A}_3\mathbf{A}_3^*=\mathbf{A}_1^*\mathbf{A}_1$$

两边取迹，由于 $\mathrm{tr}(\mathbf{A}_1\mathbf{A}_1^*)=\mathrm{tr}(\mathbf{A}_1^*\mathbf{A}_1)$，因此 $\mathrm{tr}(\mathbf{A}_3\mathbf{A}_3^*)=0$. 由于

$$\operatorname{tr}(\boldsymbol{A}_3\boldsymbol{A}_3^*)=\sum_{i=1}^{m}(\boldsymbol{A}_3\boldsymbol{A}_3^*)(i;\ i)=\sum_{i=1}^{m}\sum_{j=1}^{n-m}\boldsymbol{A}_3(i;\ j)\boldsymbol{A}_3^*(j;\ i)$$
$$=\sum_{i=1}^{m}\sum_{j=1}^{n-m}\boldsymbol{A}_3(i;\ j)\overline{\boldsymbol{A}_3(i;\ j)}=\sum_{i=1}^{m}\sum_{j=1}^{n-m}|\boldsymbol{A}_3(i;\ j)|^2$$

因此 $A_3=0$，从而 $\langle\boldsymbol{\alpha}_{m+1},\ \cdots,\ \boldsymbol{\alpha}_n\rangle$ 是 $\mathscr{A}$ 的不变子空间. 由于 $\langle\boldsymbol{\alpha}_{m+1},\ \cdots,\ \boldsymbol{\alpha}_n\rangle\subseteq W^{\perp}$，且 $\dim\langle\boldsymbol{\alpha}_{m+1},\ \cdots,\ \boldsymbol{\alpha}_n\rangle=n-m=\dim W^{\perp}$，因此 $\langle\boldsymbol{\alpha}_{m+1},\ \cdots,\ \boldsymbol{\alpha}_n\rangle=W^{\perp}$. 于是 $W^{\perp}$ 是 $\mathscr{A}$ 的不变子空间.

19. 设 $\mathscr{A}$, $\mathscr{B}$ 是 n 维酉空间 V 上的正规变换，证明：若 $\mathscr{A}\mathscr{B}=\mathscr{B}\mathscr{A}$，则 V 中存在一个标准正交基，使得 $\mathscr{A}$, $\mathscr{B}$ 在此基下的矩阵都是对角矩阵.

证明： 对酉空间的维数 n 做数学归纳法.

$n=1$ 时，命题显然成立.

假设对于 $n-1$ 维酉空间命题为真，现在来看 n 维酉空间上的正规变换 $\mathscr{A}$, $\mathscr{B}$. 由于 $\mathscr{A}\mathscr{B}=\mathscr{B}\mathscr{A}$，因此由习题 6.8 第 3 题的结论知 $\mathscr{A}$, $\mathscr{B}$ 至少有一个公共特征向量 $\boldsymbol{\eta}_1$. 取 $\boldsymbol{\eta}_1$ 为单位向量，则 $V=\langle\boldsymbol{\eta}_1\rangle\oplus\langle\boldsymbol{\eta}_1\rangle^{\perp}$. 由于 $\langle\boldsymbol{\eta}_1\rangle$ 是 $\mathscr{A}$ 的不变子空间，也是 $\mathscr{B}$ 的不变子空间，且 $\mathscr{A}$, $\mathscr{B}$ 是正规变换，因此由第 18 题的结论知 $\langle\boldsymbol{\eta}_1\rangle^{\perp}$ 是 $\mathscr{A}$ 的不变子空间，也是 $\mathscr{B}$ 的不变子空间. 于是 $\mathscr{A}|\langle\boldsymbol{\eta}_1\rangle^{\perp}$, $\mathscr{B}|\langle\boldsymbol{\eta}_1\rangle^{\perp}$ 都是 $\langle\boldsymbol{\eta}_1\rangle^{\perp}$ 上的正规变换，且它们仍可交换，因此根据归纳法假设得，$\langle\boldsymbol{\eta}_1\rangle^{\perp}$ 中存在一个标准正交基 $\boldsymbol{\eta}_2,\ \cdots,\ \boldsymbol{\eta}_n$，使得 $\mathscr{A}|\langle\boldsymbol{\eta}_1\rangle^{\perp}$, $\mathscr{B}|\langle\boldsymbol{\eta}_1\rangle^{\perp}$ 在此基下的矩阵都是对角矩阵. 从而 $\mathscr{A}$, $\mathscr{B}$ 在 V 的标准正交基 $\boldsymbol{\eta}_1,\ \boldsymbol{\eta}_2,\ \cdots,\ \boldsymbol{\eta}_n$ 下的矩阵都是对角矩阵.

根据数学归纳法原理，对一切正整数 n，命题为真.

20. 证明：有限维酉空间 V 上的两个正规变换如果可交换，那么它们的乘积也是正规变换.

证明： 设 $\mathscr{A}$, $\mathscr{B}$ 是 n 维酉空间 V 上的两个正规变换，且 $\mathscr{A}\mathscr{B}=\mathscr{B}\mathscr{A}$. 由第 19 题知，$V$ 中存在一个标准正交基 $\boldsymbol{\eta}_1,\ \boldsymbol{\eta}_2,\ \cdots,\ \boldsymbol{\eta}_n$，使得 $\mathscr{A}$, $\mathscr{B}$ 在此基下的矩阵 $\boldsymbol{A}$, $\boldsymbol{B}$ 都为对角矩阵：$\boldsymbol{A}=\operatorname{diag}\{\lambda_1,\ \lambda_2,\ \cdots,\ \lambda_n\}$，$\boldsymbol{B}=\operatorname{diag}\{\mu_1,\ \mu_2,\ \cdots,\ \mu_n\}$. 于是 $\mathscr{A}\mathscr{B}$ 在此基下的矩阵为 $\boldsymbol{AB}=\operatorname{diag}\{\lambda_1\mu_1,\ \lambda_2\mu_2,\ \cdots,\ \lambda_n\mu_n\}$. 显然，$\boldsymbol{AB}$ 是正规矩阵，因此 $\mathscr{A}\mathscr{B}$ 是正规变换.

21. 设 $\mathscr{A}_1,\ \mathscr{A}_2,\ \cdots,\ \mathscr{A}_m$ 都是 n 维酉空间 V 上的正规变换，且它们两两可交换，证明：V 存在一个标准正交基，使得它们在此基下的矩阵都是对角矩阵.

证明： 对酉空间的维数 n 做第二数学归纳法.

$n=1$ 时，命题显然成立.

假设对于维数小于 n 的酉空间命题为真，现在来看 n 维酉空间的情形.

由于 $\mathscr{A}_1$ 是 V 上的正规变换，因此根据第 16 题结论得

$$V=V_1\oplus V_2\oplus\cdots\oplus V_s$$

其中 V_j 是 $\mathscr{A}_1$ 的属于特征值 λ_j 的特征子空间，λ_1，λ_2，…，λ_s 是 $\mathscr{A}_1$ 的所有不同的特征值，V_1，V_2，…，V_s 两两正交. 若 $s=1$，则 $\mathscr{A}_1$ 是数乘变换，可以转而去考虑 $\mathscr{A}_2$，因此不妨设 $s\geqslant 2$.

由于 $\mathscr{A}_i$ 与 $\mathscr{A}_1$ 可交换，因此 $\mathscr{A}_1$ 的特征子空间 V_j 是 $\mathscr{A}_i$ 的不变子空间，$j=1, 2, \cdots, s$；$i=1, 2, \cdots, m$. 于是 $\mathscr{A}_i|V_j$ 是 V_j 上的正规变换，且 $\mathscr{A}_1|V_j$，$\mathscr{A}_2|V_j$，…，$\mathscr{A}_m|V_j$ 两两可交换. 由于 $\dim V_j<\dim V$，因此根据归纳法假设，V_j 中存在一个标准正交基 η_{j1}，η_{j2}，…，η_{jr_j}，使得 $\mathscr{A}_1|V_j$，$\mathscr{A}_2|V_j$，…，$\mathscr{A}_m|V_j$ 在此基下的矩阵 $\mathbf{A}_{1j}$，$\mathbf{A}_{2j}$，…，$\mathbf{A}_{mj}$ 都是对角矩阵. 由直和分解式得

$$\boldsymbol{\eta}_{11}, \boldsymbol{\eta}_{12}, \cdots, \boldsymbol{\eta}_{1r_1}, \cdots, \boldsymbol{\eta}_{s1}, \boldsymbol{\eta}_{s2}, \cdots, \boldsymbol{\eta}_{sr_s}$$

是 V 的一个标准正交基，$\mathscr{A}_i(i=1, 2, \cdots, m)$ 在此基下的矩阵 $\mathbf{A}_i=\mathrm{diag}\{\mathbf{A}_{i1}, \mathbf{A}_{i2}, \cdots, \mathbf{A}_{is}\}$，显然 $\mathbf{A}_i$ 是对角矩阵.

根据第二数学归纳法原理，对一切正整数 n，命题为真.

22. 设 $\mathscr{A}$ 是 n 维酉空间 V 上的正规变换，证明：

(1) $\mathscr{A}$ 是酉变换当且仅当 $\mathscr{A}$ 的特征值的模为 1；

(2) $\mathscr{A}$ 是 Hermite 变换当且仅当 $\mathscr{A}$ 的特征值都是实数；

(3) $\mathscr{A}$ 是斜 Hermite 变换当且仅当 $\mathscr{A}$ 的特征值是 0 或纯虚数.

证明： 由于 $\mathscr{A}$ 是 V 上的正规变换，因此 V 中存在一个标准正交基，使得 $\mathscr{A}$ 在此基下的矩阵 $\mathbf{A}$ 为对角矩阵：

$$\mathbf{A}=\mathrm{diag}\{\lambda_1, \lambda_2, \cdots, \lambda_n\}$$

其中 λ_1，λ_2，…，λ_n 是 $\mathscr{A}$ 的全部特征值.

(1) $\mathscr{A}$ 是酉变换$\Leftrightarrow\mathbf{A}$ 是酉矩阵

$$\Leftrightarrow \mathbf{A}^*=\mathbf{A}^{-1}$$
$$\Leftrightarrow \bar{\lambda}_i=\lambda_i^{-1}, i=1, 2, \cdots, n$$
$$\Leftrightarrow |\lambda_i|=1, i=1, 2, \cdots, n$$

(2) $\mathscr{A}$ 是 Hermite 变换$\Leftrightarrow\mathbf{A}$ 是 Hermite 矩阵

$$\Leftrightarrow \mathbf{A}^*=\mathbf{A}$$
$$\Leftrightarrow \bar{\lambda}_i=\lambda_i, i=1, 2, \cdots, n$$
$$\Leftrightarrow \lambda_i \text{ 是实数}, i=1, 2, \cdots, n$$

(3) $\mathscr{A}$ 是斜 Hermite 变换$\Leftrightarrow\mathbf{A}$ 是斜 Hermite 矩阵

$\Leftrightarrow \boldsymbol{A}^* = -\boldsymbol{A}$

$\Leftrightarrow \bar{\lambda}_i = -\lambda_i$，$i=1, 2, \cdots, n$

$\Leftrightarrow \mathrm{Re}\lambda_i = 0$，$i=1, 2, \cdots, n$

$\Leftrightarrow \lambda_i$ 为 0 或纯虚数，$i=1, 2, \cdots, n$

23. 证明：n 维酉空间 V 上的正规幂零变换是零变换.

证明：　由于 $\mathscr{A}$ 是 V 上的正规变换，因此 V 中存在一个标准正交基，使得 $\mathscr{A}$ 在此基下的矩阵 $\boldsymbol{A}$ 为对角矩阵：

$$\boldsymbol{A} = \mathrm{diag}\{\lambda_1, \lambda_2, \cdots, \lambda_n\}$$

其中 $\lambda_1, \lambda_2, \cdots, \lambda_n$ 是 $\mathscr{A}$ 的全部特征值. 由于 $\mathscr{A} = \mathscr{O}$，因此 $A^l = 0$，从而 $\lambda_i{}^l = 0$，$i=1, 2, \cdots, n$，于是 $\lambda_i = 0$，$i=1, 2, \cdots, n$. 所以 $\boldsymbol{A}=\boldsymbol{0}$，于是 $\mathscr{A}=\mathscr{O}$.

24. 证明：n 维酉空间 V 上的正规幂等变换是 Hermite 变换，从而是正交投影.

证明：　设 $\mathscr{A}$ 是 n 维酉空间 V 上的正规幂等变换. 由于 $\mathscr{A}$ 是幂等的，因此 $\mathscr{A}$ 的特征值是 0 或 1. 由于 $\mathscr{A}$ 是正规变换，根据第 22 题的第(2)小题得，$\mathscr{A}$ 是 Hermite 变换，再根据习题 8.7 第 7 题得，$\mathscr{A}$ 是正交投影.

25. 证明：对于 n 维酉空间 V 上的任一线性变换 $\mathscr{A}$，V 中存在一个标准正交基，使得 $\mathscr{A}$ 在此基下的矩阵 $\boldsymbol{A}$ 是上三角矩阵.

证明：　对酉空间的维数 n 做数学归纳法，$n=1$ 时命题显然成立.

假设对于 $n-1$ 维酉空间命题为真，现在来看 n 维酉空间 V 上的线性变换 $\mathscr{A}$. 取 $\mathscr{A}^*$ 的一个特征值 λ_n. 设 $\boldsymbol{\eta}_n$ 是 $\mathscr{A}^*$ 的属于特征值 λ_n 的一个单位特征向量，则 $\langle \boldsymbol{\eta}_n \rangle$ 是 $\mathscr{A}^*$ 的不变子空间. 根据定理 5 得，$\langle \boldsymbol{\eta}_n \rangle^{\perp}$ 是 $(\mathscr{A}^*)^* = \mathscr{A}$ 的不变子空间，于是 $\mathscr{A}$ 在 $\langle \boldsymbol{\eta}_n \rangle^{\perp}$ 上的限制是 $\langle \boldsymbol{\eta}_n \rangle^{\perp}$ 上的线性变换. 由于 $V = \langle \boldsymbol{\eta}_n \rangle \oplus \langle \boldsymbol{\eta}_n \rangle^{\perp}$，于是根据归纳法假设，$\langle \boldsymbol{\eta}_n \rangle^{\perp}$ 中存在一个标准正交基 $\boldsymbol{\eta}_1, \cdots, \boldsymbol{\eta}_{n-1}$，使得 $\langle \boldsymbol{\eta}_n \rangle | \langle \boldsymbol{\eta}_n \rangle^{\perp}$ 在此基下的矩阵 $\boldsymbol{B}$ 为上三角矩阵，显然 $\boldsymbol{\eta}_1, \cdots, \boldsymbol{\eta}_{n-1}, \boldsymbol{\eta}_n$ 是 V 的一个标准正交基. 设

$$\mathscr{A}\boldsymbol{\eta}_n = a_{1n}\boldsymbol{\eta}_1 + \cdots + a_{nn}\boldsymbol{\eta}_n,$$

则 $\mathscr{A}$ 在基 $\boldsymbol{\eta}_1, \cdots, \boldsymbol{\eta}_{n-1}, \boldsymbol{\eta}_n$ 下的矩阵

$$\boldsymbol{A} = \begin{pmatrix} \boldsymbol{B} & \boldsymbol{\alpha} \\ \boldsymbol{0} & a_{nn} \end{pmatrix},$$

其中 $\boldsymbol{\alpha} = (a_{1n}, \cdots, a_{n-1,n})'$. 因此 $\boldsymbol{A}$ 是上三角矩阵.

根据归纳法原理，对一切正整数 n，命题为真.

注： 本题证明了："任一 n 级复矩阵都酉相似于一个上三角矩阵".

26. 设 $\boldsymbol{A}=(a_{ij})$ 是 n 级复矩阵，λ_1，λ_2，…，λ_n 是 $\boldsymbol{A}$ 的全部特征值. 证明：$\boldsymbol{A}$ 是正规矩阵当且仅当

$$\sum_{i=1}^{n}\sum_{j=1}^{n}|a_{ij}|^2=\sum_{i=1}^{n}|\lambda_i|^2.$$

证明： （**必要性**）设 $\boldsymbol{A}$ 是正规矩阵，则存在 n 级酉矩阵 $\boldsymbol{P}$，使得 $\boldsymbol{P}^{-1}\boldsymbol{A}\boldsymbol{P}=\mathrm{diag}\{\lambda_1, \lambda_2, \cdots, \lambda_n\}$. 从而

$$\boldsymbol{A}=\boldsymbol{P}\mathrm{diag}\{\lambda_1, \lambda_2, \cdots, \lambda_n\}\boldsymbol{P}^{-1}$$
$$\boldsymbol{A}\boldsymbol{A}^*=\boldsymbol{P}\mathrm{diag}\{|\lambda_1|^2, |\lambda_2|^2, \cdots, |\lambda_n|^2\}\boldsymbol{P}^{-1}$$

由于 $\boldsymbol{A}\boldsymbol{A}^*$ 的(i, i)元为

$$\sum_{j=1}^{n}\boldsymbol{A}(i;\ j)\boldsymbol{A}^*(j;\ i)=\sum_{j=1}^{n}a_{ij}\overline{a_{ij}}=\sum_{j=1}^{n}|a_{ij}|^2$$

因此

$$\mathrm{tr}(\boldsymbol{A}\boldsymbol{A}^*)=\sum_{i=1}^{n}\sum_{j=1}^{n}|a_{ij}|^2$$

$$\mathrm{tr}(\boldsymbol{A}\boldsymbol{A}^*)=\mathrm{tr}(\boldsymbol{P}\mathrm{diag}\{|\lambda_1|^2, |\lambda_2|^2, \cdots, |\lambda_n|^2\}\boldsymbol{P}^{-1})=\sum_{i=1}^{n}|\lambda_i|^2,$$

从而

$$\sum_{i=1}^{n}\sum_{j=1}^{n}|a_{ij}|^2=\sum_{i=1}^{m}|\lambda_i|^2.$$

（**充分性**）设 $\sum_{i=1}^{n}\sum_{j=1}^{n}|a_{ij}|^2=\sum_{i=1}^{n}|\lambda_i|^2$，即 $\mathrm{tr}(\boldsymbol{A}\boldsymbol{A}^*)=\sum_{i=1}^{n}|\lambda_i|^2$. 由于 $\boldsymbol{A}$ 是 n 级复矩阵，因此根据第 25 题的注得，存在 n 级酉矩阵 $\boldsymbol{P}$，使得

$$\boldsymbol{P}^{-1}\boldsymbol{A}\boldsymbol{P}=\begin{pmatrix}\lambda_1 & d_{12} & \cdots & d_{1n}\\ 0 & \lambda_2 & \cdots & d_{2n}\\ \vdots & \vdots & & \vdots\\ 0 & 0 & \cdots & \lambda_n\end{pmatrix}$$

从而

$$\mathrm{tr}(\boldsymbol{A}\boldsymbol{A}^*)=\mathrm{tr}(\boldsymbol{P}^{-1}\boldsymbol{A}\boldsymbol{A}^*\boldsymbol{P})=\mathrm{tr}(\boldsymbol{P}^{-1}\boldsymbol{A}\boldsymbol{P}\boldsymbol{P}^{-1}\boldsymbol{A}^*\boldsymbol{P})$$

$$=\operatorname{tr}\left[\begin{pmatrix}\lambda_1 & d_{12} & \cdots & d_{1n}\\ 0 & \lambda_2 & \cdots & d_{2n}\\ \vdots & \vdots & & \vdots\\ 0 & 0 & \cdots & \lambda_n\end{pmatrix}\begin{pmatrix}\overline{\lambda_1} & 0 & \cdots & 0\\ \overline{d_{12}} & \overline{\lambda_2} & \cdots & 0\\ \vdots & \vdots & & \vdots\\ \overline{d_{1n}} & \overline{d_{2n}} & \cdots & \overline{\lambda_n}\end{pmatrix}\right]$$

$$=|\lambda_1|^2+|d_{12}|^2+\cdots+|d_{1n}|^2+|\lambda_2|^2+|d_{23}|^2+\cdots+|d_{2n}|^2+\cdots+|\lambda_n|^2$$

由于 $\operatorname{tr}(\boldsymbol{A}\boldsymbol{A}^*)=\sum_{i=1}^{n}|\lambda_i|^2$，因此 $d_{12}=\cdots=d_{1n}=d_{23}=\cdots=d_{2n}=\cdots=d_{n-1,n}=0$，从而 $\boldsymbol{P}^{-1}\boldsymbol{A}\boldsymbol{P}$是对角矩阵. 故 $\boldsymbol{A}$ 是正规矩阵.

27. 证明：酉空间 V 上的线性变换 $\mathscr{A}$ 如果有伴随变换，那么 $\mathscr{A}$ 是正规变换当且仅当 $\mathscr{A}=\mathscr{A}_1+\mathrm{i}\mathscr{A}_2$，其中 $\mathscr{A}_1$，$\mathscr{A}_2$ 都是 Hermite 变换，且 $\mathscr{A}_1\mathscr{A}_2=\mathscr{A}_2\mathscr{A}_1$.

证明： 由第 6 题的结论，如果 $\mathscr{A}$ 有伴随变换，那么 $\mathscr{A}$ 可唯一地分解成 $\mathscr{A}=\mathscr{A}_1+\mathrm{i}\mathscr{A}_2$，其中 $\mathscr{A}_1$，$\mathscr{A}_2$ 都是 Hermite 变换. 计算 $\mathscr{A}^*$ 得到 $\mathscr{A}^*=\mathscr{A}_1-\mathrm{i}\mathscr{A}_2$，于是

$\mathscr{A}$ 是正规变换

$\Leftrightarrow \mathscr{A}\mathscr{A}^*=\mathscr{A}_1^2-\mathrm{i}\mathscr{A}_1\mathscr{A}_2+\mathrm{i}\mathscr{A}_2\mathscr{A}_1+\mathscr{A}_2^2$

$\Leftrightarrow \mathscr{A}^*\mathscr{A}=\mathscr{A}_1^2+\mathrm{i}\mathscr{A}_1\mathscr{A}_2-\mathrm{i}\mathscr{A}_2\mathscr{A}_1+\mathscr{A}_2^2$

$\Leftrightarrow \mathscr{A}_1\mathscr{A}_2=\mathscr{A}_2\mathscr{A}_1$

28. 设 $\mathscr{A}$ 是酉空间 V 上的 Hermite 变换，如果 $\forall\,\boldsymbol{\alpha}\in V$ 且 $\boldsymbol{\alpha}\neq\boldsymbol{0}$ 有 $(\mathscr{A}\boldsymbol{\alpha},\boldsymbol{\alpha})>0$，那么称 $\mathscr{A}$ 是正定 Hermite 变换. 证明：若 V 是有限维的，则下列命题等价：

(1) $\mathscr{A}$ 是正定 Hermite 变换；

(2) $\mathscr{A}$ 的特征值全大于 0；

(3) 对于 V 上的任意可逆线性变换 $\mathscr{B}$，有 $\mathscr{B}^*\mathscr{A}\mathscr{B}$ 是正定 Hermite 变换；

(4) 存在 V 上的可逆线性变换 $\mathscr{C}$，使得 $\mathscr{C}^*\mathscr{A}\mathscr{C}=\mathscr{I}$；

(5) $\mathscr{A}=\mathscr{Q}^*\mathscr{Q}$，其中 $\mathscr{Q}$ 是可逆线性变换.

证明： 取 V 的一个标准正交基 $\boldsymbol{\eta}_1,\boldsymbol{\eta}_2,\cdots,\boldsymbol{\eta}_n$. 设 $\mathscr{A}$ 在此基下的矩阵为 $\boldsymbol{A}$，设向量 $\boldsymbol{\alpha}$ 在此基下的坐标为 $\boldsymbol{X}$，则 $(\mathscr{A}\boldsymbol{\alpha},\boldsymbol{\alpha})=\boldsymbol{X}^*\boldsymbol{A}\boldsymbol{X}$，从而 $\mathscr{A}$ 是正定 Hermite 变换当且仅当 $\boldsymbol{A}$ 是正定 Hermite 矩阵. 由教材 8.7 节的定理 4 的结论可知这 5 条命题等价.

29. 设 $\mathscr{A}$ 是 n 维酉空间 V 上的正定 Hermite 变换，证明：

(1) $\mathscr{A}^2$ 也是正定 Hermite 变换；

(2) 存在唯一的正定 Hermite 变换 $\mathscr{B}$，使得 $\mathscr{A}=\mathscr{B}^2$.

证明： (1) 根据第 28 题的第(5)题知正定 Hermite 变换可以分解成 $\mathscr{A}=\mathscr{Q}^*\mathscr{Q}$，其中 $\mathscr{Q}$ 是可逆线性变换，从而 $\mathscr{A}^2=\mathscr{Q}^*\mathscr{Q}\mathscr{Q}^*\mathscr{Q}=(\mathscr{Q}^*\mathscr{Q})^*(\mathscr{Q}^*\mathscr{Q})$. 注意到 $\mathscr{Q}^*\mathscr{Q}$ 仍是可逆线性

变换，从而再由第 28 题的第(5)题知 $\mathscr{A}^2$是正定 Hermite 变换.

(2)(**存在性**) 由于 $\mathscr{A}$是 V 上的 Hermite 变换，因此 V 中存在一个标准正交基 $\boldsymbol{\eta}_1$，$\boldsymbol{\eta}_2$，…，$\boldsymbol{\eta}_n$，使得 $\mathscr{A}$在此基下的矩阵 $\boldsymbol{A}$ 为实对角矩阵 $\mathrm{diag}\{\lambda_1, \lambda_2, \cdots, \lambda_n\}$. 由于 $\mathscr{A}$是正定的，因此 $\lambda_i>0$，$i=1, 2, \cdots, n$. 令 $\boldsymbol{B}=\mathrm{diag}\{\sqrt{\lambda_1}, \sqrt{\lambda_2}, \cdots, \sqrt{\lambda_n}\}$，设 $\mathscr{B}$是 V 上的线性变换，使得

$$\mathscr{B}(\boldsymbol{\eta}_1, \boldsymbol{\eta}_2, \cdots, \boldsymbol{\eta}_n)=(\boldsymbol{\eta}_1, \boldsymbol{\eta}_2, \cdots, \boldsymbol{\eta}_n)\boldsymbol{B}$$

由于 $\boldsymbol{B}^*=\boldsymbol{B}$，因此 $\boldsymbol{B}$ 是 Hermite 矩阵，从而 $\mathscr{B}$是 Hermite 变换. 由于 $\mathscr{B}$的特征值 $\sqrt{\lambda_i}(i=1, 2, \cdots, n)$全大于 0，因此 $\mathscr{B}$是正定的 Hermite 变换. 由于 $\boldsymbol{A}=\boldsymbol{B}^2$，因此 $\mathscr{A}=\mathscr{B}^2$.

(**唯一性**) 假设还有一个正定 Hermite 变换 $\mathscr{C}$，使得 $\mathscr{A}=\mathscr{C}^2$. V 中存在一个标准正交基 $\boldsymbol{\delta}_1, \boldsymbol{\delta}_2, \cdots, \boldsymbol{\delta}_n$，使得 $\mathscr{C}$在此基下的矩阵 $\boldsymbol{C}=\mathrm{diag}\{\mu_1, \mu_2, \cdots, \mu_n\}$，其中 $\mu_1, \mu_2, \cdots, \mu_n$ 都是正实数. 设标准正交基 $\boldsymbol{\eta}_1, \boldsymbol{\eta}_2, \cdots, \boldsymbol{\eta}_n$ 到标准正交基 $\boldsymbol{\delta}_1, \boldsymbol{\delta}_2, \cdots, \boldsymbol{\delta}_n$ 的过渡矩阵为 $\boldsymbol{P}$，则 $\boldsymbol{P}$ 是酉矩阵，且 $\mathscr{C}$在此基 $\boldsymbol{\eta}_1, \boldsymbol{\eta}_2, \cdots, \boldsymbol{\eta}_n$ 下的矩阵为 $\boldsymbol{PCP}^{-1}$. 由于 $\mathscr{B}$在基 $\boldsymbol{\eta}_1, \boldsymbol{\eta}_2, \cdots, \boldsymbol{\eta}_n$ 下的矩阵为 $\boldsymbol{B}$，且 $\boldsymbol{C}^2=\boldsymbol{A}=\boldsymbol{B}^2$，因此$(\boldsymbol{PCP}^{-1})^2=\boldsymbol{B}^2$，于是 $\boldsymbol{PC}^2\boldsymbol{P}^{-1}=\boldsymbol{B}^2$. 从而

$$\boldsymbol{P}\mathrm{diag}\{\mu_1^2, \mu_2^2, \cdots, \mu_n^2\}=\mathrm{diag}\{\lambda_1, \lambda_2, \cdots, \lambda_n\}\boldsymbol{P}$$

设 $\boldsymbol{P}=(t_{ij})$，比较上式两边的(i, j)元得

$$t_{ij}\mu_j^2=\lambda_i t_{ij}$$

若 $t_{ij}\neq 0$，则由上式得到 $\mu_j^2=\lambda_i$，从而 $\mu_j=\sqrt{\lambda_i}$，因此

$$t_{ij}\mu_j=\sqrt{\lambda_i}t_{ij}$$

若 $t_{ij}=0$，则上式显然成立. 于是有

$$\boldsymbol{P}\mathrm{diag}\{\mu_1, \mu_2, \cdots, \mu_n\}=\mathrm{diag}\{\sqrt{\lambda_1}, \sqrt{\lambda_2}, \cdots, \sqrt{\lambda_n}\}\boldsymbol{P}$$

从而 $\boldsymbol{PCP}^{-1}=\boldsymbol{B}$. 由于 $\boldsymbol{PCP}^{-1}$，$\boldsymbol{B}$ 分别是 $\mathscr{C}$，$\mathscr{B}$在基 $\boldsymbol{\eta}_1, \cdots, \boldsymbol{\eta}_n$ 下的矩阵，因此 $\mathscr{C}=\mathscr{B}$.

30. 证明**极分解定理**：设 $\mathscr{A}$是 n 维酉空间 V 上的可逆线性变换，则存在一个酉变换 $\mathscr{P}$和两个正定 Hermite 变换 $\mathscr{H}_1$，$\mathscr{H}_2$，使得

$$\mathscr{A}=\mathscr{P}\mathscr{H}_1=\mathscr{H}_2\mathscr{P}.$$

并且 $\mathscr{A}$的这两种分解的每一种都是唯一的.

证明： 可分解性根据第 28 题结论可得，即 $\mathscr{A}^*\mathscr{A}$是正定 Hermite 变换. 根据第 29

题结论得，存在正定 Hermite 变换 $\mathscr{H}_1$，使得

$$\mathscr{A}^*\mathscr{A}=\mathscr{H}_1^2$$

于是 $\mathscr{A}=(\mathscr{A}^*)^{-1}\mathscr{H}_1^2=(\mathscr{A}^{-1})^*\mathscr{H}_1\mathscr{H}_1$. 记 $\mathscr{P}=(\mathscr{A}^{-1})^*\mathscr{H}_1$，则

$$\begin{aligned}\mathscr{P}^*&=\mathscr{H}_1^*\mathscr{A}^{-1}=\mathscr{H}_1\mathscr{A}^{-1}=\mathscr{H}_1((\mathscr{A}^*)^{-1}\mathscr{H}_1^2)^{-1}\\&=\mathscr{H}_1\mathscr{H}_1^{-2}\mathscr{A}^*=\mathscr{H}_1^{-1}\mathscr{A}^*=\mathscr{P}^{-1}\end{aligned}$$

因此 $\mathscr{P}$ 是酉变换，且 $\mathscr{A}=\mathscr{P}\mathscr{H}_1$. 令 $\mathscr{H}_2=\mathscr{P}\mathscr{H}_1\mathscr{P}^{-1}$. 由于 $\mathscr{H}_2^*=\mathscr{P}\mathscr{H}_1\mathscr{P}^{-1}=\mathscr{H}_2$，因此 $\mathscr{H}_2$ 是 Hermite 变换. 由于 $\mathscr{H}_2=(\mathscr{P}^*)^*\mathscr{H}_1\mathscr{P}^*$，因此根据第 28 题结论得，$\mathscr{H}_2$ 是正定 Hermite 变换. 于是

$$\mathscr{A}=\mathscr{P}\mathscr{H}_1=\mathscr{P}\mathscr{H}_1\mathscr{P}^{-1}\mathscr{P}=\mathscr{H}_2\mathscr{P}$$

（唯一性）设还有一个酉变换 $\mathscr{Q}$ 和一个正定 Hermite 变换 $\mathscr{G}_1$，使得 $\mathscr{A}=\mathscr{Q}\mathscr{G}_1$，则

$$\mathscr{A}^*\mathscr{A}=\mathscr{G}^*\mathscr{Q}^*\mathscr{Q}\mathscr{G}_1=\mathscr{G}_1^2$$

对于前文得到的 $\mathscr{A}^*\mathscr{A}=\mathscr{H}_1^2$，并根据第 29 题第(2)小题的唯一性证法得 $\mathscr{G}_1=\mathscr{H}_1$，从而 $\mathscr{Q}=\mathscr{P}$.

类似地，考虑 $\mathscr{A}\mathscr{A}^*$ 的分解式可证得 $\mathscr{A}$ 的第二种分解的方式也唯一.

习题 8.9 正交空间与辛空间

1. $\mathbb{R}^2$ 中，对于 $\boldsymbol{\alpha}=(x_1, x_2)'$，$\boldsymbol{\beta}=(y_1, y_2)'$，定义

$$f(\boldsymbol{\alpha}, \boldsymbol{\beta})=x_1y_1-x_2y_2.$$

(1) 证明：$(\mathbb{R}^2, f)$是一个正则的正交空间，且 $\boldsymbol{\varepsilon}_1, \boldsymbol{\varepsilon}_2$ 是它的一个标准正交基；

(2) 设 $\mathscr{T}$ 是 $\mathbb{R}^2$ 上的一个线性变换，它在 $\boldsymbol{\varepsilon}_1, \boldsymbol{\varepsilon}_2$ 下的矩阵为

$$\boldsymbol{T}=\begin{pmatrix}\sqrt{2} & 1\\ 1 & \sqrt{2}\end{pmatrix}.$$

证明：$\mathscr{T}$ 是$(\mathbb{R}^2, f)$上的正交变换，并且求 $\mathscr{T}$ 的全部特征值和特征向量，说明 $\mathscr{T}$ 的特征向量都是迷向的.

证明： (1) 显然 f 是 $\mathbb{R}^2$ 上的一个双线性函数，它在基 $\boldsymbol{\varepsilon}_1, \boldsymbol{\varepsilon}_2$ 下的度量矩阵

$$\mathbf{A}=\begin{pmatrix}f(\varepsilon_1, \varepsilon_1) & f(\varepsilon_1, \varepsilon_2)\\ f(\varepsilon_2, \varepsilon_1) & f(\varepsilon_2, \varepsilon_2)\end{pmatrix}=\begin{pmatrix}1 & 0\\ 0 & -1\end{pmatrix}$$

由于 $\boldsymbol{A}$ 是满秩对称矩阵，因此 f 是非退化的对称双线性函数，从而$(\mathbb{R}^2, f)$是一个正则的正交空间.

从 f 的度量矩阵 $\boldsymbol{A}$ 可以看出，$\boldsymbol{\varepsilon}_1$，$\boldsymbol{\varepsilon}_2$ 是$(\mathbb{R}^2, f)$的一个标准正交基.

(2) 由于

$$\boldsymbol{T}'\boldsymbol{A}\boldsymbol{T}=\begin{pmatrix}\sqrt{2} & 1\\ 1 & \sqrt{2}\end{pmatrix}\begin{pmatrix}1 & 0\\ 0 & -1\end{pmatrix}\begin{pmatrix}\sqrt{2} & 1\\ 1 & \sqrt{2}\end{pmatrix}=\begin{pmatrix}1 & 0\\ 0 & -1\end{pmatrix}=\boldsymbol{A}$$

因此根据本节定理 9 得，$\mathscr{T}$是$(\mathbb{R}^2, f)$上的正交变换.

$$|\lambda\boldsymbol{I}-\boldsymbol{T}|=\begin{vmatrix}\lambda-\sqrt{2} & -1\\ -1 & \lambda-\sqrt{2}\end{vmatrix}=[\lambda-(\sqrt{2}+1)][\lambda-(\sqrt{2}-1)]$$

因此 $\mathscr{T}$的全部特征值是$\sqrt{2}+1$，$\sqrt{2}-1$. 解齐次线性方程组$[(\sqrt{2}+1)\boldsymbol{I}-\boldsymbol{T}]\boldsymbol{X}=\boldsymbol{0}$，得一个基础解系：$(1, 1)'$，因此 $\mathscr{T}$的属于$\sqrt{2}+1$ 的全部特征向量为

$$k(1, 1)',\quad k\in\mathbb{R}\text{ 且 }k\neq 0$$

同理可求出 $\mathscr{T}$的属于$\sqrt{2}-1$ 的全部特征向量为

$$k(1, -1)',\quad k\in\mathbb{R}\text{ 且 }k\neq 0$$

记 $\boldsymbol{\alpha}=k(1, 1)'=(k, k)'$，$\boldsymbol{\beta}=k(1, -1)'=(k, -k)'$，则

$$f(\boldsymbol{\alpha}, \boldsymbol{\alpha})=k^2-k^2=0,\quad f(\boldsymbol{\beta}, \boldsymbol{\beta})=k^2-(-k)^2=0,$$

因此 $\mathscr{T}$的所有特征向量都是迷向的.

2. 设$(\mathbb{R}^2, f)$是第 1 题中的正则正交空间，$\mathscr{T}$是$\mathbb{R}^2$ 上的一个线性交换，$\mathscr{T}$在$(\mathbb{R}^2, f)$的标准正交基 $\boldsymbol{\varepsilon}_1$，$\boldsymbol{\varepsilon}_2$ 下的矩阵为 $\boldsymbol{T}$. 证明：$\mathscr{T}$是$(\mathbb{R}^2, f)$上的正交变换当且仅当 $\boldsymbol{T}$ 是下列 4 种形式的矩阵之一：

$$\begin{pmatrix}t & \sqrt{t^2-1}\\ \sqrt{t^2-1} & t\end{pmatrix},\quad\begin{pmatrix}t & -\sqrt{t^2-1}\\ -\sqrt{t^2-1} & t\end{pmatrix}$$

$$\begin{pmatrix}t & -\sqrt{t^2-1}\\ \sqrt{t^2-1} & -t\end{pmatrix},\quad\begin{pmatrix}t & \sqrt{t^2-1}\\ -\sqrt{t^2-1} & -t\end{pmatrix}$$

其中$|t|\geqslant 1$；当 $\boldsymbol{T}$ 为前两种矩阵时，$\mathscr{T}$是第一类的；当 $\boldsymbol{T}$ 为后面两种矩阵时，$\mathscr{T}$是第二类的.

证明： $\mathscr{T}$是$(\mathbb{R}^2, f)$上的正交变换$\Leftrightarrow \boldsymbol{T}'\boldsymbol{A}\boldsymbol{T}=\boldsymbol{A}$，

$$\Leftrightarrow\begin{cases}t_{11}^2-t_{21}^2=1,\\ t_{11}t_{12}=t_{21}t_{22},\\ t_{12}^2-t_{22}^2=-1\end{cases}$$

假如 $t_{22}=0$，则 $t_{12}^2=-1$，矛盾. 因此 $t_{22}\neq 0$，于是 $t_{21}=\dfrac{t_{11}t_{12}}{t_{22}}$，从而

$$1=t_{11}^2-\frac{t_{11}^2t_{12}^2}{t_{22}^2}=t_{11}^2\frac{t_{22}^2-t_{12}^2}{t_{22}^2}=\frac{t_{11}^2}{t_{22}^2}$$

因此 $t_{22}=\pm t_{11}$，从而 $t_{12}=\pm t_{21}$. 显然 $t_{11}^2\geqslant 1$，且有 $t_{21}^2=t_{11}^2-1$. 于是 $t_{21}=\pm\sqrt{t_{11}^2-1}$. 记 $t=t_{11}$，则 $\boldsymbol{T}$ 为题目中所给出的 4 种形式的矩阵之一，逐一验证它们都满足 $\boldsymbol{T}'\boldsymbol{A}\boldsymbol{T}=\boldsymbol{A}$. 当 $\boldsymbol{T}$ 为前两种形式时，$|\boldsymbol{T}|=1$，因此 $\mathscr{T}$是第一类的；当 $\boldsymbol{T}$ 为后两种形式时，$|\boldsymbol{T}|=-1$，因此 $\mathscr{T}$是第二类的.

3. 第 2 题中的线性变换 $\mathscr{T}$为正交变换时，求 $\mathscr{T}$的全部特征值.

解： 当 $\mathscr{T}$为第一类正交变换时，第 2 题中前两个矩阵 $\boldsymbol{T}$ 的特征值为 $t\pm\sqrt{t^2-1}$；当 $\mathscr{T}$为第二类正交变换时，第 2 题中后两个矩阵 $\boldsymbol{T}$ 的特征值为 ± 1.

4. 设$(\mathbb{R}^4, f)$，$(\mathbb{R}^4, g)$都是 Minkwoski 空间，且 f 和 g 的正惯性指数都为 3(或都为 1)；$(\mathbb{R}^4, f)$到$(\mathbb{R}^4, g)$的一个同构映射为 τ. 证明：若 $\mathscr{T}$是$(\mathbb{R}^4, f)$上的一个正交变换，则 $\tau\mathscr{T}\tau^{-1}$是$(\mathbb{R}^4, g)$上的一个正交变换.

证明： 由于 τ 是$(\mathbb{R}^4, f)$到$(\mathbb{R}^4, g)$的一个同构映射，因此 τ^{-1}是$(\mathbb{R}^4, g)$到$(\mathbb{R}^4, f)$的一个同构映射. 由于 $\mathscr{T}$是$(\mathbb{R}^4, f)$上的一个正交变换，因此由本节定理 8 知，$\mathscr{T}$是$(\mathbb{R}^4, f)$到自身的一个同构映射，从而 $\tau\mathscr{T}\tau^{-1}$是$(\mathbb{R}^4, g)$到自身的一个同构映射. 于是 $\tau\mathscr{T}\tau^{-1}$是$(\mathbb{R}^4, g)$上的一个正交变换.

5. 设$(\mathbb{R}^4, g)$是一个 Minkwoski 空间，内积为

$$g(\boldsymbol{\alpha}, \boldsymbol{\beta})=-x_1y_1+x_2y_2+x_3y_3+x_4y_4,$$

其中 $\boldsymbol{\alpha}=(x_1, x_2, x_3, x_4)'$，$\boldsymbol{\beta}=(y_1, y_2, y_3, y_4)'$. 求$(\mathbb{R}^4, g)$上的一个广义 Lorentz 变换.

解： 设$(\mathbb{R}^4, f)$是 Minkwoski 空间，其上有一个 Lorentz 变换 σ，设 σ 在 $\mathbb{R}^4$ 的标准正交基 $\boldsymbol{\varepsilon}_1, \boldsymbol{\varepsilon}_2, \boldsymbol{\varepsilon}_3, \boldsymbol{\varepsilon}_4$ 下的矩阵为

$$\boldsymbol{A}=\begin{pmatrix}\dfrac{1}{\sqrt{1-\dfrac{v^2}{c^2}}} & -\dfrac{\dfrac{v}{c^2}}{\sqrt{1-\dfrac{v^2}{c^2}}} & 0 & 0\\ -\dfrac{v}{\sqrt{1-\dfrac{v^2}{c^2}}} & \dfrac{1}{\sqrt{1-\dfrac{v^2}{c^2}}} & 0 & 0\\ 0 & 0 & 1 & 0\\ 0 & 0 & 0 & 1\end{pmatrix}$$

做$(\mathbb{R}^4, f)$到$(\mathbb{R}^4, g)$的一个映射τ: $(t, x_2, x_3, x_4)'\mapsto(ct, x_2, x_3, x_4)'$，则易验证$\tau$是一个线性映射，且$\tau(\boldsymbol{\varepsilon}_1)=c\boldsymbol{\varepsilon}_1$，$\tau(\boldsymbol{\varepsilon}_i)=\boldsymbol{\varepsilon}_i$，$i=2, 3, 4$，从而$\tau^{-1}(\boldsymbol{\varepsilon}_1)=\dfrac{1}{c}\boldsymbol{\varepsilon}_1$，$\tau^{-1}(\boldsymbol{\varepsilon}_i)=\boldsymbol{\varepsilon}_i$，$i=2, 3, 4$. 直接计算可得

$$\tau\sigma\tau^{-1}(\boldsymbol{\varepsilon}_1, \boldsymbol{\varepsilon}_2, \boldsymbol{\varepsilon}_3, \boldsymbol{\varepsilon}_4)=(\boldsymbol{\varepsilon}_1, \boldsymbol{\varepsilon}_2, \boldsymbol{\varepsilon}_3, \boldsymbol{\varepsilon}_4)\begin{pmatrix}\dfrac{1}{\sqrt{1-\dfrac{v^2}{c^2}}} & -\dfrac{\dfrac{v}{c}}{\sqrt{1-\dfrac{v^2}{c^2}}} & 0 & 0\\ -\dfrac{\dfrac{v}{c}}{\sqrt{1-\dfrac{v^2}{c^2}}} & \dfrac{1}{\sqrt{1-\dfrac{v^2}{c^2}}} & 0 & 0\\ 0 & 0 & 1 & 0\\ 0 & 0 & 0 & 1\end{pmatrix}$$

由于 Lorentz 变换保持 Minkwoski 空间$(\mathbb{R}^4, f)$上的内积不变，它是$(\mathbb{R}^4, f)$上的正交变换. 由第 4 题得，$\tau\sigma\tau^{-1}$是$(\mathbb{R}^4, g)$上的一个正交变换. 由于$\tau\sigma\tau^{-1}$在基$\boldsymbol{\varepsilon}_1, \boldsymbol{\varepsilon}_2, \boldsymbol{\varepsilon}_3, \boldsymbol{\varepsilon}_4$下的矩阵的行列式为 1，因此$\tau\sigma\tau^{-1}$是第一类的正交变换. 从而$\tau\sigma\tau^{-1}$是$(\mathbb{R}^4, g)$上的一个广义 Lorentz 变换.

6. 设(V, f)是特征不为 2 的域$\mathbb{F}$上的n维正交空间，W是它的一个正则子空间. 证明：存在平行于$W^{\perp}$在W上的投影$\mathscr{P}$，且$\operatorname{Im}\mathscr{P}=W$，$\operatorname{Ker}\mathscr{P}=W^{\perp}$，称$\mathscr{P}$是$V$在$W$上的正交投影.

证明： 由于W是(V, f)的一个正则子空间，由本节定理 3 得$V=W\oplus W^{\perp}$，从而存在平行于$W^{\perp}$在W上的投影$\mathscr{P}$，且$\operatorname{Im}\mathscr{P}=W$，$\operatorname{Ker}\mathscr{P}=W^{\perp}$.

7. 设(V, f)是特征不为 2 的域$\mathbb{F}$上的n维正则的正交空间，η是一个非迷向向量，

用 $\mathscr{P}$表示 V 在$\langle\eta\rangle$上的正交投影. 对于任意 $\boldsymbol{\alpha}\in V$, 求 $\mathscr{P}\boldsymbol{\alpha}$.

解: 由于 $\boldsymbol{\eta}$ 是非迷向向量, 因此$\langle\boldsymbol{\eta}\rangle$是$(V, f)$的一个正则子空间. 从而由本节定理 3 知, $V=\langle\boldsymbol{\eta}\rangle\oplus\langle\boldsymbol{\eta}\rangle^{\perp}$. 对于任意 $\boldsymbol{\alpha}\in V$, 有 $\boldsymbol{\alpha}=\boldsymbol{\alpha}_1+\boldsymbol{\alpha}_2$, $\boldsymbol{\alpha}_1=\langle\boldsymbol{\eta}\rangle$, $\boldsymbol{\alpha}_2=\langle\boldsymbol{\eta}\rangle^{\perp}$. 设 $\boldsymbol{\alpha}_1=k\boldsymbol{\eta}$, 于是 $\boldsymbol{\alpha}_2=\boldsymbol{\alpha}-k\boldsymbol{\eta}$, 由于 $\boldsymbol{\alpha}_2=\langle\boldsymbol{\eta}\rangle^{\perp}$, 从而由 $0=f(\boldsymbol{\alpha}_2, \boldsymbol{\eta})=f(\boldsymbol{\alpha}-k\boldsymbol{\eta}, \boldsymbol{\eta})=f(\boldsymbol{\alpha}, \boldsymbol{\eta})-kf(\boldsymbol{\eta}, \boldsymbol{\eta})$, 可得 $k=\dfrac{f(\boldsymbol{\alpha}, \boldsymbol{\eta})}{f(\boldsymbol{\eta}, \boldsymbol{\eta})}$. 从而 $\mathscr{P}\boldsymbol{\alpha}=\boldsymbol{\alpha}_1=\dfrac{f(\boldsymbol{\alpha}, \boldsymbol{\eta})}{f(\boldsymbol{\eta}, \boldsymbol{\eta})}\boldsymbol{\eta}$.

8. 条件同第 7 题. 令 $\mathscr{G}=\mathscr{I}-2\mathscr{P}$. 证明: $\mathscr{G}$是(V, f)上的第二类正交变换, 称 $\mathscr{G}$ 是关于超平面$\langle\boldsymbol{\eta}\rangle^{\perp}$的镜面反射.

证明: 显然 $\mathscr{G}$ 是 V 上的一个线性变换. 由于$(\langle\boldsymbol{\eta}\rangle^{\perp}, f|\langle\boldsymbol{\eta}\rangle^{\perp})$是正交空间, 因此由本节定理 2 得, 在$\langle\boldsymbol{\eta}\rangle^{\perp}$中存在一个正交基 $\boldsymbol{\eta}_2, \cdots, \boldsymbol{\eta}_n$, 从而 $\boldsymbol{\eta}, \boldsymbol{\eta}_2, \cdots, \boldsymbol{\eta}_n$ 是(V, f)的一个正交基.

$$\mathscr{G}\boldsymbol{\eta}=\mathscr{I}\boldsymbol{\eta}-2\mathscr{P}\boldsymbol{\eta}=\boldsymbol{\eta}-2\boldsymbol{\eta}=-\boldsymbol{\eta}$$
$$\mathscr{G}\boldsymbol{\eta}_i=\mathscr{I}\boldsymbol{\eta}_i-2\mathscr{P}\boldsymbol{\eta}_i=\boldsymbol{\eta}_i-\mathbf{0}=\boldsymbol{\eta}_i, \ i=2, 3, \cdots, n$$

于是 $\mathscr{G}$ 在(V, f)的正交基 $\boldsymbol{\eta}, \boldsymbol{\eta}_2, \cdots, \boldsymbol{\eta}_n$ 下的矩阵为

$$\boldsymbol{G}=\mathrm{diag}\{-1, 1, \cdots, 1\}$$

f 在正交基 $\boldsymbol{\eta}, \boldsymbol{\eta}_2, \cdots, \boldsymbol{\eta}_n$ 下的度量矩阵

$$\boldsymbol{A}=\mathrm{diag}\{d_1, d_2, \cdots, d_n\}$$

其中 $d_1=f(\boldsymbol{\eta}, \boldsymbol{\eta})$, $d_i=f(\boldsymbol{\eta}_i, \boldsymbol{\eta}_i)$, $i=2, 3, \cdots, n$. 由于

$$\boldsymbol{G}'\boldsymbol{A}\boldsymbol{G}=\boldsymbol{G}\boldsymbol{A}\boldsymbol{G}=\boldsymbol{A}\boldsymbol{G}^2=\boldsymbol{A}\boldsymbol{I}=\boldsymbol{A}$$

因此 $\mathscr{G}$ 是(V, f)上的正交变换. 由于$|\boldsymbol{G}|=-1$, 因此 $\mathscr{G}$ 是第二类的正交变换.

9. 设(V, f)是域$\mathbb{F}$上 n 维正则的正交空间, $\mathscr{T}$是 V 上的一个正交变换. 证明: 如果 V 的子空间 W 是 $\mathscr{T}$的不变子空间, 那么 $W^{\perp}$也是 $\mathscr{T}$的不变子空间.

证明: 任取 $\boldsymbol{\alpha}\in W^{\perp}$, $\mathscr{T}|W$ 是 W 上的一个线性变换, 由于 $\mathscr{T}$是(V, f)上的正交变换, 因此 $\mathscr{T}$是单射, 从而 $\mathscr{T}|\boldsymbol{W}$ 是单射. 于是 $\mathscr{T}|W$ 也是满射. 任给 $\boldsymbol{\beta}\in W$, 存在 $\boldsymbol{\gamma}\in W$, 使得 $\mathscr{T}\boldsymbol{\gamma}=\boldsymbol{\beta}$, 则有

$$(\boldsymbol{\beta}, \mathscr{T}\boldsymbol{\alpha})=(\mathscr{T}\boldsymbol{\gamma}, \mathscr{T}\boldsymbol{\alpha})=(\boldsymbol{\gamma}, \boldsymbol{\alpha})=0$$

因此 $\mathscr{T}\boldsymbol{\alpha}\in W^{\perp}$. 从而 $W^{\perp}$是 $\mathscr{T}$的不变子空间.

10. 设(V, f)是特征不为 2 的域$\mathbb{F}$上的 2 维正交空间, 如果(V, f)是正则的而且是迷向的, 那么称它为一个双曲平面(hyperbolic plane). 证明: 2 维正交空间(V, f)是双

曲平面当且仅当 V 中存在一个基，使得 f 在此基下的度量矩阵

$$\boldsymbol{A}=\begin{pmatrix}0 & 1\\ 1 & 0\end{pmatrix}.$$

证明： （**充分性**）设 V 中存在一个基 $\boldsymbol{\alpha}_1$，$\boldsymbol{\alpha}_2$，使得 f 在此基下的度量矩阵为 $\boldsymbol{A}$. 由于 $\boldsymbol{A}$ 满秩，因此 f 是非退化的，从而 (V, f) 是正则的. 由于

$$f(\boldsymbol{\alpha}_1, \boldsymbol{\alpha}_1)=(1, 0)\boldsymbol{A}\begin{pmatrix}1\\ 0\end{pmatrix}=0$$

因此 $\boldsymbol{\alpha}_1$ 是迷向向量，从而 (V, f) 是迷向的. 所以 (V, f) 是双曲平面.

（**必要性**）设 2 维正交空间 (V, f) 是双曲平面. 由于 (V, f) 是迷向的，因此存在 $\boldsymbol{\alpha}\in V$ 且 $\boldsymbol{\alpha}\neq\boldsymbol{0}$，使得 $f(\boldsymbol{\alpha}, \boldsymbol{\alpha})=0$. 把 $\boldsymbol{\alpha}$ 扩充成 V 的一个基 $\boldsymbol{\alpha}$，$\boldsymbol{\beta}$，则 f 在基 $\boldsymbol{\alpha}$，$\boldsymbol{\beta}$ 下的度量矩阵

$$\boldsymbol{B}=\begin{pmatrix}0 & f(\boldsymbol{\alpha}, \boldsymbol{\beta})\\ f(\boldsymbol{\beta}, \boldsymbol{\alpha}) & f(\boldsymbol{\beta}, \boldsymbol{\beta})\end{pmatrix}$$

由于 (V, f) 正则，因此 f 非退化，从而 $f(\boldsymbol{\alpha}, \boldsymbol{\beta})\neq 0$. 设 $f(\boldsymbol{\alpha}, \boldsymbol{\beta})=a$，令 $\boldsymbol{\gamma}=a^{-1}\boldsymbol{\beta}$，则

$$f(\boldsymbol{\alpha}, \boldsymbol{\gamma})=f(\boldsymbol{\alpha}, a^{-1}\boldsymbol{\beta})=a^{-1}f(\boldsymbol{\alpha}, \boldsymbol{\beta})=a^{-1}a=1$$

显然 $\boldsymbol{\alpha}$，$\boldsymbol{\gamma}$ 仍是 V 的一个基. 若 $f(\boldsymbol{\gamma}, \boldsymbol{\gamma})=0$，则 f 在基 $\boldsymbol{\alpha}$，$\boldsymbol{\gamma}$ 下的度量矩阵

$$\boldsymbol{A}=\begin{pmatrix}0 & 1\\ 1 & 0\end{pmatrix}$$

若 $f(\boldsymbol{\gamma}, \boldsymbol{\gamma})=c\neq 0$，则令 $\boldsymbol{\delta}=\boldsymbol{\gamma}-\frac{c}{2}\boldsymbol{\alpha}$，易知 $\boldsymbol{\alpha}$，$\boldsymbol{\delta}$ 是 V 的一个基. 由于

$$f(\boldsymbol{\alpha}, \boldsymbol{\delta})=f(\boldsymbol{\alpha}, \boldsymbol{\gamma})-\frac{c}{2}f(\boldsymbol{\alpha}, \boldsymbol{\alpha})=1$$

$$\begin{aligned}f(\boldsymbol{\delta}, \boldsymbol{\delta})&=f(\boldsymbol{\gamma}, \boldsymbol{\gamma})-\frac{c}{2}f(\boldsymbol{\gamma}, \boldsymbol{\alpha})-\frac{c}{2}f(\boldsymbol{\alpha}, \boldsymbol{\gamma})+\frac{c}{2}\frac{c}{2}f(\boldsymbol{\alpha}, \boldsymbol{\alpha})\\ &=c-\frac{c}{2}\cdot 1-\frac{c}{2}\cdot 1,\end{aligned}$$

因此 f 在基 $\boldsymbol{\alpha}$，$\boldsymbol{\delta}$ 下的度量矩阵为 $\boldsymbol{A}$.

11. 证明第 1 题中的 $(\mathbb{R}^2, f)$ 是一个双曲平面，并且求它的一个基，使得 f 在此基下的度量矩阵 $\boldsymbol{A}=\begin{pmatrix}0 & 1\\ 1 & 0\end{pmatrix}$.

证明： 设 $\boldsymbol{\alpha}=(1,1)'$，则 $f(\boldsymbol{\alpha},\boldsymbol{\alpha})=1^2-1^2=0$，因此 $\boldsymbol{\alpha}$ 是一个迷向向量，从而 $(\mathbb{R}^2,f)$ 是迷向的. 又由于它是正则的，因此根据第 10 题结论得，$(\mathbb{R}^2,f)$ 是一个双曲平面. 按照第 10 题的方法，取 $\boldsymbol{\beta}=(1,0)'$，则 $f(\boldsymbol{\beta},\boldsymbol{\beta})=1$，$f(\boldsymbol{\alpha},\boldsymbol{\beta})=1$，令 $\boldsymbol{\delta}=\boldsymbol{\beta}-\frac{1}{2}\boldsymbol{\alpha}=\left(\frac{1}{2},-\frac{1}{2}\right)'$，易知 $\boldsymbol{\alpha}$，$\boldsymbol{\delta}$ 是 $\mathbb{R}^2$ 的一个基，且

$$f(\boldsymbol{\alpha},\boldsymbol{\delta})=\frac{1}{2}-\left(-\frac{1}{2}\right)=1,\quad f(\boldsymbol{\delta},\boldsymbol{\delta})=\frac{1}{4}-\left(-\frac{1}{2}\right)^2=0$$

因此 f 在基 $\boldsymbol{\alpha}=(1,1)'$，$\boldsymbol{\delta}=\left(\frac{1}{2},-\frac{1}{2}\right)'$ 下的度量矩阵 $\boldsymbol{A}$ 为 $\begin{pmatrix}0&1\\1&0\end{pmatrix}$.

12. 求第 11 题中双曲平面 $(\mathbb{R}^2,f)$ 的所有迷向向量.

解： 设 $\boldsymbol{\alpha}=(x_1,x_2)'$ 是第 11 题中双曲平面 $(\mathbb{R}^2,f)$ 的迷向向量，则 $x_1^2-x_2^2=0$，从而所有的迷向向量为 $\boldsymbol{\alpha}=(x_1,x_1)$ 或者 $\boldsymbol{\alpha}=(x_1,-x_1)$，$x_1\in\mathbb{R}$.

13. 设 (V,f) 是 n 维正则的辛空间，$\mathscr{B}$ 是 V 上的一个线性变换. 证明：$\mathscr{B}$ 是辛变换当且仅当 $\mathscr{B}$ 把辛基变成辛基.

证明： 设 $\boldsymbol{\delta}_1,\cdots,\boldsymbol{\delta}_r,\boldsymbol{\delta}_{-1},\cdots,\boldsymbol{\delta}_{-r}$ 是 (V,f) 的一个辛基，则 f 在此基下的度量矩阵

$$\boldsymbol{A}=\begin{pmatrix}\boldsymbol{0}&I_r\\-I_r&\boldsymbol{0}\end{pmatrix}$$

设

$$\mathscr{B}(\boldsymbol{\delta}_1,\cdots,\boldsymbol{\delta}_r,\boldsymbol{\delta}_{-1},\cdots,\boldsymbol{\delta}_{-r})=(\boldsymbol{\delta}_1,\cdots,\boldsymbol{\delta}_r,\boldsymbol{\delta}_{-1},\cdots,\boldsymbol{\delta}_{-r})\boldsymbol{B}$$

（必要性）设 $\mathscr{B}$ 是辛变换，则 $\boldsymbol{B}'\boldsymbol{A}\boldsymbol{B}=\boldsymbol{A}$，且由本节定理 15 知 $\mathscr{B}$ 是辛空间 (V,f) 到自身的一个同构映射，从而 $\mathscr{B}\delta_1,\cdots,\mathscr{B}\delta_r,\mathscr{B}\delta_{-1},\cdots,\mathscr{B}\delta_{-r}$ 也是 V 的一个基. 因为基 $\boldsymbol{\delta}_1,\cdots,\boldsymbol{\delta}_r,\boldsymbol{\delta}_{-1},\cdots,\boldsymbol{\delta}_{-r}$ 到基 $\mathscr{B}\boldsymbol{\delta}_1,\cdots,\mathscr{B}\boldsymbol{\delta}_r,\mathscr{B}\boldsymbol{\delta}_{-1},\cdots,\mathscr{B}\boldsymbol{\delta}_{-r}$ 的过渡矩阵是 $\boldsymbol{B}$，于是 f 在基 $\mathscr{B}\boldsymbol{\delta}_1,\cdots,\mathscr{B}\boldsymbol{\delta}_r,\mathscr{B}\boldsymbol{\delta}_{-1},\cdots,\mathscr{B}\boldsymbol{\delta}_{-r}$ 下的度量矩阵等于 $\boldsymbol{B}'\boldsymbol{A}\boldsymbol{B}=\boldsymbol{A}$. 因此 $\mathscr{B}\boldsymbol{\delta}_1,\cdots,\mathscr{B}\boldsymbol{\delta}_r,\mathscr{B}\boldsymbol{\delta}_{-1},\cdots,\mathscr{B}\boldsymbol{\delta}_{-r}$ 是 (V,f) 的辛基.

（充分性）设线性变换 $\mathscr{B}$ 把辛基 $\boldsymbol{\delta}_1,\cdots,\boldsymbol{\delta}_r,\boldsymbol{\delta}_{-1},\cdots,\boldsymbol{\delta}_{-r}$ 变成辛基 $\mathscr{B}\boldsymbol{\delta}_1,\cdots,\mathscr{B}\boldsymbol{\delta}_r,\mathscr{B}\boldsymbol{\delta}_{-1},\cdots,\mathscr{B}\boldsymbol{\delta}_{-r}$，由于从第 1 个基到第 2 个基的过渡矩阵是 $\boldsymbol{B}$，于是 f 在第二个基下的度量矩阵 $\boldsymbol{H}=\boldsymbol{B}'\boldsymbol{A}\boldsymbol{B}$. 由于第 2 个基 $\mathscr{B}\boldsymbol{\delta}_1,\cdots,\mathscr{B}\boldsymbol{\delta}_r,\mathscr{B}\boldsymbol{\delta}_{-1},\cdots,\mathscr{B}\boldsymbol{\delta}_{-r}$ 也是 (V,f) 的辛基，因此 f 在第 2 个基下的度量矩阵也是 $\boldsymbol{A}$，从而 $\boldsymbol{B}'\boldsymbol{A}\boldsymbol{B}=\boldsymbol{A}$. 所以 $\mathscr{B}$ 是辛变换.

14. 设

$$A=\begin{pmatrix} \mathbf{0} & I_r \\ -I_r & \mathbf{0} \end{pmatrix}$$

证明：$2r$ 级矩阵 B 是辛矩阵当且仅当 $B=-A(B^{-1})'A$.

证明： 由于 $A^2=-I_{2r}$，因此 $A^{-1}=-A$，从而

$$\begin{aligned} B\text{ 是辛矩阵} &\Leftrightarrow B'AB=A \\ &\Leftrightarrow B=(B'A)^{-1}A=A^{-1}(B')^{-1}A=-A(B^{-1})'A \end{aligned}$$

15. 设 B 是 $2r$ 级矩阵，把 B 分块写成

$$B=\begin{pmatrix} B_{11} & B_{12} \\ B_{21} & B_{22} \end{pmatrix}$$

其中 B_{ij} 是 r 级矩阵，i，$j=1$，2. 证明：B 是辛矩阵的充分必要条件是

$$\begin{cases} B'_{11}B_{21}=B'_{21}B_{11}, \\ B'_{12}B_{22}=B'_{22}B_{12}, \\ B'_{11}B_{22}-B'_{21}B_{12}=I_r. \end{cases}$$

证明： B 是辛矩阵$\Leftrightarrow B'AB=A$

$$\Leftrightarrow \begin{pmatrix} B'_{11} & B'_{21} \\ B'_{12} & B'_{22} \end{pmatrix}\begin{pmatrix} \mathbf{0} & I_r \\ -I_r & \mathbf{0} \end{pmatrix}\begin{pmatrix} B_{11} & B_{12} \\ B_{21} & B_{22} \end{pmatrix}=\begin{pmatrix} \mathbf{0} & I_r \\ -I_r & \mathbf{0} \end{pmatrix}$$

$$\Leftrightarrow\begin{cases} B'_{11}B_{21}=B'_{21}B_{11}, \\ B'_{12}B_{22}=B'_{22}B_{12}, \\ B'_{11}B_{22}-B'_{21}B_{12}=I_r. \end{cases}$$

16. 证明下列矩阵都是辛矩阵：

(1) $B=\operatorname{diag}\{\underbrace{\begin{pmatrix} 0 & 1 \\ -1 & 0 \end{pmatrix}, \cdots, \begin{pmatrix} 0 & 1 \\ -1 & 0 \end{pmatrix}}_{2m\text{个}}\}$;

(2) $\begin{pmatrix} \mathbf{0} & I_r \\ -I_r & \mathbf{0} \end{pmatrix}$; (3) $\begin{pmatrix} \mathbf{0} & -I_r \\ I_r & \mathbf{0} \end{pmatrix}$;

(4) $\begin{pmatrix} 0 & 0 & 0 & 1 \\ 0 & 0 & -1 & 0 \\ 0 & -1 & 0 & 0 \\ 1 & 0 & 0 & 0 \end{pmatrix}$.

证明： （1）令

$$B=\begin{pmatrix}B_{11} & B_{12}\\ B_{21} & B_{22}\end{pmatrix}$$

其中 B_{ij} 是 $2m$ 级矩阵，$i,\ j=1,\ 2$，则 $B_{11}=\mathrm{diag}\left\{\begin{pmatrix}0 & 1\\ -1 & 0\end{pmatrix},\ \cdots,\ \begin{pmatrix}0 & 1\\ -1 & 0\end{pmatrix}\right\}$，其中含 m 个子矩阵，$B_{12}=B_{21}=0$，$B_{22}=B_{11}$，显然满足第 15 题结论中的第 1，2 个等式；关于第 3 个等式，由于

$$\begin{aligned}B_{11}'B_{22}&=\mathrm{diag}\left\{\begin{pmatrix}0 & -1\\ 1 & 0\end{pmatrix},\ \cdots,\ \begin{pmatrix}0 & -1\\ 1 & 0\end{pmatrix}\right\}\cdot\mathrm{diag}\left\{\begin{pmatrix}0 & 1\\ -1 & 0\end{pmatrix},\ \cdots,\ \begin{pmatrix}0 & 1\\ -1 & 0\end{pmatrix}\right\}\\&=\mathrm{diag}\left\{\begin{pmatrix}1 & 0\\ 0 & 1\end{pmatrix},\ \cdots,\ \begin{pmatrix}1 & 0\\ 0 & 1\end{pmatrix}\right\}=I_{2m}\end{aligned}$$

因此也满足第 3 个等式，从而 B 是辛矩阵.

（2）用第 15 题的记号，$B_{11}=0$，$B_{12}=I_r$，$B_{21}=-I_r$，$B_{22}=0$. 显然满足第 15 题 3 个等式，因此 $\begin{pmatrix}0 & I_r\\ -I_r & 0\end{pmatrix}$ 是辛矩阵.

（3）用第 15 题的记号，$B_{11}=0$，$B_{12}=-I_r$，$B_{21}=I_r$，$B_{22}=0$. 显然满足第 15 题 3 个等式，因此 $\begin{pmatrix}0 & -I_r\\ I_r & 0\end{pmatrix}$ 是辛矩阵.

（4）用第 15 题的记号，$B_{11}=0$，$B_{12}=\begin{pmatrix}0 & 1\\ -1 & 0\end{pmatrix}$，$B_{21}=\begin{pmatrix}0 & -1\\ 1 & 0\end{pmatrix}$，$B_{22}=0$. 显然满足第 15 题 3 个等式，因此所给的 4 级矩阵是辛矩阵.

17. 设 $g(\lambda)$ 是 $2r$ 级辛矩阵 B 的特征多项式，证明：

$$g(\lambda)=\lambda^{2r}g(\lambda^{-1}).$$

证明： 根据 14 题得，$B=A^{-1}(B^{-1})'A$. 由于辛矩阵的行列式为 1（见习题 9.1 第 9 题），即 $|B|=1$，因此

$$\begin{aligned}g(\lambda)&=|\lambda I-B|=|\lambda I-A^{-1}(B^{-1})'A|=|\lambda I-(B^{-1})'|\\&=|\lambda I-B^{-1}|=\lambda^{2r}|I-\lambda^{-1}B^{-1}|=\lambda^{2r}|B^{-1}||B-\lambda^{-1}I|\\&=\lambda^{2r}(-1)^{2r}|\lambda^{-1}I-B|=\lambda^{2r}g(\lambda^{-1})\end{aligned}$$

18. 设 B 是实数域上的 $2r$ 级辛矩阵，λ_1 是 B 的特征多项式的一个复根. 证明：λ_1^{-1}，$\bar{\lambda}_1$，$\bar{\lambda}_1^{-1}$ 都是 B 的特征多项式的复根.

证明： 设 $g(\lambda)$是 $\boldsymbol{B}$ 的特征多项式，由于 $\boldsymbol{B}$ 是实矩阵，因此 $g(\lambda)\in\mathbb{R}[\lambda]$. 根据第 17 题得，$g(\lambda)=\lambda^{2r}g(\lambda^{-1})$. 由于辛矩阵 $\boldsymbol{B}$ 可逆，因此 $\lambda_1\neq 0$，于是

$$g(\lambda_1^{-1})=\lambda_1^{-2r}g(\lambda_1)=0$$

从而 λ_1^{-1} 是 $g(\lambda)$的一个复根，显然 $\bar{\lambda}_1$ 是 $g(\lambda)$的复根，于是 $\bar{\lambda}_1^{-1}$ 也是 $g(\lambda)$的一个复根.

19. 设($\mathbb{R}^2$，f)是实数域上的一个辛空间，内积为

$$f(\boldsymbol{\alpha},\boldsymbol{\beta})=x_1y_2-x_2y_1,$$

其中 $\boldsymbol{\alpha}=(x_1,x_2)'$，$\boldsymbol{\beta}=(y_1,y_2)'$. 设 $\mathscr{B}$ 是 $\mathbb{R}^2$ 上的一个线性变换，它在基 $\boldsymbol{\varepsilon}_1$，$\boldsymbol{\varepsilon}_2$ 下的矩阵为 $\boldsymbol{B}=(b_{ij})$.

证明：$\mathscr{B}$ 是($\mathbb{R}^2$，f)上的辛变换当且仅当 $|\boldsymbol{B}|=1$.

证明： f 在基 $\boldsymbol{\varepsilon}_1$，$\boldsymbol{\varepsilon}_2$ 下的度量矩阵 $\boldsymbol{A}=\begin{pmatrix}0&1\\-1&0\end{pmatrix}$，于是 $\mathscr{B}$ 是($\mathbb{R}^2$，f)上的辛变换$\Leftrightarrow\boldsymbol{B}'\boldsymbol{A}\boldsymbol{B}=\boldsymbol{A}\Leftrightarrow b_{11}b_{22}-b_{12}b_{21}=1\Leftrightarrow|\boldsymbol{B}|=1$.

20. 第 19 题中实数域上的辛空间($\mathbb{R}^2$，f)，其上的辛变换一定有特征值吗?

解： 不一定. 例如，设 $\mathbb{R}^2$ 上的线性变换 $\mathscr{B}$ 在基 $\boldsymbol{\varepsilon}_1$，$\boldsymbol{\varepsilon}_2$ 下的矩阵

$$\boldsymbol{B}=\begin{pmatrix}\cos\theta&-\sin\theta\\\sin\theta&\cos\theta\end{pmatrix}$$

其中 $0<\theta<2\pi$，且 $\theta\neq\pi$. 由于 $|\boldsymbol{B}|=1$，因此 $\mathscr{B}$ 是($\mathbb{R}^2$，f)上的一个辛变换，但是 $\mathscr{B}$ 没有特征值.

21. 设 $\boldsymbol{B}=\mathrm{diag}\left\{\begin{pmatrix}0&1\\-1&0\end{pmatrix},\begin{pmatrix}0&1\\-1&0\end{pmatrix},\begin{pmatrix}0&1\\-1&0\end{pmatrix}\right\}$，试问：$\boldsymbol{B}$ 是辛矩阵吗?

解： 将 $\boldsymbol{B}$ 写成分块形式：

$$\boldsymbol{B}=\begin{pmatrix}\boldsymbol{B}_{11}&\boldsymbol{B}_{12}\\\boldsymbol{B}_{21}&\boldsymbol{B}_{22}\end{pmatrix}$$

其中

$$\boldsymbol{B}_{11}=\begin{pmatrix}0&1&0\\-1&0&0\\0&0&0\end{pmatrix},\quad\boldsymbol{B}_{12}=\begin{pmatrix}0&0&0\\0&0&0\\1&0&0\end{pmatrix},\quad\boldsymbol{B}_{21}=\begin{pmatrix}0&0&-1\\0&0&0\\0&0&0\end{pmatrix},\quad\boldsymbol{B}_{22}=\begin{pmatrix}0&0&0\\0&0&1\\0&-1&0\end{pmatrix}$$

直接计算得

$$B'_{11}B_{21}=\begin{pmatrix}0&0&0\\0&0&-1\\0&0&0\end{pmatrix},\quad B'_{21}B_{11}=\begin{pmatrix}0&0&0\\0&0&0\\0&-1&0\end{pmatrix}$$

于是 $B'_1B_{21}\neq B'_{21}B_{11}$. 根据第 15 题的结论，$B$ 不是辛矩阵.

补充题八

1. 设 V 是实数域上的 n 维线性空间，q 是 V 上的一个二次函数. 如果 $q(\boldsymbol{\gamma})=0$，那么称 $\boldsymbol{\gamma}$ 是 q 的**零向量**. 设 q 对应的对称双线性函数 f 在 V 的一个基下的度量矩阵为 A，证明：如果二次型 $X'AX$ 是不定的，那么 V 中存在由 q 的零向量组成的一个基.

证明： 由于 $q(\boldsymbol{\alpha})$ 的表达式是不定的二次型，因此 V 中存在一个基 $\boldsymbol{\alpha}_1$，$\boldsymbol{\alpha}_2$，…，$\boldsymbol{\alpha}_n$，使得对于 $\boldsymbol{\alpha}=\sum_{i=1}^{n}x_i\boldsymbol{\alpha}_i$，有

$$q(\boldsymbol{\alpha})=x_1^2+\cdots+x_p^2-x_{p+1}^2-\cdots-x_r^2$$

其中 $p\geqslant1$，$p<r\leqslant n$. 令

$$\begin{aligned}\eta_i&=\boldsymbol{\alpha}_i+\boldsymbol{\alpha}_{p+1}, & i&=1,2,\cdots,p\\ \eta_i&=-\boldsymbol{\alpha}_1+\boldsymbol{\alpha}_j, & j&=p+1,\cdots,r\\ \eta_k&=\boldsymbol{\alpha}_k, & k&=r+1,\cdots,n\end{aligned}$$

显然，$\boldsymbol{\eta}_1$，$\boldsymbol{\eta}_2$，…，$\boldsymbol{\eta}_n$ 可以由 $\boldsymbol{\alpha}_1$，$\boldsymbol{\alpha}_2$，…，$\boldsymbol{\alpha}_n$ 线性表出. 由于

$$\boldsymbol{\eta}_1=\boldsymbol{\alpha}_1+\boldsymbol{\alpha}_{p+1},\quad \boldsymbol{\eta}_{p+1}=-\boldsymbol{\alpha}_1+\boldsymbol{\alpha}_{p+1}$$

因此

$$\boldsymbol{\alpha}_1=\frac{1}{2}(\boldsymbol{\eta}_1-\boldsymbol{\eta}_{p+1}),\quad \boldsymbol{\alpha}_{p+1}=\frac{1}{2}(\boldsymbol{\eta}_1+\boldsymbol{\eta}_{p+1})$$

于是由 $\boldsymbol{\eta}_i$，$\boldsymbol{\eta}_j$，$\boldsymbol{\eta}_k$ 的定义式得出，$\boldsymbol{\alpha}_1$，$\boldsymbol{\alpha}_2$，…，$\boldsymbol{\alpha}_n$ 可以由 $\boldsymbol{\eta}_1$，$\boldsymbol{\eta}_2$，…，$\boldsymbol{\eta}_n$ 线性表出，从而它们等价，因此 $\boldsymbol{\eta}_1$，$\boldsymbol{\eta}_2$，…，$\boldsymbol{\eta}_n$ 是 V 的一个基. 当 $i=1, 2, \cdots, p$ 时，

$$q(\boldsymbol{\eta}_i)=1^2-1^2=0$$

当 $j=p+1, \cdots, r$ 时，$q(\boldsymbol{\eta}_j)=(-1)^2-1^2=0$；当 $k=r+1, \cdots, n$ 时，$q(\boldsymbol{\eta}_k)=0$，因此 $\boldsymbol{\eta}_1$，$\boldsymbol{\eta}_2$，…，$\boldsymbol{\eta}_n$ 都是 q 的零向量. 从而 V 中存在由 q 的零向量组成的一个基.

2. 设 V 是实数域上的 n 维线性空间，q 是 V 上的一个二次函数，q 的所有零向量组

成的集合S称为q的零锥. 设q对应的对称双线性函数f在V的一个基下的度量矩阵为$\boldsymbol{A}$. 证明：q的零锥S是V的一个子空间当且仅当二次型$\boldsymbol{X}'\boldsymbol{A}\boldsymbol{X}$是半正定的或半负定的.

证明： （**必要性**）假如$g(\boldsymbol{\alpha})$的表达式不是半正定的，也不是半负定的，则它是不定的二次型. 根据第1题的结论，V中存在由q的零向量$\boldsymbol{\eta}_1$，$\boldsymbol{\eta}_2$，…，$\boldsymbol{\eta}_n$组成的一个基. 由于$\boldsymbol{\eta}_1$，$\boldsymbol{\eta}_2$，…，$\boldsymbol{\eta}_n\in S$，且已知S是V的一个子空间，因此$\langle\boldsymbol{\eta}_1, \boldsymbol{\eta}_2, \cdots, \boldsymbol{\eta}_n\rangle\subseteq S$. 由此得出，$V=S$. 由第1题的证明得，$\boldsymbol{\eta}_1=\boldsymbol{\alpha}_1+\boldsymbol{\alpha}_{p+1}$，$\boldsymbol{\eta}_{p+1}=-\boldsymbol{\alpha}_1+\boldsymbol{\alpha}_{p+1}$，从而$\boldsymbol{\eta}_1+\boldsymbol{\eta}_{p+1}=2\boldsymbol{\alpha}_{p+1}$. 于是

$$q(\boldsymbol{\eta}_1+\boldsymbol{\eta}_{p+1})=-2^2=-4\neq 0$$

因此$\boldsymbol{\eta}_1+\boldsymbol{\eta}_{p+1}\notin S$，矛盾. 所以$q(\boldsymbol{\alpha})$的表达式是半正定的或者半负定的.

（**充分性**）设$q(\boldsymbol{\alpha})$的表达式是半正定的或半负定的二次型，先考虑它是半正定的情形. 在V中存在一个基$\boldsymbol{\alpha}_1$，$\boldsymbol{\alpha}_2$，…，$\boldsymbol{\alpha}_n$，使得对于$\boldsymbol{\alpha}=\sum_{i=1}^{n}x_i\boldsymbol{\alpha}_i$，有

$$q(\boldsymbol{\alpha})=x_1^2+x_2^2+\cdots+x_r^2,$$

其中$r\leqslant n$. 当$r<n$时，

$$\begin{aligned}\boldsymbol{\alpha}\in S&\Leftrightarrow x_1^2+x_2^2+\cdots+x_r^2=0\\&\Leftrightarrow x_1=x_2=\cdots=x_r=0\\&\Leftrightarrow \boldsymbol{\alpha}=x_{r+1}\boldsymbol{\alpha}_{r+1}+\cdots+x_n\boldsymbol{\alpha}_n\\&\Leftrightarrow \boldsymbol{\alpha}\in\langle\boldsymbol{\alpha}_{r+1}, \cdots, \boldsymbol{\alpha}_n\rangle\end{aligned}$$

因此当$r<n$时，$S=\langle\boldsymbol{\alpha}_{r+1}, \cdots, \boldsymbol{\alpha}_n\rangle$.

当$r=n$时，由上述推导过程可以看出，$\boldsymbol{\alpha}\in S\Leftrightarrow\boldsymbol{\alpha}=\boldsymbol{0}$，从而$S=\boldsymbol{0}$. 两种情形下都有$S$是$V$的一个子空间.

对于$q(\boldsymbol{\alpha})$的表达式是半负定二次型的情形，证明与上述类似.

3. 设q是Euclid空间$\mathbb{R}^n$上的一个二次函数. 证明：q的零锥S包含$\mathbb{R}^n$的一个标准正交基的充分必要条件是，q对应的对称双线性函数f在$\mathbb{R}^n$的一个标准正交基(从而在$\mathbb{R}^n$的任一标准正交基)下的度量矩阵的迹等于零.

注：第3题是把解析几何中下述命题推广到n维情形：在直角坐标系$Oxyz$中，顶点在原点的二次锥面

$$a_{11}x^2+a_{22}y^2+a_{33}z^2+2a_{12}xy+2a_{13}xz+2a_{23}yz=0$$

有3条互相垂直的直母线的充分必要条件是$a_{11}+a_{22}+a_{33}=0$. “(参看参考文献[8]第

147 页的第 13 题).

证明： (**必要性**) 设 q 的零锥 S 包含 $\mathbb{R}^n$ 的一个标准正交基 $\boldsymbol{\eta}_1$，$\boldsymbol{\eta}_2$，…，$\boldsymbol{\eta}_n$. 根据教材 7.3 节定义 1，存在 $\mathbb{R}^n$ 上的一个对称双线性函数 f，使得

$$q(\boldsymbol{\alpha})=f(\boldsymbol{\alpha},\boldsymbol{\alpha}),\quad \forall\boldsymbol{\alpha}\in\mathbb{R}^n$$

f 在基 $\boldsymbol{\eta}_1$，$\boldsymbol{\eta}_2$，…，$\boldsymbol{\eta}_n$ 下的度量矩阵 $\boldsymbol{A}=(f(\boldsymbol{\eta}_i,\boldsymbol{\eta}_j))$，$\boldsymbol{A}$ 就是 q 在基 $\boldsymbol{\eta}_1$，$\boldsymbol{\eta}_2$，…，$\boldsymbol{\eta}_n$ 下的矩阵. 由于 $\boldsymbol{\eta}_i\in S$，因此 $f(\boldsymbol{\eta}_i,\boldsymbol{\eta}_i)=q(\boldsymbol{\eta}_i)=0$，$i=1, 2, \cdots, n$，从而

$$\mathrm{tr}(A)=\sum_{i=1}^{n}f(\boldsymbol{\eta}_i,\boldsymbol{\eta}_i)=0$$

设 $\boldsymbol{\xi}_1$，$\boldsymbol{\xi}_2$，…，$\boldsymbol{\xi}_n$ 是 $\mathbb{R}^n$ 的任一标准正交基，设 $\boldsymbol{\eta}_1$，$\boldsymbol{\eta}_2$，…，$\boldsymbol{\eta}_n$ 到 $\boldsymbol{\xi}_1$，$\boldsymbol{\xi}_2$，…，$\boldsymbol{\xi}_n$ 的过渡矩阵是 $\boldsymbol{P}=(\boldsymbol{\alpha}_1,\boldsymbol{\alpha}_2,\cdots,\boldsymbol{\alpha}_n)$. 由于 $\boldsymbol{\eta}_1$，$\boldsymbol{\eta}_2$，…，$\boldsymbol{\eta}_n$ 是标准正交基，因此 $(\boldsymbol{\xi}_i,\boldsymbol{\xi}_j)=\boldsymbol{\alpha}_i'\boldsymbol{\alpha}_j$. 由于 $\boldsymbol{\xi}_1$，$\boldsymbol{\xi}_2$，…，$\boldsymbol{\xi}_n$ 是标准正交基，因此

$$\boldsymbol{\alpha}_i'\boldsymbol{\alpha}_j=(\boldsymbol{\xi}_i,\boldsymbol{\xi}_j)=\delta_{ij},\quad i, j=1, 2, \cdots, n$$

从而 $\boldsymbol{P}$ 是正交矩阵. 设 f 在基 $\boldsymbol{\xi}_1$，$\boldsymbol{\xi}_2$，…，$\boldsymbol{\xi}_n$ 下的度量矩阵为 $\boldsymbol{B}$，则 $\boldsymbol{B}=\boldsymbol{P}'\boldsymbol{A}\boldsymbol{P}=\boldsymbol{P}^{-1}\boldsymbol{A}\boldsymbol{P}$. 因此 $\mathrm{tr}(\boldsymbol{B})=\mathrm{tr}(\boldsymbol{A})=0$.

注： 从充分性的证明中看到，若 $\mathbb{R}^n$ 上的一个二次函数 q 的零锥 S 包含 $\mathbb{R}^n$ 的一个基 η_1，η_2，…，η_n，则 q 在这个基下的矩阵 $\boldsymbol{A}$ 的主对角元全为 0.

(**充分性**) 对 $\mathbb{R}^n$ 的维数 n 做数学归纳法. $n=1$ 时，已知 q 在 $\mathbb{R}^1$ 的一个标准正交基 $\boldsymbol{\eta}_1$ 下的矩阵 $\boldsymbol{A}=(a)$ 的迹等于 0，于是 $a=0$. 由于 $\boldsymbol{A}$ 就是相应的对称双线性函数 f 在基 $\boldsymbol{\eta}_1$ 下的度量矩阵，因此 $f(\boldsymbol{\eta}_1,\boldsymbol{\eta}_1)=a=0$，从而 $q(\boldsymbol{\eta}_1)=0$，于是 $\boldsymbol{\eta}_1\in S$. 假设对于 $n-1$ 维时命题为真，现在来看 $\mathbb{R}^n$ 上的二次函数 q. 已知 q 在 $\mathbb{R}^n$ 的一个标准正交基 $\boldsymbol{\eta}_1$，$\boldsymbol{\eta}_2$，…，$\boldsymbol{\eta}_n$ 下的矩阵 A 的迹等于 0. 设 q 相应的对称双线性函数为 f，则 A 是 f 在基 $\boldsymbol{\eta}_1$，$\boldsymbol{\eta}_2$，…，$\boldsymbol{\eta}_n$ 下的度量矩阵. 于是

$$0=\mathrm{tr}(\boldsymbol{A})=\sum_{i=1}^{n}f(\boldsymbol{\eta}_i,\boldsymbol{\eta}_i)$$

如果 $\boldsymbol{\eta}_1$，$\boldsymbol{\eta}_2$，…，$\boldsymbol{\eta}_n$ 不全属于 S，那么 $f(\boldsymbol{\eta}_1,\boldsymbol{\eta}_1)$，…，$f(\boldsymbol{\eta}_n,\boldsymbol{\eta}_n)$ 不全为 0. 从而存在 $\boldsymbol{\eta}_i$，$\boldsymbol{\eta}_j$，使得

$$f(\boldsymbol{\eta}_i,\boldsymbol{\eta}_i)>0,\ f(\boldsymbol{\eta}_j,\boldsymbol{\eta}_j)<0$$

令 $\boldsymbol{\xi}_1=\boldsymbol{\eta}_i+\lambda\boldsymbol{\eta}_i$，其中 λ 待定使得 ξ_1 为单位向量且 $\xi_1\in S$.

$$0=q(\boldsymbol{\eta}_i+\lambda\boldsymbol{\eta}_j)=f(\boldsymbol{\eta}_i+\lambda\boldsymbol{\eta}_j,\boldsymbol{\eta}_i+\lambda\boldsymbol{\eta}_j)$$

$$=f(\boldsymbol{\eta}_i, \boldsymbol{\eta}_i)+2\lambda f(\boldsymbol{\eta}_i, \boldsymbol{\eta}_j)+\lambda^2 f(\boldsymbol{\eta}_i, \boldsymbol{\eta}_j)$$

由于$[2f(\boldsymbol{\eta}_i, \boldsymbol{\eta}_j)]^2-4f(\boldsymbol{\eta}_j, \boldsymbol{\eta}_j)f(\boldsymbol{\eta}_i, \boldsymbol{\eta}_i)>0$，因此存在实数$\lambda$使得$q(\boldsymbol{\eta}_i+\lambda\boldsymbol{\eta}_j)=0$. 把$\boldsymbol{\eta}_i+\lambda\boldsymbol{\eta}_j$单位化后记作$\boldsymbol{\xi}_1$，则$q(\boldsymbol{\xi}_1)=0$，即$\boldsymbol{\xi}_1\in S$. 把$\boldsymbol{\xi}_1$扩充成$\mathbb{R}^n$的一个标准正交基$\boldsymbol{\xi}_1, \boldsymbol{\xi}_2, \cdots, \boldsymbol{\xi}_n$，令$W=\langle\boldsymbol{\xi}_2, \cdots, \boldsymbol{\xi}_n\rangle$，则

$$\mathbb{R}^n=\langle\boldsymbol{\xi}_1\rangle\oplus W$$

设f在基$\boldsymbol{\xi}_1, \boldsymbol{\xi}_2, \cdots, \boldsymbol{\xi}_n$下的度量矩阵为$\boldsymbol{B}$，设基$\boldsymbol{\eta}_1, \boldsymbol{\eta}_2, \cdots, \boldsymbol{\eta}_n$到基$\boldsymbol{\xi}_1, \boldsymbol{\xi}_2, \cdots, \boldsymbol{\xi}_n$的过渡矩阵为$\boldsymbol{P}$. 由于$\boldsymbol{\eta}_1, \boldsymbol{\eta}_2, \cdots, \boldsymbol{\eta}_n$和$\boldsymbol{\xi}_1, \boldsymbol{\xi}_2, \cdots, \boldsymbol{\xi}_n$都是标准正交基，因此$\boldsymbol{P}$是正交矩阵. 于是

$$\boldsymbol{B}=\boldsymbol{P}'\boldsymbol{A}\boldsymbol{P}=\boldsymbol{P}^{-1}\boldsymbol{A}\boldsymbol{P}$$

因此$\operatorname{tr}(\boldsymbol{B})=\operatorname{tr}(\boldsymbol{A})=0$. 由于$f(\boldsymbol{\xi}_1, \boldsymbol{\xi}_1)=q(\boldsymbol{\xi}_1)=0$，因此$\sum\limits_{i=2}^{n} f(\boldsymbol{\xi}_i, \boldsymbol{\xi}_i)=0$. 于是$f|W$在$W$的一个标准正交基$\boldsymbol{\xi}_2, \cdots, \boldsymbol{\xi}_n$下的度量矩阵$\boldsymbol{C}$的迹等于0，$\boldsymbol{C}$就是$q|W$在$W$的标准正交基$\boldsymbol{\xi}_2, \cdots, \boldsymbol{\xi}_n$下的矩阵. 根据归纳假设，$q|W$的零锥包含$W$的一个标准正交基$\boldsymbol{\delta}_2, \cdots, \boldsymbol{\delta}_n$. 易知$\boldsymbol{\xi}_1, \boldsymbol{\delta}_2, \cdots, \boldsymbol{\delta}_n$是$V$的一个标准正交基，且它们都属于$S$.

根据归纳法原理，对一切正整数n，命题得证.

4. 证明：n级实对称矩阵$\boldsymbol{A}$正交相似于主对角元全为0的矩阵当且仅当$\operatorname{tr}(\boldsymbol{A})=0$.

证明： 必要性是显然的，下面证充分性.

设n级实对称矩阵$\boldsymbol{A}=(a_{ij})$的迹等于0. 对于$\mathbb{R}^n$中$\boldsymbol{\alpha}=(x_1, x_2, \cdots, x_n)'$，$\boldsymbol{\beta}=(y_1, y_2, \cdots, y_n)'$，令

$$f(\boldsymbol{\alpha}, \boldsymbol{\beta})=\sum_{i=1}^{n}\sum_{j=1}^{n} a_{ij}x_i x_j$$

则f是$\mathbb{R}^n$上的一个对称双线性函数. f在基$\boldsymbol{\varepsilon}_1, \boldsymbol{\varepsilon}_2, \cdots, \boldsymbol{\varepsilon}_n$下的度量矩阵为$\boldsymbol{A}$.

$$q(\boldsymbol{\alpha})=f(\boldsymbol{\alpha}, \boldsymbol{\alpha}), \quad \forall\boldsymbol{\alpha}\in\mathbb{R}^n$$

则q是$\mathbb{R}^n$上的一个二次函数，它在基$\boldsymbol{\varepsilon}_1, \boldsymbol{\varepsilon}_2, \cdots, \boldsymbol{\varepsilon}_n$下的矩阵为$\boldsymbol{A}$. 由于$\operatorname{tr}(\boldsymbol{A})=0$，根据第3题的充分性得，$q$的零锥$S$包含$\mathbb{R}^n$的一个标准正交基$\boldsymbol{\eta}_1, \boldsymbol{\eta}_2, \cdots, \boldsymbol{\eta}_n$. 设$f$在基$\boldsymbol{\eta}_1, \boldsymbol{\eta}_2, \cdots, \boldsymbol{\eta}_n$下的度量矩阵为$\boldsymbol{B}$，基$\boldsymbol{\varepsilon}_1, \boldsymbol{\varepsilon}_2, \cdots, \boldsymbol{\varepsilon}_n$到基$\boldsymbol{\eta}_1, \boldsymbol{\eta}_2, \cdots, \boldsymbol{\eta}_n$的过渡矩阵为$\boldsymbol{P}$，由于这两个基都是标准正交基，因此$\boldsymbol{P}$是正交矩阵，从而

$$\boldsymbol{B}=\boldsymbol{P}'\boldsymbol{A}\boldsymbol{P}=\boldsymbol{P}^{-1}\boldsymbol{A}\boldsymbol{P}$$

即 $\boldsymbol{A}$ 正交相似于 $\boldsymbol{B}$. 根据第 3 题的充分性的注，由于 $\boldsymbol{B}$ 是 q 在基 $\boldsymbol{\eta}_1$，$\boldsymbol{\eta}_2$，…，$\boldsymbol{\eta}_n$ 下的矩阵，因此 $\boldsymbol{B}$ 的主对角元全为 0.

5. 实内积空间 V 上的一个变换 $\mathscr{A}$ 称为斜对称的，如果对于任意 $\boldsymbol{\alpha}$，$\boldsymbol{\beta}\in V$，有

$$(\mathscr{A}\boldsymbol{\alpha},\ \boldsymbol{\beta})=-(\boldsymbol{\alpha},\ \mathscr{A}\boldsymbol{\beta}).$$

证明：V 上的斜对称变换 $\mathscr{A}$ 是线性变换.

证明： 任取 $\boldsymbol{\alpha}$，$\boldsymbol{\beta}\in V$，对于任意 $\boldsymbol{\gamma}\in V$，有

$$\begin{aligned}(\mathscr{A}(\boldsymbol{\alpha}+\boldsymbol{\beta}),\ \boldsymbol{\gamma})&=-(\boldsymbol{\alpha}+\boldsymbol{\beta},\ \mathscr{A}\boldsymbol{\gamma})=-(\boldsymbol{\alpha},\ \mathscr{A}\boldsymbol{\gamma})-(\boldsymbol{\beta},\ \mathscr{A}\boldsymbol{\gamma})\\ &(\mathscr{A}\boldsymbol{\alpha},\ \boldsymbol{\gamma})+(\mathscr{A}\boldsymbol{\beta},\ \boldsymbol{\gamma})=(\mathscr{A}\boldsymbol{\alpha}+\mathscr{A}\boldsymbol{\beta},\ \boldsymbol{\gamma})\end{aligned}$$

由此推出 $\mathscr{A}(\boldsymbol{\alpha}+\boldsymbol{\beta})=\mathscr{A}\boldsymbol{\alpha}+\mathscr{A}\boldsymbol{\beta}$

类似可证 $\mathscr{A}(k\boldsymbol{\alpha})=k\mathscr{A}\boldsymbol{\alpha}$，$\forall\,\boldsymbol{\alpha}\in V$，$k\in\mathbb{R}$. 故 $\mathscr{A}$ 是线性变换.

6. 证明：n 维 Euclid 空间 V 上的线性变换 $\mathscr{A}$ 是斜对称变换当且仅当 $\mathscr{A}$ 在 V 的任意一个标准正交基下的矩阵是斜对称矩阵.

证明： 任取 V 的一个标准正交基 $\boldsymbol{\eta}_1$，$\boldsymbol{\eta}_2$，…，$\boldsymbol{\eta}_n$，设

$$\mathscr{A}(\boldsymbol{\eta}_1,\ \boldsymbol{\eta}_2,\ \cdots,\ \boldsymbol{\eta}_n)=(\boldsymbol{\eta}_1,\ \boldsymbol{\eta}_2,\ \cdots,\ \boldsymbol{\eta}_n)\boldsymbol{A}$$

则 $\mathscr{A}\boldsymbol{\eta}_j$ 在标准正交基 $\boldsymbol{\eta}_1$，$\boldsymbol{\eta}_2$，…，$\boldsymbol{\eta}_n$ 下的坐标的第 i 个分量为 $a_{ij}=(\mathscr{A}\boldsymbol{\eta}_j,\ \boldsymbol{\eta}_i)$，$i$，$j=1$，2，…，$n$. 因此

$$\begin{aligned}&\mathscr{A}\text{ 是 }V\text{ 上的斜对称变换}\\ &\Leftrightarrow(\mathscr{A}\boldsymbol{\alpha},\ \boldsymbol{\beta})=-(\boldsymbol{\alpha},\ \mathscr{A}\boldsymbol{\beta}),\ \forall\,\boldsymbol{\alpha},\ \boldsymbol{\beta}\in V\\ &\Leftrightarrow(\mathscr{A}\boldsymbol{\eta}_j,\ \boldsymbol{\eta}_i)=-(\boldsymbol{\eta}_j,\ \mathscr{A}\boldsymbol{\eta}_i),\ 1\leqslant i,\ j\leqslant n\\ &\Leftrightarrow a_{ij}=-a_{ji},\ 1\leqslant i,\ j\leqslant n\\ &\Leftrightarrow A\text{ 是斜对称矩阵}\end{aligned}$$

7. 设 $\mathscr{A}$ 是实内积空间 V 上的一个斜对称变换. 证明：如果 W 是 $\mathscr{A}$ 的一个不变子空间，那么 $W^{\perp}$ 也是 $\mathscr{A}$ 的不变子空间.

证明： 任取 $\boldsymbol{\beta}\in W^{\perp}$. 对任意 $\boldsymbol{\alpha}\in W$，有 $\mathscr{A}\boldsymbol{\alpha}\in W$，从而

$$(\boldsymbol{\alpha},\ \mathscr{A}\boldsymbol{\beta})=-(\mathscr{A}\boldsymbol{\alpha},\ \boldsymbol{\beta})=0$$

因此，$\mathscr{A}\boldsymbol{\beta}\in W^{\perp}$. 于是 $W^{\perp}$ 是 $\mathscr{A}$ 的不变子空间.

8. 证明：实内积空间 V 上的线性变换 $\mathscr{A}$ 是斜对称交换当且仅当对一切 $\boldsymbol{\alpha}\in V$ 有 $(\mathscr{A}\boldsymbol{\alpha},\ \boldsymbol{\alpha})=0$.

证明： **（必要性）** 设 $\mathscr{A}$ 是斜对称变换，则 $\forall\,\boldsymbol{\alpha}\in V$，有 $(\mathscr{A}\boldsymbol{\alpha},\ \boldsymbol{\alpha})=-(\boldsymbol{\alpha},\ \mathscr{A}\boldsymbol{\alpha})=$

$-(\mathscr{A}\boldsymbol{\alpha}, \boldsymbol{\alpha})$. 由此推出，$(\mathscr{A}\boldsymbol{\alpha}, \boldsymbol{\alpha})=0$.

(充分性) 设线性变换 $\mathscr{A}$ 满足$(\mathscr{A}\boldsymbol{\alpha}, \boldsymbol{\alpha})=0$，$\forall \boldsymbol{\alpha}\in V$. 任取 $\boldsymbol{\alpha}, \boldsymbol{\beta}\in V$，有

$$\begin{aligned}0&=(\mathscr{A}(\boldsymbol{\alpha}+\boldsymbol{\beta}), \boldsymbol{\alpha}+\boldsymbol{\beta})=(\mathscr{A}\boldsymbol{\alpha}+\mathscr{A}\boldsymbol{\beta}, \boldsymbol{\alpha}+\boldsymbol{\beta})\\&=(\mathscr{A}\boldsymbol{\alpha}, \boldsymbol{\alpha})+(\mathscr{A}\boldsymbol{\alpha}, \boldsymbol{\beta})+(\mathscr{A}\boldsymbol{\beta}, \boldsymbol{\alpha})+(\mathscr{A}\boldsymbol{\beta}, \boldsymbol{\beta})\\&=(\mathscr{A}\boldsymbol{\alpha}, \boldsymbol{\beta})+(\mathscr{A}\boldsymbol{\beta}, \boldsymbol{\alpha})\end{aligned}$$

由此推出，$(\mathscr{A}\boldsymbol{\alpha}, \boldsymbol{\beta})=-(\boldsymbol{\alpha}, \mathscr{A}\boldsymbol{\beta})$. 因此，$\mathscr{A}$ 是斜对称变换.

9. 设 $\mathscr{A}$ 是 n 维 Euclid 空间 V 上的一个斜对称交换. 证明：V 中存在一个标准正交基，使得 $\mathscr{A}$ 在此基下的矩阵具有如下形式：

$$\operatorname{diag}\left\{\begin{pmatrix}0 & a_1\\ -a_1 & 0\end{pmatrix}, \cdots, \begin{pmatrix}0 & a_s\\ -a_s & 0\end{pmatrix}, 0, \cdots, 0\right\},$$

其中 $a_i\neq 0$，$i=1, 2, \cdots, s$.

证明： **(方法一)** 对 Euclid 空间的维数 n 做数学归纳法. $n=1$ 时，V 中取一个单位向量 $\boldsymbol{\eta}$，则 $V=\langle\boldsymbol{\eta}\rangle$. 设 $\mathscr{A}\boldsymbol{\eta}=k\boldsymbol{\eta}$，则$(\mathscr{A}\boldsymbol{\eta}, \boldsymbol{\eta})=0=(k\boldsymbol{\eta}, \boldsymbol{\eta})=k(\boldsymbol{\eta}, \boldsymbol{\eta})$，从而 $k=0$. 于是 $\mathscr{A}$ 在 V 的标准正交基 $\boldsymbol{\eta}$ 下的矩阵是 1 级斜对称矩阵(0). 因此，$n=1$ 时命题为真.

假设维数小于 n 时，命题为真，现在来看 n 维 Euclid 空间 V 上的斜对称变换 $\mathscr{A}$. 根据习题 6.6 第 24 题得，$\mathscr{A}$ 的特征多项式的复根都是 0 或纯虚数.

情形 1：$\mathscr{A}$ 有特征值. 此时取 $\mathscr{A}$ 的属于特征值 0 的一个单位特征向量 $\boldsymbol{\eta}_1$，则$\langle\boldsymbol{\eta}_1\rangle$是 $\mathscr{A}$ 的一个不变子空间，从而由第 7 题知$\langle\boldsymbol{\eta}_1\rangle^{\perp}$也是 $\mathscr{A}$ 的一个不变子空间. 于是 $\mathscr{A}|\langle\boldsymbol{\eta}_1\rangle^{\perp}$ 是$\langle\boldsymbol{\eta}_1\rangle^{\perp}$上的斜对称变换. 由于 $\dim V=n$，且 $V=\langle\boldsymbol{\eta}_1\rangle\oplus\langle\boldsymbol{\eta}_1\rangle^{\perp}$，因此$\langle\boldsymbol{\eta}_1\rangle^{\perp}=n-1$. 根据归纳假设，$\langle\boldsymbol{\eta}_1\rangle^{\perp}$中存在一个标准正交基 $\boldsymbol{\eta}_2, \cdots, \boldsymbol{\eta}_n$，使得 $\mathscr{A}|\langle\boldsymbol{\eta}_1\rangle^{\perp}$在此基下的矩阵为

$$\operatorname{diag}\left\{\begin{pmatrix}0 & a_1\\ -a_1 & 0\end{pmatrix}, \cdots, \begin{pmatrix}0 & a_s\\ -a_s & 0\end{pmatrix}, 0, \cdots, 0\right\}$$

于是 $\mathscr{A}$ 在 V 的标准正交基 $\boldsymbol{\eta}_2, \cdots, \boldsymbol{\eta}_n, \boldsymbol{\eta}_1$ 下的矩阵为

$$\operatorname{diag}\left\{\begin{pmatrix}0 & a_1\\ -a_1 & 0\end{pmatrix}, \cdots, \begin{pmatrix}0 & a_s\\ -a_s & 0\end{pmatrix}, 0, \cdots, 0, 0\right\}$$

情形 2：$\mathscr{A}$ 没有特征值. 这时设$\pm a_1\mathrm{i}$ 是 $\mathscr{A}$ 的特征多项式的一对共轭虚根，V 中取一个标准正交基 $\boldsymbol{\alpha}_1, \boldsymbol{\alpha}_2, \cdots, \boldsymbol{\alpha}_n$，设 $\mathscr{A}$ 在此基下的矩阵为 $\boldsymbol{A}$. 把 $\boldsymbol{A}$ 看成复矩阵，则$\pm a_1\mathrm{i}$ 是 $\boldsymbol{A}$ 的特征值. 设 $\boldsymbol{X}_1+\boldsymbol{Y}_1\mathrm{i}$ 是 $\boldsymbol{A}$ 的属于特征值 $a_1\mathrm{i}$ 的一个特征向量，其中 $\boldsymbol{X}_1, \boldsymbol{Y}_1\in\mathbb{R}^n$，且 $\boldsymbol{X}_1, \boldsymbol{Y}_1$ 不全为 0，则

$$\boldsymbol{A}(\boldsymbol{X}_1+\mathrm{i}\boldsymbol{Y}_1)=a_1\mathrm{i}(\boldsymbol{X}_1+\mathrm{i}\boldsymbol{Y}_1)$$

由此得出，$\boldsymbol{AX}_1=-a_1\boldsymbol{Y}_1$，$\boldsymbol{AY}_1=a_1\boldsymbol{X}_1$. 令

$$\boldsymbol{\xi}_1=(\boldsymbol{\alpha}_1, \boldsymbol{\alpha}_2, \cdots, \boldsymbol{\alpha}_n)\boldsymbol{X}_1, \ \boldsymbol{\xi}_2=(\boldsymbol{\alpha}_1, \boldsymbol{\alpha}_2, \cdots, \boldsymbol{\alpha}_n)\boldsymbol{Y}_1$$

则

$$\mathscr{A}\boldsymbol{\xi}_1=(\boldsymbol{\alpha}_1, \boldsymbol{\alpha}_2, \cdots, \boldsymbol{\alpha}_n)\boldsymbol{AX}_1=(\boldsymbol{\alpha}_1, \boldsymbol{\alpha}_2, \cdots, \boldsymbol{\alpha}_n)(-a_1\boldsymbol{Y}_1)=-a_1\boldsymbol{\xi}_2$$
$$\mathscr{A}\boldsymbol{\xi}_2=(\boldsymbol{\alpha}_1, \boldsymbol{\alpha}_2, \cdots, \boldsymbol{\alpha}_n)\boldsymbol{AY}_1=(\boldsymbol{\alpha}_1, \boldsymbol{\alpha}_2, \cdots, \boldsymbol{\alpha}_n)(a_1\boldsymbol{X}_1)=a_1\boldsymbol{\xi}_1$$

因此$\langle\boldsymbol{\xi}_1, \boldsymbol{\xi}_2\rangle$是$\mathscr{A}$的不变子空间. 由于

$$0=(\mathscr{A}\boldsymbol{\xi}_1, \boldsymbol{\xi}_1)=(-a_1\boldsymbol{\xi}_2, \boldsymbol{\xi}_1)=-a_1(\boldsymbol{\xi}_1, \boldsymbol{\xi}_2)$$

由于$a_1\neq 0$，因此$(\boldsymbol{\xi}_1, \boldsymbol{\xi}_2)=0$，即$\boldsymbol{\xi}_1$与$\boldsymbol{\xi}_2$正交. 由于$(\mathscr{A}\boldsymbol{\xi}_1, \boldsymbol{\xi}_2)=-(\boldsymbol{\xi}_1, \mathscr{A}\boldsymbol{\xi}_2)$，因此

$$(-a_1\boldsymbol{\xi}_2, \boldsymbol{\xi}_2)=-(\boldsymbol{\xi}_1, a_1\boldsymbol{\xi}_1)$$

由此得出，$(\boldsymbol{\xi}_2, \boldsymbol{\xi}_2)=(\boldsymbol{\xi}_1, \boldsymbol{\xi}_1)$，从而$|\boldsymbol{\xi}_2|=|\boldsymbol{\xi}_1|$. 由于$\boldsymbol{X}_1$，$\boldsymbol{Y}_1$不全为0，因此$\boldsymbol{\xi}_1$，$\boldsymbol{\xi}_2$不全为0，从而$\boldsymbol{\xi}_1$，$\boldsymbol{\xi}_2$全不为0，于是$\boldsymbol{\xi}_1$，$\boldsymbol{\xi}_2$线性无关. 所以$\langle\boldsymbol{\xi}_1, \boldsymbol{\xi}_2\rangle$的维数为2. 令$\boldsymbol{\eta}_i=\dfrac{1}{|\boldsymbol{\xi}_i|}\boldsymbol{\xi}_i$，$i=1, 2$，则$\boldsymbol{\eta}_1$，$\boldsymbol{\eta}_2$是$\langle\boldsymbol{\xi}_1, \boldsymbol{\xi}_2\rangle$的一个标准正交基. 由于

$$\mathscr{A}\boldsymbol{\eta}_1=\frac{1}{|\boldsymbol{\xi}_1|}\mathscr{A}\boldsymbol{\xi}_1=\frac{1}{|\boldsymbol{\xi}_1|}(-a_1\boldsymbol{\xi}_2)=-a_1\ \frac{1}{|\boldsymbol{\xi}_1|}|\boldsymbol{\xi}_2|\boldsymbol{\eta}_2=-a_1\boldsymbol{\eta}_2$$
$$\mathscr{A}\boldsymbol{\eta}_2=\frac{1}{|\boldsymbol{\xi}_2|}\mathscr{A}\boldsymbol{\xi}_2=\frac{1}{|\boldsymbol{\xi}_2|}a_1\boldsymbol{\xi}_1=a_1\ \frac{1}{|\boldsymbol{\xi}_2|}|\boldsymbol{\xi}_1|\boldsymbol{\eta}_1=a_1\boldsymbol{\eta}_1$$

因此$\mathscr{A}|\langle\boldsymbol{\xi}_1, \boldsymbol{\xi}_2\rangle$在标准正交基$\boldsymbol{\eta}_1$，$\boldsymbol{\eta}_2$下的矩阵为

$$\begin{pmatrix} 0 & a_1 \\ -a_1 & 0 \end{pmatrix}$$

由于$\langle\boldsymbol{\xi}_1, \boldsymbol{\xi}_2\rangle^{\perp}$也是$\mathscr{A}$的一个不变子空间，因此，$\mathscr{A}|\langle\boldsymbol{\xi}_1, \boldsymbol{\xi}_2\rangle^{\perp}$是$\langle\boldsymbol{\xi}_1, \boldsymbol{\xi}_2\rangle^{\perp}$上的斜对称变换. 根据归纳假设，$\langle\boldsymbol{\xi}_1, \boldsymbol{\xi}_2\rangle^{\perp}$中存在一个标准正交基$\boldsymbol{\eta}_3$，$\boldsymbol{\eta}_4$，$\cdots$，$\boldsymbol{\eta}_n$，使得$\mathscr{A}|\langle\boldsymbol{\xi}_1, \boldsymbol{\xi}_2\rangle^{\perp}$在此基下的矩阵为

$$\operatorname{diag}\left\{\begin{pmatrix} 0 & a_2 \\ -a_2 & 0 \end{pmatrix}, \cdots, \begin{pmatrix} 0 & a_s \\ -a_s & 0 \end{pmatrix}, 0, \cdots, 0\right\}$$

从而$\mathscr{A}$在V的标准正交基$\boldsymbol{\eta}_1$，$\boldsymbol{\eta}_2$，$\cdots$，$\boldsymbol{\eta}_n$下的矩阵为

$$\operatorname{diag}\left\{\begin{pmatrix} 0 & a_1 \\ -a_1 & 0 \end{pmatrix}, \begin{pmatrix} 0 & a_2 \\ -a_2 & 0 \end{pmatrix}, \cdots, \begin{pmatrix} 0 & a_s \\ -a_s & 0 \end{pmatrix}, 0, \cdots, 0\right\}$$

根据数学归纳法原理，对一切正整数 n，命题为真.

(方法二) 对 Euclid 空间的维数做数学归纳法.

$n=1$ 时，从方法一的第一段知道命题为真.

假设维数小于 n 的 Euclid 空间命题为真，现在来看 n 维 Euclid 空间 V 上的斜对称变换 $\mathscr{A}$. 令 $\mathscr{B}=\mathscr{A}^2$，则

$$(\boldsymbol{\alpha},\ \mathscr{B}\boldsymbol{\beta})=(\boldsymbol{\alpha},\ \mathscr{A}^2\boldsymbol{\beta})=-(\mathscr{A}\boldsymbol{\alpha},\ \mathscr{A}\boldsymbol{\beta})=(\mathscr{A}^2\boldsymbol{\alpha},\ \boldsymbol{\beta})=(\mathscr{B}\boldsymbol{\alpha},\ \boldsymbol{\beta})$$

因此 $\mathscr{B}$ 是 V 上的对称变换. 从而 V 中存在一个标准正交基 $\boldsymbol{\alpha}_1$，$\boldsymbol{\alpha}_2$，…，$\boldsymbol{\alpha}_n$，使得 $\mathscr{B}$ 在此基下的矩阵 $\boldsymbol{B}$ 为对角矩阵 $\mathrm{diag}\{\lambda_1,\ \lambda_2,\ \cdots,\ \lambda_n\}$. 由于

$$\lambda_i=(\boldsymbol{\alpha}_i,\ \lambda_i\boldsymbol{\alpha}_i)=(\boldsymbol{\alpha}_i,\ \mathscr{B}\boldsymbol{\alpha}_i)=(\boldsymbol{\alpha}_i,\ \mathscr{A}^2\boldsymbol{\alpha}_i)=-(\mathscr{A}\boldsymbol{\alpha}_i,\ \mathscr{A}\boldsymbol{\alpha}_i)\leqslant 0,\ i=1,\ 2,\ \cdots,\ n$$

因此不妨设 λ_1，…，λ_p 全小于 0，而 $\lambda_{p+1}=\cdots=\lambda_n=0$.

$\mathscr{A}$ 在 V 的标准正交基 $\boldsymbol{\alpha}_1$，$\boldsymbol{\alpha}_2$，…，$\boldsymbol{\alpha}_n$ 下的矩阵 $\boldsymbol{A}$ 是斜对称矩阵. 根据教材 7.2 节推论 4，$\mathrm{rank}(\boldsymbol{A})$ 是偶数. 由于 $\boldsymbol{A}$ 是实矩阵，因此

$$\mathrm{rank}(\boldsymbol{B})=\mathrm{rank}(\boldsymbol{A}^2)=\mathrm{rank}(-\boldsymbol{A}\boldsymbol{A}')=\mathrm{rank}(\boldsymbol{A}\boldsymbol{A}')=\mathrm{rank}(\boldsymbol{A})$$

于是 $\mathrm{rank}(\boldsymbol{B})$ 为偶数，从而 p 为偶数. 记 $p=2m$，令

$$\boldsymbol{\eta}_1=\boldsymbol{\alpha}_1,\quad \boldsymbol{\eta}_2=\frac{1}{a_1}\mathscr{A}\boldsymbol{\alpha}_1$$

其中 $a_1=\sqrt{-\lambda_1}$，则

$$(\boldsymbol{\eta}_2,\ \boldsymbol{\eta}_2)=\frac{1}{a_1^2}(\mathscr{A}\boldsymbol{\alpha}_1,\ \mathscr{A}\boldsymbol{\alpha}_1)=-\frac{1}{a_1^2}(\boldsymbol{\alpha}_1,\ \mathscr{A}^2\boldsymbol{\alpha}_1)=\frac{1}{\lambda_1}(\boldsymbol{\alpha}_1,\ \mathscr{B}\boldsymbol{\alpha}_1)=(\boldsymbol{\alpha}_1,\ \boldsymbol{\alpha}_1)=1$$

$$\mathscr{A}\boldsymbol{\eta}_1=\mathscr{A}\boldsymbol{\alpha}_1=a_1\boldsymbol{\eta}_2,\ \mathscr{A}\boldsymbol{\eta}_2=\frac{1}{a_1}\mathscr{A}^2\boldsymbol{\alpha}_1=\frac{1}{a_1}\mathscr{B}\boldsymbol{\alpha}_1=\frac{1}{a_1}\lambda_1\boldsymbol{\alpha}_1=-a_1\boldsymbol{\alpha}_1=-a_1\boldsymbol{\eta}_1$$

于是 $\langle\boldsymbol{\eta}_1,\ \boldsymbol{\eta}_2\rangle$ 是 $\mathscr{A}$ 的不变子空间. 从而 $\langle\boldsymbol{\eta}_1,\ \boldsymbol{\eta}_2\rangle^{\perp}$ 也是 $\mathscr{A}$ 的不变子空间，$\mathscr{A}|\langle\boldsymbol{\eta}_1,\ \boldsymbol{\eta}_2\rangle^{\perp}$ 是 $\langle\boldsymbol{\eta}_1,\ \boldsymbol{\eta}_2\rangle^{\perp}$ 上的斜对称变换. 根据归纳假设得，$\langle\boldsymbol{\eta}_1,\ \boldsymbol{\eta}_2\rangle^{\perp}$ 中存在一个标准正交基 $\boldsymbol{\eta}_3$，$\boldsymbol{\eta}_4$，…，$\boldsymbol{\eta}_n$，使得 $\mathscr{A}|\langle\boldsymbol{\eta}_1,\ \boldsymbol{\eta}_2\rangle^{\perp}$ 在此基下的矩阵为

$$\mathrm{diag}\left\{\begin{pmatrix}0 & a_2\\ -a_2 & 0\end{pmatrix},\ \cdots,\ \begin{pmatrix}0 & a_m\\ -a_m & 0\end{pmatrix},\ 0,\ \cdots,\ 0\right\}$$

由于 $V=\langle\boldsymbol{\eta}_1,\ \boldsymbol{\eta}_2\rangle\oplus\langle\boldsymbol{\eta}_1,\ \boldsymbol{\eta}_2\rangle^{\perp}$，因此 $\boldsymbol{\eta}_1$，$\boldsymbol{\eta}_2$，$\boldsymbol{\eta}_3$，…，$\boldsymbol{\eta}_n$ 是 V 的一个标准正交基，$\mathscr{A}$ 在此基下的矩阵为

$$\operatorname{diag}\left\{\begin{pmatrix}0 & a_1\\ -a_1 & 0\end{pmatrix}, \begin{pmatrix}0 & a_2\\ -a_2 & 0\end{pmatrix}, \cdots, \begin{pmatrix}0 & a_m\\ -a_m & 0\end{pmatrix}, 0, \cdots, 0\right\}.$$

根据数学归纳法原理，对一切正整数 n，命题为真.

10. 设 $\mathscr{A}$ 是 n 维 Euclid 空间 V 上的斜对称变换. 证明：$\mathscr{A}-\mathscr{I}$ 与 $\mathscr{A}+\mathscr{I}$ 都可逆.

证明： 根据第 9 题结论，V 中存在一个标准正交基，使得斜对称变换 $\mathscr{A}$ 在此基下的矩阵

$$\boldsymbol{A}=\operatorname{diag}\left\{\begin{pmatrix}0 & a_1\\ -a_1 & 0\end{pmatrix}, \cdots, \begin{pmatrix}0 & a_s\\ -a_s & 0\end{pmatrix}, 0, \cdots, 0\right\}$$

其中 $a_i\neq 0$，$i=1, 2, \cdots, s$. 于是 $\mathscr{A}-\mathscr{I}$ 在此基下的矩阵为

$$\boldsymbol{A}-\boldsymbol{I}=\operatorname{diag}\left\{\begin{pmatrix}-1 & a_1\\ -a_1 & -1\end{pmatrix}, \cdots, \begin{pmatrix}-1 & a_s\\ -a_s & -1\end{pmatrix}, -1, \cdots, -1\right\}$$

从而

$$|\boldsymbol{A}-\boldsymbol{I}|=(1+a_1^2)\cdots(1+a_s^2)\cdot(-1)^{n-2s}\neq 0$$

因此 $\boldsymbol{A}-\boldsymbol{I}$ 可逆. 从而 $\mathscr{A}-\mathscr{I}$ 可逆.

同理可证 $\mathscr{A}+\mathscr{I}$ 可逆.

11. 设 $\mathscr{A}$ 是 n 维 Euclid 空间 V 上的斜对称变换，令 $\mathscr{B}=(\mathscr{A}+\mathscr{I})(\mathscr{A}-\mathscr{I})^{-1}$. 证明：$\mathscr{B}$ 是 V 上的正交变换.

证明： 根据第 10 得结论，$\mathscr{B}$ 是可逆的线性变换. 任取 $\boldsymbol{\alpha}\in V$，记 $(\mathscr{A}-\mathscr{I})^{-1}\boldsymbol{\alpha}=\boldsymbol{\beta}$，则 $\boldsymbol{\alpha}=(\mathscr{A}-\mathscr{I})\boldsymbol{\beta}=\mathscr{A}\boldsymbol{\beta}-\boldsymbol{\beta}$. 于是

$$(\boldsymbol{\alpha}, \boldsymbol{\alpha})=(\mathscr{A}\boldsymbol{\beta}-\boldsymbol{\beta}, \mathscr{A}\boldsymbol{\beta}-\boldsymbol{\beta})=(\mathscr{A}\boldsymbol{\beta}, \mathscr{A}\boldsymbol{\beta})+(\boldsymbol{\beta}, \boldsymbol{\beta})$$
$$(\mathscr{B}\boldsymbol{\alpha}, \mathscr{B}\boldsymbol{\alpha})=((\mathscr{A}+\mathscr{I})\boldsymbol{\beta}, (\mathscr{A}+\mathscr{I})\boldsymbol{\beta})=(\mathscr{A}\boldsymbol{\beta}, \mathscr{A}\boldsymbol{\beta})+(\boldsymbol{\beta}, \boldsymbol{\beta})=(\boldsymbol{\alpha}, \boldsymbol{\alpha})$$

从而 $\mathscr{B}$ 是 V 上的正交变换.

点评： 本题中，若 $|\mathscr{A}|\neq 0$，则 -1 不是 $\mathscr{B}$ 的特征值；若 $|\mathscr{A}|=0$，则 -1 是 $\mathscr{B}$ 的特征值. 理由如下：设 $\mathscr{A}$ 在 V 的一个标准正交基下的矩阵为 $\boldsymbol{A}$，则

$$\begin{aligned}|(-1)\boldsymbol{I}-\boldsymbol{B}|&=(-1)^n|\boldsymbol{I}+(\boldsymbol{A}+\boldsymbol{I})(\boldsymbol{A}-\boldsymbol{I})^{-1}|\\&=(-1)^n|(\boldsymbol{A}-\boldsymbol{I})(\boldsymbol{A}-\boldsymbol{I})^{-1}+(\boldsymbol{A}+\boldsymbol{I})(\boldsymbol{A}-\boldsymbol{I})^{-1}|\\&=(-1)^n|(\boldsymbol{A}-\boldsymbol{I}+\boldsymbol{A}+\boldsymbol{I})(\boldsymbol{A}-\boldsymbol{I})^{-1}|\\&=(-1)^n2^n|\boldsymbol{A}||(\boldsymbol{A}-\boldsymbol{I})^{-1}|\end{aligned}$$

因此，若$|\boldsymbol{A}|\neq 0$，则-1不是$\mathscr{B}$的特征值；若$|\boldsymbol{A}|=0$，则-1是$\mathscr{B}$的特征值. 特别地，当n为奇数时，必有$|\boldsymbol{A}|=0$，从而-1是$\mathscr{B}$的特征值.

12. 设$\mathscr{B}$是n维 Euclid 空间V上的正交变换，且-1不是$\mathscr{B}$的特征值. 证明：

(1) $\mathscr{B}+\mathscr{I}$可逆；

(2) $\mathscr{A}=(\mathscr{B}-\mathscr{I})(\mathscr{B}+\mathscr{I})^{-1}$是$V$上的斜对称交换.

证明： (1) 设$\mathscr{B}$在V的一个标准正交基下的矩阵为$\boldsymbol{B}$，则$|(-1)\boldsymbol{I}-\boldsymbol{B}|=(-1)^n\cdot|\boldsymbol{I}+\boldsymbol{B}|$. 由于$-1$不是$\mathscr{B}$的特征值，因此$|\boldsymbol{I}+\boldsymbol{B}|\neq 0$，从而$\mathscr{B}+\mathscr{I}$可逆.

(2) 任取$\boldsymbol{\alpha}\in V$，记$(\mathscr{B}+\mathscr{I})^{-1}\boldsymbol{\alpha}=\boldsymbol{\beta}$，则$\boldsymbol{\alpha}=\mathscr{B}\boldsymbol{\beta}+\boldsymbol{\beta}$，

$$\begin{aligned}(\mathscr{A}\boldsymbol{\alpha},\boldsymbol{\alpha})&=((\mathscr{B}-\mathscr{I})\boldsymbol{\beta},\mathscr{B}\boldsymbol{\beta}+\boldsymbol{\beta})=(\mathscr{B}\boldsymbol{\beta},\mathscr{B}\boldsymbol{\beta})+(\mathscr{B}\boldsymbol{\beta},\boldsymbol{\beta})-(\boldsymbol{\beta},\mathscr{B}\boldsymbol{\beta})-(\boldsymbol{\beta},\boldsymbol{\beta})\\&=(\boldsymbol{\beta},\boldsymbol{\beta})-(\boldsymbol{\beta},\boldsymbol{\beta})=0\end{aligned}$$

易知$\mathscr{A}$是V上的线性变换，因此根据第 8 题结论，$\mathscr{A}$是V上的斜对称变换.

13. 设V是n维 Euclid 空间，在V上的双线性函数空间$T_2(V)$与V上的线性变换空间$\mathrm{Hom}(V,V)$之间有一个同构映射σ：$g\mapsto\mathscr{G}$，其中

$$g(\boldsymbol{\alpha},\boldsymbol{\beta})=(\mathscr{G}\boldsymbol{\alpha},\boldsymbol{\beta}),\quad\forall\,\boldsymbol{\alpha},\boldsymbol{\beta}\in V$$

证明：若g是V上的对称(斜对称)双线性函数，则g对应的线性变换$\mathscr{G}$是V上的对称(斜对称)变换. 反之亦然.

证明： 设g是V上的对称双线性函数，则$\forall\,\boldsymbol{\alpha},\boldsymbol{\beta}\in V$，有

$$(\mathscr{G}\boldsymbol{\alpha},\boldsymbol{\beta})=g(\boldsymbol{\alpha},\boldsymbol{\beta})=g(\boldsymbol{\beta},\boldsymbol{\alpha})=(\mathscr{G}\boldsymbol{\beta},\boldsymbol{\alpha})$$

因此$\mathscr{G}$是V上的对称变换. 显然，反之亦然. 设g是V上的斜对称双线性函数，则$\forall\,\boldsymbol{\alpha},\boldsymbol{\beta}\in V$，有

$$(\mathscr{G}\boldsymbol{\alpha},\boldsymbol{\beta})=g(\boldsymbol{\alpha},\boldsymbol{\beta})=-g(\boldsymbol{\beta},\boldsymbol{\alpha})=-(\mathscr{G}\boldsymbol{\beta},\boldsymbol{\alpha})$$

因此$\mathscr{G}$是V上的斜对称变换. 显然，反之亦然.

第 9 章 n 元多项式环

习题 9.1 n 元多项式环的概念和通用性质

1. 将下列三元多项式按字典排列法排列各单项式的顺序：

(1) $f(x_1, x_2, x_3)=4x_1x_2^5x_3^2+5x_1^2x_2x_3-x_1^3x_3^4+x_1^3x_2+x_1x_2^4$；

(2) $g(x_1, x_2, x_3)=x_1^2x_2^3+x_2^2x_3^3+x_1^3x_3^2+x_1^4+x_1^2x_2^4+x_3^4$.

解：(1) $f(x_1, x_2, x_3)=x_1^3x_2-x_1^3x_3^4+5x_1^2x_2x_3+4x_1x_2^5x_3^2+x_1x_2^4$；

(2) $g(x_1, x_2, x_3)=x_1^4+x_1^3x_3^2+x_1^2x_2^4+x_1^3x_3^2+x_2^2x_3^3+x_3^4$.

2. 把下述三元齐次多项式分解成两个三元齐次多项式的乘积：

(1) $f(x_1, x_2, x_3)=x_1^3+3x_1^2x_2+4x_1^2x_3+3x_1x_2^2+6x_1x_2x_3+4x_1x_3^2+2x_2^3+5x_2^2x_3+5x_2x_3^2+3x_3^3$；

(2) $g(x_1, x_2, x_3)=x_1^3+x_2^3+x_3^3-3x_1x_2x_3$.

解：(1) 设 $f(x_1, x_2, x_3)=(x_1+ax_2+bx_3)(x_1^2+cx_2^2+dx_3^2+ex_1x_2+ux_1x_3+vx_2x_3)$. 比较系数，可解得 $a=2$，$b=3$，$c=1$，$d=1$，$e=1$，$u=1$，$v=1$. 因此

$$f(x_1, x_2, x_3)=(x_1+2x_2+3x_3)(x_1^2+x_2^2+x_3^2+x_1x_2+x_1x_3+x_2x_3)$$

(2) $g(x_1, x_2, x_3)=(x_1+x_2+x_3)(x_1^2+x_2^2+x_3^2-x_1x_2-x_1x_3-x_2x_3)$.

3. 设 $f(x_1, x_2, \cdots, x_n)$是数域$\mathbb{K}$上一个齐次多项式. 证明：如果在$\mathbb{K}[x_1, x_2, \cdots, x_n]$中有

$$f(x_1, x_2, \cdots, x_n)=g(x_1, x_2, \cdots, x_n)h(x_1, x_2, \cdots, x_n),$$

那么 $g(x_1, x_2, \cdots, x_n)$和 $h(x_1, x_2, \cdots, x_n)$都是齐次多项式.

证明： 假如 g 与 h 不全是齐次多项式，则不妨设 g 不是齐次多项式，于是有 $g=g_l+g_{l+1}+\cdots+g_r$，其中 $g_i(i=l, l+1, \cdots, r)$是 g 的 i 次齐次成分，且 $g_l\neq0$，$g_r\neq0$，$r>l$. 设 $h=h_t+h_{t+1}\cdots+h_s$，其中 $h_j(j=t, t+1, \cdots, s)$是 h 的 j 次齐次成分，且 $h_t\neq0$，$h_s\neq0$(有可能 $s=t$，此时 h 是 t 次齐次多项式). 由已知条件得

$$f=gh=\left(\sum_{i=l}^{r}g_i\right)\left(\sum_{j=t}^{s}h_j\right)=\sum_{i=l}^{r}\sum_{j=t}^{s}g_ih_j$$

其中 $g_lh_t\neq0$，$g_rh_s\neq0$. 由于 g_lh_t 是 gh 的次数最低的齐次成分，因此 g_lh_t 不会与其他 g_ih_j 相消. 又由于 g_rh_s 是 gh 的次数最高的齐次成分，因此 g_rh_s 也不会与其他 g_ih_j 相消. 由于 $l<r$，$t\leqslant s$，因此 $l+t<r+s$. 于是 gh 至少有两个非零的齐次成分，这与 f 是齐次多项式矛盾. 所以 g 与 h 都是齐次多项式.

4. 设 $f(x_1, x_2, \cdots, x_n)$，$g(x_1, x_2, \cdots, x_n)\in\mathbb{K}[x_1, x_2, \cdots, x_n]$，且 $g(x_1, x_2, \cdots, x_n)\neq0$，其中 $\mathbb{K}$ 是数域. 证明：如果对于使得 $g(c_1, c_2, \cdots, c_n)\neq0$ 的任意一组元素 $c_1, c_2, \cdots, c_n\in\mathbb{K}$，都有 $f(c_1, c_2, \cdots, c_n)=0$，那么 $f(x_1, x_2, \cdots, x_n)=0$.

证明： 假如 $f(x_1, x_2, \cdots, x_n)\neq0$，又已知 $g(x_1, x_2, \cdots, x_n)\neq0$，因此 $f(x_1, x_2, \cdots, x_n)g(x_1, x_2, \cdots, x_n)\neq0$，于是 fg 不是零函数. 从而存在 $(c_1, c_2, \cdots, c_n)\in\mathbb{K}^n$，使得 $fg(c_1, c_2, \cdots, c_n)\neq0$，因此 $f(c_1, c_2, \cdots, c_n)g(c_1, c_2, \cdots, c_n)\neq0$. 于是 $f(c_1, c_2, \cdots, c_n)\neq0$ 且 $g(c_1, c_2, \cdots, c_n)\neq0$. 这与已知条件矛盾. 因此 $f(x_1, x_2, \cdots, x_n)=0$.

5. 探索并且论证实数域上的 n 元二次齐次多项式可约的充分必要条件.

解： 实数域上 n 元二次齐次多项式 $f(x_1, x_2, \cdots, x_n)$ 可约当且仅当 $f(x_1, x_2, \cdots, x_n)$ 能分解成两个实系数一次多项式的乘积. 根据第 3 题的结论，这两个一次多项式都是齐次的. 根据习题 7.5 的第 6 题，一个 n 元实二次型可以分解成两个实系数一次齐次多项式的乘积当且仅当它的秩等于 2 且符号差为 0 或者它的秩等于 1. 这就是实数域上 n 元二次齐次多项式可约的充分必要条件.

6. 下列实数域上的三元二次齐次多项式是否可约？如果可约，把它因式分解.

(1) $f(x_1, x_2, x_3)=3x_1^2-2x_2^2+5x_1x_2+3x_1x_3-x_2x_3$；

(2) $g(x_1, x_2, x_3)=x_1^2+2x_2^2+x_3^2+2x_1x_2+2x_1x_3$.

解： 提示：利用第 5 题的结论.

(1) $f(x_1, x_2, x_3)$ 的秩为 2，符号差为 0，因此 $f(x, x_2, x_3)$ 可约. $f(x_1, x_2, x_3)=(3x_1-x_2)(x_1+2x_2+x_3)$；

(2) $g(x_1, x_2, x_3)$ 的秩为 3，因此 $g(x_1, x_2, x_3)$ 不可约.

7. 证明：在 $\mathbb{K}[x, y]$ 中，多项式 x^2-y 是不可约的.

证明： 假设 $f(x, y)$ 在复数域上可约，则

$$f(x, y)=(x+ay+b)(x+cy+d)$$

其中 $a, b, c, d\in\mathbb{C}$. 比较系数得

$$a+c=0,\ b+d=0,\ bc+ad=-1,\ bd=0,\ ac=0$$

由此推出 $a=0$，$c=0$. 这与 $bc+ad=-1$ 矛盾. 因此在数域$\mathbb{K}$中上述方程组也无解，从而 $f(x, y)=x^2-y$ 在$\mathbb{K}$上是不可约的.

8. 下列实数域上的二元二次多项式是否可约？如果可约，把它因式分解.

(1) $f(x, y)=2x^2+5xy-3y^2+x+10y-3$；

(2) $g(x, y)=17x^2+22xy-23y^2+10x+14y-4$.

解：(1) $I_2=\begin{vmatrix} 2 & \frac{5}{2} \\ \frac{5}{2} & -3 \end{vmatrix}=-6-\frac{25}{4}<0$，$I_3=\begin{vmatrix} 2 & \frac{5}{2} & \frac{1}{2} \\ \frac{5}{2} & -3 & 5 \\ \frac{1}{2} & 5 & -3 \end{vmatrix}=0$，

由本节例 3 的结论知 $f(x, y)$可约，于是 $f(x, y)=(x+ay+b)\left(2x-\frac{3}{a}y-\frac{3}{b}\right)$，比较系数得 $a=3$，$b=-1$ 或者 $a=-\frac{1}{2}$，$b=\frac{3}{2}$，从而 $f(x, y)=(x+3y-1)(2x-y+3)$.

(2) $I_2=\begin{vmatrix} 17 & 11 \\ 11 & -23 \end{vmatrix}<0$，$I_3=\begin{vmatrix} 17 & 11 & 5 \\ 11 & -23 & 7 \\ 5 & 7 & -4 \end{vmatrix}=2\ 560\neq 0$，从而 $g(x, y)$不可约.

9. 证明：辛矩阵的行列式等于 1.

本定理的证明需要如下的引理：

引理 特征不为 2 的域$\mathbb{F}$上的 n 级斜对称矩阵的行列式是$\mathbb{F}$中某个元素的平方.

证明： 设 $\boldsymbol{A}$ 是域$\mathbb{F}$上的 n 级斜对称矩阵. 设 V 是域$\mathbb{F}$上的 n 维线性空间，V 中取一个基 $\boldsymbol{\alpha}_1, \boldsymbol{\alpha}_2, \cdots, \boldsymbol{\alpha}_n$，对于 $\boldsymbol{\alpha}=(\boldsymbol{\alpha}_1, \boldsymbol{\alpha}_2, \cdots, \boldsymbol{\alpha}_n)\boldsymbol{X}$，$\boldsymbol{\beta}=(\boldsymbol{\alpha}_1, \boldsymbol{\alpha}_2, \cdots, \boldsymbol{\alpha}_n)\boldsymbol{Y}$，令

$$f(\boldsymbol{\alpha}, \boldsymbol{\beta})=\boldsymbol{X}'\boldsymbol{A}\boldsymbol{Y}$$

则 f 是 V 上的双线性函数. 由于 f 在基 $\boldsymbol{\alpha}_1, \boldsymbol{\alpha}_2, \cdots, \boldsymbol{\alpha}_n$ 下的度量矩阵 $\boldsymbol{A}$ 是斜对称矩阵，因此 f 是斜对称的. 由于 $\mathrm{char}\,\mathbb{F}\neq 2$，因此 V 中存在一个基 $\boldsymbol{\delta}_1, \boldsymbol{\delta}_{-1}, \cdots, \boldsymbol{\delta}_r, \boldsymbol{\delta}_{-r}, \boldsymbol{\eta}_1, \cdots, \boldsymbol{\eta}_{n-2r}$，使得 f 在此基下的度量矩阵

$$\boldsymbol{B}=\mathrm{diag}\left\{\begin{pmatrix} 0 & 1 \\ -1 & 0 \end{pmatrix}, \cdots, \begin{pmatrix} 0 & 1 \\ -1 & 0 \end{pmatrix}, 0, \cdots, 0\right\}$$

假设基 $\boldsymbol{\alpha}_1, \boldsymbol{\alpha}_2, \cdots, \boldsymbol{\alpha}_n$ 到基 $\boldsymbol{\delta}_1, \boldsymbol{\delta}_{-1}, \cdots, \boldsymbol{\delta}_r, \boldsymbol{\delta}_{-r}, \boldsymbol{\eta}_1, \cdots, \boldsymbol{\eta}_{n-2r}$的过渡矩阵为 $\boldsymbol{P}$，则

$B=P'AP$，从而 $A=(P')^{-1}BP^{-1}$ 中，于是 $|A|=|(P')^{-1}BP^{-1}|=|P^{-1}|^2|B|$.

若 $2r<n$，则 $|B|=0$，从而 $|A|=0$.

若 $2r=n$，则 $|B|=1$，从而 $|A|=|P^{-1}|^2$.

再证此定理.

证明： 设$\mathbb{F}_1$ 是$\mathbb{F}$的最小子域，考虑$\mathbb{F}_1$ 上 n^2 元多项式环$\mathbb{F}_1[x_{11}, x_{12}, \cdots, x_{1n}, \cdots, x_{n1}, x_{n2}, \cdots, x_{nn}]$上的斜对称矩阵

$$G=\begin{pmatrix} 0 & x_{12} & x_{13} & \cdots & x_{1n} \\ -x_{12} & 0 & x_{23} & \cdots & x_{2n} \\ \vdots & \vdots & \vdots & & \vdots \\ -x_{1n} & -x_{2n} & -x_{3n} & \cdots & 0 \end{pmatrix}$$

用$\mathbb{E}$表示 n^2 元分式域，则 G 也可看成是域$\mathbb{E}$上的矩阵. 由于 char $\mathbb{F}\neq 2$，因此 char $\mathbb{F}_1\neq 2$，从而 char $\mathbb{E}\neq 2$. 于是存在 $f(x_{12}, x_{13}, \cdots, x_{1n}, \cdots, x_{n-1,n})\in E$，使得

$$\det(G)=f^2(x_{12}, x_{13}, \cdots, x_{1n}, \cdots, x_{n-1,n})$$

设

$$f(x_{12}, \cdots, x_{1n}, \cdots, x_{n-1,n})=\frac{g(x_{12}, \cdots, x_{1n}, \cdots, x_{n-1,n})}{h(x_{12}, \cdots, x_{1n}, \cdots, x_{n-1,n})}$$

其中 $g, h\in\mathbb{F}_1[x_{11}, \cdots, x_{nn}]$，且$(g, h)=1$，从而有 $h^2\det(G)=g^2$，于是 $h|g^2$. 由于$(h, g)=1$，因此 $h|g$，从而

$$f(x_{12}, \cdots, x_{1n}, \cdots, x_{n-1,n})\in\mathbb{F}_1[x_{11}, \cdots, x_{nn}]$$

由于 $f(x_{12}, \cdots, x_{1n}, \cdots, x_{n-1,n})$是由 $\det(G)$确定的(在 f 和 $-f$ 中取定其中的一个)，因此把 $f(x_{12}, \cdots, x_{1n}, \cdots, x_{n-1,n})$记成 $f(G)$，于是有

$$f^2(G)=\det(G)$$

现在设 $S=(s_{ij}(x_{11}, \cdots, x_{nn}))$是环$\mathbb{F}_1[x_{11}, \cdots, x_{nn}]$上的任一 n 级矩阵，则 $S'GS$ 仍是此环上的斜对称矩阵. 设

$$S'GS=\begin{pmatrix} 0 & h_{12}(x_{11}, \cdots, x_{nn}) & \cdots & h_{1n}(x_{11}, \cdots, x_{nn}) \\ -h_{12}(x_{11}, \cdots, x_{nn}) & 0 & \cdots & h_{2n}(x_{11}, \cdots, x_{nn}) \\ \vdots & \vdots & & \vdots \\ -h_{1n}(x_{11}, \cdots, x_{nn}) & -h_{2n}(x_{11}, \cdots, x_{nn}) & \cdots & 0 \end{pmatrix}$$

不定元 x_{12}，x_{13}，…，$x_{n-1,n}$分别用 $h_{12}(x_{11},\cdots,x_{nn})$，$h_{13}(x_{11},\cdots,x_{nn})$，…，$h_{n-1,n}(x_{11},\cdots,x_{nn})$代入，得

$$f^2(\boldsymbol{S}'\boldsymbol{G}\boldsymbol{S})=\det(\boldsymbol{S}'\boldsymbol{G}\boldsymbol{S})=(\det\boldsymbol{S})^2(\det\boldsymbol{G})=(\det\boldsymbol{S})^2 f^2(\boldsymbol{G}),\ f(\boldsymbol{S}'\boldsymbol{G}\boldsymbol{S})=\pm(\det\boldsymbol{S})f(\boldsymbol{G})$$

设

$$\boldsymbol{A}=\begin{pmatrix}\boldsymbol{0} & \boldsymbol{I}_r\\ -\boldsymbol{I}_r & \boldsymbol{0}\end{pmatrix},\quad \boldsymbol{I}_n=\begin{pmatrix}\boldsymbol{I}_r & \boldsymbol{0}\\ \boldsymbol{0} & \boldsymbol{I}_r\end{pmatrix}$$

分别把 $\boldsymbol{A}$，$\boldsymbol{I}_n$ 的(i,j)元记作 a_{ij}，c_{ij}. 取多项式 $s_{ij}(x_{11},\cdots,x_{nn})$，使得 $s_{ij}(a_{11},\cdots,a_{nn})=c_{ij}$，$1\leqslant i,j\leqslant n$. 假如

$$f(\boldsymbol{S}'\boldsymbol{G}\boldsymbol{S})=-(\det\boldsymbol{S})f(\boldsymbol{G})$$

不定元 x_{11}，…，x_{nn}分别用a_{11}，…，a_{nn}代入，由上式得

$$f(\boldsymbol{I}_n'\boldsymbol{A}\boldsymbol{I}_n)=-(\det\boldsymbol{I}_n)f(\boldsymbol{A}).$$

由此得出，$f(\boldsymbol{A})=-f(\boldsymbol{A})$，于是 $2f(\boldsymbol{A})=0$. 但是由 $f^2(\boldsymbol{G})=\det\boldsymbol{G}$ 得，$f^2(\boldsymbol{A})=\det(\boldsymbol{A})=1$，因此 $f(\boldsymbol{A})\neq 0$. 矛盾. 所以

$$f(\boldsymbol{S}'\boldsymbol{G}\boldsymbol{S})=(\det\boldsymbol{S})f(\boldsymbol{G})$$

设 $\boldsymbol{B}=(b_{ij})$是域$\mathbb{F}$上的 $n(n=2r)$级辛矩阵，$\boldsymbol{A}=\begin{pmatrix}\boldsymbol{0} & \boldsymbol{I}_r\\ -\boldsymbol{I}_r & \boldsymbol{0}\end{pmatrix}$，仍记 $\boldsymbol{A}$ 的(i,j)元为 a_{ij}. 取多项式 $s_{ij}(x_{11},\cdots,x_{nn})$，使得 $s_{ij}(a_{11},\cdots,a_{nn})=b_{ij}$，$1\leqslant i,j\leqslant n$. 不定元$x_{11}$，…，$x_{nn}$分别用$a_{11}$，…，$a_{nn}$代入，从而得

$$f(\boldsymbol{B}'\boldsymbol{A}\boldsymbol{B})=(\det\boldsymbol{B})f(\boldsymbol{A})$$

由于$\boldsymbol{B}'\boldsymbol{A}\boldsymbol{B}=\boldsymbol{A}$，因此上式表明，$f(\boldsymbol{A})=(\det\boldsymbol{B})f(\boldsymbol{A})$. 由于 $f(\boldsymbol{A})\neq 0$，因此 $\det\boldsymbol{B}=1$，即辛矩阵的行列式为 1.

10. 设 m 是一个正整数，$\mathbb{K}[x,y]$中所有 m 次齐次多项式组成的集合 U 是否为数域$\mathbb{K}$上线性空间$\mathbb{K}[x,y]$的一个子空间？如果是，求 U 的一个基和维数.

解： $\mathbb{K}[x,y]$中任一 m 次齐次多项式形如

$$a_{m0}x^m+a_{m-1,1}x^{m-1}y+\cdots+a_{1,m-1}xy^{m-1}+a_{0m}y^m$$

假设 U 中两个 m 次齐次多项式分别为

$$f(x,y)=a_{m0}x^m+a_{m-1,1}x^{m-1}y+\cdots+a_{1,m-1}xy^{m-1}+a_{0m}y^m$$

$$g(x, y)=b_{m0}x^m+b_{m-1,1}x^{m-1}y+\cdots+b_{1,m-1}xy^{m-1}+b_{0m}y^m$$

则容易验证 $f(x, y)+g(x, y)\in U$，$kf(x, y)\in U$，因此 U 是 $\mathbb{K}[x, y]$的一个子空间. 在 U 中线性无关的元素为

$$x^m, x^{m-1}y, \cdots, xy^{m-1}, y^m$$

从而它们是 U 的一个基，于是 $\dim U=m+1$.

11. 设 m 是一个正整数，求$\mathbb{K}[x_1, x_2, \cdots, x_n]$中所有 m 次齐次多项式组成的子空间 W 的一个基和维数.

解：$\mathbb{K}[x_1, x_2, \cdots, x_n]$中任一 m 次齐次多项式形如

$$\sum_{i_1+i_2+\cdots+i_n=m} a_{i_1 i_2\cdots i_n}x_1^{i_1}x_2^{i_2}\cdots x_n^{i_n}.$$

根据 n 元多项式的定义可得出，集合

$$\{x_1^{i_1}x_2^{i_2}\cdots x_n^{i_n} \mid i_1+i_2+\cdots+i_n=m\}$$

线性无关，因此这就是 W 的一个基. 为了计算上述集合中元素的个数，把这集合中每个元素对应的 m 个小球和 n 根小棍排成一行，其中最后一根小棍的位置不变，那么就相当于在 $m+n-1$ 个空间中挑出 m 个位置将 m 个小球安排进去，从而

$$\dim W=\binom{m}{m+n-1}$$

12. 设 m 是一个正整数，求$\mathbb{K}[x_1, x_2, \cdots, x_n]$中次数小于或等于 m 的所有多项式组成的子空间 V 的一个基和维数.

解：$\mathbb{K}[x_1, x_2, \cdots, x_n]$中任一 m 次齐次多项式形如

$$\sum_{i_1+i_2+\cdots+i_n\leqslant m} a_{i_1 i_2\cdots i_n}x_1^{i_1}x_2^{i_2}\cdots x_n^{i_n}$$

根据 n 元多项式的定义可得出，集合

$$\{x_1^{i_1}x_2^{i_2}\cdots x_n^{i_n} \mid i_1+i_2+\cdots+i_n\leqslant m\}$$

线性无关，因此这就是 W 的一个基.

上述集合中每一个元素对应于由 m 个小球和 $n+1$ 根小棍排成的一行：

$$\underbrace{\bigcirc\cdots\bigcirc}_{i_1}|_{x_1}\underbrace{\bigcirc\cdots\bigcirc}_{i_2}|_{x_2}\cdots|_{x_{n-1}}\underbrace{\bigcirc\cdots\bigcirc}_{i_n}|_{x_n}\underbrace{\bigcirc\cdots\bigcirc}_{m-(i_1+\cdots+i_n)}|_{x_{n+1}}.$$

其中最后一根小棍的位置是固定的，因此总共的排法数为$\begin{pmatrix} m+n \\ m \end{pmatrix}$，因此 $\dim V=\begin{pmatrix} m+n \\ m \end{pmatrix}$.

13. 设 m 是一个正整数，U 是$\mathbb{K}[x, y]$中所有 m 次齐次多项式组成的一个子空间，给定数域$\mathbb{K}$上一个 2 级矩阵 $\boldsymbol{A}=(a_{ij})$，定义 U 到$\mathbb{K}[x, y]$的一个映射 $\mathscr{A}$ 如下：

$$\mathscr{A}(f(x, y)):=f(a_{11}x+a_{12}y, a_{21}x+a_{22}y),$$

判断 $\mathscr{A}$ 是不是 U 上的一个线性变换.

解：任取一个 m 次齐次多项式 $f(x, y)$，由二项式定理知 $f(a_{11}x+a_{12}y, a_{21}x+a_{22}y)$仍然是 m 次齐次多项式，因此 $\mathscr{A}$ 是 U 上的一个变换. 设

$$f(x, y)=\sum_{i=0}^{m} a_{i, m-i}x^i y^{m-i}, \quad g(x, y)=\sum_{i=0}^{m} b_{i, m-i}x^i y^{m-i}$$

则

$$\mathscr{A}(f+g)=\sum_{i=0}^{m}(a_{i, m-i}+b_{i, m-i})(a_{11}x+a_{12}y)^i(a_{21}x+a_{22}y)^{m-i}$$

而

$$\begin{aligned}\mathscr{A}f+\mathscr{A}g &= \sum_{i=0}^{m} a_{i, m-i}(a_{11}x+a_{12}y)^i(a_{21}x+a_{22}y)^{m-i} \\ &\quad +\sum_{i=0}^{m} b_{i, m-i}(a_{11}x+a_{12}y)^i(a_{21}x+a_{22}y)^{m-i} \\ &= \sum_{i=0}^{m}(a_{i, m-i}+b_{i, m-i})(a_{11}x+a_{12}y)^i(a_{21}x+a_{22}y)^{m-i} \\ &= \mathscr{A}(f+g)\end{aligned}$$

同理可证 $\mathscr{A}(kf)=k\mathscr{A}f$, $k\in\mathbb{K}$. 因此 $\mathscr{A}$ 是 U 上的线性变换.

习题 9.2 对称多项式，数域$\mathbb{K}$上一元多项式的判别式

1. 设 $f(x_1, x_2, x_3)$是数域$\mathbb{K}$上的一个三元多项式：

$$f(x_1, x_2, x_3)=x_1^3x_2^2+x_1^3x_3^2+x_1^2x_2^3+x_1^2x_3^3+x_2^3x_3^2+x_2^2x_3^3.$$

证明：$f(x_1, x_2, x_3)$是对称多项式.

证明： 计算表明 $f(x_{j_1}, x_{j_2}, x_{j_3})=f(x_1, x_2, x_3)$，其中 $j_1j_2j_3$ 是除了 123 以外的其余 5 个 3 元排列.

2. 在$\mathbb{K}[x_1, x_2, x_3]$的含有项 $x_1^3x_2$ 的对称多项式中，写出项数最少的那个对称多项式.

解： 由对称多项式的定义知，含有项 $x_1^3x_2$ 的对称多项式中，项数最少的那个对称多项式为

$$x_1^3x_2+x_1^3x_3+x_2^3x_1+x_2^3x_3+x_3^3x_1+x_3^3x_2$$

3. 在$\mathbb{K}[x_1, x_2, x_3]$中，用初等对称多项式表出下列对称多项式：

(1) $x_1^3x_2+x_1^3x_3+x_1x_2^3+x_1x_3^3+x_2^3x_3+x_2x_3^3$；

(2) $x_1^4+x_2^4+x_3^4$；

(3) $(x_1x_2+x_3^2)(x_2x_3+x_1^2)(x_3x_1+x_2^2)$；

(4) $(2x_1-x_2-x_3)(2x_2-x_3-x_1)(2x_3-x_1-x_2)$.

解：(1) 所给多项式已经是一个 4 次齐次多项式，并且按照字典排序法首项是 $x_1^3x_2$，满足下列条件

$$\begin{cases}(3, 1, 0)\geqslant(i_1, i_2, i_3),\\ i_1\geqslant i_2\geqslant i_3,\\ i_1+i_2+i_3=4\end{cases}$$

的数组(i_1, i_2, i_3)有三种可能：$(2, 2, 0)$，$(3, 1, 0)$和$(2, 1, 1)$. 从而设原多项式 $f_4=\sigma_1^2\sigma_2^1\sigma_3^0+B\sigma_1^0\sigma_2^2\sigma_3^0+C\sigma_1^1\sigma_2^0\sigma_3^1$，分别令 $x_1=1$，$x_2=1$，$x_3=0$，得到 $B=-2$，再令 $x_1=1$，$x_2=1$，$x_3=1$，得到 $C=-1$. 于是 $f_4=\sigma_1^2\sigma_2-2\sigma_2^2-\sigma_1\sigma_3$.

(2) $\sigma_1^4-4\sigma_1^2\sigma_2+2\sigma_2^2+4\sigma_1\sigma_3$；

(3) $\sigma_1^3\sigma_3+\sigma_2^3-6\sigma_1\sigma_2\sigma_3+8\sigma_3^2$；

(4) $2\sigma_1^3-9\sigma_1\sigma_2+27\sigma_3$.

注：Mathematica 符号计算软件已经内置了将对称多项式表示成初等对称多项式的多项式的命令. 例如本题第(3)小题的计算机输入指令为：

$$f=(x_3^2+x_1x_2)(x_1^2+x_2x_3)(x_2^2+x_1x_3)$$

$$\text{SymmetricReduction}[f, \{x_1, x_2, x_3\}, \{\sigma_1, \sigma_2, \sigma_3\}]$$

这时系统返回答案.

4. 在$\mathbb{K}[x_1, x_2, \cdots, x_n]$中，用初等对称多项式表示下列对称多项式($n\geqslant 3$)：

(1) $\sum x_1^3$；

(2) $\sum x_1^2x_2^2x_3$.

解：(1) 这里 $\sum x_1^3$ 表示含有项 x_1^3 的项数最少的对称多项式. 首项幂指数组为(3, 0, 0, …, 0)，从而满足

$$\begin{cases}(3, 0, 0, \cdots, 0)\geqslant(i_1, i_2, i_3, \cdots, i_n),\\ i_1\geqslant i_2\geqslant i_3\geqslant\cdots\geqslant i_n,\\ i_1+i_2+i_3+\cdots+i_n=3\end{cases}$$

的有序数组$(i_1, i_2, i_3, \cdots, i_n)$只可能是：

$$(3, 0, 0, \cdots, 0), (2, 1, 0, \cdots, 0), (1, 1, 1, \cdots, 0)$$

从而可设 $f=\sigma_1^3+B\sigma_1\sigma_2+C\sigma_3$. 分别令 $x_1=x_2=1$，$x_3=\cdots=x_n=0$ 得到 $B=-3$. 分别令 $x_1=x_2=x_3=1$，$x_4=\cdots=x_n=0$ 得到 $C=3$. 从而 $f=\sigma_1^3-3\sigma_1\sigma_2+3\sigma_3$.

(2) 当 $n=3$ 时，满足

$$\begin{cases}(2, 2, 1)\geqslant(i_1, i_2, i_3),\\ i_1\geqslant i_2\geqslant i_3,\\ i_1+i_2+i_3=5\end{cases}$$

的数组(i_1, i_2, i_3)可能为(2, 2, 1)，此时 $f=\sigma_2\sigma_3$；当 $n=4$ 时，满足题意的数组(i_1, i_2, i_3, i_4)可能为(2, 2, 1, 0)，(2, 1, 1, 1)，类似的求得 $f=\sigma_2\sigma_3-3\sigma_1\sigma_4$；当 $n\geqslant 5$ 时，满足题意的 n 元数组可能为

$$(2, 2, 1, 0, 0, \cdots, 0), (2, 1, 1, 1, 0, \cdots, 0), (1, 1, 1, 1, 1, \cdots, 0)$$

类似的求得 $f=\sigma_2\sigma_3-3\sigma_1\sigma_4+5\sigma_5$.

5. 证明：数域$\mathbb{K}$上三次方程 $x^3+a_2x^2+a_1x+a_0=0$ 的 3 个复根成等差数列的充分必要条件为 $2a_2^2-9a_1a_2+27a_0=0$.

证明： 3 个复根 c_1，c_2，c_3 成等差数列当且仅当下式成立：

$$(2c_1-c_2-c_3)(2c_2-c_1-c_3)(2c_3-c_1-c_2)=0$$

根据第 3 题第(4)小题的结论，有

$$(2x_1-x_2-x_3)(2x_2-x_3-x_1)(2x_3-x_1-x_2)=2\sigma_1^3-9\sigma_1\sigma_2+27\sigma_3$$

将 x_1，x_2，x_3 分别用 c_1，c_2，c_3 代入，由上式得

$$(2c_1-c_2-c_3)(2c_2-c_3-c_1)(2c_3-c_1-c_2)=2(-a_2)^3-9(-a_2)a_1+27(-a_0)$$

从而 3 个复根成等差数列当且仅当 $2a_2^3-9a_1a_2+27a_0=0$.

6. 证明：数域$\mathbb{K}$上三次方程 $x_1^3+a_2x^2+a_1x+a_0=0$ 的 3 个复根成等比数列的充分必要条件为 $a_2^3a_0-a_1^3=0$.

证明： 3 个复根 c_1，c_2，c_3 成等比数列当且仅当下式成立：$(c_1^2-c_2c_3)(c_2^2-c_1c_3)\cdot(c_3^2-c_1c_2)=0$. 把对称多项式$(x_1^2-x_2x_3)(x_2^2-x_1x_3)(x_3^2-x_1x_2)$用初等对称多项式 σ_1，σ_2，σ_3 的多项式表示为

$$(x_1^2-x_2x_3)(x_2^2-x_1x_3)(x_3^2-x_1x_2)=\sigma_1^3\sigma_3-\sigma_2^3$$

然后将 x_1，x_2，x_3 分别用 c_1，c_2，c_3 代入，利用 Vieta 公式就可以证得结论.

7. 设 c_1，c_2，c_3 是 $x^3+a_2x^2+a_1x+a_0$ 的 3 个复根，计算

$$(c_1^2+c_1c_2+c_2^2)(c_2^2+c_2c_3+c_3^2)(c_3^2+c_3c_1+c_1^2).$$

解： 将对称多项式$(x_1^2+x_1x_2+x_2^2)(x_2^2+x_2x_3+x_3^2)(x_3^2+x_3x_1+x_1^2)$表示成初等对称多项式 σ_1，σ_2，σ_3 的多项式：

$$(x_1^2+x_1x_2+x_2^2)(x_2^2+x_2x_3+x_3^2)(x_3^2+x_3x_1+x_1^2)=\sigma_1^2\sigma_2^2-\sigma_2^3-\sigma_1^3\sigma_3$$

将 x_1，x_2，x_3 分别用 c_1，c_2，c_3 代入，再利用 Vieta 公式可得 $\sigma_1=-a_2$，$\sigma_2=a_1$，$\sigma_3=-a_0$. 于是

$$(c_1^2+c_1c_2+c_2^2)(c_2^2+c_2c_3+c_3^2)(c_3^2+c_3c_1+c_1^2)=a_2^2a_1^2-a_2^3a_0-a_1^3$$

8. 在$\mathbb{K}[x_1, x_2, x_3]$中，把幂和 s_2，s_3，s_4 表示成初等对称多项式 σ_1，σ_2，σ_3 的多项式.

解： 用第 3 题的标准解法或者符号计算系统 Mathematica 得到

$$s_2=\sigma_1^2-2\sigma_2,\quad s_3=\sigma_1^3-3\sigma_1\sigma_2+3\sigma_3,\quad s_4=\sigma_1^4-4\sigma_1^2\sigma_2+4\sigma_1\sigma_3+2\sigma_2^2$$

9. 求数域$\mathbb{K}$上四次多项式 $f(x)=x^4+a_1x+a_0$ 的判别式.

解：（方法一） 首先利用标准方法或符号计算系统 Mathematica 将 $\prod\limits_{1\leqslant j<i\leqslant 4}(x_i-x_j)^2$ 表示成初等对称多项式 σ_1，σ_2，σ_3，σ_4 的多项式：

$$\prod_{1\leqslant j<i\leqslant 4}(x_i-x_j)^2=-27\sigma_4^2\sigma_1^4-4\sigma_3^3\sigma_1^3+18\sigma_2\sigma_3\sigma_4\sigma_1^3+\sigma_2^2\sigma_3^2\sigma_1^2+144\sigma_2\sigma_4^2\sigma_1^2-4\sigma_2^3\sigma_4\sigma_1^2-$$

$$6\sigma_3^2\sigma_4\sigma_1^2+18\sigma_2\sigma_3^3\sigma_1-192\sigma_3\sigma_4^2\sigma_1-80\sigma_2^2\sigma_3\sigma_4\sigma_1-27\sigma_3^4+256\sigma_4{}^3-$$
$$4\sigma_2^3\sigma_3^2-128\sigma_2^2\sigma_4^2+16\sigma_2^4\sigma_4+144\sigma_2\sigma_3^2\sigma_4$$

将方程的四个复根 c_1，c_2，c_3，c_4 代入，利用 Vieta 公式得 $\sigma_1=0$，$\sigma_2=0$，$\sigma_3=-a_1$，$\sigma_4=a_0$. 化简上式得

$$D(f)=\prod_{1\leqslant j<i\leqslant 4}(c_i-c_j)^2=-27a_1^4+256a_0^3$$

（方法二）

$$D(f)=\begin{vmatrix}4 & s_1 & s_2 & s_3\\ s_1 & s_2 & s_3 & s_4\\ s_2 & s_3 & s_4 & s_5\\ s_3 & s_4 & s_5 & s_6\end{vmatrix}$$

由 Newton 公式计算出 $s_1=0$，$s_2=0$，$s_3=-3a_1$，$s_4=-4a_0$，$s_5=0$，$s_6=3a_1^2$，从而 $D(f)=-27a_1^4+256a_0^3$.

（方法三） $f'(x)=4x^3+a_1$. 计算 f 和 f'结式：

$$\operatorname{Res}(f,\ f')=\begin{vmatrix}1 & 0 & 0 & a_1 & 0 & 0 & 0\\ 0 & 1 & 0 & 0 & a_1 & 0 & 0\\ 0 & 0 & 1 & 0 & 0 & a_1 & 0\\ 4 & 0 & 0 & a_1 & 0 & 0 & 0\\ 0 & 4 & 0 & 0 & a_1 & 0 & 0\\ 0 & 0 & 4 & 0 & 0 & a_1 & 0\\ 0 & 0 & 0 & 4 & 0 & 0 & a_1\end{vmatrix}=-27a_1^4+256a_0^3$$

由教材 9.3 节定理 3 的公式得到

$$D(f)=(-1)^{\frac{4(4-1)}{2}}\operatorname{Res}(f,\ f')=-27a_1^4+256a_0^3$$

10. 设 $f(x)$是实系数三次多项式，讨论 $D(f)=0$，$D(f)>0$，$D(f)<0$ 时，$f(x)$的根的情况.

解：当 $D(f)=0$ 时，$f(x)$有重根；当 $D(f)>0$ 或 $D(f)<0$ 时，$f(x)$没有重根. 由于 $\deg f(x)=3$，因此 $f(x)$至少有一个实根 c_1. 设 $f(x)$的另两个复根为 c_2，c_3.

当 $D(f)=0$ 时，由于 $f(x)$有重根，因此 $c_1=c_2$（或 c_3）或 $c_2=c_3$. 若 $c_1=c_2$（或 c_3），则 $f(x)$有两个实根. 由于实系数多项式的虚根共轭成对出现，因此 c_3（或 c_2）也必为实根，从而 $f(x)$有 3 个实根. 若 $c_2=c_3$，同理 c_2 与 c_3 都是实根，从而 $f(x)$有 3 个实根. 总

之，当 $D(f)=0$ 时，$f(x)$有重根，且 3 个复根都是实数.

当 $D(f)>0$ 或 $D(f)<0$ 时，$f(x)$有 3 个不同的复根 c_1，c_2，c_3，其中 c_1 是实根. 由于 $D(f)=(c_1-c_2)^2(c_1-c_3)^2(c_2-c_3)^2$，因此当 c_2，c_3 都是实数时，有 $D(f)>0$；当 c_2，c_3 是一对共轭复数时，设 $c_2=a+b\mathrm{i}$，$c_3=a-b\mathrm{i}$，则

$$\begin{aligned}D(f)&=[c_1^2-c_1(c_3+c_2)+c_2c_3]^2(2b\mathrm{i})^2\\&=(c_1^2-2ac_1+a^2+b^2)^2(-4b^2)\\&=-4[(c_1-a)^2+b^2]^2b^2<0\end{aligned}$$

因此当 $D(f)>0$ 时，$f(x)$有 3 个互不相同的实根；当 $D(f)<0$ 时，$f(x)$有一个实根和一对共轭复根.

11. 设 $f(x)$的实系数 n 次多项式，其中 $n\geqslant 4$. 证明：如果 $D(f)>0$，那么 $f(x)$无重根且有偶数对虚根；如果 $D(f)<0$，那么 $f(x)$无重根且有奇数对虚根.

解：由于 $D(f)\neq 0$，因此 $f(x)$无重根. 设 $f(x)$的 n 个复根为 c_1，$\bar{c}_1$，c_2，$\bar{c}_2$，…，c_l，$\bar{c}_l$，c_{2l+1}，…，c_n，其中 c_1，…，c_l 为虚数，c_{2l+1}，…，c_n 为实数.

$$\begin{aligned}D(f)=&\prod_{1\leqslant j<i\leqslant l}(\bar{c}_i-c_i)^2(c_i-c_j)^2(c_i-\bar{c}_j)^2(\bar{c}_i-c_j)^2(\bar{c}_i-\bar{c}_j)^2\cdot\\&\prod_{2l+1\leqslant k<r\leqslant n}(c_r-c_k)^2\prod_{\substack{1\leqslant j\leqslant l\\2l+1\leqslant i\leqslant n}}(c_i-c_j)^2(c_i-\bar{c}_j)^2\\=&\prod_{1\leqslant j<i\leqslant l}(\bar{c}_i-c_i)^2|c_i-c_j|^4|c_i-\bar{c}_j|^4\prod_{2l+1\leqslant k<r\leqslant n}(c_r-c_k)^2\prod_{\substack{1\leqslant j\leqslant l\\2l+1\leqslant i\leqslant n}}|c_i-c_j|^4\end{aligned}$$

12. 设 $1\leqslant k\leqslant n$，把幂和 $s_k(x_1, x_2, \cdots, x_n)$用初等对称多项式 $\sigma_1(x_1, x_2, \cdots, x_n)$，$\sigma_2(x_1, x_2, \cdots, x_n)$，…，$\sigma_k(x_1, x_2, \cdots, x_n)$表示.

解：根据 Newton 公式，当 $1\leqslant k\leqslant n$ 时，有

$$s_k-\sigma_1s_{k-1}+\sigma_2s_{k-2}+\cdots+(-1)^{k-1}\sigma_{k-1}s_1+(-1)^kk\sigma_k=0$$

从而

$$s_1=\sigma_1$$

$$s_2=\sigma_1s_1-2\sigma_2=\sigma_1^2-2\sigma_2=\begin{vmatrix}\sigma_1 & 1\\ 2\sigma_2\sigma & {}_1\end{vmatrix}$$

$$s_3=\sigma_1s_2-\sigma_2s_1+3\sigma_3=\begin{vmatrix}\sigma_1 & 1 & 0\\ 2\sigma_2 & \sigma_1 & 1\\ 3\sigma_3 & \sigma_2 & \sigma_1\end{vmatrix}$$

由此受到启发，猜想

$$s_k=\begin{vmatrix} \sigma_1 & 1 & 0 & 0 & 0 & 0 & \cdots & 0 & 0 \\ 2\sigma_2 & \sigma_1 & 1 & 0 & 0 & 0 & \cdots & 0 & 0 \\ 3\sigma_3 & \sigma_2 & \sigma_1 & 1 & 0 & 0 & \cdots & 0 & 0 \\ 4\sigma_4 & \sigma_3 & \sigma_2 & \sigma_1 & 1 & 0 & \cdots & 0 & 0 \\ \vdots & \vdots & \vdots & \vdots & \vdots & \vdots & & \vdots & \vdots \\ (k-1)\sigma_{k-1} & \sigma_{k-2} & \sigma_{k-3} & \sigma_{k-4} & \sigma_{k-5} & \sigma_{k-6} & \cdots & \sigma_1 & 1 \\ k\sigma_k & \sigma_{k-1} & \sigma_{k-2} & \sigma_{k-3} & \sigma_{k-4} & \sigma_{k-5} & \cdots & \sigma_2 & \sigma_1 \end{vmatrix}$$

我们利用第二数学归纳法证明上述猜想.

当 $k=1$ 时，$|\sigma_1|=\sigma_1=s_1$，命题成立.

假设 s_l 的下标小于 k 时命题成立($1<k\leqslant n$)，现在来看 k 的情形. 对于上述 k 阶行列式按第 k 行展开，得

$$(-1)^{k+1}k\sigma_k+(-1)^{k+2}\sigma_{k-1}\sigma_1+(-1)^{k+3}\sigma_{k-2}\begin{vmatrix} \sigma_1 & 1 & 0 & 0 & \cdots & 0 & 0 \\ 2\sigma_2 & \sigma_1 & 0 & 0 & \cdots & 0 & 0 \\ 3\sigma_3 & \sigma_2 & 1 & 0 & \cdots & 0 & 0 \\ \vdots & \vdots & \vdots & \vdots & & \vdots & \vdots \\ (k-1)\sigma_{k-1} & \sigma_{k-2} & \sigma_{k-4} & \sigma_{k-5} & \cdots & \sigma_1 & 1 \end{vmatrix}$$

$$+\cdots+(-1)^{k+(k-1)}\sigma_2 s_{k-2}+(-1)^{k+k}\sigma_1 s_{k-1}$$

$$=(-1)^{k+1}k\sigma_k+(-1)^k\sigma_{k-1}s_1+(-1)^{k-1}\sigma_{k-2}s_{k-2}+\cdots+(-1)\sigma_2 s_{k-2}+\sigma_1 s_{k-1}=s_k$$

从而由第二数学归纳法原理得，当 $1\leqslant k\leqslant n$ 时结论都成立.

13. 设 $1\leqslant k\leqslant n$，把初等对称多项式 $\sigma_k(x_1, x_2, \cdots, x_n)$ 用幂和 $s_1(x_1, x_2, \cdots, x_n)$，$s_2(x_1, x_2, \cdots, x_n)$，…，$s_k(x_1, x_2, \cdots, x_n)$ 表示.

解： 根据 Newton 公式，当 $1\leqslant k\leqslant n$ 时，可得

$$\sigma_1=s_1$$

$$\sigma_2=\frac{1}{2}(\sigma_1 s_1-s_2)=\frac{1}{2}(s_1^2-s_2)=\frac{1}{2}\begin{vmatrix} s_1 & 1 \\ s_2 & s_1 \end{vmatrix}$$

$$\sigma_3=\frac{1}{3}(s_3-\sigma_1 s_2+\sigma_2 s_1)=\frac{1}{3}\left(s_3-s_1 s_2+s_1\frac{1}{2}\begin{vmatrix} s_1 & 1 \\ s_2 & s_1 \end{vmatrix}\right)$$

$$=\frac{1}{6}\begin{vmatrix} s_1 & 1 & 0 \\ s_2 & s_1 & 2 \\ s_3 & s_2 & s_1 \end{vmatrix}$$

由此受到启发，猜想

$$\sigma_k=\frac{1}{k!}\begin{vmatrix} s_1 & 1 & 0 & 0 & \cdots & 0 & 0 \\ s_2 & s_1 & 2 & 0 & \cdots & 0 & 0 \\ s_3 & s_2 & s_1 & 3 & \cdots & 0 & 0 \\ \vdots & \vdots & \vdots & \vdots & & \vdots & \vdots \\ s_{k-1} & s_{k-2} & s_{k-3} & s_{k-4} & \cdots & s_1 & k-1 \\ s_k & s_{k-1} & s_{k-2} & s_{k-3} & \cdots & s_2 & s_1 \end{vmatrix}$$

我们利用第二数学归纳法证明这个猜想.

当 $k=1$ 时，$|s_1|=s_1=\sigma_1$，命题为真.

假设当 σ_1 的标小于 k 时命题为真($1<k\leqslant n$)，现在来看 k 的情形. 把上述右端的行列式按最后一行展开，得

$$(-1)^{k+1}s_k(k-1)!+(-1)^{k+2}s_{k-1}\begin{vmatrix} s_1 & 0 & 0 & \cdots & 0 & 0 \\ s_2 & 2 & 0 & \cdots & 0 & 0 \\ s_3 & s_1 & 3 & \cdots & 0 & 0 \\ \vdots & \vdots & \vdots & & \vdots & \vdots \\ s_{k-1} & s_{k-3} & s_{k-4} & \cdots & s_1 & k-1 \end{vmatrix}+$$

$$(-1)^{k+3}s_{k-2}\begin{vmatrix} s_1 & 1 & 0 & \cdots & 0 & 0 \\ s_2 & s_1 & 0 & \cdots & 0 & 0 \\ s_3 & s_2 & 3 & \cdots & 0 & 0 \\ \vdots & \vdots & \vdots & & \vdots & \vdots \\ s_{k-1} & s_{k-2} & s_{k-4} & \cdots & s_1 & k-1 \end{vmatrix}+\cdots+$$

$$(-1)^{k+(k-1)}s_2(k-1)(k-2)!\ \sigma_{k-2}+(-1)^{k+k}s_1(k-1)!\ \sigma_{k-1}$$

$$=(-1)^{k+1}(k-1)!\ s_k+(-1)^k s_{k-1}(k-1)!\ s_1+(-1)^{k-1}s_{k-2}(k-1)!\ \sigma_2+\cdots+$$

$$(-1)(k-1)!\ s_2\sigma_{k-2}+(k-1)!\ s_1\sigma_{k-1}$$

$$=\frac{k!}{k}[(-1)^{k+1}s_k+(-1)^k s_{k-1}\sigma_1+(-1)^{k-1}s_{k-2}\sigma_2+\cdots+(-1)s_2\sigma_{k-2}+s_1\sigma_{k-1}]$$

$$=k!\ \sigma_k$$

根据第二数学归纳法原理得，当 $1\leqslant k\leqslant n$ 时，结论成立.

14. 求数域$\mathbb{K}$上的 n 次多项式 $f(x)=x^n+a_{n-1}x^{n-1}+\cdots+a_0$，使得它的 n 个复根的 k 次幂的和等于 0，其中 $1\leqslant k<n$.

解：设 $f(x)$的 n 个复根为 c_1，c_2，…，c_n，则由已知条件得

$$s_1(c_1, \cdots, c_n)=s_2(c_1, \cdots, c_n)=\cdots=s_{n-1}(c_1, \cdots, c_n)=0$$

为了求 $f(x)$的各项系数的值，先求 $\sigma_1(c_1, \cdots, c_n)$，…，$\sigma_{n-1}(c_1, \cdots, c_n)$，$\sigma_n(c_1, \cdots, c_n)$．利用第 13 题推导出的公式，$x_1$，$x_2$，…，$x_n$ 分别用 c_1，c_2，…，c_n 代入，当 $1\leqslant k\leqslant n-1$ 时，有

$$\sigma_k(c_1, \cdots, c_n)=\frac{1}{k!}\begin{vmatrix} 0 & 1 & 0 & 0 & \cdots & 0 \\ 0 & 0 & 2 & 0 & \cdots & 0 \\ 0 & 0 & 0 & 3 & \cdots & 0 \\ \vdots & \vdots & \vdots & \vdots & & \vdots \\ 0 & 0 & 0 & 0 & \cdots & 0 \end{vmatrix}=0$$

而

$$\sigma_n(c_1, \cdots, c_n)=\frac{1}{n!}\begin{vmatrix} 0 & 1 & 0 & 0 & \cdots & 0 & 0 \\ 0 & 0 & 2 & 0 & \cdots & 0 & 0 \\ \vdots & \vdots & \vdots & \vdots & & \vdots & \vdots \\ 0 & 0 & 0 & 0 & \cdots & 0 & n-1 \\ b & 0 & 0 & 0 & \cdots & 0 & 0 \end{vmatrix}$$
$$=(-1)^{n+1}\frac{b}{n}$$

其中 $b=s_n(c_1, c_2, \cdots, c_n)$．根据 Vieta 公式得

$$a_{n-1}=a_{n-2}=\cdots=a_1=0,\ a_0=(-1)^n(-1)^{n+1}\frac{b}{n}=-\frac{b}{n}$$

因此所求的多项式为 $f(x)=x^n-\dfrac{b}{n}$.

15. 求数域$\mathbb{K}$上 n 次多项式 $f(x)=x^n+a$ 的判别式.

解：设 $f(x)$的 n 个复根为 c_1，c_2，…，c_n．由 Vieta 公式得

$$\sigma_1(c_1, c_2, \cdots, c_n)=\sigma_2(c_1, c_2, \cdots, c_n)=\cdots=\sigma_{n-1}(c_1, c_2, \cdots, c_n)=0$$
$$\sigma_n(c_1, c_2, \cdots, c_n)=(-1)^n a$$

当 $1\leqslant k<n$ 时，根据第 12 题推导出的公式，将 x_1，x_2，…，x_n 分别用 c_1，c_2，…，c_n 代入，得

$$s_k(c_1, c_2, \cdots, c_n)=\begin{vmatrix} 0 & 1 & 0 & 0 & 0 & \cdots & 0 \\ 0 & 0 & 1 & 0 & 0 & \cdots & 0 \\ 0 & 0 & 0 & 1 & 0 & \cdots & 0 \\ \vdots & \vdots & \vdots & \vdots & \vdots & & \vdots \\ 0 & 0 & 0 & 0 & 0 & \cdots & 0 \end{vmatrix}=0$$

当 $k=n$ 时，有

$$s_n(c_1, c_2, \cdots, c_n)=\begin{vmatrix} 0 & 1 & 0 & \cdots & 0 & 0 \\ 0 & 0 & 1 & \cdots & 0 & 0 \\ \vdots & \vdots & \vdots & & \vdots & \vdots \\ 0 & 0 & 0 & \cdots & 0 & 1 \\ n(-1)^n a & 0 & 0 & \cdots & 0 & 0 \end{vmatrix}$$
$$=(-1)^{n-1}(-1)^n na=-na$$

当 $n<k<2n$ 时，根据 Newton 公式，将 $x_1, x_2, \cdots, x_n$ 分别用 $c_1, c_2, \cdots, c_n$ 代入，得

$$s_k(c_1, c_2, \cdots, c_n)=0.$$

于是

$$D(f)=\begin{vmatrix} n & 0 & 0 & \cdots & 0 & 0 \\ 0 & 0 & 0 & \cdots & 0 & -na \\ 0 & 0 & 0 & \cdots & -na & 0 \\ \vdots & \vdots & \vdots & & \vdots & \vdots \\ 0 & -na & 0 & \cdots & 0 & 0 \end{vmatrix}=(-1)^{\frac{n(n-1)}{2}} n^n a^{n-1}.$$

16. 设 $f(x)$ 是数域 $\mathbb{K}$ 上首项系数为 1 的 n 次多项式，$a\in\mathbb{K}$，$g(x)=(x-a)f(x)$. 证明：$D(g)=D(f)f(a)^2$.

证明： 设 $f(x)$ 的 n 个复根为 $c_1, c_2, \cdots, c_n$，则 $g(x)$ 的复根为 $a, c_1, c_2, \cdots, c_n$，于是

$$D(g)=\prod_{1\leqslant j<i\leqslant n}(c_i-c_j)^2\prod_{k=1}^{n}(c_k-a)^2=D(f)\prod_{k=1}^{n}(a-c_k)^2=D(f)f(a)^2.$$

17. 证明：如果 n 级复矩阵 $\boldsymbol{A}$ 满足 $\operatorname{tr}(\boldsymbol{A}^k)=0$，$k=1, 2, \cdots, n$，那么 $\boldsymbol{A}$ 是幂零矩阵.

证明： 设 $\boldsymbol{A}$ 的特征多项式 $f(\lambda)$ 的 n 个复根为 $\lambda_1, \lambda_2, \cdots, \lambda_n$，它们是 $\boldsymbol{A}$ 的全部特

征值. 根据习题 6.6 的第 9 题，$\boldsymbol{A}^k$ 的全部特征值是λ_1^k，λ_2^k，…，λ_n^k. 根据教材 6.6 节的推论 2 得，$\mathrm{tr}(\boldsymbol{A}^k)=\lambda_1^k+\lambda_2^k+\cdots+\lambda_n^k$. 由已知条件得

$$\lambda_1^k+\lambda_2^k+\cdots+\lambda_n^k=0,\ k=1,\ 2,\ \cdots,\ n$$

根据第 14 题的结论得 $f(\lambda)=\lambda^n-\dfrac{0}{n}=\lambda^n$，从而$\boldsymbol{O}=f(\boldsymbol{A})=\boldsymbol{A}^n$. 因此$\boldsymbol{A}$是幂零矩阵.

18. 证明：如果 n 级复矩阵$\boldsymbol{A}$ 可对角化，且满足 $\mathrm{tr}(\boldsymbol{A}^k)=0$，$k=1$，2，…，$n$，那么$\boldsymbol{A}=\boldsymbol{0}$.

证明： 由第 17 题结论知，$\boldsymbol{A}^n=\boldsymbol{O}$. 又由于$\boldsymbol{A}$ 可对角化，即存在可逆矩阵$\boldsymbol{P}$，使得

$$\boldsymbol{A}=\boldsymbol{P}^{-1}\mathrm{diag}\{\lambda_1,\ \lambda_2,\ \cdots,\ \lambda_n\}\boldsymbol{P}$$

从而

$$\boldsymbol{A}^n=\boldsymbol{P}^{-1}\mathrm{diag}\{\lambda_1^n,\ \lambda_2^n,\ \cdots,\ \lambda_n^n\}\boldsymbol{P}=\boldsymbol{O}$$

于是$\lambda_i=0$，$i=1$，2，…，n. 从而$\boldsymbol{A}=\boldsymbol{0}$.

19. 设$\boldsymbol{A}$，$\boldsymbol{B}$，$\boldsymbol{C}$都是n 级复矩阵，且$\boldsymbol{AB}-\boldsymbol{BA}=\boldsymbol{C}$. 证明：如果$\boldsymbol{C}$与$\boldsymbol{A}$ 可交换，那么$\boldsymbol{C}$是幂零矩阵.

证明： 由于$\boldsymbol{AC}=\boldsymbol{CA}$，从而对于 $k=1$，2，…，n，有 $\boldsymbol{AC}^k=\boldsymbol{C}^k\boldsymbol{A}$. 于是

$$\begin{aligned}\mathrm{tr}(\boldsymbol{C}^k)&=\mathrm{tr}[\boldsymbol{C}^{k-1}(\boldsymbol{AB}-\boldsymbol{BA})]=\mathrm{tr}(\boldsymbol{C}^{k-1}\boldsymbol{AB})-\mathrm{tr}(\boldsymbol{C}^{k-1}\boldsymbol{BA})\\&=\mathrm{tr}(\boldsymbol{C}^{k-1}\boldsymbol{AB})-\mathrm{tr}(\boldsymbol{BAC}^{k-1})=\mathrm{tr}(\boldsymbol{C}^{k-1}\boldsymbol{AB})-\mathrm{tr}(\boldsymbol{BC}^{k-1}\boldsymbol{A})\\&=\mathrm{tr}(\boldsymbol{C}^{k-1}\boldsymbol{AB})-\mathrm{tr}(\boldsymbol{C}^{k-1}\boldsymbol{AB})=0\end{aligned}$$

由第 18 题的结论得，$\boldsymbol{C}$是幂零矩阵.

习题 9.3　结式

1. 判断 $f(x)=2x^3+3x^2-8x+3$ 与 $g(x)=4x^2+7x-15$ 有无公共复根.

解： 计算 $f(x)$与 $g(x)$的结式

$$\mathrm{Res}(f,\ g)=\begin{vmatrix}2&3&-8&3&0\\0&2&3&-8&3\\4&7&-15&0&0\\0&4&7&-15&0\\0&0&4&7&-15\end{vmatrix}=0$$

从而 $f(x)$ 与 $g(x)$ 有公共复根.

2. 解下列方程组：

(1) $\begin{cases}2x^2-xy+y^2-2x+y-4=0,\\5x^2-6xy+5y^2-6x+10y-11=0;\end{cases}$

(2) $\begin{cases}x^2+y^2+4x+2=0,\\x^2+4xy-y^2+4x+8y=0.\end{cases}$

解：(1) 将两个多项式 $f(x, y)$，$g(x, y)$ 分别按 x 的降幂排列写出

$$\begin{cases}2x^2-(y+2)x+y^2+y-4=0,\\5x^2-(6y+6)x+5y^2+10y-11=0.\end{cases}$$

$$\begin{aligned}\mathrm{Res}_x(f, g)&=\begin{vmatrix}2 & -(y+2) & y^2+y-4 & 0\\0 & 2 & -(y+2) & y^2+y-4\\5 & -(6y+6) & 5y^2+10y-11 & 0\\0 & 5 & -(6y+6) & 5y^2+10y-11\end{vmatrix}\\&=32(y-1)y(y+2)^2\end{aligned}$$

于是 $\mathrm{Res}_x(f, g)$ 的根为 0，1，-2（二重）. 对于 $y=0$，解方程组

$$\begin{cases}2x^2-2x-4=0,\\5x^2-6x-11=0\end{cases}$$

解得 $x=-1$. 对于 $y=1$，解方程组

$$\begin{cases}2x^2-3x-2=0,\\5x^2-12x+4=0\end{cases}$$

解得 $x=2$. 对于 $y=-2$，解方程组

$$\begin{cases}2x^2-2=0,\\5x^2+6x-11=0\end{cases}$$

解得 $x=1$. 综上，原方程的全部解是：

$$(-1, 0), (2, 1), (1, -2), (1, -2)$$

(2) 将两个多项式 $f(x, y)$，$g(x, y)$ 分别按 x 的降幂排列写出

$$\begin{cases}x^2+4x+y^2+2=0,\\x^2+(4y+4)x-y^2+8y=0.\end{cases}$$

$$\mathrm{Res}_x(f, g)=\begin{vmatrix}1 & 4 & y^2+2 & 0\\0 & 1 & 4 & y^2+2\\1 & 4y+4 & -y^2+8y & 0\\0 & 1 & 4y+4 & -y^2+8y\end{vmatrix}$$
$$=4(y-1)(y+1)(5y^2-1)$$

于是 $\mathrm{Res}_x(f, g)$的根为 $1, -1, \frac{\sqrt{5}}{5}, -\frac{\sqrt{5}}{5}$.

对于 $y=1$，解方程组

$$\begin{cases}x^2+4x+3=0,\\x^2+8x+7=0\end{cases}$$

解得 $x=-1$. 对于 $y=-1$，解方程组

$$\begin{cases}x^2+4x+3=0,\\x^2-9=0\end{cases}$$

解得 $x=-3$. 对于 $y=\frac{\sqrt{5}}{5}$，解方程组

$$\begin{cases}x^2+4x+\frac{11}{5}=0,\\x^2+\left(\frac{4\sqrt{5}}{5}+4\right)x+\left(\frac{8\sqrt{5}}{5}-\frac{1}{5}\right)=0\end{cases}$$

解得 $x=-2+\frac{3\sqrt{5}}{5}$. 对于 $y=-\frac{\sqrt{5}}{5}$，解方程组

$$\begin{cases}x^2+4x+\frac{11}{5}=0,\\x^2+\left(-\frac{4\sqrt{5}}{5}+4\right)x+\left(-\frac{8\sqrt{5}}{5}-\frac{1}{5}\right)=0\end{cases}$$

解得 $x=-2-\frac{3\sqrt{5}}{5}$. 综上，原方程组的全部解是：

$$(-1, 1), (-3, -1), \left(-2+\frac{3\sqrt{5}}{5}, \frac{\sqrt{5}}{5}\right), \left(-2-\frac{3\sqrt{5}}{5}, -\frac{\sqrt{5}}{5}\right)$$

3. 求多项式 $f(x)$与 $g(x)$的结式：

(1) $f(x)=x^4+x^3+x^2+1$；$g(x)=x^6+x^5+x^4+x^3+x^2+x+1$；

(2) $f(x)=x^n+2x+1$，$g(x)=x^2-x-6$；

(3) $f(x)=x^n+2$，$g(x)=(x-1)^n$；

(4) $f(x)=x^4+x^3+x^2+x+1$，$g(x)=x^6+x^5+x^4+x^3+x^2+x+1$.

解：(1)

$$\mathrm{Res}(f,g)=\begin{vmatrix}1&1&1&0&1&0&0&0&0&0\\0&1&1&1&0&1&0&0&0&0\\0&0&1&1&1&0&1&0&0&0\\0&0&0&1&1&1&0&1&0&0\\0&0&0&0&1&1&1&0&1&0\\0&0&0&0&0&1&1&1&0&1\\1&1&1&1&1&1&1&0&0&0\\0&1&1&1&1&1&1&1&0&0\\0&0&1&1&1&1&1&1&1&0\\0&0&0&1&1&1&1&1&1&1\end{vmatrix}=8$$

(2) 由于 $g(x)$ 的两个根为 -2，3，由本节定理 2 的第 2 条得

$$\mathrm{Res}(f,g)=(-1)^{2n}1^n f(-2)f(3)=(-1)^n[6^n+7\cdot 2^n]-3^{n+1}-21$$

(3) 由于 $g(x)$ 的 n 重根为 1，由本节定理 2 的第 2 条得

$$\mathrm{Res}(f,g)=(-1)^{n^2}1^n(f(1))^n=(-1)^{n^2}3^n$$

(4) 由于 $(x-1)f(x)=(x-1)(x^4+x^3+x^2+x+1)=x^5-1$，因此 $f(x)$ 的 4 个复根是：ξ，ξ^2，ξ^3，ξ^4，其中 $\xi=\mathrm{e}^{\frac{\mathrm{i}2\pi}{5}}$，从而由本节定理 2 的第 1 条得

$$\mathrm{Res}(f,g)=1^n g(\xi)g(\xi^2)g(\xi^3)g(\xi^4)$$

注意：$\xi^5=1$，$1+\xi+\xi^2+\xi^3+\xi^4=0$，计算得

$$\mathrm{Res}(f,g)=(\xi+1)(\xi^2+1)(\xi^3+1)(\xi^4+1)=1$$

4. 设 $f(x)$，$x-a\in\mathbb{K}[x]$，且 $\deg f(x)=n$，求 $\mathrm{Res}(f,x-a)$.

解：由本节定理 2 的第 2 条得

$$\mathrm{Res}(f,x-a)=(-1)^{1\cdot n}1^n f(a)=(-1)^n f(a)$$

5. 设数域$\mathbb{K}$上三次多项式 $f(x)=a_0x^3+a_1x^2+a_2x+a_3$，求 $D(f)$.

解：$f'(x)=3a_0x^2+2a_1x+a_2$. 用教材定义 1 计算

$$\mathrm{Res}(f, f')=-a_0(18a_0a_1a_2a_3-4a_0a_2^3-27a_0^2a_3^2+a_1^2a_2^2-4a_1^3a_3)$$

从而

$$\begin{aligned}D(f)&=(-1)^{\frac{3(3-1)}{2}}a_0^{-1}\mathrm{Res}(f, f')\\&=18a_0a_1a_2a_3-4a_0a_2^3-27a_0^2a_3^2+a_1^2a_2^2-4a_1^3a_3\end{aligned}$$

注：符号计算系统 Mathematica 计算结式的命令为：Resultant[f, g, x].

6. 讨论数域$\mathbb{K}$上的多项式 $f(x)=x^2+1$ 与 $g(x)=x^{2m}+1$ 是否互素.

解：$f(x)$的 2 个复根是 i，$-$i，于是

$$\mathrm{Res}(f, g)=g(\mathrm{i})g(-\mathrm{i})=2[1+(-1)^m]$$

当 m 为偶数时，$\mathrm{Res}(f, g)=4\neq 0$，因此 $f(x)$与 $g(x)$没有公共复根，从而它们在$\mathbb{C}[x]$中互素，于是它们在$\mathbb{K}[x]$中也互素. 当 m 为奇数时，$\mathrm{Res}(f, g)=0$，因此 $f(x)$与 $g(x)$有公共复根，从而它们在$\mathbb{C}[x]$中不互素，于是它们在$\mathbb{K}[x]$中也不互素.

7. 求下列曲线的直角坐标方程：

(1) $x=t^2-t$，$y=2t^2+t-2$；

(2) $x=\dfrac{2t+1}{t^2+1}$，$y=\dfrac{t^2+2t-1}{t^2+1}$.

解：(1) 令 $f(t)=t^2-t-x$，$g(t)=2t^2+t-2-y$. 点 $P(x, y)$在所给曲线上，则 $f(t)$与 $g(t)$有公共实根 t_0，从而 $\mathrm{Res}(f, g)=0$.

反之，考虑适合 $\mathrm{Res}(f, g)=0$ 的点 $Q(x, y)$，因为 $\mathrm{Res}(f, g)=0$，所以 $f(t)$，$g(t)$不互素，由于 f 和 g 都是 2 次，且它们不相伴，因此 f 和 g 有公共的一次因式，从而 f 和 g 有公共的实根 t_1. 于是点 $Q(x, y)$在曲线 S 上. 综上所述，$\mathrm{Res}(f, g)=0$ 就是所求的直角坐标方程.

$$\begin{vmatrix}1 & -1 & -x & 0\\0 & 1 & -1 & -x\\2 & 1 & -y-2 & 0\\0 & 2 & 1 & -y-2\end{vmatrix}=4x^2-4xy+y^2-11x+y-2$$

因此所给曲线的直角坐标方程为

$$4x^2-4xy+y^2-11x+y-2=0$$

(2) 令 $f(t)=(t^2+1)x-2t-1=xt^2-2t+x-1$，$g(t)=(t^2+1)y-t^2-2t+1=(y-1)t^2-2t+y+1$. 点 $P(x, y)$在所给曲线上$\Leftrightarrow f(t)$与 $g(t)$有公共实根

$$\Rightarrow \mathrm{Res}(f, g)=0$$

若 $\mathrm{Res}(f, g)=0$，则 $x=0=y-1$ 或 $f(t)$与 $g(t)$不互素. 在前一情形，容易直接验证点 $M(0, 1)$不在所给曲线上. 在后一情形，$f(t)$与 $g(t)$有公共一次因式，从而它们有公共实根. 计算 $\mathrm{Res}(f, g)=8x^2-4xy+5y^2-8x+2y-7$. 综上所述，所给曲线的直角坐标方程为

$$8x^2-4xy+5y^2-8x+2y-7=0$$

并且$(x, y)\neq(0, 1)$.

8. 在实数域中解方程组：

$$\begin{cases}y^2+z^2+2yz-x-y+z+3=0,\\x^2+z^2+xz+x-y+z+1=0,\\x^2-y^2+xy-x+y-z-1=0.\end{cases}$$

解：把方程组左端的 3 个多项式 $f(x, y, z)$，$g(x, \dot{y}, z)$，$h(x, y, z)$分别按 x 的降幂排列写出(第一个方程两边乘-1)：

$$f(x, y, z)=x-y^2-z^2-2yz+y-z-3$$
$$g(x, y, z)=x^2+(z+1)x-y+z^2+z+1$$
$$h(x, y, z)=x^2+(y-1)x-y^2+y-z-1$$

用 Mathematica 求出

$$\mathrm{Res}_x(f, g)=y^4+4y^3z-2y^3+6y^2z^2-y^2z+8y^2+4yz^3+4yz^2$$
$$+11yz-8y+z^4+3z^3+10z^2+11z+13$$

$$\mathrm{Res}_x(f, h)=y^4+4y^3z-y^3+6y^2z^2+4y^2+4yz^3+3yz^2+9yz-y+z^4+2z^3+6z^2+4z+5$$

记 $p(y, z)=\mathrm{Res}_x(f, g)$，$q(y, z)=\mathrm{Res}_x(f, h)$，用 Mathematica 求出

$$\mathrm{Res}_y(p, q)=16z^8+100z^7+271z^6+437z^5+510z^4+467z^3+299z^2+108z+16$$

用 Mathematica 求出 $\mathrm{Res}_x(f, g)$的两个实根为：

$$-1.283\,99, \quad -1,$$

把 $z=-1$ 分别代入 $\mathrm{Res}_x(f, g)$，$\mathrm{Res}_x(f, h)$中，解方程组：

$$\begin{cases}y^4-6y^3+15y^2-19y+10=0,\\y^4-5y^3+10y^2-11y+6=0\end{cases}$$

第二个方程减去第一个方程得

$$y^3-5y^2+8y-4=0$$

解得 $y=2$(2 重)，$y=1$，其中 $y=1$ 不是第一、二个方程的解，应当舍去，而 $y=2$ 是上述方程组的解.

把 $y=2$ 和 $z=-1$ 代入 $f(x, y, z)=0$ 中，求出 $x=1$. 容易看出，$x=1$，$y=2$，$z=-1$ 是原方程组的一个解.

把 $z=-1.283\ 99$ 分别代入 $\mathrm{Res}_x(f, g)$，$\mathrm{Res}_x(f, h)$ 中，用 Mathematica 分别求 $\mathrm{Res}_x(f, g)=0$，$\mathrm{Res}_x(f, h)=0$ 的解. 由此可以看出，它们组成的方程组有一个解：$y=1.384\ 37$.

把 $z=-1.283\ 99$ 和 $y=1.384\ 37$ 代入原方程组，求出 $x=0.341\ 72$. 因此原方程组的另一个实数解是：$(0.341\ 72, 1.384\ 37, -1.283\ 99)$.

补充题九

1. 设$\mathbb{F}$是一个域，证明：$\mathbb{F}$上的 n 元多项式环$\mathbb{F}[x_1, x_2, \cdots, x_n]$是无零因子环，从而消去律成立.

证明： 用字典排序法排出$\mathbb{F}[x_1, x_2, \cdots, x_n]$中两个 n 元多项式 $f(x_1, x_2, \cdots, x_n)$ 和 $g(x_1, x_2, \cdots, x_n)$中各个单项式的次序，其第一个系数不为 0 的单项式称为首项. 设 f 的首项的幂指数组为$(p_1, p_2, \cdots, p_n)$，g 的首项的幂指数组为$(q_1, q_2, \cdots, q_n)$. 下面证 fg 的首项的幂指数组为$(p_1+q_1, p_2+q_2, \cdots, p_n+q_n)$，为此只要证$(p_1+q_1, p_2+q_2, \cdots, p_n+q_n)$先于 fg 中其他单项式的幂指数组就行了. fg 的其他单项式的幂指数组只有 3 种可能情形：

$$(p_1+j_1, p_2+j_2, \cdots, p_n+j_n), (i_1+q_1, i_2+q_2, \cdots, i_n+q_n),$$
$$(i_1+j_1, i_2+j_2, \cdots, i_n+j_n),$$

其中$(p_1, p_2, \cdots, p_n)>(i_1, i_2, \cdots, i_n)$，$(q_1, q_2, \cdots, q_n)>(j_1, j_2, \cdots, j_n)$. 显然有

$$(p_1+q_1, \cdots, p_n+q_n)>(p_1+j_1, \cdots, p_n+j_n)$$
$$(p_1+q_1, \cdots, p_n+q_n)>(i_1+q_1, \cdots, i_n+q_n)$$
$$(i_1+q_1, \cdots, i_n+q_n)>(i_1+j_1, \cdots, i_n+j_n)$$

由传递性得$(p_1+q_1, \cdots, p_n+q_n)>(i_1+j_1, \cdots, i_n+j_n)$，因而 fg 的首项的幂指数组为

$(p_1+q_1, p_2+q_2, \cdots, p_n+q_n)$. 从而两个非零多项式的乘积仍是非零多项式，$\mathbb{F}[x_1, x_2, \cdots, x_n]$是无零因子环，从而消去律成立.

2. 设$\mathbb{F}$是一个域，证明：在$\mathbb{F}[x_1, x_2, \cdots, x_n]$中，有

$$\deg fg=\deg f+\deg g.$$

证明： 若 f 和 g 中有一个是零多项式，则结论成立(两端都是$-\infty$)，现在设 $f\neq 0$，$g\neq 0$，$\deg f=m$，$\deg g=s$，则

$$f=f_0+f_1+\cdots+f_m,\quad g=g_0+g_1+\cdots+g_s$$

于是

$$fg=f_0g_0+\cdots+f_0g_s+\cdots+f_mg_0+\cdots+f_mg_s$$

其中 f_ig_j 是 fg 的 $i+j$ 次齐次成分. 因为 $f_m\neq 0$，$g_s\neq 0$，所以 $f_mg_s\neq 0$，于是 f_mg_s 是 $m+s$次齐次多项式，从而 $\deg fg=m+s=\deg f+\deg g$.

3. 设$\mathbb{F}$是一个域，证明：$\mathbb{F}[x_1, x_2, \cdots, x_n]$也有通用性质，即设 R 是一个有单位元的交换环，且$\mathbb{F}$与 R 的一个子环 R_1 同构，且 R 的单位元是 R_1 的单位元，则不定元 x_1，x_2，$\cdots$，x_n 可以用 R 中的任意 n 个元素 t_1，t_2，$\cdots$，t_n 代入，并且这种代入保持加法运算和乘法运算.

证明： 对于任意给定的 $t_1, t_2, \cdots, t_n\in R$，令

$$\sigma_{t_1, t_2, \cdots, t_n}:\quad \mathbb{F}[x_1, x_2, \cdots, x_n]\to R$$

$$f(x_1, x_2, \cdots, x_n)=\sum_{i_1, \cdots, i_n} a_{i_1\cdots i_n}x_1^{i_1}x_2^{i_1}\cdots x_n^{i_n}\mapsto \sum_{i_1, \cdots, i_n}\tau(a_{i_1\cdots i_n})t_1^{i_1}\cdots t_n^{i_n},$$

设 τ 是$\mathbb{F}$到 R_1 的一个映射，因此 $\tau(a_{i_1i_2\cdots i_n})\in R$，从而 $\sigma_{t_1, t_2, \cdots, t_n}$是$\mathbb{F}[x_1, x_2, \cdots, x_n]$到 R 的一个对应法则. 由于$\mathbb{F}[x_1, x_2, \cdots, x_n]$中每个元素 $f(x_1, x_2, \cdots, x_n)$写成 $\sum\limits_{i_1, \cdots, i_n} a_{i_1\cdots i_n}x_1^{i_1}\cdots x_n^{i_n}$ 的表法唯一，因此 $\sigma_{t_1, t_2\cdots, t_n}$是$\mathbb{F}[x_1, x_2, \cdots, x_n]$到 R 的一个映射，它使得

$$\sigma_{t_1, t_2, \cdots, t_n}(x_i)=t_i,\quad i=1, 2, \cdots, n$$

类似一元多项式环的通用性质的证明过程，易证 $\sigma_{t_1, t_2, \cdots, t_n}$保持加法和乘法运算.

4. 设$\mathbb{F}$是一个域，$\mathbb{F}[x_1, x_2, \cdots, x_n]$中每一个 n 元多项式 $f(x_1, x_2, \cdots, x_n)$诱导了$\mathbb{F}^n$ 到$\mathbb{F}$的一个映射 f：

$$f: \mathbb{F}^n\to\mathbb{F}$$

$$(c_1, c_2, \cdots, c_n) \mapsto f(c_1, c_2, \cdots, c_n).$$

称 f 是域$\mathbb{F}$上的 n 元多项式函数. 举例说明，$\mathbb{Z}_p$ 上的两个 n 元多项式不相等，但是它们诱导的 n 元多项式函数相等.

解：在 $\mathbb{Z}_2[x_1, x_2, \cdots, x_n]$中，设

$$f(x_1, x_2, \cdots, x_n) = x_1^2 + x_2^2 + \cdots + x_n^2$$

$$g(x_1, x_2, \cdots, x_n) = x_1 + x_2 + \cdots + x_n$$

显然，$f(x_1, x_2, \cdots, x_n) \neq g(x_1, x_2, \cdots, x_n)$，即多项式不相等. 由于对任意$(c_1, c_2, \cdots, c_n) \in \mathbb{Z}_2^n$，由 Fermat 小定理得

$$\begin{aligned} f(c_1, c_2, \cdots, c_n) &= c_1^2 + c_2^2 + \cdots + c_n^2 = c_1 + c_2 + \cdots + c_n \\ &= g(c_1, c_2, \cdots, c_n) \end{aligned}$$

因此 n 元多项式函数 f 与 g 相等.

注：Fermat 小定理的代数学证明可参见张贤科著的《高等代数学》中的定理 1.3.

5. 设 p 是素数，在 $\mathbb{Z}_p[x_1, x_2, \cdots, x_n]$中，用 S 表示由每个单项式中每个不定元的次数小于 p 的多项式组成的集合. 证明：如果 $h(x_1, x_2, \cdots, x_n)$是 S 中的非零多项式，那么它诱导的 n 元多项式函数 h 不是零函数.

证明： 对不定元的个数 n 做数学归纳法. $n=1$ 时，从补充题五的第 5 题的证明过程看到：$\mathbb{Z}_p$ 上次数小于 p 的两个一元多项式如果不相等，那么它们透导的多项式函数也不相等. 因此若次数小于 p 的多项式 $h(x_1)$不是零多项式，那么它诱导的一元多项式函数 h 也不是零函数，从而当 $n=1$ 时，命题为真.

假设不定元个数为 $n-1$ 时命题为真，现在来看 $\mathbb{Z}_p$ 上的 n 元多项式 $h(x_1, x_2, \cdots, x_n)$，它是 S 中的非零多项式，把 $h(x_1, x_2, \cdots, x_n)$按照 x_n 的降幂排列写成：

$$\begin{aligned} h(x_1, \cdots, x_{n-1}, x_n) = u_s(x_1, \cdots, x_{n-1})x_n^s + \cdots + \\ u_1(x_1, \cdots, x_{n-1})x_n + u_0(x_1, \cdots, x_{n-1}), \end{aligned}$$

其中 $u_i(x_1, \cdots, x_{n-1})$是 $\mathbb{Z}_p[x_1, \cdots, x_{n-1}]$中每个单项式的每个不定元的次数小于 p 的多项式，$i=0, 1, \cdots, s$，其中 $s<p$，且 $u_s(x_1, \cdots, x_{n-1}) \neq 0$. 根据归纳假设，$u_s(x_1, \cdots, x_{n-1})$诱导的 $n-1$ 元多项式函数 u_s 不是零函数，因此存在$(c_1, \cdots, c_{n-1}) \in \mathbb{Z}_p^{n-1}$，使得 $u_s(c_1, \cdots, c_{n-1}) \neq 0$. 将不定元 $x_1, \cdots, x_{n-1}, x_n$ 用 $c_1, \cdots, c_{n-1}, x_n$ 代入，由 $h(x_1, \cdots, x_{n-1}, x_n)$的表达式得到

$$h(c_1, \cdots, c_{n-1}, x_n)=u_s(c_1, \cdots, c_{n-1})x_n^s+\cdots+u_1(c_1, \cdots, c_{n-1})x_n+u_0(c_1, \cdots, c_{n-1})$$

这是 x_n 的一元多项式，它的次数 $s<p$，且它是非零多项式，从而它诱导的一元多项式函数不是零函数，于是存在 $c_n\in \mathbb{Z}_p$ 使得 $h(c_1, \cdots, c_{n-1}, c_n)\neq 0$. 因此 S 中的非零多项式 $h(x_1, \cdots, x_{n-1}, x_n)$ 诱导的函数 h 不是零函数. 根据数学归纳法原理，对于不定元个数为任一正整数 n，命题为真.

6. 证明：$\mathbb{Z}_2$ 上的每一个 n 元函数(即 $\mathbb{Z}_2^n$ 到 $\mathbb{Z}_2$ 的一个映射)，都是 $\mathbb{Z}_2$ 上的 n 元多项式函数，且 $\mathbb{Z}_2$ 上的每一个 n 元函数都可以唯一地表示成 $\mathbb{Z}_2$ 上每个变量的次数都小于 2 的 n 元多项式函数.

证明： 用 $\mathbb{Z}_2^n$ 表示 $\mathbb{Z}_2$ 上的所有 n 元有序组组成的集合，$\mathbb{Z}_2^n$ 的元素形如$(a_1, a_2, \cdots, a_n)$，其中 $a_i\in \mathbb{Z}_2$，$i=1, 2, \cdots, n$. 因此$|\mathbb{Z}_2^n|=2^n$. 把 $\mathbb{Z}_2^n$ 的 2^n 个元素记成 $\boldsymbol{\alpha}_0, \boldsymbol{\alpha}_1, \cdots, \boldsymbol{\alpha}_{2^n-1}$，则 $\mathbb{Z}_2^n$ 到 $\mathbb{Z}_2$ 的每一个映射 f 完全由 $\mathbb{Z}_2$ 上的 2^n 元有序组$(f(\boldsymbol{\alpha}_0), f(\boldsymbol{\alpha}_1), \cdots, f(\boldsymbol{\alpha}_{2^n-1}))$决定，于是 $\mathbb{Z}_2$ 上的所有 n 元函数组成的集合 Ω 到 $\mathbb{Z}_2$ 上的 2^n 元有序组组成的集合 $\mathbb{Z}_2^{2^n}$ 有一个映射 σ：$f\rightarrow(f(\boldsymbol{\alpha}_0), f(\boldsymbol{\alpha}_1), \cdots, f(\boldsymbol{\alpha}_{2^n-1}))$. 显然 σ 是单射，且 σ 是满射，从而 σ 是双射，因此

$$|\Omega|=|\mathbb{Z}_2^{2^n}|=2^{2^n}$$

$\mathbb{Z}_2$ 上的每一个 n 元多项式函数是由 $\mathbb{Z}_2$ 上的 n 元多项式诱导的函数，考虑 $\mathbb{Z}_2$ 上每个单项式中每个不定元的次数小于 2 的 n 元多项式组成的集合 W：

$$W=\left\{\sum_{k=1}^{n}\sum_{1\leqslant i_1<\cdots<i_k\leqslant n}a_{i_1\cdots i_k}x_{i_1}x_{i_2}\cdots x_{i_k}\ \middle|\ a_{i_1\cdots i_k}\in \mathbb{Z}_2\right\}.$$

W 的每个多项式有 $1+C_n^1+C_n^2+\cdots+C_n^n=2^n$ 项(包括系数为 0 的项)，每一项的系数有两种取法：$\bar{0}$或$\bar{1}$，因此$|W|=2^{2^n}$.

在 W 中任取两个多项式 $f(x_1, x_2, \cdots, x_n)$与 $g(x_1, x_2, \cdots, x_n)$，令 $h(x_1, x_2, \cdots, x_n)=f(x_1, x_2, \cdots, x_n)-g(x_1, x_2, \cdots, x_n)$，则 $h(x_1, x_2, \cdots, x_n)\in W$. 如果 $f(x_1, x_2, \cdots, x_n)$与 $g(x_1, x_2, \cdots, x_n)$诱导的 n 元多项式函数 f 与 g 相等，那么$\forall(c_1, c_2, \cdots, c_n)\in \mathbb{Z}_2^n$，有 $h(c_1, c_2, \cdots, c_n)=f(c_1, c_2, \cdots, c_n)-g(c_1, c_2, \cdots, c_n)=0$，即 h 是零函数，根据第 5 题的结论得 $h(x_1, x_2, \cdots, x_n)=0$，从而 $f(x_1, x_2, \cdots, x_n)=g(x_1, x_2, \cdots, x_n)$. 因此 W 中不相等的多项式诱导的函数也不相等，于是由 W 中多项式诱导的 n 元多项式函数共有 2^{2^n} 个. 这正好是 $\mathbb{Z}_2$ 上所有 n 元函数的个数$|\Omega|$. 因此 $\mathbb{Z}_2$ 上的每一个 n 元函数都可以唯一地表示成每个变量的次数都小于 2 的 n 元多项式函数，从而 $\mathbb{Z}_2$ 上的每一

个 n 元函数都是 n 元多项式函数.

7. 设$\mathbb{F}$是一个域，在$\mathbb{F}[x_1, x_2, \cdots, x_n]$中与数域$\mathbb{K}$上的 n 元多项式环$\mathbb{K}[x_1, x_2, \cdots, x_n]$一样，有整除的概念，因式和倍式的概念，相伴的概念，最大公因式的概念，不可约多项式的概念. 证明：在$\mathbb{F}[x_1, x_2, \cdots, x_n]$中，一个次数大于 0 的多项式 $p(x_1, x_2, \cdots, x_n)$不可约当且仅当它不能分解成两个次数比 $p(x_1, x_2, \cdots, x_n)$的次数低的多项式的乘积.

证明： （**必要性**）设 $p(x_1, x_2, \cdots, x_n)$不可约，则它的因式只有$\mathbb{F}$中的非零数以及它的相伴元. 因此它不能分解成两个次数比 $p(x_1, x_2, \cdots, x_n)$的次数低的多项式的乘积.

（**充分性**）任取 $p(x_1, x_2, \cdots, x_n)$的一个次数大于 0 的因式 $g(x_1, x_2, \cdots, x_n)$，则存在 $h(x_1, x_2, \cdots, x_n)\in\mathbb{F}[x_1, x_2, \cdots, x_n]$，使得 $p(x_1, x_2, \cdots, x_n)=g(x_1, x_2, \cdots, x_n)\cdot h(x_1, x_2, \cdots, x_n)$. 由已知条件可推出，$\deg h(x_1, x_2, \cdots, x_n)=0$，从而 $p(x_1, x_2, \cdots, x_n)=cg(x_1, x_2, \cdots, x_n)$，其中 $c\in\mathbb{F}^*$. 于是 $p(x_1, x_2, \cdots, x_n)\sim g(x_1, x_2, \cdots, x_n)$. 因此 $p(x_1, x_2, \cdots, x_n)$在$\mathbb{F}$上不可约.

8. 设$\mathbb{F}$是一个域，证明：在$\mathbb{F}[x_1, x_2, \cdots, x_n]$中有唯一因式分解定理.

证明： 由第 7 题充分性的证明立即得到，$\mathbb{F}[x_1, x_2, \cdots, x_n]$中次数大于 0 的多项式 $f(x_1, x_2, \cdots, x_n)$如果可约，那么它能分解成两个次数较低的多项式的乘积. 如此下去，可得出：$f(x_1, x_2, \cdots, x_n)$能分解成有限多个不可约多项式的乘积. 如果 $f(x_1, x_2, \cdots, x_n)$有两种方式分解成不可约多项式的乘积：

$$f(x_1, x_2, \cdots, x_n)=p_1(x_1, x_2, \cdots, x_n)\cdots p_s(x_1, x_2, \cdots, x_n)$$

$$f(x_1, x_2, \cdots, x_n)=q_1(x_1, x_2, \cdots, x_n)\cdots q_t(x_1, x_2, \cdots, x_n)$$

对 $f(x_1, x_2, \cdots, x_n)$的第一种分解式中不可约因式的个数 s 做数学归纳法. $s=1$ 时，有

$$p_1(x_1, x_2, \cdots, x_n)=q_1(x_1, x_2, \cdots, x_n)\cdots q_t(x_1, x_2, \cdots, x_n)$$

于是 $q_1(x_1, \cdots, x_n)$是 $p_1(x_1, \cdots, x_n)$的一个因式，由于 $p_1(x_1, \cdots, x_n)$不可约，因此

$$q_1(x_1, \cdots, x_n)\sim p_1(x_1, \cdots, x_n)$$

从而有 $c\in\mathbb{F}^*$ 使得 $p_1(x_1, \cdots, x_n)=cq_1(x_1, \cdots, x_n)$. 于是 $t=1$，因此 $s=1$ 时，唯一性成立.

假设对于第一种分解式中不可约因式的个数为 $s-1$ 时唯一性成立，现在来看不可约因式的个数为 s 的情形. 此时

$$p_1(x_1, \cdots, x_n)\cdots p_s(x_1, \cdots, x_n)=q_1(x_1, \cdots, x_n)\cdots q_t(x_1, \cdots, x_n)$$

于是 $p_1(x_1, \cdots, x_n)$ 是 $q_1(x_1, \cdots, x_n)\cdots q_t(x_1, \cdots, x_n)$ 的一个因式. 由于 $p_1(x_1, \cdots, x_n)$ 不可约，它的因式只有$\mathbb{F}$中非零数以及它的相伴元，因此 $p_1(x_1, \cdots, x_n)$ 必然是某个 $q_j(x_1, \cdots, x_n)$ 的因式. 由于 $q_j(x_1, \cdots, x_n)$ 不可约，因此 $p_1(x_1, \cdots, x_n)\sim q_j(x_1, \cdots, x_n)$. 重新排列因式的次序，不妨设 $p_1(x_1, \cdots, x_n)\sim q_1(x_1, \cdots, x_n)$，于是存在 $c_1\in\mathbb{F}^*$ 使得 $q_1(x_1, \cdots, x_n)=c_1 p_1(x_1, \cdots, x_n)$，从而有

$$\begin{aligned}&p_1(x_1, \cdots, x_n)\cdots p_s(x_1, \cdots, x_n)\\=&c_1 p_1(x_1, \cdots, x_n)q_2(x_1, \cdots, x_n)\cdots q_t(x_1, \cdots, x_n)\end{aligned}$$

消去 $p_1(x_1, \cdots, x_n)$ 得

$$p_2(x_1, \cdots, x_n)\cdots p_s(x_1, \cdots, x_n)=c_1 q_2(x_1, \cdots, x_n)\cdots q_t(x_1, \cdots, x_n)$$

由归纳假设得，$s-1=t-1$，且经过适当排列因式次序有

$$p_i(x_1, \cdots, x_n)\sim q_i(x_1, \cdots, x_n), i=2, \cdots, s$$

从而有 $s=t$，且

$$p_i(x_1, \cdots, x_n)\sim q_i(x_1, \cdots, x_n), i=1, 2, \cdots, s$$

根据数学归纳法原理，唯一性得证.

9. 设$\mathbb{F}$是一个域，类似于$\mathbb{F}$上一元分式域的构造方法可构造出域$\mathbb{F}$上的 n 元分式域，记作$\mathbb{F}(x_1, x_2, \cdots, x_n)$，它的元素记作$\dfrac{f(x_1, x_2, \cdots, x_n)}{g(x_1, x_2, \cdots, x_n)}$，其中 $f(x_1, x_2, \cdots, x_n)$，$g(x_1, x_2, \cdots, x_n)\in\mathbb{F}[x_1, x_2, \cdots, x_n]$，且 $g(x_1, x_2, \cdots, x_n)\neq 0$. 证明：如果 $\operatorname{char}\mathbb{F}=p$（$p$ 是素数），那么$\mathbb{F}(x_1, x_2, \cdots, x_n)$是一个特征为 p 的无限域.

证明： 加法满足交换律、结合律，$\dfrac{0}{1}$是$\mathbb{F}(x_1, x_2, \cdots, x_n)$的零元，记作 0. $\dfrac{f(x_1, x_2, \cdots, x_n)}{g(x_1, x_2, \cdots, x_n)}$的负元是$\dfrac{-f(x_1, x_2, \cdots, x_n)}{g(x_1, x_2, \cdots, x_n)}$，记作$-\dfrac{f(x_1, x_2, \cdots, x_n)}{g(x_1, x_2, \cdots, x_n)}$. $\dfrac{1}{1}$是$\mathbb{F}(x_1, x_2, \cdots, x_n)$的单位元，记作 1. 因此$\mathbb{F}(x_1, x_2, \cdots, x_n)$成为一个有单位元的交换环. 对于$\mathbb{F}(x_1, x_2, \cdots, x_n)$的每个非零元$\dfrac{f(x_1, x_2, \cdots, x_n)}{f(x_1, x_2, \cdots, x_n)}$，由于 $f(x)\neq 0$，因此存在 $\dfrac{g(x_1, x_2, \cdots, x_n)}{f(x_1, x_2, \cdots, x_n)}\in\mathbb{F}(x_1, x_2, \cdots, x_n)$并且有

$$\frac{f(x_1, x_2, \cdots, x_n)}{g(x_1, x_2, \cdots, x_n)} \cdot \frac{g(x_1, x_2, \cdots, x_n)}{f(x_1, x_2, \cdots, x_n)}=1$$

从而$\mathbb{F}(x_1, x_2, \cdots, x_n)$中每个非零元都有可逆元.

综上，$\mathbb{F}(x_1, x_2, \cdots, x_n)$是一个域. 注意到$\mathbb{F}[x_1, x_2, \cdots, x_n]$是$\mathbb{F}(x_1, x_2, \cdots, x_n)$的子集. 由于$\mathbb{F}[x_1, x_2, \cdots, x_n]$中非零多项式的次数可以是任意非负整数，因此$\mathbb{F}[x_1, x_2, \cdots, x_n]$含有无穷多个元素，从而$\mathbb{F}(x_1, x_2, \cdots, x_n)$是无限域. 由于$\mathbb{F}(x_1, x_2, \cdots, x_n)$的单位元是 1，且 $p1=0$，而当 $0<l<p$ 时，$l1\neq 0$，因此$\mathbb{F}(x_1, x_2, \cdots, x_n)$的特征为素数 p.

10. 设$\mathbb{F}$是一个域，证明：在$\mathbb{F}[x_1, x_2, \cdots, x_n]$中有对称多项式基本定理.

证明： 只要将教材 9.2 节定理 1 中的数域$\mathbb{K}$换成域$\mathbb{F}$即可.

参考文献

[1] Bosch A J. The factorization of a square matrix into two symmetric matrices[J]. American Mathematical Monthly, 1986, 93(6): 462 - 464.

[2] Elouafi M. An explicit formula for the determinant of a skew-symmetric pentadiagonal toeplitz matrix[J]. Applied Mathematics and Computation, 2011, 218(7): 3466 - 3469.

[3] Gohberg I, Lancaster P, Rodman L. Indefinite Linear Algebra and Applications [M]. Basle: Birkhauser, 2005.

[4] Mastronardi N, Dooren V, P. The antitriangular factorization of symmetric matrices[J]. Siam Journal on Matrix Analysis and Applications, 2013, 34(1): 173 - 196.

[5] Charles R. Johnson Roger A. Horn. Matrix Analysis[M]. Cambridge: Cambridge University Press, 2012.

[6] Steven Roman. Advanced Linear Algebra[M]. Berlin: Springer, 2008.

[7] 丘维声. 高等代数[M]. 北京:科学出版社, 2013.

[8] 丘维声. 解析几何[M]. 3 版. 北京:北京大学出版社, 2015.

[9] 丘维声. 高等代数学习指导书[M]. 2 版. 北京:清华大学出版社, 2016.

[10] 张贤科. 高等代数学[M]. 2 版. 北京:清华大学出版社, 2004.

[11] 朱尧辰. 高等代数范例选解[M]. 合肥:中国科学技术大学出版社, 2015.

[12] 李尚志. 线性代数学习指导[M]. 合肥:中国科学技术大学出版社, 2019.

[13] 樊启斌. 高等代数典型问题与方法[M]. 北京:高等教育出版社, 2021.

[14] 许以超. 线性代数与矩阵论[M]. 北京:高等教育出版社, 2011.

[15] 张贤科, 许甫华. 高等代数解题方法[M]. 2 版. 北京:清华大学出版社, 2005.